UNKRÄUTER IM ACKERBAU DER NEUZEIT

BIOLOGISCHE UND PRAKTISCHE UNTERSUCHUNGEN

VON

EMIL KORSMO

PROFESSOR AN DER LANDWIRTSCHAFTL. HOCHSCHULE IN NORWEGEN
LEITER DER STAATL. WISSENSCHAFTL. UND PRAKTISCHEN VERSUCHE
SOWIE BIOLOGISCHEN FORSCHUNGEN ÜBER UNKRAUT
UND DESSEN BEKÄMPFUNG

NACH DEM NORWEGISCHEN MANUSKRIPTE DES VERFASSERS

HERAUSGEGEBEN VON

DR. H. W. WOLLENWEBER

REGIERUNGSRAT, MITGLIED DER BIOLOGISCHEN REICHSANSTALT
FÜR LAND- UND FORSTWIRTSCHAFT IN BERLIN-DAHLEM

MIT 470 ABBILDUNGI

SPRINGER-VERLAG BERLIN HEIDELBERG GMBH 1930

ISBN 978-3-662-35472-8 ISBN 978-3-662-36300-3 (eBook)
DOI 10.1007/978-3-662-36300-3
SOFTCOVER REPRINT OF THE HARDCOVER 1ST EDITION 1930

Vorwort des Verfassers.

Im Jahre 1925 gab der Verfasser vorliegenden Werkes in Norwegen ein gleichartiges Buch über landwirtschaftliche Unkräuter der Jetztzeit heraus. Eine schwedische, etwas umgearbeitete Ausgabe erschien im Jahre 1926 als Abteilung des großen schwedischen Handbuches der Landwirtschaft. Die deutsche Ausgabe baut sich auf diesen Veröffentlichungen auf, ist aber vom Verfasser vollständig neu durchgearbeitet unter Erweiterung durch die jüngsten Forschungsergebnisse sowie unter Einschaltung von 44 Unkräutern, die in Deutschland verbreiteter und ökonomisch wichtiger sind als in Skandinavien, und mit einem erheblich reicheren Bilderstoff. Insgesamt sind 209 Arten beschrieben und abgebildet. Sie zählen zu den in Deutschland und anderen mittel- und nordeuropäischen Ländern, sowie in Nordamerika allgemein vorkommenden Unkräutern.

Das Werk enthält im wesentlichen die Ergebnisse eigener, während 35 Jahren fortgesetzter Beobachtungen, Untersuchungen und Versuche des Verfassers, jedoch sind auch von anderer Seite stammende Forschungsergebnisse und Abbildungen unter Quellenangabe berücksichtigt worden.

Der im ersten und fünften Abschnitt besonders aus praktischen Gründen gemachte Versuch einer Einteilung der Unkräuter in biologische Gruppen stößt gelegentlich auf eine gewisse Schwierigkeit, insofern als einzelne Arten z. B. je nach Breitengrad und Klima einjährig, zweijährig oder sonst verschiedenartig auftreten können.

Im zweiten Abschnitt ist versucht worden, eine Darstellung der wichtigsten Unkrautschäden zu geben. Der dritte Abschnitt behandelt in Kürze die Fortpflanzungs- und Vermehrungsweise sowie Verbreitungswege der Unkräuter. Im vierten Abschnitt wird eingehender beleuchtet, welche Mengen vollentwickelter, keimfähiger Unkrautsamen und vermehrungsfähiger unterirdischer Teile (Wurzeln, Ausläufer usw.) unter Umständen im Nutzland auftreten können. Unter Zugrundelegung der im landwirtschaftlichen Betrieb und bei Versuchen gemachten Erfahrungen ist im sechsten Abschnitt das Wesentliche über Unkrautbekämpfung in Acker- und Weidewirtschaft dargelegt worden.

Der siebente Abschnitt bringt Beispiele von Ertragsteigerungen durch Unkrautbekämpfung während der Wachstumszeit mit zahlenmäßigen und graphischen Belegen, der achte Abschnitt den für die drei skandinavischen Länder auf dieser Grundlage berechneten Gesamternteverlust mit Andeutungen über die in Deutschland unter ähnlichen Verhältnissen anzunehmenden Verluste bei mangelnder, bzw. Ertragsgewinne bei zweckmäßig durchgeführter Unkrautbekämpfung. Derartige Zahlen sind selbstverständlich nur schätzungsweise aufzustellen. Obgleich die Angaben für Skandinavien auf methodisch und sachlich einwandfrei erzielten Ergebnissen beruhen, können sie angesichts der Tatsache, daß Klima-, Boden-, Orts- und Wirtschaftsverhältnisse in jedem Lande wechseln, nur als Anhalt für die Einschätzung der Unkrautplage im Kulturboden dienen.

Die Beschreibung der einzelnen Unkräuter im fünften Abschnitt enthält u. a. auch die Ergebnisse von Bestimmungen des Tausendkorngewichtes, der größten Länge und Breite der Samen (auf Grund einer Messung von 20 bis 60 Samen der betreffenden Art), sowie der Samenzahl je Pflanze und je Kilogramm. Da aber aus den obengenannten Gründen eine Konstanz dieser Zahlen nicht zu erwarten ist und besonders die Samenzahl je Pflanze stets Schwankungen aufweisen wird, so können auch diese Angaben nur als Anhalt dienen.

Die Anordnung des Stoffes in den Abschnitten ist so getroffen, daß das Buch nicht nur Landwirten als Handbuch, sondern auch besonders höheren landwirtschaftlichen Schulen als Leitfaden der Unkrautlehre, sowie Lehranstalten als Hilfsbuch im pflanzenbiologischen Unterricht dienen kann.

Was den Bilderstoff angeht, so ist der bei weitem überwiegende Teil davon (386 von 470 Abbildungen) nach den auf Kosten des Verfassers ausgeführten eigenen Originalzeichnungen (341) und nach seinen eigenen Photographien (45) wiedergegeben. Von den übrigen 84 sind 15 mit den Originalanmerkungen des Verfassers versehen, 18 sind in der Gesamtheit anderen Werken entnommen und 51 sind Wiedergaben von landwirtschaftlichen Geräten usw. Die meisten der Originalzeichnungen des Verfassers sind vom Kunstmaler K. QUELPRUD, bzw. von zwei Zeichnern der Königlichen Friedrichs-Universität in Oslo nach den Untersuchungen und unter persönlicher Leitung, sowie nach Maßgabe und auf Veranlassung des Verfassers ausgeführt worden.

Wertvolle Ratschläge und Hinweise zur Anpassung des Buches an deutsche landwirtschaftliche Verhältnisse verdankt der Verfasser dem Herausgeber dieser Ausgabe.

Oslo, im Januar 1930. **Der Verfasser.**

Vorwort des Herausgebers.

Nach einem geeigneten, handlichen Buche, das möglichst viel Kenntnisse über Unkräuter und ihre Abwehr vermittelt, suchte ich schon lange. Landwirtschaft und Gartenbau brauchen es als Hilfsmittel zu planmäßigem Vorgehen bei ihrem Ringen um Erfolg, ein Ziel, das unkrautfreie Flächen mit kräftigem Pflanzenwuchs voraussetzt und hohe Erträge, gute Beschaffenheit der Produkte und lohnende Preise einschließt. Monographien über die Biologie der Unkräuter sind deshalb so selten, weil ein Menschenleben kaum ausreicht, um tief in dieses große Forschungsgebiet nicht nur einzudringen, sondern es nach allen Richtungen hin zu bearbeiten, um durch eigene Versuche ein Urteil über die erfolgreichste Unkrautbekämpfung unter wechselnden Bedingungen zu gewinnen. Um so mehr sind Einzelerscheinungen von der Art dieses Werkes zu begrüßen. Der Aufforderung, eine deutsche Herausgabe desselben zu übernehmen, kam ich um so bereitwilliger nach, als schon eine durch meinen verstorbenen Lehrer und Freund, Professor Dr. NORDAL F. WILLE, angebahnte Verbindung mit dem Autor bestand, dessen großes Illustrationswerk, „Die Unkrauttafeln", allgemeine Anerkennung gefunden hatte und von dessen Schriften das Buch „Ugress i nutidens jordbruk" ganz besonderes Interesse für uns hat.

Dem Verlage möchte ich an dieser Stelle danken für die bereitwillige Mehraufnahme von 70 Textabbildungen, die das Erkennen der beschriebenen Unkräuter und technischen Hilfsmittel wesentlich erleichtern.

Am Schluß erscheinen die Namenlisten in einem Sammelregister und nicht wie bisher nach Sprachen, Pflanzen und Schadpilzen bzw. -Insekten getrennt. Das Register hat Herr Dr. H. RICHTER zusammengestellt. Ferner danke ich Herrn Dr. A. BUDDE für seine Mitarbeit bei der Durchsicht der Druckbogen.

Möge das Buch als Rüstzeug im Kampfe gegen Unkräuter von Nutzen sein und zu noch wirksamerer Abwehr dieses Teiles der Flora des Kulturbodens anspornen. Von Bedeutung wäre es, wenn bei uns statistische Erhebungen über Unkrautschäden unter Hack- und Halmfrüchten usw. angestellt würden, die im Gegensatz zu Skandinavien in Deutschland noch wenig Beachtung gefunden haben.

Berlin, im Januar 1930.

Der Herausgeber.

Inhaltsverzeichnis.

Erster Abschnitt.

Einteilung und Wachstumsbereich der Unkräuter.

Zweiter Abschnitt.

Unkrautschadwirkungen.

Dritter Abschnitt.

Fortpflanzungs- und Verbreitungsweise der Unkräuter.

Vierter Abschnitt.

Keimfähige Unkrautsamen und fortpflanzungsfähige Unkrautwurzeln im Nutzland.

Fünfter Abschnitt.

Unkrautarten.

Sechster Abschnitt.

Abwehrmaßnahmen gegen Unkräuter.

Siebenter Abschnitt.

Zusammenfassung einiger norwegischer Versuchsergebnisse über Unkrautbekämpfung während der Wachstumszeit.

Achter Abschnitt.

Erster Abschnitt.

Einteilung und Wachstumsbereich der Unkräuter.

A. Einteilung der Unkräuter in biologische Gruppen.

Um sich den Teil der Flora eines Landes, den man mit Hinblick auf die Bodenkultur mit dem Sammelnamen Unkraut bezeichnet, anschaulich darstellen zu können, muß man ihn sowohl von praktischen als auch von wissenschaftlich-biologischen Gesichtspunkten aus betrachten. Dem allgemeinen Sprachgebrauch nach wird der Landmann diejenigen Pflanzenarten als Unkraut bezeichnen, die sich unter den Nutzpflanzen Platz erzwingen und sie durch Minderung ihres Ertrages schädigen. — Hierbei ist es gleichgültig, ob der Erzeuger das Unkraut durch eigene Unvorsichtigkeit, beispielsweise mittels unreinen Saatgutes, eingeschleppt hat, ob es ohne sein Zutun durch den Wind etwa oder anderswie verbreitet worden ist oder ob der Same, beziehungsweise überwinternde unterirdische Organe sich bereits vor der Bearbeitung im Boden befunden haben.

In jedem Falle ist Unkraut in dem hier angenommenen Sinne des Wortes nicht nur überflüssig, sondern vom Standpunkt der Bodenbearbeitung aus sogar schädlich, indem es unter Kulturpflanzen auftritt und sich somit zu den Zielen der Bodenbearbeitung in Gegensatz stellt.

Übrigens müssen wir bei Absteckung des Wachstumsgebietes der Unkräuter über die Grenzen des bearbeiteten Bodens hinausgreifen. Ein gut Teil des Pflanzenbestandes nämlich, der auf Weg- und Eisenbahnstrecken, Grundstücken, an Schuttplätzen und Hecken vorkommt und durch seine Verbreitungsfähigkeit auf benachbartes Nutzland schädigend übergreift, ist als Unkraut zu betrachten, was es unter solchen Umständen auch tatsächlich wird. In unseren Kulturböden rechnen daher auch viele Pflanzenarten oder -gruppen zu den Unkräutern, obgleich sie an ihrem ursprünglichen Standort im Unland bodenbestimmend, urwüchsig und daher heimatsberechtigt sind.

In biologischer Hinsicht zeigen die im obigen Sinne als Unkräuter zu betrachtenden Pflanzenarten eine große Fähigkeit, sich durch Samen, Knollen, Zwiebeln oder Wurzelteile fortzupflanzen und Wachstumsgebiete zu erobern, zu behaupten und zu erweitern, sobald sie auf bebautem Boden Fuß fassen. Auch haben sie im allgemeinen eine außergewöhnlich große Anpassungsfähigkeit, nehmen mit Wachstumsunbill, Boden- und Lebensbedingungen sehr verschiedener Art vorlieb und halten insbesondere unter wechselnden Wärme- und Witterungsverhältnissen zäh aus. Ebenso widerstandsfähig sind sie gegenüber äußeren Beschädigungen durch die Bodenbearbeitung, welche den sich vegetativ vermehrenden Unkräutern bei ihrer Verbreitung sogar förderlich sein kann.

Vom naturwissenschaftlichen Gesichtspunkte betrachtet sind die Unkräuter mustergültig ausgestattete Gewächse, die sozusagen als eine eigene „biologische Gruppe" betrachtet werden können. Eine freie und natürliche Auswahl rüstete sie zum Daseinskampfe, den sie unter sonst gleichen Voraussetzungen gegen die Nutzpflanzen, unter die sie sich drängen, siegreich zu bestehen vermögen.

Die Samenunkräuter pflegen auf bebautem Boden überall den ersten Platz einzunehmen, und das nicht nur auf Grund ihres Artenreichtums, sondern in erster Linie wegen ihrer Massenerzeugung und wegen der leichten Verbreitung von Samen durch Verstreuung am Standort, Saatgutverunreinigung, Abfall, Dünger, Erde u. a., wegen ihres oft raschen und sicheren Keimens, wegen der großen Widerstandskraft und des oft langschlummernden Keimvermögens des Samens in tieferen Erdschichten. Auch die ausgesprochene Fähigkeit, den Verdauungskanal der Haustiere zu durchwandern, ohne die Keimfähigkeit zu verlieren, stützt ihre Überlegenheit.

Die Unkräuter können in folgende drei biologische Hauptgruppen geteilt werden:
1. Samenunkräuter,
2. mehrjährige, bodenständige Unkräuter,
3. Unkräuter mit dauernder, vegetativer Vermehrung und Verbreitung.

1. Samenunkräuter.

Die Samenunkräuter sind entweder
a) annuell oder
b) überwinternd.

a) Die annuellen Unkräuter laufen im Frühjahr auf und sterben nach Erzeugung reifen Samens im Spätsommer oder Herbst ab. Pflanzen dieser Gruppe, die im Sommer zu spät keimen, um noch während ihres Wachstums samenreif zu werden, wie *Sinapis arvensis*, mehrere *Polygonum*-Arten (Abb. 1), *Galeopsis*-Arten u. a. gehen durch Frost ein und schließen ihr Leben ohne Samenerzeugung ab.

Abb. 1. Einjähriges Unkraut (*Polygonum lapathifolium*) mit typischer, kurzer Pfahlwurzel (etwa 1/6 nat. Gr.). Nach Korsmos Unkrauttafeln.

Einzelne Unkrautarten sind schon auf Grund ihrer Wachstumsverhältnisse bald einjährig, bald überwinternd; so kann es geschehen, daß eine einjährige Unkrautart milde, frostfreie Winter überdauert und die Entwicklung im folgenden Sommer abschließt.

b) Die überwinternden Samenunkräuter kann man in
b 1. winterannuelle,
b 2. ein- bis zweijährige und
b 3. zweijährige einteilen.

b 1. Winterannuelles Unkraut tritt in der Regel auch einjährig auf, indem seine im Frühjahr aus Samen hervorgehenden Pflanzen im Laufe des

Jahres schon wieder neue Samen erzeugen und dann eingehen. Keimt der Same dagegen im Spätsommer oder Herbst, dann überwintert die Pflanze, um im ersten Teil ihrer Vegetationsperiode im nächsten Frühjahr zu blühen und zu fruchten (*Stellaria media, Capsella bursa pastoris*).

Winterannuelles Unkraut gelangt oft zweimal während eines Sommers zur Samenreife, da ja immer ein Teil des Samens überwinternder Pflanzen im Frühjahr gleich nach der Reife ausfällt, keimt, und im Sommer desselben Jahres samenbildende Pflanzen entwickelt.

b 2. Ein- bis zweijährige Unkräuter können zwischen einjährigen Nutzpflanzen im Acker zur Blüte und Samenreife kommen. Gewöhnlich aber überwintern sie zusammen mit der Winterfrucht oder auf Wiesen als kleine im Herbst gekeimte Pflanzen, um dann wie zweijährige zu blühen und zu reifen (*Centaurea cyanus* u. a.). In Breiten mit langen Wintern, tiefem Erdfrost und verschneiten Feldern gibt es wenige zu dieser Gruppe gehörige Arten, die die kalte Jahreszeit wirklich überleben. Im Herbst gekeimte Pflanzen gehen oft ein, während im Frühjahr gekeimte sich als einjährige entwickeln.

Abb. 2. Zweijähriges Unkraut mit Pfahlwurzel (*Carduus crispus*) (etwa 1/4 nat. Gr.). Samenpflanze vom Herbste des Keimjahres. Nach KORSMOS Unkrauttafeln.

b 3. Zweijährige Unkräuter sind solche, die ohne Rücksicht darauf, ob ihr Same im Anfang der Vegetationsperiode, im Sommer oder gar im Spätsommer keimt, im ersten Jahre nur zur Entfaltung einer Blattrosette über der Erde gelangen und ihr Wachstum erst im Laufe des nächsten Sommers mit Blüte und Reife fortsetzen und abschließen. (*Bromus secalinus* und *mollis, Cirsium lanceolatum, palustre* u. a.)

Die meisten Unkrautarten dieser Gruppe tragen reichen Samen. So erzeugen beispielsweise Feldkohl, *Brassica campestris*, 200—20000 Samen je Pflanze, Vogelkraut, *Stellaria media*, etwa 15000, Krausdistel, *Carduus crispus* (Abb. 2), etwa 6500, Kamille, *Matricaria inodora*, 34000—200000 usw. Wenn aller Same aufginge, würde zum Beispiel die *Stellaria media* im Laufe dreier Samenreifen etwa 3375 Billionen Samen erzeugen.

Einzelne Unkrautarten wechseln mit Hinsicht auf Entwicklungszeit und Lebensdauer, so *Viola tricolor*, die es im Laufe eines Sommers vom Samen bis zur Vollreife bringen, aber auch Übergänge zur Mehrjährigkeit zeigen, sowie mehrjährig sein kann.

2. Mehrjährige, bodenständige Unkräuter.

Unkräuter dieser Gruppe sind besonders auf Wiesen heimisch und werden auch aus diesem Grunde unter dem Namen Wiesenunkräuter zusammengefaßt, wiewohl es nicht so selten geschieht, daß einzelne hierher gehörige Arten sich zwischen den Nutzpflanzen des bebauten Bodens ansiedeln. Das geschieht gewöhnlich bei extensiver Bodenbearbeitung oder an steilen Hängen, wo der Boden im Herbst nicht immer unter den Pflug genommen werden kann, ohne daß man Gefahr läuft, daß Teile der Ackerkrume während der anhaltenden Herbstregen den Hang hinuntergespült werden.

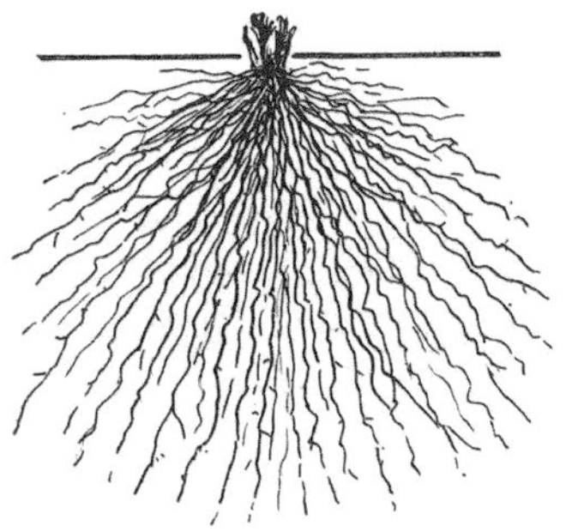

Abb. 3. Faserwurzel von *Leontodon autumnalis*; mehrjährig ohne vegetative Vermehrung (etwa $^1/_3$ nat. Gr.). Nach KORSMOS Unkrauttafeln.

In dieser Unkrautgruppe muß man folgende Unterabteilungen unterscheiden:

a) Unkräuter mit Faserwurzeln, die keine Fähigkeit zu vegetativer Vermehrung haben (*Leontodon autumnalis* u. a.), Abb. 3.

b) Unkräuter mit Wurzelstock mit oder ohne Fähigkeit zu vegetativer Vermehrung; im ersten Falle durch Teilung des Wurzelstocks (*Chrysanthemum leucanthemum* u. a.), Abb. 4.

c) Unkräuter mit verschieden langer und mehr oder weniger verzweigter Pfahlwurzel, die bei vielen Arten die Fähigkeit zu vegetativer Vermehrung durch Teilung hat. Diese geschieht teils durch adventive Wurzelknospen an Haupt-

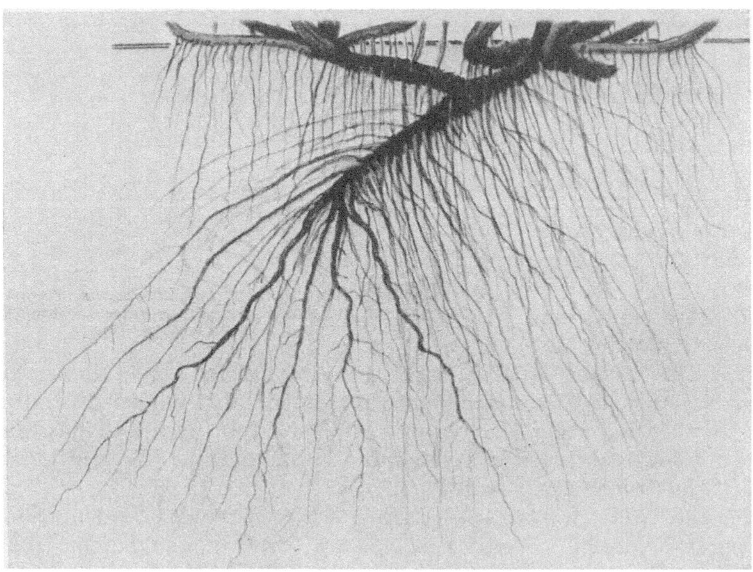

Abb. 4. Wurzelstock von *Chrysanthemum leucanthemum* (etwa $^2/_5$ nat. Gr.). Wurzelstock wie auch wurzelbildende Stengelsprosse können nach Teilung vegetative Sprosse entwickeln. Nach KORSMOS Unkrauttafeln.

oder Nebenwurzeln (Lichtnelke oder Maienröschen, *Melandrium album*, Winterkresse, *Barbaraea vulgaris*, Zackenschote, *Bunias orientalis* u. a.), Abb. 5, teils durch vegetative Vermehrungsorgane, die sich unmittelbar hinter Querspalten der Wurzelrindenschicht befinden (*Rumex domesticus* u. a.), Abb. 6, teils durch vegetative Ausläufer der äußeren Zellschicht des Zentralzylinders (Kuhblume, *Taraxacum officinale*, Beinwell, *Symphytum officinale*), Abb. 7.

Fast sämtliche mehrjährigen, bodenständigen Unkrautarten kommen im Keimjahre nur zur Ausbildung einer je nach den Wachstumsverhältnissen größeren oder kleineren,

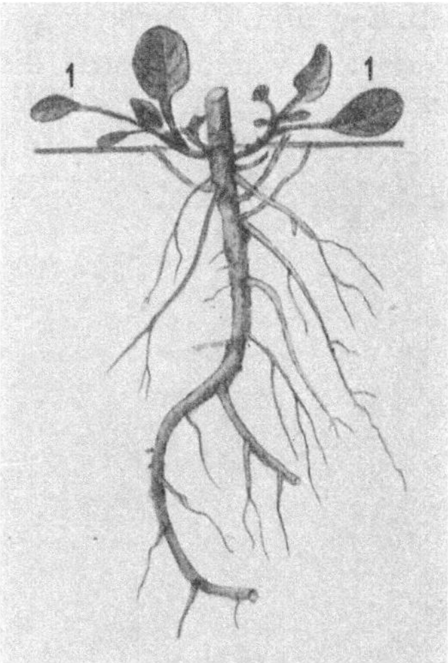

Abb. 5. Wurzelteil von *Barbaraea vulgaris* (etwa $^1/_2$ nat. Gr.). Die Pflanze hat eine mehrjährige, bodenständige Pfahlwurzel mit Adventivknospen in der Rindenschicht, die sich vegetativ vermehren und von geteilten Wurzelstücken aus Laubsprosse (*1*) entwickeln. Nach KORSMOS Unkrauttafeln.

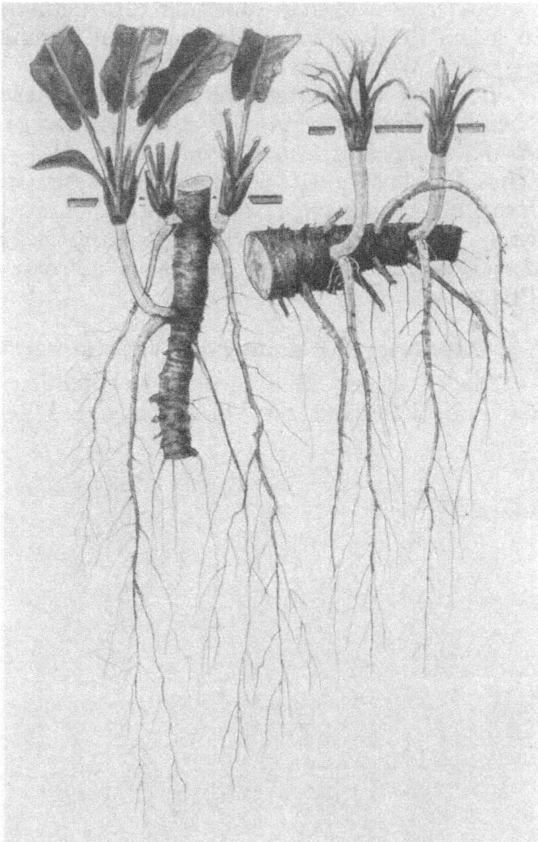

Abb. 6. Wurzelteile von *Rumex domesticus* (etwa $^1/_4$ nat. Gr.), die die Fähigkeit der Wurzel zu vegetativer Vermehrung bei Aufteilung der Hauptwurzel oder Lostrennung von Wurzelzweigen darstellen. Die vegetativen Sprosse wachsen aus Querspalten der Rindenschicht hervor. Mehrjährige, bodenständige Pflanze. Nach KORSMOS Unkrauttafeln.

oberirdischen Laubblattrosette, während sie unter der Erde eine stärkere oder schwächere Wurzel entwickeln, die der Pflanze das Überwintern ermöglicht. Im zweiten Lebensjahre gelangen sie das erstemal zur Blüte und Samenreife.

Abb. 7. Wurzelteile von *Taraxacum officinale* (*Leontodon taraxacum*) (etwa $^1/_4$ nat. Gr.), die die Fähigkeit der Wurzel zu vegetativer Vermehrung bei Aufteilung der Hauptwurzel oder Lostrennung von Wurzelzweigen darstellen. Die vegetativen Laubsprosse gehen aus der äußeren Zellschicht des Zentralzylinders (Pericyclus), hier also nicht aus der Schicht, die unmittelbar unter der Rindenschicht liegt, hervor. Mehrjährige, bodenständige Pflanze. Nach KORSMOS Unkrauttafeln.

Später verwelken die über der Erde befindlichen Teile der Pflanze und sterben in jedem Herbst aus, um im nächsten Sommer wieder durch neue Blütensprosse derselben Wurzel ersetzt zu werden.

In dieser Unkrautgruppe kommen immerhin einige Arten vor, die schon im Keimjahre blühen können (Wegerich, *Plantago lanceolata*, Lichtnelke, *Melandrium album*, Leimkraut, *Silene inflata* u. a.). Das sind aber Ausnahmen der biologischen Regelmäßigkeit, der die Arten dieser Gruppe folgen, und die ihren Lebensformen das eigenartige Gepräge gibt. Mehrere Arten dieser Unkrautgruppe zeigen reiche Vermehrung durch Samen wie *Barbaraea vulgaris* mit 1000—10000, *Rumex domesticus* mit etwa 9000, *Artemisia vulgaris* mit sogar bis zu 700000 Samen je Pflanze.

3. Unkräuter mit dauernder vegetativer Vermehrung und Verbreitung.

Die zu dieser Hauptgruppe gehörenden Unkrautarten werden durch die dauernde Fähigkeit zur Vermehrung und Verbreitung durch unter- oder ober-

Abb. 8. Kriechende, wurzelschlagende Stengel mit vegetativem Vermehrungsvermögen. Oberirdische Organe von *Glechoma hederacea* (etwa 1/3 nat. Gr.). Im Herbste gehen alle Gliedstücke (Internodien) ein. Die wurzelschlagenden Teile werden selbständig, überwintern und bilden in jedem folgenden Sommer einen Mittelpunkt vegetativen Wachstums zur Entwicklung weiterer oberirdischer, wurzelschlagender Ausläufer. Nach Korsmos Unkrauttafeln.

irdische Organe, wie Zwiebeln, Knollen, Ranken, unterirdische Stengel- und Wurzelausläufer u. ä., aber auch durch die Fähigkeit, sich wie andere Unkräuter durch Samen zu vermehren, gekennzeichnet.

Innerhalb dieser Gruppe unterscheidet man folgende Unterabteilungen:

a) Unkräuter mit vegetativer Vermehrung durch liegende, kriechende, wurzelschlagende Stengel (*Ranunculus repens* u. a.), Abb. 8.

b) Unkräuter mit vegetativer Vermehrung durch unterirdische Stengelknollen (*Stachys paluster* u. a.), Abb. 9.

c) Unkräuter mit verschiedenartiger vegetativer Vermehrung wie durch:

c 1. Aufteilung des Wurzelkopfes (*Rumex acetosa*), Abb. 10.

c 2. Bildung von Ausläufern und Sprossen aus Adventivknospen des Wurzelkopfes (*Campanula rapunculoides*), Abb. 11.

c 3. Vermehrungsknospen im Wurzelhalse, durch die in einem Kranz um die Mutterpflanze herum neue Tochterpflanzen gebildet werden (*Anthriscus silvestris*), Abb. 12.

c 4. Wurzelstockartige, starke Verzweigungen von der Achse des Primärstockes aus. An diesen Verzweigungen entwickeln sich die nebeneinandersitzenden vegetativen Knospen, in denen sich die Sprosse der Pflanzen bilden (*Juncus effusus*), Abb. 13.

d) Unkräuter mit vegetativer Vermehrung durch unterirdische Stengelausläufer. Dieser Gruppe gehört eine ganze Reihe im Garten-, wie im Ackerbau sehr lästiger Unkrautarten an. Ihre Vermehrung und Verbreitung geschieht auf vegetativem Wege, wird aber auch in reichem Maße durch Samen besorgt. — Im Keimjahre entwickelt die Samenpflanze vom Wurzelhals aus eine größere oder geringere Zahl Ausläufer, die zunächst etwas schräg nach unten wachsen. Einige von ihnen streben dann der Erdoberfläche zu, um das Wachstum im ersten Sommer mit einer Sproßrosette aus wenigen Blättern abzuschließen. Der Laubsproß entsteht gewöhnlich an der Spitze des Ausläufers. Zwar bilden dessen

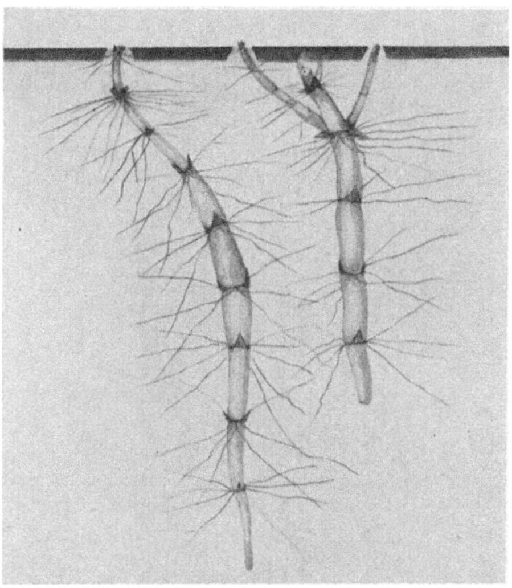

Abb. 9. Knollen von *Stachys paluster* (etwa $^1/_4$ nat. Gr.). Die Knolle hat kreuzweise übereinander angeordnete, gegenständige Adventivknospenpaare, die von schuppenförmigen Niederblättern bedeckt sind. Zerschnittene Knollen entwickeln eine oder mehrere Laubsprosse, während die ungeteilte Knolle nur einen Sproß entwickelt, der aus der Spitze der Knolle hervorwächst.
Nach Korsmos Unkrauttafeln.

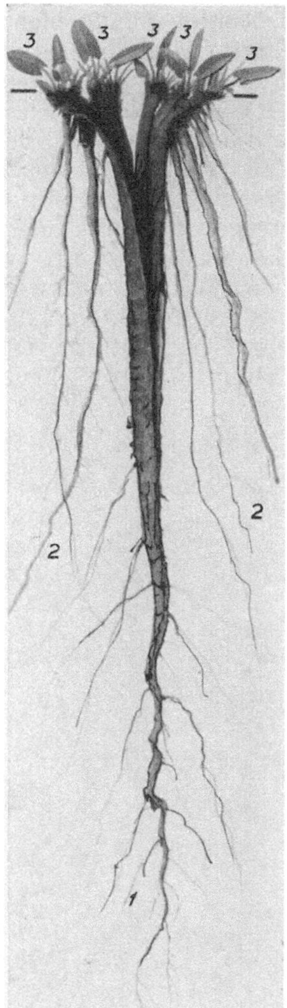

Abb. 10. Wurzel von *Rumex acetosa* (etwa $^1/_3$ nat. Gr.). Hauptwurzel (*1*), die sich nach der Entwicklung oben in mehrere stark gebeugte Teile verzweigt hat, an deren oberem Ende Wurzeln (*2*) und Stengelsprosse (*3*) entstehen.
Nach Korsmos Unkrauttafeln.

Adventivknospen auch wieder Ausläufer; in den meisten Fällen entspringen diese aber den knotenförmigen Verdickungen an der Grundachse des Sprosses, an denen sich auch Bündel von Faserwurzeln bilden. Zu dieser Gruppe gehören:

d 1. Unkräuter mit Faserwurzelbündeln, die sich an unterirdischen Ausläufern in ungleichmäßigen Abständen entwickeln. An jedem dieser Knotenpunkte bildet sich eine größere oder geringere Anzahl neuer Ausläufer, die sich dann in gleicher Art weiterentwickeln (*Achillea ptarmica, Cirsium heterophyllum* u. a.), Abb. 14.

d 2. Unkräuter mit mehr oder weniger verzweigter und pfahlförmiger Mutterwurzel, von deren Hals eine größere oder geringere Anzahl unterirdischer Ausläufer ausgeht. Diese bringen Sprosse, neue Ausläuferverzweigungen und Bündel fadenartiger, tiefgreifender Faserwurzeln u. ä. hervor (*Urtica dioica* u. a.), Abb. 15.

d 3. Unkräuter, an deren Primärsproß (in diesem Falle an der Samenpflanze also) sich unmittelbar unter der Erdoberfläche eine geringere oder größere Anzahl unterirdischer, stengelartiger Ausläufer bildet, die während ihres ununterbrochenen Längenwachstums aus regelmäßig verteilten und von Niederblättern verdeckten Adventivknospen neue Ausläuferverzweigungen und Sprosse hinaussenden. An allen unterirdischen Organen entwickeln sich feine, meist verstreut sitzende Nebenwurzeln (*Triticum repens* u. a.), Abb. 16.

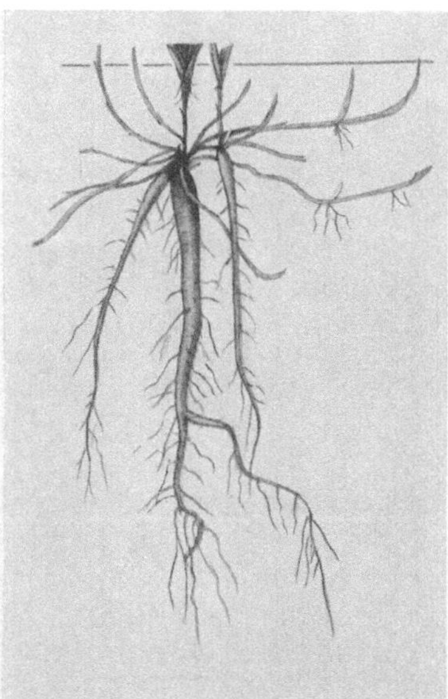

Abb. 11. Unterirdische Organe von *Campanula rapunculoides* (etwa 1/4 nat. Gr.). Der Kopf der pfahlförmigen Speicherwurzeln ist mit Adventivknospen dicht besetzt, aus denen teils unterirdische, der vegetativen Vermehrung dienende Ausläufer, teils Sprosse hervorgehen, deren einige wiederum zu überirdischen Laubrosetten, andere zu blüten- und samentragenden Stengelsprossen werden. An den Ausläufern entwickeln sich neue Speicherwurzeln.
Nach Korsmos Unkrauttafeln.

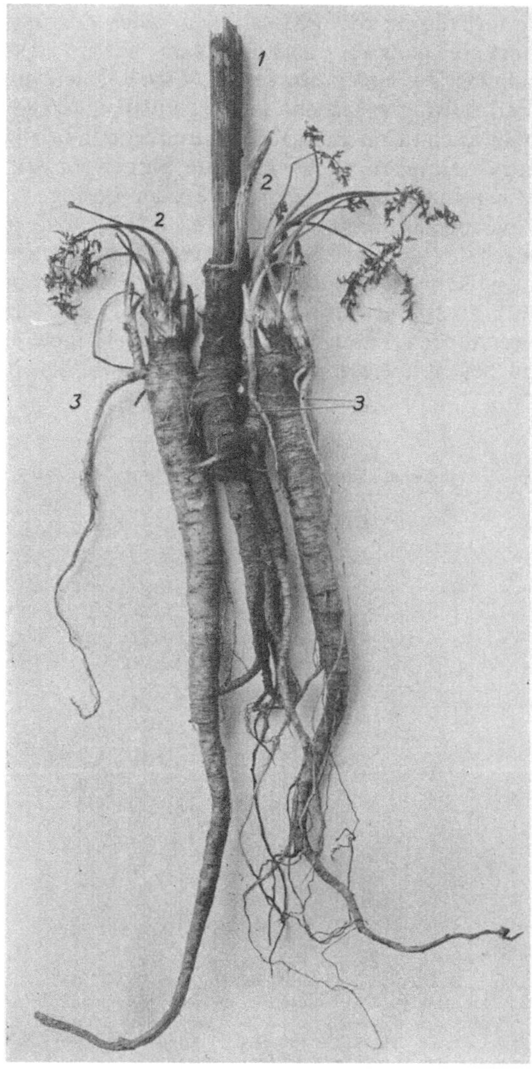

Abb. 12. Unterirdische Organe von *Anthriscus silvestris* (etwa 1/2 nat. Gr.) mit dauernder, vegetativer Vermehrung im unteren, kotylen Stengelteil, dem Wurzelhals. Mutterwurzel (*1*). Tochterwurzeln ersten Grades (*2*). Tochterwurzeln zweiten Grades (*3*).
Eig. Aufn.

e) Zu den Gefäßkryptogamen zählende Unkräuter, die sich durch unterirdische Stengelausläufer vermehren und verbreiten, wie beispielsweise die *Equi-*

setum-Arten oder Schachtelhalme. Sie kommen auf bearbeitetem Boden, natürlicher Wiese, wie auf Weiden vor und verbreiten sich durch tiefliegende, stark verzweigte Ausläufer, die den Stengelausläufern sehr ähneln.

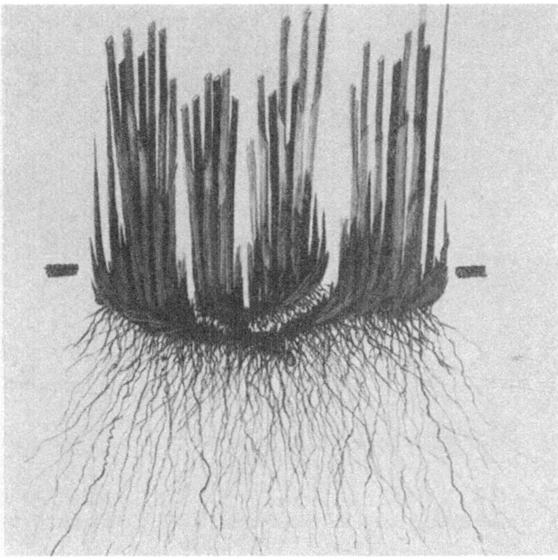

Abb. 13. Unterirdische Organe von *Juncus effusus*, die die Entwicklung des Wurzelsystems und der Stengelsprosse zeigen. (Etwa $^1/_5$ nat. Gr.) Von der Achse des Primärsprosses strahlen unterirdische, wurzelstockartige Verzweigungen aus, die sich wieder weiter zerteilen. Allmählich entwickeln alle „Ausläufer" während ihres Längenwachstums eine Reihe von dicht aneinandersitzenden Sproßknospen, deren jede einen Stengelsproß erzeugt. Orig.-Zeichn.

f) Unkräuter mit echten, unterirdischen Wurzelausläufern. Die Ausläufer dieser Unterabteilung haben strahlenförmige Gefäßbündel und bilden in un-

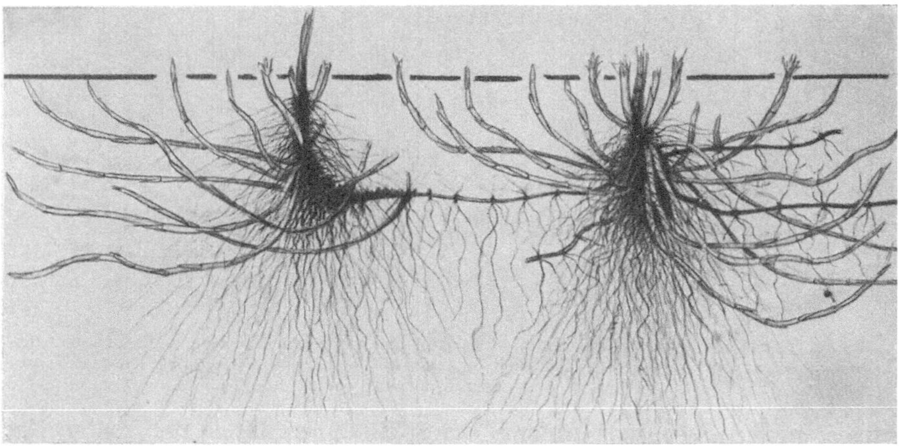

Abb. 14. Unterirdische Organe von *Achillea ptarmica* (etwa $^1/_4$ nat. Gr.). Vegetatives Wanderunkraut mit unterirdischen Stengelausläufern und Faserwurzeln der Muttersprosse. Orig.-Zeichn.

gleichmäßigen Abständen an Ausläufern und Wurzelzweigen Adventivknospen. Der vegetative Laubsproß entsteht in den Adventivknospen der Ausläufer und strebt von da rechtwinklig empor (*Cirsium arvense* u. a.), Abb. 17.

g) Unkräuter mit Tiefwurzeln und Wurzelausläufern. Die Gefäßbündel der

Ausläufer sind strahlenförmig und haben unregelmäßig, aber dicht beieinander sitzende Adventivknospen. Die Tiefwurzeln sind mehr oder weniger pfahlförmig; vom Wurzelhals gehen gewöhnlich Stengelsprosse aus, während sich die Aus-

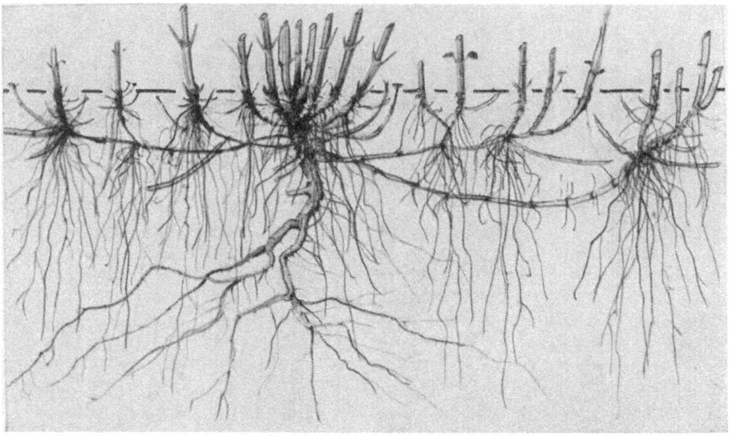

Abb. 15. Unterirdische Organe von *Urtica dioica* (etwa 1/6 nat. Gr.). Die unterirdischen Ausläufer der Pflanze vermögen sich dauernd vegetativ zu vermehren. Der Primärsproß zeigt eine verzweigte Pfahlwurzel. Orig.-Zeichn.

läufer in verschiedener Höhe am Stamm der Tiefwurzel bilden. Je nachdem sie in geringerer oder größerer Tiefe der Erdschicht liegen, wächst ihr Stengelsproß früher oder später über die Oberfläche hinaus. Die Arten dieser Untergruppe

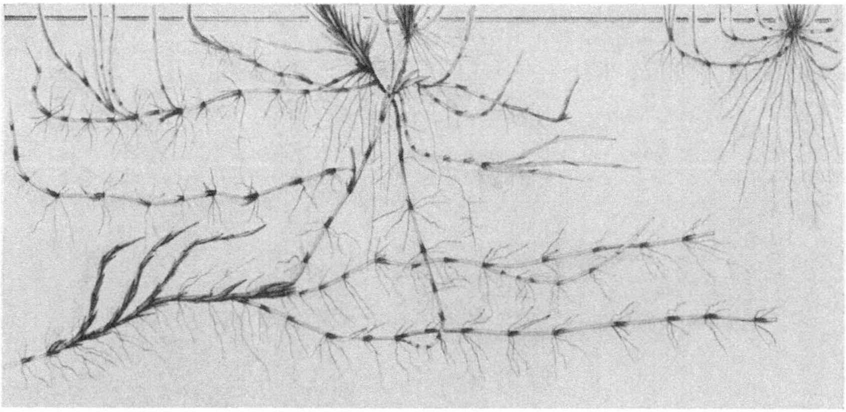

Abb. 16. Wandernde Wurzelstengel, unterirdische Ausläufer mit zerstreut sitzenden Wurzelfasern von *Triticum repens* (etwa 1/4 nat. Gr.). Fähigkeit zu dauernder, vegetativer Vermehrung. Nach Korsmos Unkrauttafeln.

zeitigen infolgedessen vom Anfang des Spätsommers bis in den späten Nachsommer hinein Blütensprosse (*Euphorbia cyparissias, Linaria vulgaris, Nasturtium silvestre* u. a.), Abb. 18.

Mehrere Arten der beiden letzten Gruppen setzen bedeutende Samenmengen an. So erzeugen *Cirsium arvense* etwa 4600, *Sonchus arvensis* etwa 6700 und *Epilobium angustifolium* etwa 20000 Samen je Pflanze.

Für die meisten wurzelwandernden Unkräuter ist bezeichnend, daß sie sich sowohl unter den Feldfrüchten des offenen Ackers, als auch auf Wiesen finden.

Doch kann das Wachstumsgebiet einzelner Arten auch durch ihre Abhängigkeit von Bodenbeschaffenheit, Bodenart und Feuchtigkeitsgehalt des Ackers begrenzt

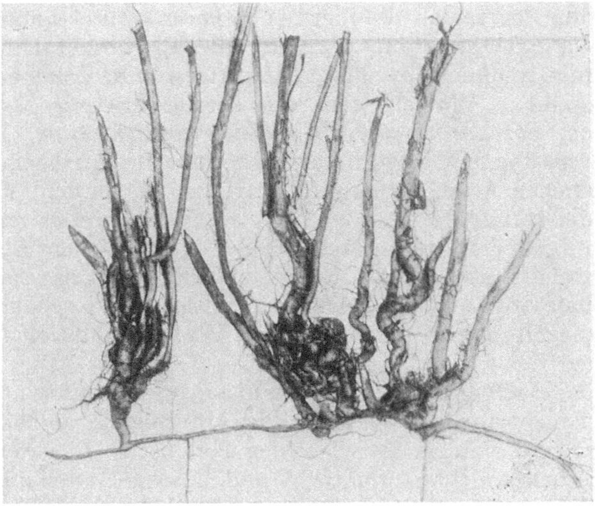

Abb. 17. Unterirdische Teile von *Cirsium arvense*, einem vegetativ wandernden Unkraut. Die Wurzelausläufer tragen Adventivknospen, die sich während des Wachstums teils zu Sprossen, teils zu neuen Ausläufern entwickeln. Eig. Aufn.

werden. In gewissem Ausmaße kann das sogar bei einzelnen bodenständigen Unkrautarten der Fall sein, während die Samenunkräuter das größte Anpassungsvermögen haben und daher im Acker auch stark um sich greifen können.

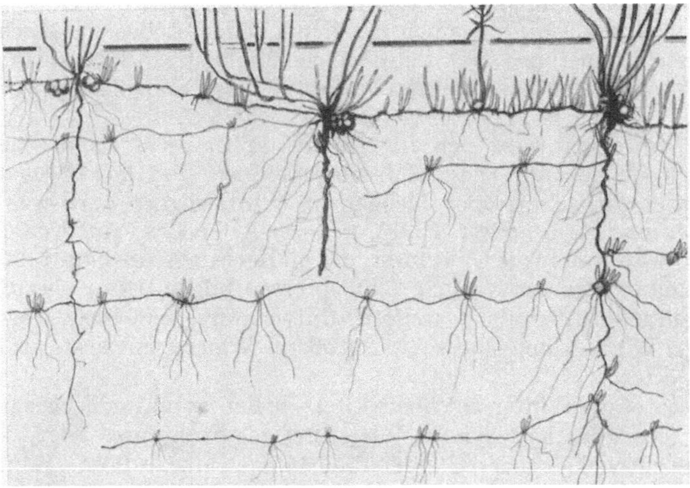

Abb. 18. Unterirdische Organe von *Linaria vulgaris* (etwa 1/4 nat. Gr.), einem vegetativen Wanderunkraut mit Tiefwurzeln, von denen mehr oder minder tief unter der Erdoberfläche fadenartige Wurzelausläufer ausgehen. Eig. Aufn.

h) Moose. Astmoose (*Hypnum*-Arten) wachsen auf Boden aller Art und sind sehr verbreitete Schädlinge besonders der natürlichen und der künstlich angelegten, älteren Wiesen; sie finden sich aber auch oft in jüngeren Wiesenanlagen und da besonders auf schwerem Boden und in feuchtem Klima.

B. Wachstumsbereich der Unkräuter.

1. Unkräuter auf sommerfruchttragenden Äckern.

Die Erfahrung lehrt, daß die meisten Ackerunkräuter annuell oder winterannuell sind, da Samenunkraut im Acker die allerbesten Lebensbedingungen findet. Nur einige wenige mehrjährige Arten treten hinzu, namentlich solche mit teilweise wanderndem Wurzelsystem wie *Cirsium arvense, Tussilago farfara, Triticum repens, Sonchus arvensis, Epilobium angustifolium, Stachys paluster, Convolvulus arvensis* u. a. Oft wird man im sommerfruchttragenden Acker außer diesen und ähnlichen Arten auch solche antreffen, die zu den Wiesenunkräutern rechnen, wie die *Rumex*-Arten, *Matricaria inodora, Carduus crispus* u. a. Das Vorhandensein besonders der Distel (*Carduus*) im offenen Boden deutet auf extensive Wirtschaft hin. Genauere Untersuchung wird das immer bestätigen. Die an der Küste sowie in gebirgigen und entlegenen Gegenden oft extensive Bearbeitung spiegelt sich in der Acker- und Wiesenvegetation der betreffenden Landschaft wieder.

Die extensive Bearbeitung des Ackers macht es sowohl winterannuellen, als auch zwei- und mehrjährigen Wiesenunkräutern möglich, unbekümmert weiterzuwachsen. Wenn der Acker zwischen den Sommerfruchternten (Getreide und Grünfutter) überhaupt nicht gepflügt wird und die neue Bestellung auf dem vorher nur geeggten Stoppelfelde geschieht, oder wo der Acker in Gebirgsgegenden oder steilhängigen Küstenstrichen erst bei der Frühjahrsbestellung gepflügt wird, werden Unkräuter, die bei intensiver Bodenbearbeitung nie auftreten können, unter den Ackerfrüchten dadurch mächtige Verbreitung gewinnen, daß ihre Wurzeln bei den günstigsten Lebensbedingungen reiche Mengen samenreifender Pflanzen über der Erde entfalten.

Wenn dieser Boden dann als Wiese verwendet wird, ist er von vornherein mit diesen Unkrautarten durchsetzt. Kommt dann Düngung mit natürlichem Dünger dazu, der voll von Unkrautsamen ist, dann bedeutet das natürlich eine noch weitere Verschlimmerung. Man sieht, welche ungünstigen Folgen für den Kampf besonders gegen diese Wiesenunkräuter die extensive Bodenbearbeitung nach sich zieht.

In der Wintersaat wird sich oft etwas Unkraut befinden, das schon vor der Ernte zur Reife gelangt. Besonders zu erwähnen sind hier *Bromus secalinus*, der gelegentlich in sehr großen Mengen im Winterroggen und -weizen auftritt, *Centaurea cyanus, Agrostemma githago, Papaver*-Arten u. a. Außerdem finden sich nicht selten winterannuelle Unkräuter, die im Herbste keimen und da gewöhnlich nur eine Laubrosette aus wenigen Laubsprossen bilden, dann aber während des Winters jede milde Periode zu weiterer Entwicklung benützen. Gegenüber dem wechselnden Winterklima sind sie mit größerer Widerstandskraft als die Wintersaat ausgerüstet.

Je schlechter die Wintersaat überwintert, je lichter und schlechter das Winterkorn wird, je ungünstiger sich die Witterung des Frühjahres zeigt, desto reicher und üppiger entwickelt sich die widerstandsfähige Unkrautflora. Winterannuelle, überwinternde Unkräuter beginnen zu blühen, sobald warmes Frühlingswetter einsetzt, und erzeugen im Mai oder Anfang Juni reifen Samen (*Stellaria media, Capsella bursa pastoris*). Auch langstengelige Unkrautarten, deren Same erst im Frühjahr reift, blühen und reifen unter den erwähnten Umständen früher als üblich, so daß sie ihr Leben gleichzeitig mit dem Winterkorn abschließen (*Sinapis arvensis, Galeopsis*-Arten, *Chenopodium album* u. a.). Soll der Acker Sommerfrucht tragen, dann bietet sich Gelegenheit, ein gut Teil des aufsprießenden Samenunkrautes, das im vorhergegangenen Herbst gekeimt hat — sei es annuell, sei es winterannuell — bei der Frühjahrsbestellung zu vernichten. Auch bei der Winterbestellung kann das in wesentlichem Ausmaße durch Bearbeitung des Bodens mit einer Unkrautegge sowie auch mittels Chemikalien bewirkt werden.

Unter den Ackerunkräutern finden wir besonders mehrere Kreuzblütler. Daneben trifft man überall *Chenopodium-*, *Galeopsis-*, *Sonchus-*, *Polygonum-*Arten, *Stellaria media, Spergula arvensis* u. a. an.

Diese Unkräuter reifen oft früher als Hafer, Sommerweizen, Sommerroggen, zweizeilige Gerste und späte Erbsensorten und gewöhnlich gleichzeitig mit sechszeiliger Gerste und frühen Erbsen. Dadurch wird es verständlich, daß der Unkrautbestand in reifenden, nicht rein gehaltenen Sommerkornbeständen mit jedem Jahre größer wird.

In Gärten und Gärtnereien kommen außer den obengenannten Unkräutern sehr häufig Dickkopfs- oder Kreuzkraut, *Senecio vulgaris,* Nessel, *Urtica urens,* Malven, *Aethusa cynapium* und eine große Anzahl anderer Samen- und mehrjähriger Unkräuter vor. Jedes Unkraut, das in dieser kräftig gedüngten und gewöhnlich tief bearbeiteten Erde wächst, kann überhand nehmen, wenn es nicht vor und während der Entwicklung der Nutzpflanzen unablässig bekämpft wird.

2. Unkräuter auf künstlich angelegten Wiesen.

Durch Saatgut, Dung von Haustieren und ähnliches, also auf künstlichem Wege, wird eine bedeutende, wenn auch nicht überwiegende Menge der gewöhnlich vorkommenden Unkräuter auf die Wiese übertragen. Wir finden dort auch Arten, die sich als Acker- oder Wiesenunkräuter schon vorher mehr oder weniger fest eingenistet hatten, zumal einzelne von ihnen wie Quecke, *Triticum repens,* und Ampfer, *Rumex acetosella,* auf leichterem, Saudistel, *Sonchus arvensis,* Huflattich, *Tussilago farfara,* u. a. auf schwererem Boden gut gedeihen. Viele winterannuelle Unkräuter, besonders zwei- und mehrjährige, bodenständige, wie Hirtentäschel, *Capsella bursa pastoris,* Kamille, *Matricaria inodora,* Kuhblume, *Taraxacum officinale,* Ampfer, *Rumex-*Arten u. a. sind in angelegten Wiesen und so gut wie unter allen Boden- und Wachstumsverhältnissen ganz allgemein vertreten.

3. Unkräuter auf natürlichen Wiesen und Weideplätzen.

Vom Gesichtspunkte der Bodenbearbeitung aus kann man nicht immer eine sachlich strenge Grenze ziehen zwischen dem, was man gemeinhin Unkraut und dem, was man Nutzpflanze nennt. Das gilt vor allem für Dauerwiesen, die nicht künstlich verändert oder erneuert werden, natürliche Wiesen und Weideplätze also, auf denen häufig Pflanzenarten von geringem Futterwert neben solchen auftreten, die ohne weiteres als Unkraut bezeichnet werden müssen. Der einwandfreien Bezeichnung und Kennzeichnung des Unkrautes wird aber nichts im Wege stehen, sobald der Mensch mit landwirtschaftlicher Bearbeitung des Bodens eingreift.

Mehrere Gattungen von Wiesenunkräutern wirken als Futter unmittelbar schädlich, indem sie entweder geradezu giftig oder doch nachteilig sind, falls Haustiere sie in größeren Mengen zu sich nehmen. Fast alle Unkrautsorten haben zudem geringen Futterwert und setzen dadurch auch den Futterwert der Wiese herab, indem sie Raum beanspruchen, der nahrhafteren und von Tieren vorgezogenen Pflanzen dienen könnte. Die meisten Arten der Wiesenunkräuter sind Wurzelunkräuter. Aber eine Reihe der allerhäufigsten wie Hahnenfuß, *Ranunculus acer,* Ampferarten, *Rumex domesticus, crispus* und *obtusifolius,* Winterkresse, *Barbaraea vulgaris* und Kuhblume, *Taraxacum officinale,* sind gleichzeitig Wurzel- und Samenunkräuter und somit bodenständig.

Vom relativen bis zum unbedingten Unkraut finden wir alle möglichen Grade vertreten. Ein relatives Unkraut kann auf der Weide gute Dienste leisten, trotzdem aber als Heu unbrauchbar sein, sei es wegen des ungünstigen Verhältnisses zwischen dem zur Entwicklung nötigen Platze und der verschwindend kleinen Menge geernteten Heus, wie bei Kuhblume, *Taraxacum officinale*, Löwenzahn, *Leontodon autumnalis*, und vielen anderen Arten, sei es wegen der Trockenheit und Härte des Heus, wie bei *Hypericum*-Arten und verschiedenen Doldenblütlern.

Absolute Wiesenunkräuter sind die giftigen Pflanzenarten wie Germer, *Veratrum album*, Eisenhut, *Aconitum septentrionale*, Einbeere, *Paris quadrifolia*, Wasserschierling, *Cicuta virosa*, und Sumpfschachtelhalm, *Equisetum palustre*.

Schließlich sind noch folgende Unkräuter, in frischem Zustande und in größerer Menge genossen, schädlich: Alle Hahnenfuß- (*Ranunculus*) arten, Sumpfdotterblume, *Caltha palustris*, Goldknöpfchen, *Trollius europaeus*, Wiesenschaumkraut, *Cardamine pratensis*, Sauerampfer, *Rumex acetosa*, Wiesensalbei, *Salvia pratensis* u.a.

Der wesentliche Bestandteil der Nutzpflanzen auf natürlichen Wiesen und Weideplätzen sollte wie bei Wiesen überhaupt in der Hauptsache aus Gras und Schotengewächsen (Leguminosen) bestehen, denn je mehr gute Gras- und Kleepflanzen vorhanden sind, desto größer sind sowohl Weidewert als auch Heuertrag.

4. Unkräuter auf Wegen, Eisenbahnstrecken u. a.

Die Unkrautflora dieser Gebiete ist häufig sehr artenreich und auf Grund der Naturverhältnisse äußerst wechselnd.

Zunächst treffen wir hier eine Unkrautflora an, die auch für den Stand der umgebenden Wiesen bezeichnend ist, nur daß die Unkräuter in größerer Zahl, dichter und gemischter auftreten.

Taraxacum officinale übertrifft wohl alle anderen an Häufigkeit. Fast an allen Wegkanten, Rainen, Eisenbahnhängen und auf unbenützten Grundstücken ist es anzutreffen, und wird mit seiner reichen Samenerzeugung und seinem sehr flüchtigen Samen geradezu eine Landplage.

Im übrigen kommen verschiedene Kratzdisteln, *Cirsium*, vor, deren mit Federkrone versehener Same sich sehr leicht verbreitet. Hier und da finden wir auch Weidenröschen, *Epilobium angustifolium*, das gleichfalls Mengen weit wehender Samen erzeugt. Schließlich sind zu nennen Winterkresse, *Barbaraea vulgaris*, Hahnenfuß, *Ranunculus*, Beifuß, *Artemisia vulgaris*, Huflattich, *Tussilago farfara*, Quecke, *Triticum repens*, Saudistel, *Sonchus arvensis*, Giersch, *Aegopodium podagraria*, Glockenblume, *Campanula rapunculoides*, Dickkopfskraut, *Senecio*, Mohn, *Papaver*, Möhre, *Daucus carota*, *Cichorium intybus* u. a., also Samen-, wie auch Wurzelunkräuter.

Die Leichtigkeit, mit der diese äußerst lästigen Unkräuter in solchen Gebieten Fuß fassen, fördert ihr weiteres Vordringen und Gedeihen in hohem Maße.

5. Unkräuter an Zäunen, Hecken u. a.

An Zäunen und Hecken treffen wir eine Reihe meist perennierender Arten an, deren Häufigkeit mit den Sonnen-, Licht- und Feuchtigkeitsverhältnissen, wie mit den Nährstoffen des Bodens wechselt. Reichstes Wachstum findet sich immer in der Nähe von Abfallstellen, deren Boden den größten Nährwert hat. An diesen Stellen ist meistens eine Bodenbearbeitung ausgeschlossen, so daß vielen perennierenden Unkräutern hier besonders günstige Entwicklungsbedingungen geboten werden.

Viele Unkrautarten werden von den Boden- und Klimaverhältnissen in mancher Beziehung stark beeinflußt.

Unkräuter wie *Rumex acetosella*, *Spergula arvensis*, *Polygonum persicaria* und *lapathifolium* gedeihen besonders gut auf kalkarmem, saurem Boden; dasselbe gilt von allen *Equisetum*-Arten. *Caltha palustris* und *Ranunculus ficaria* bevorzugen sehr sumpfige Felder. Wurzelwanderer wie *Cirsium arvense*, *Sonchus arvensis* und *Tussilago farfara* gedeihen nicht auf leichtem, losem, trockenem Sandboden, werden aber auf schwerem, besonders auf lehmigem, erdigem und kalkhaltigem Boden üppige Pflanzen. *Rumex crispus* trifft man im trockenen Inlandsklima, wie auch im Küstenland an, während *Rumex obtusifolius*, *Stellaria media* und *Galeopsis speciosa* u. a. sich durch ihr häufigeres Vorkommen als Unkraut in feuchtem Klima bemerkbar machen.

Außer den bodenbestimmenden Unkräutern gibt es natürlich viele Arten, die sowohl in kalkarmen, wie in kalkreichen Böden gut gedeihen. Zu diesen sogenannten amphoklinen Arten gehören die meisten Samenunkräuter, wie auch viele bodenständige und wurzelwandernde Sorten.

Eine kleine Unkrautgruppe hat die Eigenschaft, ganz oder teilweise fertige Nahrung aufzunehmen, die sie den Nachbarpflanzen mittels besonderer Saugvorrichtungen entziehen. Sie sind entweder echte Schmarotzer, wie beispielsweise die *Cuscuta*-Arten, die aus Mangel an Assimilationsorganen ihre gesamte Nahrung von ihren Wirten beziehen, oder sie sind Halbschmarotzer, wie zum Beispiel *Rhinanthus* (*Alectorolophus*)-Arten, *Pedicularis palustris* u. a., die den Wurzeln ihrer Wirte, daneben aber auch der Erde und Luft selbständig Nährstoffe entziehen.

Zweiter Abschnitt.

Unkrautschadwirkungen.

Die Unkräuter fügen durch die offensichtlichen Schädigungen, die eine Herabsetzung des Ertrages der Nutzpflanzen sowohl an Menge als auch an Güte bewirken, der Landwirtschaft bedeutende Verluste zu. Die Größe des Schadens hängt je nach den Umständen von Art und Menge der Unkräuter ab, die sich unter den Nutzpflanzen auf Acker und Wiese, in Gärten, Brüchen und auf Weiden Raum erzwingen.

Das Unkraut wirkt schädlich durch:

1. Verdrängung der Nutzpflanzen.

Bei gleichen Wachstumsbedingungen wird das Unkraut den Nutzpflanzen im Kampf um den Raum wegen seiner im allgemeinen rascheren und kräftigeren

Abb. 19. Samenunkräuter überwuchern einen Hackfruchtacker. Eig. Aufn.

Entwicklung und des üppigeren Wachstums immer überlegen sein. So könnte der von einer einzigen Unkrautpflanze wie beispielsweise *Chenopodium album*, *Taraxacum officinale* oder *Tussilago farfara* beanspruchte Raum für eine ganze Zahl von Nutzpflanzen ausreichen (Abb. 19).

2. Lichtentzug der Pflanzen.

Da das Sonnenlicht zur Entwicklung aller höheren Pflanzen notwendig ist, können die meist groben und großblätterigen Unkrautpflanzen die Entwicklung der Kulturpflanzen hemmen, indem sie deren Assimilationstätigkeit infolge Beschattung unterbinden und eine Herabsetzung der von der Pflanze benötigten Nährstoffzufuhr nach sich ziehen.

3. Nährstoffentzug aus dem Boden.

Durch die Unkräuter wird den Nutzpflanzen ein großer Teil der Nährstoffe entzogen, die dem Boden durch Düngung zugeführt sind.

Diese Verhältnisse verdeutlichen einige chemische Analysen. In Band 35, Heft 6 „Die landwirtschaftlichen Versuchsstationen" teilt Dr. KLING die Ergebnisse der chemischen Untersuchungen über die Nährstoffaufnahme einiger Unkräuter wie *Stellaria media, Chenopodium album, Cirsium arvense* u. a. mit und bestätigt, daß die Unkräuter dem Boden große Mengen Pflanzennährstoffe entnehmen. Die Trockensubstanz der untersuchten Unkräuter zeigte einen Gehalt

von 2,77— 4,45% Stickstoff,
„ 0,5 — 2,01% Phosphorsäure und
„ 4,91—11,98% Kali.

Nach den von Professor E. GUTZEIT vorgenommenen Untersuchungen (Zentralbl. f. Bakteriol., Parasitenk. u. Infektionskrankh.) braucht eine Pflanze von *Brassica campestris*

doppelt soviel Stickstoff,
doppelt soviel Phosphorsäure,
viermal soviel Kali (?) und
viermal soviel Wasser

wie eine gut entwickelte Haferpflanze.

Um dieses Verhältnis näher zu beleuchten, zeigt Tabelle 1 bei einigen Unkrautarten, die während ihrer Blüte gesammelt und untersucht worden sind, den Stickstoff-, Phosphor- und Kaligehalt in der Trockensubstanz der oberirdischen Teile.

Tabelle 1. Norwegische Untersuchungen über den Gehalt einiger Unkrautarten an chemischen Wertstoffen.

Unkrautarten	Gehalt der Trockensubstanz an Nährstoffen		
	Stickstoff %	Phosphorsäure %	Kali %
Urtica dioica	3,31	0,84	3,71
Rumex domesticus	1,84	0,52	2,57
Rumex acetosella	1,54	0,40	1,79
Ranunculus acer	1,25	0,28	2,13
Barbaraea vulgaris	2,02	0,63	3,49
Epilobium angustifolium	1,91	0,45	2,42
Anthriscus silvestris	1,13	0,38	—
Taraxacum officinale	2,30	0,68	4,83
Sonchus arvensis	2,68	0,47	6,29
Chrysanthemum leucanthemum	1,33	0,41	2,88
Cirsium arvense	2,66	0,45	2,26
Tussilago farfara (frische Blätter)	2,53	0,49	5,59
Achillea ptarmica	1,61	0,52	2,90
Achillea millefolium	1,54	0,40	2,65
Matricaria inodora	1,87	0,41	3,40
Artemisia vulgaris	1,72	0,51	2,58
Chenopodium album	3,72	0,65	9,58
Triticum repens	0,87	0,34	1,09
Durchschnittlich	1,99	0,49	3,54

Die Trockensubstanz von *Chenopodium album* und *Cirsium arvense* enthielt

von 2,66—3,72% Sticksstoff, durchschnittlich 3,19%
„ 0,45—0,65% Phosphorsäure, „ 0,55%
„ 2,26—9,58% Kali, „ 5,92%

Zur näheren Bestimmung der großen Nährstoffmengen, die wurzelwandernde Unkräuter dem Boden entziehen, gibt Tabelle 2 einige Zahlen an, die sich auf chemische Untersuchungen stützen. Die Wertstoffe sind unter Benutzung der in den einzelnen Versuchen bei unter- und oberirdischen Pflanzenteilen der untersuchten Arten je qm gefundenen Mengen in kg je ha umgerechnet.

Tabelle 2. Wertstoffgehalt einiger lästiger, wurzelwandernder Unkrautarten in % und kg je ha.

Unkrautart	Pflanzenteil	Trocken-substanz in kg je ha	Stickstoff		Phosphorsäure		Kali	
			in %	in kg je ha	in %	in kg je ha	in %	in kg je ha
Triticum repens	oberirdisch	1244	0,87	48,58	0,34	31,48	1,09	68,53
	unterirdisch	4780	0,79		0,57		1,15	
Tussilago farfara	oberirdisch	1534	2,53	74,01	0,49	27,18	5,59	234,80
	unterirdisch	4572	0,77		0,43		3,26	
Sonchus arvensis	oberirdisch	1000	2,68	67,00	0,47	28,75	6,29	159,77
	unterirdisch	3295	1,22		0,73		2,94	
Cirsium arvense	oberirdisch	3600	2,66	138,16	0,45	31,04	2,26	116,98
	unterirdisch	2120	2,00		0,70		1,68	
Epilobium angustifolium	oberirdisch	1800	1,91	72,38	0,45	25,86	2,42	91,88
	unterirdisch	4130	0,92		0,43		1,17	
Polygonum amphibium	oberirdisch	1250	3,04	84,79	0,86	47,18	3,33	70,37
	unterirdisch	3342	1,40		1,09		0,86	
Aegopodium podagraria	oberirdisch	2064	2,61	210,81	0,65	67,45	5,04	270,40
	unterirdisch	8576	1,83		0,63		1,94	

4. Entzug von Bodenfeuchtigkeit.

Dieser ungünstige Einfluß macht sich in weit größerem Umfange geltend, als der Landmann im allgemeinen annimmt. Durch ihr oft stark verzweigtes Wurzelsystem sind die Unkräuter imstande, viel Wasser aufzunehmen, während die große Blattmasse vieler Unkrautarten von grobem, ästigem Bau bedeutende Wassermengen verdampft.

Den Zahlen in Tabelle 3 liegen Untersuchungen von Wollny[1] und Korsmo zugrunde. Sie zeigen, wie durch den verhältnismäßig großen Wasserverbrauch der Unkräuter (vgl. auch Tabelle 4) bei den beiden deutschen Untersuchungsreihen im Ackerboden eine Senkung des Wassergehaltes von 2,32 und 2,40, bei den beiden norwegischen von 1,42 und 3,03 Gewichtsprozenten eingetreten ist.

Im Jahre 1921 sind in Norwegen über den Wasserverbrauch (Transpiration) einiger Nutzpflanzen und Unkräuter während eines Zeitabschnittes von 3 Tagen die in Tabelle 4 angegebenen Untersuchungen vorgenommen worden[2].

Der Versuch zeigt, daß mehrere Unkrautpflanzen je g Pflanzenmasse bedeutend größere Wassermengen als die Nutzpflanzen verbrauchen (transpirieren). Hafer, der von den untersuchten Nutzpflanzen die größte Wassermenge beansprucht, nahm im Laufe von 3 Tagen 5,83 g Wasser je g oberirdischer Pflanzenmasse auf, während die Unkräuter *Spergula arvensis, Thlaspi arvense, Matricaria inodora* und *Polygonum persicaria* im gleichen Zeitraum einen Wasserverbrauch von 12,0, 10,0, 8,33 bzw. 7,14 g Wasser je g oberirdischer Pflanzenmasse aufwiesen.

[1] Zeitschr. d. landwirtschaftl. Ver. in Bayern Jg. 79, Oktoberheft. Siehe auch Landwirtschafts-Jahresbericht Bd. 4, Jg. 4, S. 100. 1889.

[2] Die Zahlen dürfen nicht als endgültig, sondern nur als Hinweis betrachtet werden, da zu ihrer genauen Festlegung Reihen vergleichender Untersuchungen an Pflanzen auf verschiedener Entwicklungsstufe, bei wechselnder Lufttemperatur u. ä. erforderlich sind.

Tabelle 3. Einfluß der Unkräuter auf den Wassergehalt des bestellten Ackers.

I Wollnys Untersuchungen	Wassergehalt der Ackerkrume in Gewichtsprozenten											
	Weiße Rüben (Turnips)[1]		Kartoffeln		Kohlrüben Steckrüben[2]		Bohnen		Erbsen		Mais	
	mit Unkraut	ohne Unkraut	mit Unkraut	ohne Unkraut	mit Unkraut	ohne Unkraut	mit Unkraut	ohne Unkraut	mit Unkraut	ohne Unkraut	mit Unkraut	ohne Unkraut
Mittel von 6 Analysen. . . .	20,61	23,07	19,58	22,44	19,09	21,02	18,14	20,23	16,58	19,52	20,62	22,23
Herabsetzung des Wassergehaltes der Ackerkrume in % .	2,46	—	2,86	—	1,93	—	2,09	—	2,94	—	1,61	—
Mittel von 8 Analysen. . . .	18,69	20,79	18,01	19,22	—	—	13,31	14,23	14,23	15,07	13,77	20,68
Herabsetzung des Wassergehaltes der Ackerkrume in % .	2,10	—	1,21	—	—	—	0,92	—	0,84	—	6,91	—
II Korsmos Untersuchungen	Weiße Rüben (Turnips)[1]		Kartoffeln		Hafer		Gerste					
Reihe A	23,10	24,60	24,45	25,94	25,75	26,13	18,50	20,80				
Herabsetzung des Wassergehaltes der Ackerkrume in % .	1,50	—	1,49	—	0,38	—	2,30	—				
Reihe B	6,30	9,20	5,10	10,50	5,80	6,60	—	—				
Herabsetzung des Wassergehaltes der Ackerkrume in % .	2,90	—	5,40	—	0,80	—	—	—				

Anmerkungen zu Reihe II A. Die Untersuchungen wurden bei wechselndem Wetter und gleichmäßigem Niederschlag in einer Tiefe des Bodens bis zu 20 cm vorgenommen.

Reihe II B. Die Untersuchungen wurden am Ausgang einer regenlosen Zeit von 3 Wochen in etwas humushaltiger Sanderde und bis zu 20 cm Tiefe ausgeführt.

[1] *Brassica rapa rapifera.* [2] *Brassica napus rapifera.*

Aus den Durchschnittszahlen des Wasserverbrauchs erhellt, daß die untersuchten Unkräuter 5,37 g Wasser je g der Gesamtmasse und 6,57 g der oberirdischen Masse verbrauchten, während die untersuchten Nutzpflanzen nur einen Verbrauch von 2,42 bzw. 3,2 g, also weniger als die Hälfte aufwiesen.

Aus diesen Zahlen ergibt sich jedoch, daß auch die Nutzpflanzen reichlichen und gleichmäßigen Zufluß an Bodenfeuchtigkeit verlangen, deren Vergeudung also möglichst auch durch Unterdrückung des Unkrauts gesteuert werden muß.

Tabelle 4. Untersuchung des Wassergehaltes einiger Nutzpflanzen und Unkräuter.

Pflanzengattung	Pflanzenzahl	durchschnittliche Pflanzenhöhe cm	Pflanzengewicht in kg			Durchschnittsgewicht der oberirdischen Pflanzenteile in g	Wasserverbrauch			Verhältniszahlen, bei Hafer als Einheit
			oberirdische Teile	unterirdische Teile	Gesamtgewicht		Gesamtverbrauch in g	je g der gesamten Pflanzenmasse	je g der oberirdischen Pflanzenmasse	
Hafer	3	65	0,012	0,004	0,016	4,00	70	4,38	5,83	1,00
Gerste	3	43	0,010	0,003	0,013	3,33	50	3,85	5,00	0,86
Weizen	4	70	0,023	0,007	0,030	5,75	90	3,00	3,91	0,67
Früherbsen	3	40	0,022	0,003	0,025	7,33	50	2,00	2,27	0,39
Graue Erbsen	3	64	0,029	0,004	0,033	9,66	90	2,73	3,10	0,53
Pferdebohnen	3	59	0,107	0,025	0,132	35,66	150	1,15	1,40	0,24
Kartoffeln	1	50	0,256	0,355	0,611	256,00	350	0,57	1,37	0,23
Weiße Rüben (Turnips)	1	15	0,110	0,067	0,177	110,00	300	1,69	2,73	0,47
Carduus crispus . . .	1	68	0,046	0,009	0,055	46,00	120	2,18	2,61	0,45
Matricaria inodora . .	3	5	0,012	0,003	0,015	4,00	100	6,67	8,33	1,43
Sinapis arvensis . . .	3	36	0,026	0,002	0,028	8,66	130	4,64	5,00	0,86
Spergula arvensis . .	3	15	0,005	0,001	0,006	1,66	60	10,00	12,00	2,06
Stachys paluster . . .	3	27	0,022	0,031	0,053	7,33	110	2,07	5,00	0,86
Polygonum persicaria	3	24	0,021	0,002	0,023	7,00	150	6,52	7,14	1,22
Thlaspi arvense . . .	3	30	0,006	0,001	0,007	2,00	60	8,57	10,00	1,72
Chenopodium album .	3	32	0,040	0,004	0,044	13,33	100	2,27	2,50	0,43
Durchschnittlicher Wasserverbrauch der Kulturpflanzen								2,42	3,20	0,55
„ „ „ Unkräuter								5,37	6,57	1,13

5. Herabsetzung der Bodenwärme.

In enger Verbindung mit der starken Transpiration des Unkrautes steht seine Fähigkeit, die Wärme des Ackerbodens herabzusetzen. Diese Herabsetzung der Bodenwärme ändert sich mit Art und Wachstumskraft der Unkräuter und kann oft recht beträchtlich sein. Wollny fand während eines Zeitraumes von 6 Tagen bei regelmäßigen, vierstündigen Messungen in 10 cm Tiefe die in Tabelle 5 angegebenen Wärmegrade.

Tabelle 5. Temperaturen in °C in bebautem reinem und verunkrautetem Acker.

	Weiße Rüben (Turnips)		Kartoffeln		Bohnen		Mais	
	mit Unkraut	ohne Unkraut	mit Unkraut	ohne Unkraut	mit Unkraut	ohne Unkraut	mit Unkraut	ohne Unkraut
°C	17,47	21,46	17,67	20,66	18,75	20,09	18,42	20,77
Herabsetzung °C.	3,99		2,99		1,34		2,35	

Man ersieht den großen Wärmeunterschied in verseuchtem und in unkrautreinem Acker. Der erwähnte Versuch zeigt, daß das Unkraut die Bodenwärme durchschnittlich um 2,67° C herabgesetzt hat.

Einige norwegische Versuche, die bei wechselndem, meist regnerischem Wetter vom 10. bis zum 20. August ausgeführt wurden, zeigten das in Tabelle 6 angeführte Ergebnis.

Die Messungen zeigen bei Versuchsreihe 1, 2 und 3 eine durchschnittliche Herabsetzung von 0,8° C in 10 cm und 0,77° C in 20 cm Tiefe, bei Versuchsreihe 4 von 1,05° C.

Tabelle 6. Temperatur in °C in bebautem reinem und verunkrautetem Acker.

Versuchsreihe Nr.	Reifendes Sommerkorn						Anzahl vorgenommener Versuche
	Gemessen in 10 cm Tiefe			Gemessen in 20 cm Tiefe			
	Acker ohne Unkraut	Acker mit Unkraut	Unterschied °C	Acker ohne Unkraut	Acker mit Unkraut	Unterschied °C	
1. durchschnittlich	14,4	13,6	—0,8	12,6	11,9	—0,7	160
2. „	15,3	14,5	—0,8	13,2	12,4	—0,8	160
3. „				13,7	13,0	—0,7	80
	Wurzelfrüchte			Kartoffeln			
	Gemessen in 10—20 cm Tiefe			Gemessen in 10—20 cm Tiefe			
4. „	18,23	18,87	—0,67	17,51	18,98	—1,47	224

Die mittlere Temperatur war während der Messungen 13,6 bzw. 21,39° C. Daß die Bodenwärme während der zuletzt erwähnten Versuche keine auffälligeren Unterschiede zeigt, liegt wahrscheinlich an der weniger günstigen Witterung und Jahreszeit.

Kann auch der eigentliche Grund der Wärmeherabsetzung in verunkrautetem Acker zum Teil auf Beschattung der Erde durch die Unkräuter beruhen, so scheint die wichtigste Ursache doch immerhin die starke Wärmebindung durch Transpiration zu sein.

Auch muß hier beachtet werden, daß die chemischen Vorgänge in der Erde, bei denen Pflanzennährstoffe frei werden, wie auch die Aufnahme dieser Nährstoffe durch die Pflanze bei hoher Temperatur lebhafter und schneller als bei niedriger stattfinden. Darum muß man auch mit einer zeitweilig recht beträchtlichen Herabsetzung des Wachstums der Nutzpflanzen durch die starke Transpiration des Unkrauts und die sich daraus ergebende Einbuße an Bodenwärme rechnen.

6. Störung von Entwicklung und Reife der Nutzpflanzen.

Die durch Nahrungs-, Feuchtigkeits-, Platz- und Lichtentzug beeinträchtigte Entwicklung der Nutzpflanzen macht sich auch durch ungleichmäßiges Wachstum und Reifen der Frucht und somit durch geringeren Ernteertrag geltend.

7. Förderung von Pilz- und Insektenangriffen.

Die Unkräuter bewirken vielfältige und lästige Krankheitserscheinungen der Garten- und Ackerfrüchte und führen dadurch Ertragsverluste herbei oder stellen den Ertrag bisweilen sogar gänzlich in Frage.

a) Pilzangriffe[1, 2].

1. *Sinapis arvensis*, *Sinapis alba*, *Raphanus raphanistrum*, *Brassica campestris*, *Capsella bursa pastoris* u. a. kreuzblütige Unkräuter beherbergen an Schmarotzerpilzen die Kohlhernie (*Plasmodiophora brassicae*, Abb. 20, 21), den weißen Rost (*Cystopus candidus*) und den falschen Mehltau der Kruziferen (*Peronospora parasitica*). Bei den beiden letzten Krankheiten kommen eine ganze

[1] Mitgeteilt vom Staatsmykologen Jørstad.

[2] Einiges Schrifttum über Pilzkrankheiten: Höstermann und Noack: Lehrbuch der pilzparasitären Krankheiten, Bln. 1923. Eriksson, Jakob: Die Pilzkrankheiten der Kulturgewächse. 2. vollständig neu bearbeitete Aufl. Stuttgart 1927. — Ravn, Kölpin: Smitsomme Sygdomme hos Landbrugsplanterne, 2. utg. Kbh. 1922. — Rostrup: Sygdomme hos Landbrugsplanter foraarsaget av Snyltesvamper, 2. utg. — Rostrup, E.: Plantepatologi. Kbh. 1902.

Reihe biologischer Pilzrassen vor, so daß nicht jede auftretende Form ohne weiteres vom Unkraut auf die angebauten Kreuzblütler überzugehen braucht.

2. Unsere beiden wildwachsenden *Solanum*-Arten (*S. nigrum* und *S. dulcamara*) können dem gefährlichen Kartoffelkrebs (*Synchytrium endobioticum*) als Wirte dienen.

3. *Tussilago farfara* beherbergt die Äzidien des Rispengrasrostes (*Puccinia poarum*), deren Sommer- und Wintersporen sich auf den Poaarten finden.

4. Auf *Tussilago farfara* wie auf *Senecio, Sonchus, Campanula, Euphrasia, Melampyrum* und einzelnen anderen Arten zeigen sich Sporen (*Coleosporium*)

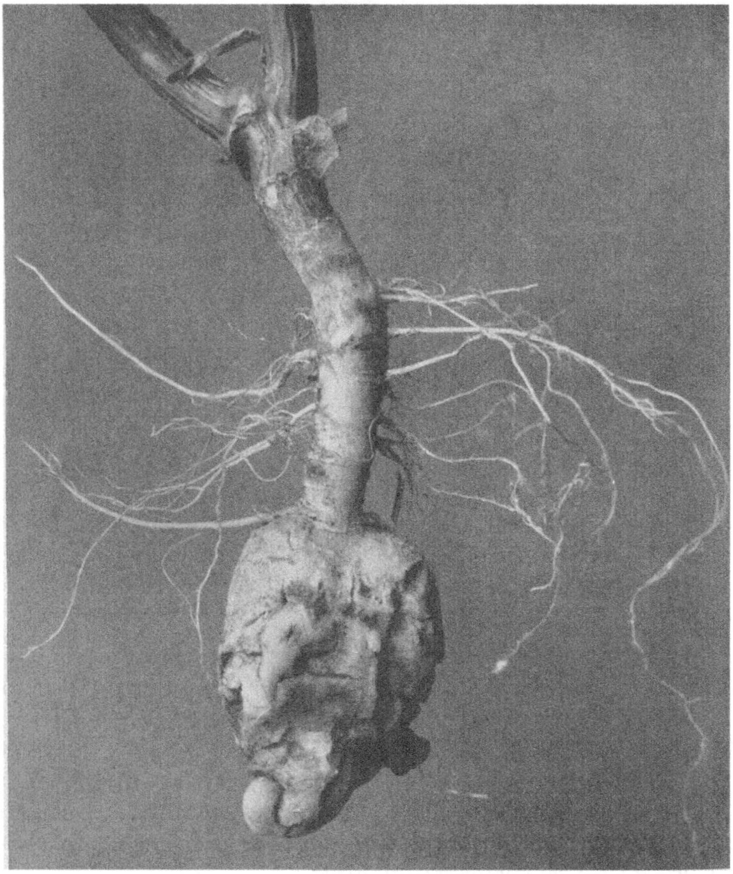

Abb. 20. Von Kohlhernie (*Plasmodiophora brassicae*) angegriffene Wurzel von *Sinapis arvensis*. Nat. Gr. Eig. Aufn.

des Nadelblasenrostes (*Peridermium pini α acicola*) der Kiefer im Sommer- und Winterstadium, die jungen Kiefernpflanzungen jedenfalls lästig werden können (Abb. 22).

5. Mehrere *Ranunculus*-Arten (*Ranunculus repens, auricomus, ficaria* u. a.) beherbergen die Äzidien zweier Rostarten (*Uromyces poae* und *dactylidis*), die auf *Poa* bzw. *Dactylis glomerata* auftreten. Keine der beiden verdient jedoch besondere Beachtung.

6. Die Berberitze (*Berberis vulgaris*) beherbergt die Äzidien des Schwarzrostes (*Puccinia graminis*), die außer einer Reihe von Grasarten unsere gesamten Getreidearten befallen.

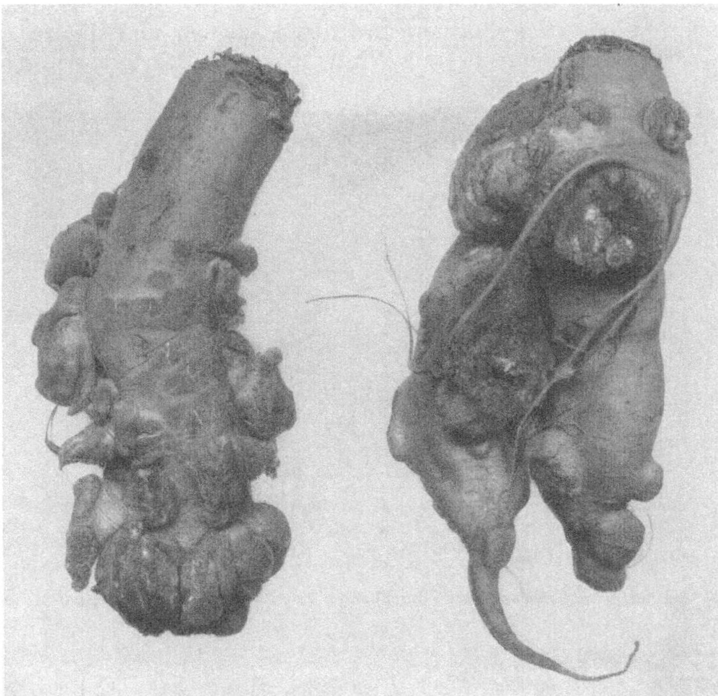

Abb. 21. Von Kohlhernie (*Plasmodiophora brassicae*) angegriffene Rübenwurzeln. Etwa $^1/_6$ nat. Gr. Eig. Aufn.

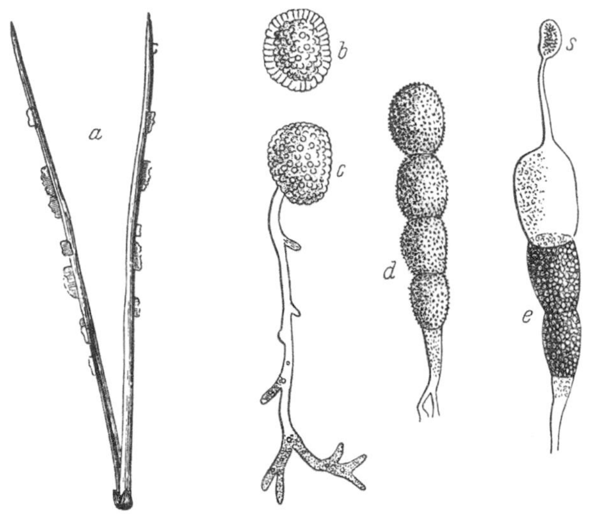

Abb. 22. Vom Nadelblasenrost der Kiefer (*Coleosporium senecionis* = *Peridermium pini*) angegriffene Kiefernnadeln. *a*, Kiefernnadeln mit Äzidien; *b*, Äzidienspore; *c*, keimende Äzidienspore; *d*, eine Uredosporenkette; *e*, Uredospore, oben mit junger Basidiospore (*s*). *b*—*e* etwa 315fach vergr. Nach Rostrup.

7. *Triticum repens* wird vom Schwarzrost (*Puccinia graminis*), Gelbrost (*Puccinia glumarum*) und Kronenrost (*Puccinia coronifera*) heimgesucht. Von allen diesen kommen besondere biologische Rassen vor, so daß die Formen auf *Triticum repens* nicht immer andere Gräser, bzw. Getreide anstecken. Doch scheint der an Roggen und Gerste vorkommende Schwarzrost mit dem an Quecke, *Triticum repens,* auftretenden identisch zu sein (Abb. 23, 25).

8. *Anchusa arvensis* und *Anchusa officinalis* tragen die Äzidien vom Braunrost des Roggens (*Puccinia dispersa*), ohne jedoch für den Roggenbefall in erster Linie verantwortlich zu sein, da sich dieser Rost von Jahr zu Jahr auch ohne Äzidien zu halten vermag.

9. *Urtica dioica* trägt dieselben Äzidien, die auf Stachelbeeren, selten auf Johannisbeeren bösartige Formen annehmen können und die zu der Rostart *Puccinia caricis* mit Sommer- und Wintersporen an Riedgräsern gehören.

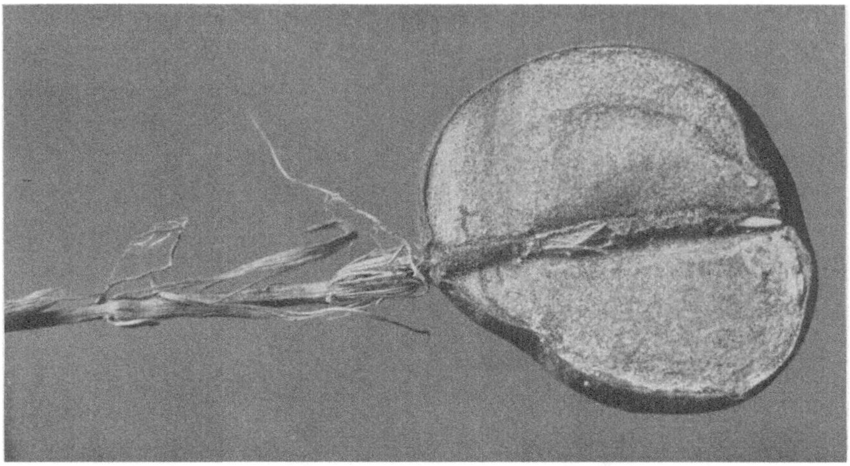

Abb. 23. Ausläufer von *Triticum repens* durchbohren eine Kartoffelknolle. Etwa nat. Gr. Eig. Aufn.

Abb. 24. Auf $^1/_4$ qm Ackerboden gefundene Ausläufer von *Tussilago farfara*. Eig. Aufn.

10. An Wickenarten wie *Vicia sepium* und *V. cracca*, sowie an einigen anderen wildwachsenden Leguminosen kommt der Rostpilz *Uromyces fabae* vor, der auch Erbsen und Pferdebohnen angreift. Auch von dieser Rostart gibt es mehrere biologische Rassen, von denen die meisten wahrscheinlich auch Erbsen angreifen.

11. Die den Gartenformen der Gattung *Malva* (Malven, „Stockrosen" usw.) sehr schädliche Rostart *Puccinia malvacearum* findet sich nicht selten an unseren wilden Malvenarten wie *Malva neglecta* und *borealis*.

12. Ein Teil unserer wilden Doldenblütler, *Aegopodium podagraria, Anthriscus silvestris* u. a. beherbergen den falschen Mehltau der Umbelliferen (*Plasmopara nivea*), der auch Pastinak, Sellerie, Petersilie und Möhren angreift.

13. Eine ganze Reihe von Korbblütern, *Senecio, Sonchus, Tragopogon* u. a. sind Wirtspflanzen eines falschen Mehltaus (*Bremia lactucae*), der auf Salatpflanzen bösartige Formen annehmen kann.

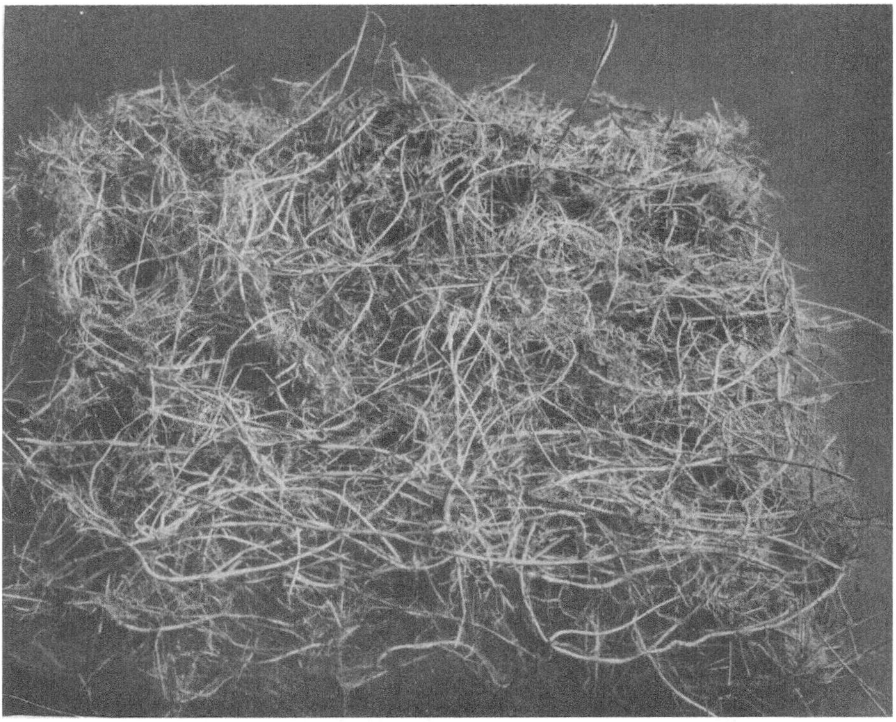

Abb. 25. Unterirdische Organe von *Triticum repens*, gefunden auf $^1/_4$ qm stark verseuchter Weide. Eig. Aufn.

14. Der falsche Mehltau der Hülsenfrüchte (*Peronospora viciae*) befällt Erbsen und Futterwicken, sowie mehrere wildwachsende Leguminosen, darunter besonders *Vicia cracca*.

15. Der wilden Klee, Wiesenklee und Luzerne angreifende falsche Mehltau (*Peronospora trifoliorum*) kommt auch auf *Medicago lupulina* und *Lotus corniculatus* vor.

16. An einer ganzen Reihe von Unkräutern gibt es Mehltauarten, besonders *Erysiphe polygoni* (= *E. communis*) und *cichoriacearum* sowie *Sphaerotheca humuli*, die Erbsen, Klee, Kohlarten, Gurken, Kürbis, Hopfen, Erdbeeren und viele andere Nutzpflanzen, ferner Zierpflanzen, wie Akelei (*Aquilegia vulgaris*), Rittersporn, Aschenblume (*Cineraria*) u. a. angreifen. Diese Mehltauarten sind sicher in viele biologische Rassen gespalten. HAMMARLUND[1] stellte bei *Erysiphe*

[1] HAMMARLUND, C.: Zur Genetik, Biologie und Physiologie einiger Erysiphaceen. Hereditas VI. 1925. 126 S.

communis allein 26 „formae speciales“ oder Biotypen fest und prüfte bei mehreren die Konstanz ihrer Wirtswahl.

17. Die Quecke, *Triticum repens*, wird vom Getreidemehltau (*Erysiphe graminis*) und von Mutterkorn (*Claviceps purpurea*) angegriffen, die beide außer an Getreidesorten auch an einer Reihe von Wiesengräsern vorkommen. Diese schmarotzenden Pilze treten ebenfalls in mehreren biologischen Rassen auf.

18. Die Braunbakteriose der Kohlsorten (*Pseudomonas campestris*) greift auch die kreuzblütigen Unkräuter an, deren Unterdrückung darum ein wichtiges Mittel zur Bekämpfung dieser Krankheit ist.

b) Insektenangriffe[1].

Die Schädigung der landwirtschaftlichen Nutzpflanzen durch Insekten kann durch das Vorhandensein von Unkräutern gesteigert werden.

1. Kreuzblütige Unkräuter werden von mehreren Insekten besiedelt, z. B. Erdflöhen (*Phyllotreta* bzw. *Haltica*), Rapsglanzkäfern (*Meligethes aeneus*), besonders auf *Sinapis arvensis*, Kohlgallenrüßlern (*Ceutorrhynchus pleurostigma*), dem großen Kohlweißling (*Brevicoryne* = *Pieris brassicae*), der Kohlschabe (*Plutella maculipennis*), der Kohlblattlaus (*Aphis brassicae*), der Kohlwanze (*Eurydema oleracea*), Kohlfliegenlarven (*Cortophila brassicae*) und in den Wurzeln von anderen Fliegenlarven. Bei mehreren dieser Insekten gilt es als feste Regel, daß sie ihre erste Generation an kreuzblütigen Unkräutern entwickeln und Eier auf ihnen ablegen. Die folgenden Generationen suchen dann die angebauten Kohlpflanzen heim.

2. *Chenopodium*- und *Atriplex*-Arten dienen mit zum Unterhalt der Runkelfliege (*Pegomyia hyoscyani*) und eines Schildkäfers (*Cassida nebulosa*), von denen die erste in den Blättern der Futter- und Zuckerrüben miniert, während der letzte die Blätter durchlöchert. Von anderen Rübenschädigern seien zwei Rüsselkäfer, der Hohlrüßler, *Cleonus sulcirostris*, und der Derbrüßler, *C. punctiventris*, hier erwähnt; der erste lebt auch auf *Carduus* und *Cirsium*, der letzte (namentlich im Rübenbau Südrußlands und Ungarns gefürchtet) auch auf *Polygonum* und wilden Chenopodiaceen.

3. *Rumex, Ranunculus, Capsella, Chenopodium, Urtica, Cirsium* und einige andere Unkräuter sind Wirtspflanzen der Bohnenlaus (*Aphis rumicis*), welche einer Reihe von Nutzpflanzen darunter Rüben, Erbsen, Bohnen, Klee, Mohn, Rhabarber und Birne schaden kann. Auf Schilfrohr (*Phragmites communis*) setzt die an *Prunus* lebende Blattlaus *Hyalopterus pruni* im Vorsommer ihre Jungen ab, um im Herbst auf *Prunus* zurückzuwandern. Die auf Umbelliferenunkräutern (*Carum, Heracleum* usw.) und Weide (*Salix*) lebende Blattlaus *Siphocoryne capreae* geht auf Möhre (*Daucus*) über. Wolfsmilch (z. B. *Euphorbia lathyris*) und Amarant (*Amarantus retroflexus*) sind Wirtspflanzen der Bohnenerdlaus *Tullgrenia* (*Tychea*) *phaseoli*, welche außer dem Wurzelsystem von Bohnen und Kohlpflanzen auch das der Kartoffel, sowie deren Knollen befällt. Wildgräser kommen

---

[1] Vom Staatsentomologen SCHÖYEN und Regierungsrat Dr. H. WOLLENWEBER mitgeteilt:

Lit.: SCHÖYEN, W. M.: Zoologi for landbruksskolen, 2. utg. Kristiania 1919. — SCHÖYEN, T. H.: Skadeinsekter på landbruksplanterne. Kristiania 1921. — ROSTRUP, SOPHIE: Vort landbrugs skadedyr bland Insekter, 4. utg. Kjöbenhavn 1928. — TÜLLGREN: Kulturväxterna och djurvärlden. Stockholm 1929. — TÜLLGREN och WAHLGREN: Svenska Insektor. Stockholm 1922. — KALTENBACH, J. H.: Die Pflanzenfeinde (Insekten). Stuttgart 1874. — GOOT, P. VAN DER: Beiträge zur Kenntnis der holländischen Blattläuse. Berlin 1915. — REUTER, ENZIO: Über die Weißährigkeit der Wiesengräser in Finland. Helsingfors 1900. — JABLONOWSKI, J.: Die tierischen Feinde der Zuckerrübe. Budapest 1909.

ebenso wie Nutzgräser (Hafer, Lolch usw.) als Wirtspflanzen für die Ulmen-Blattgallenlaus *Tetraneura ulmi* in Betracht.

4. Auf einer Reihe doldenblütiger Unkräuter entwickeln sich die Larven der Möhrenfliege (*Psila rosae*). Auf Kümmel (*Carum*) lebende Raupen des Schwalbenschwanzes, *Papilio machaon*, schädigen auch Möhre (*Daucus*) und andere Nutzpflanzen.

5. Auf korbblütigen und anderen Unkräutern gedeiht der Rainfarnblattkäfer (*Adimonia tanaceti*), der in Massen auftritt und Wiesengräser, Klee, Kartoffeln, Rüben und andere Nutzpflanzen heimsucht. Auf Karde (*Dipsacus, Carduus*), Schierling (*Conium*), Klette (*Lappa*), Brennessel (*Urtica*) usw. leben Raupen der Gammaeule, *Plusia gamma*, die aber auch Flachs, Erbse, Kohlarten, Kartoffel, Klee u. a. heimsuchen. Distel (*Cirsium*), Ampfer (*Rumex*), Winde (*Convolvulus*) u. a. werden von Raupen der Erbseneule, *Mamestra pisi*, befressen, die außerdem Erbse, Bohne, Kartoffel, Klee usw. schädigt.

6. *Sonchus* ist die zweite Wirtspflanze der wirtwechselnden Johannisbeerblattlaus (*Rhopalosiphum ribis*); *Urtica dioica* ist Hauptwirtspflanze der Nessellaus *Aphis urticaria*, die aber auch auf wilden Malven (*Malva rotundifolia*) lebt und auf Himbeere und Brombeere übergeht.

7. *Triticum repens* dient der Grasmilbe (*Pediculoides graminum*) als Brutstätte, die ein häufiger Grund der Kahlheit und Weißährigkeit von Wiesengräsern und gelegentlich auch Getreidearten ist. Auf Quecken leben außer der Grasmilbe noch andere, mehr oder minder Weißährigkeit auch an Wiesengräsern bzw. Getreide bewirkende Insekten, z. B. die Laufmilbe, *Tarsonemus culmicolus*, Gallmilben, *Eriophyes cornutus* und *tenuis*, Wicklerraupen (*Tortrix paleana*) und Nachtfalterraupen (*Hadena secalis*); Raupen von *Hadena basilinea* fressen an Haargras (*Elymus arenarius*), aber auch an Weizen und Roggen. Verschiedene Wildgräser sind auch Wirtspflanzen der auf Wiesengräser und Getreide übergehenden Thripse (*Thrips, Aptinothrips* u. a.).

8. Klette (*Lappa*), Karde, Distel, Kreuzkraut, Fingerhut werden von den in Stengeln und Wurzeln lebenden Raupen des Falters *Gortyna ochracea* befressen, der aber auch auf Kartoffel übergeht. Auf Melde, Schachtelhalm, Ampfer, Pestwurz, Rohrkolben (*Typha*), Gräsern (*Glyceria, Carex*) usw. in Wurzelstock und Wurzeln lebende Raupen des Falters *Hydroecia micacea* gehen ebenfalls auf Kartoffel über.

9. Auf Wicken und anderen wildwachsenden schotenfrüchtigen Pflanzen bzw. Unkräutern lebt die Raupe des Wicklers *Laspeyresia* (= *Grapholita*) *dorsana*, der auch Erbsen und Klee schädigt.

Bei Bekämpfung dieser den Kulturpflanzen schädlichen Insekten ist die Tatsache zu beachten, daß der Wechsel von Brache, Sommer- und Wintersaat nur dann die erhoffte Wirkung hat, wenn der Boden von allen Unkrautpflanzen, die das Gedeihen der Parasiten begünstigen, vollkommen befreit wird.

8. Verunreinigung und Durchsetzung der Ackerkrume mit Ausläufern.

Als Belege dieser Tatsache bringt Tabelle 7 einige Angaben über beobachtete Mengen von unterirdischen Teilen einiger wurzelwandernder Unkrautarten. Die Beobachtungen sind auf Erdflächen von durchschnittlich 1 qm Größe vorgenommen und je ha berechnet. Es handelt sich um norwegische Untersuchungen, die unmittelbar nach der Ernte vorgenommen wurden. Der Unkrautbestand der untersuchten Felder mußte als verhältnismäßig groß oder doch jedenfalls als über dem Durchschnitt liegend bezeichnet werden.

Wo wurzelwandernde Unkräuter bei extensiver Wirtschaft im Kulturboden überhandnehmen, wird es nötig sein, die Brache einzuschalten, um ihn wieder

Tabelle 7. Übersicht über den Bestand an unterirdischen Teilen wurzelwandernder Unkräuter im Ackerboden.

Nutzpflanzenart, Gruppe usw.	Bodenart	Unkrautart	Unkrautausläufer und -knollen					
			je qm			je ha		
			Gewicht in g	Länge in m	Anzahl vegetativer Knospen	Gewicht in kg	Länge in m	Anzahl vegetativer Knospen
Gerste	Lehmboden	*Sonchus arvensis*	1008	76,0	16 609	10 080	760 000	166 090 000
Vernachlässigte Brache . . .	Humus . . .	*Cirsium arvense*	158	8,15	526	1 580	81 500	5 260 000
Hackfrüchte .	tiefer Humus	*Tussilago farfara*	1524	170,0	2 596	15 240	1 700 000	25 960 000
Gerste	sandiger und lehmiger Humus . .	*Polygonum amphibium* .	1114	60,0	910	11 140	600 000	9 100 000
Hafer.	Sandboden .	*Epilobium angustifolium*	960	29,6	318	9 600	296 000	3 180 000
3jährige Wiese	lehmiger Humus . .	*Triticum repens*	2890	495,0	25 979	28 900	4 950 000	259 790 000
Alte Dauerwiese	lockerer, feiner Humus.	*Aegopodium podagraria*. .	3200	200,0	6 000	32 000	2 000 000	60 000 000
Hafer	sandiger Humus. . .	*Stachys paluster*	1079	Knollenzahl je qm 528	7 009	10 790	Knollenzahl je qm 5 280 000	70 090 000

ertragsfähig zu machen. Das bedeutet für jede Brache den Ertragsverlust eines Jahres außer unmittelbaren Ausgaben für die Brachlegung. Da aber die Ausläufer mehrerer Unkrautarten, ganz besonders die von *Triticum repens* und *Agrostis stolonifera*, eine starke Verfilzung des Bodens bewirken, wird die Bearbeitung in solchem Falle umständlich und kostspielig, selbst wenn die Brachlegung vermieden werden könnte (Abb. 25, 354 und 356).

9. Ihre Lebensweise als Schmarotzer.

Mehrere Unkräuter wirken dadurch schädlich, daß sie den Nutzpflanzen Nahrung entziehen. Halbschmarotzer wie *Rhinanthus* greifen die unterirdischen Teile ihrer Wirte an, bohren ihre Saugwarzen (Haustorien) in das saftführende Zellgewebe der Wurzeln (von Grasarten) und entnehmen den Wirten so ihre Nahrung. Schmarotzer, wie die *Cuscuta*-Arten, leben ganz von und auf den sie bewirtenden Pflanzen, deren oberirdische Teile sie befallen.

10. Vergiften der Ernte.

Einige Unkrautarten wie *Agrostemma githago, Lolium temulentum, Hyoscyamus niger, Veratrum album, Paris quadrifolia, Aconitum septentrionale* und *napellus, Equisetum palustre, Euphorbia*-Arten, *Cicuta virosa, Conium maculatum, Colchicum autumnale* und andere Arten sind durchaus giftig, während *Ranunculus*-Arten, *Caltha palustris* u. a. stark narkotische Eigenschaften haben, durch welche die in frischem Zustande genossenen Pflanzen Störungen im tierischen Organismus hervorrufen.

11. Herabsetzung des Ertragswertes

als Nutz- wie als Handelsgut, worüber Abschn. 7 berichtet.

12. Beeinträchtigung des äußeren Eindrucks.

Landwirtschaftliche Betriebe mit stark verunkrauteten Schlägen werden bei Einschätzungen und geschäftlichen Abschlüssen geringer bewertet als solche, die in dieser Hinsicht keine Mängel aufweisen.

Dritter Abschnitt.

Fortpflanzungs- und Verbreitungsweise der Unkräuter.

A. Fortpflanzungsweise.

In der Regel vermehren sich alle bodenständigen Unkräuter ausschließlich durch Samen. Bei ein- und zweijährigen Arten ist jede andere Vermehrungsweise ganz ausgeschlossen. Das gleiche gilt auch für die mehrjährigen bodenständigen Arten, sofern nicht bei der Bearbeitung oder beim Transport von Boden, der mit Unkräutern dieser Gruppe durchsetzt ist, wachstumsfähige Wurzelteile losgelöst werden. Einige mehrjährige, bodenständige Arten sind nämlich bei Beschädigung oder Trennung imstande, sich durch vegetative Knospen an den unterirdischen Teilen fortzupflanzen. Beispiele dieser Art sind *Barbaraea vulgaris, Rumex domesticus* und *crispus, Taraxacum officinale, Symphytum officinale, Melandrium*-Arten, *Silene inflata, Bunias orientalis* u. a. Im allgemeinen hat diese Art der Vermehrung keine nennenswerte praktische Bedeutung[1].

Wurzelwandernde Unkräuter (Wurzelunkräuter) vermehren sich während ihres Wachstums sowohl durch Samen, als auch auf vegetativem Wege. Die Fortpflanzung durch Samen geschieht wie bei den übrigen Gruppen, während sich die vegetativ vermehrenden Arten durch unterirdische Stengelknollen, Zwiebeln oder ober- bzw. unterirdische Ausläufer fortpflanzen.

B. Verbreitungsweise.

Die Mittel und Wege der Verbreitung der Unkräuter sind verschieden, je nach Vorkommen und Lebensweise derselben, sowie nach ihrer Fähigkeit, mehr oder minder selbständig dabei mitzuwirken. Sehr abhängig ist der Umfang der Verbreitung des Unkrautes auch von der Art und Wachstumszeit der Nutzpflanzen, unter denen es Boden gewinnt, namentlich von der Frage, ob den verschiedenen Unkräutern noch vor der Ernte Gelegenheit zur Aussamung gegeben wird.

I. Samenverbreitung.

Die meisten Unkrautarten im Nutzboden verbreiten sich ausschließlich durch Samen (vgl. Abschn. 1 A 1 und 2). Immerhin gibt es nicht wenige Arten dieser im Acker und Garten unerwünschten Pflanzen, die sowohl durch Samen als auch auf vegetativem Wege um sich greifen (vgl. Abschn. 1 A 3).

Die Verbreitung durch Samen geschieht durch:

1. Unreines Saatgut.

a) Saatkorn.

Durch Saatkorn werden Mengen von Unkrautsamen auf den Äckern verstreut. Mangelnde Sorgfalt bei der Reinigung des Saatgutes hinterläßt besonders

[1] *Symphytum officinale* hat immerhin so zerbrechliche Wurzeln, daß sie bei Bearbeitung des Ackers durch Hacken u. ä. meistens leicht abbrechen. Aus diesen Gründen kann sich die Pflanze durch losgerissene Wurzelteile, die sich alle vegetativ vermehren und sehr schnell Wurzeln und Laubsprosse entwickeln, leicht verbreiten.

große Mengen von Unkrautsamen und steigert damit auch die Verbreitungsgefahr. Mit dem Saatgut wandern auch nicht selten die neuen Unkrautarten aus fremden Ländern oder Landesteilen ein. Trotz der technischen Möglichkeit einer vollständigen und gründlichen Reinigung des Saatgutes mit modernen Reinigungsmaschinen wird noch immer und leider gar nicht so selten unreines Saatgut verwendet.

Beispielsweise enthielt eine zufällig herausgegriffene Gerstenprobe 2,41% Unkrautsamen; insgesamt fanden sich dabei die Samen von 13 verschiedenen Unkräutern, darunter 7 einjährigen, 1 winterannuellen, 1 zweijährigen, 1 bodenständigen perennierenden und 2 mehrjährigen wurzelwandernden Arten mit einer Gesamtmenge von 10767 Samen je kg der Probe. Bei einer Aussaat von 180 kg je ha würden dem Acker in diesem Falle je qm 193, je ha also 1930000 Unkrautsamen zugeführt worden sein.

b) Wiesensamen (Grassamen).

Besonders geringeres und schlecht gereinigtes Wiesen-Grassaatgut ist im allgemeinen stark von Unkrautsamen durchsetzt, deren Menge mit Samenart und Verunreinigungsgrad wechselt. Die Zahlenangaben in Tabelle 8 über Unkrautsamen in Wiesensämereien des Handels gehen auf diese Verhältnisse näher ein.

Tabelle 8. Untersuchungen über Unkrautsamengehalt einiger Wiesensamenproben.

Lfd. Nr. der Probe	Gehalt des Wiesensamens an Unkrautsamen in %	Anzahl der Unkrautsamen je kg des Wiesensamens	Anzahl der Unkrautsamen bei Aussaat von 30 kg je ha
1	0,19	1 381	41 420
2	0,86	24 500	735 000
3	1,16	46 000	1 380 000
4	1,51	31 000	930 000
5	7,90	182 000	5 460 000
6	9,66	249 200	7 476 000
7	15,44	548 500	16 455 000
8	16,27	424 000	12 720 000

Die Beteiligung der verschiedenen Unkrautarten mit ihren Samen an dieser Verunreinigung wird dadurch gekennzeichnet, daß sich unter den auf Tabelle 8 vermerkten Mengen die Samen von 4 einjährigen, 3 zweijährigen, 14 mehrjährigen, bodenständigen und 6 wurzelwandernden Unkräutern befinden; die entsprechenden Zahlen sind in der siebenten und in der achten Gruppe 3, 3, 5 und 4 bzw. 2, 3, 4 und 3. Die Keimfähigkeit (Gebrauchswert) des Grassamens war in den Gruppen 6, 7 und 8 38,80, 75 bzw. 67,6%.

Aus diesen Mitteilungen ergibt sich, daß selbst ein verhältnismäßig niedriger Prozentsatz an Unkrautsamen verhältnismäßig starke Verbreitung verursacht. So sehen wir, daß Wiesensamen, der nur 0,19% Unkrautsamen enthält, bei Aussaat von 30 kg auf einem ha 41430 Unkrautsamen verbreitet.

Mit steigendem Gehalt der Wiesensaat an Unkrautsamen sinkt ihr Gebrauchswert prozentual.

Wird ein Acker mit ungeprüftem Grassaatgut eingesamt, so zeigt sich allgemein, daß die Wiese im ersten Jahre dünn und völlig verunkrautet ist, und man kann schließlich nichts anderes erwarten, wenn man beachtet, welche Mengen von Unkrautsamen sich oft in solchen Sämereien befinden.

Über die Verteuerung des Saatgutes infolge des sinkenden Gebrauchswertes gibt Abschn. 6 A, II b nähere Auskunft.

2. Samenausfall am Standort beim Ernten und Einfahren.

Ein Teil der auf den Wiesen heimischen Unkräuter, wie *Bromus mollis, Taraxacum officinale, Myosotis arvensis* u. a. kommt immer, selbst bei früher Heuernte zur Reife; auf Wiesen, die bis zur Samenernte stehen, reifen alle vorkommenden Unkrautarten.

Obwohl auf der Wiese besonders bei später Ernte immer einiger Same ausfallen wird, geschieht doch die stärkste Verbreitung durch Ausfall auf Äckern und beim Einfahren. Die Verbreitung von Unkrautsamen nimmt dabei mit der Verunreinigung der Ernte zu. Wenn Hackfruchtfelder während des Wachstums der Frucht nicht vom Unkraut befreit werden, erlangen die Unkrautsamen noch vor der Ernte vollkommene Reife und werden dann bei der Ernte der Nutzfrüchte über den ganzen Acker verstreut (Abb. 26).

Abb. 26. Vernachlässigter, von überreifem *Cirsium arvense* überwucherter Acker. Der Wind führt die federkronentragenden, leicht verbreitbaren Samen zu Millionen über den bei der Herbstbestellung soeben gepflügten, rechts anstoßenden Acker. Eig. Aufn.

Aus einer Reihe von Beobachtungen und Untersuchungen hat sich zahlenmäßig ergeben, wieviel Unkräuter unter den verschiedenen Ackerfrüchten gewöhnlich zum Fruchten kommen. Durchschnittlich finden sich:

	je qm	je ha
bei Kartoffeln	22	220000
„ sonstigen Hackfrüchten . .	8—17	80000—170000
„ Sommerkorn	91	910000

3. Dreschabfälle.

Der beim Dreschen von Winter- und Sommerkorn ausgesonderte Abfall enthält stets große Mengen von hochreifen, wachstumsfähigen Samen vieler, besonders einjähriger, oft auch mehrjähriger, bodenständiger oder wandernder Unkrautarten.

Die Menge der Unkrautsamen im Abfall schwankt mit der Verunreinigung der Ernte von einigen wenigen bis zu über 90%. Die Keimfähigkeit dieser Samen ist durchweg gut, da sie meistens vollreif sind. Bei sechs Untersuchungsreihen norwegischen Abfalls zeigte sich ein Durchschnitt von 324229 Unkrautsamen je kg des Abfalls.

In einer anderen Reihe von 44 Untersuchungen norwegischer Abfallhaufen von reifem Sommerkorn fanden sich die Samen von durchschnittlich 14 (4—27) verschiedenen Unkrautarten; der Prozentsatz an Unkrautsamen belief sich auf 39,38 (0,2—88,2%), die Durchschnittszahl der Unkrautsamen je kg des Abfalls auf 69079 (16500—1734500).

Bei einer dritten Untersuchungsreihe, die zehn landwirtschaftliche Betriebe umfaßte, belief sich das Gewicht des Abfalls je ha auf 106,6 kg. Davon waren

Unkrautsamen . .	56,8 kg	oder	53,3%,
Kultursamen . .	31,0 ,,	,,	29,1% und
Spreu	18,8 ,,	,,	17,6%.

Die Prozentzahl des Unkrautsamens im Abfall entsprach in diesem Falle einer Samengesamtmenge von etwa 35 Millionen Unkrautsamen je ha. In dänischen Abfallproben fanden sich von 1400—493000 Unkrautsamen je kg des Abfalls[1].

4. Spreu.

a) Kornspreu.

Einige Untersuchungen ergaben bei 12 Haferernten je ha durchschnittlich 395 kg Spreu mit 50630 Unkrautsamen je kg und bei 4 Gerstenernten, gleichfalls je ha berechnet, 984 kg Spreu mit 43425 Unkrautsamen je kg. Nach diesen untersuchten Spreuproben müßte man gefaßt sein,

in Haferspreu	auf	19998850	Unkrautsamen je ha,
in Gerstenspreu	,,	42730200	,, ,, ,,

zu finden.

Eine zweite Untersuchungsreihe ergab durchschnittlich:

in 5 Proben Haferspreu . . .	40780,	
in 6 Proben Gerstenspreu . .	42560,	
in 2 Proben Weizenspreu . .	40300	und
in 1 Probe Mengkornspreu .	89500	Unkrautsamen

je kg der Spreu.

Die hier angeführten Untersuchungsergebnisse zeigen, daß die Spreu reifer Halmfrüchte sowohl bei Fütterung als auch bei Verwertung zum Streuen durch die stets darin befindlichen Unkrautsamen ein steter Verbreitungsherd dieser schädlichen Flora ist.

In einigen untersuchten Spreuproben von Körnerfruchternten in Dänemark (a. a. O.: S. 616—617) wurden je kg

in 4 Proben Haferspreu	durchschnittlich	7950,	
in 2 Proben Gerstenspreu	,,	4500,	
in 1 Probe Weizenspreu	,,	170000,	
in 1 Probe Mengkornspreu	,,	7800	Unkrautsamen

gezählt.

b) Spreu von Wiesensamen.

Wenn Kornspreu Unkrautsamen enthält, muß man auch in Wiesensamenspreu auf Beimengungen von Samen der auf der Wiese vorkommenden Unkräuter gefaßt sein. Diese Annahme wird durch Untersuchungen bestätigt. In einigen Spreuproben von Wiesensamen zeigten sich Samen von *Matricaria inodora*, *Ranunculus*-Arten, *Rumex*-Arten, *Spergula arvensis*, *Achillea*-Arten, *Leontodon autumnalis*, *Myosotis arvensis*, *Sonchus arvensis*, *Cerastium* sp., *Barbaraea vulgaris*, *Triticum repens* u. a., die einer Anzahl von 482 Körnern je kg entsprachen. Die

[1] Tidsskr. f. Landbr. Pl. avl. Bd. 17, S. 616.

Prozentzahl an Unkrautkörnern in dem von der Spreu gereinigten Wiesensamen war durchschnittlich 0,02[1].

Sechs andere untersuchte Spreuproben enthielten durchschnittlich 700 Samen je kg. Die Anzahl schwankte zwischen 0 und 4200.

Wenn auch die Unkrautbeimengung in diesen Fällen nicht besonders groß ist, so darf man sie doch nicht unbeachtet lassen, da die Unkräuter dieser Abfallprodukte vor allem den lästigen, mehrjährigen Arten angehören.

5. Heubodenkehricht.

Trägt die Wiese frühreifende Unkräuter, wie beispielsweise *Bromus mollis*, *Holcus lanatus* und *Taraxacum officinale*, oder findet die Heuernte erst nach der Blütezeit der Unkräuter statt, dann fällt im Heu viel reifer Unkrautsame aus. Bei Verfütterung des Heues gerät ein Teil davon in den Dünger, während sich der Rest allmählich unten auf dem Heuboden sammelt.

Dieser Heuabfall wird gewöhnlich verfüttert, als Streu oder anderweitig benutzt. Bei extensiver Wirtschaft wird er auch gelegentlich beim Anlegen neuer Wiesen zur Saat mitverwendet.

Der Heuabfall enthält meistens große Mengen von Unkrautsamen. Als Beispiel diene folgende Untersuchung einer Heuabfallprobe. Sie enthielt:

14,09% Kultursamen,
72,68% Abfall,
13,23% Unkrautsamen.

Insgesamt enthielt die Probe Samen von 13 verschiedenen Unkrautarten mit einer Gesamtmenge von 182500 Samen je kg des Abfalls, und zwar von *Rumex acetosella* 95500, *Bromus mollis* 15500, *Ranunculus repens* 12000, *Plantago lanceolata* 9500, *Cerastium* sp. 35000, *Taraxacum officinale* 500, *Luzula* sp. 1000, *Matricaria inodora* 1000, *Leontodon autumnalis* 1000, sowie von 4 einjährigen Unkrautarten insgesamt 11500 Samen.

6. Strohfutter.

Im Sommer- und Winterkorn und damit auch im Stroh dieser Getreidearten befinden sich immer Unkrautsamen. Durch den Futterhandel wird das Unkraut von Ort zu Ort verbreitet, während es beim Verfüttern durch den Erzeuger leicht in den Dünger der Haustiere übergeht und so wieder von neuem auf den eigenen Feldern verbreitet wird. Sowohl im Stroh als auch im Heu, besonders in solchem von spät geernteten Wiesen kommt Unkrautsame vor, der sich auf die eben erwähnte Art verbreitet.

7. Kleie.

Heile und keimfähige Unkrautsamen kommen in mehreren Kleiesorten vor, deren Verwendung die Unkrautverbreitung fördert, da der Same die Verdauungswege der Haustiere oft unbeschädigt durchläuft.

Von zehn untersuchten Sorten Roggenkleie waren sieben teilweise so stark verunreinigt, daß sie je kg 2300, 2340, 1700, 1200, 1040, 420 bzw. 80, d. h. durchschnittlich 1297 Unkrautsamen enthielten.

In sechs Proben fein gesiebten Mehles fanden sich je kg 6800, 6600, 3900, 3600, 680 bzw. 560, d. h. durchschnittlich 3690 unverletzte Unkrautsamen. In Gerstenkleie kamen 5320, in Roggenkleie 1000—1100 und in zwei Sorten Klebermehles 1400 bzw. 280, d. h. durchschnittlich 840 unverletzte Unkrautsamen je kg der Probe vor, die *Chenopodium album*, *Stellaria media*, *Polygonum convolvulus*, *Spergula arvensis*, *Erysimum cheiranthoides*, *Taraxacum officinale*, *Cirsium arvense* u. a. angehörten.

---

[1] KORSMO: Kampen mot ugrässet, 2. utg., S. 40.

8. Reinigungsabfälle von Großmühlenbetrieben.

In Großmühlen wird das Korn vor dem Mahlen gereinigt. Der dabei ausgeschiedene Abfall enthält eine beträchtliche Menge keimfähiger Unkrautsamen.

Abb. 27. Reinigungsabfälle aus Großmühlen als Unkrautverbreiter; Ertrag eines mit Mühlenabfällen eingesäten Versuchsbeetes, der wesentlich aus einjährigen Unkräutern besteht. Eig. Aufn.

Beispielsweise gehörten dem Unkrautsamengehalt von 13,72% einer solchen Abfallprobe folgende Samenmengen bestimmter Unkrautarten an:

Von	*Lepidium virginicum*	88200	Samen
,,	*Brassica lanceolata* und *campestris*	64600	,,
,,	*Sinapsis arvensis*	35600	,,
,,	*Thlaspi arvense*	9000	,,
,,	*Erysimum cheiranthoides*	1200	,,
,,	*Erysimum orientale*	6400	,,
,,	*Chenopodium album*	52600	,,
,,	*Polygonum persicaria*	800	,,
,,	*Polygonum lapathifolium*	600	,,
,,	*Euphorbia* sp.	200	,,
,,	*Barbaraea vulgaris*	400	,,
,,	*Potentilla* sp.	10800	,,
,,	*Melandrium album*	8400	,,
,,	*Rumex* sp.	400	,,
,,	*Rumex acetosa*	400	,,
,,	*Rumex acetosella*	1800	,,
,,	*Triticum repens*	1200	,,
,,	*Calamintha* sp.	600	,,

Von *Camelina* sp.	3600	Samen
„ *Verbena* sp.	200	„
„ *Sonchus arvensis*	400	„
„ *Echinospermum* sp.	400	„

Das sind also 22 Arten mit 287800 Unkrautsamen je kg des Mühlenabfalles. Dazu kommen noch 1000 Mutterkörner von *Claviceps purpurea*. Es handelt sich hier fast nur um ganz allgemein auftretende Unkräuter des Ackerbodens.

Die angeführten Untersuchungen zeigen, welche Unkrautmassen dem Boden bei Verwendung derartiger Abfälle besonders als Streu oder Düngerersatz zugeführt werden können (Abb. 27).

9. Dünger.

a) Frischer oder wenig vergorener Stalldünger.

Früher hat man angenommen, daß die Tiere Unkrautsamen vollständig verdauten. Inzwischen hat sich oft gezeigt, daß sich nach Körnerfütterung ganz unbeschädigte und keimfähige Samen in frisch gefallenem Stalldünger befanden. So lag der Schluß nahe, daß Unkrautsame die Verdauungswege der gewöhnlichen, größeren Haustiere wie Pferd, Kuh, Schaf und Schwein durchlaufen kann, ohne die Keimfähigkeit ganz einzubüßen.

In jüngerer Zeit sind unter anderem auch in Deutschland, Frankreich, Dänemark und Norwegen eine Anzahl Untersuchungen gemacht, die diese Vorgänge aufklären.

Harz[1] berichtet über französische Versuche mit Verfütterung von *Bromus secalinus*, daß die gleiche Samenart und -menge an ein Pferd, einen Ochsen, ein Schwein und an Hühner verfüttert wurde, worauf die unverdauten und unbeschädigten Samen jedesmal aus dem Mist herausgelesen wurden. Die Samen, die man beim letzten Versuch aus Hühnerkot heraussammelte, keimten alle. Andere (Kempskis) Versuche haben jedoch ergeben, daß *Bromus*-Same beim Durchlaufen der Verdauungswege von Haustieren gänzlich vernichtet werden kann. Norwegische Versuche hatten dasselbe Ergebnis, so daß sich ein und dieselbe Samensorte bei Verfütterung als mehr oder weniger widerstandskräftig erweist.

Bei der Verfütterung von Unkrautsamen an Schafe fand Nobbe im Mist 9,3% heile und keimfähige Unkrautsamen. Rostrup ließ mit Distelsamen, der an Pferde und Kühe verfüttert wurde, Untersuchungen anstellen. In beiden Fällen waren fast alle verfütterten Samen gänzlich vernichtet.

Baernsteins Versuche[2] mit Verfütterung von Trieurabfällen an Ziegen ergaben, daß 9,5% des verfütterten Unkrautsamens von *Agrostemma githago, Sinapis arvensis, Polygonum*-Arten, *Centaurea cyanus, Galium* sp., *Lithospermum arvense* und *Vicia*-Arten unverdaut und keimfähig mit dem Mist wieder zum Vorschein kamen. Kühn[3] verfütterte *Cuscuta*-Samen an Schafe, Kaninchen u. a., der zu einem guten Teil unverdaut und keimfähig wieder ausgeschieden wurde.

Kerners[4] Verfütterungsversuche mit Unkrautsamen an Vögel ergaben, daß der Mist der Schwarzdrossel 75%, der gemeinen Drossel 85%, der Gebirgsdrossel 88% und des Rotkehlchens 80% unverdauten und keimfähigen Samen enthielt. Bei Kempskis Fütterungsversuchen durchlief nur der Same von *Rumex acetosella* die Verdauungswege der Tauben unverdaut und keimfähig, während sich bei Hühnern die Samen mehrerer Unkräuter unverdaut im Mist fanden.

Durch spätere dänische Versuche ist gleichfalls darauf hingewiesen, daß die

---

[1] Harz: Samenkunde Bd. 1, S. 543 und Bonplandia IX, S. 7. 1861.
[2] Landwirtschaftl. Versuchsstationen Bd. 56, S. 413 ff.
[3] Fühlings landwirtschaftl. Zeitschr. 1877. S. 988 ff.
[4] Kerner: Pflanzenleben Bd. 11, S. 799.

Samen einer Reihe von Unkrautarten bei Verfütterung an Haustiere zu mehreren Prozenten im Mist wieder unverdaut zum Vorschein kommen.

Nach (O. ROSTRUP) Verfütterung der Samen von zehn verschiedenen einjährigen Unkrautarten fanden sich im Mist 1502 unbeschädigte Samen wieder; davon liefen 534, also nur 35,6% auf. Wieviel Samen verfüttert wurden, ist nicht angegeben.

Abb. 28. Stalldünger als Unkrautverbreiter. Während eines Winters vergorener (*1*), frischer Kuhdung (*3*) und Kunstdünger (*2*). Die Unkräuter wuchsen während der Versuchszeit auf einer unkrautreinen Erdschicht auf. Eig. Aufn.

Versuche, bei denen die Samen einiger Unkrautarten an Kühe, Hühner und Schweine verfüttert wurden, zeigten, daß bei allen 3 Versuchstieren von den verzehrten Samen die in Tabelle 9 angegebenen Mengen mit dem Mist unbeschädigt und keimfähig zum Vorschein kamen[1] (Abb. 28). Die Zahlen bezeichnen das Verhältnis von keimfähigen Samen im Mist zu 100 keimfähigen verfütterten Unkrautsamen.

Tabelle 9. Verhältnis von keimfähigen Samen im Stalldünger zum verfütterten keimfähigen Unkrautsamen.

Versuchstiere	Unkrautart	Keimfähig gebliebener Samen je 100 des verfütterten
Kuh	*Plantago lanceolata*	58
	Matricaria inodora	27
Schwein . . .	*Cerastium* sp	13
	Spergula sp.	8
	Airopsis sp.	10
	Rumex acetosella	40
	Chenopodium sp.	64
Hühner. . . .	*Cerastium* s.p.	2
	Spergula sp.	1
	Rumex acetosella	15
	Chenopodium sp.	15
	Veronica sp.	4

[1] DORPH-PETERSEN: Nogle Undersögelser over Ukrudtsfrös Forekomst og Levedygtighed. Tidsskr. f. Landbr. Pl. avl. Bd. 17, S. 584—626 (besonders S. 620—25). Kopenhagen 1910. — DORPH-PETERSEN, K. og HOLMGAARD, J.: Undersögelser over hvorledes Ukrudtsfrö bevarer Spireevnen i Möddingen. Kopenhagen 1926.

Auch FRUWIRTH[1] hat ähnliche Untersuchungen vorgenommen und berichtet hierüber, daß vom Samen der Ackerwinde (*Convolvulus arvensis*) nach Durchlaufen der Verdauungswege von Hühnern 5% auflief.

Norwegische Versuche zeigten als Durchschnittsergebnis, daß von den an Pferde verfütterten Unkrautsamen 11,75%, an Kühe 26,4% und an Schweine 7,4% ihre Keimfähigkeit behielten. Tabelle 10 geht auf diese Ergebnisse näher ein.

Tabelle 10. Norwegische Keimversuche mit Unkrautsamen, der die Verdauungswege von Pferd, Kuh und Schwein durchlaufen hat.

Unkrautart	Von 100 verfütterten, keimfähigen Unkrautsamen fanden sich im Dünger folgende Mengen mit voller Keimkraft:		
	Pferdedung	Kuhdung	Schweinedung
Rumex acetosella	26,43	70,57	5,00
Chenopodium album	2,50	16,29	20,36
Matricaria inodora	10,40	24,03	0,02
Galeopsis tetrahit	?	0,56	?
Spergula arvensis	0,05	2,40	0,36
Rumex domesticus	22,95	90,40	11,25
Brassica campestris	5,10	2,22	?
Chrysanthemum leucanthemum	?	7,47	?
Barbaraea vulgaris	5,74	?	?
Thlaspi arvense	37,00	?	?
Sinapis arvensis	5,44	?	?
Erysimum cheiranthoides	0,79	?	?

Von *Spergula arvensis* erwiesen sich 15% der Samen nach Verfütterung an Hühner als unbeschädigt.

Aus diesen Versuchen und Untersuchungen geht hervor, daß die Tiere Unkrautsamen nicht vollständig verdauen können.

Zu der erwähnten Verunreinigung des Stalldüngers kommt außerdem noch, daß man samendurchsetzten Kehricht aus Gängen und Futterkrippen auf den Düngerhaufen wirft. Über die Größe der auf diese Art dem Dünger zugeführten Mengen lebensfähigen Unkrautsamens lassen sich keine Zahlenangaben beibringen, aber ganz unzweifelhaft ist der größte Teil des im Stalldünger enthaltenen Unkrautsamens auf diese Art hineingelangt. Einen Hinweis in dieser Richtung gibt ein schwedischer Versuch[2], bei dem Dünger ohne und Dünger mit solchem Kehricht, der als Streu diente, untersucht wurden. Bei der Probe ohne Streu liefen 48, bei der mit Kehricht 194 Pflanzen auf. Geht man in diesem Falle von einer Verunreinigungsziffer gleich 100 bei Benutzung des Düngers ohne Streu aus, dann beträgt die Ziffer bei Dünger mit Streu 404. Es wird allgemein angenommen, daß möglicherweise im Dünger vorhandener Unkrautsame durch Gärung vernichtet wird. Das trifft jedoch durchaus nicht immer zu. Untersuchungen haben sogar ergeben, daß sich in mehrere Monate altem, vergorenem Stalldünger lebensfähige Unkrautsamen befanden. Selbst nach halbjähriger Lagerung erwies sich ein großer Teil solcher Unkrautsamen noch als keimfähig[3] (Abb. 29).

[1] FRUWIRTH, C.: Das Unkraut und seine Bekämpfung auf dem Ackerland. 2. bearbeitete Aufl. S. 24—29. Berlin: Paul Parey 1918.

[2] Åslander: Kreaturgjödsel som ogrässpridare. Svenskt Land 1922, H. 6, S. 133.

[3] Hier ist zu beachten, daß die Gärung nicht gleichmäßig vor sich geht, wenn der Dünger nicht vollkommen gleichartig und gleichmäßig gepackt ist. Da das im Betrieb selten geschieht, können sich im Stalldünger unvergorene Unkrautsamen ansammeln.

Auf die Frage, wie große Mengen an Unkrautsamen dem Ackerboden durch verschiedene Düngung zugeführt werden können, geht beispielsweise von FEILITZEN

Abb. 29. Stalldünger als Unkrautverbreiter. Leicht vergorener Pferdedünger (1), Kunstdünger (2) und frischer Pferdedünger (3). Die Unkräuter waren nach Abschluß der Untersuchungen über den Gehalt an keimfähigen Unkrautsamen auf unkrautreinem Boden aufgekommen. Eig. Aufn.

ein, indem er zeigte[1], daß durch eine Düngung von 150 Fuhren je ha folgende Mengen Unkrautsamen auf den Acker gelangten:

Tabelle 11. Stalldünger als Unkrautverbreiter (Abb. 30, 31).

Düngerart	Sommerdünger		Winterdünger	
	frisch	vergoren	frisch	vergoren
Pferdedung	900 000	540 000	480 000	60 000
Kuhdung	2 640 000	480 000	1 140 000	300 000
Schweinedung	1 740 000	660 000	600 000	540 000
Schafdung	600 000	420 000	300 000	240 000
Ziegendung	—	—	—	1 800 000
Hühnerdung	780 000	540 000	34 500 000	24 900 000

Bei einem einzelnen Versuch mit sieben Monate altem Kuhdünger liefen bei einer Düngermenge von 62 kg 108 Unkrautpflanzen im Laufe von 64 Tagen auf[2]. Bei Düngung eines ha mit 60 t dieses Düngers würden der Erde also 104510 Unkrautpflanzen (Anm. 3, S. 38) zugeführt werden.

Im folgenden sind 399 bereits berechnete Ergebnisse norwegischer Untersuchungen über den Gehalt an keimfähigen Unkrautsamen in frischem und in gelagertem Dünger vom im ganzen 577 Proben angegeben. Bei der Untersuchung sind sämtliche Düngerproben in einer 2 cm tiefen Schicht auf vollkommen sterilen (von Unkrautsamen freien) Sandboden in Keimbeete gelegt. Die Unkrautsamen, die während einer Versuchszeit von 150 Sommertagen aufliefen und Pflanzen entwickelten, sind in den Aufstellungen der Tabellen 12 und 13 benutzt, um über die

[1] Siehe Svenskt Land 1917. H. 11, S. 806: Kreaturgjödselen som ogrässpridare.
[2] KORSMO: Kampen mot ugrässet, 2. utg. S. 47.

Menge keimfähiger Unkrautsamen Aufschluß zu geben, die der Erde bei Düngung mit 150 Fuhren, d. h. 60 t je ha durch die verschiedenen Düngerarten zugeführt werden können.

Bei den 66 Untersuchungen in Reihe 3 schwankte die auf je 1000 kg des untersuchten Düngers berechnete Unkrautmenge zwischen 436 und 37662.

Abb. 30. Stalldünger als Unkrautverbreiter. Vergorener Kuhdünger (*1*), Kunstdünger (*2*) und frischer Kuhdünger (*3*). Die Unkräuter waren nach Abschluß der Untersuchungen über den Gehalt an keimfähigen Unkrautsamen auf unkrautreinem Boden aufgekommen. Eig. Aufn.

Tabelle 12. Durch Düngung mit 60 t je ha dem Acker zugeführte Unkrautmenge.

Düngerart	Winterdünger				Proben-zahl	Dünger mit unbekannter Lagerzeit
	Proben-zahl	frisch	Proben-zahl	vergoren		
Pferdedung	6	1 357 720	5	958 960	2	504 940
Kuhdung	6	1 095 430	6	511 490	3	672 700
Schweinedung	2	466 780	1	994 740	2	723 980
Schafdung	2	1 841 020	1	825 000	1	233 330

Tabelle 13. Im Jahre 1922 vorgenommene Untersuchung von Unkrautmengen, die dem Acker durch Düngung mit 60 t je ha zugeführt wurden.

Düngerart (bei Winterfütterung)	Frischer Dünger		Vergorener Dünger (nach 1/2 jähriger Kellerlagerung)		Dünger mit unbekannter Lagerzeit	
	Proben-zahl	Unkraut-samen je ha berechnet	Proben-zahl	Unkraut-samen je ha berechnet	Proben-zahl	Unkraut-samen je ha berechnet
Kuhdung	29	530 520	27	488 230	1	455 360
Pferdedung	15	899 750	13	326 440	—	—
Hühnerdung (Abb. 32)	—	—	—	—	3	1 042 030
Schweinedung	1	149 170	1	716 050	1	714 680
Mischung von Kuh-, Pferde- u. Schweinedung	—	—	4	287 800	1	124 630

Tabelle 14 führt außerdem die Anzahl von Unkrautsamen auf, die in einer sich über drei Jahre erstreckenden Versuchsreihe aufliefen und während der Versuchszeit kräftige Pflanzen entwickelten. Die Angaben sind bei jeder untersuchten

Abb. 31. Nutzboden und Stalldünger als Unkrautverbreiter. Ackerboden (*1*), Kunstdünger (*2*) und frischer Schweinedünger (*3*). Die Unkräuter waren nach Abschluß der Untersuchungen über den Gehalt an keimfähigen Unkrautsamen auf unkrautreinem Boden aufgelaufen. Eign. Aufn.

Düngerart, wie vergorenen, unvergorenen usw. auf den Durchschnitt berechnet. Außerdem ist in Prozenten noch angegeben, wieviel Unkrautpflanzen jeder biologischen Unkrautgruppe gefunden wurden.

Abb. 32. Hühnerdung als Unkrautverbreiter. Unkrautreine Bodenproben gedüngt mit Kunstdünger (*1*) und Winterdünger aus den oberen (*2*) und den unteren Schichten (*3*) des Misthaufens. Nach v. FEILITZEN.

Setzt man den Unkrautgehalt in frischem Dünger gleich 100, dann beträgt er in gelagertem Pferdedünger etwa 70, in Kuhdünger etwa 95 und in Schafdünger etwa 81. Die Ergebnisse der bisher vorgenommenen Untersuchungen zeigen, daß tatsächlich aller Stalldünger wachstumsfähigen Unkrautsamen enthält.

Dänische Untersuchungen[1] weisen zum Teil günstigere Ergebisse als die norwegischen auf. Hierbei ist zu beachten, daß die dänischen Untersuchungen und Forschungsergebnisse auch Gärtemperatur und -dauer berücksichtigen, während

[1] DORPH-PETERSEN og HOLMSGAARD, J.: Undersögelser over hvorledes ukrudsfrö bevarer spireevnen i Möddingen. Kopenhagen 1927.

Tabelle 14. Stalldünger als Unkrautverbreiter.

Zustand des Düngers	Während der Versuchszeit aufgelaufene Unkrautpflanzen					
	Dungart	Anzahl der Untersuchungen	Anzahl Unkrautpflanzen je t	Prozentverhältnisse bei		
				Samenunkraut	bodenständigem Unkraut	wurzelwanderndem Unkraut
Frisch	Pferdedung . .	52	9 940	35,1	10,9	54,0
	Kuhdung . . .	79	7 221	49,5	13,3	37,2
	Schweinedung .	13	4 234	54,8	25,6	19,6
	Schafdung . . .	5	17 105	9,1	8,5	82,4
	Durchschn. . .	von 149	8 506	37,1	14,6	48,3
Vergoren	Pferdedung . .	38	7 374	32,3	16,4	51,3
	Kuhdung . . .	68	6 977	53,2	11,0	35,8
	Schweinedung .	7	13 619	66,6	16,3	17,1
	Schafdung . . .	4	13 898	32,9	9,3	57,8
	Durchschn. . .	von 117	7 740	46,3	13,2	40,5

die hier erwähnten Versuche ausschließlich mit solchen Düngerproben vorgenommen wurden, wie sie sich im täglichen Landwirtschaftsbetrieb finden. Nur dadurch läßt sich der Unterschied der Ergebnisse erklären.

b) Kompost und Mischerde.

Zur Düngung der Winterfrucht pflegt man den Dünger mit Erde zu mischen. Sowohl der Dünger als auch die Mischerde enthalten Unkrautsamen. Gewöhnlich

Abb. 33. Komposthaufen auf Brachland (beim Abfahren und Ausbreiten), von Samenunkräutern, besonders *Chenopodium album* und *Polygonum lapathifolium*, fast sämtlich mit reifen Samen, vollkommen überwuchert. Der Haufen sollte 30 Karren Kompost je 0,3 ha enthalten. Zählung und Berechnung ergaben etwa 5,9 Millionen Samen, d. h. also je ha 19 Millionen Unkrautsamen. Eig. Aufn.

bringt man diese Erde von Ackerrainen, Weg-, Grabenrändern u. ä. herbei, wo das Unkraut nicht selten während seines ganzen Wachstums ungestört ist, so daß diese Bodenstellen oft wahre Sammelplätze für Unkräuter sind. Dort sammeln und vermehren sich fortpflanzungsfähige Ausläufer wurzelwandernder Unkrautarten; dort kann sich viele Jahre alter Same von Wurzel- oder Samenunkräutern halten, so daß solche Mischerde oft ein gefährlicherer Unkrautverbreiter als der Dünger selbst ist, zumal sie auch gleichzeitig lästige Wurzelunkräuter mit Leichtigkeit auf dem Acker verbreitet.

Auf dem Kompost entwickelt sich im Laufe des Sommers eine dichte, kräftige Unkrautdecke. Meistens wird das Unkraut hier vor der Verwendung der Erde bis zur Reife und zum Samenausfall ungehindert stehen können.

Kräftige Pflanzen des Gänsefußes (*Chenopodium album*) können hier bis zu 20000 Samen reifen. Nur ein Beispiel möge genügen: In einem größeren Betriebe war man am 21. 8. mit der Brache so weit fertig, daß man den Kompost auszubreiten anfing, der früher auf dem Acker selbst gemischt worden war. Haufen von etwa 30 Karren Kompost waren aufgeschüttet zur Verteilung auf je 0,3 ha, also einer Gabe von etwa 100 Karren je ha entsprechend. An allen Komposthaufen zeigte sich eine dichte, kräftige Unkrautdecke. Besonders reichlich waren *Chenopodium album* und *Polygonum lapathifolium* vertreten, von denen die meisten reife Samen trugen. Bei Zählung der Unkrautmenge eines der Komposthaufen zeigte sich, daß die Zahl der reifen Unkrautsamen auf 5,9 Millionen veranschlagt werden konnte; das bedeutet also 19 Millionen Unkrautsamen je ha bei einer Düngung mit 100 Karrenladungen (Abb. 33).

Abb. 34. Mit Erde gemischter verunkrauteter Stalldünger, hinter dem Kuhstall gelagert und zur Düngung der Winterfrucht bestimmt. Eign. Aufn.

Auf Höfen, wo der Dünger in der Nähe der Ställe gelagert wird, entwickelt sich in der Regel um den Düngerhaufen her ein kräftiger Unkrautbestand, der nicht selten Gelegenheit zum Reifen bekommt. Beim Abfahren des Düngers werden dann Erde und Dünger zusammengescharrt, mit dem Dünger aufgeladen und so über Äcker und Wiesen verbreitet (Abb. 34).

10. Vögel.

Die Vögel verbreiten sicherlich keine geringen Unkrautmengen. Wie oft sieht man nicht Spatzen oder Krähen einzeln und in Scharen über Felder fliegen, nachdem sie sich auf Wiesen oder Getreideäckern vor oder nach der Ernte aufgehalten haben. Diese gefräßigen Tiere vertilgen große Mengen von Getreidekörnern und Unkrautsamen. Nach deutschen (KERNERS) Versuchen (siehe S. 36) liefen von Unkrautsamen, die vorher die Verdauungswege der Schwarzdrossel, der gemeinen Drossel und des Rotkehlchens durchlaufen hatten, 75%, 85% bzw. 80% auf. Durch schwedische (BIRGERS) und norwegische (HOLMBOES) Untersuchungen sind im Vogelmist Samen, darunter mehrere Sorten Unkrautsamen, nachgewiesen. Im Auswurf einer Waldtaube fanden sich beispielsweise 12 Samen von *Thlaspi arvense*, bei einer anderen 335 Samen von *Sinapis arvensis*; bei einer Wachtel fand man unter anderen 582 Unkrautsamen von 7 verschiedenen Arten, darunter 208 von *Chenopodium album*, 156 von *Euphorbia helioscopia* und 160 von *Galeopsis* sp. Auch durch die Bodenteile, die an Vogelbeinen haften (DARWIN, HUTH), werden Unkrautsamen von Ort zu Ort und oft sogar über weite Abstände verschleppt.

11. Wind.

Durch den Wind werden ungeheure Mengen von Unkrautsamen, namentlich Pappusfrüchte von *Taraxacum officinale*, *Cirsium*-Arten, *Senecio*-Arten, *Sonchus*-Arten u. a. verbreitet. Je langhaariger der Pappus im Verhältnis zum Samen ist, um so leichter wird selbst der schwächste Wind diese Arten von Acker zu Acker, von Hof zu Hof, von Gemarkung zu Gemarkung tragen.

12. Gemeinsame Benutzung von Dreschmaschinen und Samenreinigungseinrichtungen.

Nicht selten wird Unkrautsame durch Maschinen verbreitet, die, ohne gründlich gesäubert zu sein, von Hof zu Hof gehen, so daß der sich während der Getreidebehandlung in der Maschine ansammelnde Unkrautsame leicht verschleppt wird. Es hat sich auch gezeigt, daß man sogar bei der Samenreinigung einer Vermischung von Wiesensamen mit Unkrautsamen ausgesetzt sein kann. Darum muß bei der Säuberung von Dresch- und Reinigungsmaschinen sehr gründlich verfahren werden.

Um bei Pilzkrankheiten (*Ustilago*) die Ansteckungsgefahr zu verhindern, sollte man auf jedem Hofe die Dreschmaschinen nach dem Gebrauch innen und außen mit einer zweiprozentigen Formalinlösung oder ähnlichem abspülen.

13. Ackergeräte.

An Ackergeräten sowie auch an Pferdehufen können mit Unkrautsamen behaftete Bodenteile von Acker zu Acker verschleppt werden, wodurch eine, wenn auch unbedeutende Verbreitung der Unkrautsamen bewirkt werden kann. Als Beispiel sei erwähnt: Eine gerade gebrauchte Federegge wurde vollständig gesäubert; alle losgelösten Bodenteile wurden gesammelt und auf eine sterile Sandunterlage gelegt. Nach 18 Tagen waren folgende Unkrautpflanzen aufgelaufen:

18 Pflanzen von *Chenopodium album*,
4 Pflanzen von *Sinapsis arvensis*,
6 Pflanzen von *Galeopsis speciosa*,
1 Pflanze von *Triticum repens* und
1 Pflanze von *Polygonum lapathifolium*,

insgesamt 30 Unkrautpflanzen.

In einer Bodenprobe, die bei Säuberung eines Pfluges genommen wurde, liefen im Laufe von 24 Tagen

6 Pflanzen von *Chenopodium album*,
2 Pflanzen von *Thlaspi arvense*,
4 Pflanzen von *Sinapis arvensis* und
1 Pflanze von *Spergula arvensis*,

insgesamt 13 Pflanzen auf.

14. Erzeugnisse der Pflanzenschulen.

Durch Bäume, Sträucher, Stauden und andere Pflanzen, die mit der Erde im Wurzelballen verpflanzt werden, verbreitet man oft sehr lästige, wurzelwandernde Unkrautarten, darunter besonders *Aegopodium podagraria, Campanula rapunculoides* und *Convolvulus*-Arten.

Wenn derartige Unkräuter mit fortpflanzungsfähigen Wurzelstöcken in Gärten und Parkanlagen gelangen, können sie sich in Rasenflächen, Rabatten, zwischen Beerensträuchern und Obstbäumen schnell ansiedeln.

15. Gebüsche, offene Gräben, Feldwege, Straßen, Eisenbahndämme, verwahrloste Grundstücke und Schutthalden.

a) Gebüsche, Gräben und Feldwege (Abb. 35, 36).

An Ackerflächen eines landwirtschaftlichen Betriebes machen sich oft Sträucher und Gebüsche breit. Nicht selten findet man auch offene Gräben und unnötig viel Feldwege, die eine Aufteilung des Ackerlandes in viele unregelmäßige

Abb. 35. Nicht abgeernteter Grabenrand im August. *Cirsium palustre* trägt reifen Samen, den der Wind verbreitet. Eig. Aufn.

Stücke hervorrufen. Solche Aufteilung und Zerstückelung hat mancherlei Nachteile. In erster Linie verhindert sie zweckmäßige und lohnende Bewirtschaftung, dann aber wirkt die Zerteilung dadurch ungünstig, daß in Gebüsch und Gesträuch, an Gräben und Wegrändern lästige Unkräuter gedeihen und von dort mit Wurzeln und Samen auf den Kulturboden übergehen.

Durch Beseitigung von Strauch- und Buschwerk aus dem Acker, sowie möglichst ausgedehnte Verwendung verdeckter Gräben gibt man dem Acker nicht nur das Gepräge besserer Pflege, sondern vereinfacht und verbilligt auch die Bewirtschaftung.

b) Straßen, Eisenbahndämme, verwahrloste Grundstücke und Schutthalden (Abb. 37)

bilden Herde für manche dem Landwirt lästige Unkrautart, die sich von diesen Stellen aus in großen Mengen auf benachbarte Äcker verbreitet.

Abb. 36. Mit *Triticum repens*, *Cirsium arvense* und anderen Unkrautarten besetzte Feldwegränder, von denen aus die Samen im Herbst über den auf beiden Seiten angrenzenden Ackerboden verbreitet werden. Eig. Aufn.

Abb. 37. Unkräuter an Rändern von Landwegen. Auf dem breiten Abhang zur Rechten ein dichter, kräftiger Bestand von *Cirsium arvense* mit vollreifen Samen, die vom Winde über das große angrenzende Feldstück hinübergeweht werden. Eig. Aufn.

Unter den Unkräutern dieser Plätze tritt *Taraxacum officinale* am häufigsten auf.

In zehn an verschiedenen öffentlichen Verkehrsadern entnommenen Proben fand man von dieser Unkrautart je qm durchschnittlich 21 Pflanzen, deren jede im Durchschnitt 13 Blütenköpfe mit je 211 Samen trug. Die Gesamtmenge der Samen betrug also je qm 57603.

Sehr oft findet man an den erwähnten Stellen auch *Cirsium arvense* (Abb. 38) und *Tussilago farfara*.

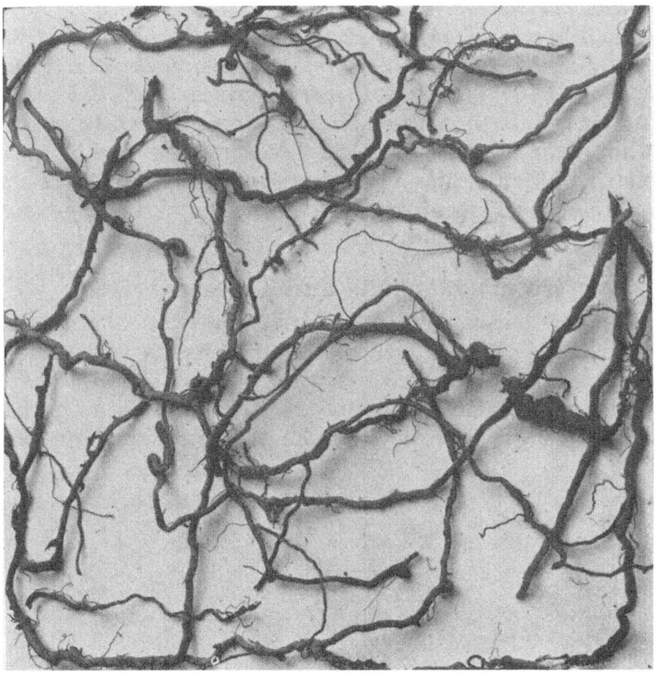

Abb. 38. Auf 1 qm Ackerboden gefundene Ausläufer von *Cirsium arvense*. Eig. Aufn.

Auf zehn untersuchten Feldern fand man je qm 2—27 Pflanzen von *Cirsium arvense*; bei einer mittleren Samenzahl von 4472 je Pflanze entspricht das also je qm einer Samenmenge von 49192.

Außerdem muß daran erinnert werden, daß eine große Zahl der an Wegen und Eisenbahnstrecken, auf Grundstücken und Schutthalden vorkommenden Unkrautarten pappustragende und somit leicht verbreitbare Samen reifen. Auf fünf Bodenproben von unbenutzten Grundstücken, die an Äcker grenzten, wuchsen je qm durchschnittlich:

2	Pflanzen von	*Sonchus arvensis*	mit	13400	Samen,
2	Pflanzen von	*Cirsium arvense*	mit	6900	Samen,
3	Pflanzen von	*Sonchus oleraceus*	mit	9000	Samen,
9	Pflanzen von	*Sinapis arvensis*	mit	2520	Samen,
11	Pflanzen von	*Chenopodium album*	mit	22207	Samen,
10	Pflanzen von	*Triticum repens*	mit	525	Samen,

insgesamt 37 Unkrautpflanzen mit einer Gesamtmenge von 54552 Samen je qm.

II. Verbreitung durch ober- oder unterirdische vegetative Fortpflanzungsorgane.

Diese Verbreitung kommt besonders für Unkrautarten mit beständiger vegetativer Vermehrung durch Zwiebeln, Knollen, oberirdische, wurzelschlagende Stengel (oberirdische Ausläufer) oder durch unterirdische Stengel- oder Wurzelausläufer in Frage und geschieht durch:

1. Selbstverbreitung der Unkräuter

mittels vegetativer Wanderung, indem Unkrautarten mit Ausläufern, wie *Ranunculus repens, Glechoma hederaceum, Potentilla anserina* (oberirdisch wandernd), — *Triticum repens, Agrostis stolonifera, Poa pratensis, Tussilago farfara, Polygonum amphibium, Aegopodium podagraria, Cirsium heterophyllum* u. a. (mit unterirdischen Sprossen), — *Cirsium arvense, Sonchus arvensis, Epilobium angustifolium* u. a. (mit Wurzelausläufern) während ihres ganzen Wachstums neue Ausläufer treiben, die weiter um sich greifen. Diese Verbreitung durch eigene Mittel der Pflanze kann sich während eines Wachstumsabschnittes bis über mehrere Meter erstrecken, während die Verbreitung durch Knollen und Zwiebeln gruppenweise und viel langsamer vor sich geht.

2. Verschleppung durch Ackergeräte.

Bei der Bodenbearbeitung reißen die Ackergeräte leicht fortpflanzungsfähige Wurzel- oder Ausläuferteile los, ziehen sie mit sich und verbreiten sie dann auf dem Acker. Auf diese Weise kann wurzelwanderndes Unkraut selbst auf größeren Äckern sehr schnell verbreitet und oft sogar von Acker zu Acker geschleppt werden, wenn das Gerät vor dem Gebrauch auf einem anderen Acker nicht gesäubert wird.

Abb. 39. Eisenbahnbeförderung von verseuchtem Boden eines eingeebneten Grundstücks nach entfernt gelegenen Kulturländereien. Eig. Aufn.

3. Verschleppung mit unreinem Boden,

der beim Ebnen, Auswerfen von Gräben, bei Anlage von Verbindungswegen, beim Entfernen von Boden, bei Bauausschachtungen, sowie beim Einebnen und Anlegen von Gärten, Parkanlagen u. ä. den Platz wechselt (Abb. 39).

Vierter Abschnitt.

Keimfähige Unkrautsamen und fortpflanzungsfähige Unkrautwurzeln im Ackerboden.

A. Keimfähige Unkrautsamen im Nutzland.

Je häufiger man auf verseuchtem Boden Sommergetreide erntet, desto sicherer kann man mit einer Zunahme des Unkrautes rechnen, wenn zu seiner Bekämpfung nach der Aussaat und während des Aufwachsens der Ackerfrucht nichts getan wird.

Durchschnittszahlen darüber, wieviel wachstumsfähiger Same sich auf Nutzflächen befindet, lassen sich mit genauer Sicherheit nicht angeben.

Für den Landmann ist es von größter Bedeutung zu erfahren, welche Unkrautarten in seinem Boden vorkommen, und wieviel Samen sich an den betreffenden Stellen seiner Ländereien jeweils befinden.

Der mit diesem Wissen ausgerüstete Landwirt kann sich schon im voraus ein Bild davon machen, ob wenig oder viel Unkraut in seinem Acker emporkommen wird, wo es überhandzunehmen droht, und welcher Art oder Hauptgruppe es wesentlich angehören wird.

Mit dieser Grundlage für eine Beurteilung des Unkrautbestandes in einem Jahre läßt sich zu rechter Zeit ein Plan zu wirksamer Bekämpfung während des Wachstums zunächst durch entsprechende Ordnung des Fruchtwechsels entwerfen, in dem man beispielsweise Äcker, die mit Wurzelunkraut stark durchsetzt sind, vorwiegend mit Hackfrüchten bepflanzt, die während des ganzen Vorsommers und einen Teil des Spätsommers durch Hacken oder Jäten gesäubert werden können. Man kann auch solche Felder brachlegen, um sie so von derartigen Unkräutern zu reinigen, während Äcker mit wesentlicher oder ausschließlicher Verseuchung durch Samenunkräuter mit solchen Sommerfrüchten zu bestellen sind, die zur Bekämpfung des Unkrautes während des Wachstums der Frucht besondere Oberflächenbehandlung vertragen (siehe Abschn. 6 B 3).

Rein schätzungsweise Beurteilung genügt hier jedoch nicht, um befriedigende Ergebnisse zu erzielen. Will man die Unkrautmenge des Bodens einigermaßen genau übersehen, muß man schon die Ackerkrume selbst untersuchen.

Im folgenden sind die Ergebnisse solcher Untersuchungen angeführt:

1. Auf einem Acker, dessen Unkrautbestand von seinem Bewirtschafter als weniger lästig bezeichnet wurde, untersuchte man eine Bodenfläche von 1 qm in einer Tiefe von 25 cm, indem man sie in einem 20 qm großen Keimbeet auf sterilem Sandgrund ausbreitete. Die aufgelaufenen Pflanzen wurden im Laufe der Versuchszeit dreimal gejätet und ergaben schließlich folgende Unkrautmenge:

Sonchus arvensis	74	Pflanzen	*Lamium purpureum* . . .	332	Pflanzen
Stachys paluster	162	„	*Achillea millefolium* . .	90	„
Matricaria inodorata . .	271	„	*Polygonum lapathifolium* .	2547	„
Rumex acetosa	47	„	*Viola tricolor*	335	„
Galeopsis tetrahit	696	„	*Polygonum aviculare* . .	24	„
Taraxacum officinale . .	118	„	*Erysimum cheiranthoides* .	144	„
Hieracium umbellatum .	510	„	*Filago montana*	945	„
Spergula arvensis	1003	„	*Barbaraea vulgaris* . . .	51	„
Chenopodium album . .	2983	„			

insgesamt 17 Arten, worunter 8 einjährige, 2 zweijährige, 4 mehrjährige, bodenständige und 3 wurzelwandernde mit zusammen 10332 Pflanzen je qm, wohinzu noch einige Quecken, Keime an Ausläuferteilen von *Triticum repens*, kamen.

2. Auf einem anderen Hofe, dessen Acker stark verunkrautet war, wurde mit einem Teil der Ackerkrume von 1 qm Oberfläche und 25 cm Tiefe ein ähnlicher Keimversuch vorgenommen, indem man den Boden auf einer Fläche von 40 qm sterilen Sandgrundes gleichmäßig verteilte. Im Laufe von 40 Tagen keimten von:

Sinapis arvensis	16486	Pflanzen	*Spergula arvensis* . . .	208	Pflanzen
Senecio vulgaris	1360	„	*Rumex acetosa*.	160	„
Sonchus arvensis . . .	192	„	*Chenopodium album* . .	9376	„
Euphorbia helioscopia. .	1520	„	*Lamium purpureum* . .	992	„
Convolvulus arvensis (Wurzelteile)	32	„	*Atriplex patulum* . . .	80	„
Polygonum lapathifolium	48	„	*Viola tricolor*	496	„
Galeopsis tetrahit . . .	416	„	*Erysimum cheiranthoides*	32	„
Sonchus oleraceus . . .	944	„	*Polygonum convolvulus* .	288	„
Ranunculus repens . .	384	„	*Stellaria media*	560	„

insgesamt 18 Unkrautarten, darunter 12 einjährige, 1 winterannuelle, 1 zweijährige und 4 wurzelwandernde mit 33574 Pflanzen je qm, dazu einige Sprosse von *Cirsium arvense* und Quecken, *Triticum repens*.

Abb. 40. Ergebnisse von Keimversuchen mit Unkrautsamen im Nutzboden. Einjährige Wiesennarbe (*1*), toter Mutterboden (*2*) und Ackerkrume (*3*). Eig. Aufn.

Diese Untersuchung ergab, daß der betreffende Acker zu stark verunkrautet war, als daß man dort ohne Unkrautbekämpfung durch Oberflächenbehandlung hätte reifes Sommerkorn ernten können. Später zeigte sich auch ein so starkes Überhandnehmen des Unkrautes, daß der auf dem Acker gesäte Hafer als Grünfutter geerntet werden mußte.

3. Auf einer Brache wurde alles aufgelaufene Unkraut unmittelbar vor jeder Bearbeitung, in diesem Falle dreimal gejätet. Dadurch entfernte man je qm 1758 aufgelaufene Pflanzen, die 10 verschiedenen Unkrautarten angehörten. Diese Pflanzenmenge hätte also während der Brache je qm vernichtet werden müssen.

4. In einem anderen brachgelegten Acker keimten während der Bearbeitung 949 Unkrautpflanzen je qm aus, worunter sich 879 Samen- und 70 Wurzelunkräuter befanden[1].

Man muß bedenken, daß beim Brachen des Ackers keine so große Keimfläche der Ackerkrume zutage tritt, wie bei Untersuchungen, bei denen der Boden in dünner Schicht ausgebreitet werden kann. Weil das nur bei Versuchen möglich ist, wird es in demselben Jahre, in dem man den Acker brach legt, nicht gelingen, alle Unkrautsamen so nahe an die Erdoberfläche zu bringen, daß sie keimen können. Das bestätigen auch die mit Samen einiger Unkrautarten vorgenommenen Saattiefenversuche.

5. Bei zwei Versuchsreihen mit 13, bzw. 102 Ackerkrumenproben aus verschiedenen landwirtschaftlichen Betrieben mit „gewöhnlicher, guter Bewirtschaftung" wurde jede Probe 25 cm tief aus dem Acker herausgehoben und auf einer sterilen Schicht staubfeinen Sandes in 15 cm Dicke ausgebreitet (Tabelle 15 und 16). Die in jedem der betreffenden Keimkästen (Abb. 40) aufgelaufenen Unkrautpflanzen wurden in einigermaßen voll entwickeltem Zustande gezählt.

Tabelle 15. Unkrautsamen im Ackerland. (Versuche aus dem Jahre 1921.)

Proben von	Gegenden mit trockenem Boden			Gegenden mit feuchtem Klima		
	Anzahl untersucht. Proben	bei 25 cm Tiefe berechnete Anzahl Unkrautsamen	Mindest- und Höchstzahl der in diesen Proben je ha gefundenen Unkrautsamen	Anzahl untersucht. Proben	bei 25 cm Tiefe berechnete Anzahl Unkrautsamen	Mindest- und Höchstzahl der in diesen Proben je ha gefundenen Unkrautsamen
Festem Boden	—	—	40 000 000	—	—	36 250 000
„	4	97 343 750	156 875 000	4	50 156 250	64 375 000
„	1	563 125 000	—	1	37 500 000	—
Moorboden .		—	—	3	44 375 000	15 000 000
						88 125 000

Tabelle 16. Unkrautsamen im Ackerland. (Versuche aus dem Jahre 1922.)

Proben von	Anzahl untersuchter Proben	Bei 25 cm Tiefe berechnete Anzahl Unkrautsamen	Mindest- und Höchstzahl der in diesen Proben je ha gefundenen Unkrautsamen
Ackerboden . . .	58	25 442 500	1 875 000—166 250 000
künstlicher Wiese	35	22 947 500	1 250 000— 45 625 000
natürlicher Wiese	9	16 735 000	3 125 600— 33 125 000

Bei einer dritten Versuchsreihe wurden die während der Versuchszeit von 150 Sommertagen aufgelaufenen Unkrautpflanzen nach ihren Lebensverhältnissen in die drei biologischen Gruppen Samenunkraut, bodenständiges Unkraut und wurzelwanderndes Unkraut, eingeteilt. Das gegenseitige Verhältnis ist auf Tabelle 17 in Prozenten angegeben.

Wenn wir die Prozentverhältnisse dieser Gruppen zueinander, die wir auf Grund von Bodenuntersuchungen aufgestellt haben, mit den entsprechenden Zahlen bei den Düngerproben vergleichen, dann fällt uns besonders auf, daß der Prozentsatz einjähriger Unkrautsamen im Stalldünger von 37,1—46,3 schwankte, während er bei der Bodenprobe zwischen 68,8 und 73,3 lag. Die Prozentzahlen bodenständiger Unkräuter in Dünger und Erde waren einander mit Höchstzahlen

[1] Vgl. auch KORSMO: Kampen mot ugrässet, 2. utg. S. 52—59.

Tabelle 17.
Auf den qm bei 25 cm Tiefe berechnete keimfähige Unkrautsamen.

Kulturboden mit	Untersuchungszahl	Anzahl aufgelaufener Samen	Prozentmäßige Verteilung		
			Samenunkraut	bodenständiges Unkraut	wurzelwanderndes Unkraut
Ackerfrüchten.	133	3844	73,3	12,2	14,5
Gras	96	4063	68,8	14,4	16,8

von 14,6 und 14,2 ungefähr gleich. Dagegen waren die entsprechenden Zahlen der wandernden Unkräuter beim Dünger etwa dreimal so groß wie bei den Bodenproben. Das kann man zu einem gewissen Grade dadurch erklären, daß die Samen der meisten wurzelwandernden Unkräuter ihre Keimfähigkeit wohl kaum so lange wie die der meisten einjährigen Unkräuter in der Erde bewahren.

Diese Ergebnisse zeigen deutlich, mit welchen Mitteln sich das Unkraut im Kulturboden der Landwirtschaft verbreitet, und erklären uns das beständige Auftreten von Unkraut sogar in Äckern, denen weder durch Saatgut noch durch Dünger Unkrautsame zugeführt worden sein kann. Bedenkt man außerdem, daß der Same vieler Unkrautarten längere Zeit ohne Verlust seiner Keimfähigkeit in der Erde liegen kann (vgl. unten), so wird man begreifen, daß es einer mehrjährigen, wirksam durchgeführten Säuberung der aufwachsenden Ackerfrüchte bedarf, bevor man des Unkrautes Herr wird.

Gewöhnlich wächst die Fähigkeit des Samens zur Bewahrung seiner Keimkraft mit der Tiefe der ihn bedeckenden Erdschicht. Kleinkörniger Unkrautsame, wie beispielsweise der von *Rumex acetosella* u. ä., scheint nicht mehr als 4 cm unter der Erde keimen zu können; und selbst so großkörniger Same, wie der von *Polygonum*-Arten, zeigt geringe oder gar keine Keimkraft, sobald er tiefer als 7 cm in der Erde liegt.

Daß der Same so vieler Unkrautarten bei längerer Lagerung in tieferen Erdschichten nicht keimt oder vernichtet wird, ist möglicherweise darauf zurückzuführen, daß sich in diesen Schichten zu wenig Sauerstoff und vielleicht gleichzeitig zu viel Kohlendioxyd befindet. Vielleicht trägt auch die Tatsache dazu bei, daß die Wärme- und Feuchtigkeitsverhältnisse geringeren Schwankungen als in den oberen Erdschichten unterworfen sind. Die Keimkraft einiger Samen hält sich in der Erde scheinbar besser als bei Lagerung in trockenen Räumen, deren Temperatur stark wechseln kann.

Man muß auch daran erinnern, daß die verhältnismäßig harte Schale vieler Samen und deren oft größerer Fettgehalt die Erhaltung fördert, so daß die Keimkraft auch in tieferen Erdschichten nicht erlischt. Bei einzelnen Samen scheint der Fettgehalt auch einen entscheidenden Einfluß auf die Keimgeschwindigkeit auszuüben. Same von *Galeopsis*-Arten, der über 39% Fett enthält, keimt nicht, bevor er einige, oft längere Zeit in der Erde gelegen hat. Dasselbe gilt für Samen von *Sinapis arvensis, Thlaspi arvense, Stachys paluster* u. a.

Von PETERS untersuchte Proben von Waldboden, der 20—46 Jahre zuvor landwirtschaftlich ausgenutzt worden war, enthielten große Samenmengen von *Thlaspi arvense* und anderen Unkräutern.

Spätere Untersuchungen haben ergeben, daß Waldboden, der 100—150 Jahre lang keine Feldfrüchte mehr getragen hatte, noch aus seinen Ackertagen her keimfähige Unkrautsamen enthielt[1].

[1] FRUWIRTH: Das Unkraut und seine Bekämpfung auf dem Ackerland S. 20.

In Amerika hat DUVAL[1] im Lehmboden Versuche mit insgesamt 112 verschiedenen in 15, bzw. 45 und 90 cm Tiefe vergrabenen Sämereien vorgenommen, nach einjähriger Lagerung die Keimfähigkeit untersucht und mit zu diesem Zweck auf gewöhnliche Art ausgesäten Samen verglichen. Von diesen Vergleichsmengen liefen durchschnittlich 53% auf. Von den in 15 cm Tiefe gelagerten Samenarten liefen 20%, in 45 cm Tiefe 26% und in 90 cm Tiefe 31% auf. Die Keimkraft scheint bei diesen Versuchen nach einem Jahre bedeutend geschwächt zu sein, nur daß diese Schwächung mit der Tiefe der Lagerung im Erdboden abnimmt.

EWART[1], Melbourne, Australien untersuchte die Lebensfähigkeit von 600 verschiedenen Samenarten und fand, daß nur einige wenige derselben die Keimkraft länger als 15 Jahre bewahrten. Fast alle diese Samensorten gehörten zu Leguminosen, Malvaceen, Myrtaceen, Nymphaeaceen, Labiaten oder Iridaceen. Von neuem, frischem Samen von 48 *Brassica*-Arten liefen etwa 86% auf, während nach elfjähriger Lagerung nur noch 30% keimten. Keiner der untersuchten *Brassica*-Samen keimte nach 15 oder mehr Jahren.

Einige norwegische Beobachtungen von KORSMO ergaben folgendes: Eine 13 Jahre alte Wiese im Küstengebiet wurde gepflügt und mit Sommerkorn eingesät. Bald wurde das Getreide völlig von auflaufenden Pflanzen von *Spergula arvensis* überwuchert, deren Samen frühestens 13 Jahre vorher auf den Acker gelangt sein konnten. Eine 35 Jahre alte Wiese in Nordnorwegen wurde umgepflügt, künstlich gedüngt und teils mit Hackfrüchten, teils mit Sommerkorn bebaut. Dabei liefen große Mengen einjähriger Pflanzen von *Galeopsis tetrahit* und *speciosa*, wie von *Sinapis arvensis* auf. Samen dieser drei Arten hatten also wenigstens 35 Jahre hindurch in der Erde gelegen, ohne Schaden zu nehmen. Auf dem umgebrochenen Boden einer 15 Jahre alten Wiese im Inland nahm *Sinapis arvensis* vollkommen überhand. — Eine etwa 20 Jahre alte Wiese im Küstengebiet wurde im Sommer 1918 umgepflügt, bearbeitet, künstlich gedüngt und mit Sommerkorn eingesät. Während des Wachstums der Frucht griff das einjährige Unkraut *Galeopsis speciosa* so stark um sich, daß das Korn als Grünfutter verwertet werden mußte, um überhaupt noch irgendwelchen Nutzen zu stiften. — Auch durch Laboratoriumsversuche im Keimapparat ist erwiesen, daß sich die Keimzeit bei den Samen mehrerer Unkrautarten über eine Reihe von Jahren erstreckte. Weiterhin schwankte auch die Keimzeit bei verschiedenen Samenproben ein und derselben Unkrautart. Zum Beispiel keimten von dem soeben gereiften Samen von *Thlaspi arvense* beim Versuche im Laufe von 9 Jahren insgesamt 87%, während von einer anderen Probe des gleichen Samens im ersten Jahre 73% und im Laufe von 5 Jahren insgesamt 94% keimten. Gleichzeitig keimte von trocken gelagertem Samen aus dem Vorjahre bereits im ersten Jahre nach der Aussaat 96%.

Tabelle 18 führt einige der von DORPH-PETERSEN[2] bei Keimversuchen mit Unkrautsamen erzielten Ergebnisse an.

In Frankreich sind mehrere Untersuchungen verschiedener Eigenschaften der Samen wildwachsender Pflanzen, darunter auch Keimversuche[3], von denen Tabelle 19 einige Ergebnisse zeigt, vorgenommen worden.

---

[1] Ref. in: Farm Weeds of Canada. 2. Aufl. S. 12ff. — Unter der Überschrift „Ogräsfröets livskraft" hat HUGO OSVALD in Landtmannen Nr. 38, S. 615—618. 1920 eine Übersicht über vorliegende Versuchsergebnisse und ähnliches über die Lebensfähigkeit von Unkrautsamen gegeben, worauf hingewiesen sei.

[2] Tidskr. f. Landbr. Pl. avl. Bd. 17, S. 593.

[3] FRON, G.: Plantes nuisibles à l'Agriculture S. 31. Paris 1917.

Tabelle 18. Keimzeit einiger gleich nach der Ernte im Keimapparat aufgelaufener Pflanzen

	nach 1 Jahren	2	3	4	5	6	7	8	9	Keimfähigkeit in %
Von *Stellaria nemorum*	1	2	34	19	3	26	2	0	0	87
„ *Sisymbrium sophia*	0	0	54	15	0	0	0	0	0	69
„ *Sisymbrium officinale*	6	15	47	23	2	0	0	0	0	93
„ *Thlaspi arvense*	1	0	9	7	1	0	29	36	4	87
„ *Sinapis arvensis*	12	11	15	18	26	3	1	0	0	86
„ *Malva vulgaris*[1]	29	10	5	7	3	2	10	23	3	94

Tabelle 19. Einige französische Keimversuche mit Unkrautsamen.

Samenart	Keimfähigkeit in %: bei der Ernte	nach 1 Jahren	2	3	4	5	6	7	Je 100 der beim letzten Versuch nicht aufgelaufenen Samen: gesund	hart	verfault
Cuscuta sp.	12	0	10	18	22	10	19	14	—	70	16
Chenopodium album	4	11	6	16	42	48	34	38	—	62	6
Mercurialis annua	10	14	18	14	30	29	24	16	—	84	0
Convolvulus arvensis	1	16	35	8	10	—	—	—	—	90	—
Lychnis sp.	6	29	28	39	46	60	8	36	—	56	8
Stellaria media	1	13	9	11	1	2	1	—	—	70	—
Plantago lanceolata	29	29	36	40	64	16	44	22	—	36	2
Sinapis arvensis	2	5	14	12	14	25	23	13	85	—	2
Papaver rhoeas	0	0	1	2	1	9	29	12	35	—	—
Capsella bursa pastoris	16	23	29	61	94	50	65	53	27	—	—
Linaria sp.	0	6	4	40	32	—	—	—	68	—	—
Daucus carota	3	12	31	40	20	10	8	2	72	—	26
Agrostemma githago	6	42	56	64	72	68	76	56	—	—	44

In Norwegen hat man eine Reihe Keimversuche mit Unkräutern vorgenommen, die ergaben, daß viele Arten sehr zögernd, andere sehr schnell keimen. Tabelle 20 nennt einige Samen, die nur sehr langsam aufliefen.

Tabelle 20. Keimzeit und -prozent einiger Unkrautsamen.

Same von	Keimzeit in Tagen	Keimprozent
Sinapis arvensis	732	100
Thlaspi arvense	400	100
Chenopodium polyspermum	300	75 (25% starben ab)
Senecio vulgaris	375	100
Urtica urens	730	100
Matricaria discoidea	340	99 (1% starb ab)
Galeopsis tetrahit	1460	60 (der Rest noch gesund)
Capsella bursa pastoris	400	100

Allen spätkeimenden Unkrautarten ist Aussaat im Herbst durchweg förderlicher als im Frühjahr. Da der Same im Herbst kurz vor Eintreten des Frostes in den Boden kommt, hat er vor seinem Auflaufen im nächsten Frühjahr Zeit zu ruhiger Lagerung im Boden. Zum Vergleich hat man trockenen und während des Winters gelagerten Samen ein und derselben Probe im Frühjahr in die

[1] Von *Malva vulgaris (M. neglecta)* keimten im zehnten Jahre 2%, im zwölften Jahre 1%.

gleiche Erde gesät. Mit Proben des gleichen Samens sind dann im Laboratorium Keimanalysen vorgenommen worden. Im ersten Falle ging die Keimung sowohl schneller, als auch mit größerer Keimprozentzahl vor sich.

Als Beispiel seien folgende Ergebnisse einiger im Jahre 1925 vorgenommenen Keimversuche angeführt:

Tabelle 21. Keimungsunterschiede.

Unkrautart	Trocken gelagerter, überwinterter Same im Keimapparat		Trocken gelagerter, überwinterter Same bei Aussaat im Frühjahr	Im Frühjahr aufgelaufen bei Aussaat im Herbst
	Tage	%	%	%
Sinapis arvensis . .	732	100	19	20
Thlaspi arvense . .	196	82	4	26
Galeopsis tetrahit .	200	80	1	32
Galeopsis speciosa .	452	78	1	34
Bunias orientalis .	300	87	13	38

Im Gegensatz zu den spätkeimenden Samen nimmt man die Versuche mit frühkeimenden Unkräutern im Keimapparat vor. Der Same dieser Arten läuft gewöhnlich auch im Freien ziemlich schnell auf, wie folgende Beispiele zeigen:

Tabelle 22. Keimungsunterschiede.

Unkrautart	Trocken gelagerter, überwinterter Same im Keimapparat		Trocken gelagerter, überwinterter Same bei Aussaat im Frühjahr	im Frühjahr aufgelaufen bei Aussaat im Herbst
	Tage	%	%	%
Barbaraea vulgaris . .	10	95	43	35
Silene inflata.	12	97	82	66
Taraxacum officinale .	7	88	53	33
Rumex acetosa	6	92	78	75
Centaurea cyanus. . .	5	70	39	4
Agrostemma githago. .	3	98	86	76
Fagopyrum tataricum .	4	97	60	38
Triticum repens . . .	15	92	66	54
Spergula arvensis. . .	3	98	68	32
Sinapis alba	2	100	96	1
Papaver rhoeas	10	89	51	4
Bromus mollis	13	90	78	19
Rumex acetosella . . .	14	96	38	67
Rumex domesticus . .	9	97	35	67

Einen Übergang zwischen diesen beiden Gruppen bilden einige Arten, deren Same im Vergleich zu frühkeimenden längere Zeit zum Auflaufen braucht. Die Keimzeit im Freien schwankt bei diesen Arten gewöhnlich im Sommer-, wie im Winterkorn, wie folgende Keimzahlen (Tabelle 23) andeuten.

Durch diese Untersuchungen, neben denen solche über die Keimdauer von Unkrautsamen in verschiedener Bodentiefe einhergehen, bekommt der Landwirt eine Übersicht über Tatsachen, die den Unkrautstand betreffen. Sie sind für ihn von großer, praktischer Bedeutung, da sie ihm helfen, die Unkrautgefahr zu überblicken und die Mittel zu wirksamer Bekämpfung im voraus zu beurteilen.

Tabelle 23. Keimungsunterschiede.

Unkrautart	Trocken gelagerter, überwinterter Same im Keimapparat		Trocken gelagerter, überwinterter Same bei Aussaat im Frühjahr	Im Frühjahr aufgelaufen bei Aussaat im Herbst
	Tage	%	%	%
Agrostis stolonifera . .	25	99	46	68
Poa pratensis	28	90	32	53
Aira caespitosa	25	93	46	63
Lappa officinalis . . .	22	95	55	70
Polygonum lapathifolium	45	74	24	68
Polygonum persicaria .	36	60	43	70
Cirsium lanceolatum . .	26	90	17	66
Chenopodium album . .	35	70	8	20
Linaria vulgaris	55	90	13	50
Plantago major	50	100	6	50
Plantago lanceolata . .	76	100	49	80
Rhinanthus major . . .	50	0	0	52

B. Fortpflanzungsfähige Unkrautwurzeln im Nutzland.

Im ersten Teil dieses Abschnittes ist darauf hingewiesen, wie große Mengen keimfähiger Unkrautsamen im Kulturboden vorhanden sein können. Daneben

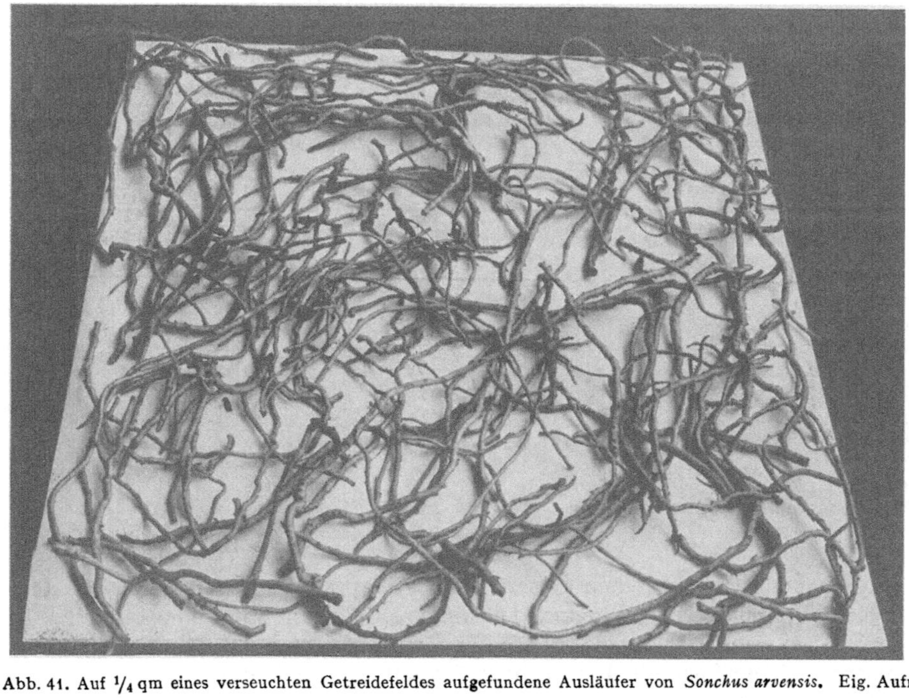

Abb. 41. Auf $^1/_4$ qm eines verseuchten Getreidefeldes aufgefundene Ausläufer von *Sonchus arvensis*. Eig. Aufn.

finden sich aber auch vielfach große Mengen von unterirdischen Teilen wurzelwandernder Unkräuter (Abb. 41, 42). Der Bestand derartiger Fortpflanzungsorgane wird je nach Bodenbeschaffenheit und -bearbeitung zwischen ganz unbedeutenden Mengen und Tausenden von kg je ha schwanken.

Zum Vorkommen und Gedeihen der einzelnen Wurzelunkrautarten tragen Bodenbeschaffenheit und Klima in hohem Grade bei und sind ausschlaggebend für einzelne Arten, wie *Cirsium arvense* und *Tussilago farfara*, die in losem, leichtem Sandboden nicht gedeihen.

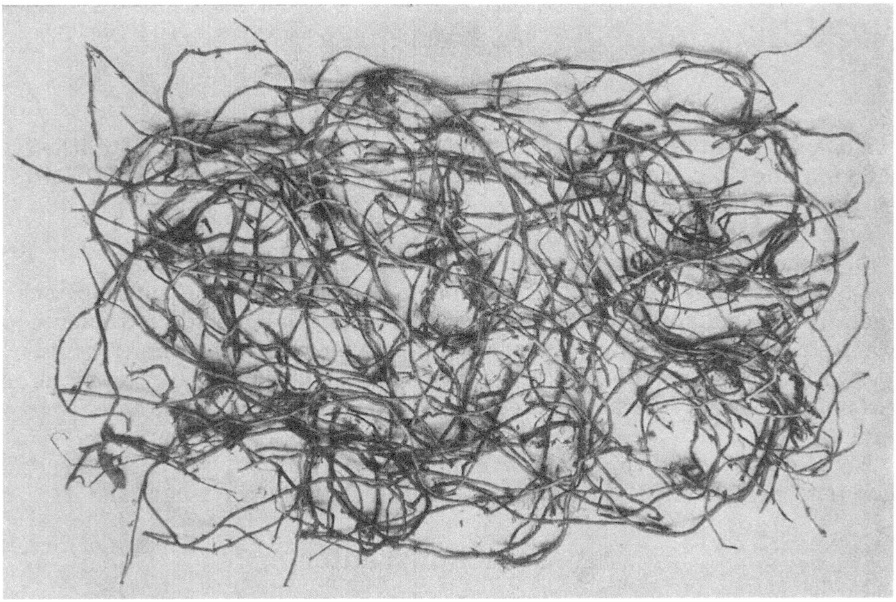

Abb. 42. Im August auf $^1/_2$ qm mit Sommergerste bestandenem Ackerboden gefundene Ausläufer von *Polygonum amphibium* (*terrestre*). Eig. Aufn.

Man hat die Ausläufermenge einiger Grasarten bestimmt, die im Nutzland vorkommen, hat die gesammelten Ausläufer gemessen und die vegetativen Knospen an ihnen gezählt. Das Ergebnis dieser Untersuchungen findet sich in Tabelle 7 und bezieht sich auf Proben von in Kultur befindlichem Ackerboden.

Fünfter Abschnitt.

Unkrautarten.

Etwa 8—10% des Pflanzenbestandes in den Ländern der nördlichen gemäßigten Zone bestehen aus Unkräutern, von denen wir ungefähr die Hälfte zu den gewöhnlichen rechnen.

Folgende Gruppen kommen vor:

A. Samenunkräuter (einjährige, zweijährige und winterannuelle).

B. Bodenständige Unkräuter, d. h. mehrjährige Arten ohne ununterbrochene vegetative Fortpflanzung. Die zu dieser Gruppe gehörenden Unkräuter nennt man auch Wiesenunkräuter, trotzdem dieser Ausdruck nicht immer paßt.

C. Unkräuter, die mittels vegetativer Fortpflanzungsorgane wandern und gewöhnlich echte Wurzelunkräuter oder wurzelwandernde Unkräuter genannt werden.

Nach der besonderen Lebensweise unterscheidet man in jeder dieser drei Hauptgruppen verschiedene Unterabteilungen (vgl. auch Abschn. I).

A. Samenunkräuter.

Zu dieser Gruppe gehören die meisten Unkräuter mit folgender Lebensweise: Nach einmaliger Blüte und Samenreife gehen sie — die einjährigen im Spätsommer oder Herbst des Keimjahres, die überwinternden zweijährigen im Sommer oder Herbst des folgenden Jahres — ein. Die zweijährigen entwickeln im Keimjahre eine oberirdische Laubblattrosette, die im Herbst verwelkt, während die unterirdischen Teile überwintern. Im folgenden Sommer schließt die Pflanze ihr Leben mit Blüte und Reife ab.

Einige Samenunkräuter sind nur einjährig. Sie laufen im Frühjahr oder Frühsommer auf. Blüte und Reife beginnen bereits im Spätsommer. Diesen sehr verbreiteten Unkräutern stehen andere gegenüber, die im Herbst auflaufen, sich im Frühjahr rasch entwickeln und bereits in den ersten Wochen ihrer Wachstumszeit blühen und reifen.

Alle Samenunkräuter erzeugen durchweg große Mengen ausdauernder Samen, deren Keimfähigkeit bei den meisten Arten, ganz besonders bei den einjährigen, selbst bei mehrjähriger Lagerung in der Erde nicht verlorengeht.

Samenunkräuter nehmen viel Platz, Licht und Nahrung in Anspruch. Dabei leisten sie Witterungseinflüssen hartnäckig Widerstand, können sich mit wenigem begnügen und überhaupt ihre Forderungen den Umständen in weit höherem Maße als die Nutzpflanzen anpassen.

I. Einjährige Unkräuter.

1. *Polygonum lapathifolium* Linn. Ampferblättriger Knöterich, engl. pale willow-weed. *Polygonum lapathifolium* (Fam. Polygonaceae) ist ein einjähriges, 30—80 cm hohes Ackerunkraut mit Pfahlwurzel.

Der Stengel ist grob gebaut, oft stark ästig und trägt längliche, elliptisch-lanzettliche, ganzrandige Blätter mit fast kahler Oberfläche und schwach punktierter Unterseite. Die Stengelknoten sind stark verdickt, die Scheiden schwach bewimpert oder glatt, teils mit, teils ohne Randhaare. Die Blütenachsen sind walzenförmig und sitzen auf drüsenhaarigen Stielen. Die Blütenhülle ist gelblich bis blaßrot, drüsig punktiert und in der Reife den Samen umschließend. Blütezeit und Reife von Juli bis August (Abb. 43, 44).

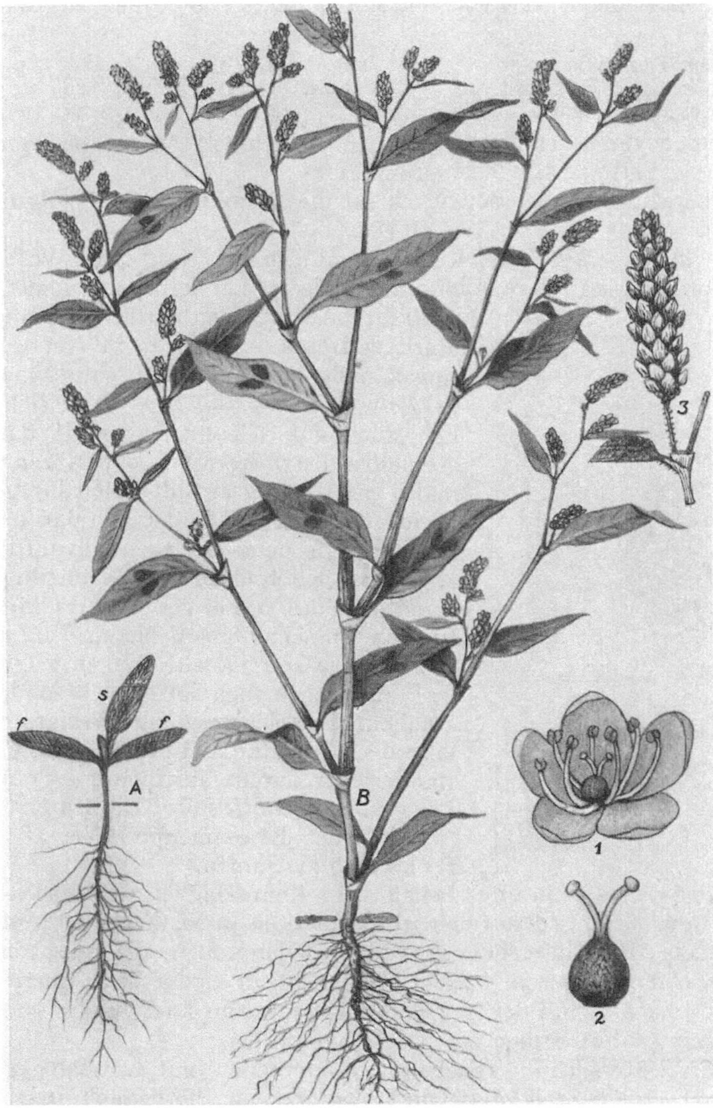

Abb. 43. *Polygonum lapathifolium*. *A* Keimpflanze; *f* Keimblätter; *s* Stengelblatt, nat. Gr.; *B* vollentwickelte Pflanze, etwa 1/4 nat. Gr.; *1* Blüte, etwa 12fach vergr.; *2* Fruchtknoten mit Narben, etwa 24fach vergr.; *3*. Teil einer Zweigspitze mit Ähre, nat. Gr. Nach KORSMOS Unkrauttafeln.

Nach der Reife sitzt der Same noch in der Hülle fest und fällt gewöhnlich erst bei der Ernte, beim Einfahren oder bei der folgenden Behandlung der Ackerfrucht aus. Er ist fast herzförmig, an den Seiten zusammengedrückt und läuft oben in eine Spitze aus. An der Basis sitzt gewöhnlich ein Deckblattrest. Die Oberfläche ist glatt, glänzend und schokoladenfarbig.

1000-K.Gew. 3,6 g, Länge und Breite 2,97 × 2,23 mm (2,5 × 2,2 mm), Samenzahl je Pflanze durchschnittlich 800—850 und je kg etwa 278000. Von trocken gelagerten Proben des ziemlich langsam keimenden Samens liefen im Laboratorium im Laufe von 300 Tagen 95% auf. Bei Aussaat auf Sandboden in einer Tiefe von 1 cm keimten bei einem Versuche während 40 Tagen 61%.

Bei einem anderen Versuche wurde der Same am 3. Juni zur Keimung ausgesät

in einer Tiefe von	0	1	2	3	4	5	6 cm;
davon keimten im Laufe von 1 1/2 Monaten	70	78	52	42	28	14	2%.
Die Keimung begann nach	7	7	9	9	14	16	16 Tagen.

Aus diesen Versuchen ergibt sich, daß trocken gelagerter Same vom Vorjahre im Freien verhältnismäßig schnell aufläuft[1].

Bei Überwinterung im Boden scheint die Keimkraft zu-, die Keimdauer abzunehmen.

Polygonum lapathifolium ist ein in ganz Europa, Nord- und Westasien, Ostindien, Nordamerika, Peru, Chile und anderen Ländern ganz gemeines Ackerunkraut. Auch in den nordischen Ländern ist es stark vertreten, und zwar in Norwegen bis zu ungefähr 65° n. Br. sowie in ganz Finnland.

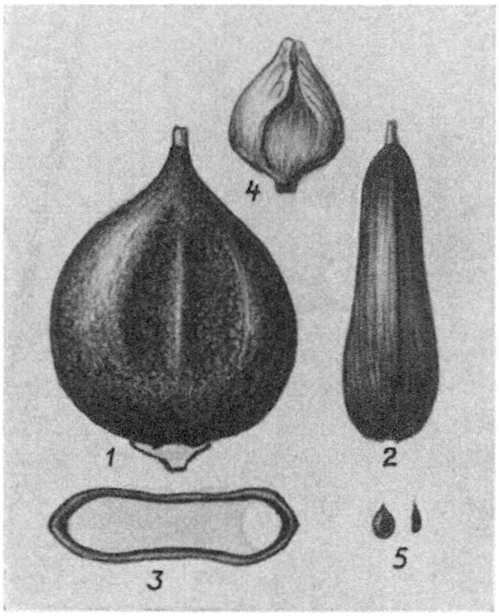

Abb. 44. *Polygonum lapathifolium. 1—3* Breitseite, Schmalseite und Querschnitt des 11 fach vergr. Samens; *4* von inneren Deckblättern umschlossener Same 4 fach vergr.; *5* Samen in nat. Gr. Orig.-Zeichn.

Polygonum lapathifolium zeigt sich gelegentlich auch auf Wiesen. Aber da das Unkraut gegenüber den übrigen Wiesenpflanzen verhältnismäßig großfrüchtig ist, läßt es sich durch Reinigung leicht entfernen und findet sich darum, von Rotkleesamen, in dem es gelegentlich auftreten kann, abgesehen, selten unter den verunreinigenden Bestandteilen des Wiesensamens. Hackfruchtsamen ist dagegen sehr oft von diesem Unkraut durchsetzt, ebenso Getreidesaat. Darum zeigt sich dieses Unkraut auch in allen Getreide-, besonders Druschabfällen. Beispielsweise fand Verfasser in 30 Abfallproben je kg durchschnittlich 43273, in 6 Kornspreuproben durchschnittlich 15233 Samen von *Polygonum lapathifolium*. Die Untersuchung des Abfalls einer Kleesamenprobe ergab je kg der Probe 0—1200 Samen.

Der Same dieses Unkrautes behält seine Keimfähigkeit auch bei langjähriger Lagerung in der Erde, so daß sich selbst auf alten Dauerwiesen oft große Mengen davon finden. Bei Untersuchung von 8 Bodenproben, die teils Äckern, teils Wiesen entnommen waren, fanden sich je qm in 25 cm Tiefe durchschnittlich 539 Samen, die während der Zeit des Wachstums im Laufe eines Sommers reife Pflanzen mit 439824 Samen erzeugt haben würden.

Bei einer Untersuchung frischen und vergorenen, mit keimfähigen Unkrautsamen durchsetzten Stalldungs wurden je 1000 kg Pferdedung 1101, Kuhdung 2695, Schweinedung 2124 und Schafdung 625 Samen berechnet.

Bei Hackfruchternten aller Art ist noch zu beachten, daß alles samentragende Unkraut beim Einfahren der Frucht auf dem Acker zurückbleibt.

Die Landwirtschaft kennt jedoch eine Reihe von Mitteln zur Bekämpfung dieses Unkrautes, von denen folgende Erwähnung verdienen:

---

[1] SCHERTLER, JESSEN und CHREBTOW haben eine Reihe von Keimversuchen mit Samen von *Polygonum lapathifolium* vorgenommen. Vgl. WEHSARG: Arb. d. dtsch. Landw.-Ges. H. 294, S. 54ff.

1. Saurer und sumpfiger Boden wird dräniert und gut gelockert.

2. Zur Anwendung gelangt nur unkrautreines, keimfähiges Saatgut.

3. Sommerfruchtäcker (Sommergetreide, Erbsen und Grünfutter) werden mit der Unkrautegge vor und, wenn wünschenswert, auch nach Auflaufen des Saatgutes bearbeitet (vgl. Abschn. 6 B, III a).

4. Man bespritzt den Acker mit einer den klimatischen Verhältnissen angepaßten Lösung von:

a) 18—25%igem Eisenvitriol je ha 600—700 l.

b) $3^1/_2$—$4^1/_2$%iger Schwefelsäure[1] je ha etwa 1000 l.

c) Salpetersäure im gleichen Verhältnis.

5. Der Acker wird je ha mit einer Schicht von 150—200 kg staubfeinem, gemahlenem Kalkstickstoff bestreut.

6. Der Acker wird vor Auflaufen der Saat mit der Unkrautegge bearbeitet und nach dem Auflaufen mit einer der erwähnten chemischen Lösungen bespritzt (vgl. Abschn. 6 B, III b, 1—7).

7. In Kartoffel- und Wurzelfruchtäckern unterdrückt man das Unkraut während des Wachstums der Pflanzen durch Hacken und Jäten.

8. Aller Unkrautsame, der aus Getreide, Abfall u. a. ausgelesen werden kann, muß vor Verwertung des Bodenertrages unschädlich gemacht werden, um die Samenverbreitung durch Dünger zu verhindern (vgl. Abschn. 6 A, II c).

Da der Stalldünger zur Unkrautverbreitung gewöhnlich sehr wirksam beiträgt, ist es von Bedeutung, ihn in erster Linie auf solchen Äckern zu verwenden, die während des Wachstums ihrer Früchte mit der Hacke bearbeitet werden können.

2. *Polygonum persicaria* LINN. Gemeiner oder Flohknöterich, engl. *Persicaria*, Redshank. *Polygonum persicaria* (Fam. Polygonaceae) ist ein einjähriges Unkraut mit verzweigter Pfahlwurzel mit knieförmig geknickten, aufsteigenden, 40—100 cm hohen aufrechten Stengeln und länglichen, elliptischlanzettlichen, kurzstieligen und ganzrandigen Blättern. Die Tüten liegen eng an und tragen lange Randhaare. Die fast ovalen Ähren sind nicht wie die von *Polygonum lapathifolium* drüsig gepunkt (Abb. 45). Die Pflanze blüht im Juli und August und fruchtet zur Erntezeit im August und September.

Nach der Reife werden die etwas ungleichmäßigen, meist ei- bis herzförmigen Samen von Deckblättern fest umschlossen. Der Samenquerschnitt erinnert an ein Dreieck, da sich über die Mitte der einen Samenseite vom Grunde bis zur Spitze eine erhabene Kante hinzieht. Die Oberfläche ist fast glatt, schwach glänzend und von schwarzbrauner Farbe. 1000-K.Gew. etwa 2,7 g, Länge und Breite der platten Samen $2{,}9 \times 2{,}1$ mm, der dreieckigen etwa $2{,}8 \times 1{,}8$ mm, Samenzahl je Pflanze etwa 200—800, je kg etwa 370000[2].

Vom vorjährigen Samen waren im Laboratorium nach 36 Tagen 60% aufgelaufen. Von im Herbst 0,5 cm tief in Sandboden gesätem Samen keimten im Freien 44, von im Frühjahr gesätem 65%.

Mit Hinsicht auf Verbreitung, Vorkommen u. ä. verhält sich dieses Unkraut genau wie *Polygonum lapathifolium*. *Polygonum persicaria* kommt somit in ganz Europa, Nord- und Mittelasien und Nordamerika vor und ist besonders auf feuchtem und saurem Ackerboden sehr gewöhnlich und lästig. In den nordischen Ländern ist es bis zu 70° n. Br. beobachtet.

Polygonum persicaria wird durch Samen verbreitet und fortgepflanzt, die sich in Abfällen aller Art, Boden, Dung u. a. regelmäßig finden. Beispielsweise fanden

[1] Schwefelsäure von 66% Baumé — 93—94% Stärke, auf 100% berechnet.

[2] Nach DAMMANN: Gesundheitspflege der landwirtshaftl. Haussäugetiere S. 599 verursacht in größerer Menge genossener Same von *Polygonum persicaria* bei Schweinen heftige Verdauungsstörungen, die sogar zum Tode führen können.

sich in 6 Dreschabfallproben 20653, in Heubodenkehricht 14000 Samen je kg der Proben. In 7 Ackerproben wurden bei 25 cm Tiefe 2554 Samen je qm ge-

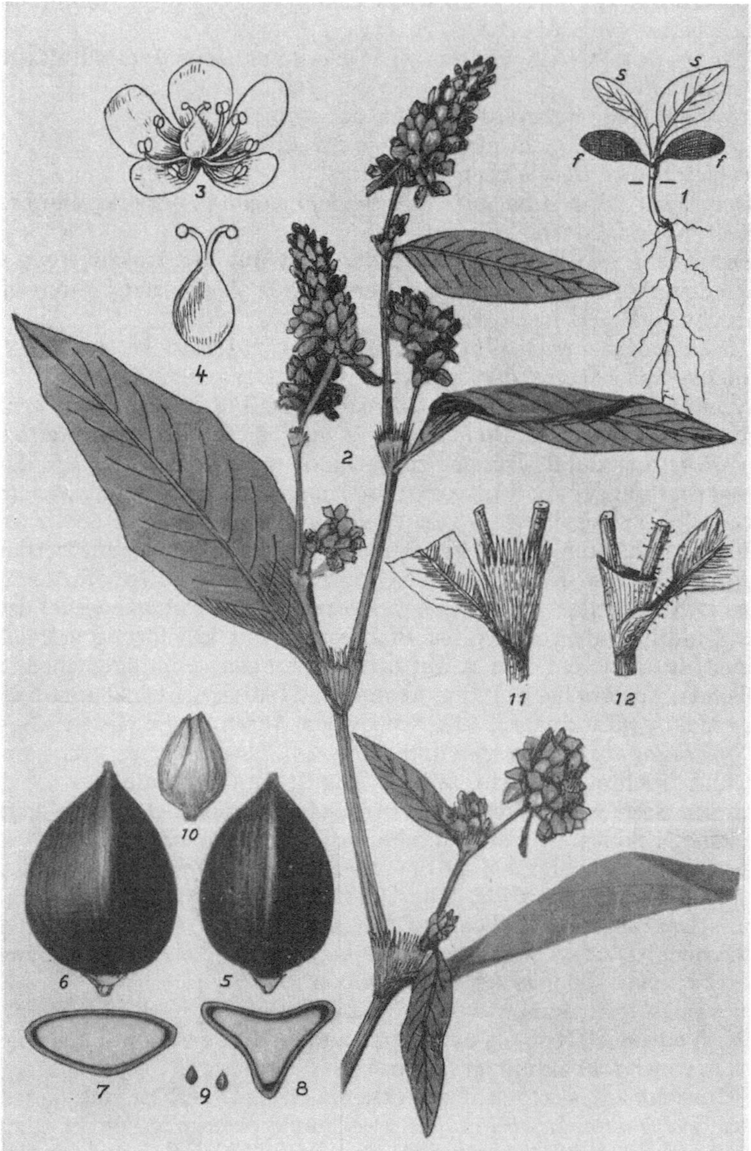

Abb. 45. *Polygonum persicaria.* *1* Keimpflanze; *f* Keimblätter; *s* Stengelblätter, nat. Gr.; *2* Zweigspitze, nat. Gr.; *3* Blüte, etwa 10fach vergr.; *4* Fruchtknoten mit Griffeln und Narben, etwa 20fach vergr.; *5* u. *6* Samen; *7* u. *8* Samenquerschnitte, 10fach vergr.; *9* Samen, nat. Gr.; *10* von der Blütenhülle umschlossener Same, 5fach vergr. Orig.-Zeichn.

zählt, während bei einem Versuche mit 7 Kuhdungproben je t durchschnittlich 6164 Pflanzen aufliefen und zu voller Entwicklung kamen.

Die Pflanze wird in gleicher Art wie *Polygonum lapathifolium* bekämpft.

3. *Polygonum aviculare* Linn. Vogelknöterich, engl. Knotgrass, knot-

weed. *Polygonum aviculare* (Fam. Polygonaceae) ist ein einjähriges Unkraut mit stark verzweigter Pfahlwurzel, liegenden bis steigenden, 25—60 cm hohen Stengeln und elliptischen, fast lanzettlichen Blättern; die Tüten sind oben weiß. In

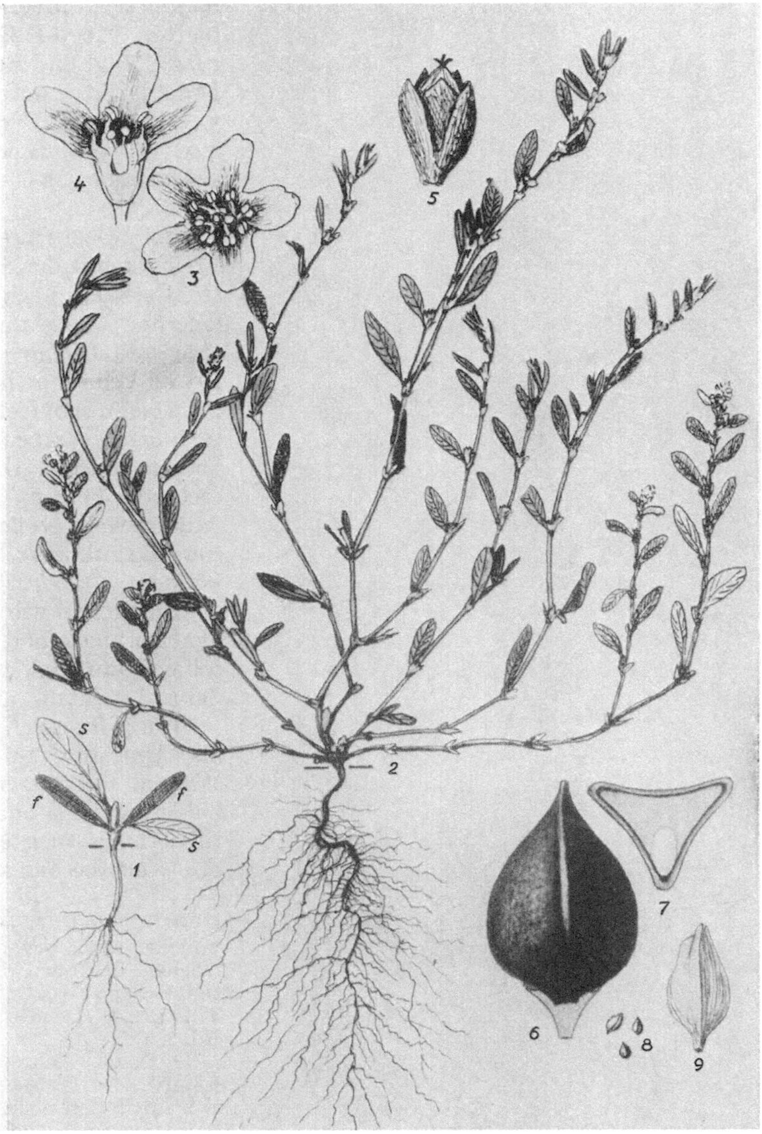

Abb. 46. *Polygonum aviculare.* *1* Keimpflanze; *f* Keimblätter; *s* Stengelblätter, nat. Gr.; *2* vollentwickelte Pflanze, etwa $^1/_3$ nat. Gr.; *3* von oben gesehene Blüte; *4* Blütenlängsschnitt, etwa 8fach vergr.; *5* halbreife, von Deckblättern umschlossene Frucht, etwa 7fach vergr.; *6* Same; *7* Samenquerschnitt, 10fach vergr.; *8* Samen, nat. Gr.; *9* von Blütenhülle umschlossener Same, 5fach vergr. Orig.-Zeichn.

den Blattwinkeln sitzen 2—4 kurzstielige Blüten (Abb. 46). Sie blühen den ganzen Spätsommer hindurch vom Juli bis in den Herbst hinein. Nach der Reife wird der Same von rotbraunen Deckblättern umhüllt. Er ist dreieckig mit drei stark eingebeulten, etwa herzförmigen Seitenflächen. An beiden Enden läuft er in

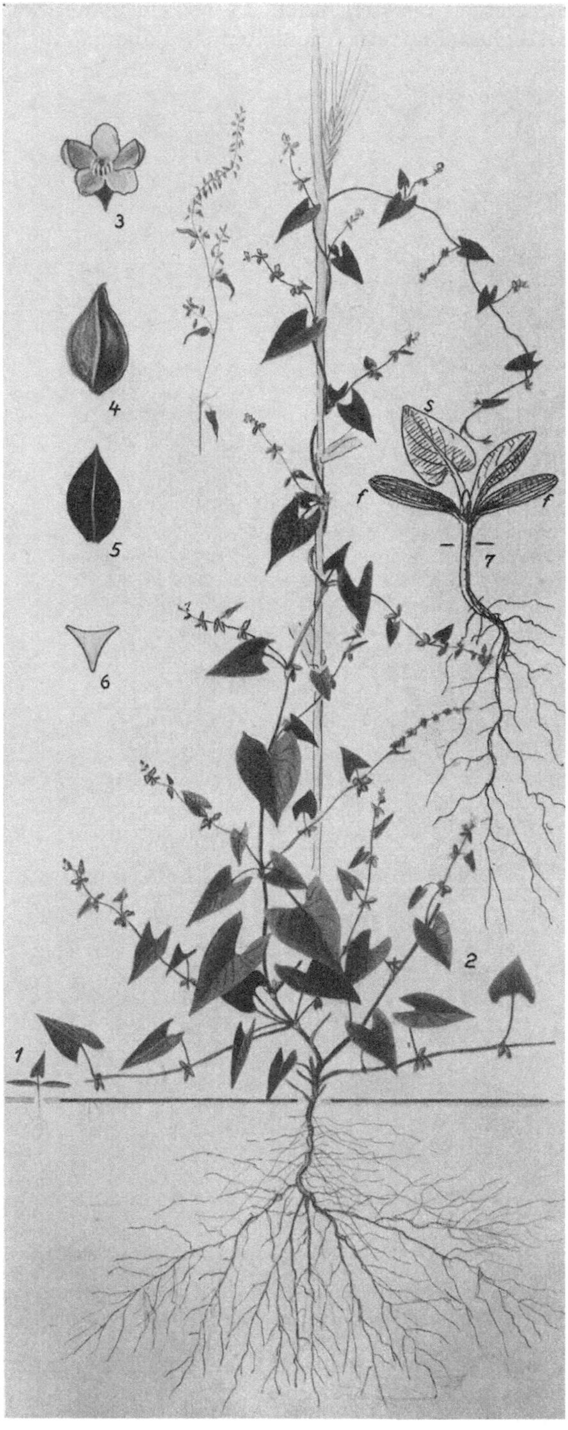

stumpfe Spitzen aus. Die Oberfläche ist rauh, matt und dunkelrotbraun. An der Grundfläche sitzen oft Reste der inneren Deckblätter. 1000-K.Gew. etwa 2,7 g, Länge und Breite ohne Deckblätter am Grunde 3,0 × 2,0, mit Deckblättern 4,0 × 2,0 mm, Samenzahl je Pflanze etwa 125—200, je kg etwa 370000.

Bei Überwinterung im Freien keimt der Same meistens schnell, nach Trockenlagerung langsamer. Bei einem Saattiefenversuch im Freien keimte er im Humus noch bis zu 9 cm Tiefe. Untersuchungen ergaben, daß von Samen dieser Unkrautart mehrere Prozent die Verdauungswege größerer Haustiere keimkräftig verlassen können[1].

Im Freien[2] wie bei Trokkenlagerung behält der Same seine Keimfähigkeit mehrere Jahre hindurch.

Die Pflanze findet sich als Unkraut auf Äckern, Wiesen, Hofplätzen, Schutthalden, an Weg- und Straßenrändern der meisten Länder der Welt, besonders aber in

[1] DORPH-PETERSEN: Nogle undersögelser over ukrudtfröenes forekomst og levedygtighed 1896—1910 (Särtryk af Tidsskr. f. Landbr. Pl. avl. Bd. 17), S. 618.

[2] Nach Arb. d. dtsch. Landw.-Ges. H. 294, S. 137 fand sich im Boden noch nach Verlauf von 22 Jahren keimfähiger Same von *Polygonum aviculare*.

Abb. 47. *Polygonum convolvulus*. *1* Keimpflanze; *2* vollentwickelte Pflanze, 1/4 nat. Gr.; *3* Blüte, 4fach vergr.; *4* von Blütenhülle umschlossener Same; *5* Same; *6* Samenquerschnitt, etwa 4fach vergr.; *7* Keimpflanze; *f* Keimblätter; *s* Stengelblatt, nat. Gr. Nach KORSMOS Unkrauttafeln.

der gemäßigten und kalten Zone, wie in ganz Deutschland, Skandinavien und Finnland, und zwar von der Küste bis über die Birkengrenze hinauf.

Polygonum aviculare wird durch Samen fortgepflanzt und verbreitet.

Die Verbreitung geschieht durch schlecht gereinigtes Saatgut, Dresch- und andere Abfälle, Ausfall am Standort und durch Stalldünger. Als Beispiel diene, daß folgende durchschnittlichen Samenmengen von *Polygonum aviculare* vorkamen:

In 11 Dreschabfallproben	1591,
in einigen Wiesensamenproben	1500 Samen je kg und
in 25 cm tiefem Ackerboden je qm . .	125,
in vergorenem Pferdedünger	1053,
in leicht vergorenem Pferdedünger . .	1225,
in Schweinedünger	1225 während des Versuchs aufgelaufene Pflanzen je t.

Die Bekämpfung von *Polygonum aviculare* geschieht in gleicher Art wie die der übrigen einjährigen Knöteriche.

4. *Polygonum convolvulus* LINN. Windenartiger Knöterich, engl. Black bindweed. *Polygonum convolvulus* (Fam. Polygonaceae) ist ein einjähriges Unkraut mit langen, kantigen, gewundenen, unten oft stark verzweigten Stengeln und pfeil- bis herzförmigen, spitzen, gestielten Blättern. Es blüht im Juli und August und fruchtet im August und September (Abb. 47).

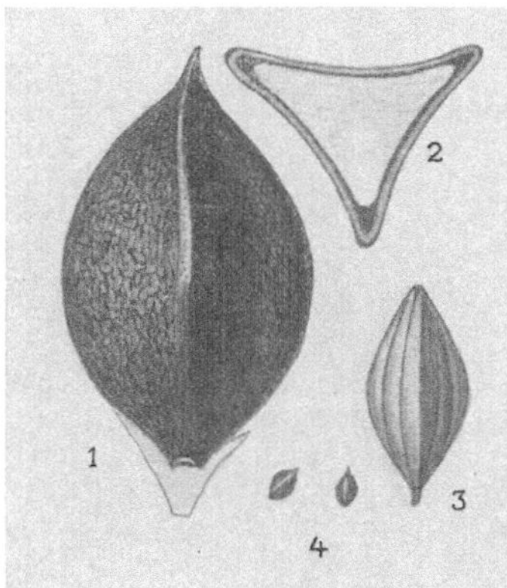

Abb. 48. *Polygonum convolvulus.* *1* Same; *2* Samenquerschnitt, 10fach vergr.; *3* von Blütenhülle umschlossener Same, 5fach vergr.; *4* Same in nat. Gr. Orig.-Zeichn.

Der dreieckige, auf allen Seiten etwas eingebeulte, an beiden Enden zugespitzte Same ist von spröden, hautartigen Blütendeckblättern umschlossen. Die abgestumpfte Basis zeigt einen weißen Fleck; die Oberfläche ist uneben rauh, matt und dunkelbraun bis schwarz (Abb. 48). 1000-K.Gew. etwa 5,0 g, Länge und Breite etwa 3,8 × 2,3 mm, mit Deckblätterhülle etwa 4,2 × 2,4 mm, Samenzahl je Pflanze etwa 140—200, je kg etwa 200000. Von vorjährigem Samen keimten im Laboratorium während 30tägiger Versuchszeit 36%. Im Freien keimten in

	0	0,5	1	2	3	4	5	6	7	8	9 cm tiefem Sandboden
nach	14	14	14	16	26	27	27	32	32	36	50 Tagen
	6	42	34	24	20	16	4	4	6	2	0%.

Keimzeit und Keimprozent werden durch Überwinterung im Freien günstig beeinflußt. Noch größere Förderung erfährt die Keimung durch einen Bodenzusatz von Kalk[1].

Die Pflanze hat eine verzweigte, verhältnismäßig tiefgehende Wurzel und entwickelt sich im Frühsommer etwas später als andere Arten. Oft erstickt dieses Unkraut die Nutzpflanzen durch Umwinden der Stengel und wirkt dadurch ähnlich, wenn auch nicht im gleichen Maße schädigend, wie die echte Winde (*Convolvulus*).

Polygonum convolvulus ist ein gemeines Ackerunkraut, das sich in ganz Europa, Nordamerika, Nord- und Mittelasien, China, Japan und Ostindien findet. In Skandinavien trifft man es bis Nordvaranger (Norwegen) vom Meer bis an die Getreidegrenze an. Auch in ganz Finnland ist es vertreten.

[1] WEHSARG in: Arb. d. dtsch. Landw.-Ges. H. 294, S. 32.

Die Pflanze wird durch Samen, der im in- und ausländischen Korn sowie in Dresch- und anderen Abfällen enthalten ist, fortgepflanzt und verbreitet.

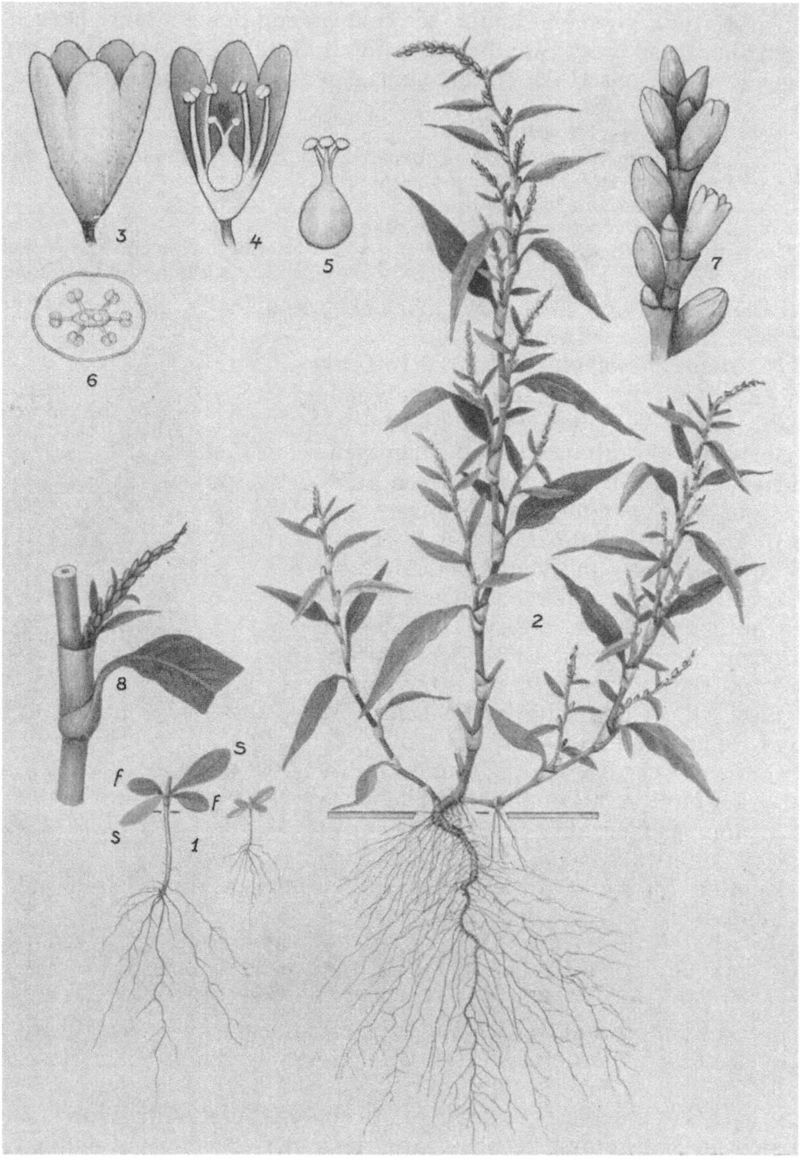

Abb. 49. *Polygonum hydropiper.* *1* Keimpflanze; *f* Keimblätter; *s* Stengelblätter, etwa $^2/_3$ nat. Gr.; *2* voll entwickelte Pflanze, etwa $^1/_4$ nat. Gr.; *3* ganze Blüte; *4* dieselbe im Längsschnitt nach Entfernung zweier Staubgefäße, 3fach vergr.; *5* Fruchtknoten mit 3 Narben, 10fach vergr.; *6* Blütendiagramm, 6fach vergr.; *7* Blütenzweig, 3fach vergr.; *8* Stengelteil, Blattscheide und -Tüten zeigend, mit Blütenzweig während der Entwicklung, etwa nat. Gr. Orig.-Zeichn.

So fanden sich in 16 Dreschabfallproben je kg durchschnittlich 9242, in Kornspreuproben 1100, in Wiesensaat 200 Samen und in 6 Nutzlandproben je qm bei 25 cm Tiefe 167 während eines Versuches aufgelaufene und voll entwickelte Pflanzen.

Auf dem Acker wird das Unkraut wie *Polygonum lapathifolium* bekämpft.

5. *Polygonum hydropiper* LINN. Wasserpfeffer, Wasserpfeffer-Knöterich, engl. Waterpepper. *Polygonum hydrepiper* (Fam. Polygonaceae) ist ein einjähriges Unkraut mit schwacher Pfahlwurzel. Der 20—40 cm hohe Stengel liegt erst etwas, richtet sich dann auf, schlägt Wurzeln und trägt eine lange, ährenförmige, oben überhängende, verzweigte Spitze. Die Tüten sind glatt und kurz bewimpert, die Blütenstiele drüsenhaarig. Die lanzettlichen Blätter sind unten verschmälert (Abb. 49). Blütezeit von August bis September. Der reife Same ist von Deckblättern umschlossen, die eine unten abgerundete und oben zugespitzte, birnenförmige Hülle bilden. Der Same ist auf der einen Seite stärker, auf der gegenüberliegenden Seite schwächer gewölbt. An seiner abgerundeten Basis hängen oft Deckblattreste. Oben ist er zugespitzt; die Oberfläche ist matt, rauh und dunkelbraun (Abb. 50). 1000-K.Gew. etwa 2,5 g, Länge und Breite des nackten Samens etwa 2,9 × 1,9, mit Deckblättern etwa 3,5 × 2,0 mm, Samenzahl je Pflanze etwa 385 (SCHERTLER gibt 523 an), je kg etwa 400000.

Polygonum hydropiper gehört zu den Sumpfpflanzen und wächst in feuchtem, bodensaurem, sumpfigem Gelände, an Gräben und Teichrändern, gelegentlich auch auf Äckern und kommt in fast ganz Europa, Mittel- und Nordasien bis an das Polargebiet und ganz regelmäßig in Skandinavien bis zu ungefähr 65° n. Br. vor. In Nordamerika ist es aus Europa eingeschleppt. Die Pflanze wird durch Samen, die sich in Abfall, Spreu u. ä. finden, fortgepflanzt und verbreitet. Eine untersuchte Dreschabfallprobe enthielt je kg 27833 dieser Unkrautsamen.

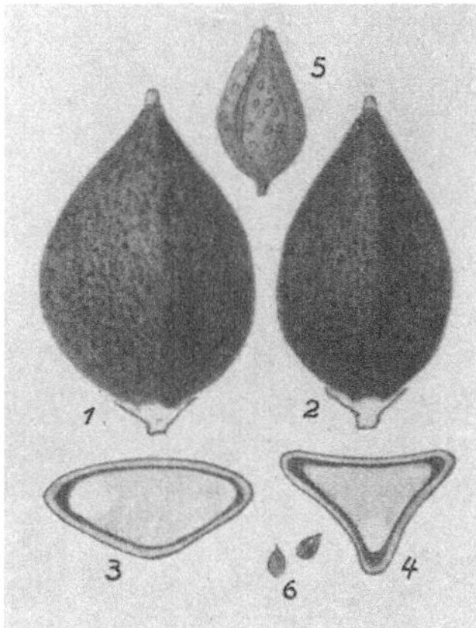

Abb. 50. *Polygonum hydropiper.* *1—2* Samen, *3—4* Samenquerschnitte, 10fach vergr.; *5* von Blütenhülle umschlossener Same, 5fach vergr.; *6* Same, nat. Gr. Orig.-Zeichn.

Das beste Mittel zur Bekämpfung des Wasserpfeffers im Nutzlande ist Entwässerung.

Die Pflanze hat einen scharfen, bitteren Geschmack, wird von den Haustieren abgelehnt und gilt bisweilen als giftig[1].

6. *Fagopyrum tataricum* GÄRTN. Tatarischer Knöterich oder tatarischer Buchweizen, engl. Buckwheat, India-wheat. *Fagopyrum tataricum* (Fam. Polygonaceae) ist ein einjähriges, aufrechtes, sehr ästiges bis zu 80 cm hohes Unkraut mit herz-, fast spießförmigen Blättern, die am Grunde einen schwarz-blauen Fleck tragen. Die Blüten sitzen in Bündeln und bilden lange, lockere Trauben (Abb. 51). Blütezeit im Juli und August, Reifezeit im August und September.

Der Same ähnelt einer dreieckigen Nuß mit stumpfer Spitze, ist etwa dreimal so lang wie die Blütenhüllblätter, die sich eng an den Boden der reifen Frucht anlegen. Auf dem Samen ziehen sich drei tiefe Falten entlang, die drei gewölbte, buckelkantige Rippen bilden. Die Oberfläche ist uneben, knorrig, matt und grau bis graubraun (Abb. 52). 1000-K.Gew. etwa 21,25 g, Länge und Breite etwa 5,3 × 3,1 mm, Samenzahl je Pflanze etwa 1000, je kg etwa 47000. Der Same keimt leicht, von vorjährigem Samen liefen im Laboratorium während einer Zeit von 10 Tagen 97% auf; von Samen, der im Freien in Sandboden gesät wurde, keimten im Laufe von 8 Tagen 71%.

Fagopyrum tataricum ist als Unkraut in mehreren europäischen Ländern ver-

[1] DAMMANN: Gesundheitspflege landwirtschaftlicher Haussäugetiere, S. 599.

breitet. In Deutschland tritt es in Buchweizen- und ähnlichen Äckern auf. In Skandinavien findet es sich bis etwa 64° n. Br., also etwas nördlich von Drontheim (Norwegen). Die Pflanze wird durch Samen, die ungefähr von gleicher Größe wie sechszeilige Gerste sind, fortgepflanzt und verbreitet. Darum ist dieses Unkraut durch gewöhnliche Reinigung nur schwer zu entfernen. Durch scharfe Trieurreinigung kann es im wesentlichen, oft auch ganz entfernt werden. Bei Eintauchen des Kornes in Wasser unter ständigem Umrühren treibt der größte Teil der Unkrautsamen an die Oberfläche und kann dann abgeschöpft werden.

Diese Unkrautart verträgt keine Oberflächenbehandlung mit der Unkrautegge oder durch Chemikalien und ist darum im Sommerkorn leicht zu bekämpfen. Da die Pflanze schnell keimt, kann sie bereits bei Beginn des Wachstums der Nutzfrucht unterdrückt werden.

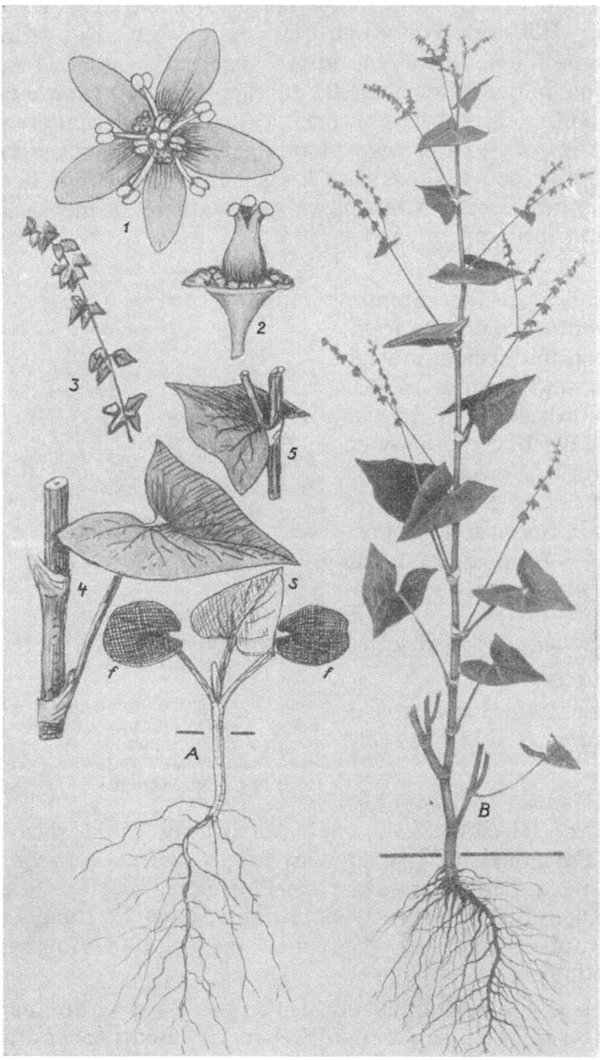

Abb. 51. *Fagopyrum tataricum*. *A* Keimpflanze; *f* Keimblätter; *s* Stengelblatt, nat. Gr. *B* voll entwickelte Pflanze, 1/5 nat. Gr.; *1* Blüte, 5fach vergr.; *2* Blüte ohne Blütenhülle, 10fach vergr.; *3* Zweigspitze mit reifen Samen; *4* Teil des unteren Stengels mit gestieltem Blatt; *5* Teil des oberen Stengelteiles mit sitzendem Blatt, 1/2 nat. Gr. Nach Korsmos Unkrauttafeln.

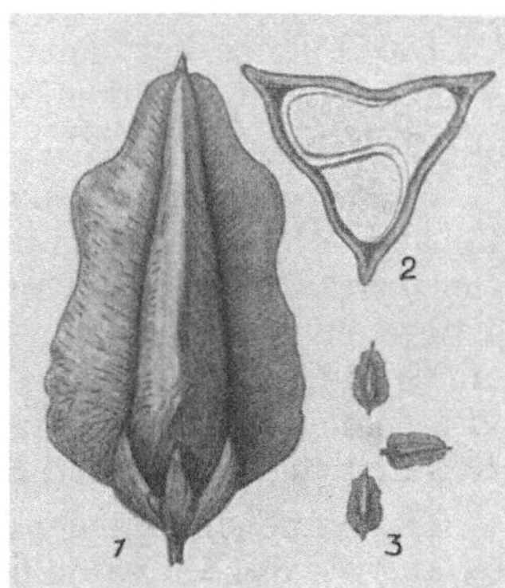

Abb. 52. *Fagopyrum tataricum*. *1* Same; *2* Samenquerschnitt, 15/2 nat. Gr.; *3* Samen nat. Gr.. Orig.-Zeichn.

7. *Chenopodium album* Linn. Weißer Gänsefuß, engl. Goosefoot, fat hen. *Chenopodium album* (Fam. Chenopodiaceae) ist ein einjähriges Unkraut mit kräftiger Pfahlwurzel, glattem, gefurchtem, verzweigtem, 20—90 cm hohem Stengel, mit eiförmigen bis viereckig-ovalen Blättern versehen, von denen die oberen oft lanzettlich und alle mehr oder weniger gezähnt und stark mehlig be-

stäubt sind[1]. Die Blüten sind an der Spitze mehr oder weniger zusammengedrängt (Abb. 53). Blütezeit im Juli und September, Reifezeit den ganzen Spätsommer hindurch.

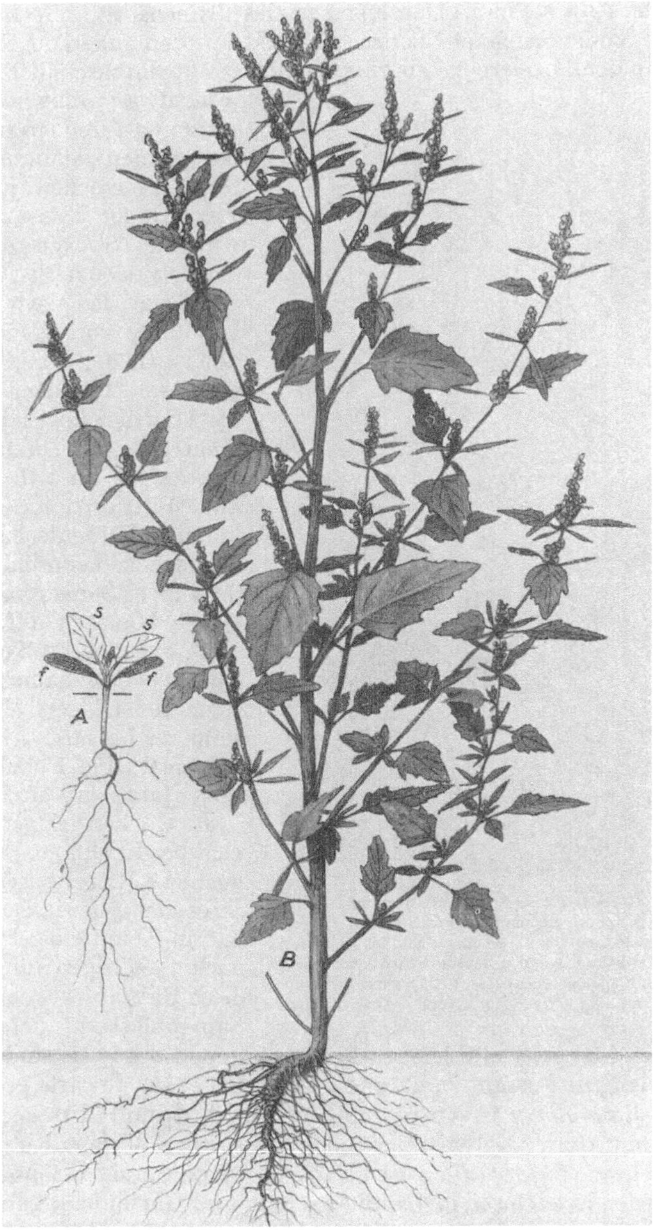

Abb. 53. *Chenopodium album. A* Keimpflanze; *f* Keimblätter; *s* Stengelblätter, nat. Gr.; *B* vollentwickelte blühende Pflanze, etwa $^1/_5$ nat. Gr. Nach KORSMOS Unkrauttafeln.

[1] Diese Unkrautart tritt in vielen verschiedenen Formen auf, von denen die beiden folgenden ganz gemein sind: 1. *Chenopodium spicatum* KOCH mit stark mehligen Blättern. 2. *Chenopodium viride* L. mit grünen, nicht mehligen Blättern. Vgl. BLYTTS Flora S. 295.

Der reife Same ist von 5 spröden, gelbbraunen Deckblättern umschlossen[1], fast kreisrund gebogen und von der Seite her etwas plattgedrückt. Am Boden hat er eine stumpfe, schnabelförmig vorspringende Krümmung. Die Oberfläche ist kahl, blank und schwarz (Abb. 54). 1000-K.Gew. etwa 1,15 g, Länge und Breite etwa 1,5×1,4 mm, Durchmesser des Samens mit Deckblättern etwa 1,8 mm, die Samenmenge je Pflanze schwankt mit den äußeren Lebensbedingungen von wenigen hundert bis zu 20000 und beträgt durchschnittlich etwa 3100, je kg etwa 870000 Samen. Von den sprunghaft und langsam auflaufenden Samen keimten bei Laboratoriumsversuchen im Laufe von 1460 Tagen 98%. Einmal überwinterter, trocken gelagerter Same, der im Freien in flachen Sandboden gesät war, lief nach 10 Tagen auf. Im Laufe von 37 Tagen keimten 39%. In 0,5 cm Saattiefe keimten nach 17 Tagen 24%. Tiefer als 3 cm lief überhaupt kein Same mehr auf. Im Freien scheint er rascher als im Laboratorium und auf Filtrierpapier auflaufen zu können. Bei deutschen (WEHSARGS) Versuchen keimten von ein und derselben Samenprobe im Laufe von 4 Monaten auf Filtrierpapier 19%, draußen im Sandboden 88%. *Chenopodium*-Same, der in der Erde tiefer lagert als seine Keimtiefe reicht (also 3—5 cm etwa), bewahrt seine Keimkraft dennoch viele Jahre hindurch. Die Keimkraft trocken gelagerter Samen hat sich bei K. DORPH-PETERSENS Versuchen 8 Jahre lang gehalten. Wird Same, der tiefer in der Erde gelegen hat, in Keimtiefe gebracht, läuft er nach 5—6 Tagen auf. Man erkennt diese Unkrautart sehr leicht an den Samenblättern, deren Oberfläche etwas mehlig, blaugrau und leicht rötlich schimmernd ist; sie sind länglich-oval, etwa 6 mm lang und 2 mm breit und haben eine etwas abwärts gebeugte Spitze.

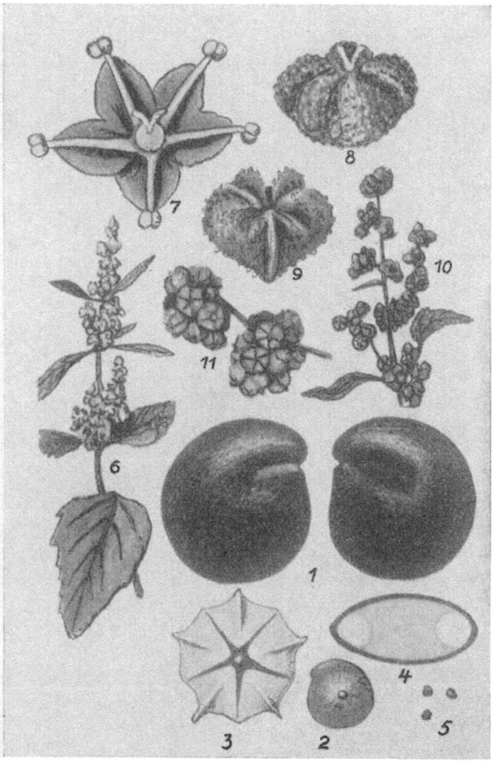

Abb. 54. *Chenopodium album.* *1* Same; *4* Samenquerschnitt, 14fach vergr.; *2* Same mit Samenhülle, 6fach vergr.; *3* Same mit Deckblättern, 10fach vergr.; *5* Samen, nat. Gr.; *6* oberer Zweig, nat. Gr.; *7* Blüte; *8* und *9* unreife Frucht, von oben und von der Grundfläche gesehen, etwa 10fach vergr.; *10* und *11* Fruchtstand, nat. Gr., bzw. 2fach vergr. Orig.-Zeichn.

Chenopodium album ist über ganz Europa, Nord- und Mittelasien bis an den Polarkreis und durch Kolonisation auch in fast allen übrigen Kulturländern der Erde verbreitet. *Chenopodium* ist ganz gemein und ganz besonders lästig, auf welchem Boden es auch sei, in Landwirtschaft und Gartenbau, gelegentlich auch auf jüngeren Dauerwiesen, an und auf Misthaufen, unbenutzten Grundstücken und Schutthalden. Je nahrhafter der Boden ist, desto üppiger entwickelt es sich. Es ist in ganz Deutschland und Skandinavien, einschließlich der Färöer und Island vom Meer bis an die Getreidegrenze vertreten.

[1] Der Same liegt mit der Breitseite, also wagerecht, auf dem Boden der Blütenhülle.

Die Pflanze wird durch Samen, die oft schon vor der Ernte reif werden, fortgepflanzt und verbreitet. Da ein gut Teil davon bei der Ernte auf dem Acker ausfällt, enthält die Ackerkrume bei Vorkommen dieser Art oft unverhältnismäßig große Mengen davon. Beispielsweise waren in den untersuchten Ackerproben von 12 verschiedenen landwirtschaftlichen Betrieben je qm bei 25 cm Tiefe nach 4 Wochen 1159 Pflanzen aufgelaufen. Folgende Untersuchungen zeigen deutlich, daß mit der Ernte große Mengen reifen Samens auf den Hof und von dort in den Stalldünger kommen können. Die untersuchten Proben ergaben je t Pferde-, Kuh-, Schweine- und Schafdung durchschnittlich 7546, 4880 4441, bzw. 9240 Samen, die aufliefen und kräftige Pflanzen entwickelten. Die Annahme, daß von diesen Samen ein nicht geringer Teil die Verdauungswege der Haustiere unbeschädigt durchlaufen hat, wird auch durch eine Reihe von Versuchen bestätigt.

Die Untersuchung verschiedener Abfallproben auf ihren Gehalt an Unkrautsamen hin ergab durchschnittlich je kg der Probe Dreschabfall 116798, Reinigungsabfall 11500, Heubodenkehricht 1000 und Getreidespreu 15814 unbeschädigte Samen von *Chenopodium album*.

Nicht selten findet sich der Same dieser Unkrautart in Wiesensamen und in minder sorgfältig gereinigtem Saatgut verschiedener Sommergetreide.

Ist das Unkraut nicht mit abgeerntet worden, halten sich im Herbst oft kleinere Vögel in seinen Zweigen auf, die ganze Mengen von Samen verschlingen und unverdaut wieder ausscheiden (vgl. Abschn. 3 S. 44).

Da sich *Chenopodium album* ausschließlich durch Samen fortpflanzt und verbreitet, muß man die Pflanze in erster Linie durch Verwendung reinen Saatgutes fernhalten, sowie durch rechtzeitige Behandlung der Sommerkorn-, Erbsen- und Kartoffeläcker mit der Unkrautegge und durch frühes Bestreuen der Korn- und Erbsenäcker mit staubfeinem Kalkstickstoff am Reifen verhindern (vgl. Abschn. 6 S. 451; 462; 477; 495). Den gleichen Zweck verfolgt man durch sorgfältig durchgeführte Reinhaltung aller Hackfruchtäcker (vgl. Abschn. 6 S. 511; 515) und durch gleichzeitiges Vernichten der jungen Unkrautpflanzen auf Mist- und Komposthaufen. Es muß dringend davor gewarnt werden, mit diesem Unkrautsamen durchsetzte Abfälle zu verwerten, bevor man die Keimfähigkeit der Samen durch Desinfektion, Kochen oder andere Mittel vernichtet hat (vgl. Abschn. 6 S. 469—471).

Beim Ernten reifer Körnerfrüchte fallen oft große Mengen vollreifer Unkrautsamen aus. Durch Anbringung eines Körnerfängers hinten am Ablegebrett der Mähmaschine, in dem der Unkrautsame während des Ganges der Maschine aufgefangen wird, kann man die Verbreitung bedeutender Samenmengen vermeiden.

Chenopodium album ist eins der Unkräuter, die dem Boden besonders große Mengen Nährstoff entziehen. Durch chemische Analysen ermittelte man in wasserfreiem Stoff:

3,72% Stickstoff,
0,65% Phosphorsäure,
9,58% Kali.

In sandfreier Trockensubstanz hat Dr. KLING[1]

74,95%	organische Stoffe,	10,91%	Kali,
3,99%	Stickstoff,	3,61%	Kalk
1,33%	Phosphorsäure,		

gefunden.

Diese Analysen zeigen, daß *Chenopodium album* ganz besonders viel Kali verbraucht. Dr. KLING bemerkt: „*Chenopodium album* zeichnet sich also insbesondere

[1] Landwirtschaftl. Versuchs-Stationen Bd. 85, H. 6.

durch einen großen Kalireichtum aus.“ Das erklärt möglicherweise den Umstand, daß man auf Äckern, deren voriger Feldbestand durch *Chenopodium album* stark verunkrautet gewesen war, in mehreren Fällen nachweislich geringere Hackfruchterträge erzielt hat.

Auch als Wirtspflanze von Insekten wirkt *Chenopodium album* auf den Ackerbau mittelbar schädigend. So greifen die Runkelfliege (*Pegomyia hyoscyani*) und ein Schildkäfer (*Cassida nebulosa*) verschiedene Kulturpflanzen während ihres Wachstums an, indem die erste die Blätter der Futter- und Zuckerrüben aushöhlt, während der letzte sie durchlöchert.

Abb. 55. *Chenopodium polyspermum.* *1* Keimpflanze von der Seite gesehen, nat. Gr.; *2* Keimpflanze von oben gesehen, 5/4 nat. Gr.; *f* Keimblätter; *s* Stengelblätter; *3* voll entwickelte Pflanze, 1/4 nat. Gr. Orig.-Zeichn.

Unter anderen Unkräutern dient auch *Chenopodium album* der Bohnenlaus (*Aphis rumicis*), die Rüben, Erbsen, Bohnen und eine Reihe anderer Nutzpflanzen schädigen kann, als Wirt.

8. *Chenopodium polyspermum* LINN. Vielsamiger Gänsefuß, engl. Manyseeded goosefoot. *Chenopodium polyspermum* (Fam. Chenopodiaceae) ist ein einjähriges Unkraut mit schwacher Pfahlwurzel und zunächst mehr oder weniger liegenden, dann aufrechten, ästigen, an der Spitze etwas nach oben gebogenen, bis zu 60 cm langen Stengeln, die ovale, ganzrandige Blätter tragen. Die Blüten bilden verzweigte, quastenförmige Ähren, die aus den Blattwinkeln hervorwachsen. Die Blütenhülle ist offen, die Pflanze kahl und ohne mehligen Belag (Abb. 55). Blütezeit und Samenreife von Juli bis September.

Die reifen Samen werden von einer Samenhülle und teilweise von graugrünen Deckblättern umschlossen. Sie sind fast kreisrund, an den Seiten flachgedrückt, liegen wagerecht in der Blütenhülle und haben am Grunde vom Rande her eine Einsenkung, durch die ein stumpfer, schnabelförmiger Abschluß entsteht. Die Oberfläche ist fein gepunkt, glänzend und dunkelrotbraun (Abb. 56). 1000-K.Gew. etwa 0,3 g, Länge und Breite etwa 1,0 × 0,9 mm, Samenzahl je Pflanze etwa 4000, je kg 3300000. Der Same läuft spät auf. Im Laboratorium waren von trocken gelagertem, vorjährigem Samen nach 300 Tagen 75% gekeimt. Same, der im Freien überwintert hat, läuft zur Zeit seines Wachstums sehr schnell auf. Von Samenproben des gleichen Jahres keimten im Herbst bei einem Versuche im Freien in

	0	1	2	3	4	5 cm Tiefe
im nächsten Frühjahr	31	38	25	25	6	0 %.

Dieses Unkraut findet sich im Acker- und Gartenboden, an Weg- und Uferstrecken, Schutthalden und anderen Orten in ganz Europa, Nordasien, abgesehen von den nördlichsten Gegenden im Orient, den Kaukasusländern, Sibirien und, aus Europa eingeschleppt, in Nordamerika. Auch in Skandinavien und zwar in niedrig gelegenen Teilen Südostnorwegens tritt die Pflanze häufig auf. Sie wird durch Samen fortgepflanzt und verbreitet. *Chenopodium polyspermum* fällt besonders als Gartenunkraut sehr lästig. Die häufig niederliegenden, ästigen, blattreichen Stengel fordern viel Platz und verdrängen leicht schwächere Nutzpflanzen.

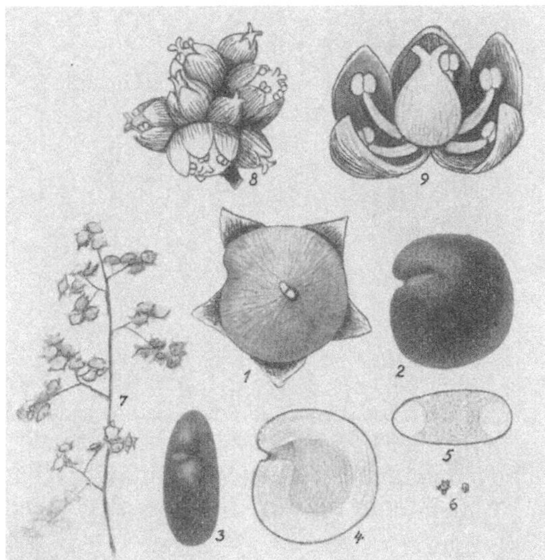

Abb. 56. *Chenopodium polyspermum.* *1* Same mit Hüllblättern und Samenhülle; *2* und *3* Breit- und Schmalseite des Samens; *4* und *5* Samenschnitte, 16fach vergr.; *6* Samen, nat. Gr.; *7* Fruchtstand, 2fach vergr.; *8* Blütenrispe, 9fach vergr.; *9* Blüte, 20fach vergr. Orig.-Zeichn.

Im Gartenbau unterdrückt man die Pflanze durch Hacken und Jäten, im Sommerkorn durch Bearbeitung mit der Unkrautegge, durch rechtzeitiges Bestreuen mit Kalkstickstoff und Bespritzen mit den üblichen Chemikalienlösungen, wie Eisenvitriol und Schwefelsäure (vgl. Abschn. 6 S. 477; 482—505).

9. *Chenopodium glaucum* LINN. Grauer Gänsefuß, meergrüner Gänsefuß, engl. Oak-leaved goosefoot. *Chenopodium glaucum* (Fam. Chenopodiaceae) ist ein teils niederliegendes, teils aufsteigendes, ästiges, 20—50 cm hohes, einjähriges Ackerunkraut mit Pfahlwurzel. Die oben blaugrünen und unten weißmehligen Blätter sind abgestumpft, länglich, ungleichmäßig ausgeschweift, gezähnt (Abb. 57). Blütezeit von Juli bis September.

Die Blüten stehen in ährenförmigen Knäueln und haben mit Kielen versehene Deckblätter. Der Same ist von einer Samenhülle und der Blütenhülle umschlossen, die eng anliegt, doch ohne den Samen ganz zu bedecken. Dieser ist graugelb bis graubraun, fast kreisrund, von der Seite her zusammengedrückt und am Boden mit einer flachen Einbuchtung versehen, die auf beiden Seiten des Samens in eine Furche ausläuft und einen stumpf abgerundeten Schnabel bildet. Die Samenoberfläche ist schwach netzig, punktiert und schwarzbraun (Abb. 58). 1000-K.Gew. etwa 0,2 g, Länge und Breite 0,9×0,8 mm. Samenzahl je Pflanze etwa 2800, je kg etwa 5 Millionen.

Chenopodium glaucum findet sich auf leichteren Böden wie Sand und Humus und auf salzhaltigem Gelände als Ackerunkraut im Land- und Gartenbau in ganz Europa, Nord- und Mittelasien, abgesehen von den nördlichsten Gegenden, und in Nordamerika. Die Pflanze zeigt sich auch an Uferstrecken, Wegen, auf Hofplätzen, verwilderten Grundstücken und Misthaufen und ist in tiefliegenden

Abb. 57. *Chenopodium glaucum.* *1* Keimpflanze; *f* Keimblätter; *s* Stengelblatt, nat. Gr.; *1a* Oberseite der Stengelblätter, $^9/_5$ nat. Gr.; *2* vollentwickelte Pflanze, $^1/_4$ nat. Gr. Orig.-Zeichn.

Gebieten Süd- und Mittelskandinaviens bis zu 280 m ü. d. M. und bis zu 61° n. Br. (Gudbrandsdalen, Norwegen) verbreitet.

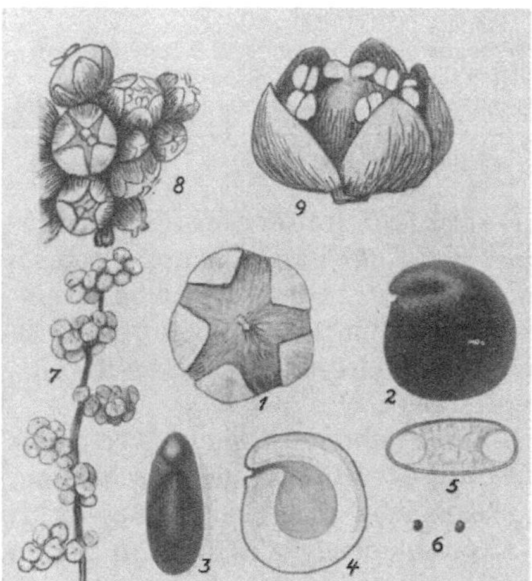

Abb. 58. *Chenopodium glaucum.* *1* Same mit Hüllblättern und Samenhülle; *2* und *3* Breit- und Schmalseite des Samens; *4* und *5* Samenschnitte, 16fach vergr.; *6* Samen, nat. Gr.; *7* Fruchtstand, 2fach vergr.; *8* Blütenknäuel, 9fach vergr.; *9* 20fach vergr. Blüte. Orig.-Zeichn.

Die Pflanze wird durch Samen vermehrt und verbreitet und auf die gleiche Art wie *Chenopodium album* bekämpft.

10. *Chenopodium rubrum* LINN. Roter Gänsefuß, engl. Red goosefoot. *Chenopodium rubrum* (Fam. Chenopodiaceae) ist ein einjähriges, 30—60 cm hohes, meistens rötlich angelaufenes Ackerunkraut mit rautenförmigen bis dreieckigen, groblappigen, gezähnten, glänzenden und in eine Spitze auslaufenden Blättern, die an der Unterseite nicht mehlig bestäubt sind. Die mehrhäusigen Blüten, die teils zwitterig, teils weiblich sind, sitzen als ährenförmige Knäuel in den Blattwinkeln. Blütezeit von Juli bis August (Abb. 59). Die graugelbe, birnenförmige Frucht ist von einer Blütenhülle aus kiellosen Blättern umgeben und kurz zapfenförmig gestielt. Der fast runde, seitlich flachgedrückte Same ist auf dem Rücken dicker als an dem in einen abgerundeten Schnabel auslaufenden Boden. Unter diesem Schnabel befindet sich eine grubenförmige Einbuchtung, die sich gewöhnlich dem Boden der Blütenhülle zuwendet. Die rotbraune, glänzende Oberfläche ist sehr fein maschenförmig

gerillt (Abb. 60). 1000-K.Gew. etwa 0,09 g, Länge und Breite 0,7 × 0,6 mm, Samenzahl je Pflanze etwa 3000, je kg etwa 11,1 Millionen. Von vollreifem, trocken gelagertem, vorjährigem Samen waren im Keimapparat nach 153 Tagen 75% aufgelaufen.

Chenopodium rubrum ist über ganz Europa, Nordasien und andere Länder als Unkraut im Nutzland, an Wegrändern, auf Höfen, Grundstücken u. ä. verbreitet. Unter entsprechenden Lebensbedingungen trifft man es auch in den niedrigen Gegenden von Süd- und Mittelskandinavien. Die Pflanze wird durch Samen fortgepflanzt und verbreitet und wie andere einjährige Unkräuter bekämpft.

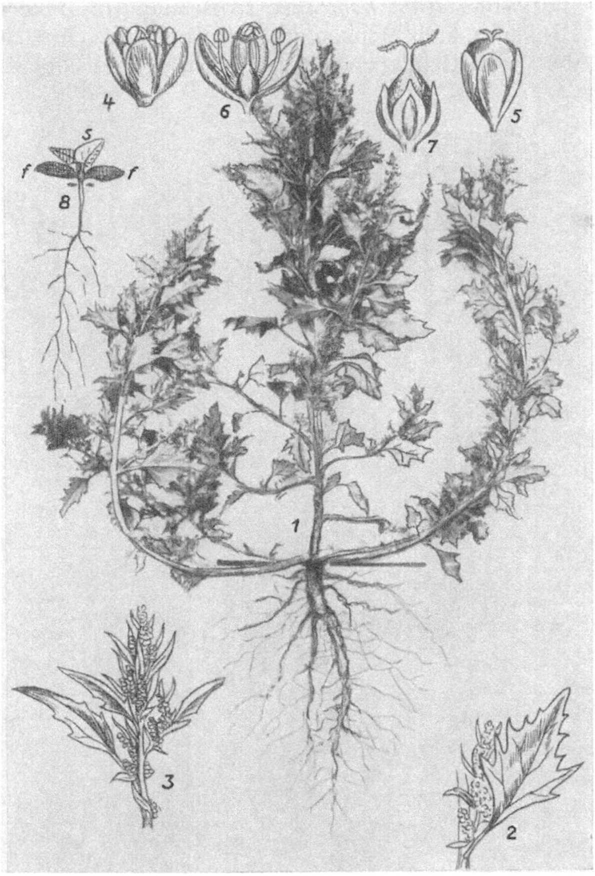

Abb. 59. *Chenopodium rubrum.* *1* voll entwickelte Pflanze, etwa 1/5 nat. Gr.; *2* Seitenzweig; *3* oberer Zweig, etwa nat. Gr.; *4* Zwitterblüte; *6* Längsschnitt der Zwitterblüte; *5* Frucht; *7* weibliche Blüte, etwa 11 fach vergr.; *8* Keimpflanze; *f* Keimblätter; *s* Stengelblatt, nat. Gr. Eign. Aufn. und Orig.-Zeichn.

11. *Chenopodium hybridum* LINN. Unechter Gänsefuß, engl. Sowbane goosefoot. *Chenopodium hybridum* (Fam. Chenopodiaceae) ist ein einjähriges, 30—70 cm hohes, ästiges Unkraut mit zapfenförmiger Wurzel. Der oben ästige Stengel trägt langstielige, eiförmige bis dreieckige, grob gezähnte oder gelappte Blätter mit spitzigen Zähnen oder Lappen ohne mehligen Belag. Der Endlappen läuft in eine ganzrandige Spitze aus. Die Blüten sitzen auf auseinanderstrebenden, quastenförmigen und oben blattlosen Gipfeltrieben der Pflanze. Blütezeit von Juli bis September, Reifezeit von Juli bis Oktober (Abb. 61).

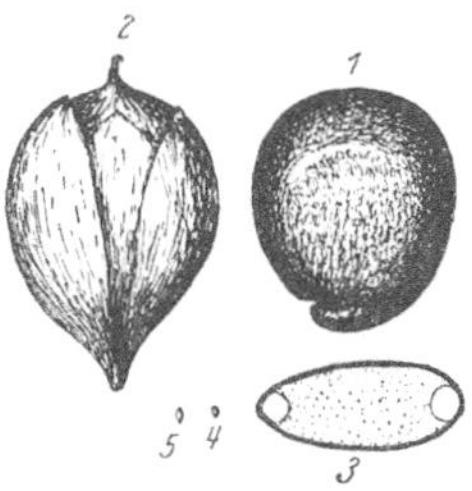

Abb. 60. *Chenopodium rubrum.* *1* Same; *3* Samenquerschnitt; *2* Same mit Samenhülle und Blütenhülle, 24fach vergr.; *4* und *5* wie *1* und *2*, aber nat. Gr. Orig.-Zeichn.

Der reife Same wird von 5 gelbbraunen, abgerundeten Deckblättern mit breiter Hautkante, die den Samen nicht ganz umschließen, eingehüllt. Er ist fast kreisrund, an den Seiten etwas flachgedrückt und steht mit der breitesten Seite wagerecht auf dem Boden der Blütenhülle. An der Grundfläche hat er eine grubenförmige Einbuchtung; die matte, graubraune bis schwarzgraue Oberfläche trägt feine Grübchen (Abb. 62). 1000-K.Gew. etwa 1,7 g, Länge und Breite 2,1 × 2,0 mm, Samenzahl je Pflanze etwa 4500 (1000—15000), je kg etwa 588000. Die Keimfähigkeit dieser Samen entspricht der der *Chenopodium polyspermum*-Samen. Nach Winterlagerung im Erdboden keimen sie schneller als bei Aussaat im Frühjahr.

Chenopodium hybridum trifft man im Acker- und Gartenland, an Wegen, Hecken u. ä. in Mengen an. Oft findet es sich auch massenhaft auf Grundstücken und Schutthalden besonders in der Nähe von Städten. Es ist in ganz Europa,

Abb. 61. *Chenopodium hybridum.* *1* Pflanzenspitze; *2* und *3* Blüten und Frucht, etwa 5fach vergr.

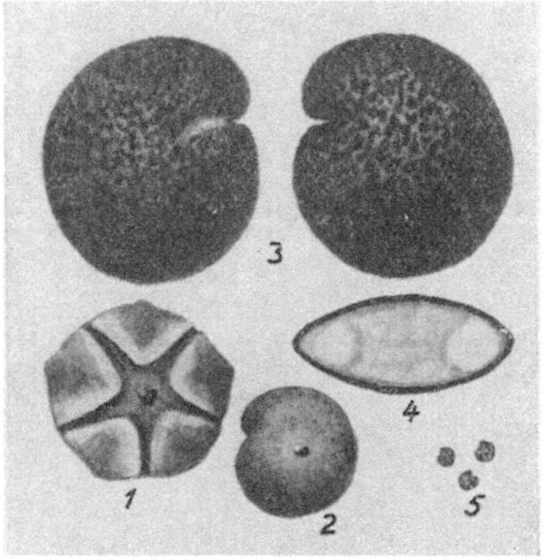

Abb. 62. *Chenopodium hybridum.* *1* Same mit Samenhülle und Deckblättern, 8fach vergr.; *2* von der Grundfläche gesehener Same mit Samenhülle, 5fach vergr.; *3* Samen, *4* Samenquerschnitt, 10fach vergr.; *5* Samen, nat. Gr. Orig.-Zeichn.

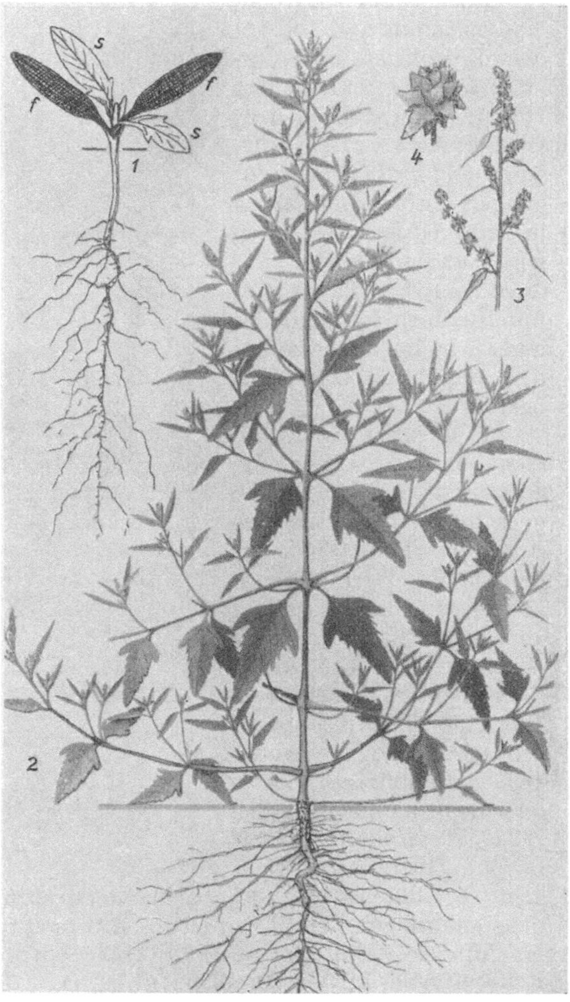

Abb. 63. *Atriplex patulum.* *1* Keimpflanze; *f* Keimblätter; *s* Stengelblätter, etwa nat. Gr.; *2* voll entwickelte Pflanze; *3* Zweigspitze mit reifem Samen, $^1/_5$ nat. Gr.; *4* Blütenknäuel nach Samenreife, $^4/_5$ nat. Gr. Orig.-Zeichn.

Nord- und Mittelasien wie Nordamerika verbreitet. In den skandinavischen Ländern kommt es in Dänemark regelmäßig, in Süd- und Mittelschweden, sowie an der Küste Südnorwegens nur zerstreut vor.

Die Pflanze wird durch Samen fortgepflanzt und verbreitet und wie die übrigen Chenopodienarten bekämpft.

12. *Atriplex patulum*[1] Linn. Gemeine Melde, engl. Spreading orache, common orache. *Atriplex patulum* (Fam. Chenopodiaceae) ist ein einjähriges, kräftig wucherndes, bis zu 80 cm hoch werdendes Unkraut mit verzweigter Pfahlwurzel, oft sehr ästigem Stengel und liegenden, von unten auf verzweigten Seitenästen.

Die ei-lanzettförmigen oder etwas keilförmigen Blätter werden dem Stengel zu schmaler und tragen am Grunde zwei nach außen gerichtete Lappen (Zähne), die an den oberen Blättern gewöhnlich fehlen. Die Blattnerven treten hervor. Der Blattrand ist gezackt (Abb. 63).

Die einhäusige Pflanze trägt fast blattlose Blütenbündel. Die unten keilförmigen, oben spitzen Vorblätter der weiblichen Blüte haben 2 hervortretende Seitenzähne. Sie umschließen den reifen Samen, dessen Kante auf dem Boden der Vorblätter steht. Der von der Samenhülle fest umschlossene Same kommt wie bei der folgenden Art in zweierlei Formen vor (vgl. *A. hortense*). Er ist kreisrund bis auf den etwas hervortretenden, vorn abgerundeten Schnabel, der in der Wölbung der flacheren Seitenflächen eine grubenförmige Vertiefung bildet. Die großen Samen bilden an den beiden plattgedrückten Seiten dem flachen Rücken zu eine mehr oder weniger abgerundete Kante. Am Rande der Seitenflächen entlang läuft bis zum Ansatz des Schnabels eine Rinne. Die Samenoberfläche ist braun bis gelbbraun, rauh oder mit schwachen Poren versehen. 1000-K.Gew. etwa 5,5 g, Länge und Breite 2,5×2,3 mm. Die kleinen Samen sind von der Seite her leicht zusammengedrückt und ohne Furche, ihre Oberfläche ist glatt und schwarzglänzend. 1000-K.Gew. etwa 1,4 g, Länge und Breite 1,8×1,7 mm (Abb. 64). Samenzahl je Pflanze etwa 100—6000 je nach Größe und Standort, je kg etwa 180000—720000. Von dem langsam keimenden Samen liefen im Laboratorium in 1460 Tagen 100% auf. Von überwintertem Samen keimten 1 cm tief im Sandboden 27% in einem Monat. $3^1/_2$ Monate nach der Aussaat trugen die Pflanzen reifen Samen. Gewöhnlich keimen die großen Samen viel schneller als die kleinen.

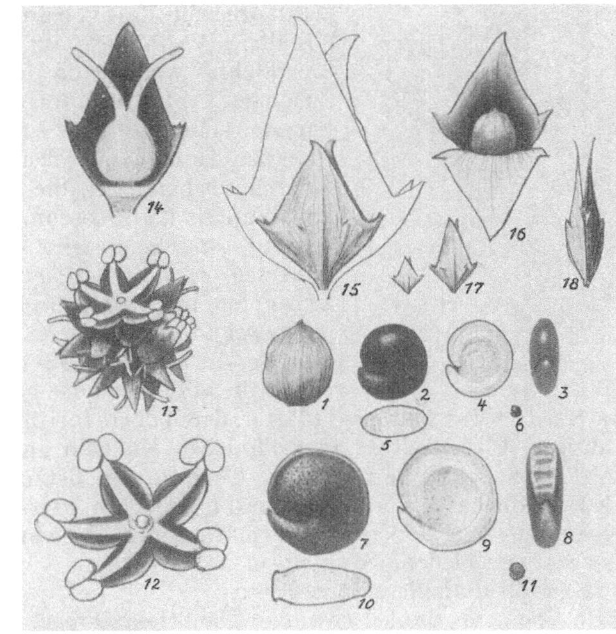

Abb. 64. *Atriplex patulum*. *1* kleiner Same mit Samenhülle; *2* und *3* Samen ohne Samenhülle; *4* und *5* Samenquerschnitte; *7* und *8* große Samen; *9* und *10* Querschnitt derselben Samen, alles 5fach vergr.; *6* und *11* kleiner bzw. großer Same, nat. Gr.; *12* männliche Blüte, 7fach vergr.; *13* Blütenknäuel männlicher und weiblicher Blüten; *14* weibliche Blüte, 14fach vergr.; *15*, *16* und *18* Samen mit Hülle, $^{10}/_3$ nat. Gr.; *17* Samen mit Hülle, nat. Gr. Orig.-Zeichn.

[1] Die Artenbezeichnung „*patulum*" ist mehreren einjährigen Unterformen, deren Samengröße mit der Form wechselt, gemeinsam.

Atriplex patulum tritt fast in ganz Europa, Asien, Afrika und Nordamerika bis an den Polarkreis als Unkraut an Wegen, Zäunen, Flußufern, in Höfen, Äckern und Gärten auf. Die Pflanze wächst in Deutschland und Skandinavien an der Küste entlang, in Norwegen bis nach Südvaranger hinauf, also selbst noch in den nördlichsten Gegenden bis zu 170 m über dem Meeresspiegel.

Auf nahrhaftem Boden verzweigt sie sich stark, wird kräftig und verlangt wegen ihrer sperrigen, vom Stengel ausgehenden Äste viel Platz. Besonders stark entwickelt sie sich an Misthaufen u. ä. Stellen, die Jauchezufluß haben.

Abb. 65. *Atriplex hortense.* *1* Blütensproß; *2* Blüte; *3* Same mit Hülle.

Atriplex patulum wird durch Samen fortgepflanzt und verbreitet. Das wichtigste Bekämpfungsmittel ist Verhinderung der Samenreife und -verbreitung. Die Pflanze sollte darum besonders auf und an Misthaufen, Ställen, Wegrändern auf Hofplätzen u. ä. rechtzeitig vernichtet werden, da der Same von dort aus durch Dünger, Abfall, Geräte und kleinere Vögel, die ihn fressen, ohne ihn ganz zu verdauen, leicht verschleppt werden kann. Im Acker bekämpft man die Pflanze durch solche Mittel, die Samenreife und -verbreitung verhindern (vgl. Abschn. VI B).

13. *Atriplex hortense* LINN. Gartenmelde, engl. Garden orache. *Atriplex hortense* (Fam. Chenopodiaceae) ist ein 30—120 cm hoch werdendes Unkraut mit verzweigter Pfahlwurzel. Der ästige Stengel trägt breite, dreieckige, spieß- oder herzförmige, gewöhnlich buchtig gezähnte oder ganzrandige, oberseits grüne, unterseits etwas weißliche Blätter, deren obere meistens schmaler sind. Die mehrhäusigen Blüten sitzen in zahlreichen Knäueln an der oben blattlosen Spitze (Abb. 65). Der Same ist von 6—8 mm großen, netznervigen, ganzrandigen, elliptisch-rundlichen, bis an den Grund freien Vorblättern umgeben und steht mit der Kante auf dem Boden der Vorblätterhülle. An ein und derselben Pflanze gibt es zwei verschiedene Samenformen:

a) größere, hellere Samen und
b) kleinere, dunkelschwarze, glänzende Samen.

a) Der fast kreisrunde Same hat flachgedrückte, schalenförmig eingebeulte Seiten und am Grunde eine Vertiefung, die beiderseits in eine nach oben in die schalenförmig eingebeulten Seitenflächen verlaufende Furche übergeht und so einen stumpfen, fast gleichmäßig dicken Schnabel bildet. Der im übrigen helle, gelbbraune Same hat an den Seiten eine dunklere, dünnhäutige Fläche. 1000-K.Gew. etwa 6,2 g, Länge und Breite $3{,}9 \times 3{,}3$ mm.

b) Der fast kreisrunde Same hat flachgedrückte, abgerundete Seiten und am Grunde eine Vertiefung, die auf beiden Seiten des Samens in eine Furche ausläuft und so einen nach unten zeigenden, stumpf abgerundeten Schnabel bildet. Die Farbe ist schwarzglänzend. 1000-K.Gew. etwa 2,3 g. Länge und Breite etwa $2{,}1 \times 1{,}9$ mm (Abb. 66).

Atriplex hortense kommt in Osteuropa und Westasien vor, in England, Deutschland und Skandinavien ist die Pflanze ursprünglich kaum wild aufgetreten. In Gärten wird sie als Spinat angebaut und verbreitet sich von dort oft über Nutz- und Unland. In Süd- und Mittelskandinavien kommt sie nördlich bis Oslo in Norwegen vor.

Ihr Wachstumsbereich als Unkraut ist nicht so ausgedehnt wie der von *Atriplex patulum*.

Die Bekämpfung geschieht bei diesen beiden Pflanzen auf die gleiche Art.

14. *Salsola kali* Linn. Gemeines Salzkraut, engl. Russian cactus, Russian tumbleweed, thumbling thistle. *Salsola kali* (Fam. Chenopodiaceae) ist ein einjähriges, fleischiges, ästiges Unkraut mit sperrigen, niederliegenden, dann aufsteigenden Ästen und kräftiger, zapfenförmiger, verzweigter Pfahlwurzel. Die Blätter sind etwa walzenförmig, lineal, fleischig und endigen in eine steife, stachelförmige, dornige Spitze. Die Blüten stehen bis zu dreien in den Blattwinkeln zusammen und haben zwei Hochblätter von ähnlicher Form wie die Laubblätter. Blütezeit von Juli bis September, Reife von August ab (Abb. 67).

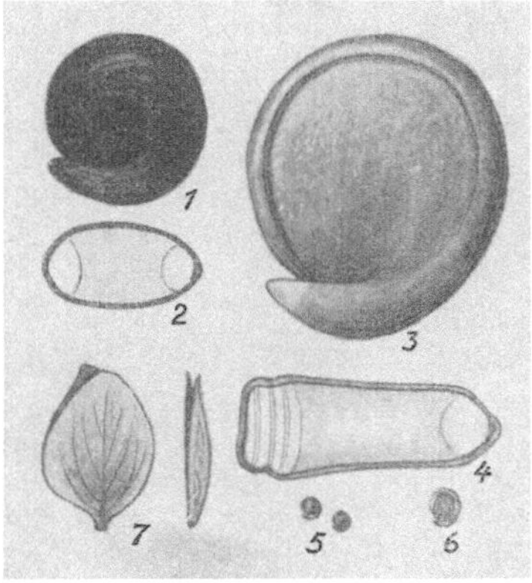

Abb. 66. *Atriplex hortense.* *1* u. *3* kleine und große Samen; *2* u. *4* Samenquerschnitte, 7fach vergr.; *5* u. *6* kleine und große Samen, nat. Gr.; *7* Hüllblätter, 3/2 nat. Gr. Orig.-Zeichn.

Die reife Frucht ist von einer kapselähnlichen, strohgelben Blütenhülle mit 5 sternförmigen Flügeln umgeben, die während des Reifens wachsen, sich auseinanderfalten und bei Verbreitung des Samens als Segel dienen. Jede Frucht enthält einen kegelförmigen Samen, dessen Spitze am Fruchtboden sitzt. Er ist quer abgestumpft, hat leicht abgerundete Kanten und oben (an der Grundfläche des Kegels also) eine zylindrisch eingebeulte Fläche mit deutlicher Erhöhung in der Mitte. Der matte, graubraune Same hat eine so dünne und durchsichtige Wand, daß man den spiralförmigen, schneckenhausartig aufgerollten, am äußersten Ende gleichmäßig rundlich zugespitzten Keim sehen kann. Seine Farbe ist nicht weiß, sondern von innen nach außen von Dunkelgrün über Hellgrün nach Gelb abgetönt. 1000-K. Gew. etwa 2,1 g. Länge und Breite etwa 1,9 × 1,5 mm; Samenzahl je Planze etwa 100—500, je kg etwa 477000.

Die Keimprozentzahl des Samens liegt meistens sehr hoch. Infolge seiner dünnen Wand läuft er auch schnell auf. Die Pflanzen entwickeln sich gleich nach dem Auflaufen im Frühjahr und Frühsommer und fruchten im August und September.

Die Pflanze bevorzugt salzhaltigen Boden und findet sich darum vor allem an Uferstrecken und Salzsümpfen, Wegrändern und auf schlecht bewirtschaftetem Nutzland in fast ganz Europa, Westasien und von dort aus durch Samen eingeschleppt auch in Nordamerika[1].

In Europa reicht ihr Wachstumsbereich im Norden bis an die Ostsee und erstreckt sich in England, Schottland und Irland über die Küstengebiete. In Dänemark ist sie auf Sandboden und an Uferstrecken allgemein. In Südschweden findet sie sich besonders an der Küste von Schonen. In Südnorwegen überall an der Küste bis nach Jären.

Die Pflanze wird durch Samen fortgepflanzt und verbreitet. Nach der Reife brechen, besonders in windreichen Gegenden, oft oberirdische Teile, an denen Samen sitzen, ab. Durch die sperrigen Äste und die dem Winde durch das strahlen-

[1] Eine höhere und schlankere Form (var. *tragus* L.) findet sich nach Mentz und Ostenfeld: Billeder af Nordens Flora, 2. utg., S. 287, Kopenhagen 1923 im südosteuropäischen Binnenlande und ist von dort nach Nordamerika verschleppt worden, wo man es „Russian thistle" nennt. Die Pflanze hat sich dort allmählich stark verbreitet und als höchst lästiges Unkraut entwickelt. Über die Form: var. *tenuifolia* G. F. W. Mey. vgl. Clark, Geo, H.: Weeds and Weed Seeds. Dominion of Canada Department of Agriculture — Seed Branch. — Bull. Nr. 8, S. 37, Ottawa 1914, des gleichen Verfassers.

förmige Perigon dargebotenen, guten Tragflächen werden die Pflanzenteile fortgeführt und verbreiten den Samen so über weite Strecken. Samen dieses Unkrautes finden sich auch im Saatgut von Schotengewächsen, im Abfall reifer Halmfrüchte u. ä.

Die Abwehr geschieht in erster Linie durch Verwendung reinen Saatgutes und durch Verhinderung der Pflanze am Fruchten, indem man sie rechtzeitig auch

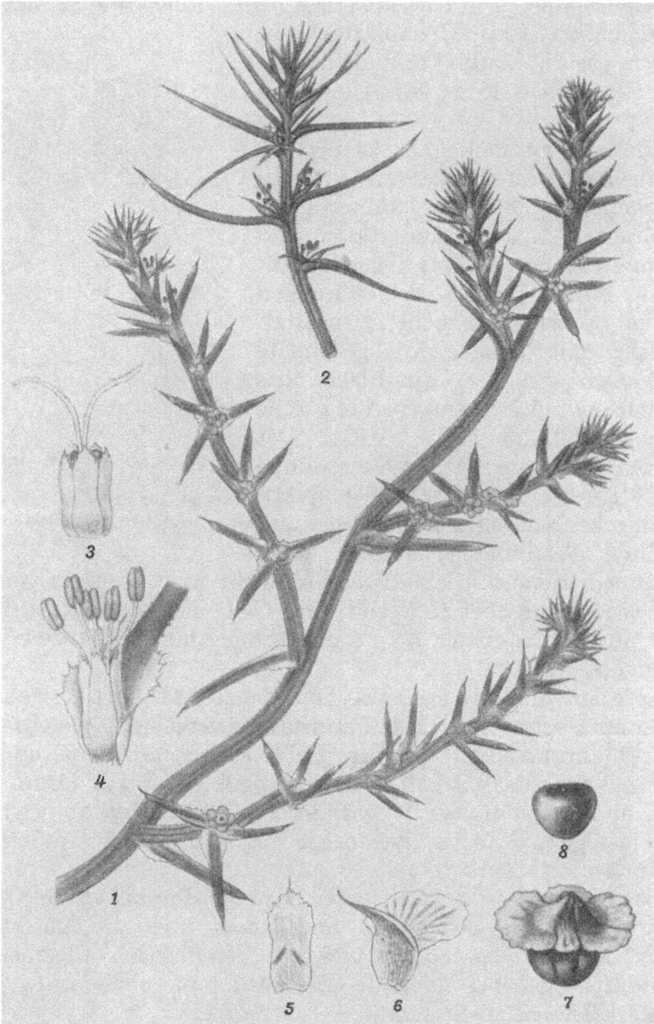

Abb. 67. *Salsola kali.* *1* Sproßsystem mit teilweise reifen Früchten; *2* Gipfelsproß einer Form mit längeren Blättern, $^3/_4$ nat. Gr.; *4* Blüte im männlichen, *3* im weiblichen Stadium; *5* Blütenhülle; *6* Blütenhülle bei der Fruchtreife, $^9/_2$ nat. Gr.; *7* Frucht; *8* Same, 3fach vergr. Nach MENTZ und OSTENFELD.

in solchen Wachstumsbereichen, die nicht als Nutzland dienen, vernichtet. Über die Bekämpfung der Pflanze im Acker während des Wachstums der Nutzfrucht vergleiche man, was über die Abwehr der Chenopodienarten gesagt ist.

15. *Galeopsis tetrahit* LINN. Gemeiner Hohlzahn, engl. Hemp nettle, common hemp nettle. *Galeopsis tetrahit* (Fam. Labiatae) ist ein 30—80 cm hohes, einjähriges Unkraut mit Pfahlwurzel und aufrechtem, steifbehaartem Stengel, an dessen Gliedern der obere Teil gewöhnlich stark angeschwollen ist. Die Blüten drängen sich in den Blattwinkeln zu einer kranzförmigen Quaste zusammen. Die Blätter sind elliptisch, zahnig gesägt und behaart und sitzen auf einem kräftiger oder blasser rotbraun gefärbten Stiel. Die Kronröhre ist etwa 1 cm lang, blaßrot bis weißgelb und unten bisweilen rot gefleckt. Blüte- und Reifezeit von Juli bis September.

Der glockenförmige Kelch trägt steife Haare und 5 lange, spitze Zähne. Die reifen Samen werden herausgepreßt, wodurch bei ungestörter Entwicklung am

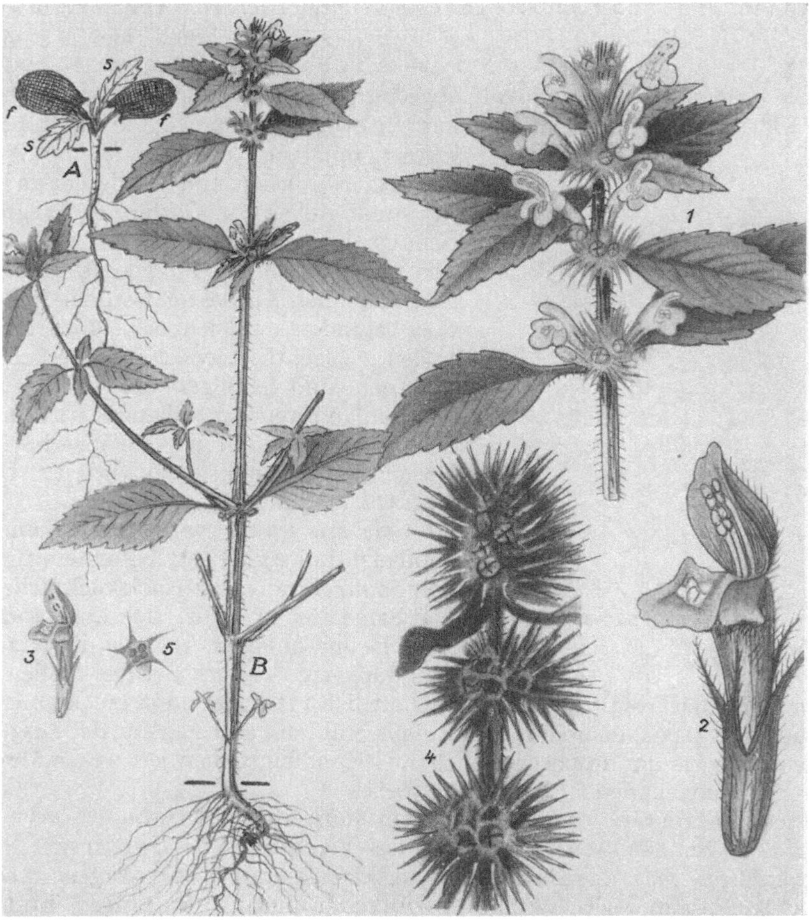

Abb. 68. *Galeopsis tetrahit.* *A* Keimpflanze; *f* Keimblätter; *s* Stengelblätter, nat. Gr.; *B* voll entwickelte, blühende Pflanze, etwa $^1/_4$ nat. Gr.; *1* blühender Sproß, etwa $^3/_4$ nat. Gr.; *3* u. *2* Blüte, nat. Gr. bzw. 3fach vergr.; *4* Gipfelsproß mit reifen Samen, etwa nat. Gr.; *5* Kelch mit Samen, etwa $^5/_6$ nat. Gr.
Nach KORSMOS Unkrauttafeln.

Standort der Pflanze reicher Samenausfall stattfindet. Die leeren Kelchkränze bilden stechende Knäuel (Abb. 68).

Der Same ist fast umgekehrt eiförmig und am Rücken vorgewölbt; an der Bauchseite etwa $^2/_5$ oberhalb der Basis bildet sich eine erhöhte, abgerundete Kante mit 2 Seitenflächen. Der Samenquerschnitt hat über der Mitte die Form eines Sektors. Dem Boden zu wird er schmaler, ist nach der Bauchseite hin schief abgestumpft und bildet eine ringförmige Fläche. Die graubraune Oberfläche ist glatt, ungleichmäßig mit zerstreuten, warzigen Gebilden und einigen dunkleren Flecken versehen (Abb. 69). 1000-K.Gew. etwa 4,4 g, Länge und Breite 3,2 × 2,3 mm, Samenzahl je Pflanze (schwankt nach Größe und Verzweigung) von etwa 100—600, je kg etwa 227000 (Wehsarg gibt eine Durchschnittsmenge je Pflanze von 2800, eine Höchstzahl von 8000 Samen an).

Der Same keimt langsam. Bei Laboratoriumsversuchen keimten in einem Falle 78% in 459 Tagen, in einem anderen 60% in 1460 Tagen, während von trocken gelagertem Samen im Ackerboden während eines Sommers bei einem Versuch 3%, bei einem anderen 21% und bei einem dritten 0% aufliefen[1].

Von im Freien überwinterten Samen keimten nach Herbstaussaat in

	0	1	2	3	4	5	6	7	cm Tiefe
im Frühjahr	0	36	26	18	8	4	2	0	%.

Die Samenblätter sind oval, abgestumpft, am Grunde eingeschnitten, mit zwei Ohrläppchen versehen und messen etwa 12 × 9 mm. Die Blattstiele sind etwa 15 mm lang. *Galeopsis tetrahit* ist in ganz Europa, Nordasien und Nordamerika als Unkraut auf Äckern, in Gärten, an Wegrändern, Schutthalden, wüsten Plätzen u. ä. gemein. Die Pflanze kann auf Böden und unter Ackerfrüchten aller Art lästig werden, findet sich aber besonders auf leichterem Moor- und Sandboden, gelegentlich jedoch auch auf schwerem humosem und lehmigem Boden, und zwar in Deutschland und ganz Skandinavien bis in die nördlichsten Landesteile vom Meer bis über die Birkengrenze hinauf, während die Unterart „*bifida*" in Finnland gemein ist.

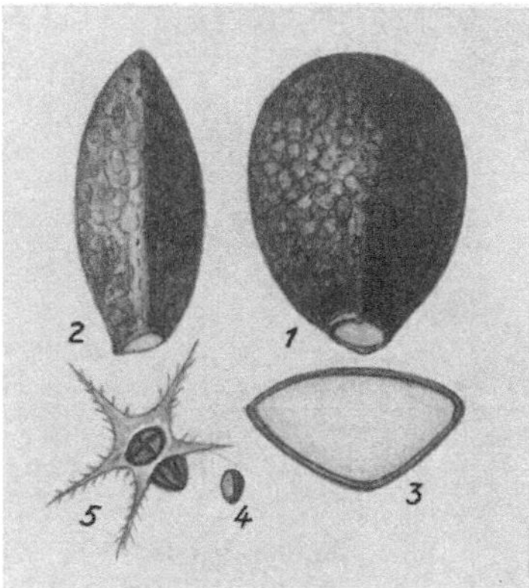

Abb. 69. *Galeopsis tetrahit.* *1* und *2* Bauch- und Schmalseite des Samens; *3* Samenquerschnitt, 9fach vergr.; *4* Samen, nat. Gr.; *5* Kelch mit Samen, 3/2 nat. Gr. Orig.-Zeichn.

Galeopsis tetrahit wird durch Samen fortgepflanzt und verbreitet; besonders auf reifenden Sommerkorn- und Hackfruchtäckern fällt viel Same aus; er findet sich aber auch oft in Dresch- und anderen Abfällen, im Nutzboden, Stalldünger u. ä. Zum Beispiel fanden sich in 17 untersuchten Abfallproben durchschnittlich 15647, in 6 untersuchten Getreidespreuproben 3100 Samen je kg des Abfalls, während sechs 25 cm tief ausgehobene Bodenproben je qm durchschnittlich 405, Kuhdungproben je t 2524 während des Versuches aufgelaufene Pflanzen aufwiesen.

Diese Unkrautart verbreitet sich sehr stark und hält besonders zähe aus, ist dafür aber auf den Äckern während des Wachstums der Nutzfrucht leicht zu unterdrücken, wenn die Bekämpfung rechtzeitig und richtig vorgenommen wird (vgl. dazu Abschn. VI B, 2a und b 1—7 und 4a und b). Im übrigen sind bei der Bekämpfung die zur Verhinderung von Samenausfall und -verbreitung bei *Polygonum lapathifolium* angegebenen Verhaltungsmaßnahmen zu beachten.

Wie auch Popkow[2] beobachtet hat, meiden die Haustiere diese Pflanze bei freier Futterwahl.

16. *Galeopsis speciosa* Mill. Gelblichweißer Hohlzahn, engl. Downy Galeopsis. *Galeopsis speciosa* (Fam. Labiatae) ist ein einjähriges, ästiges Unkraut

[1] Sowohl bei diesem Unkraut als auch bei *Galeopsis speciosa* (*versicolor*) finden sich viele Samen mit schwach entwickelten Kernen, die wahrscheinlich eine Herabsetzung der Keimprozentzahlen bewirken.

[2] Journ. of botany, Extract from the Queensland Agr. Journ. Bd. 4, Teil 1, S. 49. Jan. 1899.

mit unregelmäßiger, verzweigter Pfahlwurzel und gelben, in den oberen Blattwinkeln in Kränzen nahe beieinandersitzenden Blüten. Der Stengel ist unterhalb der Ast- und Blattansätze verdickt und trägt paarweis gegenständige, kurzstielige, eiförmige bis lanzettliche, grobkerbig gesägte, verstreut behaarte Blätter mit einer nahtartigen Vertiefung am äußeren Rande der Oberseite (Abb. 70).

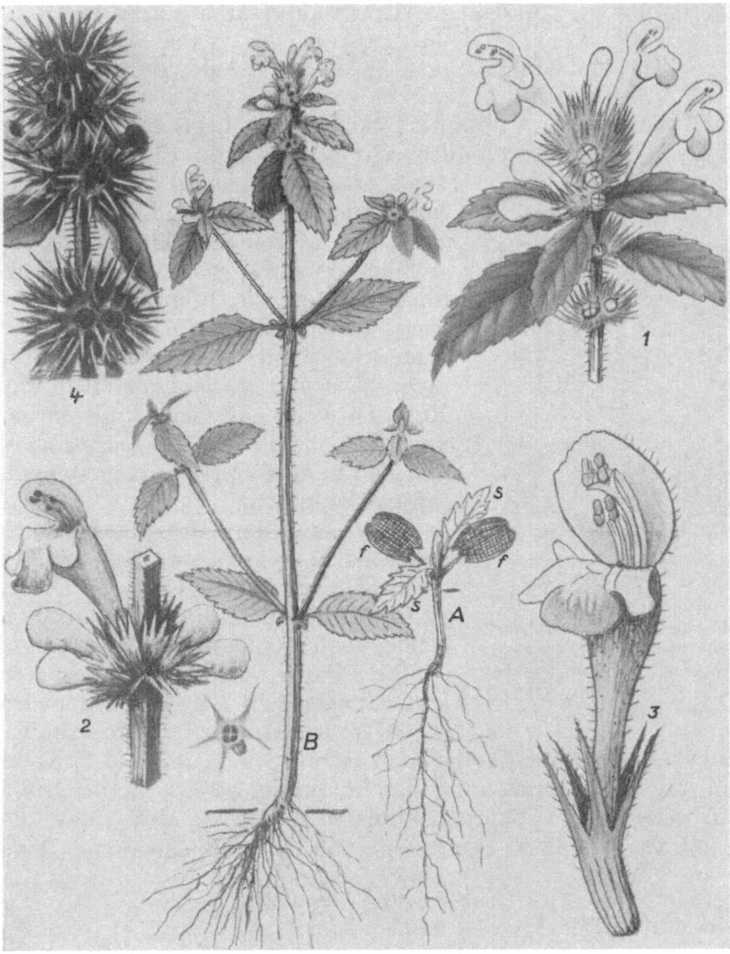

Abb. 70. *Galeopsis speciosa. A* Keimpflanze; *f* Keimblätter; *s* Stengelblätter, nat. Gr.; *B* voll entwickelte, blühende Pflanze, 1/4 nat. Gr.; *1* blühende Zweigspitze, etwa 3/4 nat. Gr.; *2* Stengelteil mit Blütenkranz, 4/3 nat. Gr.; *3* Blüte, 3fach vergr.; *4* Gipfelsproß mit reifen Samen, etwa 3/4 nat. Gr. Nach KORSMOS Unkrauttafeln.

Die Kronröhre ist etwa 3 cm lang. Der röhrenförmige, glockenartige Kelch hat 5 stachelspitzige Zähne. Nach der Reife zieht er sich zusammen, wodurch die 4 Samen unter starkem Druck bis zu einem Meter weit fortgeschleudert werden. Blüte und Reife beginnen von unten aufwärts an der Pflanze und dauern von Juli bis September.

Der Same ist umgekehrt eiförmig, am Rücken vorgewölbt, und hat an der Bauchseite etwa 2/5 oberhalb der Basis eine erhabene, abgerundete Kante mit 2 Seitenflächen. Der Querschnitt über der Mitte bildet einen Sektor und wird der Basis zu schmaler. Diese ist nach der Bauchseite hin schief abgestumpft und bildet eine ringförmige Fläche. Die matte Oberfläche ist ungleichmäßig mit verstreuten, warzigen Gebilden besetzt und graubraunscheckig gefleckt (Abb. 71). 1000-K.Gew. etwa 5,35 g, Länge und Breite etwa 3,4×2,6 mm, Samenzahl je Pflanze etwa 450 (schwankt mit den Wachstumsbedingungen zwischen 200 und 1000), je kg etwa 187000. Von dem langsam keimenden Samen liefen im Laboratorium in 452 Tagen 78% auf, im freien Ackerboden keimte er im ersten Sommer überhaupt nicht, während von den im Herbst ausgesäten Samen in

	0	1	2	3	4	5 cm Tiefe
im Frühjahr	0	22	26	4	4	4 %

aufliefen.

Wird der Same dieser Unkrautart nach einiger Lagerung im Boden in Keimtiefe gebracht, läuft er gewöhnlich sehr schnell auf. Unter günstigen Wachstumsbedingungen keimt die Pflanze im Sommerkorn meist so schnell, daß sie den Acker bedeckt, bevor die Getreidekeimblätter erscheinen.

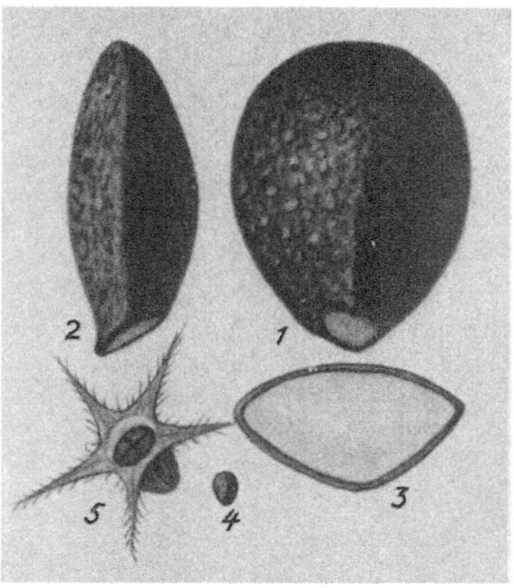

Abb. 71. *Galeopsis speciosa.* 1 u. 2 Bauch- und Schmalseite des Samens; 3 Samenquerschnitt, 9fach vergr.; 4 Samen, nat. Gr.; 5 Kelch mit Samen nach der Reife, 3/2 nat. Gr. Orig.-Zeichn.

Die Samenblätter sind oval, breit abgerundet, am Grunde eingekerbt und tragen ohrenförmige, etwas zurückgebogene Zipfel. Die Blattspreiten sind etwa 7 mm breit, die Stiele etwa 10 mm lang. *Galeopsis speciosa* kommt in ganz Europa, Russisch-Asien und vielen anderen Ländern vor und ist auch in Skandinavien bis zu einer Höhe von 600 m ü. d. M. ein äußerst gemeines und lästiges Unkraut.

Im Inlandklima wird dieses Unkraut nicht höher als 40—50 cm, verzweigt sich dagegen bei feuchtem Klima und in Küstenstrichen sehr stark und wird so groß, daß es Nutzpflanzen, wie Hackfrüchte u. ä., vollkommen überragt.

Die Pflanze wird durch Samen fortgepflanzt und vermehrt, die sich, wie Untersuchungen ergaben, im wesentlichen durch Ausfall am Standort vor und nach der Ernte, durch Abfall, Spreu, Stroh, Getreide, Erde und Dünger verbreiten. Zur Bekämpfung kann man mit gutem Nutzen die gleichen Mittel, die bei *Sinapis arvensis* u. a. Samenunkräutern angegeben sind, anwenden.

Der Same von *Galeopsis speciosa* enthält folgende chemischen Bestandteile:

Fett	39,30%	Pflanzenfasern	18,99%
Protein	22,05%	Wasser	6,15%
N-freier Extr.-Stoff	9,92%	Asche	3,59%.

17. *Galeopsis ladanum* LINN. Acker-Hohlzahn, Acker-Daun, engl. Red hemp-nettle. *Galeopsis ladanum* (Fam. Labiatae) ist ein einjähriges, 20—50 cm hohes Unkraut mit verzweigter Pfahlwurzel. Der flaumhaarige Stengel ist oben drüsenhaarig. Er unterscheidet sich von den beiden übrigen angeführten *Galeopsis*-Arten dadurch, daß er keine verdickten, steifhaarigen Knoten hat. Die elliptischen, grobzackig gesägten, flaumhaarigen Blätter sitzen auf Stielen. Der Kelch ist flaum- und drüsenhaarig. Die Blüten sitzen in den Blattwinkeln in Halbkränzen zusammen. Die Krone ist rosenrot und hat am Boden der Unterlippe einen gelblichen, rotgestreiften Fleck. Die Röhre ist mit etwa 1,5 cm doppelt so lang wie der Kelch. Blüte- und Reifezeit von Juli bis September. Die vierteilige Spaltfrucht enthält in jedem Kelch 4 Samen (Abb. 72). Der Same ist umgekehrt eiförmig und am Rücken vorgewölbt. Auf der Bauchseite läuft eine erhöhte Kante vom Grunde bis zu ungefähr 2/3 Höhe des Samens, durch die 2 Seitenflächen ent-

stehen. Der dem Grunde zu schmaler werdende Same hat einen Querschnitt, der mit dem Rücken des Samens als Außenseite einen Sektor bildet. Der nach der Bauchseite hin schräg abgestumpfte Boden bildet eine viereckige Fläche. Die matte, graubraune, ungleichmäßig hellscheckige, punktierte Oberfläche hat oft einen silberweißen Belag und ein helleres Stück am Grunde. 1000-K.Gew. etwa 1,24 g, Länge und Breite etwa 2,3 × 1,5 mm, Samenzahl je Pflanze (mit der Pflanzengröße stark schwankend) etwa 300, je kg etwa 806500. Von einer Probe der meistens erst spät auflaufenden Samen keimten im Laboratorium die ersten nach $4^1/_2$ Monaten, und im Laufe von 12 Monaten 70%. Im Freien keimten bei einer Saattiefe von 0,5 cm während eines Sommers nur 6%. Von vorjährigem, draußen im Sandboden überwintertem Samen liefen im Frühjahr 35% auf.

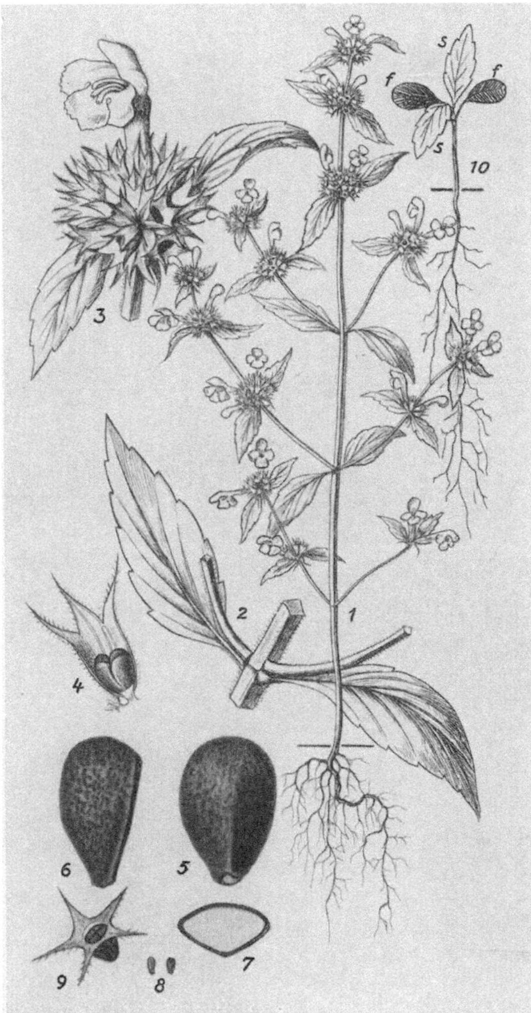

Abb. 72. *Galeopsis ladanum.* *1* voll entwickelte Pflanze, $^1/_3$ nat. Gr.; *2* Stengelblätter, etwa nat. Gr.; *3* Fruchtstand, $^4/_3$ nat. Gr.; *4* Querschnitt des Kelchs mit reifen Samen, 2fach vergr.; *5* u. *6* Bauch- und Schmalseite des Samens; *7* Samenquerschnitt, 9fach vergr.; *8* Samen, nat. Gr.; *9* Kelch mit Samen, $^2/_3$ nat. Gr.; *10* Keimpflanze. — *f* Keimblätter; *s* Stengelblätter, nat. Gr. Orig.-Zeichn.

Galeopsis ladanum wächst auf Nutz- und Unland in ganz Europa, Russisch-Asien, Westasien und, aus Europa eingeschleppt, in Nordamerika auf Böden verschiedenster Art, besonders in Äckern, Gärten, an Schutthalden u. ä. Auch in Schweden und Dänemark kommt es streckenweise ganz regelmäßig vor und ist in Süd- und Ostnorwegen bis zu einer Höhe von 400 m ü. d. M. verbreitet.

Betreffs Fortpflanzung und Verbreitung sowie Bekämpfung vgl. die übrigen *Galeopsis*-Arten.

18. *Lamium purpureum* LINN. Purpurrote Taubnessel, engl. Red dead nettle. *Lamium purpureum* (Fam. Labiatae) ist ein einjähriges, 15—30 cm hohes Unkraut mit Pfahlwurzel. Die herzförmigen, behaarten, gekerbten Blätter sitzen auf Stielen. Die violetten bis karmesinroten Blüten haben eine etwa 1 cm lange, oben gekrümmte Kronröhre und stehen in Kränzen. Der tassenförmige Kelch hat 5 Zähne und enthält 4 Samen. Das Unkraut blüht während des ganzen Sommers (Abb. 73).

Der Same ist länglich, am breitesten an der Spitze und an dem nach der

Bauchseite schräg abgestumpften Grunde etwas schmäler. Von dort läuft an der Mitte der Bauchseite eine scharfe, erhabene Kante bis zu ungefähr $^1/_5$ der Samenlänge unter die Spitze empor, wodurch am Samen drei Flächen entstehen, deren oberste ungefähr die Form eines Sektors aufweist. Die rauhe, schwach glänzende, lehmgraue Oberfläche trägt weiße, erhabene Flecke (Abb. 74). 1000-K.Gew. etwa 0,9 g, Länge und Breite etwa 2,4 × 1,4 mm, Samenzahl je Pflanze etwa 200, je kg etwa 1 110 000. Im Laboratorium keimten in 10 Tagen 99%. Von im Frühjahr 0,5 cm tief ausgesätem, vorjährigem Samen keimten in 10 Tagen 44%. Die größte Keimtiefe betrug 2 cm.

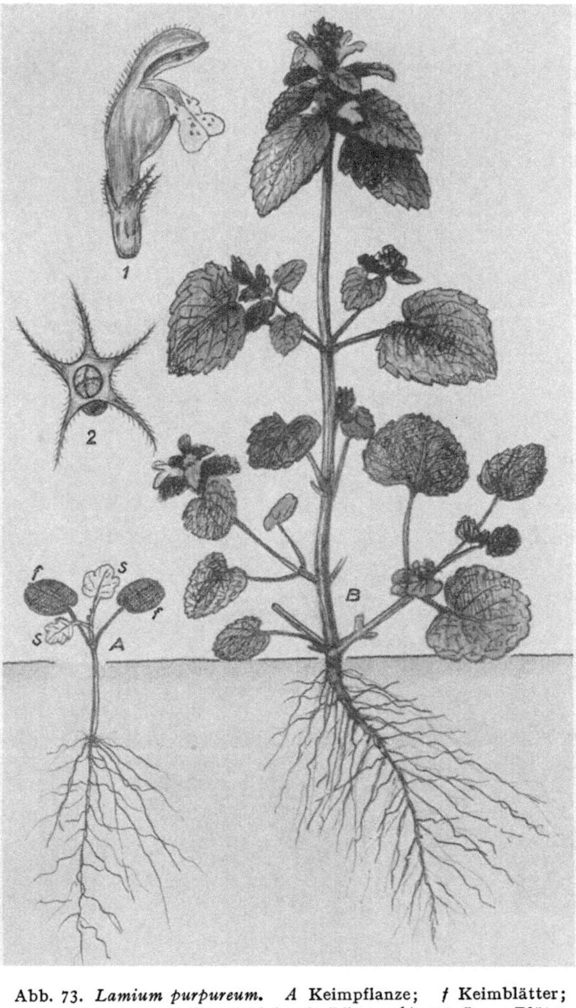

Abb. 73. *Lamium purpureum.* *A* Keimpflanze; *f* Keimblätter; *s* Stengelblätter, nat. Gr.; *B* blühende Pflanze, $^1/_2$ nat. Gr.; *1* Blüte, $^5/_2$ nat. Gr.; *2* Kelch mit Samen, 2fach vergr. Nach Korsmos Unkrauttafeln.

Die Samenblätter sind rundlich-oval, haben einen schwachen Einschnitt am Grunde und eine Breite von etwa 5 mm.

Lamium purpureum kommt in der gemäßigten Zone in ganz Europa, Westasien und, aus Europa eingeschleppt, auch in Nord-

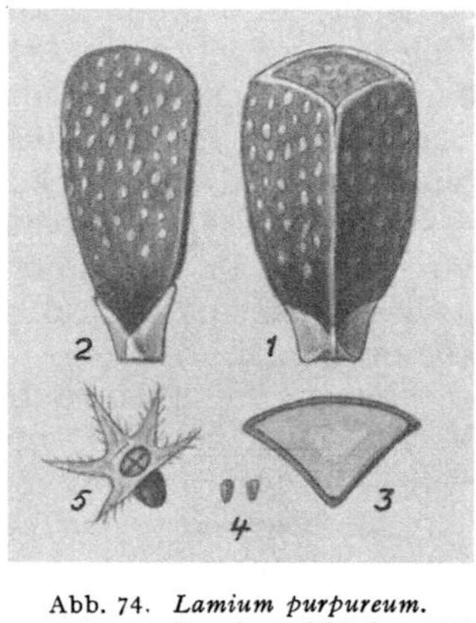

Abb. 74. *Lamium purpureum.* *1* u. *2* Samen, Bauch- und Rückansicht; *3* Samenquerschnitt, 12fach vergr.; *4* Same, nat. Gr.; *5* Kelch mit Samen, $^3/_2$ nat. Gr. Orig.-Zeichn.

amerika und gelegentlich in anderen Ländern als Acker- und Gartenunkraut, auf Misthaufen, Schutthalden, verwahrlosten Plätzen u. ä. vor. In Skandinavien zeigt es sich als gewöhnliches Unkraut auf Nutzboden aller Art überall vom Meer bis an die Korngrenze (70° n. Br.).

Die Pflanze wird durch Samen, die am Standort ausfallen oder Abfälle verunreinigen, fortgepflanzt und verbreitet. In 7 Dreschabfallproben fanden sich durchschnittlich 5786, in einigen Spreuproben von Sommerkorn 100 Samen je kg der Proben. Wenn sich der Boden in besonders milden Wintern unter dem

Schnee frostfrei hält, kann die Pflanze bereits zeitig im folgenden Frühjahr blühen und fruchten. WEHSARG[1] bemerkt, daß sich die Pflanze im Winterkorn voll entwickelt. Unter günstigen, klimatischen Verhältnissen kann das auch auf nördlicheren Breiten geschehen.

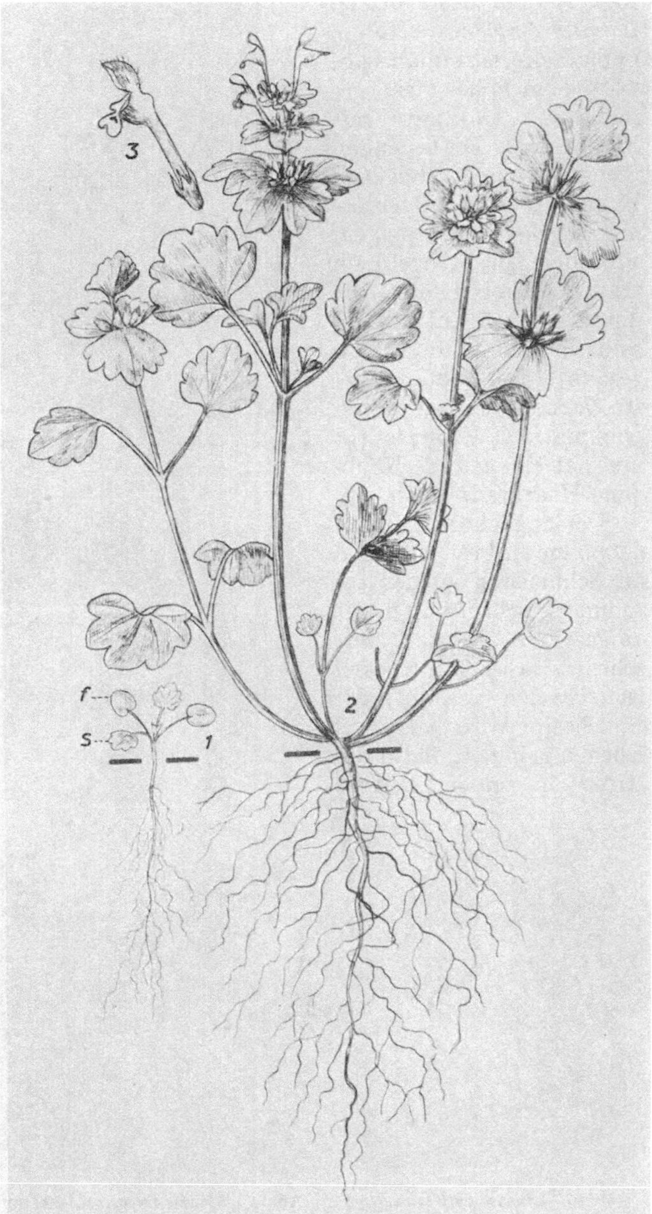

Abb. 75. *Lamium amplexicaule*. *1* Keimpflanze; *f* Keimblatt; *s* Stengelblatt, nat. Gr.; *2* Pflanze gegen Ende der Blüte- und Reifeperiode, 1/2 nat. Gr.; *3* Blüte 2fach vergr. Orig.-Zeichn.

Bei Unkräutern, die während ihres Wachstums längere Zeit hindurch blühen und fruchten, wird es schwierig sein, die Reife zu verhüten. Man muß seine Aufmerksamkeit darum in ganz besonderem Grade der Verhinderung der Samenverbreitung zuwenden, indem man beispielsweise gegenüber Reinigungsabfällen aller Art größte Vorsicht und Sorgfalt walten läßt, nur reines Saatgut verwendet und während des Wachstums der Nutzpflanzen die aufgelaufenen Unkräuter, soweit möglich, vor der Blüte vernichtet. Rechtzeitiges Schleifen, möglicherweise Eggen im Frühjahr und Eggen des Stoppelackers nach der Ernte befördern das Keimen der Pflanzen, die dann später durch die Frühjahrs- oder Herbstbestellung vernichtet werden. Im übrigen wehrt man *Lamium purpureum* auf die gleiche Art ab, wie für die *Polygonum*-Arten angegeben. Die stark und unangenehm duftende Pflanze wird von den Haustieren verschmäht.

---

[1] Arb. d. dtsch. Land.-Ges. H. 294, S. 186.

19. *Lamium amplexicaule* LINN. Stengelumfassende Taubnessel, engl. Henbit, dead nettle. *Lamium amplexicaule* (Fam. Labiatae) ist ein einjähriges, 15—35 cm hohes, fast geruchloses Unkraut mit Pfahlwurzel. Die liegenden Stengel tragen steigende Blütenäste mit nierenförmigen, gekerbten, lappigen, sitzenden, den Stengel halb umfassenden Blättern. Die unteren sitzen auf Stielen, sind herzförmig und grob gezähnt. Die Blütezeit erstreckt sich über den ganzen Sommer. Die Krone ist rot und hat eine gerade Röhre ohne Haarkranz (Abb. 75).

Der längliche Same ist an der Spitze am breitesten und am schmalsten an der zusammengeschrumpften, mit aufgerollten Kanten versehenen Basis. Der Rücken ist schwach gewölbt, die Bauchseite wird aus zwei Ebenen gebildet, die in der Mitte in einer langen,

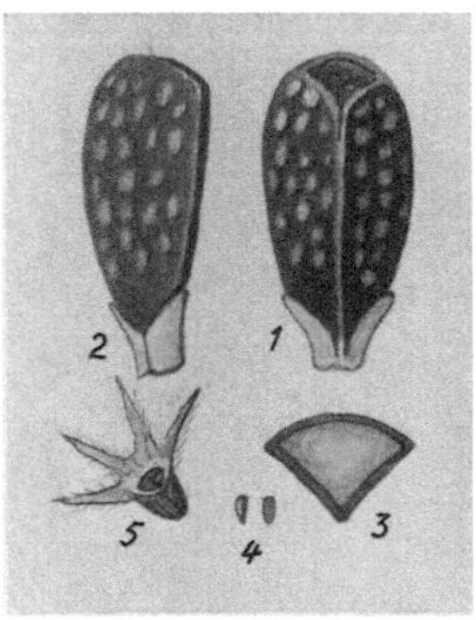

Abb. 76. *Lamium amplexicaule.* *1* u. *2* Samen, Bauch- und Rückenansicht; *3* Samenquerschnitt, 12-fach vergr.; *4* Samen, nat. Gr.; *5* Kelch mit Samen, 3/2 nat. Gr. Orig.-Zeichn.

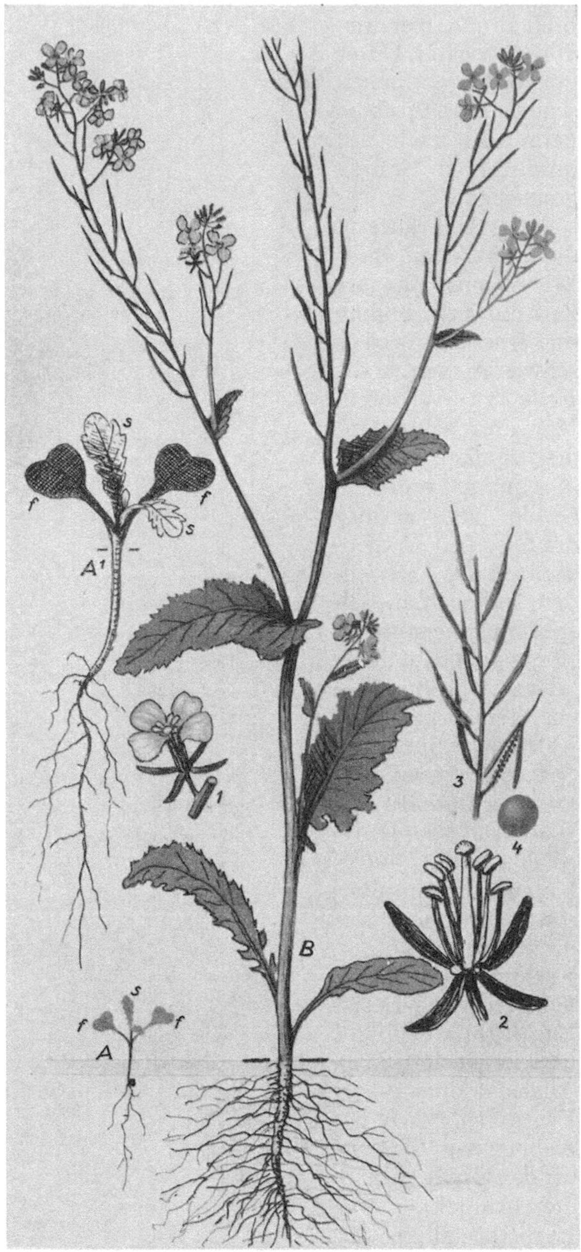

Abb. 77. *Sinapis arvensis.* *A* Keimpflanze, 2/7 nat. Gr.; *A*¹ Keimpflanze, nat. Gr.; *f* Keimblätter; *s* Stengelblätter; *B* voll entwickelte Pflanze, 2/7 nat. Gr.; *1* Blüte, nat. Gr.; *2* Blüte ohne Kronenblätter, etwa 2fach vergr.; *3* Gipfelsproß mit reifen Schötchen, 1/2 nat. Gr.; *4* Samen, etwa 4fach vergr. Nach KORSMOS Unkrauttafeln.

scharfen Kante zusammenstoßen. Die abgerundete Spitze ist nach der Bauchseitenkante schief abgestumpft. Die mattglänzende, graubraune Oberfläche ist mit grauweißen, erhabenen Flecken bedeckt (Abb. 76). 1000-K.Gew. etwa 0,6 g,

Länge und Breite etwa 2,1 × 1,0 mm, Samenzahl je Pflanze etwa 200, je kg etwa 1650000.

Diese *Lamium*-Art kommt in ganz Europa, sogar auf Island, in Russisch-Asien und Nordamerika als Acker- und Gartenunkraut vor. In Skandinavien findet sie sich allein oder gleichzeitig mit *Lamium purpureum* in Äckern, Gärten u. ä. bis zu 600 m ü. d. M. und etwa 68° n. Br. (Lofoten). Die Pflanze wird durch Samen fortgepflanzt und verbreitet. Verbreitung und Bekämpfung geschieht auf gleiche Art wie bei den *Galeopsis*-Arten.

Lamium dissectum WITH. und *Lamium intermedium* FR. sind Zwischenformen der vorher genannten Arten, die beide als einjährige Ackerunkräuter auftreten, aber nicht so häufig vorkommen.

20. *Sinapis arvensis* LINN. Ackersenf, engl. Charlock, wild mustard. *Sinapis arvensis* (Fam. Cruciferae) ist ein einjähriges, 30—60 cm hohes Unkraut mit zapfenförmiger Pfahlwurzel, aufrechtem, ästigem, verstreut kurzborstigem Stengel und ungleichmäßig gezähnten Blättern, von denen die unteren umgekehrt eiförmig oder leierförmig und gefiedert, die oberen fast sitzend, eiförmig und unregelmäßig gezähnt sind. Die Blüten sind gelb und haben wagerecht abstehende, schmale Kelchblätter. Blütezeit im Juli und August, Reifezeit von Juli bis September (Abb. 77).

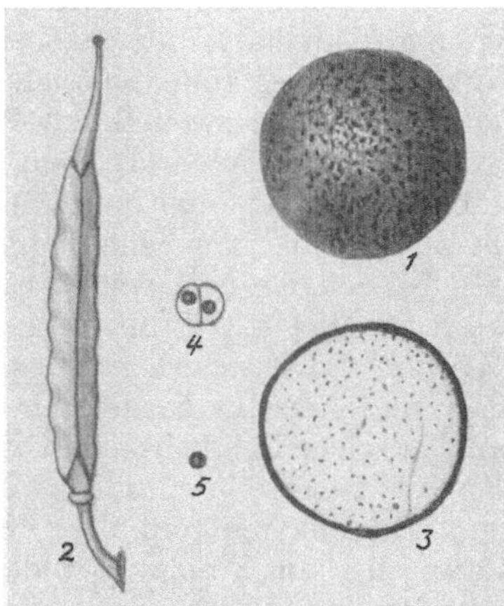

Abb. 78. *Sinapis arvensis.* 1 Same; 3 Samenquerschnitt, 12fach vergr.; 2 Schötchen; 4 Querschnitt des Schötchens; 5 Same, nat. Gr. Orig.-Zeichn.

Die etwa 3 cm langen Schoten stehen etwas hervor, sind gewöhnlich glatt und endigen in einen etwa $1^1/_2$ cm langen, viereckigen, kegelförmigen Griffel. Nach der Reife öffnen sich von unten nach oben 2 Klappen. Die Samen sind zu etwa 20 in jeder Schote an der gemeinsamen mittleren Scheidewand in 2 Reihen befestigt. Sie sind kugelrund, matt, braunschwarz bis schwarz und dicht mit feinen Grübchen besetzt (Abb. 78). 1000-KGew. etwa 1,25 g, Durchschnitt etwa 1,6 mm, Samenzahl je Pflanze 1200, je kg etwa 800000.

SCHERTLER gibt als durchschnittliche Samenzahl je Pflanze 2003 mit 72,5% Keimfähigkeit an. HABERLANDT nennt 21360, BUCKLAND 4000 und CHREBTOW 5628 Samen je Pflanze[1]. Die im Acker gewöhnlich vorkommenden Mengen dieser Unkrautart werden unter den skandinavischen Wachstumsbedingungen die in diesem Buche genannten Durchschnittszahlen kaum überschreiten.

Trocken gelagerter Same dieser Unkrautart läuft meistens nur langsam auf. 100% keimten bei einem Versuche in 732 Tagen. Von 1 cm tief in Sandboden gesätem, vorjährigem Samen keimten in 20 Tagen 26%. In Sandboden keimten bei einer Saattiefe von

	0	0,5	2	4	6	8	10	12 cm
in 58 Tagen	27	19	8	1	1	0	0	0 %,

während bei Herbstsaat in Sandboden von

	0	0,5	1	2	3	4	5	6	7 cm Tiefe
im nächsten Frühjahr	22	93	36	32	44	24	22	20	0 %

[1] FRUWIRTH: Das Unkraut und seine Bekämpfung auf dem Ackerland. Landw. H. 3, S. 15 und 16.

keimten. Bei einem ähnlichen deutschen Versuch[1] keimten von den ausgesäten Samen

	0,5	1	1,5	2	2,5	3	3,5	4	4,5	5 cm tief
in Lehmboden	54	44	40	12	6	4	2	0	0	0 %
in Sandboden	44	48	56	40	40	6	6	6	6	2 %

im Laufe von 2 Jahren. BORNEMANN[2] erwähnt, daß die größte Keimtiefe bei Samen von *Sinapis arvensis* 4 cm betrage. Bei dänischen Versuchen[3] zeigte Same von *Sinapis arvensis* nach langjähriger Lagerung in der Erde noch gut erhaltene Keimkraft. So keimten bei Aussaat im Freien im Laufe von 7 Jahren 86%. Nach 7jähriger Lagerung im Boden keimten in 25 Tagen 94%, während von trocken gelagerten Samen im Laufe von 51 Tagen nur 61% aufliefen. Weiterhin keimten bei Erdlagerung nach 6 Monaten 77%, nach 11 Jahren 87%; bei Trockenlagerung nach 1/2 Jahr 82%, nach 11 Jahren 21%. Möglicherweise trägt der Ölgehalt des Samens dazu bei, daß er seine Keimkraft so lange Jahre hindurch frisch erhält. In diesem Zusammenhange mag noch ein Beispiel aus der praktischen Arbeit erwähnt werden. In altem Nutzland, das über 34 Jahre lang als Wiese gedient hatte, lief nach der Neubeackerung während des Wachstums der Nutzfrucht unter anderem auch eine Menge Pflanzen dieser Unkrautart auf. Der Same hatte ganz zweifellos während der letzten 34 Jahre in der Erde gelegen. Versuche haben auch ergeben, daß der Same die Verdauungswege von Tieren durchlaufen kann, ohne dadurch seine Keimfähigkeit ganz zu verlieren. KEMPSKI[4] hat durch Futterversuche festgestellt, daß von verfütterten Samen bei Kühen 23%, bei Schafen 29% wieder zum Vorschein kamen. Versuche mit Pferden[5] ergaben im Mist 5,44% unverdauter und keimfähiger Samen.

Sinapis arvensis gehört in ganz Europa und in den gemäßigten Gegenden von Asien und Amerika zu den gewöhnlichsten und lästigsten Ackerunkräutern. In der deutschen Landwirtschaft ist die Pflanze besonders in Sommerfruchtäckern aller Art äußerst gewöhnlich. Das gleiche gilt unter anderen Ländern auch für ganz Skandinavien vom Meer bis an die Korngrenze und bis zu 70° n. Br. (Alten, Norwegen). In Finnland findet sie sich gelegentlich, namentlich in Küstengegenden.

Sinapis arvensis wird durch Samen fortgepflanzt und außer durch Ausfall am Standort, durch schlecht gereinigtes Saatgut, durch Futter und Stalldünger, durch Dreschabfall, Getreidespreu, Wiesensamen, Erde u. ä. verbreitet. In 8 untersuchten Dreschabfallproben fanden sich beispielsweise je kg 40131, in 3 Kornspreuproben 2167 Samen. Die Untersuchung einiger Nutzlandproben von 25 cm Tiefe ergab während des Versuches je qm durchschnittlich 4578 Pflanzen. *Sinapis arvensis* zeigt sich unabhängig von der Bodenbeschaffenheit unter allen Ackerfrüchten gelegentlich auch auf einjährigen Wiesen, wenn der Wiesensame weniger gut aufläuft. In solchem Falle fruchtet die Pflanze früh, oft sogar vor der Ernte. Im Sommergetreide fruchtet sie vor und während der Kornreife.

Die Pflanze entzieht dem Boden große Nährstoff- und Feuchtigkeitsmengen und verbrauchte bei norwegischen Versuchen 2,6mal so viel Wasser wie Gerste und 1,8mal soviel wie Hafer. Zur Auffindung von Bekämpfungsmitteln hat man schon seit Jahren in mehreren Ländern praktische Untersuchungen und Versuche vorgenommen und dabei jedenfalls mit Sicherheit festgestellt, daß rechtzeitiges Eggen des Sommerkornfeldes mit der Unkrautegge, Bespritzen mit Eisen-

[1] SCHULTZ: Die Bekämpfung des Unkrautes. Arb. d. dtsch. Landw.-Ges. H. 158, S. 19. 1909.
[2] Die wichtigsten landwirtschaftlichen Unkräuter. 3. Aufl. S. 95.
[3] DORPH-PETERSEN: Tidsskr. f. Landbr. Pl. avl. Bd. 17, S. 596, 603 und 606.
[4] KEMPSKI, E.: Die ENDOSOsche Samenverbreitung. Inaug.-Diss. Bonn 1906. Arb. d. dtsch. Landw.-Ges. H. 158, S. 16.
[5] KORSMO: Kampen mot ugrässet, 2. Aufl., S. 51.

vitriol-, Schwefelsäure- und Salpeterlösungen junge Pflanzen vernichtet und das Wachtstum weiter fortgeschrittener stark beeinträchtigt. Auch rechtzeitiges Bestreuen mit passenden Mengen von Kalkstickstoff oder Hederichpulver hat sich als wirksam erwiesen. Streng durchgeführte Sauberhaltung der Hackfruchtäcker während der Wachstumszeit ist gleichfalls ein wirksames Glied in der Reihe dieser Bestrebungen. Unter allen Umständen ist für reines Saatgut, Vernichtung des Unkrautsamens in Abfällen aller Art, frühe Ernte auf verseuchten, einjährigen Wiesen u. ä. zu sorgen. Über Zeit- und Verhaltungsmaßregeln bei der Bekämpfung vergleiche Abschn. 6.

Zum Gebrauch chemischer Lösungen sei bemerkt, daß sich der Stärkegrad den Witterungsverhältnissen einigermaßen anpassen muß. Bei feuchtem Wetter sollte man eine Eisenvitriollösung von 20—25% bzw. verdünnte Schwefelsäure von 4—4$^1/_2$% (100%iger Säure) benutzen bei trockenem Wetter 15—18% bzw. 3$^1/_2$—3$^3/_4$% (vgl. die Tabelle 38, S. 504).

Sinapis arvensis dient auch verschiedenen Pilzen, schädlichen Insekten und deren Larven als Wirtspflanze. Wie unten erwähnt, beherbergt die Pflanze an Schmarotzerpilzen besonders die Kohlhernie (*Plasmodiophora brassicae*), die auf kreuzblütige Nutzpflanzen übergeht und deren Wurzeln vernichtet. An Insekten finden sich auf den kreuzblütigen Unkräutern und somit auch auf *Sinapis arvensis* Erdfloh (*Haltica*), Rapsglanzkäfer (*Meligethes aeneus*, besonders auf *Sinapis arvensis*), Kohlgallenrüßler (*Ceutorrhynchus pleurostigma*), Großer Kohlweißling (*Pieris brassicae*), Kohlschabe (*Plutella maculipennis*), Kohlblattlaus (*Aphis brassicae*), Kohlwanze (*Eurydema oleracea*), Kohlfliegenlarven (*Cortophila brassicae*) und in den Wurzeln andere Fliegenlarven. Für mehrere dieser Insekten gilt die feste Regel, daß sie in der ersten Generation auf kreuzblütigen Unkräutern leben und ihre Eier darauf ablegen. Die folgenden Generationen befallen dann die angebauten Kohlpflanzen.

21. *Sinapis alba* LINN. Weißer Senf, engl. White mustard. *Sinapis alba* (Fam. Cruciferae) ist ein einjähriges, bis zu Meterhöhe wachsendes, ästiges, verstreut steifhaariges Unkraut mit kräftiger Pfahlwurzel, lappigen, gefiederten Blättern und gelben Blüten. Die Schoten sind kurz, stark gebogen, von den reifen Samen ausgebeult, tragen einen schwertförmigen, flachgedrückten Griffel und sind mit langen, weißen, steifen, abstehenden Haaren besetzt. Blütezeit von Juli bis September. Samenstiel und Schoten stehen nach der Reife sperrig ab. Auf der einen Seite des runden bis ovalen Samens läuft eine Furche entlang; am Grunde befindet sich ein rauher, ungleichmäßiger Fleck. Die hellgelbe, matte Oberfläche ist mit feinen Grübchen gleichmäßig überzogen (Abb. 79). 1000-K.Gew. etwa 6,0 g, Länge und Breite 2,4×2,3 mm; Anzahl Samen je Pflanze etwa 1800 und je kg etwa 165000.

Der Same keimt schnell. In 10 Tagen liefen im Laboratorium 99%, bei einem anderen Versuche in zwei Tagen 100% auf. Auch im Acker keimt er sehr schnell. In einer Tiefe von 0,5 cm keimten in 5 Tagen 94 und in 22 Tagen 96%. Von im Frühjahr ausgesäten Samen keimten

in einer Tiefe von	0	1	2	3	4	5	6 cm
in 24 Tagen	48	96	88	88	72	62	48 %.

Nach Überwinterung im Freien keimte nur 1%.

Der Same verliert bei Überwinterung in der Erde oft die Keimkraft und ist wegen seiner dünnen Schale äußeren Beschädigungen gegenüber sehr empfindlich.

Die Samenblätter sind umgekehrt herzförmig und von ungefähr gleicher Größe wie die Herzblätter des Ackersenfs.

Sinapis alba kommt in ganz Mittel- und Südeuropa, Westasien, Nordamerika und anderen Ländern vor, auch in Skandinavien gelegentlich als Ackerunkraut.

Die Pflanze wird durch Samen fortgepflanzt und verbreitet, wächst schnell, fordert viel Platz und wirft starken Schatten. Auf Sommerfruchtäckern kann sie den Ertrag ganz bedeutend herabsetzen.

Wo die Pflanze als Unkraut auftritt, wird sie auf die gleiche Art wie *Sinapis arvensis* bekämpft. An einigen Orten wird sie als Ölpflanze angebaut oder als

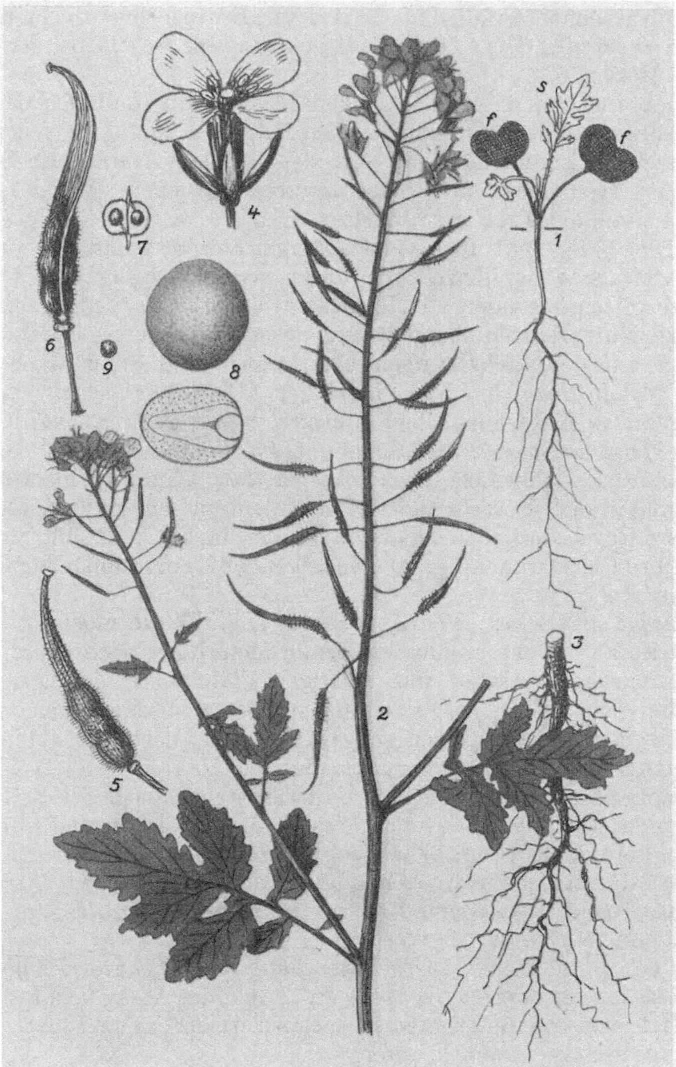

Abb. 79. *Sinapis alba.* *1* Keimpflanze; *f* Keimblätter; *s* Stengelblatt, nat. Gr.; *2* Zweigspitze; *3* Wurzel einer voll entwickelten Pflanze, etwa 1/2 nat. Gr.; *4* Blüte, 2fach vergr.; *5* u. *6* Schötchen während und nach der Blüte; *7* Querschnitt des Schötchens, nat. Gr.; *8* ganzer und durchschnittener Same, 7fach vergr.; *9* Same, nat. Gr. Orig.-Zeichn.

Grünfutter verwendet und gibt als solches in jungem, frischem Zustande und unter guten Wachstumsbedingungen reiche Erträge. Gelegentlich benutzt man sie auch, um die Quecke zu unterdrücken, da sie schnell wächst und das Feld gut deckt. Versuche haben ergeben, daß eine dichte Decke dieser Pflanze das Wachstum der Quecke beeinträchtigt, ohne jedoch deren unterirdische Teile vollkommen zu vernichten. Bei 3 Versuchen waren 45,80, 95,0 und 84,0% der Wurzelteile vernichtet. Die Pflanze enthält folgende chemischen Bestandteile:

Wasser	9,93%
Asche	5,60%
Fett	26,47%
Protein	28,22%
N-freie Extraktstoffe	20,38%
Pflanzenfasern	9,40%.

22. *Brassica campestris* LINN. Acker-Kohl, engl. Navew, field cabbage. *Brassica campestris* (Fam. Cruciferae) ist ein bis zu 80 cm hohes, oft sehr verzweigtes, einjähriges Unkraut mit kräftiger Pfahlwurzel. Die unteren Blätter sind leierförmig, gefiedert und gelappt, die am Stengel sitzenden haben herzförmig umfassende Ohrlappen und sind fast ei-herzförmig und vollkommen ganzrandig. Die blaugrüne Pflanze ist oben glatt und unten meistens etwas behaart (Abb. 80). Sie blüht im Juli und August. Die gelben Blüten haben etwas abstehende Kelchblätter. Die walzenförmigen, etwas gebogenen, etwa 4 cm langen Schoten sitzen auf etwa 2 cm langen abstehenden Stielen. Bei der Reife öffnen sich von unten nach oben 2 Klappen, wodurch die in jeder Schote zu etwa 30 Stück an der mittleren Scheidewand festsitzenden Samen aufgedeckt werden.

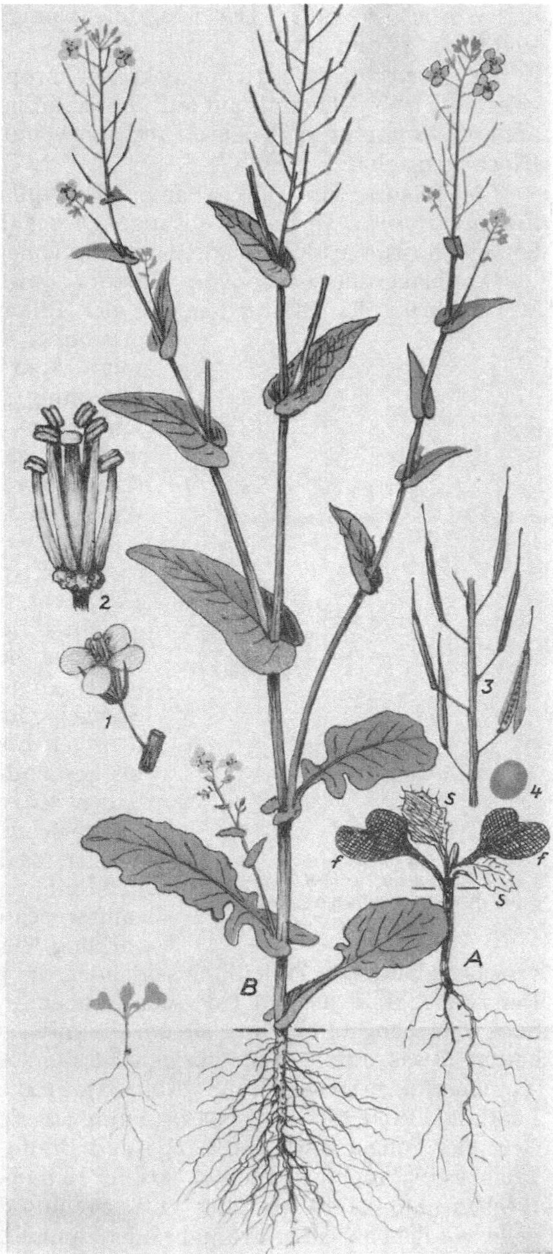

Abb. 80. *Brassica campestris*. *A* Keimpflanze; *f* Keimblätter; *s* Stengelblätter, nat. Gr.; *B*, voll entwickelte, blühende Pflanze, $^{2}/_{7}$ nat. Gr.; *1* Blüte, etwa nat. Gr.; *2* Blüte nach Beseitigung von Kronenblättern und Kelch, etwa $^{5}/_{2}$ nat. Gr.; *3* Teil eines reifen Fruchtstandes, etwa $^{1}/_{3}$ nat. Gr.; *4* Same, $^{10}/_{3}$ nat. Gr. Nach KORSMOS Unkrauttafeln.

Der Same ist fast kugelrund und hat auf der einen Seite zwischen zwei Furchen eine sich schwach abhebende Rippe und am Grunde einen hellen, rauhen Fleck. Die Oberfläche ist matt, braun bis schwarzgrau und mit feinen Grübchen versehen (Abb. 81). 1000-K.-Gew. etwa 2,0 g, Länge und Breite etwa 1,8×1,7 mm; Anzahl Samen je Pflanze etwa 1000—20000, je kg etwa 500000. Von dem in der Regel schnell auflaufenden Samen keimten im

Laboratorium in 5 Tagen 78, in 300 Tagen 98 und im Freien bei geringer Saattiefe in 3 Wochen 50—80%. Die blaugrünen, umgekehrt herzförmigen Samenblätter sind etwa 13 mm breit.

Brassica campestris tritt in mehreren europäischen Ländern und Nordamerika gelegentlich als Ackerunkraut auf. In Skandinavien und Finnland ist es besonders auf etwas sumpfigem Boden oft recht gewöhnlich und geht nördlich bis Finmark (Norwegen) hinauf.

Die Pflanze wird durch Samen fortgepflanzt und auf die gleiche Art wie *Sinapis arvensis* verbreitet. Einige Dreschabfallproben enthielten je kg 750, Sommerkornspreu durchschnittlich 100 Samen.

Die blaugrüne Farbe von *Brassica campestris* rührt von einer stärkeren Wachsschicht der Blätter her, die der Pflanze eine größere Widerstandskraft gegenüber Chemikalien verleiht, als beispielsweise *Sinapis arvensis* besitzt. Bei der Bekämpfung im Acker sollte man darum eine mindestens 20%ige Eisenvitriollösung und wenigstens 4%ige Schwefelsäure verwenden. Im übrigen sind dieselben Maßnahmen und Mittel wie gegen *Sinapis arvensis* zu empfehlen.

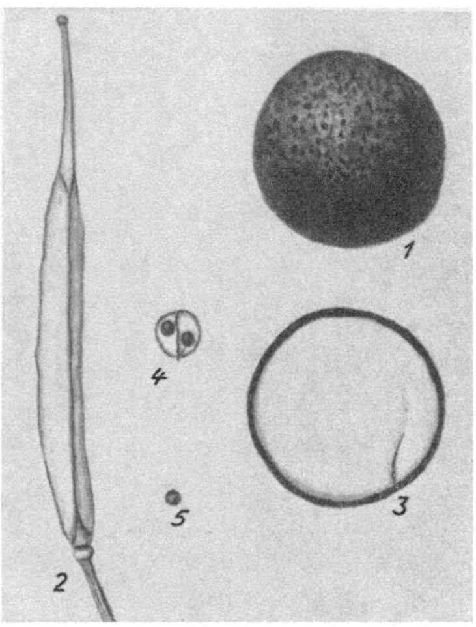

Abb. 81. *Brassica campestris.* 1 Same; 3 Samenquerschnitt, 11 fach vergr.; 2 Schötchen; 4 Querschnitt des Schötchens; 5 Same, nat. Gr. Orig.-Zeichn.

23. *Raphanus raphanistrum* Linn. Hederich, Wilder Rettich, engl. Wild radish. *Raphanus raphanistrum* (Fam. Cruciferae) ist ein einjähriges, 30—60 cm hohes Unkraut mit kräftiger, kurzer Pfahlwurzel und ästigem, unten dünn mit steifen Haaren besetztem Stengel mit gestielten, groblappigen, rauhhaarigen Blättern. Die Pflanze blüht von Juli bis September; die Blüten sind hellgelb und haben eng angedrückte Kelchblätter. Die Gliederschoten sind zwischen den einzelnen Samen zusammengeschnürt und springen nach der Reife nicht auf, brechen aber an den Zusammenschnürungen durch mechanische Einwirkung leicht in graugelbe, mit Längsfurchen versehene Glieder („Perlen") auseinander, die je einen Samen enthalten (Abb. 82). Der runde bis ovale, im Querschnitt aber kreisrunde Same hat auf der einen Seite eine Längsfurche und ist um die mit einem hellen Fleck versehene Basis herum etwas dunkler; im übrigen ist die Oberfläche rotbraun, etwas gelblich schimmernd, matt und rauh (Abb. 83). 1000-K.Gew. der „Perlen" etwa 24,2 g, Länge und Breite je Glied etwa 6×4 mm, „Perlen"zahl je kg etwa 41400. 1000-K.-Gew. der Samen etwa 7,9, Länge und Breite etwa 2,6×2,3 mm, Samenzahl je Pflanze etwa 160, je kg 130000. Da der Keim beim Auflaufen die Hülle erst durchbrechen muß, keimt der Same erst spät und daher bei Aussaat im Frühjahr oft nicht vor dem nächsten Frühjahr oder Sommer. Versuche ergaben eine günstigste Keimtiefe von 1—2 cm, während die Keimprozentzahl mit größerer Tiefe schrittweise abnahm. In 6 cm Tiefe schien die Keimung aufzuhören. Deutsche[1] Versuche ergaben eine höchste Keimtiefe im lehmigen Humus von 4,5, im Sandboden von 5 cm. Im ersten Keimjahr liefen nur wenige, im zweiten die meisten Samen auf.

Die Samenblätter sind umgekehrt herzförmig, etwa 11 mm breit, dick und gehen ohne Ansatz in den Blattstiel über.

---

[1] Arb. d. dtsch. Landw.-Ges. H. 158, S. 19. 1919.

Hederich kommt in ganz Europa, abgesehen vom höchsten Norden, in Russisch-Asien und Nordamerika als verbreitetes Ackerunkraut vor. In ganz Deutschland und unter anderem auch in ganz Skandinavien bis zu etwa 67° n. Br. (Norwegen) und in Finnland findet es sich unter Ackerfrüchten und auf Böden jeder Art, selbst auf sehr feuchtem, ja sogar gänzlich versumpftem Gelände und greift besonders bei rauher, kalter Witterung während des Frühjahrs im Sommergetreide um sich. Die Pflanze wird durch Samen fortgepflanzt und besonders durch Getreidesaat verbreitet, doch findet sich ihr Same auch in Dresch- und Reinigungsabfällen. Getreideabfallproben enthielten beispielsweise je kg 250 Samen; in Ackerboden fand man bei 25 cm Tiefe je qm 188 während des Versuches aufgelaufene Samen. Nach KEMPSKI fanden sich im Mist der größeren Haustiere 18%, der Schafe 19% der verfütterten Samen, die unverdaut und keimfähig geblieben waren. Im übrigen vergleiche man betreffs Verbreitung und Bekämpfung die bei *Sinapis arvensis*[1] gemachten Angaben.

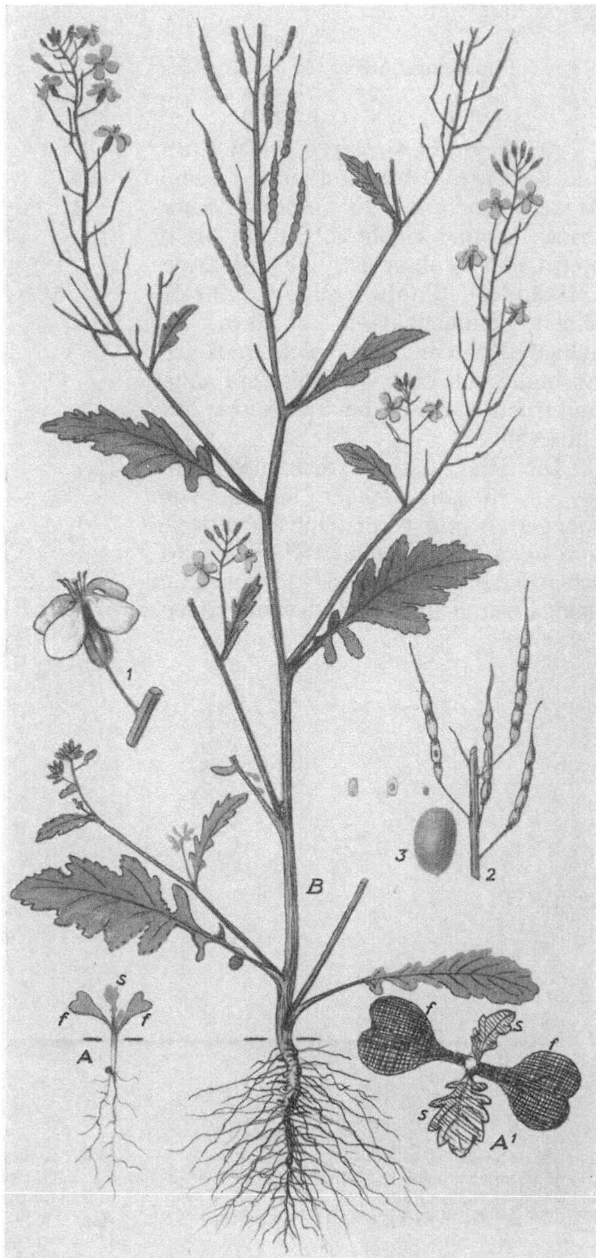

Abb. 82. *Raphanus raphanistrum.* *A* Keimpflanze, $^{2}/_{7}$ nat. Gr.; *A*¹ Keimpflanze von oben gesehen, nat. Gr.; *f* Keimblätter; *s* Stengelblätter; *B* voll entwickelte Pflanze, $^{2}/_{7}$ nat. Gr.; *1* Blüte, nat. Gr.; *2* Teil des oberen Zweiges mit reifen Schötchen, $^{1}/_{2}$ nat. Gr.; *3* Same, etwa 4 fach vergr. Nach KORSMOS Unkrauttafeln.

Die eingekapselten Samen, die „Perlen", haben ungefähr dieselbe Größe wie Getreidekörner und sind darum schwer durch Grobsortierung auszuscheiden. Durch sorgfältige Trieurreinigung und durch Untertauchen des Kornes unter

[1] Bei *Raphanus raphanistrum* sind etwas stärkere Chemikalienlösungen als bei der Bekämpfung von *Sinapis arvensis* anzuwenden.

Wasser bei gleichzeitigem Umrühren und Entfernen der auftreibenden Samen läßt sich doch immerhin der größte Teil beseitigen.

Der Trockenstoff dieser Unkrautart enthält[1]:

Stickstoff	1,85%
Phosphorsäure	0,78%
Kali	1,30%
Kalk	1,81%.

24. *Erysimum cheiranthoides* LINN. Lackartiger Schotendotter, engl. Treacle mustard. *Erysimum cheiranthoides* (Fam. Cruciferae) ist ein bis zu 60 cm hohes, oben ästiges, einjähriges Unkraut mit Pfahlwurzel, oval-lanzettlichen, feinbehaarten Blättern und gelben Blüten mit angedrücktem Kelch. Es blüht von Ende Juni bis September und fruchtet bis in den Spätherbst hinein (Abb. 84).

Die Schoten sind vierkantig, etwa 3—3,5 cm lang, stehen sperrig vom Stengel ab und öffnen nach der Reife von oben nach unten 2 Klappen, zwischen denen je Schote 30—40 Samen auf beiden Seiten einer Scheidewand sitzen.

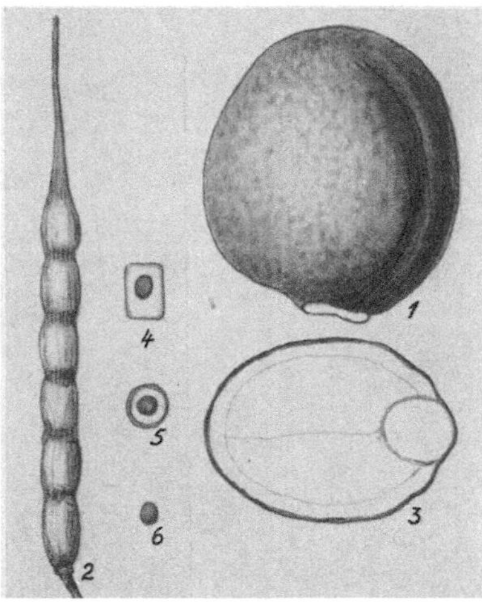

Abb. 83. *Raphanus raphanistrum.* 1 Same; 3 Samenquerschnitt, 12 fach vergr.; 2 Schötchen; 4 u. 5 Teil des Schötchens, Längs- und Querschnitt; 6 Same, nat. Gr. Orig.-Zeichn.

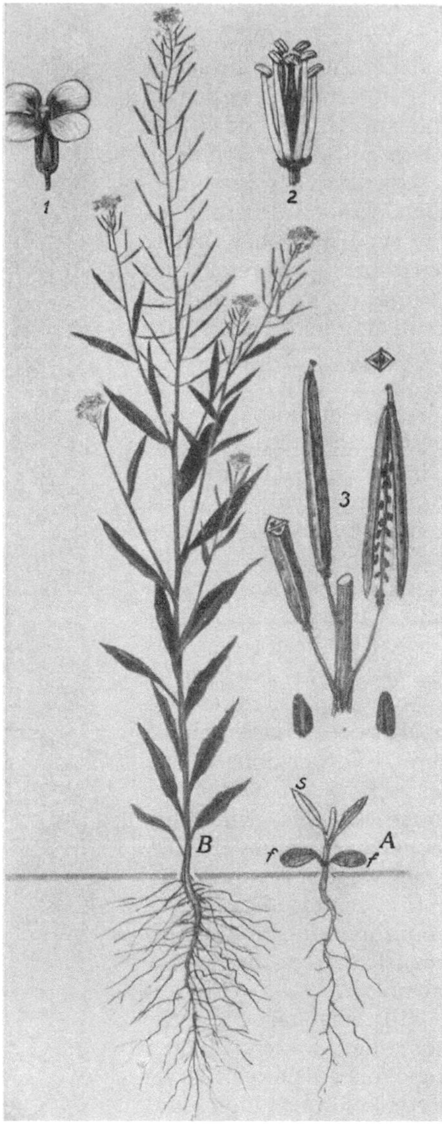

Abb. 84. *Erysimum cheiranthoides.* *A* Keimpflanze; *f* Keimblätter; *s* Stengelblatt, nat. Gr.; *B* voll entwickelte Pflanze, 1/4 nat. Gr.; 1 Blüte, etwa 3 fach vergr.; 2 Blüte ohne Kelch und Kronenblätter, etwa 5 fach vergr.; 3 Teil des oberen Zweiges mit Schötchen — links geschlossen, rechts offen —, etwa nat. Gr. Nach KORSMOS Unkrauttafeln.

Der unregelmäßig ovale Same hat eine dicke, manchmal gewundene Längsfalte und eine quer abgestumpfte, ungleichmäßige Grundfläche mit einem deutlich hervortretenden dunklen Fleck. Die abgeschrägte Spitze trägt manchmal

[1] BORNEMANN: Die wichtigsten landwirtschaftlichen Unkräuter. 2. Aufl. S. 4.

eine kleine, flügelförmige Kante. Die Oberfläche ist uneben, matt und gelbbraun (Abb. 85). 1000-K.Gew. 0,4 g, Länge und Breite etwa $1,7 \times 0,8$ mm, Samenzahl je Pflanze etwa 1900—5600, durchschnittlich etwa 3500[1], je kg etwa 2500000 Samen.

Vollreifer Same hat eine hohe Keimprozentzahl. Von überwintertem Samen keimten im Laboratorium bei einem Versuche in 7 Tagen 40, in 60 Tagen 100, bei einem anderen Versuch in 20 Tagen 26, in 110 Tagen 100, bei einem dritten in 30 Tagen 100%. Draußen im Sandboden keimten von trocken gelagertem, vorjährigem, dünn bedecktem Samen 48%. Später ergab ein Saattiefenversuch, daß von überwintertem Samen in

	0	1	2	3	4	5 cm Tiefe
im Laufe des Sommers	26	12	6	4	2	0%

aufliefen. Die Keimfähigkeit dieser Unkrautsamen ist mehrfach untersucht worden. Nach ROSTRUP keimten in 4 Monaten 99%. Nach DUVAL keimten bei $20—35^0$ Wärme von überwintertem Samen 42%, von neu geerntetem 52,5%. Nach Bodenlagerung erzielte CHREBTOW nur bei 11—12% Keimung, WEHSARG entdeckte, daß von Samen, der erst in ein eiskaltes, feuchtes Keimbeet und dann zur Keimung in $23—27^0$ Wärme gebracht wurde, im Laufe von 2—3 Tagen 60—100% aufliefen[2].

Die ovalen, 6 mm langen und an der breitesten Stelle 1,5—2 mm messenden Samenblätter stehen etwas aufrecht.

Auf Nutz- und Unland, wüsten Plätzen, Schutthalden, an Weg- und Eisenbahnstrecken u. ä. findet sich dieses Unkraut in ganz Nord- und Mitteleuropa, Nordasien und Nordamerika. In Südeuropa tritt es als Gebirgspflanze auf. In Skandinavien findet es sich gelegentlich als Acker-, Garten- und auch Wiesenunkraut, in Norwegen bis zu 69^0 n. Br. In Finnland ist es ganz gewöhnlich.

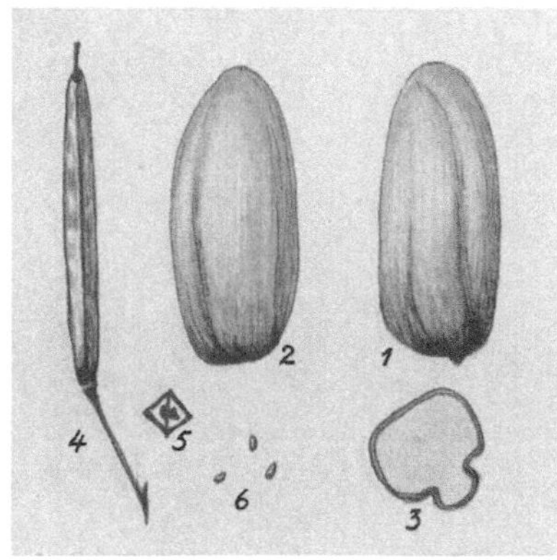

Abb. 85. *Erysimum cheiranthoides.* *1* und *2* Samen; *3* Samenquerschnitt, 16fach vergr.; *4* Schötchen; *5* Querschnitt des Schötchens; *6* Samen nat. Gr. Orig.-Zeichn.

Die Pflanze wird durch Samen fortgepflanzt und auf den üblichen Wegen verbreitet. Untersuchungen ergaben, daß ihr Same sich oft in großen Mengen in Abfällen, Wiesensaat, Stalldünger und Ackerboden befindet.

Sie verbreitet sich durch Ausfall am Standort vor und während der Ernte, beim Einfahren, durch unreines Saatgut, Futter u. ä. Sie wird auf die gleiche Art und mit denselben Mitteln wie die *Sinapis*- und *Galeopsis*-Arten bekämpft.

25. *Sisymbrium sophia* LINN. Feinblättrige Rauke, engl. Flixweed. *Sisymbrium sophia* (Fam. Cruciferae) ist ein hohes, ästiges, einjähriges Unkraut mit Pfahlwurzel, zwei- bis dreifach gefiederten, fadendünn untergeteilten Blättern, trägt im Juli ganze Mengen kleiner, gelber Blüten und erzeugt sehr viel Samen. Die fast fleischigen, etwas zusammengedrückten und ungefähr 3 cm langen Schoten haben dreinervige Klappen und eine nervige Scheidewand (Abb. 86). Der ovale, oben abgerundete und an dem schwach grubenförmig eingesenkten, einen gelbweißen Fleck tragenden Grunde stumpf abgeschnittene Same hat eine gelbbraune, rauhe, schwach glänzende Oberfläche (Abb. 87). 1000-K.Gew. etwa 0,2 g, Länge und Breite etwa $1,0 \times 0,7$ mm; Samenzahl je Pflanze etwa 6000, je kg 5 Millionen. Die von WEHSARG[3] festgestellte höchste Samenzahl je Pflanze beträgt 730000.

[1] „S.O.W." gibt als Höchstzahl 25000 Samen je Pflanze bei dieser Unkrautart an (Arb. d. dtsch. Landw.-Ges. H. 294, S. 213).

[2] WEHSARG: Arb. d. dtsch. Landw.-Ges. H. 294, S. 53.

[3] Arb. d. dtsch. Landw.-Ges. H. 294, S. 213.

Bei einem Versuch mit vorjährigem Samen im Keimapparat liefen in 31 Tagen 100% auf. Von der gleichen Samenprobe liefen bei Aussaat im Herbst in Sandboden im folgenden Frühjahr 12, bei Aussaat im Frühjahr 26% beide Male bei 0,5 cm Saattiefe auf.

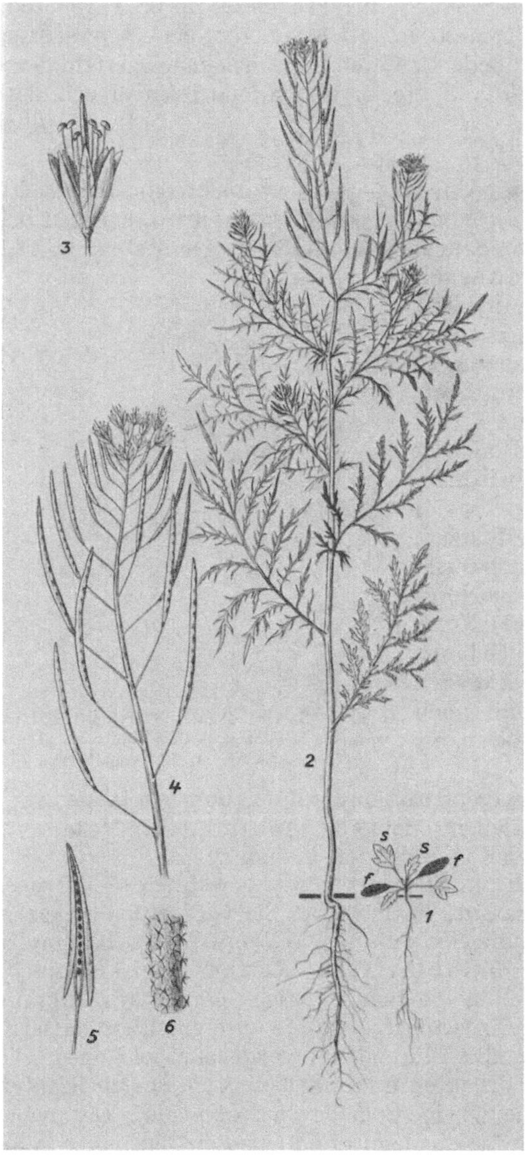

Abb. 86. *Sisymbrium sophia.* *1* Keimpflanze, *f* Keimblätter, *s* Stengelblätter, nat. Gr.; *2* blühende und reifende Pflanze, 1/3 nat. Gr.; *3* Blüte, 5fach vergr.; *4* oberer Zweig in nat. Gr.; *5* reife Schote (reifes Schötchen) in nat. Gr.; *6* Stengelteil mit sternförmigen Haaren, 2fach vergr. Orig.-Zeichn.

Die Pflanze findet sich in Europa, Nordasien und anderen Orten als Unkraut auf leichtem, trockenem Nutzland, an Schutthalden, Weg- und Eisenbahnstrecken u. ä. In Skandinavien trifft man sie in ganz Schweden und Dänemark, in Ostnorwegen und in den westnorwegischen Fjorden.

Die Pflanze wird durch Samen vermehrt und verbreitet sich auf die gleiche Art wie *Sinapis arvensis.* Sie wird auch auf die gleiche Art bekämpft.

26. *Sisymbrium officinale* Scop. Gemeine Rauke, engl. Hedge mustard. *Sisymbrium officinale* (Fam. Cruciferae) ist ein einjähriges, 30—50 cm hohes Unkraut mit zapfenförmiger Wurzel, sperrigem, ästigem Stengel und hobelförmigen, gefiederten Blättern mit buchtig gezähnten Teilblättern und gewöhnlicher, spieß-

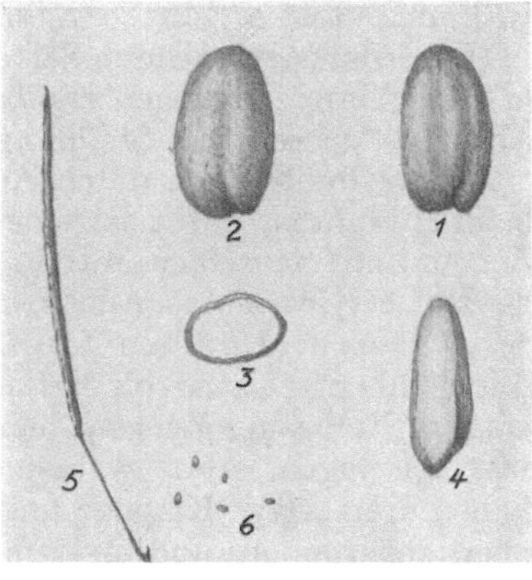

Abb. 87. *Sisymbrium sophia.* *1, 2* u. *4* Samen; *3* Samenquerschnitt, 16fach vergr.; *5* Schötchen; *6* Samen, nat. Gr. Orig.-Zeichn.

förmiger Spitze. Die Pflanze trägt kleine, gelbe Blüten. Blütezeit von Juli bis September. Die etwa 2 cm langen, an der Spitze gleichmäßig zugespitzten, behaarten, aufrechtstehenden und an den Stengel gedrückten Schoten sitzen auf einem etwa 4 mm langen Stiel und haben eine Scheidewand ohne Nerven (Abb. 88).

Der etwas unregelmäßige, meist längliche, im Querschnitt nierenförmige Same ist am Rücken zylinderförmig gewölbt und wird nachdem ungleichmäßig abgestumpften, in der Mitte etwas eingebeulten Grunde und der meist schräg abgespitzten, eine ebene, ovale Fläche bildende Spitze zu etwas schmäler. Die Bauchseite bilden zwei fast ebene Flächen, die in der Samenmitte in einem von der Seite her stumpf erscheinenden Winkel zusammenstoßen. Über die Mitte der Bauchseite läuft eine Längsfalte, die am Grunde am tiefsten ist. Die matte, ungleichmäßige, braun bis schmutzigbraune Oberfläche ist mit kleinen, ungleichmäßigen Streifen versehen (Abb. 89). 1000-K.Gew. etwa 0,35 g, Länge und Breite etwa 1,4 × 0,8 mm, Samenzahl je Schote 12, je Pflanze etwa 2700, je kg etwa 2860000.

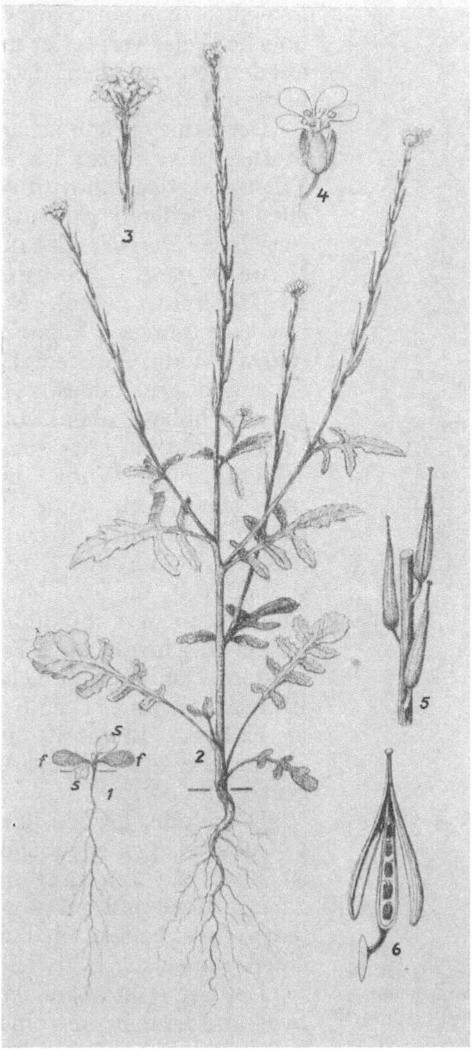

Abb. 88. *Sisymbrium officinale.* *1* Keimpflanze, *f* Keimblätter, *s* Stengelblätter, nat. Gr.; *2* Pflanze gegen Ende der Blüte- und Reifezeit, $^1/_3$ nat. Gr.; *3* oberer Teil der Pflanze, nat. Gr.; *4* Blüte, 3 fach vergr.; *5* mit reifen, samentragenden Schoten (Schötchen) besetzter Teil eines Zweiges, nat. Gr.; *6* reife Frucht mit geöffneten Klappen. Die Haftstelle der Samen an der häutigen Scheidewand ist deutlich sichtbar, $^3/_2$ nat. Gr. Orig.-Zeichn.

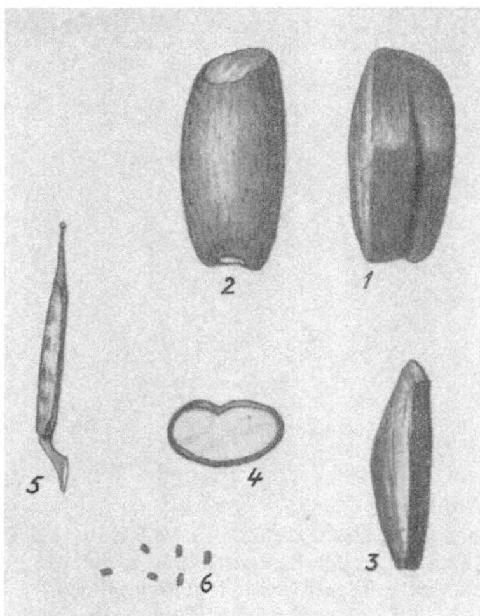

Abb. 89. *Sisymbrium officinale.* *1*, *2* u. *3* Samen in Vorder-, Rücken- und Seitenansicht; *4* Samenquerschnitte, 16 fach vergr.; *5* Schötchen; *6* Samen, nat. Gr. Orig.-Zeichn.

Der Same läuft ziemlich spät und unregelmäßig auf. Von vorjährigem Samen keimten im Laboratorium im Laufe von 210 Tagen 96%. In Sandboden keimten in 1 cm Tiefe 9% in 24 Tagen.

Das Unkraut findet sich an Wegrändern, Ackerrändern, auf Höfen, in Gärten und im Ackerboden und ist in ganz Europa, den gemäßigten Zonen Asiens und

Nordamerikas, sowie in anderen Gegenden ganz gemein. Auch im ganzen südlichen und mittleren Skandinavien sowie bis ungefähr 61° n. Br. ist es nicht selten anzutreffen.

Abb. 90. *Lepidium ruderale.* *1* voll entwickelte Pflanze, 3/5 nat. Gr.; *2* Zweig mit reifen Samenschötchen, nat. Gr.; *3* Blüte; *4* Blüte ohne Blütenhülle, 15fach vergr.; *5* Keimpflanze, *f* Keimblatt, *s* Stengelblatt, nat. Gr. Eign. Aufn. und Zeichn.

Die Pflanze wird durch Samen fortgepflanzt, auf die übliche Weise verbreitet und mit den gewöhnlichen Mitteln bekämpft.

Der Same enthält scharfe Stoffe. Als Futter ist die Pflanze wertlos und wird von allen Haustieren gemieden.

27. *Lepidium ruderale* LINN. Mauerkresse, Schutt-Pfefferkraut, engl. Narrow-leaved cress. *Lepidium ruderale* (Fam. Cruciferae) ist ein einjähriges, kahles, 15 bis 30 cm hohes, oben stark ästiges Unkraut mit kurzer, zapfenförmiger Wurzel und zahlreichen, am Ende der Zweige in Trauben sitzenden Blüten. Die unteren Blätter sind doppelt, die am Stengel einfach gefiedert mit linienförmigen, ganzrandigen Teilblättern. Den unansehnlichen Blüten fehlen meist die Kronenblätter. Blütezeit und Samenreife von Juni bis August (Abb. 90).

Die runde, graue, flachgedrückte, langstielige Schote ist etwa 2,3 mm lang und 1,6 mm breit und enthält in jedem der beiden Gehäuse einen Samen.

Der Same ist abgeflacht-oval und an dem mit einem hellen, häutigen Zapfen versehenen Grunde zugespitzt. Von dort zieht sich auf beiden flachen Seiten eine gebogene Furche der Spitze zu. Die Oberfläche ist rauh und matt, von gelbbrauner Farbe (Abb. 91). 1000-K.Gew. etwa 0,2 g, Länge und Breite etwa 1,3×0,7 mm, Samenzahl je Pflanze etwa 1300, je kg etwa 5 Millionen. Bei Keimversuchen im Laboratorium liefen von vorjährigem Samen in 25 Tagen 100%, bei einem anderen Versuch in 75 Tagen 94% auf. Im Freien keimten in 0,5 cm Tiefe von im Frühjahr ausgesätem Samen 24, von im Herbst gesätem 30% in 11 Tagen.

Die Pflanze findet sich als Unkraut auf Höfen, Schutthalden, trockenem Sand und Schotter, in Gärten, an Wegrändern, gelegentlich auch im Acker in ganz Europa und der gemäßigten Zone Asiens. In Skandinavien tritt sie nur vereinzelt auf.

Sie wird durch Samen fortgepflanzt und verbreitet und sollte sorgfältig und rechtzeitig unterdrückt werden, da sie beginnt, mehr und mehr um sich zu greifen. Im Nutzland bekämpft man sie mit den gleichen Mitteln wie *Sinapis arvensis.*

28. *Thlaspi arvense* LINN. Feld-Pfennigkraut, engl. Penny cress. *Thlaspi arvense* (Fam. Cruciferae) ist ein einjähriges[1], bis zu 50 cm hohes, verzweigtes Ackerunkraut mit zapfenförmiger Wurzel, länglichen, buchtig gezähnten, am Grunde den Stengel umfassenden, mit zwei spitzen Ohrlappen versehenen Blättern. Blütezeit von Juni bis August. Die Blüten sind weiß, die Schoten rund, etwa 15 mm im Querschnitt und plattgedrückt. Die dünnen, breiten Flügelkanten haben an der Spitze einen schmalen, tiefen Einschnitt. Nach der Reife öffnen sich an den etwa 14 Samen enthaltenden Schoten von oben her 2 Klappen (Abb. 92). Der ovale bis runde, an den Seiten etwas zusammengedrückte Same hat eine schiefsitzende Grundfläche mit ungleichmäßiger Kragenkante und einem hineingetriebenen weißen Zapfen. Von dort bis ungefähr in die Mitte des Samens läuft auf beiden Seiten der Oberfläche eine spaltenförmige

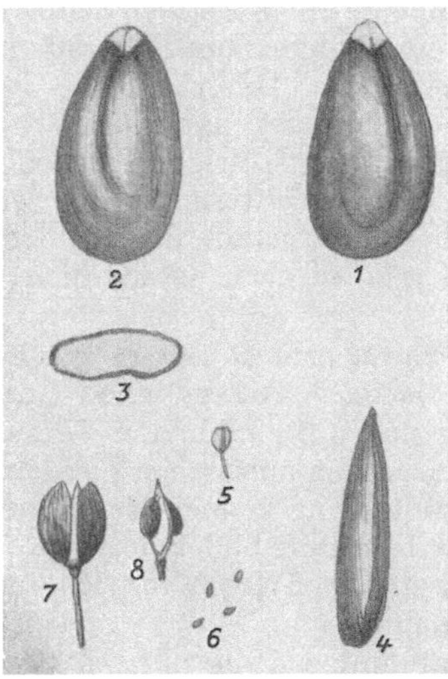

Abb. 91. ***Lepidium ruderale.*** *1, 2* u. *4* Samen in Rücken-, Vorder- und Seitenansicht; *3* Samenquerschnitt, 18fach vergr.; *5* Schötchen; *6* Samen, nat. Gr.; *7* Schötchen; *8* Schötchen nach Entfernung der Klappen, 4fach vergr. Orig.-Zeichn.

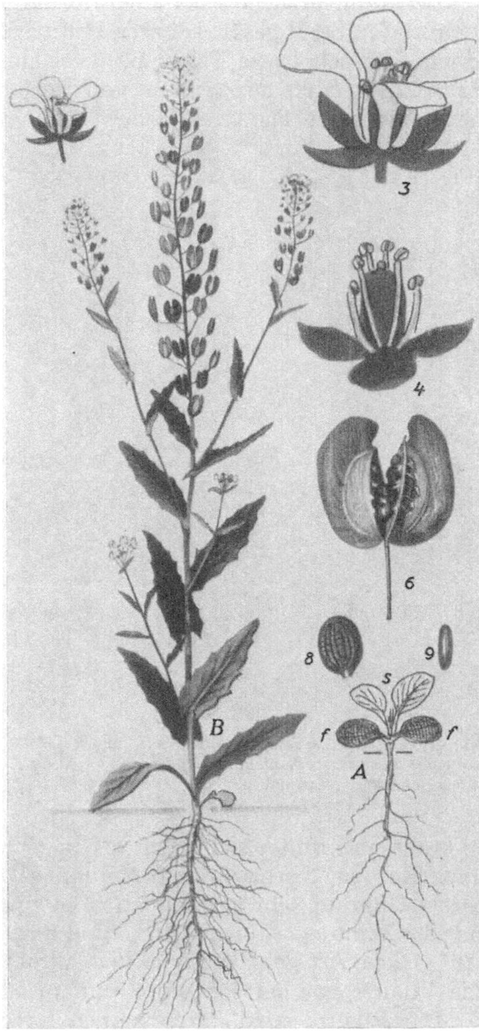

Abb. 92. *Thlaspi arvense. A* Keimpflanze, *f* Keimblätter, *s* Stengelblätter, nat. Gr. *B* vollentwickelte Pflanze, $^1/_4$ nat. Gr.; *3* Blüte; *4* Blüte ohne Kronenblätter, 8fach vergr.; *6* Schötchen, $^3/_2$ nat. Gr.; *8* und *9* Breitseite und Schmalseite des Samens, 4fach vergr. Nach KORSMOS Unkrauttafeln.

[1] In mildem Klima können im Herbst aufgelaufene Pflanzen mit der Winterfrucht zusammen überwintern. Diese kleinen Pflanzen können sich manchmal, wenn sie im Winter zurückfrieren, im Frühjahr wieder erholen und weiterwachsen.

Furche. Die braunschwarze, schwach glänzende Samenoberfläche ist von konzentrisch angeordneten, dichten Reihen schwach quergestreifter Rippen überzogen (Abb. 93). 1000-K.Gew. etwa 1,75 g, Länge und Breite etwa 2,3×1,6 mm, Samenzahl je Pflanze etwa 900, je kg etwa 570000.

Bei Keimversuchen im Laboratorium keimten in 400 Tagen 100%, im Freien, 1 cm tief in Sand gesät, keimten von trocken gelagertem, vorjährigem Samen bei einem Versuch in 39 Tagen 6%, bei einem anderen in 0,5 cm Tiefe 19%. Bei Saattiefenversuchen keimten von vorjährigem, trocken gelagertem Samen in 0, 05 und 1 cm Tiefe 20, 48 bzw. 32% in 22 Tagen. Bei dänischen Versuchen[1] keimten in einem Falle 96% in einem Jahre, in einem anderen 94% nach 5 Jahren, in einem dritten 87% nach 9 Jahren im Boden. *Thlaspi arvense* hatte also noch nach langjähriger Bodenlagerung gute Keimkraft. Untersuchungen von Keimkraft und Keimzeit von reifem und unreifem Samen ergaben, daß von im Herbst des Erntejahres ausgesätem, unreifem Samen 70%, von im Herbst des folgenden Jahres ausgesätem 83%, von im darauffolgenden Herbst ausgesätem 34% aufliefen. Von zu gleichen Zeiten ausgesätem, reifem Samen keimten 98, 97 bzw. 74%. Unreifer Same verlor seine Keimkraft nach dreijähriger, reifer nach fünfjähriger Trockenlagerung. Bei Verfütterung reifer Samen an Pferde (KORSMO) fanden sich im Mist 37% wieder, die sämtlich aufliefen.

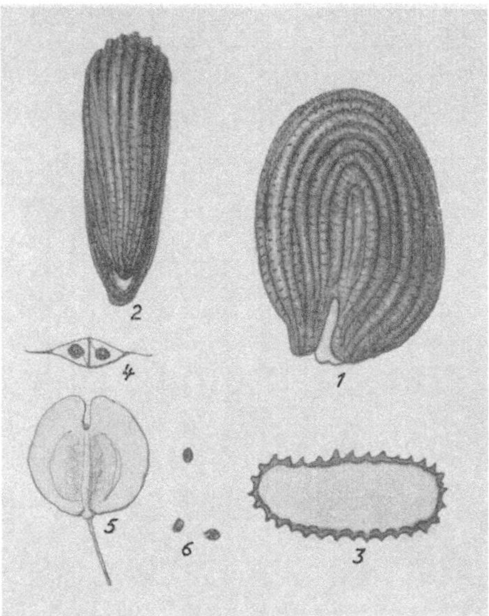

Abb. 93. *Thlaspi arvense*. *1* u. *2* Breit- und Schmalseite des Samens; *3* Samenquerschnitt, 15fach vergr.; *4* Querschnitt des Schötchens; *5* Schötchen; *6* Samen, nat. Gr. Orig.-Zeichn.

Thlaspi arvense ist ein gemeines, sehr lästiges Acker- und Gartenunkraut und findet sich auch oft in Wintersaat und auf einjährigen Wiesen in ganz Europa, Nordasien und Nordamerika. Auch in den nordischen Ländern ist dieses Unkraut sehr gewöhnlich. Bei günstiger Witterung können Herbstkeimer mit der Wintersaat überwintern und noch vor der Kornreife blühen und fruchten. Auf gleiche Art geht auch die Verunkrautung einjähriger Wiesen vor sich, indem die Pflanze vor der Heuernte zum Fruchten kommt.

Die Pflanze wird durch Samen fortgepflanzt und wie die übrigen Samenunkräuter verbreitet. Besonders findet sich ihr Same in Dreschabfällen. In 17 Proben waren durchschnittlich 5000, in Kornspreu 467 Samen dieses Unkrautes je kg der Proben nachzuweisen. Oft findet sich dieser Same in mangelhaft gereinigtem Wiesensamen und im Stalldünger.

Die Bekämpfung erfordert dieselben Maßnahmen wie bei *Sinapis arvensis*. Die Pflanze hat einen starken, unangenehmen Duft und Zwiebelgeschmack, der sich auf Milch und Butter überträgt. Wird der Same von Haustieren in größeren Mengen genossen, soll er Verdauungsstörungen, die sogar den Tod zur Folge haben können, hervorrufen. Bei freier Futterwahl wird die Pflanze von den Haustieren gemieden.

[1] Tidsskr. f. Landbr. Planteavl. Bd. 17, S. 593 und 596.

29. *Spergula arvensis* LINN. Spörgel, Ackerspark, Feldsperk, engl. Cornspurrey, spurrey. *Spergula arvensis* (Fam. Caryophyllaceae) ist ein einjähriges, 15—40 cm hohes, unten stark ästiges, klebriges, drüsenhaariges Unkraut mit pfriemförmigen, halb fleischigen, unterseits eine Längsfurche tragenden, in den Blattwinkeln in quirligen Büscheln gesammelten Blättern. Die kleinen, weißen Blüten stehen an blattlosen Zweigen in Rispen. Blüte und Reifezeit meist von Juli bis September (Abb. 94).

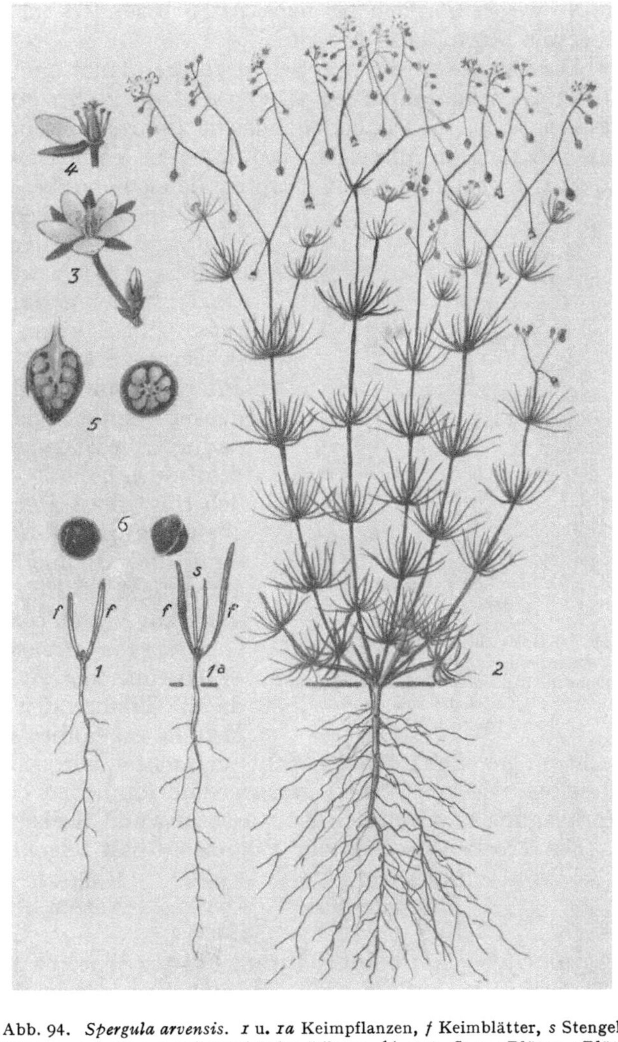

Abb. 94. *Spergula arvensis.* *1* u. *1a* Keimpflanzen, *f* Keimblätter, *s* Stengelblätter, nat. Gr.; *2* vollentwickelte Pflanze, $^1/_4$ nat. Gr.; *3* Blüte; *4* Blüte mit teilweise entfernter Blütenhülle; *5* Samenkapsel, Längs- und Querschnitt, $^5/_2$ nat. Gr.; *6* Samen, 5fach vergr. Nach KORSMOS Unkrauttafeln.

Die vielsamigen Kapseln beugen sich bei der Reife nach unten und öffnen sich dann von der Spitze her, so daß der Same leicht herausfällt und am Standort stark herumgestreut wird.

Den fast kugelrunden, schwarzgrauen bis schwarzen, rauhen, warzigen Samen umgibt eine breite, helle Hautkante (Abb. 95). 1000-K.Gew. etwa 0,5 g, Durchmesser etwa 1,2 mm, Samenzahl je Pflanze etwa 3200 (1000–10000), je kg etwa 2 Millionen. Nach Überwinterung im Erdboden keimt der Same leicht und schnell. Im Keimapparat liefen in 3 Tagen 50%, in 400 Tagen 100% auf; draußen 0,5 cm tief in Sand gesät, keimten bei zwei Versuchen mit vorjährigem Samen in 19 Tagen 17 bzw. 25%, bei einem dritten in 43 Tagen 48%, bei einem vierten in 21 Tagen 68%. Beim fünften Versuch keimten in 21 Tagen in

0	1	2	3	4	5	cm Tiefe
20	70	46	44	26	0	%.

Die gabelförmig geteilten, fadenartigen, aufrechten, haarigen Samenblätter sind etwa 8 mm lang.

Spergula arvensis findet sich als Unkraut überall im Nutzboden, an Schutthalden u. ä. in ganz Europa, Russisch-Asien, Mittelasien und Nordamerika und ist ein gemeines, oft sehr lästiges Unkraut auf allen Äckern, gelegentlich auch auf der Wiese, auf etwas feuchten bis sumpfigen, kalkarmen, besonders leichteren Böden wie Sand und leichterem Humus; aber auch auf schwereren Bodenarten fehlt es nicht. In Deutschland ist es sehr verbreitet. Auch findet es sich in ganz Dänemark, Schweden, Island, auf den Faröern, in Finnland und in Norwegen nördlich bis nach Alten besonders im Küstenlande vom Meere bis über die Korngrenze hinauf.

Die Pflanze wird durch Samen fortgepflanzt und in üblicher Weise verbreitet. In 41 Dreschabfallproben fanden sich je kg 172103, in 10 Sommerkornspreuproben 7800, im Heubodenkehricht 10000, in Reinigungsabfällen von Wiesensamen 24000, in Mischsaat und anderem Wiesensamen von einigen wenigen bis zu 3167 Samen. In 8 Bodenproben liefen je qm bei 25 cm Tiefe durchschnittlich 8539, in 2 Pferdedungproben durchschnittlich 8246 und in 2 Kuhdungproben durchschnittlich 2073 Samen je t während der Versuchszeit auf.

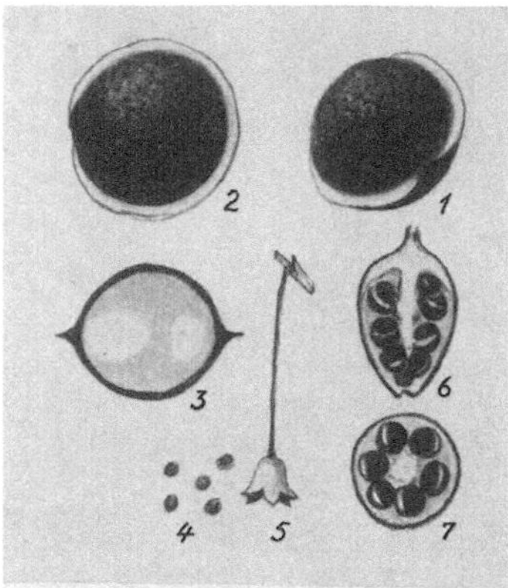

Abb. 95. *Spergula arvensis.* *1* u. *2* Samen; *3* Samenquerschnitt, 12fach vergr.; *4* Samen; *5* Samenkapsel, nat. Gr.; *6* Längsschnitt; *7* Querschnitt der Samenkapsel, 4fach vergr. Orig.-Zeichn.

Trotz der geringen Höhe von *Spergula arvensis* gibt es kaum ein einjähriges Unkraut, das größeren Schaden anzurichten vermag. Die Pflanze kann die Erdoberfläche ganz dicht bedecken[1], Sonnenlicht und Wärme ausschließen und dadurch die Bodenwärme herabsetzen sowie den Stoffwechsel der Nutzpflanzen hemmen. Natürlich trägt diese Pflanze, wo sie vorkommt, nicht allein die Schuld daran, wenn die Ackerfrucht dünn und kümmerlich wird. Tritt die Pflanze auf, pflegt auch saurer, kalkarmer Boden das seine zur Verschlechterung des Ertrages zu tun. *Spergula arvensis* läßt sich während des Wachstums der Ackerfrucht leicht bekämpfen, da die Pflanze den gebräuchlichen chemischen Mitteln gegenüber sehr empfindlich ist und bei rechtzeitiger Behandlung leicht vernichtet wird. Die Gegenmaßnahmen sind dieselben wie bei *Sinapis arvensis* und ähnlichen einjährigen Unkräutern. Zur Vorbeugung erweisen sich Entwässerung und Kalkzufuhr als besonders wirksam.

Die Trockensubstanz der Pflanze enthält folgende Nährstoffe:

Stickstoff	2,36%	Kalk	1,52% und
Phosphorsäure .	1,08%	Natron	1,91%.
Kali	4,21%		

30. *Gypsophila muralis* Linn. Mauergipskraut, Ackergipskraut, engl. Low gypsophyl. *Gypsophila muralis* (Fam. Caryophyllaceae) ist ein einjähriges Ackerunkraut mit schwacher Pfahlwurzel, steigendem oder ganz aufrechtem, 3—25 cm hohem, sehr ästigem Stengel mit vielfältig verzweigten Seitenästen und paarweis gegenständigen, 0,5—1,5 mm breiten, linienförmigen, pfriemartig zugespitzten Blättern. Die Blütenrispen bestehen aus zahlreichen, kleinen, rosa Blüten, die einzeln auf dünnen Stielen sitzen. Die Pflanze blüht im Juli und August, gelegentlich auch im Herbst und fruchtet dann bis in den Oktober hinein (Abb. 96). Die Frucht ist eine aufrechte, einhäusige, vielsamige Kapsel, die sich bei der Reife mit 4, gelegentlich 6 Zähnen öffnet. Der nierenförmige bis rundliche, kantige Same wird an der mit einer Einsenkung versehenen Grundfläche

[1] Ihre gelegentliche Ausnutzung als Grünfutter- bzw. Gründüngungspflanze beschränkt sich daher auch auf leicht zu bearbeitende, humusarme Böden, in denen die durch Spörgel bewirkte Bodenverfilzung sich in Grenzen hält und die Bearbeitung nicht zu schwierig macht.

schmaler und läuft auf der einen Seite in eine schnabelförmige Krümmung aus. Die Samenoberfläche trägt 4 schwache, konzentrische Ringe mit querlaufenden, seitlich gezähnten Rippen, die zwischen den Ringen liegen und von diesen unterbrochen werden. Der Same ist schwarzbraun, 1000-K.Gew. etwa 0,024 g, Länge und Breite etwa 0,4 × 0,3 mm, Samenzahl je Pflanze etwa 300 bis 800, je kg etwa 41 Millionen.

Die Pflanze ist besonders auf leichterem, kalkarmem bis saurem Boden, auf Nutz- und Unland in Süd- und Mitteleuropa gemein und tritt gelegentlich in Skandinavien bis nach Mittelschweden, in Kleinasien, Sibirien und mehreren nordamerikanischen Staaten als Unkraut in Sommerkorn und anderen Ackerfrüchten, auf Wiesen, an Weg- und Grabenrändern u. ä. auf.

Die Pflanze wird durch Samen fortgepflanzt und verbreitet und auf gleiche Art wie *Spergula arvensis* bekämpft.

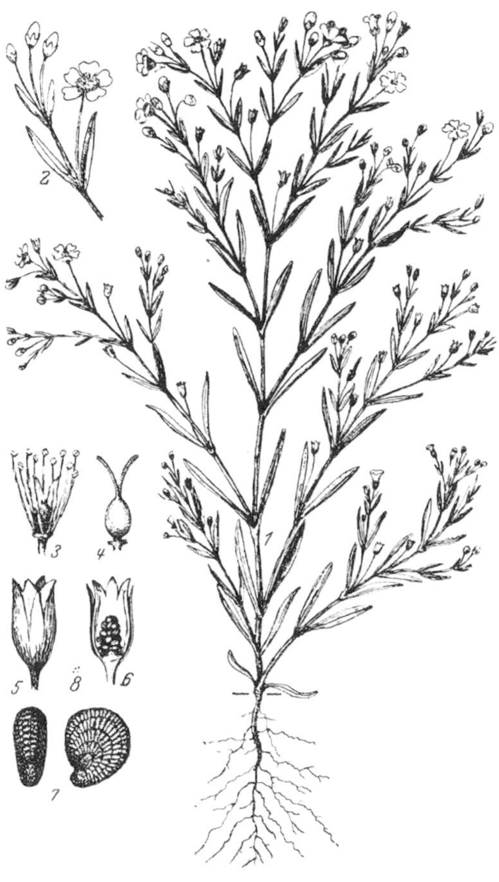

Abb. 96. *Gypsophila muralis*. *1* Pflanze, etwa 1/2 nat. Gr.; *2* oberer Zweig, nat. Gr.; *3* Blüte ohne die Kelch- und Kronenblätter; *4* Fruchtknoten mit Narbe, vergr.; *5* Blüte; *6* Längsschnitt der Blüte nach der Reife, 3 fach vergr.; *7* Breit- und Schmalseite des Samens, 26 fach vergr.; *8* Samen, nat. Gr. Orig.-Zeichn.

31. *Euphorbia helioscopia* LINN. Sonnenwende-Wolfsmilch, engl. Sun spurge. *Euphorbia helioscopia* (Fam. Euphorbiaceae) ist ein einjähriges Unkraut mit zapfenförmiger Wurzel, weißem, milchigem Saft, ganzrandigen, kahlen Blättern und unansehnlichen Blüten. Der bis zu 30 cm hohe Stengel hat unten 2 Seitenäste, die meistens keine Blüten tragen. Die verkehrt eiförmig-lanzettlichen Blätter des Stengels und der Seitenzweige sitzen auf. Die Blütenstände bilden eine aus einem Kelch herauswachsende, fünfästige Dolde (mit mittelständigem Scheitelast) mit zu dreien zusammensitzenden Doldenstrahlen zweiter und gegabelten Doldenästen dritter Ordnung. Der Blütenstand ähnelt also dem einer vielfach zusammengesetzten Dolde. Die Hochblätter der Doldenäste sind oval und gelbgrün[1]. Die Blütezeit erstreckt sich

[1] Bei der „Blüte" handelt es sich in Wirklichkeit um einen Blütenstand von einhäusigen Blüten, die in einem „Kelch" gesammelt sind. 4—5 Hochblätter wachsen nämlich zu einer kelchförmigen, vier- bis fünfteiligen Hülle zusammen, an der 4—5, meist halbmondförmige, gelbliche Drüsen sitzen. Im Inneren finden wir unmittelbar vor jedem „Kelchblatt" eine Gruppe von 10—12 männlichen Blüten, die durch eine linienförmige Schuppe voneinander getrennt werden, und in der Mitte eine weibliche Blüte. Die nackten männlichen Blüten bestehen jede nur aus einem Staubblatt und einem an der Spitze gegliederten Staubfaden. Die in der Mitte auf einem Stiel sitzende weibliche Blüte wächst schließlich aus dem Kelch heraus und beugt sich über seinen Rand hinweg. Sie besteht aus einem dreiteiligen Fruchtknoten mit 3 zweiteiligen Griffeln.

von Juli bis September. Die dreiteilige Frucht enthält in jedem Teil einen Samen (Abb. 97).

Der kugelförmige, ovale Same wird dem an der Bauchseite mit einer weißgelben Scheibe versehenen Grunde zu etwas schmaler. An der Unterseite entlang läuft vom Grunde bis an die Spitze eine rippenartige Erhöhung. Die matte, braune Oberfläche ist von einem erhabenen Rippennetz, das den Samen grau erscheinen läßt, wabig überzogen (Abb. 98). 1000-K.Gew. etwa 2,85 g, Länge und Breite 2,4 × 1,8 mm, Samenzahl je Pflanze etwa 650[1], je kg etwa 340000.

Von dem durchweg ziemlich schnell keimenden Samen liefen bei zwei Versuchen im Keimapparat in 15 Tagen[2] 55 bzw. 99% auf. Von im Frühjahr 0,5 cm tief in Sandboden gesätem Samen keimten bei einem Versuch in 10 Tagen 51, bei einem anderen Versuch in 12 Tagen 95%. In 25 Tagen keimten bei einer Saattiefe von

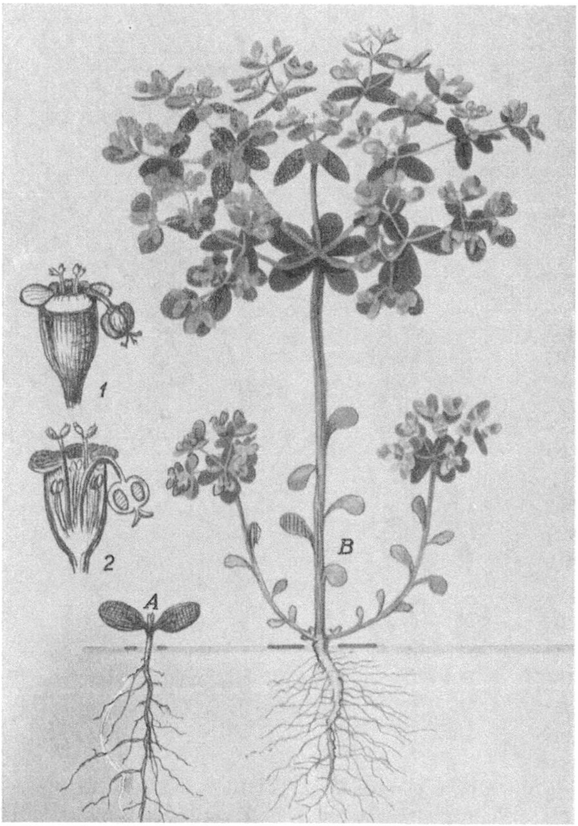

Abb. 97. *Euphorbia helioscopia.* *A* Keimpflanze, nat. Gr.; *B* voll entwickelte Pflanze, etwa $^1/_4$ nat. Gr.; *1* kelchförmige Blüte; *2* Blüte im Längsschnitt, 3fach vergr. Nach Korsmos Unkrauttafeln.

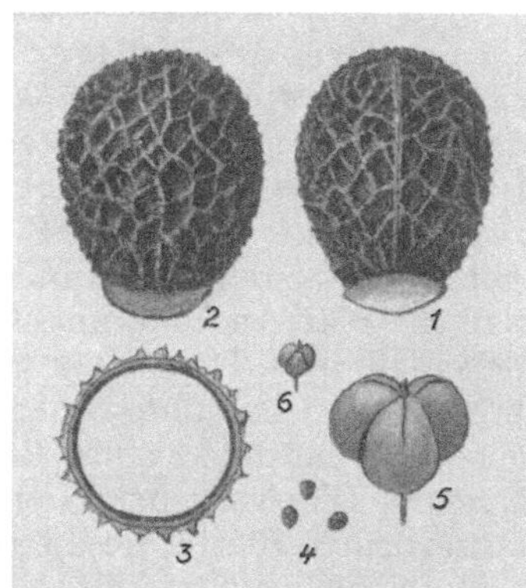

Abb.98. *Euphorbia helioscopia.* *1* u. *2* Same in Vorder- und Rückansicht; *3* Samenquerschnitt, 10fach vergr.; *4* Samen, nat. Gr.; *5* Frucht, 3fach vergr.; *6* Frucht, nat. Gr. Orig.-Zeichn.

0	1	2	3	4	5	6	7	8 cm
4	18	48	44	18	16	12	4	0 %.

Im Boden bewahrt der Same seine Keimfähigkeit mehrere Jahre hindurch. Nach Peter[3] fand sich im Boden, der 22 Jahre lang mit Wald bestanden war, in 24 cm Tiefe keimfähiger Same dieses Unkrautes.

[1] In: Arb. d. dtsch. Landw.-Ges. 1918, H. 294, S. 213 gibt Wehsarg je Pflanze 972 Samen an.

[2] Manchmal fordert die Keimung auch bedeutend mehr Zeit, wie bei einem Versuch im Keimapparat, bei dem im Laufe von 200 Tagen nur 27% aufliefen.

[3] Peter, A.: Nachr. v. d. Kgl. Ges. d. Wiss. u. d. Georg-August-Univ. zu Göttingen 1893, Nr. 17, S. 673ff.

Die Samenblätter sind abgestumpft-oval und bis zu 1 cm lang und 5 mm breit.

Euphorbia helioscopia kommt als Unkraut im Acker- und Gartenbau, an Wegrändern, auf unbenutzten Grundstücken und in Weingegenden auch in Weinbergen in Europa, Westasien sowie durch Verschleppung in Nordamerika, Australien und Neuseeland vor. In ganz Deutschland, auf den britischen Inseln, in großen Teilen Skandinaviens und Finnland tritt die Pflanze vom Meer bis an die Korngrenze auf leichtem Boden und unter Hackfrüchten als gewöhnliches Unkraut auf.

Die Pflanze wird durch Samen fortgepflanzt und auf übliche Weise verbreitet. In 4 Dreschabfallproben fanden sich durchschnittlich je kg 4875 Samen, in 2 Bodenproben von 25 cm Tiefe liefen je qm durchschnittlich 63 Pflanzen auf. Durch Chemikalien ist diesem Unkraut wenig oder gar nicht beizukommen. Bekämpft wird es außer durch Vernichtung des Samens in Abfällen (vgl. Abschn. VI) durch sorgfältige Reinigung des Saatgutes, Behandlung des Sommergetreides mit der Unkrautegge, Hacken und Jäten der Hackfruchtäcker.

Bei Beschädigungen fließt aus der Pflanze sofort ein weißer, milchiger Saft heraus, der auf Grund eines geringen Kautschukgehaltes klebrig ist und darum nicht tropft, sondern von der beschädigten Stelle langsam herunterrinnt.

Weidende Tiere sieht man die Pflanze mit großer Sorgfalt meiden.

Alle *Euphorbia*-Arten sind sehr giftig[1] und enthalten im Milchsaft sehr scharfe Stoffe, die jedoch bei einzelnen noch nicht näher erforscht sind. In den meisten *Euphorbia*-Arten findet sich Euphorbon ($C_{27}H_{44}O$), ein kristallinischer, leicht veränderlicher, bei 71° C schmelzender, im übrigen aber noch wenig untersuchter Stoff.

Die Wurzel der zweijährigen *E. cyparissias* und *esula* wird als sogenannter Abführstift benutzt. Die Pflanze enthält übrigens Gifte, deren Wirkung sich durch Brennen im Munde, Anschwellen der Zunge, Leibschmerzen, naßkalte Haut, Schwindel, Entkräftung äußert, und die sogar in wenigen Tagen den Tod herbeiführen können. Auch bei äußerlichem Gebrauch ist der Milchsaft wegen seiner ätzenden Wirkung auf die Haut nicht ungefährlich. Noch schädlicher wirkt er in der Nase, deren Schleimhäute er zu starken Absonderungen reizt, und auf die Augen, wo er sogar Blindheit verursachen kann.

32. *Euphorbia peplus* Linn. Garten-Wolfsmilch, engl. Petty spurge. *Euphorbia peplus* (Fam. Euphorbiaceae) ist ein einjähriges, 30 cm hohes Unkraut mit rundem, vom Grunde an verzweigtem Stengel und zapfenförmiger Wurzel. Die umgekehrt eirunden, gestielten Blätter sind zerstreut angeordnet. Die dreistrahligen Blütendolden haben 3 Stützblätter von der Form der Stengelblätter. Jeder Strahl ist mehrfach gabelig geteilt. Die Becherhülle ist gelbgrün und hat vorne zwei gehörnte, halbmondförmige Drüsen. Blütezeit von Juli bis September (Abb. 99). Der im Querschnitt ungefähr sechseckige Same ist an beiden Seiten nach der Bauchseite schief abgeschnitten und hat an der Basis oft einen pyramidenförmigen, weißgelben Zapfen. An der Bauchseite zieht sich eine Naht entlang, auf deren beiden Seiten sich eine gebogene, grubenförmige Vertiefung befindet. Auf dem Rücken des Samens befinden sich zwei Mittelreihen mit je 4 und zwei Seitenreihen von je 3 Grübchen, deren schwarzbraune Färbung von der mehlgrauen ungleichmäßig punktierten, mattglänzenden, grauen Oberfläche absticht (Abb. 99, *1—6*). 1000-K.Gew. etwa 0,6 g, Länge und Breite 1,5×0,9 mm, Anzahl Samen je Pflanze 1200 (Wehsarg), je kg 1,8 Millionen. Im Keimapparat liefen im Laufe von 12 Tagen von vorjährigem Samen bei einem Versuche 80%, bei einem anderen im Laufe von 147 Tagen 73% auf. Von den gleichen Proben

[1] Esser: Die Giftpflanzen Deutschlands 1910. S. 108.

liefen im Sandboden in 0,5 cm Tiefe während des Frühjahrs in 35 Tagen 23%, während des ganzen Sommers 70% auf.

Euphorbia peplus findet sich in ganz Europa, Nordasien, vom höchsten Norden abgesehen, Kaukasien, Nordafrika, Kleinasien, Sibirien, Ostasien und Südafrika als Unkraut. In Deutschland, auf den britischen Inseln, in Süd- und Mittelskandinavien bis nach Drontheim (Norwegen) tritt die Pflanze als Acker- und Gartenunkraut regelmäßig auf.

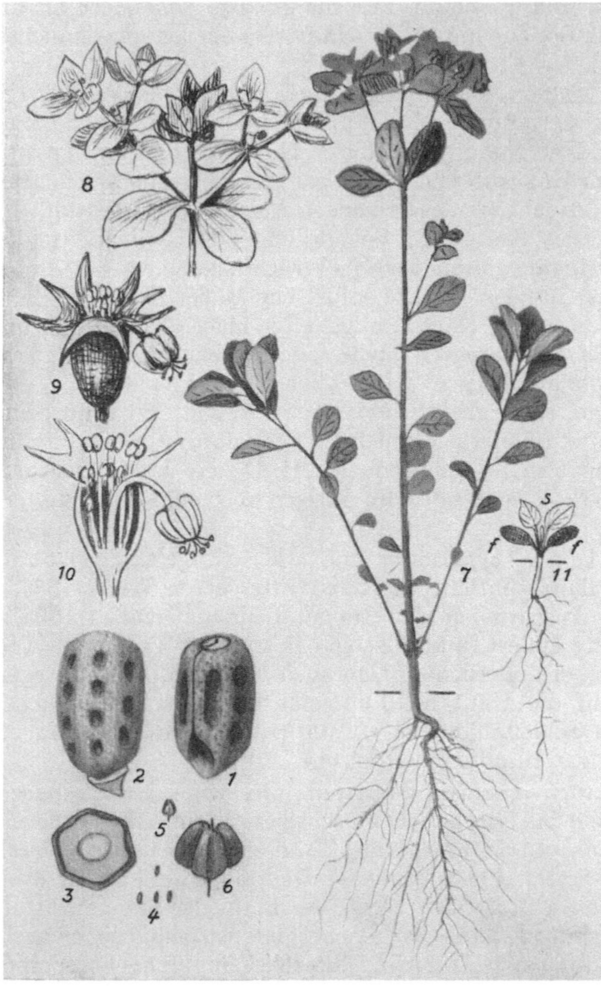

Abb. 99. *Euphorbia peplus.* *1* u. *2* Samen in Vorder- und Rückansicht; *3* Samenquerschnitt, 13fach vergr.; *4* u. *5* Same und Kapsel, nat. Gr.; *6* Kapsel, 5fach vergr.; *7* ganze Pflanze, 1/2 nat. Gr.; *8* oberer Zweig, nat. Gr.; *9* Blüte; *10* Blütenlängsschnitt, vergr.; *11* Keimpflanze, *f* Keimblätter, *s* Stengelblätter, nat. Gr. Eig. Aufn. und Zeichn.

Die Pflanze wird durch Samen fortgepflanzt und auf die gleiche Art wie *Euphorbia helioscopia* verbreitet und bekämpft. Die jungen Pflanzen von *Euphorbia peplus* können durch Bespritzen mit einer etwa 20%igen Eisenvitriollösung oder etwa 4%igen Schwefelsäurelösung vernichtet werden.

Die Pflanze ist sehr giftig (vgl. *Euphorbia helioscopia*) und wird von allen Haustieren gemieden.

33. *Sonchus oleraceus* Linn. Kohlartige Gänsedistel, engl. Annual sow thistle, common sow thistle. *Sonchus oleraceus* (Fam. Compositae) ist ein einjähriges Unkraut mit kräftiger, zapfenförmiger Wurzel und blaugrünen, dünnen, schlappen, kahlen, hobelförmigen Blättern mit grobgezähnten Lappen. Die oberen sitzenden Blätter haben vorstehende, spitze Ohrlappen. Die mit gelben Blüten gefüllten Körbchen sind nach der Blüte krukenförmig und kleiner als die von *Sonchus arvensis* (Abb. 100).

Die Pflanze wächst schnell und kann unter günstigen Bodenverhältnissen 60—80 cm hoch werden. Sie blüht und fruchtet von Juli bis September. Der langgezogene Same ist in der Mitte verdickt und der Basis zu verschmälert. Die Basis ist grubenförmig vertieft und hat eine kragenförmige Kante. Den abgestumpften Scheitel des Samens krönt eine polsterartig gewölbte, runde Scheibe, die die haarförmigen, silberglänzenden, 5 mm langen Fegehaarbündel trägt.

Der von den Seiten her flachgedrückte Same ist etwas gebogen und mit Quer- und Längsrippen versehen. Seine Oberfläche ist matt und braun bis rotbraun (Abb. 101). 1000-K.Gew. etwa 0,3 g, Länge und Breite etwa 3,1 × 1,0 mm, Samenzahl je Pflanze etwa 4700[1], je kg etwa 3,3 Millionen.

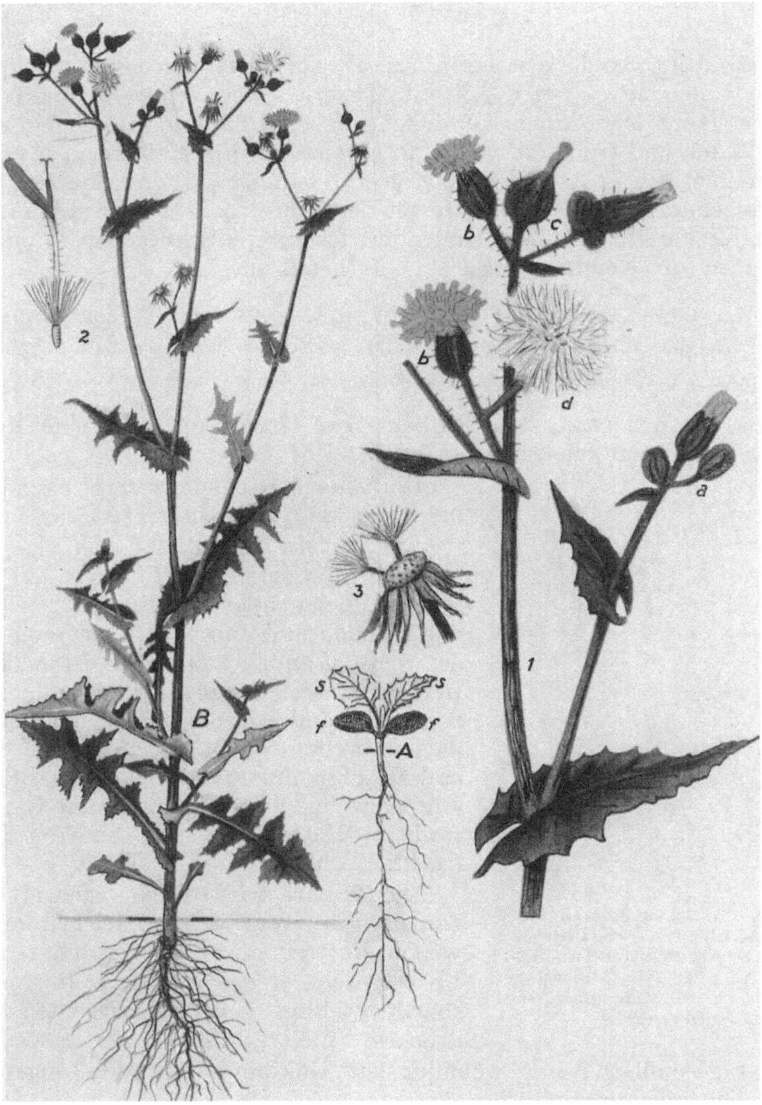

Abb. 100. *Sonchus oleraceus*. *A* Keimpflanze; *f* Keimblätter; *s* Stengelblätter, nat. Gr.; *B* voll entwickelte Pflanze, $^1/_5$ nat. Gr.; *1* oberer Zweig *a—d*, vor, während und nach der Blüte, $^2/_3$ nat. Gr.; *2* Korbblüte, $^3/_2$ nat. Gr.; *3* Blütenkörbchen nach Samenreife, nat. Gr. Nach Korsmos Unkrauttafeln.

Der Same pflegt schnell zu keimen. Von vorjährigem Samen liefen im Keimapparat in 5 Tagen 63, in 65 Tagen 90% auf. Bei einem anderen Versuch liefen in 4 Tagen 79, in 10 Tagen 85% auf.

[1] Löbe gibt je Pflanze eine Samenmenge von 25000 an (Arb. d. dtsch. Landw.-Ges. H. 294, S. 215).

Bei zwei Saattiefenversuchen in Sandboden und im Freien keimten von 8 Monate altem Samen im Erdboden

	bei	0	1	2	3	4 cm Tiefe
	in	11	24	29	—	— Tagen
bei Versuch	1	43	15	0	0	0 %
„ „	2	16	4	4	0	0 %.

Draußen im Sandboden liefen bei 0,5 cm Tiefe von einer 3. Probe vorjährigen Samens in 17 Tagen 44% auf. Tiefer als 2 cm keimte während des Sommers überhaupt kein Same. Die aufgelaufenen Pflanzen wurden bis zu 95 cm hoch, blühten und fruchteten nach $3^1/_2$ Monaten. Ein Keimversuch mit reifem und unreifem, im Spätsommer 1904 geerntetem Samen von *Sonchus oleraceus* zeigte folgendes Ergebnis[1]: Im Herbst der Jahre 1904—1909 wurden im Keimraum je 100 unreife, grünliche Samen mit festem weißem Endosperm und je 100 reife Samen zur Keimung ausgelegt. Es liefen auf:

im Jahre	1904	1905	1906	1907	1908	1909
von den unreifen Samen .	62	50	47	43	61	33%
„ „ reifen „ .	87	64	53	49	59	56%.

Dieser Versuch zeigt, daß der Same bei Trockenlagerung seine Keimkraft mehrere Jahre hindurch bewahren kann.

Die Samenblätter sind stumpf, oval, hellgrün, bis 8 mm lang und 4 mm breit.

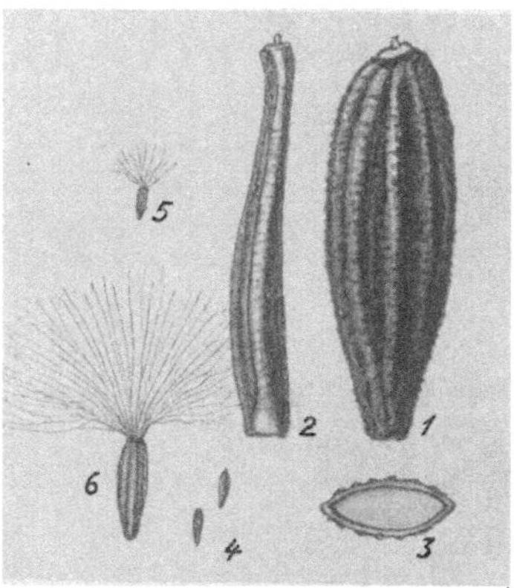

Abb. 101. *Sonchus oleraceus.* *1* u. *2* Breitseite und Schmalseite des Samens; *3* Samenquerschn. 12fach vergr.; *4* Samen, nat. Gr.; *5* u. *6* Samen mit Fegehaaren, nat. Gr. bzw. 3fach vergr. Orig.-Zeichn.

Sonchus oleraceus findet sich als gemeines Unkraut in Gärten, Gärtnereien, auf Äckern, Schutthalden u. ä. in ganz Europa, Nordamerika und Kanada und durch Verschleppung auch in den meisten anderen nicht tropischen Ländern. In Deutschland, England und anderen europäischen Ländern, darunter auch in Skandinavien bis 63—64° n. Br. (Ranen, Norwegen) und in Finnland findet sich diese Pflanze als sehr gewöhnliches Unkraut im Gartenland, sowie in Hackfrucht- und anderen Sommerfruchtäckern.

Die Pflanze wird durch fegehaaretragende Samen, die vom Winde leicht fortgeführt werden, fortgepflanzt und verbreitet, wenn sie bis zur Reife stehen bleibt. Darum ist es besonders wichtig, sie vor dem Fruchten zu unterdrücken. Die schlaffen Blätter dieser *Sonchus*-Art sind gegenüber den gewöhnlich zur Unkrautbekämpfung angewendeten Chemikalien sehr empfindlich.

In Gärtnereien und Gärten bekämpft man die Pflanze am besten durch Hacken und Jäten, möglicherweise auch durch Bestreuen mit feingestoßenen oder Bespritzen mit aufgelösten Chemikalien. Im Acker wird die Pflanze auf die gleiche Art wie die einjährigen *Polygonum*-Arten unterdrückt (siehe Abschnitt VI A und B).

[1] Dorph-Petersen: Nogle Undersögelser over Ukrudtfröets Forekomst og Levedygtighed. Sonderdruck der Tidsskr. f. Landbr. Pl. avl. Bd. 17, S. 596. 1910.

Nach KLING[1] enthält die Pflanze folgende chemischen Bestandteile:

	Im frischen Zustande %	Trockenstoff %	sandfreien Trockenstoff %
Wasser	90,61	0	0
Protein	1,79	19,19	19,94
Fett	0,40	4,32	4,49
N-freie Extraktstoffe	3,67	39,07	40,69
Pflanzenfasern	1,41	14,89	15,55
Asche	2,12	22,53	19,33

Der sandfreie Trockenstoff enthält von den 3 wichtigsten Nährstoffen:

Stickstoff . . . . 3,19% Kali 7,82%
Phosphorsäure . . 1,72% und außerdem Kalk . . . . . 2,92%.

34. *Sonchus asper* ALL. Rauhe Gänsedistel, engl. Prickly sow-thistle. *Sonchus asper* (Fam. Compositae) ist ein einjähriges, 50—80 cm hohes Unkraut mit kräftiger Pfahlwurzel, steifen, buchtig gefiederten und stachelspitzig gezähnten, lederartigen, oberseits glänzenden, sitzenden Blättern mit abgerundeten, zurückgebogenen Ohrlappen (Abb. 102). Die Pflanze blüht von Juli bis September und fruchtet unmittelbar darauf. Der Same ist oval, wird an dem quer abgestumpften Grunde etwas schmaler und hat an der Spitze eine kragenförmige Erweiterung, auf der die silberglänzenden, haarförmigen, etwa 5 mm langen Fegehaare sitzen. Er ist auf beiden Seiten plattgedrückt und hat auf jeder Seite 3 glatte Längsrippen, von denen die beiden äußeren gebogen sind. Die rauhe, matte, braune Oberfläche ist fein gerillt (Abb. 103). 1000-K.Gew. etwa 0,3 g, Länge und Breite etwa 3,4×1,6 mm, Samenzahl je Pflanze 4700, je kg etwa 3,3 Millionen. Keimfähigkeit und Keimzeit schwanken. Von vorjährigem Samen liefen im Keimapparat im Laufe von 5 Tagen 13%, in 55 Tagen 66%, von einer anderen Probe in 10 Tagen 22%, in 60 Tagen 88% auf. Von 8 Monate altem Samen liefen draußen in Sandboden in 0,5 cm Tiefe in 15 Tagen 46% auf. Im Laufe der Wachstumszeit erreichten die Pflanzen eine Höhe von 75 cm, blühten und fruchteten.

Bei Saattiefenversuchen keimten von überwintertem, trocken gelagertem Samen in Sandboden im Freien

in	0	1	2	3	4	cm Tiefe
nach	18	19	25	—	—	Tagen
	34	10	4	0	0	%.

Tiefer als 2 cm keimte überhaupt kein Same mehr.

ROSTRUP[2] verfütterte Samen dieses Unkrautes an Kühe und fand im Dung 27% gesunde und keimfähige Samen.

Die Samenblätter sind stumpf oval, sehr kurz gestielt, 5—8 mm lang und 4—5 mm breit.

Sonchus asper ist in allen ackerbautreibenden Ländern der Welt mit Ausnahme der Tropen streckenweise ein gewöhnliches Acker- und Gartenunkraut. In Deutschland, Großbritannien, Irland, überall in Skandinavien bis zu 64° n. Br. (Norwegen) sowie in Finnland kommt die Pflanze zum Teil sogar als sehr lästiges Unkraut besonders auf leichten, wärmeren Böden vor.

Sie wird durch Samen fortgepflanzt und leicht vom Winde verbreitet. Die Verbreitung wird außerdem durch Reinigungsabfälle, Spreu, Stroh, Dünger u. ä.

[1] Landwirtschaftl. Versuchs-Stationen 1914. H. 6, S. 452—457.

[2] DORPH-PETERSEN: Nogle Undersögelser over Ukrudtsfrös Forekomst og Levedygtighed. Sonderdruck der Tidsskr. f. Landbr. Pl. avl. Bd. 17, S. 618. 1910.

bewirkt. Kornspreuproben enthielten je kg durchschnittlich 4000 Samen dieses Unkrautes.

Man wendet zur Bekämpfung die bei Unkräutern üblichen Mittel an, doch ist zu beachten, daß die Pflanze wegen ihrer steifen, oberseits glänzenden, glatten, lederartigen Blätter den Chemikalien großen Widerstand leistet.

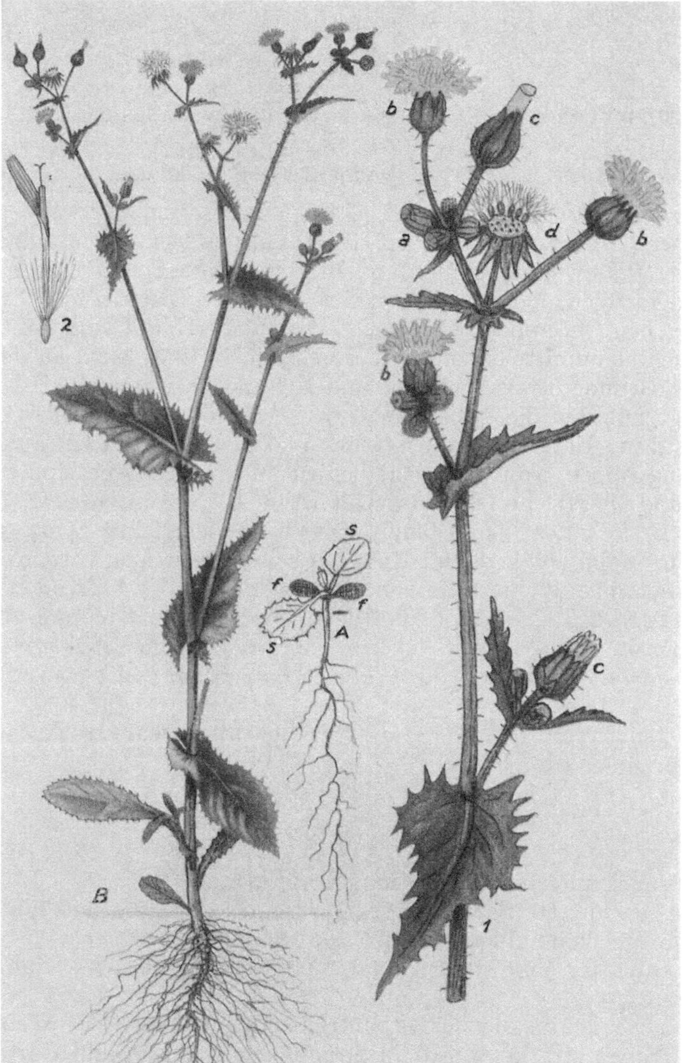

Abb. 102. *Sonchus asper*. *A* Keimpflanze, *f* Keimblätter, *s* Stengelblätter, nat. Gr.; *B* voll entwickelte Pflanze, $^1/_5$ nat. Gr.; *1* oberer, blühender Zweig, $^2/_3$ nat. Gr.; *a—d* Blütenkörbchen vor, während und nach Blüte und Samenreife, *2* Einzelblüte, $^3/_2$ nat. Gr. Nach Korsmos Unkrauttafeln.

35. *Senecio vulgaris* Linn. Gemeines Kreuzkraut, Dickkopfskraut, engl. Groundsel. *Senecio vulgaris* (Fam. Compositae) ist ein aufrechtes, verzweigtes, 10—30 cm hohes, einjähriges Unkraut mit zapfenförmiger Wurzel und

in Bündeln zusammensitzenden, kleinen, gelben Blütenkörbchen. Alle Kronen sind röhrenförmig, die unteren Korbdeckblätter haben schwarze, spitze Zähne. Die buchtig gefiederten, lappigen, teilweise gezähnten, sitzenden Blätter haben mehr oder weniger stengelumfassende Ohrlappen und sind glatt oder mit spinnwebartigem Flaum überzogen (Abb. 104). Blütezeit und Reife erstrecken sich über den ganzen Sommer bis in den Spätherbst hinein. In Deutschland kann das Unkraut nach KLEIN[1] als junge Pflanze überwintern, um dann im ersten Frühjahr mit nur einem einzigen Blütenkopf zu blühen (winterannuell).

Die gleichmäßig schmalen, langgezogenen Samen werden gegen die quer abgestumpfte Basis zu etwas schmaler, während sie sich an dem die Fegehaare tragenden Scheitel kragenförmig erweitern. Die Oberfläche ist von Längsrippen überzogen, zwischen denen dichte Reihen kurzer Haare sitzen; sie ist matt, rauh und graubraun. Die weichen, haarförmigen Fegehaare sind etwa 5 mm lang (Abb. 105). 1000-K.Gew. etwa 0,25 g, Länge und Breite etwa 2,4×0,5 mm, Anzahl Samen je Pflanze etwa 1400—7200, je kg etwa 4 Millionen. Im Laboratorium keimten in 375 Tagen 100, im Keimbeet oberflächlich auf Sandboden im Freien ausgesät in 40 Tagen 67 und bei 1 cm Tiefe 15%. Die aufgelaufenen Pflanzen blühten und fruchteten im Laufe von 3½ Monaten.

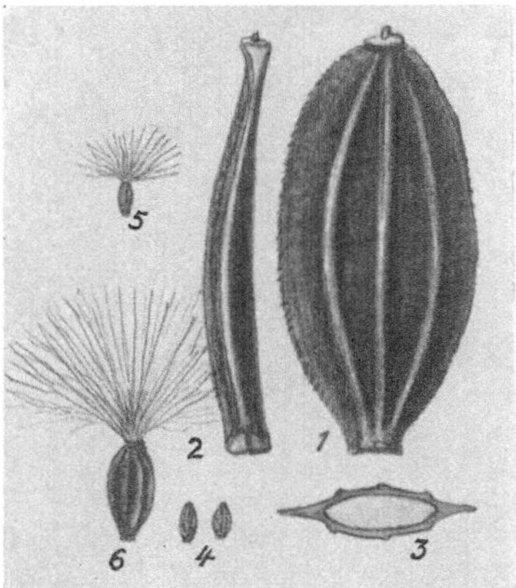

Abb. 103. *Sonchus asper*. *1* u. *2* Breit- und Schmalseite des Samens; *3* Samenquerschnitt, 11fach vergr.; *4* Samen, nat. Gr.; *5* u. *6* Samen mit Fegehaaren, nat. Gr. bzw. 3fach vergr. Orig.-Zeichn.

Die oben zugespitzten, lineal-lanzettlichen, etwas aufrechten Blätter sind etwa 8 mm lang und 2—3 mm breit.

Senecio vulgaris ist ganz gewöhnlich in Gärten und Äckern, an Wegrändern, Uferstrecken, auf Schutthalden und verwahrlosten Plätzen und tritt in allen Kulturländern der südlichen und nördlichen Erdhälfte mit Ausnahme der Tropen auf. In Deutschland, Großbritannien, Irland und in Skandinavien bis etwa 70° n. Br. (Norwegen) gehört *Senecio vulgaris* zu den gewöhnlichsten Unkräutern. In tiefem, gut gedüngtem Boden der Gärten, Gärtnereien und Baumschulen kann das Unkraut lästig werden.

Es wird durch Samen fortgepflanzt und verbreitet. Da es sich in dauernder Entwicklung befindet und von Mitte Sommer an bis zum Herbst blüht und reift, erzeugt und verbreitet es große Samenmengen, wenn es nicht durch ständige Unterdrückung bekämpft wird. Der Same wird besonders leicht durch Wind, aber auch durch Dreschabfälle, Spreu, Dünger u. ä. verbreitet. Beispielsweise fanden sich in Dreschabfallproben je kg 500, in Spreuproben 300 Samen.

In Gärten und Baumschulen läßt sich das Unkraut bei günstigem Wetter durch Hacken und Jäten fernhalten, bei ungünstiger Witterung benutzt man die üblichen, je nach Witterung und Klima verschieden starken Lösungen von Eisenvitriol und Schwefelsäure, von denen die letzte in der Regel schneller und sicherer wirkt. Auf dem Acker bekämpft man das Unkraut wie die *Sinapis*- und *Galeopsis*-Arten (vgl. Abschn. VI A und B).

Senecio vulgaris sowie *S. viscosus* tragen — und zwar häufig in großer Menge — die Sommer- und Wintersporenform des Nadelblasenrostes, *Coleosporium senecio-*

[1] KLEIN: Unsere Unkräuter. In: Samml. naturwiss. Taschenb. Bd. 7, 18. Heidelberg.

nis, der Kiefer (*Pinus*), so daß sie als Zwischenwirte dieses Rostes eine Gefahr auch für diese Nadelholzgattung bilden.

36. *Senecio viscosus* LINN. Klebriges Kreuzkraut, engl. Stinking groundsel, viscous Senecio. *Senecio viscosus* (Fam. Compositae) ist ein einjähriges,

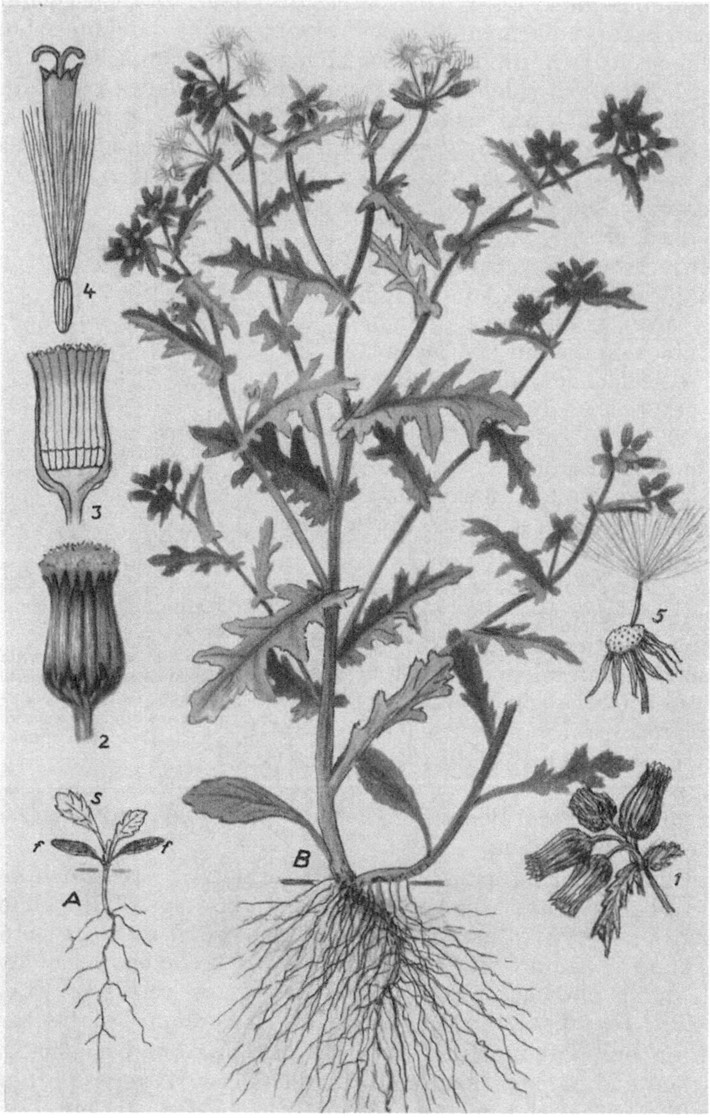

Abb. 104. *Senecio vulgaris.* *A* Keimpflanze; *f* Keimblätter; *s* Stengelblätter, nat. Gr.; *B* voll entwickelte Pflanze, etwa $^{1}/_{3}$ nat. Gr.; *1* Zweig mit Blütenkörbchen, nat. Gr.; *2* Blütenkörbchen; *3* Längsschnitt desselben, etwa 2fach vergr.; *4* Einzelblüte, 4fach vergr.; *5* Blütenboden mit reifem Samen, etwa $^{5}/_{2}$ nat. Gr. Nach KORSMOS Unkrauttafeln.

40—50 cm hohes, kräftiges, verzweigtes, klebrig-drüsenhaariges Unkraut mit zapfenförmiger Wurzel. Die äußeren, kurzen Korbdeckblättchen stehen etwas ab und haben keine schwarzen Spitzen. Die lappig gefiederten oder gelappten, grob gezähnten Blätter tragen kurze, klebrige Drüsenhaare (Abb. 106).

Die verstreut sitzenden Blütenkörbchen sind scheibenförmig und haben gelbe Scheiben- und Zungenblüten. Blütezeit von Juli bis Oktober. Der gestreckt-bündelförmige, leicht gebogene, an beiden Enden gestutzte Same hat oben eine kragenartige Erweiterung mit grubenförmiger Vertiefung. Am Rande dieser Erweiterung sitzen silberglänzende, 6—7 mm lange Fegehaare. Zwischen den Längsrippen des Samens befinden sich Reihen schwach entwickelter, kurzer, verstreut sitzender Haare. Die Oberfläche ist rauh, matt, braun bis schwarzgrau (Abb. 107). 1000-K.Gew. etwa 0,6 g, Länge und Breite etwa 3,5×0,6 mm, Samenzahl je Pflanze etwa 3500, je kg etwa 1660000. Bei einem 10tägigen Versuch liefen im Laboratorium 64%, bei einem anderen 48tägigen 97% auf. Von im Freien überwintertem Samen liefen im Frühjahr und Vorsommer bei einem Versuch bis Ende Mai 65%, bei einem anderen 26%, also mehr als von im Frühjahr ausgesätem Samen auf, von dem bei Entnahme aus der gleichen Samenprobe nur 16 bzw. 5% aufliefen. Von in Boden überwintertem Samen liefen im Freien

bei einer Saattiefe von	0	1	2	3	4	5	6 cm
im nächsten Frühjahr	62	48	32	24	10	10	0 %

auf. Die stumpf-ovalen, aufsitzenden Samenblätter sind 7 mm lang und 4 mm breit.

Senecio viscosus findet sich auf trockenen Böden, besonders auf dünn geschichtetem Schieferboden, an Wegrändern, Eisenbahnhängen und gelegentlich auf Äckern in fast ganz Europa, Nordasien und Nordamerika. Z. B. ist die Pflanze in Deutschland und anderen mittel- und nordeuropäischen Ländern bis 60° n. Br. (Norwegen) nicht selten anzutreffen.

Die Pflanze wird durch federhaaretragende Samen fortgepflanzt und vom Winde leicht verbreitet. Man bekämpft sie am besten durch Abhacken vor der Blüte. Auf Äckern unterdrückt man sie auf die gleiche Art wie *Chenopodium album*. Die holzige, harte Pflanze, die als Futter wertlos ist, duftet unangenehm und wird von den Haustieren verschmäht.

Betreffs Rostbefall (*Coleosporium*) vgl. den Schlußsatz bei *S. vulgaris*.

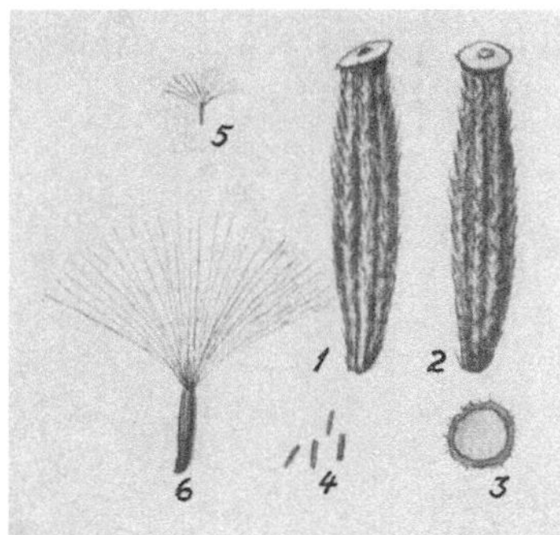

Abb. 105. *Senecio vulgaris*. *1* u. *2* Samen; *3* Samenquerschnitt, 12fach vergr.; *4* Samen, nat. Gr.; *5* u. *6* Samen mit Fegehaaren, nat. Gr. bzw. 3fach vergr. Orig.-Zeichn.

37. *Anthemis cotula* Linn. Stinkende Hundskamille, engl. Stinking mayweed. *Anthemis cotula* (Fam. Compositae) ist ein einjähriges[1], 20—50 cm hohes, aufrechtes, verzweigtes Unkraut mit spindelförmiger Pfahlwurzel, weißen Rand- und gelben Scheibenblüten. Die Spreublätter des Korbbodens sind pfriemförmig, borstig. Die doppelt gefiederten Blätter haben lineale Teilblätter. Blütezeit vom Juni bis in den Herbst hinein (Abb. 108). Der zapfenförmige Same ist am oberen Ende verdickt und schwach abgestumpft mit winziger Papille im Zentrum der Scheitelfläche. Die kraterförmige Basis wird durch einen hellen, konischen Zapfen (Samenstelle) abgeschlossen. Die gelbbraune bis graubraune matte Oberfläche hat 10, mit mehreren warzigen Erhöhungen versehene Längsrippen (Abb. 109). 1000-K.Gew. etwa 0,4 g, Länge und Breite etwa 1,6×0,8 mm, Samenzahl je Pflanze etwa 1200, je kg etwa 2,5 Millionen.

Dieses Unkraut ähnelt *Anthemis arvensis*, von dem es sich aber leicht durch seinen unangenehmen Duft unterscheidet.

[1] Clark: Farm weeds of Canada S. 156 bezeichnet die Pflanze als einjährig oder winterannuell.

Anthemis cotula tritt als Unkraut auf Nutz- und Unland, auf Wegen, Hofplätzen besonders in Stadtnähe u. ä. in der gemäßigten Zone auf, und zwar in Europa, Westasien, Nordafrika, Nordamerika, Nordwestsibirien, Südamerika, Australien und Neuseeland. In Nordeuropa findet es sich überall bis zu etwa 60° n. Br. (Norwegen).

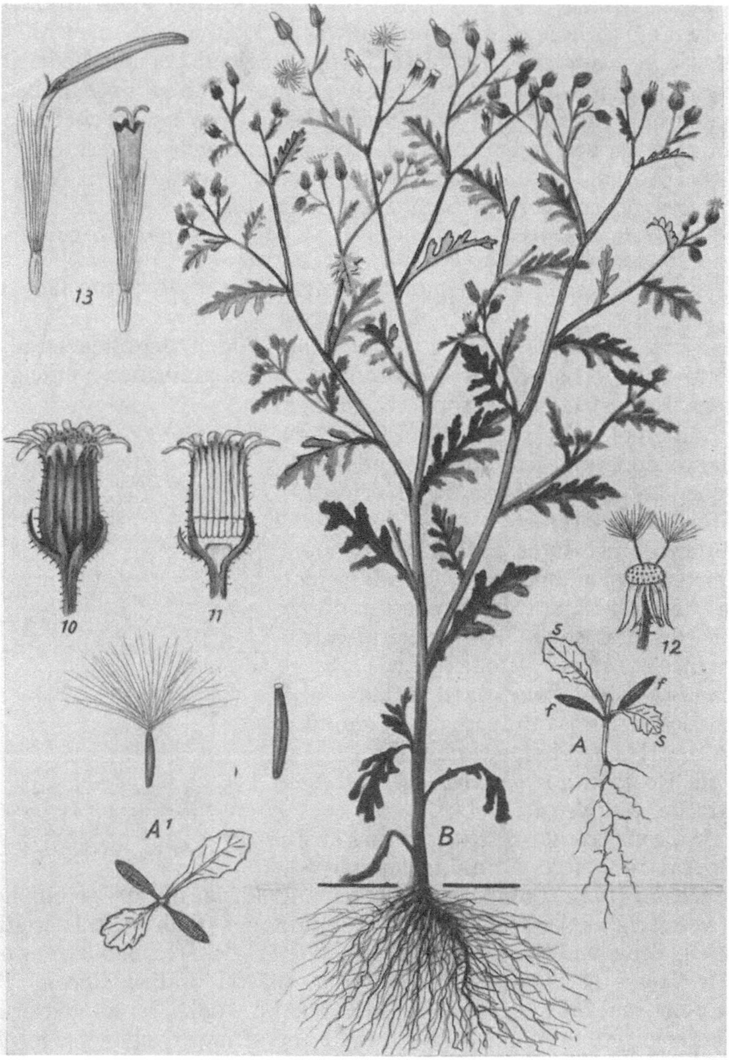

Abb. 106. *Senecio viscosus*. *A* Keimpflanze; *f* Keimblätter; *s* Stengelblätter; *A*¹ Keimpflanze von oben gesehen, nat. Gr.; *B* blühende Pflanze, $^2/_7$ nat. Gr.; *10* u. *11* Blütenkörbchen; *11* im Längsschnitt, 3fach vergr.; *12* verblühtes Körbchen, nat. Gr.; *13* Einzelblüten. Nach KORSMOS Unkrauttafeln.

Die Pflanze wird fortgepflanzt und verbreitet durch Samen, der sich als verunreinigender Bestandteil unter anderem in deutschem wie auch in amerikanischem Wiesensamen findet. Die Bekämpfung geschieht wie bei *Anthemis arvensis* und *Galinsoga parviflora*.

38. *Chrysanthemum segetum* LINN. Saat-Wucherblume, engl. Corn mari-

gold or yellow ox-eye. *Chrysanthemum segetum* (Fam. Compositae) ist ein einjähriges, verzweigtes, 30—60 cm hohes Ackerunkraut mit kurzer Pfahlwurzel und einzelnen, endständigen, 5—6 cm großen, goldgelben Blütenkörbchen an Stengel und Zweigen. Die glatten, länglichen, abgestumpften, schwach lappig-gefiederten bis gezähnten Blätter sind blaugrün. Blütezeit im Juli und August. In jedem Körbchen sind 12—16 weibliche Randblüten und etwa 300 zwitterige Scheibenblüten (Abb. 110). Die länglichen, etwas gebogenen, fast überall gleichbreiten

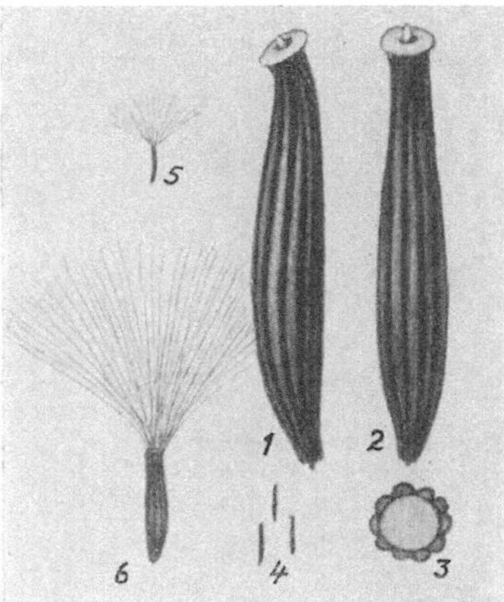

Abb. 107. *Senecio viscosus.* *1* u. *2* Samen; *3* Samenquerschn., 11fach vergr.; *4* Samen, nat. Gr.; *5* u. *6* Samen mit Fegehaaren, nat. Gr. bzw. 3fach vergr. Orig.-Zeichn.

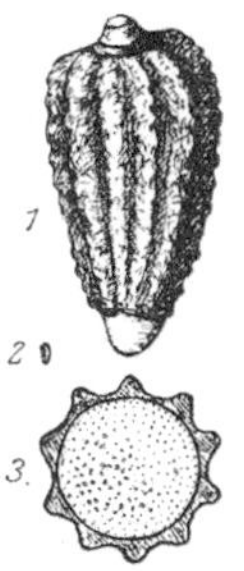

Abb. 109. *Anthemis cotula.* *1* Same; *3* Samenquerschnitt, 15fach vergr.; *2* Same, nat. Gr. Orig.-Zeichn.

Abb. 108. *Anthemis cotula*, $^2/_3$ nat. Gr. Nach Clark.

Samen haben einen rundovalen Querschnitt. Sie sind an beiden Enden quer abgestumpft mit in der Mitte der Endflächen aufgesetztem, stielförmigem Zäpfchen. Die Flanken der Randblütensamen sind zu messerförmigen, scharfkantigen Flügeln verbreitert. Auf der rauhen, fein gekörnten, matten, braungelben Oberfläche heben sich deutlich Längsrippen ab (Abb. 110, 5—8). 1000-K.Gew. etwa 1,55 g, Länge und Breite der Scheibenblütensamen etwa 2,4×1,2 mm, der Randblütensamen etwa 2,5×1,7 mm, Samenzahl je Pflanze etwa 2100, je kg etwa 640000.

Der Same keimt im Keimapparat meistens gut. Draußen im Sandboden liefen von 0,5 cm tief gesätem, vorjährigem Samen in 22 Tagen 15% auf. Nach Thaer[1] kann der Same seine Keimkraft mehrere Jahre hindurch im Boden bewahren.

[1] Thaer, A: Die landwirtschaftlichen Unkräuter. 4. Aufl. 1905. S. 22.

Die ursprüngliche Heimat dieser Unkrautart sind sicherlich die Mittelmeerländer; von dort hat es sich durch Kultursämereien und auf andere Art verbreitet

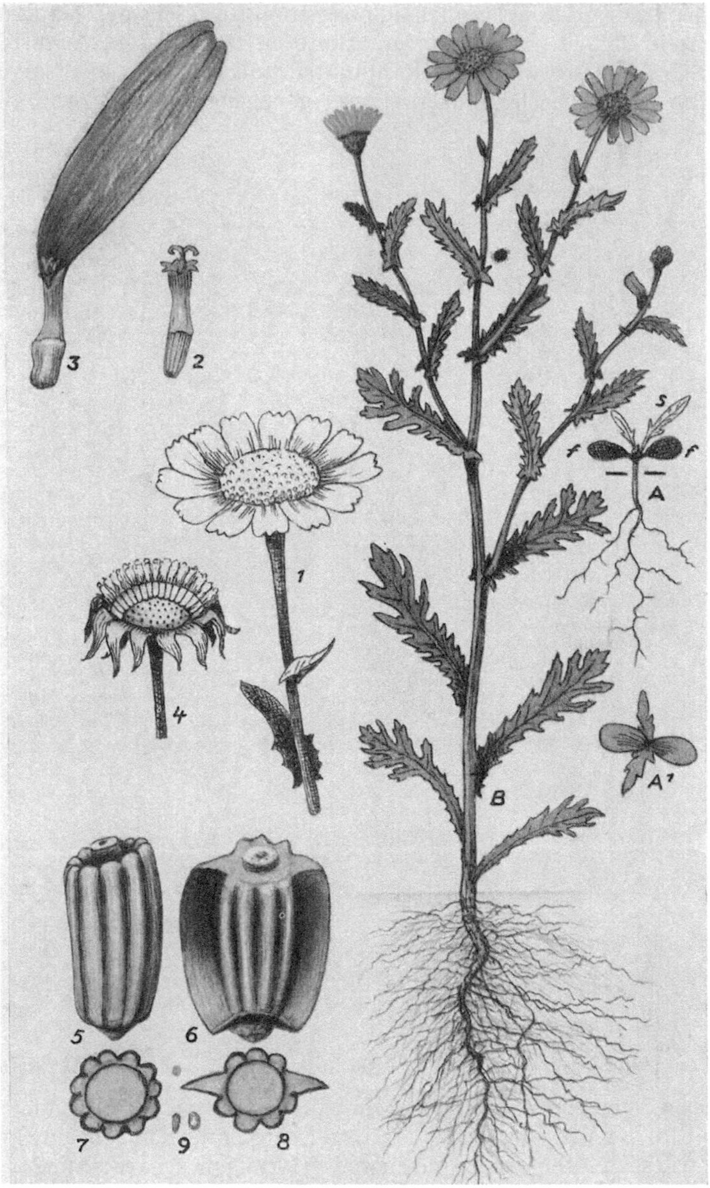

Abb. 110. *Chrysanthemum segetum.* *A* u. A^1 Keimpflanze von der Seite und von oben gesehen; *f* Keimblätter; *s* Stengelblatt, nat. Gr.; *B* voll entwickelte Pflanze, $^2/_5$ nat. Gr.; *1* Blütenkörbchen, $^3/_4$ nat. Gr.; *2* Mittelblüte; *3* Randblüte, etwa $^7/_2$ nat. Gr.; *4* Blütenkörbchen mit reifen Samen, nach Entfernung einiger vom Blütenboden, $^3/_4$ nat. Gr.; *5* Same von Mittelblüte; *6* von Randblüte; *7* u. *8* Querschnitt der beiden, 12 fach vergr.; *9* Samen, nat. Gr. Nach Korsmos Unkrauttafeln.

und ist heute ein streckenweise gemeines und lästiges Unkraut des Ackerbodens besonders auf Sommerkorn- und anderen, mit einjährigen Früchten bestandenen Äckern: in fast ganz Europa, so in Deutschland, Großbritannien, dem ganzen südöstlichen Skandinavien und vereinzelt bis zu 70° n. Br. (Norwegen). Aus Europa ist es auch nach Nordamerika verschleppt.

Die Pflanze wird durch Samen fortgepflanzt und verbreitet. Da sie den Kalk meidet, findet sie sich meist auf leichterem, kalkarmem Boden, von wo man sie unter anderem auch durch Kalken vertreiben kann. Sowohl THAER-APPEL[1] als auch JUHLIN-DANNFELT[2] empfehlen, den Boden bei regelmäßigem Auftreten dieses Unkrautes zu mergeln oder zu kalken. Außerdem ist frühe Bearbeitung des Ackers im Frühjahr, wodurch der Same zum Keimen gebracht wird, zu empfehlen, da die Keime dann während der folgenden Frühjahrsbestellung vernichtet werden. Weiterhin ist Verwendung reiner Sommerkorn- und Wiesensaat, gründliche Reinhaltung der Hackfruchtäcker durch Hacken und Jäten, Bearbeitung mit der Unkrautegge und Behandlung der Sommerkornfelder mit unkrauttötenden, chemischen Mitteln anzuraten (vgl. Abschn. VI).

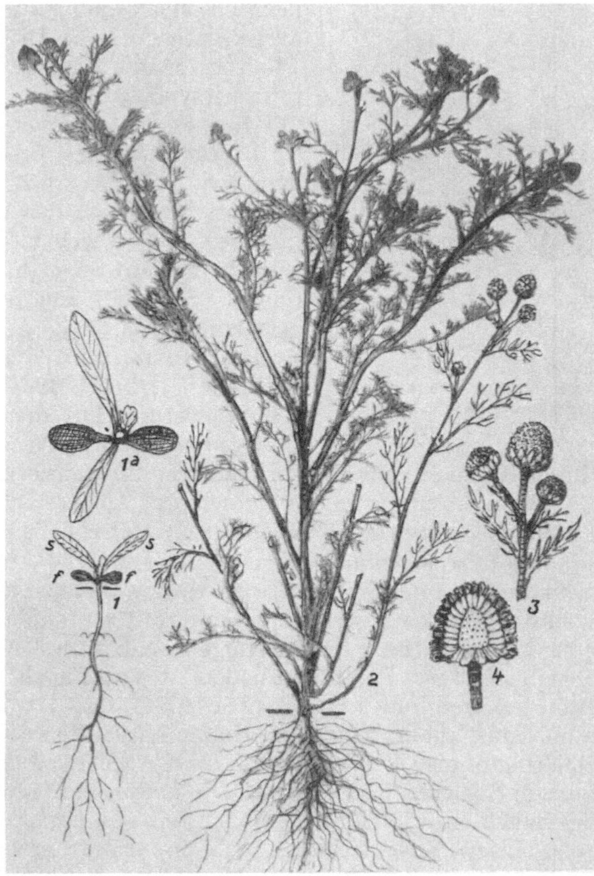

Abb. 111. *Matricaria discoidea.* *1* Keimpflanze; *f* Keimblätter; *s* Stengelblätter; *1a* von oben gesehene Stengel- und Keimblätter, nat. Gr.; *2* vollentwickelte Pflanze, etwa 1/2fach vergr.; *3* Teil eines Blütenzweiges, nat. Gr.; *4* Blütenkörbchen nach Samenreife. Nach Ausfall einigen Samens sieht man einen Teil des Blütenbodens, 2fach vergr. Eig. Aufn. u. Zeichn.

39. *Matricaria discoidea* LINN. Strahlenlose Kamille, engl. Rayles chamomile[3]. *Matricaria discoidea* (Fam. Compositae) ist ein einjähriges, niedrig wachsendes, bis zu 35 cm hohes, sehr verzweigtes Unkraut ohne Randblüten, mit gelben Scheibenblüten, spitzem, hohlem Blütenboden, 2—3fach gefiederten Blättern, linealen Teilblättern und schwacher Pfahlwurzel. Blütezeit von Juni bis August (Abb. 111). Der längliche, etwas gebogene, im Querschnitt ovalkantige Same wird dem Grunde zu, der in eine ringförmige Kante mit einem Zapfen in der Mitte ausläuft, etwas schmäler und endet in eine kragenförmige Spitze, in deren Mitte gleichfalls ein kurzer Zapfen steht. Die graue Oberfläche trägt auf jeder Seite eine deutliche, rotbraune Längsfurche (Abb. 112). 1000-K.Gew. etwa 0,15 g,

[1] THAER-APPEL: Die landwirtschaftlichen Unkräuter. 4. Aufl. 1923. S. 22.
[2] JUHLIN-DANNFELT, H.: Handbok i Jordbrukslära, 2. Aufl. Bd. 2, S. 170.
[3] Wird im A Manual of Weeds S. 492 unter folgenden wissenschaftlichen Namen angeführt: *Matricaria suaveolens* BUCHENAU (*Matricaria matricarioides* PORTER).

Länge und Breite etwa 1,2 × 0,4 mm, Samenzahl je Pflanze etwa 5300, je kg etwa 6,7 Millionen.

Im Keimapparat liefen von 1 Jahr altem Samen in 15 Tagen 3%, in 100 Tagen 70% und in 340 Tagen 99% auf. Von 8 Monate altem Samen einer anderen Probe liefen bei einem gleichzeitigen Versuch im Keimapparat und in 0,5 cm Tiefe draußen im Sandboden im ersten Falle in 7 Tagen 85%, im zweiten in 22 Tagen 13% auf. Nach Überwinterung in sandigem Acker keimten im Frühjahr 54% der im Herbste in 0,5 cm Tiefe ausgelegten Samen. Die im Sandboden aufgelaufenen Pflanzen blühten und fruchteten nach einer Wachstumszeit von 95 Tagen.

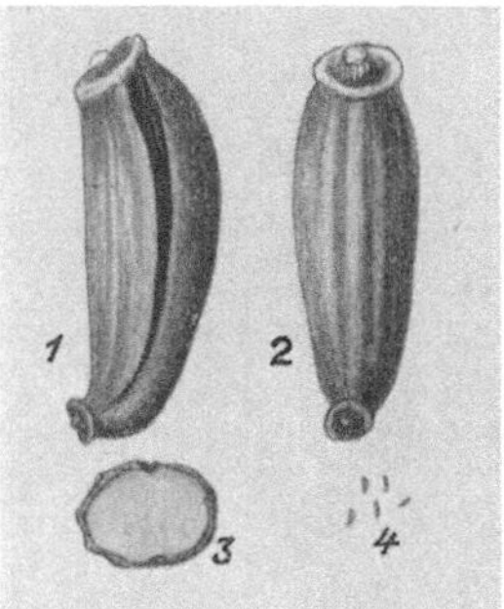

Abb. 112. *Matricaria discoidea.* Same, *1* von der Seite, *2* von vorn, *3* im Querschnitt gesehen, 23 fach vergr.; *4* Samen, nat. Gr. Orig.-Zeichn.

Die Pflanze hat einen ihr eigentümlichen Duft. Sie ist in Ostasien und im nordamerikanischen Westen heimisch, nun aber auch in großen Teilen Europas, wie in Deutschland, auf den britischen Inseln und in Skandinavien, wo sie sich allmählich überall auf Höfen, in Gärten und auf Schutthalden stark verbreitet hat, zu finden. Sie greift auch auf Äcker über und zeigt sich gelegentlich als lästiges Gartenunkraut.

Die Pflanze wird durch Samen fortgepflanzt und verbreitet. Im Nutzland bekämpft man sie während des Wachstums auf die gleiche Weise wie Knöterich (*Polygonum*) u. a., an Wegrändern, auf Hofplätzen u. ä. durch Abhauen oder Bespritzen mit Chemikalien, und zwar eignet sich eine 3—5%ige Lösung von Natriumchlorat am besten.

40. *Matricaria chamomilla* LINN. Echte Kamille, engl. Wild chamomile. *Matricaria chamomilla* (Fam. Compositae) ist ein einjähriges (bei günstigem Klima nach einmaliger Überwinterung wohl auch ein zweijähriges)[1], bis zu 45 cm hohes, oft stark verzweigtes Unkraut mit zapfenförmiger, ästiger Wurzel, doppelt gefiederten Blättern, fadenförmigen Teilblättern, weißen Randblüten und gelben Scheibenblüten. Der Blütenboden ist 5 mm hoch, kegelförmig, hohl und nackt. Blütezeit von Juni bis September (Abb. 113). Der längliche, gebogene, im Querschnitt fast runde, an beiden Enden schief abgestumpfte Same hat an der Basis eine ringförmige Vertiefung und an der Spitze einen unregelmäßigen Kragen mit kurzem Stielchen in der Mitte. Die matte, braungelbe Oberfläche ist gerieft. An der Bauchseite treten 5—6 gelblichweiße Längsrippen deutlich hervor (Abb. 114). 1000-K.Gew. etwa 0,07 g, Länge und Breite etwa 1,1 × 0,4 mm, Samenzahl je Pflanze etwa 5300, je kg 15 Millionen. Bei Keimversuchen im Laboratorium liefen in einem Falle von 1 Jahr altem Samen in 340 Tagen 99%, von 8 Monate altem Samen in 8 Tagen 42, in 18 Tagen 48% auf. Von Samen der gleichen Probe liefen bei Frühjahrsaussaat 0,5 cm tief im Sandboden 10% in 23 Tagen auf. Die Pflanzen erreichten während ihres Wachstums eine Höhe von 45 cm. Sie blühten und fruchteten als einjährige Pflanzen im Laufe des Spätsommers und Herbstes[2].

Matricaria chamomilla tritt als Unkraut in Sommer- und Winterkorn, in Gärten und anderem Nutzland, an Weg- und Eisenbahnstrecken in ganz Europa, Nordasien, Nordamerika und anderen Ländern auf. In Deutschland, England, Süd- und Mittelskandinavien ist die Pflanze ein allgemeines Ackerunkraut und tritt vereinzelt auch in Finnland auf. Sie gedeiht am besten auf trockenem

[1] WEHSARG: Das Unkraut im Ackerboden. Arb. d. dtsch. Landw.-Ges. H. 226, S. 68 bezeichnet die Pflanze als überwinternd und einjährig (⊙ und ⊙).

[2] Zur Erreichung hoher Keimprozentzahlen darf der Same scheinbar nicht so tief wie 0,5 cm gebracht werden.

Boden und wird durch Samen fortgepflanzt und verbreitet. Im Acker bekämpft man sie wie *Sinapis arvensis,* auf der Wiese wie *Matricaria inodora.* Die Pflanze hat einen angenehmen Duft, ihre Blüten haben starken, würzigen Geruch und Geschmack. Sie enthalten ein blaues, ätherisches Öl und etwas Bitterstoff. Die Pflanze wird medizinisch verwendet, als Hausmittel bei Magenkrämpfen u. ä[1].

41. *Bidens tripartitus* LINN. Dreiteiliger Zweizahn, Acker-Zweizahn, engl. Three-cleft Bidens. *Bidens tripartitus* (Fam. Compositae) ist ein einjähriges, 40—90 cm hohes Unkraut mit schmutziggelben Korbblüten, stark gelappten, dunkelgrünen, schlaffen Blättern und braungrünem Stengel. Blütezeit im Juli und August, Reifezeit von August bis September (Abb. 115). Der längliche, keilförmige, plattgedrückte, am Grunde abgestumpfte und mit

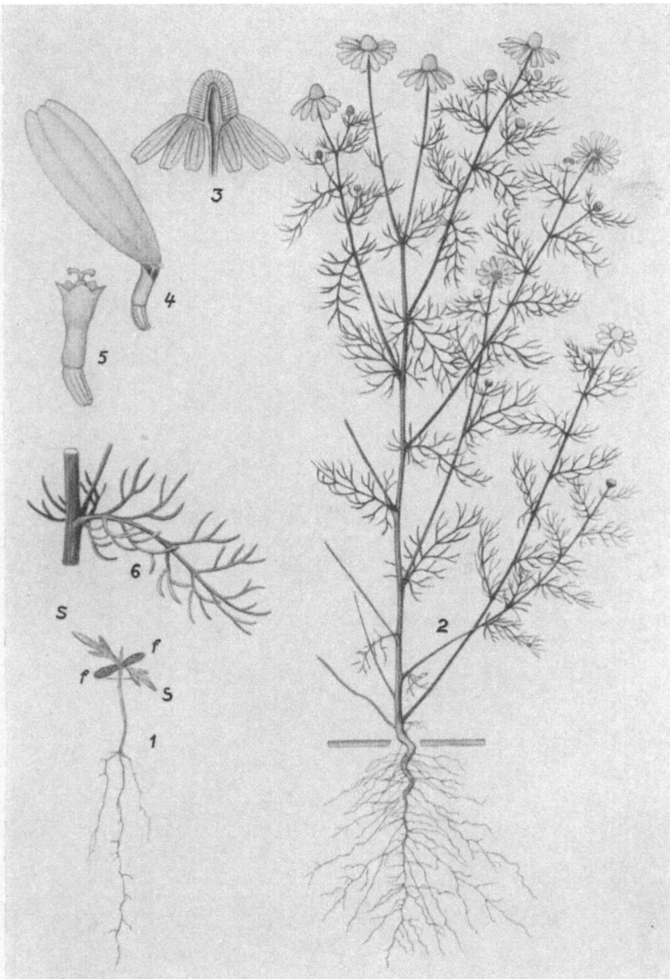

Abb. 113. *Matricaria chamomilla.* *1* Keimpflanze; *f* Keimblätter; *s* Stengelblätter, 2fach vergr.; *2* voll entwickelte, blühende Pflanze, $^1/_4$ nat. Gr.; *3* durchschnittenes Blütenkörbchen, $^4/_5$ nat. Gr.; *4* Randblüte, 2fach vergr.; *5* Mittelblüte, 4fach vergr.; *6* Stengelteil mit Blatt, $^9/_{10}$ nat. Gr. Orig.-Zeichn.

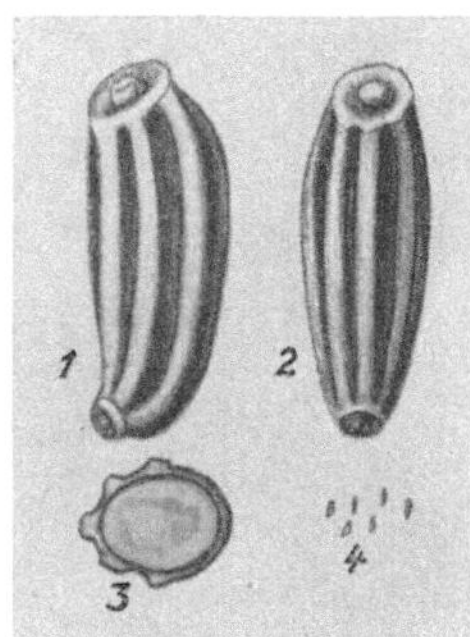

Abb. 114. *Matricaria chamomilla.* *1* und *2* Samen; *3* Samenquerschnitt, 20fach vergr.; *4* Samen, nat. Gr. Orig.-Zeichn.

einer kleinen, ringförmigen Vertiefung versehene Same ist an der gleichfalls abgestumpften Spitze am breitesten. Er hat beiderseits eine vortretende Mittelriefe, die ebenso wie die Samenkanten und die 2—3 Borsten an der Spitze mit abwärts-

[1] KLEIN: Unsere Unkräuter S. 2 erwähnt, daß man den Fäulnisgeruch von zu lange liegendem, rohem Bratfleisch, Wild und Geflügel durch mehrmaliges Wässern in kaltem Kamillentee völlig beseitigen könne.

zeigenden Haken versehen sind, durch welche der Same äußerst leicht an Kleidern, Geräten und Tieren zum Zwecke der Verbreitung festhaftet. Die Oberfläche ist matt und dunkelbraun. 1000-K.Gew. etwa 3,7 g, Länge und Breite 7,5 × 2,8 mm, Samenzahl je Pflanze etwa 250, je kg etwa 270000 (Abb. 116).

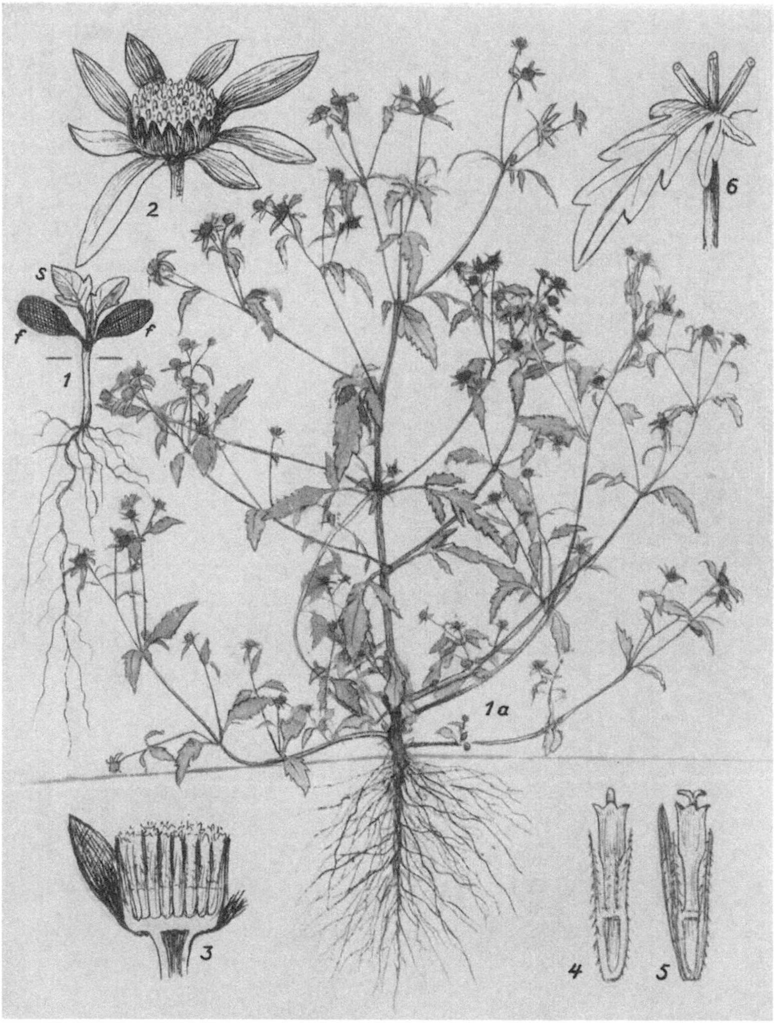

Abb. 115. *Bidens tripartitus.* *1* Keimpflanze; *f* Keimblätter; *s* Stengelblätter, nat. Gr.; *1a* blühende Pflanze, 1/5 nat. Gr.; *2* u. *3* Blütenkörbchen (*3* im Längsschnitt); *4* u. *5* vergr. Blüten; *6* Blatt. Eig. Aufn. und Zeichn.

Im Keimapparat lief der Same langsam auf, im Freien keimten von herbstgesätem Samen in einer Tiefe von

	0	0,5	1	2	3	4 cm
im nächsten Frühjahr	4	42	36	18	0	0 %,

während von Samen der gleichen Probe, im Frühjahr 0,5 cm tief gesät, im Laufe des Sommers 17% keimten.

Bidens tripartitus liebt sauren Boden und wächst an feuchten Stellen, wie Teich-, Graben- und Flußrändern und auf sauren, sumpfigen Äckern. Die Pflanze kommt in Nord- und Westasien und Australien, in ganz Europa in den gemäßigten und nördlichen Zonen, so in ganz Deutschland, Großbritannien und in Skandinavien bis zu 63°45, n. Br. (Norwegen) vor.

Die Pflanze wird durch Samen fortgepflanzt und verbreitet. Im Kulturboden bekämpft man sie am besten durch Entwässerung und gute Bearbeitung, im Unland durch rechtzeitiges Abhauen vor der Reife.

42. *Galinsoga parviflora* CAVAN. (*Viborgia aemella* ROTH.). Kleinblütiges Franzosenkraut, Gängelkraut. *Galinsoga parviflora* (Fam. Compositae) ist ein einjähriges Unkraut mit 5—10 cm langer Pfahlwurzel, die zahlreiche, sich in der Ackerkrume ausbreitende Faserwurzeln aussendet. Der steigende oder aufrechte, 50—75 cm hohe Hauptstengel ist mehrfach dreigabelig geteilt und mit Seitenästen versehen. Die unteren der gegenständigen Blätter sind kurzstielig, eiförmig zugespitzt und gezähnt, die oberen fast sitzend, länglich-lanzettlich und gezähnt. Oben ist die ganze Pflanze verstreut behaart. Die glockenförmigen, 4—5 mm breiten Körbchen sitzen in gestielten Bündeln zusammen. Die 5 zungenförmigen, kleinen, weißen, weiblichen Blüten haben eine dreizähnige Zunge, die Scheibenblüten sind röhrenförmig, zwitterig, gelb und sitzen etwa zu 40 in jedem Korb zusammen. Blüte- und Reifezeit im Spätsommer und Herbst (Abb. 117). Die Samen der Scheibenblüten sind länglich, umgekehrt pyramidenförmig, meist leicht vierkantig zusammengedrückt und mit aufrechten, steifen Haaren besetzt. Am breitesten sind sie an der Spitze, dem Grunde zu werden sie gleichmäßig schmaler und enden in eine abgerundete, weiße Spitze (Samenhaftstelle). Die Fegehaare sind schuppenförmig, von gelblichweißer bis weißer Farbe und am Rande borstig und zerfranst. Die Randsamen sind stärker viereckig zusammengedrückt, etwas gebogen, schwach behaart und an der Spitze, die ein dünnes Büschel borstiger, kurzer, grauer Fegehaare trägt, am breitesten. Dem Grunde zu nimmt er gleichmäßig an Breite ab und endigt in eine weiße, abgerundete Spitze (Samenhaftstelle).

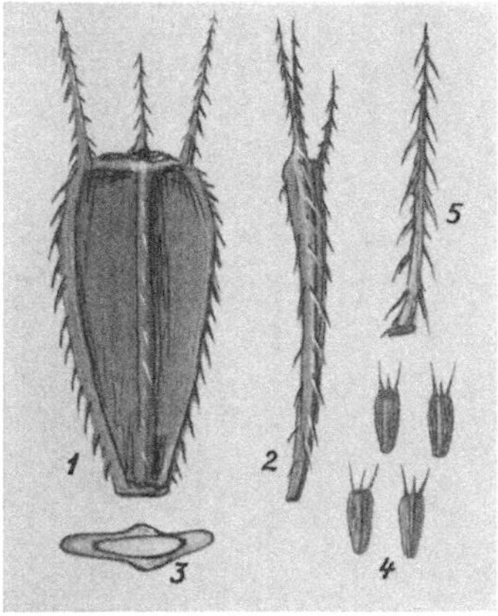

Abb. 116. *Bidens tripartitus.* *1* u. *2* Bauch- und Schmalseite des Samens; *3* Samenquerschnitt, 9/2 nat. Gr.; *4* Samen, nat. Gr.; *5* Borste; 9fach vergr. Orig.-Zeichn.

Beide Samenformen haben eine schwarzbraune, mattglänzende Oberfläche und festsitzende Fegehaare. 1000-K.Gew. einschließlich Fegehaaren etwa 0,21 g, ohne Fegehaare etwa 0,16, Länge und Breite der Randsamen etwa 1,6 × 0,7 mm, der Scheibensamen etwa 1,5 × 0,6 mm. Samenzahl je Pflanze 5000—30000, nach MÜLLER[1] bis zu 170000 und nach THAER-APPEL[2] sogar bis zu 300000, je kg etwa 6¼ Millionen.

Wird die Pflanze während der Blüte ausgerissen, kann der Same am Stengel nachreifen (vgl. *Taraxacum officinale*). Der Same kann gleich nach Reife und oberflächlicher Verbreitung oder unter nur ganz dünner Erdschicht auflaufen. Tiefer als 1—2 cm reicht die Keimtiefe meistens nicht. Da der Same aber sehr widerstandsfähig ist, kann er seine Keimkraft in tieferen Erdschichten mehrere Jahre bewahren und keimt dann, sobald er durch die Bodenbearbeitung in günstige Keimtiefe gebracht wird. Zu schneller Entwicklung braucht die Pflanze

[1] MÜLLER, KARL: Das Franzosenkraut. Arb. d. dtsch. landw. Ges. 1914. H. 272. Siehe WITTMACK: Landwirtschaftliche Samenkunde. 2. Aufl. S. 488.

[2] THAER-APPEL: Die landwirtschaftlichen Unkräuter. 4. Aufl. S. 25. Berlin 1923.

viel Wärme. Sie verträgt keinen Frost und erfriert beim Einsetzen der Nachtfröste sofort. Im kühleren Frühjahr keimt sie meistens langsam. Bei warmem Wetter dagegen wächst sie sehr schnell und braucht oft nicht mehr als 6 Wochen bis zur Samenreife.

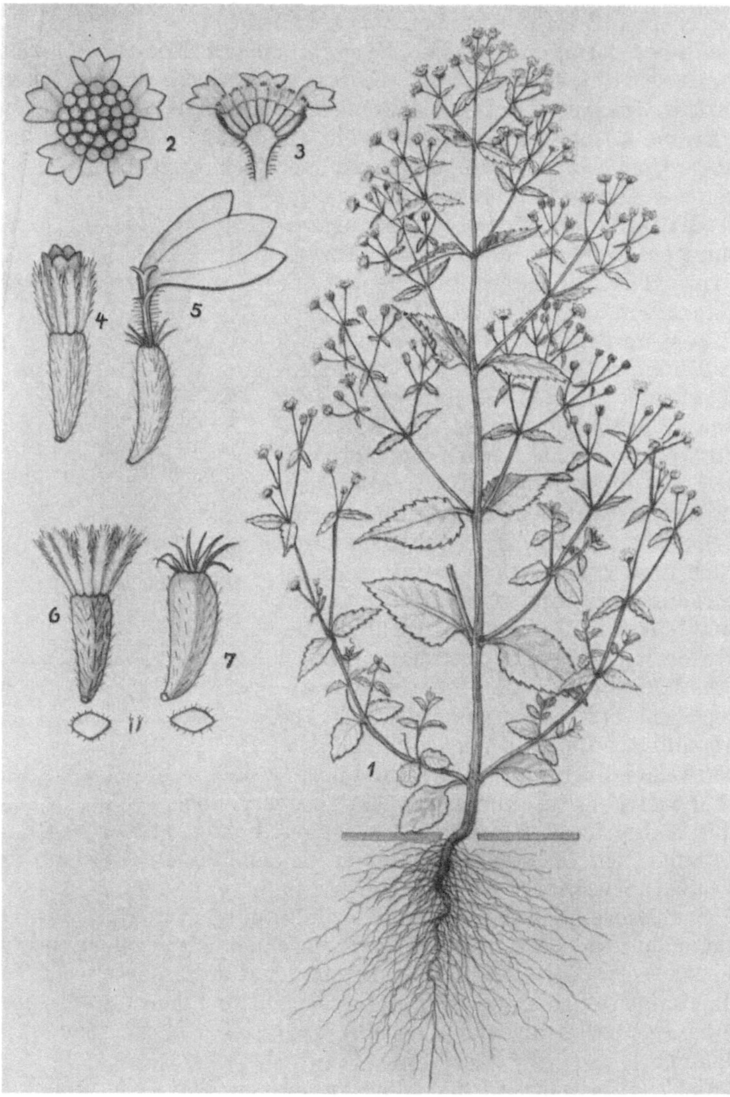

Abb. 117. *Galinsoga parviflora*. *1* blühende Pflanze, 1/4 nat. Gr.; *2* u. *3* Blütenkörbchen von oben gesehen bzw. im Längsschnitt, etwa 3 fach vergr.; *4* Mittelblüte; *5* Randblüte; *6* u. *7* reifer Samen von Mittel- und Randblüte mit Querschnitt, 10 fach vergr. Orig.-Zeichn.

Galinsoga parviflora ist ursprünglich in Peru in Südamerika heimisch und wurde um das Jahr 1800 nach Europa verschleppt. Heute gehört sie zu den gemeinsten und lästigsten Ackerunkräutern besonders im nordamerikanischen Osten sowie in Mittel- und Südeuropa. Durch Samen ist sie auch nach Nordeuropa verschleppt worden und findet sich zur Zeit, wenn auch vereinzelt, als

Acker- und Gartenunkraut in Dänemark, Schweden und ausnahmsweise hier und da in den südwestlichen Küstengegenden Norwegens.

Das Unkraut findet sich im Kulturboden sowie im Unland, gedeiht in leichterem Boden am besten, scheint sich jedoch den verschiedenen Boden- und Feuchtigkeitsverhältnissen anpassen zu können. Die Pflanze wächst sehr schnell und blüht und fruchtet den ganzen Sommer und Herbst hindurch.

Galinsoga parviflora wird ausschließlich durch Samen fortgepflanzt und verbreitet und wie die übrigen einjährigen Ackerunkräuter bekämpft. Zu den gewöhnlichsten Hilfsmitteln bei der Unterdrückung gehören Verwendung reinen Saatgutes, Reinhaltung der Halmfruchtäcker durch die Unkrautegge, durch Überspritzen mit aufgelösten oder Bestreuen mit feinzerstoßenen Chemikalien, durch Hacken und Jäten der Hackfruchtäcker (vgl. Abschn. VI 2 und B 1—4).

Einem Flugblatt[1] entnehme man für die Bekämpfung von *Galinsoga parviflora* folgendes:

„In erster Linie muß getrachtet werden, die Besamung der Kulturflächen mit den Samen dieses Unkrautes nach Möglichkeit zu verhindern. Dies kann erreicht werden durch peinliche Reinigung des Saatgutes bei Getreidefrüchten und durch möglichste Ausschaltung des Samenfluges, die allerdings nur durch einen gemeinsamen intensiven Vernichtungskampf gegen dieses Unkraut, gleichgültig, wo dasselbe auftritt, erreicht werden kann. Besonderes Augenmerk ist dabei auf die Feldränder (Raine) und auf die Ödflächen zu richten. Dieser Vernichtungskampf muß möglichst zeitig vor dem ersten Ansetzen von Blüten einsetzen und gemeindeweise intensiv vorgenommen und während einer Wachstumsperiode mehrmals wiederholt werden. Dabei ist aber besonderes Augenmerk darauf zu richten, daß beim Jäten leicht entfernbare Pflanzen (das Unkraut wurzelt sehr seicht!) nicht liegen gelassen, sondern sofort eingesammelt und verbrannt werden. Speziell in Hackfrüchten ist dem Auftreten dieses Unkrautes Sorgfalt zuzuwenden und durch vermehrte Hackarbeit dem Unkraut energisch an den Leib zu rücken. In Gegenden, wo die Verunkrautung mit dem Franzosenkraut schon eine stärkere ist, wird es, selbst wenn eine Neubesamung mit Samen des Franzosenkrautes hintangehalten wird, mehrere Jahre dauern, des Unkrautes Herr zu werden, weil alljährlich ein Teil der bereits von früher her im Boden befindlichen Unkrautsamen durch die Bestellungsarbeiten in die oberflächlichen Erdschichten gelangt und dort eventuell mit spät reifenden Kartoffelsorten zur Keimung kommt. Vermehrter Hackfruchtbau wird in Gegenden, wo das Unkraut stärker auftritt, die Möglichkeit geben, bei intensiver Jätarbeit desselben Herr zu werden. Chemische Mittel zur Bekämpfung dieses Unkrautes sind nicht bekannt, und es ist von der Verwendung solcher von vornherein wenig Erfolg zu hoffen.

Da das Franzosenkraut hauptsächlich auf Kartoffeläckern in der Zeit zwischen dem Ablaufen des Kartoffelkrautes und der Ernte der Kartoffel sich ausbreitet, empfiehlt es sich, in Gegenden, die schon stärkeres Auftreten des Franzosenkrautes zeigen, möglichst spät reifende Kartoffelsorten zu bauen, um die Äcker möglichst weit in den Herbst hinein mit frischen Kartoffelkrautbeständen zu erhalten."

43. *Filago germanica* LINN. = *Gnaphalium germanicum* HUDS. Deutsches Schimmel-, Faden- oder Ruhr-Kraut, engl. Cudweed. *Filago germanica* (Fam. Compositae) ist eine einjährige, 10—30 cm hohe Pflanze mit schwacher Pfahlwurzel und vielen kräftigen, vom Wurzelhalse ausgehenden Faserwurzeln. Der Stengel ist am Boden schwach aufsteigend bis gänzlich aufrecht und oben un-

[1] Flugblatt der Bundesanstalt für Pflanzenschutz in Wien: Das Franzosenkraut, ein höchst gefährliches Unkraut, und seine Bekämpfung.

regelmäßig gabelig mit 2—3 sperrigen Ästen. Die ganze Pflanze ist stark filzig behaart. Durch die schmalen, lanzettlichen, sitzenden, überall filzigen, dickbehaarten Blätter erhält die Pflanze ein graues, samtartiges Aussehen. Die kugelförmigen Blütenköpfchen haben an der Spitze strohgelbe, stachelige Korbblätter und stehen zu 20—30 in gabel- und endständigen Knäueln. Einige der blaßgelben Korbblüten sind sehr klein. Blütezeit und Reife von Juli bis September. Der linienförmig-ovale, im Querschnitt drei- bis viereckige Same ist oben am breitesten und verschmälert sich nach der Basis zu. Letztere ist mit einem weißen, in einen ringförmigen Kragen mit grubenförmiger, mittlerer Vertiefung endenden Anhang versehen. Die Oberfläche ist rauh und mit weißen, erhabenen Pünktchen besetzt. Die Farbe ist braungelb bis graugelb. 1000-K.Gew. etwa 0,02 g, Länge und Breite etwa 0,6 × 0,2 mm, Samenzahl je Pflanze etwa 100—300, je kg etwa 50 Millionen (Abb. 118). *Filago germanica* findet sich in leichteren, sandigen und sandig-humosen Böden auf Äckern und Wiesen, trockenen Rasenflächen, Schutthalden u. ä. in Mittel- und Südeuropa, Persien, Westasien, Nordwestafrika und Nordamerika. In großen Teilen Deutschlands tritt die Pflanze als gewöhnliches Unkraut auch auf sandig-tonigen Äckern, schotterigen Stellen, trockenen Grasplätzen, Brachen, Äckern, Steinbrüchen, an trokkenen Abhängen, Bahndämmen usw. auf[1].

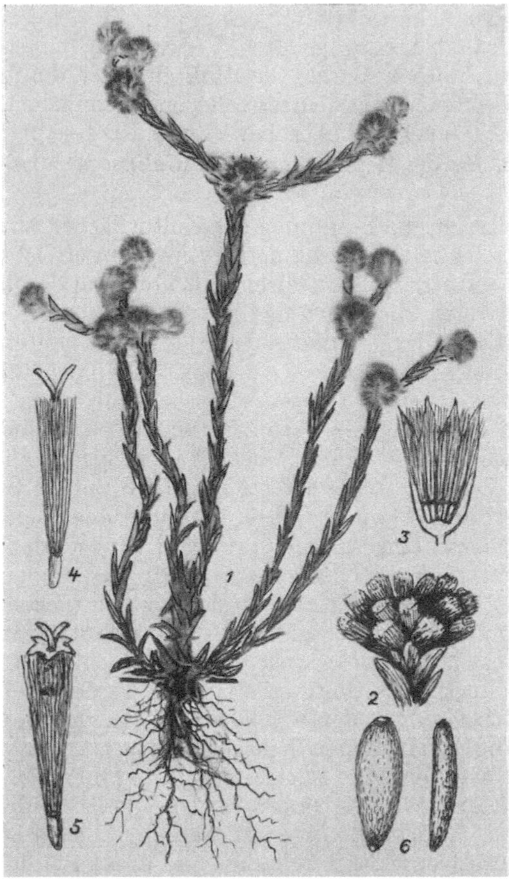

Abb. 118. *Filago germanica.* *1* blühende Pflanze, etwa 1/2 nat. Gr.; *2* Bündel von Blütenkörbchen, 2 fach vergr.; *3* Längsschnitt eines Blütenkörbchens, 4 fach vergr.; *4* u. *5* Rand- und Mittelblüte, etwa 8 fach vergr.; *6* Breit- und Schmalseite des Samens, 32 fach vergr. Eig. Aufn. und Zeichn.

Die Pflanze tritt streckenweise auch in England und Dänemark ziemlich häufig, dagegen in Südwestschweden nur vereinzelt auf. Sie wird durch Samen fortgepflanzt und verbreitet und hat kaum irgendwelchen Futterwert. Darum sollte sie überall, wo sie sich zum Nachteil der Nutzpflanzen vordrängt, bekämpft werden. Man unterdrückt sie durch Verhinderung der Samenreife und -verbreitung wie *Erodium cicutarium* und andere einjährige Arten.

44. *Gnaphalium uliginosum* LINN. Sumpf-Ruhrkraut, engl. Marsh-cudweed. *Gnaphalium uliginosum* (Fam. Compositae) ist ein einjähriges Unkraut mit dünner Pfahlwurzel, 5—18 cm hohem, gewöhnlich von unten an verzweigtem,

[1] HEGI: Illustrierte Flora von Mitteleuropa Bd. 6, 1. Hälfte, S. 451 ff.

weißfilzigem Stengel, linienförmigen oder lanzettlich-linienförmigen, weißgraufilzigen, einnervigen Blättern. Die sitzenden Körbchen sind am Boden von dichtem, weißem Filz umgeben und bilden zu 3—10 Stück eine kopfförmig verkürzte Ähre. Die Blüten haben alle röhrenförmige Kronen; die äußeren, weiblichen haben wie die inneren, zwitterigen, die eine dickere Kronröhre haben, einen fünfzähnigen Kragen und sind weißgelb. Blütezeit und Reife von Juli bis Oktober. (Abb. 119). Der Same ist länglich, walzenförmig und an der mit einem schmalen, kragenförmigen Ring mit einreihigem, feinem, rauhem, silberglänzendem, etwa 1,8 mm langem Fegehaarbüschel versehenen Spitze stumpf abgerundet. In der Mitte der Fegehaare steckt ein kurzer Zapfen; der abgerundeten Basis zu, die gleichfalls in der Mitte einen kurzen Stiel (die Samenhaftstelle) trägt, wird der Same gleichmäßig schmaler. Die Oberfläche ist eben, matt und graugelb bis hellgrau. 1000-K.Gew. etwa 0,007 g, Länge und Breite etwa 0,5 × 0,18 mm, Samenzahl je Pflanze etwa 100—500, je kg etwa 142 Millionen. Der Same läuft im Früh- und Hochsommer oft sehr schnell auf, wenn er oben auf feuchter, warmer Erde liegt. Bei Untersuchung von Boden, der Samen dieses Unkrautes enthielt, hörte die Keimung erst nach dem fünften Jahre auf[1].

Abb. 119. *Gnaphalium uliginosum.* *1* Pflanze, etwa 1/2 nat. Gr.; *2* Randblüte; *3* Mittelblüte, 10fach vergr.; *4* vergr. Blütenkörbchen; *5* Same und Samenquerschnitt, 28fach vergr.; *6* Same, nat. Gr. *5* und *6* Orig.-Zeichn.

Die Pflanze findet sich auf sandhaltigem, schwererem bis lehmigem, feuchtem, saurem bis sumpfigem Boden als Unkraut im Acker- und Gartenbau, an Weg- und Grabenrändern, auf vernachlässigten Brachen, feuchten Uferstrecken u. ä. und ist in ganz Europa einschließlich Island und in den übrigen skandinavischen Ländern bis zu 64,5° n. Br. (Norwegen), in Nordasien und Nordamerika ganz gewöhnlich.

Die Pflanze wird durch Samen fortgepflanzt und vom Winde leicht verbreitet.

45. *Solanum nigrum* LINN. Schwarzer Nachtschatten, engl. Black nightshade, garden nightshade. *Solanum nigrum* (Fam. Solanaceae) ist ein einjähriges, krautiges, verzweigtes, 30—60 cm hohes Unkraut mit gestielten, eiförmigen, ganzrandigen oder stumpf gezähnten, dunkelgrünen Blättern. Die weißen Blütenkörbchen sitzen in Bündeln auf kahlen Stengelzweigen. Die Wurzel ist kurz und zapfenförmig. Die erbsengroße Frucht ist eine vielsamige, schwarzblaue bis schwarze Beere. Blütezeit und Reife von Juli bis September (Abb. 120). Der unregelmäßig ovale Same ist am Grunde etwas schief zugespitzt und von den Seiten her zusammengedrückt. Die braungelbe Oberfläche trägt feine Grübchen. 1000-K.Gew. etwa 0,75 g, Länge und Breite etwa 2,0 × 1,6 mm, Samenzahl je Pflanze etwa 40000, je kg etwa 1,3 Millionen.

Von dem schnellkeimenden Samen liefen bei einem Versuch im Keimapparat in 13 Tagen 100% auf. Im Freien liefen in 0,5 und 1 cm Tiefe 47 bzw. 25% in 15 Tagen auf. *Solanum nigrum* ist ein verbreitetes, gemeines Acker- und Gartenunkraut und tritt in ganz Europa (von den nördlichsten Teilen abgesehen), Nordafrika, Nord- und Mittelasien, eingeschleppt in Amerika, und fast allen Gegenden der Erde auf. In Deutschland ist das Unkraut ganz allgemein verbreitet und tritt in Äckern, besonders unter Hackfrüchten, in Gärten, auf wüsten Plätzen, Schutt-

[1] WEHSARG: Das Unkraut im Ackerboden. Arb. d. dtsch. Landw.-Ges. H. 226, S. 82.

halden, an Rainen, Weg- und Grabenrändern auf. Ebenso findet es sich auf den britischen Inseln und in Skandinavien bis zu 63°15′ n. Br. (Norwegen).

Die Pflanze wird durch Samen vermehrt und unter anderem aus Gärten und Baumschulen durch Vertrieb und Beförderung lebender, mit dem verseuchten

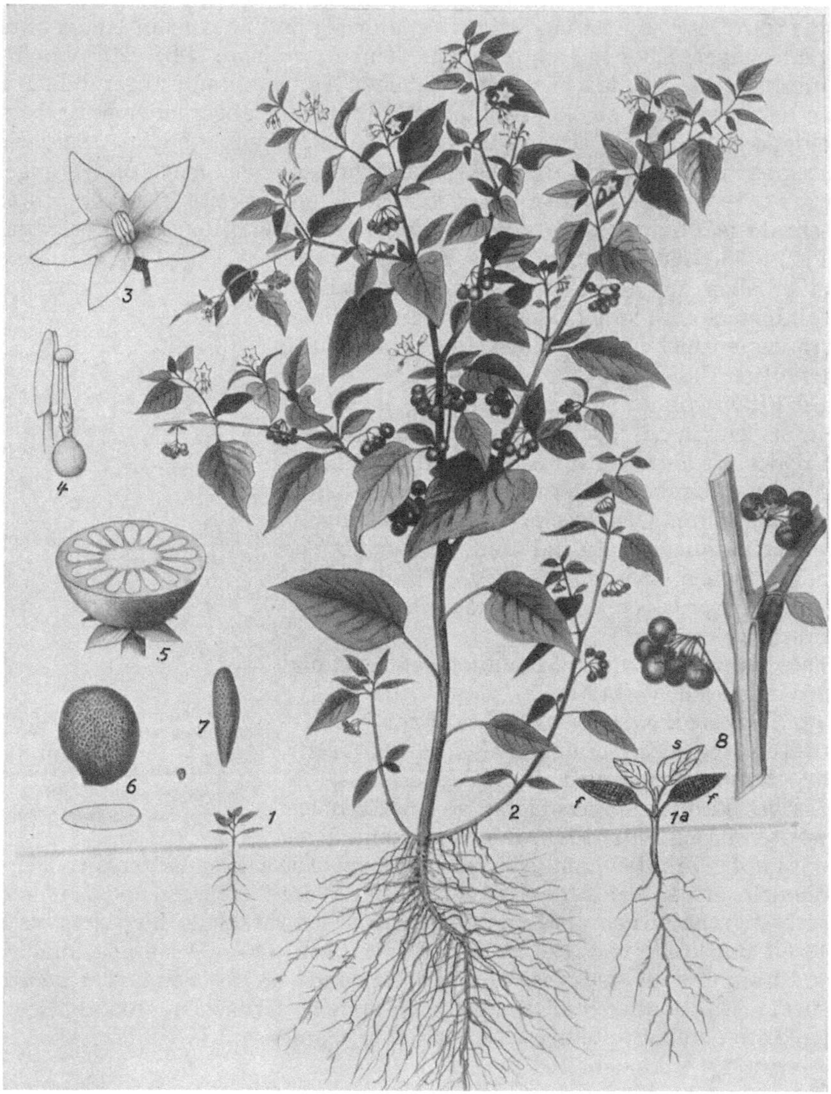

Abb. 120. *Solanum nigrum.* *1* u. *1a* Keimpflanze, $^1/_3$ nat. Gr. bzw. nat. Gr.; *f* Keimblätter; *s* Stengelblätter; *2* blühende Pflanze, $^1/_5$ nat. Gr.; *3* Blüte, 2fach vergr.; *4* Staubgefäß und Griffel, 4fach vergr.; *5* Querschnitt einer unreifen Frucht, 3fach vergr.; *6* und *7* Breit- und Schmalseite des Samens, 7fach vergr.; *8* Stengelstück mit reifer Frucht, $^1/_2$ nat. Gr. Orig.-Zeichn.

Wurzelballen verpflanzter Gewächse, durch Samenausfall am Standort oder durch Ernteerträge verbreitet. Man entfernt dieses Unkraut durch Bearbeitung des Ackers, durch Jäten oder Bespritzen mit Chemikalienlösungen, wie Schwefelsäure oder Eisenvitriol, in den üblichen Stärkegraden.

Diese Unkrautart wie auch *Solanum dulcamara* können Wirtspflanzen des gefährlichen Kartoffelkrebses (*Synchytrium endobioticum*) sein.

Die *Solanum*-Arten sind giftig[1]; sie enthalten glykosidartige, giftige Basen. Am bekanntesten ist das giftige Alkaloid Solanin ($C_{28}H_{47}NO_{11}$), das sich durch

Abb. 121. *Datura stramonium.* *1* oberer, blühender Zweig, $^3/_4$ nat. Gr.; *2* Samenkapsel, nat. Gr. Nach MENAULT und ROUSSEAU.

verdünnte Mineralsäure in Zucker und das giftige Solanidin spalten läßt. Solanin gehört zu den starken, narkotischen Giften und wirkt lähmend auf das Rückenmark. Die Vergiftung zeigt sich durch Schwindelanfälle, mangelnde Sprechfähig-

[1] ESSER: Die Giftpflanzen Deutschlands S. 173.

keit, Krämpfe und Bewußtlosigkeit an und kann gelegentlich den Tod zur Folge haben. Bei *Solanum nigrum* enthalten die Beeren das Gift.

46. *Datura stramonium* LINN. Gemeiner Stechapfel, engl. Thorn-apple. *Datura stramonium* (Fam. Solanaceae) ist eine einjährige, glatte, 30—60 cm hohe, ästige Pflanze mit eiförmigen, buchtigen, grobgezähnten, kurzstieligen Blättern und einzeln auf kurzen Stielen in den Ast- und Blattwinkeln sitzenden Blüten mit etwa 6 cm langer, trichterförmiger, weißer Krone und röhrenförmigem Kelch, der kürzer als dic Blumenkronenröhre ist. Blütezeit und Reife von Juli bis in den Spätherbst (Abb. 121). Die Frucht ist eine unvollkommen vierteilige, eiförmige, vielsamige Kapsel und außen mit langen Stacheln besetzt. Länge und Breite betragen etwa $4 \times 2{,}5$ cm.

Der nierenförmige bis rundliche, kantige, plattgedrückte Same hat oft eine etwas langgezogene Samenhaftstelle. Die Bauchseite ist etwas eingebeult, die matte, schwarzbraune bis schwarze Oberfläche trägt besonders auf dem Rücken und an den Seiten unregelmäßig bis konzentrisch angeordnete Höcker und schalenförmige, größere Vertiefungen. 1000-K.Gew. etwa 6,00 g, Länge und Breite etwa $3{,}2 \times 2{,}5$ mm, Samenzahl je Kapsel etwa 450—500, je kg etwa 166700 (Abb. 122).

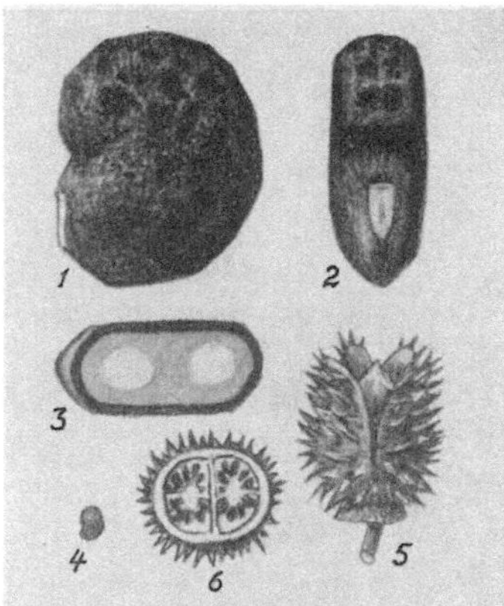

Abb. 122. *Datura stramonium.* *1* u. *2* Breit- und Schmalseite des Samens; *3* Samenquerschnitt, 7 fach vergr.; *4* Same, nat. Gr.; *5* Kapsel; *6* Kapselquerschnitt, $^2/_5$ nat. Gr. Orig.-Zeichn.

Bei Keimversuchen im Laboratorium liefen von vorjährigem Samen in 18, 75 bzw. 200 Tagen 72, 96 bzw. 96% auf. Im Freien keimten von trocken gelagertem, vorjährigem Samen in 0,5 cm Tiefe in 60 Tagen 36%. Von im Herbst ausgesätem Samen der gleichen Probe liefen im darauffolgenden Frühjahr 4% auf. Bei einem anderen Versuch liefen bei Aussaat im Frühjahr in 75 Tagen 51% auf.

Datura stramonium findet sich als Unkraut auf sandigem und schotterigem Boden, an Wegrändern, öden Uferstrecken, in Gärten und auch sonst im Nutzland. Die Pflanze gedeiht vor allem in den wärmeren Gegenden und ist daher besonders in Südeuropa verbreitet, jedoch auch in Mitteleuropa und Nordeuropa bis nach Südschweden und Südnorwegen recht gewöhnlich, vereinzelt als Schuttpflanze sogar noch weiter nördlich beobachtet. Die Pflanze findet sich auch als Unkraut in Asien, Afrika und mehreren nordamerikanischen Staaten.

Datura stramonium wird durch Samen fortgepflanzt und verbreitet. Die Bekämpfung geschieht durch Jäten oder Abhacken vor der Blüte. Im Kulturboden bekämpfte man sie mit den bei den übrigen einjährigen Unkräutern erwähnten Maßnahmen und Mitteln.

Die ganze Pflanze ist sehr giftig[1] und enthält besonders drei narkotisch wirkende Alkaloide[2]: Atropin, Hyoscyamin und Scopolamin, die auf Gehirn und Herz wirken und Lähmung verursachen.

47. *Urtica urens* LINN. Kleine Nessel, kleine Brennessel, engl. Small nettle. *Urtica urens* (Fam. Urticaceae) ist ein einjähriges, von unten an verzweigtes Unkraut mit Pfahlwurzel und ovalen, elliptischen, langstieligen, dunkel-

[1] DAMMANN: Gesundheitspflege der landwirtschaftlichen Haussäugetiere. 3. neubearbeitete Aufl. S. 592. Berlin 1902.

[2] ESSER, P.: Die Giftpflanzen Deutschlands. Braunschweig 1910.

grünen, grobzähnig gesägten Blättern und in den Blattwinkeln paarweis gegenständigen, einhäusigen Blüten. Die Pflanze hat Brennhaare. Sie blüht vom Juni bis in den Herbst hinein (Abb. 123). Der Same ist spitz-eiförmig, plattgedrückt,

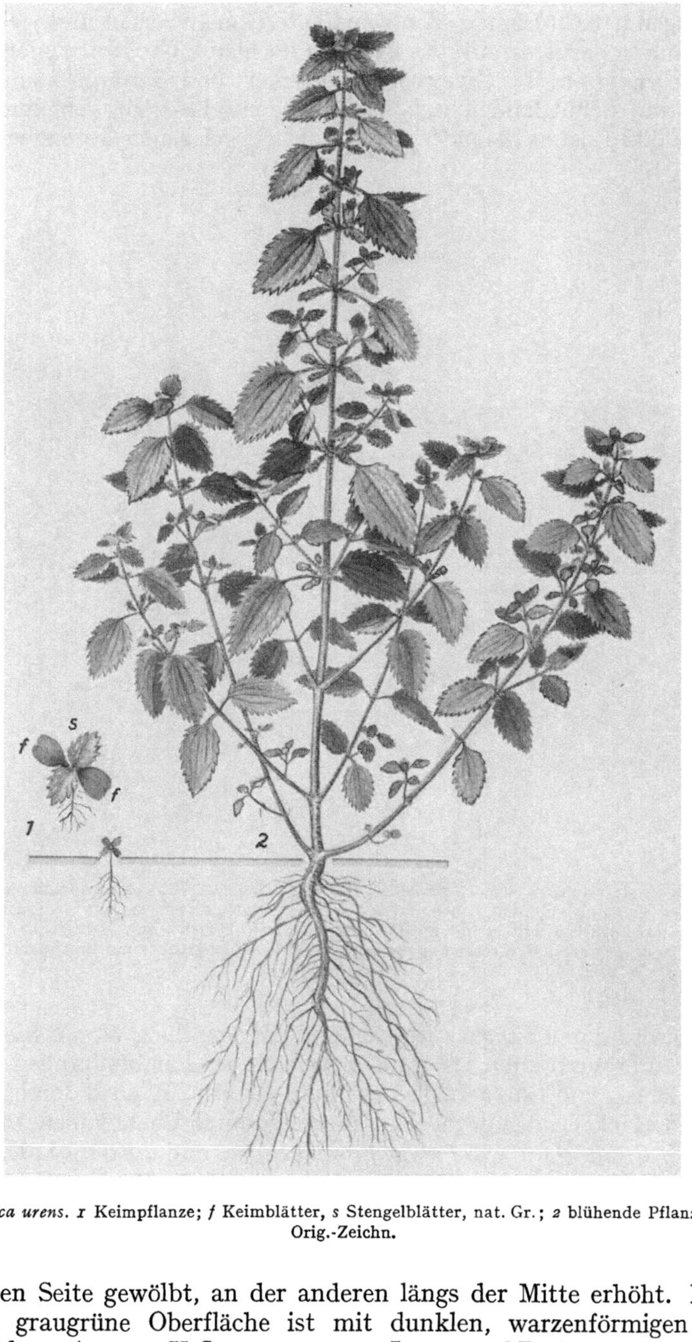

Abb. 123. *Urtica urens.* 1 Keimpflanze; *f* Keimblätter, *s* Stengelblätter, nat. Gr.; 2 blühende Pflanze, 2/7 nat. Gr. Orig.-Zeichn.

an der einen Seite gewölbt, an der anderen längs der Mitte erhöht. Die mattglänzende, graugrüne Oberfläche ist mit dunklen, warzenförmigen Punkten besetzt (Abb. 124). 1000-K.Gew. etwa 0,5 g, Länge und Breite etwa 1,9 × 1,4 mm,

Samenzahl je Pflanze 100—1300, je kg 1800000. Im Laboratorium liefen in 13 Tagen 3%, in 730 Tagen 100% auf. Nach Überwinterung im Freien keimte der Same oft sehr schnell. Bei ROSTRUPS Verfütterungsversuchen[1] fanden sich im Mist von den verfütterten Samen 11% keimfähig und unverdaut.

Urtica urens tritt als Unkraut im Nutz- und Unland, im Acker, in der Nähe von Siedlungen u. ä. in Europa, den gemäßigten Zonen Asiens und vielen anderen Ackerbauländern der Erde auf. Es ist in Deutschland, Großbritannien und Skandinavien bis zu 71° n. Br. (Norwegen) im Acker- und Gartenbau, an Weg- und Grabenrändern, Schutthalden u. ä. ein streckenweise ganz gemeines Unkraut. Als Gartenunkraut ist es besonders in den niedrig gelegenen Gegenden sehr lästig.

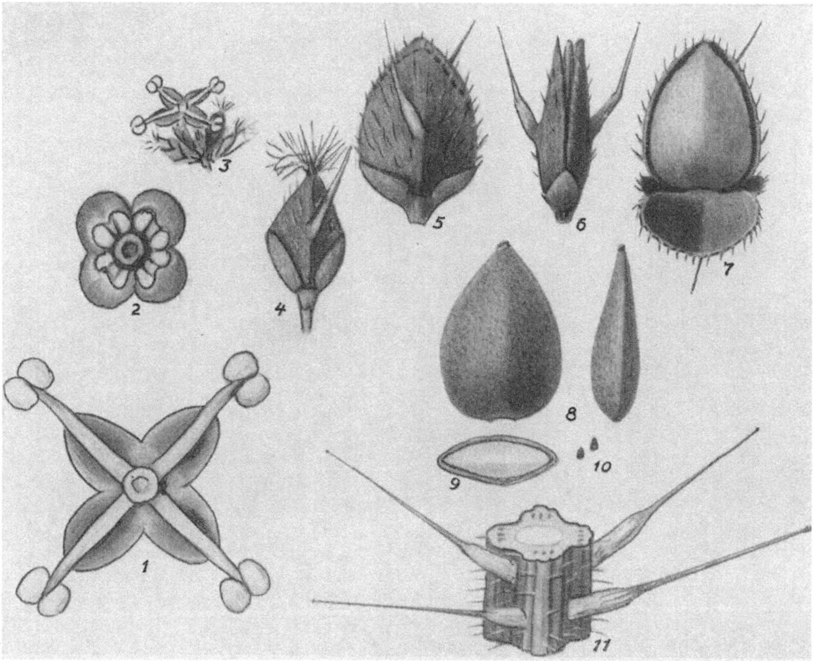

Abb. 124. *Urtica urens.* *1* aufgesprungene, männliche Blüte; *2* männliche Blüte, fast geschlossen, 11 fach vergr.; *3* Blütenknäuel mit einhäusigen Blüten, 4 fach vergr.; *4* weibliche Blüte, 22 fach vergr.; *5* u. *6* Frucht, von vorn und von der Seite gesehen; *7* Frucht mit heruntergeklapptem Hüllblatt, 11 fach vergr.; *8* Breit- und Schmalseite des Samens; *9* Samenquerschnitt, 13 fach vergr.; *10*. Samen, nat. Gr.; *11* Stengelstück mit Brennhaaren, 15 fach vergr. Orig.-Zeichn.

Die Pflanze wird durch Samen vermehrt und auf denselben Wegen wie die übrigen Samenunkräuter verbreitet. So fanden sich in Dreschabfallproben 250 Samen je kg. In Gärten und Gärtnereien bekämpfe man die Pflanze durch Bodenbearbeitung und Hacken oder gegebenenfalls auch durch Chemikalien, im Acker auf die gleiche Art und Weise wie *Polygonum persicaria* und *lapathifolium*, auf Höfen, an Hecken, Zäunen u. ä. durch rechtzeitiges Abhauen vor der Reife.

48. *Malva borealis* WALLM. (*M. rotundifolia* LINN. p. p. *M. pusilla* WITH.). Kleinblütige Käsepappel, Rundblättrige Malve, engl. Mallow. *Malva borealis* (Fam. Malvaceae) ist ein einjähriges Unkraut mit zapfenförmiger Wurzel,

[1] DORPH-PETERSEN: Nogle Undersögelser over Ukrudtfrös Forekomst og Levedygtighed. Sonderdruck der Tidsskr. f. Landbr. Pl. avl. Bd. 17, S. 618.

sehr ästigem, liegendem, dann aufsteigendem, 30—60 cm langem Stengel, schwachlappigen bis gekerbten, behaarten Blättern und blüht von Juli bis September. Die kleinen Blüten haben weiße Kronenblätter von gleicher Länge wie der Kelch (Abb. 125). Die Samen sitzen als kleine Nüßchen zu je 10 in einer Spaltfrucht, sind scheibenförmig, rund und haben in der Mitte eine Vertiefung. Die gelbbraune Oberfläche hat 10—11 vom Mittelpunkt ausstrahlende Rippen, grubenförmige

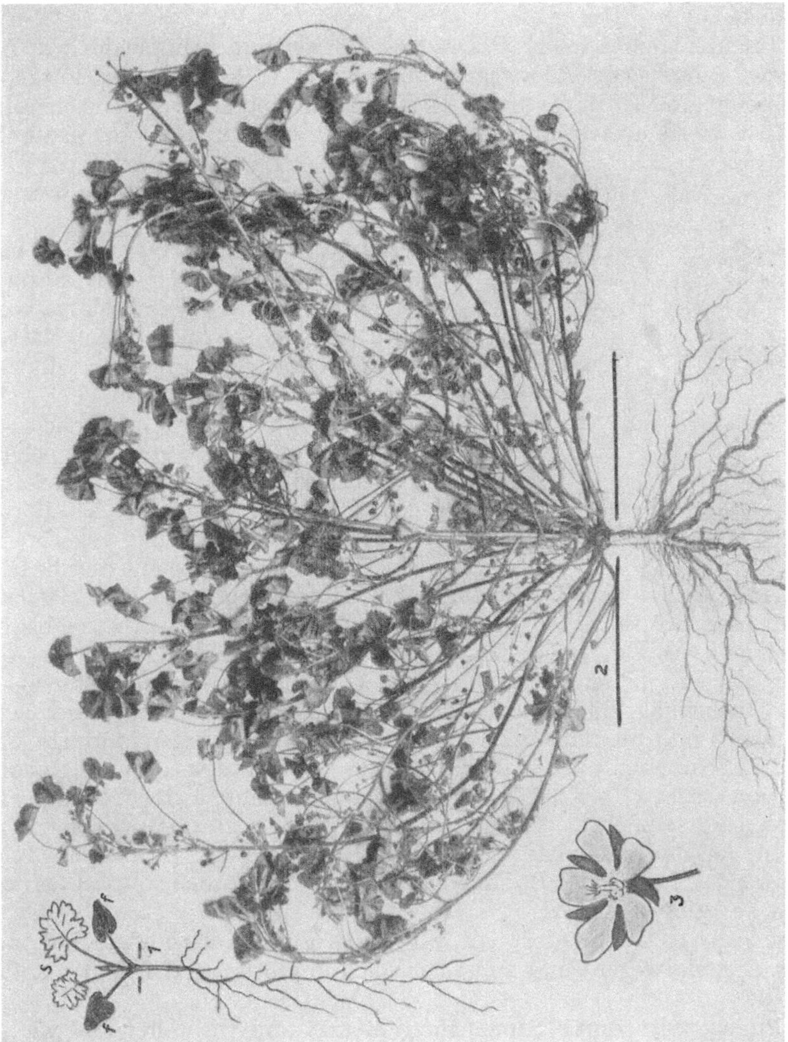

Abb. 125. *Malva borealis.* *1* Keimpflanze; *f* Keimblätter, *s* Stengelblätter, nat. Gr.; *2* Pflanze im Verblühen, $^1/_4$ nat. Gr.; *3* Blüte, 3fach vergr. Eig. Aufn. u. Zeichn.

Vertiefungen und verstreut sitzende, steife Haare. Jeder der im Durchmesser etwa 6 mm messenden Samen ist von einer strohgelben, runzligen, an der Oberfläche mit Grübchen versehenen Kapsel umschlossen. Der Same ist ungleichmäßig rund, von der Seite her grubenförmig vertieft, am Rücken breitlicher als an der Basis, an der sich eine ungleichmäßige, einen stumpfen Schnabel bildende Vertiefung findet. Die schwachglänzende Oberfläche trägt feine Grübchen und ist vollständig, am dichtesten aber am Grunde, von einer geronnenen, gelbbraunen

Masse überzogen, die dem dunkelvioletten, am Grunde helleren Samen ein etwas graues Aussehen gibt (Abb. 126). 1000-K.Gew. etwa 2,4 g, mit Kapsel etwa 3,1 g, Länge und Breite etwa 2,0 × 1,8 mm, Samenzahl je Pflanze etwa 500, je kg etwa 415000. Im Laboratorium liefen in einem Falle 63% in 482 Tagen auf, im Freien keimten bei Aussaat im Herbst im Sandboden während des folgenden Frühjahrs 80%. Von derselben Probe keimten im Laufe des Sommers nach Aussaat im Frühjahr 8%, während von einer anderen Probe im Laufe von 23 Tagen 59% aufliefen.

Die Pflanze kommt im Nutzland, auf Plätzen und Schutthalden in Europa bis zu etwa 63,5° n. Br. (Norwegen) vor. Sie wird durch Samen fortgepflanzt und verbreitet und ist mitunter in Küchengärten und Gärtnereien sehr gewöhnlich. Selbst wo sie einzeln auftritt, fordert sie viel Platz und wird dadurch sehr lästig. Die Bekämpfung geschieht während des Wachstums durch Bodenbearbeitung und Jäten.

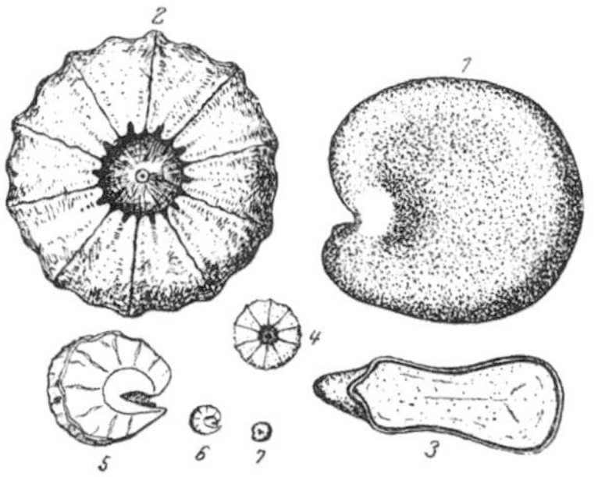

Abb. 126. *Malva borealis.* *1* Same; *3* Samenquerschnitt, 11fach vergr.; *2* Spaltfrucht; *5* Kapsel mit Samen, 4fach vergr.; *4*, *6* u. *7* Spaltfrucht bzw. Kapsel und Samen, nat. Gr. Orig.-Zeichn.

49. *Malva neglecta* WALLR. (*M. vulgaris* FRIES. —Trag. Bl. N. Fl.—). Käsepappel, Kleine Malve, engl. Dwarf Malva, common Malva. *Malva neglecta* (Fam. Malvaceae) ist eine einjährige Pflanze[1] mit zapfenförmiger Wurzel, liegendem oder sich aufrichtendem, bis zu 50 cm hohem, mehr oder weniger ästigem, verstreut behaartem Stengel und nierenförmigen, kreisrunden, gekerbten oder schwach handförmigen, 5—7lappigen Blättern mit gekerbten Lappen. Die Kelchblätter sind sternhaarig und halb so lang wie die weißen oder blaßroten, dunkel geäderten Kronblätter. Die Blütezeit erstreckt sich von Juni bis September, gelegentlich auch bis in den Oktober hinein (Abb. 127). Die einsamigen, in einem Kranze sitzenden 12—15 Teilfrüchte (Nüßchen) bilden eine 2—2,5 mm hohe und im Durchmesser 6—7 mm messende, mehrteilige Spaltfrucht, die unten und an den Kanten vom Kelch umschlossen wird und Flaumhaare trägt. Der rundliche bis nierenförmige Fruchtkern hat als Samenhaftstelle an der Bauchseite eine etwas schiefsitzende Vertiefung; von der Seite her ist er plattgedrückt und geht in einer Rundung in den kantenlosen Rücken über. Die matte, fein gepunkte, graubraune Oberfläche ist am Grunde (an der Samenhaftstelle) von hellem Grauweiß (Abb. 128). 1000-K.-Gew. etwa 1,9 g, Länge und Breite etwa 1,9 × 1,8 mm, Samenzahl je Pflanze etwa 300—500, je kg etwa 526000.

Malva neglecta kommt dort vor, wo sich *Malva borealis* findet, doch nur bis zu 60° n. Br. (Norwegen) und außerdem auch in Nordamerika, Südamerika und Australien.

Die Pflanze wird durch Samen fortgepflanzt und verbreitet und wie *Malva borealis* bekämpft.

50. *Avena fatua* LINN. Flughafer, Windhafer, engl. Wild oat-grass. *Avena fatua* (Fam. Gramineae) ist ein einjähriges 60—125 cm hohes Unkraut mit Faserwurzel, breitlich-linealen Blättern und großer, weißgrauer, etwas gelappter Scheidenhaut. Die ausgebreitete, allseitswendige Rispe trägt zu dreien, seltener zu zweien zusammensitzende, niederhängende Ährchen. Die rostfarbenen Deckspelzen sind behaart, an der Spitze leicht gespalten und haben hautartige, ge-

[1] HEGI: Illustrierte Flora von Mitteleuropa Bd. 5, Teil 1, S. 485, 487 führt *Malva borealis* und *Malva neglecta* als „einjährige oder ausdauernde Pflanzen" an.

zähnte Lappen. Blütezeit im Juli und August, Samenreife gleichzeitig mit sechszeiliger Gerste und früher als bei spätreifenden Hafersorten (Abb. 129). Der langgezogene, fleischige und sich beiden Enden zu verschmälernde Same ist in

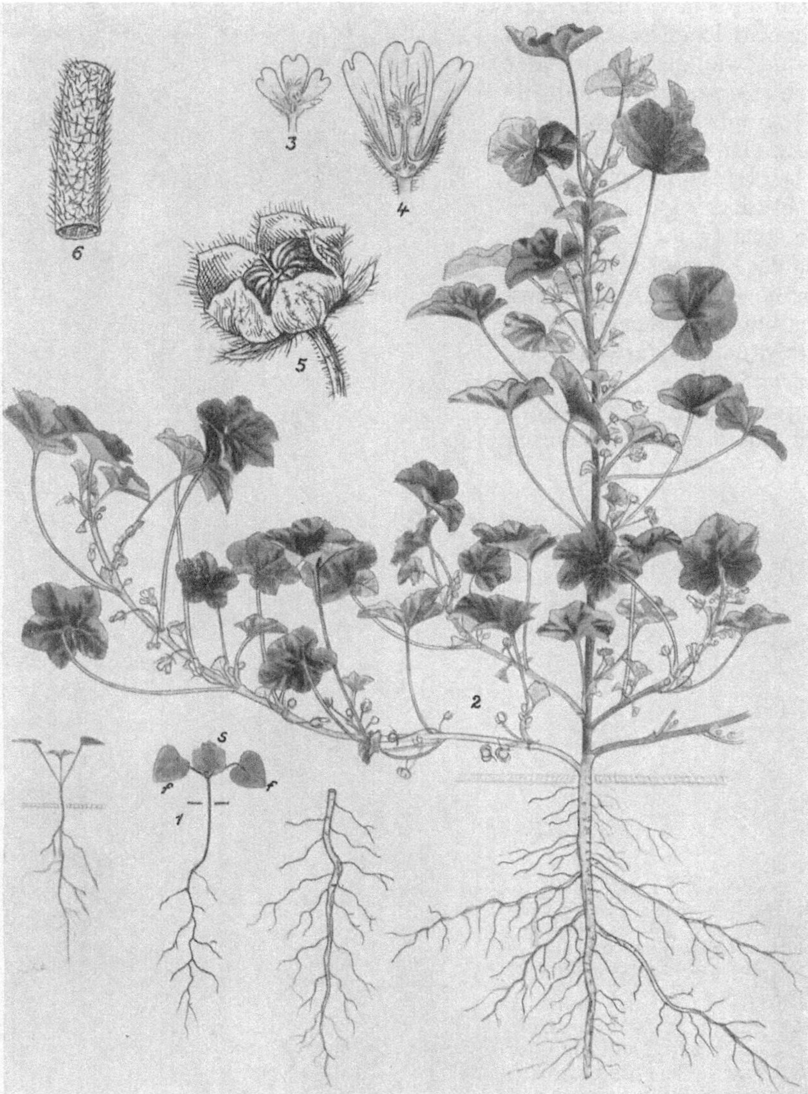

Abb. 127. *Malva neglecta.* *1* Keimpflanze, *f* Keimblätter, *s* Stengelblatt, nat. Gr.; *2* vollentwickelte Pflanze, $^1/_4$ nat. Gr.; *3* Blüte, $^3/_4$ nat. Gr.; *4* Blüte im Längsschnitt, $^3/_2$ nat. Gr.; *5* Blüte im Fruchtstand von innerem und äußerem Kelch umgeben, 3 fach vergr.; *6* Stengelstück mit einzelnen und sternförmigen Haaren, 2 fach vergr. Orig.-Zeichn.

der Mitte am dicksten. Die äußere Deckspelze ist etwas vorgewölbt und trägt etwas oberhalb der Rückenmitte eine vom Rückennerven ausgehende, etwa 17 mm lange, gedrehte, gekniete Granne[1]. Am schief abgestumpften Grunde be-

[1] Mittels dieser Anordnung (borstiger Behaarung vom Grunde bis zur Mitte sowie gedrehter, geknieter Granne) vermag der Same an Wänden, unter Dächern oder, wo er sonst haften kann, entlang zu wandern.

findet sich eine Einwölbung mit ringförmiger Kante. An beiden Seiten sitzt am Grunde eine Reihe langer, steifer, aufrechter, graugelber Haare. Das oberständige Stielchen ist etwa 4 mm lang und wie die Kanten der inneren Deckspelzen und die rauhe, graubraune Samenoberfläche mit langen, steifen Haaren dicht besetzt (Abb. 130). 1000-K.-Gew. etwa 22,5 g[1], Länge und Breite etwa 13,4 × 2,0 mm, Samenzahl je Pflanze schwankt mit den örtlichen Verhältnissen und Wachstumsbedingungen und beträgt etwa 450, je kg etwa 44500[2].

Avena fatua hat dicke Deckspelzen, die den Kern dicht umschließen. Dadurch

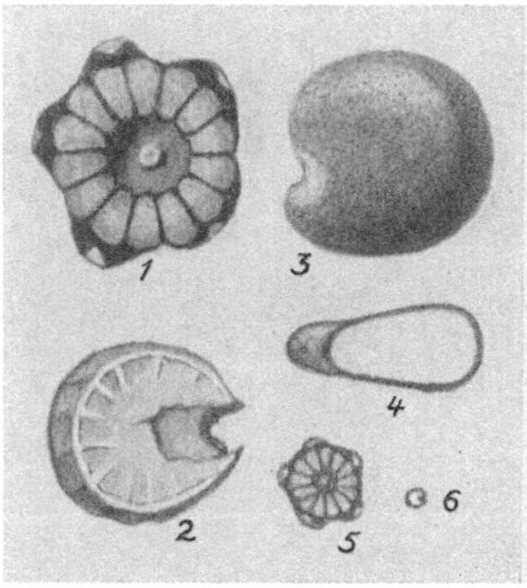

Abb. 128. *Malva neglecta*. *1* Spaltfrucht mit Hüllblättern, 3fach vergr.; *2* Kapsel mit Samen, 8fach vergr.; *3* Same; *4* Samenquerschnitt, 10fach vergr.; *5* u. *6* Spaltfrucht und Same, nat. Gr. Orig.-Zeichn.

Abb. 129. *Avena fatua*. *A* Keimpflanze; *B* blühende Pflanze, etwa $^1/_4$ nat. Gr.; *1* blühendes Ährchen; *2* nackte Blüte, $^3/_2$ nat. Gr.; *3* Same; *4* Körner, 2fach vergr.; *5* Teil von Blattscheide mit Scheidenhaut, $^3/_5$ nat. Gr. Nach Korsmos Unkrauttafeln.

---

[1] Zade gibt in Arb. d. dtsch. Landw. Ges. H. 229: Der Flughafer 1912, S. 81 an: „Bei größeren Körnern von *Avena fatua* beträgt das 1000-K.Gew. etwa 30 g.“ Diese Körner waren so groß, daß sie in einem Sieb mit einer Maschenweite von 2 mm zurückgehalten wurden. Gewöhnlicher Hafer, den dieses Sieb durchließ, hatte ein 1000-K.-Gew. von etwa 40,05 g.

[2] Wehsarg nennt je Pflanze eine Höchsterzeugung von 800 Samen. (Siehe Arb. d. dtsch. Landw.-Ges. 1918. H. 294, S. 212.)

keimt der Same langsam und kann jahrelang in der Erde liegen, ohne seine Keimkraft zu verlieren. Von vorjährigem, trocken gelagertem Samen keimten immerhin bei einem Laboratoriumsversuch 100% in 5 Tagen. Im Freien traf es sich, daß bei Aussaat zu üblicher Zeit im Frühjahr bei 2 Versuchen im Laufe des Sommers überhaupt kein Same auflief, während beim dritten Versuch nach 42 Tagen 14% gekeimt waren. Wurden die Deckspelzen dagegen geöffnet und der Kern freigelegt, liefen binnen 3 Wochen 75% auf. Bei Aussaat im Herbste keimten im Freien im Mai des folgenden Frühjahrs 73%. ZADE hat durch Versuche nachgewiesen, daß der Grad der Bodenwärme auf die Keimung Einfluß hat. In warmen Boden gesäter Same keimte bereits nach einigen Tagen, während Same, der in kalte, feuchte Erde gelegt wurde, im Laufe des Sommers trotz guter, später einsetzender Sommerwärme überhaupt nicht auflief. Same, dessen Keimprozentzahl 96 war, lief nach vierzehntägiger Lagerung in einem feuchten Keimbeet im Keller überhaupt nicht auf. Das langsame Auflaufen dieses Samens kennzeichnen auch folgende, von ZADE vorgenommenen Versuche: Von 4 Proben zu je 100 gewöhnlichen Haferkörnern liefen in 10 Tagen 85% auf. Von auf die gleiche Art zur Keimung gebrachten Samen von *Avena fatua* liefen in 10 Tagen 3,75%, in 19 Wochen 4,25% auf, während von gleichzeitig durchstochenen Samen 69,0% in 10, 69,5% in 30 Tagen und von 4 Wochen alten Samen 92,5 bzw. 93% zur Keimung gelangten.

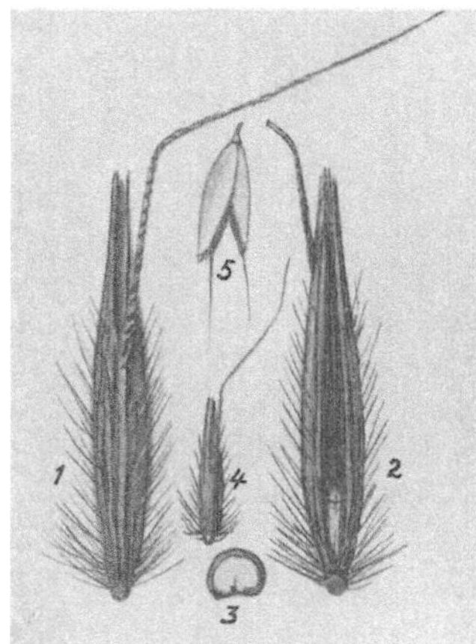

Abb. 130. *Avena fatua*. *1* u. *2* Rücken und Bauchseite des Samens; *3* Samenquerschnitt, 3fach vergr.; *4* Same, nat. Gr.; *5* Ährchen, $^2/_3$ nat. Gr. Orig.-Zeichn.

Saattiefenversuche ergaben eine größte Tiefe von 20 cm und die höchsten Keimzahlen zwischen 5 und 10 cm. Bei Verfütterung von heilen Samen durchläuft eine große Zahl ohne Verlust der Keimkraft den Tierkörper, so daß Stalldung die Verbreitung sehr befördert.

Avena fatua kommt in Europa[1], Russisch-Asien, und aus Europa in Nord- und Südamerika eingeschleppt, streckenweise als sehr lästiges Ackerunkraut vor. In Deutschland, Frankreich, England und Skandinavien bis zu 61° n. Br. (Norwegen) ist dieses Unkraut ganz gemein und wird im Acker besonders auf leichterem, doch auch auf schwererem Boden lästig. Gewöhnlich treibt die Pflanze 3 bis 6 Halme, sie kann aber allein stehend auf gutem Boden sehr buschig werden und bis 15 Halme hervorbringen.

Die Pflanze wird durch Samen vermehrt und hauptsächlich durch Ausfall am Standort, durch Dresch- und andere Abfälle, durch Stalldung u. ä. verbreitet.

Da *Avena fatua* während des Wachstums auf reifenden Halmfruchtäckern nicht wirksam bekämpft werden kann, unterdrückt man die Pflanze besonders durch

1. Verwendung reinen, vollkörnigen Saatgutes,

2. Anbau von Grünfutter, das vor der Reife geerntet wird, oder von Hackfrüchten, die während des Wachstums gut sauber gehalten werden,

---

[1] E. RABATÉ erwähnt *Avena fatua* in La destruction des Mauvaises Herbes S. 140 als ein sehr lästiges Ackerunkraut. In Dtsch. landwirtschaftl. Presse Jg. 49, Nr. 7, 25. I. 1922 betont BIPPERT, Magdeburg, in einem längeren Aufsatz, daß *Avena fatua* auf kalkhaltigem Boden sehr lästig ist.

3. Halbbrache mit nachfolgendem Grünfutteranbau, oder auch durch Kämmen oder flaches Brachen des Ackers. Im letzten Falle wird der Boden abwechselnd tief gepflügt und geschält, um möglichst viel Samen in Keimtiefe zu bringen und dadurch das Auflaufen während der Ruhepausen bei der Behandlung zu fördern,

4. gründliches Mahlen oder Aufkochen von Dresch- und anderen Abfällen vor ihrer Verwertung als Futter. Gemeinschaftlich benutzte Dresch- und Reinigungsmaschinen sollten nach Gebrauch auf den einzelnen Höfen einer gründlichen Säuberung unterzogen werden.

51. *Avena strigosa* SCHREB. Rauh- oder Sandhafer. *Avena strigosa* (Fam. Gramineae) ist ein einjähriges Unkraut mit Faserwurzel, bis zu 1 m hohen Halmen und fast einseitswendiger, zweiblütiger Rispe. Die Pflanze blüht im Juli und August und hat nach der Reife schwarze Spelzen. Die schlanken, im Querschnitt fast runden Samen sind in der Mitte am dicksten und spitzen sich nach oben hin gleichmäßig zu. Die Deckspelze ist ganz glatt, oben in 2 lange, pfriemförmige Spitzen gespalten. Vom Grunde der Deckspelze steigt ein Mittelnerv auf, der etwa in halber Höhe des Samens in eine etwa 16,5 mm lange spiralig gedrehte, gekniete Granne übergeht. Die Blütenstielchen sind etwa 2,5 mm lang, hellfarbig, oben etwas erweitert und mit weißen, bürstigen Haaren besetzt. Die Kanten der Spelze tragen hakenförmige, bürstige Haare. Die punktierte, braune bis gelbbraune Samenoberfläche ist längsgestreift. Der Same ist einschließlich der ganzen Deckspelze 15,6 mm lang und 2 mm dick (Abb. 131). 1000-K.Gew. etwa 16,3 g, Länge und Breite etwa 15,6 × 2 mm, mit Granne 22—23 mm, Samenzahl je kg etwa 61300.

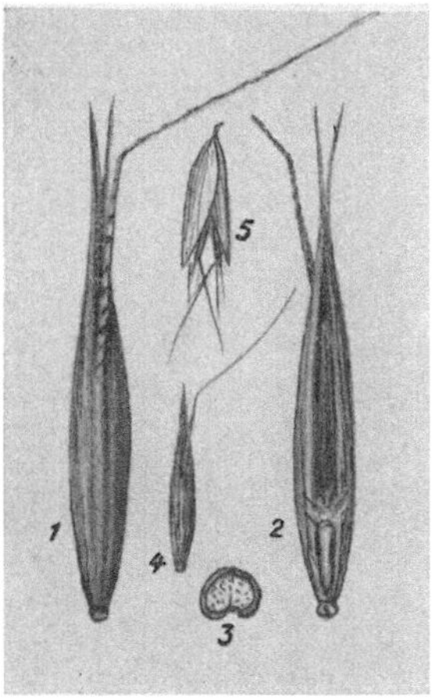

Abb. 131. *Avena strigosa.* *1* u. *2* Rücken und Bauchseite des Samens; *3* Samenquerschnitt, 3fach vergr.; *4* Same, nat. Gr.; *5* Ährchen, etwa 3/5 nat. Gr. Orig.-Zeichn.

Avena strigosa findet sich als Ackerunkraut auf leichtem, sandigem, Boden in West-, Mittel- und Nordeuropa[1] bis zu ungefähr 64° n. Br. (Norwegen).

Die Pflanze wird durch Samen fortgepflanzt und verbreitet und auf gleiche Art wie *Avena fatua* bekämpft.

52. *Lolium temulentum* LINN. Taumellolch, engl. Darnel. *Lolium temulentum* (Fam. Gramineae) ist ein einjähriges Unkraut mit Faserwurzel, bis zu 1 m hohen, aufrechten, unterhalb der Knoten und oben rauhen Halmen, rauhen, flachen Blättern und kurzer, schmutziggrauer Scheide. Blütezeit im Juli und August, die Reife tritt in nördlichen Breiten spät ein (Abb. 132). Die rauhe Ährenspindel ist fast oder ganz aufrecht, 15—20 cm lang und trägt bis zu 13 sitzende, 6—8 blütige, längliche, wechselweise die Schmalseite der Spindel zuwendende Ährchen. Nur bei den obersten Ährchen sind beide Kelchspelzen voll entwickelt. Bei den Seitenährchen ist die der Spindel zugekehrte Kelchspelze im Wachstum zurückgeblieben oder verkümmert. Die vollentwickelte äußere ist gewölbt, ohne Granne und etwa ebenso groß wie das Ährchen. An der äußeren Deckspelze sitzt eine Granne.

Die Pflanze ist von starkem Wuchs und kann sich über dem ersten Glied des Haupthalmes in 2 ährentragende Halme teilen.

Der fast ovale, am oberen Ende stumpf zugespitzte Same trägt an der Spitze

[1] In Jütland (Dänemark) baut man die Pflanze auf magerem Boden an. Siehe Veiledning i den danske Flora. 13. Ausg. S. 43.

des Rückens eine 10—12 mm lange, gerade, steife Granne. Der schnabelförmige Grund ist quer abgestumpft. Die äußere Deckspelze ist vom Grunde her ein Stück samenaufwärts an der Unterseite umgebogen. Die Stiele an der Bauchseite sind etwa 1,6 mm lang, glatt, flach und weißgelb. Die innere Deckspelze ist gewölbt, faltig und von gleicher Länge wie die Kelchspelze. Die feinstreifige, ungleichmäßige Oberfläche ist hellbraun bis weißgelb (Abb. 133). 1000-K.-Gew. etwa 10,0 g, Länge und Breite etwa 5,6 × 2,0 mm, Samenzahl je Pflanze etwa 300, je kg etwa 100000. Der Same keimt im allgemeinen leicht. Bei Keimversuchen im Laboratorium liefen von 2 Jahre altem Samen in 80 Tagen 92%, von trocken gelagertem Samen in 4 Tagen 100% auf. Von der letzten Probe liefen in 0,5 cm Tiefe im

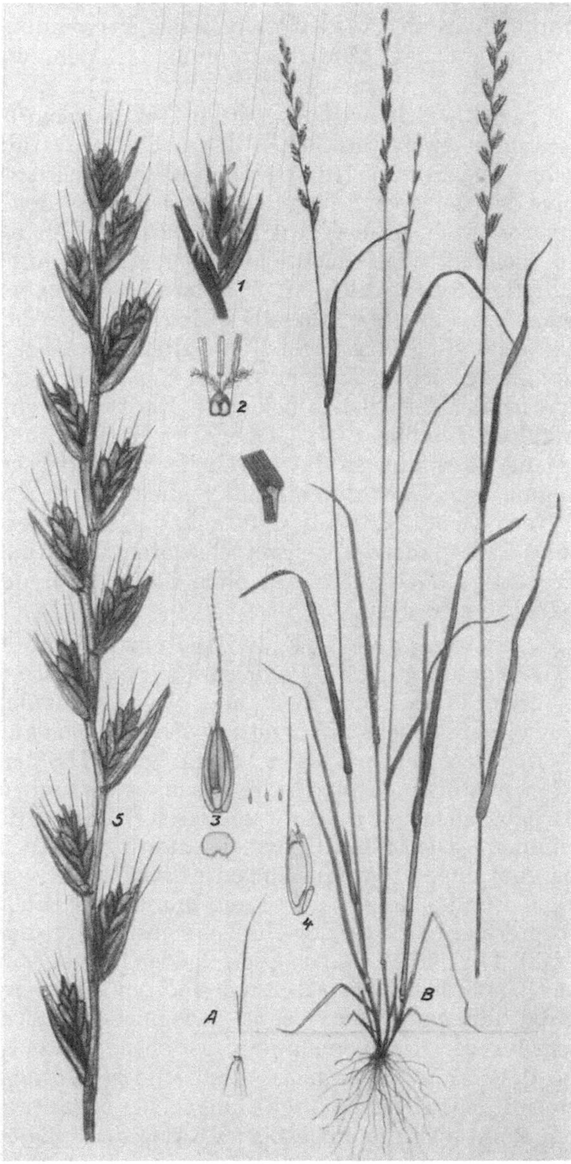

Abb. 132. *Lolium temulentum.* *A* Keimpflanze; *B* blühende Pflanze, 1/5 nat. Gr.; *1* blühendes Ährchen; *2* nackte Blüte, etwa 4/3 nat. Gr.; *3* Same mit Querschnitt darunter; *4* Samenlängsschnitt, 2fach vergr.; *5* Ähre, nat. Gr. Nach Korsmos Unkrauttafeln.

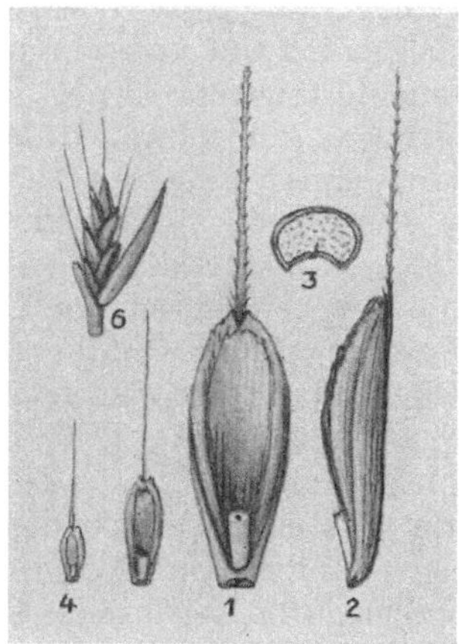

Abb. 133. *Lolium temulentum.* *1—3* Same von vorn, von der Seite und im Querschnitt gesehen, 9/2 nat. Gr.; *4* Same, nat. Gr.; *6* Ährchen, nat. Gr. Orig.-Zeichn.

Freien während einer Zeit von 22 Tagen 93% auf, die in 120 Tagen 68 cm hohe Pflanzen mit reifem Samen entwickelten.

Lolium temulentum findet sich auf etwas schwererem Boden gelegentlich als lästiges Ackerunkraut in Süd- und Mitteleuropa, Mittelasien, Nord- und Südamerika, Australien, Südafrika und im südlichsten Skandinavien bis zu 64°12′ n. Br. (Norwegen)[1].

Die Pflanze wird durch Samen fortgepflanzt und verbreitet; da diese sich vorwiegend im Getreide finden, empfiehlt es sich, das Korn vor der Verwendung einer sehr scharfen Reinigung zu unterziehen. Die Bekämpfung geschieht wie beim Flughafer.

Die Samen sind giftig. Als Ursache der Giftwirkung vermutet man den Pilz *Stromatinia temulenta*, dessen steriles Gewebe im Samen dieses Unkrautes unmittelbar außerhalb der Kleberschicht liegt und sich durch die ganze aufwachsende Pflanze hindurchziehen kann, ohne daß es jedoch gelungen wäre, Sporenbildungen nachzuweisen oder den Pilz rein zu züchten. Eine Krankheit scheint der Pilz bei seinem Wirt nicht hervorzurufen, vielmehr glaubt man, daß er der Pflanze durch Bindung und Zuführung von Luftstickstoff nützlich ist. Wo *Lolium temulentum* auch auftritt, bewirtet es fast immer diesen Pilz. Dieselben Erscheinungen hat man an Samen von *Lolium temulentum*, die in etwa 4000 Jahre alten ägyptischen Königsgräbern gefunden wurden, festgestellt[2]. Schon in den Tagen VIRGILS, OVIDS und PLINIUS' war die Giftwirkung der Pflanze bekannt. Die Pflanze enthält das giftige, narkotische Alkaloid Temulin ($C_7H_{12}N_2O$). Der Same enthält 0,06%, also eine ganz geringe Menge Temulin, so daß wirkliche Vergiftungserscheinungen erst bei Verunreinigung des Korns durch große Samenmengen von *Lolium temulentum* eintreten. Nach Genuß des auf Gehirn und Rückenmark wirkenden Giftes treten Kopf- und Leibschmerzen, Schwindel, Ohrensausen und eine sich daraus ergebende eigenartige Müdigkeit auf, ohne daß Genuß des Samens im allgemeinen den Tod zur Folge hätte[3].

53. *Panicum glaucum* LINN. = *Setaria glauca* P. B. Gilb-Fennich, Seegrünes Fennichgras, engl. Glaucous Panicum. *Panicum (Setaria) glaucum* (Fam. Gramineae) ist eine einjährige Pflanze mit mehr oder weniger bündelförmiger Faserwurzel, wenigen bis vielen, aus einer Wurzel schossenden, sich aufrichtenden oder aufrechten, 10—80 cm (gelegentlich bis zu 100 cm) hohen Halmen, linienförmigen bis lanzettlichen, gleichmäßig zugespitzten, unterseits etwas rauhen, oberseits kahlen, am Grunde spärlich behaarten Blättern und losen Scheiden, die unten am Grunde oft rötlich schimmern. Die Blütenrispe ist ährenförmig, walzlich, 3—7 cm lang, mit vielen (bis zu 100) ungefähr 3 mm langen Ährchen. Letztere tragen am Grunde ein geißelartiges Bündel langer, aufrechter, grannenähnlicher, braungelber Borsten von viel größerer Länge als die der Ährchen selbst. Blüte und Reife von Juli bis Oktober (Abb. 134). Der Same wird von 3 verschieden langen, vom Rücken her zusammengedrückten, häutigen Kelchspelzen umschlossen, deren unterste dreinervig und kleiner als die übrigen fünfnervigen ist. Die mittlere Kelchspelze bedeckt etwa $^2/_3$ des Samenrückens. Die obere, innere, fast ebene Spelze ist am größten und deckt die ganze Bauchseite des Samens. Der Same ist eiförmig, jedoch mit im Querschnitt kreisförmig gewölbter Rückseite und ebener oder etwas eingebeulter Bauchseite, an deren Rand man die umgebogene Kante der äußeren Deckspelze bemerkt. Der dickschalige Same ist von einer lederartigen Deckspelze überzogen und hat eine graubraune bis gelbbraune, querrunzelige Oberfläche. 1000-K.Gew. etwa 3,1 g, Länge und Breite etwa 3,0 × 1,9 mm[4], die Samenzahl

---

[1] In Mitteleuropa, Süd- und Mittelschweden, ganz Dänemark und in Norwegen bis nach Ranen hinauf findet sich besonders unter Flachs *Lolium remotum* (*Lolium linicola*) der leinliebende Lolch.

[2] ERIKSSON, J.: Landtbruksväxternas Svampsjukdomar S. 150.

[3] ESSER: Die Giftpflanzen Deutschlands S. 23 ff.

[4] WITTMACK: Landwirtschaftl. Samenkunde, 2. Aufl. 1922, S. 150 gibt die Größe der Ährchen (Scheinfrüchte) 3 mm lang, 1,75—2 mm breit und 1,3 mm dick an.

je Pflanze schwankt je nachdem, wieviel Rispen die Pflanze bildet und wie starkbüschig sie ist, zwischen 200 und 1500; Samenzahl je kg etwa 32300.

Der Same läuft schnell auf. Es wird allgemein betont, daß er seine Keimkraft bei Lagerung im Boden jahrelang behält und, sobald er in Keimtiefe gelangt und Wärme und Licht empfängt, willig keimt[1].

Panicum glaucum findet sich gelegentlich als gemeines und lästiges Unkraut auf Äckern, Kleewiesen, Brachen, an Wegrändern, Abhängen u. ä. und ist in den gemäßigten und warmen Zonen der südlichen und nördlichen Erdhälfte verbreitet. Nach Amerika ist es wahrscheinlich durch Korn und Wiesensaat aus Europa, wo es nördlich bis Dänemark vorkommt, verschleppt.

Die Pflanze wird durch Samen und auf gleiche Weise wie die übrigen einjährigen Unkräuter verbreitet. Sehr oft bildet dieses Unkraut den stärksten Verunreinigungsbestandteil von Gras-, Kleesamen und Getreide[2]. Außerdem findet sich der Same oft in Dresch- und Reinigungsabfällen reifen Sommergetreides. Auch beim Ernten und Einfahren und auf Hackfruchtäckern, sobald er Gelegenheit zum Reifen bekommt, fällt viel Same aus. Auf Hackfruchtäckern, wo aller Same ausfällt, zwingt dieser Umstand zu durchgreifender Reinhaltung, während die Pflanze im Sommerkorn teilweise unterdrückt wird, indem man den Acker unmittelbar vor oder bei dem Durchbruch der Getreidekeime ein- bis zweimal mit der Unkrautegge behandelt. Durch Eggen, Schälen und Schleifen des Stoppelfeldes nach der Ernte wird ein gut Teil des ausgefallenen oder von früher her in der Erde lagernden keimfähigen Samens in der Keimung gefördert, wodurch

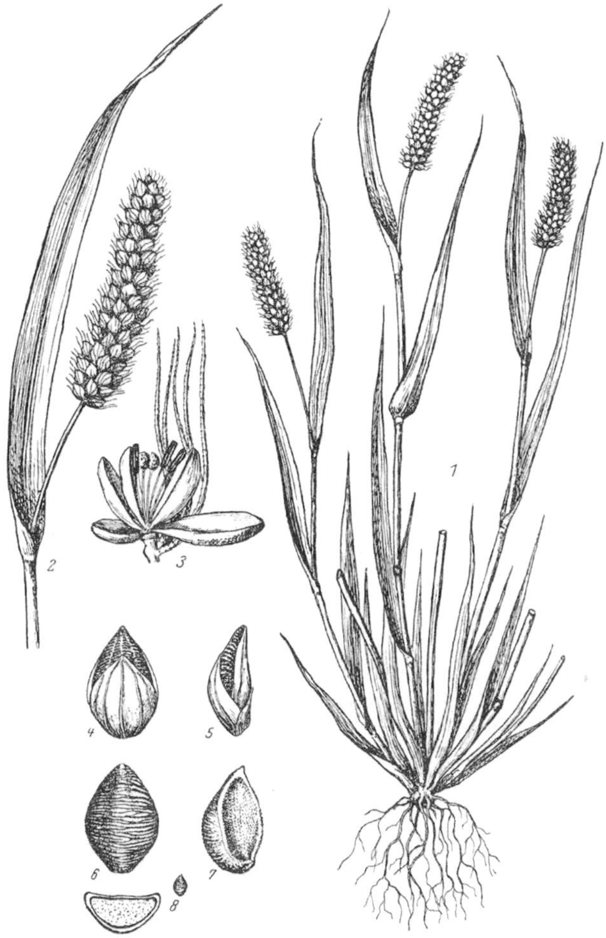

Abb. 134. *Panicum glaucum* (= *Setaria glauca*). *1* Pflanze, etwa 1/2 nat. Gr.; *2* oberer Teil, nat. Gr.; *3* Blüte; *4* u. *5* Früchtchen, *6*, *7* Samenkorn, vom Rücken und von der Seite gesehen, sowie Samenquerschnitt, etwa 5fach vergr.; *8* Same, nat. Gr. Orig.-Zeichn.

[1] Georgia, Ada, E.: A Manual of Weeds. New York 1921. S. 32.
[2] Georgia, Ada, E.: Ebenda.

die Vernichtung der aufkommenden Keime bei späterer Bodenbearbeitung erleichtert wird. Durch Gilb-Fennich verseuchte Wiesen sollten früh abgeerntet werden. Ebenso hindert das Einholen der Grummeternte im Herbst die Pflanze an der Reife. Das wichtigste in der Reihe der Mittel zur vorbeugenden Bekämpfung dieses Unkrautes ist die Verwendung reinen Saatgutes überhaupt. So lange die Pflanze ganz jung ist, wird sie von den Haustieren gefressen. Aber sie wird bald hart und als Futter wertlos. Bleibt sie an Wegrändern u. ä. bis zur Reife ungehindert stehen, wird ihr Same oft und gern von kleineren Vögeln und Federvieh gefressen, nicht immer verdaut und so über das Nutzland verbreitet.

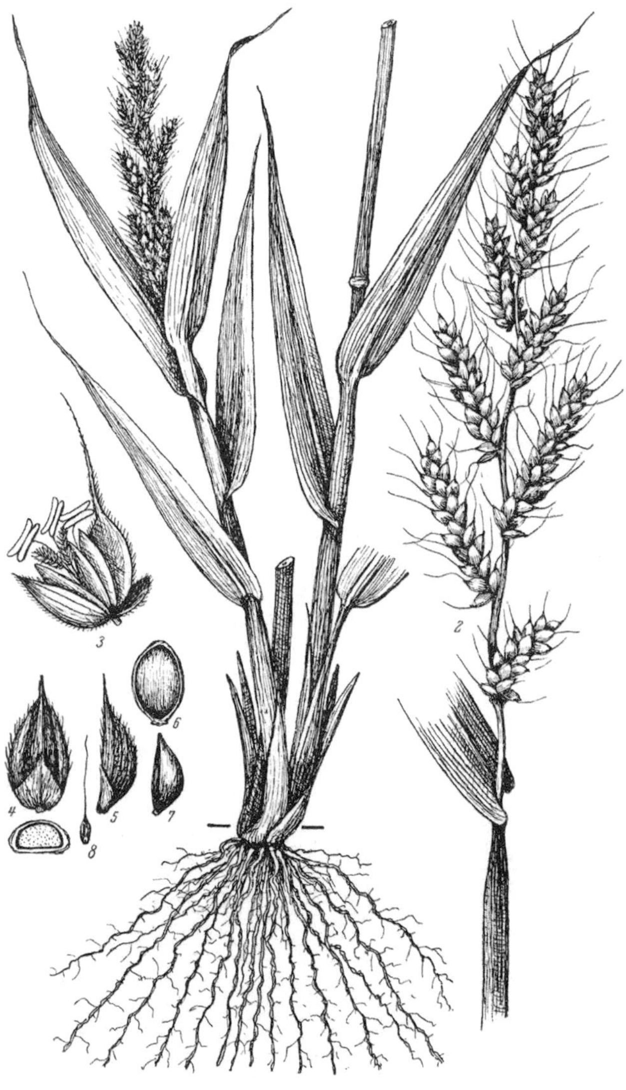

Abb. 135. *Panicum crus galli.* *1* Pflanze, etwa $^1/_2$ nat. Gr.; *2* oberer, reifer Fruchtstand, etwa nat. Gr.; *3* blühendes Ährchen, 4fach vergr.; *4* u. *5* Bauchseite, Schmalseite bzw. Querschnitt reifer Früchtchen, $4^1/_2$fach vergr.; *6* u. *7* Samen, Bauchseite und Schmalseite, $4^1/_2$fach vergr.; *8* Früchtchen, nat. Gr. Orig.-Zeichn.

Im Anschluß an die erwähnte Art mögen folgende beiden, hierhergehörigen, einjährigen Arten der Gattung *Panicum* (*Setaria*) genannt werden, da sie beide mehr oder weniger und auf ähnliche Art wie *Panicum glaucum* als Unkräuter verbreitet sind:

a) *Panicum viride* LINN. (=*Setaria viridis* P.B.), Grüner Fennich, Grünes Fennichgras, engl. Green Panicum.

Die Verbreitung der Pflanze stimmt etwa mit der von *P. glaucum* überein und reicht im Norden bis nach Südwestskandinavien.

b) *Panicum verticulatum* LINN. (= *Setaria verticillata* P. B.), Wirtel-Fennich, Quirlblütiges Fennichgras, engl. Rough Panicum.

Die Pflanze ist ein im Land- und Gartenbau verbreitetes Unkraut und findet sich in Südeuropa, im Norden bis nach England und Südschweden, im Osten bis nach Vorderasien.

Die Fortpflanzung, Verbreitung und Bekämpfung geschieht wie beim Gilb-Fennich.

54. *Panicum crus galli* LINN. = *Echinochloa crus galli* BEAUV. Hühner-Hirse, engl. Cockspur Panicum. *Panicum crus galli* (Fam. Gramineae) ist ein einjähriges Unkraut mit starker Faserwurzel, einzelnen bis mehreren kräftigen, am Grunde knieförmig geknickten, steigenden, kahlen, etwa 20—80 cm hohen oder noch höheren Halmen, glatten Scheiden, am Rande rauhen, sonst kahlen Blättern ohne Scheidehaut und mit derber, hellfarbiger Mittelrippe. Die aufrechte, selten etwas geneigte, 10—25 cm lange Blütenrispe besteht aus einseitigen zusammengesetzten Ähren, deren zahlreiche Zweige zur Reifezeit mehr oder weniger von der Hauptachse sperrig abstehen und dicht gedrängte, fast sitzende, einhäusige, eiförmige, 3—4 mm lange, 2—2,3 mm breite Ährchen tragen mit steif behaarten, stacheligen Kelchspelzen und glänzenden, kahlen, den Samenkern und dessen Schale umschließenden Deckspelzen. Die Mittelrippe der Deckspelze läuft in eine kurze, grannenartige, borstige Spitze aus. Die Vorspelze kann eine lange Granne haben. Die Farbe ist rotviolett bis blauschwarz oder blaßgelb (Abb. 135). Blüte- und Reifezeit von Juni bis September.

Der Same ist von 3 häutigen, mit Hautkanten versehenen Kelchspelzen umgeben, deren unterste viel kleiner ist als die beiden übrigen gleichlangen Stachelspitzen. Die Kelchspelzen sind 5nervig und besonders an der vorderen Seite der Seitennerven verstreut mit steifen, spitzen, vorn übergebeugten, rauhen Haaren bedeckt. Der Same, von den Kelchspelzen ganz eingeschlossen, löst sich ziemlich leicht heraus. Er ist eiförmig, jedoch mit abgerundeter, im Durchschnitt kreisförmiger Rückenseite und mit einer am Rande kragenförmigen Kante versehenen Bauchseite, an der die umgebogene, ebene oder etwas eingebeulte Rückenspelze hervortritt. Am Grunde befindet sich eine zapfenförmige Samenhaftstelle. Die glatte, glänzende Oberfläche ist schwach längsstreifig und auf dem Rücken etwas gerieft. Sie ist fein graugescheckt bis hellgrau. 1000-K.Gew. etwa 1,5 g, Länge und Breite etwa $2{,}5 \times 1{,}8$ mm[1], Samenmenge je Pflanze schwankt mit der Anzahl vollentwickelter Ähren zwischen 200 und etwa 1000 oder mehr, Samenzahl je kg etwa 666000.

Die Pflanze ist besonders auf etwas feuchtem, niedrigem oder sumpfigem Boden gelegentlich als sehr lästiges Unkraut des Land-, Garten- und Weinbaues, auf Wiesen, Sommergetreide- und Maisäckern, im Gartenboden und außerdem an Weg- und Grabenrändern, Schutthalden u. ä. verbreitet. Sie findet sich besonders in den warmen und gemäßigten Zonen der ganzen Erde, namentlich aber der nördlichen Erdhälfte, auf der sich ihr Wachstumsbereich nördlich bis nach Mittelschweden erstreckt.

Die Pflanze wird durch Samen fortgepflanzt und verbreitet und wie *Panicum* (*Setaria*) *glaucum* bekämpft.

An einzelnen Orten verwendet man die Pflanze als Futter und die Körner als Nahrungsmittel[2].

Meistens betrachtet man die Pflanze jedoch als Unkraut, dessen Körner unter günstigen Wachstumsverhältnissen einen ganz gewöhnlichen Verunreinigungsbestandteil von Gras und Kleesamen bilden.

---

[1] WITTMACK: Landwirtschaftl. Samenkunde, 2. Aufl., S. 143 gibt als Länge der Scheinfrucht 3—3,5 mm, als Breite 1,5—2 mm, als Dicke 1—1,6 mm an.

[2] Nach GEORGIA: A Manual of Weeds S. 30 bei den Indianern in Arizona und Südkalifornien. Derselbe Verfasser erwähnt außerdem, daß die junge, saftvolle Pflanze vom Vieh sehr begehrt ist, und in einigen Teilen des Landes, besonders in Überschwemmungsgebieten infolge ihrer spontanen Verbreitung durch Samenausfall sogar reiche Erträge geben kann.

55. *Galium aparine* LINN. (*G. agreste* WALLR.) Kletterndes Labkraut, Klebkraut, engl. Cleavers, goose-grass. *Galium aparine* (Fam. Rubiaceae) ist ein einjähriges Ackerunkraut mit kantigen, ästigen, bis zu 1 m langen Stengeln, die ebenso wie die zu 8 oder 9, kranzförmig angeordneten, linienförmig-lanzettlichen Blätter mit herabgebogenen, kleinen Zacken versehen sind und der Pflanze dadurch das Anhaften und Klettern ermöglichen. Die Pflanze blüht mit weißen oder grünlichen Blüten im Juli und August und fruchtet von Juli bis September (Abb. 136). Die Farbe der zweiteiligen Spaltfrucht wechselt zwischen braun und einem hellen Braun-

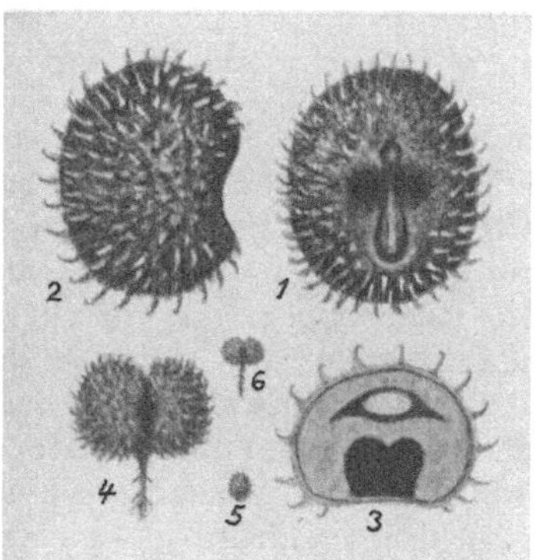

Abb. 137. *Galium aparine.* *1—3* Same von unten, von der Seite und im Querschnitt gesehen, 9fach vergr.; *4* Frucht, 3fach vergr.; *5* Same; *6* Frucht, nat. Gr. Orig.-Zeichn.

gelb und ist bei Vollreife oft schmutzigbraungrau. Die einzelnen, oval-kugeligen Samen (Teilfrüchte) sind an der Innenseite etwas plattgedrückt, mit einer grubenförmigen Vertiefung versehen und gänzlich mit kleinen, borstigen, scharfen Häkchen besetzt (Abb. 137). 1000-K.Gew. etwa 3,7 g, Länge und Breite etwa 2,5 × 2,1 mm, Anzahl Samen je Pflanze etwa 360

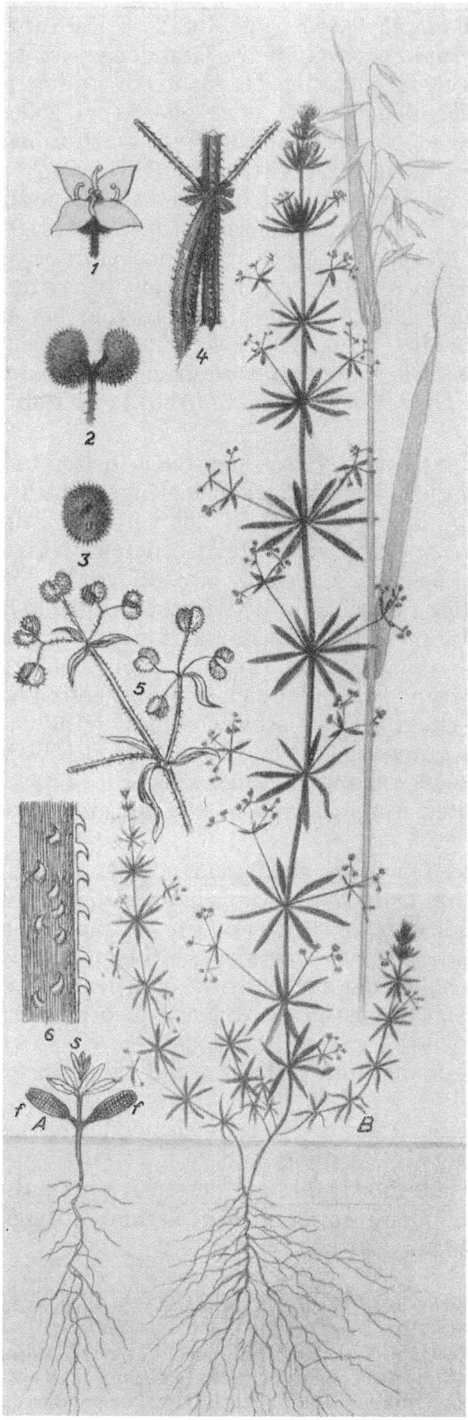

Abb. 136. *Galium aparine.* *A* Keimpflanze; *f* Keimblätter; *s* Stengelblätter, nat. Gr.; *B* voll entwickelte Pflanze, $^1/_5$ nat. Gr.; *1* Blüte, 5fach vergr.; *2* Spaltfrucht; *3* Same, 3fach vergr.; *4* Stengelglied; *5* reifer Fruchtstand, nat. Gr.; *6* Teil einer Stengelkante, 4fach vergr. Nach KORSMOS Unkrauttafeln.

(WIEDERSHEIM nennt 403, CHREBTOW 564, HABERLANDT 700 und LOBE 1100), je kg etwa 270000.

Im Keimapparat läuft der Same oft spät auf. Bei einem Versuch liefen beispielsweise 12% in 15, 61% in 1127 Tagen, bei einem anderen Versuch 88% auf. Im Freien keimten bei 0,5 cm Tiefe von vorjährigem, trocken gelagertem Samen im Laufe von 32 Tagen 53%. WIEDERSHEIM[1] nennt eine Keimprozentzahl bei Versuchen auf Filtrierpapier von 88,5 und erwähnt außerdem, daß von gleichzeitig ausgelegten Samenproben in

Gartenerde	90%	Torfmull	70%
bearbeitetem Ackerboden	80%	Sand	70%
Lauberde	70%	Sägespänen	20%

aufliefen.

Die Keimzeit war bei allen Reihen unverändert, der Reifegrad der Samen war verschieden und übte Einfluß auf die Keimprozentzahl aus. So keimten unter gleichen Bedingungen während der gleichen Zeit von

grünen Samen	13%
grünbraunen Samen	62%
gelbbraunen Samen	76%.

Nach Behandlung des Samens mit Gärungserregern wie Pepsin keimten in 8 Tagen 25%, während nicht behandelter Same nach 4 Wochen überhaupt noch nicht aufgelaufen war[2].

Die Samenblätter sind breit-elliptisch, aufrecht, bis zu 1 cm lang, etwa 0,4 cm breit und an der Spitze mit einem leichten Einschnitt versehen.

Nach der Keimung entwickelt sich die Pflanze schnell; auf schwerem Boden verzweigt sie sich oft nur wenig, während sie sich auf kalkreichem, stark mit Stickstoff gedüngtem, besonders mit Stalldung aufgefrischtem, wie auf leichtem Boden gern sehr verzweigt und viele liegende, blühende Seitensprosse entwickeln kann. Der Hauptast der tiefgehenden, weit verzweigten Wurzel ist schwach und zerteilt sich in mehrere Wurzeläste, von denen keiner fortpflanzungsfähig ist.

Galium aparine kommt in Nutz- und Unland in Europa, Nord-, West-, Zentralasien, Sibirien, gelegentlich auch vereinzelt in Nord- und Südamerika, in ganz Deutschland, auf den britischen Inseln und im Norden in ganz Skandinavien bis zu 68° 56′ n. Br. (Norwegen), ganz zufällig und vereinzelt noch sogar weiter nördlich vor. Die Pflanze findet sich unter Feldfrüchten aller Art im Acker- und Gartenbau sowie gelegentlich auch auf Wiesen, an Zäunen und Gebüschen.

Nach KLEIN, BOLIN und H. JUHLIN DANNFELT[3] kann die Pflanze bei besonders günstigem Klima, wenn sie im Herbst aufläuft, mit der Wintersaat überwintern und nach schneller Entwicklung ihr Wachstum im nächsten Sommer vollenden. Die Pflanze ist in Sommergetreide-, Erbsen-, Flachs- und Hackfruchtäckern gewöhnlich und richtet dort besonders auf leichtem, warmem, nährstoffreichem Boden oft großen Schaden an, indem sie sich während ihrer raschen Entwicklung an der Nutzpflanze festklammert und sie dadurch in der Entwicklung

[1] WIEDERSHEIM: Das Kletterlabkraut. Arb. d. dtsch. Landw. Ges. 1912. H. 203, S. 15—19.

[2] Siehe WAUGH: Wirkung von Enzymen bei deren Verwendung bei der Keimung. Ref. Jahresber. f. Agrikulturchemie 1898.

[3] KLEIN erwähnt in Unsere Unkräuter S. 75, *Galium aparine* sei einjährig oder winterannuell, BOLIN in Våra vanligsta Åkerogräs S. 111, „daß der Same des kletternden Labkrautes im Winterkorn gleich nach der Aussaat keimt und bereits im Herbst reich verzweigte Pflanzen, die überwintern, entwickelt". H. JUHLIN DANNFELT sagt im Handbok i Jordbrukslära, 2. Aufl., S. 167, daß die Pflanze einjährig ist, aber bei Aussaat mit der Winterfrucht überwinternde Pflanzen entwickelt, die im folgenden Sommer aufwachsen, sich an die Ackerfrucht heften und sie zusammenschnüren.

behindert. Schlecht gesäuberte Kartoffel-, Flachs- und Erbsenäcker können ab und an von diesem Unkraut vollständig überwuchert werden.

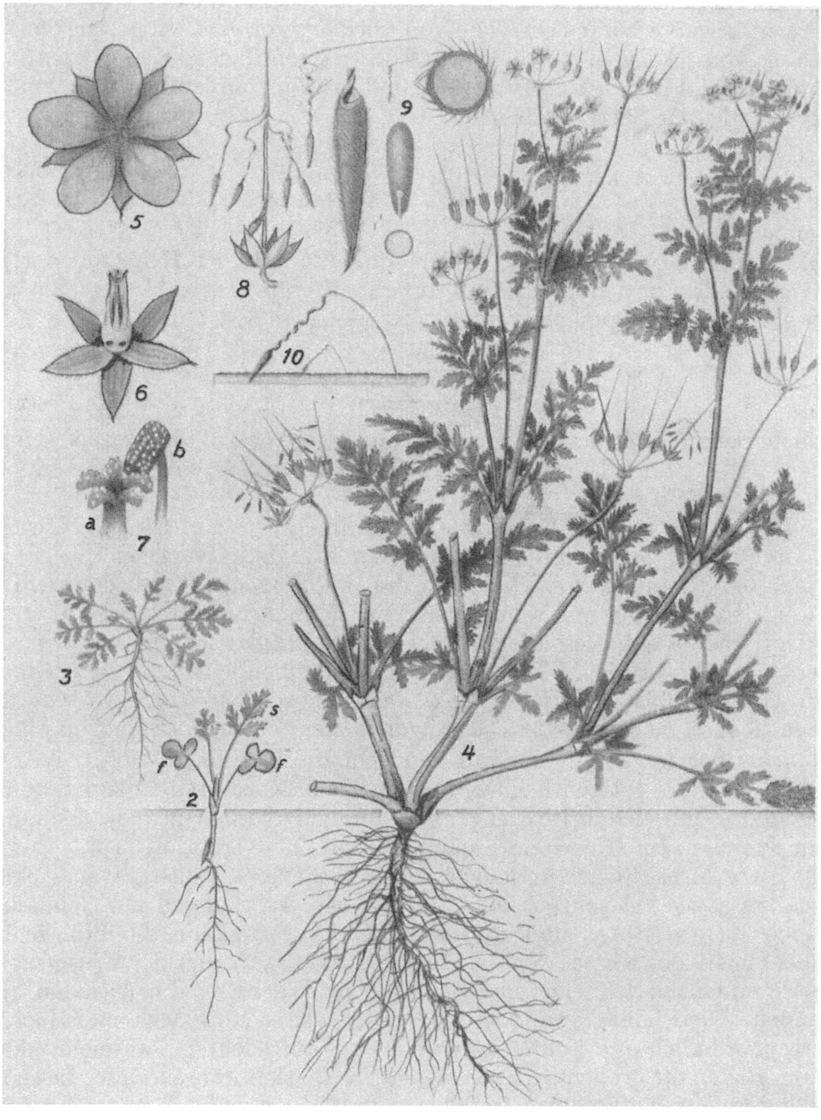

Abb. 138. *Erodium cicutarium.* *2* Keimpflanze; *f* Keimblätter; *s* Stengelblatt, etwa $^2/_3$ nat. Gr.; *3* junge Pflanze mit Blattrosette; *4* verblühende Pflanze, etwa $^1/_4$ nat. Gr.; *5* u. *6* Blüten, 2fach vergr.; *7a* Narbe und *7b* Staubbeutel, 8fach vergr.; *8* Frucht, $^3/_4$ nat. Gr.; *9* Früchtchen und Same mit Querschnitt, 4fach vergr.; *10* Früchtchen mit gewundenem Schnabel, etwa nat. Gr. Orig.-Zeichn.

Die Pflanze wird durch Samen fortgepflanzt und verbreitet. Ihre bürstigen Häkchen haften an allem, was mit ihnen in Berührung kommt, so daß der Same durch Geräte, Tiere[1] und Kleider verbreitet wird. Der reife Same sitzt lose und

[1] In Bull. de la soc. botan. Belgique Bd. 30 teilt FERRERA mit, daß das Vieh *Galium aparine* als Futter zwar meidet, den Samen aber trotzdem durch Verschleppung verbreiten kann.

fällt bei Berührung der Pflanze leicht aus. Besonders bei Vorkommen in Hackfruchtäckern kann reicher Samenausfall am Standort eintreten. Im übrigen verbreitet sich der Same auf übliche Weise; z. B. enthielten 10 Dreschabfallproben je kg durchschnittlich 8652, Ackerbodenproben je qm bei 25 cm Tiefe 844 Samen, die im Boden zu voller Entwicklung kamen.

Galium aparine wird auf die gleiche Art wie *Sinapis arvensis* bekämpft. Während Eisenvitriol und Schwefelsäurelösungen in den gewöhnlichen Stärkegraden und Mengen die Pflanze vernichten, bleibt Kalkstickstoff wirkungslos.

56. *Erodium cicutarium* L'HERIT. (= *Geranium cicutarium* L.). Gemeiner Reiherschnabel, Hirtennadel, engl. Common storks-bill, storks-bill. *Erodium cicutarium* (Fam. Geraniaceae) ist ein einjähriges, manchmal überwinterndes[1], lang behaartes, oben drüsenhaariges Unkraut mit Pfahlwurzel, liegenden und sich aufrichtenden Stengeln, ungleichsmäßig gefiederten, mehr oder weniger stark gelappten Blättern (Abb. 138). Die Pflanze trägt in der Zeit von Mai bis August rosenrote Blüten und hat eine Spaltfrucht mit 5 Teilfrüchten, die oben zugespitzt sind und in einen etwa 40 mm langen, borstig behaarten, oberhalb der Mitte knieförmig geknickten, unterhalb des Knies wie ein Korkzieher gewundenen Schnabel auslaufen. Die braune, rauhe Oberfläche ist mit steifen Haaren dicht besetzt. Dem abgerundeten, in einen kurzen, dunklen Stiel auslaufenden Grunde zu wird der längliche, ovale Same gleichmäßig schmäler. Vom Grunde zieht sich eine Naht bis zu einem darüberliegenden Absatz hinauf. Die Oberfläche ist fast glatt und braun (Abb. 139). 1000-K.Gew. von Samen mit Schale und Schnabel etwa 4,55 g, ohne Schale und Schnabel etwa 2,7 g, Länge und Breite ohne Schnabel etwa 6,0 × 1,1 mm, des nackten Kernes ohne Schale etwa 3,0 × 1,0 mm, Samenzahl je Pflanze etwa 200—600, je kg etwa 220000. Die Frucht ist vollständig geschlossen, so daß kein Same herausfallen kann. Bei spontaner Verbreitung des Samens bleibt der Schnabel daran sitzen.

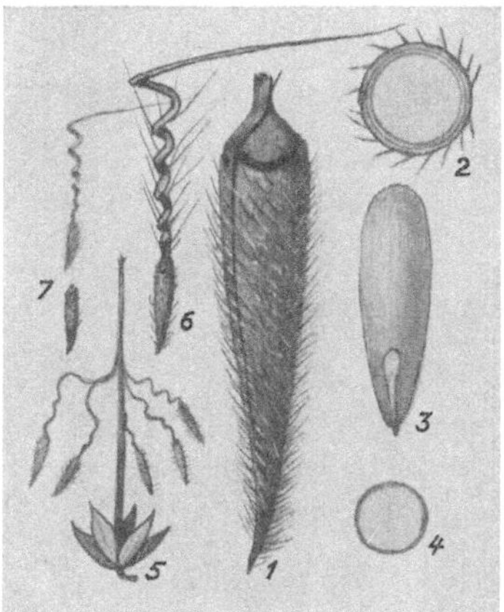

Abb. 139. *Erodium cicutarium.* *1* Früchtchen; *3* Same; *2* u. *4* Querschnitt desselben, 15/2 nat. Gr.; *5* Frucht, 3/4 nat. Gr.; *6* Früchtchen mit gewundenem Schnabel, 3/2 nat. Gr.; *7* Früchtchen ohne Schnabel, nat. Gr. Orig.-Zeichn.

Von dem langsam und ungleichmäßig keimenden Samen liefen im Laboratorium in 180 Tagen 60%, in 730 Tagen 90% auf. Im Freien keimt er während des ganzen Sommers.

Erodium cicutarium ist streckenweise ein gewöhnliches Wiesen- und Ackerunkraut in ganz Europa, Nord- und Mittelasien, Nordamerika und bis an den Polarkreis. In Deutschland, Südengland, Irland, Skandinavien bis zu 66° n. Br. (Norwegen) und Südwestfinnland ist die Pflanze ein gewöhnliches Acker- und Wiesenunkraut besonders auf trockenem, kalkhaltigem oder auch leichterem Boden. Die Pflanze wird durch Samen fortgepflanzt und verbreitet. Auf Silurboden geernteter Kleesame ist häufig durch *Erodium*-Samen verunreinigt, der sich übrigens auch oft in Dresch- und anderen Abfällen findet.

Die Behaarung der Pflanze leistet gegenüber einer Bekämpfung mit den üblichen, Unkraut vernichtenden Lösungen großen Widerstand. Die Bekämpfung

[1] KLEIN: Unsere Unkräuter S. 19 führt die Pflanze als „einjähriges oder winterannuelles" Unkraut auf.

geschieht darum vorzugsweise durch Verwendung reinen Saatgutes, durch Reinhaltung der Hackfruchtäcker, sowie durch Bearbeitung des Sommergetreides mit der Unkrautegge u. ä.

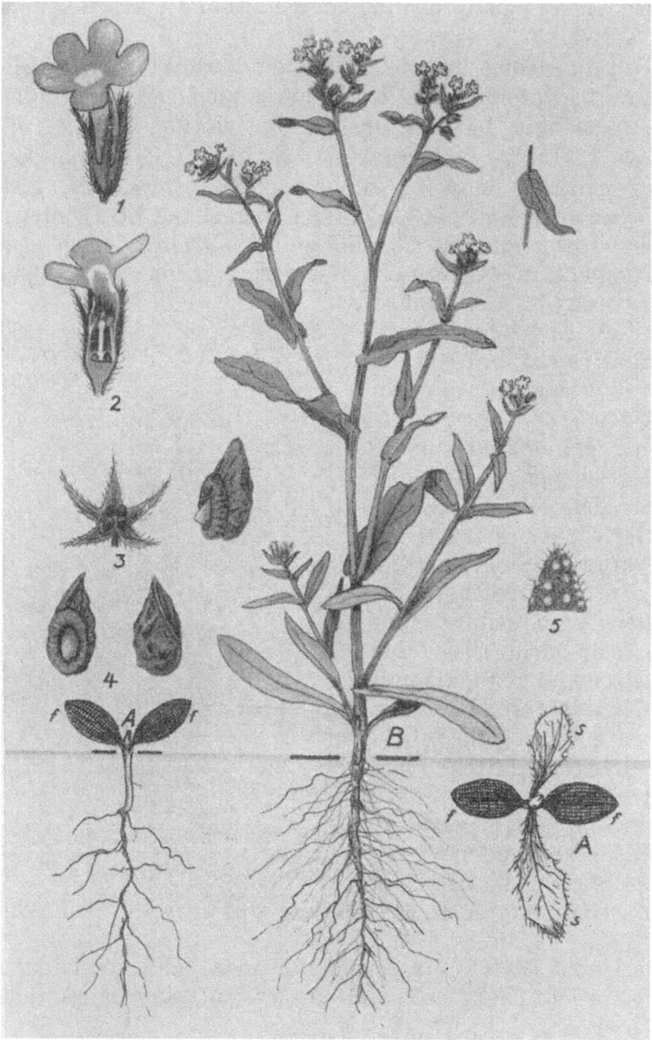

Abb. 140. *Anchusa arvensis.* *A* Keimpflanzen; *f* Keimblätter; *s* Stengelblätter, nat. Gr.; *B* blühende Pflanze, etwa ¼ nat. Gr.; *1* u. *2* Blüte, 2 fach vergr.; *3* Kelch mit Samen, nat. Gr.; *4* Samen, etwa 4 fach vergr.; *5* Blattspitze, vergr. Nach KORSMOS Unkrauttafeln.

57. *Anchusa arvensis* BIEB. (*Lycopsis arvensis* L.). Acker-Ochsenzunge, Kleine Ochsenzunge, Krummhals, Wolfsauge, engl. Bugloss. *Anchusa arvensis* (Fam. Boraginaceae) ist ein steif behaartes, kräftiges, aufrechtes, 30 bis 40 cm hohes, ästiges, einjähriges Unkraut[1] mit langer Pfahlwurzel, lanzettlichen, länglichen, schwach buchtig gezähnten Blättern, deren obere sitzen und den Stengel halb umfassen. Die blauen Blumenkronen haben einen platten Kragen, eine gekrümmte Kronröhre und einen weißen Haarkranz, der den Rachen abschließt. Sie bilden endständige Rispen. Blüte- und Reifezeit von Juni bis August. Die 5 schmutziggraubraunen Kelchblätter sind sehr rauhhaarig. Jede Blüte enthält 4 Samennüßchen (Abbild. 140). Diese Nüßchen sind an einem Ende zugespitzt, pantoffelförmig um die Grundfläche herum zusammengeschnürt. Um diese Einschnürung liegt eine kragenförmige, faltige Kante, die eine starke Vertiefung mit einem bis an den Kragenrand

[1] KLEIN: Unsere Unkräuter S. 28 führt die Pflanze als winterannuell, BOLIN in Våra vanligsta Åkerogräs S. 123 als ein- und zweijährig auf mit der Bemerkung, „daß *Anchusa arvensis* sich in der Wintersaat auf Grund der längeren Wachstumszeit, die die Pflanze dort hat, kräftiger entwickelt. Die Samen laufen dort nämlich bereits gleichzeitig mit der Ackerfrucht auf. Die hervorsprießenden Pflanzen überwintern dann und entwickeln sich im nächsten Jahre bis zur Reife weiter".

vorspringenden Zapfen umschließt. Der braungraue, scheckige Same ist höckerig wie eine Froschhaut und trägt unregelmäßige Längs- und Querfurchen (Abb. 141). 1000-K.Gew. etwa 6,25 g, Länge und Breite etwa 4,0 × 2,4 mm, Samenzahl je Pflanze etwa 200—1200, je kg etwa 160000. Der Same keimt ziemlich schnell. Im Laboratorium liefen in 25 Tagen 92%, im Freien von 8 Monate alten Samen in 0,5 cm Tiefe in 15 Tagen 39% auf. Bei Aussaat im Frühjahr keimten in 24 Tagen in

0	1	2	3	4	5	6	7	cm Tiefe
10	32	38	30	28	28	24	0	%.

Nach Überwinterung im Freien lief der Same schlechter auf. Die etwa 12 mm langen und 5 mm breiten, elliptisch-ovalen Samenblätter haben auf der Mitte der Oberseite einige Vertiefungen.

Anchusa arvensis ist ein im ganzen gemäßigten Europa und Nordasien gewöhnliches Ackerunkraut und während der letzten Jahre auch nach Nordamerika und anderen Erdteilen verschleppt worden. In Deutschland, England und Skandinavien bis über 65° n. Br. hinaus ist es auf leichteren Bodenarten und bis an die Korngrenze durchweg ganz gemein.

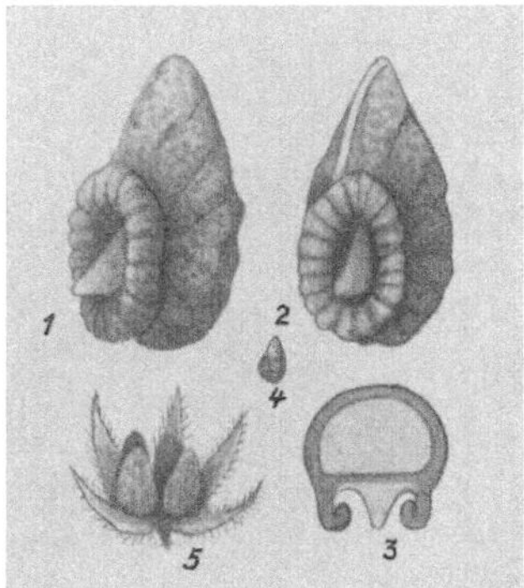

Abb. 141. *Anchusa arvensis*. *1* u. *2* Samen; *3* Samenquerschnitt, 6 fach vergr.; *5* Kelch mit Samen, 3/2 nat. Gr.; *4* Same, nat. Gr. Orig.-Zeichn.

Die Pflanze wird durch Samen fortgepflanzt und verbreitet, die während der Reife leicht aus den Kelchen herausfallen und so die Pflanze wesentlich am Standort verbreiten. Man bekämpft sie wie *Erodium cicutarium*.

Anchusa arvensis und *officinalis* sind Wirte der Braunrostaecidien des Roggens (*Puccinia dispersa*), ohne daß der Rost auf einen Wechsel der Wirte angewiesen wäre.

58. *Fumaria officinalis* Linn. Gemeiner Erdrauch, engl. Common fumitory. *Fumaria officinalis* (Fam. Papaveraceae) ist ein einjähriges[1] Unkraut mit stark ästiger, bis zu 30 cm tief in die Erde greifender Wurzel, liegenden bis aufrechten, sehr ästigen, 10—35 cm hohen Stengeln, blaugrünen, gefiederten Blättern mit gestielten, zu je dreien zusammensitzenden Teilblättchen. Die kurzstieligen Blüten sind an der Spitze dunkler und sitzen an vielblütigen Trauben (Abb. 142). Blütezeit im Juni und Juli. Die Frucht, ein Nüßchen, ist im Querschnitt oval, im Längsschnitt etwa herzförmig und oben etwas eingebeult. Die Oberfläche ist graubraun, matt und fein punktiert. Höhe und Breite etwa: 2,3 × 2,5 mm[2].

Der fast runde, an der Unterseite vorgewölbte, oben etwas schalenförmig eingebeulte, rotbraune Same hat eine rauhe Oberfläche. 1000-K.Gew. etwa 3,0 g, Länge und Breite etwa 2,0 × 1,5 mm, Samenzahl je Pflanze etwa 300 bis etwa 1600, je kg etwa 330000. Wagner[3] teilt mit, daß der Same wegen seines Eiweißes nur geringe Keimfähigkeit habe. Von überwintertem, von der Kapsel umschlossenem Samen liefen bei einem Versuch im Laboratorium im Laufe von 1 1/2 Jahr 22%, im Freien bei 1 cm Tiefe in 2 Monaten 10%, bei einem anderen

[1] Beobachtungen haben ergeben, daß das Klima südlicher, wärmerer Gegenden Herbstkeimung und Überwinterung von Unkräutern fördert, die im Norden nur einjährig auftreten. Die unter diesen Verhältnissen herbstgekeimten, einjährigen Arten beschließen ihr Wachstum im folgenden Sommer. Vgl. dazu Wehsarg: Arb. d. dtsch. Landw. Ges. H. 294, S. 111.

[2] Da der Same immer von einer Kapsel umschlossen bleibt, muß man bei Angabe der Ausmaße für Sortierung und Reinigung mit der Größe der Kapsel rechnen.

[3] Wagner: Illustrierte deutsche Flora 1905. S. 280.

Versuch 0,5 cm tief in 35 Tagen 3% auf. Die linienförmigen, etwa 20 × 2 mm messenden Samenblätter sind blaugrün und aufrecht.

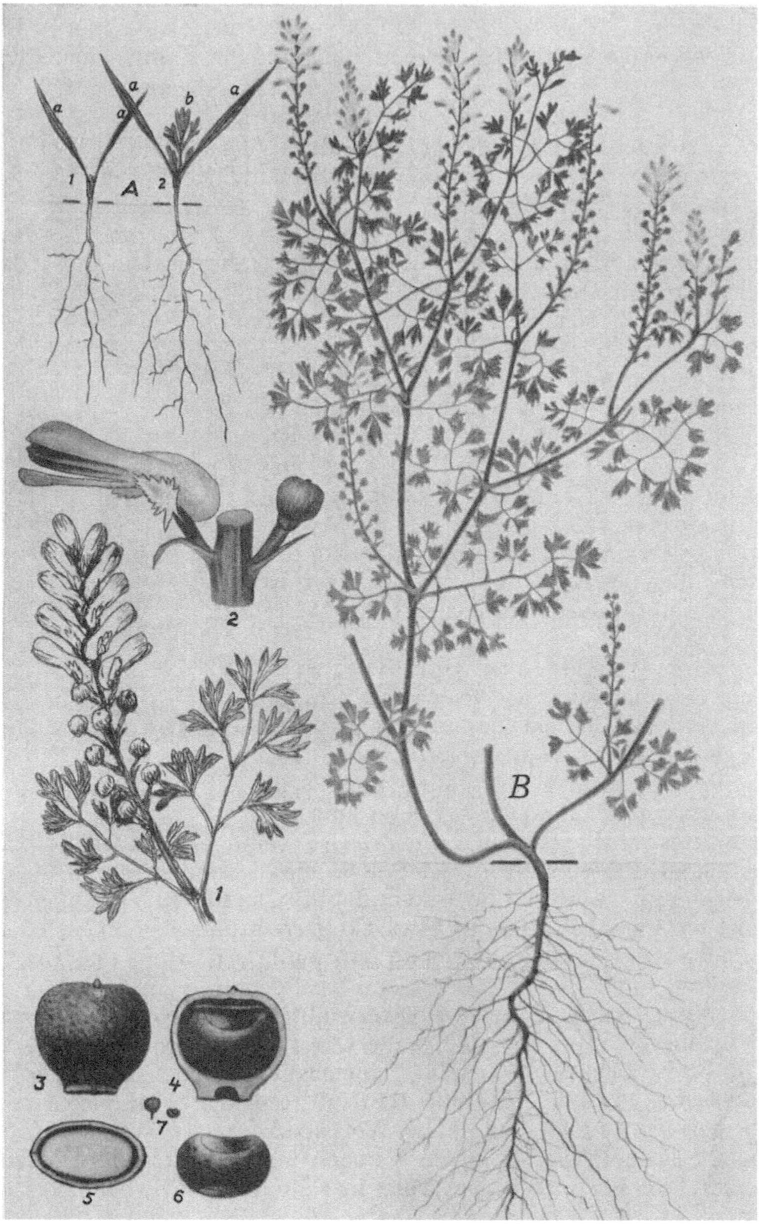

Abb. 142. *Fumaria officinalis.* *A1* 14 Tage alte Keimpflanze; *A2* etwas ältere Keimpflanze; *a* Keimblätter; *b* Stengelblatt, etwa 1/2 nat. Gr.; *B* voll entwickelte, blühende Pflanze, 1/3 nat. Gr.; *1* Blütenzweig, nat. Gr.; *2* Teil eines Blütenzweiges mit Blüte und Frucht, etwa 12/5fach vergr.; *3* Frucht (Nüßchen); *4* u. *5* Längs- und Querschnitt der Frucht; *6* Same, 6fach vergr.; *7* Frucht und Samen, nat. Gr. Nach Korsmos Unkrauttafeln.

Fumaria officinalis ist ein in ganz Europa und Mittelasien bis in den höchsten Norden hinauf gewöhnliches Unkraut, das sich auch über viele andere Länder verbreitet hat. Auch in Deutschland, England und Skandinavien ist es bis zu ungefähr 70¼° n. Br. (Norwegen) ein allgemeines, auf leichteren und kräftigen Böden in Feldern mit Hackfrüchten bzw. Wurzelgewächsen vorkommendes Acker- und Gartenunkraut.

Die Pflanze wird durch Samen fortgepflanzt und oft durch Dresch- und andere Abfälle, durch Boden und Dung verbreitet. In 6 Dreschabfallproben fanden sich durchschnittlich 2533, in Kornspreuproben 350 Samen je kg. In Nutzboden liefen während der Versuchszeit je qm bei 25 cm Tiefe durchschnittlich 146 Pflanzen auf.

Die Pflanze ist mit einer starken Wachsschicht überzogen[1], die der Pflanze gegenüber den üblichen Lösungen von Eisenvitriol und Schwefelsäure, wie auch gegenüber Kalkstickstoff große Widerstandskraft verleiht, so daß diese Mittel auf heranwachsenden Sommerkornäckern versagen. Unter Hack- und anderen Feldfrüchten, die dazu geeignet sind, ist das Unkraut durch Hacken und Jäten, im Sommerkorn gelegentlich durch sorgfältige Behandlung mit der Unkrautegge zu unterdrücken. Immerhin ist zu beachten, daß die Keimung ungleichmäßig während des ganzen Frühsommers vor sich geht, so daß ein Teil der Pflanzen immer zu spät auflaufen wird, um durch die Unkrautegge vernichtet werden zu können.

Die chemische Untersuchung frischer Pflanzenteile von *Fumaria officinalis* während der Blütezeit ergab im Trockenstoff der oberirdischen Teile:

23,00%	Asche	21,60%	stickstofffreie Extraktstoffe
37,86%	Protein	15,10%	Pflanzenfasern.
2,44%	Fett		

Von den drei wichtigsten Pflanzennährstoffen fanden sich in den gleichen Proben:

6,06%	Stickstoff	6,67%	Kali und außerdem
1,52%	Phosphorsäure	5,44%	Kalk.

59. *Nigella arvensis* Linn. Wilder Schwarzkümmel, Acker-Schwarzkümmel. *Nigella arvensis* (Fam. Ranunculaceae) ist ein einjähriges Unkraut mit langer, dünner Pfahlwurzel, aufrechtem, 10—35 (40) cm hohem, oben meistens mehr oder weniger ästigem Stengel, verstreut sitzenden, 2—3fach gefiederten Blättern mit schmalen, zugespitzten Teilen, aufrechten, ein bis mehrere cm oberhalb des Stengelblattes an Stengel und Ästen endständigen, einzelnen, zwitterigen Blüten mit etwa radförmiger, im Durchschnitt bis zu 3 cm messender Krone aus fünf oben breit-eiförmig abgerundeten und am Ende in eine kurze Spitze ausgezogenen Perianthblättern, die nach der Spitze zu bläuliche bis blaugrüne Streifen haben. Die zu Honigblättern umgebildeten Kronenblätter sind nagelförmig und bilden 2 Lippen, deren obere schmal und länglich zugespitzt ist, während die untere breit-eiförmig, grün von blauen Streifen unterbrochen, an der Spitze behaart ist und in zwei verdickte Abschnitte ausläuft. Die Blüte hat viele Staubblätter und meistens 5 (3—5) in der Mitte zusammengewachsene, von dort sich verschmälernde und in eine etwa 1 cm lange, dünne, fadenförmige Spitze auslaufende Fruchtblätter. Die Blütezeit erstreckt sich von Juli bis September (Abb. 143).

Die zusammengesetzte Kapselfrucht enthält gewöhnlich 5 etwa 12—15 mm lange und etwa 8—10 mm breite Kapseln, die sich nach der Reife an einer an der Bauchseite befindlichen Naht öffnen. Jede Blüte entwickelt zahlreiche (40—60?) Samen. Die länglichen, an der Spitze am breitesten werdenden und am Grunde

[1] Den Wachstumsbelag weist man auf folgende Art nach: Man legt einen Epidermisstreifen unter Wasser und kann beobachten, wie sich darüber eine Luftschicht bildet. Bei Erwärmung verschwindet die Luft, und Wachs tritt überall in kleinen, unregelmäßigen Tropfen an die Oberfläche. Legt man den Streifen in Alkohol, zeigt sich der Belag als eine zusammenhängende, körnige, sehr dünne Schicht.

schmäleren Samen haben einen dreieckigen Querschnitt und bilden mit dem Rücken vom Grunde bis zur Spitze eine gebogene, vorgewölbte Fläche. An der Bauchseite bilden zwei ebene Flächen einen spitzen Winkel und stoßen längs der Bauchmitte in einer scharfen Kante zusammen. Die rauhe, blauschwarzblaue bis schwarzgraue Oberfläche ist mit warzenartigen Papillen besetzt. 1000-K.Gew. etwa 0,9 g, Länge und Breite etwa 2,1 × 1,2 mm (nach WITTMACK etwa 2 bis 2,5 × 1 bis 1,5 mm), Samenzahl je Pflanze etwa 100—300, je kg etwa 1,1 Millionen.

Abb. 143. *Nigella arvensis*. *1* Pflanze, während und uach der Blüte, 1/2 nat. Gr.; *2* Blüte; *3* Frucht, etwa nat. Gr. *4* Längsschnitt einer Schote, etwas schematisiert. 3fach vergr. *5* Same, schräg von der Bauchseite gesehen; *6* Schmalseite des Samens; *7* Längsschnijt; *8* Samenquerschnitt, alles etwa 7fach vergr.; *9* Same, nat. Gr., Orig.-Zeichn.

Nigella arvensis ist streckenweise und besonders auf etwas schwererem, kalk- und lehmhaltigem Boden ein ganz gemeines Unkraut unter Ackerfrüchten, auf Brachen, an Verkehrsstrecken, wüsten Plätzen, Schutthalden u. ä. in Süd- und Mitteleuropa, Nordasien und Nordafrika, doch nicht in Skandinavien. Besonders sucht es sich in Sommergetreidefeldern Platz zu erobern und wird dort, wie auch unter anderen Ackerfrüchten mehr oder weniger lästig. Nach BURCHARD[1] findet sich Same dieses Unkrautes auch in russischem Kleesamen.

Die Pflanze wird durch Samen fortgepflanzt und verbreitet und mit gleichen Mitteln, auf gleiche Weise wie *Sinapis arvensis*, *Spergula arvensis* u. a. einjährige Ackerunkräuter bekämpft.

Finden sich Samen von *Nigella arvensis* im Korn, das vermahlen wird, bekommt das Mehl einen unangenehmen Geruch und Geschmack[2]. Auch als Futterpflanze ist *Nigella arvensis* wertlos.

60. *Adonis aestivalis* LINN. Sommer-Teufelsauge, Sommer-Feuerröschen, engl. Summer Adonis. *Adonis aestivalis* (Fam. Ranunculaceae) ist ein einjähriges Ackerunkraut mit gerader, zapfenförmiger Pfahlwurzel, aufrechtem, 20—50 cm hohem, unver-

[1] BURCHARD, O.: Die Unkrautsamen der Klee- und Grassaaten mit besonderer Berücksichtigung ihrer Herkunft. Mit 5 Lichtdrucktafeln. Berlin: P. Parey 1900. Siehe WITTMACK: Landwirtschaftliche Samenkunde. 2. bearb. Aufl. S. 291.

[2] WITTMACK: Landwirtschaftliche Samenkunde S. 281.

zweigtem bis wenig ästigem, kahlem oder verstreut behaartem Stengel, 3—4fach gefiederten Blättern, deren untere am Grunde schwach umfassende Stiele haben, deren obere sitzen. Die Teilblättchen sind etwa linienförmig und ganzrandig. Der Stengel bzw. seine Äste tragen eine einzelne, endständige Blüte mit kahlen, hellgrünen Kelchblättern und 6—8 etwa doppelt so langen, umgekehrt eiförmigen, karmesinroten bis hellgelben, bis zu 17 mm langen Kronblättern, die am Grunde meistens einen schwarzen Fleck haben. Blütezeit im Juni und Juli, Reife im Juli und August (Abb. 144).

Die Frucht besteht aus einer Anzahl von Nüßchen (Früchtchen, Samen), die auf dem verlängerten Blütenboden zusammensitzen und ihm die Form einer kurzen, stumpfen Ähre geben. Länge und Breite etwa 10 × 24 mm, Samenzahl je Frucht etwa 40—60. Die etwas flachgedrückte Teilfrucht wird dem Grunde und der Spitze zu gleichmäßig schmäler, hat an den Seiten zwei hervorstehende Zähne und läuft in einen spitzen Schnabel aus. Ihre braungelbe bis graubraune Oberfläche ist mit netzförmigen Runzeln überzogen. 1000-K.Gew. etwa 10,7 g, Länge und Breite 3,8 × 3,6 m (nach WITTMACK: 3,5 × 2,5 mm); das eiförmige Samenkorn ist im Querschnitt oval, an dem gleichmäßig abgerundeten Grunde am dicksten und am schmalsten an der abgerundeten Spitze. Seine schwarzblaue bis stahlblaue, glänzende Oberfläche trägt unterbrochene Längsstreifen. 1000-K.Gew. etwa 3,8 g, Länge und Breite etwa 2,4 × 2,3 mm, Samenzahl je Pflanze von etwa 50 bis zu mehreren Hundert, je kg etwa 93400.

Abb. 144. *Adonis aestivalis.* *1* voll entwickelte, blühende Pflanze, 1/3 nat. Gr.; *2* Gipfelsproß in Blüte; *3* Blüte, von der die Kronenblätter und teilweise die Kelchblätter entfernt sind; *4* Ähre mit reifen Nüßchen; *2—4* nat. Gr.; *5* Nüßchen; *6* Nüßchenquerschnitt mit Samen, 9/2 nat. Gr.; *7* wie *5* und *6*, nat. Gr. Orig.-Zeichn.

Adonis aestivalis ist auf etwas schwererem, kalk- und lehmhaltigem Boden in ganz Europa mit Ausnahme von Großbritannien, Irland und Skandinavien ein ganz gemeines Ackerunkraut. In Süddeutschland ist die Pflanze unter Ackerfrüchten besonders im Sommerkorn lästig. In Norddeutschland tritt sie vereinzelter auf.

Sie wird durch Samen fortgepflanzt und entweder beim Ernten und Einfahren des Ertrages am Standort verbreitet oder, falls sie mit unter Dach kommt, durch Saatgut, Getreideabfälle und bei Verfütterung oder Streuen durch Dünger wieder auf andere Äcker verschleppt. Die Bekämpfung geschieht wie bei den *Polygonum*-Arten.

Adonis aestivalis wird als giftig oder doch stark narkotisch bezeichnet[1].

Als Futter ist die Pflanze wertlos und wird von den Haustieren bei freier Futterwahl abgelehnt.

61. *Anagallis arvensis* LINN. Ackergauchheil, Feldgauchheil, engl. Common pimpernel. *Anagallis arvensis* (Fam. Primulaceae) ist ein einjähriges[2], glattes, ästiges, liegendes, sich aufrichtendes bis aufrechtes, 15—30 cm hohes Unkraut mit dünner, langer, schwacher, ästiger Pfahlwurzel, paarweise gegenständigen, seltener zu dreien in einem Kranz versammelten, unterseits braun punktierten, breiteirunden, ganzrandigen, bogennervigen, sitzenden Blättern. Die in den Blattwinkeln gegenständigen Blüten sitzen auf fadenfeinen, bei Vollreife bogenartig herabgeneigten Stielen, die länger als die Blätter sind. Die etwa 10 mm messende, radförmige Krone hat einen sehr kurzen, fünfteiligen, zinnoberroten Kragen. Der fünfteilige Kelch besteht aus lanzettlichen, oben zugespitzten Blättern. Die Blüten öffnen sich nur mitten am Tage. Blütezeit von Juni bis September, Reife vom Hochsommer bis in den Herbst (Abb. 145). Die kugelförmige Frucht besteht aus einer nach der Reife quer aufspringenden Kapsel, deren Weite zwischen den Außenrändern etwa 4 mm beträgt und die etwa 35—40 Samen enthält. Der Same ist pyramidenförmig und im Querschnitt drei- bis vieleckig. An der quer abgeschnittenen, eine bogenkantige, fast ebene, leicht vorgewölbte Fläche bildenden Spitze ist er am breitesten. Die eigentlich schwarzglänzende bis schwarzblaue Farbe der Oberfläche erhält durch eine dichte Schicht zerfranster, rostbrauner, häutiger Schuppen ein schwarzbraunes Aussehen. 1000-K.Gew. etwa 0,5 g, Länge und Breite etwa 1,3 × 0,9 mm, Samenzahl je Pflanze etwa 100—300, je kg etwa 2 Millionen.

Abb. 145. *Anagallis arvensis. 1* Pflanze, 1/2 nat. Gr.; *2* oberer Zweig, nat. Gr.; *3* Kapsel, reif und geöffnet, 3fach vergr.; *4* u. *5* Samen von der Seite und von oben gesehen; *6* Samendurchschnitt, 6fach vergr.; *7* Same, nat. Gr. Orig.-Zeichn.

[1] ESSER: Die Giftpflanzen Deutschlands S. 84.

[2] WEHSARG: Das Unkraut im Ackerboden S. 66, Tab. 34ff. (Arb. d. dtsch. Landw. Ges. H. 226) bezeichnet die Pflanze als „überjährig und einjährig". HEGI: Illustrierte Flora von Mitteleuropa Bd. V, 3, S. 1869 bezeichnet die Pflanze als einjährig.

Nach WEHSARG kann der Same seine Keimkraft bei Erdlagerung viele Jahre hindurch bewahren. Beispielweise wird erwähnt[1], daß der in einer untersuchten Erdprobe enthaltene Same dieses Unkrautes erst nach Verlauf von 5 Jahren seine Fähigkeit verloren habe.

Anagallis arvensis ist auf etwas leichterem Kulturboden, besonders unter Sommergetreide und anderen einjährigen Früchten, im Winterkorn und auch in Gärten und Gärtnereien, auf Schutthalden u. ä. ein ganz gemeines Unkraut und über das ganze gemäßigte Europa und Asien und, aus Europa verschleppt, in Nordamerika und den meisten Ländern der Erde verbreitet. Es findet sich auch in Süd- und Mittelskandinavien.

Die Pflanze wird durch Samen fortgepflanzt und verbreitet. Da die Samenkapsel sich bei der schon im Hochsommer beginnenden Reife nach unten beugt, fällt viel Same am Standort aus, sobald der Kapseldeckel aufspringt. Die Pflanze wird wie die *Galeopsis*-Arten, *Stellaria media, Spergula arvensis* und andere einjährige Unkräuter bekämpft.

II. Überwinternde Unkräuter.

a) Einjährige, auch bisweilen winterannuelle Unkräuter.

Als winterannuell werden hier solche Unkrautarten bezeichnet, die gewöhnlich als einjährige mit Blüte und Reife im Spätsommer oder Herbst auftreten, aber bei Herbstkeimung gewöhnlich auch überwintern, im nächsten Frühjahr blühen und fruchten, also von Herbst zu Herbst zwei Generationen entwickeln können.

62. *Stellaria media* LINN. Vogelmiere, engl. Chickweed. *Stellaria media* (Fam. Caryophyllaceae) ist ein einjähriges und winterannuelles Unkraut mit schwacher, fein verzweigter Hauptwurzel und 20—60 cm langen, liegenden, wurzelschlagenden, dann steigenden, einseitig behaarten Stengeln und paarweise gegenständigen, gestielten, spitz-eiförmigen, kahlen Blättern. Die Blüten sitzen auf einseitig behaarten Stielen und haben weiße, zweigespaltene Kronblätter, die kürzer als die Kelchblätter sind. Die Blütezeit erstreckt sich vom Mai bis in den Spätherbst, die Reifezeit über den ganzen Sommer[2] (Abb. 146).

Die reifende, vielsamige Kapsel hängt mit der Spitze nach unten und öffnet 6 Klappen, aus denen die Samen gleich nach der Reife herausfallen. Der ungefähr kreisrunde, am Grunde etwas in die Länge gezogene Same trägt beiderseits vom Grunde her eine furchenförmige Vertiefung und ist an den flachgedrückten Seiten etwas gewölbt. Die mattgraue bis schwarzbraune Oberfläche wird von etwas unregelmäßig konzentrisch angeordneten Reihen warzenförmiger Erhöhungen bedeckt (Abb. 147). 1000-K.Gew. etwa 0,6 g, Länge und Breite etwa $1{,}2 \times 1{,}3$ mm, Samenzahl je Pflanze etwa 15000, je kg etwa 1660000. Der Same hat oft verschiedene Keimzeit; so keimten von trocken gelagertem, vorjährigem Samen im Laboratorium einmal 99% in 79 Tagen, ein andermal 99% in 400 Tagen. Die Keimung verlief so, daß beim ersten Versuch nach

2	4	11	30	34	37	75	79	Tagen
30	57	59	60	84	96	97	99	%,

[1] WEHSARG: Das Unkraut im Ackerboden S. 82, Tab. 43 (Arb. d. dtsch. Landw. Ges. H. 226).

[2] *Stellaria media* übertrifft wohl alle anderen Phanerogamen in der Fähigkeit, sich den äußeren Verhältnissen anzupassen. WITTROCK hat bei dieser Pflanze während des Winters sogar kleistogame Befruchtung nachgewiesen. Vgl. dazu: WITTROCK: Om jordens almännast utbredda fanerogam, Sveriges ymnigast vinterblommande og enest namnrike växt, Våtarv — *Stellaria media* — (Vetensk.-Akad. Årbok 1908, S. 221—236).

beim zweiten Versuch nach

3	85	185	350	400	Tagen
35	50	77	85	99	%

der Samen aufgelaufen waren. Im Freien keimten von der gleichen Probe bei 1 cm Tiefe in 16 Tagen 29%. Tiefer als 3 cm scheint der Same nicht keimen zu

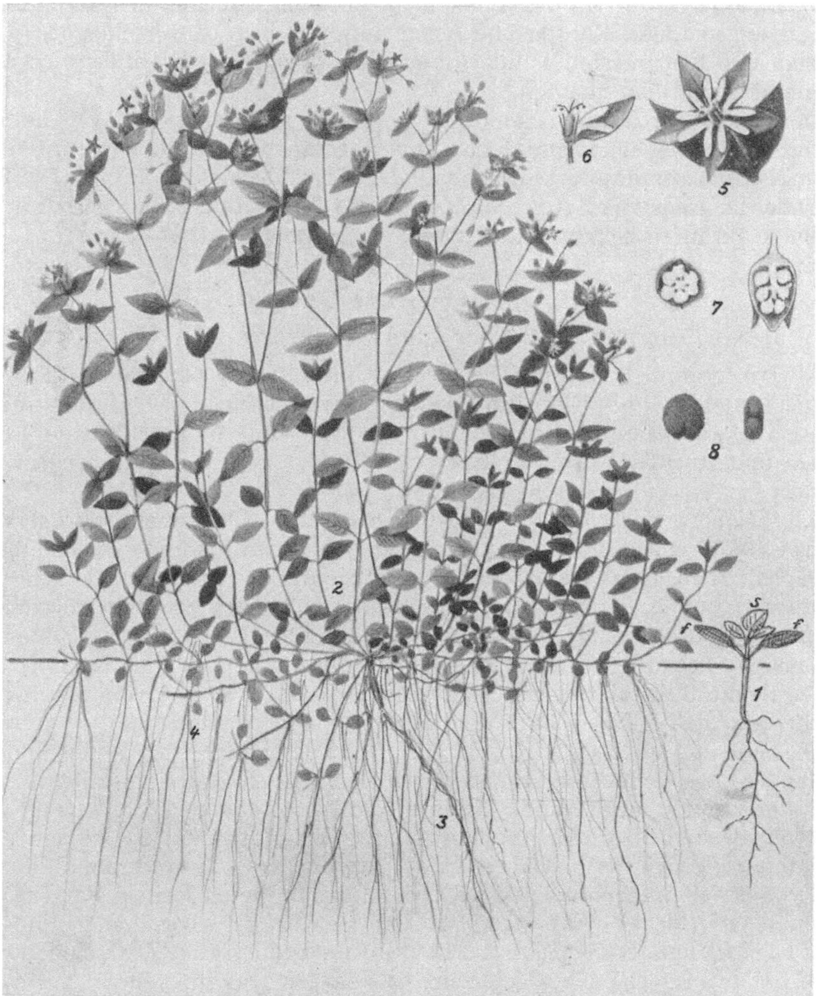

Abb. 146. *Stellaria media.* *1* Keimpflanze; *f* Keimblätter; *s* Stengelblatt, nat. Gr.; *2* voll entwickelte, blühende Pflanze; *3* Hauptwurzel; *4* Wurzeln von wurzelschlagenden Stengeln, $^1/_4$ nat. Gr.; *5* Blüte; *6* Blüte, von der Kronen- und Hüllblätter teilweise entfernt sind, 2fach vergr.; *7* Samenkapsel, etwa $^3/_2$ nat. Gr.; *8* Samen, 5fach vergr. Nach KORSMOS Unkrauttafeln.

können. Bei Überwinterung im Freien läuft der Same im Frühjahr schnell auf. Andere Untersuchungen von LEHMANN[1] ergaben, daß auch die Beschaffenheit der Keimunterlage nicht ohne Bedeutung ist. So keimten vom 6. Juli bis 20. Ok-

[1] LEHMANN, E.: Zur Keimphysiologie und Biologie von *Ranunculus scleratus* und einiger anderer Samen. Ber. d. dtsch. Landw. Ges. Bd. 27, S. 476ff. 1909 (nach WEHSARG in: Arb. d. dtsch. Landw. Ges. H. 294, S. 34).

tober auf Erde 84%, Filtrierpapier 6%, Filtrierpapier über Erde 72%, reinem Sand 99% und Filtrierpapier auf einer Glasplatte 0%.

Nach BEAL[1] war mit Sand gemischter und in Flaschen gefüllter und dann im Erdboden vergrabener Same imstande, seine Keimkraft 25 Jahre lang zu bewahren[2].

Überwinterter Same, der im Frühling und Frühsommer aufläuft, entwickelt regelmäßig einjährige Pflanzen, die ihr Wachstum im Laufe des Sommers mit Blüte und Reife vollenden, während im Herbst aufgelaufene, kleine Pflanzen überwintern, um im folgenden Frühjahr zu blühen und zu fruchten. Ein Teil der im Frühjahr schon vollreifen Samen läuft sofort oder während des Frühsommers noch auf und entwickelt so während einer Wachstumszeit zwei samenreifende Generationen[3]. Nach dem Auflaufen entwickelt sich die Pflanze schnell und verzweigt sich während des Wachstums sehr stark nach allen Seiten. Die liegenden Stengel entwickeln an jedem Knoten, an dem sie sich verästeln, in der Regel drei etwa 10—15 cm lange Nebenwurzeln. Diese Wurzeln wirken durchaus als Organe zur Nahrungsaufnahme und sind beim Zerreißen der Internodien imstande, die abgezweigten Teile der Hauptpflanze während des weiteren Wachstums selbständig zu ernähren, wie etwa *Ranunculus repens* oder andere mehrjährige rankende Unkräuter, ohne doch gleich diesen die Fähigkeit zur Überwinterung zu besitzen. Dieser Bau der Pflanze, die nur eine dünne, schwache Hauptwurzel hat, läßt das Unkraut an vielen Orten, besonders in kühlem, feuchtem Klima äußerst lästig werden. Durch die starke Verzweigung der liegenden, wurzelschlagenden Stengel bildet die Pflanze dicht deckende Rosetten von bis zu 50 cm Durchmesser, die unter günstigen Wachstumsbedingungen jede Nutzpflanze nicht nur im Acker, sondern sogar auf einjährigen Wiesen ersticken.

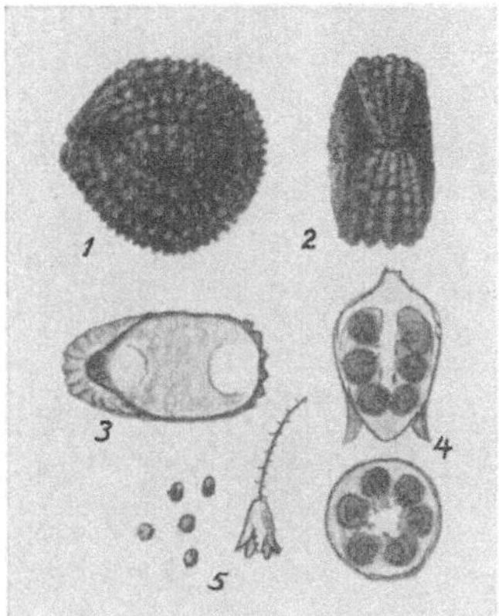

Abb. 147. *Stellaria media*. *1* u. *2* Samen, von der Seitenfläche und der Bauchseite, *3* im Querschnitt gesehen, 14fach vergr.; *4* Längsschnitt und Querschnitt der Samenkapsel, $^9/_4$ nat. Gr.; *5* Samen und Kapsel, nat. Gr. Orig.-Zeichn.

Stellaria media findet sich auf Kulturboden unter Nutzpflanzen aller Art in ganz Europa, dem nördlichen Mittelasien, Nordamerika, Nordafrika und durch Verschleppung auf der ganzen Welt mit Ausnahme der Tropen. Das, wie erwähnt, auch in nordischen Ländern in Acker- und Gartenland vorkommende gemeine Unkraut wird um so lästiger und bösartiger, je weiter wir nach Norden kommen und je ungünstiger das Klima wird. Abgesehen vom Gartenbau (Baumschulen usw.), wo es in gutem, weniger gründlich bearbeitetem Boden häufiger anzutreffen ist, wird es im trockenen, warmen Inlandsklima weniger lästig. Recht unangenehm wird es dagegen nicht selten in Gebirgstälern unter Hackfrüchten.

[1] BEAL, W. I.: The vitality of seeds. Botan. Gaz. Bd. 11, S. 140. 1905 (siehe WEHSARG in: Arb. d. dtsch. Landw. Ges. H. 294, S. 135).

[2] Professor J. HOLMBOE erwähnt in Nytteplanter og ugress i Osebergfundet, daß man unter anderem auch so gut erhaltene Samen (darunter solche von *Stellaria media*) gefunden hat, daß sogar Einzelheiten der Samenschale deutlich hervortraten. (Der hier behandelte sehr bedeutende Fund aus der Wikingerzeit ist ein im Oseberg [Aaseberg] in Norwegen ausgegrabenes Schiff, das Grabdenkmal der in diesem Schiffe einst mit reichem Haus- und Kultgerät beigesetzten Wikingerkönigin Aase bzw. Ose. Anmerkung des Herausgebers.)

[3] KORSMO: Nogen biologiske forhold vedrörende *Rumex acetosa* og en del andre ugressarter. Verhandl. auf d. 16. skandinav. Naturforschertagung 1916. S. 566.

Stellaria media wird nur durch Samen fortgepflanzt und verbreitet. Die Verbreitung geschieht durch Ausfall am Standort, durch Einfahren mit der Ernte, durch Samen, Getreide, Dresch- und andere Abfälle, Stalldünger u. ä. Die Zahl der in Heubodenkehricht, Kornspreu und Dreschabfällen enthaltenen Samen, kann je kg von einigen Hundert bis zu 200000 schwanken. Auch der Stalldünger enthält große Mengen keimfähiger Samen dieses Unkrautes.

Zur Bekämpfung bedient man sich der üblichen Mittel und Maßnahmen, wie bei *Spergula arvensis, Polygonum lapathifolium* und anderen angegeben.

Die Pflanze läßt sich mit den üblichen Stärkegraden von Eisenvitriol- und Schwefelsäurelösungen, besonders wo bei wechselnder Witterung und rauhem Küstenklima Kalkstickstoff wegen des ständigen Wechsels zwischen Regenschauern und niederschlagsfreien Zeiten weniger wirksam ist, einigermaßen leicht vernichten. Zu beachten ist, daß Jäten oder Hacken beispielsweise von Kartoffeläckern vor dem Durchbruch der Nutzpflanzen nicht so wirksam sind, wie gründliches Bearbeiten mit der Unkrautegge, da diese die meisten Stengelknoten aus der Erde herausreißt und dadurch vernichtet, während diese Knoten an liegenden Stengeln und ihren Nebenwurzeln beim Jäten und Hacken nicht so gründlich entfernt werden können.

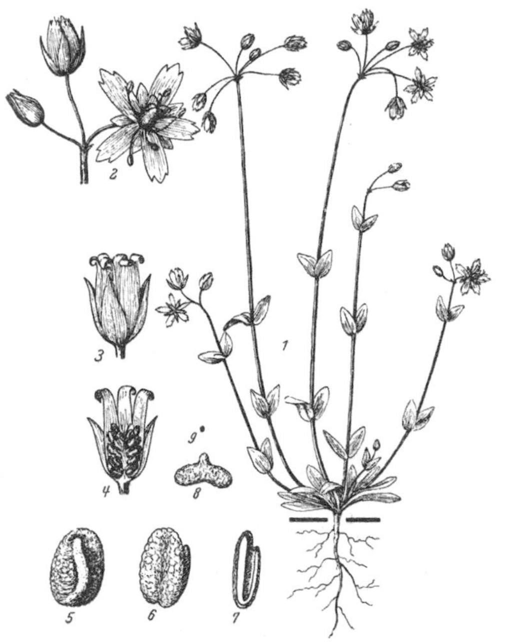

Abb. 148. *Holosteum umbellatum.* *1* Pflanze, 1/2 nat. Gr.; *2* Blüte, 3fach vergr.; *3* reife Frucht; *4* Längsschnitt der Frucht, 2fach vergr.; *5, 6, 7* u. *8* Same von der Breitseite, schräg, im Längs- und Querschnitt gesehen, 16fach vergr.; *9* Same, nat. Gr. Orig.-Zeichn.

63. *Holosteum umbellatum* LINN. (= *Cerastium umbellatum* CRANTZ). Schachtkohl, Dolden-Spurre, engl. Holosteum. *Holosteum umbellatum* (Fam. Caryophyllaceae) ist ein einjähriges oder überwinterndes Unkraut mit dünner Pfahlwurzel, mehreren 5—20 cm langen, am Grunde aufsteigenden, schließlich aufrechten, kahlen oder oben dünn und verstreut behaarten, oberhalb der Mitte blattlosen Stengeln, eirunden bis elliptischen, überall an den Kanten mit feinen, verstreuten Härchen besetzten Blättern mit fadenförmiger Spitze, die am Grunde eine Rosette bilden und am Stengel paarweise gegenständig sitzen. Die Blüten stehen zu 3—9 in einer Dolde zusammen und haben kahle, nach dem Verblühen herabgebeugte Stiele und kleine, häutige Hüllblätter. Die glatten Kelchblätter sind lanzettlich, die Kronenblätter umgekehrt eiförmig, weiß bis rötlich angelaufen und länger als der Kelch. Blütezeit im April und Mai (Abb. 148).

Die längliche, eiförmige, 4 mm lange und 2 mm breite Frucht ist eine mehrsamige Kapsel, die nach der Reife meistens 6 Zähne öffnet. Der rundliche bis ovale, kantige, plattgedrückte Same ist etwas umgebogen; der Rücken ist am Rande etwas vorgewölbt und trägt über die ganze Mitte vom Grunde her bis an die Spitze eine vertiefte Längsfurche, die sich an der Spitze umbiegt und am Rande einen Einschnitt bildet. Über die Mitte der Bauchseite zieht sich von der eingekerbten Basis eine kräftige, erhabene Längsrippe bis an die Spitze. Der Samenquerschnitt ist dreikantig, doch sind die beiden nach der Bauchfläche gerichteten Seiten eingewölbt. Die rauhe, rotbraune Oberfläche hat sternförmige Erhöhungen. 1000-K.Gew. etwa 0,08 g, Länge und Breite etwa 0,7 × 0,5 mm.

Nach vorgenommenen Keimversuchen[1] scheint der Same im Keimapparat nur langsam aufzulaufen. Bei einem Versuch keimten 100% in vollem Tageslicht in 18, im verdunkelten Raum in 22 Monaten. In einer Bodenprobe enthaltener Same lief im Laufe von 2 Jahren überhaupt nicht auf[2].

Die Pflanze ist streckenweise ein gemeines und lästiges Unkraut auf leichterem Boden, besonders trockenem Sandboden in ganz Europa (vom höchsten Norden abgesehen), sowie dem gemäßigten Asien und Nordafrika. Sie ist aus Amerika nach Europa verschleppt worden. In England tritt sie ähnlich wie in Deutschland auf, wo sie sich nach HEGI „allgemein auf trockenen, sandigen Äckern, an Sandfeldern, Brachen, Grasplätzen, sonnigen Hügeln, an Wegrändern, Rainen, Mauern, Dämmen usw." findet. In Skandinavien ist sie nur vereinzelt, und zwar in Dänemark, in Südschweden bis Kalmar, sowie auf Oeland und Gotland beobachtet worden.

Die Pflanze wird durch Samen, der vor jeglicher ihn bergender Ackerfrucht reift, fortgepflanzt und darum wesentlich durch Ausfall auf dem Acker verbreitet. Bietet sich Gelegenheit, die Pflanze mit Eisenvitriol- oder Schwefelsäurelösungen der üblichen Stärkegrade zu behandeln, kann man sie dadurch vernichten.

Im Unland unterdrückt man sie durch Bespritzen mit verdünnter Lösung von Natriumchlorat ($NaClO_3$). Da die Frühjahrsbestellung beim Ackerbau gegebenenfalls in die Zeit nach oder während der Entwicklung dieser Pflanze gelegt werden kann, sollte es sich möglich machen lassen, sie bei der Bestellung und herbstgekeimte Pflanzen ebenso bei der Herbstbestellung zu vernichten.

64. *Sclreanthus annuus* LINN. Ackerknaul, Einjähriger Knäuel, Sommerknäuel, engl. Annual knawel. *Sclsranthus annuus* (Fam. Caryophyllaceae) ist ein einjähriges oder winterannuelles Unkraut mit oft vielen, am Boden liegenden, dann sich aufrichtenden, ästigen, 2—15 (20) cm hohen, runden, meist bräunlichen, kahlen oder dünn mit kurzen Haaren besetzten Stengeln. Die Wurzel ist eine bis zu über 20 cm tiefgreifende, schwache und, wie die oberirdischen Teile der Pflanze, harte und holzige Pfahlwurzel. Die gegenständigen, pfriemförmigen, am Rande behaarten Blätter sind paarweise häutig verwachsen und haben in den Blattwinkeln oft kleine Blattbündel. Die kleinen, grünen Blüten stehen einzeln oder zu Bündeln vereint und haben keine Kronenblätter. Die eiförmigen, spitzen, grünen, am Rande mit einer schmalen, weißen Hautkante versehenen Kelchblätter öffnen sich nach der Blüte. Blüte und Reife von April oder Mai bis Oktober (Abb. 149). Kelch- und Staubgefäße sitzen in einem glockenförmigen, unteren, zweiten Kelch, der schließlich hart wird und die Frucht, ein einsamiges Nüßchen, umgibt, das bei der Reife mit dem Kelch zusammen abfällt. Dieser ist langgestreckt und hat 5 abstehende, oben scharf zugespitzte Zähne. 1000-K.Gew. der ganzen Frucht etwa 1,4 g, Länge und Breite etwa 3,0 × 1,3 mm. Oben läuft der eiförmige Same in eine verlängerte Spitze aus und trägt unterhalb dieser Spitze eine gelbbraune, schmale, mondsichelförmige Zeichnung. Die gelbe bis gelbbraune Oberfläche trägt schwache Längsstreifen. 1000-K.Gew. etwa 0,44 g, Länge und Breite etwa 1,4 × 0,9 mm (Abb. 150). Der von dem behaarten Kelch und dem Unterkelch fest umschlossene

---

[1] KINZEL: Frost und Licht als beeinflussende Kräfte bei der Samenkeimung. Nachtrag II, S. 74. Stuttgart 1920.

[2] WEHSARG: Das Unkraut im Ackerboden. Arb. d. dtsch. Land. Ges. H. 226, S. 81.

Same braucht meistens selbst unter günstigen Verhältnissen etwas längere Zeit zur Keimung. Nach einiger Zeit ruhiger Lagerung im Boden dagegen kann er

Abb. 149. *Scleranthus annuus.* *1* Pflanze, $^3/_4$ nat. Gr.; *2* Blüte; *3* Fruchtknoten, vergr.; *4* aufgeklappter Kelch mit Staubgefäßen. Orig.-Zeichn.

schnell auflaufen. Die Pflanze entwickelt sich dann vom Frühjahr bis zum Herbst und der im Herbst aufgelaufene Same vermag bereits im nächsten Frühjahr und Frühsommer wieder blühende und fruchtende Pflanzen hervorzubringen.

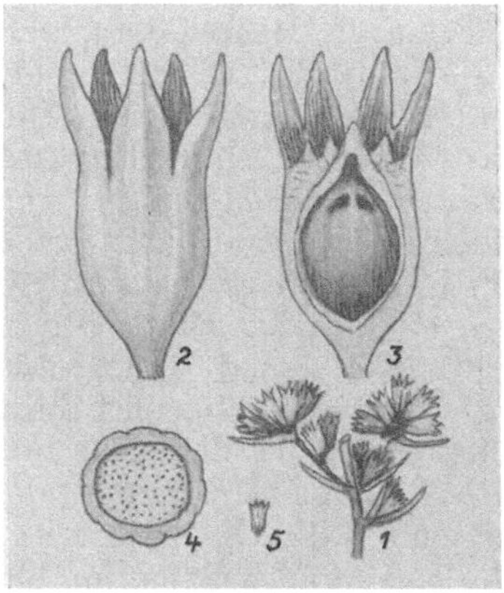

Abb. 150. *Scleranthus annuus.* *1* Teil eines Blütenzweiges, $^3/_2$ nat. Gr.; *2* Frucht vom Kelch umgeben; *3* Längsschnitt der Frucht; *4* Querschnitt von *3*, 10 fach vergr.; *5* Frucht, nat. Gr. Orig.-Zeichn.

Die Pflanze ist ein ziemlich gewöhnliches und verbreitetes Acker- und Wiesenunkraut auf Sandboden, leichterem, humushaltigem Sandboden und besonders auf nährstoffarmem Unland in Nordafrika, dem gemäßigten Asien, fast in ganz Europa und eingeschleppt in Nordamerika. Streckenweise ist es sehr gewöhnlich und lästig in weiten Gegenden Deutschlands, in England, Irland, Südschottland und ganz Skandinavien bis zu 63° 35′ n. Br. (Norwegen) vom Meer bis an die Fichtengrenze. *Scleranthus annuus* wird durch Samen, die oft Getreide, Sommer- wie Winterkorn, und auch Kleesamen verunreinigen, fortgepflanzt und verbreitet. Unter günstigen Wachstumsbedingungen kann die Pflanze auf ähnliche Art wie *Herniaria glabra*, mit der sie in ihrem Vorkommen und ihrer Verbreitung viel gemein hat, eine dichte Decke über große Felder ziehen und dadurch andere nützliche Pflanzen verdrängen. Zur Bekämpfung beider Arten dienen die gleichen Mittel und Maßnahmen.

65. *Capsella bursa pastoris* (LINN.) MNCH. Gemeines Hirtentäschchen, Hirtentäschel, engl. Shepherd's purse. *Capsella bursa pastoris* (Fam. Cruciferae) ist ein auf Ackerboden aller Art vorkommendes, meist einjähriges Unkraut, das aber auch regelmäßig als kleine, herbstgekeimte Pflanze überwintert und im nächsten Frühjahr blüht und fruchtet. Es gehört also zu den überwinternden, winterannuellen Unkräutern, hat eine zapfenförmige, dünne, ästige Wurzel, ist 10 bis 50 cm hoch, oft sehr verzweigt und verhältnismäßig zart gebaut. Die Blätter erscheinen fast gefiedert, sind mehr oder weniger tief eingeschnitten, manchmal ganzrandig, sitzend und am Grunde pfeilförmig. Der Stengel wird am Grunde von einer dichten Rosette großlappiger Blätter umgeben, die bei herbstgekeimten Pflanzen tiefere Einschnitte als bei den Sommerpflanzen haben, die von Juli bis September blühen. Von der Zeit des Frostes abgesehen

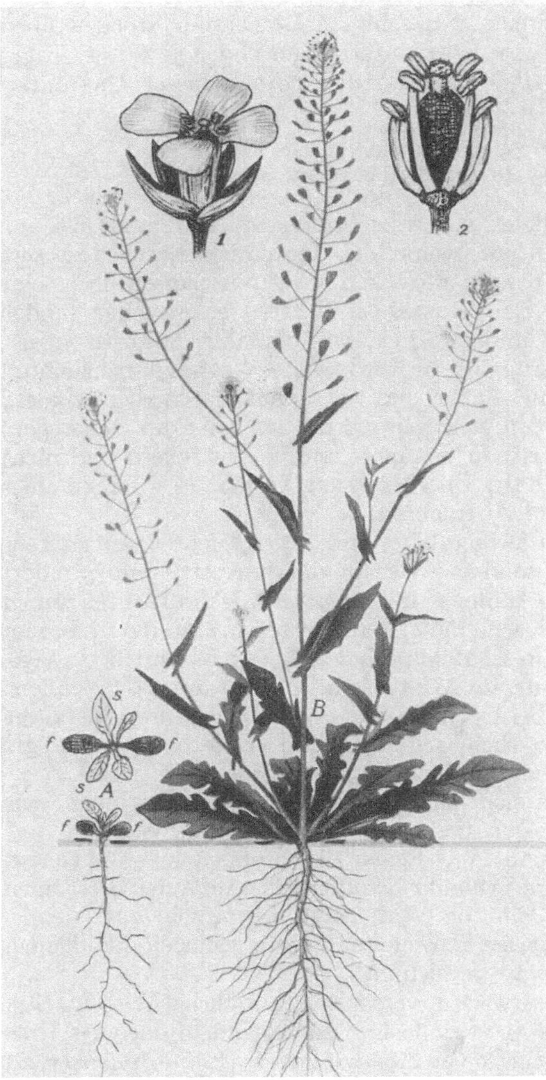

Abb. 151. *Capsella bursa pastoris. A* Keimpflanze von der Seite und von oben betrachtet, nat. Gr. bzw. 2fach vergr.; *f* Keimblätter; *s* Stengelblätter; *B* voll entwickelte Pflanze, $1/4$ nat. Gr.; *1* etwa 7fach vergr. Blüte; *2* etwa 10fach vergr. Blüte, von der die Blütenhülle entfernt ist. Nach KORSMOS Unkrauttafeln.

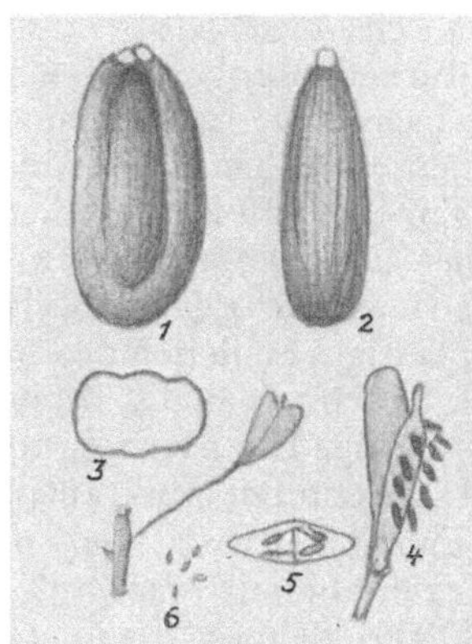

Abb. 152. *Capsella bursa pastoris.* *1* u. *2* Breit- und Schmalseite des Samens; *3* Samenquerschnitt, 24fach vergr.; *4* Teil der Samenkapsel; *5* Samenkapsel im Querschnitt, $9/4$ nat. Gr.; *6* Same, nat. Gr. Orig.-Zeichn.

blüht und fruchtet die Pflanze fast während des ganzen Jahres (Abb. 151). Die Blüten sind klein und weiß; die umgekehrt herzförmigen, dreieckigen Schötchen enthalten je 10—12, an einer gemeinsamen Scheidewand festsitzende Samen. Der ovale, an den Seiten flachgedrückte, am Grunde abgestumpfte Same trägt auf beiden

Seiten vom Grunde bis in die Nähe der Spitze 2 Längsfurchen. Die schwach glänzende, rauhe, gelbbraune Oberfläche hat am Grunde eine dunkelbraune Kante (Abb. 152). 1000-K.Gew. etwa 0,1 g, Länge und Breite 1,0×0,5 mm, Samenzahl je Pflanze etwa 2000—40000 (WEHSARG nennt als Höchstzahl 40000), je kg etwa 10 Millionen. Der Same keimte verschieden schnell. Im Laboratorium liefen 100% in 400 Tagen, im Freien von schwach bedecktem, trocken überwintertem Samen 21% in 26 Tagen, bei Überwinterung im Boden 52% in 12 Tagen auf. Bei Keimversuchen[1] mit reifen und unreifen Samen dieser Unkrautart liefen im

1.	2.	3.	4.	5.	6.	Jahre
34	33	6	3	0	0	% der unreifen Samen und
74	65	79	(20)	48	31	% der reifen Samen

auf.

Bei einem anderen Versuch liefen von vorjährigem, reifem Samen 65, von unreifem Samen 33% in 2 Jahren auf, womit die Keimkraft erloschen zu sein schien. Bei dem dritten Versuch bewahrte trocken gelagerter Same jedoch seine Keimkraft bis ins sechste Jahr. Bei (ROSTRUPS) Fütterungsversuchen fanden sich 24% der verfütterten Proben unbeschädigt und keimfähig im Miste wieder.

Capsella bursa pastoris ist ursprünglich in Europa und Westasien beheimatet, findet sich aber nun als sehr gemeines Acker- und Wiesenunkraut in allen Ländern mit Ausnahme der Tropen. Es ist in ganz Europa bis ans Nordkap (Norwegen) und nach Island verbreitet. Es tritt in Sommer- und Winteräckern und nicht selten auf einjährigen Wiesen auf. Bei Überwinterung vermag es während eines Wachstumsabschnittes oft zweimal zu fruchten.

Die Pflanze wird durch Samen fortgepflanzt und wegen leichten Aufplatzens der reifen Schötchen meistens besonders wirksam durch Ausfall am Standort verbreitet. Geringe Samenmengen kommen mit Heu oder Halmfrüchten immer mit unter Dach, um dann durch Dreschabfälle, Spreu, Stroh u. ä. weiter verbreitet zu werden. Z. B. fanden sich in 5 Dreschabfallproben je kg durchschnittlich 27350, in Mischsamen 10000 und in anderem Wiesensamen 500 Samen. In einigen Kulturbodenproben liefen je qm bei 25 cm Tiefe 125, in Pferde- und Kuhdung je t 2526 bzw. 1227 Pflanzen auf. Nicht selten finden sich auch unbeschädigte Samen dieses Unkrautes in Kleie und Mühlenabfällen.

Zur Bekämpfung bedient man sich derselben Mittel und Maßnahmen, wie früher bei *Sinapis arvensis* angegeben (vgl. auch S. 450—471, Abschn. 6 A, I und II, wie S. 477—516, B, III und IV). Eggen des Stoppelfeldes im Herbst und zeitiges Schleifen des Ackers im Frühjahr befördert das Auflaufen der Samen (vgl. Abschn. 6 B, I a, b und II). Eine die Wintersaat meist nicht angreifende, 15—18%ige Eisenvitriol- oder 3½%ige Schwefelsäurelösung pflegen die kleinen, herbstgekeimten Unkrautpflanzen zu vernichten[2].

Es kann sich sogar als nützlich erweisen, verseuchte, einjährige Wiesen zeitig im Frühjahr mit einer 15%igen Eisenvitriollösung zu behandeln oder das Gras sehr früh zu mähen, um das Fruchten von überwinterten Unkrautpflanzen zu vermeiden. Die Pflanze schmeckt nicht gut und erweist sich daher als Beimischung zum Futter nur von geringem Wert. Neben mehreren anderen Kreuzblütlern dient sie als Wirt mehrerer Insektenarten, die Nutzpflanzen angreifen (vgl. S. 26, Abschn. II 7).

---

[1] DORPH-PETERSEN: Tidsskr. f. Landbr. Pl. avl. Bd. 17, S. 596—598 u. 618.

[2] Späte Aussaat im Herbst, folgende ungünstige Witterungsverhältnisse und möglicherweise noch durch Wechsel von Frost und Kälte auf schneefreiem Boden erschwertes Überwintern bewirken oft nur spärliches Auflaufen und mangelnde Widerstandskraft der Nutzpflanzen. Unter solchen Verhältnissen kann Behandlung mit der Unkrautegge oder chemischen Lösungen unangebracht, ja der Frucht sogar schädlich sein.

66. *Senecio vernalis* W. K. Frühlings-Kreuzkraut, Baldgreis, engl. Groundsel, ragweed. *Senecio vernalis* (Fam. Compositae) ist eine einjährige bis winterannuelle, etwa 30—40 cm hohe, ästige, behaarte Pflanze mit zapfenförmiger kurzer, kräftiger, verzweigter Wurzel, länglichen, leierförmigen, federartig gelappten, buchtig gezähnten Blättern und halbdoldenständigen Blüten mit aufrechten, 5—8 mm breiten Körbchen mit etwa 80 rohrförmigen, gelben Scheibenblüten, etwa 12 zungenförmigen, gelben Randblüten und schwarzen, mit spitzen Zähnen versehenen Hüllkelchblättern. Blütezeit und Reife von Mai bis Juni bzw. von September bis Oktober (Abb. 153). Der langgestreckte, im Umfang ungefähr zylindrische, etwas krummgebogene, dem quer abgestumpften Grunde zu schmaler werdende Same hat oben eine etwas schief sitzende, kragenartige Erweiterung mit grubenförmiger Vertiefung, an deren äußerem Rande ein silberweißes, etwa 7 mm langes Büschel von Fegehaaren sitzt, das die Verbreitung des Samens äußerst wirksam fördert. Zwischen den Längsrippen des Samens sitzen dichte Reihen weit hervorstehender oder anliegender, silberweißer Haare. Die Oberfläche ist hellgraubraun oder -graugrün. 1000-K.Gew. etwa 0,18 g, Länge und Breite etwa 2,4 × 0,4 mm, Samenzahl je Pflanze 2000—4000, je kg etwa 5555000. In Wachstum und Entwicklung ähnelt diese Unkrautart beispielsweise *Capsella bursa pastoris* insofern, als die Pflanze gleichfalls während eines Wachstumsabschnittes meistens zweimal blüht und fruchtet, das erstemal von Mai bis Juni, das zweitemal von September ab. Größere oder geringere Mengen des im Frühsommer reifen Samens entwickeln während des Spätsommers

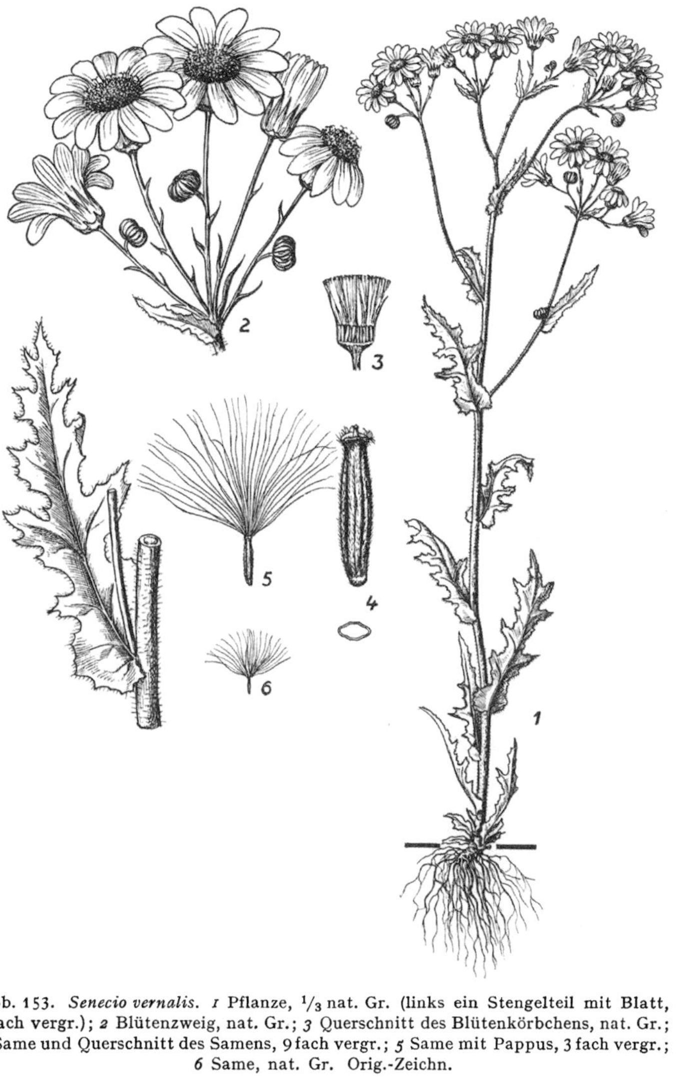

Abb. 153. *Senecio vernalis.* *1* Pflanze, 1/3 nat. Gr. (links ein Stengelteil mit Blatt, 3fach vergr.); *2* Blütenzweig, nat. Gr.; *3* Querschnitt des Blütenkörbchens, nat. Gr.; *4* Same und Querschnitt des Samens, 9fach vergr.; *5* Same mit Pappus, 3fach vergr.; *6* Same, nat. Gr. Orig.-Zeichn.

Samenpflanzen mit größeren oder kleineren Laubblattrosetten, die überwintern, sich milderes Wetter bei jeder Gelegenheit zur Weiterentwicklung nutzbar machen und bereits im folgenden Mai und Juni blühen und reifen. Überwinterter Same, der im Frühjahr keimt, entwickelt noch im Spätsommer des gleichen Jahres blühende und fruchtende Pflanzen, wie auch im Frühjahr gereifte Samen bei unmittelbar darauffolgender Keimung noch im Herbst des gleichen Jahres vollreife Pflanzen hervorbringen können.

Senecio vernalis wächst im Nutz- und Unland, in Wäldern, an Rainen und auf Äckern und ist in Mittel- und Norddeutschland ein oft besonders bösartiges Unkraut. Es findet sich vereinzelt oder sogar schon als ganz gewöhnliches Unkraut in Böhmen, Schlesien, Posen, Ost- und Westpreußen, Pommern und Brandenburg und verbreitet sich ständig weiter nach Westen. In ganz Dänemark trat es früher nur vereinzelt auf, doch ist es während der letzten Jahre besonders in Mitteljütland ein sehr unangenehmes Unkraut des Kulturbodens geworden. Dasselbe gilt für Südschweden.

Senecio vernalis wird ausschließlich durch Samen fortgepflanzt und auf verschiedene Weise, wie durch Komposterde, Stalldung, Saatgut, Geräte, besonders aber durch den Wind verbreitet. Mit seinem großen, ausgebreiteten Fegehaarbüschel wird der Same nach weit entfernten Keimstätten, wie Weg- und Bahnstrecken, Schutthalden, verwahrlosten Plätzen, Grabenkanten, Rainen oder Felsen verweht.

Auf lückenhaft bestandenen Klee- und Luzernenfeldern findet sich *Senecio vernalis* oft als ein sehr verbreitetes und lästiges Unkraut, besonders da es dort wie an Schutthalden, Wegrändern u. ä. oft bis zur Vollreife stehen bleibt. Das rechtzeitige Jäten oder Abhacken der Pflanzen vor der Blüte und vor allem die sofortige Entfernung ist dringend anzuraten, da der Same sonst an den abgehauenen Stengeln nachreifen kann[1]. Wo die Pflanze unter anderen Früchten, wie Sommer- oder Winterkorn, Boden gewinnt, beachte man die gleichen Maßnahmen. In Hackfruchtäckern behauptet sich dieses Unkraut nicht leicht, da die Frühjahrskeimer von *Senecio vernalis* durch die Bestellung und Jäten, die Herbstkeimer durch die Herbstbestellung vernichtet werden.

67. *Geranium dissectum* LINN. Schlitzblättriger Storchschnabel, engl. Cut-leaved crane's bill. *Geranium dissectum* (Fam. Geraniaceae) ist eine einjährige bis winterannuelle, 15—30 cm hohe Pflanze mit dünner Pfahlwurzel, aufgerichtetem bis aufrechtem, mehr oder weniger ästigem, wie die Blattstiele mit abwärts gerichteten, abstehenden Haaren dünn besetztem Stengel. Die Blätter sind ungefähr nierenförmig; die unteren sind 5—7lappig, handförmig und mit tiefen, oben breiteren, ganzrandigen oder 2—3zähnigen Lappen versehen; die oberen Blätter sind meist noch stärker gelappt und haben gewöhnlich 3 gleichmäßig breite, tief eingeschnittene Lappen. Die Blätter sind sämtlich mit Stielen versehen. Die mit abwärts gerichteten Haaren besetzten Blütenstiele enden in 2 kürzere Stiele mit abstehenden Drüsenhaaren und tragen eine kleine, endständige, rosenrote Blüte. Blütezeit von Mai bis August (Oktober)[2], Reife in der Regel vom Frühsommer bis in den Herbst (Abb. 154). Die klappenförmigen Teile der 5teiligen Frucht sind etwa 2 mm breit und 3 mm, mit Schnabel 15 mm lang. Nach der Reife rollt sich der Schnabel auf und gibt den sich lösenden Samen frei. Der kugelförmige, ovale Same wird den beiden Enden, am stärksten der gleichmäßig abgerundeten Spitze zu schmäler. Die nach der Bauchseite

---

[1] THAER-APPEL: Die landwirtschaftlichen Unkräuter. 4. Aufl. S. 24. Berlin 1923.

[2] Herbstgekeimte, überwinterte Pflanzen können bereits Ende Mai blühen, während im Frühling und Frühsommer gekeimte von Juli oder August bis in den Oktober hinein blühen.

schief abgestumpfte Grundfläche hat einen nach oben zeigenden, schwach erhabenen Rand. Die Samenhaftstelle ist ein etwa 0,5 mm langer, dunkelbrauner Strang, der sich vom Mittelpunkt der Grundfläche nach der Bauchseite hinzieht.

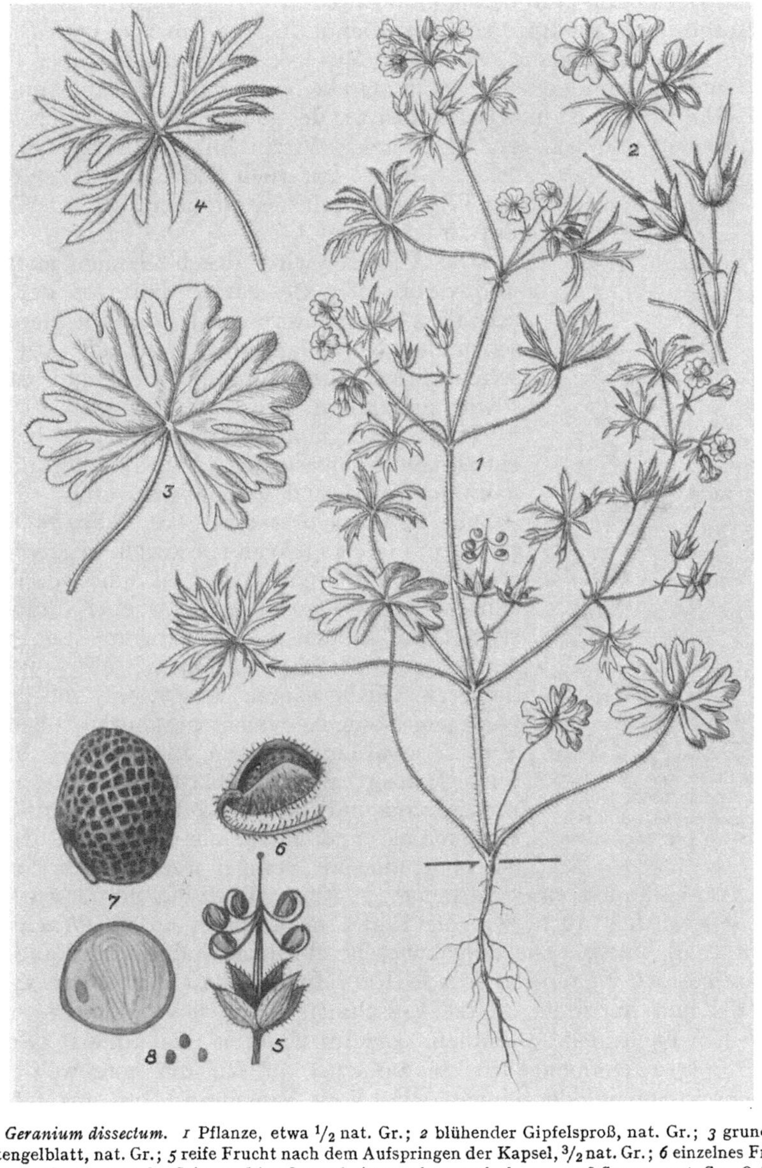

Abb. 154. *Geranium dissectum.* *1* Pflanze, etwa $^1/_2$ nat. Gr.; *2* blühender Gipfelsproß, nat. Gr.; *3* grundständiges Blatt, *4* Stengelblatt, nat. Gr.; *5* reife Frucht nach dem Aufspringen der Kapsel, $^3/_2$ nat. Gr.; *6* einzelnes Früchtchen, 5 fach vergr.; *7* Same, von der Seite und im Querschnitt gesehen, 11 fach vergr.; *8* Samen, nat. Gr. Orig.-Zeichn.

Die netzig-erhabene, gelbbraune bis graubraune Oberfläche erinnert in Form und Farbe an Honigwaben. 1000-K.Gew. etwa 2,5 g, Länge und Breite $1,8 \times 1,4$ $(2,0 \times 1,5)$ mm, Samenzahl je Pflanze 40—150 oder mehr, je kg 400000.

Gewöhnlich keimt der Same sowohl im Herbst als auch im Frühjahr und Sommer. Überwinterung im Freiland führt wahrscheinlich raschere Keimung im Frühjahr herbei.

Von *Geranium pratense* beispielsweise liefen nach KINZEL[1] 100% des frischen Samens in hellem Raum in 27, in halbdunklem in 48 Tagen auf.

Geranium dissectum kommt auf lehmigem, schotterigem Boden, auf sandigem Humus, auch auf kalkhaltigen Bodenarten im Nutz- und Unland, an Land- und Feldwegen, Hecken und Zäunen u. ä. in ganz Europa, Kleinasien, Afrika, Sibirien und vereinzelt auch, aus Europa eingeschleppt, in ganz Amerika vor. Die Pflanze ist in Deutschland, England, Süd- und Mittelskandinavien bis über 60° n. Br. (Oslo, Aaland) und anderen Ortes ein streckenweise ganz gemeines und lästiges Unkraut. Die Pflanze ist inzwischen fast auf der ganzen Erde heimisch geworden. Im Kulturboden findet sie sich als ständige Verunreinigung aller Halm-, Hackfrucht-, Klee-, Luzernen und Flachsäcker, sowohl in der Winter-, wie in der Sommersaat, auf Wiesen wie auf Brachen usw.[2].

Die Pflanze wird durch Samen fortgepflanzt und verbreitet. Viel Samen fällt von den oft früh reifenden, überwinterten Pflanzen am Standort zwischen den Nutzpflanzen aus; ferner wird er nicht selten durch verunreinigten Klee- und Grassamen sowie auf andere Weise verschleppt.

Bei der Bekämpfung wende man die bei anderen einjährigen bis überwinternden Samenunkräutern genannten Mittel und Maßnahmen an.

Abb. 155. *Veronica arvensis.* *1* kleinere Pflanze, etwa 2/3 nat. Gr.; *2* etwa 3fach vergr. Blüte; *3* aufgeklappte, vergr. Krone; *4* Kapsel mit Hüllblatt; *5* Same, von der Rückseite, *6* von der Bauchseite und im Querschnitt gesehen, 12fach vergr.; *7* Same, nat. Gr. *5*—*7* Orig.-Zeichn.

68. *Veronica arvensis* LINN. (Abb. 155). Feldehrenpreis, engl. Wall-speedwell. *Veronica arvensis* (Fam. Scrophulariaceae) ist eine einjährige bis winterannuelle Pflanze mit schwacher, dünner Pfahlwurzel und einfachem oder ästigem, steigendem bis aufrechtem, 10—25 cm hohem, mit kurzen oder längeren Gliederhaaren besetztem, oben drüsenhaarigem Stengel, ovalen, gezähnten, oben an der Pflanze oval-herzförmigen Blättern, ei- bis linienförmig-lanzettlichen Tragblättern, deren obere ganzrandig sind und über die Blüten hinausragen. Die Blütenstiele sind kürzer als der Kelch. Die Krone ist blau; die am Stengel und an den Ästen endständige Traube ähnelt einer verlängerten Ähre. Blütezeit von April (Februar) bis Mai, gelegentlich auch, wie die Reife, noch später in die Wachstumszeit (April bis Juni) hinein. Die umgekehrt herzförmige, kahle, am Rande jedoch drüsenhaarige, $7,5 \times 5$ mm messende Kapselfrucht sitzt auf einem etwa 2 cm langen Stiel und hat tiefe, spitze Einschnitte. Sie ist zweifächerig und enthält in jedem Fach mehrere Samen. Der im Umkreis ovale, meist gekrümmte, scheibenförmig zusammengedrückte Same ist am Rücken vorgewölbt und an der Bauchseite eben oder eingebeult. Vom Samenrand bis ungefähr in die Mitte zieht sich ein erhabenes, strangförmiges Gebilde, das in die ovale, dunklere, erhabene, mit einer grubenförmigen Vertiefung versehene Samenhaftstelle ausläuft. Die fein punktierte, rauhe Oberfläche ist gelb bis gelbbraun. 1000-K.Gew. 0,05 g, Länge und Breite etwa $0,9 \times 0,55$ mm, Samenzahl je kg etwa 25 Millionen. Der Same scheint zwischen Reife und Keimung keiner Ruhe-

[1] KINZEL: Frost und Licht als beeinflussende Kräfte bei der Samenkeimung (Nachtrag II) S. 102. Stuttgart 1920.

[2] Vgl. dazu auch HEGI: Illustrierte Flora von Mitteleuropa Bd. 4, Teil 3, S. 1681. München.

zeit zu bedürfen. Hierzu bemerken LEHMANN und SNELL[1] für Samen von *Veronica arvensis* wie *Veronica agrestis*: „Die Samen der hierhergehörigen Arten keimen nämlich zum allergrößten Teile kurze Zeit nach der Reife sogleich aus. 8—14 Tage oder 4 Wochen genügen unter günstigen Verhältnissen vollkommen, um die Auskeimung vor sich gehen zu lassen. Die Samen können dabei geerntet sein, zu welcher Zeit im Jahre sie auch wollen." Außerdem wird bemerkt: „Weiter aber sind dann auch *V. arvensis* ebenso wie *V. serpilifolia* im Blühen und Fruchten nicht an einzelne Jahreszeiten gebunden. Sie blühen und fruchten vielmehr vom Frühjahr bis in den Herbst hinein."

Veronica arvensis wächst als ein gemeines und oft lästiges Unkraut unter Ackerfrüchten aller Art, unter Gräsern und auch im Unland, an Wegrändern, Rainen u. a. in ganz Europa bis zu 66° 26′ n. Br. (Norwegen) vom Meer bis an die Korngrenze, außerdem in ganz Westasien (Mittelasien), Nordafrika und Nordamerika. Die Pflanze wird durch Samen fortgepflanzt und verbreitet. Die Tatsache, daß die Reife und somit auch die Samenverbreitung sich über die ganze Wachstumszeit der Pflanze erstreckt, und der Same, wie Untersuchungen ergaben[2], seine Keimkraft Jahre hindurch bewahren kann, fördert die Bodenständigkeit dieses Unkrautes. Man ordne darum die Fruchtfolge so, daß die Hauptsäuberung während der Wachstumszeit unter Hackfrüchten, also Wurzelfrüchten, Kartoffeln und Gemüse durchgeführt werden kann. Sommerkorn sollte vor oder während des Aufkommens der Saat mit der Unkrautegge gründlich bearbeitet oder auch nach dem Durchbruch der Saat mit Chemikalien bespritzt werden (vgl. S. 482—509, Abschn. 6 B, IIIb).

Dichtwachsendes Sommergetreide kann sich so niedriger Unkräuter wie der *Veronica*-Arten bis zu einem gewissen Grade aus eigener Kraft erwehren; früh ausgekeimte Pflanzen können aber immerhin zur Blüte und Reife kommen, wenn ihre Entwicklung nicht durch die Unkrautegge oder durch Bespritzen verhindert wird. Rechtzeitige und gründliche Bearbeitung des Ackers vor und während der Saatzeit vernichtet aufgelaufene Pflanzen, wie andererseits Eggen der Äcker im Herbst nach Einholen der Früchte den dadurch in Keimtiefe gebrachten Samen zum Auflaufen bringt, so daß diese ausgekeimten Pflanzen bei der späteren Beackerung vernichtet werden können.

Same dieser und anderer *Veronica*-Arten, z. B. von *V. agrestis*, kann auch als verunreinigender Bestandteil von Wiesensaat auftreten, durch gute Reinigung der Saat aber ausgeschieden werden.

Zur Bekämpfung vergleiche man, was bei den winterannuellen Arten *Stellaria media* und *Capsella bursa pastoris* angegeben ist.

Die Tiere fressen die Pflanze, die im Verhältnis zu dem von ihr auf der Wiese beanspruchten Raum allerdings nur einen schlechten Ersatz für gutes Gras oder für Klee darstellt.

Von anderen einjährigen bis winterannuellen *Veronica*-Arten, die sich unter ähnlichen Wachstumsverhältnissen wie *Veronica arvensis* als Unkräuter im Nutzland finden, seien angeführt:

69. *Veronica agrestis* LINN. Acker-Ehrenpreis, engl. Procumbent speedwell. *Veronica agrestis* (Fam. Scrophulariaceae) hat im Umfang eiförmige Samen mit stark vorgewölbtem, im Querschnitt kreisbogigem Rücken und schalen-

---

[1] LEHMANN und SNELL: Die Gattung Ehrenpreis. Arb. d. dtsch. Landw. Ges. H. 280, S. 14 und 16.

[2] Nach WEHSARG: „Das Unkraut im Ackerboden", Arb. d. dtsch. Landw. Ges. H. 226, S. 83 keimten Samen dieses Unkrautes, die in Bodenproben gefunden wurden, während einer Zeit von 7 Jahren.

förmig tief eingebeulter Bauchseite mit über die Ränder der eingewölbten Bauchseite greifenden gefalteten Kanten. Der im Querschnitt ungefähr mondsichelförmige Same trägt auf dem Rücken und an den Seiten Querfalten und ist an der fast glatten Bauchhöhlung mit einer erhabenen Samenhaftstelle versehen. Die Oberfläche ist rotbraun bis gelbbraun. 1000-K.Gew. etwa 0,64 g, Länge und Breite etwa 1,6 × 1,15 mm (Abb. 156).

70. *Veronica polita* Fries. Glatter Ehrenpreis. *Veronica polita* (Fam. Scrophulariaceae) wächst in Nordafrika, Westasien und Süd- und Mitteleuropa. *Veronica polita* und *Veronica agrestis* blühen und fruchten von April bis Oktober und werden auf die gleiche Art wie *Veronica arvensis* bekämpft.

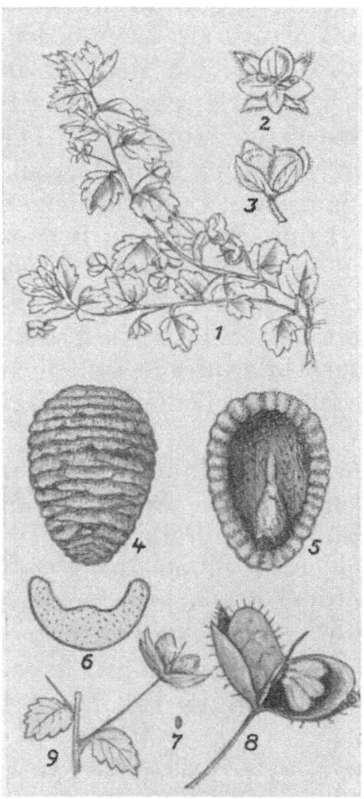

Abb. 156. *Veronica agrestis*. *1* Pflanzenteil, etwa 2/3 nat. Gr.; *2* Blüte; *3* Frucht, etwa nat. Gr.; *4* u. *5* Samenrücken- und -bauchseite; *6* Samenquerschnitt, 13 fach vergr.; *7* Same, nat. Gr.; *8* Kapsel mit Längsschnitt der rechten Hälfte, 9/4 nat. Gr.; *9* Teil des oberen Zweiges, 4/5 nat. Gr. *4* u. *5* Orig.-Zeichn.

71. *Veronica hederaefolia* Linn. Epheublättriger Ehrenpreis, engl. Ivy-leaved speedwell. *Veronica hederaefolia* (Fam. Scrophulariaceae) ist eine schwache, liegende, verzweigte Pflanze mit steigenden Zweigspitzen und etwas dicken, sehr kurzstieligen, rundlichen bis breit herzförmigen Blättern mit 3—7 groben, zahnförmigen Lappen. Die Blüten sitzen einzeln in den Blattwinkeln und haben hellblaue Kronen. Blütezeit gewöhnlich von März bis Mai mit folgender Reife im frühen Sommer (Abb. 157). Die knorrige, kugelige Kapsel ist 5 mm breit und 4 mm hoch und hat in jedem Fach 2 eiförmige, braun bis braunschwarze, etwa 2,8 × 1,8 mm messende Samen mit quergerippter Rück- und eingebeulter Bauchseite. Nach Wehsarg bewahrt der Same unter einer Erdschicht seine Keimfähigkeit noch nach 4 Jahren.

Veronica hederaefolia ist ein in Nordamerika, Westasien, Europa, nördlich bis Norrland in Schweden vorkommendes, besonders gemeines und lästiges Acker- und Gartenunkraut. Eine englische Quelle[1] gibt unter anderem an, daß „*Veronica hederaefolia* sehr häufig in so großen Mengen auftritt, daß die Pflanze alles überwuchert. Sie entwickelt sich und blüht sehr zeitig im Frühsommer, um gleich nach Vollreife zu welken, abzusterben und mit Ausnahme des Samens, der dann wie über den Acker gesät liegen kann, nur geringe Spuren zu hinterlassen[2].

Die Pflanze scheint sich auf Boden jeglicher Art, ja sogar auf Kreideböden gleich üppig zu entwickeln. Im letzten Falle ist sie vielleicht nicht so vorherrschend“[3].

Zur Bekämpfung vergleiche man die Angaben bei den übrigen *Veronica*-Arten.

---

[1] Brenchley: Weeds of Farm Land S. 131. London 1920.

[2] Vgl. auch Lehmann und Snell: Die Gattung Ehrenpreis. Arb. d. dtsch. Landw. Ges. H. 280.

[3] *Veronica peregrina* L., Ausländischer Ehrenpreis, ähnelt in der Entwicklung *Veronica hederaefolia* und stammt aus Amerika. Jetzt ist die Pflanze an vielen Orten in Deutschland verbreitet und in letzter Zeit auch ganz vereinzelt im Norden, z. B. im Botanischen Garten zu Oslo, aufgetreten, wo sie gut gedeiht, schnell wächst und im Mai und Juni blüht.

b) Ein- bis zweijährige Unkräuter einschließlich der Schmarotzer.

Zu dieser Gruppe sind nicht nur diejenigen Pflanzen gerechnet, die bei wechselndem Klima und verschiedener geographischer Breite gewöhnlich sowohl einjährig als auch zweijährig sind, sondern auch solche, die unter ganz besonders günstigen Witterungsverhältnissen bei milden Wintern und fast ständig schnee-

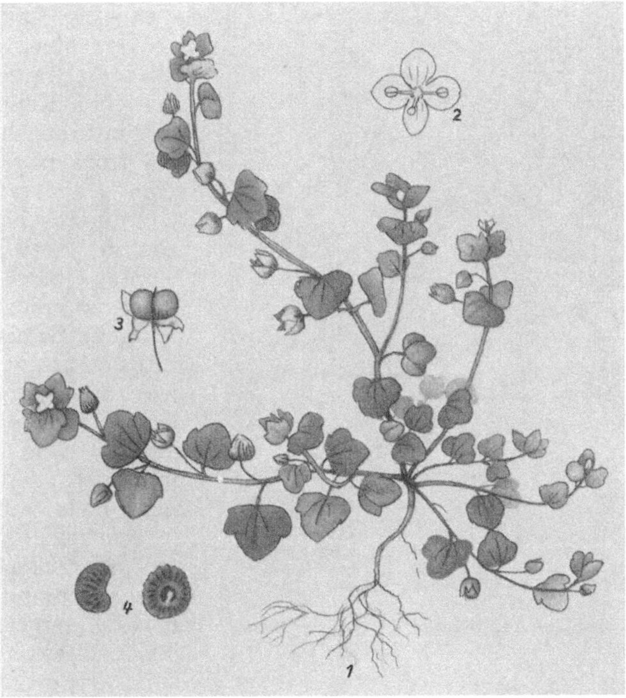

Abb. 157. *Veronica hederaefolia.* *1* kleinere Pflanze, etwa $^2/_3$ nat. Gr.; *2* Blüte, 3fach vergr.; *3* Frucht, $^5/_3$ nat. Gr.; *4* Samen in Seitenansicht und von der Innenfläche aus gesehen, etwa 3fach vergr. Nach MENTZ und OSTENFELD.

und frostfreiem Boden überwintern können, um im nächsten Sommer zu blühen und zu fruchten. Die meisten Arten dieser Gruppe treten gewöhnlich einjährig auf. Nur die im Spätsommer oder Herbst gekeimten[1], die sich beispielsweise im Winterkorn entwickeln und zu überwintern vermögen, sind imstande, ihr Wachstum im nächsten Sommer mit Blüte und Reife abzuschließen.

1. Ein- bis zweijährige Unkräuter.

72. *Lithospermum arvense* LINN. Feld-Steinsame, engl. Corn gromwell. *Lithospermum arvense* (Fam. Borraginaceae) ist ein einjähriges bis überwinterndes, 15—50 cm hohes Ackerunkraut mit kräftiger Pfahlwurzel[2], aufrechtem, wenig verzweigtem Stengel, oberen lanzettlichen und unteren fast umgekehrt eiförmig-lanzettlichen Stengelblättern, sowie wenigen weißen, endständigen Blütenwickeln. Die ganze Pflanze ist schmutziggrün, rauh behaart und blüht im Mai und Juni

[1] Eine Ausnahme hiervon bilden wahrscheinlich die *Cuscuta*-Arten. Der Verfasser hat jedoch keine Gelegenheit gehabt, die Überwinterung dieser Arten genauer zu untersuchen.

[2] In der Wurzelrindenschicht befindet sich ein rötlicher Farbstoff, der früher zum Färben von Salben, Schminken u. ä. benutzt wurde. (BRENCHLEY: Weeds of Farm Land S. 195.)

(Abb. 158). Der Same ist ein birnenförmiges Nüßchen mit quer abgestumpfter, dunkelbrauner Grundfläche, die zwei kleine, erhabene, weißgelbe Punkte trägt. Die unebene, höckerige, graugelbe bis graubraune Oberfläche ist warzenartig gepunkt (Abb. 159). 1000-K.Gew. etwa 5,0 g, Länge und Breite 3,0 × 2,0 mm, Samenzahl je Pflanze etwa 200, je kg etwa 200 000. Keimversuche im Laboratorium haben ergeben, daß trocken gelagerter Same seine Keimkraft mindestens 5 Jahre lang bewahren kann. Von 6 Jahre alten Samen keimten im Freien 26% in 46 Tagen, während von vorjährigem Samen bei gleichzeitiger Aussaat 33% in 43 Tagen aufliefen. Bei verschiedener Saattiefe lief der Same am besten in 0—2 cm Tiefe und tiefer als 4 cm überhaupt nicht mehr auf. Im Keimapparat liefen 73% in 130 Tagen auf. Sämtliche bei diesen Versuchen während des Frühjahrs im Boden aufgelaufenen Samen entwickelten im Herbste voll-

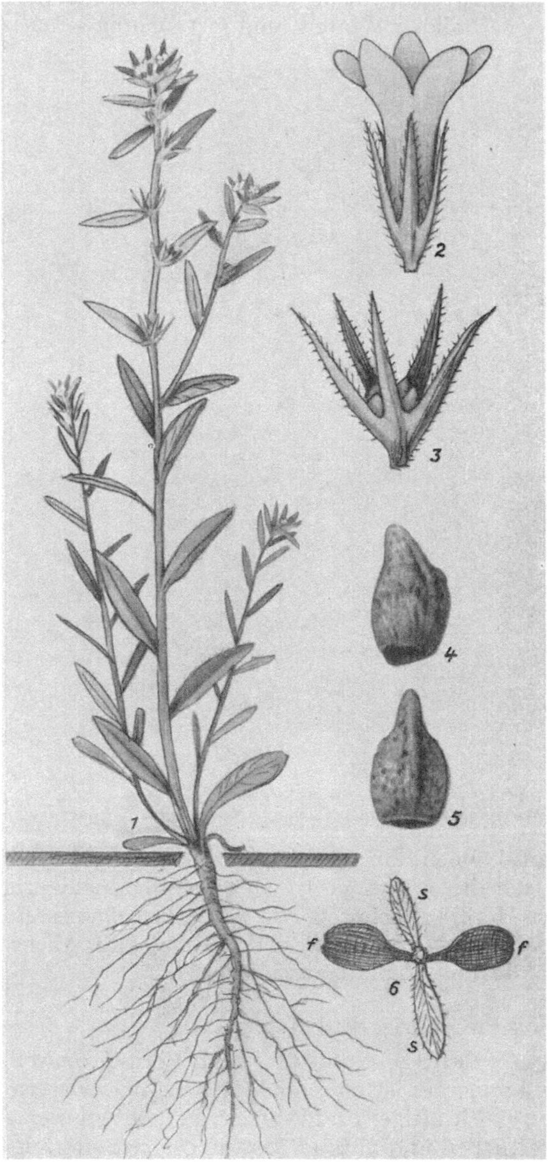

Abb. 158. *Lithospermum arvense.* *1* voll entwickelte, blühende Pflanze, 1/3 nat. Gr.; *2* Blüte; *3* Kelch mit Samen, 2fach vergr.; *4* u. *5* Samen, 6fach vergr.; *6* Keimpflanze; *f* Keimblätter; *s* Stengelblätter, nat. Gr. Orig.-Zeichn.

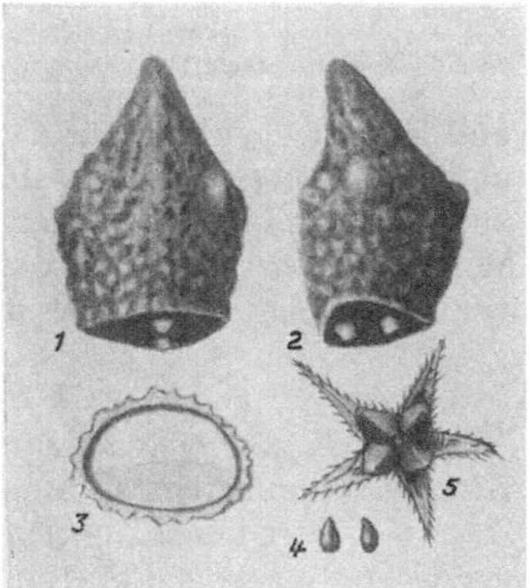

Abb. 159. *Lithospermum arvense.* *1* u. *2* Breitseite und Schmalseite des Samens; *3* Samenquerschnitt, 6fach vergr.; *4* Samen, nat. Gr.; *5* Kelch mit Samen, etwa 2fach vergr. Orig.-Zeichn.

reife Pflanzen. Herbstgekeimte Pflanzen überwintern, blühen und fruchten im folgenden Sommer. Die Samenschale enthält Kalk und Kieselsäure. Mehl und Brot, das diesen Samen enthält, schmeckt darum sandig.

Die Pflanze findet sich im Acker, an Schutthalden usw. in Europa, West- und Mittelasien, Nordamerika, Nordwestindien und anderen Ländern, aber nicht in den Polargegenden. Man trifft sie als gewöhnliches Unkraut unter Sommer- und Winterfrüchten, an Ackerrainen, Schutthalden u. ä. in ganz Deutschland, auf den britischen Inseln und in den flachsten Gegenden Südskandinaviens, nördlich bis zu 63° n. Br. (Norwegen).

Die Pflanze wird durch Samen fortgepflanzt und verbreitet. Zur Abwehr dieses Unkrautes dienen Verwendung reinen Saatgutes und reinen Düngers bei der Herbstbestellung, sowie Vernichtung des in Abfällen u. ä. enthaltenen Samens. Gute Dienste tun ferner Schälen des Stoppelfeldes gleich nach der Ernte, um das Auflaufen der Unkrautsamen zu fördern, sowie Bearbeitung der Sommerkornfelder mit der Unkrautegge, gründlich durchgeführte Säuberung von Hackfruchtfeldern während des Wachstums und sorgfältiges Brachen.

73. *Delphinium consolida* LINN. Feldrittersporn, Acker-Rittersporn, engl. Field larkspur. *Delphinium consolida* (Fam. Ranunculaceae) ist ein einjähriges oder überwinterndes, 15—45 cm hohes Unkraut mit kräftiger Pfahlwurzel, aufrechtem, ästigem, mit kurzen, anliegenden Haaren besetztem Stengel, sperrigen Zweigen und geteilten, zwei- bis dreifach gefiederten Blättern mit linienförmigen Teilblättern. Nur die unteren Blätter sind gestielt. Die blauen, seltener rötlichen oder weißen Blüten bilden verstreut sitzende Trauben. Die fadenförmigen, abstehenden Blütenstiele tragen kurze Vorblätter. Der unregelmäßig 5zähnige Kelch ist langgespornt. Auch die Krone wird aus einem gespornten Blatt gebildet. Die Pflanze blüht im Juli (Abb. 160). Die Frucht besteht aus einer etwa 10 mm langen und 2,2 mm dicken, im Querschnitt rundlichen, schnabelartig kurz zugespitzten, kapselartigen Schote mit vielen, in 2 Reihen angeordneten Samen. Ihre papierartige Wand zerbricht bei Berührung leicht. Der ungefähr dreieckige, etwas gekrümmte, oben schmaler werdende Same ist auf dem Rücken breit und flach gewölbt und an der leicht fettglänzenden, schwarzbraunen Oberfläche dicht mit häutigen, abstehenden Warzen besetzt. 1000-K.Gew. etwa 1,3 g[1], Länge und Breite etwa $2{,}2 \times 1{,}8$ mm, Samenzahl je Pflanze etwa 200, je kg etwa 770000.

Bei Laboratoriumsversuchen liefen von 8 Monate altem Samen in 120 Tagen 77%, in Ackerboden 0,5 cm tief eingesät in 43 Tagen 41% auf. Der Same läuft im Frühjahr wie im Herbst auf; in Gegenden mit reichlichen Niederschlägen während des Sommers und milden Wintern können herbstgekeimte Pflanzen mit der Wintersaat überwintern.

Delphinium consolida ist ein ganz gewöhnliches Unkraut des Ackerbodens unter Sommer- und Winterfrüchten usw. in ganz Europa, Mittelasien und, aus Europa eingeschleppt, in Nordamerika. In ganz Deutschland, streckenweise auf den britischen Inseln, in Süd- und Mittelskandinavien bis zu etwa 60° n. Br. (Norwegen) findet sich dieses Unkraut auf kaltem Boden, Schutthalden, Rainen u. ä.

Die Pflanze wird durch Samen fortgepflanzt und verbreitet. Nach der Reife fällt vor und während der Ernte viel Same am Standort aus, sehr viel kommt aber auch mit der Ernte unter Dach und so unter die Körner, Dreschabfälle, Spreu u. ä., die dann wieder durch Saatgut oder Dung den Weg auf den Acker finden. Der Same bildet oft einen ganz gewöhnlichen, verunreinigenden Bestandteil von Roggensaat.

Zur Abwehr verwende man reines Saatgut, reinen Dünger und behandle ausgekeimte Pflänzchen mit der Unkrautegge oder mit Chemikalienlösungen.

[1] HARZ: Samenkunde gibt ein 100-K.Gew. von 0,2 g, also ein 1000-K.Gew. von 2,0 g an.

74. *Anthemis arvensis* LINN. Acker-Hundskamille, Feldkamille; engl. Corn chamomile. *Anthemis arvensis* (Fam. Compositae) ist ein einjähriges bis zweijähriges, ästiges, bis 50 cm hohes, korbblütiges Unkraut mit zapfenförmiger

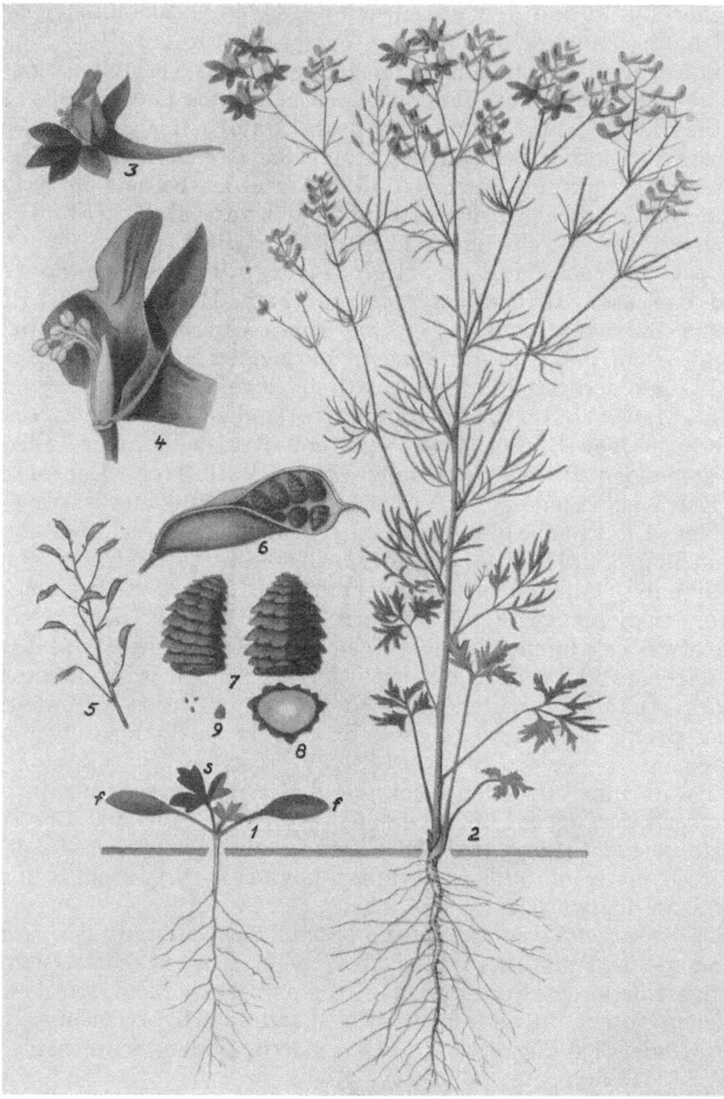

Abb. 160. *Delphinium consolida*. *1* Keimpflanze, *f* Keimblätter, *s* Stengelblätter, $^{3}/_{4}$ nat. Gr.; *2* voll entwickelte Pflanze, $^{1}/_{4}$ nat. Gr.; *3* Blüte, $^{3}/_{4}$ nat. Gr.; *4* Blütenquerschnitt, $^{9}/_{4}$ nat. Gr.; *5* oberer Zweig mit reifen Samen, $^{1}/_{4}$ nat. Gr.; *6* Schote mit reifen Samen, $^{9}/_{4}$ nat. Gr.; *7* Samen; *8* Samenquerschnitt, 6fach vergr.; *9* Same, nat. Gr. Orig.-Zeichn.

Wurzel, doppelt gefiederten Blättern, deren untere anliegende Härchen und linienförmige Teilblätter haben. Die Randkronen sind weiß, die Scheibenkronen gelb. Der Blütenboden sowohl dieser Art als auch der von *Anthemis tinctoria* trägt schmale, lanzettlich-linienförmige, in eine Spitze auslaufende Spreublätter (Abb. 161). Blütezeit im Juli und August. Der leicht gekrümmte, einem kurzen, abgestumpften Kegel gleichende Same ist an der in eine kurze, zapfenförmige Samenhaftstelle auslaufenden Basis am schmalsten und an der rundlichen, kragenförmig umrandeten Scheitelfläche mit einem kurzen, zentral eingesenkten Stielchen versehen. Er hat dicke, gerillte Längsrippen und ist gelb bis braungelb

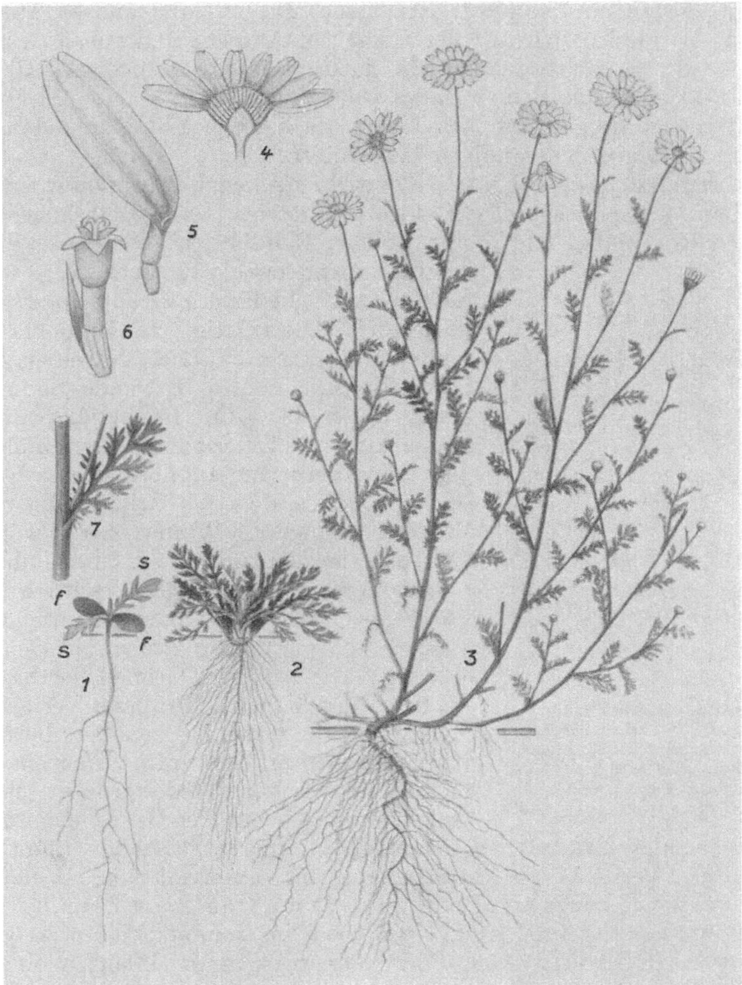

Abb. 161. *Anthemis arvensis.* *1* einige Tage alte Keimpflanze; *f* Keimblätter; *s* Stengelblätter, 2fach nat. Gr.; *2* Keimpflanze im Herbst des Keimjahres, $^1/_4$ nat. Gr.; *3* voll entwickelte, blühende Pflanze, $^1/_4$ nat. Gr.; *4* durchschnittenes Blütenkörbchen, $^8/_{10}$ nat. Gr.; *5* Randblüte, etwa 2fach vergr.; *6* Scheibenblüte mit Spreublättern, etwa 4fach vergr.; *7* Stengelteil mit Blatt, etwa $^9/_{10}$ nat. Gr. Orig.-Zeichn.

und glanzlos (Abb. 162). 1000-K.Gew. etwa 0,7 g, Länge und Breite[1] etwa 2,5 × 1,7 mm, bzw. 1,9 × 0,9 mm, Samenzahl je Pflanze etwa 4400, je kg 1,4 Millionen. Der Same kann gelegentlich recht spät auflaufen; von vorjährigem, trocken gelagertem Samen liefen im Laboratorium in 25 Tagen 13, in 180 Tagen 45% auf.

Die Pflanze findet sich als gewöhnliches Acker- und Wiesenunkraut besonders auf leichterem Boden in fast ganz Europa, Asien, Nord- und Südamerika, Nord-

[1] Die Samen von *Anthemis arvensis* kommen in zwei verschiedenen Größen vor.

afrika und in vielen anderen Ländern. Sie ist unter Ackerfrüchten und anderen Nutzpflanzen wie an Rainen, Wegrändern, Schutthalden in Deutschland, auf den britischen Inseln und in Skandinavien bis zu etwa 63,5° n. Br. (Norwegen) ganz gewöhnlich.

Anthemis arvensis wird durch Samen fortgepflanzt und auf verschiedene Weise, wie durch Ausfall am Standort, Heusamen, Dresch- und andere Abfälle u. ä. verbreitet. So fanden sich in einer Reihe von Dreschabfallproben je kg durchschnittlich 583, in Heubodenkehricht 4000, in Mischsamen 9250, Abfallsamen 500, in Rotkleesaat 400 Samen dieses Unkrautes.

Die Bekämpfung geschieht im Acker wie bei den *Galeopsis*-Arten, auf der Wiese wie bei den bodenständigen Unkräutern.

75. *Centaurea cyanus* LINN. Kornblume, engl. Cornflower. *Centaurea cyanus* (Fam. Compositae) ist ein aufrechtes, ästiges, 40—75 cm hohes Unkraut mit blauen Korbblüten und großen, kahlen Randblüten. Die ganze Pflanze ist schwach spinnennetzartig behaart. Die unteren Blätter sind fiederförmig, die oberen lineallanzettlich. Die kräftige, bis zu 20 cm tief greifende Pfahlwurzel hat viele Nebenwurzeln (Abbild. 163). Die Pflanze tritt in der Sommerfrucht einjährig, in der Winterfrucht überwinternd bis zweijährig auf. In Sommersaaten blüht sie im Juli und August und auf nördlicheren Breiten oft so spät, daß sie vor der Ernte nicht mehr zur Vollreife gelangt, im Winteracker gewöhnlich so früh, daß sie zur Erntezeit oft bereits überreif ist.

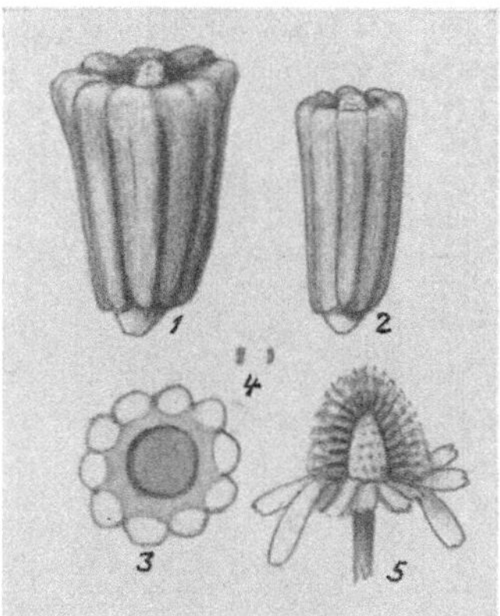

Abb. 162. *Anthemis arvensis*. 1 Randsame, 2 Scheibensame, 3 Samenquerschnitt, 10fach vergr.; 4 Samen, nat. Gr.; 5 Längsschnitt des Körbchens nach Samenreife, 9/8 nat. Gr. Orig.-Zeichn.

Der Same ist eine längliche, seitlich etwas zusammengedrückte und dadurch im Querschnitt ovale Frucht mit einer grubenförmigen, nagelartigen Vertiefung vom Grunde her bis zu etwa 1/3 Höhe des Samens. In dieser Vertiefung sitzt eine weißgelbe, matte, abgerundete Leiste. Oben trägt der quer abgestumpfte Same einen Kranz dichtstehender, steifer, federförmiger, etwa 3 mm langer, borstiger, brauner Haare und am Grunde einen abstehenden Haarbüschel. Die glatte, hornartig glänzende, dünn verstreut flaumhaarige Oberfläche ist knochenfarbig bis braunviolett (Abb. 164). 1000-K.Gew. etwa 4,5 g, Länge und Breite etwa 3,7 × 1,8 mm, Samenzahl bei Pflanzen, die im Winteracker gereift sind, etwa 1600, im Sommeracker etwa 700, je kg etwa 220000. (FRUWIRTH[1] nennt bei sommergekeimten Pflanzen eine Samenmenge von 721, bei herbstgekeimten von 2453, HABERLANDT gibt je Pflanze 1488, CHREBTOW 256 Körbchen mit zusammen 6680 Samen an.)

Sowohl im Keimapparat als auch im Acker läuft der Same schnell auf. Von trocken überwintertem Samen liefen im Laboratorium 96% in 20 Tagen, draußen im Sandboden in 1 cm Tiefe 17% in 10 Tagen auf, die im Laufe von 93 Tagen Vollreife erreichten. Von 6 Monate altem, trocken gelagertem Samen liefen im Sande bei

	0	1	2	3	4	5	6	7	8	9	cm Tiefe
nach	—	11	13	18	18	19	21	—	—	—	Tagen die ersten Samen
auf, von denen dann im ganzen	0	28	12	8	12	6	2	0	0	0	% auskeimten.

[1] FRUWIRTH: Die Kornblume, *Centaurea cyanus* LINN. Arb. d. dtsch. Landw. Ges. 1913. H. 240, S. 20.

Tiefer als 6 cm scheint der Same nicht auflaufen zu können. In 1 cm Tiefe wurde die höchste Keimprozentzahl erreicht. Nach dänischen Versuchen[1] kann trocken gelagerter Same seine Keimfähigkeit 10 Jahre lang bewahren.

Bei einem ähnlichen Keimversuch von FRUWIRTH[2] keimten von 1, 2, 3½, 6 und 8 Jahre alten, trocken gelagerten Samen 83, 74, 44, 12 bzw. 15%.

Die umgekehrt breiteiförmigen, etwa 9×7 mm messenden Keimblätter haben oben einen kleinen Einschnitt.

Centaurea cyanus ist ursprünglich im Mittelmeergebiet und Orient heimisch, nun aber über den größten Teil Europas, Asiens und Nordamerikas und weiter verbreitet. Es findet sich als ein streckenweise ganz gemeines und lästiges Acker-, gelegentlich auch Wiesenunkraut in ganz Europa, so in Deutschland, England, Frankreich, in großen Teilen Dänemarks, Süd- und Mittelschwedens (besonders gemein und lästig in der Winterfrucht) und vereinzelt bis zu 70° n. Br. (Norwegen)[3].

Die Pflanze wird durch Samen fortgepflanzt und

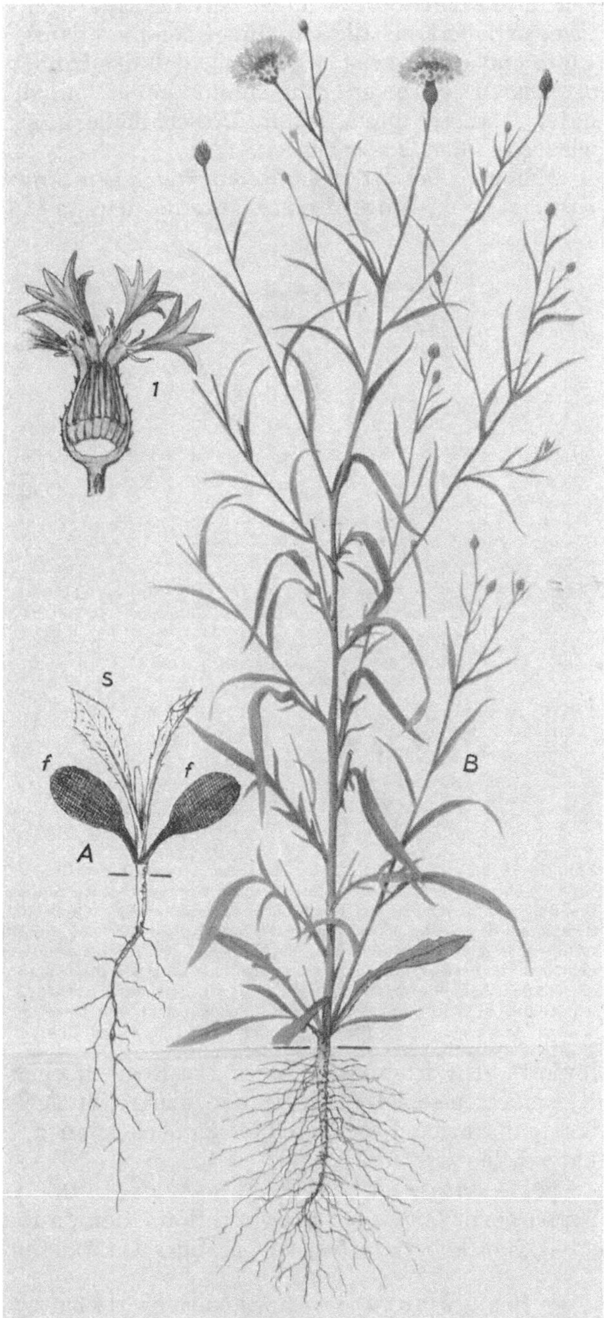

Abb. 163. *Centaurea cyanus.* *A* Keimpflanze; *f* Keimblätter; *s* Stengelblätter, nat. Gr.; *B* voll entwickelte, blühende Pflanze, etwa ¼ nat. Gr.; *1* Blütenlängsschnitt, nat. Gr. Nach KORSMOS Unkrauttafeln.

[1] DORPH-PETERSEN: Tidsskr. f. Landbr. Plavl. Bd. 17, S. 598. 1910.

[2] FRUWIRTH: Die Kornblume. Arb. d. dtsch. Landw. Ges. 1913. H. 240, S. 8.

[3] Bei Versuchen, kräftige, herbstgekeimte Pflanzen mit der Wintersaat auf Boden, der während des Winters gefroren und mit Schnee bedeckt war, überwintern zu lassen, überstanden 6% den Winter und kamen vor der Ernte der Feldfrucht zu voller Entwicklung und Reife.

verbreitet. Bei günstigen Wachstumsverhältnissen kommt sie in reifenden Getreidefeldern, besonders unter spät reifendem Korn, aber auch unter Erbsen vor der Ernte zur Blüte und Reife. Mit der Wintersaat überwintert sie als herbstgekeimte Pflanze, die sich meistens auch kräftiger entwickelt und größere Samenmengen liefert als die einjährige Sommerpflanze. Im Winterfruchtacker treten Blüte und Reife meist so früh ein, daß der Same noch vor der Ernte am Standort ausfällt. Einiger Same kommt immer mit der Ernte unter Dach, von dort unter Körner, Spreu, Stroh, Dreschabfälle u. ä., dann in Stalldünger und so wieder auf den Acker zurück.

Man geht bei der Bekämpfung wie gegen *Sinapis arvensis* und *Capsella bursa pastoris* vor. Junge Pflanzen kann man mit der Unkrautegge oder mittelst $3^1/_2$%iger Schwefelsäure bzw. 18%iger Eisenvitriollösung vernichten, wenn man rechtzeitig, d. h. sobald die Pflanze die ersten 2—3 Stengelblätter entwickelt hat, eingreift. Kalkstickstoff scheint weniger wirksam zu sein. Kräftiger Stand der Winterfrucht kann das Unkraut in seiner Entwicklung bis zu einem gewissen Grade beeinträchtigen.

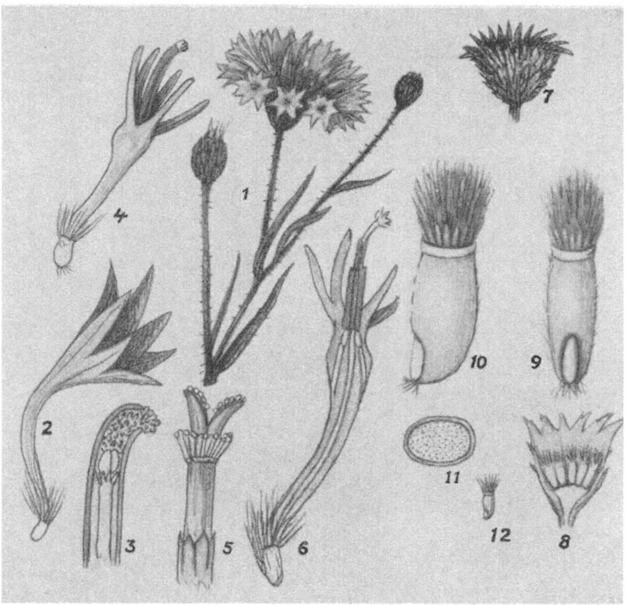

Abb. 164. *Centaurea cyanus.* *1* oberer Zweig, etwa $^1/_2$ nat. Gr.; *2* Randblüte; *3* oberster Teil der röhrenförmig zusammengewachsenen Staubgefäße. Der Blütenstaub wird in das Rohr hinein entleert' und von kranzständigen Borsten auf den Griffel befördert; *4* Scheibenblüte auf gleicher Entwicklungsstufe; *5* spätere Entwicklungsstufe; die Narbe hat sich geöffnet, und darunter sieht man die kranzständigen Borsten sowie den oberen Teil der Staubgefäßröhre; *6* Scheibenblüte im Längsschnitt, *2*—*4* vergr.; *7* reifes Körbchen; *8* Längsschnitt davon, nat. Gr.; *9*—*11* Bauch-, Seitenansicht und Querschnitt des Samens, 5fach vergr.; *12* Same, nat. Gr. Nach KORSMOS Unkrauttafeln.

Diese Pflanze schädigt den Landwirt mittelbar und unmittelbar. Zunächst durch den großen Raum, den sie unter den Nutzpflanzen, unter die sie sich drängt, beansprucht, dann dadurch, daß sie dem Roggenälchen (*Tylenschus* [*Anguillula*] *devastatrix*), dessen Verbreitung sie fördert[1], als Wirtspflanze dient. Das Roggenälchen bewirkt, daß junge Korn- oder Kleepflanzen sehr büschig werden, anstatt Stengelsprosse zu treiben. Die steifen, borstenförmigen Fegehaare des Samens können bei Pferden außerdem Darmkatarrh hervorrufen[2].

76. *Lampsana* (*Lapsana*) *communis* LINN. Gemeiner Rainkohl, engl. Nipplewort. *Lampsana communis* (Fam. Compositae) ist ein ein- bis zweijähriges[3], 30—90 cm hohes, zartes, korbblütiges Unkraut mit zapfenförmiger Wurzel, am

---

[1] BORNEMANN: Die wichtigsten landwirtschaftlichen Unkräuter. 2. Aufl. S. 126.

[2] NAUMANN: Unsere Feldunkräuter in ihrer Beziehung zum Futter, insbesondere die Bestimmung ihrer Früchte und Samen 1918 S. 6.

[3] MENTZ og OSTENFELD: Billeder av Nordens Flora 2. Ausg. S. 34 führt diese Pflanze als ein- oder zweijährig auf.

Grunde steifhaarigem, oben glattem, ästigem Stengel, unteren leierförmigen und oberen lanzettlichen Blättern und vielen Körbchen mit wenigen kleinblütigen, gelben Kronen (Abb. 165). Blüte und Reife von Juli bis September. Die steifen Hüllblätter umschließen die Frucht bis in das nächste Frühjahr hinein, wenn

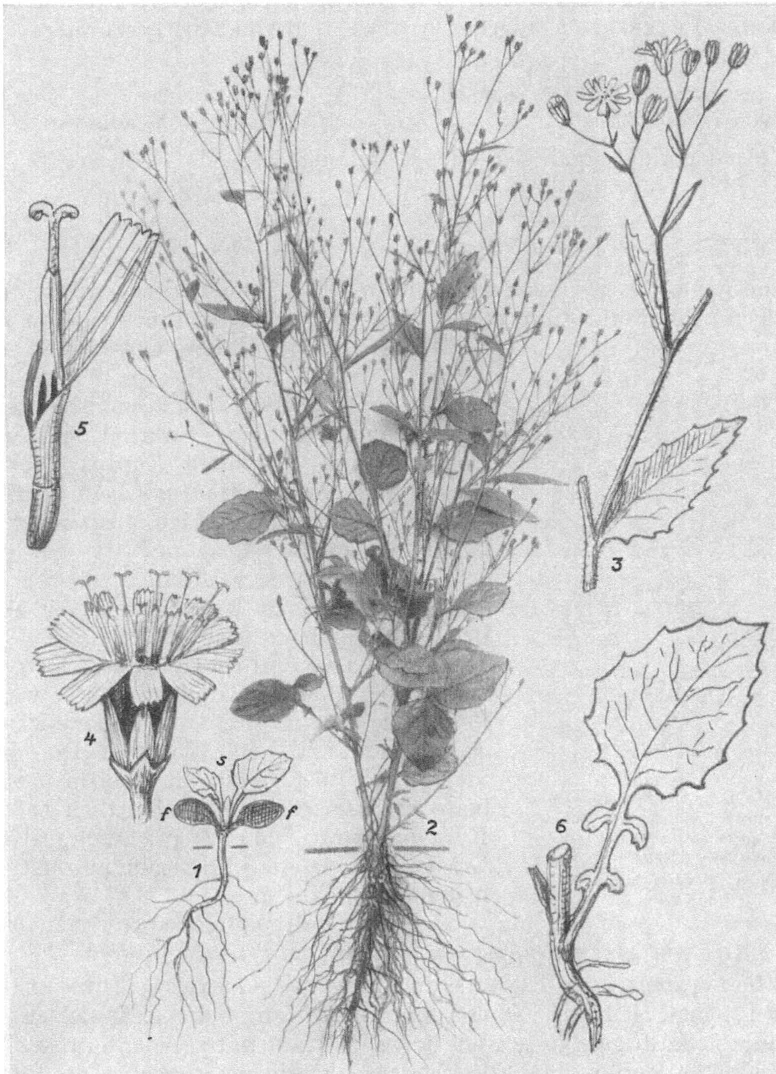

Abb. 165. *Lampsana communis.* *1* Keimpflanze, *f* Keimblätter; *s* Stengelblätter, nat. Gr.; *2* voll entwickelte Pflanze, etwa $^1/_6$ nat. Gr.; *3* blühender Zweig, nat. Gr.; *4* Blütenkörbchen, 4fach vergr.; *5* Blüte, 8fach vergr.; *6* Wurzelteil und Stengel mit unterem Stengelblatt, nat. Gr. Eig. Aufn. und Zeichn.

die Pflanze nach der Reife nicht mit abgeerntet wird. Der linienförmige Same hat keine Fegehaare und ist kurz unter der abgestumpften, einen unregelmäßigen Kragen mit mittelständigem, kurzem Zapfen tragenden Spitze am breitesten. Er ist etwas gekrümmt, flachgedrückt und wird dem Grunde zu gleichmäßig schmäler, so daß er die Gestalt eines länglichen Walroßzahnes annimmt. Die glatte, matte, gelbe bis braungelbe Oberfläche ist gleichmäßig mit feinen Längsrippen überzogen (Abb. 166). 1000-K.Gew. etwa 1,1 g, Länge und Breite etwa 4,2 × 1,0 mm, Samenzahl je Pflanze etwa 650[1], je kg etwa 910000. Keimfähigkeit und Keimzeit schwanken sehr, nach WEHSARG[2] keimten bei 4 Versuchen im kalten Mistbeetkasten bei voller Sonnenbeleuchtnng 7,5%. Von Samen, der im Laboratorium 2 Jahre lang in 18—22° C gelagert hatte, liefen in 2 Jahren 60—70% auf. DORPH-PETERSENS Versuche[3] ergaben, daß von 1904 geerntetem

und im Jahre	1904	1905	1906	1907	
ausgesätem, unreifem Samen	27	26	8	2	%,
von reifem Samen	31	20	10	1	% aufliefen.

Bei Trockenlagerung ergab sich eine Keimfähigkeit nach

1 Jahre von 94%	4 Jahren von 85%
2 Jahren von 99%	5 Jahren von 30%
3 Jahren von 99%	6 Jahren von 0%.

Bei norwegischen Keimversuchen liefen von 8 Monate altem, trocken gelagertem Samen im Laboratorium in 100 Tagen 82% auf. Von im Frühjahr gesätem Samen der gleichen Probe liefen in 0,5 cm Tiefe in 42 Tagen 14% auf.

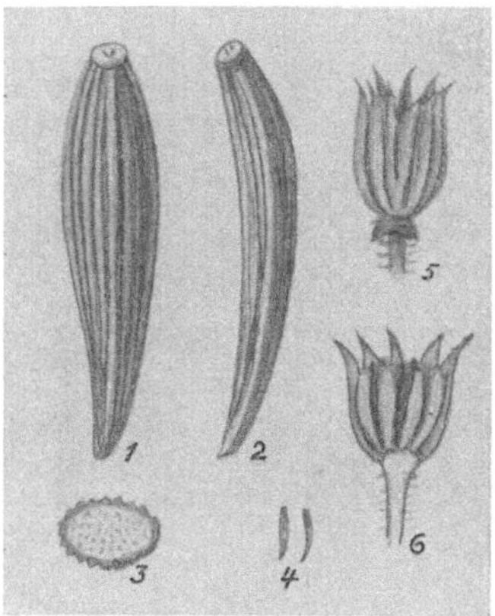

Abb. 166. *Lampsana communis.* *1* u. *2* Breitseite und Schmalseite des Samens; *3* Samenquerschnitt, 9fach vergr.; *4* Samen, nat. Gr.; *5* Kelch mit Samen; 6 Längsschnitt des Kelches, 9/4 nat. Gr. Orig.-Zeichn.

Lampsana communis ist besonders auf leichterem Boden ein gemeines Unkraut des Nutz- und Unlandes im gemäßigten Europa, Nord- und Mittelasien, Nordamerika usw. In Deutschland ist es unter allen Feldfrüchten, auch unter Wintersaaten, wo es zweijährig auftritt, ein gewöhnliches, überwinterndes Unkraut; ebenso auf den britischen Inseln, in Skandinavien bis zu 65° n. Br. und in anderen Ländern.

Die Pflanze wird durch Samen fortgepflanzt und wie die übrigen Samenunkräuter verbreitet. Der Same kommt mit reifen Sommerfrüchten unter Dach und gerät dann in Dreschabfälle, Spreu u. ä. In 4 Dreschabfallproben fanden sich beispielsweise je kg durchschnittlich 16875, in 2 Kornspreuproben 200 Samen. Auch in Klee- und Grassaat ist dieser Unkrautsame als häufige Beimengung vorhanden.

Bei der Bekämpfung bedient man sich derselben Mittel wie gegen *Sinapis arvensis* und *Matricaria inodora.*

77. *Hyoscyamus niger* LINN. Gemeines Bilsenkraut, Schwarzes Bilsenkraut, engl. Henbane. *Hyoscyamus niger* (Fam. Solanaceae) ist ein ein- bis zweijähriges[4], kräftiges, 30—60 cm hohes Unkraut mit zapfenpförmiger Wurzel, ästigem, mehr oder weniger klebrig-drüsenhaarigem Stengel. Die Pflanze ist übelriechend und hat gestielte, oval-längliche, fiederförmige, oben stengelumfassende Blätter (Abb. 167). Blütezeit im Juli und August. Die sehr kurzstieligen

---

[1] EHR. LÖBE erwähnt in Arb. d. dtsch. Landw. Ges. 1918. H. 294, S. 215, daß *Lampsana communis* je Pflanze 40650 Samen entwickelt hat.

[2] Arb. d. dtsch. Land. Ges. 1918. H. 294, S. 59.

[3] DORPH-PETERSEN: Nogle Undersögelser over Ukrudtfrös Forekomst og Udbredelse. Sonderdruck von Tidsskr. f. D. Planteavl. Bd. 17, S. 596, 598. 1910.

[4] KLEIN: Unsere Unkräuter S. 81 bezeichnet die Pflanze als meistens zweijährig, selten einjährig.

Blüten sitzen an einer einseitig beblätterten Achse. Die schmutzigschwefelgelbe bis graue Krone ist innen dunkelviolett. Der netzartig geäderte Kelch und die zweifächerige, vielsamige Kapselfrucht, von der sich bei der Reife ein Deckel oben quer abhebt, sind fast krukenförmig. Der ungleichmäßig runde, seitlich zusammengedrückte Same ist am Grunde etwas langgestreckt, oben breit abgerundet

Abb. 167. *Hyoscyamus niger.* *1* Keimpflanze; *f* Keimblätter; *s* Stengelblätter, nat. Gr.; *a* oberer Teil der Pflanze, etwa $^3/_4$ nat. Gr.; *b* Querschnitt der Blüte, $^5/_4$ nat. Gr.; *c* Samenkapsel nach der Reife mit aufgesprungenem Deckel, etwa $^4/_3$ nat. Gr. *1* Orig.-Zeichn., *a—c* nach DAMMANN.

und hat eine braungrau, netzförmig überzogene Oberfläche mit kristallisch glänzenden Vertiefungen. Er ist geruchlos, hat aber einen unangenehmen, bitteren Geschmack (Abb. 168). 1000-K.Gew. etwa 0,65 g, Länge und Breite etwa $1{,}6 \times 1{,}4$ mm[1], Samenzahl je Pflanze etwa 8000 (nach SCHERTLER 12785), je kg

[1] HARTZ gibt eine Samenlänge von 0,8—1,2 mm an.

etwa 1550000. Von dem etwas spät auflaufenden Samen keimten nach Überwinterung und Trockenlagerung im Laboratorium nach

5	65	90	290	320	Tagen
46	66	73	80	90	%,

während 10% verfaulten. Von überwintertem Samen liefen draußen im Sandboden in

ganz geringer	0,5	1,0	2 cm	Tiefe
67	51	22	2	%

im Laufe von 2 Monaten auf. Zwischen Aussaat und Reife verliefen 108 Wachstumstage. Tiefer als 2 cm schien der Same nicht mehr auflaufen zu können.

Hyoscyamus niger findet sich als Unkraut auf Höfen, in Gärten, an Uferstrecken, Land- und Feldwegen, auf verwahrlosten Plätzen und Schutthalden, auf steinigem Gelände und gelegentlich auf bebauten Feldern in ganz Mittel- und Südeuropa, Nord- und Westasien, Indien, Nordafrika, Australien und Nordamerika und anderen Ortes. Nicht selten wächst es auch in Süd- und Mittelskandinavien sowie vereinzelt im hohen Norden in 63°35′ n. Br. (Norwegen).

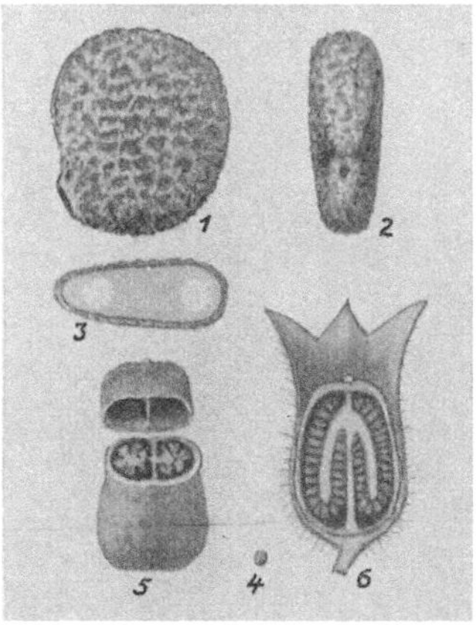

Abb. 168. *Hyoscyamus niger*. *1* u. *2* Same, Breit- und Schmalseite; *3* Samenquerschnitt, 12fach vergr.; *4* Same, nat. Gr.; *5* Samenkapsel nach der Reife; *6* Längsschnitt der Samenkapsel mit Kelch, etwa ³/₄ nat. Gr. Orig.-Zeichn.

Die Pflanze wird durch Samen fortgepflanzt und verbreitet. Um Verbreitung und schädliche Wirkungen zu verhüten, ist es geraten, sie vor der Blüte auszureißen oder abzuhauen.

Die ganze Pflanze ist giftig[1] und von äußerst starker narkotischer Wirkung. Sie enthält das Alkaloid Hyoscyamin ($C_{17}H_{23}NO_3$), das dem Atropin ähnelt. In der Medizin finden die zur Blütezeit der Pflanze geernteten Blätter und Stengel als *Herba Hyoscyami* Verwendung.

78. *Vicia villosa* ROTH. Zottige Wicke, Zottel-Wicke, engl. Downy vetch, winter vetch. *Vicia villosa* (Fam. Leguminosae) ist ein einjähriges und überwinterndes bis zweijähriges, bis zu 1 m hohes, kletterndes Unkraut mit starker, wolliger Behaarung und mehrpaarigen (6—8), schmalen, eiförmig-lanzettlichen Blättern, die an einem gemeinsamen, an der Spitze mit drei fadenförmigen Kletterwerkzeugen versehenen Blattstiel sitzen. In den Blattwinkeln entwickeln sich Blütenzweige mit traubenständigen, blauvioletten Blütenkronen. Blütezeit von Mai bis August oder September (Abb. 169). Die seitlich etwas zusammengedrückten, 2,5 × 0,8 cmm messenden Schoten enthalten jede bis zu 6 Samen. Der annähernd kugelrunde Same ist mit einem 1,8 mm langen, weißgelben, linienförmigen Rand (Nabel) versehen und hat eine glatte, matte, schwarzgraue Oberfläche. 1000-K.-Gew. etwa 24 g, Samendurchmesser etwa 3,8 mm, Samenzahl je Pflanze etwa 250, je kg etwa 42000. HARZ[2] gibt an: Durchmesser 3 bis 3,5 mm, Nabellänge 1,5 mm, 1000-K.Gew. bis zu 33,7 g. SCHERTLER[3] und FRUWIRTH[4] nennen eine durchschnittliche Samenzahl je Pflanze von 261, eine Höchstzahl von 325, eine Keimprozentzahl von 69. Da der Same der meisten wildwachsenden Wicken-

---

[1] ESSER: Die Giftpflanzen Deutschlands 1910. S. 169.
[2] HARZ: Landwirtschaftliche Samenkunde S. 679.
[3] Arb. d. dtsch. Landw. Ges. H. 294, S. 213.
[4] Das Unkraut und seine Bekämpfung auf dem Ackerland S. 16.

arten sehr hart ist, kann die Keimung oft nur langsam und ungleichmäßig vor sich gehen.

Vicia villosa findet sich meistens auf sandhaltigem Humus und auf Lehmboden im Sommer- und Winterkorn, gelegentlich auch auf Wiesen, Schutthalden u. ä. in großen Teilen Europas wie in Deutschland, auf den britischen Inseln, in Skan-

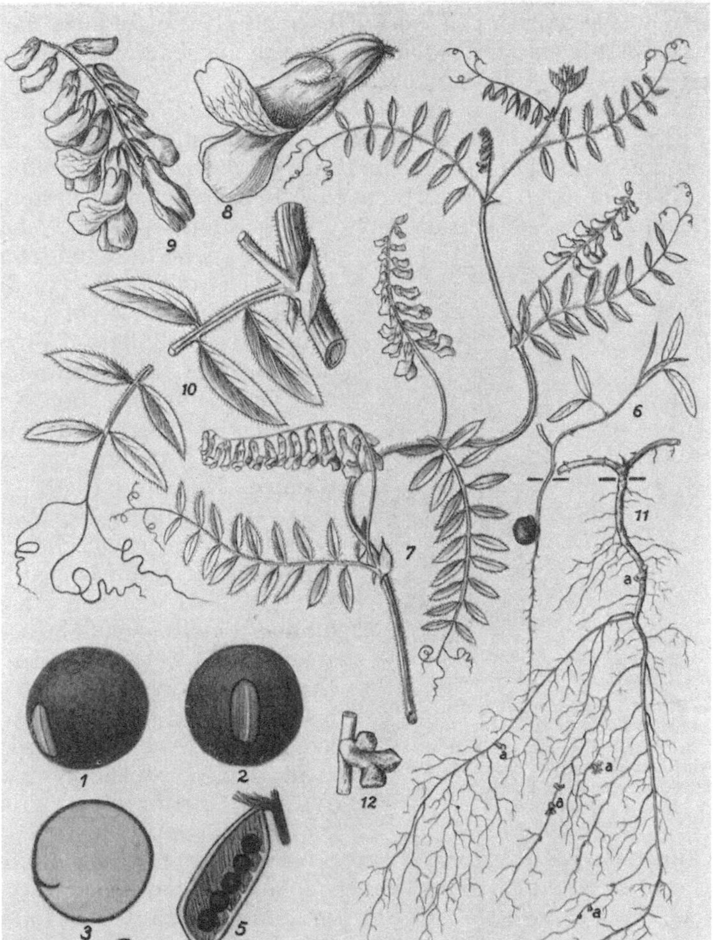

Abb. 169. *Vicia villosa*. *1* u. *2* Samenkörner mit Nabel; *3* Samenquerschnitt, 5fach vergr.; *4* Same, nat. Gr.; *5* Schötchen, etwa $^5/_6$ nat. Gr.; *6* 14 Tage alte Keimpflanze, nat. Gr.; *7* oberer Teil der blühenden Wicke, etwa $^1/_3$ nat. Gr.; *8* Blüte, 2fach vergr.; *9* oberer Teil eines Blütenstandes; *10* Stengelteil mit Nebenblättern und Blatt, etwa nat. Gr.; *11* voll entwickelte Wurzel, $^1/_3$ nat. Gr., *a* Bakterienknöllchen; *12* Wurzelstück mit Bakterienknöllchen, 3fach vergr. Orig.-Zeichn.

dinavien bis zu 63° n. Br. (Norwegen). Außerdem ist die Pflanze in Nordamerika verbreitet, kommt dort am häufigsten in den Südstaaten von Pensylvanien bis Georgia vor und findet sich auch in Westasien und Nordafrika.

Die Pflanze wird durch Samen fortgepflanzt und verbreitet. Finden sich größere Samenmengen von *Vicia villosa* im Brotgetreide, dann erhält das Mehl beim Mahlen eine graue Farbe und ranzigen Geschmack. Im Schneckentrieur oder durch gewöhnliche Trieurreinigung läßt sich der Same aus jeder Getreideart leicht entfernen.

Die Pflanze klammert sich auf ähnliche Art und Weise wie *Polygonum convolvulus, Galium aparine* und *Convolvulus arvensis* an den Halmen fest und wirkt auf die gleiche Art wie diese Pflanze durch Herabzerrung der Nutzfrucht schädlich. Als Mischpflanze unter Grünfutter, auf Kleewiesen und gelegentlich auch auf einjährigen Wiesen dient *Vicia villosa* auch als Nutzpflanze und wird auf trockenem, kalkhaltigem Sandboden gelegentlich angebaut. Anhaltende feuchte Witterung verträgt die Pflanze nicht.

79. *Vicia hirsuta* Koch = *Ervum hirsutum* Linn. Zitterlinse, Zitterwicke, rauhe Wicke, engl. Hairy vetch, common tare, hairy tare. *Vicia hirsuta* (Fam. Leguminosae) ist eine einjährige bis überwinternde und zweijährige Pflanze mit zartem, kletterndem Stengel, 6—8paarigen, gefiederten, mit verzweigten Schlingfäden versehenen Blättern, gezähnt-lappigen Nebenblättern, linealen Teilblättern und langen Blütenachsen mit 4—6 (3—8) kleinen, bläulichweißen, 2—4 mm langen, traubenständigen Blüten auf kurzen, sitzenden Stielchen. Blütezeit und Reife von Mai bis September (im Norden von Juni bis August). Die etwa 8 mm lange und 3,5 mm breite, schotenförmige Kapsel enthält gewöhnlich 2 (1—3) rundliche, kantige, seitlich ganz leicht flachgedrückte Samen mit einem bis zu 2 mm langen, dunkleren Rand (Nabel), an dem ein erhabener, brauner, meist am Samen haftender, aber leicht lösbarer Faden befestigt ist. Die glatte, feinscheckige, graugrüne bis graubraune Oberfläche trägt dunklere Flecke (Abb. 170). 1000-K.Gew. etwa 7,3 g, Samendurchmesser etwa 2,3 mm, Samenzahl je Pflanze etwa 230, je kg etwa 137000.

Abb. 170. *Vicia hirsuta.* *1* oberer, blühender Zweig, etwa nat. Gr.; *2* Blättchen; *3* Blüte; *4* unreife Schote; *5* Längsschnitt der unreifen Schote; *2—5* etwa 2fach vergr.; *6* Samen in Oberflächenansichten; *7* Längsschnitt des Samens, 6fach vergr.; *8* Same; nat. Gr. *5—8* Orig.-Zeichn.

Bei (Wehsargs) Keimversuchen liefen bei 23—27° C von ganz hellgrünen, noch nicht vollreifen Samen in 40 Tagen 80%, von vollreifen in 40, 100 und 720 Tagen 44, 54 bzw. 74% auf. Im Freien keimt der Same im Herbst und im Frühjahr.

Vicia hirsuta ist als Ackerunkraut und an Schutthalden sehr gewöhnlich auf leichterem bis kalkhaltigem Boden in ganz Europa nördlich bis zu 67°50′ n. Br. (Schweden), in Nord- und Südamerika, Russisch-Asien, Nordafrika und im übrigen in den meisten Ackerbauländern der Welt.

Die Pflanze wird durch Samen fortgepflanzt und verbreitet. Da sie in großen Mengen unter Ackerpflanzen aller Art auftritt, findet sich ihr Same auch sehr oft als verunreinigender Bestandteil von Sommer- und Winterkornernten, besonders von Winterroggen.

80. *Vicia tetrasperma* Mnch. = *Ervum tetraspermum* Linn. Fadenwicke, Linsenwicke, viersamige Erve, engl. Slender vetch. *Vicia tetrasperma* (Fam. Leguminosae) ist eine einjährige bis überwinternde und zweijährige Pflanze mit einem Stengel wie *Vicia hirsuta*, verstreut behaarten, 3—5paarigen, gefiederten, in eine ungeteilte oder gespaltene Wickelranke endigenden Blättern, ganz-

randigen Nebenblättern, ovalen, linienförmigen Teilblättern und Blütenstielen, auf denen 1—2 Blüten mit weißer Krone und lilafarbener, etwas größerer Fahne als bei *Vicia hirsuta* sitzen. Blüte und Reife von Mai bis September (im Norden Juni bis August).

Die glatte, etwa 12 mm lange und 3 mm breite, linealische Hülse enthält meistens 4 kugelrunde Samen mit linienförmiger Samenhaftstelle, etwas höheren Seitenkanten und 2 schmalen, fadenförmigen, erhabenen, gelben Längsrippen in der Mitte. Die feinscheckige, leicht punktierte, rauhe Oberfläche ist dunkelschokoladenbraun (Abb. 171). 1000-K.Gew. etwa 3,4 g, Samendurchschnitt etwa 1,7 mm, Samenzahl je Pflanze etwa 320, je kg 294000.

Der Same wird im Herbst und im Frühjahr verbreitet. BORNEMANN[1] teilt über den Samen dieser beiden Wickenarten mit: „Ihre Samen behalten die Keimfähigkeit viele Jahre und bedürfen sogar zur Keimung einer ein- bis zweijährigen Ruhe, weshalb sie durch Stoppelbearbeitung im Herbste des Aussaatjahres nicht zum Keimen gebracht werden können; ferner keimen sie nur, wenn sie in geringer Tiefe im Boden gebettet sind und wenn sie längere Zeit in mit Wasser gesättigtem Boden liegen. Wenn diese Bedingungen erfüllt sind, keimen sie sowohl im Herbst als auch im Frühjahr. Daraus erklärt sich die Beobachtung, daß die Zitterlinse und ihre Verwandten sowohl nach einem sehr nassen Herbst, als auch nach einem regenreichen Frühjahr in vermehrtem Maße auf den Feldern erscheinen.“

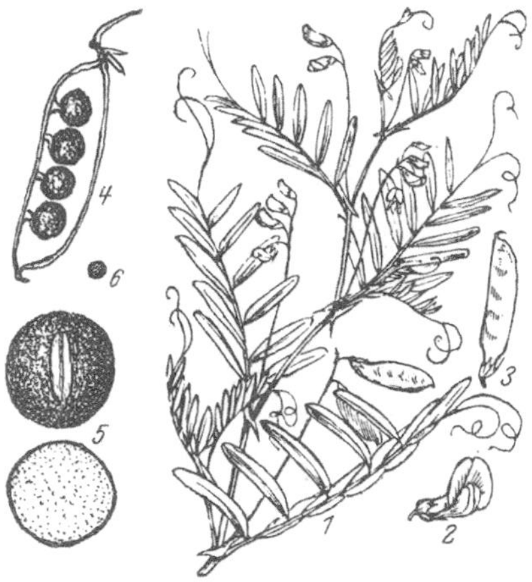

Abb. 171. *Vicia tetrasperma.*
1 Scheitel der blühenden Wicke, etwa nat. Gr.; *2* Blüte; *3* unreife Schote; *4* reife Schote; *2—4* etwa 2fach vergr.; *5* Samen vom Nabel aus gesehen und im Querschnitt, 7fach vergr.; *6* Same, nat. Gr. *4—6* Orig.-Zeichn.

Die erste Zeit nach dem Auskeimen wächst die Pflanze nur langsam; immerhin richtet sie, wo sie in größeren Mengen auftritt, beträchtlichen Schaden an, da selbst der doch sehr schnell wachsende Roggen Unkräuter dieser Art nicht zu unterdrücken imstande ist. Besonders trifft das auch bei Auftreten des Unkrautes in Weizenäckern, vor allem in feuchten Jahren zu.

Vicia tetrasperma hat ungefähr die gleiche Verbreitung und dieselben Wachstumsbereiche wie *Vicia hirsuta*. Sie dringt bis zu 61° 15′ n. Br. (Norwegen) gen Norden vor. Die Pflanze findet sich als Unkraut des Kulturbodens, besonders auf Äckern in fast ganz Europa, in Nord- und Südamerika, Neuseeland, Australien und anderen Ländern auf Sand und anderen leichten Bodenarten, hin und wieder auch auf kalkhaltigem Boden. BORNEMANN teilt mit, die beiden letzten Arten fänden „sich zerstreut auf trockenen Äckern aller Bodenarten, vorzugsweise aber auf warmen, kalkhaltigen Lehm- und Tonböden, über ganz Deutschland verbreitet, und verursachen in Jahren mit normaler Witterung keinen nennenswerten Schaden, in nassen Jahren treten sie zuweilen in solcher Menge auf, daß sie das Getreide niederziehen, die Ernte erschweren, das Austrocknen verzögern und bei regenreichem Erntewetter das Auswachsen des Getreides befördern“.

Zur Bekämpfung der drei hier erwähnten wilden Wickenarten ist der Acker vor, bei und nach dem Wachstum der Feldfrucht gründlich rein zu halten, um das Unkraut, soweit möglich, an der Samenbildung zu hindern. Bei Hackfrüchten

[1] BORNEMANN: Die wichtigsten landwirtschaftlichen Unkräuter. 2. Aufl. S. 127ff.

läßt sich das auch durchführen, aber nicht immer bei Körnerfrüchten, da ein Überspritzen mit den üblichen Stärkegraden chemischer Lösungen, besonders 15—20%igem Eisenvitriol die Wicken gewöhnlich nicht ganz vernichtet[1]. Unmittelbar vor und auch gleich nach dem Auflaufen der Saat kann man durch Behandlung der Getreideäcker mit einer guten Unkrautegge ein gut Teil der aufgelaufenen Wicken vernichten, doch ist zu bedenken, daß deren tiefgreifende Wurzeln durch die Egge nicht so leicht hochgerissen und im Wachstum gestört werden, die Egge vielmehr oft nur den oberen Teil zu entfernen vermag. Anders und wirksamer gestaltet sich Bearbeitung des Stoppelfeldes mit Schälpflug und Egge. Beim Schälen kommt immer einiger Same in Keimtiefe, der dann schnell aufläuft und bei späterer Bearbeitung des Feldes vernichtet werden kann. Darum sollte der Acker auch vor der Einsaat im Frühjahr noch einmal gründlich bearbeitet werden.

Abb. 172. *Agrostis spica venti*. *A* Wurzelstock mit grundständigen Blättern und einigen Halmen; *B* Blütenstand, nat. Gr.; *a* blühendes Ährchen; *b* Fruchtknoten mit Griffel und federigen Narben; *c* und *d* Früchte mit Deckspelze und Granne, etwa 3fach vergr.

Beim Ernten reifer Körnerfrüchte sollte man am Ablegebrett der Mähmaschine einen Körnerfänger zum Sammeln ausfallender Körner und Unkrautsamen anbringen. Beim Dreschen und Reinigen des Getreides gerät ein wesentlicher Teil der Wickensamen in das Hinterkorn und den Abfall. Die ins Korn geratenden Samen lassen sich später mit dem gewöhnlichen Trieur oder dem Schneckentrieur leicht entfernen.

Keinerlei Abfall, der Wickensamen enhält, sollte zum Streuen benutzt, auf den Kompost oder an andere Stellen geworfen werden, von wo aus der Same leicht verbreitet werden kann. Solche Plätze sind auch dem Federvieh oder kleineren Vögeln leicht zugänglich, welche die Samen verzehren und große Mengen davon wieder gänzlich unverdaut und keimkräftig auswerfen.

81. *Agrostis spica venti* LINN. = *Apera spica venti* BEAUV. Windhalm, Gemeiner Windhalm, engl. Silky Agrostis. *Agrostis spica venti* (Fam. Gramineae) ist ein einjähriges, gelegentlich in südlicheren Gegenden überwinterndes, 30 bis 90 cm hohes Gras mit Faserwurzel, kahlen Halmen, steifen, flachen, rauhen Blättern mit gewöhnlich spitzzähniger, zerfranster, bis zu 6 mm langer Scheidenhaut, einhäusigen Ährchen, kräftig verzweigter, bis zu 25 cm langer, etwas violett angelaufener, nach der Blüte sperriger und offener Spitze mit etwa 10 cm langen, vielfach verzweigten Blütenästen, deren einzelne zu etwa je 10 in mehreren Halbkränzen von einigen cm Abstand zusammensitzen. Blütezeit von Juni bis August (Abb. 172). Die ungleichmäßigen, häutigen Hüllspelzen sind grannenlos. Der eiförmig-lanzettliche, nach oben gleichmäßig schmaler werdende, im Durchschnitt fast runde Same wird von einer fünfnervigen, rauhen, an der Oberfläche schwachborstigen, an Seiten- und Mittelnerv des Rückens rauhborstigen Spelze bedeckt. Unmittelbar unter der Spitze entspringt aus dem Rücken der

[1] Nach FRANCK berichtet WEHSARG in: Die Verbreitung und Bekämpfung der Ackerunkräuter in Deutschland, Arb. d. dtsch. Landw. Ges. H. 294, S. 373: „Der größte Teil der Blätter ging zugrunde, jedoch die Stengel und Gipfelknospen blieben gesund und brachten es zum Blühen und zum Fruchten.“

Deckspelze eine aufrechte, etwa 8 mm lange, scharfe, rauhe Granne. Die Mitte der Bauchseite ist tief und schmal gefurcht; die mit einem ringförmigen Ansatz versehene Grundfläche trägt lange, silberweiße Borsten. Das dünne Stielchen ist ungefähr $^1/_4$ so lang wie der Same. Die grüngelbe bis graubraune Oberfläche zeigt verschiedene Übergänge dieser Farbentöne (Abb. 173). 1000-K.Gew. etwa 0,12 g, Länge und Breite etwa $2{,}4 \times 0{,}6$ mm (des Kernes $1{,}8 \times 0{,}45$ mm), Samenzahl je Pflanze schwankt je nach Wachstumsgebiet und anderen Bedingungen, wie stärkerer oder schwächerer Bestockung von 600—7000 — PIEPER[1] nennt eine Höchstzahl von 12000 Samen je Pflanze — je kg etwa 8,3 Millionen.

Der Same läuft oft nur in geringen Mengen auf. Im Laboratorium keimten bei einem 14tägigen Versuche von vorjährigem Samen 56%. Von Samen der gleichen Probe keimten draußen in leichtem Sandboden mit einem p_H-Wert $= 3{,}8$ in 0,5 cm Tiefe die ersten nach Verlauf von 36 Tagen. Insgesamt liefen während des folgenden Wachstumsabschnittes 7% auf. Von der gleichen Samenprobe keimten nach 7jähriger Aufbewahrung im Laboratorium die ersten während des Frühlings nach 17 Tagen in leicht humushaltigem Sandboden in 0,5 cm Tiefe. Nach 75 Tagen waren 23% ausgekeimt. Die zuerst aufgelaufenen Pflanzen blühten und fruchteten im Spätsommer des Keimjahres. Später entwickelte Pflanzen gelangten nicht mehr so weit. Der im Spätsommer (Herbst) ausgekeimte Same trieb nur grundständige Blätter. Im Herbst aufgelaufene Keimpflanzen blühten und fruchteten von Juni bis August des folgenden Sommers.

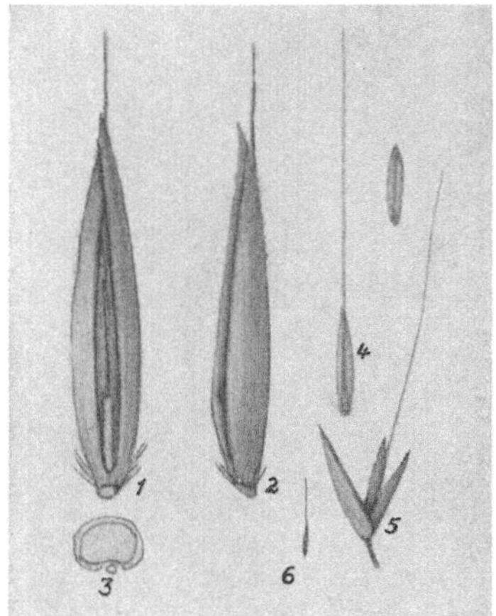

Abb. 173. *Agrostis spica venti.* *1* und *2* Breitseite und Schmalseite des Samens; *3* Samenquerschnitt, 15fach vergr.; *4* Same mit Deckspelze und Granne, 4fach vergr.; *5* Same mit Hüllspelzen, Deckspelze und Granne, 4fach vergr.; *6* Same, nat. Gr. Orig.-Zeichn.

Versuche haben ergeben, daß sich die Keimkraft der Samen dieser Unkrautart in tiefen Erdschichten des Ackers längere Zeit hindurch erhält. PIEPER konnte diese Beobachtungen bestätigen, andererseits aber bei seinen Keimprüfungen im Laboratorium eine durchweg geringere Keimenergie der Windhalmsamen feststellen. Die Keimkraft nahm jedoch mit dem Belichtungsgrade zu. So fand man als Durchschnitt von drei vergleichenden Versuchen bei:

1. Belichtung 20° eine Keimprozentzahl von etwa 23,
2. Verdunkelung 20° eine Keimprozentzahl von etwa 3.

Bei einer Keimuntersuchung von Windhalmsamen in Sandkeimbeeten, die mit 80, 60, 30 und 10% der wasserhaltenden Kraft des Sandes befeuchtet waren, keimten nach PIEPER entsprechend 30,5, 29, 28,5 bzw. 1%. Der Same hat danach ein großes Feuchtigkeitsbedürfnis während der Keimung auch auf dem Acker.

Die Samen können gleich nach der Reife auflaufen. Die kleinen Pflanzen, welche sich im Herbst beispielsweise auf Wintergetreideäckern entwickeln, wachsen gleichzeitig mit der Nutzfrucht auf und reifen vor deren Ernte. Sowohl in diesem Falle als auch auf Sommergetreide- und Hackfruchtäckern, wo sich die

[1] PIEPER: Der Windhalm (*Apera spica venti*). Arb. d. dtsch. Landw. Ges. 1912. H. 236, S. 11: „. . . Die Zahl der in einer Rispe zur Entwicklung kommenden Samen ist eine sehr große. Ich zählte bis 1100 Samen. Eine kräftige Pflanze kann daher 12000 Samen hervorbringen.“

ausgekeimten Pflanzen gleichzeitig mit der Nutzfrucht entwickeln und vor deren Ernte reifen, fallen gewöhnlich sehr viele Samen am Standort aus, wenn man das Unkraut nicht vor der Blüte ausjätet oder das Getreide früh als Grünfutter aberntet.

Dieses Unkraut findet sich meistens auf sandigem, leichtem, aber saurem Boden unter Sommer- und Winterkorn, auf jungen Wiesen, an Wegrändern usw. in ganz Sibirien und Europa vom Mittelmeer bis an die Polargegenden und dort in großen Teilen Deutschlands, in einigen der östlichen Landesteile Englands von York bis Hampshire, in Skandinavien und Finnland, und zwar im Sommer- und Winterkorn, gelegentlich auch auf Wiesen u. ä. bis zu 70° n. Br. (Norwegen).

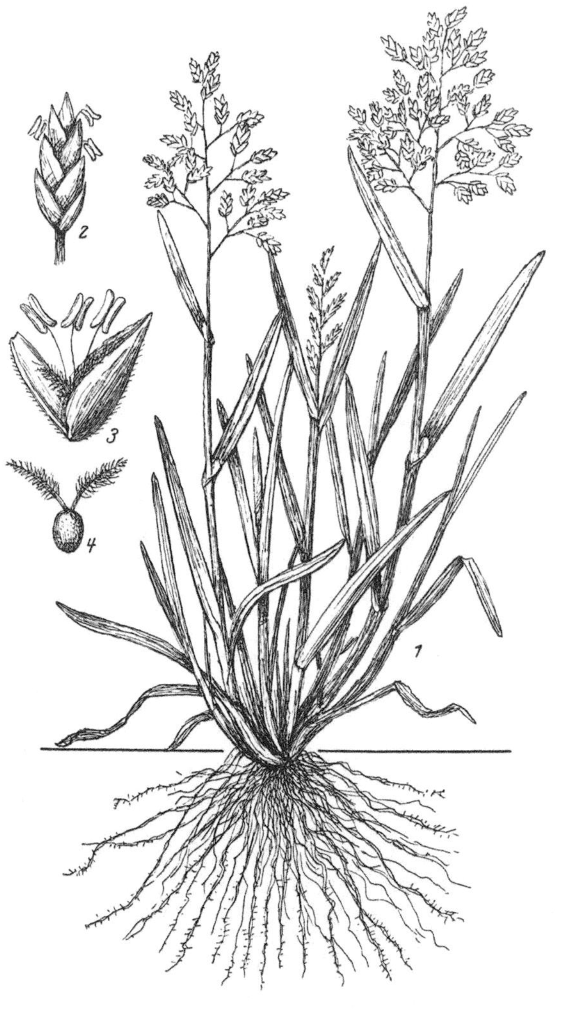

Abb. 174. *Poa annua*. *1* voll entwickelte Pflanze, etwa $^1/_2$ nat. Gr.; *2* Ährchen, 4,5fach vergr.; *3* Blüte; *4* Fruchtknoten mit federigen Narben, etwa 9fach vergr. Orig.-Zeichn.

Die Pflanze keimt bei Auftreten unter Winterfrucht im Herbst mit aus, ist von kräftigem Wuchs und fordert viel Platz. Es ist sehr schwer, sie im Herbst unter Roggen zu erkennen. Leichter entdeckt man sie unter Winterweizen, von dem sie sich durch ihre hellgrüne Farbe unterscheidet.

Die Pflanze wird durch früh reifenden, leicht verbreitbaren Samen fortgepflanzt und verschleppt.

Bei der Bekämpfung gilt es in erster Linie, die Pflanze am Fruchten zu hindern. Weiterhin sollte man durch gute Bearbeitung und Düngung des für Wintergetreide vorgesehenen Ackers, für kräftige Entwicklung, schnelles Wachstum und starken Wuchs der Winterfrucht bereits im Herbste Sorge tragen. Entwässerung sumpfigen Bodens, Kalken oder auch beide Mittel in Verbindung miteinander sind von guter Wirkung bei Bekämpfung dieses Unkrautes.

82. *Poa annua* L. Einjähriges Rispengras, engl. Annual poa, annual meadowgras. *Poa annua* (Fam. Gramineae) ist ein ein- bis zweijähriges, bis zu 30 cm hohes, horstbildendes Gras mit gleichmäßig aufstrebenden Halmen, Faserwurzeln, flachen oder etwas gefalteten Blättern, spitzer, bis zu 2 mm langer Scheidehaut und einer Rispe von ovaler Ausdehnung mit bis zu dreien zusammensitzenden Ästen und 3—7 blütigen Ährchen (Abb. 174).

Poa annua ist sehr widerstandsfähig und kann darum, von der kalten Winterzeit abgesehen, fast das ganze Jahr hindurch wachsen und blühen. Herbstkeimer, die der Winter zur Ruhe zwingt, setzen beim ersten Einsetzen milderer Witterung ihre Entwicklung fort, blühen und fruchten. Die Pflanze wächst schnell. Keimung, Entwicklung, Blüte und Reife vollziehen sich unbehindert während eines großen Teils der Wachstumszeit. Bei solchen Pflanzen, deren Same im Frühjahr oder Frühsommer im Felde zum Keimen kommt, pflegen sich die Blüte und Reife gewöhnlich von Juni bis September zu erstrecken. Der kahnförmige, eiförmige bis eiförmig-lanzettliche, schief dreiseitige Same trägt keine Granne. Die Deckspelzen haben undeutlich erkennbare Nerven. Am Grunde ist der Same ebenso wie die mittlere Lippe der äußeren Deckspelze bis in etwa halbe Höhe wollig behaart. Der helle, kahle Samenstiel hat oben eine schiefe, schalenförmig erweiterte Fläche. Der Same ist gelbbraun mit helleren Kanten (Abb. 175). 1000-K.Gew. etwa 0,37 g, Länge und Breite 2,7 × 0,9 mm, Samenzahl je Pflanze etwa 450, je kg etwa 2703000. Gewöhnlich läuft der Same leicht auf. Von überwintertem, trocken gelagertem Samen keimten im Laboratorium in 8 Tagen 98%, von im Frühjahr draußen in Sandboden in 0,5 cm Tiefe ausgesätem Samen liefen während des Frühjahrs und Frühsommer 46% auf. Bei Aussaat im Herbst liefen von dem im Freien überwinterten Samen während des Frühjahrs 18% auf. Die rasche Entwicklung, die frühe Blüte und Reife der bei günstigem Klima und langer Wachstumsmöglichkeit mehrere neue Generationen entwickelnden Pflanze hat in Verbindung mit ihrer Widerstandskraft sicher zu der außerordentlichen Verbreitung dieser Grasart von den arktischen Gegenden über die ganze gemäßigte bis in die warme Zone hinein beigetragen. Die Pflanze ist fast über die ganze Erde verbreitet, tritt aber vorwiegend auf der nördlichen Erdhälfte auf. Sie wächst im Nutz- und Unland, an Wegen und Gräben, auf Höfen, Tennisplätzen, an Eisenbahnstrecken und in Gärten, wo sie sich sehr oft als lästiges Unkraut breit macht.

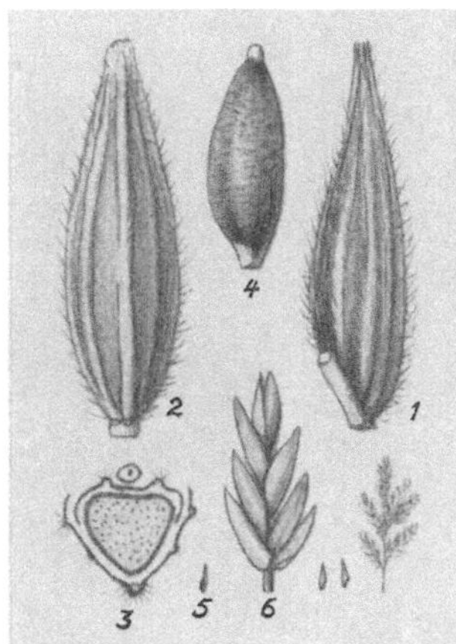

Abb. 175. *Poa annua*. *1* und *2* Breitseite und Schmalseite des Samens; *3* Samenquerschnitt; *4* Korn, 14fach vergr.; *5* Same, nat. Gr.; *6* Ährchen, 4fach vergr. Orig.-Zeichn.

Unter Hackfrüchten bekämpft man sie durch wiederholtes Bearbeiten und Hacken, auf Höfen, Tennisplätzen, an Eisenbahnstrecken und ähnlichen Orten, wo man keinerlei Pflanzenwuchs duldet, vernichtet man sie am besten durch Chemikalien, wie Natriumchlorat ($NaClO_3$), das man entweder in aufgelöstem Zustande über die betreffenden Plätze spritzt oder staubfein ausstreut. Von 5%iger Lösung ist je qm etwa 1 Liter, von pulverisiertem Natriumchlorat eine entsprechende Menge erforderlich.

83. *Alopecurus agrestis* LINN. = *A. mysouroides* HUDS. Ackerfuchsschwanz, engl. Slender foxtail. *Alopecurus agrestis* (Fam. Gramineae) ist ein einjähriges, überwinterndes (zweijähriges) Gras mit Faserwurzel, die sich je nach den Wachstumsbedingungen und der Dichte des Bestandes schwächer oder stärker entwickelt. Die Bestockung schwankt gewöhnlich sehr und von einigen wenigen bis zu über 20 Halmen je Wurzel. Gelegentlich werden auch wie bei *Lolium temulentum* neue Stengel von den Knoten des Hauptstengels emporgetrieben. Die geknieten, aufstrebenden, schwachen, 15—50 cm hohen, besonders in der Nähe der Spitze rauhen Halme stehen zu mehreren zusammen. Die Blätter sind zuge-

spitzt und haben besonders oben rauhe, fast gleichmäßig breite Scheiden, deren oberste zylinderförmig ist, und abgestumpfte, schwach gezähnte, langgezogene, bis zu 2 (3) mm lange Scheidehäute. Der ährenförmige Blütenstand wird unten und oben spitzig-schmal und trägt auf jedem Ast 1—2 blaugrüne bis violette Ährchen, deren Kelchspelzen auf dem Kiel kurze Härchen tragen. Blütezeit im Juni und Juli, Reife im Juli und August. Pflanzen, die mit der Winterfrucht, z. B. Wintergerste und Winterweizen, auf dem Acker standen, können schon in der ersten Hälfte des Mai blühen und Anfang Juli zur Vollreife kommen (Abb. 176). Der plattgedrückte, langgestreckte Same ist oben am breitesten und wird dem Grunde zu gleichmäßig schmäler. Die Grundfläche ist nach dem Rücken hin schief abgestumpft und hat einen ringförmigen, erhabenen Kragen mit grubenartig vertiefter Samenhaftstelle. Die kahnförmigen Hüllspelzen sind am Grunde, an dem die Rippen mit borstigen, silberweißen Haaren besetzt sind, zusammengewachsen. Jede Kelchspelze hat drei vortretende Rippen, eine kielförmige auf der Bauchseite und eine auf jeder der Seitenflächen. Die zusammengewachsenen Deckspelzen tragen schwache Längsrillen. Von der Rückenseite des unteren Teiles der äußeren Deckspelze geht eine etwa 11 mm lange, gebogene Granne aus. Der eiförmige, zitronengelbe Kern ist im Durchschnitt oval und hat eine etwas rauhe, gelbbraune Oberfläche. 1000-K.Gew. etwa 2,0 g, Länge und Breite etwa 5,8 × 1,9 mm, Samenzahl je Pflanze etwa 40—400, je kg etwa 500000.

Abb. 176. *Alopecurus agrestis.* *1* Pflanze, etwa 1/3 nat. Gr.; *2* Ähre, nat. Gr.; *3* blühendes Ährchen; *4* reifes Ährchen, von der Schmalseite und im Querschnitt betrachtet, *5* Samenkorn, von den inneren Deckspelzen umgeben, etwa 3fach vergr.; *6* dasselbe, nat. Gr. Orig.-Zeichn.

Untersuchungen[1] und die Praxis lehren, daß der Same gleich nach der Reife, nach Überwinterung im Boden oder auch nach längerer Trockenlagerung unter Dach auflaufen kann. Gleichfalls hat sich ergeben, daß der Same nach kürzerer oder längerer Ruhe zwischen Reife und Aussaat besser keimt. Außerdem zeigten Untersuchungen, daß Samenproben, die auf gleiche Art wie im Freien unter Dach in Kästen mit Erde gesät wurden, am besten im naß gehaltenen Boden, weniger gut in mäßig feuchtem und sehr schlecht im trockenen keimten. Im Laufe von 10 Keimtagen liefen

in Kästen	7,5	4	bzw. 1/2 %,
draußen im Acker	13	11	„ 4 %

[1] Fruwirth, C.: Der Ackerfuchsschwanz (*Alopecurus agrestis*). Arb. d. dtsch. Landw. Ges. H. 136. Berlin: Paul Parey 1908.

auf. Von 4 Jahre altem, trocken gelagertem Samen keimten in sehr feuchtem Boden im Keimbeet in 34 Tagen 97,5%, in feuchtem Boden 80,5%, in Boden mit gewöhnlichem Feuchtigkeitsgehalt 83,5% und in trockenem Boden 55%. Draußen im Ackerboden bewahrt der Same seine Keimkraft mehrere Jahre. WEHSARGS Untersuchungen[1] über den Bestand keimfähiger Unkrautsamen im Ackerboden ergaben, daß die im Boden enthaltenen Samen von *Alopecurus agrestis* bis zum Sommer des 6. Versuchsjahres aufliefen. Von unter Winterweizen und Winterraps gereiften Samen dieser Pflanze liefen in beiden Fällen im Herbst nur wenige (2—7%), mehr (13—31%) dagegen im Frühjahr nach Überwinterung im Boden auf. Nach dem Auskeimen entwickeln sich die jungen Pflanzen meistens schnell, und bei günstigem Standort und weiteren guten Wachstumsbedingungen bestockt sich die Pflanze oft sehr stark und ähnlich wie beispielsweise *Bromus secalinus*. Schwächer entwickelt sie sich unter dicht stehendem Wintergetreide, besonders Winterweizen. Wegen des Lichtmangels werden die Halme länger und die Blätter schmäler. Auf spärlich bestandenen Winterkornfeldern, auf Kleewiesen oder Hackfruchtschlägen entwickelt sie meist 8—12, gelegentlich sogar 25—30 Halme. Es hat sich gezeigt, daß die Pflanze sogar nach dem Abhauen noch manchmal weiterwachsen kann.

Alopecurus agrestis kommt auf feuchtem, leichterem, sandhaltigem Boden und auf schwererem, feuchtem bis saurem Boden mit Ausnahme von Moorboden im Unland, an Wegrändern, Schutthalden u. ä., wie im Nutzland als ein streckenweise sehr lästiges Ackerunkraut vor. Unter Winter- und Sommerfrüchten wie Sommerkorn, Hackfrüchten, Winterkorn, Winterraps, Winterrüben und anderen Nutzpflanzen, ebenfalls auf jungen Weiden und Kleewiesen wächst die Pflanze in fast ganz Europa, Westasien und Nordafrika und, aus Europa eingeschleppt, auch in Nordamerika und Australien. In Deutschland ist sie in den südlichen und westlichen Gebieten am gewöhnlichsten und gemeinsten, findet sich aber auch in Ost- und Norddeutschland. Die Pflanze tritt auch in Süd- und Mittelskandinavien bis zu 60° n. Br. (Oslo) auf.

Sie wird fortgepflanzt und verbreitet durch Samen, welcher in der Regel früher, oft sogar sehr viel früher reift, als der der Feldfrüchte, unter denen dieses Unkraut vorkommt. Gewöhnlich fallen große Samenmengen bereits am Standort unmittelbar aus. Außerdem kann der Same auch vom Wind über weite Strecken getragen werden. Von dem mit der Ernte eingefahrenen Samen fällt ein Teil auf dem Wege aus (vgl. *Bromus mollis*), ein Teil kommt mit unter Dach, durch Reinigungsabfälle, Spreu u. ä. oder unmittelbar mit dem Futter in den Stall, darauf in den Dünger und so wieder auf den Acker. Unreines Saatgut dient ebenfalls der Verbreitung dieser Pflanze.

Die Tatsache, daß oft sehr viel *Alopecurus*-Samen im Ackerboden verstreut liegt, ergibt sich schon daraus, daß die Pflanze auf offenem, freiem Felde in sehr dichten Beständen auftreten kann. Z. B. zählte FRUWIRTH[2] bei einer Untersuchung von Ackerboden 375, bei einer anderen 515 im Frühjahr je qm aufgelaufene Pflanzen dieses Unkrautes.

Die Bekämpfung. Da der Same dieser Pflanze, wie schon erwähnt, seine Keimkraft draußen im Boden mehrere Jahre bewahren kann, fordert die Bekämpfung eine durchgreifende Reinhaltung während mehrerer Fruchtfolgen nacheinander, um eine wirksame Unterdrückung zu erzielen. Leider kann man dieses Unkraut unter heranwachsenden Halmfrüchten nicht mittels Chemikalien erfolgreich

[1] WEHSARG: Das Unkraut im Ackerboden. Arb. d. dtsch. Landw. Ges. H. 226, Tab. 43, S. 83. Berlin: Paul Parey 1912.

[2] FRUWIRTH: Der Ackerfuchsschwanz. Ebenda H. 136. Berlin 1908.

bekämpfen, wie es bei vielen anderen Samenunkräutern, die gleichzeitig mit der Frucht auskeimen, möglich ist. Daneben ist bei der Unterdrückung der Pflanze zu berücksichtigen, daß die Reife meistens bedeutend früher als die Ernte eintritt, und dadurch sehr viel Same am Standort ausfällt. Schließlich ist zu beachten, daß dieses Unkraut die günstigsten Wachstumsbedingungen auf feuchtem bis saurem Boden findet.

Bei der Bekämpfung dieser Pflanze beachte man folgende Maßnahmen:

1. Unmittelbar nach der Sommerfrüchteernte schäle oder egge man das Feld, um dem Unkrautsamen in der lockeren Erdschicht günstige Keimverhältnisse zu schaffen. Der längere Zeit in der Erde lagernde, durch Schälen meist zum guten Teil in Keimtiefe gebrachte Same läuft schnell und gleichzeitig mit einem Teil des im gleichen Jahre ausgefallenen auf. Von Vorteil ist es, wenn hinreichend Zeit zur Verfügung steht, den Acker zweimal zu bearbeiten, um dadurch neue Samen in Keimtiefe zu bringen. Die jeweils aufgelaufenen Pflanzen werden dann bei der neuen Bearbeitung vernichtet.

2. Sobald der Acker im Frühjahr eine Bearbeitung zuläßt, sollte man die Krume mit der Schleife oder der Unkrautegge oder auch mit beiden Geräten gleichzeitig auflockern, um dadurch Keimung und Wachstum der in der oberen Bodenschicht lagernden Unkrautsamen zu fördern. Während der folgenden Bestellung des Ackers werden dann die aufgelaufenen Pflanzen vernichtet.

3. Während des Wachstums der Frucht setzt man die Bekämpfung in Sommergetreideäckern durch einmaliges Eggen mit der Unkrautegge vor oder während des Aufsprießens der Frucht, in Hackfruchtäckern durch Behandlung mit der fahrbaren Hackmaschine und durch Jäten fort. Auch im Wintergetreide und anderen Winterfrüchten in der Fruchtfolge der verseuchten Äcker sollte man für gründliche Reinhaltung sorgen.

4. Grünfutter läßt sich ganz dicht säen und vor der Reife des Unkrautes ernten, so daß die ausgekeimten Unkrautpflanzen vernichtet werden können, ohne zum Fruchten zu kommen. Da das Grünfutter zur Entwicklung nur kurze Zeit bedarf, bietet sich sowohl vor dem Einsäen als auch gleich nach der Ernte Gelegenheit, Unkrautsame durch Ackerbearbeitung in Keimtiefe und nach dem Auflaufen bei der nächsten Bearbeitung aus dem Acker zu bringen.

5. Bei Brachbehandlung (vgl. S. 517—530, Abschn. 6, B, Va—b, 1 und 2) bediene man sich nach Möglichkeit der Flachbrache (Pflügen, Schälen und Schleifen), um besonders auch bei geringen Niederschlägen die Erdfeuchtigkeit zu bewahren, die zu einer günstigen Keimung wesentlich beiträgt.

6. Besonders gute Ergebnisse sowohl bei Samenunkraut- als auch bei Wurzelunkrautbekämpfung hat Herbstbrache von umgeworfenen Weidenflächen ergeben. Unten (vgl. S. 530—532, Abschn. 6, B, Vb, 3) ist diese Art des Brachens näher beschrieben.

7. Durch Senkung des Grundwasserspiegels entzieht man der Ackerkrume und dadurch der Pflanze Feuchtigkeit, was eine Herabsetzung der Keim- und Entwicklungskraft zur Folge hat; Nutzpflanzen gedeihen auf solchen Äckern infolge Verminderung der Bodenversäuerung besser als die den sauren Boden liebenden Unkräuter, zu deren Unterdrückung diese Maßnahme also beitragen kann.

8. Man verwende nur unkrautfreien Dünger. Untersuchungen haben ergeben, daß Stalldünger gewöhnlich Massen keimfähiger Unkrautsamen enthält. Da sich *Alopecurus agrestis* besonders auch dieses Verbreitungsweges bedient, erzielt man eine wirksame Unterdrückung durch künstliche Düngung der körnerfruchttragenden Äcker, während man den Stalldünger auf Hackfruchtäckern unterbringt.

9. Man sammle Dresch- und Reinigungsabfälle aller Art und verhindere deren Einmischung in den Stalldünger, wie jede andersartige Verbreitung auf den Feldern.

Kurzum, man beachte aufmerksam alle Mittel und Wege, deren sich Unkräuter zu ihrer Verbreitung zu bedienen pflegen, um bereits so früh wie möglich vorbeugende Maßnahmen treffen zu können (vgl. zur Bekämpfung dieses Unkrautes auch, was unter anderen FRUWIRTH in seiner Abhandlung: Der Ackerfuchsschwanz S. 15 und 16 hierüber erwähnt).

Als Futterpflanze ist dieses Gras nur von ganz untergeordneter Bedeutung. Es kann weder auf Grund seiner Güte noch seiner Ertragsmengen Anspruch erheben, als Nutzpflanze bezeichnet zu werden.

84. *Papaver rhoeas.* Feldmohn, Feuermohn, engl. Field poppy, common red poppy. *Papaver rhoeas* (Fam. Papaveraceae) ist ein ein- bis zweijähriges Unkraut mit zapfenförmiger Wurzel, aufrechtem, verzweigtem, bis zu 80 cm hohem Stengel und einer einzelnen, hübschen, dunkelroten Blüte am Ende der den Blattwinkeln entspringenden Blütenstiele. Stengel, Blütenstiele und Kelch haben abstehende Haare. Die Blätter tragen unregelmäßige Einschnitte und sind gröber und größer als bei *Papaver dubium.* Vor dem Öffnen wird die Blüte von zwei bald abfallenden, kahnförmigen Kelchen umschlossen (Abb. 177).

In Mitteleuropa blüht diese Art vom Frühsommer bis in den Herbst[1], in Skandinavien gewöhnlich von Juni bis August. Die Kapsel ist umgekehrt eiförmig, dem Grunde zu etwas zugespitzt, oben abgestumpft, etwa 10 mm hoch und 6 mm dick, aufrecht, 8—10fächerig und vielsamig. Nach der Reife öffnet sich unter dem Deckel eine Reihe von Löchern. Bei Wind wird der Same dann aus der Kapsel heraus in nächster Umgebung des Standortes über das Feld gestreut.

Der etwas unregelmäßige, nierenförmige Same ist am Rücken vorgewölbt, an der Bauchseite eingedrückt und seitlich etwas abgeflacht. Die matte bis leichtglänzende Oberfläche trägt netzförmige, mehr oder weniger deutlich hervortretende, konzentrisch angeordnete, etwas unregelmäßige Maschen. Die meist braune Farbe des Samens pflegt etwas graugelb oder rötlich getönt zu sein (Abb. 178). 1000-K.Gew. etwa 0,1 g, Länge und Breite etwa $0{,}8 \times 0{,}5$ mm, Samenzahl je Pflanze etwa 20000[2], je kg 10 Millionen[3].

Der Same läuft leicht auf; von überwintertem, trocken gelagertem Samen liefen auf Filtrierpapier in 5 Tagen 65, in 20 Tagen 70% auf. Draußen im Ackerboden liefen von überwintertem, trocken gelagertem Samen in 22 Tagen 51% auf. Von der Aussaat bis zur Blüte vergingen 95 Tage. Überwinterter Same lief bei Aussaat im Freien Mitte August sehr schnell auf und entwickelte rasch wachsende Pflanzen, die bereits nach 5 Wochen das Feld bedeckt hatten. Bei dänischen Versuchen[4] liefen von im Jahre 1904 geernteten

und	1904	1905	1906	1907	1908	1909 ausgesäten
unreifen Samen	79	85	64	(56)	80	50 %,
reifen Samen	92	71	79	(7)	84	21 %

auf.

Der Same scheint seine Keimkraft im Boden wie bei Trockenlagerung mehrere Jahre hindurch bewahren zu können. Gelegentlich kann die Pflanze unter der Nutzfrucht nach mehreren Jahren plötzlich in Massen auftreten. BORNEMANN[5] erwähnt, daß sich auf einem Ackerstück, das 8 Jahre nacheinander Esparsette

[1] THAER: Landwirtschaftliche Unkräuter. 3. Aufl. S. 6.
[2] LONG: Common Weeds of the Farm Land S. 24 nennt eine Samenmenge von 50000.
[3] HARZ gibt in Landwirtschaftliche Samenkunde an: Länge und Breite $0{,}8 \times 0{,}4$ mm, 1000-K.Gew. 0,086 g, Samenzahl je kg 11627906.
[4] Tidsskr. f. Landbr. Pl. avl. Bd. 17, S. 596.
[5] Die wichtigsten landwirtschaftlichen Unkräuter. 1. Aufl. S. 95. 2. Aufl. S. 103.

getragen hatte, plötzlich Massen dieser Unkrautart zeigten. Am leichtesten scheint der Same auf schwach saurem Boden und bei etwas feuchtem Wetter auflaufen zu können. Die gleichen Faktoren scheinen auch die Entwicklung der Pflanze am meisten zu beschleunigen.

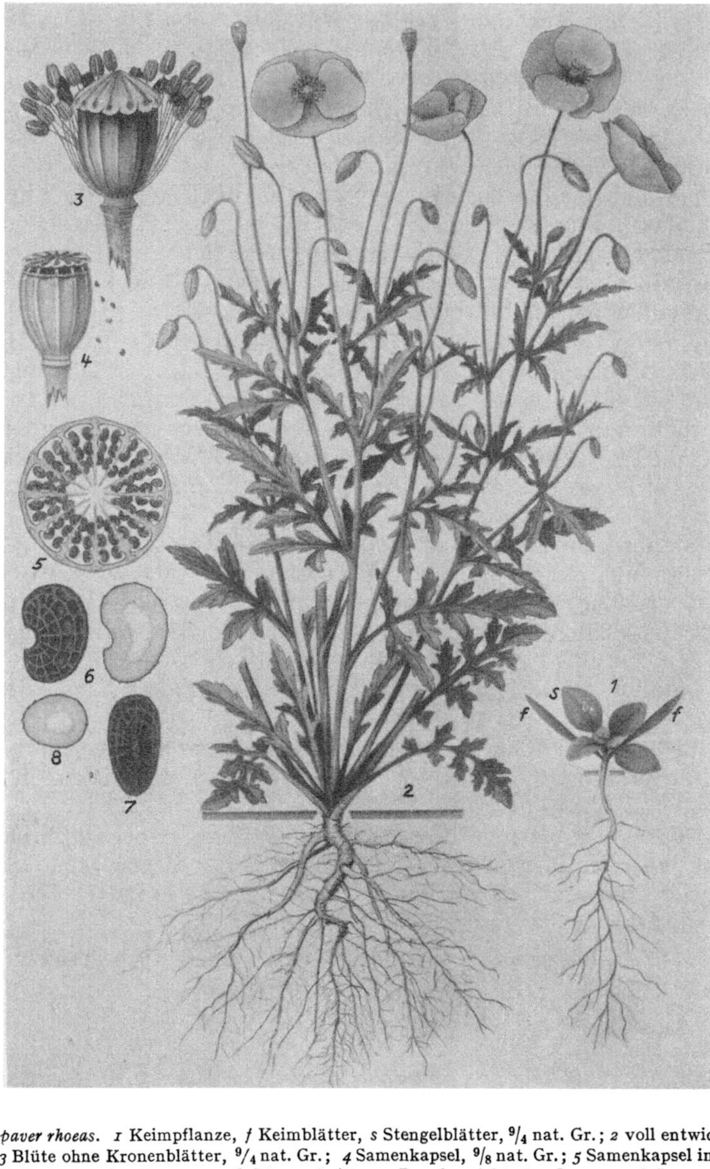

Abb. 177. *Papaver rhoeas.* *1* Keimpflanze, *f* Keimblätter, *s* Stengelblätter, $^9/_4$ nat. Gr.; *2* voll entwickelte Pflanze, $^1/_4$ nat. Gr.; *3* Blüte ohne Kronenblätter, $^9/_4$ nat. Gr.; *4* Samenkapsel, $^9/_8$ nat. Gr.; *5* Samenkapsel im Querschnitt, $^9/_4$ nat. Gr.; *6* Breitseite des Samens und Längsschnitt; *7* Bauchansicht des Samens; *8* Samenquerschnitt, 17fach vergr. Orig.-Zeichn.

Die Pflanze findet sich als gemeines Unkraut in ganz Mittel- und Südeuropa, Westasien, Nordafrika und Nordamerika, ist ganz besonders lästig auf Sommer- und Winterkornäckern, Brachen, Rainen, im Unland u. ä. in Deutschland, Frankreich, England, Süd- und Mittelskandinavien; in den südlichsten Gegenden Norwegens jedoch nur noch vereinzelt.

Dieses Unkraut verzweigt sich oft sehr und trägt eine reiche Belaubung, so daß es viel Platz beansprucht, seine Umgebung stark beschattet und deshalb bedeutende Ertragsverluste verursacht.

Feldmohn wird durch Samen fortgepflanzt und verbreitet. Zu ihrer Bekämpfung bedient man sich gewöhnlich derselben Mittel wie bei der Unterdrückung von *Sinapis arvensis*. Außerdem sind Entwässerung feuchten Bodens, gute Bearbeitung der Brache vor der Herbstsaat und Verwendung unkrautfreien oder künstlichen Düngers zu empfehlen. Um schnelles Auflaufen ausgefallener Samen im Sommergetreide zu fördern, sollte man das Stoppelfeld gleich nach der Ernte flach eggen und walzen. Versuche ergaben, daß die jungen Pflanzen auch durch die üblichen Mengen von Chemikalien vernichtet werden (vgl. S. 500—508).

85. *Papaver dubium* LINN. Zweifelhafter Mohn, Bastard-Mohn, engl. Long smooth-headed poppy. *Papaver dubium* (Fam. Papaveraceae) ist ein einjähriges bis überwinterndes, 30—60 cm hohes, wenig verzweigtes Unkraut mit zapfenförmiger Wurzel, doppelt fiederförmig geteilten, steif behaarten Blättern, mit anliegenden Haaren versehenen Blütenstielen und gleichfalls behaarten Kelchblättern. Die Pflanze blüht gewöhnlich von Juni bis August (Abb. 179). Die Kronenblätter sind rot, die Frucht ist eine umgekehrt eiförmige, lange, kahle, vielsamige Kapsel, die dem Grunde zu gleichmäßig schmäler wird und von der Mitte bis an die durch einen Deckel abgeschlossene Spitze ungefähr gleichmäßig dick ist. Nach der Reife bilden sich unter dem „Deckel" (den Narben) Löcher, durch die die Samen vom Wind herausgeschleudert werden können.

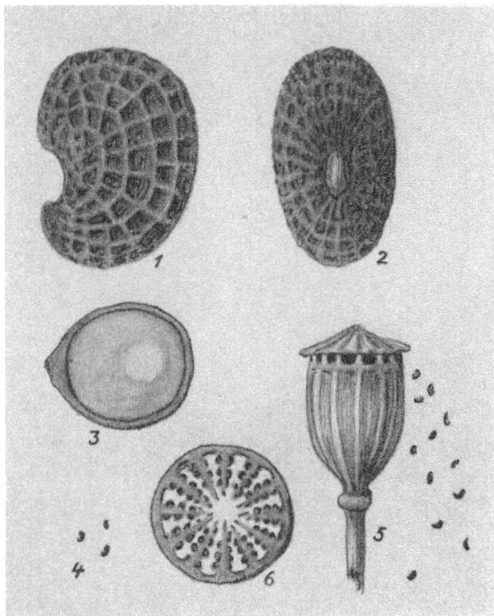

Abb. 178. *Papaver rhoeas.*
1 und *2* Seiten- und Bauchansicht des Samens; *3* Samenquerschnitt, 31 fach vergr.; *4* Samen, nat. Gr.; *5* Samenkapsel, 3/2 nat. Gr.; *6* Samenkapsel im Querschnitt, 2 fach vergr. Orig.-Zeichn.

Der nierenförmige, bzw. schnabelförmige, am einen Ende breit vorgewölbte, am anderen eingekrümmte Same hat auf der eingebeulten Bauchseite eine ganz leicht punktartige Samenhaftstelle und ist der Bauchseite zu etwas zusammengedrückt.

Die regelmäßig netzförmige, dunkelrotbraune bis schwarzgraue Oberfläche ist von erhabenen, etwa 0,14 mm weiten Maschen überzogen (Abb. 180). 1000-K.Gew. etwa 0,14 g, Länge und Breite etwa 0,7 × 0,5 mm, Samenzahl je Pflanze etwa 18000[1], je kg etwa 7,1 Millionen.

Von überwintertem, trocken gelagertem Samen keimten im Laboratorium in 4 Tagen 23, in 10 Tagen 42%.

Die Pflanze findet sich als Unkraut in Europa, Westasien, Nordamerika und anderen Ländern. In Deutschland[2], Dänemark und Südschweden kommt die Pflanze allein oder zusammen mit den beiden anderen hier beschriebenen Mohnarten auf Getreideäckern, Brachen, an Weg- und Eisenbahnstrecken u. ä. vor.

[1] LONG: Common Weeds S. 24 nennt als Samenzahl je Pflanze 60000.

[2] THAER: Die landwirtschaftlichen Unkräuter, 3. Aufl., S. 6 teilt mit: *Papaver rhoeas* tritt mit *Papaver dubium* zusammen im Sommergetreide und mit *Papaver argemone* im Wintergetreide auf.

Sie findet sich sogar, wenn auch nicht so gewöhnlich, in den niedriger gelegenen Gegenden Südnorwegens.

Die Pflanze wird durch Samen fortgepflanzt, verbreitet und auf die gleiche Art wie *Papaver rhoeas* bekämpft. Durch gute Reinigung des Saatkornes läßt

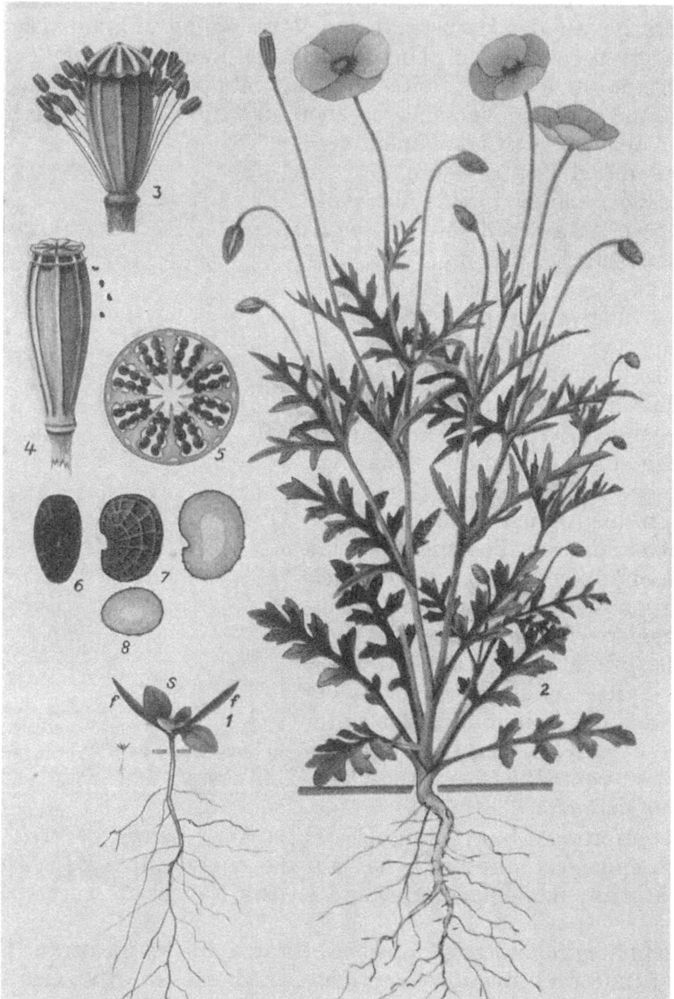

Abb. 179. *Papaver dubium.* *1* Keimpflanze, *f* Keimblätter, *s* Stengelblätter, $^{9}/_{4}$ nat. Gr.; *2* voll entwickelte Pflanze, $^{1}/_{4}$ nat. Gr.; *3* Blüte ohne Kronenblätter, $^{9}/_{4}$ nat. Gr.; *4* Samenkapsel, $^{9}/_{8}$ nat. Gr.; *5* Samenkapsel im Querschnitt, $^{9}/_{4}$ nat. Gr.; *6* Bauchseite des Samens; *7* Same, von der Seite und im Längsschnitt betrachtet; *8* Samenquerschnitt, 17fach vergr. Orig.-Zeichn.

sich ihr Same leicht entfernen. Die nur geringen Platz beanspruchende Pflanze wird von der Ackerfrucht leicht überholt und richtet darum selbst in den nordischen Ländern tatsächlich nur geringen Schaden an.

86. *Papaver argemone* LINN. Sandmohn, engl. Pale poppy. *Papaver argemone* (Fam. Papaveraceae) ist ein ein- bis zweijähriges Unkraut mit 15—50 cm hohem, unverzweigtem oder verzweigtem Stengel mit anliegenden Haaren und gefiederten, behaarten Blättern mit wenigen, schmalen Teilblättern. Die Pflanze ist zarter und kleiner als *Papaver rhoeas* und blüht im Juni und Juli (Abb. 181). Die Blüten sind rot, die längliche, verstreut mit borstigen Haaren besetzte Kapsel hat einen rundlichen Querschnitt und ist dem Grunde zu schmäler. Der gestreckte, nierenförmige Same trägt auf der Bauchseite eine Rippe. Die ganze Oberfläche ist mit konzentrisch und radiär geordneten Reihen Rippen überzogen, die ein Maschennetz bilden und deren matte Farbe dem hellbraunschwarzen Samen ein graues Aussehen geben (Abb. 182). 1000-K.-Gew. etwa 0,1 g, Länge und Breite etwa 0,8 × 0,6 mm, Samenzahl je Pflanze etwa 3000, je kg etwa 10 Millionen.

Diese *Papaver*-Art tritt unter den gleichen Wachstumsverhältnissen und oft gemeinsam mit *Papaver rhoeas* und *Papaver dubium* auf. Sie wird durch Samen fortgepflanzt, verbreitet und auf die gleiche Art wie die vorher beschriebenen Mohnarten bekämpft.

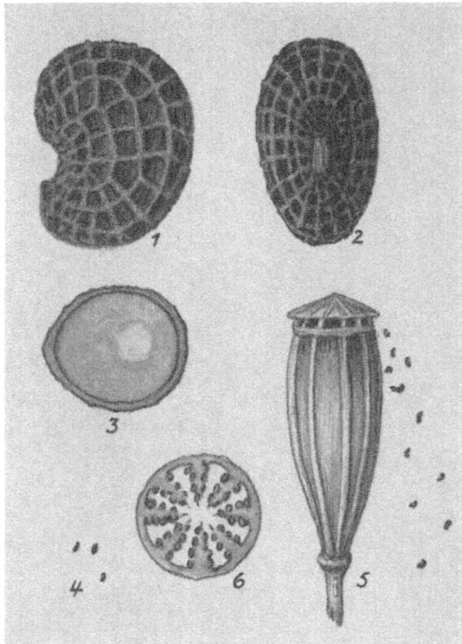

Abb. 180. *Papaver dubium.* *1* und *2* Seiten- und Bauchansicht des Samens; *3* Samenquerschnitt, 32fach vergr.; *4* Samen, nat. Gr.; *5* Samenkapsel, $^3/_2$ nat. Gr.; *6* Samenkapsel im Querschnitt, 2fach vergr. Orig.-Zeichn.

87. *Aethusa cynapium* LINN. Gemeine Hundspetersilie, Gemeine Gleiße, engl. Fool's parsley. *Aethusa cynapium* (Fam. Umbelliferae) ist ein einjähriges bis überwinterndes und zweijähriges[1], 30—70 cm hohes, doldenblütiges Unkraut mit kahlem, verzweigtem Stengel und bis zu 15 cm langer, kräftiger Pfahlwurzel, fast dreikantigen, 2—3fach gefiederten Blättern und fiederspaltigen, lanzettlichen, spitzigen Blättchen. Sie sind sehr blank und etwas übelriechend. Den vielblütigen Dolden fehlen die Doldenhüllen, die Hüllchen sind dreiblättrig, linealisch, zusammensitzend, senkrecht abwärts gebogen und länger als die Döldchen. Die Blüten sind weiß oder schwach gelblich gefärbt und blühen von Juni bis August, in südlicheren Ländern von Mai bis Oktober (Abb. 183). Die fast runde bis rundlich-ovale Spaltfrucht ist im Querschnitt kreisrund und wird bei der Reife in zwei oben an dem vom Grunde der Frucht her gabelförmig geteilten Fruchtstiel befestigte Hälften geteilt. Der gelbgrüne bis gelbgraue, halbkugelförmige, oben zugespitzte Same hat auf dem Rücken fünf sehr hochgebogene, keilförmige Längsrippen und vertiefte rotbraune Streifen; die flache oder schwach eingebeulte Innenseite trägt etwa 1 mm innerhalb der Kante einen ölhaltigen Streifen. Zwischen dem Ölstreifen und der Kante läuft eine schmale Furche von gleicher Farbe wie der Same entlang (Abb. 184). 1000-K.Gew. etwa 1,65 g, Länge und Breite etwa 3,5 × 2,7 mm*[2], Samenzahl je Pflanze etwa 500

---

[1] Bei Untersuchungen, die der Verfasser während der letzten Jahre bis zu etwa 60° n. Br. über die Lebensverhältnisse der Pflanze vorgenommen hat, haben die Samenpflanzen unter normalen Wachstumsbedingungen draußen im Acker regelmäßig erst Stengelsprosse, Blüten und reife Samen im Spätsommer des zweiten Lebensjahres erzeugt, um dann, nach zweijährigem Wachstum also, einzugehen, LONG, A. E. GEORGIA, MENTZ-OSTENFELD, ESSER, DINAND, DUYESEN-EGGELHUBER. NEUMAN, HOFMANN-DENNERT, LINNÉ u. a. Verfasser bezeichnen die Pflanze als einjährig, während HEGI sie als „einjährig, oft auch (besonders in nördlichen Gegenden) zweijährig oder (anscheinend seltener) überwinternd-einjährig" bezeichnet.

*[2] HARZ nennt in Landw. Samenkunde S. 1047 eine Samengröße von 4 × 2,6 mm.

(Long[1] nennt 600, Maier-Bode[2] und Löbe[3] nennen jeder 6000), je kg etwa 600000. Der Same läuft oft langsam auf. Im Laboratorium keimten von vorjährigem, trocken gelagertem Samen 26% in 20, 86% in 25, 99% in 300 Tagen. Im Frühjahr ausgesäter Same keimt schlecht und oft überhaupt nicht im ersten

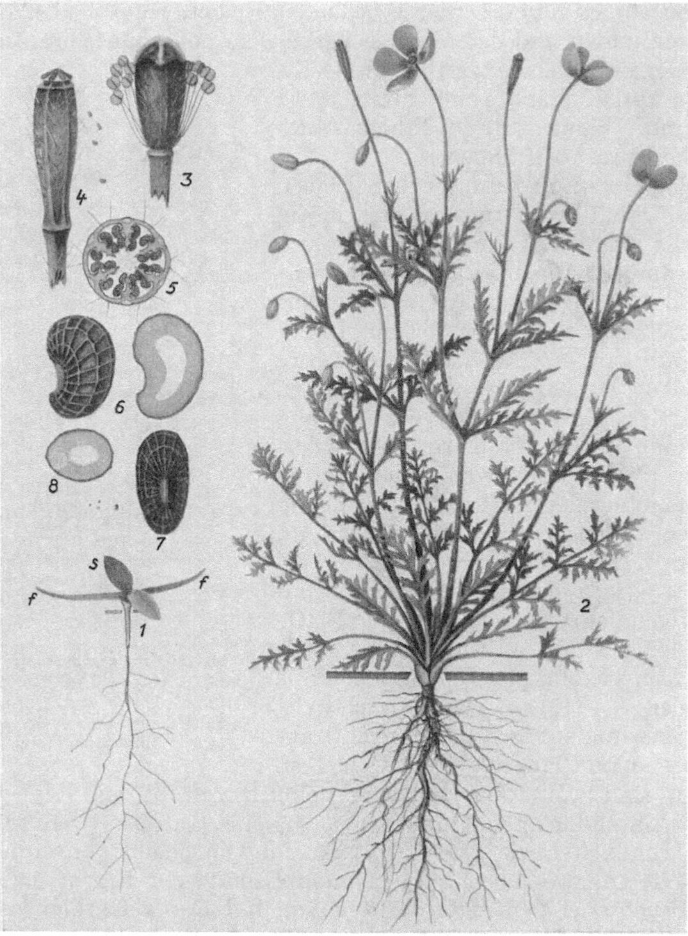

Abb. 181. *Papaver argemone.* *1* Keimpflanze, *f* Keimblätter, *s* Stengelblätter, $^9/_4$ nat. Gr.; *2* voll entwickelte Pflanze, $^1/_4$ nat. Gr.; *3* Blüte ohne Kronenblätter, $^9/_4$ nat. Gr.; *4* Samenkapsel, $^9/_8$ nat. Gr.; *5* Samenkapsel im Querschnitt, $^9/_4$ nat. Gr.; *6* Seitenansicht und Längsschnitt des Samens; *7* Same von der Grundfläche gesehen; *8* Samenquerschnitt, 17fach vergr. Orig.-Zeichn.

Sommer. Bei einem Versuch keimten von im Herbst gesätem Samen im folgenden Frühjahr 19%. Durch andere Keimversuche[4] ist erwiesen, daß der Same seine Keimfähigkeit wenigstens 8 Jahre lang bewahren kann.

---

[1] Long: „Common Weeds" teilt nach Mortons Cyclopädia of Agriculture 1856, Bd. 2, S. 116 mit, daß *Aethusa cynapium* je Pflanze 300 Blüten mit je 2 Samen, also 600 Samen entwickelt.

[2] Maier-Bode: Die Bekämpfung der Ackerunkräuter 1908.

[3] Vgl. Wehsarg: Arb. d. dtsch. Landw. Ges. H. 294, S. 213.

[4] Brenchley, W. E.: Weeds of Farm Land S. 73.

Aethusa cynapium ist ein gewöhnliches Unkraut des Kulturbodens[1] besonders in Gärten, Gärtnereien, in Siedlungsnähe, aber auch streckenweise ganz regelmäßig unter Ackerfrüchten, besonders unter Winterkorn, auch unter Sommerkorn, Hackfrüchten, auf Stoppelfeldern u. ä. Es findet sich in ganz Mitteleuropa, Asien, Nordamerika und in großen Teilen Skandinaviens bis zu 63° 5′ n. Br. (Norwegen).

Die Pflanze wird durch Samen fortgepflanzt und verbreitet und am besten durch Abhauen oder Ausreißen vor der Blüte und Reife bekämpft.

Alle Teile der Pflanze sind giftig; nach ESSER[2] sind mehrfach Vergiftungen vorgekommen, von denen einige sogar den Tod zur Folge hatten.

BRENCHLEY[3] teilt mit, daß über die Giftigkeit der Pflanze geteilte Meinungen geherrscht hätten. Tiere scheinen sie vertragen zu können, während sie bei Menschen Vergiftungen hervorruft. LONG[4] bezeichnet die Pflanze als giftig und teilt mit, daß Blätter und Wurzel mit gewöhnlicher Petersilie und mit Radieschen verwechselt und genossen wurden und so durch das Alkaloid Cynapin Vergiftungen mit tödlichem Ausgang hervorgerufen haben.

88. *Agrostemma githago* LINN. (= *Lychnis githago* SCOP.). Kornrade, engl. Corn cockle. *Agrostemma githago* (Fam. Caryophyllaceae) ist ein steif-aufrechtes, ein- und zweijähriges Ackerunkraut mit kräftiger, einfacher, über 20 cm langer Pfahlwurzel und unverzweigtem, oder schwach ästigem, 60—100 cm hohem Stengel, der mit langen dünnen, weißlichen Haaren besetzt ist. Die linealischen Blätter sitzen paarweise. Die einzelnen, langstieligen, pupurroten, großen, geruchlosen, endständigen Blüten sitzen am Stengel und an Seitenästen und haben lange, schmale, spitze Kelchblätter (Abb. 185).

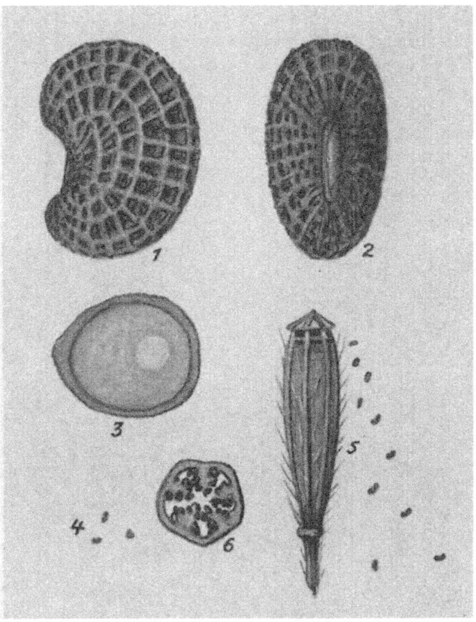

Abb. 182. *Papaver argemone.* *1* u. *2* Samen, Breit- und Schmalseite; *3* Samenquerschnitt, 30 fach vergr.; *4* Samen, nat. Gr.; *5* Samenkapsel, $^3/_2$ nat. Gr.; *6* Samenkapsel im Querschnitt, 2 fach vergr. Orig.-Zeichn.

Die Kapsel enthält 30—40 nierenförmige bis rundliche, kantige, etwas langgezogene, der mit einer kleinen mittelständigen Vertiefung versehenen Grundfläche zu schmäler werdende Samen. Die matte, schwarzbraune bis schwarze Oberfläche wird von konzentrisch angeordneten Reihen warzenförmiger Erhebungen bedeckt (Abb. 186). 1000-K.Gew. etwa 11,7 g, Länge und Breite etwa 3,0 × 2,6 mm, Samenzahl je Pflanze etwa 200, je kg 85000. FRUWIRTH[5] nennt eine durchschnittliche Samenzahl von 223 und eine Höchstzahl von 284 mit einer Keimfähigkeit von 99%.

Die vielen mit dem Samen der Pflanze vorgenommenen Keimversuche haben ergeben, daß so gut wie alle Samen auflaufen. Bezüglich seiner Keimung verhält

[1] LONG: Common Weeds S. 299. — WEHSARG: Arb. d. dtsch. Landw. Ges. H. 294, S. 405 und 419 teilt mit, daß die Pflanze im Wintergetreide (selten im Sommergetreide oder im Boden ausdauernd) und unter Hackfrüchten vorkomme.

[2] ESSER: Die Giftpflanzen Deutschlands S. 135.

[3] Weeds of Farm Land S. 106.

[4] LONG: Common Weeds S. 299.

[5] Das Unkraut und seine Bekämpfung auf dem Ackerland S. 16. 2. neubearb. Aufl. Landwirt. H. 1918.

sich der Same ebenso wie Getreide. Bei Zufuhr der notwendigen Feuchtigkeit und Luft läuft er selbst bei stark wechselnder Temperatur und Belichtung schnell und kräftig auf. DORPH-PETERSEN[1] teilt mit, daß von *Agrostemma*-

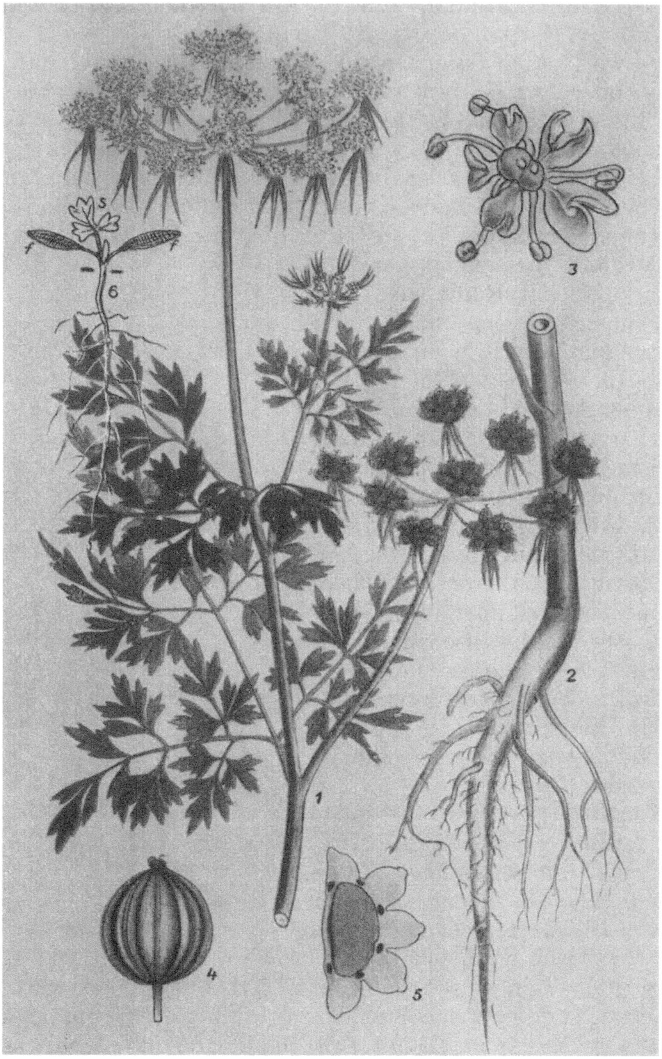

Abb. 183. *Aethusa cynapium.* *1* Gipfelsproß der Pflanze; *2* Wurzel und unterer Stengelteil, $^3/_4$ nat. Gr.; *3* Blüte, 4fach vergr.; *4* Seitenansicht der Frucht, $^9/_2$ nat. Gr.; *5* Samenquerschnitt, 9fach vergr.; *6* Keimpflanze, *f* Keimblätter, *s* Laubblatt, nat. Gr. *1—5* nach MENTZ und OSTENFELD, *6* Orig.-Zeichn.

Samen gleich nach der Reife 98% aufliefen und daß die Keimfähigkeit des Samens bei Trockenlagerung nach

1	2	3	4	5	6	7	8	Jahren
98	99	99	98	98	88	35	0	%

betrug.

[1] Tidsskr. f. Landbr. Planteavl. Bd. 17, S. 598.

WEHSARG[1] teilt mit, daß der Same Bodenüberwinterung kaum verträgt, während sich andererseits gezeigt hat, daß von reifem, frischem Samen gewöhnlich bis zu 100% auflaufen. Samen, die bei einem Versuch[2] in Jauche gelagert wurden, hatten ihre Keimkraft nach 30 Tagen verloren.

Bei norwegischen Keimversuchen liefen von überwintertem, trocken gelagertem Samen bei einem Versuch in 3 Tagen 98%, in 10 Tagen 99%, bei einem anderen Versuch in 2 Tagen 100% auf. Draußen im Sandboden liefen in 0,5 cm Tiefe vom 7. Juni bis 4. Juli 54% auf.

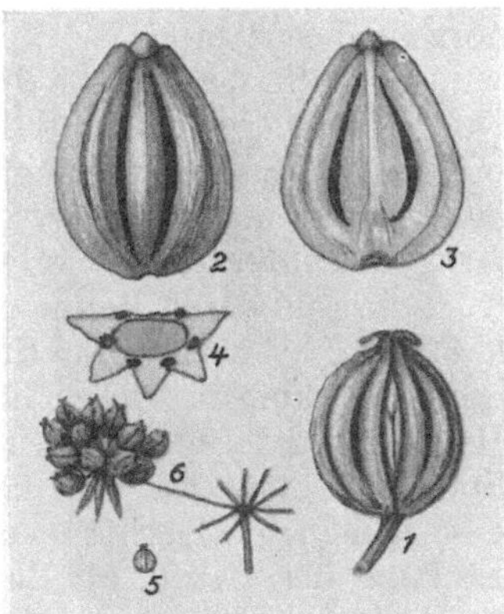

Abb. 184. *Aethusa cynapium*. *1* Seitenansicht der Frucht, 9/2 nat. Gr.; *2* und *3* Rücken- u. Bauchansicht des Samens; *4* Samenquerschnitt, 6fach vergr.; *5* Same, nat. Gr.; *6* Teil der Dolde mit reifen Samen, nat. Gr. Orig.-Zeichn.

Saattiefenversuche mit trocken gelagertem, vorjährigem Samen, der am 26. Mai 1923 ausgesät wurde, zeigten folgende Ergebnisse:

[1] Arb. d. dtsch. Landw. Ges. H. 294, S. 133.

[2] SOEBL: Widerstand der Samen usw. Österr. landwirtschaftl. Wochenbl. 1879. S. 501. (Vgl. WEHSARG: Arb. d. dtsch. Landw. Ges. H. 294, S. 107.)

Abb. 185. *Agrostemma githago*. *A* Keimpflanze, *f* Keimblätter, *s* Stengelblätter, nat. Gr.; *B* voll entwickelte, blühende Pflanze, 1/4 nat. Gr. Nach KORSMOS Unkrauttafeln.

In	0	0,5	1	2	3	4	5	6	7	8	9 cm Tiefe begann die Keimung
nach	20	8	5	7	7	7	9	9	13	—	— Tagen. Im ganzen keimten
	10	69	80	66	92	80	78	76	8	0	0 %.

Tiefer als 7 cm lief kein Same mehr auf. Obwohl der Same im Herbst wie im Frühjahr keimt, ist Herbstkeimung die Regel.

Die Keimblätter sind bis zu 2,5 cm lang und 0,7 cm breit, oval, elliptisch und am Ende zugespitzt.

Agrostemma githago kommt unter Winter- und Sommerfrüchten, gelegentlich auch auf der Wiese in ganz Europa, Nordamerika und Kanada sowie anderen Ländern vor. In europäischen Ländern ist dieses Unkraut in der Winter- wie in der Sommerfrucht, in Wicken- und anderen Schotenfrüchten ganz gemein. Gelegentlich findet sich die Pflanze auch in Klee- und ähnlichen Feldern. In Europa ist die Pflanze in Deutschland, England, Süd- und Mittelskandinavien (in der Winterfrucht) und vereinzelt bis nach Südostnorwegen vertreten.

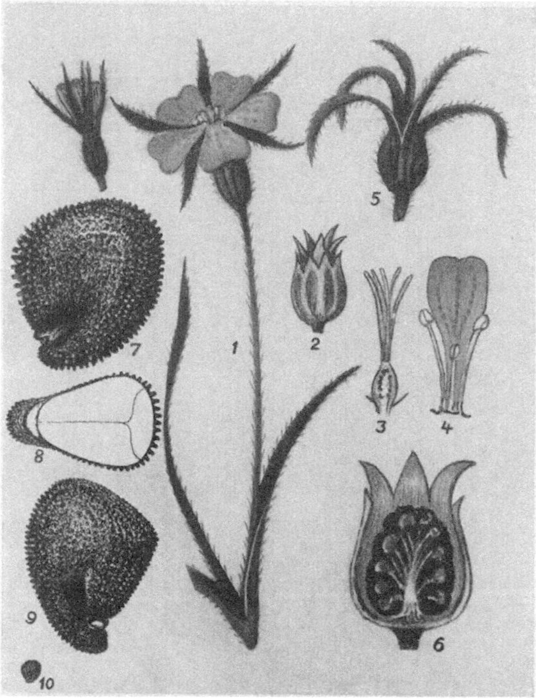

Abb. 186. *Agrostemma githago.* *1* Gipfelsproß mit Blüte; *2* Samenkapsel, 1/2 nat. Gr.; *3* Fruchtknoten mit Griffel; *4* Kronenblatt und Staubgefäße, nat. Gr.; *5* Blüte nach dem Verblühen, 1/2 nat. Gr.; *6* durchgeschnittene Samenkapsel, nat. Gr.; *7* und *9* Samen; *8* Samenquerschnitt, 8fach vergr.; *10* Same, nat. Gr. Orig.-Zeichn.

Die Pflanze wird durch Samen fortgepflanzt und verbreitet. Ihr Same findet sich oft als verunreinigender Bestandteil in Brotgetreide, Winterfrüchten und deren Reinigungsabfällen. Außerdem findet immer während der Ernte einiger Ausfall reifer Samen am Standort statt. Da wohl kaum viele Samen den Tierkörper ohne Einbuße der Keimkraft durchlaufen können und im Erdboden aufgelaufene kleine Pflanzen den Winter in der Regel nicht überstehen, ist das wesentlichste Mittel zur Bekämpfung dieses Unkrautes besonders scharfe Trieurreinigung des Saatkornes. Weiterhin ist anzuraten, den Acker im Herbst und zeitig im Frühjahr zu bearbeiten und, soweit möglich, die Äcker während des Wachstums der Frucht zu hacken. Außerdem sollte man alle Reinigungs- und Dreschabfälle bei der Behandlung reifer Körnerfrüchte sammeln, vernichten und sich gegebenenfalles entschließen, Halmfrüchte als Grünfutter zu verwerten, falls die Pflanze sich in gar zu großen Mengen auf den Äckern zeigt.

Der Same ist giftig und enthält bis zu 6,56% von dem giftigen sogenannten Glykosid Githagin oder Agrostemmin ($2\,C_{17}H_{28}O_{11}$), eine in reinem Zustande weiße, form- und geruchlose Substanz von narkotischer Wirkung und starkes Niesen erzeugender Einwirkung auf die Nasenschleimhäute[1].

[1] Esser: Die Giftpflanzen Deutschlands S. 46.

Bei schlechter Reinigung des Brotkornes erhält das Mehl durch den Samen einen unangenehmen, bitteren Geschmack und gesundheitsschädliche Wirkung.

89. *Cerastium vulgatum* LINN. (= *C. vulgare* HARTM., *C. triviale* LINK). Gemeines Hornkraut (Sand-Hornkraut?), engl. Mouse-ear chickweed. *Cerastium vulgatum* (Fam. Caryophyllaceae) ist ein ein- oder mehrjähriges[1], bis zu 50 cm hohes, zartes Unkraut mit liegenden, sich erhebenden, weich behaarten Stengeln und paarweise sitzenden, länglichen bis lanzettlichen, verstreut langbehaarten Blättern und weißen Blütenrispen. Blütezeit vom Frühsommer bis Herbst (Abb. 187).

Die längliche, zylindrische, meist schwach gekrümmte, vielsamige Kapsel hängt nach der Reife gewöhnlich etwas schräg nach unten. Der im Umfang fast kugelförmige, kantige, etwas schnabelförmige Same ist an der eine mittlere grubenförmige Vertiefung tragenden Grundfläche langgezogen. Die rotbraune Oberfläche ist mit feinen, in Reihen um die Mitte geordneten Körnchen besetzt. 1000-K.Gew. etwa 0,1 g, Länge und Breite 0,6×0,5 mm, Samenzahl je Pflanze etwa 1200, je kg etwa 10 Millionen.

Der Same keimt in der Regel leicht. Im Laboratorium keimten bei einem Versuche von vorjährigem, trocken gelagertem Samen 62% in 20 Tagen, bei einem zweiten 82% in 6, bei einem dritten 100% in 5 Tagen. Von Samen des ersten Versuches keimten draußen im Sandboden in 0,5 cm Tiefe 11% in 37 Tagen; die aufgelaufenen Pflanzen kamen im Keimjahr (125 Wachstumstage) nicht mehr zur Blüte. Von im Herbst und im Frühjahr ausgesäten Samenproben des zweiten Versuches liefen im Freien 36 bzw. 32% auf; die Pflanzen kamen im Spätsommer und Herbst zur Blüte und Reife.

Bei Verfütterungsversuchen mit Schweinen und Hühnern fanden sich im Mist von 100 keimfähigen Samen 13 bzw. 2 unverdaute, noch keimfähige Samen wieder[2].

Cerastium vulgatum und die Unterformen davon treten im Nutzboden auf Weiden, an Waldrändern, Schutthalden u. ä., auf feuchtem, wie auf trockenem Boden in Europa, Asien und Amerika und im übrigen vereinzelt in fast allen Ackerbau treibenden Ländern der Welt auf. Die Pflanze ist unter anderem auch in Deutschland, England, Skandinavien und Finnland auf Boden aller Art und vom Meer bis an die Birkengrenze gemein. Sie wird durch Samen fortgepflanzt und verbreitet und hat eine kräftige und verzweigte Wurzel. Da die Pflanze als Acker- und Wiesenunkraut vorkommt, findet sich ihr Same nicht selten in Dresch- und anderen Abfällen, in Wiesensamen u. ä. So fanden sich beispielsweise durchschnittlich in 12 Dreschabfallproben 21597, im Heubodenkehricht 63333, in Sommerkornspreu 400, in verschiedenartiger Wiesensaat 1000—257000 Samen je kg der Ware.

Als Unkraut ist die Pflanze nicht sonderlich lästig und wird durch Verwendung reiner Wiesensaat und unkrautreinen Stalldüngers wirksam bekämpft.

90. *Silene dichotoma* EHRH. Gabelästiges Leimkraut, Gabeliges Leimkraut, engl. Forked catchfly. *Silene dichotoma* (Fam. Caryophyllaceae) ist ein einjähriges, überwinterndes (winterannuelles), bis zweijähriges[3], 30—60 cm hohes Unkraut mit gabeligen, etwas verstreut und lang behaartem Stengel und gleich behaarten Blättern. Die unteren der kurzstieligen Blätter sind spießförmig, die oberen eiförmig-lanzettlich bis spitzig. Die fast sitzenden Blüten

---

[1] Von WAGNER wird die Pflanze als einjährig, von BLYTT, MENTZ und ARESCHOUG als mehrjährig bezeichnet.

[2] Tidsskr. f. Landbr. Planteavl. Bd. 17, S. 623 und 625.

[3] GEORGIA, ADA E.: A Manual of Weeds S. 147, New York 1921 bezeichnet die Pflanze als „annual and winter-annual".

sind in Bündeln angeordnet und bilden fast einseitige, traubenähnliche, überhängende Quasten (Abb. 188). Blütezeit von Juli bis September, Reife von August bis Oktober.

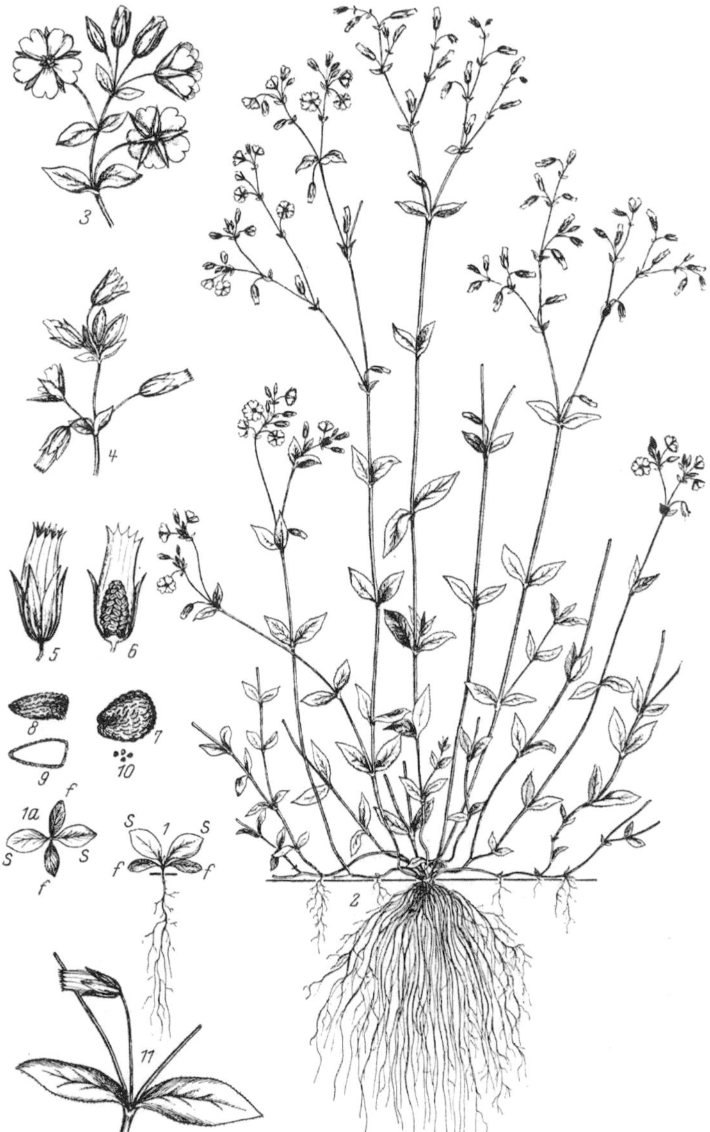

Abb. 187. *Cerastium vulgatum.* *1* Keimpflanze; *1a* Keimpflanze von oben betrachtet, *f* Keimblätter, *s* Stengelblätter, nat. Gr.; *2* voll entwickelte Pflanze, $^1/_3$ nat. Gr.; *3* blühender oberer Zweig; *4* oberer Zweig mit teilweise reifen Samenkapseln, nat. Gr.; *5* reife Samenkapsel; *6* Längsschnitt der letzteren, 2fach vergr.; *7* und *8* Breitseite und Schmalseite des Samens; *9* durchschnittener Same, 13fach vergr.; *10* Samen, nat. Gr.; *11* oberer Zweig mit reifer Samenkapsel, nat. Gr. Orig.-Zeichn.

Der nierenförmige, seitlich etwas zusammengedrückte Same hat einen flachen Rücken und mitten auf der Bauchseite eine kragenförmige Erhöhung mit grubenförmiger Vertiefung. Die mattgraue, feinmehlig bestäubt wirkende Oberfläche des Samens ist von glänzenden, schwarzen, warzenförmigen, in Reihen um eine Mitte geordneten Punkten bedeckt. Der Samenhaftstelle zu ist sie maschenförmig gerieft. 1000-K.Gew. etwa 1,0 g, Länge und Breite etwa 1,5 × 1,1 mm, Samenzahl je Pflanze etwa 1100, je kg etwa 1 Million[1].

Der Same ist sehr keimkräftig und läuft leicht auf; gleich nach der Ernte liefen im Keimapparat bei einem Versuch 99% im Laufe ganz kurzer Zeit auf.

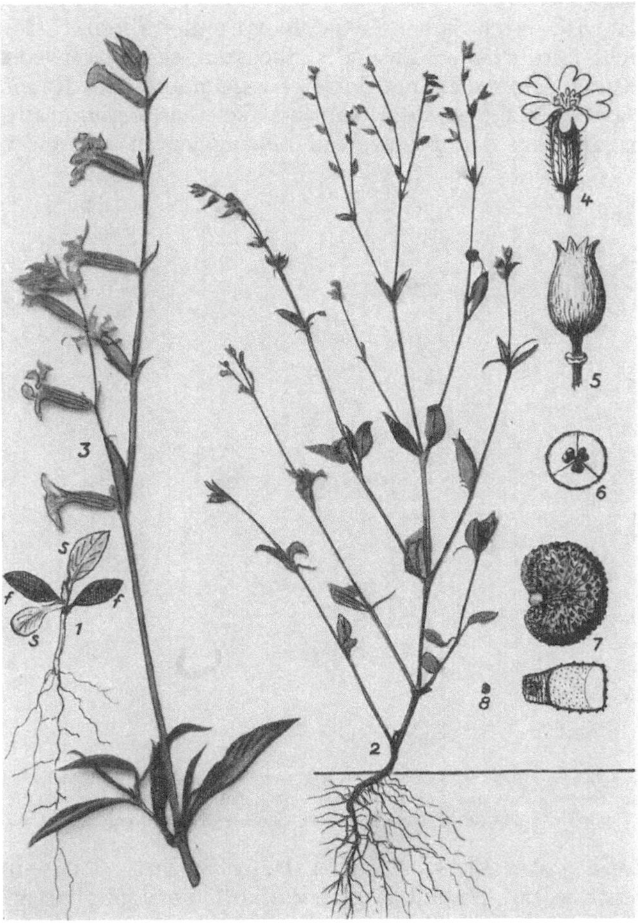

Abb. 188. *Silene dichotoma.* *1* Keimpflanze, *f* Keimblätter, *s* Stengelblätter, nat. Gr.; *2* voll entwickelte Pflanze, $^1/_4$ nat. Gr.; *3* blütentragender Zweig, etwa $^2/_3$ nat. Gr.; *4* Blüte, nat. Gr.; *5* reife Samenkapsel; *6* Samenkapsel im Querschnitt, etwa $^5/_3$ nat. Gr.; *7* Breitseite und Querschnitt des Samens, 10fach vergr.; *8* Same, nat. Gr. Eig. Aufn. und Zeichn.

Bei einem anderen Versuch keimten von vorjährigem, trocken gelagertem Samen 66% in 7, 92% in 30 Tagen. Von überwintertem Samen keimten draußen im Sandboden in 0,5 cm Tiefe 19% in 24 Tagen. Im Laufe von 126 Tagen kamen die Keimpflanzen zur Blüte, aber nicht mehr zur Reife. Einige Pflanzen waren da 68 cm hoch und hatten eine gut entwickelte, verzweigte Pfahlwurzel. Bei

[1] Dorph-Petersen nennt 5 g als Gewicht von 6600 Samen, d. h. ein 1000-K.Gew. von 0,76 g, auf 1 kg gehen demnach 1315789 Samen. Tidsskr. f. Landbr. Plavl. Bd. 17, S. 587.

einem anderen Versuch keimten von im Frühjahr ausgesätem Samen 64% in 43 Tagen. Die aufgelaufenen Pflanzen kamen im Herbst zur Reife.

Silene dichotoma findet sich als gemeines Acker- und Wiesenunkraut in Südrußland, Ungarn und Österreich[1]; von dort ist die Pflanze nach WEHSARG in Deutschland[2] mit galizischem, amerikanischem und russischem Kleesamen nach Skandinavien eingeschleppt worden, wo sie jedoch nur in den südlicheren und mittleren Landesteilen vereinzelt auf Weiden und auf Schutthalden in Südnorwegen auftritt.

Die Pflanze wird durch Samen fortgepflanzt und verbreitet. In Skandinavien gelangt sie nicht nördlicher als in den südlichsten Teilen Schwedens und Dänemarks — und nicht einmal immer dort[3] — regelmäßig zum Reifen.

Die wichtigsten Bekämpfungsmittel sind: Verwendung unkrautfreier Wiesensaat und Herausreißen der Pflanze auf neuangelegten Wiesen vor der Reife.

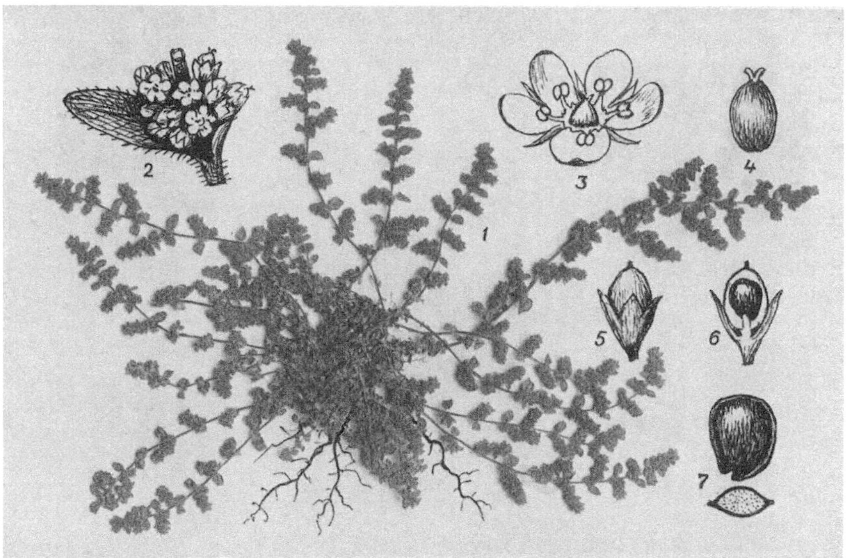

Abb. 189. *Herniaria glabra.* *1* Pflanze, etwa 5fach vergr.; *2* Blattwinkel mit Blütenbündel; *3* einzelne Blüte; *4* Fruchtknoten mit Narbe, *2—4* vergr.; *5* reife Frucht, vom Kelch umgeben; *6* Längsschnitt der reifen Frucht, 10fach vergr.; *7* Seitenansicht und Querschnitt des Samens, 23fach vergr. Eig. Aufn. und Zeichn.

91. *Herniaria glabra* LINN. Kahles Bruchkraut, Tausendkorn, engl. Common rupture-wort. *Herniaria glabra* (Fam. Caryophyllaceae) ist ein ein- bis mehrjähriges Unkraut mit schwacher Pfahlwurzel und vielen liegenden, sehr ästigen, dicht und sehr kurz behaarten, gelbgrünen, runden, bis zu 35 cm langen Stengeln mit bis zu 1 cm langen, elliptischen oder ovalen, kahlen, am Rande schwach behaarten Blättern, deren untere gegenständig, deren obere wechselständig sind. Die kleinen, grünen Blüten sitzen in dichten Knäueln in den Winkeln der oberen Blätter an den Zweigen entlang und haben 5 schmale, eiförmige, im untersten Drittel zusammengewachsene Kelchblätter von etwa 0,6 mm Länge und 5 milchweiße, pfriemförmige Kronenblätter, die kürzer als die Kelchblätter sind, 5 Staubgefäße und 2 fast sitzende Narben. Blüte- und Reifezeit von Juli bis Oktober (Abb. 189).

[1] WITTE: *Silene dichotoma* EHRH. Sv. Botan. Tidsskr. Bd. 6, H. 3. 1912.
[2] Arb. d. dtsch. Landw. Ges. H. 294, S. 224.
[3] Vgl. Anm. 1. S. 204.

Die eiförmige, einsamige Frucht springt nicht auf und ist länger als die sie umgebende, braungelbe Blütenhülle. Bei der Reife fallen Hülle und Frucht gleichzeitig ab. Der rundliche, seitlich flachgedrückte, auf der Rückenseite stark gekrümmte Same wird rings von einer dünnen Kante umzogen, hat eine leicht gebogene Bauchseite und am Grunde eine schiefsitzende Vertiefung. Beiderseits dieser Vertiefung sitzt ein langgezogener Schnabel. Die kahle, glänzende Oberfläche ist schwarz bis schwarzbraun. 1000-K.Gew. etwa 0,04 g, Länge und Breite etwa 0,5 × 0,4 mm, Samenzahl je Pflanze von einigen Hundert bis zu über Tausend, je kg etwa 25 Millionen. Die Pflanze findet sich als ein streckenweise sehr gemeines Unkraut auf bebautem und ödem, trockenem, leichtem, sandigem und sandhaltigem, leichtem Boden, auf Heideflächen, Weiden, Brachen, nicht bestellten Äckern, Rasenflächen, an Wegrändern, und zwar in Russisch-Asien, Nordafrika, im südlichen und gemäßigten Europa, so in Deutschland, England und vereinzelt in Süd- und Mittelskandinavien bis zu etwa 60° n. Br. (Norwegen). Die Pflanze wird durch Samen fortgepflanzt und verbreitet und auf die gleiche Art wie *Holosteum umbellatum* bekämpft.

Abb. 190. *Viola tricolor*. *A* Keimpflanze, *f* Keimblätter, *s* Stengelblatt, nat. Gr.; *B* voll entwickelte, blühende Pflanze, 1/4 nat. Gr.; *9* Blüte; *10* Samenkapsel, etwa nat. Gr.; *12* Same, 7fach vergr. Nach KORSMOS Unkrauttafeln.

Herniaria glabra gehört zu den Unkräutern, die auf Grund ihrer flachliegenden, in dichtem Kranze angeordneten Stengel verhältnismäßig großen Platz (mehrere qdm) beanspruchen, dadurch die Nutzfrucht unterdrücken und ersticken, ja sogar nach Verdrängung nützlicher Pflanzen größere Felder gänzlich überdecken können. Dabei ist die Pflanze infolge ihrer geringen Laubmasse als Futter wertlos.

92. *Viola tricolor* LINN. Stiefmütterchen, engl. Hearts-ease, corn pansy. *Viola tricolor* (Fam. Violaceae) unterscheidet sich von den übrigen *Viola*-Arten besonders durch die großen, linearen, gefiederten Nebenblätter. Die Pflanze ist vom Grund auf verzweigt und hat liegende, sich erhebende, 15—30 cm lange Stengel und gestielte, länglich-ovale bis eirunde, grobgezähnte Blätter. Die Blüten haben in der Farbe sehr verschiedene, aber immer aus Gelb, Weiß und Violett zusammengesetzte Blätter. Die drei unteren Kronenblätter sind am Grunde bärtig behaart (Abb. 190). Die Pflanze ändert sehr ab. Eine Unterart,

Viola arvensis, ist kleiner und hat kleine, meistens weiße Kronenblätter. Sie ist einjährig und tritt meist nur als Ackerunkraut auf. Die Hauptart, *Viola tricolor*, kann sich im Acker einjährig, in einjährigen Wiesen überwinternd und zweijährig und unter anderen Verhältnissen, wie auf leichterem Sandboden, am Strande u. ä. mehrjährig entwickeln. Sie blüht und fruchtet vom Beginn des Frühsommers bis in den Herbst hinein. Die Frucht ist eine einfächerige, dreieckige Kapsel, die sich nach der Reife bis auf den Grund öffnet, so daß die Samen vollkommen frei in drei schalenförmigen, ausgebreiteten, abstehenden Kapselklappen liegen. Samenzahl je Kapsel durchschnittlich 75.

Der eiförmige Same wird an der Bauchseite dem Grunde zu etwas schmäler. Von der Grundfläche aus, die mit einem ungleichmäßigen, flachgezogenen, schief sitzenden, hellen, beutelartigen Anhang versehen ist, zieht sich eine schwache Längsfurche nach oben, die an der Spitze in einen dunklen Fleck ausläuft. Die kahle, glänzende Oberfläche ist gelbbraun (Abb. 191). 1000-K.Gew. etwa 0,65 g, Länge und Breite etwa $1{,}7 \times 1{,}0$ mm, Samenzahl je Pflanze etwa 2500, je kg etwa $1\,^{1}/_{2}$ Million. Der Same läuft manchmal spät auf. So keimten im Laboratorium bei einem Versuch 85% in 320 Tagen, bei einem anderen Versuch von überwintertem Samen 95% in 10 Tagen. Von Samen der letzten Probe keimten draußen im Sandboden in 0,5 cm Tiefe in 18 Tagen 33%; nach 126 Wachstumstagen fruchteten die aufgelaufenen Pflanzen. In 1 cm Tiefe keimten 39% in 38 Tagen. Der Same bewahrt seine Keimkraft im Boden mehrere Jahre hindurch[1]. Die Keimblätter sind eiförmig, kurzgestielt und messen 6×4 mm.

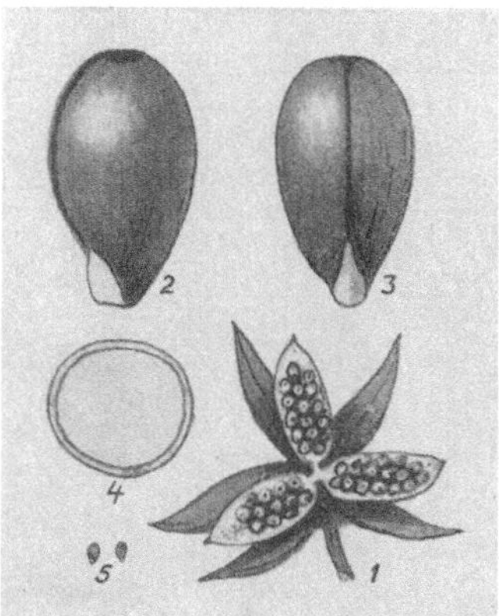

Abb. 191. *Viola tricolor*. *1* Samenkapsel, nat. Gr.; *2* und *3* Samen, *4* Samenquerschnitt, 13fach vergr.; *5* Samen, nat. Gr. Orig.-Zeichn.

Das Stiefmütterchen wächst auf Wiesen, Äckern, in Gärten, an Wegrändern u. ä. in ganz Europa, Nordasien, Nord- und Südamerika und anderen Ländern. Es sucht als Unkraut besonders leichteren Boden in Feld und Wiese auf, und zwar im gemäßigten Europa z. B. überall in Deutschland, Großbritannien, in Skandinavien bis zu $70^\circ 16'$ n. Br. (Norwegen) und im finnländischen Lappland bis zu $66^\circ 40'$ n. Br. Auf leichten, sandhaltigen Bodenarten wird die Pflanze mitunter außerordentlich lästig. Im Acker und auf einjährigen Wiesen tritt sie auch auf schwererem Boden auf, wenn die Wiese mit Grassamen, der durch dieses Unkraut verunreinigt war, eingesät wurde, oder falls den Äckern Stalldünger, der oft von Samen von *Viola tricolor* durchsetzt ist, zugeführt wurde.

Die Pflanze wird durch Samen fortgepflanzt und verbreitet. Diese finden sich ständig in Dresch- und anderen Abfällen, in Wiesensamen, Stalldünger u. ä. Beispielsweise enthielten 33 Dreschabfallproben durchschnittlich 33916, 6 Kornspreuproben durchschnittlich 383, Bodenkehrichtproben 5000, Wiesensamen 500 Unkrautsamen je kg der Proben. In 10 Bodenproben fanden sich bei 25 cm Tiefe je qm durchschnittlich 338, in 29 Stalldüngerproben durchschnittlich 1961 keimfähige Samen je t des Düngers[2].

---

[1] WEHSARG: Arb. d. dtsch. Landw. Ges. H. 294, S. 129 nennt einen Zeitraum von mindestens 4 Jahren.

[2] Die Zahlen bei Boden- und Dungproben sind durch Zählen der aufgelaufenen Pflanzen festgestellt.

Bei Bekämpfung der Pflanze auf Sommerfruchtäckern geht man in derselben Weise wie gegenüber Ackersenf (*Sinapis arvensis*) vor; in einjährigen Wiesen hilft zeitiges Bespritzen mit einer 15%igen Eisenvitriollösung oder frühes Abernten.

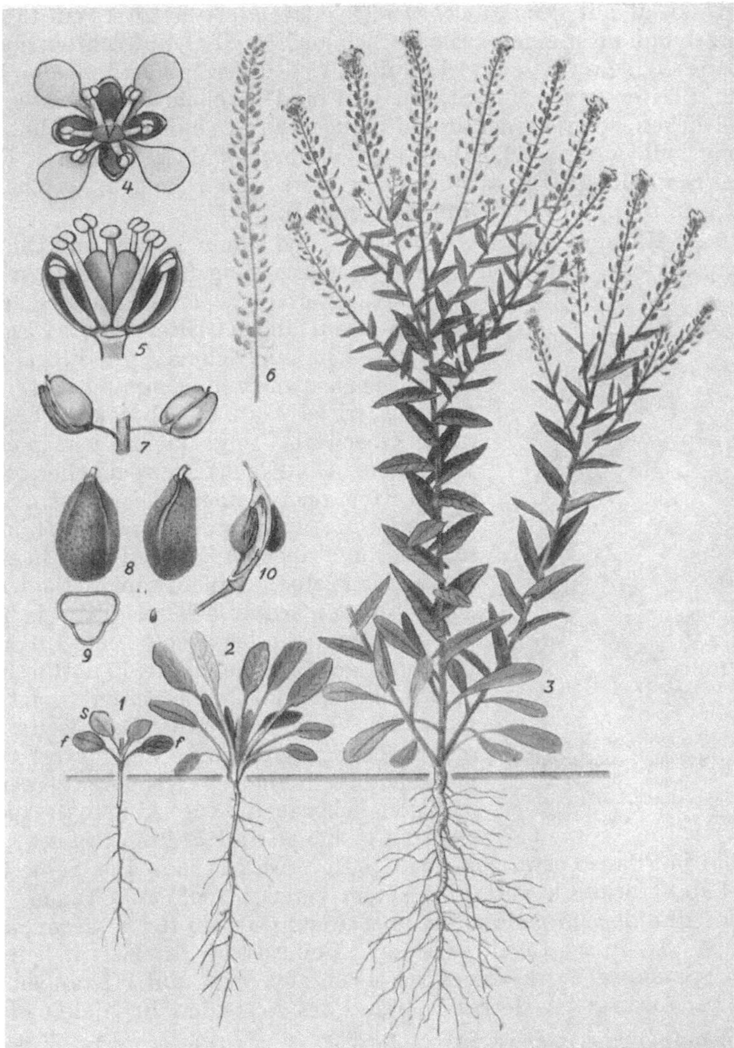

Abb. 192. *Lepidium campestre.* *1* Keimpflanze, *f* Keimblätter, *s* Stengelblätter, $^{3}/_{4}$ nat. Gr.; *2* dieselbe im Herbst; *3* voll entwickelte Pflanze, etwa $^{1}/_{4}$ nat. Gr.; *4* Blüte, 8fach vergr.; *5* Blüte ohne Kronenblätter, 16fach vergr.; *6* Gipfelsproß mit reifen Schötchen, $^{1}/_{4}$ nat. Gr.; *7* Teil desselben, $^{3}/_{2}$ nat. Gr.; *8* Samen; *9* Samenquerschnitt, 6fach vergr.; *10* Inneres des Schötchens mit den der Scheidewand anhaftenden Samen, 3fach vergr. Orig.-Zeichn.

Die Samenverbreitung läßt sich durch Verwendung reiner Getreide- und Wiesensaat und durch sorgfältige Behandlung von Abfällen aller Art vermeiden (vgl. Abschn. VI A und B).

Viola tricolor findet medizinische Verwendung, weil die daraus hergestellten Herbae violae tricoloris als schweißtreibendes, schleimlösendes, abführendes und blutreinigendes Mittel gebraucht werden. Auch zu Umschlägen bei Hautausschlägen bedient man sich ihrer. Die Pflanze enthält oft kleine Mengen von Methylsalizylat.

93. *Lepidium campestre* (L.) R. Br. Feldkresse, engl. Field pepperwort. *Lepidium campestre* (Fam. Cruciferae) ist ein einjähriges, gewöhnlich jedoch zweijähriges Unkraut mit gelbgrauer, wenig verzweigter, bis zu 15 cm tiefgreifender Pfahlwurzel und meist einem, gelegentlich auch 2 oder 3 aufrechten, oben doldenartig geformten, verzweigten, vielblütigen, 15—40 cm hohen Stengeln. Die grundständigen Blätter sitzen auf Stielen und sind länglichrund, meist ganzrandig, die lanzettlichen, schwach gezähnten Stengelblätter sind sitzend und am Grunde pfeilförmig halb umfassend. Die ganze Pflanze ist dicht behaart. Die weißen Blüten sitzen auf sperrig abstehenden, etwa 4 mm langen, weich behaarten Stielen (Abb. 192). Blütezeit im Juni und Juli.

Das breit-eiförmige, etwa 5 mm lange und 4 mm breite, auf beiden Seiten etwas aufgeblasene Schötchen hat eine mittlere Längsfurche, in deren Mitte eine strangartige, erhabene Rippe entlangläuft, die in einen 1—2 mm langen Griffel endet. Das Schötchen ist von einer ungleichmäßigen Flügelkante umgeben, die oben an Breite zunimmt und sich spaltet, um dem Griffel Platz zu schaffen. Die graugelbe, rauhe Oberfläche trägt kleine, verstreut sitzende Wärzchen. Die Frucht ist zweifächerig und hat in jedem Fach einen Samen. Dieser ist oval und hat eine eiförmig abgerundete Spitze, ist am Grunde schmäler und abgeschrägt und läuft in eine dünne, kurze, weißgelbe, zapfenförmige Samenhaftstelle aus. Von der Grundfläche bis über die halbe Höhe des Samens läuft beiderseits eine oft mit einem gummiartigen Stoff angefüllte Längsfurche. An der Spitze und auf jeder der Seiten findet sich eine schwache Vertiefung. Die Bauchseite ist leicht schalenförmig eingebeult. Die matte, rauhe, feinporige, dunkelbraune Oberfläche hat einen ungleichmäßigen, hellgrauen Belag (Abb. 193). 1000-K.Gew. etwa 1,5 g, Länge und Breite etwa 2,2×1,4 mm*[1], Samenzahl je Pflanze etwa 200—600, je kg etwa 625000. Der Same läuft rasch auf; im Laboratorium keimten bei einem Versuch 100% in 3 Tagen. Von überwintertem, draußen im Sandboden im Frühjahr 0,5 cm tief gesätem Samen liefen in 15 Tagen 81, in 43 Tagen 91% auf. Bei Aussaat im Herbst liefen von der gleichen Samenprobe im folgenden Frühjahr 37% auf. Draußen im Sand keimten bei Aussaat im Herbst während des folgenden Frühjahrs in

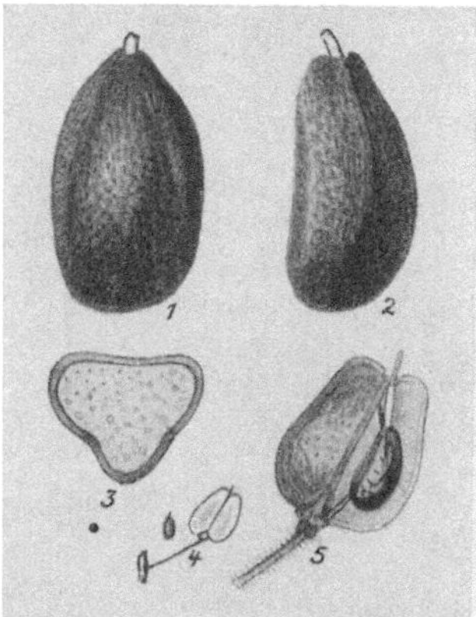

Abb. 193. *Lepidium campestre.* *1* und *2* Breitseite und Schmalseite des Samens; 3 Samenquerschnitt, 11 fach vergr.; *4* Schötchen, nat. Gr.; *5* Schötchen, 3 fach vergr. Orig.-Zeichn.

0	1	2	3	4	5	6	7	cm Tiefe
66	70	26	4	0	0	0	0	%.

Lepidium campestre findet sich im Kulturboden, an Wegstrecken und Rainen u. ä. in ganz Europa, Kleinasien, vereinzelt in Kanada häufiger wiederum in den kleebauenden Distrikten in Ontario (Nordamerika). In Deutschland ist die Pflanze ein gemeines Unkraut des Kulturbodens in der norddeutschen Tiefebene. Unter anderem ist die Pflanze auch in Baden und im Elsaß häufig und an verschiedenen Orten durch unreine Kleesaat eingeschleppt. In Skandinavien findet

*[1] T. Wittmack nennt in seinem großen Werk: Landwirtschaftliche Samenkunde S. 292 eine Samengröße von 2,5 mm Länge, 1,4 mm Breite und 1,5 mm Dicke.

sie sich vereinzelt im Nutzland und an Wegrändern in den niedriger gelegenen Landesteilen bis zu 64° n. Br. (Norwegen).

Die Pflanze wird durch Samen fortgepflanzt und verbreitet und auf die gleiche Art wie *Matricaria inodora* und andere zweijährige Unkräuter bekämpft.

2. Halbschmarotzer.

Hier sollen drei Arten berücksichtigt werden, die auf bebautem Boden und auf Weiden als Unkräuter vorkommen.

94. *Rhinanthus major* EHRH. = *Alectorolophus major* (EHRH.) RCHB. Großer Klappertopf, Gemeiner Klappertopf, engl. Yellow rattle, cock's comb.[1]

Rhinanthus major (Fam. Scrophulariaceae) ist ein einjähriges, bis zu 30 cm hohes Unkraut mit vierkantigem, verzweigtem Stengel, gegenständigen, lanzettlichen, gezähnten, sitzenden, gelbgrünen Blättern und in endständigen Ähren angeordneten, großen Blüten mit hellgelber Krone, gekrümmter Kronenröhre und einer mit zwei violetten Zähnen versehenen Oberlippe. Der Kelch umfaßt das untere Drittel der Krone und deckt die reife Samenkapsel. Blüte- und Reifezeit im Juni und Juli (Abb. 194). Die etwas herzförmige bis rundliche, breitrandige, etwa 8 mm hohe und 9 mm breite Samenkapsel trägt oben einen kurzen Stachel. Nach der Reife öffnet sie zwei Klappen, aus denen der Same bei den Bewegungen des Stengels durch den Wind herausgeschüttelt, verweht und so verbreitet wird. Der seitlich flachgedrückte Same ist fast kreisrund, dunkelbraun und mit einer etwa 1 mm breiten, hellgelbbraunen Flügelkante mit ungleichmäßig zusammengeschrumpfter Oberfläche versehen (Abb. 195). 1000-K.Gew. etwa 1,75 g, Länge und Breite einschließlich Flügelkante etwa 3,8 × 3,0 mm*[2], Samenzahl je Pflanze etwa 350 (nach SCHERTLER[3] durchschnittlich 449, höchstens 742), je kg etwa 570000.

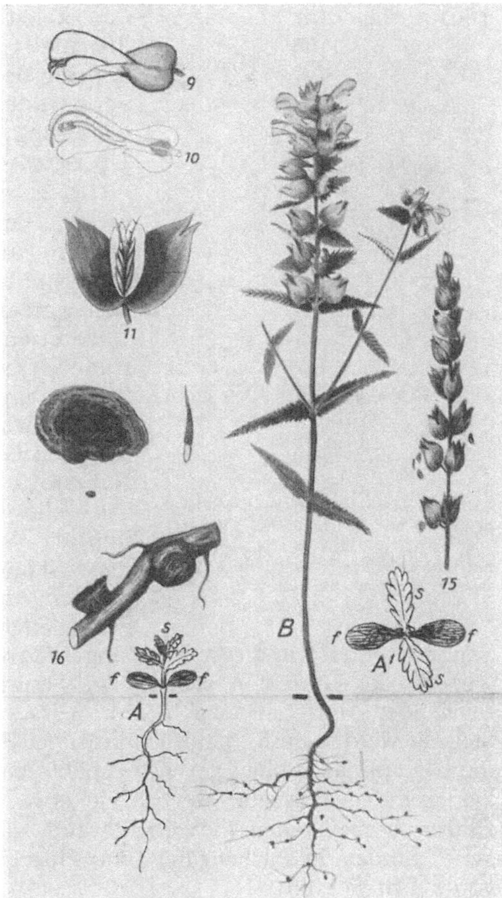

Abb. 194. *Rhinanthus major*. *A* Keimpflanze, nat. Gr., *A1* Keimpflanze, 2fach vergr., *f* Keimblätter, *s* Stengelblätter; *B* voll entwickelte, blühende Pflanze; *15* reifer Fruchtstand, 1/4 nat. Gr.; *9* Blüte; *10* Längsschnitt der Blüte, 3/5 nat. Gr.; *11* Samenkapsel mit Kelch, etwa nat. Gr.; *16* Wurzelzweig mit Haustorien, 3fach vergr. Nach KORSMOS Unkrauttafeln.

[1] Als Gesamtname dieser und der beiden folgenden Arten galt früher *Rhinanthus Christa galli*.

[2] HARZ: Landwirtschaftliche Samenkunde S. 971 nennt eine Samengröße von 3—3,5 × 3—3,8 mm.

[3] WEHSARG: Arb. d. dtsch. Landw. Ges. H. 294, S. 214.

Der Same läuft sehr langsam auf. Nach vorgenommenen Versuchen scheint die Keimung erst nach längerer Lagerung im Boden vor sich zu gehen. Bei norwegischen Versuchen gelang es nicht, im Frühjahr ausgesäten Samen während des ersten Sommers zum Keimen zu bringen. Bei Aussaat im Herbst dagegen lief der Same im folgenden Frühjahr gut auf; bei einem Versuch keimten 52% bis Ende Juni. Im Keimapparat starben alle Samen ab ohne aufzulaufen. HEINRICHER[1] teilt als Ergebnis mehrerer Untersuchungen mit, daß die Keimung im Frühjahr stattfinde, und daß der Same zum Keimen erst einer längeren Bodenlagerung, also einer Überwinterung vorher bedürfe. Gleichfalls zeigte sich, daß der Same seine Keimkraft mehrere Jahre hindurch behält. Z. B. lief 1894 geernteter, im Frühjahr 1895 ausgesäter Same erst 1896 auf, während 1895 gereifter und im Oktober des gleichen Jahres in Boden gesäter Same 1896 und 1897 auflief. Im Februar 1896 in Boden gesäter Same lief 1897 und 1898 auf. Jedenfalls läuft danach ein Teil des bei der Reife am Standort ausfallenden oder auf andere Weise verbreiteten Samens schon nach einer Überwinterung, ein weiterer Teil erst nach zweimaliger Überwinterung auf.

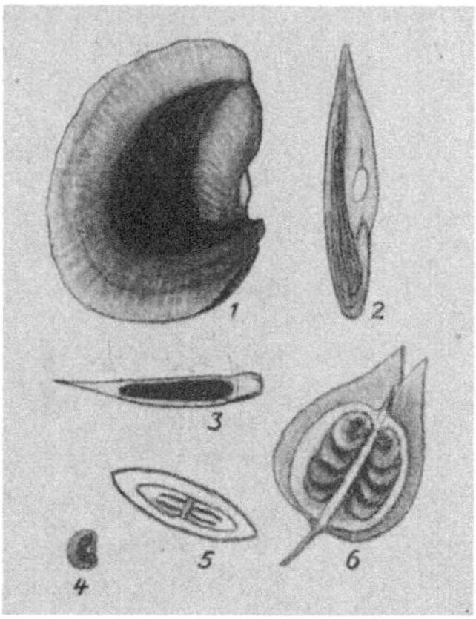

Abb. 195. *Rhinanthus major*. *1* u. *2* Samen in Seiten- und Bauchansicht; *3* Samenquerschnitt, 7 fach vergr.; *4* Same, nat. Gr.; *5* und *6* Querschnitt und Längsschnitt der Samenkapsel mit Kelch, 9/8 nat. Gr. Orig.-Zeichn.

Rhinanthus major gehört zu den Halbschmarotzern und hat eine schwache, zapfenförmige, etwa 10 cm lange Hauptwurzel mit mehreren verhältnismäßig kräftigen Nebenwurzeln, an denen sich warzenförmige bis 2 mm große sogenannte Haustorien befinden, die sich mit einem am Ende sitzenden, unregelmäßig-scheibenförmigen, flachen Saugnäpfchen (vgl. Abb. 194, *16*) an den Nebenwurzeln der Nachbarpflanzen festsaugen, in deren Gefäßbündel eindringen und aufgelöste Nährstoffe aufnehmen; diese werden in den Stoffwechselkreis des Schmarotzers aufgenommen, um ihm als Nahrung zu dienen. Die Tatsache, daß diese schmarotzenden Nebenwurzeln sich etwa 3—4 cm unter der Erdoberfläche an der Hauptwurzel entwickeln, läßt darauf schließen, daß ihre Saugwarzen erst in dieser Tiefe angreifbare Wurzelteile finden. Auch die Faserwurzeln der Grasarten pflegen den Saugwarzen in geringerer Tiefe keine hinreichenden Haftstellen zu bieten. Versuche haben ergeben, daß der Same gut bedeckt werden muß, wenn sich kräftige Keimpflanzen entwickeln sollen. Finden die Keimpflanzen nicht verhältnismäßig bald Gelegenheit zur Nahrungsentnahme aus fremden Wurzeln, sterben sie etwa 6 Wochen nach dem Auskeimen ab. Bilden sie indes einen dichten Bestand, dann greifen sie sich gegenseitig an, und zwar kommen in solchem Falle nur einzelne Pflanzen auf Kosten der übrigen zu voller Entwicklung[2].

Gleichfalls ist für diese Pflanze ein so großes Lichtbedürfnis nachgewiesen, daß sie bei dichtem Stand hochwachsender Gräser unterdrückt wird. Wiesen, auf denen dieses Unkraut vorkommt, haben daher regelmäßig nur eine spärliche und oft kurzhalmige Grasdecke. Der Klappertopf wirkt also in doppeltem Sinne als Unkraut.

---

[1] Die grünen Halbschmarotzer. Pringsheims Jahrb. f. wiss. Botanik 1898.

[2] Vgl. auch BORNEMANN: Die wichtigsten landwirtschaftlichen Unkräuter. 2. Aufl. S. 115.

Er kommt sowohl auf feuchten als auch auf trockenen Wiesen, besonders auf natürlichen Wiesen und alten Weiden wie auch auf Äckern vor. Er ist über fast ganz Europa, Sibirien, Nordamerika und andere Gegenden verbreitet und streckenweise ein ganz gemeines Unkraut in Deutschland, England und Skandinavien bis in die südöstlichen Gegenden Norwegens. (Die Form *Alectorolophus apterus* findet sich als Unkraut auf Winterfruchtäckern in Skandinavien bis nach Südostnorwegen.)

Die Pflanze wird durch Samen fortgepflanzt und verbreitet. Da dieser oft vor der Wiesenernte oder der Ernte des Wintergetreides reif ist, verbreitet er sich sowohl durch Ausfall als auch bei Behandlung und Verwertung der Ackerfrucht und durch Stalldünger. So fanden sich beispielsweise je kg der Proben durchschnittlich in Dreschabfällen 500, in 4 Rotkleeproben 2000 und in 2 Heubodenkehrichtproben 5000 Samen.

Durch frühe Wiesenernte verhindert man die Pflanze am Reifen. Dreschabfälle und Heubodenkehricht behandle man mit Vorsicht, damit der Same nicht in den Stalldünger komme.

Mit neuzeitlichen technischen Reinigungsmitteln läßt sich der Same sowohl aus Brotkorn wie aus Saatgetreide entfernen. Das gleiche erreicht man durch Untertauchen des Korns in Wasser.

Die junge, grüne Pflanze wird von den Haustieren gefressen. Ist sie reif und trocken, hat sie kaum irgendwelchen Ertragswert und bewirkt unter allen Umständen eine Verminderung des Heuertrages.

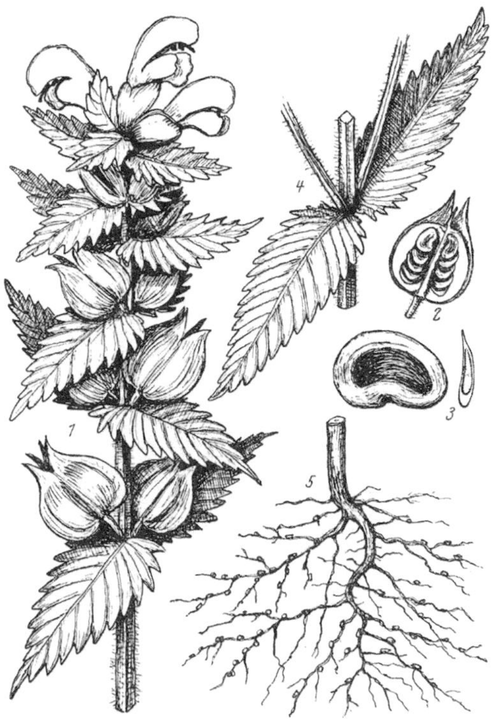

Abb. 196. *Rhinanthus alectorolophus.* *1* Gipfelsproß mit Blüten und Früchten, nat. Gr.; *2* Samenkapsel im Längsschnitt, nat. Gr.; *3* Breitseite und Schmalseite des Samens, 4 fach vergr.; *4* Stengelteil mit Blättern, nat. Gr.; *5* Wurzel, nat. Gr. Orig.-Zeichn.

95. *Rhinanthus alectorolophus* POLL. = *Alectorolophus hirsutus* ALL. Zottiger Klappertopf. *Rhinanthus alectorolophus* (Fam. Scrophulariaceae) ist ein einjähriges, 10—70 cm hohes, halb schmarotzendes Ackerunkraut mit aufrechtem, langbehaartem, einfachem oder verzweigtem Stengel und paarweise sitzenden, breit-lanzettlichen bis eiförmig-lanzettlichen, grobgesägten, kahlen Blättern. Der aufgeblasene, weißlich-filzige Kelch mißt ungefähr 1 cm. Die blaßgelbe Krone ist doppelt so lang wie der Kelch. Die Blütezeit erstreckt sich von Mai bis September.

Der Same ist ungefähr von gleicher Form und Größe wie der der beiden anderen beschriebenen Arten, nur daß die manchmal sogar gänzlich fehlende Flügelkante bei Vorhandensein kleiner ist (Abb. 196).

Unter anderen europäischen Ländern ist die Pflanze in Nordwestfrankreich, Belgien, Süd- und Mitteldeutschland, in der Schweiz, in Österreich und Nordungarn als ein streckenweise gemeines Unkraut auf Wiesen und Äckern, auch in

Getreidefeldern (Wintersaat) verbreitet, besonders wenn die Winterfrucht auf Grund ungünstiger Wachstumsverhältnisse schwach und spärlich ist[1].

96. *Rhinanthus Christa galli* var. a L. = *Alectorolophus minor* WIMM. et GRAB. Kleiner Klappertopf, Kleine Klapper, engl. Rattle. *Rh. Christa galli* var. a. (Fam. Scrophulariaceae) ist ein 15—30 cm hohes, aufrechtes, einjähriges (bis überwinterndes) Wiesenunkraut mit gegenständigen, schmalen, lanzettlichen Blättern. Von *Rh. major* und *alectorolophus*, denen die Pflanze sehr ähnelt, unterscheidet sie sich durch niedrigeren, zarteren Bau und durch geringere Blütenzahl an den Ähren. Die braungelbe Krone hat eine mit kürzeren, weißen (selten violetten) Zähnen besetzte Kronenröhre. Blütezeit in Süd- und Mitteleuropa von Mai bis September, in nordischen Ländern von Juni bis August (Abb. 197).

Die breite, flachgedrückte, 9 bis 10 mm hohe, zweifächerige Samenkapsel hat oben eine kleine, gespaltene Spitze und wird nach der Reife von dem mit vier Zähnen versehenen Kelch umschlossen.

Der nierenförmige bis rundliche, seitlich zusammengedrückte Same trägt eine breite Flügelkante, die sich von der ungleichmäßigen, unebenen, matten, braunen Oberfläche durch hellere Färbung abhebt. Die Samengröße beträgt etwa 4,3 × 3,5 mm (Abb. 198).

Abb. 197. *Rhinanthus Christa galli* var. a. *A* Gipfelsproß, nat. Gr.; *2* Blüte, 2fach vergr. Nach MENTZ und OSTENFELD.

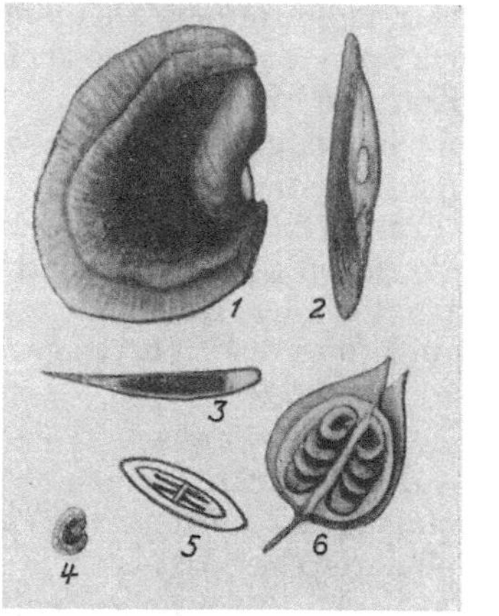

Abb. 198. *Rhinanthus Christa galli* var. a. *1* und *2* Samen in Seiten- und Bauchansicht; *3* Samenquerschnitt, 7fach vergr.; *4* Same, nat. Gr.; *5* und *6* Samenkapsel mit Kelch im Quer- und Längsschnitt. 9/8 nat. Gr. Orig.-Zeichn.

[1] Über Verbreitung und Bekämpfung vgl. auch: a) HEGI: Illustrierte Flora von Mitteleuropa Bd. 6, 1, S. 104. — b) THAER-APPEL: Die landwirtschaftlichen Unkräuter. 4. Aufl. S. 36. — c) BORNEMANN: Die wichtigsten landwirtschaftlichen Unkräuter. 2. Aufl. S. 111 usw.

Die Pflanze kommt auf natürlichen Wiesen und (meist feuchten) Weiden in fast ganz Europa mit Ausnahme der südlichen Gegenden der Pyrenäenhalbinsel und einiger weniger anderer Gebiete vor und ist im Norden bis nach Südvaranger (Norwegen) verbreitet.

Sie wird durch Samen fortgepflanzt und verbreitet und auf die gleiche Art wie *Rhinanthus major* und *alectorolophus* bekämpft.

3. Schmarotzer.

Die Gattung *Cuscuta* hat mehrere Hauptarten, die als Unkraut streckenweise auch in nordischen Ländern auftreten. Sie gehören zu den Windengewächsen, sind ohne Blattgrün und deshalb darauf angewiesen, ganz von ihren Wirtspflanzen zu leben, die sie umschlingen und mit Hilfe von Saugwarzen (Haustorien) der Nährstoffe berauben. Bei raschem Wuchs, starker vegetativer Vermehrung durch Stengelverzweigungen, mit denen sie Nachbarpflanzen umschlingen, können *Cuscuta*-Arten sich im Nutzlande verbreiten und „Siedlungen" bilden, durch die sie ihre Wirtspflanzen sogar zu vernichten vermögen.

97. *Cuscuta epithymum* (L.) MURRAY var. *trifolii* (BABINGT.) [syn. *C. trifolii* BABINGT.]. Quendelseide, Quendelfilzkraut, Kleeseide, engl. Clover dodder, love vine, lesser dodder, thyme dodder. *Cuscuta epithymum* var. *trifolii* (Fam. Convolvulaceae) lebt auf Rotklee und nahverwandten Pflanzen. Sobald die aufgelaufenen Samen den einige Zentimeter langen Stengelsproß getrieben haben, sucht dieser nach einer Wirtspflanze, an der er sich emporschlingen und festheften kann. Bei seiner weiteren Entwicklung umklammert er dann seinen Ernährer mit kräftigen, dicht aufeinanderfolgenden Windungen. Auf der dem Stengel der Wirtspflanze zugewandten Seite bilden sich Saugwarzen, die in die saftführenden Gefäßbündel der Wirtspflanze eindringen und dort Nahrung entnehmen. Auf diese Art kann die Pflanze während ihres Wachstums auch auf andere Pflanzen übersiedeln. Die dünnen, rötlichen, blattlosen Stengel tragen kleine, weiße, in Bündeln verstreut sitzende Blüten. In südlicheren Ländern blüht die Pflanze von Anfang Juli bis in den Spätherbst, in Skandinavien gewöhnlich so spät, daß ihr Same vor der Heuernte nur selten zur Reife kommt (Abb. 199).

Die Frucht enthält zwei Fächer und in jedem Fache zwei runde, kantige Samen. Die graue, bis graubraune Oberfläche ist dunkel punktiert und grubig vertieft (Abb. 200). 1000-K.Gew. 0,3 g, Länge und Breite 0,8 × 0,7 mm, Samenzahl je Pflanze etwa 2500, je kg etwa 3,3 Millionen (JENSEN gibt in: Deutsche Landw. Presse 1876 eine Samenzahl je kg von 3,6 Millionen an). Der Same kann nach THAER-APPEL[1] seine Keimfähigkeit im Boden mehrere Jahre lang bewahren; außerdem sollen weidende Tiere den Samen verbreiten helfen, da er die Verdauungswege von Schafen und Vögeln unbeschädigt durchlaufe.

Cuscuta epithymum kommt in fast ganz Europa mit Ausnahme des nördlichsten vor und ist in den letzten Jahren auch über große Teile Nordamerikas[2] und Südafrikas[3] verbreitet worden. In mehreren süd- und mitteleuropäischen Ländern, wie Deutschland, England und Frankreich tritt die Kleeseide auch als ein gemeines und lästiges Wiesenunkraut auf. In Skandinavien ist sie weniger häufig, da ihr Same auf Wiesen vor der Ernte kaum reif wird. Sowohl in amerikanischem, wie auch süd- und mitteleuropäischem Rotkleesamen ist oft Kleeseidesame enthalten, der dann bei der Aussaat mit auf die Wiese kommt.

Die Pflanze wird durch Samen fortgepflanzt und außer durch Samen auch vegetativ durch schmarotzende Stengelsprosse verbreitet. Ist sie einmal auf die

---

[1] THAER-APPEL, A.: Die landwirtschaftlichen Unkräuter. 4. Aufl. S. 31.
[2] HANSEN, A. A.: Dodder. Farmers Bull. 1161. U. S. Dept. of Agric. S. 1—21.
[3] LANDSDALL, K. A.: Weeds of South Africa Part II, S. 18. Pretoria 1923.

Wiese gelangt, verbreitet sie sich durch ihre windenden, vegetativen Organe und bildet größere oder kleinere Siedlungen, in denen sich der Pflanzenbestand so zusammenfilzt, daß dadurch sogar die Ernte erschwert wird. Die Pflanze hält sich erfahrungsgemäß gern Jahre hindurch auf demselben Platze auf. Wo sie vor der Ernte nicht zum Fruchten kommt, läßt sich ihre Mehrjährigkeit nur dadurch erklären, daß an den Kleestoppeln Überwinterung vegetativer Teile vor sich geht, oder daß tief an den

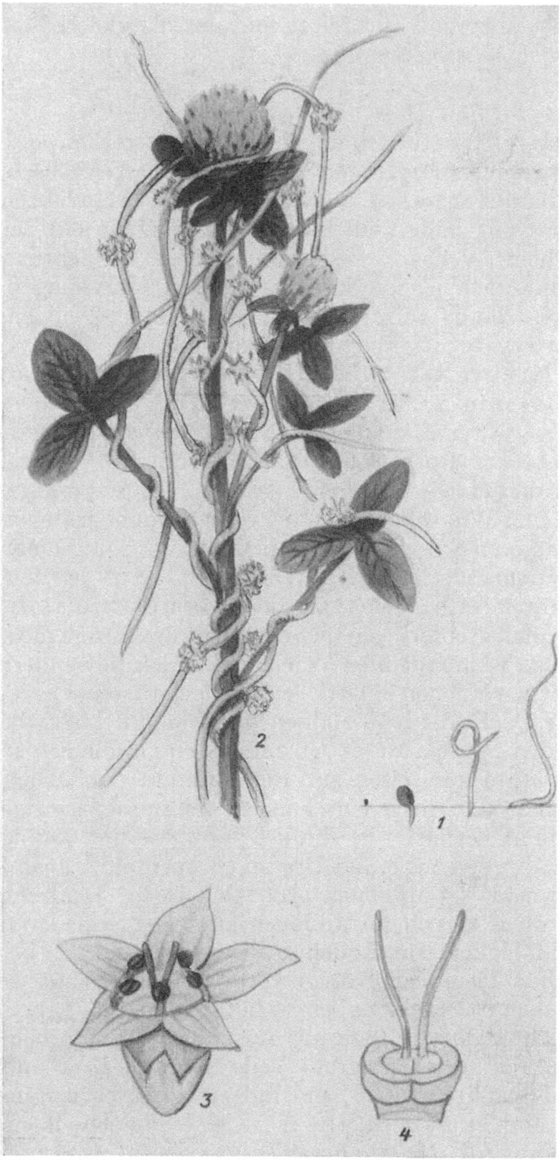

Abb. 199. *Cuscuta epithymum* — f. *trifolii*. *1* keimender Same, vergr.; *2* Spitze einer Rotkleepflanze, vom Schmarotzer umschlungen, 1/2 nat. Gr.; *3* Blüte; *4* Griffel, vergr. Orig.-Zeichn.

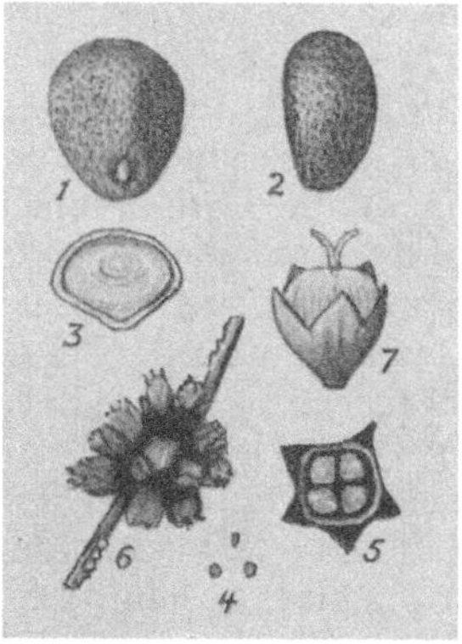

Abb. 200. *Cuscuta epithymum* — f. *trifolii*. *1* und *2* Samen in Vorder- und Seitenansicht; *3* Samenquerschnitt, 15fach vergr.; *4* Samen, nat. Gr.; *5* und *7* Samenkapsel im Querschnitt und in Seitenansicht, 9/2 nat. Gr.; *6* Blütenstand, 3/2 nat. Gr. Orig.-Zeichn.

Nutzpflanzen blüten- und samentragende Teile bei der Ernte unberührt bleiben und während des Spätsommers und Herbstes an den Stoppeln nachreifen können.

In Ländern, die die Pflanze als lästiges und gemeines Wiesenunkraut kennen, werden unter anderem folgende Maßnahmen zur Bekämpfung empfohlen:

1. Enthält Kleesaat *Cuscuta*-Samen, dann darf sie zur Einsaat von Kleewiesen keine Verwendung finden.
2. Finden sich in der Wiese verseuchte Stellen, gräbt man sie um[1], sammelt

[1] Biol. Reichsanstalt f. Land- u. Forstwirtschaft, Flugblatt Nr. 43, S. 4.

den Pflanzenbestand auf einen Haufen und verbrennt ihn an Ort und Stelle, da durch das Fortschaffen leicht Ausfall und Verbreitung bewirkt werden kann.

3. Mit dem Einsäen der behandelnden Felder warte man etwa 4 Wochen, um sicher zu gehen, daß sich dort keine Reste von lebenden Pflanzenteilen mehr finden. Man betrachtet auch den Anbau von Senf (*Sinapis alba*), der schnell wächst und andere Pflanzen kräftig unterdrückt, als eine sichere Vorsichtsmaßnahme.

4. Pflügt man die Wiese um, sollte man sie mindestens 5 Jahre lang nicht mit Klee, sondern mit anderen Früchten bestellen, da Untersuchungen ergeben haben[1], daß *Cuscuta*-Samen ihre Keimfähigkeit jedenfalls 5 Jahre lang bewahren können.

5. HILTNER teilt mit, daß man das Unkraut durch Überspritzen der verunkrauteten Stelle oder Stellen mit einer 15—18%igen Eisenvitriollösung sehr wirksam bekämpfen kann. Um alle *Cuscuta*-Stengel zu treffen und hinreichend zu befeuchten, muß die Lösung unter einem Druck von mindestens 5 Atmosphären herausgepreßt werden. Die Kleepflanzen werden dadurch zwar etwas beschädigt, erholen sich aber schnell wieder[2].

Abb. 201. *Cuscuta epilinum.* Auf Flachs (*Linum usitatissimum*) schmarotzend, etwa 1/2 nat. Gr. Orig.-Zeichn.

98. *Cuscuta epilinum* WEIHE. Leinseide, Flachsseide, engl. Flax dodder, twin dodder. *Cuscuta epilinum* (Fam. Convolvulaceae) ist ein Schmarotzer, der Flachs (*Linum usitatissimum*) und auch Taumellolch (*Lolium temulentum*) befällt. Flachssaat ist oft durch Samen dieses Unkrautes verunreinigt. Die Samen beider Arten keimen gleichzeitig. Nach dem Aufsprießen und Erfassen einer Flachspflanze löst sich das Unkraut von der Erde, umschlingt die Pflanze und bohrt seine Saugwarzen in das Gewebe des Wirtes, um ihm dann während der ganzen Wachstumszeit die Nahrung zu entnehmen.

Die Pflanze ist gelbgrün, wenig oder gar nicht verzweigt, die Krone ist gelb und nach der Reife von der Kapsel umschlossen (Abb. 201). Die Pflanze blüht im Juli und August. Die Samen sind unregelmäßig, rund bis dreieckig. Die dreieckigen sind an der Bauchseite mit 2 eingebeulten Flächen versehen, die in einer gewölbten, sich bis über die Mitte des Samens hinaus hinziehenden Längskante zusammenstoßen. Am

[1] HARZ: Landwirtschaftliche Samenkunde S. 758.

[2] Beiträge zur Kleeseidefrage. Prakt. Blätter f. Pflanzenbau u. Pflanzenschutz Jg. 1908, H. 2, S. 13.

Grunde befindet sich eine grubige Vertiefung. Die ungleichmäßige, matte, heller gekörnte Oberfläche ist graugelb bis graubraun und dunkler punktiert. Manchmal sind 2 Samen zusammengewachsen, die dann an den beiden äußeren Kanten je eine grubige Vertiefung tragen (Abb. 202). 1000-K.Gew. einzelner Samen 0,35 g, doppelter 0,6 g, Länge und Breite etwa 1,3 × 1,0 mm, Samenzahl je kg etwa 2850000 bzw. 1650000. (NOBBE[1] gibt ein 1000-K.Gew. von etwa 0,645 g, HARZ[2] eine Samengröße von 0,96—1,2 mm im Durchmesser an.)

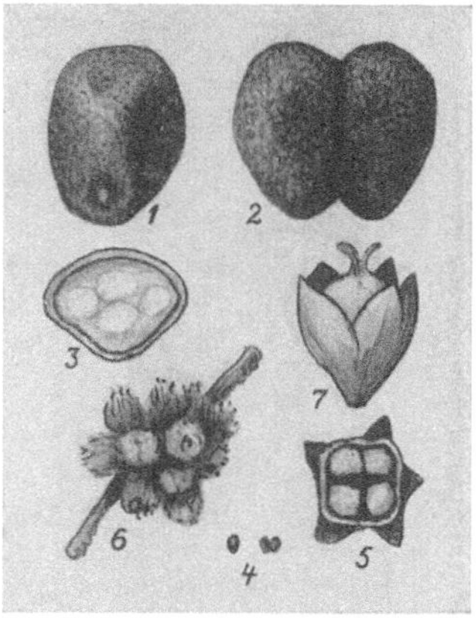

Abb. 202. *Cuscuta epilinum.* *1* Same, von vorn gesehen; *2* Doppelsame; *3* Samenquerschnitt, 13fach vergr.; *4* Samen, nat. Gr.; *5* Samenkapsel im Querschnitt; *7* Samenkapsel, 9/2 nat. Gr.; *6* Blütenstand, 3/2 nat. Gr. Orig.-Zeichn.

Flachsseide ist widerstandsfähiger als Kleeseide und erreicht gewöhnlich in nordischen Ländern noch Samenreife.

Sie ist über ganz Europa, Russisch-Asien und Nordamerika verbreitet. In Süd- und Mitteleuropa ist sie z. B. ein sehr gewöhnliches Unkraut auf Flachsäckern u. ä. In Skandinavien kommt sie bis 63° 15′ n. Br. (Norwegen) vor.

Die Pflanze wird durch Samen fortgepflanzt und verbreitet, kann sich aber auch wie Kleeseide auf vegetativem Wege vermehren. Der Same findet sich gewöhnlich in deutschem und russischem Flachssamen und wird so verschleppt. Flachs, der von diesem Unkraut befallen ist, wird brüchig und zur Leinenerzeugung unbrauchbar, da die umwundenen Stengel der Nährstoffe beraubt sind.

Nach HARZ[3] können von dem seine Keimkraft im Boden mindestens 3 Jahre lang bewahrenden Samen nach 2—3 Jahren noch etwa 50% auflaufen. Man sollte darum Flachs nicht in dichter Folge nacheinander anbauen. Wenn man gleichzeitig für peinlich genaue Reinigung des Saatgutes sorgt, läßt sich die Verbreitung dieses Unkrautes vollkommen verhindern.

99. *Cuscuta europaea* LINN. Große Flachsseide, Hopfenseide, Europäisches Filzkraut, engl. Greater dodder. *Cuscuta europaea* (Fam. Convolvulaceae) ist ein Schmarotzer, der auf Hopfen (*Humulus lupulus*), Hanf, Unkräutern wie Brennessel (*Urtica dioica*), Labkraut (*Galium aparine*) und anderen Arten lebt.

Die gelblichen bis rötlichen, dünnen, ästigen Stengel tragen im Juli und August kleine, weißliche in Bündeln sitzende Blüten. Die eiförmig stumpf abgerundete, kantige Kapsel ist etwa 3 mm lang und 2,5—3 mm breit (Abb. 203).

Der kugelförmig gerundete bis ovale, gewöhnlich etwas kantige, sandgraue bis graubraune, gänsehautartig fein gekörnte, dunkel punktierte Same trägt am Grunde eine runde, dunkle Warze mit hellem Fleck (Abb. 204). 1000-K.Gew. etwa 0,5 g, Länge und Breite etwa 1,1 × 0,9 mm (HARZ nennt eine Größe von 1,1—1,24 mm), Samenzahl je kg etwa 2 Millionen. Die Pflanze ist im gemäßigten Europa, Nordafrika, Nordamerika und Asien gewöhnlich und kommt in Skandinavien bis 61,5° n. Br. (Norwegen) vor.

Die Pflanze wird durch Samen fortgepflanzt und verbreitet, kann sich aber auch wie Kleeseide vegetativ vermehren. Man bekämpft sie auf die gleiche Art wie die übrigen *Cuscuta*-Arten.

---

[1] NOBBE: Handb. d. Samenkunde S. 477.
[2] HARZ: Landwirtschaftilche Samenkunde S. 763.
[3] HARZ: Ebenda S. 758.

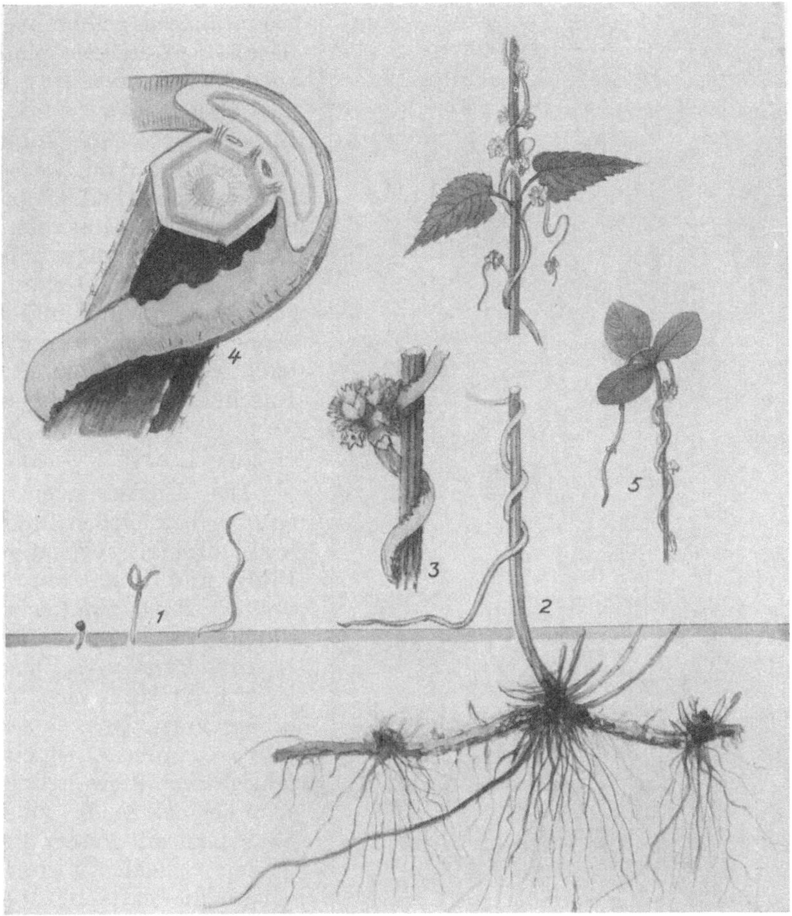

Abb. 203. *Cuscuta europaea.* *1* keimender Same, etwa nat. Gr.; *2* Brennessel, *Urtica dioica,* vom Schmarotzer umschlungen, etwa 1/2 nat. Gr.; *3* Blüte, vergr.; *4* zeigt, wie die Pflanze auf ihrem Wirt schmarotzt, vergr.; *5* der Schmarotzer auf Kleeblättern. *1* und *4* nach SCHMEIL, *2*, *3* und *5* Orig.-Zeichn.

100. *Cuscuta gronovii* WILLD. Weidenwürger. *Cuscuta gronovii* (Fam. Convolvulaceae) ist ein Schmarotzer mit dickem, fadenförmigem, meist gelblichem bis rotbraunem, verzweigtem Stengel, großen, weißen, am Stengel fast in einem Kranz angeordneten Blüten und mit beerenförmigen, bzw. ovalen Kapselfrüchten. Blütezeit von Juli bis September, Reifezeit von August bis Oktober.

Der kugelige bis ovale, meistens etwas kantige Same hat am Grunde einen helleren, ovalen Fleck mit strahlenförmigen Runzeln und einer mittleren, langgezogenen Samenhaftstelle.

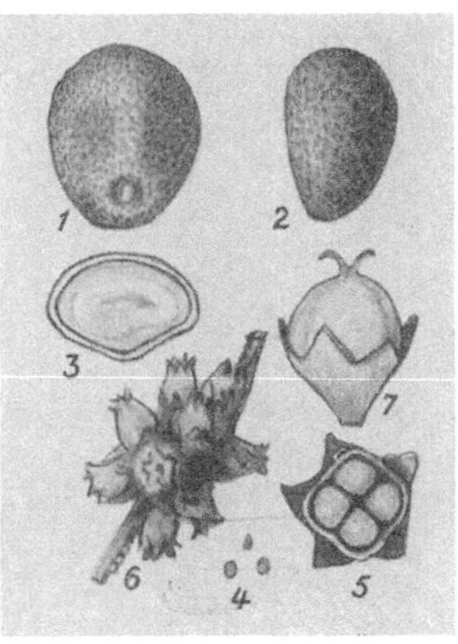

Abb. 204. *Cuscuta europaea.* *1* und *2* Samen, von vorn und von der Seite gesehen; *3* Samenquerschnitt, 15fach vergr.; *4* Samen, nat. Gr.; *5* und *7* Samenkapsel im Querschnitt und in Seitenansicht, 9/2 nat. Gr.; *6* Blütenstand, 3/2 nat. Gr. Orig.-Zeichn.

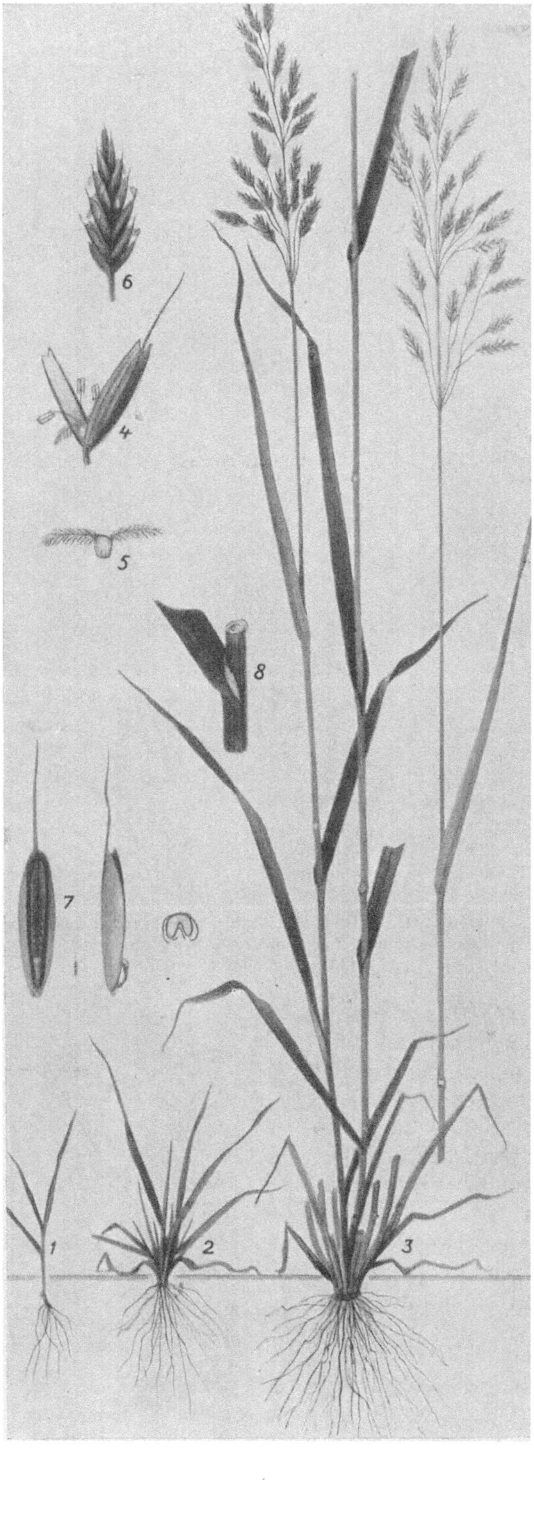

Die gänsehautartig-körnige, graubraune bis gelbbraune Oberfläche ist dunkel punktiert. 1000-K.Gew. etwa 2,5 g, Länge und Breite etwa 1,8 × 1,6 mm. Diese *Cuscuta*-Art kommt in Nordamerika, von Nova Scotia bis Manitoba, südlich bis zum mexikanischen Golf vor[1]. Nach HEGI[2] ist die Pflanze „in Europa eingeschleppt und teilweise eingebürgert in West- und Mitteldeutschland, Oberitalien, Polen und wohl noch anderwärts; Kaschmir" (Vorderindien).

c) Zweijährige Unkräuter.

Die Unkrautarten dieser Gruppe beschließen ihren Entwicklungskreis regelmäßig mit Blüte und Reife vom Hochsommer ihres zweiten Wachstumsjahres ab.

101. *Bromus secalinus* LINN. Roggentrespe, engl. Ryelike brome grass. *Bromus secalinus* (Fam. Gramineae) ist ein zweijähriges, kräftiges, glattes, oft sehr bestocktes, bis zu 1,25 m hohes Gras mit Faserwurzel und kahlen Scheiden, beim Übergang in die Blattspreite schwach erweiterten Scheiden, deren untere manchmal etwas behaart sind. Die verlängerte weiße Scheidenhaut ist zerfranst. Die Blütenrispe wird von (bis zu 25) langstieligen, einförmig-ovalen, nach der Reife etwas niederhängenden, 8—14 Blüten ent-

[1] GEORGIA, ADA E.: A manual of Weeds S. 328.

[2] HEGI: Illustrierte Flora von Mitteleuropa Bd. 5, Teil 3, S. 2109.

Abb. 205. *Bromus secalinus.* *1* Keimpflanze; *2* dieselbe im Herbst; *3* Pflanze im 2. Jahr nach Samenreife, 1/4 nat. Gr.; *4* Blüte, 3fach vergr.; *5* Fruchtknoten mit Narben, vergr.; *6* Ährchen, nat. Gr.; *7* Samen, von vorn, von der Seite und im Querschnitt gesehen, 3fach vergr.; *8* Stengelteil, Blatt und Blattzüngelchen, etwa nat. Gr.; Nach KORSMOS Unkrauttafeln.

haltenden Ährchen gebildet; die Deckspelze hat einen gewölbten Rücken mit vortretendem Rückennerv, der kurz unterhalb der Spitze in eine rauhe, etwas gekrümmte Granne von etwas geringerer Länge als die Spelze ausläuft (Abb. 205). Die Pflanze blüht im Juni und Juli des zweiten Wachstumsjahres und fruchtet vom August ab.

Der längliche Same hat, von vorn gesehen, einen fast ellipsoidischen Längsriß; die ihn einschnürende, vom Scheitel bis zum Grunde verlaufende Längsfurche gibt ihm einen hufeisenförmigen Querschnitt; die Grundfläche ist grubig vertieft und schief abgestumpft. Die äußere Deckspelze ist vorgewölbt, mehrnervig und hat eine rauhgezackte, 2—3 mm lange, gerade Granne, die der Mittelrippe der Spelze etwas unterhalb der Spitze entspringt. Die innere Deckspelze ist kahnförmig eingebeult und hat am Scheitelrande dornige Zacken. Das helle, gekrümmte, zapfenförmige Stielchen ist etwa 1,5 mm lang. Die Samenoberfläche ist fast kahl und gelb bis graubraun (Abb. 206). 1000-K.Gew. etwa 9,5 g, Länge und Breite des Samens ohne Granne etwa 7,1 × 2,0 mm, Samenzahl je Pflanze etwa 1450[1], je kg etwa 105000. Der Same läuft schnell auf. Im Laboratorium keimten von einer Probe vorjähriger, trocken gelagerter Samen 98% in 6 Tagen, von einer anderen 99% in 7 Tagen, von einer dritten 88% in 10 Tagen. Die gewöhnliche Keimzeit beträgt 10 Tage. Draußen keimten von 0,5 cm tief gesätem Samen 58% in 7 Tagen. Im Laufe von 120 Tagen entwickelten sich 30 cm große Blattrosetten. Trocken gelagerter Same bewahrt seine Keimfähigkeit einige Jahre hindurch; bei Bodenlagerung erhält sie sich kaum länger als 1—2 Jahre[2]. Von im Frühjahr in Sandboden ausgesätem Samen keimten in einer Tiefe von

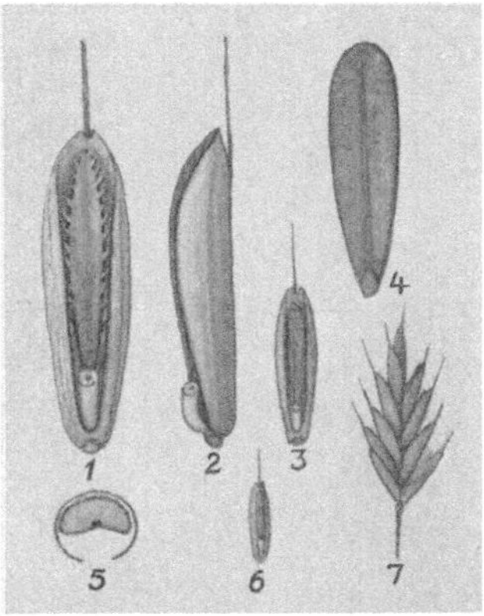

Abb. 206. *Bromus secalinus.* 1 und 2 Same, von vorn und von der Seite gesehen, 4fach vergr.; 3 Same, 2fach vergr.; 4 Korn; 5 Samenquerschnitt, 4fach vergr.; 6 Same, nat. Gr.; 7 Ährchen, 8/9 nat. Gr. Orig.-Zeichn.

0	0,5	2	3	4	5	7	8	10	12	14	16	cm
39	58	64	80	38	42	4	2	2	2	0	0	%.

Keine der aufgelaufenen Pflanzen trieb während der Entwicklungszeit von $3^1/_2$ Monaten Stengelsprosse, doch wurden die meisten sehr büschig und entwickelten eine dichte Rosette weicher Laubblätter. Der gleiche Vorgang wiederholte sich bei mehreren Versuchen. Im Keimjahr bildet die Pflanze unabhängig von der Keimzeit eine je nach Länge des Wachstumsabschnittes mehr oder weniger bestockte Blattrosette, die die Entwicklung im nächsten Sommer mit dem Treiben mehrerer blühender und fruchtender Stengel fortsetzt. Die Pflanze entwickelt sich gleichzeitig mit der Wintersaat und ist bei deren Ernte vollreif.

Bromus secalinus kommt im ganzen gemäßigten und südlichen Europa, Nordafrika, Nordasien und Nordamerika als ein besonders im Wintergetreide gewöhnliches und lästiges Unkraut vor. In Nordamerika[3] ist die Pflanze auch im Winterhafer gewöhnlich. Oft nimmt sie so überhand, daß bei vielen Farmern der Aberglaube herrscht, der Hafer verwandle sich in dieses Unkraut[4]. Ebenso lästig kann

[1] SCHERTLER gibt je Pflanze durchschnittlich 730 Samen an. Vgl. Arb. d. dtsch. Landw. Ges. H. 294, S. 212.
[2] BEAL erwähnt in The Vitality of Seeds, Botan. Gaz. Bd. 11, S. 140ff. 1905, daß Same von *Bromus secalinus* seine Keimkraft vollkommen verloren hatte, als er nach fünfjähriger Bodenlagerung wieder aufgenommen wurde.
[3] Fall Sown Oats S. 18. Farmers Bull. 1920. U. S. Dept. of Agric.
[4] THAER-APPEL, Die landwirtsch. Unkräuter 5. Aufl. S. 48. 1927.

die Pflanze im Winterweizen, besonders bei schlechter Überwinterung der Halmfrucht werden, da sie sich dann sehr kräftig bestockt und viel Platz verlangt.

In Deutschland, England, Finnland und Skandinavien bis zu 64° n. Br. (Norwegen) ist *Bromus secalinus* ein streckenweise und besonders im Winterroggen sehr lästiges Unkraut.

Die Pflanze fühlt sich auf etwas schwererem Boden am wohlsten, kann sich aber auch auf leichterem Boden kräftig entwickeln und fordert im Acker nicht selten so viel Raum, daß der Körnerertrag der Ernte bis zu 25% aus Trespenkörnern besteht, die dem Mehl graue Farbe und bitteren Geschmack verleihen.

Bromus secalinus wird durch Samen fortgepflanzt und verbreitet. Trotzdem diese in der Ähre recht festhaften, findet immerhin einiger Ausfall am Standort statt. Der größte Teil des Samens kommt jedoch mit der Ernte unter Dach und während des Dreschens und Reinigens unter Korn, Dreschabfälle, Spreu und Stroh. Durch verunreinigtes Saatgut und Dünger gelangt der Same dann wieder auf den Acker.

Verwendung reinen Saatgutes und reinen Düngers auf dem Winteracker sind darum die wichtigsten Mittel zur Vermeidung von Samenverbreitung. Das fordert sehr scharfe Reinigung des Samens entweder mit der Wurfschaufel (1000-K.Gew. von Roggenkörnern etwa 26 g, von Weizenkörnern etwa 33 g, von Trespenkörnern etwa 9,5 g) oder durch den Trieur, mög-

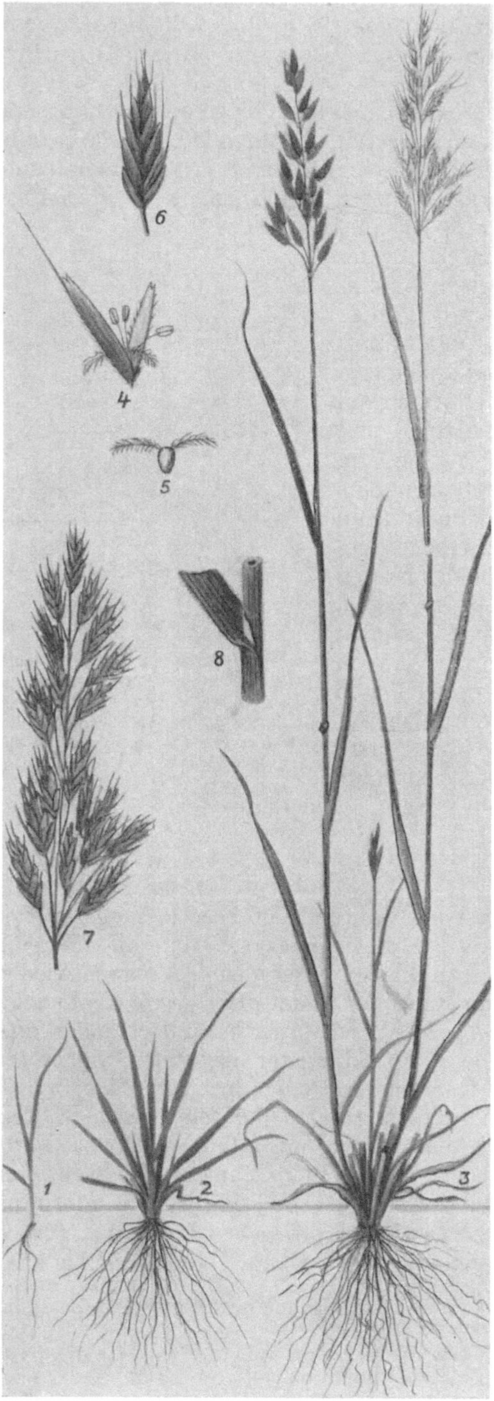

Abb. 207. *Bromus mollis*. *1* Keimpflanze; *2* dieselbe im Herbst; *3* voll entwickelte Pflanze, etwa $^2/_9$ nat. Gr.; *4* Blüte; *5* Fruchtknoten mit Narben, etwa 2 fach vergr.; *6* Ährchen, etwa $^5/_6$ nat. Gr.; *7* Blütenstand, $^1/_2$ nat. Gr.; *8* Halmstück mit einem Teil der Blattspreite, der Scheide und dem Blatthäutchen, etwa $^9/_{10}$ nat. Gr. Nach KORSMOS Unkrauttafeln.

licherweise auch Untertauchen in Wasser unter ständigem Umrühren und durch Abschöpfen aller auftreibenden Trespenkörner, oder schließlich durch Beschaffung fremden, reinen Saatgutes.

Den zubestellenden Äckern, sei es Winter- oder Sommersaat, gebe man vorwiegend künstlichen Dünger oder gänzlich vergorenen Stalldünger. Endlich läßt sich die weitere Verbreitung der Unkrautsamen durch Einbringen verseuchter Winterkornäcker als Grünfutter und durch Vermahlen von Dreschabfällen und Hinterkorn, falls sich Samen von *Bromus secalinus* darin befinden, verhüten.

102. *Bromus mollis* LINN. Weiche Trespe, engl. Soft brome grass. *Bromus mollis* (Fam. Gramineae) ist ein zweijähriges Unkraut mit Faserwurzeln. Die ganze Pflanze ist dicht behaart. Durch die weißgrauen, weichen, abstehenden Haare bekommt die Pflanze ebenso wie die Ährchen ein zottiges Aussehen und kann dadurch, wie auch durch die rundere Form der Ährchen leicht von *Bromus secalinus* unterschieden werden. Die Pflanze hat 25 bis 90 cm hohe Halme, flache Blattspreiten, behaarte und etwas längere Blattscheiden als *Bromus secalinus* und vor der Blüte etwas sperrige, etwa 20 eiförmige, 8—12 blütige Ährchen tragende Spitzen. Die rauhen Stielchen sind etwas kürzer als die darauf sitzenden Ährchen. Unter guten Wachstumsbedingungen bestockt sich die Pflanze kräftig und treibt oft 10 Halme aus derselben Wurzel (Abb. 207). Blüte- und Reifezeit gewöhnlich von Mitte bis Ende Juni. Der langgestreckte Same ist oberhalb der Mitte am breitesten. Die äußere Deckspelze ist vorgewölbt und hat eine gespaltene Spitze. Unterhalb dieser läuft der mittlere Rückennerv in eine etwa 7—9 mm lange, steife, hakentragende Granne aus. Die schief abgestumpfte Grundfläche hat eine grubige Vertiefung. Das Blütenstielchen ist kurz; die innere Deckspelze ist kahnartig und tief eingebeult, wodurch der Same einen halbmondförmigen Querschnitt erhält. Die Außenseite des Samens ist mit Ausnahme der Grundfläche und eines kurzen Stückes am Rücken hinauf dicht mit kurzen, silberweißen Haaren besetzt. Die Farbe ist gelb bis graubraun, am Rücken um die Grundfläche herum reingelb und auf der Bauchseite dunkelbraun (Abb. 208). 1000-K.Gew. etwa 3,6 g, Länge und Breite etwa 8,0×2,0 mm, Samenzahl je Pflanze etwa 1600[1], je kg etwa 280000. Der Same ist dünn und sieht wie Spreu aus. Bei Keimuntersuchungen im Laboratorium liefen von überwintertem, trocken gelagertem Samen 100% in 10 Tagen auf. Im Freien liefen in 1 cm Tiefe 71% in 12 Tagen auf. Auf Grasnarbe läuft er oft schnell und ohne bedeckt zu sein auf. Nach einer Wachstumszeit von $3^1/_2$ Monaten hatten die Keimpflanzen bei einem Versuch 15 cm lange Blätter, doch keine Stengelsprosse entwickelt. Im Keimjahre entwickelte die Pflanze gewöhnlich nur eine mehr oder weniger dichte Blattrosette, je nachdem, ob die Keimung im Frühjahr oder Frühsommer oder im Spätsommer stattgefunden hatte. Die Keimpflanze bildet nach Überwinterung während des

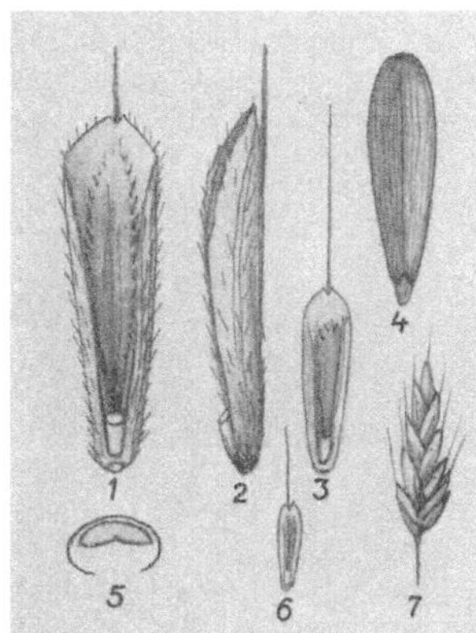

Abb. 208. *Bromus mollis*. *1* und *2* Same, von vorn und von der Seite gesehen; *3* Same mit Granne, 2fach vergr.; *4* Korn, 4fach vergr.; *5* Samenquerschnitt, 4fach vergr.; *6* Same, nat. Gr.; *7* Ährchen, etwa $^2/_3$ nat. Gr. Orig.-Zeichn.

[1] Die Samenzahl je Pflanze wechselt mit der Bestockung von einigen Hundert bis zu 1800.

nächsten Frühsommers blühende und reifende Stengelsprosse und geht dann ein[1].

Die Pflanze kommt auf Wiesen, an Weg- und Eisenbahnstrecken, Schutthalden, Rainen u. ä. in Europa, in den gemäßigten Teilen von Asien, Nordafrika,

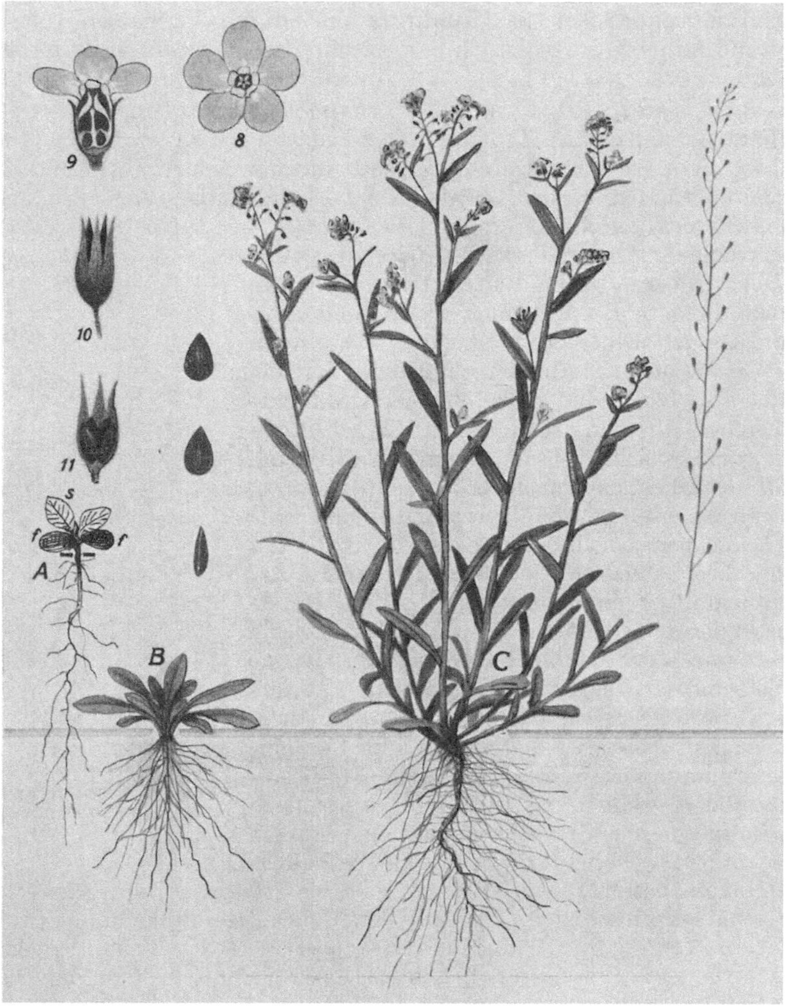

Abb. 209. *Myosotis arvensis*. *A* Keimpflanze, *f* Keimblätter, *s* Laubblätter, nat. Gr.; *B* dieselbe im Herbst; *C* voll entwickelte, blühende Pflanze, 1/4 nat. Gr.; *8* Blüte von oben betrachtet; *9* Blütenlängsschnitt; *10* Kelch nach Samenreife; *11* derselbe im Längsschnitt, 4fach vergr. Nach Korsmos Unkrauttafeln.

Nord- und Südamerika und anderen Gebieten vor. Die Pflanze ist in Deutschland, England und auch in den nordischen Ländern ganz allgemein verbreitet und in einzelnen Gegenden ein sehr lästiges Unkraut auf Wiesen und Weiden.

[1] Samen der beiden hier erwähnten Arten, die nach Überwinterung im Freien zeitig im folgenden Frühjahr keimen, können sich im Keimjahre voll entwickeln. Im Herbst ausgesäter Same, der im Boden überwintert, läuft schlechter als im Frühjahr gesäter auf.

Die Pflanze wird durch Samen, die gewöhnlich in der zweiten Julihälfte reifen, fortgepflanzt und verbreitet. Bei der frühen Reife fällt viel Same vor und während der Heuernte am Standort, auf Feldwegen und im Heu aus. Die Halme der Pflanze sind dann überreif und holzig und haben kaum irgendwelchen Futterwert. Trotz der frühen Reife wird Grassame von Wiesen, die durch dieses Unkraut verseucht sind, immerhin durch dessen Samen verunreinigt werden, da er sich leicht festhängt, mit dem samentragenden Heu unter Dach kommt, dann beim Dreschen und Reinigen in Wiesensaat, Spreu und Heu gelangt.

Die Verbreitung von *Bromus mollis* verhindert man:

1. Durch Verwendung reinen Saatgutes beim Einsäen von Wiesen.
2. Durch Verwendung künstlichen oder unkrautfreien Düngers sowohl bei der Anlage als auch beim Düngen von Wiesen.
3. Durch Mähen der Heuwiese vor der Unkrautreife.
4. Durch Vermeiden von Unkrautsamenverbreitung auf anderen, unkrautreinen Wiesen durch Befahren mit Heuwagen während der Heuernte.
5. Durch Einsammeln und sorgfältige Behandlung von Heubodenkehricht und anderen Abfällen, die Trespensamen enthalten. Auch das Beweiden durch Schafe im Frühjahr hat sich als wirksame Behinderung einer normalen Entwicklung der Pflanze erwiesen.

103. *Myosotis arvensis* (L.) Hill. (= *M. intermedia* Link.). Acker-Vergißmeinnicht, engl. Field-forget-me-not. *Myosotis arvensis* (Fam. Borraginaceae) ist ein zweijähriges, 15—50 cm hohes, aufrechtes, vom Grunde an verzweigtes, steifhaariges, grobes, etwas holziges Unkraut mit peitschenförmiger Wurzel, sitzenden, eiförmig-lanzettlichen, sehr behaarten Blättern und kleinen, hellblauen Blüten, die eine lange Traube bilden (Abb. 209). Die Keimblätter der ausgekeimten Pflanze sind breit-eiförmig, fast sitzend, 4 mm lang und 3 mm breit. Im Keimjahr beschließt die Pflanze ihre Entwicklung vorläufig mit der Bildung einer etwa 5 cm hohen Rosette aus breit-eiförmig-lanzettlichen und behaarten Blättern und unter der Erde mit Entwicklung einer verhältnismäßig kräftigen Wurzel, mit deren Hilfe die Pflanze überwintert, um ihr Wachstum mit Blüte und Reife im Juni und Juli des folgenden Jahres endgültig abzuschließen.

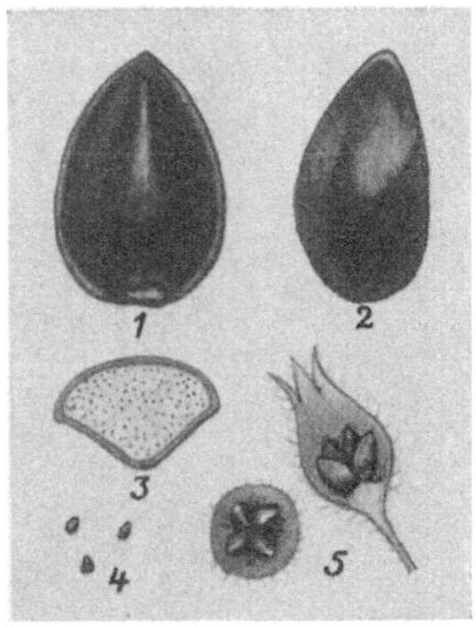

Abb. 210. *Myosotis arvensis.* *1* und *2* Samen, von vorn und von der Seite gesehen; *3* Samenquerschnitt, 13fach vergr.; *4* Samen, nat.Gr.; *5* Fruchtkelch mit Samen, im Längs- und Querschnitt, $^{10}/_{3}$ nat. Gr. Orig.-Zeichn.

Die Samen der vierteiligen Spaltfrucht werden nach der Reife von einer offenen, kelchförmigen Hülle umschlossen. Der nüßchenartige Same ist oval, oben zugespitzt, mit vorgewölbter Rückenfläche und hyperbolischer Bauchfläche, also fast sektorförmigem Querschnitt. Unten am Grunde sitzt ein heller, rauher Fleck und am Rande eine vorstehende Kante. Die kahle, blauschwarze Oberfläche ist stark glänzend (Abb. 210). 1000-K.Gew. etwa 0,3 g, Länge und Breite etwa 1,5 × 1,0 mm, Samenzahl je Pflanze etwa 700, je kg etwa 3,3 Millionen.

Der Same hat gute Keimkraft; im Laboratorium liefen von frisch gereiftem Samen in 4 Tagen 100% auf. Von überwintertem, trocken gelagertem Samen liefen draußen im Sandboden bei einem Versuch in 0,5 cm Tiefe 45% in 34 Tagen, bei einem anderen in 1 cm Tiefe 11% in 40 Tagen auf. Bei beiden Versuchen schloß das Wachstum nach $3^1/_2$ Monaten mit 5 cm hohen Laubblattrosetten ab. Bei besonders guten Wachstumsverhältnissen können gelegentlich auch zeitig aufgelaufene Pflanzen noch im Keimjahr zur Blüte und Reife gelangen. Der Same ist äußeren Einwirkungen gegenüber sehr widerstandsfähig. Im Zusammenhang damit sei erwähnt, daß von vollreifen, an Hühner verfütterten Samen 11,7% mit dem Mist unbeschädigt wieder zum Vorschein kamen.

Myosotis arvensis ist besonders in Wintersaatfeldern und einjährigen Wiesen, doch auch in Sommersaatfeldern, an trockenen Hängen, Wiesen, Weg- und Eisenbahnstrecken, Schutthalden u. ä. ein allgemeines Unkraut in ganz Europa, Mittel- und Nordasien und Nordamerika. Ganz gewöhnlich ist die Pflanze z. B. in Deutschland, auf den britischen Inseln und in ganz Skandinavien, wo es bis zu 69° 57′ n. Br. (Norwegen) vordringt.

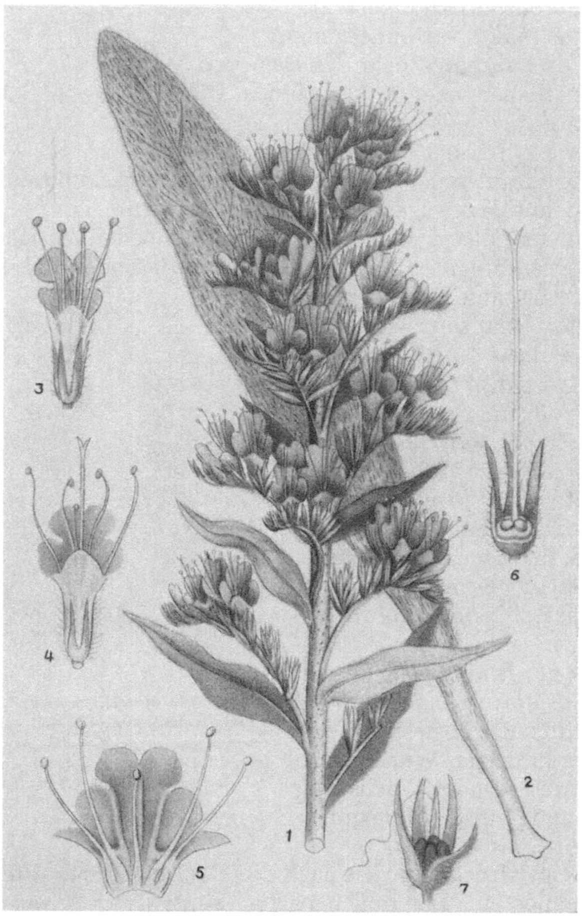

Abb. 211. *Echium vulgare*. *1* Blütensproß; *2* grundständiges Blatt, 2/3 nat. Gr.; *3* Blüte im männlichen Stadium; *4* Blüte im weiblichen Stadium, 4/3 nat. Gr.; *5* die Krone vorne geöffnet und ausgebreitet, 4/3 nat. Gr.; *6* Kelch mit Stempel; *7* Kelch mit Samen (Teilfrüchten), 9/4 nat. Gr. Nach MENTZ und OSTENFELD.

Die Pflanze wird durch zeitig reifende Samen und somit wirksam durch Ausfall am Standort verbreitet. Außerdem kommen Samen mit den Erträgen von Futter- und Samenwiesen, Sommerfruchtäckern u. ä. unter Dach und geraten dann in Dreschabfälle, Korn- und Grasspreu, Heubodenkehricht, Wiesensaat u. ä. So enthielten beispielsweise Dreschabfälle 5649, Kornspreu 300, Heubodenkehricht 1000, Wiesenmischsaat 7000, Timothesamen 6750, Bastardkleesaat (*Trifolium hybridum* L.) 4100, Rotkleesaat (*T. pratense* L.) 2000, Wiesensamen 2000 Unkrautsamen je kg der Probe. In Bodenproben fanden sich je qm bei 25 cm Tiefe 63 Samen, in Stalldüngerproben je t 343 Samen.

Bei der Bekämpfung geht man in derselben Weise vor wie gegen *Bromus mollis* und andere. Die nach der Reife steife, holzige, schmutziggraue Pflanze ist unschmackhaft und wertlos als Futter. Sie wird sogar in frischem Zustande von den Haustieren abgelehnt.

104. *Echium vulgare* LINN. Gemeiner Natterkopf, Blaue Ochsenzunge, engl. Viper's bugloss. *Echium vulgare* (Fam. Borraginaceae) ist ein zweijähriges borstig-steifhaariges Unkraut, das während der Wachstumszeit im Keimjahre eine große Rosette aus langen, schmalen Blättern und eine dünne, je nach dem Standort mehr oder weniger tiefgreifende Pfahlwurzel entwickelt. Im zweiten Jahre wird aus der Rosette ein bis zu 1 m hoher, aufrechter, steifbehaarter, dazwischen mit kurzen, feinen Flaumhaaren besetzter Stengel emporgetrieben. Die linearen, lanzettlichen, einnervigen, ganzrandigen Blätter tragen angedrückte, borstige Haare. Die zahlreichen, in zusammengesetzten Ähren stehenden Blüten haben eine schöne blaufarbige, trichterförmige, 13—22 mm lange Krone mit vortretenden Staubgefäßen. Eine Nebenkrone fehlt. Die Kronenröhre ist aufrecht mit schief fünflappigem Rand aus Lappen von verschiedener Größe. Der Kelch ist ungefähr halb so lang (6×13 mm) wie die Krone. Blüte- und Reifezeit von Juli bis September (Abb. 211).

Nach der Reife verlieren Wurzel wie Stengel der Pflanze ihre Lebenskraft und sterben ab. Unter besonders günstigen Voraussetzungen können nach MÜLLER[1] Pflanzen, die aus irgendwelchem Grunde (z. B. frühes Abhacken) im zweiten Jahre nicht zur Blüte kommen, mehrjährig werden.

Die Teilfrucht enthält in jedem Kelch 4 Samen, der bei der Reife aus- oder mit dem Kelch zusammen abfällt. Der Same ist pantoffelförmig, hat auf Rücken- und Bauchseite eine saumartige, erhabene Längsrippe und verschmälert sich dem quer abgestumpften Grunde zu, der etwas eingebeult ist, zwei helle, warzenförmige, erhabene Punkte trägt und einen glatten, vorstehenden, kragenförmigen Rand aufweist. Am Übergang vom Grunde zur Bauchseite befindet sich die grubig vertiefte Samenhaftstelle. Die rauhe, graubraune bis schwarzbraune Oberfläche trägt warzenförmige Erhöhungen. 1000-K.Gew. etwa 2,8 g, Länge und Breite etwa 2,6×1,8 mm (Abb. 212). Samenzahl je Pflanze von etwa 500—2800 (nach WEHSARG 3500), je kg etwa 357000.

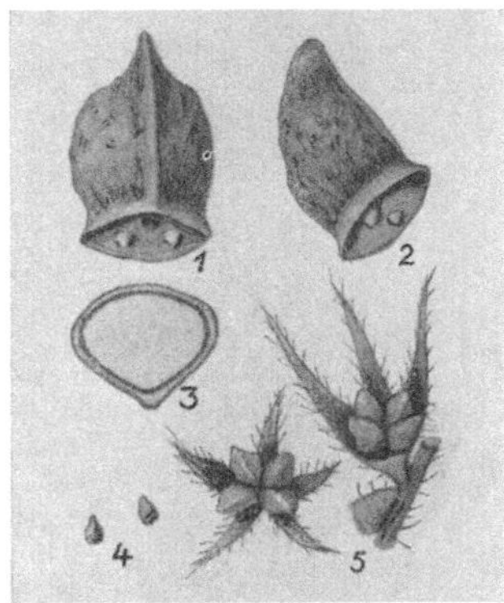

Abb. 212. *Echium vulgare*. *1* und *2* Samen, von vorn und von der Seite gesehen; *3* Samenquerschnitt, etwa 7fach vergr.; *4* Samen, nat. Gr.; *5* Kelch mit Samen, von oben und von der Seite gesehen, 3fach vergr. Orig.-Zeichn.

Die Keimung des Samens ist je nach Lage verschieden. Bei einem Versuch im Laboratorium von etwa 8 Monate altem Samen keimten 58% in 14 Keimtagen; von im Frühjahr im Acker ausgesätem Samen liefen die ersten nach 45 Tagen und im Laufe des Sommers 47% auf; bei Saattiefenversuchen liefen sie bis zu einer Tiefe von 3 cm auf.

Echium vulgare ist auf leichterem Boden, besonders auf trockenem, mineralhaltigem Boden (Silur) im Kulturboden und Ödland wie auf künstlichen Wiesen, Äckern, unbenutzten Brachen, an Weg- und Eisenbahnhängen, Hecken, Mauern, Rainen u. ä. in großen Teilen Westasiens, Nordafrikas, in einzelnen Gegenden Nordamerikas und im größten Teil von Europa verbreitet. Auch in Deutschland und benachbarten Ländern, z. B. England sowie in Skandinavien bis Norrbotten und Jemtland in Schweden und bis zu ungefähr 60° n. Br. (Norwegen) findet sich die Pflanze unter mancherlei Wachstumsverhältnissen als recht lästiges Unkraut.

Die Pflanze wird durch Samen fortgepflanzt und verbreitet. Diese finden sich in Kleesaat, gelegentlich auch im Saatgut anderer Nutzpflanzen und im Stalldünger. Man bekämpft die Pflanze wie die *Lappa*-Arten.

Sie ist als Futter wertlos und wird von den Haustieren abgelehnt.

105. *Matricaria inodora* (L.) D. C. (*Chrysanthemum inodorum* LINN.). Geruchlose Wucherblume, engl. Scentless mayweed. *Matricaria inodora* (Fam.

[1] MÜLLER, FR.: Engl. botan. Jahrb. Bd. 2, S. 391.

Compositae) ist ein aufrechtes, ausgebreitetes, verzweigtes, glattes, 30—50 cm hohes, korbblütiges Unkraut mit verzweigter Pfahlwurzel, weißen Rand- und gelben Scheibenkronen. Der Blütenboden ist erhöht und fest (bei *Matricaria chamomilla* hoch und hohl). Die Blätter sind doppelt fiederspaltig mit linearen

Abb. 213. *Matricaria inodora.* *A* Keimpflanze, *f* Keimblätter, *s* Laubblätter, nat. Gr.; *A1* Pflanze im Spätsommer des 1. Jahres; *B* voll entwickelte Pflanze; *1* unterer Teil des Wurzelhalses, an dem sich neue Laubsprosse gebildet haben, $^2/_{11}$ nat. Gr.; *2* Blütenzweige, $^3/_4$ nat. Gr.; *3* Randblüte; *4* Scheibenblüte, 6fach vergr.; *5* Längsschnitt des Blütenkörbchens, $^3/_4$ nat. Gr. Nach KORSMOS Unkrauttafeln.

Zipfeln (Abb. 213). Blüte und Reife erfolgt im zweiten Jahre des Wachstums. Blütezeit von Ende Juli bis Ende August[1]. Die endständigen, einzelnen Blütenkörbchen sitzen an Stengeln und Ästen.

[1] Auf zeitig abgeernteten, einjährigen Wiesen entwickelt sich die Pflanze oft wieder und vermag im Laufe eines Sommers ein zweites Mal zu blühen. Bei anhaltendem, mildem Herbstwetter kann die Pflanze nach der letzten Blüte noch fruchten. Im Frühjahr ausgekeimte Pflanzen blühen auf Hackfruchtäckern oft schon im Herbste des ersten Jahres, ohne in der Regel noch zur Reife zu gelangen.

Der Same ähnelt einem abgestumpften Kegel und wird dem quer abgeschnittenen Grunde zu etwas schmäler. Oben ist er erweitert und trägt einen ungleichmäßigen Kragen, in dem sich eine Vertiefung mit mittelständigem, kurzem, zapfenförmigem Stielchen befindet. An der Oberseite laufen vom Grund bis etwa in Kragenhöhe drei leicht kenntliche, erhabene Längsrippen und zwei dazwischen liegende Furchen. Auf der entgegengesetzten Seite befindet sich eine breite, dunkelbraune Fläche, die sich vom Grunde bis unter die Spitze erstreckt und dort von zwei runden Flecken abgeschlossen wird; die matte oder leicht glänzende Oberfläche ist grau- bis gelbbraun undhat dunkelbraune Zwischenräume (Abb. 214). 1000-K.Gew. etwa 0,35 g, Länge und Breite etwa 2,3 × 1,0 mm, Samenzahl je Pflanze etwa 34000 (10000—210000), je kg etwa 2860000.

Der Same läuft gewöhnlich schnell auf. Im Laboratorium liefen in einem Falle 86% in 8 Tagen, draußen im Sandboden in 0,5 cm Tiefe 16% in 20 Tagen auf. In 126 Wachstumstagen erreichten mehrere Pflanzen eine Höhe von 65—75 cm und blühten zum Teil, ohne jedoch zu fruchten.

WEHSARG[1] erwähnt, daß Same von *Matricaria inodora* im Dunkeln bei 23—27° C, im Hellen bei 20—22° C aufläuft. ROSTRUP hat durch Versuche nachgewiesen, daß niedrige Temperatur bei gleichzeitiger Beleuchtung auf die Keimkraft keinen hindernden Einfluß ausübt; sowohl im Herbst wie im Frühjahr liefen die auf Ackerboden ausgesäten Samen leicht auf. Andere Versuche haben ergeben, daß sowohl von noch nicht vollständig gereiftem, als auch vollreifem Samen nach fünfjähriger Trockenlagerung 34 bzw. 44% aufliefen[2], und daß Samen bei Lagerung im Boden bis zu einer Zeit von 6 Jahren die Keimkraft bewahrt haben[3].

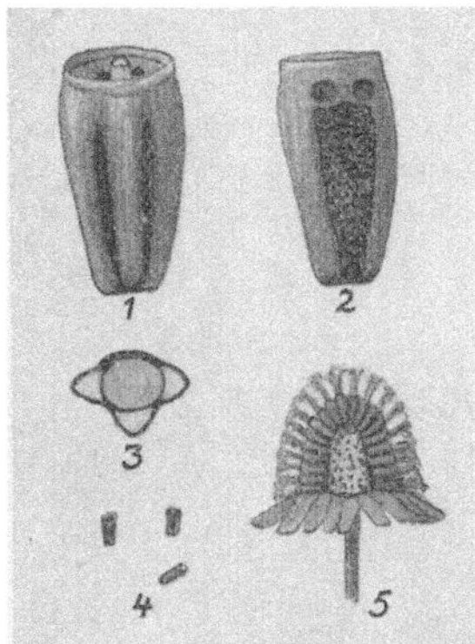

Abb. 214. *Matricaria inodora.* *1* und *2* Samen; *3* Samenquerschnitt, 8fach vergr.; *4* Samen, nat. Gr.; *5* Körbchen mit reifen Samen im Längsschnitt, nat. Gr. Orig.-Zeichn.

Bei dänischen Verfütterungsversuchen mit Samen dieser Unkrautart kamen bei Kühen[4] 27% der verfütterten Samen unverdaut und keimfähig zum Vorschein. Bei norwegischen Fütterungsversuchen fanden sich bei Verfütterung an Pferde und Kühe 10,4% bzw. 24,03% unverdaute Samen im Dünger.

Matricaria inodora ist eins der gemeinsten Unkräuter des Nutzlandes in ganz Europa, Nordasien und Nordamerika und findet sich vom Mittelmeer nach Norden durch ganz Nordeuropa bis zu 71° 10′ n. Br. (Norwegen) und vom Meer bis an die Birkengrenze auf Boden jeder Art, vor allem im Kulturboden, wo es durch unreine Wiesensaat verbreitet wird. Die Pflanze findet sich auch an Weg- und Bahnstrecken, Rainen, Grabenrändern, verwahrlosten Plätzen und Schutthalden. Besonders vorherrschend ist sie auf einjährigen Wiesen, kommt aber auch auf älteren Weiden und bei mäßiger Bodenbearbeitung im Acker vor, beispielsweise wenn der Acker zwischen zweimal aufeinanderfolgender Sommerfrucht nicht gepflügt wurde.

Die Pflanze ist zweijährig, kann bei frühem Abmähen gelegentlich auch mehrjährig werden. Sie wird durch Samen fortgepflanzt und verbreitet; davon kommen große Mengen mit der Ernte unter Dach, in Wiesensaat, Samenspreu, Dreschabfälle, Kornspreu, Heubodenkehricht sowie andere Abfälle der Ackerfrüchte und finden so den Weg in den Dünger. Z. B. kamen in 24 Dreschabfall-

[1] Arb. d. dtsch. Landw. Ges. H. 294, S. 60.
[2] DORPH-PETERSEN: Tidsskr. f. Landbr. Planteavl. Bd. 17, S. 596.
[3] DORPH-PETERSEN: Ebenda. Bd. 17, S. 606 und 608.
[4] DORPH-PETERSEN: Tidsskr. f. Landbr. Pl. avl. Bd. 17, S. 620. 1910.

proben durchschnittlich 30568, in 5 Kornspreuproben 1380, in 2 Heubodenkehrichtproben 140000, in Wiesenabfallsamen 330000, in 4 Bastardkleesamenproben (*Trifolium hybridum*) 4500, in 6 Proben Timothegrassamen 67042, in Mischsaat 22338 und im Rotkleesamen (*T. pratense*) 3000 Samen je kg der be-

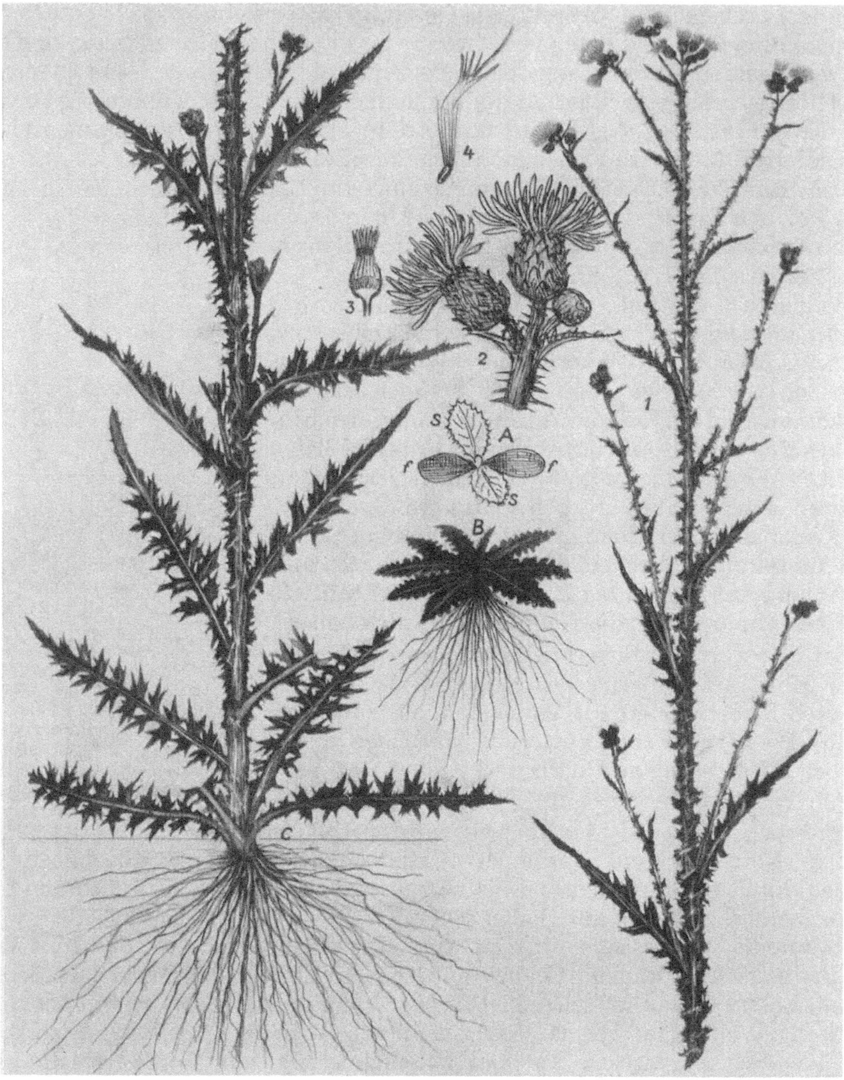

Abb. 215. *Cirsium palustre*. *A* Keimpflanze, *f* Keimblätter, *s* Laubblätter, nat. Gr.; *B* Pflanze im Herbst des 1. Jahres; *C* voll entwickelte Pflanze, $^1/_5$ nat. Gr.; *1* Scheitel derselben; *2* Blütenkörbchen, nat. Gr.; *3* Blütenkörbchen im Längsschnitt, etwa $^1/_2$ nat. Gr.; *4* Blüte, etwa 2fach vergr. Nach KORSMOS Unkrauttafeln.

treffenden Proben vor. In einigen Bodenproben liefen während der Versuchszeit durchschnittlich je qm 167 Pflanzen auf.

Bei der Bekämpfung der Pflanze gilt es in erster Linie, nur reine Wiesensaat zu verwenden. Bei Selbsterzeugung der Saat geschieht das am sichersten und gründlichsten durch Jäten der Pflanze vor der Ernte, am besten während der Blüte des Unkrautes, so daß Samenausfall von vornherein ausgeschlossen ist.

Bei Bezug der Wiesensaat sei man streng auf Beschaffung von nur erstklassiger und auf völlige Unkrautreinheit geprüfter Ware bedacht. Weiterhin verwende man bei der Düngung von neu zu bestellenden Äckern, wie beim Düngen von Wiesen nur reinen, vorzugsweise künstlichen Dünger. Alle Wiesen, die nicht zur Samenernte stehen sollen, besonders einjährige, auf denen *Matricaria inodora* sich immer findet, mähe man spätestens, wenn die Pflanze zu blühen beginnt. Das gleiche gilt für Raine, Wegränder u. ä.

Tritt dieses Unkraut auf Äckern auf, kann man es unter Hackfrüchten durch Jäten und Hacken, im Sommer- und Winterkorn durch Behandlung mit der Unkrautegge oder durch Bespritzen mit einer 15—20%igen Eisenvitriollösung oder 3½—4%iger Schwefelsäure unterdrücken.

106. *Cirsium palustre* (L.) Scop. Sumpfdistel, Sumpf-Kratzdistel; engl. Marsh thistle. *Cirsium palustre* (Fam. Compositae) ist ein zweijähriges Unkraut mit kräftig entwickelter Faserwurzel, 1—2 m hohem, aufrechtem, wenig ästigem, von der Wurzel bis zur Spitze mit flügelartigen, dornigen Längskanten besetztem Stengel, tieffiederspaltigen, dornenkantigen Blättern und 2—3spaltigen, stachelspitzigen Zipfeln. Die Körbchen sitzen in doldenähnlichen Bündeln zusammen und haben purpurrote Kronblätter. Im Keimjahr entwickelt die Pflanze eine Rosette von eiförmig-lanzettlichen, fiederlappigen Blättern mit runden, sehr scharf behaarten Lappen, überwintert dann und vollendet und beschließt das Wachstum mit Blüte und Reife von Juli bis September des folgenden Sommers (Abb. 215). Der fast stäbchenförmige, dem Grunde zu schmäler werdende Same ist oberhalb der Mitte in der Nähe der schief abgestumpften Spitze am breitesten und trägt einen gleichmäßig erhabenen Kragen mit dickem, mittelständigem, zapfenförmigem, kurzem Stiel. Der etwas gekrümmte, seitlich zusammengedrückte Same ist etwas glänzend, korngelb, mit feinen Längsrillen und federförmigen Fegehaaren versehen (Abb. 216). 1000-K.Gew. etwa 1,35 g, Länge und Breite etwa 3,2 × 1,2 mm ohne Fegehaare, Samenzahl je Pflanze etwa 7000, je kg etwa 700000.

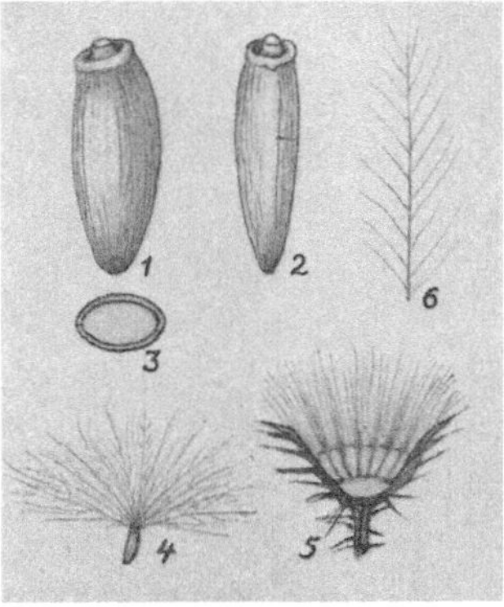

Abb. 216. *Cirsium palustre*. *1* und *2* Breit- und Schmalseite des Samens; *3* Samenquerschnitt, 6fach vergr.; *4* Same mit Pappus; *5* Körbchen im Längsschnitt mit reifen Samen, nat. Gr.; *6* Fegehaar des Pappus, vergr. Orig.-Zeichn.

Bei Keimversuchen im Laboratorium mit überwintertem, trocken gelagertem Samen liefen 91% in 10 Tagen auf. Draußen liefen 1 cm tief im Sandboden von vorjährigem Samen 19% in 90 Tagen auf; bei einem anderen Versuch 43% in 43 Tagen. Bei Aussaat im Herbst keimten während des Frühjahrs bei zwei Versuchen 44 und 47%. Im Frühsommer keimten

in Tiefe von	0	1	2	3	4	5	cm
bei Aussaat im Herbst	30	60	56	40	4	0	%
bei Aussaat im Frühjahr	10	2	0	0	0	0	%.

Cirsium arvense bevorzugt sauren Boden. Auf sumpfigen Wiesen, Mooren, saurem Ödland kommt die Pflanze in ganz Europa, Nordasien und, aus Europa verschleppt, in Nordamerika vor. Sie ist in ganz Deutschland, England und Skandinavien bis über die Nadelbaumgrenze und bis zu 67° 15′ n. Br. (Norwegen) anzutreffen. Sie wird durch Samen fortgepflanzt und verbreitet. Oft wird die Pflanze auf entlegenen Weiden oder schlechten Wiesen, die von ihr bestanden sind, spät oder überhaupt nicht abgehauen. In beiden Fällen ist Samenreife und -verbreitung unvermeidlich. Auf gut bearbeitetem und dräniertem, festem Boden kommt sie gewöhnlich nicht vor und kann daher durch Samen, der unter solchen Wachstumsverhältnissen gereift ist, nicht verbreitet werden.

Die Sumpfdistel wird bekämpft durch:

1. Entwässerung und Bearbeitung von sauren oder sumpfigen Böden.

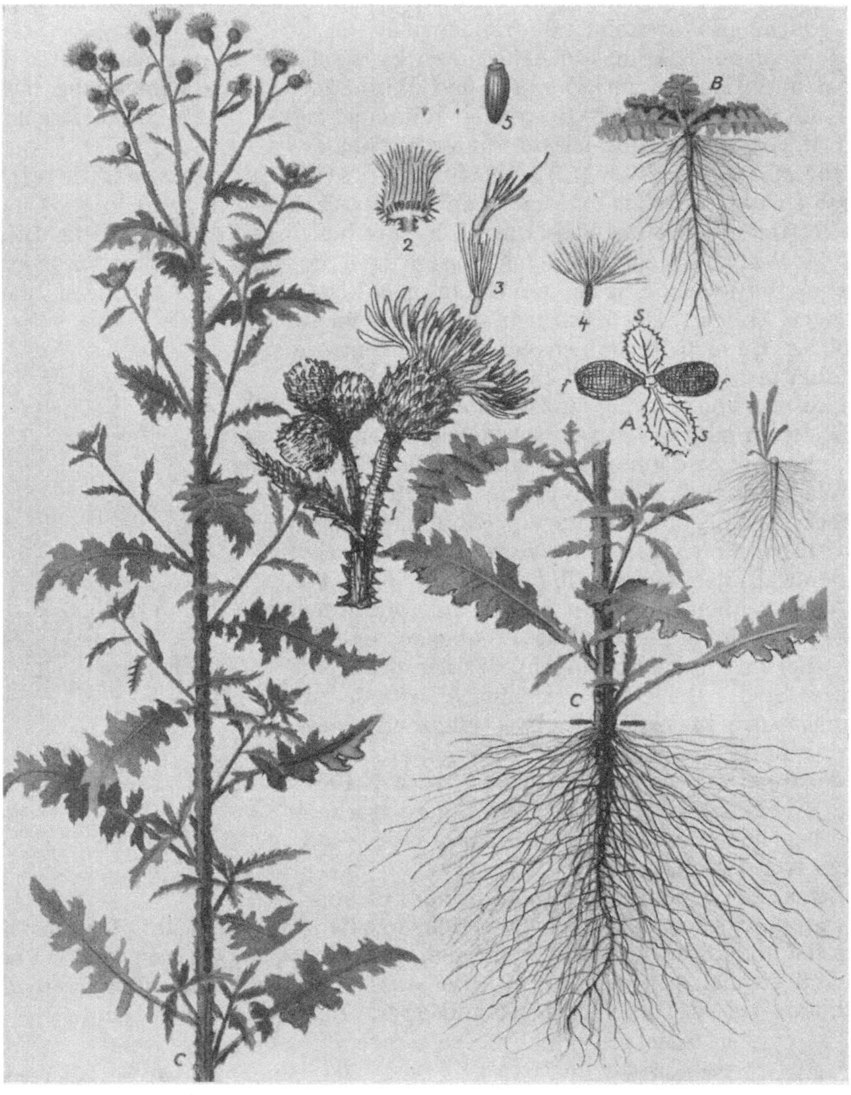

Abb. 217. *Carduus crispus.* *A* Keimpflanze, *r* Keimblätter, *s* Laubblätter, etwa nat. Gr.; *B* Pflanze im Herbst des 1. Jahres; *C* voll entwickelte Pflanze, $^{1}/_{5}$ nat. Gr.; *1* oberer Zweig mit Blütenkörbchen, nat. Gr.; *2* Blütenkörbchen im Längsschnitt, $^{3}/_{4}$ nat. Gr.; *3* Blüte, $^{5}/_{3}$ nat. Gr.; *4* Same mit Pappus, nat. Gr.; *5* Same, 3fach vergr. Nach Korsmos Unkrauttafeln.

2. Verhinderung der Samenreife und -verbreitung durch Abhauen vor dem Blühen oder Fruchten der Pflanze.

3. Sammeln und sorgfältiges Behandeln von Heubodenkehricht und anderen Abfällen, durch die der Same leicht in den Dünger und so wieder auf den Acker kommen kann.

Die Pflanze wird vom Weidevieh gemieden. Findet sie sich im Futter, so wird dieses oft gänzlich gemieden und dadurch auch wertvolles Futter vergeudet.

107. *Carduus crispus* LINN. Krause Distel, engl. Welted thistle. *Carduus crispus* (Fam. Compositae) ist zweijährig, korbblütig und entwickelt im ersten, dem Keimjahre, eine Keimpflanze mit kräftiger, zapfenförmiger Pfahlwurzel und einer oberirdischen, blattreichen Laubblattrosette von 15—40 cm Durchmesser. Sie überwintert und treibt im nächsten Sommer eine oft kräftige, büschige, ästige, blattreiche, bis zu 1,5 m hohe, blüten- und samentragende Staude mit fast bis an die Spitze mit dornigen, flügelartigen Kanten versehener Hauptachse, mehr oder weniger buchtig-fiederspaltigen, dornenrandigen, länglichen, unterseits oft wollig-filzigen Blättern und fast kugelrunden Körbchen. Die Hüllblätter des Körbchens endigen in einen kleinen Dorn. Die Kronenblätter sind rotviolett und etwas größer als die von *Cirsium palustre* (Abb. 217). Blüte- und Reifezeit von Juli-August bis in den September hinein.

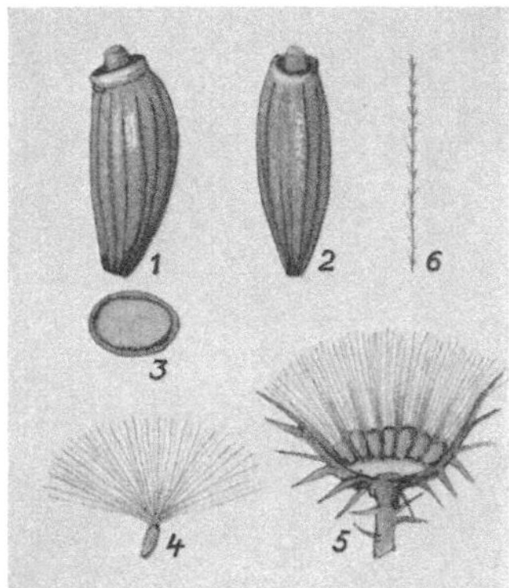

Abb. 218. *Carduus crispus*. *1* und *2* Breit- und Schmalseite des Samens; *3* Samenquerschnitt, 6fach vergr.; *4* Same mit Pappus; *5* Körbchen mit reifen Samen im Längsschnitt, nat. Gr.; *6* Fegehaar des Pappus, $^5/_2$ nat. Gr. Orig.-Zeichn.

Der fast ellipsoidische Same ist am Scheitel abgestumpft und mit einer eingeschnürten, kragenförmigen Kante und einem kurzen, mittelständigen, zapfenförmigen Stiel versehen, etwas gekrümmt, seitlich zusammengedrückt, rauh und matt, schmutzig gelbgrau, in der Gegend des Kragens braungelb und trägt dunklere Längsrillen (Abb. 218). 1000-K.Gew. etwa 1,45 g, Länge und Breite etwa 3,1 × 1,3 mm ohne Fegehaare (die haarförmigen Fegehaare sind etwa 1,0 cm lang), Samenzahl je Pflanze etwa 6500, je kg etwa 700000. Von dem leicht keimenden Samen liefen im Laboratorium nach Überwinterung und Trockenlagerung 46% in 5, 90% in 320 Tagen auf. Im Freien keimten in 1 cm Tiefe 26% in 20 Tagen. Bei Aussaat im Herbst keimten im folgenden Frühjahr 36%. Saattiefenversuche ergaben eine höchste Keimtiefe von 4 cm. Nach $3^1/_2$ monatigem Wachstum hatten die Keimpflanzen über der Erde Blattrosetten aus etwa 15 cm langen Blättern und unter der Erde eine kräftige Pfahlwurzel mit vielen Nebenwurzeln entwickelt, mit deren Hilfe die Pflanze überwintert, um in ihrem zweiten Wachstumsjahre nach voller Entwicklung mit Blüte und Reife einzugehen.

Carduus crispus kommt im Kulturboden in ganz Nordeuropa, Nordasien und bis nach China sowie, aus Europa verschleppt, in Nordamerika vor. In Deutschland, auf den britischen Inseln und in Skandinavien ist dieses Unkraut streckenweise allgemein an Wegkanten, Rainen, Schutthalden, auf Wiesen und gelegentlich auch Äckern, wenn das Land nur mäßig bearbeitet wird oder, besonders auf steil abfallenden Äckern, nicht im Herbst, sondern im Frühjahr gepflügt wird oder gar nur nach Eggen und ohne gepflügt zu werden wieder bestellt wird. Die Pflanze tritt in Gegenden bis zu 600 m über dem Meer auf und dringt bis zu 69°22′ n. Br. (Norwegen) vor.

Sie pflanzt sich durch Samen fort, der leicht vom Winde verweht wird. Häufig tritt sie, durch unreine Wiesensaat und durch Unkrautsamen enthaltenden Stalldünger verbreitet, auf einjährigen Wiesen auf. Durch Dreschabfälle, Kornspreu u. ä. wird ihr Same ebenfalls verbreitet. In Dreschabfall- und Kornspreuproben fanden sich 1500 bzw. 200, in Wiesenmischsaat 250 Samen je kg der Proben.

Dieses Unkraut wird auf die gleiche Art wie *Matricaria inodora* bekämpft.

Die Haustiere verschmähen es; entfernt man es nicht aus dem Futter, so wird dieses gänzlich gemieden und somit auch wertvolles Futter vom Vieh vergeudet.

108. *Cirsium lanceolatum* (L.) Scop. Lanzettblättrige Distel, lanzettliche Kratzdistel; engl. Spear thistle. *Cirsium lanceolatum* (Fam. Compo-

Abb. 219. *Cirsium lanceolatum.* *1* einige Tage alte Keimpflanze, *f* Keimblätter, *s* Laubblätter, nat. Gr.; *1a* dieselbe im Herbst; *2* voll entwickelte Pflanze, $^1/_4$ nat, Gr.; *3* Blüte, 2fach vergr.; *4* Blütenkörbchen im Längsschnitt, $^3/_4$ nat. Gr.; *5* Same, 4fach vergr.; *6* Same mit Pappus, etwa nat. Gr. Orig.-Zeichn.

sitae) ist ein zweijähriges, aufrechtes, kräftiges, 60—130 cm hohes, korbblütiges Unkraut mit sperrigen, herablaufenden, unterseits dünnspinnwebähnlich-wollig behaarten tief-fiederspaltigen Blättern mit zweispaltigen Seitenzipfeln und lanzettlichen in einem starken Dorn endigenden Zipfelchen. Auch der Stengel ist seiner ganzen Länge nach wie mit scharfen, dornigen Flügelkanten besetzt. Die wenigen, kugelrunden im Durchschnitt bis zu 3 cm dicken Körbchen haben spinnenwebartig behaarte, dornige Hüllblätter und große pupurrote Kronen (Abb. 219). Blüte- und Reifezeit von Juni bis in den September hinein. Der fast spindelförmige, jedoch etwas gekrümmte, seitlich zusammengedrückte Same ist am Grunde abgerundet und trägt an dem schief abgestumpften Scheitel eine etwas eingeschnürte, kragenförmige Kante mit mittelständigem, zapfenförmigem Stiel. Seine fast kahle, glänzende, braungelbe Oberfläche hat schwarze bis grauviolette unterbrochene Längsstreifen (Abb. 220). 1000-K.Gew. etwa 2,1 g, Länge und Breite etwa 4,0 × 1,6 mm ohne Fegehaare (die nach der Reife sperrigen, seidig glänzenden, federförmigen Fegehaare sind ungefähr 2 cm lang), Samenzahl je Pflanze etwa 2800, je kg etwa 475000.

Der Same läuft schnell auf. Nach Überwinterung keimten 95% im Keimapparate in 3 Tagen. Draußen in Sandboden keimten von frisch geerntetem Samen 100% in 10 Tagen. Von 12 Monate altem Samen keimten draußen im Boden bei 1 cm Tiefe 33% in 23 Tagen. Bei Saattiefenversuchen keimten draußen im Sandboden von überwintertem Samen in einer Tiefe von

	0	1	2	3	4	5	6 cm
bei Aussaat im Herbst . .	28	28	26	16	12	0	0 %
bei Aussaat im Frühjahr .	24	22	12	4	0	0	0 %.

Tiefer als 4 cm schien der Same nicht mehr auflaufen zu können. Die ausgekeimten Pflanzen entwickelten während der Wachstumszeit von 120 Tagen oberirdische Laubblattrosetten, doch keine Stengelsprosse.

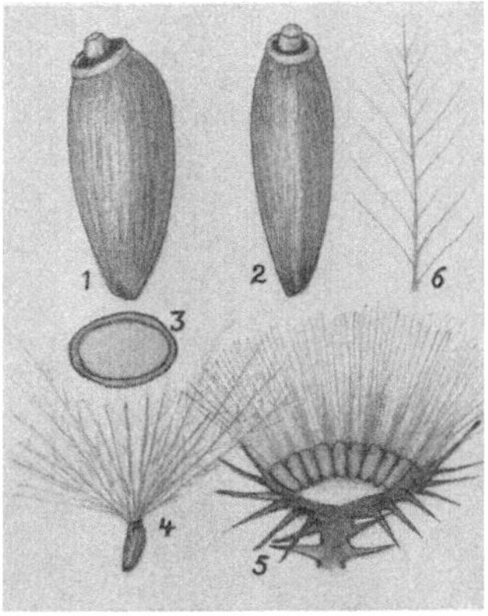

Abb. 220. *Cirsium lanceolatum.* *1* und *2* Samen, von vorn und von der Seite gesehen; *3* Samenquerschnitt, 6fach vergr.; *4* Same mit Pappus, nat. Gr.; *5* Körbchen mit reifen Samen im Längsschnitt, $^{2}/_{3}$ nat. Gr.; *6* Fegehaar des Pappus, vergr. Orig.-Zeichn.

Die Pflanze wächst unter gleichen Verhältnissen wie *Carduus crispus* und *Cirsium palustre.* Am besten gedeiht sie auf trockenem Boden und treibt dort oft eine kräftige Pfahlwurzel; auf feuchtem Boden bleibt die Pfahlwurzel dagegen schwach, treibt aber kräftige, schräg bis fast wagerecht liegende Nebenwurzeln. *Cirsium lanceolatum* ist ein allgemein verbreitetes Unkraut im Unland, an Weg- und Bahndämmen, Waldrändern, auf Weiden, gelegentlich auch auf Äckern und Wiesen im ganzen gemäßigten Europa, so in Deutschland, England, Finnland und Skandinavien bis zu 65° 49′ n. Br. (Norwegen), in Westasien, Nordafrika, Südafrika[1] und Nordamerika.

Die Pflanze wird durch Samen, der in russischer Kleesaat ganz gewöhnlich vorkommt, fortgepflanzt und verbreitet. Man bekämpft sie wie die eben beschriebenen Arten. Gegenüber Chemikalien ist sie empfindlich. Nach WEHSARG[2] kann man junge Pflanzen auch mit staubfeinem Kainit vernichten.

Alle Haustiere meiden die Pflanze.

109. *Onopordon acanthium* L. Gemeine Krebs- oder Eselsdistel, engl. Scotch thistle, cotton thistle. *Onopordon acanthium* (Fam. Compositae) ist ein zweijähriges, bis zu 2 m hohes weiß-filzig behaartes, ästiges Unkraut mit im Umriß elliptischen, sehr buchtig gezähnten, sehr scharf stachelspitzigen Blättern, die sich wie flügelartige Dornenkanten an den Stengeln abwärts ziehen. Die im Durchmesser über 2 cm großen Blütenkörbchen haben filzige, dornige Hüll- und purpurrote Kronblätter. Im Keimjahre entwickelt sich eine kräftige, zapfen-

[1] LANSDELL, K. A.: Weeds of South Africa Part II. Reprinted from the Journ. of the Dept. of Agric., December 1921, June 1922, February, April and August. Pretoria 1923.

[2] WEHSARG: Arb. d. dtsch. Landw. Ges. H. 294, S. 376, 1918.

förmige Pfahlwurzel und eine oberirdische Laubblattrosette. Im folgenden Sommer kommt die Pflanze zu voller Entwicklung. Sie blüht und fruchtet im Juli und August (Abb. 221).

Der Same trägt etwa 11 mm lange, gezähnte Haare, die in mehreren Reihen am Grunde zu einem Ring zusammengewachsen sind. Der längliche, lanzettliche,

Abb. 221. *Onopordon acanthium.* *1* blühender Gipfelsproß; *2* grundständiges Blatt, von der Unterseite betrachtet; *3* Blütenboden, von dem die Früchte entfernt sind, $^3/_4$ nat. Gr.; *4* Blüte, $^9/_8$ nat. Gr.; *5* Same; *6* Pappus, $^9/_4$ nat. Gr. Nach MENTZ und OSTENFELD.

gerade oder etwas gekrümmte, seitlich etwas zusammengedrückte Same wird an dem stumpfen, runden Grunde schmaler und ist an der gleichmäßig abgerundeten Spitze, die eine schwache ringförmige Vertiefung mit mittelständigem Zapfen trägt, am breitesten. Die mattglänzende, goldbraune bis schwarzbraune Oberfläche ist mit erhabenen Längsrippen und maschenförmigen Querrunzeln überzogen (Abb. 222). 1000-K.Gew. etwa 11 g, Länge und Breite etwa 4,9 × 2,6 mm, Samenzahl je Pflanze etwa 8000, je kg etwa 91000.

Onopordon acanthium ist ursprünglich in den Mittelmeerländern und im westlichen Mittelasien heimisch, später aber über die ganze Erde verschleppt worden. Zur Zeit ist die Pflanze ein sehr verbreitetes Acker- und Wiesenunkraut und auch an Land- und Feldwegen u. ä. in ganz Europa, vor allem Mitteleuropa, dem westlichen Mittelasien, Russisch-Asien und Nordamerika sehr gemein. Vereinzelter und in Siedlungsnähe tritt sie in Skandinavien auf.

Die Pflanze wird durch Samen fortgepflanzt und leicht vom Winde verweht und verbreitet. Als Futter ist sie wertlos, fordert viel Platz und ist besonders auf Weiden lästig.

Sie wird wie die zweijährigen *Cirsium*-Arten bekämpft.

110. *Lappa officinalis* ALL. (= *L. major* GAERTN., *Arctium lappa* L.). Gemeine Klette, engl. Great burdock. *Lappa officinalis* (Fam. Compositae) ist ein kräftiges, fast strauchartig verzweigtes, bis zu 1,5 m hohes, zweijähriges Unkraut mit herzförmigen Blättern, deren untere bis zu 40 cm lang und 25 cm breit, deren obere schmaler, eirund, grün, oberseits glatt und unterseits oft von kurzen, weißen, wolligen Haaren bedeckt sind. Die Körbchen sitzen in einem ebensträußigen Blütenstand zusammen und haben eine fast kugelrunde Hülle aus ziegelartig übereinander gelegten, lederähnlichen, fast kahlen Hüllblättern, die in eine lange, sperrig abstehende, am Ende hakenförmig gebogene Spitze auslaufen. Die Kronen sind dunkelrot. Die Pflanze blüht im Juli und August (Abb. 223). Samenzahl je Körbchen etwa 52. Die reifen Samen werden oft durch Eintrocknen des Blütenbodens herausgepreßt. Sie sind lanzettlich, oberhalb der Mitte am dicksten und dem abgestumpften Ansatzende zu etwas schmaler. Dieses schließt mit einem ungleichmäßig knorrigen Kragen ab, in dessen grubiger Vertiefung ein kurzer, zapfenförmiger Stiel sitzt. Der Same ist seitlich zusammengedrückt, etwas gekrümmt und mit Längsriefen versehen, zwischen denen die Oberfläche wie längsgefurcht aussieht. Unmittelbar unterhalb des Kragens befinden sich zickzackförmig angeordnete Vertiefungen. Die matte, rauhe, graubraune (schokoladenbraune) Oberfläche weist unregelmäßig verteilte, dunklere Zeichnungen auf (Abb. 224). 1000-K.Gew. etwa 9,45 g, Länge und Breite etwa 6,7 × 2,4 mm, Samenzahl je Pflanze etwa 3700, je kg etwa 106000[1]. Von dem schnell auflaufenden Samen keimten im Laboratorium in 14 Tagen 93, in 22 Tagen 95%. Im Freien begann die Keimung bei 1 cm Saattiefe nach 13 Tagen und erreichte während des Sommers schließlich 60%. Nach Bodenüberwinterung im Freien liefen während des Frühjahrs bei einem Versuche 70% auf. Die günstigste Keimtiefe liegt zwischen 0,5 und 1 cm, die ungünstigste bei 5 cm Tiefe. Untersuchungen ergaben, daß trocken gelagerter Same seine Keimkraft noch nach 8 Jahren besaß[2].

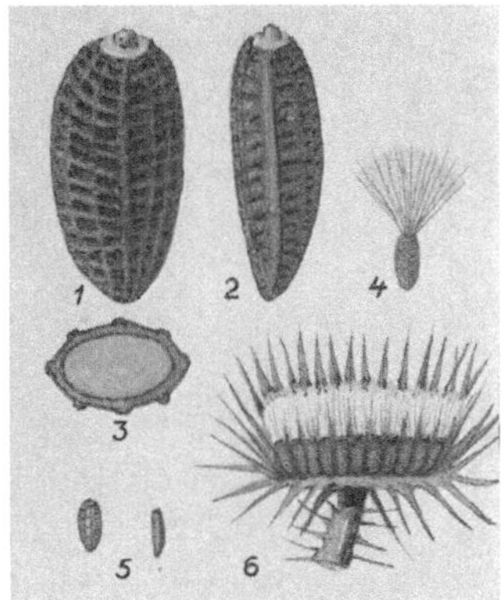

Abb. 222. *Onopordon acanthium.* *1* und *2* Samen, von vorn und von der Seite gesehen; *3* Samenquerschnitt, 5 fach vergr.; *4* Same mit Pappus, nat. Gr.; *5* Samen, nat. Gr.; *6* Körbchen mit reifen Samen im Längsschnitt, 2/3 nat. Gr. Orig.-Zeichn.

[1] In Arb. d. dtsch. Landw. Ges. H. 294, S. 215, 1918 nennt WEHSARG als Samenzahl je Pflanze nach LÖBE 24520, nach SCHERTLER 12388 und nach DORPH-PETERSEN 26000.

[2] STRICKLAND, DAUBENY, H. E., HENSLOW and LINDLEY (1850, 1857): Reports of a Committee appointed to continue their experiments on the growth and vitality of seeds. Rep. Brit. Ass. Ad. Sci. Nr. 20, S. 160—168; Nr. 27, S. 43—56 (Weeds of Farm Land S. 72, 73).

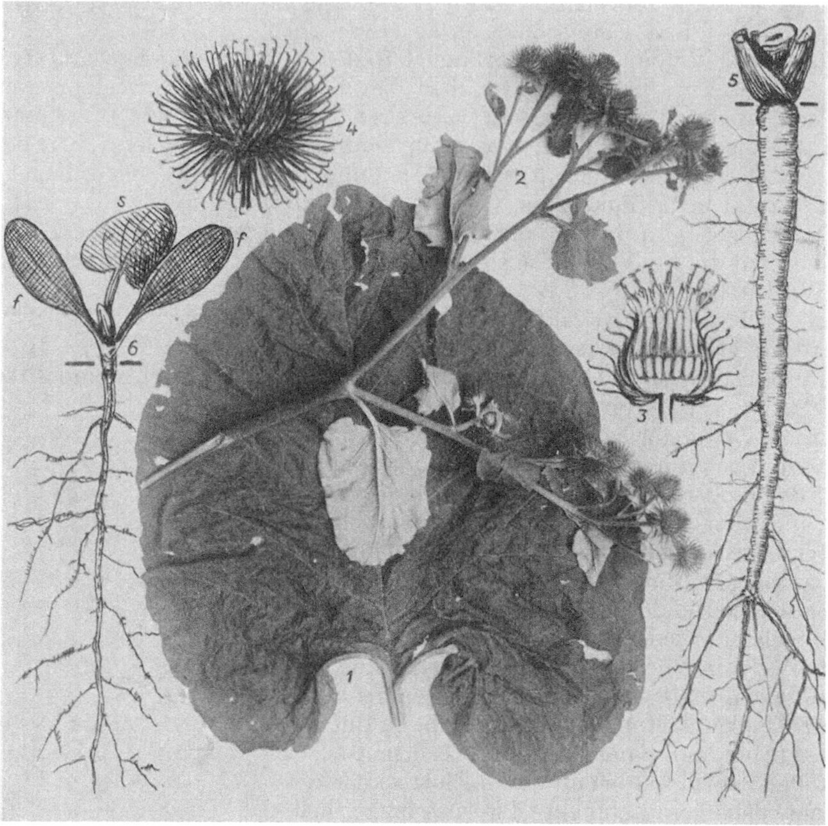

Abb. 223. *Lappa officinalis* (= *Arctium majus* BERNH.). *1* unteres Stengelblatt; *2* blühender Gipfelsproß, 1/4 nat. Gr.; *3* Blütenkörbchen im Längsschnitt; *4* Blütenkörbchen, nat. Gr.; *5* Wurzel, 1/4 nat. Gr.; *6* einige Tage alte Keimpflanze, *f* Keimblätter, *s* Laubblatt, nat. Gr. Eig. Aufn. und Zeichn.

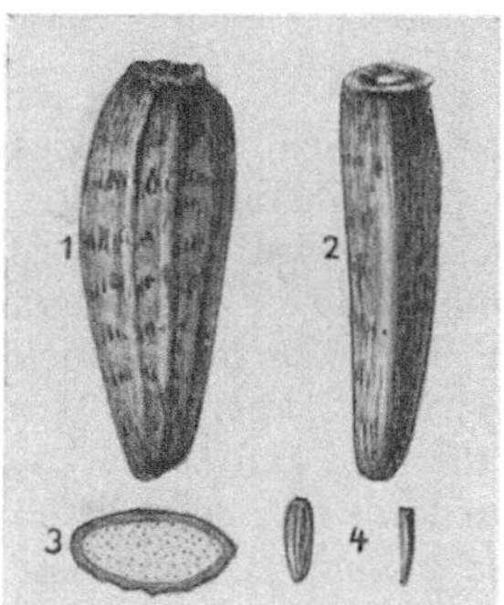

Abb. 224. *Lappa officinalis* = *Arctium majus* = *A. Lappa*. *1* und *2* Samen, von vorn und von der Seite gesehen; *3* Samenquerschnitt, 4,5 fach vergr.; *4* Samen, nat. Gr. Orig.-Zeichn.

Die zweijährige Pflanze entwickelt im Keimjahre gewöhnlich keine Stengelsprosse. Sie überwintert mit Hilfe einer Pfahlwurzel, die im Laufe des zweiten und letzten Wachstumsjahres der Pflanze bis über 60 cm lang wird und senkrecht hinabwächst. Nach Blüte und Reife stirbt die ganze Pflanze mit Stengeln und Wurzeln ab.

Lappa officinalis wächst im Unland, an Weg- und Eisenbahnstrecken, Waldrändern, auf Weiden u. ä. im gemäßigten Europa, Asien und Nordamerika und anderen Gebieten. In Deutschland, England und großen Teilen Skandinaviens bis zu 64° 13′ n. Br. (Norwegen) ist die Pflanze gemein.

Sie wird durch Samen fortgepflanzt und verbreitet. Die Fegehaare sind kurz, fallen nach der Reife leicht ab, und tragen darum zur Verbreitung durch den Wind nicht weiter bei. Dagegen heften sie sich mit Hilfe der Haken an den Hüllblättern leicht an Pferdebeine, Kleider, Geräte u. ä. an, wodurch Samenverbreitung selbst über weite Abstände bewirkt werden kann.

Die Bekämpfung geschieht am besten durch Verhinderung der Reife, indem man die Pflanze vor der Blüte beseitigt. Im ersten Wachstumsjahre können die Pflanzen auch herausgestochen oder unter dem Wurzelhalse abgeschnitten werden. Die Wurzeln der drei hier erwähnten *Lappa*-Arten kann man auch dadurch töten, daß man beispielsweise 5—10 g Natriumchlorat auf den Wurzelkopf streut.

Abb. 225. *Lappa minor* (= *Arctium minus*). *1* unteres Stengelblatt; *2* Blütensproß, 1/4 nat. Gr.; *3* Blütenkörbchen, nat. Gr., *4* Wurzel, 1/4 nat. Gr.; *5* einige Tage alte Keimpflanze, *f* Keimblätter, *s* Laubblatt, nat. Gr. Eig. Aufn. und Zeichn.

111. *Lappa minor* D.C. (= *Arctium minus* SCHKUHR). Kleine Klette, engl. Common burdock. *Lappa minor* (Fam. Compositae) ist ein zweijähriges, *Lappa officinalis* ähnelndes, aber kleineres Unkraut mit 0,3—1 m hohem, aufrechtem Stengel mit schließlich aufrechten Ästen, 15—25 mm dicken trauben- oder ährenständigen Körbchen an oft verlängertem Blütenstand und mit spinnwebartig, filzigen (doch viel schwächer als bei *Lappa tomentosa*) Hüllblättern. Die wenig verzweigte, bis 0,5 m lange Pfahlwurzel hat viele feine Faserwurzeln (Abb. 225). Die Pflanze blüht im Juli und August und fruchtet unmittelbar danach. Samenzahl je Körbchen etwa 43.

Der leicht gekrümmte, etwas zusammengedrückte, mit Längsstreifen und -rippen und schwachen, querlaufenden Zickzackfurchen versehene Same ist stäbchenförmig, zwischen Mitte und Spitze am dicksten und der quer abgestumpften, hellen Grundfläche zu verschmälert. Er ist an dem gleichfalls quer abgestumpften Scheitel mit einer ungleichmäßigen Kante und einer kleinen, zentralen, helleren Erhebung versehen und von mattbrauner Farbe mit braunschwarzen Zeichnungen (Abb. 226). 1000-K.Gew. etwa 11,4 g, Länge und Breite etwa 6,0 × 2,7 mm, Samenzahl je Pflanze etwa 1900, je kg etwa 88000.

Im Laboratorium liefen bei einem Versuch in 52 Keimtagen 92% auf. Nach Überwinterung keimten bei einem Versuche draußen in Sandboden 62% in 43 Tagen, bei einem anderen in 0,5 cm Tiefe 68% in 29 Tagen. Nach $3^1/_2$ monatlicher Wachstumszeit waren die Keimpflanzen 22 bzw. 15 cm hoch. Bei einem dritten Versuch keimten in

0	0,5	1	2	3	4	5	6	cm Tiefe
12	76	24	18	16	18	0	0	%.

Die überwinternde Keimpflanze blüht und fruchtet im zweiten Jahre und geht dann ein.

Lappa minor wächst an Weg- und Waldrändern, auf Weiden, Schutthalden, Grundstücken und im Nutzland in fast ganz Europa, Nordasien und Nordamerika und zwar besonders in Städten, auf Höfen, an Weg- und Eisenbahnstrecken u. ä. in Mittel- und Nordeuropa. Nördlich dringt sie bis zu 64°13′ n. Br. (Norwegen) vor.

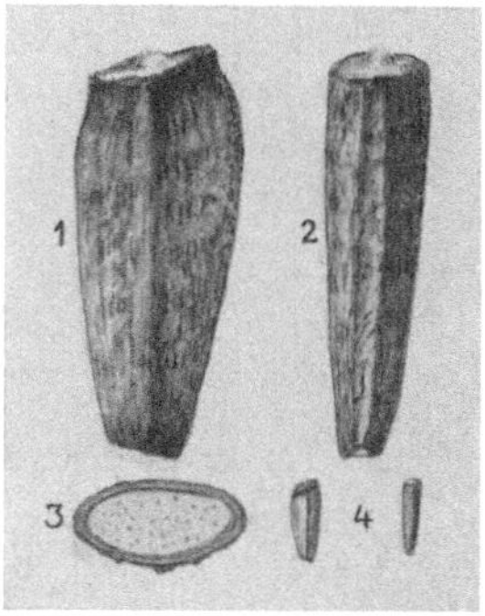

Abb. 226. *Lappa minor* = *Arctium minus*. *1* und *2* Samen, von der Seite und von vorn gesehen; *3* Samenquerschnitt, 5fach vergr.; *4* Samen, nat. Gr. Orig.-Zeichn.

Sie wird durch Samen fortgepflanzt und verbreitet und wie *Lappa officinalis* bekämpft.

112. *Lappa tomentosa* LAM. Klette, engl. Burdock. *Lappa tomentosa* (Fam. Compositae) ist ein zweijähriges, korbblütiges Unkraut mit langer, kräftiger, unverzweigter Pfahlwurzel und kräftigem, ästigem, über 1 m hohem Stengel, unteren herzförmigen, oberen eiförmigen, grob und unregelmäßig gelappten, oberseits grünen, unterseits weißfilzigen Blättern. Die Körbchen dieser *Lappa*-Art sitzen als doldenähnlicher Blütenstand auf verlängerten Ästen und sind fast kugelrund. Die spinnwebartig dick weißfilzigen Hüllblätter verleihen dem ganzen Blütenstand ein graufilziges Aussehen. Blütezeit im Juli und August (Abb. 227). Die rotvioletten Blüten ragen über die Hülle hinaus und bilden einen darüber liegenden Ring. Samenzahl je Körbchen etwa 64.

Der kommaförmig gekrümmte, zusammengedrückte Same ist unterhalb des Scheitels am dicksten und verschmälert sich der quer abgestumpften Grundfläche zu. Die Scheitelfläche ist ungleichmäßig kragenartig gekantet und hat in der Mitte ein zapfenförmiges Stielchen. Längsrippen und zickzackförmige, quer laufende Grübchen überziehen die matte, braungelbe bis graugrüne, mit dunkleren Zeichnungen versehene Oberfläche (Abb. 228). 1000-K.Gew. etwa 8,6 g, Länge und Breite etwa 5,9 × 2,8 mm, Samenzahl je Pflanze etwa 3400, je kg etwa 116500. Von dem verhältnismäßig schnell auflaufenden Samen keimten im Apparat 89% in 16 Tagen, bei einem Versuch draußen in Sandboden in 0,5 cm Tiefe 48% in 35 Tagen. Nach 126 Wachstumstagen hatten die Samenpflanzen oberirdische Blattrosetten ohne Stengelsprosse entwickelt. Bei Saattiefenversuchen lief tiefer als 6 cm kein Same auf.

Abb. 227. *Lappa tomentosa* = *Arctium tomentosum*. *1* unteres Stengelblatt; *2* blühender, oberer Zweig, 1/4 nat. Gr.; *3* Blütenkörbchen, nat. Gr.; *4* Wurzel, 1/4 nat. Gr.; *5* einige Tage alte Keimpflanze, *f* Keimblätter, *s* Laubblatt, nat. Gr. Eig. Aufn. und Zeichn.

Die Pflanze wächst an Wegrändern, Zäunen, im Gebüsch u. ä. besonders im gemäßigten Europa und Asien wie in Nordamerika usw. Im Norden tritt sie bis etwa 60° n. Br. auf.

Sie wird durch Samen fortgepflanzt und verbreitet. Die Körbchen haften mit den borstigen Häkchen ihrer Hülle leicht an Gegenständen, Tieren, Kleidern u. ä. fest, werden mitgeschleppt und können so auch im Kulturboden verbreitet werden. Die

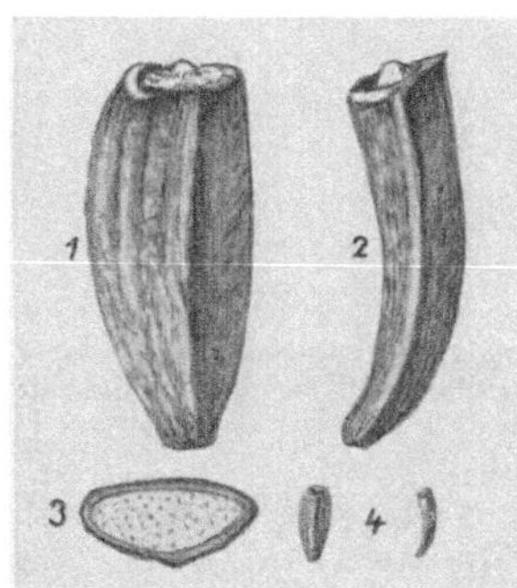

Abb. 228. *Lappa tomentosa* = *Arctium tomentosum*. *1* und *2* Breit- und Schmalseite des Samens, *3* Samenquerschnitt, 5fach vergr., *4* Samen, nat. Gr. Orig.-Zeichn.

Fegehaare sind zur Verbreitung untauglich, da sie zu klein sind und sich früh vom reifen Samen lösen. Die Bekämpfung der Pflanze geschieht wie bei *Lappa officinalis*.

Sie ist grob, holzig, fordert viel Platz und wird als gänzlich wertloses Futter von Haustieren gemieden.

Abb. 229. ***Tragopogon pratensis.*** *1* Blütenzweig, nat. Gr.; *2* Blüte, 2fach vergr.; *3* Same, 3fach vergr.; *4* Blütenkörbchen nach Samenreife, nat. Gr.; *5* Wurzel, $^1/_2$ nat. Gr.; *6* Keimpflanze, *f* Keimblätter, *s* Laubblätter, nat. Gr. Orig.-Zeichn.

113. *Tragopogon pratensis* LINN. Wiesen-Bocksbart, engl. Goat's-beard. *Tragopogon pratensis* (Fam. Compositae) ist ein zweijähriges, aufrechtes, wenig verzweigtes, 30—60 cm hohes Unkraut mit gelben, einzeln stehenden Blütenkörbchen, am Grunde breit stengelumfassenden, verlängert linienförmigen Blättern, zapfenförmiger bis zu 30 cm tief greifender, wenig oder gar nicht verzweigter Wurzel (Abb. 229). Im Keimjahre entwickelt die Keimpflanze eine lange, verhältnismäßig dünne Pfahlwurzel und eine oberirdische Blattrosette, überwintert dann, blüht und fruchtet nach weiterer Entwicklung von Juni bis August des folgenden Jahres und geht dann ein.

Der walzenförmige, langgezogene, gekrümmte, an der Außenseite der stumpf abgerundeten Grundfläche eine nagelförmige Vertiefung mit zapfenförmigem Stiel tragende Same spitzt sich oben schnabelförmig zu und läuft in einen langen, fegehaaretragenden Stiel aus. (Der Durchmesser des fiederförmigen, aus zusammengesetzten Haarästen bestehenden Fegehaarbüschels beträgt etwa 18 mm.) Die schuppenartige, gezackte, matte Samenoberfläche ist grau bis gelbbraun. 1000-K.Gew. etwa 7,6 g, Länge und Breite etwa 12 × 2 mm, Samenzahl je Pflanze etwa 190, je kg etwa 130000.

Im Laboratorium liefen in 7 Tagen 91% des Samens auf. Im Freien keimten bei 1 cm Tiefe nach Aussaat im Frühjahr bei einem Versuche 19% in 40 Tagen, bei Aussaat im Herbst 61% während des folgenden Frühlings. Nach 100tägigem Wachstum waren die Pflanzen 22 cm hoch.

Tragopogon pratensis kommt an Berghalden, auf Weiden, Schutthalden, an Weg- und Eisenbahnstrecken, Rainen und auf Wiesen im gemäßigten Europa und Asien wie in Nordamerika vor.

Die Pflanze wird durch Samen fortgepflanzt und meistens durch den Wind, gelegentlich auch durch Strohfutter verbreitet. Man verhindert die Verbreitung durch Abhauen der Pflanze vor der Reife.

114. *Daucus carota* LINN. Gemeine Möhre, Wilde Möhre, engl. Wild carrot. *Daucus carota* (Fam. Umbelliferae) ist ein zweijähriges Unkraut mit zapfenförmiger, weißgelber, langer, holziger, zäher, ungenießbarer Pfahlwurzel, ästigem, 30—60 cm hohem Stengel und weißgelben bis weißen doldenständigen Blüten (Abb. 230). Blütezeit von Juli bis September. Der Stiel der zweiteiligen, rundlichen, etwas zusammengedrückten Spaltfrucht ist nicht geteilt. Der ovale, im Querschnitt trapezförmige, seitlich zusammengedrückte Same trägt auf der Bauchseite eine erhabene Rippe, die in die kopfförmige Samenhaftstelle ausläuft. Die Außenseite trägt vier erhabene, mit etwa 1 mm langen, feinen, pfriemförmigen, weißgelben Borsten besetzte Rippen, deren Zwischenräume kleine Stacheln tragen. Der Same ist gelbgrau bis braun. 1000-KGew. etwa 1,5 g, Länge und Breite etwa 2,9 × 1,4 mm, Samenbreite einschließlich der Borsten und Stacheln etwa 4,3 mm, Samenzahl je Pflanze etwa 4000 (bei freistehenden Pflanzen bis zu 10000), je kg etwa 652000. Versuche ergaben, daß von überwintertem, trocken gelagertem Samen im Laboratorium 32% in 7 Tagen aufliefen. Im Freien keimten von entsprechendem, nur leicht bedecktem Samen 43% in 22 Tagen. Nach dänischen Untersuchungen liefen von trocken gelagertem Samen nach 4 Jahren 33%, nach gleich langer Lagerung in 20 cm Bodentiefe 45% auf. Außerdem hat man beobachtet[1], daß der Same seine Keimkraft bei Trockenlagerung 8 Jahre lang zu bewahren vermochte.

Im Keimjahre entwickelt die Pflanze eine dünne Pfahlwurzel und eine oberirdische Laubblattrosette, überwintert, treibt im folgenden Sommer blühende Stengelsprosse und geht dann ein. Diese wildwachsende Form von unserer Möhre ist ein gemeines Unkraut auf Äckern, Weiden, an Weg- und Eisenbahnstrecken, Rainen, Grabenrändern u. ä. auf Boden aller Art in ganz Europa (mit Ausnahme des nördlichsten), Nordafrika, teilweise auch Südafrika, Australien, Ost- und

[1] BRENCHLEY: Weeds of Farm Land S. 73.

Nordasien, Nordamerika und anderen Ländern. In Deutschland ist dieses Unkraut in fast sämtlichen Teilen des Landes sehr gemein. Das gleiche gilt den britischen Inseln. Besonders in Seenähe ist die Pflanze auch in ganz Dänemark und Südschweden sowie vereinzelt in den niedrigsten Gegenden Südnorwegens anzutreffen.

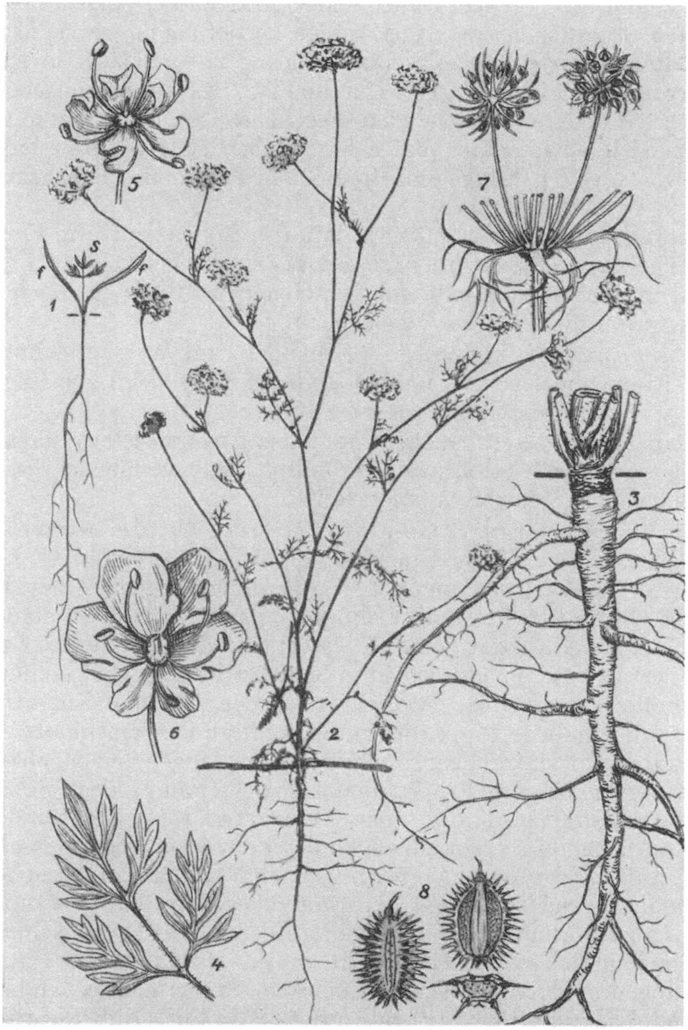

Abb. 230. *Daucus carota.* *1* Keimpflanze, *f* Keimblätter, *s* Laubblatt, nat. Gr.; *2* blühende Pflanze im zweiten Jahr, etwa $^1/_5$ nat. Gr.; *3* Wurzel im zweiten Jahr, etwa $^1/_2$ nat. Gr.; *4* oberer Teil eines Blattes, etwa nat. Gr.; *5* innere, *6* äußere Doldenblüte, etwa 10fach vergr.; *7* Dolde nach Samenreife, nat. Gr.; *8* Rücken-, Bauchansicht und Querschnitt des Samens, etwa 4fach vergr. Eig. Aufn. und Zeichn.

Sie wird durch Samen fortgepflanzt und verbreitet. Die Wurzel ist zu vegetativer Fortpflanzung nicht imstande. Nicht selten findet sich Same von *Daucus carota* in Wiesensaat. Verwendet man Wiesensamen, der durch Samen dieser Möhre verunreinigt ist, zur Einsaat während des Frühjahrs, so kommt sie auf der einjährigen Wiese zum Blühen. Bei früher Heuernte während des Herbstes kann sie zum zweiten Male blühen und auch noch fruchten.

Auf Wiesen, die der Saaterzeugung dienen, jäte man dieses Unkraut vor seiner Reife aus. Bei früher Heuernte mit anschließender Verwendung der Wiese als Weide haue man die Pflanze nach dem Weiden der Tiere ab, um Samenreife und Verbreitung zu verhindern. Findet sich die Pflanze im Unland, verhütet Abhauen im Juli die Samenverbreitung.

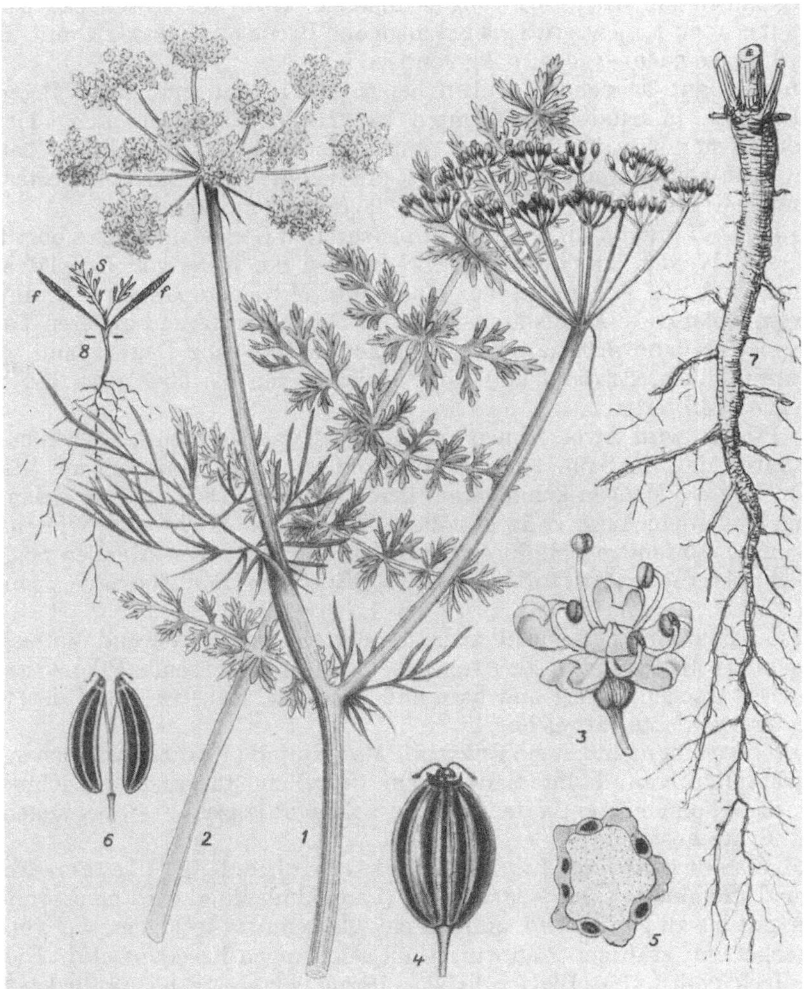

Abb. 231. *Carum carvi.* *1* Blütendolden; *2* unteres Stengelblatt, $^3/_5$ nat. Gr.; *3* Blüte, 10fach vergr.; *4* Frucht, 5fach vergr.; *5* Samenquerschnitt, 15fach vergr.; *6* vollreife Frucht mit sperrigen Samen am Fruchtstiel, 4fach vergr.; *7* Wurzel von Pflanze des zweiten Jahres, $^1/_2$ nat. Gr.; *8* Keimpflanze, *f* Keimblätter, *s* Laubblatt, nat. Gr. *1—6* nach Mentz und Ostenfeld, *7—8* Orig.-Zeichn.

115. *Carum carvi* Linn. Wiesen-Kümmel, gemeiner Kümmel; engl. Caraway. *Carum carvi* (Fam. Umbelliferae) ist eine zweijährige, doldenblütige Pflanze. Sie hat aufrechte, ästige, 50—60 cm hohe Stengel, längliche, 2—3fach gefiederte Blätter mit linealischen, sehr spitzen Zipfeln. Der Blattstiel hat eine sehr lange Scheide. Die Doldenhülle ist 1—3blättrig, Hüllchen fehlen (Abb. 231). Blütezeit von Mai bis Juni, Reife von Juli bis August. Die zweiteilige Spaltfrucht enthält langgezogene, beiden Enden zu gleichmäßig schmaler werdende, etwas gekrümmte Samen mit abgerundeter Grundfläche. Der Same hat auf dem Rücken fünf weißgelbe, erhabene Längsrippen mit tiefen, dunkelbraunen Zwischenräumen, die oben in einen knotenförmigen Absatz, der auf der Innenseite die Samenhaftstelle trägt, endigen. Etwas oberhalb der Samenmitte teilt der Fruchtstiel sich in 2 Äste, die oben auseinander spreizen und mit den Spitzen an den Samen anhaften. Die ungleichmäßige, runzelige Oberfläche ist matt (Abb. 231). 1000-K.Gew. etwa 2,5 g, Länge und Breite etwa 4,0 × 1,2 mm, Samenzahl je Pflanze 5000—15000, je kg 400000.

Von dem gut keimenden Samen liefen im Laboratorium in 30 Tagen 99% auf. Draußen in Sandboden keimten bei Herbstaussaat in 1 cm Tiefe im folgenden Frühjahr 59%, während von Samen der gleichen Probe bei Aussaat im Frühjahr während des Sommers 38% keimten. Trocken gelagerter Same kann seine Keimkraft nach BRENCHLEY[1] 8 Jahre lang bewahren.

Carum carvi kommt als Unkraut auf leichterem Boden auf älteren oder jüngeren Wiesen, Weiden, an Rainen, Wegkanten, in der Nähe von Hofplätzen, gelegentlich auch auf Äckern in ganz Nord- und Mitteleuropa, Nord- und Mittelasien vom Polarkreis bis ans Mittelmeer, in Nordamerika und anderen Ländern vor. Es ist als landwirtschaftliches Unkraut in fast ganz Deutschland, Mittel- und Ostfrankreich, England und ganz Skandinavien bis über 70° n. Br. hinaus (Norwegen) verbreitet.

Die Pflanze wird durch Samen fortgepflanzt und verbreitet. Meistens blüht sie so zeitig, daß ihr Same zur Heuernte reif ist, so daß ein Teil am Standort ausfällt. Weitere Mengen kommen mit dem Heu unter Dach und so in den Stalldünger. Außerdem kann er in Abfällen, Heubodenkehricht und Wiesensamen vorkommen. So fanden sich durchschnittlich in Proben von Abfällen 667, Heubodenkehricht 16000, Bastardkleesaat (*Trifolium hybridum*) 500 Samen je kg der Probe.

Bei der Bekämpfung bedient man sich der gleichen Mittel und Maßnahmen, wie gegenüber *Matricaria inodora* angegeben. Die aufwachsende Pflanze ist zähe, die reife ist trocken, holzig und hart und wird von Haustieren auf der Weide, wie als Trockenfutter abgelehnt.

Carum carvi ist nicht nur ein Unkraut. Man baut die Pflanze an manchen Orten als Gewürzpflanze an, da ihre Samen (sem. *Carvi*) ein starkes, scharf schmeckendes Öl, das Kümmelöl, enthalten, das bei wilden Pflanzen 4—8, bei angebauten 9% der Ernte ausmacht.

116. *Conium maculatum* LINN. Gefleckter Schierling, Flecken-Schierling, engl. Hemlock. *Conium maculatum* (Fam. Umbelliferae) ist eine zweijährige Pflanze mit bis zu 2 m hohem, aufrechtem, glattem, rotfleckigem, viel verzweigtem Stengel und kräftiger Pfahlwurzel mit sehr langen Faserwurzeln[2]. Die zwei- bis dreifach gefiederten Blätter haben eiförmige-lanzettliche, tieffiederspaltige Blättchen mit gesägten Teilchen. Die vielblütigen Doldenblüten sind weiß, gewöhnlich mit vielblättriger Hülle und 3—4blättrigem Hüllchen. Blüte- und Reifezeit von Juli bis September (Abb. 232). Die zweisamige, eiförmig lanzettliche Spaltfrucht ist im Querschnitt oval. Bei der Reife teilt sie sich in 2 Teile. Der Samen ist mit der Spitze an dem zweigeteilten Samenträger oben befestigt. Oben ist der ovale, gekrümmte Same spitzig-stumpf und hat auf dem vorgewölbten Rücken fünf sehr erhöhte, keilförmige, etwas buchtige, helle Längsrippen mit schwachen Längsfurchen ohne Ölrinne. Die etwas eingebeulte Bauchseite trägt eine der Länge des Samenträgers folgende Vertiefung. Die Oberfläche ist grau-

[1] Weeds of Farm Land S. 73.
[2] Reiben der Blätter erzeugt einen unangenehmen Geruch nach Katzenurin.

braun, die Rippen sind heller. 1000-K.Gew. etwa 0,5 g, Länge und Breite etwa 3,4 × 1,2 mm, Samenzahl je Pflanze etwa 15000, je kg etwa 2 Millionen. Der zögernd auflaufende Same keimt nach Bodenüberwinterung im Freien während des Frühjahrs und Frühsommers am besten. Im Laufe des Sommers entwickelt die Samenpflanze gewöhnlich eine kräftige Pfahlwurzel und eine oberirdische

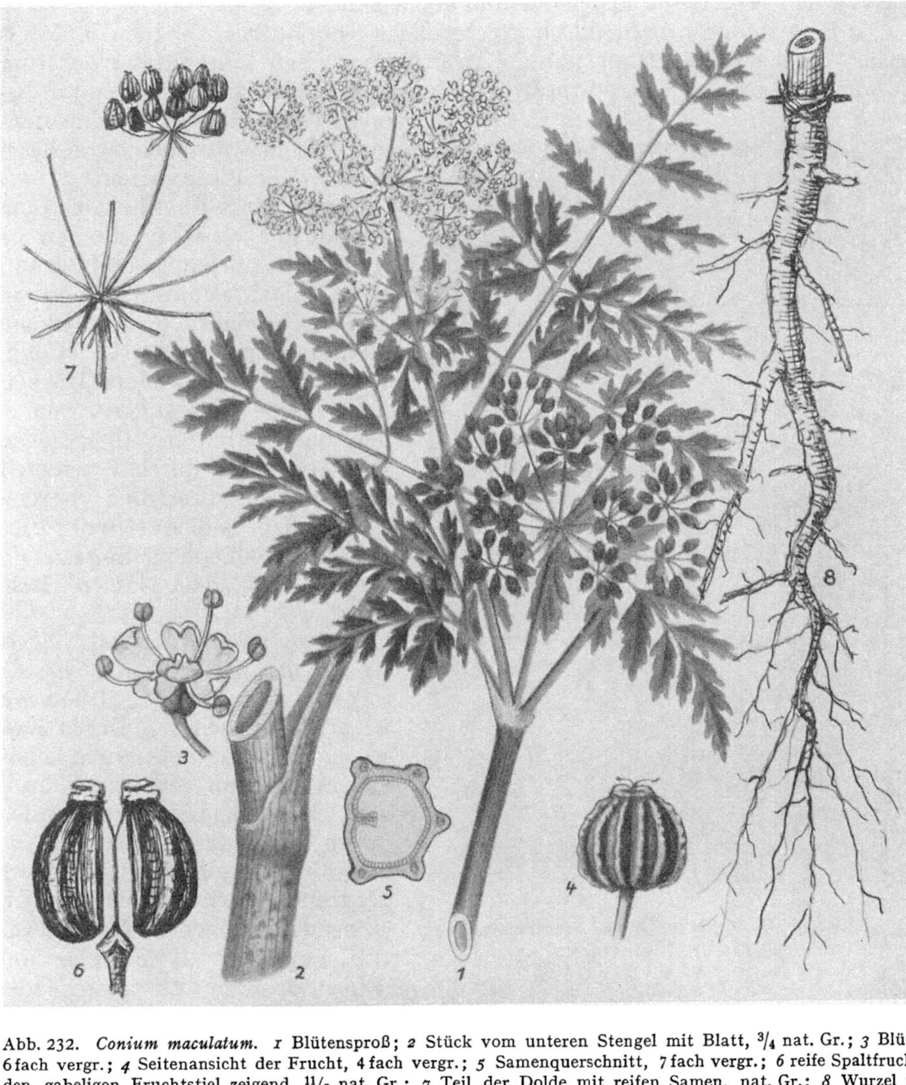

Abb. 232. *Conium maculatum.* *1* Blütensproß; *2* Stück vom unteren Stengel mit Blatt, $^3/_4$ nat. Gr.; *3* Blüte, 6fach vergr.; *4* Seitenansicht der Frucht, 4fach vergr.; *5* Samenquerschnitt, 7fach vergr.; *6* reife Spaltfrucht, den gabeligen Fruchtstiel zeigend, $^{11}/_2$ nat. Gr.; *7* Teil der Dolde mit reifen Samen, nat. Gr.; *8* Wurzel im zweiten Jahre, $^1/_2$ nat. Gr. *1—5* nach MENTZ und OSTENFELD, *6—8* Orig.-Zeichn.

Laubblattrosette. Erst im zweiten Jahre entsprießt dem Wurzelkopf ein schnell wachsender, gut bestockter Stengelsproß, der von Juli bis September blüht und fruchtet, dann hart, holzig und trocken wird und ebenso wie die Wurzel eingeht.

Conium maculatum wächst nicht nur auf Wiesen, Komposthaufen, an Waldrändern und in Handelsgärtnereien, sondern auch besonders an Bachläufen, Zäunen, Wegrändern, Rainen, auf Plätzen, Schutthalden und anderem Unland. Die

Pflanze ist über ganz Europa, Nordamerika, streckenweise auch Südamerika und über das gemäßigte Asien verbreitet. In Deutschland und Großbritannien ist sie an Zäunen, Häusern, Wegrändern, Kirchhöfen, Bauplätzen u. ä. wie auf Wiesen, in Handelsgärtnereien, teilweise auch auf Äckern ein streckenweise gemeines Unkraut. In den nordischen Ländern tritt sie vereinzelt bis zu 63° n. Br. (Norwegen) auf. Die Pflanze wird ausschließlich durch Samen fortgepflanzt und verbreitet und von den Haustieren abgelehnt und gemieden.

Die Reife hindert man durch regelmäßiges, sorgfältiges Abhauen und Ausstechen vor der Blüte. Haut man die Pflanze im zweiten Jahre ihres Wachstums ab, oder reißt man sie aus, so vernichte man die Wurzel durch Bestreuen mit beispielsweise einigen Gramm feingestoßenen Natriumchlorats, Kochsalzes oder Eisenvitriols.

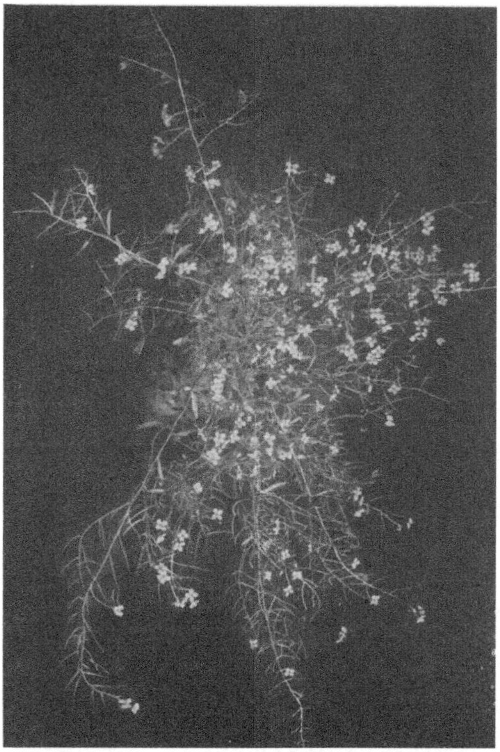

Abb. 233. *Arabis arenosa* mit Blüten und Fruchtansatz, etwa 1/4 nat. Gr. Eig. Aufn.

Die Pflanze ist sehr giftig[1] und enthält in allen Pflanzenteilen, besonders aber in Samen und Blättern ein Alkaloid, Coniin ($C_8H_{17}N$), im Samen Conhydrin ($C_8H_{17}NO$) und Methylconiin ($C_9H_{12}N$). Coniin wirkt lähmend auf Gehirn, Rückenmark sowie Bewegungsnerven zu den quergestreiften Muskelzellen. Der Tod kann durch Zwerchfelllähmung hervorgerufen werden. Die Medizin bedient sich der Blätter und blühenden Spitzen der Pflanze unter dem Namen Herba conii[2].

117. *Arabis arenosa* (L.) Scop. (= *Sisymbrium arenosum* Linn.). Sand-Gänsekresse. *Arabis arenosa* (Fam. Cruciferae) ist ein zweibis mehrjähriges, 15—30 cm hohes, ästiges Unkraut mit grundständigen, leierförmig gefiederten, in Rosetten angeordneten Blättern, wenigen unteren gezähnten, oberen ganzrandigen Stengelblättern, abstehenden weißen Kronenblättern von doppelter Kelchlänge und langen Schoten auf abstehenden Stielen (Abb. 233). Die Pflanze blüht von Mai bis Juni und fruchtet auf Wiesen oft vor der Heuernte.

Die unregelmäßig ovalen, seitlich zusammengedrückten Samen haben am Grunde und an der Spitze eine schmale Flügelkante. Auf beiden Seiten zieht sich vom Grunde bis unter die Spitze eine gebogene Längsfurche. Die braungelbe, matte Oberfläche ist rauh. 1000-K.Gew. etwa 0,1 g, Länge und Breite etwa 1,0 × 0,7 mm, Samenzahl je Pflanze etwa 400, je kg etwa 10 Millionen (Abb. 234). Im Laboratorium liefen nach 5, 10 und 70 Tagen 50, 55 bzw. 67% auf. Im Freien

[1] Dammann: Gesundheitspflege der landwirtschaftlichen Haussäugetiere S. 582. 3., neubearb. Aufl. Berlin 1902.

[2] Esser: Die Giftpflanzen Deutschlands S. 138. Braunschweig 1910.

keimte der Same bei nur schwacher Bodendecke ebenfalls schnell. Im Keimjahre entwickelt die Keimpflanze oberirdisch etwa 5 cm hohe Blattrosetten. Erst im zweiten Wachstumsjahre pflegt sie zu blühen und zu fruchten, doch hat man beobachtet, daß sie gelegentlich auch schon im Keimjahre Stengelsprosse bilden kann.

Die Pflanze wächst stellenweise auf leichtem (kalkarmem) Boden in mehreren europäischen Ländern, darunter auch in Deutschland und ferner in Skandinavien, wo sie bis zu 65° n. Br. anzutreffen ist.

Wegen ihrer grundständigen Blattrosetten fordert die Pflanze im Sommer- und Winterkorn wie auf der Wiese, besonders auf einjährigen, viel Platz[1].

Arabis arenosa pflanzt sich durch Samen fort, der meist vor der Ernte reift, und durch Ausfall am Standort verbreitet wird. Einiger Same kommt auch mit der Ernte unter Dach und so in das Futter, in Reinigungsabfälle, Heubodenkehricht u. a.

Man bekämpft die Pflanze mit den üblichen Mitteln. Auch Kalken des Bodens leistet gute Dienste.

118. *Berteroa incana* DC. (= *Alyssum incanum* LINN.). Graues Steinkraut, engl. Madwort. *Berteroa incana* (Fam. Cruciferae) ist ein zwei- bis mehrjähriges[2] Unkraut mit verzweigter Pfahlwurzel. Der ästige, etwas holzige, 30—50 cm hohe Stengel trägt lanzettliche Blätter, deren untere ungefähr spatenförmig, ganzrandig, teilweise auch verstreut gezähnt sind. Die ganze Pflanze ist mit grauen Sternhaaren besetzt. Sie blüht vom Mai bis in den Herbst (in Skandinavien von Juni bis September) und hat weiße, zweispaltige Kronblätter (Abb. 235). Das Schötchen ist elliptisch und kreisrund, die Klappen sind flachkantig, etwas gewölbt und ohne Nerven. Die Samen sitzen in 2 Reihen, eine auf jeder Seite der Scheidewand und meistens zu vieren je Fach. Der fast kreisrunde, seitlich zusammengedrückte Same hat eine leicht angedeutete Flügelkante und ist an der den kleinen zapfenförmigen Nabel tragenden Grundfläche etwas gestreckt. Die matte, graubraune Oberfläche ist mit erhabenen Pünktchen besetzt. 1000-K.Gew. etwa 0,4 g, Länge und Breite etwa 1,7 × 1,5 mm, Samenzahl je Pflanze etwa 7300, je kg $2^1/_2$ Millionen. Der Same keimt verhältnismäßig schnell. Im Laboratorium liefen bei einem Versuche von überwintertem, trocken gelagertem Samen in 10 Tagen 71%, bei einem anderen Versuche in 9 Tagen 100% auf. Im Freien keimten in 1 cm Tiefe 12% in 9 Tagen und in wenig mehr Tagen weitere 24%. Bei einem anderen Versuche liefen nach Aussaat im Frühjahr 53% in 43 Tagen, nach Aussaat im Herbst von derselben Probe während des folgenden Frühlings 52% auf. Bei Saattiefenversuchen im Freien lief der Same bis zu 4 cm Tiefe auf.

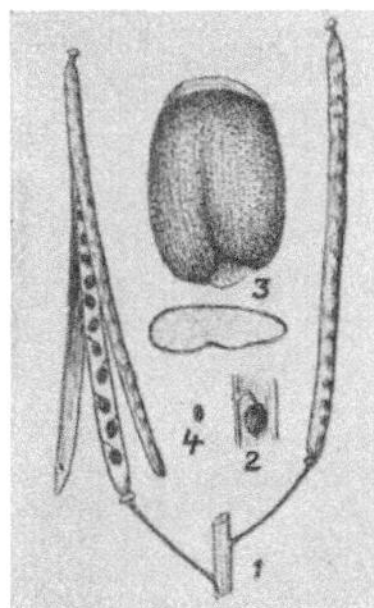

Abb. 234. *Arabis arenosa.* *1* Teil eines Blütenzweiges mit 2 reifen Schoten, nat. Gr.; *2* Schotenteil mit Samenhaftstelle, 2fach vergr.; *3* Seitenansicht und Querschnitt des Samens, 14fach vergr.; *4* Same, nat. Gr. Orig.-Zeichn.

Dieses überwinternde (ein-, zwei- oder mehrjährige) Unkraut kann schon im Keimjahre blühen und fruchten, ebenso wie *Plantago lanceolata, Silene venosa, Melandrium album* und einige wenige andere Unkräuter.

Berteroa incana liebt trockenen Boden und gedeiht selbst auf flachem Schieferboden gut, entwickelt aber auch auf tieferen und schwereren Bodenarten kräftige Pflanzen.

---

[1] Auf einer vom Verfasser untersuchten einjährigen Wiese bedeckte *Arabis arenosa* 85% der Wiesenfläche.

[2] Deutsche (WAGNER) und amerikanische (ADA GEORGIA) Verfasser bezeichnen die Pflanze als einjährig, winterannuell oder zweijährig, HEGI als „überwinternd, einjährig oder zweijährig".

Nach HEGI[1] ist die Pflanze ziemlich gemein auf trockenem, leichtem Sandboden u. ä., auch als Acker- und Wiesenunkraut, auf Klee- und Luzernefeldern u. a., in Mittel-, Ost- und Nordeuropa, Westasien, Sibirien, England, den Nieder-

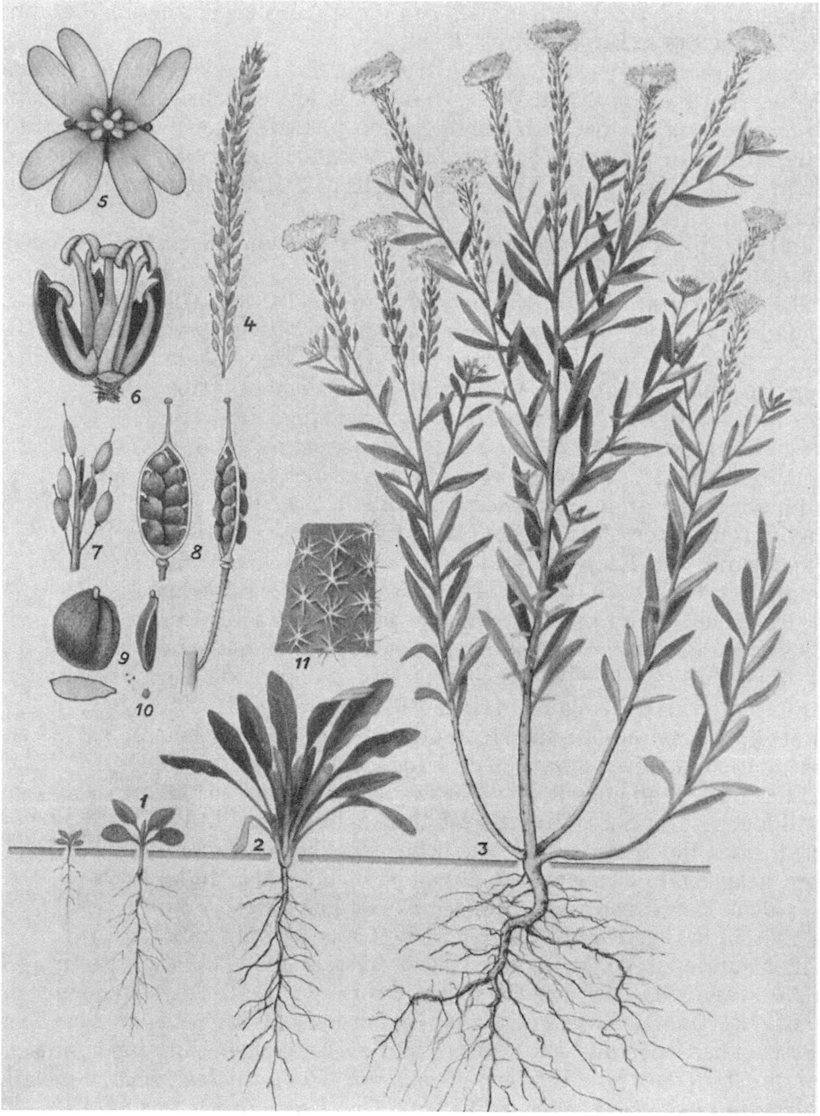

Abb. 235. *Berteroa incana.* *1* Keimpflanze, 3/4 nat. Gr.; *2* Keimpflanze im Herbst; *3* voll entwickelte Pflanze, 1/4 nat. Gr.; *4* reifer Blütenstand, 1/4 nat. Gr.; *5* Blüte, 5/2 nat. Gr.; *6* Blüte ohne Kronenblätter, 9/2 nat. Gr.; *7* Teil des Blütenstandes, 3/4 nat. Gr.; *8* Schote nach Abheben der Seitenwand, 9/4 nat. Gr.; *9* Same, 6 fach vergr.; *10* Same, nat. Gr.; *11* Blattoberfläche mit Sternhaaren, 22 fach vergr. Orig.-Zeichn.

landen, Belgien und im östlichen Frankreich. In Skandinavien tritt sie in Schweden nur sehr vereinzelt, aber sehr allgemein in Dänemark und nicht selten in

[1] Illustrierte Flora von Mitteleuropa Bd. 4, 1, S. 458ff.

den niederen Küstenstrichen Süd- und Ostnorwegens auf und hat sich besonders auf silurischen Formationen während der allerletzten Jahre stark verbreitet. Von Schutthalden, Weg- und Eisenbahndämmen, Grundstücken und anderen unbebauten Flächen aus dringt sie auf Ackerland vor und geht bisweilen auch auf Wiesen über.

Sie wird durch Samen fortgepflanzt und verbreitet. Wo die Pflanze auch auftritt, im Kulturboden oder Ödländereien, versuche man ihre Verbreitung zu verhindern. Zu Anfang der üblichen Heuerntezeit wird der Same meist noch unreif sein. In Hackfruchtäckern beugt man dem Umsichgreifen des Unkrautes dadurch vor, daß man es vor der Reife vernichtet. In Sommersaat tut rechtzeitige Behandlung mit der Unkrautegge gute Dienste.

Die Pflanze schmeckt schlecht und wird wegen ihrer holzigen Stengel als Futter gemieden.

B. Mehrjährige bodenständige Unkräuter.

I. Unkräuter mit Faserwurzeln.

Die zu dieser Gruppe gehörigen Arten haben keine Fähigkeit zu vegetativer Vermehrung.

119. *Ranunculus acer* LINN. Scharfer Hahnenfuß, engl. Buttercup, fall crowfoot, upright meadow crowfoot. *Ranunculus acer* (Fam. Ranunculaceae) ist ein mehrjähriges, bodenständiges, aufrechtes 0,3—1 m hohes, ästiges Unkraut mit glatten oder etwas behaarten Blütenstielen und buttergelben Blüten. Die unteren handförmig 3—5teiligen, im Umriß fünfeckigen Blätter und die oberen sitzenden, dreiteiligen Stengelblätter mit linealischen Zipfeln sind alle mehr oder weniger behaart (Abb. 236). Blütezeit von Mai bis Oktober, Reife von Juni bis Oktober.

Die geschnäbelten Nüßchen der Frucht sammeln sich auf dem halbkugelförmigen Blütenboden. Der Same ist ungleichmäßig, rundlich bis umgekehrt eiförmig, seitlich zusammengedrückt, an der Außenkante flügelartig, an der Innenkante nur schwach vorgewölbt, läuft oben in einen mehr oder weniger gekrümmten, 0,2—0,4 mm langen Samenschnabel aus und ist am Grunde etwas schräg abgeschnitten. Die rauhe, matte Oberfläche ist grünlich braun bis dunkelbraun (Abb. 237). 1000-K.Gew. etwa 1,55 g, Länge und Breite ohne Samenschnabel etwa 2,5×2,0 mm, mit Samenschnabel 3,0×2,0 mm (HARZ gibt eine Samengröße von 2,2—3×1,5—2,7 mm an[1]. Samenzahl je Pflanze etwa 150—900, je kg etwa 645000 (SCHERTLER[2] nennt eine Samendurchschnittszahl von 449, eine Höchstzahl von 742 Samen je Pflanze, BRAUNGART nennt als Durchschnitt 500, als Höchstzahl 1000). Bei Keimuntersuchungen liefen im Laboratorium von überwintertem, trocken gelagertem Samen 85% in 100 Tagen auf. Im Freien keimten in 0,5 cm Tiefe 49% in 28 Tagen. Nach 126 Tagen hatten die Keimpflanzen Rosetten aus 12 cm langen Blättern entwickelt.

Im ersten Jahre bildet die Keimpflanze unter der Erde ein Faserwurzelbündel und über der Erde, wie erwähnt, eine Laubblattrosette. Im nächsten Sommer blüht sie zum erstenmal und erlangt Samenreife. Sie hat eine gut entwickelte, sehr verzweigte Faserwurzel ohne Vermehrungsfähigkeit. Oben sammeln sich die Wurzeln in einem kurzen Wurzelstock, aus dem in jedem Jahr neue blüten- und samentragende Stengelsprosse hervorsprießen.

Ranunculus acer wächst auf jüngeren und älteren Wiesen, Weiden, an Zäunen, Straßen- und Eisenbahndämmen u. ä. in ganz Europa, Nord- und Südasien und,

---

[1] HARZ: Landwirtschaftliche Samenkunde 1885, S. 1066.
[2] SCHERTLER: Arb. d. dtsch. Landw. Ges. H. 294, S. 213.

aus Europa verschleppt, in Amerika. Sehr gemein ist dieses Unkraut auf natürlichen Wiesen und Weisen unter anderem in ganz Deutschland, Großbritannien und in den nordischen Ländern bis zu etwa 70° n. Br. (Norwegen). Bei mäßiger landwirtschaftlicher Bearbeitung kommt die Pflanze auch auf Äckern vor.

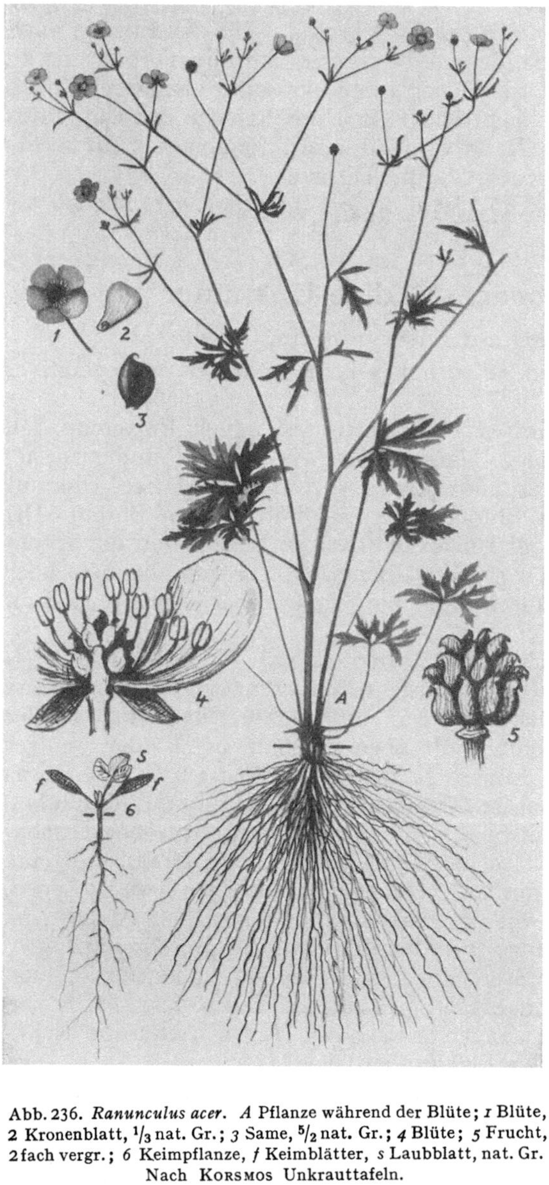

Abb. 236. *Ranunculus acer.* *A* Pflanze während der Blüte; *1* Blüte, 2 Kronenblatt, $^{1}/_{3}$ nat. Gr.; *3* Same, $^{5}/_{2}$ nat. Gr.; *4* Blüte; *5* Frucht, 2fach vergr.; *6* Keimpflanze, *f* Keimblätter, *s* Laubblatt, nat. Gr. Nach KORSMOS Unkrauttafeln.

Sie wird durch Samen fortgepflanzt und auf mancherlei Weise, gewöhnlich durch Futter, Dreschabfälle, Wiesensamen — sowohl Rotklee-, Misch- als auch Timothesamen —, Stalldünger u. ä. verbreitet. So fanden sich durchschnittlich in fünf Dreschabfallproben 516, in zwei Proben Heubodenkehricht 9500, in einer Probe Rotkleesamen 1000, in Abfallsamen 4000—13500 Samen je kg der betreffenden Probe; in Pferdedünger durchschnittlich 667, in Kuhdünger 345 Samen je t. Der Bestandteil dieser Proben an Hahnenfuß wurde durch die Zahl der während des Keimversuches aufgelaufenen Pflanzen dieses Unkrautes ermittelt.

Um Hahnenfuß abzuwehren, hindere man die Pflanze in erster

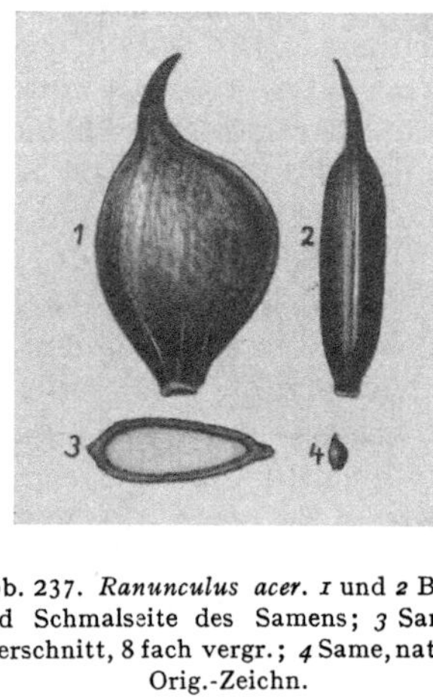

Abb. 237. *Ranunculus acer.* *1* und *2* Breit- und Schmalseite des Samens; *3* Samenquerschnitt, 8 fach vergr.; *4* Same, nat. Gr. Orig.-Zeichn.

Linie an der Samenreife. Verseuchte Wiesen sollte man daher vor oder spätestens zu Beginn der Unkrautblüte mähen. Mit großer Sorgfalt behandle man Heubodenkehricht u. ä., worin sich immer Unkrautsamen befindet. Beim Einsäen von Wiesen verwende man nur reine Saat und, soweit möglich, Kunstdünger und anderen unkrautfreien Dünger, und zwar nicht nur bei der Bestellung sondern auch bei späterer Düngung der Wiesen. Auf Weiden kann man Hahnenfuß durch Abhauen oder Ausstechen vor oder spätestens während der Blüte unterdrücken. Bei Unterlassung wird er weitergedeihen, Samen reifen und sich ungehindert verbreiten können, da die Haustiere ihn auf der Weide bei freier Futterwahl meiden. Gute Bodenbearbeitung wird sich immer als ein Hauptmittel zur Bekämpfung erweisen.

Die *Ranunculus*-Arten enthalten Giftstoffe, deren Zusammensetzung noch nicht geklärt ist. Wahrscheinlich ist Anemonin dabei[1]. Das Gift wirkt namentlich durch seine Schärfe und weniger narkotisch. Die Giftwirkungen sind während der Blütezeit besonders stark, nehmen später ab und sind im getrockneten Heu unmerklich.

Nach LONG[2] wirkt die Pflanze bei Verfütterung an Milchkühe schädlich auf Milch und Butter.

120. *Caltha palustris* LINN. Sumpf-Dotterblume, engl. Marsh marigold. *Caltha palustris* (Fam. Ranunculaceae) ist ein mehrjähriges, bodenständiges, etwa 30 cm hohes, oben etwas ästiges Unkraut mit einer Rosette von grundständigen, langstieligen, nieren- bis herzförmigen Blättern, mit sitzenden Stengelblättern derselben Form und großen, goldgelben Blüten ohne Kelchblätter. Es hat einen sehr kurzen „Wurzelstock" (Wurzelkopf), von dem eine große Zahl langer weißgelber, zäher Faserwurzeln ausgeht, die keine Fähigkeit zur Vermehrung haben. Die grundständigen Blätter entsprießen dem alleruntersten Stengelteil, decken durch ihr Niederliegen den Erdboden und behindern so die Nutzpflanzen in ihrer Entwicklung. Der Ansatz der Blatt- und Stengelsprosse am Wurzelbündel liegt oft 2—3 cm tief in der Erde (Abb. 238). Die Pflanze blüht von März bis Juni, gelegentlich auch von Juli bis Oktober. Die Frucht besteht aus kranzständigen, schotenförmigen, seitlich flachgedrückten Kapseln mit je etwa 20 Samen. Die reifen Kapseln öffnen sich an der Bauchnaht, an deren Kanten die Samen auf jeder Seite in einer Reihe befestigt sind. Der etwas gekrümmte Same ist an der oval-abgerundeten, heller rotbraun getönten Spitze am breitesten und wird der Samenhaftstelle (dem Nabelstrang) zu schmaler. Die mattglänzende Oberfläche ist dunkelbraun bis schwarzbraun. Der Samen enthält ein sehr schwammiges Gewebe, das als Schwimmvorrichtung dient[3] (Abb. 239). 1000-K.Gew. etwa 0,85 g, Länge und Breite etwa $2,6 \times 1,1$ mm[4], Samenzahl je Pflanze etwa 2800, je kg etwa 1170000. Im Laboratorium keimten in 100 Tagen 55%. Im Freien bei Aussaat im Frühjahr keimten 23% in 35 Tagen, tiefer als 6 cm keimte überhaupt kein Same mehr. In feuchtem Schlammboden wächst die Keimpflanze gut und entwickelt während der Wachstumszeit vom Wurzelkopf aus einige wenige langstielige Blätter, die etwas in die Erde hineingezogen sind. Die unterirdischen Teile der Pflanze überwintern und bilden gewöhnlich während des zweiten Wachstumsjahres die ersten blüten- und samentragenden Stengelsprosse, ein Vorgang, der sich dann regelmäßig wiederholt.

Caltha palustris ist ein bezeichnendes Beispiel für auf saurem Boden gedeihende Pflanzen. Sie wächst auf feuchten bis sumpfigen Wiesen, an Bachläufen und Gräben in ganz Nord- und Mitteleuropa, im gemäßigten und nördlichem Asien und Nordamerika als allgemein verbreitetes Unkraut. Sie ist in ganz Deutschland, Großbritannien, Skandinavien, Island, auf den Färöern und wohl auch in Finnland verbreitet und wird auf natürlichen, sauren, sumpfigen Wiesen und Weiden und auch auf Gebirgswiesen lästig.

---

[1] ESSER: Die Giftpflanzen Deutschlands 1910, S. 77.

[2] LONG: Common Weeds of the Farm and Garden S. 13.

[3] NOBBE: Handbuch der Samenkunde S. 489. Berlin 1876.

[4] HARZ: Landwirtschaftliche Samenkunde S. 1067 beschreibt den Samen als 2—2,5 mm lang, 1 mm dick und im Querschnitt fast rund.

Die Pflanze wird durch Samen fortgepflanzt und verbreitet. Diese finden sich meistens nicht unter Körnern oder Saatgut. Bei frühem Ernten verseuchter Wiesen kann Same mit unter Dach kommen und dann durch Ausfall in den

Abb. 238. *Caltha palustris.* *A* Keimpflanze, *f* Keimblätter, nat. Gr.; *B* dieselbe nach 120 tägigem Wachstum; *C* voll entwickelte, blühende Pflanze, etwa $^1/_4$ nat. Gr.; *10* innere Teile einer Blüte, etwa nat. Gr.; *12* reife Kapsel, an der Bauchnaht geöffnet, nat. Gr.; *15* Same, 4fach vergr.; *16* zeigt einen Laubsproß, der einem abgeschnittenen Wurzelhals entsproßt, $^1/_4$ nat. Gr. Nach Korsmos Unkrauttafeln.

Wirtschaftsgebäuden in den Mist und so wieder in Kulturboden kommen. Am häufigsten wird der Same durch fließendes Wasser, Gräben, Bäche u. ä., wo die Pflanze am Rande wächst, verbreitet.

Maßnahmen zur Bekämpfung sind Entwässserung und Bearbeitung feuchten Bodens, in erster Linie Senkung des Grundwasserspiegels auf abgelegenen Wiesen und Weiden, Mähen des Unkrauts auf Futterwiesen, an Bächen und Grabenrändern u. ä.

Die Pflanze hat einen unangenehmen, scharfen, etwas bitteren Geschmack und wird darum von den Haustieren bei freier Futterwahl abgelehnt. (Weidende Schweine wühlen jedoch nach der Wurzel, die sie fressen.) Nach ESSER[1] sind eigentliche Vergiftungserscheinungen nicht eingetreten, trotzdem man in der Pflanze ein Alkaloid nachgewiesen hat. BOERHAVE[2] erwähnt, daß die Pflanze seinen Beobachtungen nach Magenentzündung verursacht habe. NESSLER[3] weist darauf hin, daß Durchsetzung des Heus mit dieser Pflanze Durchfall und bei Kühen Herabsetzung des Milchertrages hervorgerufen habe, während BONIN[4] mitteilt, daß Pferde nach Genuß der Pflanze als Grünfutter Schmerzen im Hinterkörper bekamen und den (dunkelrotgefärbten und scharfen nach *Caltha palustris* riechenden) Urin nicht halten konnten. Eins der Pferde starb.

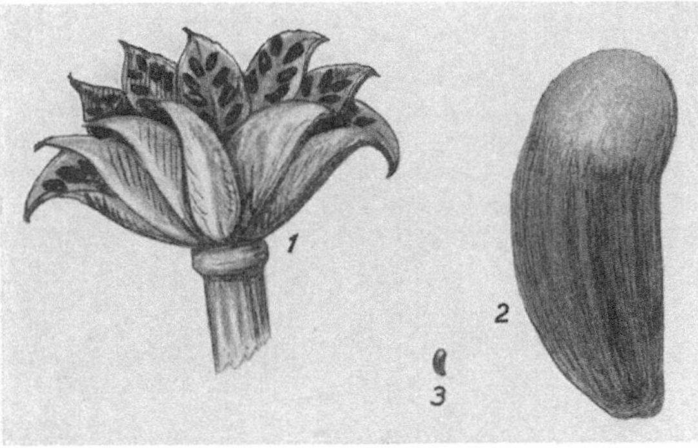

Abb. 239. *Caltha palustris*. *1* reife Frucht, 3fach vergr.; 2 Same, 15fach vergr.; *3* Same, nat. Gr. Nach KORSMOS Unkrauttafeln.

121. *Leontodon autumnalis* LINN. Herbst-Löwenzahn, engl. Autumnal hawkbit. *Leontodon autumnalis* (Fam. Compositae) ist ein mehrjähriges, bodenständiges Wiesenunkraut mit kräftig entwickelter Faserwurzel ohne Fähigkeit zu vegetativer Vermehrung, mit einer Rosette grundständiger, liegender, buchtig- oder fiederspaltig-gezähnter Blätter und mit bis zu 35 cm hohen, oben ästigen, schmalblättrigen Blütenstielen, von denen jeder ein endständiges Körbchen mit buttergelben durchweg zungenblütigen Kronen trägt (Abb. 240). Die Pflanze blüht meist von Juli bis September. Der langgezogene, leicht gekrümmte, schmale, fleischige, mit fünf schmalen, tiefen, von Querstreifen unterbrochenen Längsfurchen versehene Same hat oberhalb der Mitte eine leichte, etwas bogenförmige Erweiterung, eine abgerundete Grundfläche mit kurzem, mittelständigem Stiel und wird der Spitze zu, die in einen leicht erweiterten Kragen ausläuft, gleichmäßig schmaler. Die Oberfläche ist matt und braun. Die sitzenden, gelbbraunen, zweireihigen, federförmigen Fegehaare sind etwa 6,5 mm lang. Beim Abfallen bleibt ein Stückchen davon am Kragen festsitzen und gibt ihm dadurch ein borstenartiges Aussehen (Abb. 241). 1000-K.Gew. etwa 0,7 g, Länge und Breite etwa 5,0×0,6 mm, Samenzahl je Pflanze etwa 1200, je kg etwa 1,4 Millionen.

Von dem gut auflaufenden Samen keimten im Apparat bei Ernte im Vorjahre 98% in 15 Tagen. Von überwintertem Samen einer anderen Probe liefen 47% in 5 und 77% in 17 Tagen auf. Draußen in Sandboden liefen bei Aussaat im Frühjahr in 0,5 cm Tiefe 41% in 30 Tagen, bei Aussaat im Herbst 79% während des folgenden Frühjahrs auf. Bei einem Saattiefenversuch keimten während des nächsten Frühjahrs bei Aussaat im Herbst in

0	1	2	3	4	cm Tiefe
42	26	18	4	0	%.

[1] ESSER: Die Giftpflanzen Deutschlands 1910, S. 55.
[2] KRÜNIZ: Encyklopädie Bd. 9, S. 452.
[3] Badisches landwirtschaftl. Wochenbl. 1870. Nr. 27.
[4] Lyon journ. 1888, S. 243. (Vgl. auch DAMMANN: Die Gesundheitspflege d. landwirtschaftl. Haussäugetiere. 3. Aufl. S. 579.)

Die ausgekeimten Pflanzen blühten und fruchteten zum ersten Male im September des Keimjahres. Reifer Same, der am Standort ausfällt, läuft auf feuchter Unterlage, ohne bedeckt zu sein, leicht auf. Die Keimpflanze ist im Herbst gewöhnlich eine kleine Rosette aus wenigen aufrechten Blättern, die überwintert und im Spätsommer des zweiten Wachstumsjahres, auf Wiesen gewöhnlich nach der Ernte zum ersten Male blüht und fruchtet. Die Keimpflanze erkennt man im Kulturboden schon leicht an den lanzettlichen, sitzenden, aufrechten, bis zu 20 mm langen und 2 mm breiten Keimblättern.

Leontodon autumnalis wächst auf künstlichen und natürlichen Wiesen, Waldwiesen und Weiden, an Rainen, Graben- und Wegrändern, verwahrlosten Plätzen u. ä., gelegentlich auch auf Äckern in ganz Europa, Nordasien vom Mittelmeer bis an den Polarkreis, gewöhnlich auch in Nordamerika und Australien.

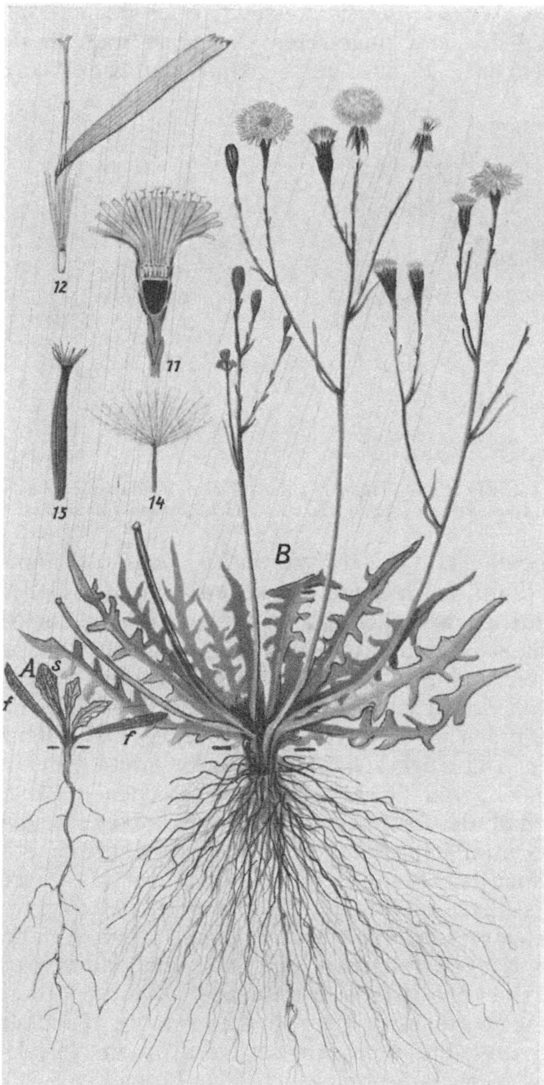

Abb. 240. *Leontodon autumnalis*. *A* Keimpflanze, *f* Keimblätter, *s* Laubblätter, nat. Gr.; *B* blühende Pflanze im zweiten Jahre, 1/4 nat. Gr.; *11* durchgeschnittenes Blütenkörbchen, 3/4 nat. Gr.: *12* Blüte, etwa 2fach vergr.; *14* Same mit Pappus, 5/4 nat. Gr.; *15* Same, etwa 4fach vergr. Nach Korsmos Unkrauttafeln.

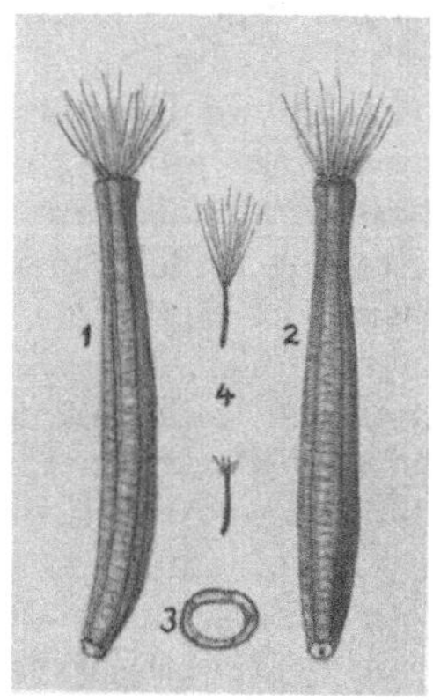

Abb. 241. *Leontodon autumnalis*. *1* und *2* Samen; *3* Samenquerschnitt, 8fach vergr.; *4* Same, nat. Gr. Orig.-Zeichn.

In Europa ist die Pflanze in Deutschland und Großbritannien gemein, auch in Skandinavien tritt sie auf Boden aller Art, besonders schwereren wie Humus oder Lehmboden, als sehr gewöhnliches Unkraut auf.

Die Pflanze paßt sich den Wachstumsverhältnissen mit großer Leichtigkeit an. Bei gewöhnlichen Wirtschaftsverhältnissen blüht und fruchtet sie nach der üblichen Entwicklungszeit von Juli bis September und tritt dann als Herbstpflanze auf. Unter den nördlichsten Breiten mit kurzer Wachstumszeit blüht und reift sie gleichzeitig mit den Nutzpflanzen der Wiese.

Sie wird ausschließlich durch Samen fortgepflanzt, den der Wind sehr leicht verweht. Dresch- und Reinigungsabfälle, Spreu und Wiesensaat enthalten oft große Samenmengen dieser Unkrautart. So fanden sich in Proben von Dreschabfällen 14550, Kornspreu 2000, Heubodenkehricht 4000, Timothesaat 5583, Rotklee 2000, Mischsaat 1000, Abfallsamen 15750 Samen je kg der Probe. Auch im Kulturboden und Stalldünger kommt der Same vor. In einigen Bodenproben liefen je qm 94, in Proben von Pferdedung 1162, von Kuhdung 694 und von Schafdung 2516 Pflanzen je t der Düngerproben während der Versuchszeit auf.

Auf Hackfruchtäckern ist die Pflanze während der Bearbeitung im Sommer leicht zu unterdrücken. Unter Halmfrüchten bekämpft man sie mit sicherer Wirkung durch Eggen mit der Unkrautegge und Bespritzen des Ackers mit Chemikalien (vgl. Abschn. VI). Im übrigen geht man gegen sie wie gegen *Ranunculus acer* vor.

122. *Prunella vulgaris* LINN. (= *Brunella vulgaris* L.). Gemeine Brunelle, engl. Self-heat. *Prunella vulgaris* (Fam. Labiatae) ist ein mehrjähriges, bodenständiges, 10—30 cm hohes Unkraut mit am Grunde liegenden oder etwas kriechenden, wurzelschlagenden, dann aufrechten, blütentragenden Stengeln mit ährenförmig in einem Kranze versammelten, blauvioletten Blüten an der kahlen oder kurz behaarten Stengelspitze. Die Oberlippe des Kelches hat drei kurze, abstehende, pfriemspitze Zähne. Die Stengelblätter sind gestielt und eiförmig-lanzettlich (Abb. 242). Die Pflanze blüht und fruchtet von Juni bis September. Nach der Blüte schließen die Kelchblätter sich zusammen, und der Same wird erst frei, wenn der Kelch feucht wird, seine Blätter dadurch öffnet. Der Same fällt entweder gleich am Standort heraus oder erst infolge Zertrümmerung der trocknen Kelchblätter beim Transport bzw. unter Dach.

Die Bauchseite des oval-eiförmigen Samens trägt zwei erhabene, fast ebene Flächen, die in einer mittleren Längslinie mit schwacher Furche zusammenstoßen. Die Flächen sind deutlich dunkelrandig. Die vorgewölbte Rückseite ist dunkelbraun gerandet und hat mehr oder weniger deutliche, mittlere Streifen. Die Spitze ist breit abgerundet; am Grunde sitzt eine kegelförmige, weiße Spitze, die auf der Bauchseite mit einer dunkleren Vertiefung versehen ist. Die fein gerillte, matt glänzende Oberfläche ist braun bis gelbbraun (Abb. 243), 1000-K.Gew. etwa 0,65 g, Länge und Breite etwa $1{,}7 \times 1{,}0$ mm, Samenzahl je Pflanze etwa 350, je kg etwa 1540000.

Der Same läuft gut, manchmal aber etwas langsam und sprungweise auf. Während der Keimung wird der Same von einer zähen Schleimschicht, die ihn feucht hält, umgeben. Von überwintertem Samen liefen im Laboratorium 94% in 72 Tagen auf. Von derselben Samenprobe keimten draußen im Sand in 0,5 cm Tiefe bei Aussaat im Frühjahr 26% im Laufe des Sommers, bei Aussaat im Herbst im Laufe des folgenden Frühjahrs 40%. Bei verschiedenen Samentiefen liefen von den unbedeckten Samen die meisten, 30%, auf. Die Keimzahlen nahmen mit der Saattiefe ab und waren bei 5 cm Tiefe gleich 0. Im Herbst ausgesäter Same, der im folgenden Frühjahr aufläuft, kann während des Sommers blüten- und samentragende Stengelsprosse entwickeln. Draußen im Nutzland entwickelt die Keimpflanze im ersten Jahre gewöhnlich eine kleine oberirdische Laubblattrosette und blüht dann nach Überwinterung im zweiten Wachstumsjahre zum ersten Male.

Prunella vulgaris ist eine niedrig wachsende Pflanze, die augenscheinlich keinen großen Schaden anrichtet. Doch fordert die Pflanze durch ihre sich vom Wurzelkopf aus verzweigenden, mehrere cm weit kriechenden, im Boden Wurzel schlagenden und sich dann erst aufrichtenden Stengel großen Platz und setzt den Ertrag herab. Da sie außerdem auch als Futter schlecht schmeckt,

Abb. 242. *Prunella vulgaris.* *1* und *1a* Keimpflanze, *f* Keimblätter, *s* Laubblätter, nat. Gr.; *2* Pflanze im Herbst des ersten Jahres; *3* voll entwickelte, blühende Pflanze; *4* Stück vom unteren Stengel, der eine neue Pflanze entwickelt, $^{2}/_{7}$ nat. Gr.; *5* Blütenstand, nat. Gr.; *6* und *7* Blüten; *8* Stempel, 2fach vergr. Orig.-Zeichn.

bedeutet ihr Auftreten in Acker und Wiese einen Nachteil, da sowohl Futter- wie Samenerträge durch sie vermindert werden.

Am wohlsten befindet sich die Pflanze auf etwas feuchtem Boden. Sie kommt auf künstlichen und natürlichen Wiesen, Äckern, Weiden, an Weg-, Graben-

und Waldrändern in ganz Europa, Mittel- und Nordasien bis zum Polarzirkel und eingeschleppt in Nordamerika, Südamerika und Australien vor. In europäischen Ländern wie Deutschland, Großbritannien und Skandinavien bis zu 69° n. Br. ist die Pflanze ein sehr gemeines Unkraut und tritt seltener und vereinzelt noch bis zu 71° n. Br. auf. Die Pflanze wird durch Samen fortgepflanzt und verbreitet. Der reife Same wird vom Kelch vollkommen umschlossen, so daß der meiste, ja, in trocknen Spätsommern sozusagen aller Same mit der Ernte ins Haus kommt. Daher kommt es wohl auch, daß sich so gut wie immer in Timothe- und auch in Mischsaat, gelegentlich auch in Kleesaat ein gut Teil Same dieses Unkrauts findet. Verbreitung durch Wiesensaat ist darum sehr gewöhnlich. Z. B. fanden sich in einigen Proben je kg Timothesaat 1950, Mischsaat 2750, Abfallsamen 2000, Rotkleesamen 700, Heubodenkehricht 3000 und in 7 Dreschabfallproben 976 Samen dieses Unkrauts. Dazu kommt noch Verbreitung durch Futter und Dünger, von Wegrändern, Akkerrainen u. ä. In Kulturen bekämpft man die Pflanze durch Verhinderung der Reife, durch Verwendung reiner Wiesensaat beim Anlegen neuer und Nachsäen schlecht bestandener Stücke früher angelegter Wiesen, durch Kalken sauren Bodens und überhaupt durch alle Mittel, die eine kräftige und dichte Grasnarbe hervorrufen. Auf natürlichen Wiesen und Weiden empfiehlt es sich, die Pflanze bei vereinzeltem Auftreten auszustechen oder vor der Samenreife im Juni abzuhauen.

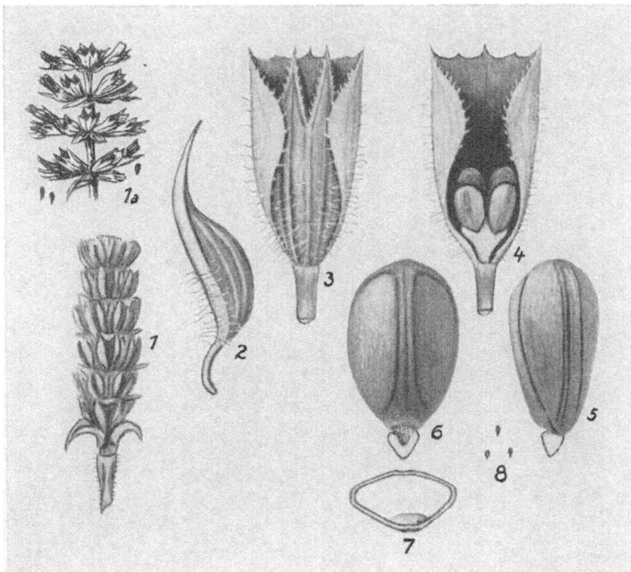

Abb. 243. *Brunella vulgaris.* *1* reifer Blütenstand bei trockenem Wetter; *1a* oberer Teil desselben mit offenen Kelchen bei Regenwetter, etwa nat. Gr.; *2* und *3* Kelch von der Schmal- und Breitseite; *4* Kelch im Längsschnitt mit reifen Samen, 4fach vergr.; *5* und *6* Schmal- und Breitseite des Samens; *7* Samenquerschnitt, 15fach vergr.; *8* Samen, nat. Gr. Orig.-Zeichn.

123. *Aira* (*Aera*) *caespitosa* LINN. (= *Deschampsia caespitosa* P. B.). Rasen-Schmiele, engl. Tufded hair grass, tussock grass. *Aira caespitosa* (Fam. Gramineae) ist ein mehrjähriges, bodenständiges 40—100 cm hohes, starke Horste bildendes Gras mit langen, schmalen Blättern. Die Scheidenhaut ist langgezogen. Die Blätter haben tiefe Längsrillen und etwas scharfe Kanten. Wegen ihres Gehaltes an kristallisierter Kieselsäure sind sie rauh. Die während der Blüte sperrige, oft hell rotviolette Rispe trägt zahlreiche, zweiblütige Ährchen. Die Pflanze hat eine sehr verzweigte Faserwurzel (Abb. 244). Sie blüht und fruchtet von Juni bis September. Ihr Aussehen erinnert an *Agrostis vulgaris*, von der sie sich leicht durch ihre steiferen, in einer dichteren Rosette stehenden Blätter, durch die rauhen, hervorstehenden Blattnerven und die zweiblütigen Ährchen unterscheidet. Der von den Deckspelzen umschlossene, lanzettlich-ovale, unterhalb der Mitte etwas erweiterte und im Querschnitt fast kreisrunde Same hat eine zapfenförmige Grundfläche und kranzartig angeordnete, 0,5—1 mm lange, silberweiße borstige Haare (Abb. 245). Die unterhalb der Deckspelzenmitte befestigte Granne ist sehr rauh und etwas länger als der Same. Die Bauchseite ist fast halb so lang wie der Same und trägt aufrechte, silberweiße

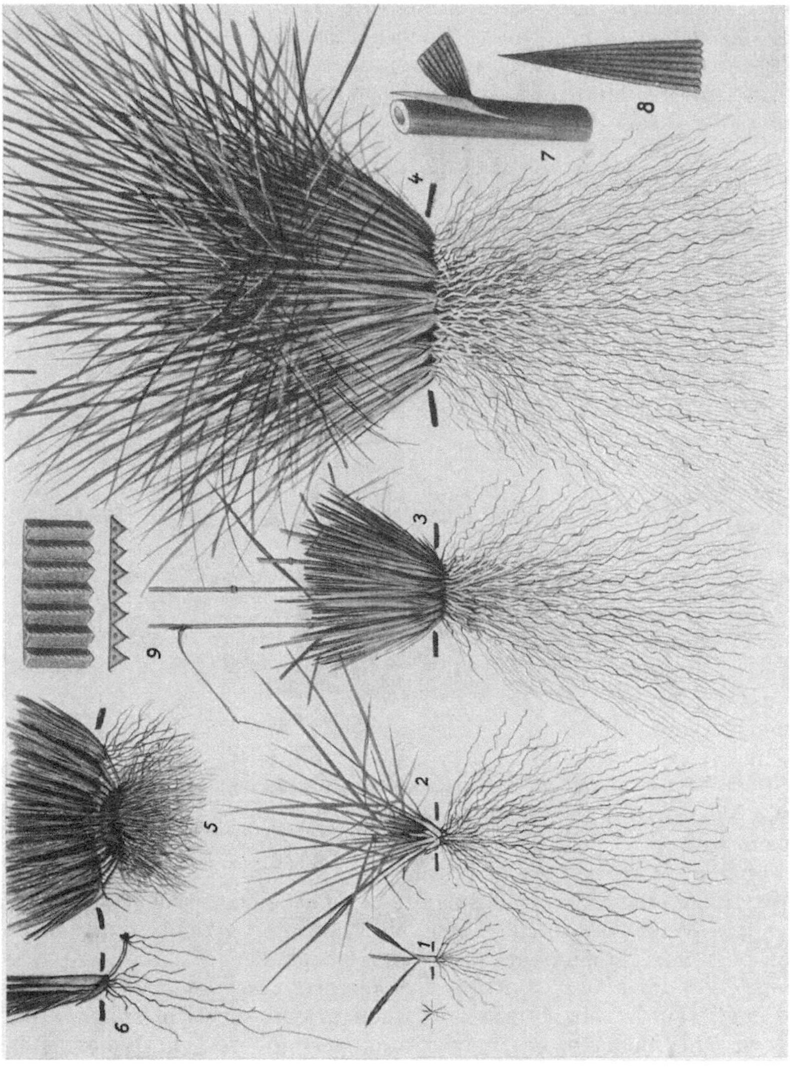

Abb. 244. *Aira caespitosa*. *1* Keimpflanze, 2fach vergr.; *2* Pflanze im Herbst des ersten Jahres; *3* Pflanze im zweiten Jahre; *4* ältere Pflanze; *5* Durchschnitt derselben; *6* losgerissener Sproß, $^1/_4$ nat. Gr.; *7* Blattscheide mit Blatthäutchen; *8* Blattspitze, $^8/_5$ nat. Gr.; *9* Oberseite und Querschnitt eines Blattes, 5fach vergr. Orig.-Zeichn.

Haare. Die glatten, gelbweißen, silbern glänzenden Deckspelzen sind beträchtlich länger als der Same. 1000-K.Gew. etwa 0,25 g, Länge und Breite etwa 2,9×0,7 mm, Samenzahl je Pflanze gewöhnlich bedeutend über 1000, je kg etwa 4 Millionen. Von dem allgemein gut auflaufenden Samen keimten im Laboratorium bei einem Versuch 93% in 25 Tagen. Bei Saattiefenversuchen in Sandboden keimten in einer Tiefe von:

0	0,5	1	2	3	4	5	6 cm
66	73	66	20	12	6	4	0 %.

Tiefer als 5 cm lief kein Same mehr auf.

Im Keimjahre entwickelt die Pflanze viele Laubsprosse und treibt erst im zweiten Wachstumsjahr blüten- und samentragende Halme, die im Herbst verwelken und dann mehrere Jahre nacheinander durch neue Sprosse ersetzt werden.

Diese Schmiele ist ein gemeines Unkraut auf natürlichen Wiesen, Weiden, an Waldrändern u. ä. in Europa, West- und Nordasien, Nordamerika und dem südlichen Südamerika. In Europa ist die Pflanze auf Wiesen besonders lästig in Deutschland, Großbritannien, Finnland und Skandinavien vom Meer bis an die Birkengrenze. Sie dringt nördlich bis zu 70° n. Br. vor.

Die Pflanze wird durch Samen fortgepflanzt und verbreitet. Die kräftige Horstbildung erschwert das Einernten der außerordentlich groben und rauhen Samen. Dazu kommt noch, daß die Halme früh hart und die Blätter scharf, rauh und schneidend werden, so daß die Pflanze in Maul und Verdauungskanal der Haustiere unangenehme Reizerscheinungen hervorruft. Auch von anderer Seite her ist auf diese unangenehme Eigenschaft hingewiesen worden[1].

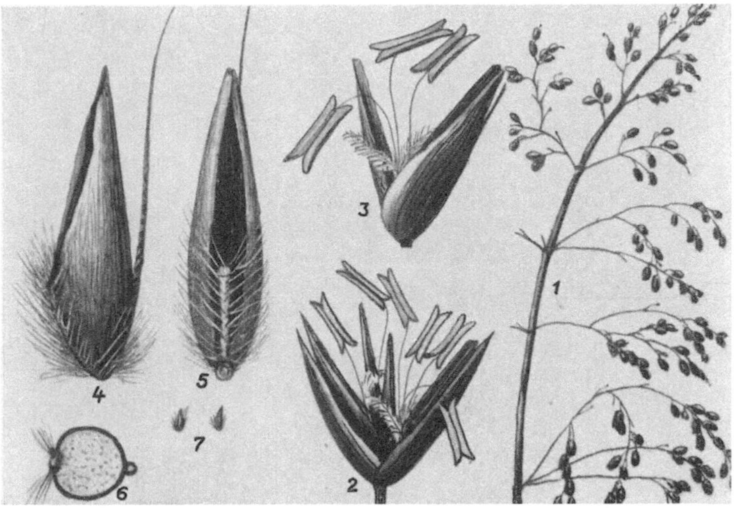

Abb. 245. *Aira caespitosa.* 1 Blütenrispe, nat. Gr.; 2 Ährchen, 6fach vergr.; 3 Blüte, 8fach vergr.; 4 und 5 Samen, von der Seite und von vorn gesehen; 6 Samenquerschnitt, 15fach vergr.; 7 Samen, nat. Gr. Orig.-Zeichn.

Man sollte die Schmiele auf Wiesen nicht dulden. Jedenfalls hat sie in gut gepflegtem Kulturboden nichts zu suchen und muß dort sogar als eins der lästigeren Unkräuter betrachtet werden. Breitet sie sich dennoch auf der Weide oder in geringerer Zahl auf natürlichen Wiesen aus, so sollte man sie durch Heraushauen der Horste mit einer scharfen, breiten Hacke unterdrücken oder durch Bestreuen der Horste mit 5—15 g fein gestoßenen Natriumchlorats ($NaClO_3$) je Horst vernichten. Das Natriumchlorat läßt sich auch, und das ist vielleicht die beste Verwendungsart, als 5%ige Lösung in Wasser und in einer Menge von 2 Liter je qm verwenden. Vor der Behandlung, die man zwar während des Wachstums zu jeder Zeit vornehmen kann, aus praktischen Gründen aber am besten an den Anfang der Entwicklungszeit oder in den Spätsommer verlegt, sollte man zur Erzielung besserer Wirkung die Halme gleich über dem Horst abschneiden. Tritt die Pflanze in größeren Mengen auf der Wiese auf, pflüge

[1] BRENCHLEY: West Country Grass Land S. 97. (Vgl. „Weeds of Farm Land" S. 112.)

man nach Möglichkeit die ganze Wiese um. Durch wirklich zweckmäßige Bodenbehandlung kann das Aufkommen der Pflanze verhindert werden[1].

Als Futtermittel betrachtet ist *Aira caespitosa* ein schlechtes Gras, das vom Vieh ungern gefressen wird und daher oft zur Ablehnung und Verschwendung des Futters durch die Haustiere führt.

Abb. 246. *Holcus lanatus*. *1* blühende Pflanze, etwa $^3/_4$ nat. Gr.; *2* Ährchen mit Hüllspelzen; *3* Ährchen ohne Hüllspelzen, etwa 4fach vergr. Nach MENTZ und OSTENFELD.

124. *Holcus lanatus* LINN. Wolliges Honiggras, engl. Yorkshire fog. *Holcus lanatus* (Fam. Gramineae) ist ein mehrjähriges, bodenständiges, polster-

[1] LONG teilt in Common Weeds of the Farm and Garden S. 220 mit, daß das Auftreten von *Aira caespitosa* durch Entwässerung und Düngen eingeschränkt werden kann.

förmige Horste bildendes, samtartig behaartes, 40—80 cm hohes Gras mit behaarten Scheiden und Knoten. Die rötliche Rispe wird nach der von Juni bis August währenden Blütezeit sperrig (Abb. 246). Das etwas flachgedrückte Ährchen hat eine obere, meistens männliche, begrannte und eine untere zwitterige Blüte.

Der ovale, abgerundete, an beiden Enden etwas zugespitzte Same sitzt in einer äußeren, kielförmigen Deckspelze mit erhabenem mittlerem Längsnerv. Auf der Bauchseite befindet sich eine tiefe, schmale Längsfurche, in die der etwa 0,7 mm lange Stiel eingekeilt sitzt. Die glatte, hellbraungelbe Oberfläche ist von porzellanartigem Glanz (Abb. 247). 1000-K.Gew. etwa 0,25 g, Länge und Breite 2,4×0,9 mm, Samenzahl je kg etwa 4 Millionen. Die reife, längliche, eiförmige Frucht wird von den als Flugvorrichtung dienenden Spelzen der Ähre eingehüllt. Die Samengröße einschließlich der Spelzen beträgt etwa 4,5×1,9 mm. Nach Überwinterung keimten im Laboratorium bei einem Versuch 42% in 10 Tagen, bei einem anderen 97% in 7 Tagen. Im Freien keimten von Samen der ersten Probe in 0,5 cm Tiefe 15% in 35 Tagen. Nach 126tägigem Wachstum hatten die Samenpflanzen 50 cm hohe Blattsprosse entwickelt. Eine einzige Pflanze war gerade im Begriff zu schossen.

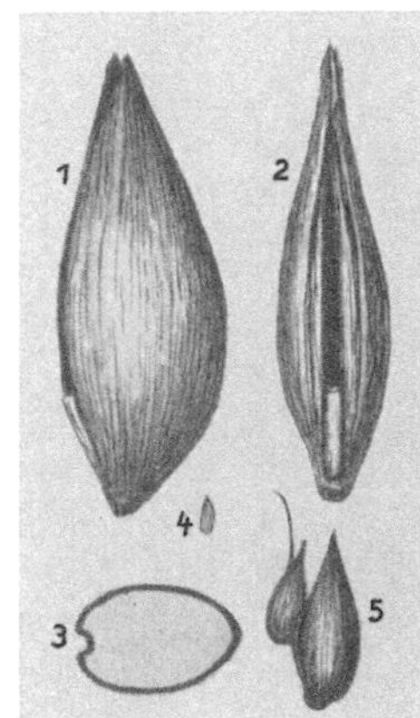

Abb. 247. *Holcus lanatus.* *1* und *2* Samen, von der Seite und von vorn gesehen; *3* Samenquerschnitt, 15fach vergr.; *4* Same, nat. Gr.; *5* Same, etwa 5fach vergr. Orig.-Zeichn.

Dieses Unkraut gedeiht auf etwas feuchtem, lockerem Boden und auf magerem Sandboden am besten. Es kommt auf Kultur- und Ödland in ganz Europa und Sibirien, vom höchsten Norden abgesehen, in Kleinasien, Nordafrika, Nordamerika und anderen Ländern vor. In Deutschland ist die Pflanze auf humusreichen, kräftigen Weiden, feuchten natürlichen, wie künstlichen Wiesen, auf beweidetem Moorland u. ä. verbreitet. Unter ähnlichen Wachstumsverhältnissen findet sie sich als ein sehr gewöhnliches, wildwachsendes Gras in Großbritannien und weiter nördlich bis zu 66° n. Br. (Norwegen).

Die Pflanze wird durch Samen fortgepflanzt und verbreitet. Sie ist ein minderwertiges Gras und blüht und fruchtet gewöhnlich so zeitig, daß die Pflanze zur Zeit der Wiesenernte trocken und holzig ist. Außerdem bildet sie polsterförmige Horste, die beim Mähen der Wiesen lästig sind. Auch deutsche Verfasser[1] bezeichnen das Gras sowohl in frischem als auch in getrocknetem Zustand als wenig nahrhaft. Auf magerem, leichterem Boden kann es zur Not als Futterpflanze betrachtet werden, auf allen anderen Bodenarten dagegen nur als Unkraut. STRECKER erwähnt auch WEBERS Beobachtung, daß das Gras vom Weidevieh gemieden wird. LONG[2] betont, daß die Pflanze durchaus als von den Tieren vermiedenes Unkraut zu betrachten sei und empfiehlt zur Bekämpfung Düngung und gleichzeitig gute und wirksame Bodenbearbeitung, sowie Hervorrufung einer kräftigen Grasnarbe.

125. *Nardus stricta* LINN. Steifes Borstengras, Gemeines Borstengras, engl. Mat-weed. *Nardus stricta* (Fam. Gramineae) ist ein mehrjähriges, bodenständiges, stark horstbildendes, steifes, aufrechtes, borstiges, 15—30 cm hohes Gras mit Faserwurzel und langer, mit Ährchen einseitig besetzter Ährenspindel. Unten werden die Blattbündel von trockenen, fast glänzenden, blatt-

[1] STRECKER: Erkennen und Bestimmen der Wiesengräser. 10. Aufl. Berlin 1927 S. 170.

[2] LONG: Common Weeds S. 151, 220.

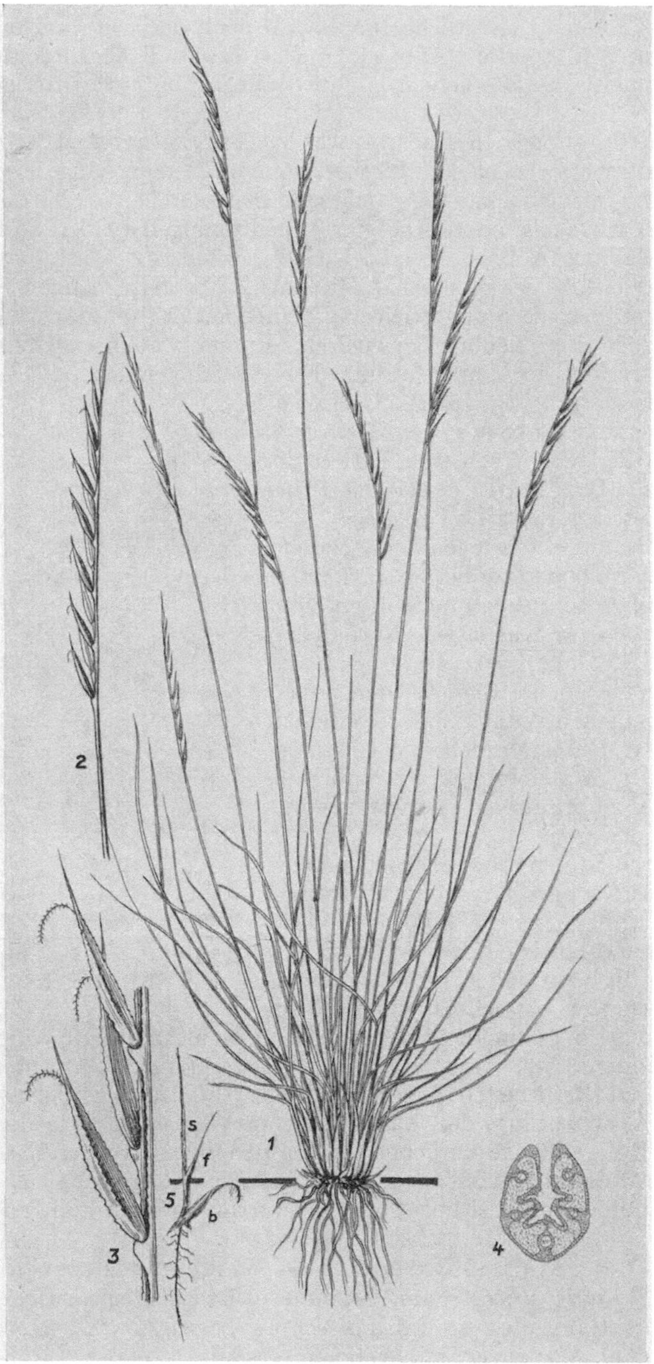

Abb. 248. *Nardus stricta.* *1* voll entwickelte Pflanze, $^{1}/_{2}$ nat. Gr.; *2* reife Ähre, nat. Gr.; *3* Teil einer reifen Ähre, 3fach vergr.; *4* Querschnitt eines Blattes, etwa 16fach vergr.; *5* Keimpflanze, *f* Keimblatt, *s* Laubblatt, *b* Rest des ausgekeimten Samens, nat. Gr. Orig.-Zeichn.

losen Scheiden umschlossen. Die fadenschmalen, steifen und zähen Blätter haben eine sehr kurze Scheidenhaut (Abbild. 248). Blütezeit von Juli bis August. Die lanzettlichen, dreieckigen, gekielten, gelben bis braungelben, lederartigen Deckspelzen laufen in einen langen, pfriemförmigen, sich nicht lösenden Stachel aus.

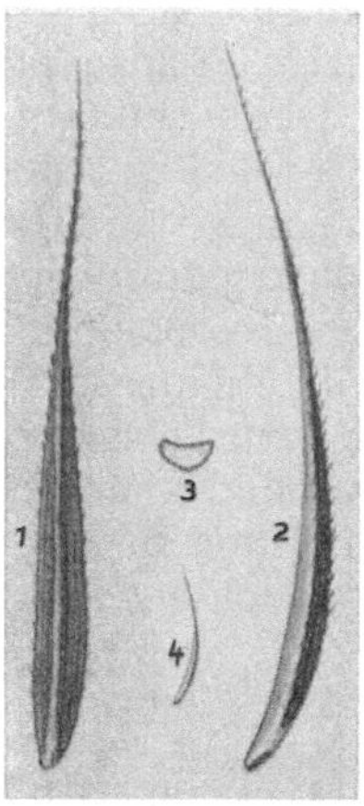

Abb. 249. *Nardus stricta.* *1* u. *2* Breit- und Schmalseite des Samens; *3* Samenquerschnitt, 5fach vergr.; *4* Same, nat. Gr. Orig.-Zeichn.

Die äußere Deckspelze ist mit Stachel 10—12 mm lang und 0,7 mm breit, die Vorspelze ist dünnhäutig, an der Spitze kurz gezähnt und 6—7 mm lang (Abb. 249). 1000-K.Gew. des Samens mit Deckspelze etwa 0,7 g, Länge und Breite etwa 6,0 × 0,6 mm, Samenzahl je kg 1 430 000.

Die Pflanze kommt in der Nähe von Torfmooren, auf Gebirgswiesen, auf trockenem, unbebautem und leichterem sandhaltigem Boden im nördlichen und polaren Europa, Nordasien, Kleinasien, Deutschland, Großbritannien und in Skandinavien bis zu 70° n. Br. vor.

Sie wird durch Samen, der gelegentlich auch in Futtermitteln, Heubodenkehricht und minder gutem Wiesensamen vorkommen kann, fortgepflanzt und verbreitet. LONG[1] erwähnt; daß der Same häufig mit Grassamen, besonders von Timothegras und anderen kleinsamigen Arten vermischt ist. Außerdem teilt er mit, daß die Pflanze auf warmem, trockenem Boden, in Gehegen und auf Weiden vorkommt. Man bekämpft sie im Kulturboden durch gründliche Beackerung und durch gute Pflege der Weiden.

Die steife, holzige Pflanze wird vom Weidevieh verschmäht und ist nicht nur ein minderwertiges Futter, sondern kann sogar durch Hervorrufung von Magenkatarrh oder doch von Reizzuständen in den Schleimhäuten der Verdauungswege schädigend wirken.

II. Unkräuter mit Wurzelstock.

Das Wurzelsystem der zu dieser Gruppe gerechneten Arten hat einen ziemlich kräftigen, oft schief liegenden und wenig bedeckten Wurzelstock, der nach Teilung bei mehreren Arten vegetativer Vermehrung dienen kann.

126. *Chrysanthemum leucanthemum* LINN. Gemeine Wucherblume, engl. Ox-eye-daisy. *Chrysanthemum leucanthemum* (Fam. Compositae) ist eine mehrjährige, bodenständige Pflanze mit erst liegenden und wurzelschlagenden, dann aufrechten, unverzweigten oder wenig verzweigten, 30—60 cm hohen Stengeln mit je einem endständigen Blütenkörbchen mit großen, weißen, an der Spitze gezähnten Randkronen, gelben Scheibenkronen und nacktem Blütenboden. Die unteren Stengelblätter sind spatenförmig, die oberen sitzend, lanzettlich, grob gezähnt und am Grunde gelappt (Abb. 250). Blütezeit von Juni, gelegentlich bereits von Mai bis August; Samenreife gleichzeitig und oft etwas früher als Wiesenpflanzen wie Klee und Timothegras. Der langgezogene, leicht gekrümmte, der abgerundeten Grundfläche zu schmaler werdende Same ist unter dem Scheitel am dicksten und trägt hier einen faltigen Kragen mit grubenförmiger Vertiefung, sowie kurzem, mittelständigem Stielchen. Er hat 10 weißgelbe Längsrippen mit braunen, ganz schwach und heller punktierten Zwischenräumen. Die glänzende Oberfläche ist silberweiß (Abb. 251). 1000-K.Gew. etwa 0,45 g, Länge und Breite etwa 2,4 × 1,0 mm, Samenzahl je Pflanze etwa 2000[2], je kg etwa 2220000. Von dem sehr gut auflaufenden Samen keimten bei einem Versuch gleich nach der Reife im Keimapparat 90%. Bei Winterlagerung keimten 66% in 7, 82% in 15 Tagen.

Im Freien keimten in 0,5 cm Tiefe 36% in 25 Tagen, in 1 cm Tiefe 23% in 40 Tagen; bei Überwinterung draußen im Sande keimten von vorjährigem Samen im Frühjahr unbedeckt 86%, in 0,5 cm Tiefe 44%. Die größte Keimtiefe betrug 5 cm. Bei Verfütterung an Kühe kamen bei einem Versuch 7,47% der verfütterten Samen frisch und keimfähig mit dem Mist wieder zum Vorschein. Bei Versuchen hatten die Keimpflanzen im Keimjahre nach 102tägigem Wachstum eine oberirdische Laubblattrosette von 10—20 cm Höhe entwickelt. Die Keimpflanzen trieben nach Überwinterung im zweiten Wachstumsjahre die ersten blüten- und samentragenden Stengelsprosse.

---

[1] Common Weeds S. 370 und 406.

[2] CLARK nennt als Samenzahl je Pflanze 5000—8000, DORPH-PETERSEN 1300 bis 26000, BRAUNGART 97000 und SCHERTLER 7500.

Der Wurzelstock liegt in geringer Tiefe, bis zu 10 cm tief in schräger Lage, ist 6—10 cm lang, graubraun und hat zahlreiche, kräftige Nebenwurzeln. Seine Fähigkeit zu vegetativer Vermehrung ist von geringer Bedeutung, wenn er nicht herausgerissen und zerteilt wird. In solchem Falle können sich allerdings an den losgerissenen Wurzelstücken Sprosse entwickeln und auf vegetativem Wege eine neue Pflanze entstehen lassen. Die Aussicht dazu ist indes wegen der oberflächlichen Lage in der Erdkrume und der Kürze des Wurzelstockes äußerst gering. Bei Teilung und Bedeckung mit Boden zeigen auch die liegenden, wurzelschlagenden Stengelteile Fähigkeit zur Entwicklung vegetativer Wurzel- und Laubsprosse, doch ohne daß dadurch nennenswerte Verbreitung herbeigeführt würde.

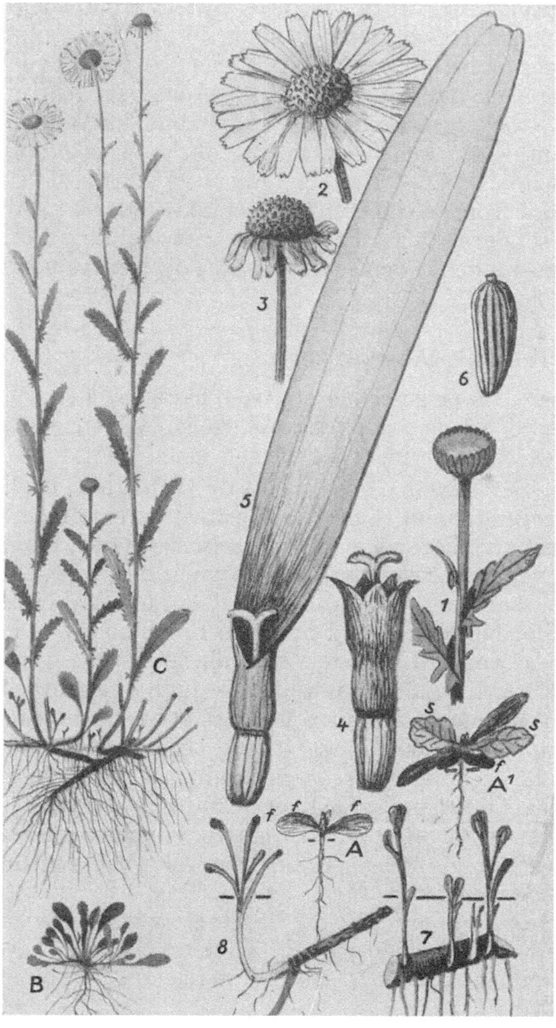

Abb. 250. *Chrysanthemum leucanthemum.* *A* Keimpflanze vor Entwicklung der Laubblätter; *A1* dieselbe etwas später, *f* Keimblätter, *s* Laubblätter, nat. Gr.; *B* Keimpflanze im Herbst des Keimjahres, 1/5 nat. Gr.; *C* voll entwickelte, blühende Pflanze, 1/5 nat. Gr.; *1*, *2* und *3* Blütenkörbchen vor der Blüte, während der Blüte und beim Verblühen, 2/3 nat. Gr.; *4* und *5* Scheiben- und Randblüte, 6fach vergr.; *6* Same, 7fach vergr.; *7* keimendes Stück des Wurzelstockes; *8* keimendes Stück des oberirdischen Stengels, etwa 1/2 nat. Gr. Nach KORSMOS Unkrauttafeln.

Die Pflanze kommt im Kulturboden und Ödland in Europa, Nordamerika und Westsibirien vom Mittelmeer bis an den Polarkreis vor. Sie ist ein gemeines Unkraut auf künstlichen und natürlichen Wiesen, besonders auf leichterem Boden, streckenweise auch auf Äckern, Weiden, an Wegrändern u. ä. in ganz Deutschland, Großbritannien und Skandinavien bis zu etwa 65° 4′ n. Br. vereinzelt und seltener bis zu etwa 70° n. Br.

Die Fortpflanzung und Verbreitung der Pflanze geschieht durch Samen, der ein ganz gewöhnlicher, verunreinigender Bestandteil von Dreschabfällen, Wiesensamen, Abfallsaat, Heubodenkehricht, Strohfutter u. ä. bildet. So fanden sich durchschnittlich in einigen untersuchten Proben je kg Dreschabfall 750, Mischsaat 2717, Bastardkleesaat (*Trifolium hybridum*) 1850, Rotkleesaat (*T. pratense*) 4767, Heubodenkehricht 2000 und Abfallsamen 38000 Samen von *Chrysanthemum leucanthemum.* Auch im Stalldünger und Kulturland finden sich Samen dieses Unkrautes.

Die Pflanze fordert viel Platz, hat einen harten, holzigen Stengel und schlechten Geschmack, gibt wenig und schlechtes Futter und verursacht Futterverweigerung und -verschwendung.

Die Bekämpfung geschieht wirksam durch:

1. Verwendung reiner Wiesensaat und reinen Düngers.
2. Gute, zweckmäßige Bodenbearbeitung und -pflege.
3. Wiesenernte vor der Reife des Unkrautes.

Oft besteht der überwiegende Pflanzenbestand trockener, magerer Wiesen aus diesem Unkraut und *Rumex acetosella*. Solche Wiesen sollte man umbrechen, kalken, düngen, gründlich bearbeiten und einige Jahre mit Kartoffeln oder anderen Hackfrüchten bestellen, bevor sie wieder als Wiese Verwendung finden.

127. *Anthemis tinctoria* LINN. Färbekamille, Färberkamille, Färber-Hundskamille, engl. Yellow chamomile. *Anthemis tinctoria* (Fam. Compositae) ist ein mehrjähriges, bodenständiges Unkraut mit steigenden, aufrechten, oben ästigen, bis zu 70 cm hohen Stengeln, doppelt fiederspaltigen, seidig fein behaarten und so der Pflanze ein weißliches Aussehen verleihenden Blättern und kammförmig gestellten, gesägten Fiederchen. Jeder Stengelzweig trägt ein einzelnes, gelbes, endständiges, im Durchmesser 4 cm messendes Körbchen mit goldgelben Rand- und Scheibenkronen und etwas erhöhtem Blütenboden, auf dem sich zwischen den Blüten linienförmig-lanzettliche, am Ende zugespitzte Spreublätter befinden (Abb. 252). Blütezeit von Juni bis August (September). Die Pflanze reift gleichzeitig mit oder etwas früher als zur Samenerzeugung bestimmte Wiesen.

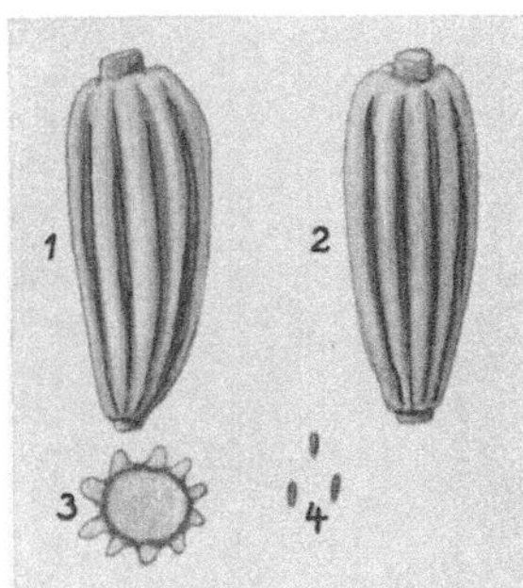

Abb. 251. *Chrysanthemum leucanthemum.* *1* und *2* Samen; *3* Samenquerschnitt, 12fach vergr.; *4* Samen, nat. Gr. Orig.-Zeichn.

Der zapfenförmige, im Querschnitt rhombische Same trägt keine Fegehaare, wird der quer abgestumpften Basis zu etwas schmäler und oben von einer kurzen, kragenförmigen Erweiterung der etwas unregelmäßigen Kante sowie einem kurzen, mittelständigen Stielchen abgeschlossen. Von oben bis unten ist die fast matte, gelbbraune Oberfläche mit feinen, dichten Längsfurchen überzogen (Abb. 253). 1000-K.Gew. etwa 0,35 g, Länge und Breite etwa 2,0 × 0,8 mm, Samenzahl je Pflanze etwa 11500[1], je kg etwa 2860000. Der Same läuft meistens schnell, sicher und mit großer Keimzahl auf. Im Apparat keimten 85% in 25 Tagen, im Sandboden bei 1 cm Tiefe 23% in 16, und 40% in 43 Tagen. In gewöhnlichem Ackerboden läuft schwach bedeckter Same stets gut auf.

Im Keimjahre entwickelt die Pflanze eine Laubblattrosette und eine winterharte Wurzel, die das erstemal im zweiten Wachstumsjahre und zu wiederholten Malen während der folgenden Jahre blüten- und samentragende Stengel treibt, die zuerst wenig emporsteigen und Wurzel schlagen. Der schräg liegende, etwa 20 cm lange Wurzelstock hat viele kräftige Nebenwurzeln. Bei Aufteilung können der Wurzelstock und die wurzelschlagenden Stengelteile vegetativer Vermehrung dienen, ohne daß dieser Vermehrung mehr als untergeordnete Bedeutung zukäme.

Anthemis tinctoria kommt auf künstlichen und natürlichen Wiesen, im Winterkorn, an Rainen, Weg- und Eisenbahnstrecken u. ä. in großen Teilen Mittel- und Südeuropas, Westasiens, Nordamerikas und anderen Ländern vor. In Süddeutschland ist die Pflanze gemein und kommt auch im übrigen Deutschland vor.

[1] Gut entwickelte, freistehende Pflanzen haben bis zu 40000 Samen. Vgl. Forklaring til KORSMOS ugressplancher. 2. Aufl. Ser. 2, S. 7 und 8.

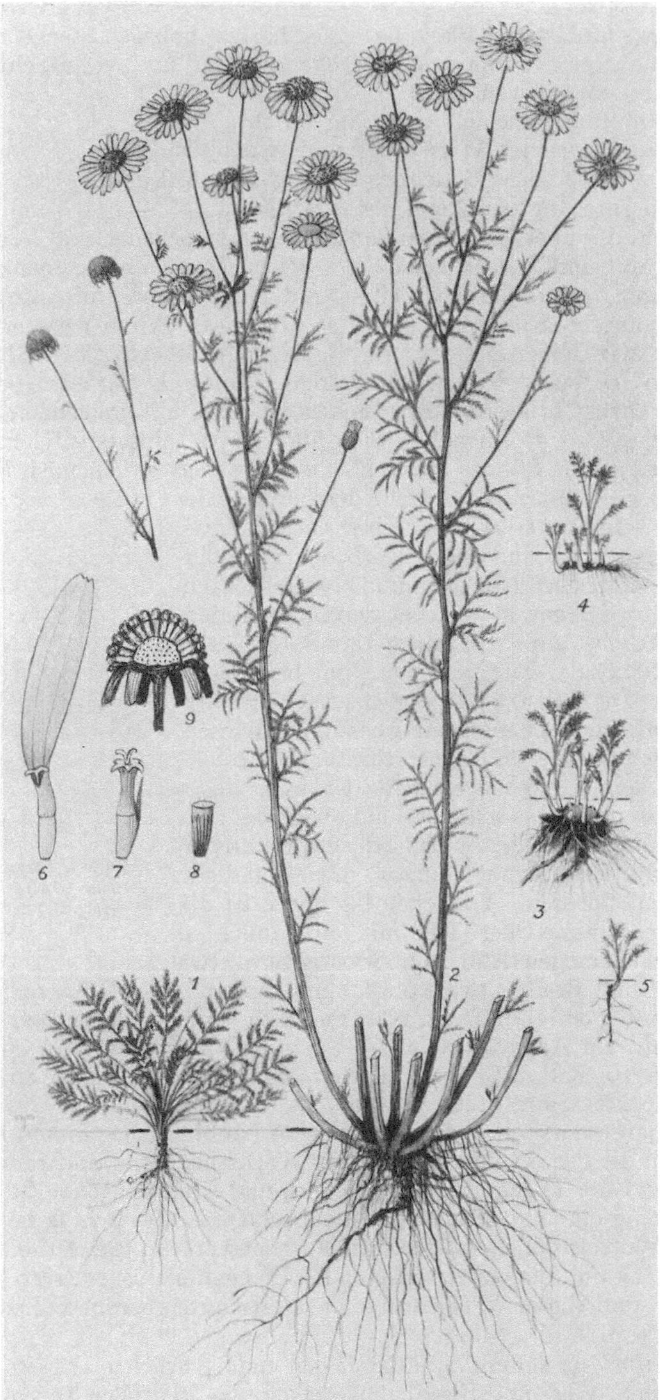

Abb. 252. *Anthemis tinctoria.* *1* Pflanze im Herbst des ersten Jahres; *2* voll entwickelte Pflanze; *3* abgehauener Wurzelhals, der vegetative Laubsprosse treibt; *4* und *5* keimende Wurszelstockreste, etwa $^1/_3$ nat. Gr.; *6* Randblüte; *7* Scheibenblüte; *8* Same, etwa 4fach vergr.; *9* durchgeschnittenes Blütenkörbchen nach Samenreife, nat. Gr. Nach Korsmos Unkrauttafeln.

Verbreitet ist sie in den östlichen Landesteilen Englands und über große Strecken Skandinaviens, wo sie bis zu 63°30′ n. Br. (Norwegen) vordringt. Überall tritt sie besonders auf warmem, kalk-, ton- und schieferhaltigem, wie auch teilweise auf leichterem humosem Lehm- und Sandboden auf. Auf saurem Boden und in feuchtem, kaltem Klima scheint sie nicht zu gedeihen.

Die Pflanze wird durch Samen, ausnahmsweise auch auf vegetativem Wege durch Teilung von Wurzelstücken fortgepflanzt und verbreitet. Die Verbreitung geschieht durch unreine Wiesensaat, Wiesenspreu, Heubodenkehricht, Dreschabfall, Trockenfutter wie Heu, Stroh, Kompostmischerde, Stalldünger u. a.

Die harte, holzige, schlecht schmeckende Pflanze wird von den Haustieren abgelehnt. Man bekämpft sie am besten durch Verwendung reiner Saat beim Einsäen von Wiesen, durch behutsame Behandlung aller mit Unkrautsamen durchsetzten Abfälle, durch Abernten der Wiese vor der Reife des Unkrautes u. ä. Ist die Wiese durch dieses oder ähnliche Unkräuter stark verseucht, empfiehlt sich frühes Ernten, tiefes Schälen mit anschließender Brache im Herbst (vgl. Abschn. 6) und im folgenden Jahre Bestellung mit Hackfrüchten, die man während ihrer Wachstumszeit sorgfältig reinhält.

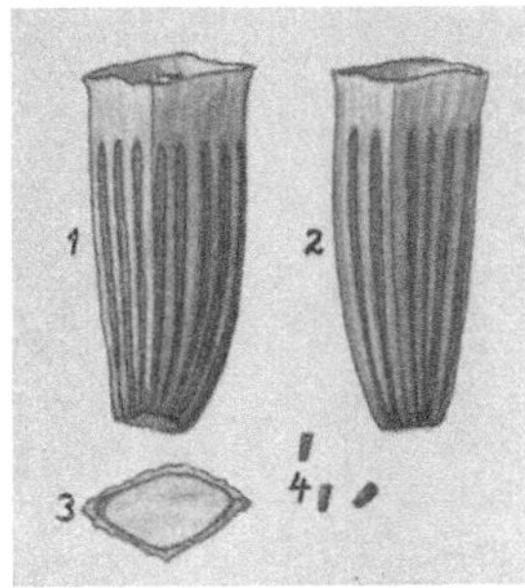

Abb. 253. *Anthemis tinctoria.* *1* u. *2* Samen; *3* Samenquerschnitt, 12fach vergr.; *4* Samen, nat. Gr. Orig.-Zeichn.

128. *Artemisia vulgaris* LINN. Gemeiner Beifuß, engl. Mugwort. *Artemisia vulgaris* (Fam. Compositae) ist ein fast strauchartiges, 1—1,5 m hohes, bodenständiges, mehrjähriges Unkraut mit unten erst liegenden, wurzelschlagenden, dann aufrechten, ästigen Stengeln mit blütenreichen, endständigen, pyramidenförmigen Blütenständen. Die Blätter sind unten ohrenförmig umfassend, oberseits grün, unterseits weißfilzig-fiederspaltig mit lanzettlich zugespitzten, meist eingeschnittenen oder gesägten Zipfeln. Die kleinen, aufrechten, traubenständigen Blütenkörbchen haben rotgelbe Kronen von starkem Duft, bitterem Geschmack und mit kahlem Blütenboden (Abb. 254). Blütezeit von Juli bis September. Der braune, ovale, dem abgestumpften Grunde zu gleichmäßig schmäler werdende Same trägt silberglänzende Streifen und eine etwas breiter abgerundete, in eine halsförmige, kurze Einschnürung mit kleinem, mittelständigem, zapfenförmigem Stiel auslaufende Spitze (Abb. 255). 1000-K.Gew. etwa 0,1 g, Länge und Breite etwa 1,6×0,5 mm, Samenzahl je Pflanze etwa von 50000—700000, je kg etwa 10 Millionen. Von dem gewöhnlich schnell auflaufenden Samen keimten im Laboratorium 98% in 7 Tagen. Um im Freien auflaufen zu können, darf der Same gar nicht oder nur schwach bedeckt sein. Nach Überwinterung im Boden liefen beispielsweise von vorjährigem Samen während des Frühjahres in einer Tiefe von

0	0,5	1	2	3	4	cm
52	16	4	0	0	0	%

auf.

Im Herbste des Keimjahres entwickelt die Keimpflanze eine kleine Laubblattrosette und einen Wurzelstock mit einem einige cm in die Erde hinabgezogenen Wurzelhals[1]. Im zweiten Jahre treibt sie einige wenige blühende Stengelsprosse und kommt im dritten zu voller Entfaltung. Die Stengelsproßanlagen entwickeln sich während des Herbstes am Wurzelkopf und an den unterirdischen

[1] Unter sehr günstigen Wachstumsbedingungen entwickelt sich die Pflanze, mag sie sich aus Frühlingsaussaat oder Herbstaussaat entwickelt haben, oft so schnell, daß sie noch im Keimjahre zum Blühen und Fruchten kommt.

Teilen blühender Pflanzen. Diese Sproßanlagen überwintern, treiben dann wieder Stengel und gehen im folgenden Sommer nach Blüte und Reife ein. Dieser Vorgang wiederholt sich mehrere Jahre hindurch.

Artemisia vulgaris gedeiht am besten auf warmem Boden und silurischen Formationen, entwickelt aber auch auf Humus und leichteren Bodenarten kräf-

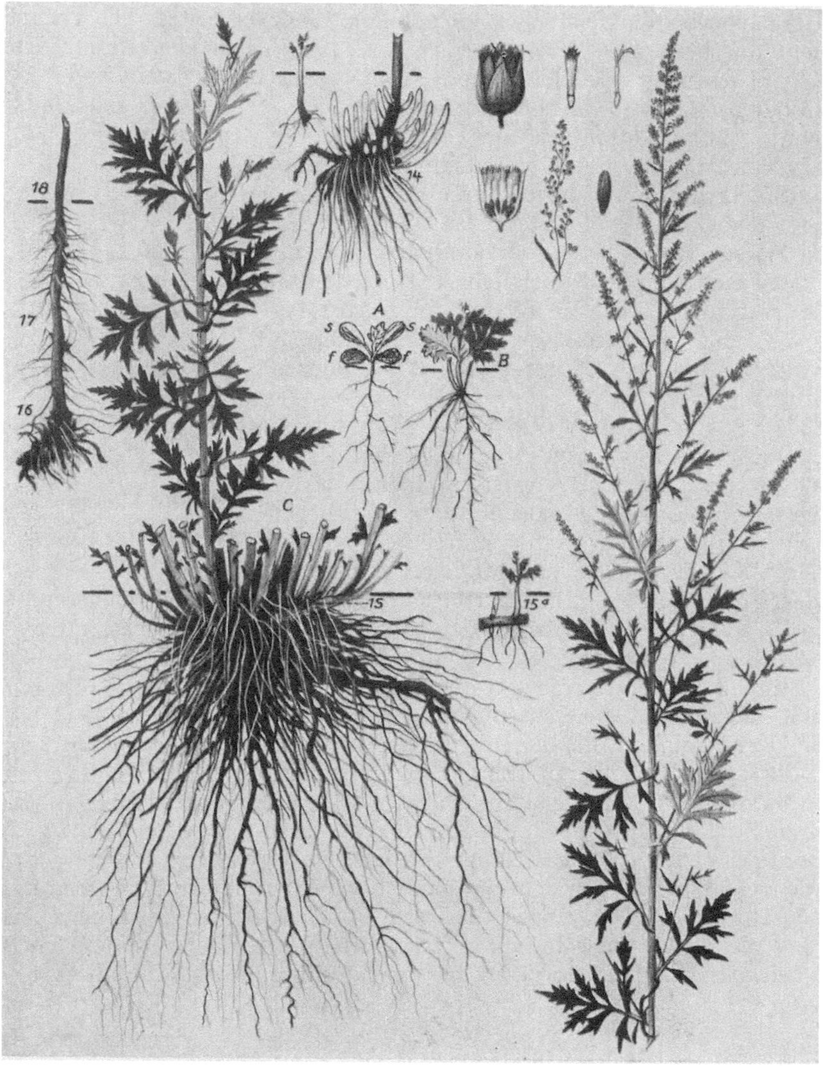

Abb. 254. *Artemisia vulgaris. A* Keimpflanze, *f* Keimblätter, *s* Dauerblätter, nat. Gr.; *B* Pflanze im Herbst des ersten Jahres; *C* voll entwickelte Pflanze; *14* Teil des Wurzelstockes mit sich entwickelnder Laubsproßanlage; *15a* liegendes Stengelstück mit Laubsprossen; *16—18* unterer Teil eines mit Erde bedeckten Stengels mit an ihm entwickelten Nebenwurzeln, $^1/_5$ nat. Gr. Nach Korsmos Unkrauttafeln.

tige Pflanzen. Man trifft die Pflanze an Wegen, Zäunen, Waldrändern, auf Äckern aller Art und Wiesen in ganz Europa, Mittelasien und Nordamerika. In mehreren deutschen Landesteilen ist sie ein verbreitetes Unkraut. In Großbritannien und großen Teilen Süd- und Mittelskandinaviens ist sie gewöhnlich und tritt noch bis zu 70° n. Br. (Norwegen) auf.

Die Pflanze wird wesentlich durch Samen fortgepflanzt und verbreitet. Der Wurzelstock und die wurzelschlagenden Stengelteile können bei Teilung vegetativer Vermehrung dienen. Die harten, holzigen Stengel können die Pflanze gewiß auch als Stecklinge vermehren. Trotz dieser Eigenschaften geht die Verbreitung fast ausschließlich durch Samen vor sich.

Bei der Bekämpfung kann man sich folgender Mittel bedienen:

1. Man haut die Pflanze vor oder spätestens während der Blüte zur Verhinderung der Samenreife ab.

2. Man vernichtet sie, indem man sie mit der Wurzel aussticht. Der Wurzelstock muß entfernt werden[1].

3. Verseuchte Wiesen pflüge man um und bebaue sie mindestens zwei Jahre lang mit Hackfrüchten, um während dieser Zeit das Wurzelsystem des Beifußes vernichten zu können. Bei besonders starker Verseuchung ist Brachen anzuraten.

Die schlecht schmeckende Pflanze wird von den Haustieren abgelehnt.

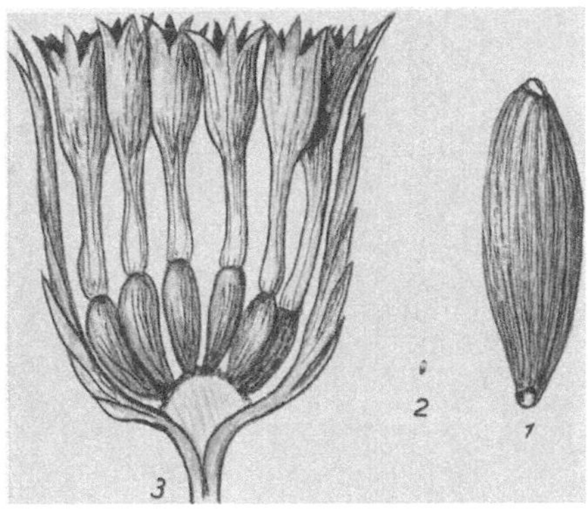

Abb. 255. *Artemisia vulgaris.* 1 Same, 20fach vergr.; 2 derselbe, nat. Gr.; 3 Blütenkörbchen im Längsschnitt, 7fach vergr. Nach KORSMOS Unkrauttafeln.

129. *Solidago virga aurea* LINN. Gemeine Goldrute, engl. Goldenrod. *Solidago virga aurea* (Fam. Compositae) ist ein mehrjähriges, bodenständiges, 20 bis 80 cm hohes Unkraut mit holzigen, steifen, aufrechten, oben ästigen Stengeln, verstreut sitzenden, am Blattstiel etwas hinablaufenden, elliptischen Blättern, deren untere etwas breiter, deren obere etwas schmäler sind. Die Pflanze hat einen kurzen, verzweigten, ganz flach und schräg in der Erde liegenden, fingerdicken, schuppigen Wurzelstock, der mit Laubsprosse treibenden Knospen besetzt ist. Der endständige Blütenstand besteht aus vielen, traubenständigen, kleinen, gelben Körbchen, deren jedes etwa 30 teils weibliche, zungenförmige Rand-, teils zwitterige, rohrförmige Scheibenblüten enthält (Abb. 256). Die Pflanze blüht im Juli und August.

Der linienförmige, seitlich etwas zusammengedrückte, dem quer abgestumpften Grunde zu schmäler werdende Same ist an der mit einer abstehenden, kragenförmigen Kante mit einreihigem Fegehaarbüschel versehenen Spitze etwas zusammengeschnürt, hat unregelmäßige Längsrippen und ist auf der matten, braungelben Oberfläche verstreut mit kurzen Haaren besetzt. 1000-K.Gew. etwa 0,5 g, Länge und Breite etwa 2,8×0,6 mm, Samenzahl je Pflanze etwa 11000, je kg etwa 2 Millionen. Länge der Fegehaare etwa 4 mm. Von dem leicht auflaufenden Samen keimten im Laboratorium 97% in 6 Tagen. Von im Frühjahr ausgesätem, überwintertem Samen liefen im Freien 58% in 1 Monat auf. Bei Aussaat im Herbst keimten im Frühjahr in einer Tiefe von

0	0,5	1	2	3	4	cm
60	39	14	12	0	0	%.

Während ihres Wachstums im Keimjahre entwickelt die Keimpflanze gewöhnlich eine oberirdische Laubblattrosette von etwa 8 cm Höhe, überwintert und treibt im Spätsommer des folgenden Jahres die ersten blühenden und

[1] Die Wurzel kann in der Erde auch durch Bestreuen mit einigen Gramm Natriumchlorat vernichtet werden.

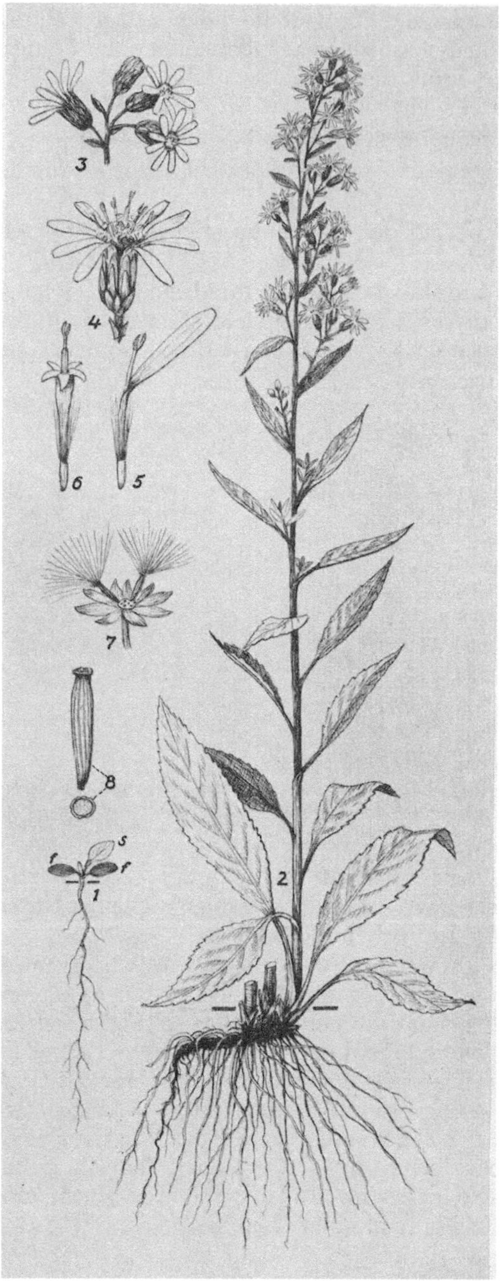

Abb. 256. *Solidago virga aurea.* *1* Keimpflanze, *f* Keimblätter, *s* Laubblatt, nat. Gr.; *2* blühende Pflanze, $^1/_3$ nat. Gr.; *3* blühender oberer Zweig, nat. Gr.; *4* Blüte, $^3/_2$ nat. Gr.; *5* Randblüte; *6* Scheibenblüte, 2fach vergr.; *7* Körbchen mit reifen Samen, $^3/_2$ nat. Gr.; *8* Same ohne Fegehaare, 6fach vergr. Orig.-Zeichn.

fruchtenden Stengelsprosse. Die Goldrute wächst auf trockenem Boden im Nutz- und Unland, auf Wiesen, Lichtungen im Walde, Wegrändern u. ä. und zwar in ganz Europa, Mittel-, Nord- und Westasien, Nordafrika und Nordamerika bis an die arktische Zone, nicht selten in Deutschland, streckenweise verbreitet in England und vereinzelt in Skandinavien bis zu 71° 11' n. Br. (Norwegen)[1].

Die Pflanze wird durch Samen fortgepflanzt und verbreitet. Sie ist holzig und wird gewöhnlich auf der Weide wie im Futter von den Haustieren abgelehnt, ohne im Kulturboden doch besonders lästig zu werden, da man sie bei guter Bodenbearbeitung leicht unterdrücken kann.

Findet sie sich auf natürlichen Wiesen, an Wegrändern u. ä., so bekämpft man sie durch Ausstechen oder Abhauen vor der Reife.

130. *Chrysanthemum vulgare* (L.) Bernh. (= *Tanacetum vulgare* Linn.). Gemeiner Rainfarn, engl. Common tansy. *Chrysanthemum vulgare* (Fam. Compositae) ist eine bis zu 1 m hohe Pflanze mit vielen, aus dem mehrjährigen, bodenständigen Wurzelstock sprießenden, verzweigten, holzig-harten, blütentragenden Stengeln, gewöhnlich kahlen, durchbrochen gefiederten, hellgrünen Blättern und doldenartig angeordneten, nur röhrenförmige, tiefgelbe Scheibenblüten enthaltenden Körbchen (Abb. 257). Die Pflanze blüht und fruchtet von August bis September. Der längliche, schwach gekrümmte, im Querschnitt fast viereckige, dem Grunde zu schmäler werdende, graubraune, längsgestreifte Same

[1] In Nordamerika finden sich als Unkräuter auch *Solidago graminifolia, Solidago rugosa, Solidago canadensis, Solidago mollis, Solidago nemoralis* u. a.

hat oben einen etwas erweiterten Kragen. 1000-K.Gew. etwa 0,1 g, Länge und Breite etwa 1,6 × 0,6 mm, Samenzahl je Pflanze etwa 12 500, je kg etwa 10 Millionen.

Von dem gewöhnlich schnell auflaufenden Samen keimten bei einem Laboratoriumsversuch 98% in 12 Tagen. Bei Aussaat im Herbst liefen während des

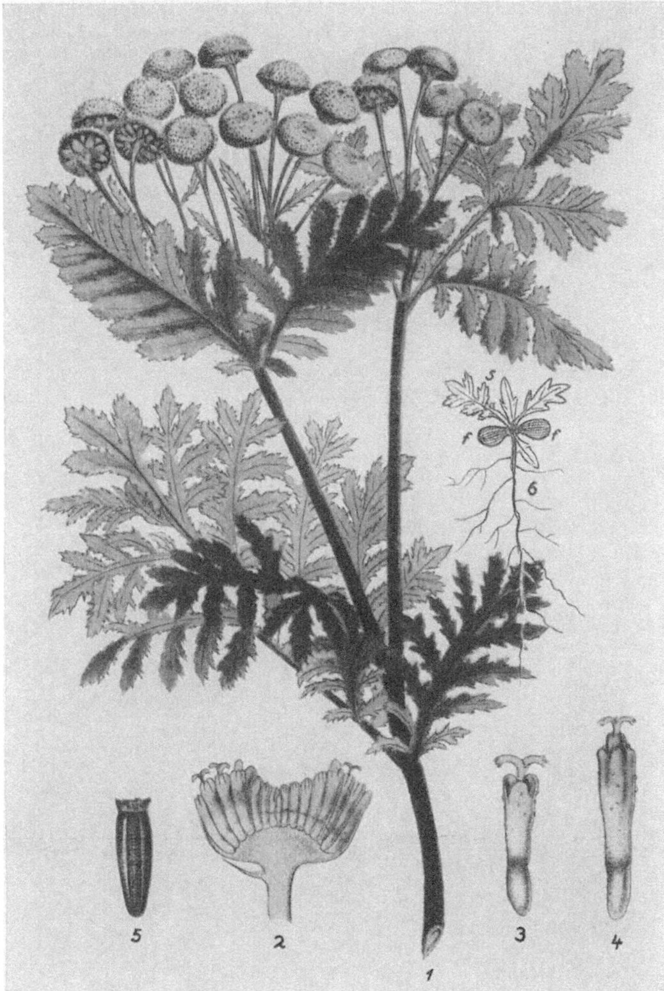

Abb. 257. *Chrysanthemum vulgare = Tanacetum vulgare.* *1* oberer Zweig, etwa 3/4 nat. Gr.; *2* durchschnittenes Körbchen, etwa 2,5fach vergr.; *3* Randblüte; *4* Scheibenblüte, etwa 7fach vergr.; *5* Same, 10fach vergr.; *6* Keimpflanze, *f* Keimblätter, *s* Laubblatt, nat. Gr. *1*—*5* nach MENTZ und OSTENFELD, *6* Orig.-Zeichn.

Frühjahres 66% auf. Meistens bildet die Keimpflanze beim Auskeimen im Frühjahr nur eine Laubblattrosette. Erst im Spätsommer des zweiten Entwicklungsjahres blüht und fruchtet die Pflanze zum ersten Male. Vom Wurzelhals aus verzweigt sie sich dann stark und entwickelt sich später zu einer kräftigen strauchartigen Staude. (Unter besonders günstigen Wachstumsverhältnissen kann die Keimpflanze, wenn sie frei steht, gelegentlich schon im Keimjahre samen- und blütentragende Stengelsprosse entwickeln.)

Die stark und nicht unangenehm duftende Pflanze kommt an Rainen, Straßenrändern, Eisenbahndämmen und auf trockenen Wiesen in ganz Europa, Nordamerika und Nordasien bis an den Polarkreis vor. In Deutschland findet man sie an trockenen Hängen, Wegen und auf trockenen Weiden; in Großbritannien

Abb. 258. *Senecio jacobaea.* *1* Keimpflanze, *f* Keimblätter, *s* Laubblätter, nat. Gr.; *2* oberer Teil einer blühenden Pflanze; *3* unterer Stengelteil mit Blatt, etwa $^3/_4$ nat. Gr.; *4* Wurzel, etwa $^1/_3$ nat. Gr. *2* nach CLARK, *1* und *4* Orig.-Zeichn.

ist sie sehr gemein, in Skandinavien dringt sie vom Meer bis an die Birkengrenze und bis zu 70° n. Br. (Norwegen) vor.

Meistens tritt die Pflanze einzeln auf als holzige, hartstengelige, buschige Staude, die als Futter unbrauchbar ist und daher selten abgeerntet wird.

Sie wird durch Samen fortgepflanzt und verbreitet.

Da sie sich mit der Sense oder Mähmaschine nur schwer abhauen läßt, entfernt man am besten die ganze Pflanze mit der Wurzel oder vernichtet sie mit Natriumchlorat.

131. *Senecio jacobaea* LINN. JAKOBS-Kreuzkraut, engl. Ragwort. *Senecio jacobaea* (Fam. Compositae) ist ein mehrjähriges, bodenständiges, 30—90 cm hohes, aufrechtes, ästiges Unkraut mit unteren länglich-verkehrt-eiförmigen, am Grunde leierförmigen, oben fiederteiligen (Fiedern gezähnt oder fast fiederspaltig, vorne breiter) Blättern mit kräftiger, ästiger Wurzel und stark entwickelten Nebenwurzeln (Abb. 258). Die Pflanze blüht und fruchtet von Juni bis September. Die Blütenkörbchen sitzen an dem vielblütigen Scheitel der Pflanze und haben gelbe Rand- und braungelbe Scheibenkronen.

Der langgestreckte, ungefähr gleichmäßig schmale, etwas gekrümmte, im Durchschnitt fast kreisrunde Same hat an der Grundfläche eine ringförmige, oben eine kragenförmige Kante mit kurzem, mittelständigem Zapfen und eine gelbbraune, einzelne borstenförmige Haare und erhabene Längsrippen tragende Oberfläche (Abb. 259). 1000-K.Gew. etwa 0,25 g, Länge und Breite etwa 2,0 × 0,6 mm, Samenzahl je Pflanze etwa 2100, je kg etwa 4 Millionen.

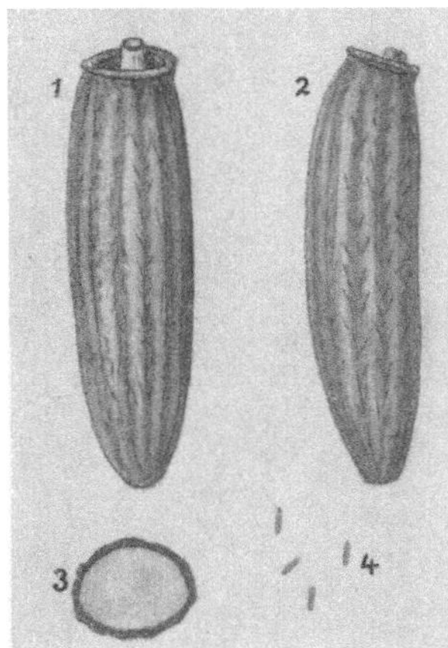

Abb. 259. *Senecio jacobaea.* *1* und *2* Breit- und Schmalseite des Samens; *3* Samenquerschnitt, 20fach vergr.; *4* Samen, nat. Gr. Orig.-Zeichn.

Von dem gewöhnlich schnell auflaufenden Samen keimten im Laboratorium 100% in 5 Tagen, bei Aussaat im Herbst keimten im Freien in 0,5 cm Tiefe während des folgenden Frühjahres 56%. Die Pflanze blüht und fruchtet das erstemal im Sommer des zweiten Wachstumsjahres. *Senecio jacobaea* liebt sauren Boden und gedeiht am besten auf leichterem Boden, Sand-, Schotterboden und Humus. Die Pflanze verbreitet sich auf natürlichen Wiesen, an Wegrändern, im Ödland, auf Weiden im gemäßigten Europa, Nordasien und Nordamerika. Ganz gewöhnlich ist sie an Wegrändern, sonnigen Rainen u. ä. in Deutschland, sehr gewöhnlich in Großbritannien und kommt auch in Skandinavien bis zu 60°48′ n. Br. (Norwegen) vor.

Die Pflanze wird durch Samen fortgepflanzt und verbreitet.

Wenn man sie auch noch nicht als lästiges Unkraut bezeichnen kann, sollte man sie doch beachten. Man bekämpft sie am einfachsten durch Herausstechen mit der Wurzel oder durch Abhauen vor der Blüte zur Vermeidung von Samenreife und Verbreitung, ebenso durch Bestreuen der Wurzel mit Natriumchlorat oder Bespritzen mit einer 5%igen Lösung des Salzes.

132. *Centaurea jacea* LINN. Gemeine Flockenblume, Wiesen-Flockenblume, engl. Brown knapweed. *Centaurea jacea* (Fam. Compositae) ist ein mehrjähriges, bodenständiges Unkraut mit ästigen, bis zu 1 m hohen Stengeln und krukenförmigen, endständigen Blütenkörbchen, deren Hüllblätter dachziegelartig aufeinanderliegen und gewölbte, zerfranst gezähnte, meist hellbraune Häutchen haben. Die oberen Blätter sind lanzettlich, die unteren buchtig gezähnt bis fiederlappig. Die Randkronen der violettroten Blütenkörbchen sind strahlenförmig und meistens ungeschlechtlich (Abb. 260). Die Pflanze blüht von Juli bis September.

Der längliche, unten abgerundete, am Rücken vorgewölbte Same trägt keine Fegehaare und hat an der Unterseite am Grunde eine nagelförmige, grubige Vertiefung. Der ovale Querschnitt ist etwas unterhalb der quer abgestumpften, mit kragenförmiger Kante und mittelständigem Zapfen versehenen Spitze am breitesten. Der knochenfarbig glänzende, weißgraue, gelbbraune längsgestreifte, oberflächlich ungleichmäßige Same ist über die ganze Oberfläche, besonders aber am Kragen und am Grunde verstreut mit feinen, glänzenden Haaren besetzt. 1000-K.Gew. etwa 2,3 g, Länge und Breite etwa 3,4 × 1,6 mm, Samenzahl je Pflanze 2800, je kg etwa 435000.

Von überwintertem, trocken gelagertem Samen keimten bei einem Laboratoriumsversuch 27%. Im Sandboden keimten in 1 cm Tiefe von trocken gelagertem Samen in 16 Tagen 11% und später mehr, in 0,5 cm Tiefe keimten 18%. Im Freien keimten von vorjährigem Samen der gleichen Probe in 1 cm Tiefe nach Überwinterung im Boden 93%, nach Trockenlagerung 48%. Nach 3½ Monaten hatten sich 15 cm hohe Pflanzen entwickelt. Im zweiten Wachstumsjahr treibt die Pflanze die ersten und während des folgenden Jahres weitere samen- und blütentragende Stengelsprosse[1]. Die Wurzel der Keimpflanze ist ursprüng-

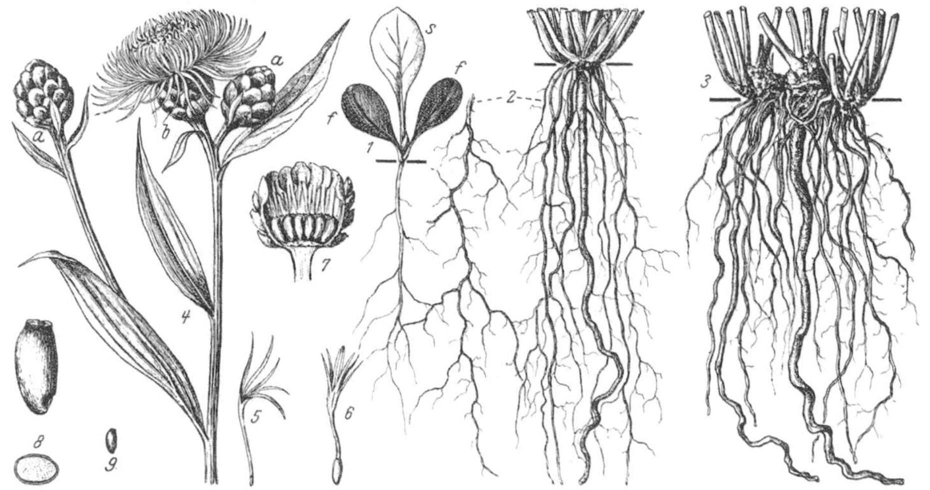

Abb. 260. *Centaurea jacea.* *1* Keimpflanze, *f* Keimblätter, *s* Laubblatt, 7/10 nat. Gr.; *2* Wurzel der Keimpflanze im Herbst des ersten Jahres; *3* Wurzel einer Pflanze im dritten Jahre, 3/7 nat. Gr.; *4* oberer Zweig, *a* Körbchen vor, *b* während der Blüte, 7/10 nat. Gr.; *5* Randblüte; *6* Scheibenblüte, 7/10 nat. Gr.; *7* Körbchen im Längsschnitt, 7/10 nat. Gr.; *8* Breitseite und Querschnitt des Samens, 4 fach vergr.; *6* Same, nat. Gr. Orig.-Zeichn.

lich eine dünne, lange Pfahlwurzel, aber bereits während des Wachstums im ersten Jahre entwickeln sich vom kotylen Teil des Laubsprosses lange, strangartige, senkrecht abwärts wachsende Faserwurzeln, die allmählich einen Wurzelstock mit zahlreichen, langen, zähen Faserwurzeln bilden, mit dessen Hilfe die Pflanze viele Jahre lang aushält.

Centaurea jacea kommt als Unkraut auf trockenen Wiesen, an Weg- und Eisenbahnstrecken, Rainen, Weiden u. ä. in den meisten europäischen Ländern, dem nördlichen Asien und Afrika und in Nordamerika vor. In Deutschland und Skandinavien wächst die Pflanze in den meisten Gegenden (besonders auf silurischen Formationen) und dringt nördlich bis zu 63° 41′ n. Br. (Norwegen) vor. Sie bildet oft einen büschigen Bestand und deckt, beschattet bzw. unterdrückt dadurch nützliche Pflanzen. Bezüglich Fortpflanzung, Verbreitung und Bekämpfung vergleiche die bei *Centaurea scabiosa* gemachten Angaben.

[1] Einige Keimpflanzen aus Samen, der nach Überwinterung im Boden zum Frühjahr aufgelaufen war, brachten es bereits im September des Keimjahres bis zur Blüte.

133. *Cardamine pratensis* LINN. Wiesen-Schaumkraut, engl. Lady's smock, cuckoo flower, meadow bittercress. *Cardamine pratensis* (Fam. Cruciferae) ist ein mehrjähriges, bodenständiges, 20—45 (60) cm hohes, aufrechtes, ästiges Unkraut auf feuchten Wiesen mit hohlem, glattem Stengel und ungleichmäßig gefiederten, kahlen 5—8paarigen Blättern. Die grundständigen Blätter

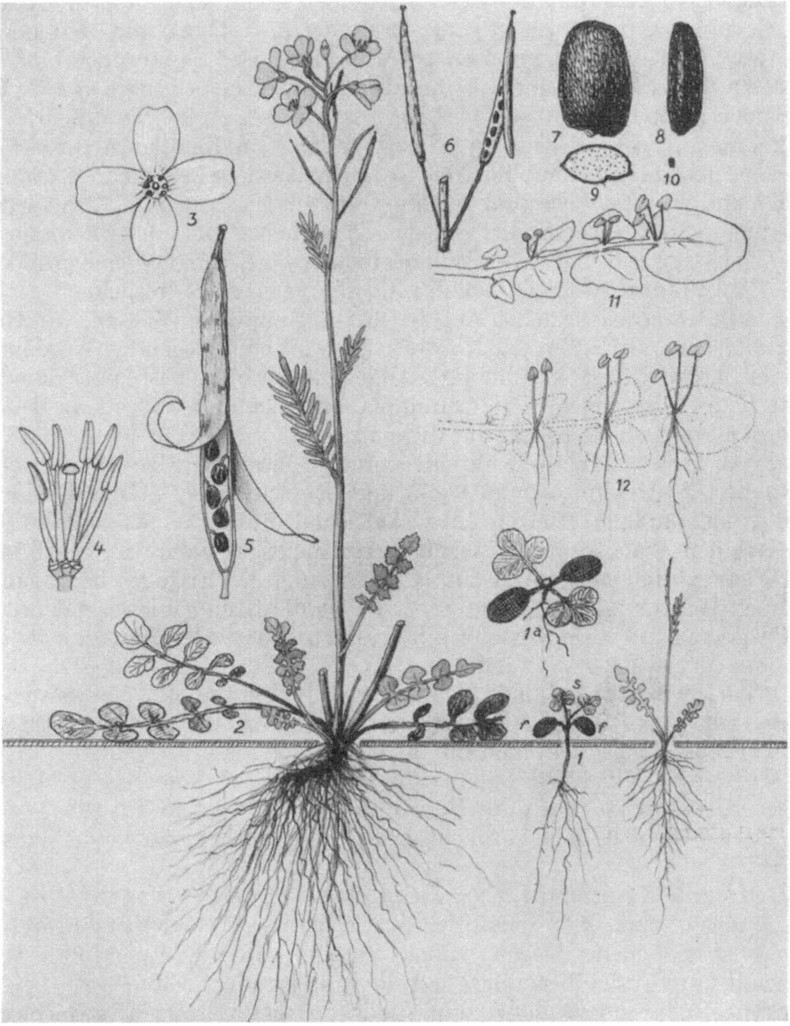

Abb. 261. *Cardamine pratensis.* *1* Keimpflanze, *f* Keimblätter, *s* Laubblatt, nat. Gr.; *1a* dieselbe von oben betrachtet, 2fach vergr.; *2* voll entwickelte Pflanze, etwa 1/3 nat. Gr.; *3* Blüte, etwa 5/3 nat. Gr.; *4* Blüte ohne Kronen- und Hüllblätter, etwa 2fach vergr.; *5* Schote, etwa 7/3 nat. Gr.; *6* Schoten, 9/10 nat. Gr.: *7*, *8* und *9* Samenbreitseite, -schmalseite und -querschnitt, 10fach vergr.; *10* Same, nat. Gr.; *11* und *12* grundständige Blätter. *1*—*10* Orig.-Zeichn., *11* und *12* nach SCHMEIL.

haben rundliche Teilblätter und am Ende eine großes, unpaariges Teilblatt. Der kurze Wurzelstock trägt ein Faserwurzelbündel. Auf feuchtem Boden vermehrt sich die Pflanze vegetativ durch Brutknospen, die in den Winkeln der untersten, liegenden Teilblätter entstehen. Diese Knospen treiben Blätter und Wurzeln und werden zu selbständigen Pflanzen, während das ursprüngliche Blatt verfault

(Abb. 261). Die Pflanze blüht im Mai und Juni. Samenreife und Verbreitung treten gewöhnlich vor Johanni ein. Die dunkleren oder hellvioletten Blüten zeigen gelbe Staubbeutel. Die Frucht ist eine 2,4 cm lange, vielsamige Schote, die sich nach der Reife von unten her mit 2 Klappen der Länge nach öffnet.

Der unregelmäßig ovale, seitlich zusammengedrückte Same ist an der gelbbraunen Oberfläche mit feinen, rauhen Pünktchen besetzt, trägt am Grunde einen dunkelbraunen Fleck und hat an der Kante einen leicht angedeuteten Flügelrand. 1000-K.Gew. etwa 0,1 g, Länge und Breite etwa $1{,}5 \times 1{,}0$ mm, Samenzahl je Pflanze etwa 120—400, je kg etwa 10 Millionen. Der Same scheint oft wenig keimkräftig zu sein. Bei einem Laboratoriumsversuch keimten von 6 Monate altem Samen in 60 Tagen 17%. Der Rest war eingegangen. Draußen im Sandboden keimten in 0,5 cm Tiefe 13% in 43 Tagen. Im Keimjahre entwickelt die Pflanze eine oberirdische Laubblattrosette, die im zweiten Lebensjahre zum erstenmal blüht und fruchtet. Die pfahlförmige Wurzel des Primärsprosses wird zeitig durch einen sich an ihrer Stelle von der Grundachse aus entwickelnden, mehr oder weniger wagerecht liegenden Wurzelstock ersetzt, von dem eine größere oder kleinere Zahl braunschwarzer, fadenförmiger Faserwurzeln ausgeht.

Cardamine pratensis wächst auf feuchten, sumpfigen Wiesen, an Grabenrändern u. ä. und ist in Europa, Nordasien, in kälteren Gegenden Nordamerikas ganz bis an arktische Gebiete häufig. Allgemein verbreitet ist die Pflanze auch in Deutschland, Österreich, Großbritannien und Skandinavien bis an den höchsten Norden, vom Meere bis an die Birkengrenze.

Dieses Unkraut ist eine Frühjahrs- und Frühsommerpflanze die nach abgeschlossener Entwicklung schnell welkt und „verschwindet". Da sie jedoch eine Rosette grundständiger Blätter entwickelt und nützliche Wiesenpflanzen im ersten Teil der Wachstumszeit leicht beeinträchtigt, kann sie besonders bei reicher Wasserzufuhr von unten zur Herabsetzung des Ertrages beitragen. Das betont auch WINIFRED E. BRENCHLEY[1], die erwähnt, daß Wiesen mit besonders großem Wasserzufluß von gewissen Unkräutern, und darunter *Cardamine pratensis*, vollkommen überwuchert werden können.

Die Pflanze wird durch Samen fortgepflanzt und verbreitet. Teilweise wird sie auch vegetativ durch Brutknospen in den Teilblattwinkeln und nach Dr. LYNGE in den arktischen Gegenden auch durch Ausläufersprosse vermehrt.

Als wirksames Mittel zur Bekämpfung der Pflanze kommen Entwässerung sumpfiger Niederungen und gute Bodenpflege überhaupt in Frage[2].

Die Pflanze steht in dem Verdacht, bei Verfütterung schädigende Wirkungen auszuüben.

134. *Alchemilla vulgaris* LINN. Gemeiner Frauenmantel oder Gem. Sinau, engl. Common lady's mantle, lady's mantle. *Alchemilla vulgaris* (Fam. Rosaceae) ist ein mehrjähriges, bodenständiges, niedrig wachsendes Wiesenunkraut mit am Grunde liegenden und dann steigenden, selten über 15—20 cm hohen Stengeln, grundständigen, langstieligen, nierenförmigen, gekerbten, tief eingeschnittenen, mit runden, gesägten Abschnitten versehenen Blättern, kleineren, den Stengel halb umfassenden Stengelblättern und gelben, unansehnlichen, kronenlosen Blüten (Abb. 262). Da die Pflanze nur Staminodien hat, entwickelt sich der Same ohne Bestäubung[3]. Das erklärt auch das Vorkommen so vieler samenkonstanter, kleiner Arten dieser Gattung. Die Pflanze trägt von Mai bis

---

[1] BRENCHLEY: Weeds of Farm Land S. 178.

[2] LONG erwähnt in Common Weeds S. 156 auch Dränage und gleichzeitiges Düngen als Mittel zur Bekämpfung dieses Unkrautes.

[3] Nachgewiesen von dem schwedischen Botaniker MURBECK. Auch einige andere Unkrautarten, wie *Taraxacum officinale* und die *Hieracium*-Arten haben solche Samen.

Juli (September) grüngelbe, dichte Blütenstände; in jeder Blüte bildet sich ein Same, der nach der Reife von dem harten Hüllkelche eingeschlossen wird. Der schief birnenförmige Same hat am Grunde einen nach der Seite umgebogenen Zapfen und eine matte, rauhe, gestreifte, leicht braungelb bis dunkelbraun gescheckte Oberfläche. 1000-K.Gew. etwa 0,55 g, Länge und Breite etwa 1,4 × 1,0 mm, Samenzahl je Pflanze etwa 300, je kg etwa 1 800 000. Die Pflanze hat einen mehrjährigen, wenig bedeckten, schräg in der Erde liegenden, dunkelbraunen, schuppigen Wurzelstock mit kräftigen Nebenwurzeln.

Alchemilla vulgaris wächst auf künstlichen und natürlichen Wiesen und Weiden, an Waldrändern, Weg- und Eisenbahnstrekken u. ä. in Nordasien und Europa und in Gebirgsgegenden Südeuropas. Die Pflanze ist auf schwererem und leichterem Boden bei kalkarmem oder kalkreichem Untergrund als Wiesen- und Weideunkraut unter anderem auch in Deutschland, England und über ganz Skandinavien vom Meer bis an die Weidengrenze (*Salix*) verbreitet.

Trotzdem sie vom Weidevieh gefressen wird, ist sie im Verhältnis zum beanspruchten Platz so wenig ergiebig, daß sie auch auf der Weide als Unkraut betrachtet werden muß.

Die Pflanze wird durch Samen fortgepflanzt und auf verschiedene Art, wie durch Dreschabfälle, Heubodenkehricht u. ä. verbreitet.

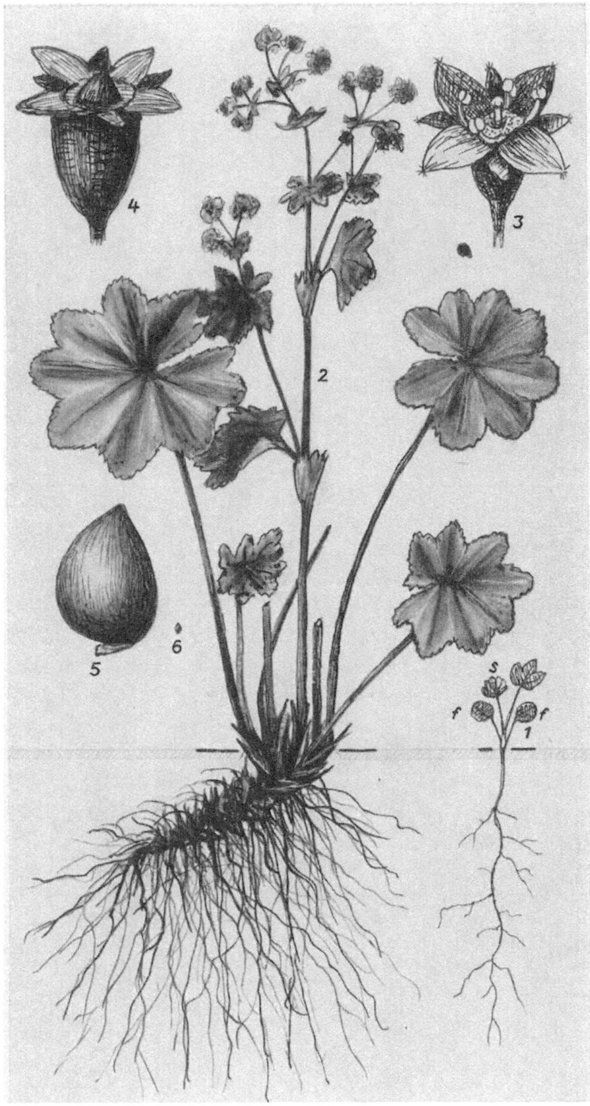

Abb. 262. *Alchemilla vulgaris*. *1* Keimpflanze, *f* Keimblätter, *s* Laubblätter, nat. Gr.; *2* voll entwickelte, blühende Pflanze, etwa $^1/_2$ nat. Gr.; *3* Blüte, *4* Samenkapsel, 9fach vergr.; *5* Same, 13fach vergr.; *6* Same, nat. Gr. Orig.-Zeichn.

Alchemilla vulgaris bekämpft man am sichersten durch gute, wachstumfördernde Pflege der Wiesen und vorhergehende gründliche Bodenbearbeitung[1].

[1] LONG teilt in Common weeds of the farm and garden S. 165 mit, daß dieses Unkraut durch Entwässerung und Düngung bekämpft werden kann.

135. *Cicuta virosa* LINN. Giftiger Wasserschierling, engl. Cowbane, water hemlock. *Cicuta virosa* (Fam. Umbelliferae) ist ein bodenständiges, mehrjähriges Unkraut, mit unten angeschwollenem, dickem, fleischigem, glattem, rötlichem, innen in hohle Querräume geteiltem Stengel, der mit einem kurzen, starken Wurzelstock mit Faserwurzelkante abschließt. Die oben stark verzweigte

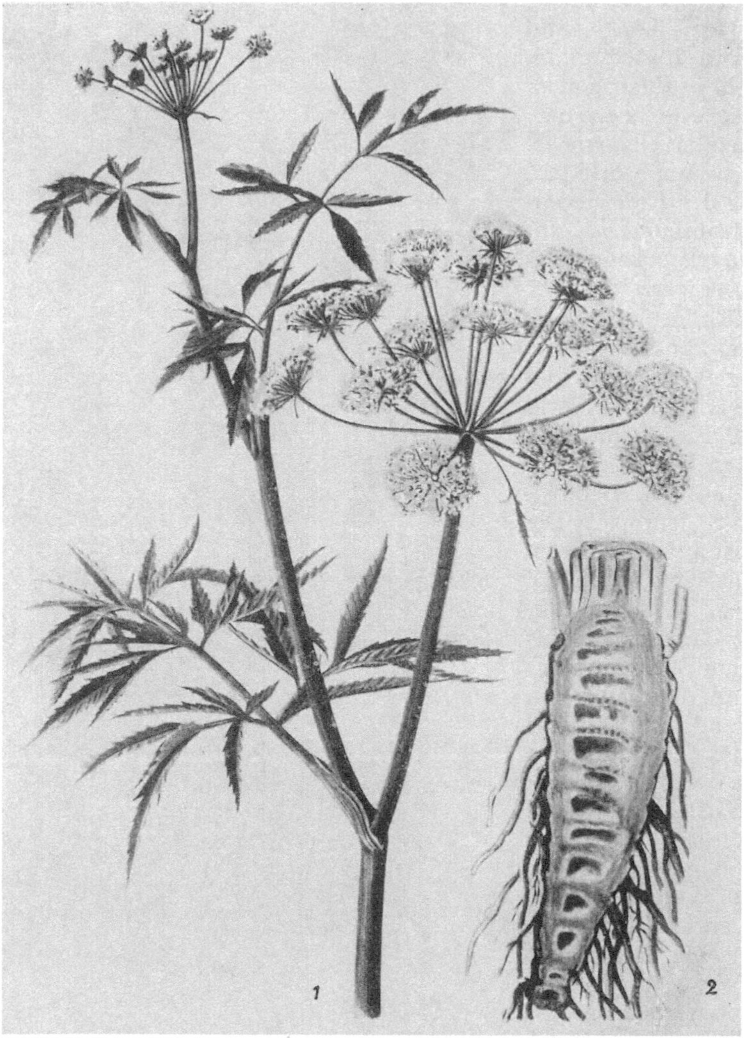

Abb. 263. *Cicuta virosa*. *1* blühender oberer Zweig; *2* Längsschnitt des Wurzelstockes, etwa $^3/_4$ nat. Gr. Nach SCHMEIL und FITSCHEN.

Pflanze trägt endständige, vielblütige Dolden mit bis zu 200 Blüten, deren jede 2 Spaltfrüchte enthält. Die Doldenhülle fehlt oder ist abfallend, die Hüllchen sind mehrblättrig. Die 2—3fach gefiederten Blätter sind linienförmig geteilt (Abb. 263). Blütezeit von Juli über August bis September.

Der fast runde, seitlich etwas zusammengedrückte Same sitzt als Spaltfrucht auf einem im obersten Viertel geteilten Stielchen und ist an dem stark gewölbten, mit fünf breiten Längsrippen und dazwischenliegenden, dunkelbraunen Streifen versehenen Rücken kräftig gewölbt. Die fast ebene Bauchseite hat hellere Farbe und eine dunklere Furche. Die matte, rauhe Oberfläche ist gelbbraun (Abb. 264). 1000-K.Gew. etwa 1,9 g, Länge und Breite der einzelnen Samen etwa 2,0 × 1,8 mm, der doppelten 2,0 × 2,5 mm. Samenzahl je Pflanze etwa 4000, je kg etwa 525000. Im Laboratorium liefen in 15 Tagen 91% auf, draußen in Sandboden keimten in 0,5 cm Tiefe bei Herbstaussaat 26, bei Aussaat im Frühjahr 3% bis Ende Juni.

Dieses Unkraut kommt an sumpfigen Orten, Seen, Tümpeln, Gräben u. ä. in Nord- und Mitteleuropa und im gemäßigten Asien vor[1]. Im deutschen Flachlande ist die Pflanze streckenweise als ganz gemeines Unkraut verbreitet und tritt in England, Schottland und Irland wie im südlichen und mittleren Skandinavien bis zu 68° n. Br. (Norwegen) an einzelnen Orten auf.

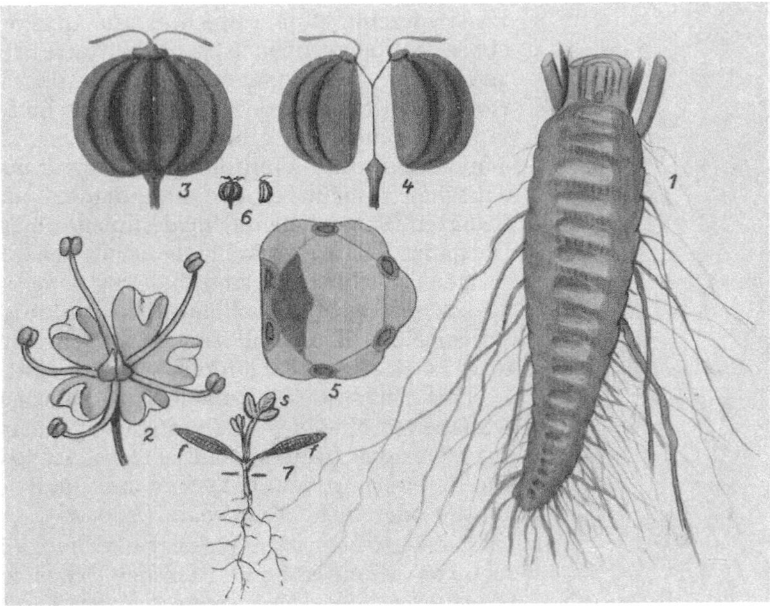

Abb. 264. *Cicuta virosa.* *1* Wurzelstock im Längsschnitt, 3/5 nat. Gr.; *2* Blüte, 6fach vergr.; *3* und *4* Früchte, 8fach vergr.; *5* Frucht, im Querschnitt, 11fach vergr.; *6* Frucht und Same; *7* Keimpflanze, *f* Keimblätter, *s* Laubblatt, nat. Gr. Orig.-Zeichn.

Die Pflanze wird durch Samen fortgepflanzt und meistens durch rinnendes Wasser, das den Samen mit sich führt, verbreitet. Gelegentlich geht die Verbreitung auch durch die Wurzel vor sich, die bei Überflutung losgelöst und fortgeschwemmt werden kann, um anderwärts im Boden eine selbständige Pflanze zu gründen. Die Reife verhindere man durch Abhauen oder Ausreißen der Pflanzen um Johanni. Da sie gewöhnlich außerhalb des bebauten Bodens und auch da nur an bestimmten Plätzen auftritt, läßt sie sich, sobald dies angezeigt erscheint, verhältnismäßig leicht unterdrücken.

Die Pflanze ist giftig und wird von den Haustieren abgelehnt. ESSER[2] bezeichnet sie als besonders für das Weidevieh sehr giftig und erwähnt, daß der Wurzelstock im Frühjahr ganz besonders starken Giftgehalt hat. Die Pflanze schmeckt süßlich.

---

[1] GEORGIA, ADA E.: A manual of weeds S. 301 führt *Cicuta maculata* als Unkraut in großen Teilen Nordamerikas an.

[2] ESSER: Die Giftpflanzen Deutschlands S. 125.

Der Giftstoff wird nicht wie bei den *Ranunculus*-Arten und bei *Chelidonium majus* durch Trocknen der Pflanze verändert, wird also nicht seiner schädlichen Wirkung beraubt. Die Wurzel enthält das Alkaloid Cicutin, das stark narkotisch und schnell tödlich wirkt. Die Vergiftungserscheinungen bestehen in Speichelabsonderung, Lähmung der Zunge und schließlich heftigen Krämpfen und Bewußtlosigkeit, sowie in starker Schleimabsonderung der Verdauungswege[1].

136. *Adonis vernalis* LINN. Frühlings-Teufelsauge, Frühlings-Adonisröschen. *Adonis vernalis* (Fam. Ranunculaceae) ist eine mehrjährige, bodenständige Pflanze mit kurzem, kräftigem, schwach bedecktem, mehr oder weniger gekrümmtem, dunkelbraunem bis schwarzem Wurzelstock mit mehreren strangartigen, in die Erde hinabdringenden Faserwurzeln. Der aufrechte, am Grunde meist etwas schuppige, oben ästige, beblätterte Stengel ist gewöhnlich 15—30 (50) cm hoch. Aus dem Wurzelstock wachsen einer oder mehrere, teils blüten- und samentragende, teils unfruchtbare Stengelsprosse empor; bisweilen kann die Pflanze sogar buschiges Aussehen annehmen. Die sitzenden, 2—3fach gefiederten Blätter haben schmale, linienförmige Teile. Die ganze Pflanze ist kahl oder leicht behaart. Die filzigen Kelchblätter sind halb so lang wie die 10—20 mm großen, schmalen, kegelförmigen, zitronengelben Kronenblätter. Die Kronenweite beträgt über 40 mm. Blütezeit von April bis Mai.

Abb. 265. *Adonis vernalis.* 1 Pflanze, 1/3 nat. Gr.; 2 Frucht (Ähre), nat. Gr.; 3 Nüßchen; 4 Nüßchen im Längsschnitt, den Samen (Kern) innerhalb der Schale zeigend, 2fach vergr.; 5 Nüßchen, nat. Gr.; 6 Blatt, nat. Gr. Orig.-Zeichn.

Die Fruchtähre besteht aus winzigen geschnäbelten Nüßchen, die auf einem gemeinsamen, kegelförmigen Blütenboden sitzen, ist oval bis stumpf-eiförmig, mißt 15×10 mm und enthält 30—40 oder mehr Teilfrüchte (Abb. 265).

Die Teilfrucht ist umgekehrt eiförmig, im Querschnitt oval und hat eine runzelige, etwas behaarte Oberfläche. An der, einen schiefsitzenden, gekrümmten Schnabel tragenden Spitze ist sie am breitesten und wird dem in eine Spitze auslaufenden Grunde zu, an dem sich eine braungelbe, geronnene Masse befindet, gleichmäßig schmäler. Die Farbe ist braungelb bis graubraun (grün). 1000-K.Gew. etwa 10,6 g, Länge und Breite etwa $4{,}6 \times 3{,}2$ mm.

Der eiförmige, im Querschnitt annähernd kreisrunde Same (Kern) trägt an der Bauchseite eine sich vom Grunde bis an die Spitze erstreckende häutige Längsfalte. Die häutige Hülle ist gebeult und löst sich leicht vom Samen, der eine feingescheckte, goldig glänzende, goldgelbe bis braungelbe Oberfläche hat. 1000-K.Gew. etwa 4,2 g, Länge und Breite etwa $3{,}1 \times 2{,}1$ mm, Samenzahl je Frucht etwa 25—40, je Pflanze etwa 30—150 oder mehr, je kg etwa 94300.

Nach KINZEL[2] scheint der Same nur langsam aufzulaufen. Unter anderem berichtet er von einem Keimversuch, bei dem von frischen, nackten Samen im

[1] DAMMANN: Gesundheitspflege der landwirtschaftlichen Haussäugetiere S. 581.

[2] KINZEL: Frost und Licht als beeinflussende Kräfte bei der Samenkeimung. Tab. 4. Stuttgart 1913.

Hellen 100% in 25 Monaten, im Dunkeln 28% in etwa 22 Monaten aufliefen. Der Same keimt also im Hellen am besten.

Adonis vernalis findet sich auf sandigem und kalkigem Boden, an Hügeln, Hängen, auf Wiesen, Heideflächen u. ä. in Südost- und Mitteleuropa von Frankreich über Deutschland, die Schweiz und Italien bis nach Mittelasien. In Skandinavien findet sie sich nur auf Oeland und Gotland an kalkhaltigen Stellen.

Die Pflanze wird wesentlich durch Samen fortgepflanzt und verbreitet. In jedem Frühling entsprießen dem in der Erde überwinternden, seine Wachstumskraft mehrere Jahre bewahrenden Wurzelstock neue Stengelsprosse.

Die Bekämpfung geschieht durch Abhauen vor dem Verblühen, durch Ausstechen und Entfernung der Wurzelteile oder durch Vernichtung dieser mit Hilfe von Chemikalien, mit der man die Wurzel bestreut oder bespritzt. Man vergleiche, was darüber beispielsweise bei *Aera caespitosa* und *Ulmaria pentapetala* angeführt wird.

Adonis vernalis wird gewöhnlich als giftig oder als Träger giftiger Eigenschaften angesehen. Die Pflanze enthält das Glykoid Adonidin[1].

137. *Chelidonium majus* LINN. Gemeines Schöllkraut, engl. Greater celandine. *Chelidonium majus* (Fam. Papaveraceae) ist ein aufrechtes, ästiges, mehrjähriges, bodenständiges, 30—80 cm hohes Unkraut mit verhältnismäßig kurzem, wenig bedecktem, etwas schiefliegendem, stark verzweigtem, braungelbem Wurzelstock (Abb. 267,*2*,*3*), dünnen, unterseits graugrünen, einfach oder doppelt gefiederten Blättern mit abgerundeten, lappigen Teilen, gelben, zu wenigen in einer Dolde angeordneten Blüten, die etwas kleiner als die von *Ranunculus acer* sind, und mit weich behaarten Stengeln und Blattstielen, während die Blätter selbst nur wenig behaart oder kahl sind (Abb. 266). Die Pflanze blüht von Mai bis August (September) und bildet schötchenartige, etwa 3,75 cm lange Früchte, die jedoch keine Scheidewand haben und sich nach der Reife mit zwei Klappen von unten nach oben öffnen. Die Samen sitzen in zwei Reihen an den Rändern der samentragenden Stränge, die oben und unten so miteinander verbunden sind, daß sie einen geschlossenen Rahmen bilden.

Jede Frucht enthält etwa 30, leicht nierenförmige Samen, die an der Bauchseite eine Naht mit einer fleischigen, zungenförmigen, weißgelben, fast durchsichtigen Falte, der Samenhaftstelle tragen. Die netzförmig fein überzogene Oberfläche ist schwarzbraun (Abb. 267,*5*). 1000-K.Gew. etwa 0,7 g, Länge und Breite etwa $1,6 \times 1,0$ mm, Samenzahl je Pflanze etwa 6700[2], je kg etwa 1,4 Millionen. Von dem gewöhnlich leicht auflaufenden Samen keimten im Laboratorium bei einer Untersuchung 93% in 60 Tagen, bei einer anderen 92% in 68 Tagen. Draußen im Sandboden keimten bei Aussaat im Frühjahr in 0,5 cm Tiefe 38, bei Aussaat im Herbst, nach Überwinterung im Boden also, 36%. Bei Saattiefenversuchen liefen die Samen in größerer Tiefe als 4 cm nicht mehr auf.

Die Keimpflanze entwickelt im Keimjahre unter der Erde eine dünne, ästige Pfahlwurzel (Abb. 267,*2*) und über der Erde meistens eine Laubblattrosette. Unter besonders günstigen Wachstumsbedingungen kann die Pflanze jedoch gelegentlich auch schon im Keimjahre blühen und reife Samen erzeugen.

Dieses Unkraut ist an Wegen, Hecken, Zäunen, auf Höfen u. ä. in Europa, Nordasien und Nordamerika ziemlich häufig. In Amerika ist die Pflanze in der Nähe von Städten und Siedlungen im inneren Mexiko, bis nach Ontario und südlich als Unkraut von Südmexiko bis Panama verbreitet. In Deutschland, Großbritannien und Skandinavien bis nach Südostnorwegen (62° 30′ n. Br.)

---

[1] ESSER: Die Giftpflanzen Deutschlands S. 82.

[2] WEHSARG erwähnt in Arb. d. dtsch. Landw. Ges. H. 294, S. 213, daß SCHERTLER eine Samenzahl je Pflanze von 16897, eine Höchstzahl von 35969 Samen angibt.

wächst die Pflanze gewöhnlich an Häusern, in Gärten, Parken, an Wegrändern, Steinhalden und im Gestrüpp.

Das Schöllkraut wird durch Samen fortgepflanzt und oft durch Ameisen verbreitet, deren Spuren nicht selten mit diesem Unkraut bewachsen sind. Die Ameisen fressen die kammartigen Anschwellungen der Samenhaftstelle und lassen

Abb. 266. *Chelidonium majus.* Scheitelsproß der Pflanze, etwa $^3/_5$ nat. Gr. Nach SCHMEIL und FITSCHEN.

die Samen liegen. Außerdem wird der Same durch Erde verschleppt, die sich an Geräten und Hufen beim Ackern und Gehen im Wachstumsbereiche der Pflanze festsetzt.

Gelegentlich finden sich an den Blättern Brutknospen, die bei Berührung mit der Erde Wurzel schlagen.

Man bekämpft das Unkraut am besten durch Abhauen oder Ausstechen der Wurzel vor der Blüte und Reife.

Die ganze Pflanze enthält einen rotgelben, giftigen, milchigen Saft, der sich vor allem als Nahrungsvorrat in großen Mengen in der Wurzel sammelt und einige Alkaloide enthält, die man mit dem gemeinsamen Namen *Chelidonium*-Alkaloide bezeichnet[1]. Den Milchsaft enthält ein gesondertes Gefäßsystem. Chelidonin ($C_{20}H_{19}NO_3 + H_2O$) scheint nicht giftig zu sein und bildet farblose, tafelförmige, bittere Kristalle. Dagegen ist Chelerythrin ($C_{21}H_{17}NO_4$) giftig und bewirkt nach Genuß Erbrechen und Niesen.

138. *Plantago lanceolata* LINN. Spitz-Wegerich, Lanzettlicher Wegerich, engl. Ribwort-plantain, ribgrass. *Plantago lanceolata* (Fam. Plantaginaceae) ist ein mehrjähriges, bodenständiges Wiesenunkraut mit grundständiger Rosette aus etwa 15 cm langen, lanzettlichen, bogennervigen Blättern mit 5—6 unterseits stark hervortretenden Längsnerven, die auf der Oberseite des Blattes als dunklere, vom Grunde zur Spitze verlaufende Rillen der Blattspreite auftreten.

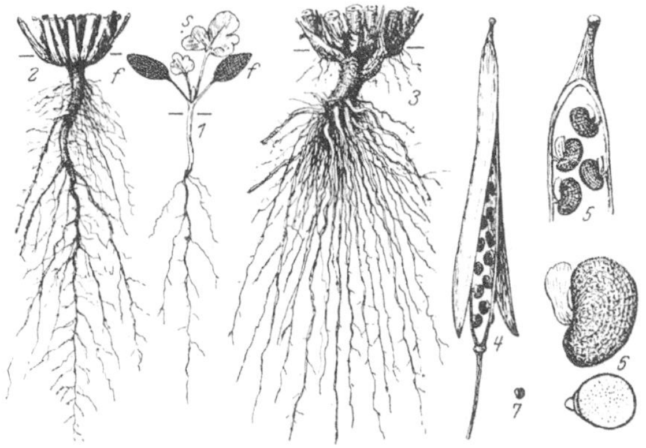

Abb. 267. *Chelidonium majus.* *1* Keimpflanze, *f* Keimblätter, *s* Laubblätter, nat. Gr.; *2* Wurzel einer einjährigen Keimpflanze im Herbst, etwa 1/3 nat. Gr.; *3* dieselbe Wurzel im Herbst des dritten Wachstumsjahres, etwa 1/6 nat. Gr.; *4* reife Frucht (schotenähnliche Kapsel), nat. Gr.; *5* Teil derselben, etwa 3fach vergr.; *6* Same, von der Seite und im Querschnitt gesehen, 8fach vergr.; *7* Same, nat. Gr. Orig.-Zeichn.

Der endständige, kurzachsige, eiförmig-walzliche, ährige Blütenstand sitzt auf einem blattlosen, bis zu 30 cm langen Schaft. Die meisten Blüten der windbestäubten (anemophilen) Pflanze sind zwitterig, einige aber wegen der fehlenden Staubgefäße eingeschlechtlich (Abb. 268). Blütezeit von Mai bis Juli.

Die ovale, $3-3{,}5 \times 2$ mm messende, zweisamige Frucht ist eine sich quer öffnende Deckelkapsel.

Der Same hat einen bootförmigen Rücken mit abgerundeten Enden und ist im Längsriß oval. Die Kanten sind nach der Bauchseite hin umgebogen und bilden 2 Falten, zwischen denen sich eine dunklere Vertiefung mit etwas erhabener, mittlerer Narbe befindet. Die leicht glänzende Oberfläche ist braungelb bis braun (Abb. 269). 1000-K.Gew. etwa 1,6 g, Länge und Breite etwa $2{,}5 \times 1{,}2$ mm, Samenzahl je Pflanze etwa 1500, je kg etwa 625000 (HARZ gibt ein 1000-K.Gew. von 1,564—2,428 g und WEHSARG eine Samenmenge je Pflanze von 1200 Samen an).

Von dem meistens leicht keimenden Samen liefen im Laboratorium nach Überwinterung und Trockenlagerung bei einem Versuch 87% in 15 Tagen, bei einem anderen 98% in 30 Tagen, bei einem dritten 91% in 10 Tagen auf. Von Samen des ersten Versuchs liefen im Freien bei 0,5 cm Tiefe 64% in 26 Tagen auf. Dänische Versuche[2] ergaben, daß trocken gelagerter Same seine Keimkraft 9 Jahre, im Boden gelagerter 11 Jahre lang bewahren kann. Bei Verfütterung an Kühe fanden sich im Dung 58% unbeschädigter, keimfähiger Samen.

Die bei dem norwegischen Versuch im Freien aufgelaufenen Pflanzen entwickelten im Keimjahr während eines Wachstums von 120 Tagen eine über 20 cm lange Pfahlwurzel, voll entwickelte Blätter, über 30 cm lange Blütenschäfte und Ähren mit reifen Samen.

Ältere norwegische Versuche hatten die gleichen Ergebnisse. Außerdem ließ sich dabei feststellen, daß die Pflanze im Keimjahr eine verhältnismäßig

[1] ESSER: Die Giftpflanzen Deutschlands S. 91.

[2] DORPH-PETERSEN: Tidsskr. f. Landbr. Planteavl. Bd. 17, S. 603 u. 620. 1910.

lange, auch noch im zweiten Wachstumsjahre weiterwachsende Pfahlwurzel entwickelt, die später besonders auf feuchtem, stark humushaltigem Boden abstirbt

Abb. 268. *Plantago lanceolata.* *a* Keimpflanze, nat. Gr.; *1* dieselbe blühend, 4 Monate alt; *2* blühende Pflanze im zweiten Jahr; *3* Stück des Wurzelstocks $^2/_7$ nat. Gr.; *4* blühende Ähre, nat. Gr.; *5* und *6* Blüten, $^{10}/_3$ nat. Gr.; 7. Querschnitt des gefurchten Schaftes etwa 4fach vergr. Orig.-Zeichn.

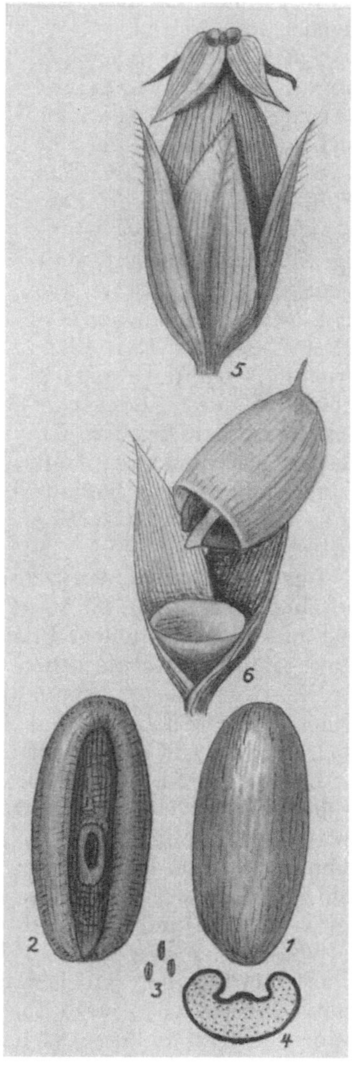

Abb. 269. *Plantago lanceolata.* *1* und *2* Rücken- und Bauchansicht des Samens; *4* Samenquerschnitt, 14fach vergr.; *3* Samen, nat. Gr.; *5* Samenkapsel nach Samenreife; *6* dieselbe geöffnet, 12fach vergr. Orig.-Zeichn.

und durch einen kurzen Wurzelstock mit kräftigen Faserwurzeln ersetzt wird. Gleiches läßt sich auf Wiesen und Weiden beobachten[1].

[1] In Arb. d. dtsch. Landw. Ges. H. 294, S. 169 erwähnt WEHSARG, daß an den Wurzeln der Pflanze ein Knollenbakterium vorkommt, das ähnlich wie diejenigen der Leguminosen eine reichlichere Ernährung der Pflanze bewirkt.

Plantago lanceolata gedeiht auf natürlichen und künstlichen Wiesen, auf Weiden, an Wegrändern, Eisenbahndämmen, Rainen u. ä. und zwar in ganz Europa, Nord- und Mittelasien, Nordafrika, den Vereinigten Staaten und Kanada[1], Neuseeland und Australien. Im Einklang mit den erwähnten Wachstumsgebieten ist die Pflanze auch in Deutschland, Großbritannien, Island (75° 4′), Finnland und Skandinavien von der Küste bis zu einer Höhe von 600 m ü. M. und nördlich bis zu 67° 40′ n. Br. (Norwegen) vorhanden.

Die Fortpflanzung und Verbreitung der Pflanze geschieht durch Samen, der sich gewöhnlich in Dreschabfällen, Wiesensaat und Heubodenkehricht, wie im Ackerboden und Stalldünger findet. So enthielten durchschnittlich je kg Dreschabfall 2422, Heubodenkehricht 4000, Wiesenabfallsaat 1000 Samen. In 25 cm Bodentiefe entwickelten sich während der Versuchszeit je qm durchschnittlich 63 Pflanzen.

Trotz ihres häufigen Auftretens auf Wiesen und besonders in Küstengegenden auch auf Äckern, wird man die Pflanze kaum zu den lästigeren Unkräutern rechnen können, da sie nicht in die Höhe wächst. Da die Blattrosette den Boden aber dicht bedeckt, nimmt die Pflanze im Verhältnis zu ihrem Heuertrag unverhältnismäßig großen Platz ein. Das gleiche gilt auch ihrem Auftreten auf der Weide; das Vieh frißt die Blätter, doch bietet die Pflanze nur wenig Nahrung, während dichtere und bessere Futterpflanzen an ihrer Stelle eine ganz andere und ertragreichere Weide bilden würden.

Die Verbreitung von *Plantago lanceolata* wird am besten durch Verwendung reinen Saatgutes beim Einsäen von Wiesen und durch sorgfältige Behandlung von Reinigungsabfällen und Heubodenkehricht verhindert.

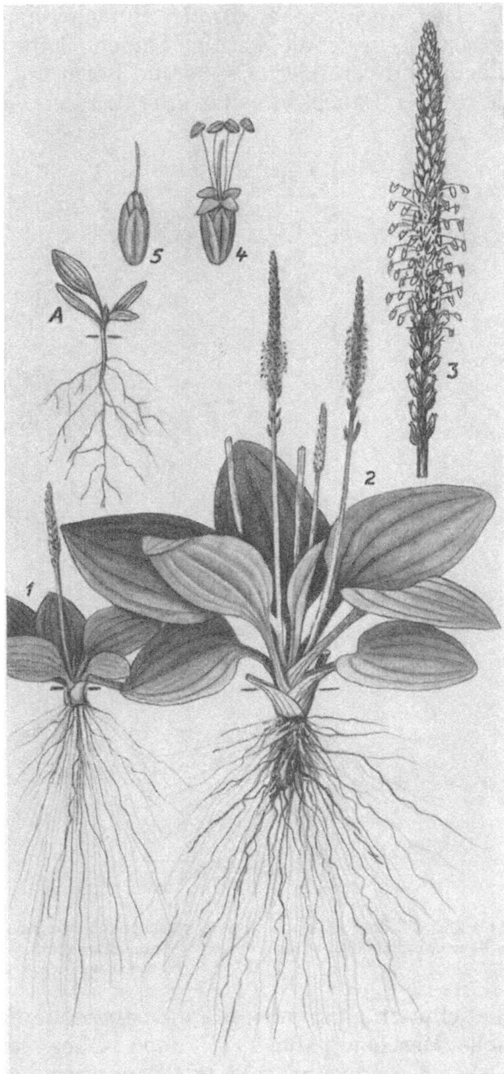

Abb. 270. *Plantago major.* *A* Keimpflanze, nat. Gr.; *1* dieselbe blühend, 105 Tage alt; *2* blühende Pflanze im zweiten Jahr, 1/4 nat. Gr.; *3* blühende Ähre, 9/10 nat. Gr.; *4* und *5* Blüten, 5/2 nat. Gr. Orig.-Zeichn.

139. *Plantago major* LINN. Großer Wegerich, engl. Greater plantain, broadleaved plantain. *Plantago major* (Fam. Plantaginaceae) ist ein mehrjähriges,

[1] CLARK: Weeds and weeds seeds S. 26. Dominion of Canada's Dept. of Agriculture, Seed Branch. Bull. 1914. Nr. 8.

bodenständiges Unkraut mit grundständigen, langstieligen, eiförmigen, etwa 10×8 cm messenden Blättern mit 7—9 bogenförmigen, hervortretenden Nerven. Aus dem Wurzelhals der Pflanze entwickeln sich zahlreiche, kurze, ährentragende Blütenschäfte mit 10—20 cm langen, walzenförmigen Achsen und kleinen, bräunlichen Blüten (Abb. 270). Blütezeit von Juni bis September (Oktober), in nordischen Ländern im Juli und August.

Die Frucht, eine eirunde, einfächerige, 3,5—4×2,4 mm große Deckelkapsel, enthält 8—16 ovale, kantige Samen. Letztere haben eine hochgewölbte Rückenfläche und verändern Größe und Form mit der Samenmenge der Kapsel. An der Mitte der Bauchseite sitzt eine deutliche, langgezogene, blasse Samenhaftstelle;

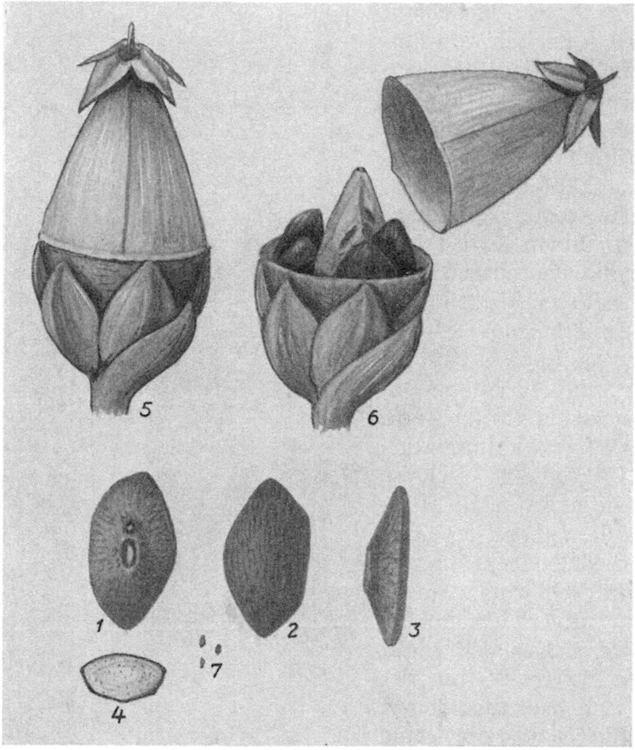

Abb. 271. *Plantago major.* *1*, *2* und *3* Bauch-, Rückenansicht und Schmalseite des Samens, 15fach vergr.; *4* Samenquerschnitt, 14fach vergr.; *5* Samenkapsel nach Reife; *6* dieselbe geöffnet, 8fach vergr.; *7* Samen, nat. Gr. Orig.-Zeichn.

die schwach glänzende, braune Samenoberfläche trägt feine, unregelmäßige, längliche Maschen (Abb. 271). 1000-K.Gew. etwa 0,25 g, Länge und Breite etwa 1,5×0,8 mm, Samenzahl je Pflanze etwa 21500, je kg etwa 4 Millionen.

Die Keimprozentzahl des Samens ist gewöhnlich hoch. Im Laboratorium liefen bei einem Versuch 98% in 40 Tagen und im Freien 48% in 48 Tagen auf. Von überwintertem, im Herbst in 0, 1, 2, 3 bzw. 4 cm Tiefe ausgesätem Samen liefen im folgenden Frühjahr 58, 40, 6, 0 bzw. 0% auf. Tiefer als 2 cm keimte kein Same. Keimversuche mit Samen dieses Unkrautes, die man in mehreren Ländern vorgenommen hat, ergaben, daß der Same sehr leicht bei einer Temperatur von über 20° C aufläuft[1]. Der Same scheint seine Keimkraft viele Jahre

[1] Wehsarg: Arb. d. dtsch. Landw. Ges. H. 294, S. 55, 61, 63, 68.

im Boden bewahren zu können. WEHSARG erwähnt, daß Same nach Bodenlagerung in einem Falle nach 7 Jahren auflief.

ROSTRUP[1] fand bei Verfütterungsversuchen an Kühe von 125 Samen 87% unbeschädigte Samen im Dünger.

Bei norwegischen Versuchen brachten einige der im Freien ausgesäten und aufgelaufenen Samen im Laufe ihrer Entwicklungszeit von 120 Tagen blühende Schäfte hervor.

Die Hauptwurzel selbst ist meistens schwach und geht schnell ein, während der niedere Teil des Stengels an ihrer Stelle einen kurzen Wurzelstock mit zahlreichen Adventivwurzeln entwickelt.

Plantago major wächst auf Wiesen, Äckern, Weiden, Rasenflächen, Kohlenmeilerplätzen, auf Dorfplätzen, an Wegrändern, auf Höfen u. ä. in Europa, Nord- und Mittelasien, Nordamerika und im übrigen in den meisten Gebieten der Erde. Auch in Deutschland, Großbritannien und Skandinavien ist die Pflanze an Straßen, Wegen, auf Rasenflächen und Gartenwegen, wie zum Teil auch auf Äckern und Wiesen ganz gemein und kommt in den nordischen Ländern vom Meer bis an die Birkengrenze und bis in die nördlichsten Landesteile (70°20 bis 21′ n. Br.) vor. Die Fortpflanzung und Verbreitung der Pflanze geschieht durch Samen, der sich gewöhnlich in Wiesensaat — in verschiedenen Sämereien oft in großer Menge —, in Dreschabfällen, Heubodenkehricht, Dünger u. ä. findet. So wurden durchschnittlich in 7 Dreschabfallproben 1214, im Heubodenkehricht 11000, in Kornspreu 100 Samen je kg gezählt; der Samendurchschnitt je t bei einigen Pferdedüngerproben war 1053, bei Kuhdünger 1219.

Der Same wird auch häufig durch Verkehr auf Wegen und Plätzen verschleppt, indem er sich bei feuchtem Wetter in Mengen an den Gliedern der Tiere sowie an Geräten festsetzt. Aus England wird mitgeteilt, daß die Pflanze unter den verschiedenen Feldfrüchten ganz gemein, am häufigsten unter Hafer und anderem Getreide, seltener unter Wurzelfrüchten auftritt. Es hat sich gezeigt, daß die Pflanze durch Hackfruchtanbau unterdrückt werden kann.

Als weitere Mittel zur Bekämpfung sind zu empfehlen: die Verwendung reiner Wiesensaat bei der Einsamung, Abhauen vor der Reife bei Vorkommen auf Gartenwegen, Straßen und Höfen, sowie Bespritzen mit einer 4—6%igen Schwefelsäurelösung, die die Blätter vernichtet, oder einer 5%igen Natriumchloratlösung in Mengen von 1 Liter je qm, wodurch meist die ganze Pflanze vernichtet wird.

III. Unkräuter mit Pfahlwurzel.

Mehrere Arten sind imstande, sich durch losgetrennte Wurzelstücke vegetativ zu vermehren.

(X hinter dem Namen der Pflanze bedeutet, daß die Fähigkeit der Wurzel zu vegetativer Vermehrung noch nicht näher untersucht ist.)

a) Vegetative Vermehrungsfähigkeit durch Brutknospen in der Wurzelrindenschicht.

140. *Plantago media* LINN. Mittlerer Wegerich, engl. Hoary plantain. *Plantago media* (Fam. Plantaginaceae) ist ein mehrjähriges, bodenständiges Unkraut mit kurzstieligen, grundständigen, liegenden elliptischen, sehr bogennervigen, hellgrünen, flaumhaarigen, in einer Rosette sitzenden Blättern, rundlichen, aufrechten, 15—30 cm hohen Blütenschäften mit nach der Blüte etwa 3 cm langen, walzenförmigen, einzelnen, endständigen Ähren, weißen Blüten-

[1] Aarsberetning for dansk Frökontrol 1899—1900.

kronen, weißen Staubbeuteln und langen, hellroten Staubfäden (Abb. 272). Blütezeit von Mai über Juli, August und September.

Die Samenkapsel ist 2,5—3 mm lang und etwa 2 mm breit. Nach der Reife öffnet sie sich quer etwa $^1/_3$ oberhalb des Grundes als Deckelkapsel und enthält etwa 2—4 im Umfang unregelmäßig ovale, hinten etwas vorgewölbte, vorn eingebeulte Samen mit hellem, erhabenem Fleck in der Mitte und gelegentlich an dem einen Ende mit einer kleinen, etwas seitlich verschobenen, flügelartigen, weißen Kante. Die ungleichmäßige, eingeschrumpfte Oberfläche ist schwarz-braun (Abb. 273). 1000-K.Gew. etwa 0,35 g, Länge und Breite etwa 1,8 × 1,0 mm*[1], Samenzahl je Pflanze etwa 1700, je kg etwa 2860000.

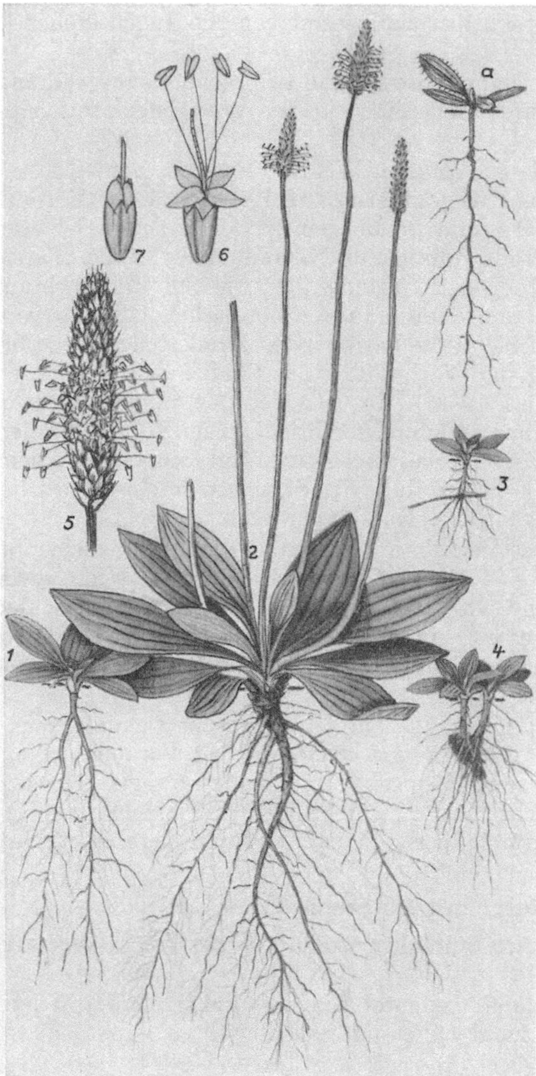

Abb. 272. *Plantago media.* *a* Keimpflanze, nat. Gr.; *1* Keimpflanze, 110 Tage alt; *2* blühende Pflanze im zweiten Jahr; *3* Stück von der Hauptwurzel, unterhalb der Mitte; *4* Stück des oberen Teils der Hauptwurzel — beide mit entwickelten Laubsprossen, $^2/_7$ nat. Gr.; *5* blühende Ähre, nat. Gr.; *6* und *7* Blüten, $^5/_2$ nat. Gr. Orig.-Zeichn.

Im Laboratorium liefen von etwa 2 Jahre alten Samen 79% in 160 Tagen auf. Von überwintertem Samen keimten draußen im Sandboden in 0,5 cm Tiefe bei Aussaat im Herbst 39, bei Aussaat im Frühjahr 22%. Von frisch geerntetem Samen keimten bei Herbstaussaat im Sandboden im Freien während des nächsten Frühjahres in

0	0,5	1	2	3	4	5	cm Tiefe
58	39	2	2	0	0	0	%.

Nach viermonatigem Wachstum hatten die Keimpflanzen 8 cm große Laubblattrosetten entwickelt. Die Planze hat eine mehrjährige Pfahlwurzel. Vom zweiten Entwicklungsjahr ab bringt sie mehrere ährentragende Blütenschäfte hervor, die ebenso wie die Blätter aus dem Wurzelkopf entstehen. Bei Teilung zeigt die Wurzel Fähigkeit zu vegetativer Vermehrung durch Brutknospen in der Rindenschicht.

*[1] HARZ: Landwirtschaftliche Samenkunde S. 984 gibt eine Samengröße von 2—2,5 × 0,8—1,0 mm an.

Plantago media kommt auf trockenen, dichten Weiden, natürlichen Wiesen, Rasenflächen, an Rainen u. ä. besonders auf Mineralböden (Silur), aber auch auf anderen Bodenarten in fast ganz Europa, Nordasien, Nordamerika usw. vor. Unter entsprechenden Wachstumsverhältnissen ist die Pflanze als ganz gewöhnliches Unkraut in Süd- und Mitteldeutschland, nicht ganz so häufig in der norddeutschen Tiefebene, häufig in Österreich, der Schweiz, England, Südschottland und außerdem in Skandinavien bis zu 66° 26′ n. Br. (Norwegen) verbreitet. Wegen ihrer liegenden Blätter fordert sie verhältnismäßig viel Platz.

Sie wird durch Samen fortgepflanzt und verbreitet und durch gute Pflege des Nutzlandes bekämpft.

141. *Knautia arvensis* (L.) COULT. (= *Scabiosa arvensis* LINN.). Ackerskabiose, Acker-Witwenblume, engl. Field scabious. *Knautia arvensis* (Fam. Dipsaceae) ist ein mehrjähriges, bodenständiges, 50—80 (120) cm hohes Unkraut mit bis zu 50 cm langer, dunkelbrauner Pfahlwurzel. Die ganze Pflanze ist behaart, die wenig ästigen Stengel tragen einzelne, korbartige, endständige Blütenköpfchen. Die meist fiederspaltigen, mit lanzettlichen Zipfeln und größerem Endzipfel versehenen, halbumfassenden Blätter sind paarweise gegenständig (Abb. 274). Die Pflanze blüht mit violetten Kronen im Juni und Juli.

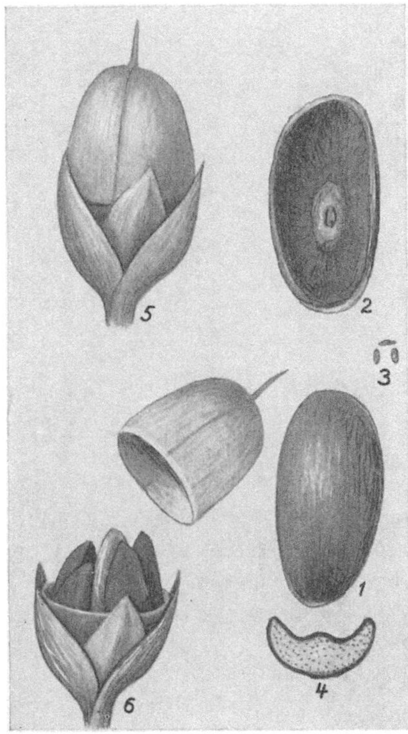

Abb. 273. *Plantago media.* *1* und *2* Rücken- und Bauchansicht des Samens; *4* Samenquerschnitt, 15fach vergr.; *3* Same, nat. Gr.; *5* Samenkapsel nach der Reife; *6* dieselbe, geöffnet, etwa 8fach vergr. Orig.-Zeichn.

Der lanzettliche, seitlich etwas flachgedrückte, an beiden Enden abgestumpfte Same ist in der Mitte am dicksten und hat am Grunde einen ringförmigen Gürtel, aus dem ein Zapfen mit grubenförmiger Vertiefung hervortritt. Von der Spitze ziehen sich bis etwa in die Mitte des Samens 4 Längsfalten. Oben ist er fast viereckig abgestumpft und mit kleinen Zacken versehen, die einem Kragen mit mittelständiger, kelchförmiger Haarquaste aufsitzen. Die schmutziggelbe Farbe wird oft der Spitze zu etwas grünlich. Die Oberfläche ist mit weißen, borstigen Haaren besetzt (Abb. 275). 1000-K.Gew. etwa 4,0 g, Länge und Breite etwa 5,5 × 2,1 mm, Samenzahl je Pflanze etwa 2000, je kg etwa 250000.

Im Laboratorium liefen von 8 Monate alten Samen in 10 Tagen 40% auf. Von frisch geerntetem Samen keimten bei Aussaat im Freien im gleichen Herbst in

0	1	2	3	4	5	6	cm Tiefe im folgenden Frühjahr
0	44	34	8	6	2	6	%.

Von überwintertem Samen keimten bei Frühjahrsaussaat im Freien in 1 cm Tiefe 16% in 30 Tagen. Nach 114 Entwicklungstagen waren die Keimpflanzen 8 cm hoch, hatten eine kräftige Laubblattrosette von 31 cm Durchmesser und eine 35 cm lange, senkrecht nach unten wachsende Pfahlwurzel. Am Rande der Wurzelkrone entwickelten sich wagerechte Seitensprosse, die sich dann nach oben bogen und während des Herbstes kleine Blattrosetten bildeten.

Die Wurzel mit ihren Seitensprossen überwintert und bringt im folgenden Sommer einen oder wenige blütentragende Stengel hervor. Während der Entwicklung des zweiten Jahres zieht sich der obere Teil der Wurzel zusammen, so daß der Wurzelkopf bis etwa 4 cm tief unter die Erdoberfläche rückt. Die vom Wurzelkopf ausgehenden Stengelsprosse streben unter der Erde bogenförmig zur Seite und richten sich über der Erdoberfläche auf.

Die Pflanze wächst auf trockenem, leichtem Boden, auf Wiesen, gelegentlich auch auf Äckern in Europa und Westasien nördlich bis über den Polarkreis hinaus. Streckenweise ist sie auch in Deutschland, Großbritannien, anderen mitteleuropäischen Ländern und in Skandinavien bis zu 68° 50′ n. Br. (Norwegen) vom Meer bis über die Birkengrenze hinauf häufig.

Die Pflanze wird durch Samen fortgepflanzt und verbreitet. Sie kann sich bei guter Pflege im Kulturboden nicht behaupten. Man bekämpft sie darum wirksam durch gute Bodenbearbeitung und Düngung sowie zweckmäßige Behandlung des Landes, sobald sie sich im Ackerboden zeigt.

Abb. 274. *Knautiaarvensis* (= *Scabiosa arvensis* LINN.). *1* Keimpflanze; *2* dieselbe im Spätherbst; *3* voll entwickelte, blühende Pflanze, $^1/_5$ nat. Gr.; *4* Blütenkörbchen vor der Blüte, nat. Gr.; *5* dasselbe blühend, $^3/_4$ nat. Gr.; *6* Blüte, $^3/_2$ nat. Gr.; *7* durchgeschnittener Blütenstand, $^1/_2$ nat. Gr.; *8* Wurzelstück mit vegetativ entwickeltem Laubsproß, $^1/_5$ nat. Gr. Orig.-Zeichn.

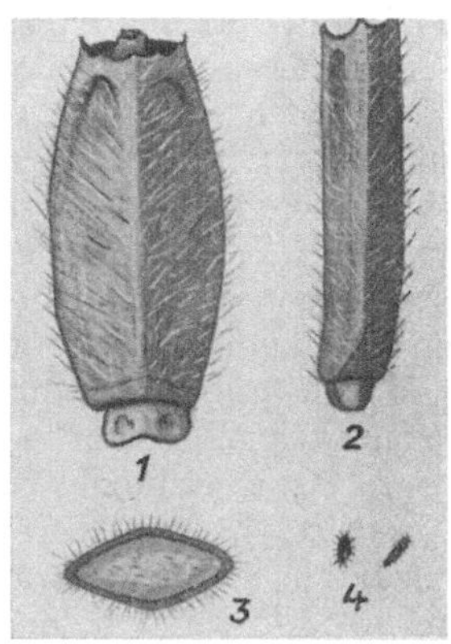

Abb. 275. *Knautia arvensis* (= *Scabiosa arvensis*). *1* und *2* Breit- und Schmalseite des Samens; *3* Samenquerschnitt, 6 fach vergr.; *4* Samen, nat. Gr. Orig.-Zeichn.

142. *Anchusa officinalis* LINN. Gebräuchliche oder gemeine Ochsenzunge, Liebäugel, Blutwurz, engl. Common alkanet. *Anchusa officinalis* (Fam. Boraginaceae) ist ein drei- oder mehrjähriges, bodenständiges Unkraut mit kräftiger, langer Pfahlwurzel, die bei Teilung vom Wurzelstamm aus Stengelsprosse entwickeln kann, mit kräftigem, steifbehaartem, aufrechtem, 50—70 cm

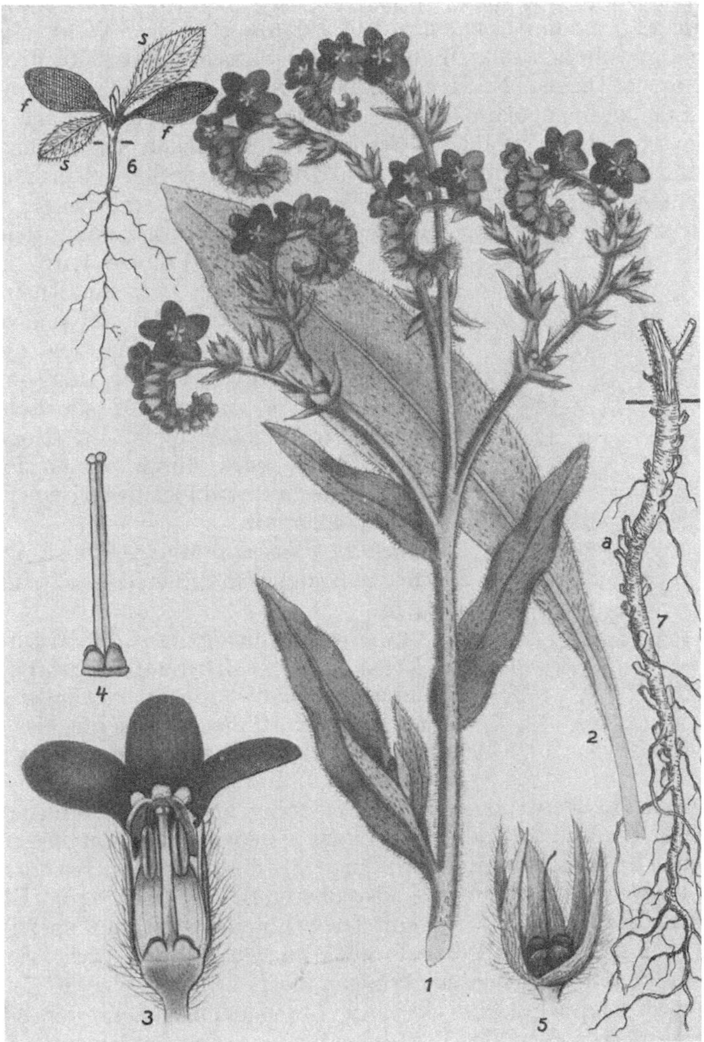

Abb. 276. *Anchusa officinalis.* *1* blühender, oberer Zweig; *2* unteres Stengelblatt, etwa $^3/_4$ nat. Gr.; *3* Blütenlängsschnitt, 3fach vergr.; *4* Griffel und Fruchtknoten, etwa 4fach vergr.; *5* reife Samen (Teilfrüchte), vom Kelch umgeben, etwa 2fach vergr.; *6* Keimpflanze, *f* Keimblätter, *s* Laubblätter, nat. Gr.; *7* Wurzel, *a* Adventivknospen, etwa $^1/_3$ nat. Gr. *1—5* nach MENTZ und OSTENFELD, *6—7* Orig.-Zeichn.

hohem Stengel mit ästiger, vielblütiger Spitze, mit grundständigen, lanzettlichen bis fast linealen, langstieligen, steifbehaaarten Blättern und oberen, gleichfalls steif behaarten, fast aufsitzenden Stengelblättern. Die Blüten stehen in Doppelwickeln, die sich aus einer mehr oder minder verzweigten Rispe bilden. Sie sind rötlich bis tiefblaufarbig mit gerader Kronenröhre, deren Öffnung von weißen, samtartigen, buckligen Nebenkronen verschlossen wird (Abb. 276). Die Pflanze blüht von Juni bis August (September). Die Teilfrucht jeder Blüte enthält vier gleich nach der Reife ausfallende, pantoffelförmige, mit erhabenen Rippen besetzte, ganz mit kleinen Warzen bedeckte Samen (Nüßchen), die am Grunde einen faltigen Kragen und in dessen grubenförmiger Vertiefung einen weißgelben, konischen, bis an die Kragenkante reichenden Zapfen haben. Die Oberfläche ist braun bis graubraun und matt (Abb. 277). 1000-K.Gew. etwa 5,2 g, Länge und Breite etwa 3,2×2,1 mm, Samenzahl je Pflanze etwa 900, je kg etwa 190000.

Von dem gewöhnlich schnell auflaufenden Samen keimten im Freien in 1 cm Tiefe 37% in 39 Tagen. Nach $3^1/_2$ monatlicher Entwicklung nach der Aussaat hatte eine Pflanze einen 50 cm hohen Stengelsproß ohne Blütenanlage, die übrigen nur Laubblattrosetten gebildet. Gewöhnlich entwickelt die Pflanze erst im zweiten Jahre die ersten blühenden und fruchtenden Stengelsprosse[1].

Auf leichterem Boden, an Rainen, Wegrändern, Hecken, Mauern, auf Weiden u. ä. findet sich *A. officinalis* annähernd in ganz Europa außer den allernördlichsten Teilen. Die Pflanze tritt in einzelnen Gegenden Deutschlands, wie am Rhein u. a., und in Österreich allgemein auf, findet sich vereinzelt in England und ist in Skandinavien nicht selten. Gelegentlich dringt sie auch als Ackerunkraut nördlicher und besonders auf silurischen Formationen bis zu ungefähr 63° n. Br. (Norwegen) vor.

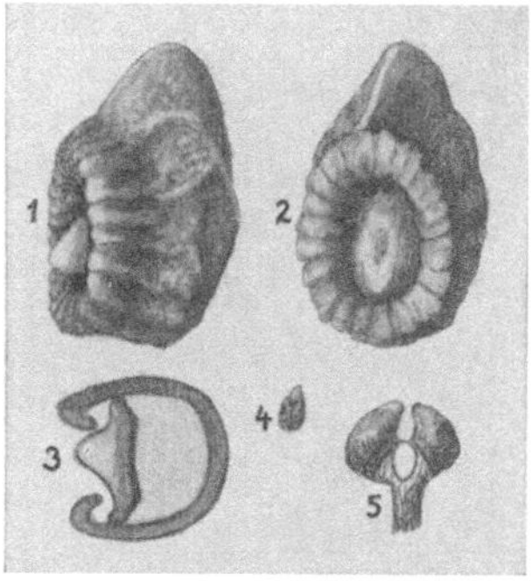

Abb. 277. *Anchusa officinalis.* *1—3* Same, von der Seite, Grundfläche und im Querschnitt betrachtet, 8fach vergr.; *4* Same, nat. Gr.; *5* Fruchtansatz mit Samenhaftstelle, 2fach vergr. Orig.-Zeichn.

Die Pflanze wird durch Samen fortgepflanzt und verbreitet und auf gleiche Art wie z. B. *Bunias orientalis* bekämpft.

Anchusa officinalis und *Anchusa arvensis* sind Wirte der Braunrostaecidien (*Puccinia dispersa*) des Roggens.

143. *Barbaraea vulgaris* R. Br. Gemeine Winterkresse, Echtes Barbenkraut, engl. Common wintercress, yellow rocket, rocket-galant. *Barbaraea vulgaris* (Fam. Cruciferae) ist ein mehrjähriges, bodenständiges, sehr ästiges, 30—90 cm hohes Unkraut mit goldgelben Blüten, die sich zu einem pyramidenartigen Stand an den Zweigenden anordnen. Die unteren der leierfiederspaltigen Laubblätter haben 3—5 Paar Seitenabschnitte, einen großen, rundlich-länglichen Endabschnitt und sind länger als die tief gezähnten oder buchtigen, den Stengel fast herzförmig umfassenden oberen Blätter (Abb. 278). Blütezeit von April bis Juli. Die Reife tritt früh ein. Die Schötchen sitzen auf sperrigen, kurzen Stielen, sind 2,5 cm lang, walzenförmig, im Querschnitt etwa viereckig und haben einen kurzen flaschenhalsförmigen Griffel. Nach der Reife öffnet das Schötchen zwei Klappen und deckt so die in je einer Reihe auf den beiden Seiten der netzig geäderten Scheidewand sitzenden, etwa 20 Samen auf. Die breiten, unregelmäßigen, ovalen, am Grunde schief abgestumpften und mit etwas hervorstehender Haftstelle versehenen Samen haben auf der einen Seite eine schwach vertiefte Längsfurche und sind auf der anderen vorgewölbt. Die matte,

[1] Bei günstigen Wachstumsbedingungen kann die Pflanze jedoch auch im Keimjahr sowohl bei Aussaat im Frühjahr wie im Herbst zur Blüte und Reife gelangen, sofern sie nur im Frühjahr aufläuft. Die Wurzel ist mit Brutknospen besetzt, die bei Aufteilung vegetative Sprosse entwickeln können; die spröde, leicht zerbrechliche Wurzel hat eine dünne, außen schwarze Rindenschicht und wird beim Frieren des Bodens im Herbst leicht etwas unterhalb der Erdoberfläche abgerissen. Im Frühjahr kann dann der stehenbleibende Teil der Wurzel vegetative Laubsprosse entwickeln.

feingrubige Oberfläche ist graubraun (Abb. 279). 1000-K.Gew. etwa 0,65 g, Länge und Breite etwa 1,6 × 1,2 mm, Samenzahl je Pflanze etwa 1000—10000, je kg 1540000.

Bei Keimversuchen im Laboratorium liefen von überwintertem, trocken gelagertem Samen bis zu 97% auf. Im Freien keimten unbedeckt auf Sandboden

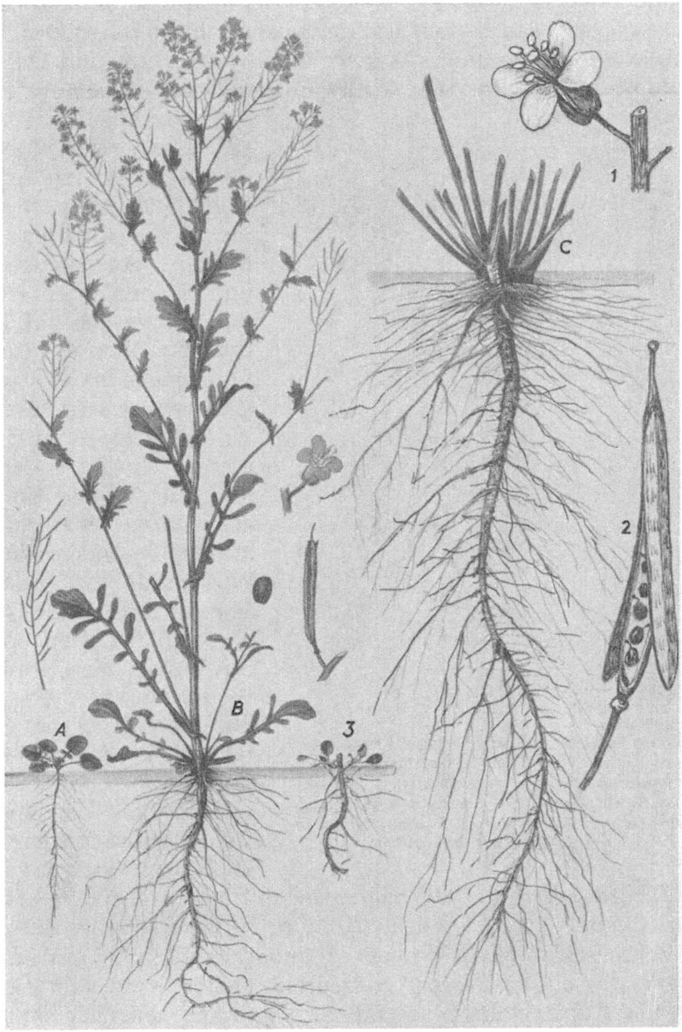

Abb. 278. *Barbaraea vulgaris.* *A* Pflanze im Spätsommer des ersten Jahres; *B* Pflanze im zweiten Jahre; *C* Wurzel einer älteren Pflanze, $^1/_5$ nat. Gr.; *1* Zweigstück mit Blüte; *2* Schötchen, 2fach vergr.; *3* Wurzelstück mit Laubsproß, $^1/_5$ nat. Gr. Nach KORSMOS Unkrauttafeln.

23%, in 0,5 cm Tiefe 64, 1 cm tief 16, 4 cm tief 6%. Tiefer liegende Samen keimten nicht. Die aufgelaufenen Pflanzen hatten nach Abschluß der Wachstumszeit von $3^1/_2$ Monaten eine Laubblattrosette, aber keine Stengelanlagen gebildet. Die überwinternde Keimpflanze trägt im zweiten Entwicklungsjahr die ersten Blüten und Früchte. Nach der Reife verwelken die oberirdischen Teile der Pflanze und sterben ab; während der folgenden Frühjahre entwickeln sich dann vom

Wurzelhals aus mehrere Jahre hindurch neue, blühende und reifende Stengelsprosse, die in jedem Jahre wieder eingehen.

Die vermehrungsfähigen Adventivknospen der mehrjährigen, tiefgreifenden, oft sehr ästigen Pfahlwurzel bilden deutliche Erhebungen auf der Rindenschicht der Wurzel. Durch solche Adventivknospen losgelöster Wurzelstücke vermag sich die Pflanze zu verbreiten, wenn z. B. Wiesen, auf denen sie vorkommt, umgebrochen und Wurzelteile bei der weiteren Bearbeitung verschleppt werden.

Barbaraea vulgaris gedeiht auf leichteren und schwereren Böden, auf saurem, wie auf silurischem Boden und tritt gewöhnlich im Kultur- und Ödland in ganz Europa, Nordasien, Nordamerika, Afrika, Australien und anderen Gebieten auf. In Deutschland ist dieses Unkraut streckenweise häufig und besonders auf feuchten Äckern lästig. Nach HEGI ist es „von der Ebene bis in die subalpine Stufe verbreitet". Auch in Großbritannien und Skandinavien ist es gemein und namentlich auf Wiesen aller Art der mittleren und nördlicheren Landesteile bis zu etwa 70° n. Br. (Norwegen) sehr lästig.

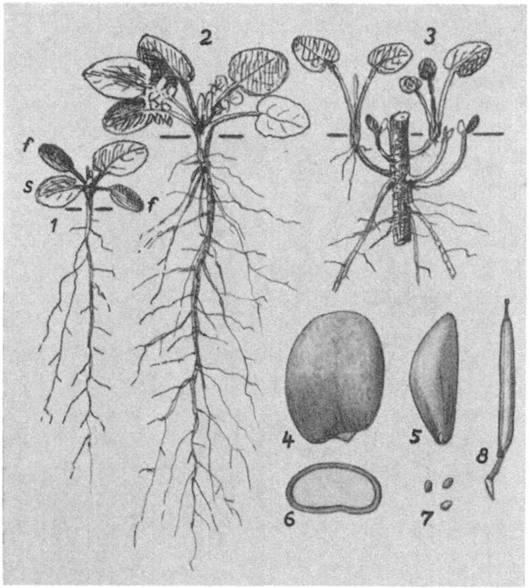

Abb. 279. *Barbaraea vulgaris*. *1* Keimpflanze, *f* Keimblätter, *s* Laubblätter, nat. Gr.; *2* Pflanze im Spätsommer des ersten Jahres; *3* Wurzelstück mit Laubsprossen und Adventivknospen der Rindenschicht, 1/2 nat. Gr.; *4* und *5* Breitseite und Schmalseite des Samens; *6* Samenquerschnitt, 11 fach vergr.; *7* Samen, nat. Gr.; *8* Schötchen, nat. Gr. Orig.-Zeichn.

In der Regel wird die Pflanze nur durch Samen fortgepflanzt und auf dieselbe Art wie andere mehrjährige, bodenständige Unkräuter besonders durch unreine Wiesensaat und deren Abfälle, aber auch durch Dresch- und andere Abfälle, Heubodenkehricht, Strohfutter, Heu, Stalldünger u. ä. verbreitet. So fanden sich je kg durchschnittlich in 3 Dreschabfallproben 8833 und in 3 Mischsamenproben 5183 Samen dieses Unkrautes. Bei einem Futterversuch mit Pferden fanden sich im Dünger 5,74% der verfütterten Samen keimfähig wieder vor. Die Samenverbreitung durch Wind ist bedeutungslos, kann aber durch kleinere Vögel (Abschn. III B, 10), genossenschaftlich gehaltene Dreschmaschinen und Samenreinigungsanstalten in größerem Umfang erfolgen. Auf Wiesen, die bis zur Samenreife stehen, wird aller Same des Unkrautes vor der Ernte vollreif, so daß am Standort reichlich Samen ausfällt. Durch scharfe Reinigung kann man den Samen von Rotkleesamen, aber nicht von allen anderen Wiesensämereien trennen. Ganz besonders wird man ihn in Mischsaat und in bester wie in anderer Handelsware von Bastardklee und Timothesamen finden.

Erst durch Jäten und am besten durch Ausstechen der Pflanze mit der Wurzel auf Wiesen wird man eine von diesem Unkraut freie Wiesensaat erzeugen können. Das Ausstechen mit der Wurzel geschieht am leichtesten und sichersten, wenn die endständigen Blüten der Pflanzen aufgesprungen sind, da die Wurzel dann meistens „lockerer" als während der übrigen Zeit des Wachstums im Boden sitzt. Tritt die Pflanze in solchen Mengen auf, daß das Ausstechen Schwierigkeiten macht, sollte man die Wiese vor Johanni abernten, umbrechen und während des Spätsommers und Herbstes brachen (vgl. S. 530, Abschn. 6 B, V, 3). Als andere Bekämpfungsmittel dieses Unkrautes seien Verwendung reiner Wiesensaat und reinen Düngers bei Einsaat der Wiese, sowie Umwerfen der Wiese bei Massenauftreten der Pflanze und Bebauen mit Ackerfrüchten während einiger, vielleicht 2—4 Jahre empfohlen.

144. *Bunias orientalis* LINN. Orientalische Zackenschote, engl. Cornrocket. *Bunias orientalis* (Fam. Cruciferae) ist ein mehrjähriges, bodenständiges, sehr kräftiges, stark verzweigtes, mehr als meterhohes Unkraut mit spindelförmiger Wurzel, lanzettlichen Blättern, deren untere am Grunde oft hobelförmig-fiederlappig oder paarig lineal, deren obere kleiner und die alle mehr oder weniger grob gezähnt sind (Abb. 280). Die dicht beieinandersitzenden, endständigen, gelben Blüten erscheinen gewöhnlich im Mai, Juni und Juli, die anschließende Samenreife findet im Juli und August statt. Das gewöhnlich zweisamige Schötchen umschließt die Samen fest und öffnet sich nach der Reife nicht. Ihm fehlen Klappen und Teilflächen, so daß es ein organisches Ganzes bildet. Es ist graugelb, schief birnenförmig, hat einen krummen, spitzen Schnabel und eine ungleichmäßig rauhe und warzige Oberfläche (Abb. 281). 1000-K.Gew. des Schötchens etwa 30,5 g, Länge und Breite etwa 6,5 × 4,1 mm, Länge und Breite des Samens etwa 3,0 × 2,7 mm, Schötchenzahl je Pflanze etwa 200—5000, je kg etwa 33000[1].

Der faltige, spiralförmig gebogene, am Grunde oval abgerundete und oben schnabelförmig umgebogene, unter diesem Schnabel einen unregelmäßigen, dunkelbraunen Fleck tragende Same hat eine matte, braungelbe Oberfläche.

Der Same kann erst keimen, wenn die Kapselwände durchweicht sind und die Feuchtigkeit den Kern erreicht hat. Da das gewöhnlich lange dauert, geht die Keimung im Apparat wie auch draußen im Boden nur langsam vor sich. Im Laboratorium keimten von vorjährigem Samen in 253 Tagen 59%. Im Freien liefen bei Aussaat im Herbst in einem Falle 24% während des folgenden Frühlings, bei Aussaat im Frühjahr von der gleichen Probe in feuchtem Boden 53% in $1^1/_2$ Monaten auf. In einer Tiefe von 0, 1, 2, 3, 4, 5, 6, 7 cm liefen von im Herbst ausgesätem Samen während des folgenden Frühjahrs 0, 38, 24, 26, 22, 4, 4 bzw. 0% auf.

Im Keimjahre entwickelt sich eine Pflanze mit einer etwa 30 cm tief greifenden, unverzweigten, dünnen Pfahlwurzel und einer oberirdischen Laubblattrosette aus wenigen, eiförmig-lanzettlichen, schwach gezähnten Blättern. Diese Pflanze bringt im folgenden Entwicklungsjahr einen einzelnen, blühenden Stengel und eine bis zu 75 cm tief greifende Pfahlwurzel hervor, deren oberer Teil sich jetzt etwas zusammenzieht und an der Peripherie des Wurzelkopfes mehrere neue Blatt- und Stengelsproßanlagen bildet. Im dritten Jahre teilt sich der obere Wurzelteil vielköpfig und treibt im vierten Jahre bis zu 10 kräftige, aufrechte, ästige, blühende Stengel unmittelbar aus dem vielköpfigen Wurzelteil heraus. Außerdem entwickeln sich am Grunde der Pflanze, die jetzt dichte Bestände bilden kann, kräftige, bis zu 60 cm lange und 10 cm breite, lanzettliche, grob gezähnte, rosettenförmig angeordnete Wurzelblätter.

Die spindelförmige, wenig verzweigte, vielköpfige, bis zu 1,60 m tief greifende, oben etwa 6 cm dicke, braungelbe Wurzel der voll entwickelten Pflanze ist mit unregelmäßigen, knotenförmigen Brutknospen dicht besetzt, aus denen einer oder mehrere vegetative Laubsprosse hervorschießen, sobald die Wurzel unterhalb des Wurzelkopfes abgeschnitten wird. Bei Aufteilung in kleinere Wurzel-

[1] Das 1000-K.Gew. des Samens hat keine praktische Bedeutung, da er in freiem Zustande nicht vorkommt.

stücke kann jeder knospentragende Abschnitt einen oder mehrere Sprosse bilden und die Pflanze auf diese Art vegetativ verbreiten. Ist sie einmal in den Garten- und Ackerboden eingedrungen, dann ist vegetative Vermehrung in einzelnen Fällen nicht nur möglich, sondern sogar sicher, wenn die Wurzeln bei der Bodenbearbeitung von Geräten durchschnitten und Wurzelteile dabei von der Hauptwurzel getrennt werden.

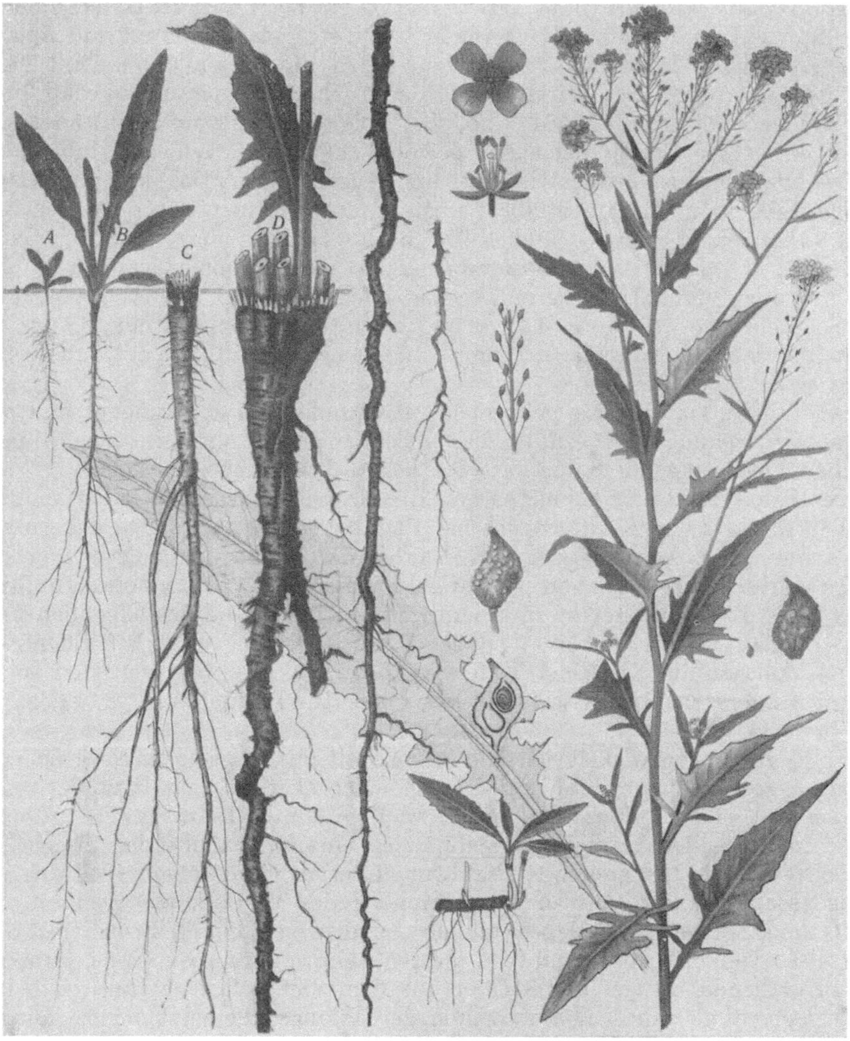

Abb. 280. *Bunias orientalis.* *A* Keimpflanze; *B* dieselbe im Herbst; *C* Wurzel einer Pflanze im zweiten Jahre; *D* ältere Pflanze, $^2/_9$ nat. Gr. Nach Korsmos Unkrauttafeln.

Bunias orientalis ist im Orient und in Südeuropa heimisch. Von dort hat die Pflanze sich als Unkraut nach Mittel- und Nordeuropa verbreitet. Im Jahre 1814 trat sie plötzlich in großen Mengen in der Nähe von Paris auf, nachdem ein russisches Heer dort gelagert hatte. In Dänemark hat man sie besonders in Stadtnähe gefunden, ohne daß sie sich jedoch weiter verbreitet hätte. In Deutschland wächst sie vereinzelt in vielen Gegenden entweder streckenweise oder wie in Norddeutschland als gewöhnliches Unkraut. Auch in England und Belgien kommt sie vor, wenn auch weniger verbreitet. Sie ist in den Ostseeländern ziemlich und in Skandinavien, besonders in den Landesteilen um Stockholm und im südöstlichen Norwegen, wohin Same der Pflanze aus Rußland eingeführt zu sein scheint, mehr oder weniger verbreitet. Die Ausbreitung geschieht durch Früchte, die im Saatgut vorkommen, aber auch durch Vögel. Die Pflanze wurde früher für fast unausrottbar gehalten, da die lange Wurzel selbst nach Abschneiden oder Ausgraben neue Sprosse treiben kann. Sie wächst auf Boden aller Art und unter jeglicher Ackerfrucht. Hat sie einmal im Kulturboden Wurzel gefaßt, ist es schwierig, ihrer bei gewöhnlicher Bearbeitung Herr zu werden.

Die Pflanze wird durch Samen und zum Teil auch vegetativ durch losgerissene Wurzelteile fortgepflanzt und verbreitet.

Aus diesem Grunde ist es von Bedeutung, der Bekämpfung dieses Unkrautes überall, wo es auftritt, seine ganze Aufmerksamkeit zuzuwenden. Falls das

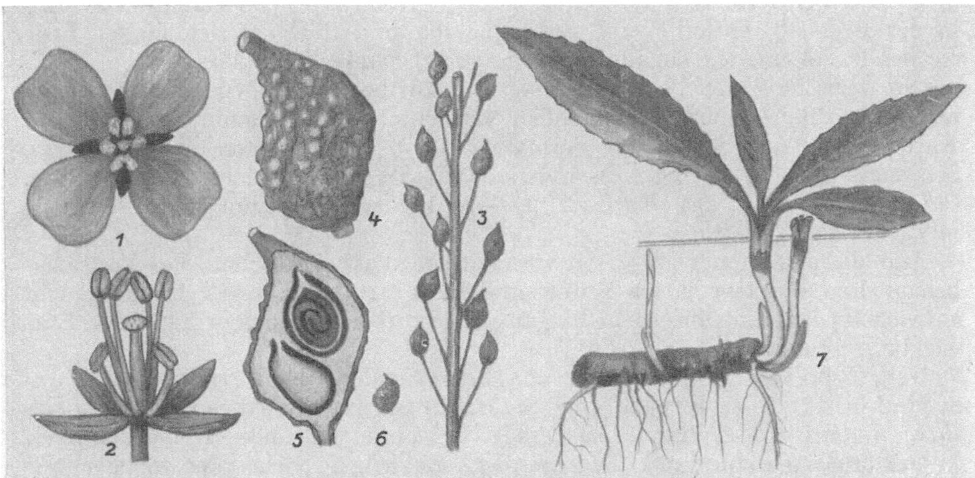

Abb. 281. *Bunias orientalis.* *1* Blüte, 4fach vergr.; *2* Blüte ohne Kronenblätter, 6fach vergr.; *3* Blütenstand, $^3/_4$ nat. Gr.; *4* Schötchen; *5* dasselbe im Längsschnitt, $4^1/_2$fach vergr.; *6* Schötchen, nat. Gr.; *7* Wurzelstück, das einen Laubsproß getrieben hat, $^1/_2$ nat. Gr. Orig.-Zeichn.

Unkraut ausreifen kann, bedeutet die von der einzelnen Pflanze fallende, große Samenmenge eine ebenso große Gefahr für weitere Verbreitung wie die kräftige, tiefgreifende, mit Brutknospen vollständig besetzte Wurzel, die bei Störungen stets eine oder mehrere neue Pflanzen entwickeln wird. Bei Einebnungsarbeiten und Bodenbeförderung, durch Mischerde von verseuchten Orten wie Grabenkanten, Rainen, Durchstichen, Auffüllungen, Grundstücken u. ä. können sowohl Samen als auch vermehrungsfähige Wurzelteile verschleppt werden. Auch kann der Same durch Stalldünger auf den Acker kommen. Durch unreines Getreidegut, wie beispielsweise russische Gerste[1], kann die Pflanze ebenso leicht wie durch kleinere Vögel, die den Samen verzehren und unverdaut wieder von sich geben, von Ort zu Ort, von Land zu Land verbreitet werden.

Die Pflanze erzeugt ein hartes Futter, das die Haustiere sowohl auf der Weide als auch in der Krippe meiden.

---

[1] In einer russischen Gerstenkornprobe, die im Jahre 1923 nach Norwegen eingeführter Ware entnommen wurde, fanden sich je kg durchschnittlich 10 Schötchen von *Bunias orientalis.*

Folgende Maßnahmen dienen zur Bekämpfung des Unkrautes im Nutzland:

1. Zur Aussaat verwende man nur vollkommen reines, kräftiges Korn. Mißlingt die völlige Ausscheidung der Schötchen im Trieur, tauche man das Korn unter langsamem Umrühren in Wasser und entferne die meistens leicht an die Oberfläche treibenden Schötchen.

2. Man vermahle sowohl Reinigungsabfälle als auch zur Verfütterung bestimmte Körner vor der Verwendung im Stall.

3. Die Pflanze muß vor oder spätestens bei Beginn der Blüte abgehauen werden, um die Samenreife zu verhindern.

4. Die Keimpflanzen müssen rechtzeitig, spätestens im frühen Sommer des zweiten Entwicklungsjahres ausgestochen werden.

5. Bei Vollbrache sammle und verbrenne man die losgerissenen Wurzelstücke. Während der beiden folgenden Jahre bebaue man den Acker mit Hackfrüchten und halte ihn während der ganzen Wachstumszeit hindurch sorgfältig sauber.

6. Überall, wo die Pflanze vorkommt, grabe man die Wurzel aus, sofern dies möglich ist, entferne und verbrenne sie oder steche den oberen Teil der Wurzel in der Erde ab, entferne und verbrenne ihn und fülle auf den in der Erde steckenden Wurzelteil ein ihn vernichtendes Chemikalium.

Norwegische Versuche haben ergeben, daß die frische Wurzel der vollentwickelten Pflanze durch Chemikalien vernichtet werden kann. Man benutze Karbolsäure ($^1/_4$ kg je Wurzel), Formalin ($^1/_2$—$^3/_4$ kg), Salpetersäure ($^1/_2$—1 kg), Schwefelsäure ($^1/_2$—$^3/_4$ kg), Eisenvitriol ($^1/_2$—1 kg), Kalkstickstoff ($^1/_2$—1 kg), Chlorkalk (etwa $^1/_4$ kg), Kochsalz ($^1/_4$—$^1/_2$ kg) oder Natriumchlorat ($NaClO_3$) (etwa 10 bis 20 g).

Nur die nicht tiefer als 32 cm vernichteten der bei Abschluß des Versuches behandelten Wurzeln hatten Seitensprosse aus Brutknospen der Rindenschicht entwickelt; bei den übrigen nicht ganz abgestorbenen Wurzeln hatte die Entwicklung aufgehört.

145. *Lepidium Smithii* HOOK. = *L. heterophyllum* (D.C.) BENTHAM. Verschiedenblättrige Kresse, engl. Smiths cress, smooth field pepperwort. *Lepidium Smithii* HOOK. (Fam. Cruciferae) ist ein bodenständiges, mehrjähriges, kreuzblütiges Unkraut mit tiefgreifender, spindeliger, mehr oder weniger verzweigter Pfahlwurzel. Dem Wurzelhals entsprießen viele, durchschnittlich etwa 20, gelegentlich bis zu 80 am Grunde liegende, dann steigende und aufrechte, gewöhnlich unverzweigte Stengel, deren Höhe je nach dem Standort zwischen 20 und 60 cm schwankt und die je 40—80 Blüten tragen. Die ganze Pflanze ist etwas schwächer behaart als *Lepidium campestre*. Die grundständigen Blätter sind langstielig, spatenförmig und leierförmig-fiederlappig; die Stengelblätter sind länglich-lanzettlich, schwach gezähnt, aufsitzend und am Grunde pfeilförmig stengelumfassend. Die Blüten und Schötchen sitzen auf 5 mm langen, sperrigen, behaarten Stielen; die weißen Kronenblätter haben eine stumpfe, spatenförmige Spitze und sind doppelt so lang wie die bootförmigen, behaarten Kelchblätter. Die violetten Staubbeutel tragen oberseits eine dunklere Längsfurche (Abb. 282). Die Pflanze blüht in der zweiten Hälfte des Mai und der ersten des Juni. Die Samen werden im Juni reif. Das seitlich zusammengedrückte, fast rundliche Schötchen ist mit einer flügelartigen Randkante versehen, die oben etwas breiter wird und in der Mitte einen tiefen Einschnitt trägt. Der oberste Teil der Flügelkante ist violett getönt, der Rest des Schötchens ist braungelb und glatt. Es ist etwa 5,5 mm lang, 4,8 mm breit und etwa 1,6 mm dick, hat zwei Klappen, zwei Fächer und einen Samen in jedem Fach.

Der unregelmäßig eiförmige, ovale, oben schief abgerundete Same ist etwas oberhalb der Mitte am breitesten, wird der etwas schief sitzenden, ungleichmäßig stumpf abgerundeten Grundfläche zu schmäler und läuft in einen etwas gekrümmten Stiel, die Samenhaftstelle, aus. Der Querschnitt des Samens bekommt durch eine beiderseits des Samens vom Grunde bis in die Nähe der Spitze verlaufende, furchenförmige Vertiefung mit erhabenem, abgerundetem Mittelstück einen breit gerundeten Rücken- und Seitenteil und einen schmaleren, erhabeneren Bauch-

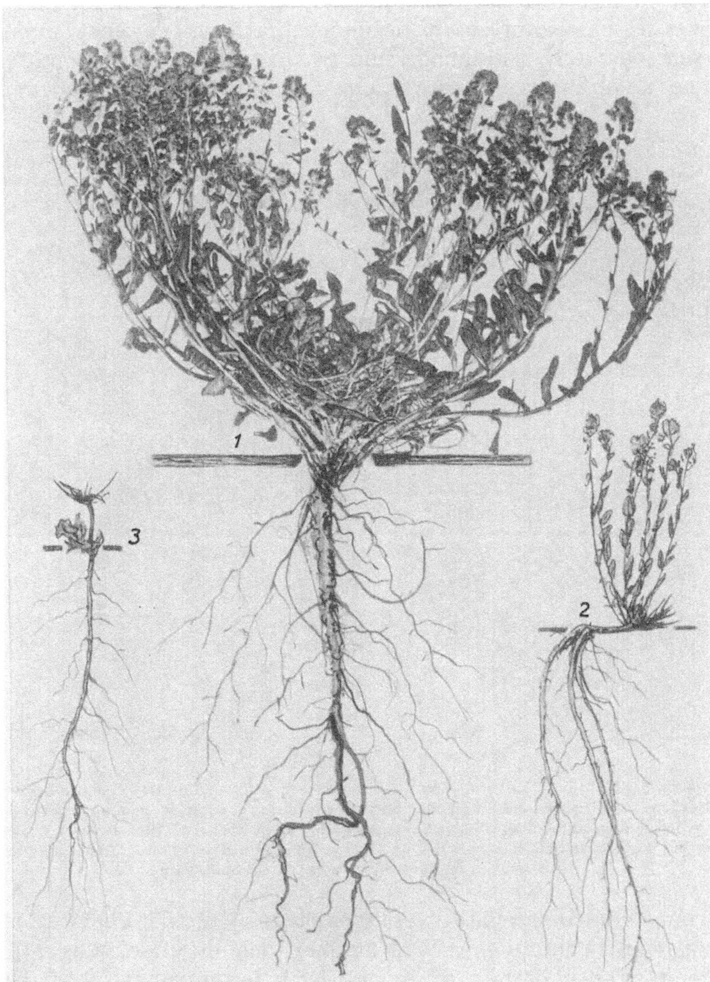

Abb. 282. *Lepidium Smithii.* *1* voll entwickelte blühende Pflanze, 1/5 nat. Gr.; *2* und *3* überwinternde, dreijährige Wurzeln, 1/10 nat. Gr., und zwar *2* mit oben gebogener Wurzel und blühenden Frühjahrstrieben, *3* mit teilweise erfrorener Wurzel, die aus Adventivknospen in der Wurzelrinde unmittelbar unter der Erdoberfläche neue Laubsprosse treibt. Eig. Aufn.

teil. Abgesehen von den dunkelbraunen Längsfurchen ist die matte, feingrubige oder fein gerillte Oberfläche von hellbrauner Farbe (Abb. 283). 1000-K.Gew. etwa 1,80 g, Länge und Breite etwa 2,2 × 1,2 mm, Samenzahl je Pflanze etwa 1700 (1000—2400), je kg etwa 550000. Der Same läuft gut auf. So keimten von im Heubodenkehricht gefundenen Samen im Laboratorium nach 4, 5, 7, 9, 15 Tagen 59, 64, 71, 74 bzw. 77%. Der Rest, 23% also, war nach einer Keimzeit von 15 Tagen abgestorben. Von trocken gelagertem, überwintertem Samen einer anderen Probe liefen im Laboratorium in 4 Tagen 79, in 30 Tagen 97% auf. Von einer dritten Probe keimten in 15 Tagen 98%. Von 6 Monate altem Samen keimten draußen in 0,5 cm Tiefe bei einem Versuch in 53 Tagen 62%, bei einem anderen in 43 Tagen 82%. Von im Herbst ausgesäten, im Boden überwinterten Samen keimten im folgenden Frühjahr und Frühsommer in 0, 0,5, 1, 2, 3, 4, 5, 6 cm Tiefe 58, 100, 60, 46, 8, 10, 8 bzw. 0%. Pflanzen aus Frühjahrsaussaat entwickelten während ihrer Wachstumszeit von 110 Tagen im ersten Sommer kräftige, oberirdische Rosetten aus liegenden Blättern, bei günstigen Wachstumsverhältnissen sogar schon blühende und fruchtende Achsen und unter der Erde lange, dünne, unverzweigte Pfahlwurzeln, die unbeschädigt in gefrorenem Boden

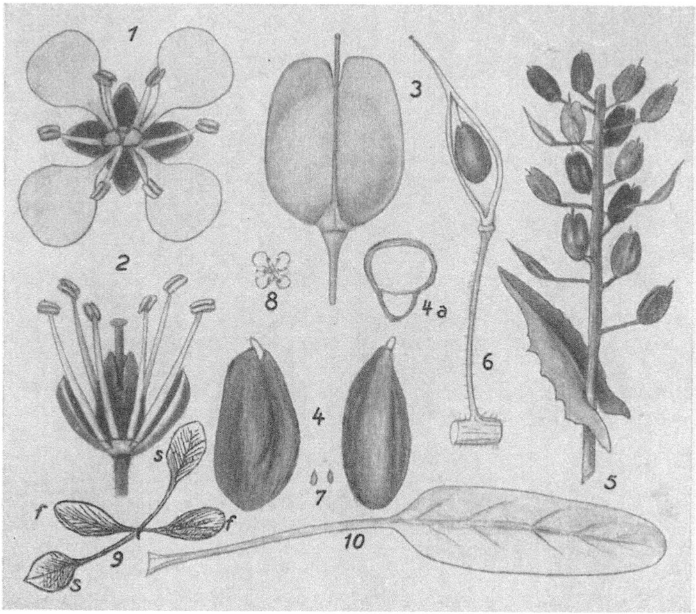

Abb. 283. *Lepidium Smithii.* *1* Blüte von oben; *2* dieselbe (ohne Kronenblätter) von der Seite gesehen, 6fach vergr.; *3* Schötchen nach Samenreife, von der Seite betrachtet; *6* dasselbe geöffnet, von der Schmalseite, 4fach vergr.; *4* Breitseite und Schmalseite des Samens; *4a* Samenquerschnitt, 10fach vergr.; *7* Samen, nat. Gr.; *5* oberer Zweig mit halbreifen Schötchen; *8* Blüte; *9* einige Tage alte Keimpflanze, *f* Keimbläter, *s* Laubblätter; *10* grundständiges Blatt, nat. Gr. Orig.-Zeichn.

überwinterten. Vom Wurzelhalse aus sprossen aus jeder der überwinternden Wurzeln im folgenden Frühjahr und Frühsommer viele liegende, steigende, blühende und fruchtende Stengel hervor. Blüte und Reife begannen auf 60° n. Br. um Mitte Juni und währten den ganzen Sommer bis in den späten Herbst hinein.

Untersuchungen im Felde ergaben, daß die Wurzel auch nach zweimaligem Überwintern in gefrorenem Boden noch ihre volle Lebenskraft bewahrt hatte. Scheinbar ist das auch noch nach häufigerem Überwintern der Fall. Bei Vernichtung des Wurzelhalses durch mechanische Einwirkungen oder durch teilweises Erfrieren der Wurzel u. ä. können sich aus Brutknospen in der Wurzelrindenschicht Laubsprosse entwickeln.

Die Pflanze kann bei günstigen Wachstumsverhältnissen und früher Ernte im Laufe des Jahres zweimal (im Frühsommer wie im Herbst) blühen.

Die ursprüngliche Heimat der Pflanze ist Südwest- und Westeuropa, wo sie als Unkraut im Nutz- und Unland und besonders auf Weiden, von Spanien und

Portugal über das westliche Frankreich bis England, Irland und Südschottland vorkommt. Vereinzelt tritt sie in Deutschland, Belgien, Südschweden und in Norwegen bis zu ungefähr 59° n. Br. auf. Die Pflanze scheint sich auch unter nördlicheren Breitengraden anpassen zu können, indem sie noch bei 60° n. Br. zu überwintern und später rasch zu blühen sowie noch vor Sommermitte zu reifen vermochte[1].

Die Pflanze wird durch Samen fortgepflanzt und verbreitet. Da sie sich bereits am Grunde sehr stark verzweigt, fordert sie verhältnismäßig viel Platz. Sie vermehrt sich wegen ihrer frühen Blüte und großen Samenerzeugung sehr reichlich und wird besonders durch Ausfall am Standort verstreut, sowie durch Heu und Heubodenkehricht, Wiesensaat, Dünger u. ä. verschleppt. Zur Bekämpfung dienen die gleichen Maßnahmen wie gegenüber *Barbaraea vulgaris*.

146. *Melandrium album* (MILL.) GARCKE (= *M. vespertinum* FRIES. = *Lychnis alba* MILL.). Weißes Marienröschen, Weiße Licht- oder Tagnelke, engl. White campion, white cockle, bachelor's button. *Melandrium album* (Fam. Caryophyllaceae) ist eine kräftige, mehrjährige, bodenständige, meistens schon vom Grunde auf ästige, 30—80 cm hohe Pflanze mit paarweise sitzenden, lanzettlichen, fein flaumhaarigen Blättern und schwach flaumhaarigen, oben drüsenhaarigen Stengeln. Die paarweis-gegenständigen, lanzettlichen Blätter der zweihäusigen Pflanze haben kurze Härchen. Die Blüten sind weiß, der Kelch der weiblichen Blüten ist eiförmig aufgeblasen, der der männlichen ist röhrenförmig (Abb. 284). Blütezeit von Juni bis September. Die einfächerige, ovale, etwa 1,5 cm hohe und etwa 1,2 cm dicke Kapsel öffnet nach der Reife 10 Zähne. Die nierenförmigen, auf dem Rücken gleichmäßig gewölbten, auf der Bauchseite etwas eingebeulten Samen haben einen leicht erhabenen, eine grubenförmige Vertiefung mit kleinem, mittelständigem Zapfen umschließenden Kragen. Die graue Oberfläche hat annähernd konzentrisch angeordnete, dicht stehende Reihen warzenförmiger Erhebungen mit sternenförmigem Grunde (Abb. 285). 1000-K.Gew. etwa 0,7 g, Länge und Breite etwa 1,5 × 1,0 mm, Samenzahl je Pflanze etwa 6000, je kg etwa 1400000.

Der Same läuft meistens schnell auf. So keimten im Laboratorium bei einem Versuche von vorjährigem, trocken gelagertem Samen in 22 Tagen 84%, bei einem anderen Versuch in 65 Tagen 95%. Im Freien keimten in 1 cm Tiefe 15% in 11 Tagen, bei einem anderen Versuch 26% in 42 Tagen. Nach Bodenüberwinterung liefen die Samen bei den Versuchen schlechter auf als entsprechende im Frühjahr ausgesäte Proben. In beiden Fällen keimten sie höchstens noch 4 cm tief im Boden. Keimpflanzen von den im Frühjahr gesäten oder im Boden überwinterten Samen gelangen oft im September desselben Jahres zur Blüte und bei günstiger folgender Witterung auch noch zur Reife. Im ersten Jahre entwickelt die Keimpflanze eine verzweigte Wurzel und unterscheidet sich dadurch von vielen unserer gemeinen Wiesenunkräuter, die im ersten Jahre meistens nur eine einzelne, unverzweigte Pfahlwurzel mit Nebenwurzeln hervorbringen.

Am Wurzelhals ist die Pflanze oft in mehrere kräftige, weißgelbe Wurzeläste geteilt, die mit Nebenwurzeln und Brutknospen dicht besetzt sind. *Melandrium album* kommt auf Wiesen und abgelegenen Weiden in Europa, Nordasien,

---

[1] BENTHAM and HOOKER: British Flora S. 48 teilen folgendes mit: *L. Smithii* HOOK. (Abb. 104), Smiths cress, eng verwandt mit *Lepidium campestre*, doch mit mehrjähriger Wurzel und vielen kürzeren, niederliegenden Stengeln. Blätter behaarter, Blüten eher größer, Staubbeutel violett, Schötchen glatt. Blüht Frühjahr und Herbst. Vielleicht nur eine Varietät des *L. hirtum* aus Südwesteuropa, das gänzlich, auch auf den Schötchen, behaart ist, und des gänzlich glatten *L. heterophyllum* aus Westeuropa.

Nordafrika und Nordamerika vor[1]. Streckenweise ist die Pflanze auch ein gewöhnliches Ackerunkraut auf Hackfrucht-, wie auf Getreideäckern und wohl auch auf Wiesen in Deutschland, Großbritannien sowie in den skandinavischen Ländern bis zu etwa 64° n. Br.

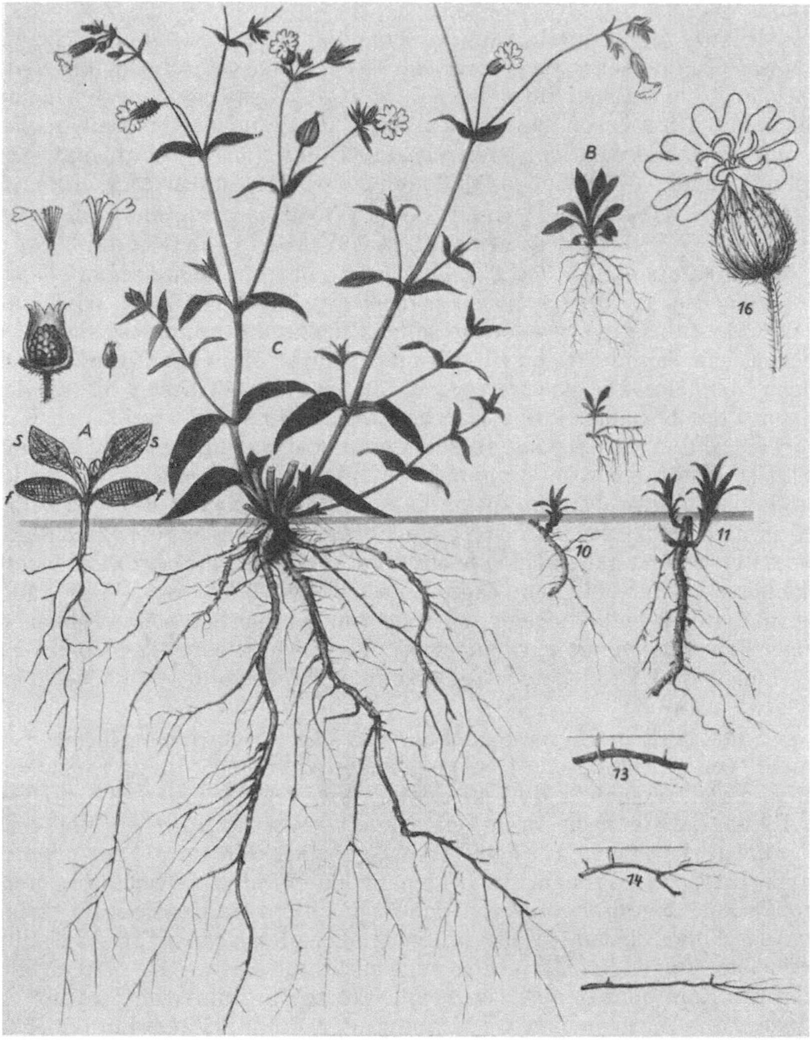

Abb. 284. **Melandrium album.** *A* Keimpflanze, *f* Keimblätter, *s* Laubblätter, nat. Gr.; *B* einige Wochen alte Keimpflanze; *C* voll entwickelte, blühende Pflanze; *10—14* abgetrennte Wurzelstücke, an denen sich Laubsprosse entwickeln, 1/6 nat. Gr.; 16 weibliche Blüte, nat. Gr. Nach KORSMOS Unkrauttafeln.

Sie wird durch Samen fortgepflanzt und verbreitet und kann gleichzeitig durch losgetrennte Wurzelstücke vegetativ vermehrt werden.

Samen dieses Unkrautes finden sich gewöhnlich in Wiesensaat, Dresch- und anderen Abfällen, in Boden, Dünger u. ä. So fanden sich je kg durchschnittlich

[1] GEORGIA, ADA: A. Manual of Weeds S. 145 erwähnt die Pflanze als Unkraut in Nordamerika und beschreibt sie unter dem lateinischen Namen *Lychnis alba* MILL. (*L. vespertina* SIBTH.).

in 10 Dreschabfallproben 4610, in 2 Getreidespreuproben 250, in einer Probe Heubodenkehricht 5000 und in 3 Proben Wiesensaat 1333 Samen des Unkrautes. In einigen untersuchten Bodenproben entwickelten sich durchschnittlich 188 Pflanzen dieses Unkrautes, berechnet je qm bis 25 cm Tiefe.

Bei der Bekämpfung der hier beschriebenen Art bediene man sich der bei *Barbaraea vulgaris* und anderen bodenständigen, mehrjährigen Unkräutern angegebenen Mittel.

Melandrium album hat geringen oder gar keinen Wert als Futterpflanze und wird von den Haustieren bei freier Futterwahl abgelehnt.

147. *Melandrium rubrum* GARCKE (= *M. silvestre* ROEHL., *Lychnis dioica* L.). Rotes Marienröschen, Rote Waldnelke, engl. Red campion. *Melandrium rubrum* (Fam. Caryophyllaceae) ist ein mehrjähriges, bodenständiges, 30 bis 50 cm hohes oder noch größeres ästiges Unkraut, mit weichen, langen, drüsenlosen Haaren auf den oberen Organen, breiten, eiförmig-lanzettlichen, sitzenden Blättern und roten Blüten (Abbild. 286). Blütezeit und Fruchtreife von April bis September. Der ungleichmäßig gerundete, nierenförmige, etwas kantige und manchmal seitlich etwas zusammengedrückte Same hat eine in einer Vertiefung der Bauchseite liegende, etwas erhabene Samenhaftstelle. Die schwarzgraue Oberfläche ist mit konzentrisch angeordneten Reihen warzenartiger Erhebungen mit sternenförmigem Grunde überzogen. 1000-K.Gew. etwa 0,6 g, Länge und Breite etwa 1,4 × 1,1 mm, Samenzahl je Pflanze etwa 2100, je kg etwa 1 660 000. Der Same keimt gut. Im Laboratorium liefen bei Versuchen mit 8 Monate alten Samen in 40 Tagen 93% auf. Draußen im Sandboden keimten in 0,5 cm Tiefe von überwintertem Samen in 26 Tagen 26%. Von Samen der letzten Ernte keimten bei Aussaat im Freien im späten Herbst während des folgenden Frühjahrs in einer Tiefe von

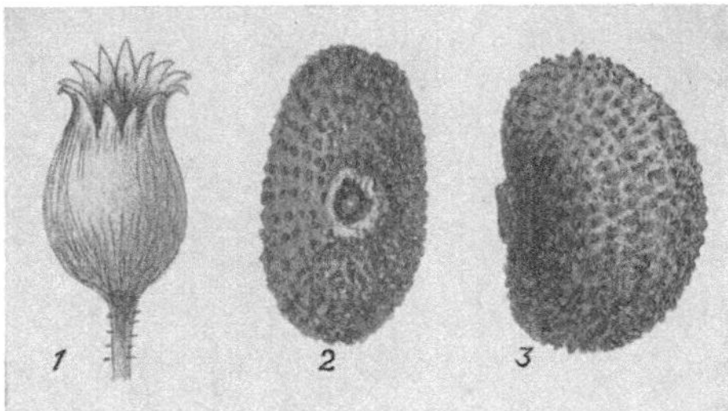

Abb. 285. *Melandrium album.* 1 Kapsel nach Samenreife, nat. Gr.; 2 und 3 Samen, von der Grundfläche und von der Seite betrachtet, 16fach vergr. Orig.-Zeichn.

	0	0,5	1	2	3	4	5 cm
bei einem Versuch	6	41	18	6	4	0	0 %,
bei einem anderen	24	49	42	22	10	4	0 %.

In größerer Tiefe als 4 cm keimte kein Same mehr. Nach viermonatigem Wachstum kamen die Keimpflanzen nach Erzeugung von 15 cm hohen Stengeln gerade noch zu Blüte.

Melandrium rubrum findet sich als Unkraut auf etwas abgelegenen Wiesen, Almen, Weiden, an Wald- und Berghängen. Die Verbreitung entspricht der von *Melandrium album.*

Die Pflanze wird durch Samen fortgepflanzt und verbreitet und wie *Barbaraea vulgaris* bekämpft.

148. *Silene inflata* SM. (= *S. venosa* ASCHERS.; *S. cucubalus* WIBEL). Aufgeblasenes Leimkraut, Taubenkropf, Klatschnelke; engl. Bladder campion. *Silene inflata* (Fam. Caryophyllaceae) ist eine mehrjährige, bodenständige Pflanze mit blaugrünen, aufrechten oder aufsteigenden, 20—50 cm hohen, kahlen Stengeln, sitzenden, elliptisch-länglichen, zugespitzten Blättern. Die Pflanze ist gewöhnlich zwei- bis mehrhäusig und hat weiße Kronenblätter und einen krugförmigen, aufgeblasenen Kelch, der die Samenkapsel umfaßt und 1,5 cm hoch und 1 cm breit ist (Abb. 287). Die Pflanze blüht und fruchtet von Mai bis September. Länge und Breite der unteren dreifächerigen, sonst einfächerigen, etwa 35—45 Samen enthaltenden Kapseln betragen 10×8 mm.

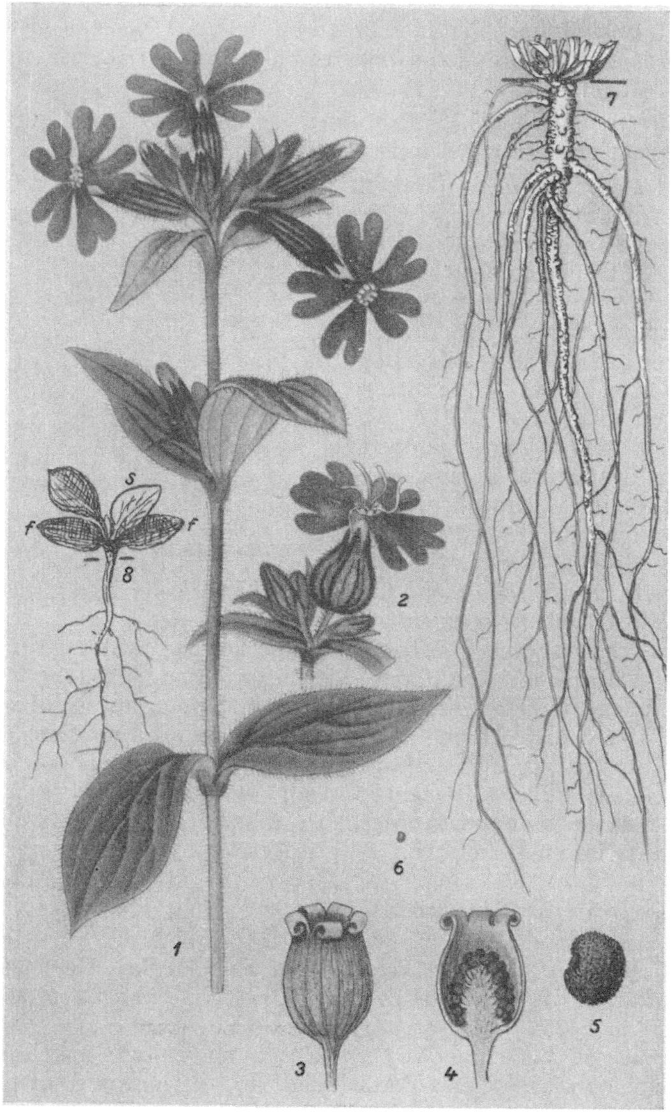

Abb. 286. *Melandrium rubrum.* *1* oberer, blühender Zweig; *2* weibliche Blüte, etwa nat. Gr.; *3* Samenkapsel; *4* Längsschnitt derselben, $^5/_4$ nat. Gr.; *5* Same, 7fach vergr.; *6* Same, nat. Gr.; *7* Wurzel, $^1/_4$ nat. Gr.; *8* einige Tage alte Keimpflanze, *f* Keimblätter, *s* Laubblätter, nat. Gr. *1—6* nach MENTZ und OSTENFELD, *7* und *8* Orig.-Zeichn.

Die rundlichen, nierenförmigen, seitlich etwas zusammengedrückten Samen haben einen gewölbten Rücken und eine etwas eingebeulte Bauchseite, die eine große warzenförmige Erhebung mit grubenförmiger Vertiefung trägt. Die schwarzgraue Oberfläche ist gänzlich von konzentrischen Reihen kegelförmiger Warzen mit sternförmigem Grunde bedeckt (Abb. 288). 1000-K.Gew. etwa 0,8 g, Länge und Breite etwa 1,5 × 1,2 mm, Samenzahl je Pflanze 8000, je kg etwa 1250000[1]. Der Same läuft leicht auf. Im Laboratorium keimten von frisch geerntetem Samen in 20 Tagen 96%; von 8 Monate alten Samen liefen in 110 Tagen 100%

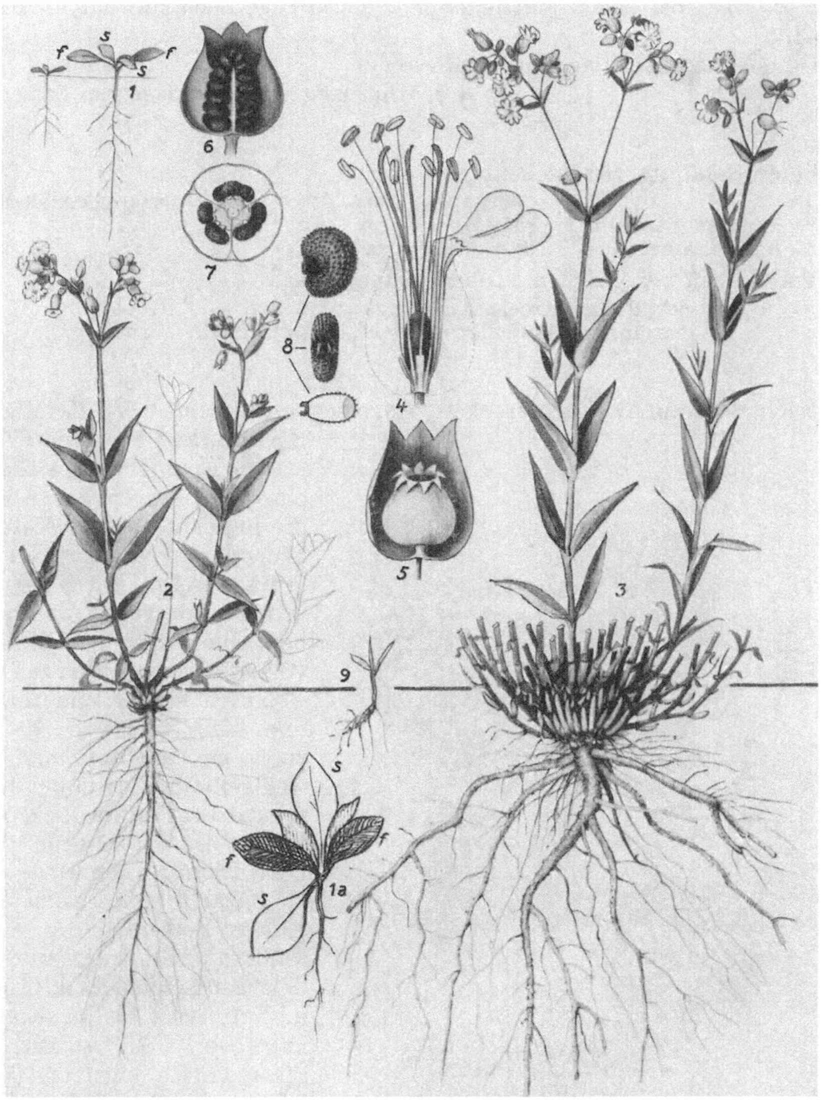

Abb. 287. *Silene inflata.* *1* und *1a* Keimpflanze, 3/5 bzw. 1/5 nat. Gr., *f* Keimblätter, *s* Laubblätter; *2* blühende Pflanze im ersten Jahre; *3* ältere blühende Pflanze, 1/5 nat. Gr.; *4* Blüte; *5* offene Samenkapsel, etwa 10/9 nat. Gr.; *6* und *7* Samenkapsel im Längs- und Querschnitt, 5/2 nat. Gr.; *8* Seiten- und Bauchansicht sowie Querschnitt des Samens, 6fach vergr.; *9* keimendes Wurzelstück, 1/5 nat. Gr. Orig.-Zeichn.

auf. Von soeben gereiftem und im Herbst ausgesätem Samen liefen nach Überwinterung im Boden in einer Tiefe von

0	0,5	1	2	3	4	5	6 cm
8	75	60	40	34	14	6	4 %

[1] Harz: Landwirtschaftliche Samenkunde S. 1080 nennt ein 1000-K.Gew. von 0,92 g und eine Samenmenge je kg von 1086956.

auf. Von trocken gelagertem, überwintertem Samen liefen nach Frühjahrsaussaat im Freien in 1 cm Tiefe die ersten nach 15 Tagen und 53% im Laufe von 44 Tagen auf. Bei einem anderen Versuch keimten nach Frühjahrsaussaat 82% in 12 Tagen. Die Keimpflanzen wuchsen rasch heran; einige davon gelangten bei einem Versuch 97 Tage, bei einem anderen Versuch 120 Tage nach Aussaat im Frühjahr zur Blüte.

DORPH-PETERSEN[1] erwähnt, daß von

1	2	3	4	5	6	Jahre lang trocken gelagertem Samen
98	98	97	94	90	80%	

aufliefen.

Bei Aussaat im Herbst keimten von

	1904	1905	1906	1907	1908	1909 geernteten
unreifen Samen . .	71	75	39	25	21	8%,
reifen Samen . . .	89	80	62	53	28	12%.

Von Samen der gleichen Proben keimten nach

vierjähriger Trockenlagerung	20%
vierjähriger Bodenlagerung in 8 cm Tiefe . .	21%
,, ,, ,, 20,5 ,, ,, . .	37%
,, ,, ,, 30,5 ,, ,, . .	36%.

Nach BRENCHLEY[2] kann trocken gelagerter, reifer Same seine Keimfähigkeit 8 Jahre lang bewahren.

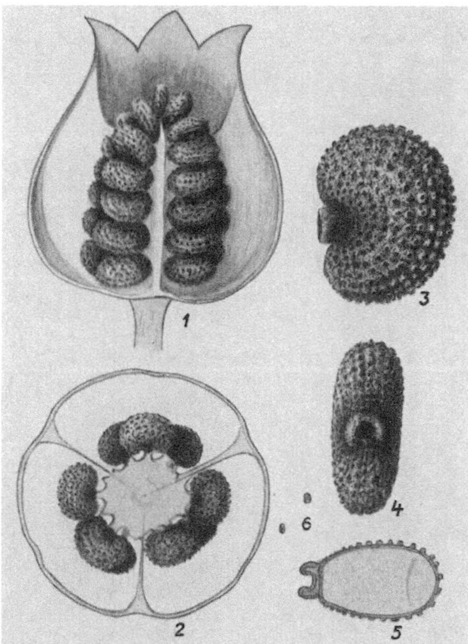

Abb. 288. *Silene inflata*. *1* und *2* Samenkapsel im Längs- und Querschnitt, 4fach vergr.; *3—5* Same in Seiten- und Bauchansicht sowie im Querschnitt, 15fach vergr.; *6* Same, nat. Gr. Orig.-Zeichn.

Im Keimjahr entwickelt sich eine bis zu 30 cm lange Wurzel, die im Laufe des Herbstes vom Wurzelhalse aus mehrere kurze Sprosse treibt. Diese entwickeln im nächsten Wachstumsabschnitt blühende Stengel. Die Wurzel vollentwickelter Pflanzen ist gewöhnlich kräftig und sehr ästig und kann in tiefem Boden bis zu 80 cm lang werden. Sie ist weißgelb und hat in der Rindenschicht Brutknospen, die bei Aufteilung der Wurzel neue Pflanzen hervorbringen können.

Silene inflata kommt auf bebautem Boden, Weiden, an Wegrändern u. ä. in ganz Europa und dem gemäßigten Teil von Asien und Amerika bis an den Polarkreis vor. Sie ist auf silurischen Formationen und anderen leichteren Böden, aber auch auf schwereren Böden in großen Teilen Deutschlands auf Wiesen und Brachen, gelegentlich auch in Getreideäckern, wie an Weg- und Grabenrändern, Waldwegen, Weiden u. ä., sowie über ganz Großbritannien und Skandinavien vom Meer bis in die Nähe der Weidengrenze und bis zu ungefähr 70° n.Br. (Norwegen) verbreitet.

[1] Landbr. Planteavl. Bd. 17, S. 596, 597, 598, 608. 1910.
[2] Weeds of Farm Land S. 72 und 75.

Die Pflanze wird durch Samen, der sich gewöhnlich im Heubodenkehricht, Spreu u. ä. findet, fortgepflanzt und verbreitet. In England[1] und Amerika[2] sollen Samen dieses Unkrautes oft in Kleesaat auftreten, und WEHSARG[3] erwähnt, daß der Same in Wiesensaat vorkommt und dadurch verbreitet wird.

Silene inflata ist eine formenreiche Art, gehört aber gewöhnlich nicht zu den lästigsten bodenständigen Unkräutern des Nutzlandes. Durch gute Düngung und Bewirtschaftung der bebauten Bodenflächen und Weiden läßt sie sich im Boden unterdrücken; durch sorgfältige Behandlung von Heubodenkehricht und anderen Abfällen aus Wirtschaftsräumen läßt sich die Samenverbreitung verhindern oder doch jedenfalls stark einschränken.

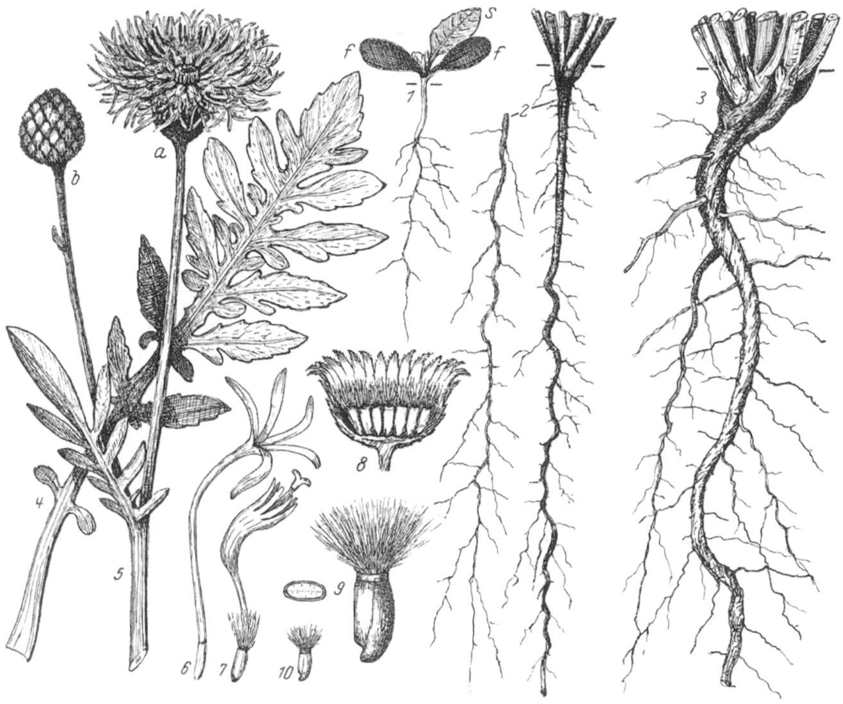

Abb. 289. *Centaurea scabiosa*. *1* Keimpflanze, *f* Keimblätter, *s* Laubblatt, $^{9}/_{10}$ nat. Gr.; *2* Wurzel der Keimpflanze im Herbst des ersten Jahres; *3* Wurzel einer Pflanze im dritten Jahre, $^{2}/_{9}$ nat. Gr.; *4* grundständiges Blatt; *5* Blütenkörbchen in Knospe (*b*) und in Blüte (*a*), $^{2}/_{5}$ nat. Gr.; *6* Randblüte; *7* Scheibenblüte, nat. Gr.; *8* Körbchen im Längsschnitt, $^{9}/_{10}$ nat. Gr.; *9* Samen, Breitseite und Querschnitt, 2,7 fach vergr.; *10* Same, $^{9}/_{10}$ nat. Gr. Orig.-Zeichn.

Die Pflanze hat nur geringen Futterwert, ist nach der Reife holzig, gibt geringen Ertrag und setzt den Wert des Futters beträchtlich herab.

149. *Centaurea scabiosa* LINN. Skabiosenartige Flockenblume, engl. Field scabious, hard-heads, greater knapweed. *Centaurea scabiosa* (Fam. Compositae) ist eine mehrjährige, bodenständige, bis zu 1,30 m hohe, ästige Pflanze mit großen, mehr oder weniger fiederförmigen Blättern mit schmalen Teilen. Sie hat große, kugelrunde Blütenkörbchen, deren Deckblätter deutliche schwarze Anhängsel mit langen Fransen oder sperrigen Randhaaren tragen. Die rotblauen bis roten Blüten haben kahle, lange Randkronen (Abb. 289). Blütezeit von Juni bis September.

[1] LONG: Common Weeds of the Farm and Garden S. 369.
[2] CLARK: Farm Weeds of Canada S. 70.
[3] Arb. d. dtsch. Landw. Ges. H. 294, S. 433.

Der längliche, abgerundete, plattgedrückte, am Rücken vorgewölbte Same hat in der Nähe der Grundfläche an der Unterseite eine grubige Vertiefung mit warzenartiger Erweiterung, ist im oberen Teil gleichmäßig dick und läuft in einen kranzartigen Büschel von etwa 5 mm langen, rotbraunen, spreuartigen Haaren aus. Die knochenartig glänzende, grauweiße, unebene Oberfläche des Samens trägt gelegentlich braune Längsstreifen. 1000-K.Gew. etwa 3,9 g, Länge und Breite etwa 4,5 × 2,1 mm, Samenzahl je Pflanze etwa 7200, je kg etwa 256000.

Von dem gewöhnlich schnell auflaufenden Samen keimten im Laboratorium bei einem Versuch in 52 Tagen 73%, bei einem anderen in 13 Tagen 97%. Bei Aussaat im Freien in sandigem Humus keimten in 1 cm Tiefe 33%. Bei Herbstaussaat keimten im nächsten Frühjahr von frisch geernteten Samen in

0	0,5	1	2	3	4	5	cm Tiefe
8	35	36	30	10	0	0	%.

Die aufgelaufenen Pflanzen entwickelten während der Wachstumszeit kräftige, bis zu 22 cm lange Laubblattsprosse und eine unverzweigte, gelbliche, dünne, etwa 30 cm lange Pfahlwurzel, mit deren Hilfe die Pflanze überwintert, um im nächsten Sommer blühende Sprosse zu treiben.

Die voll entwickelte Pflanze hat eine vielköpfige Pfahlwurzel, deren oberer Teil einen zusammengewundenen, mehrfach aufgeteilten Wurzelkopf bildet, an dem sich die Stengelsprosse entwickeln. Dadurch werden ältere Pflanzen sehr buschig und nehmen viel Platz ein. Die Wurzel wird allmählich dunkel und holzig und bisweilen über 100 cm lang.

Centaurea scabiosa ist an Wegrändern, Zäunen, trockenen Hängen, im Gestrüpp und besonders auf flachen, silurischen Formationen, teilweise auch auf Äckern und Wiesen in fast ganz Europa, Russisch-Asien, vom höchsten Norden abgesehen, und mehreren nordamerikanischen Staaten, wohin sie aus Europa verschleppt worden ist, ganz gemein. Die Pflanze tritt teils vereinzelt, teils häufiger in Deutschland, gewöhnlich und häufig in England, vereinzelt in Schottland und Irland auf und ist auch in Süd- und Mittelskandinavien bis zu 67° 56′ n. Br. (Norwegen) ganz allgemein verbreitet.

Die Pflanze wird durch Samen fortgepflanzt und verbreitet, ausnahmsweise auch durch die Wurzel vermehrt, wenn Wurzelteile mit vegetativer Vermehrungsfähigkeit bei Bodenbewegung vom Standort der Pflanze verschleppt werden. Die Samenverbreitung wird bei überreifen Pflanzen oft durch den Wind bewirkt.

Zur Bekämpfung dieses Unkrautes trägt Abhauen vor der Blüte wirksam bei. Die Wurzel tötet man entweder durch Ausgraben oder durch Abschneiden unmittelbar unter der Erdoberfläche und Bedecken mit Kochsalz, Kalkstickstoff oder Chlorkalk (Vgl. die Bekämpfungsweise bei *Bunias orientalis*.)

Diese holzige, harte, als Futter gänzlich wertlose Unkrautart wird von den Haustieren gemieden, fordert viel Platz und unterdrückt durch Beschattung vor allem nützliche Pflanzen, selbst wenn sie nur als zerstreute Stauden im Nutzlande auftritt.

150. *Cichorium intybus* LINN. Wegewarte, Wilde Zichorie, engl. Wild chicory, wild succory. *Cichorium intybus* (Fam. Compositae) ist eine mehrjährige, bodenständige, etwa 1 m hohe, steife, ästige Pflanze mit unteren hobelförmigen, halb fiederförmigen, oberen ganzrandigen Blättern und bis zu dreien in den Blattwinkeln längs des Stengels sitzenden Blütenkörbchen, die je etwa 20 Samen ohne Fegehaare enthalten. Blütezeit im Juli und August. Die zapfenförmigen, im Querschnitt abgerundet kantigen Scheibensamen werden der stumpf abgeschrägten Grundfläche zu gleichmäßig schmäler und sind an der quer abgeschnittenen

Spitze, die einen erweiterten Kragenrand mit zungenförmigen Fransen trägt, am breitesten. Die Oberfläche ist mit Längsrippen besetzt. Die gekrümmten Randsamen sind im Querschnitt kantig oval und an den beiden gegenüberliegenden Seitenkanten sind die Rippen zu einem schwachen flügelförmigen Rande ver-

Abb. 290. *Cichorium intybus.* *1* blühende Pflanze, etwa $^1/_{10}$ nat. Gr.; *2* Wurzel, etwa $^1/_4$ nat. Gr.; *3* unterer Teil eines Stengelblattes, $^2/_5$ nat. Gr.; *4* Körbchen in Knospe, nat. Gr.; *5* Zweig mit Blütenkörbchen; *6* Seitenansicht des Körbchens, $^3/_4$ nat. Gr.; *7* einzelne Blüte, 2fach vergr.; *8* Same mit Querschnitt, etwa 8fach vergr.; *9* Same, nat. Gr. Eig. Aufn. und Zeichn.

breitert. Die schwarzgraue Tönung der gelben Oberfläche nimmt mit dem Reifegrad zu (Abb. 290). 1000-K.Gew. etwa 1,3 g, Länge und Breite etwa 2,3—3,0 × 1,2—1,5 mm, Samenzahl je Pflanze etwa 6500, je kg etwa 769000.

Von dem schnell auflaufenden Samen keimten nach Überwinterung im Laufe von 16 Tagen im Laboratorium 92%. Von überwintertem, trocken gelagertem Samen keimten in Sandboden in 0,5 cm Tiefe in 50 Tagen 42%. Bei Herbstsaat keimten von der gleichen Samenprobe während des folgenden Frühjahrs und Sommers 66%.

Im Keimjahre entwickelt die Pflanze eine walzig-spindelförmige oder etwas verzweigte Pfahlwurzel und bildet im Laufe des Sommers und Herbstes eine Rosette wurzelständiger Laubblätter. Im zweiten Jahre wachsen mehrere blühende und fruchtende, ästige Stengel empor, während sich in der Erde eine kräftige, tiefgreifende, mehr oder weniger verzweigte Pfahlwurzel entwickelt[1].

Die braungelbe Wurzel ist mit Brutknospen dicht besetzt. Bei Entfernung des Wurzelkopfes entwickeln sich, wie auf der Zeichnung in Abb. 290, *2* dargestellt, von den Brutknospen am oberen Teil des noch in der Erde sitzenden Wurzelstückes zahlreiche vegetative Sprosse. Durch Aufteilung der Wurzel können sich auch aus den Brutknospen in der Rindenschicht der Wurzelteile vegetative Sprosse bilden, so daß die Pflanze sich bei der Bodenbearbeitung nach Zerteilung der Wurzel vegetativ verbreiten kann, wenn sie im Nutzland auftritt.

Cichorium intybus wächst im Nutz- und Ödland, an Uferstrecken, auf trockenen Wiesen, an Wegrändern und Rainen und ist über den größten Teil Europas, Asiens und Nordamerikas verbreitet. In Amerika trat sie ursprünglich nicht wild auf, sondern ist erst aus Europa eingeführt. In Deutschland trifft man sie als gemeines Unkraut an Wegrändern, Rainen u. ä., auch in Großbritannien ist sie an vielen Orten gewöhnlich oder häufig. In Skandinavien ist sie besonders in den südlicheren Gebieten ein verbreitetes Acker- und Wiesenunkraut und weiter nördlich bis zu 63° n. Br. (Norwegen) noch vereinzelt festgestellt.

Die Pflanze wird durch Samen fortgepflanzt und verbreitet und ausnahmsweise vegetativ vermehrt, wenn die Wurzel bei Bodenbearbeitung, Bodenbeförderung, Einebnungsarbeiten oder ähnlichem zerteilt und verschleppt wird. Bei wirksamer Bekämpfung der Pflanze ist es von Bedeutung, sie zur Verhinderung der Samenverbreitung vor der Blüte abzuhauen. Die Wurzel vernichtet man durch Ausgraben oder am sichersten durch Bedecken der Wurzelkrone mit einer Handvoll Kochsalz, Eisenvitriol oder am besten mit etwas feingestoßenem (etwa 20 g) oder als 5%ige Lösung in Wasser aufgelöstem Natriumchlorat u. ä.

Die als Futter wertlose, holzige, harte Pflanze wird von den Haustieren gewöhnlich abgelehnt.

151. *Chenopodium bonus Henricus* Linn. Guter Heinrich, engl. Good king Henry, allgood. *Chenopodium bonus Henricus* (Fam. Chenopodiaceae) ist ein mehrjähriges, bodenständiges Unkraut mit aufrechtem, kräftigem, etwas ästigem, bis zu 60 cm hohem Stengel mit langstieligen, dreieckig zugespitzten, ganzrandigen, gelegentlich schwach gezähnten Blättern und zahlreichen Blüten in dichten Blütenknäueln (Abb. 291). Blütezeit von Mai bis September. Der Same wird nach der Reife von der graugelben, birnenförmigen, meist dünnen und zum Teil durchsichtigen und daher grauscheckig bis schwarzbraunen und verwelkten Blütenhülle teilweise umschlossen.

Der Same selbst ist oval abgerundet, am Rücken kräftig gewölbt und im oberen Drittel der Bauchseite, aus der eine schnabelförmige Kante leicht herausragt, etwas eingebeult. Die Seiten sind gerundet und der Bauchseite zu leicht zusammengedrückt. Die fast glatte, matt glänzende Oberfläche ist schwarzbraun. 1000-K.Gew. etwa 2,0 g, Länge und Breite etwa 1,8 × 1,6 mm, Samenzahl je Pflanze etwa 1200, je kg etwa 500000.

Der Same läuft verhältnismäßig schnell auf. Von 12 Monate altem Samen liefen bei einem Keimversuch im Laboratorium 87% in 20 Tagen, bei einem anderen Versuch 70% in 28 Tagen auf. Bei Aussaat im Spätherbst im Sandboden

[1] Die Wurzel der aus der wildwachsenden Zichorie gezüchteten zweijährigen Form findet Verwertung als Kaffeezusatz.

keimten während des folgenden Frühjahrs in 0,5 cm Tiefe bei einem Versuch 74%, bei einem anderen 69%. Nach Herbstaussaat keimten im folgenden Frühjahr in einer Tiefe von

0	1	2	3	4	5	6	7	8 cm
22	74	74	70	44	28	8	2	0 %.

Nach Aussaat im Frühjahr lief der Same im ersten Jahre schlecht auf. Bei 3 Versuchen keimten nur 11, 7 bzw. 3%.

Im Frühjahr aufgelaufene Pflanzen entwickeln im ersten Sommer keine blühenden Stengelsprosse, sondern nur eine kräftige Blattrosette mit bis zu 20 cm langen Blättern und eine ebenso lange Pfahlwurzel. Die unterirdischen Teile über-

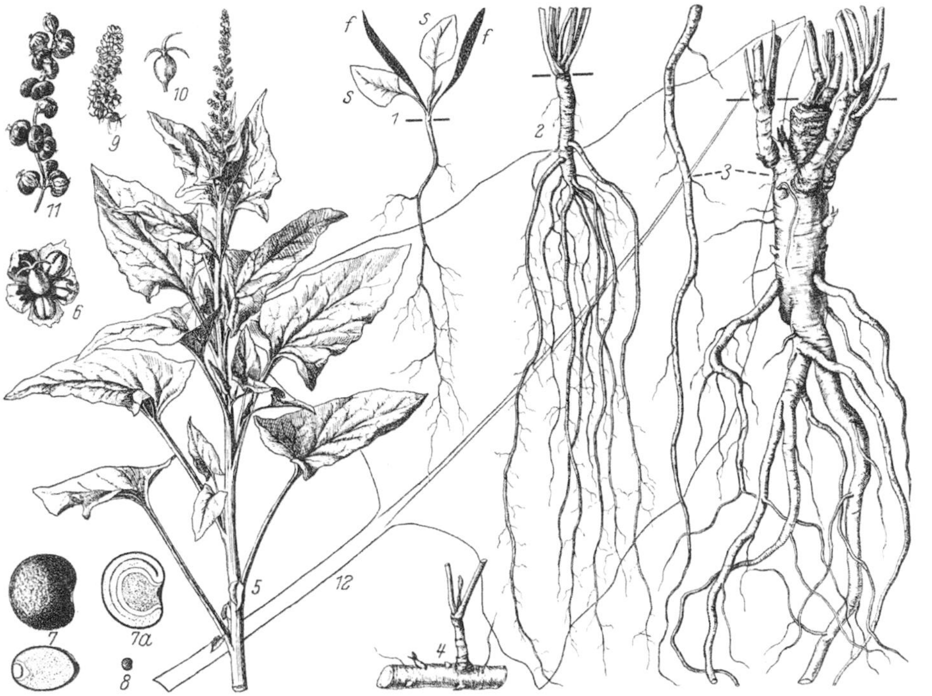

Abb. 291. *Chenopodium bonus Henricus.* *1* Keimpflanze, *f* Keimblätter, *s* Laubblätter, 9/10 nat. Gr.; *2* Wurzel einer 120 tägigen Keimpflanze, 3/10 nat. Gr.; *3* Wurzel älterer Pflanze, etwa 1/4 nat. Gr.; *4* Wurzelstück mit vegetativ entwickeltem Laubsproß, 3/10 nat. Gr.; *5* blühender Scheitelsproß, 3/10 nat. Gr.; *6* Blüte, 4 fach vergr.; *7* Seitenansicht und Querschnitt des Samens; *7a* Samenlängsschnitt, 5,5 fach vergr.; *8* Same, nat. Gr.; *9* blühendes Ährchen, 2 fach vergr.; *11* dasselbe nach der Reife, 2 fach vergr.; *10* Fruchtknoten mit Narben, 4 fach vergr.; *12* Umriß eines Blattes, nat. Gr. Orig.-Zeichn.

wintern; im zweiten Jahr entwickeln sich dann die ersten und in den folgenden Jahren weitere blühende und fruchtende Stengel vom Wurzelhalse aus. Nach Herbstaussaat können im Frühjahr aufgelaufene Pflanzen bereits im späten Keimjahre blühen und reifen. Die vollentwickelte Wurzel der Pflanze ist kräftig, holzig, unterhalb des oberen Viertels der Hauptwurzel mehr oder weniger stark verzweigt, bis zu 50 cm lang, dick, weißfleischig, vielköpfig, gelbbraun, pfahlförmig und sitzt oft etwas schief in der Erde. Die Rindenschicht ist mit Brutknospen, die bei Zerteilung der Wurzel Sprosse entwickeln, dicht besetzt. Dieses Unkraut findet sich im Nutzland, auf Höfen, an Weg- und Uferstrecken, Hecken und Zäunen in Russisch-Asien, Nordamerika und Europa und ist besonders gemein in Deutschland. Nicht selten ist es auch in anderen süd- und mitteleuropäischen Ländern, in Großbritannien und weiter nördlich in Süd- und Mittelskandinavien bis zu etwa 62° n. Br. (Norwegen). Die Pflanze kann auch im bebauten Boden auftreten, wo sie großen Platz fordert und die Nutzfrucht beschattet und einengt.

Die Pflanze wird durch Samen fortgepflanzt und verbreitet und nur ausnahmsweise durch losgetrennte Wurzelstücke vegetativ vermehrt.

Tritt sie einzeln auf, ist es nicht schwer die Pflanze mit der Wurzel auszustechen. Durch zeitiges Abhauen verhindert man Samenverbreitung.

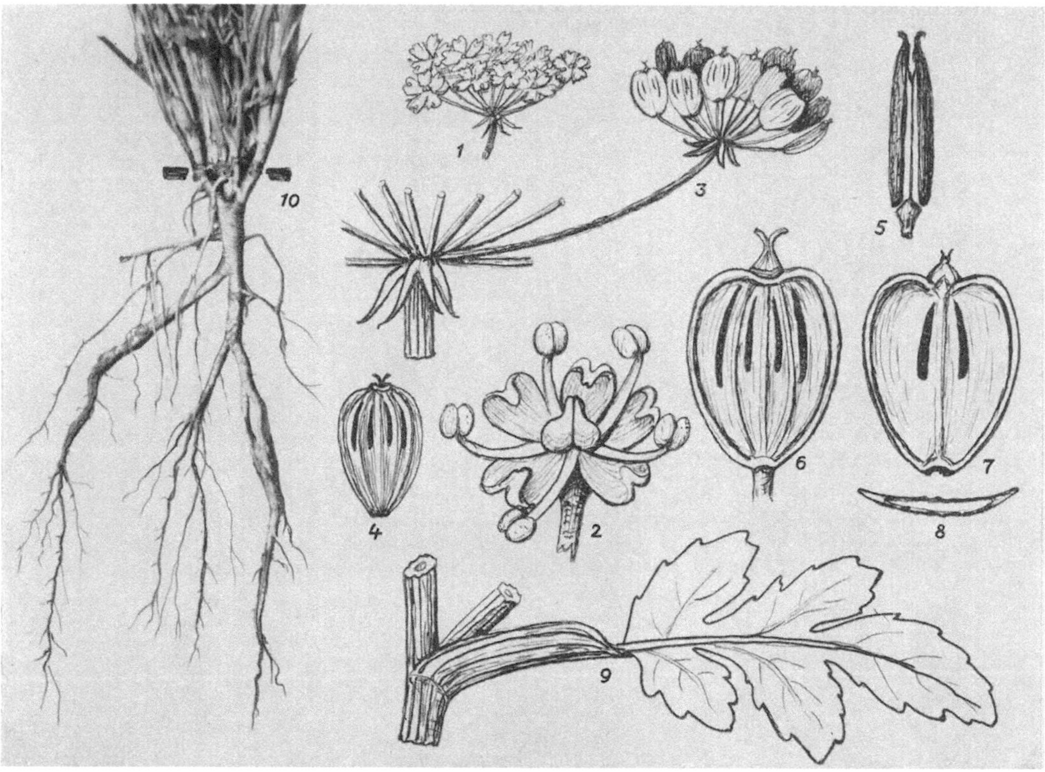

Abb. 292. ***Heracleum sphondylium.*** *1* blühender Doldenast, nat. Gr.; *2* Blüte, 6fach vergr.; *3* Teil einer Dolde mit reifen Samen, nat. Gr.; *4* Samen von forma ***australe***, Rückseite, 2,6fach vergr., *5—8* forma ***sibiricum***, 4fach vergr.; *5—7* Samen, Schmalseite, Rücken- und Bauchansicht; *8* Samenquerschnitt; *9* Zweigstück mit Blatt vom oberen Teil des Stengels, nat. Gr.; *10* Wurzel, etwa $^1/_6$ nat. Gr. Eig. Aufn. und Zeichn.

Beginnt sie im bebautem Boden zu wandern, läßt sie sich wirksam auf die gleiche Art wie *Barbaraea vulgaris* und andere mehrjährige, bodenständige Unkräuter bekämpfen.

152. *Heracleum sphondylium* LINN. [incl. subsp. *H. sibiricum* (L.) HARTM.]. Wiesen-Bärenklau, Gemeine Bärenklau, engl. Common cow-parsnip, hogweed. *Heracleum sphondylium* (Fam. Umbelliferae) ist eine mehrjährige, bodenständige formenreiche Unkrautart mit kräftiger, oft tiefgreifender und ästiger Pfahlwurzel, 30 bis über 100 cm hohen, kantigen, gefurchten, steif behaarten, rauhen Stengeln, oberseits grünen, unterseits grauzottigen, fünffach, seltener siebenfach fiederförmig geteilten Blättern mit buchtig gerandeten, fiederförmig untergeteilten, gezähnten, bis zu 10 cm langen und etwa ebenso breiten Lappen.

Die große, ziemlich flache, etwa 20strahlige Dolde hat keine oder allenfalls nur wenige (1—6) linienförmige Hüllblätter. Auch die Döldchen enthalten bis zu 20 Doldenästchen. Die Kronenblätter sind umgekehrt herzförmig, weiß, blaßgrünlich oder rötlich mit tief eingebogener Spitze und am Rande größer als in der Mitte. Blüte- und Reifezeit von Juni über August bis September (Abb. 292). Die zweiteilige, unangenehm riechende, am Rücken flachgedrückte, umgekehrt eiförmige Spaltfrucht besteht aus zwei einsamigen, nicht aufspringenden Teilfrüchten, die sich bei der Reife von unten her freimachen und oben von einem gespaltenen, fadenförmigen Fruchtträger gehalten werden.

Die am Rücken sehr plattgedrückte, umgekehrt eiförmige und oben stumpf abgerundete Teilfrucht trägt auf dem schwach gewölbten Rücken fünf fadenförmige Längsrippen. Die Seitenrippen sind etwas flügelförmig erweitert und durch einen Abstand von den Rippen des Rückens getrennt. Zwischen den einzelnen Rippen befinden sich etwa 3 mm lange, dem Ende zu keulige Ölstriemen, die gewöhnlich auf der Außenseite des Samens leicht erkennbar sind. Die beiden inneren der vier Rückenrippen erstrecken sich von der Spitze bis ungefähr an die Samenmitte, während die beiden äußeren oft etwas länger sind. Die leicht eingebeulte Bauchseite trägt drei Längsrippen und dazwischen zwei etwa 2 mm lange, eng an der Mittelrippe liegende Ölstriemen ähnlich denen der Rückenseite. Die matte Oberfläche ist grüngelb bis graugelb. 1000-K.Gew. etwa 6,9 g, Länge, Breite und Dicke etwa $7{,}5 \times 5{,}5 \times 0{,}75$ mm, Samenzahl je Pflanze 5000—8000, je kg etwa 145000.

Im Keimjahr entwickelt die Pflanze eine Pfahlwurzel und über der Erde mehrere Laubblätter. Sie überwintert und bildet die ersten Blüten und Früchte im Spätsommer des zweiten Wachstumsjahres. Die mehrjährige, kräftige, besonders bei der Unterart „*sibiricum*" oft tiefgreifende, ästige Wurzel hat einen erweiterten Wurzelhals, aus dem bei älteren Pflanzen wenige bis mehrere Stengel hervorgehen.

Heracleum sphondylium ist besonders auf leichteren Bodenarten, auf Wiesen, Weiden, im Gestrüpp, an Weg- und Grabenrändern in Europa, Nordasien (Russisch-Asien) und, aus Europa eingeschleppt, in Nordamerika verbreitet. In Deutschland und Großbritannien ist die Pflanze eines der verbreitetsten Doldengewächse, das im übrigen auch über die skandinavischen Länder bis nördlich des Polarkreises vordringt, dort allerdings vorwiegend in seiner Unterart „*sibiricum*" mit glattem Fruchtknoten, sehr flachgedrückter Spaltfrucht mit stumpfer oder etwas eingedrückter Spitze vertreten ist.

Nach Wagner kommen auch andere Unterarten vor, z. B. *H. elegans* Jacq., mit schmäleren, verlängerten Blattfiedern; *H. angustilobatum* (*H. angustifolium* und *longifolium* Jacq.), Abschnitte fiederspaltig, mit lanzettlichen oder linienförmigen, spitzen Zipfeln (besonders auf den Kalkalpen). Die Pflanze wird durch Samen fortgepflanzt und verbreitet. Um Samenreife und -verbreitung zu verhüten, haue man sie spätestens bei Beginn der Blüte ab oder steche sie mit der Wurzel aus. Ist der Boden, auf dem die Pflanze auftritt, nicht regelmäßiger Bearbeitung und Pflege unterworfen, so daß die Wurzel in ihrem Wachstum nicht gestört oder vernichtet wird, versuche man sie nach Abschneiden der Pflanze an der Erdoberfläche durch Behandeln der Wurzel mit einem ätzenden Chemikalium abzutöten. Außer den bei *Bunias orientalis* angeführten Mitteln und Mengen läßt sich Natriumchlorat ($NaClO_3$)[1] verwenden, das man entweder auf

[1] Dieses Salz wird unter anderem von der Firma I. G. Farbenindustrie Aktiengesellschaft Leverkusen bei Köln a. Rh. hergestellt. Die Firma empfiehlt auch „Hedit" als dem Natriumchlorat gleichwertig. Hedit hat sich als chemisches Bekämpfungsmittel auch vieler anderer Unkräuter gut bewährt.

die Wurzel streut oder als 5—10%ige Lösung in Mengen von $^1/_4$—$^1/_2$ Liter je Pflanze verwendet.

Die Pflanze ist nicht giftig und in jungem, frischem Zustande auch nicht gerade ungenießbar. Trotz ihrer Tauglichkeit (z. B. als Kaninchenfutter) sollte man sie aber bekämpfen, da die voll entwickelte Pflanze ein ganz wertloses Trockenfutter abgibt, viel Platz beansprucht, nützlichere Pflanzen verdrängt und zu Futtervergeudung und -verlust Anlaß gibt.

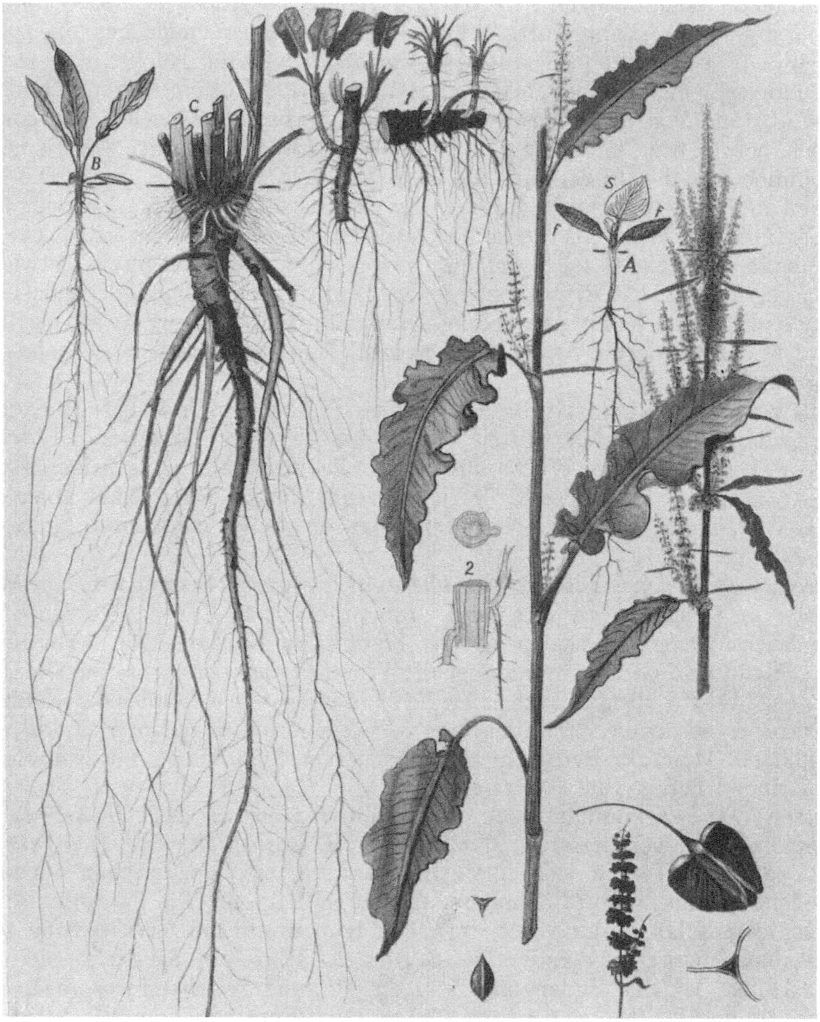

Abb. 293. *Rumex domesticus.* *A* Keimpflanze, *f* Keimblätter, *s* Laubblatt, nat. Gr.; *B* dieselbe im Herbst; *C* vierjährige, blühende Pflanze; *1* Wurzelstücke mit vegetativen Laubsprossen; *2* Längsschnitt eines keimenden Wurzelstücks, $^1/_6$ nat. Gr. Nach KORSMOS Unkrauttafeln.

b) Vegetative Vermehrungsfähigkeit aus Vertiefungen in der Wurzelrindenschicht.

153. *Rumex domesticus* HARTM. (Nach BUCHENAU vielleicht Bastard aus *R. aquaticus* L. × *crispus* L.). Haus-Ampfer. *Rumex domesticus* (Fam. Polygonaceae) ist vieljährig, bodenständig, mit kräftigen, aufrechten, bis zu 1,70 m hohen Stengeln und tiefgreifender Pfahlwurzel, schraubenständigen Blättern und kleinen grünen Blüten in dichten, kranzständigen Bündeln an langen Blütenstielen, die in den Blattwinkeln sitzen und zusammen eine dicht geschlossene, große, ährenförmige Spitze von bis zu 0,5 m Länge bilden. Die unteren Blätter sind breit-oval-lanzettlich, buchtig, etwas gelappt, die oberen schmäler bis ganz lanzettlich. Die Blüten sind meistens zwitterig, aber gelegentlich auch eingeschlechtlich (Pflanzen dann mehrhäusig); Blüte- und Reifezeit von Ende Juni bis September (Abb. 293). Nach der Reife wird der Same von den drei inneren, nierenförmigen bis rundlichen, ganzrandigen, dunkelbraunen, an der Oberfläche unebenen und nicht körnigen Hüllblättern umschlossen[1] (Abbild. 294, 7).

Der dreiseitige, im Querschnitt dreikantige Same hat leicht hervortretende Kanten, ist unterhalb der Mitte am breitesten und läuft oben spitzig, unten stumpflich zu. Die glatte, glänzende Oberfläche ist rotbraun (Abb. 294). 1000-K.Gew. etwa 1,95 g, Länge und Breite etwa 2,6 × 1,6 mm, Samenzahl je Pflanze etwa 9000, je kg etwa 510 000. Der Same läuft leicht auf. Im Laboratorium keimten von einer überwinterten, trocken gelagerten Probe in 4 Tagen 87, in 7 Tagen 99%, von einer anderen Probe in 10 Tagen 100%. Im Freien keimte der Same sogar oben auf festgetretenem, feuchtem Boden gut aus. In 0,5 cm Tiefe keimten in 40 Tagen 61%. Bei Saattiefenversuchen mit Samenproben von der Ernte des gleichen Jahres keimten bei Herbstaussaat im folgenden Frühjahr in einer Tiefe von

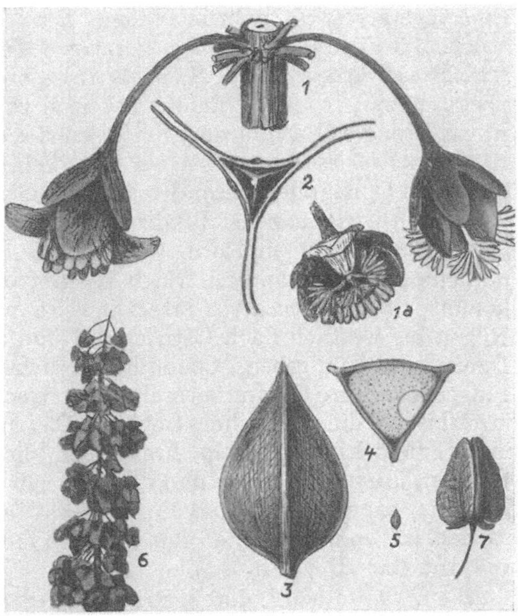

Abb. 294. *Rumex domesticus.* *1* Zweigstück mit Blüten, links Zwitterblüte — mit voll entwickelten Staubgefäßen —, rechts weibliche Blüte; *1a* Zwitterblüte, etwa 8fach vergr.; *2* Same mit Hüllblatt von oben betrachtet, 6fach vergr.; *3* Same; *4* Samenquerschnitt, etwa 12fach vergr.; *5* Same, nat. Gr.; *7* Same, von Hüllblättern umschlossen ($^2/_1$); *6* Blütenquirle nach Samenreife, $^1/_2$ nat. Gr. Orig.-Zeichn.

0	0,5	1	2	3	4	5	6	7	cm
38	67	52	28	20	8	6	6	0	%.

Von 12 Monate alten Samen der gleichen Probe liefen im Laboratorium in 9 Tagen 97% auf. Tiefer als 6 cm fand keine Keimung mehr statt.

Nach 120tägiger Entwicklung hatten die Keimpflanzen 25 cm lange Blätter, jedoch keine Stengelsprosse. Bei Verfütterungsversuchen zeigten sich im Pferdedung 22,95, im Kuhdung 90,40, im Schweinedung 11,25% keimfähiger Samen.

Die lanzettlichen Keimblätter sind 1 cm lang und 0,3 cm breit.

Im ersten Entwicklungsjahre, im Keimjahre also, bildet sich eine gleichmäßige, unverzweigte, etwa 20 cm lange Pfahlwurzel mit einer Laubblattrosette aus we-

[1] Wird die Pflanze vor der Reife abgehauen, kann der Same am Stengel nachreifen. Nach der Reife sitzen die Hüllblätter oft am Blütenstiel recht fest, wodurch Ausfall am Standort eingeschränkt wird, es sei denn, daß die Pflanze ungestört durch die Ernte ausreifen kann.

nigen Blättern. Im folgenden Sommer bringt die überwinterte Wurzel einen einzelnen, aufrechten, etwa meterhohen, blühenden Stengelsproß hervor, während sich die Wurzel bedeutend verlängert. Gegen Ende des dritten Entwicklungsjahres ist dieses Unkraut voll entwickelt. Die Hauptwurzel, die 80—100 cm lang werden kann, zieht ihren Kopf jetzt 3—4 cm unter die Erdoberfläche zurück, während am oberen Teil kräftige Seitenwurzeln und am Wurzelkopf bis zu 10 Stengelanlagen entstehen, die später aufrechte, gleichgroße, bis zu 1,7 m hohe, blühende Stengel treiben. Sowohl die Hauptwurzeln als auch die Nebenwurzeln sind vegetativer Vermehrung fähig. Bei Aufteilung und Bedecken der Wurzelstücke mit Erde wachsen aus vegetativen Knospen in den Querspalten der Rindenschicht aufwärtsstrebende Stengelsprosse mit abwärtsstrebenden Wurzeln hervor. Die so gebildete neue Pflanze löst sich vom Mutterteile und setzt die weitere Entwicklung mit Blüte und Reife selbständig fort.

Rumex domesticus wächst auf künstlichen und natürlichen Wiesen und findet sich unter Umständen, besonders bei extensiver Wirtschaft, auch als Ackerunkraut. Außerdem trifft man die Pflanze an Land- und Feldwegen, Schutthalden, Baugrundstücken u. ä. in Nord- und Mittelrußland, Nordasien, sowie in mehreren nordeuropäischen Ländern. Nach ASCHERSON und GRAEBNER sowie nach WAGNER kommt *Rumex domesticus* streckenweise wild in Norddeutschland östlich von Rügen bis westlich nach Ostfriesland und außerdem in Holland vor. Auch bei Danzig und Königsberg, Chemnitz in Sachsen und Zürich in der Schweiz hat sie Fuß gefaßt. Ihre Gesamtverbreitung erstreckt sich über die skandinavische Halbinsel bis an die arktischen Gebiete, Dänemark, Island, die Färöer, Shetlandsinseln, die britischen Inseln, Frankreich, die Pyrenäen, Rußland, Novaja-Semlja, Sibirien, über den Norden und die arktischen Gegenden Nordamerikas und Grönland. In Skandinavien und Finnland ist der Hausampfer ganz gemein und besonders in den nördlichsten Landesteilen ein äußerst lästiges Acker- und Wiesenunkraut (bis zu 71° n. Br.).

Die Pflanze wird durch Samen fortgepflanzt und verbreitet. Trotz ihrer Fähigkeit zur Vermehrung durch losgetrennte Wurzelstücke kommt vegetative Vermehrung selten vor und nur, wenn die Wurzel der Pflanze bei der Bodenbearbeitung durch Ackergeräte zerteilt und verschleppt wird. Die Samenverbreitung geschieht auf verschiedene Weise, wie durch Dreschabfälle, Spreu, verunreinigte Wiesensaat, Stalldünger, Abfälle, Heubodenkehricht u. ä. So fanden sich in 6 Dreschabfallproben durchschnittlich 456, in Kornspreuproben 100, in Mischsaat 1250, in schlecht gereinigtem Timothesamen 33250, in Bastard- und Rotkleesamen 600 bzw. 950 Samen je kg der Probe.

Wie schon erwähnt, reift der Same außerordentlich leicht am Stengel nach, weshalb man die Pflanze sehr früh abhauen muß, wenn Ausfall und Verbreitung keimfähiger Samen vermieden werden sollen.

Man verhindert die Samenreife durch:

1. Verwendung reinen Saatgutes und reinen Düngers bei der Einsaat von Wiesen.

2. Rechtzeitige Ernte vor der Reifezeit des Unkrautes.

3. Ausreißen des Unkrautes vor seiner Reife auf Wiesen, die der Samenerzeugung dienen.

Am besten eignet sich zu dieser Behandlung die Zeit der ersten Blüte, und zwar besonders, wenn unmittelbar vorher kräftige Regenschauer niedergegangen sind. Die jungen Pflanzen lassen sich am leichtesten mit der Wurzel ausreißen; hat sich die Wurzel erst verzweigt, läßt sie sich schwerer, ja oft überhaupt nicht entfernen, sondern muß durch die bei *Bunias orientalis* angegebenen Chemikalien vernichtet werden. Eine 15—20%ige Natriumchloratlösung ($NaClO_3$), die in die

Wurzelkrone während der Wachstumszeit am besten mit dem „Unkrautvertilger Mysto“ in Mengen von 1,5—3 ccm eingeführt wird, wirkt auf die Wurzel und somit auf das Wurzelsystem der ganzen Pflanze vollkommen zerstörend.

4. Bei Massenauftreten des Unkrautes, das wirksame Durchführung jeder anderen Behandlung verhindert, empfiehlt sich Abhauen und anschließendes tiefes Umpflügen mit folgender gründlicher Herbstbrache (vgl. S. 530, Abschn. 6 B, V, 3).

Im folgenden Sommer bestelle man den Acker zur weiteren Schwächung und Vernichtung der Unkrautwurzeln mit Hackfrüchten.

Während der Herbstbrache müssen erreichbare Wurzeln und Wurzelteile aufgelesen und entfernt werden.

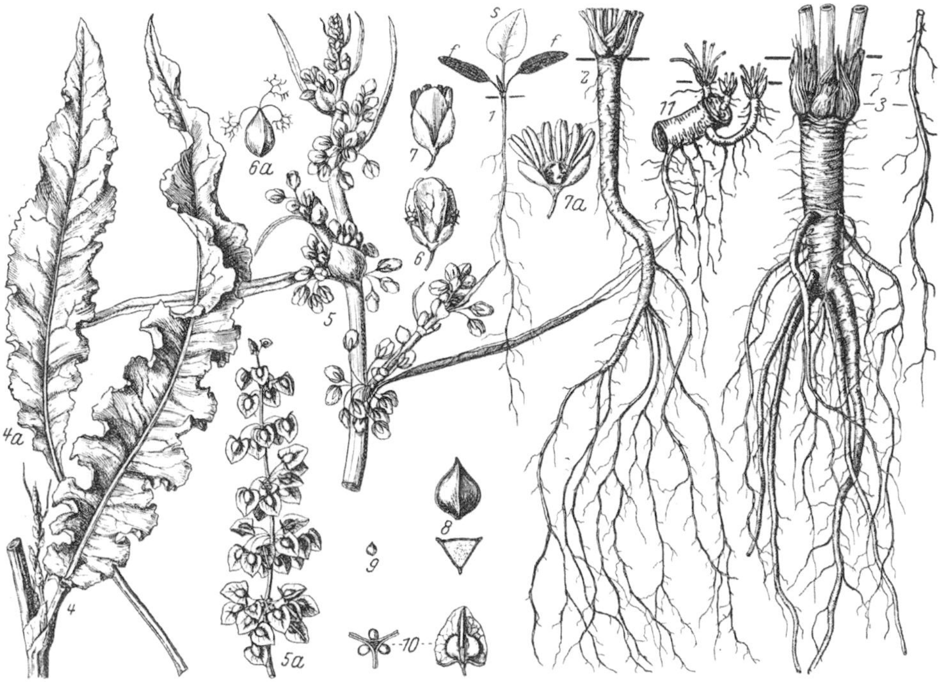

Abb. 295. *Rumex crispus.* *1* Keimpflanze, *f* Keimblätter, *s* Laubblatt, 9/10 nat. Gr.; *2* Wurzel einer Pflanze im Herbst des ersten Jahres, 3/10 nat. Gr.; *3* Wurzel einer älteren Pflanze, 3/10 nat. Gr.; *4* Stengelteil mit Blatt, 3/10 nat. Gr.; *4a* grundständiges Blatt, 3/10 nat. Gr.; *5* blühender, oberer Zweig, *5a* derselbe nach der Reife, 9/10 nat. Gr.; *6* weibliche Blüte, 2,7fach vergr.; *6a* Fruchtknoten mit Narben, 5,5fach vergr.; *7* Zwitterblüte, 3/10fach vergr.; *7a* dieselbe nach Entfernung der Blütenhülle vorn; *8* Breitseite und Querschnitt des Samens, 3,5fach vergr.; *9* Same, 9/10 nat. Gr.; *10* Same, von inneren Hüllblättern umgeben, 5/3 nat. Gr.; *11* Wurzelstück, das die Fähigkeit der Wurzelabschnitte zu vegetativer Vermehrung zeigt. Orig.-Zeichn.

154. *Rumex crispus* LINN. Krauser Ampfer, engl. Curled dock. *Rumex crispus* (Fam. Polygonaceae) ist eine mehrjährige, bodenständige Pflanze mit aufrechten, bis zu 1,25 m hohen, blühenden, oft rot angelaufenen, unverzweigten oder ästigen Stengeln und verstreut sitzenden, gestielten, lanzettlichen, am Rande gewellten, krausen Blättern. Blüten zwitterig oder weiblich in Bündeln an blattlosen, offenen, sperrigen Blütenzweigen (gedrungenen in Scheintrauben angeordneten Scheinquirlen), wodurch der Blütenstand ein etwas spärliches Aussehen erhält (Abb. 295)[1]. Blüte- und Reifezeit von Anfang Juli bis weit in den August

[1] In BLYTTS Flora, neuere Ausgabe, S. 283 wird mitgeteilt, daß *Rumex crispus* sich mit *R. domesticus* und *obtusifolius* kreuzt und daß die inneren Blütenhüllblätter alle drei bzw. nur das äußere auf dem Rücken Schwielen tragen.

hinein. Nach der Reife werden die Samen von den drei inneren Deckblättern umschlossen, deren jedes ein eiförmiges, gelbgraues Korn auf dem Rücken hat. Die Körner können jedoch gelegentlich auf dem einen oder anderen Deckblatt fehlen. Der dreiseitige, im Querschnitt dreieckige Same hat etwas langgezogene Ecken und schwach vorgewölbte Seitenflächen, eine kurze, zugespitzte Grundfläche und eine etwas längere Spitze. Die kahle, glänzende Oberfläche hat kräftig-rotbraune Farbe. 1000-K.Gew. etwa 1,4 g, Länge und Breite etwa 2,3 × 1,7 mm, Samenzahl je Pflanze etwa 3700 (SCHERTLER[1] nennt eine Durchschnittszahl von 3711 und eine Höchstzahl von 5126), Samenzahl je kg etwa 715000.

Von frisch geerntetem Samen liefen bei Keimversuchen im Laboratorium in 75 Tagen 99% auf. Von trocken gelagertem, überwintertem Samen liefen in 20 Tagen 73% auf. In 1 cm Tiefe keimten im Freien nach Überwinterung unter Dach 53% in 3 Wochen. Nach 8jähriger Trockenlagerung keimten in wenigen Tagen 91%. Bei Saattiefenversuchen keimten nach Bodenüberwinterung im Freien während des folgenden Frühjahrs in einer Tiefe von

0	0,5	1	2	3	4	5	6	cm
16	43	20	12	9	2	0	0	%.

Nach dänischen Versuchen[2] keimten von trocken gelagertem, 10 Jahre altem Samen 37%. Ältere Samen liefen nicht auf.

BEALS Versuche[3] ergaben, daß Samen, die in feuchtem, auf Flaschen gefülltem Sand aufbewahrt und in die Erde gegraben wurden, noch nach 25 Jahren keimfähig waren.

Im Keimjahr entwickelt die Keimpflanze eine Rosette aus wenigen Laubblättern und eine etwa 30 cm lange, überwinternde Pfahlwurzel. Die ersten blüten- und samentragenden Stengel entstehen im Sommer des zweiten Jahres, worauf die Pflanze mehrere Jahre nacheinander zu blühen und zu fruchten fortfährt.

Die kräftige, tiefgreifende Wurzel der erwachsenen Pflanze ist pfahlförmig und mehr oder weniger verzweigt. Auf sumpfigem Boden kann sie kräftige, schrägliegende Nebenwurzeln entwickeln. Durch mechanische Störung und Zerteilung kann vegetative Vermehrung auf gleiche Art wie bei *Rumex domesticus* bewirkt werden.

WEHSARG[4] erwähnt, daß sich bei ein- und zweijährigen Pflanzen von *Rumex crispus* und *R. obtusifolius* an der senkrechten Hauptachse der Pfahlwurzel Knospen bilden können, die im nächsten Jahre blühende Stengel und gleichzeitig eine Pfahlwurzel hervorbringen. Bei norwegischen Versuchen sind derartige Beobachtungen nicht gemacht worden.

Rumex crispus wächst auf Äckern, Wiesen und Hofplätzen, an Weg- und Grabenrändern wie an Uferstrecken in Europa, Nordasien, Nordamerika, China, Japan usw.[5] In Deutschland ist die Pflanze auf feuchten Wiesen, Weiden, Äckern, auch auf solchen mit Winterfrucht und im übrigen auf Böden aller Art anzutreffen. Das Unkraut ist auch in Großbritannien und den mittleren Landstrichen Skandinaviens gemein, während es in den nördlichen und südlichen Teilen vereinzelt an der Meeresküste bis zu 68° n. Br. (Norwegen) auftritt.

Die Pflanze wird durch Samen fortgepflanzt und verbreitet. Vorzugsweise bildet der Same einen verunreinigenden Bestandteil von Ernteerträgen, Saatgut und Stalldünger. So fanden sich in Dreschabfallproben 3000, in Wiesensaat 1000

---

[1] Arb. d. dtsch. Landw. Ges. H. 294, S. 212. 1918.
[2] DORPH-PETERSEN in Tidsskr. f. Landbr. Planteavl. Bd. 17, S. 598. 1910.
[3] BEAL: The Vitality of Seed. Botan. Gaz. Bd. 11. 1905.
[4] Arb. d. dtsch. Landw. Ges. H. 294, S. 200.
[5] In Farm Weeds of Canada S. 42 und in Weeds of Farm Land S. 158 wird erwähnt, daß *Rumex crispus* auf Boden aller Art vorkommt.

Samen je kg. In Bodenproben von 25 cm Tiefe liefen je qm 63 Pflanzen, in Stalldünger je t 333 Pflanzen auf.

Die Pflanze wird auf die gleiche Art wie *Rumex domesticus* bekämpft. BORNEMANN erwähnt in „Die landwirtschaftlichen Unkräuter" auf S. 137, 3. Aufl., über diese Unkrautart folgendes:

„Die Pflanze bewohnt alle Bodenarten vom leichten Sand- bis zum schweren Tonboden, kalkarme und kalkreiche Böden und vermehrt sich ausschließlich durch Samen. Dieser entwickelt sich nach der Keimung zu einer eine Blattrosette tragenden Pflanze, deren lange, gelbgrün gefärbte Pfahlwurzel sich in mehrjährigem Wachstum allmählich bis zu Daumenstärke und darüber verdickt. Diese Pfahlwurzel ist außerordentlich zähe und holzig, so daß sie nur von sehr scharfen Ackergeräten abgeschnitten wird. Einer stumpfen Pflugschar und den Zinken des Kultivators weicht sie aus; aber auch abgeschnitten stirbt sie nicht ab, vertrocknet auch nicht, sondern bewurzelt sich wieder, selbst dann, wenn sie frei auf der Oberfläche des Ackers liegt.

Die bis $1^1/_2$ m hohen, verzweigten Blütenschäfte, welche aus den rübenförmigen Wurzeln erwachsen, erschweren die Erntearbeit ungemein, da die harten Stengel kaum von der Sense abgeschnitten werden, und daher ein stark mit diesem Unkraut besetzter Getreidebestand auch der Mähmaschine einen viel Zugkraft absorbierenden Widerstand entgegensetzt.

Die Pflanzen tragen sehr reichlich Samen, der so zeitig reift, daß er in den meisten Getreidearten vor oder während der Ernte abfällt und auf dem Acker verbleibt.

Der Versuch, das Unkraut durch Ausjäten der im schossenden Getreide leicht kenntlichen Pflanzen zu beseitigen, scheitert an der Festigkeit, mit der die Pflanzen im Boden haften, und ebenso ist das Ausstechen der Blattrosetten im Frühjahr eine mühsame Arbeit, die wegen der Zähigkeit der Pflanzenwurzel nicht wie das Ausstechen der Distel oder des Löwenzahns mit dem Messer geleistet werden kann. Am besten eignet sich zu dieser Arbeit eine scharf geschliffene, schmale Hacke; sehr zu empfehlen ist aber, beim Pflügen der mit diesem Unkraut verseuchten Felder hinter jedem Pflug die Wurzeln aufsammeln zu lassen, ein Verfahren, das auch für die Bekämpfung aller anderen Wurzelunkräuter mit Ausnahme der Quecke als sehr zweckmäßig und, namentlich wenn Kinder als Arbeitskraft zur Verfügung stehen, auch als billig nicht warm genug empfohlen werden kann.

Beispielsweise ist die Fetthenne, *Sedum telephinum* L., ein wenn auch selteneres, so doch überaus lästiges Unkraut, nur auf diese Weise aus dem Acker allmählich zu entfernen."

Die Pflanze ist hart, holzig und wird von den Haustieren abgelehnt.

155. *Rumex obtusifolius* LINN. Stumpfblättriger Ampfer, engl. Broad-leaved oder bitter dock. *Rumex obtusifolius* (Fam. Polygonaceae) wird 60—120 cm hoch. Die Pflanze ist mehrjährig, bodenständig und hat eine kräftige, tiefgreifende, etwas ästige Pfahlwurzel, untere große und breite Blätter mit herzförmigem Grunde, mittlere breite, abgestumpfte, leicht gekrauste, obere lanzettliche Stengelblätter und zwitterige, kranzständige Blüten an langen, fast oder ganz aufrechten, blattlosen Stielen. Blütezeit von Juni bis August, Reife von Juli bis Ende September (Abb. 296).

Der Same wird von 3 inneren, rotbraunen, länglichen, eiförmigen, dreieckigen Blütenhüllblättern umschlossen, die unten mit mehreren langen, vorstehenden Randzacken versehen sind und eiförmige Schwielen tragen, von denen 2 kleiner und 1 größer sind. Gelegentlich sind 2 der Deckblätter kornlos[1].

---

[1] BLYTT erwähnt, daß sich auf einem oder auf allen Blütenblättern Schwielen befinden. WAGNER teilt in „Deutsche Flora" mit, daß sämtliche Blütenblätter „mit je einer Schwiele" versehen sind.

Der dreiseitige, im Querschnitt dreieckige und in den Ecken etwas langgezogene Same ist etwas unterhalb der Mitte am breitesten, oben sehr und am Grunde weniger scharf zugespitzt. Die kahle, mattglänzende Oberfläche ist dunkelbraun. 1000-K.Gew. etwa 1,3 g, Länge und Breite etwa 2,6 × 1,6 mm, Samenzahl je Pflanze etwa 7000 (nach LOEBE[1] 13000), je kg etwa 770000.

Von den schnell auflaufenden Samen keimten im Laboratorium in 12 Tagen 100%. Bei Herbstaussaat draußen im Sandboden keimten in 1 cm Tiefe im folgenden Frühjahr 77%. Bei einem anderen Versuch keimten bei Aussaat im Frühjahr in gleicher Tiefe während eines Monats 24%.

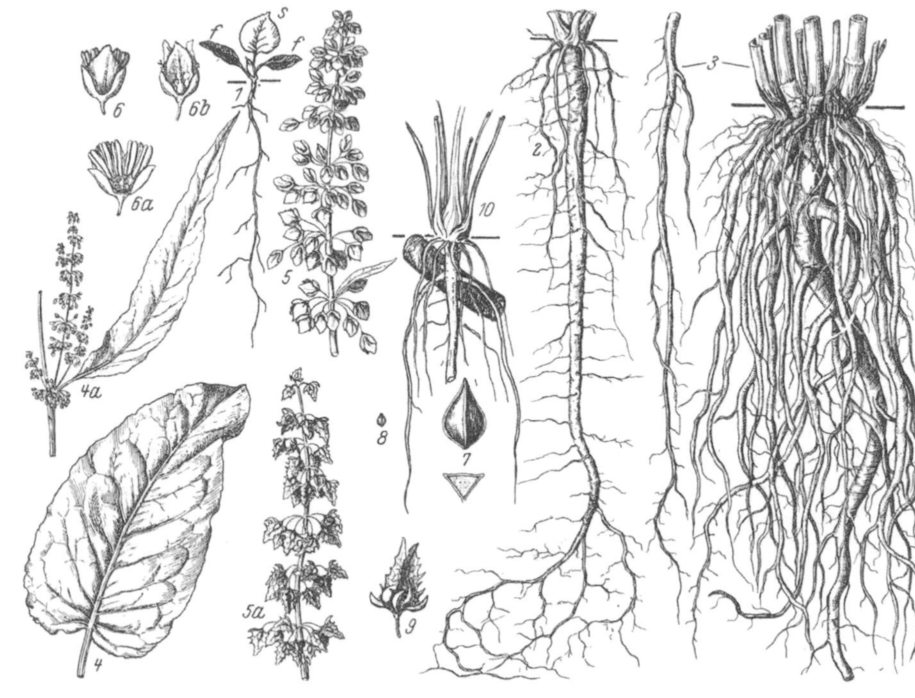

Abb. 296. *Rumex obtusifolius*. *1* Keimpflanze, *f* Keimblätter, *s* Laubblatt, $^{9}/_{10}$ nat. Gr.; *2* Wurzel einer Pflanze im Herbst des ersten Jahres, $^{3}/_{10}$ nat. Gr.; *3* Wurzel einer älteren Pflanze, $^{3}/_{10}$ nat. Gr.; *4* grundständiges Blatt, $^{1}/_{6}$ nat. Gr.; *4a* Stengelteil mit Blatt und Blütenstand, $^{3}/_{10}$ nat. Gr.; *5* Blütenquirle; *5a* dieselben nach der Reife, $^{9}/_{10}$ nat. Gr.; *6* Zwitterblüte; *6a* Zwitterblüte, von der die Blütenhülle vorn entfernt ist; *6b* weibliche Blüte, 2,7 fach vergr.; *7* Breitseite und Querschnitt des Samens, 3,5 fach vergr.; *8* Same, $^{9}/_{10}$ nat. Gr.; *9* Same, von inneren Deckblättern umgeben, $^{5}/_{3}$ nat. Gr.; *10* Wurzelstück, das eine neue Pflanze entwickelt hat, $^{1}/_{4}$ nat. Gr. Orig.-Zeichn.

Nach BRENCHLEY[2] kann der Same seine Keimfähigkeit 8 Jahre lang bewahren. Gleichfalls wird mitgeteilt, daß dieses Unkraut auf Boden aller Art, doch weniger auf kalkhaltigem vorkommt.

Die Pflanze findet sich an Weg-, Graben- und Bachrändern sowie auf feuchten Wiesen in ganz Europa, Nordamerika, Brasilien, West- und Nordasien, dringt aber nicht bis an den Polarkreis vor. In Deutschland ist dieser Ampfer oft ein auf Wiesen, Feldern, Rasenflächen, Spielplätzen, in lichtem Unterholz, an Graben- und Wegrändern besonders im Tiefland häufiges Unkraut[3]. Die Pflanze ist auch ein gemeines Unkraut in Großbritannien und in den Küstenstrichen von Süd-

[1] Arb. d. dtsch. Landw. Ges. H. 204, S. 212.
[2] Weeds of Farm Land S. 73 und 158.
[3] Vgl. hierzu auch HEGI: Illustrierte Flora von Mitteleuropa Bd. 3, S. 174.

und Mittelskandinavien. Sie tritt bis zu einer Höhe von 500 m ü. d. M. und einer nördlichen Breite von 63°40′ auf.

Die Vermehrung, Verbreitung, Entwicklung und Bekämpfung sind denen von *Rumex domesticus* und *R. crispus* analog.

c) Vegetative Vermehrungsfähigkeit aus der äußeren Zellenschicht (Perizykel) des Zentralzylinders.

156. *Taraxacum officinale* WEBER (*Leontodon taraxacum* LINN.). Gemeine Kuhblume, Gemeiner Löwenzahn, engl. Dandelion, lions-tooth. *Taraxacum officinale* (Fam. Compositae) ist ein Wiesenunkraut mit großen, einzelnen, gelben, nur aus Zungenblüten zusammengesetzten Körbchen auf blattlosen, hohlen, bis zu 30 cm hohen Schäften.

Die Blätter entwickeln sich unmittelbar am Wurzelhalse und sind hobelförmig, mehr oder weniger tief gelappt, oft ziemlich liegend und mit zurückgebogenen Zähnen versehen. Die verhältnismäßig große Laubblattrosette bedeckt den Boden sehr dicht, fordert viel Platz und beschattet andere Gewächse (Abb. 297).

Die Pflanze blüht und fruchtet im Mai und Anfang Juni. Jedes Blütenkörbchen entwickelt gegen 200 eiförmig-lanzettliche, unterhalb der Mitte kaum gekrümmte, dem breit abgestumpften Grunde zu etwas verschmälerte, im oberen Drittel breitere Samen, die 12—15 oben mit schräg aufwärts gerichteten, abstehenden Zacken versehene Längsrippen tragen. Die matte Oberfläche ist strohgelb bis graugelb. Der Same läuft in einen langen, dünnen Stiel aus, an dessen Spitze sich ein Büschel steifer, weißer, sperrig abstehender Fegehaare befindet (Abb. 298). 1000-K.Gew. etwa 0,7 g, Länge und Breite etwa 3,8 × 1,1 mm*[1], Samenzahl je Pflanze etwa 3000, je kg etwa 1400000.

Die Reife erfolgt unmittelbar nach der Blüte, die oft nur einige wenige Tage dauert. Der reife Same löst sich vom Blütenboden und wird vom Wind oft sehr weit verweht. Einige bleiben an Hecken, Zäunen, Waldrändern, Eisenbahn- und Straßendämmen u. ä. hängen. Ein großer Teil aber wird über die Wiesen verstreut, hakt sich an dem noch verhältnismäßig kurzen Gras fest und arbeitet sich unter Ausnutzung der durch den Wind hervorgerufenen Bewegungen der Pflanzendecke mit seinen zackigen Rippen in die Grasnarbe hinein. Dort findet er ein festes Lager und gewöhnlich auch hinreichende Keimfeuchtigkeit. Je dünner und spärlicher die Wiese steht, desto leichter befällt der Same die dünn bewachsenen Stellen, auf denen er schnell auskeimt.

Der Same läuft gleich nach der Reife schnell auf. Im Laboratorium keimten bei einem Versuch 84, bei einem anderen 91% in 8 Tagen. Von nur halbreifen Samen keimten draußen im Sandboden in 0,5 cm Tiefe 10, von knapp gereiften 16, von vollreifen, überwinterten Samen 28% in 29 Tagen. Draußen im Sandboden keimten von im Boden überwintertem Samen der gleichen Probe 51% und bei Trockenlagerung 41% im Laufe eines Monats. Bei einem Saattiefenversuch keimten bei Aussaat im Herbst im Freien von im Sommer geerntetem Samen während des folgenden Frühlings in einer Tiefe von

0	0,5	1	2	3	4	5	cm
14	33	24	6	2	0	0	%.

*[1] In Landwirtschaftliche Samenkunde S. 846 gibt HARZ als Länge und Breite des Samens 3,5—4 × 0,95—1,3 mm an. — In Arb. d. dtsch. Landw. Ges. H. 294, S. 215 nennt WEHSARG nach LOEBE eine Körbchenzahl bis 12 mit durchschnittlich 170 Samen je Körbchen und 2040 Samen je Pflanze. — In Common Weeds of the Farm and Garden S. 24 erwähnt LONG eine Körbchenzahl von 27 mit je 200 Samen und 5400 Samen je Pflanze.

Von überwintertem, trocken gelagertem Samen der gleichen Probe keimten in 0,5 cm Tiefe 53%, im Keimapparat 88% in 7 Tagen.

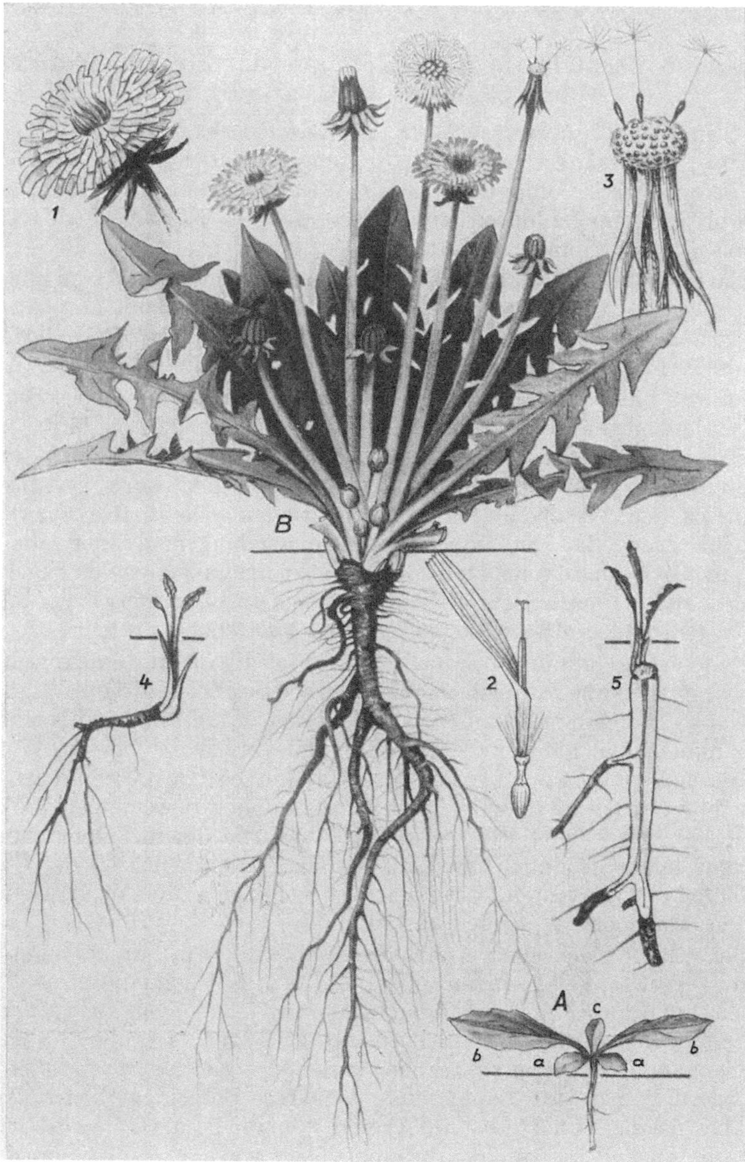

Abb. 297. *Taraxacum officinale*. *A* Keimpflanze, *a* Keimblätter, *b* und *c* Laubblätter, nat. Gr.; *B* vollentwickelte, blühende Pflanze, $^2/_7$ nat. Gr.; *1* Blütenkörbchen, nat. Gr.; *2* Blüte, 2fach vergr.; *3* Blütenkörbchen nach Samenreife mit reifen Samen, nat. Gr.; *4*, *5* Wurzelteile, an denen sich Laubsprosse entwickeln, etwa $^1/_2$ nat. Gr. Nach Korsmos Unkrauttafeln.

In Körbchen, die bei Eintreten der Blüte abgehauen waren und deren Samen nachreiften, starben alle Samenanlagen ab, ohne zu keimen. Von Samen aus Blütenkörbchen, die in voller Blüte abgehauen wurden und in denen die Samen nachreiften, liefen im Laboratorium in 10 Tagen 41% auf, während 59% eingingen. Von vollreif geernteten Samen keimten gleichzeitig 91%.

Der Same entwickelt sich auch, wenn Bestäubung während der Blüte ausbleibt. Die Keimpflanze überwintert, blüht und fruchtet im Frühsommer des zweiten Entwicklungsjahres zum erstenmal.

Vom Wurzelhals her treibt die Pflanze während mehrerer Wachstumsabschnitte Laubblattrosetten und Stengelsprosse.

Dieses bodenständige, vieljährige Unkraut hat eine kräftige, auf tiefem Boden bis zu 50 cm lange, oft ästige Pfahlwurzel mit Fähigkeit zu vegetativer Vermehrung. Schneidet man die Hauptwurzel an einer beliebigen Stelle unterhalb des Wurzelhalses ab oder beraubt man sie irgendwelcher Seitenwurzeln, so entwickeln sich bald aus der äußeren Zellenschicht des Zentralzylinders ein oder mehrere Laubsprosse, die mit dem losgelösten Wurzelstück eine neue Pflanze bilden. Selbst bei Aufteilung der Haupt- und Nebenwurzeln in ganz kleine Stücke kann jedes von diesen bei günstigen Wachstumsbedingungen neue vegetative Wurzel- und Laubsprosse treiben[1].

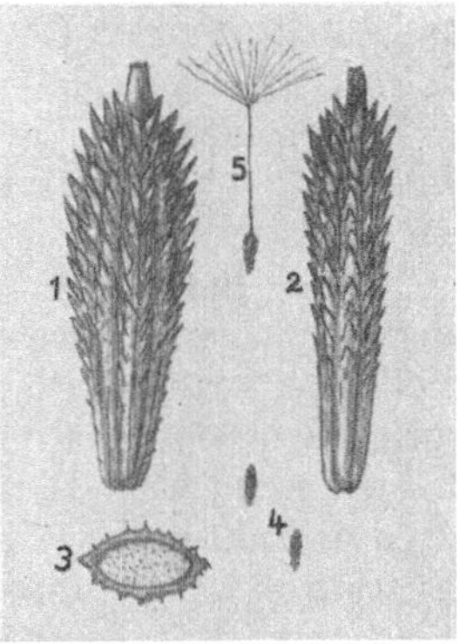

Abb. 298. *Taraxacum officinale.* *1* und *2* Breitseite und Schmalseite des Samens; *3* Samenquerschnitt, 8fach vergr.; *4* Samen, nat. Gr.; *5* Same mit Fegehaaren (Pappus), nat. Gr. Orig.-Zeichn.

Taraxacum officinale kommt auf künstlichen und natürlichen Wiesen, Weiden, an Straßen- und Eisenbahndämmen, Schutthalden, Grundstücken u. ä. in ganz Europa, Nordasien und Nordamerika bis an den Polarkreis vor; die Pflanze ist in allen ackerbautreibenden Ländern besonders der nördlichen Erdhälfte bis in die arktischen Gegenden verbreitet und ist über große Gebiete der Erde eins der lästigsten Unkräuter. So tritt sie auch in Deutschland[2], Großbritannien und überall in den nordischen Ländern vom Meer bis ins Hochgebirge hinein auf. Die Pflanze wird im wesentlichen durch Samen fortgepflanzt und verbreitet, denn trotz ihrer Fähigkeit, sich in der Nähe des Standortes vegetativ zu vermehren, wird Samenverbreitung durch den Wind weitaus überwiegen.

Die Pflanze tritt schon in erstjährigen Wiesen auf. In zweitjährigen gedeiht sie bereits sehr üppig, besonders wenn die erstjährige spärlich und ungleichmäßig stand. Das gleiche gilt älteren Wiesen.

Der Same findet sich in Dreschabfällen, Wiesensaat, Heu u. ä. So enthielten 2 Dreschabfallproben 500, Wiesenmischsaat 2000, minderwertiger Wiesensame 1750 Samen je kg der Probe. Auf diese Weise gelangt das Unkraut auch auf bisher nicht verseuchtes Nutzland.

Zur Bekämpfung lassen sich kaum allgemein gültige und durchführbare Regeln aufstellen. Man beachte aber, daß eine dichte, kräftige Grasnarbe oder Kleedecke, die sich bereits im Jahre der Aussaat stark entwickelt haben, und

---

[1] BONNIERS Versuche haben ergeben, daß Wurzelstücke derselben Wurzel Pflanzen von sehr verschiedener Größe hervorbringen können. Dabei spielen die äußeren Wachstumsverhältnisse eine entscheidende Rolle. Während Pflanzen am Fuße der Alpen sich kräftig entwickelten, trieben andere von ein und derselben Wurzel vegetativ erzeugte Pflanzen in bedeutend höheren Alpenlagen nur kleine Blätter und Blütenkörbchen auf weniger als fingerlangen Schäften.

[2] THAER-APPEL: Die landwirtschaftlichen Unkräuter, 5. Aufl., S. 27. 1927, erwähnt: „Der Löwenzahn, in manchen Gegenden auch Kuhblume genannt, ist ein Unkraut besonders der Kunstwiesen; aber auch in nicht dicht bestandenen Kleeschlägen und an ähnlichen Orten kommt er oft massenhaft vor.“

Beschränkung des Lebensalters der Wiesen bisher als gute Vorsichtsmaßnahmen erprobt sind. Durch Abweiden der Wiese im Frühjahr durch Schafe verhindert man die Pflanze mit Erfolg am Blühen. Auf kleineren Flächen, in Gärten u. ä. haue man die Pflanze ab oder steche sie aus. Man kann die Wurzel auch durch Chemikalien vernichten. So genügten bei zwei während des Wachstums der Pflanze vorgenommenen Versuchen mit Schwefelsäure, Eisenvitriol, aufgelöstem Natriumchlorat und Kochsalz bereits etwa 2 ccm Schwefelsäure, die auf den Wurzelkopf gegossen wurden, zur Abtötung der Wurzel, während von den beiden anderen Mitteln mindestens 10 g, wenn nicht mehr zur Erzielung einer guten Wirkung nötig waren. 10 g gestoßenen Natriumchlorats bzw. $^1/_{20}$ Liter einer 10%igen Lösung in Wasser wirken ebenfalls vernichtend. Bei einem schwedischen Versuch von ÅSLANDER mit Kalkstickstoff, der auf die Pflanzen gestreut wurde, wurden die meisten Exemplare vernichtet.

Auf größeren Flächen bekämpft man die Pflanze durch Umwerfen des Ackerbodens. 2—3 Hackfruchtfolgen sollten zur Unterdrückung des Unkrautes genügen. Ebenso ist die Anlage kräftiger und kurzlebiger Wiesen wirksam.

Durch Bespritzen der Pflanze mit einer 15—20%igen Eisenvitriollösung oder $3^1/_2$%iger Schwefelsäure vernichtet man die Blätter. Gelegentlich kann man dabei auch die Blüten zerstören, doch läßt sich meistens nicht damit rechnen. Auch nach WEHSARGS Versuchen mit chemischen Lösungen wurden zwar die Blätter, nicht aber Blüten und Stengel durch Bespritzen mit einer 15—20%igen Eisenvitriollösung vernichtet. STEGLICH erwähnt, daß Pflanzen durch 20%iges Eisenvitriol vernichtet sowie durch 20%ige Chilesalpeterlösung und 40%ige Kalisalzlösung stark beschädigt wurden. 1500 Liter $3^1/_2$%iger Schwefelsäure je ha töteten junge Pflanzen und beschädigten ältere stark. 1000 Liter einer 30%igen Eisenvitriollösung je ha wirkten tödlich[1].

Die Bekämpfung dieses Unkrautes durch Ausstechen und Behandlung mit Chemikalien hat im Ackerbau nur geringen praktischen Wert. Man verhindert die Samenreife und -verbreitung besser durch Vernichtung der Samenanlagen mittelst besonderer Maschinen, die während der Blütezeit über die Wiese geführt werden und dabei die Blütenkörbchen der Pflanze abreißen.

157. *Symphytum officinale* LINN. Arzneilicher Beinwell, Schwarzwurzel, Gemeiner Beinwell, Große Wallwurzel, engl. Common comfrey. *Symphytum officinale* (Fam. Boraginaceae) ist ein mehrjähriges, bodenständiges Unkraut mit einer vielköpfigen, kräftigen, tiefgreifenden, mehr oder weniger ästigen Pfahlwurzel, einem 60—100 cm hohen, aufrechten, meist ästigen, besonders oben mit Flügelrändern versehenen und mit rauhen, abstehenden, hellen, steifen Haaren besetzten Stengel und behaarten, rauhen, fast oder vollständig ganzrandigen, am Stengel abwärtslaufenden Blättern, deren untere eiförmig-lanzettlich, langstielig und deren obere lanzettlich und sitzend sind.

Die paarweise in endständigen, dichtblütigen Doppelwickeln stehenden Blüten sind gewöhnlich violett, seltener rosenrot oder weißgelb und haben Kronen mit kurzen, rückwärts gebogenen Zähnen.

Blüte- und Reifezeit unter Anpassung an Klima und andere Wachstumsverhältnisse von Mai bis August, bzw. von Juni bis September (Abb. 299).

Die Teilfrucht enthält je Blüte vier Samen, die mit einem verlängerten Zapfen auf dem Blütenboden festsitzen.

Die Oberfläche des reifen, etwa pantoffelförmigen Samens ist mit unregelmäßigen, mehr oder weniger erhabenen, warzenartigen Stellen und einzelnen, etwas abgerundeten, leicht erhabenen Längsrippen besetzt. Der oben stumpfe,

[1] WEHSARG: Arb. d. dtsch. Landw. Ges. H. 294, S. 373, 374, 377.

schief abgerundete Same trägt an dem breiten, schräg abgestumpften Grunde eine von einer erhabenen Kante umgebene Vertiefung mit einem mittelständigen, verlängerten, breit abgestumpften, bräunlich bis weißgelben Zapfen. Unmittelbar unterhalb der kragenförmigen Kante schnürt sich der Same ein und weitet sich dann schnell aus, um seinen größten Umfang in der Nähe der Mitte zu erreichen; die dunkle, schokoladenbraune Oberfläche hat matten Glanz. 1000-K.Gew. etwa 8,1 g, Länge und Breite etwa 3,7 × 2,4 mm, Samenzahl je Pflanze etwa 800—2000, je kg etwa 123500.

Von dem gleich nach der Reife keimfähigen Samen, der aber scheinbar auch Bodenüberwinterung im Freien gut übersteht, keimten nach Frühjahrsaussaat im Acker bei einem Versuch in 22 Tagen 12 und in 40 Tagen 16%.

Abb. 299. *Symphytum officinale.* *1* blühende Pflanze, etwa $^1/_8$ nat. Gr.; *2* blühender Zweig, $^2/_3$ nat. Gr.; *3* Kelch mit Samen, $^5/_3$ nat. Gr.; *4* Breitseite und Querschnitt des Samens, 4 fach vergr.; *5* Same, nat. Gr. Eig. Aufn. und Zeichn.

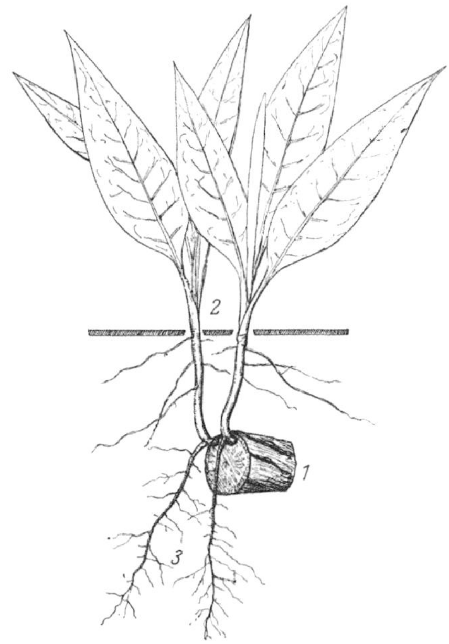

Abb. 300. *Symphytum officinale.* Am 8. Januar 1926 in die Erde gelegtes und am 27. August 1926 wieder aufgenommenes Wurzelstück mit vegetativen, aus der äußeren Zellenschicht des Zentralzylinders entstandenen Laubsprossen. *1* Wurzelstück; *2* junge Laubsprosse; *3* Pfahlwurzeln, $^1/_4$ nat. Gr. Orig.-Zeichn.

Im ersten Jahre entwickelt die Keimpflanze eine bis zu 25 cm lange Pfahlwurzel und eine oberirdische Laubblattrosette aus wenigen Blättern. Vom zweiten Sommer ab treibt sie dann mehrere Jahre nacheinander blühende und fruchtende Stengel. Die sich während der Wachstumszeit kräftig entwickelnde Wurzel erreicht im Laufe des zweiten Sommers eine Länge von 40 und mehr cm und kann in tiefem Humus bei voller Entwicklung bis zu 70 cm lang werden. Die selbst bei geringem Biegen leicht brechende Wurzel hat eine schwarzbraune bis schwarze äußere Rindenschicht und bildet im Innern eine fast gleichmäßig weißliche, fleischige Masse.

Biologische Studien ergaben, daß sowohl die Hauptwurzel als auch ihre Verzweigungen, wenn sie durch Bodenbearbeitung zerrissen und in größere oder kleinere Stücke zerteilt werden, alle vermehrungsfähig sind. Die vegetativen Laubsprosse entwickeln sich auf ähnliche Art wie die der Wurzel von *Taraxacum officinale* in der äußeren Zellenschicht des Zentralzylinders (Abb. 300). Dagegen fand keine Entwicklung vegetativer Sprosse durch die Rindenschicht der unverletzten Wurzel statt. Erst wenn durch Trennung oder Beschädigung innere Gewebeteile bloßgelegt werden, treibt der Perizykel Sprosse, die sehr schnell wachsen und neue Pflanzen mit kräftigen Blattrosetten, Stengeln und Wurzeln hervorbringen. Bei Aufteilung der Wurzel sogar in ganz dünne Scheibchen entstehen gewöhnlich schon nach nur wenigen Tagen neue Sprosse, nicht selten sogar mehrere an einem Wurzelstück.

Die Brüchigkeit und starke Vermehrungsfähigkeit der Wurzel macht die Pflanze nach ihrem Eindringen in den Acker oft zu einem ganz besonders lästigen Unkraut.

Die Pflanze kommt auf feuchten Wiesen, an Uferstrecken, Dammrändern u. ä. in Europa bis nördlich nach Skandinavien und Finnland sowie häufig in Deutschland und Großbritannien vor. Außerdem tritt sie in Nord- und Westasien, sowie in Amerika von Neufundland bis nach Minnesota und im Süden bis nach Maryland auf.

Ursprünglich eine Randflanze, hat *Symphytum officinale* vielfach im bebauten Lande auf Äckern wie auf Wiesen Raum gewonnen und den Ertrag der Nutzflächen geschmälert. In Nordeuropa dringt es und zwar in Norwegen bis zu 62°40′ n. Br. vor.

Die Pflanze wird gewöhnlich durch Samen fortgepflanzt und verbreitet. Sobald sie jedoch im Acker auftritt, vermehrt und verbreitet sie sich auch vegetativ, da ihre Wurzeln bei der Bestellung des Ackers, sowie bei späterer Bearbeitung zerteilt werden.

Man bekämpft die Pflanze durch:

1. Abhauen vor der Blüte zwecks Verhinderung der Samenreife.
2. Unterdrückung während des Heranwachsens der Ackerfrucht.
3. Sommerbrache und, falls erforderlich, durch Dränage, um der Ackerkrume Säure zu entziehen und den Grundwasserspiegel zu senken.

Einzelne Pflanzen oder kleinere Pflanzengruppen lassen sich durch Bestreuen mit 5—10 g Natriumchlorat oder Bespritzen mit $^1/_4$ Liter einer 5%igen Lösung dieses Salzes u. ä. vernichten.

C. Mehrjährige, ausdauernde Unkräuter mit anhaltender vegetativer Vermehrung und Verbreitung (wurzelwandernde Unkräuter).

I. Unkräuter mit vegetativer Vermehrung durch liegende, kriechende, wurzelschlagende Stengel (oberirdische Ausläufer).

158. *Glechoma hederaceum* LINN. (*Nepeta Glechoma* BENTH.). Efeublättriger Gundermann, Gundelrebe, engl. Ground ivy. *Glechoma hederaceum* (Fam. Labiatae) ist ein ausdauerndes, oberirdisch kriechendes Unkraut mit liegenden, wurzelschlagenden Stengeln mit steigenden bis aufrechten, 15—20 cm hohen, unverzweigten, blühenden Ästen, langstieligen, breiten, herz- bis nierenförmigen,

sehr rauhen und grobgekerbten Blättern und in den Blattwinkeln sitzenden, kranzständigen Blüten mit blauen bis violetten Kronen und einem behaarten, krukenförmigen, nach der Reife die vier Teilfrüchte umschließenden Kelch (Abb. 301). Blütezeit von April bis Juni, an spät entwickelten Sprossen bis in den September hinein. Außer Zwitterblüten können auch kleinere weibliche Blüten mit verkümmerten Staubgefäßen auftreten.

Der rauhe, dunkelbraune, längliche Same hat eine gewölbte Rücken- und eine dachartig erhabene Vorderseite, deren vortretende Kante von der Spitze

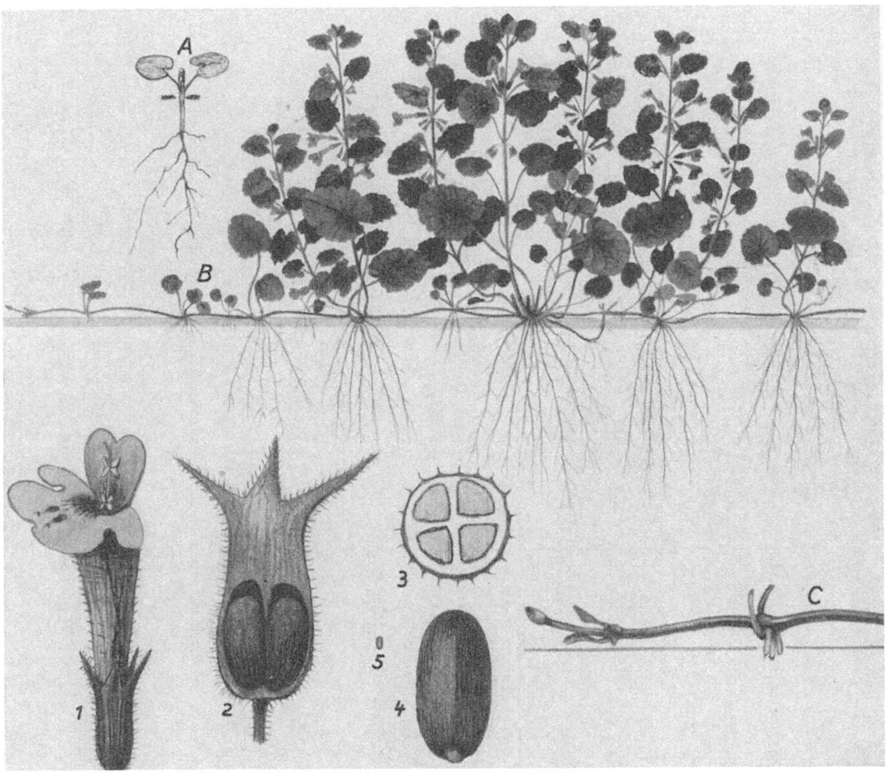

Abb. 301. *Glechoma hederaceum*. *A* Keimpflanze, nat. Gr.; *B* blühende Pflanze, 1/4 nat. Gr.; *C* Ausläuferspitze, nat. Gr.; *1* Blüte, 3fach vergr.; *2* Kelchlängsschnitt, 7fach vergr.; *3* Querschnitt der Frucht mit Samen, 8fach vergr.; *4* Same, 12fach vergr.; *5* Samen, nat. Gr. Nach Korsmos Unkrauttafeln.

bis an die Grundfläche läuft und hier auf die von einem schnabelförmigen Kragen umgebene weißgraue Samenhaftstelle stößt. Oben am Scheitel ist der Same abgerundet (Abb. 301, *4*). 1000-K.Gew. etwa 0,7 g, Länge und Breite etwa 1,7 × 0,9 m, Samenzahl je Blütenzweig etwa 50, je kg etwa 1400000.

Von der Keimblattachse aus entwickeln sich lange, oderirdische Ausläufer. Der Hauptsproß liegt wagerecht. Allmählich bildet sich an den liegenden, wurzelschlagenden Stengeln eine dichte Decke von Blattrosetten und blühenden Stengeln. Im Keimjahre blüht die Pflanze nicht, und auch im zweiten Entwicklungsjahre blühen nur die aufrechten Stengel. Beim und besonders nach dem Verblühen entstehen am Grunde des Hauptstengels blättertragende Ausläufer, die an der Spitze Wurzel schlagen und im nächsten Sommer blühen. Der kriechende, verzweigte Stengel kann bis zu 1 m lang werden. Die Blütensprosse stehen aufrecht, beugen sich nach der Reife aber mit der Spitze nach unten, schlagen Wurzel und kriechen weiter. Die Blattstiele der kriechenden Sprosse wenden sich nach oben, so daß die Blattspreiten in wagerechte Stellung kommen.

In Abständen von einigen cm bildet der kriechende Stengel Knoten und von diesen aus sehr bald

1. steigende Blatt- und Blütensprosse,
2. neue kriechende, oberirdische Ausläufer und
3. etwa 10—15 cm tief in die Erdschicht dringende Faserwurzelbüschel.

Diese Ausläuferpflanzen überwintern und vermehren sich während des nächsten Entwicklungsabschnittes in derselben Weise vegetativ wie im Vorjahre.

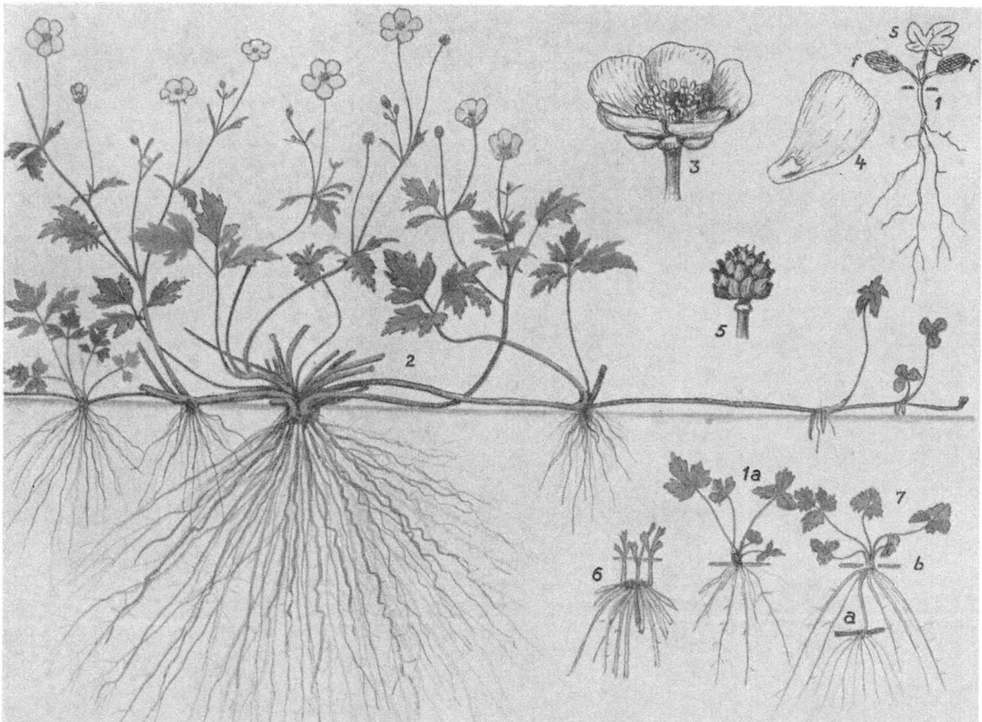

Abb. 302. *Ranunculus repens*. *1* Keimpflanze, *f* Keimblätter, *s* Laubblatt, nat. Gr.; *1a* dieselbe im Herbst des ersten Wachstumsjahres; *2* voll entwickelte, blühende Pflanze, $^1/_4$ nat. Gr.; *3* Blüte, *4* Kronenblatt mit Honiggrube, *5* Blütenstand (Frucht), nat. Gr.; *6* abgeschnittener Wurzelhals mit neuen vegetativen Sprossen; *7* Stück eines oberirdischen, in die Erde (*a*) gegrabenen Ausläufers, dessen ins Licht strebender Schößling eine neue Pflanze (*b*) entwickelt hat. $^1/_4$ nat. Gr. Nach Korsmos Unkrauttafeln.

Glechoma hederaceum gedeiht am besten auf lockeren Bodenarten mit silurischem Untergrund, kommt aber auch auf tieferem Humus, ja sogar auf feuchtem, saurem Boden gut vorwärts und findet sich an Wegrändern, Zäunen, Hecken, Wald- und Straßenrändern, auf Wiesen, in Gärten u. ä. im ganzen gemäßigten Europa und Asien, wie in Nordamerika. Unter ähnlichen Wachstumsverhältnissen ist sie auch in Deutschland, Großbritannien, wie Skandinavien gemein und tritt vereinzelt in den nördlichsten Landesteilen bis zu ungefähr 68° n. Br. (Norwegen) auf.

Die Pflanze wird sowohl durch Samen fortgepflanzt, als auch auf vegetativem Wege durch oberirdische, kriechende, wurzelschlagende Ausläufer vermehrt.

Da der Same früh reift und dann leicht ausfällt, wird er am Standort am wirksamsten verbreitet.

Die vielen Ausläufer und noch zahlreicheren Wurzelbüschel der Pflanze verfilzen die Erdschicht vollkommen und bilden eine dichte, oberirdische Decke, die nützlicheren Pflanzen wenig oder gar keinen Raum übrig läßt. Dadurch kann diese unansehnliche Pflanze zu einem lästigen Unkraut werden, das der Bekämpfung sogar große Schwierigkeiten zu bereiten vermag. Man verhindert die Samenreife durch ganz kurzes Mähen im Frühsommer, aller spätestens beim Hervorbrechen der Knospen. Staubfeiner Kalkstickstoff wirkt in Mengen von 250—300 kg je ha auf feuchte Pflanzen vernichtend. Die gleiche Wirkung hat gewöhnlich eine 2%ige Lösung von Natriumchlorat in Mengen von 1000 Liter je ha. (Bespritzen mit Eisenvitriol wirkt nicht.) Auf dem Felde bekämpft man die Pflanze außerdem durch gute und zweckmäßige Pflege des Ackerbodens.

159. *Ranunculus repens* LINN. Kriechender Hahnenfuß, engl. Creeping buttercup. *Ranunculus repens* (Fam. Ranunculaceae) ist ein ausdauerndes Unkraut mit liegenden, wurzelschlagenden Stengeln, das sich vegetativ schnell vermehrt und verbreitet. Die steigenden, mehrfach verzweigten, gefurchten Blütenstengel tragen auf jedem Seitenast eine einzelne, endständige, buttergelbe Blüte. Die Blätter der Blütensprosse, die sich in den Astwinkeln bilden, sind unten gewöhnlich langstielig und sitzen zu dreien zusammen. Die einzelnen Blättchen sind gestielt (bei *Ranunculus acer* ungestielt), dreispaltig, mit gezähnt-gelappten Abschnitten; die oberen Stengelblätter sind kleiner, fast sitzend und unregelmäßig. An den Gliederknoten der Achsensprosse des kriechenden Stengels entwickeln sich neue Ausläuferpflanzen mit langstieligen dreiteiligen Blättern und gestielten Blättchen. Diese Sprosse blühen nach Überwinterung (Abb. 302). Blütezeit auf der Wiese von Juni bis Juli, im Acker etwas später und dann bis in den September hinein. Die Frucht besteht aus einer Reihe geschnäbelter Nüßchen, die auf einem kegelförmigen Blütenboden sitzen.

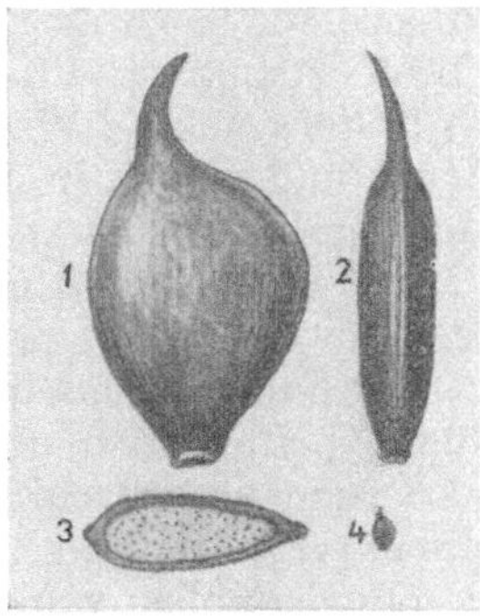

Abb. 303. *Ranunculus repens.* *1* und *2* Samen, Breitseite und Schmalseite; *3* Samenquerschnitt, 8fach vergr.; *4* Same, nat. Gr. Orig.-Zeichn.

Der unregelmäßige, auf der einen der etwas flügelförmigen Kanten nur gering, auf der anderen stark bauchige Same läuft oben in einen 0,5—1,0 mm langen, etwas gekrümmten Schnabel aus, ist am Grunde stumpf abgeschnitten, seitlich flach gedrückt und in der Mitte etwas gebogen. Die ungleichmäßig porige Oberfläche ist hellbraun bis braun (Abb. 303). 1000-K.Gew. etwa 2,4 g, Länge und Breite mit Schnabel etwa 3,8×2,2 mm, ohne Schnabel etwa 2,9×2,2 mm*[1], Samenzahl je Blütensproß durchschnittlich 140, je kg etwa 420000.

Von dem etwas langsam keimenden Samen liefen im Laboratorium bei einem Versuch nach einmaliger Überwinterung und Trockenlagerung in 50 Tagen 35, in 100 Tagen 61% auf. Bei einem anderen keimten in 416 Tagen 83%. Von grünen, halbreifen Samen liefen 50% auf. Nach dreijähriger Trockenlagerung keimten 1 cm unter Sand nach 15, 40 und 104 Tagen 4, 28 bzw. 38%. Bei Herbstaussaat im Freien keimten von frisch geerntetem Samen während des folgenden Frühjahrs in einer Tiefe von

0	0,5	1	2	3	4	5	6 cm
4	32	22	8	6	2	0	0 %.

*[1] In „Landwirtschaftliche Samenkunde" S. 1066 erwähnt HARZ eine Samenlänge von 2,5, eine Breite von 2 mm und einen 0,4—0,6 mm langen, geraden Schnabel.

Die aufgelaufenen Pflanzen bildeten während einer 104tägigen Entwicklungszeit 8 cm große Laubblattrosetten und zum Teil auch kürzere, liegende Stengelsprosse (Ausläufer), sowie unter dem Boden ein wenig verzweigtes Bündel etwa 10 cm langer Faserwurzeln.

Die Keimpflanze entwickelt während des ersten Sommers nicht immer Stengel, überwintert aber und setzt dann ihr Wachstum unter Bildung oberirdischer, liegender Stengel (Ausläufer) fort. An diesen Ausläufern entstehen im weiteren Verlauf des Wachstums Knoten, aus denen neue Tochterpflanzen mit vielen kräftigen, strangartigen Faserwurzeln und Laubblattrosetten hervorgehen. Nach Beendigung der Wachstumszeit im Herbst gehen mit Ausnahme der Stengelknoten, die mit ihrem Wurzelbündel überwintern und das Wachstum der Pflanze auf die gleiche Art wie der überwinternde Muttersproß fortsetzen, alle oberirdischen Teile ein. Der überwinternde Sproß entwickelt auch an der Grundachse auf gleiche Art wie der Muttersproß im zweiten Entwicklungsjahr steigende, blütentragende Stengel.

Ranunculus repens kommt im Nutz- und Unland in ganz Europa[1], Nordasien, Nordafrika und einzelnen Teilen von Nordamerika vor. In Deutschland ist die Pflanze auf feuchtem Boden im Acker und in Ödländereien ganz gewöhnlich[2]. Ebenso kommt die Pflanze in Großbritannien, Finnland und ganz Skandinavien als lästiges Acker-, Wiesen- und Weideunkraut (im Inlande auf etwas feuchtem Boden und überall in der Küstenlandschaft) vom Meer bis an die Birkengrenze und nördlich bis zu etwa 70° n. Br. (Norwegen) vor.

Die Pflanze wird durch Samen fortgepflanzt, vegetativ vermehrt und auf beiderlei Art verbreitet.

Der Same verunreinigt Dreschabfälle, Wiesensaat, Reinigungsabfälle, Stalldünger, Nutzboden u. ä. So fanden sich durchschnittlich je kg der Proben 2008 Samen in 11 Dreschabfallproben, 6000 im Heubodenkehricht, 2000 in Wiesenmischsaat, 2000 in Rotkleesamen und bis zu 17000 in anderen Wiesensamenproben. In 9 Bodenproben von 25 cm Tiefe liefen je qm durchschnittlich 230, in 7 Pferdedungproben je t 1559, in 11 Kuhdungproben 1497, in einer Schafdungprobe 2564 und einer Schweinedungprobe 313 Pflanzen während der Versuchszeit auf.

Bei der Bekämpfung dieser Pflanze ist jede Arbeit, die die Samenreife und -verbreitung verhindert, in allererster Linie wichtig. Sodann erfordert die Bekämpfung Anbau von Hackfrüchten und Bodenbearbeitung, um die der vegetativen Vermehrung dienenden Teile zu vernichten.

Eins der Hauptvorbeugungsmittel ist Verwendung reinen Saatgutes auf Wiesen und anderem Nutzland. Ferner muß die Samenverbreitung verhindert werden, indem man Heubodenkehricht, Dresch- und andere Abfälle beseitigt.

Zu diesen Verhaltungsmaßnahmen kommt Dränage sumpfigen Bodens, tiefes Umpflügen der Wiese mit Schälpflug[3], anschließende Herbstbrache des umgeworfenen Landes und Bestellung im folgenden Sommer mit dicht deckendem Grünfutter oder Erbsen oder bei beginnendem Wachstum durch Bespritzen

---

[1] BRENCHLEY: Weeds of Farm Land S. 126 erwähnt, daß *Ranunculus repens* auf Boden aller Art, am häufigsten aber auf schwerem oder kalkhaltigem Boden vorkommt.

[2] HEGI: „Illustrierte Flora von Mitteleuropa" teilt über diese *Ranunculus*-Art u. a. folgendes mit: „Häufig bis gemein auf feuchten, schattigen Stellen auf Wiesen, an Ufern der Bäche, Teiche, an Gräben, in Wäldern, an Straßen- und Wegrändern, in Sümpfen, in Gärten, Weinbergen . . .; von der Ebene bis in die alpine Region . . ."

[3] Bei tiefem Pflügen mit Schälpflug gerät die oberste, die vegetativen Vermehrungsorgane enthaltende Erdschicht gewöhnlich so tief nach unten, daß die Wurzelteile selten imstande sind, sich bis an die Oberfläche emporzuarbeiten, hier Laubsprosse zu treiben und Wachstum und Vermehrung fortzusetzen.

mit $3^1/_2$—4% iger Hedolitlösung (vgl. Nachrichten über Schädlingsbekämpfung, Nr. 2, S. 57, 1929).

Ranunculus repens deckt den Boden gut ab und bewirkt dadurch spärliche Nutzpflanzenbestände und kleine Erträge. Die Pflanze selbst gibt nur geringen Ertrag und wird vom Vieh bei freier Futterwahl wegen ihres schlechten Geschmacks abgelehnt. Während *Ranunculus acer* giftig ist, läßt sich das bei *Ranunculus repens* nicht mit Sicherheit feststellen. ESSER[1] betont auch, daß die Pflanze kaum ganz giftig sein kann. Es sind allerdings Fälle eingetreten, in denen die Pflanze nachweislich ernstliche Störungen im tierischen Organismus hervorgerufen hat[2].

160. *Potentilla anserina* LINN. Gänserich, Gänse-Fingerkraut, Silberkraut, engl. Silverweed. *Potentilla anserina* (Fam. Rosaceae) ist ein ausdauerndes, niedriges, oft dicht deckendes Unkraut mit kriechenden, wurzelschlagenden Stengeln (oberirdischen Ausläufern), unpaarig gefiederten Blättern mit abwechselnd großen und kleinen Teilen, die unterseits mit silberglänzenden Haaren besetzt und weißfilzig sind[3] (Abb. 304). Blüte- und Reifezeit von Juni bis August und im Spätherbst. In jeder Blüte kommen über 20 (25?) Nüßchen zur Reife, die auf einem gemeinsamen, trockenen, behaarten Blütenboden zusammensitzen. Das Samennüßchen ist eine langgestreckte, unregelmäßig runde Teilfrucht mit einer mittleren Längsfurche auf dem vorgewölbten Rücken und vom Rücken her nach der Bauchseite zu zusammengedrückten Seiten. Der Same hat an der Bauchseite einen hellen Fleck, der in einen Streifen übergeht. Dieser endet mit zahnartigem Fortsatz oberhalb der Mitte. Die scheckige, matt glänzende, grubige Oberfläche ist hellbraun bis dunkelbraun (Abb. 304, *7*, *8*). 1000-K.Gew. etwa 0,4 g, Länge und Breite etwa 2,0 × 1,5 mm, Samenzahl je Blütensproß 20—25, je kg etwa $2^1/_2$ Milionen. Selbst nach Bodenüberwinterung läuft der Same oft recht spät auf. Bei einem Versuch keimten nach Herbstaussaat im folgenden Frühjahr 12%.

Die Entwicklung der Pflanze aus Samen entspricht der von *Ranunculus repens*.

Die kräftige, ästige Wurzel hat knorrige, etwas verdickte Wurzeläste mit Fähigkeit zu vegetativer Vermehrung durch Brutknospen in der Rindenschicht, die sich jedoch nur bei Lostrennung oder Aufteilung entwickeln, und geht in einen unterirdischen, knospentreibenden Stengelteil über. Über der Erde entsteht eine Blattrosette, von deren Achse oberirdische Laubsprosse ausgehen, die sich an wurzelschlagenden Knoten verzweigen. An jedem dieser Knoten entwickeln sich Blätter und ein einzelner, 10 cm langer, aufrechter, unverzweigter Blütenstiel mit einer einzelnen, endständigen, gelben Blüte; der Stiel legt sich nach dem Verblühen auf den Boden. Die Länge der Internodien schwankt von 2 bis meistens 8 oder 10 cm.

Die Pflanze entwickelt im ersten Wachstumsjahr eine oberirdische Laubblattrosette und unter der Erde vom Wurzelhals aus wenige pfahlwurzelförmige Wurzeläste. Im zweiten Jahre setzt vegetative Vermehrung durch oberirdische Stengelausläufer und erstmalige Fortpflanzung durch Samen ein.

---

[1] ESSER: Die Giftpflanzen Deutschlands S. 76.

[2] In DAMMANN: Gesundheitspflege der landwirtschaftlichen Haussäugetiere wird erwähnt, daß Vieh auf Weiden, die *Ranunculus repens* trugen, an Vergiftungen litt, denen es oft erlegen sei.

[3] *Potentilla anserina* hat mehrere Unterformen, wovon genannt seien: 1. var. *vulgaris* HAYNE = var. *discolor* WALLR. mit zweifarbigen, nur oberseits grünen und fast kahlen Blättern; 2. var. *sericea* HAYNE = var. *concolor* WALLR. = var. *argentea* NEILR. mit ober- und unterseits silberweiß behaarten Blättern; 3. var. *nuda* GAUD. = var. *viridis* KOCH. = f. *virescens* A. BL.: Blattspreiten beiderseits einfarbig grün und schwach behaart oder oberseits glatt (vgl. BLYTTS Flora S. 435, sowie HEGI: Illustrierte Flora 4, 2, S. 890).

Die Pflanze findet sich sowohl auf trockenem wie auf feuchtem und nassem Boden und kann gelegentlich auf moorigem Nutzland, in das die Ausläufer besonders leicht ihre Wurzeln senden, aber auch auf bindigem, etwas saurem Boden ein lästiges Unkraut werden. Außerdem findet sie sich auf Weiden, an Rainen,

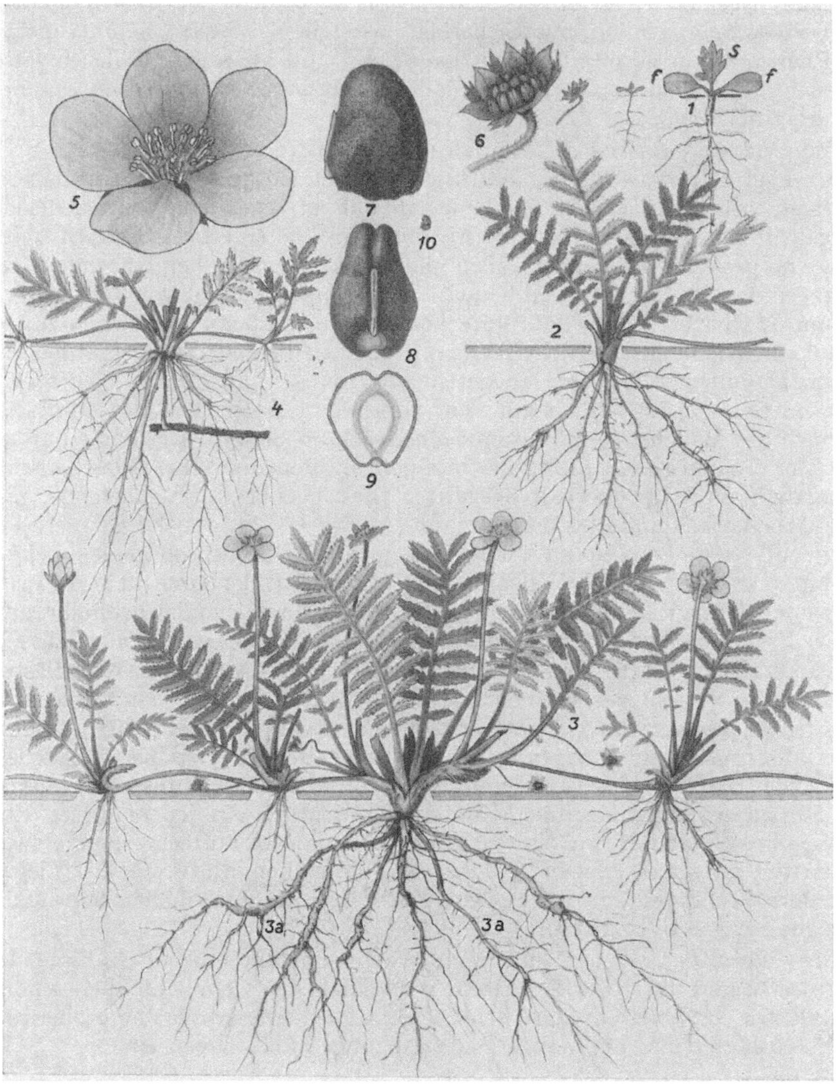

Abb. 304. *Potentilla anserina.* *1* einige Tage alte Keimpflanze, *f* Keimblätter, *s* Laubblatt, nat. Gr.; *2* dieselbe im Herbst; *3* voll entwickelte, blühende Pflanze; *4* Stück eines verdickten Faserwurzelzweiges (*3 a*), der eine neue Pflanze entwickelt hat, $^{2}/_{7}$ nat. Gr.; *5* Blüte, $^{13}/_{7}$ nat. Gr.; *6* Blütenboden mit Hüllblättern und Früchtchen (Samen), $^{8}/_{7}$ nat. Gr.; *7* und *8* Breitseite und Bauchansicht des Samens; *9* Samenquerschnitt, $^{17}/_{2}$ nat. Gr.; *10* Same, nat. Gr. Orig.-Zeichn.

Wegrändern u. ä. in ganz Europa, Nord- und Mittelasien, Südamerika, Südaustralien, in großen Teilen Nordamerikas bis an den Polarzirkel, sowie in Deutschland, Großbritannien, Finnland, Island und Skandinavien bis zu 600 bis 700 m ü. d. M.

Die Pflanze wird durch Samen fortgepflanzt, vegetativ vermehrt und auf beide Arten verbreitet. Die Samenverbreitung geschieht sowohl durch Ausfall am Standort als auch durch eingebrachtes Erntegut. So fanden sich in einigen Dreschabfallproben von Sommerkorn je kg durchschnittlich 3820 Samen. Eine ganze Reihe von Verfassern bezeichnet *Potentilla anserina* als ein sehr lästiges Unkraut, das sich durch Dränage, Umpflügen, Brachen und Anbau von Hackfrüchten bekämpfen läßt. Diese Mittel bilden ja die Grundlage der Bekämpfung dieser oder ähnlicher Unkräuter im Nutzland überhaupt, unter Ackerbauverhältnissen verschiedenster Art. Im übrigen sind die gleichen Maßnahmen, die für die Bekämpfung von *Glechoma hederaceum* und *Ranunculus repens* näher angegeben sind, zu beachten.

II. Unkräuter mit vegetativer Vermehrung durch unterirdische Knollen.

161. *Stachys paluster* LINN. Sumpfziest, Schweinerübe, engl. Marsh woundwort. *Stachys paluster* (Fam. Labiatae) ist ein aufrechtes, 30—60 cm hohes Unkraut mit viereckigem, behaartem Stengel, paarweise gegenständigen Ästen und ebensolchen sitzenden, lanzettlichen, schwach gezähnten, behaarten Blättern und kranzständigen Blüten an langem, ährenartigem Blütenstand (Abb. 305). Blütezeit von Juni bis August.

Die Teilfrucht enthält vier eiförmige, dem Grunde zu, der eine kleine, verkümmerte Samenhaftstelle trägt, schmäler werdende Samen, die außen oval, an der Innenseite vom Grunde bis etwas über die Mitte stark kielförmig sind und eine feinporige, matte, dunkelbraune (bis schwarze) Oberfläche haben Abb. 306). 1000-K.Gew. etwa 1,7 g, Länge und Breite etwa $2{,}1 \times 1{,}5$ mm, Samenzahl je Pflanze etwa 240, je kg etwa 590000.

Der Same ist von einer ölhaltigen Schale umgeben und kann mehrere Jahre in der Erde liegen, ohne seine Keimfähigkeit zu verlieren. Im Laboratorium läuft er spät auf. Bei einem Versuch keimten in 442 Tagen 78%. Nach Trockenlagerung und Überwinterung keimten 1 cm mit Sand bedeckte Samen in 44 Tagen zu 29%. Bei einem anderen Versuch keimten, 0,5 cm mit Sand bedeckt, im Laufe des Frühsommers bei Herbstsaat 35, bei Aussaat im Frühjahr 28%; 6 cm mit Sand bedeckt keimten in 82 Tagen 6%. In größerer Tiefe keimte der Same nicht mehr. Bei mehrfacher Bodenüberwinterung läuft der Same gewöhnlich schneller und in größerer Menge auf.

Im Keimjahr entwickelt die Pflanze eine wenig verzweigte Faserwurzel und einen oberirdischen bis zu 16 cm hohen Laubsproß[1], dessen erstes, gelegentlich auch zweites (selten mehr) Paar Zweige sich zur Erde hinabbeugt und in die Erdschicht eindringt. Die Knollen dieser Sprosse sind etwas kleiner als die an den unterirdischen, vegetativen Vermehrungsorganen entstehenden. Sie sind glatt, weißgelb und haben kreuzweise gegenständige, von Blattschuppen bedeckte Brutknospen. Die Seitenzweige am oberirdischen Teil der herabgebeugten, knollenbildenden Äste beugen sich gleichfalls nach unten und fahren in der Erdschicht mit der Bildung von wenigen cm langen Knollen fort (Abb. 306, *2b*). Im Herbst gehen die oberirdischen Teile der Keimpflanze ein, die Knollen des Primärsprosses werden frei, überwintern in der Erde und setzen das begonnene Wachstum im folgenden Frühjahr und Frühsommer fort unter Bildung eines oder mehrerer Laubsprosse.

Während der Wachstumszeit entwickeln sich am unterirdischen Teil des Stengels rundliche bis viereckige, weißgelbe, gegliederte, ungleichmäßig verdickte, dem Ende zu schmäler werdende Knollen, deren Größe und Form zum

[1] Überwintert der Same im Freien, kann die Keimpflanze bereits im ersten Jahre zur Blüte gelangen.

Teil mit Wachstumsbedingungen und Entwicklungsdauer schwanken. An jedem der eingeschnürten Knollenglieder sitzen Brutknospen, wie oben beschrieben.

Nach der Blüte und Reife verwelken die oberirdischen sowie unterirdischen Stengelteile der Pflanze. Die 10—50 Knollen lösen sich vom Mutterstamm und

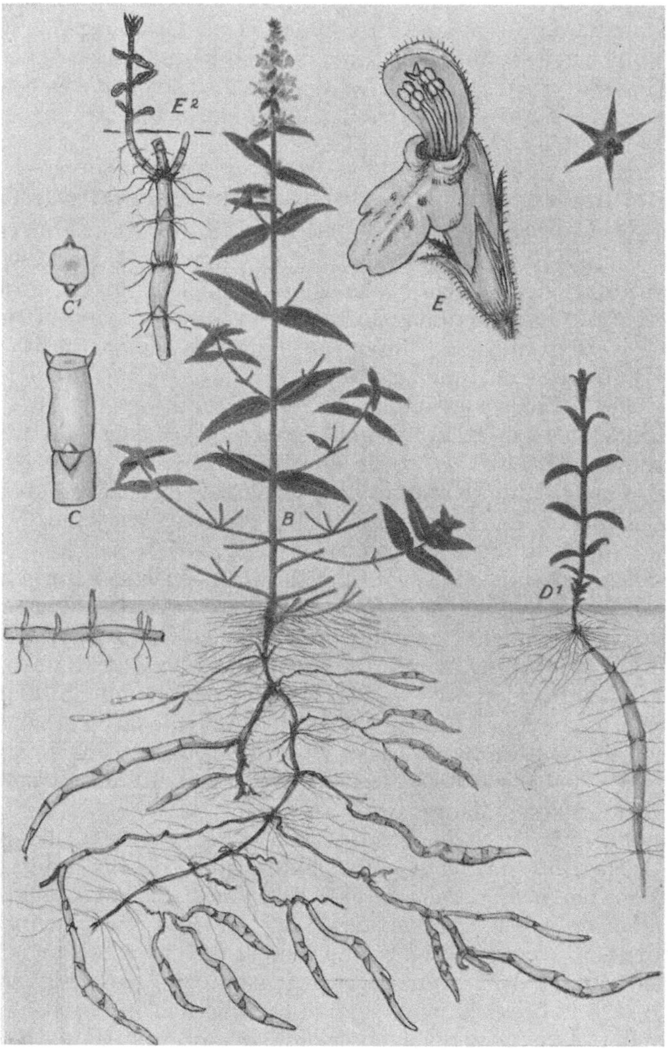

Abb. 305. *Stachys paluster.* *B* voll entwickelte, blühende Pflanze, $^1/_6$ nat. Gr.; *C* Knollenteil, von der Seite gesehen, *C1* Knollenquerschnitt, etwa $^1/_2$ nat. Gr.; *D 1* Laubsprosse entwickelnde Stengelknolle, $^1/_6$ nat. Gr.; *E* Blüte, 3fach vergr.; *E 2* Knolle mit Laubsprossen aus Adventivknospen der Blattwinkel, $^1/_6$ nat. Gr. Nach KORSMOS Unkrauttafeln.

können bei späterer Bodenbearbeitung durch Ackergeräte leicht verschleppt und verbreitet werden.

Wird die Knolle nicht herausgerissen oder zerteilt, entwickelt sie im folgenden Frühjahr nur eine einzelne Pflanze, die an der Knollenspitze hervorwächst. Ist diese Spitze bei der Bodenbearbeitung oder auf andere Art abgebrochen worden, entwickelt sich der Laubsproß an einer oder mehreren der hinter der Spitze liegenden Brutknospen. Gleichzeitig entstehen an den Knollengliedern Nebenwurzeln. Der neue Sproß wird zunächst durch die Knolle ernährt, die allmählich bei Verbrauch des Nahrungsvorrates hinwelkt und eingeht.

Stachys paluster kommt auf saurem, leichtem, wie schwerem, gewöhnlich kalkarmem Boden, auf Äckern und Wiesen in ganz Europa, Nordasien und Nordamerika vor[1]. Unter den gleichen Wachstumsbedingungen ist sie strecken-

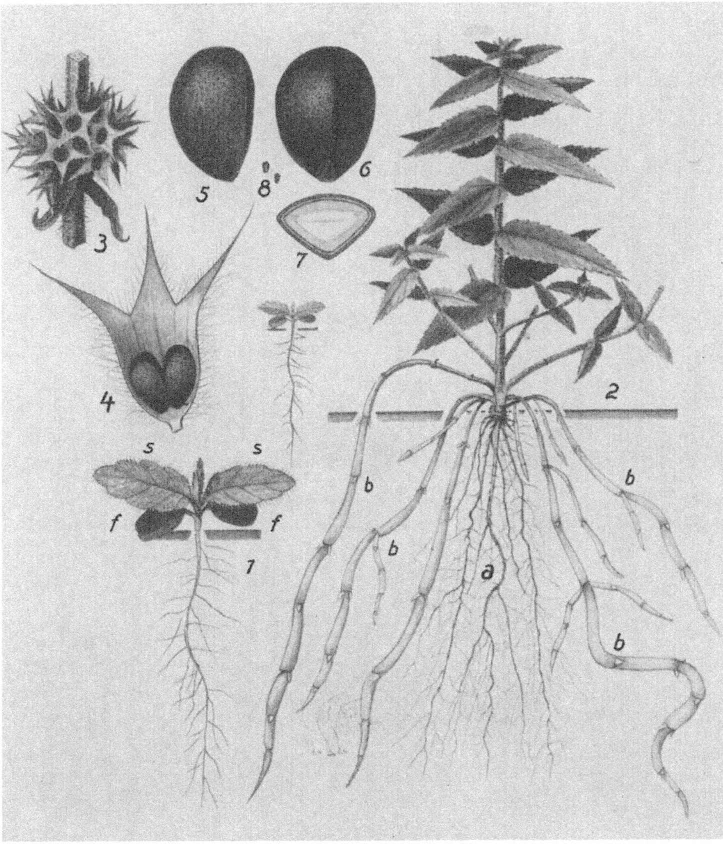

Abb. 306. *Stachys paluster.* *1* Keimpflanze, *f* Keimblätter, *s* Laubblätter, nat. Gr.; *2* Pflanze im Spätherbst des ersten Jahres, *a* Primärwurzel, *b* Knollen, $^1/_3$ nat. Gr.; *3* Stengelteil mit reifen Fruchtquirlen, etwa nat. Gr.; *4* Kelch im Längsschnitt mit reifen Samen, etwa 3fach vergr.; *5* schräg vom Rücken her gesehener Same; *6* Bauchansicht des Samens; *7* Samenquerschnitt, 9fach vergr.; *8* Same, nat. Gr. Orig.-Zeichn.

weise sehr verbreitet und lästig in Deutschland, Großbritannien und anderen Ländern, wie auch in Skandinavien bis über 66° n. Br. hinaus (Ranen in Nordnorwegen).

Die Pflanze wird durch Samen fortgepflanzt und vegetativ vermehrt. Sie bildet zahlreiche Knollen und verbreitet sich darum leicht, nachdem sie im Acker Fuß gefaßt hat. Auch der gleichzeitig mit der Sommerfrucht reifende Same trägt durch Ausfall sehr zur Verbreitung bei. Die Samen sitzen nach der Reife lose in den offenen Kelchen. Ein Teil der reifsten fällt vor und nach der Ernte

[1] Nach Hegi: Illustrierte Flora von Mitteleuropa Bd. 5, 4, S. 2417 ist die Pflanze „fast über die ganze Nordhemisphäre verbreitet“.

leicht aus, während ein anderer immer mit unter Dach kommt und sich im Saatgut, Abfall u. ä. wiederfindet. So enthielten einige Dreschabfallproben je kg durchschnittlich 5000, Kornspreuproben 500, Timothesamen 500, Rotkleesamen 500 Samen dieses Unkrautes. In 25 cm tiefen Bodenproben liefen je qm während der Versuchszeit durchschnittlich 63 Pflanzen auf.

Unter gewöhnlichen Wachstumsbedingungen können sich im Laufe der Entwicklungszeit besonders im Sommerkorn ganz beträchtliche Knollenmengen

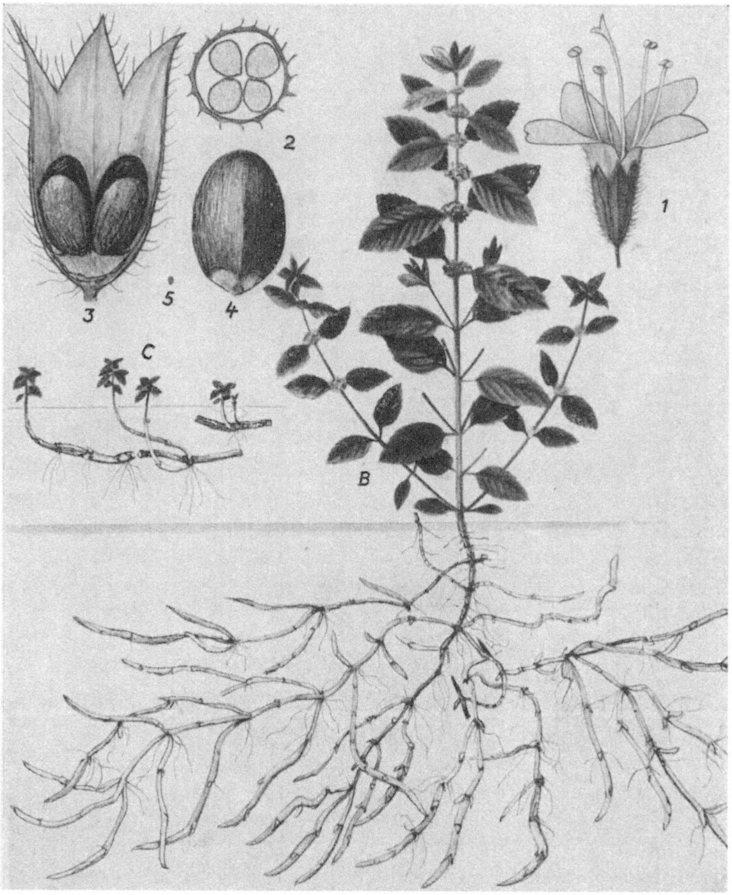

Abb. 307. *Mentha arvensis.* *B* voll entwickelte, blühende Pflanze, $^2/_9$ nat. Gr.; *C* unterirdische Stengelknollen, die Laubsprosse entwickelt haben, $^2/_9$ nat. Gr.; *1* Blüte, vergr.; *2* Querschnitt und *3* Längsschnitt einer reifen Frucht, 12fach vergr.; *4* Same, 20fach vergr.; *5* Same, nat. Gr. Nach KORSMOS Unkrauttafeln.

bilden. So fand man auf fünf untersuchten Sommergetreideäckern nach der Kornernte je qm durchschnittlich 1163 g frische Knollen, d. h. je ha 11630 kg.

Vorbeugend wirkt Verwendung reinen Saatgutes und reinen Düngers, sowie Entwässerung kalter, sumpfiger Böden, die die Pflanze besonders liebt. Der unmittelbaren Bekämpfung dienen Ganzbrache und Einsaat der Wiese mit Winterkorn als Oberfrucht; Frühsommerbrache mit folgender Wiese und Grünfutter als Oberfrucht oder Grassaat auf im Frühjahr dicht gesätes Grünfutter, das mindestens zweimal (das erstemal, sobald es 25 cm hoch ist) geerntet wird. Dadurch verhindert man Knollenentwicklung des Unkrautes und erzielt eine dichte, kräftige Grasnarbe. Gründlich durchgeführte Reinhaltung von Hackfruchtäckern beeinträchtigt die Knollenbildung. Bespritzen mit Schwefelsäurelösung gewöhnlichen Stärkegrades ($3^1/_2$—4%) vernichtet die oberirdischen Teile der Pflanze und hemmt gleichfalls die Knollenbildung.

162. *Mentha arvensis* LINN. Feldminze, Kornminze, engl. Corn mint. *Mentha arvensis* (Fam. Labiatae) ähnelt *Stachys paluster* in mancher biologischen Beziehung. Die Pflanze ist ein 25—40 cm hohes Unkraut mit viereckigem, ästigem Stengel, der bis obenhin mit gegenständigen, eiförmigen, gestielten und behaarten Blättern besetzt ist. Die blauvioletten Blüten sitzee in einem Kranz am Fuße der Blattstiele. Die unregelmäßige, nicht lippenförmige, sondern trichterförmige Krone wird von den Staubgefäßen und vom Griffel überragt

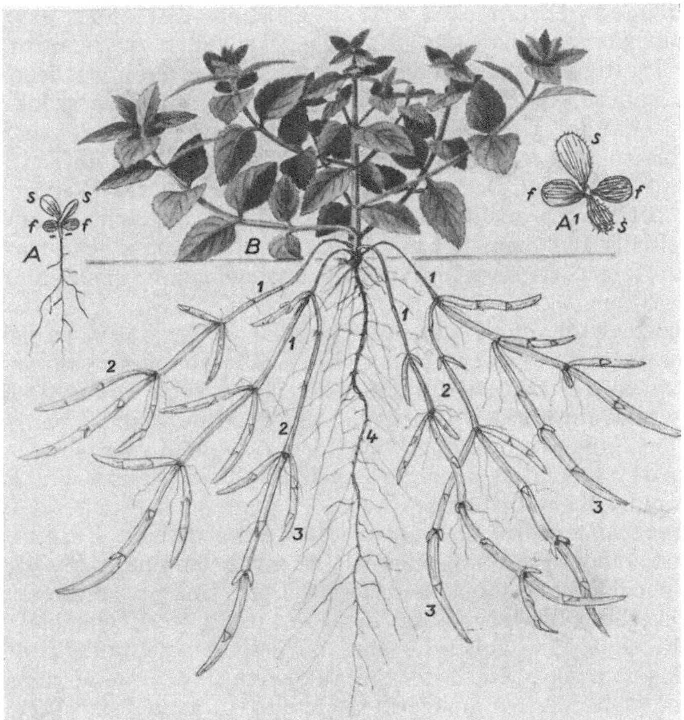

Abb. 308. *Mentha arvensis*. *A* Keimpflanze, nat. Gr.; *A1* dieselbe, von oben gesehen, *f* Keimblätter, *s* Laubblätter; *B* Pflanze im Spätherbst des ersten Jahres; *1*, *2* und *3* unterirdische Stengelknollen 1., 2. bzw. 3. Ordnung; *4* die Primärwurzel. Orig.-Zeichn.

(Abb. 307). Blütezeit von Juli bis September. Die vier reifen Teilfrüchte werden von dem leicht eintrocknenden und sich zusammenziehenden Kelch umfaßt. Daher findet Samenausfall gewöhnlich am Standort statt. Immerhin hat sich gezeigt, daß Samen auch mit der Ernte unter Dach kommen. Die eiförmigen Samen sind oben gleichmäßig abgerundet, im Querschnitt fast rund, am weitesten oberhalb der Mitte und am Grunde mit schrägen, grauweißen Flächen besetzt. Die Oberfläche ist braungelb, etwas rauh punktiert mit silbern glänzenden Poren (Abb. 307, *4*). 1000-K.Gew. etwa 0,14 g, Länge und Breite etwa 0,9×0,6 mm, Samenzahl je Pflanze etwa 200, je kg etwa $7^1/_5$ Millionen.

Von vorjährigem, trocken gelagertem Samen liefen im Laboratorium in 56 Tagen 100% auf. Von Samen der gleichen Probe keimten nach Herbstaussaat in 0, 0,5, 1, 2 und 3 cm Tiefe im folgenden Frühjahr 24, 32, 6, 0 und 0%. Im Freien scheint der Same am besten unbedeckt oder leicht bedeckt und auf etwas saurem Boden aufzulaufen. Im Keimjahr entsteht eine Pflanze mit schwacher Wurzel und u. a. einem oberirdischen Zweigpaar, das sich zur Erde hinabbeugt und zu Knollen wird. Diese sind weißgrau und haben die gleichen biologischen Eigenschaften wie die von *Stachys paluster*, von denen sie sich jedoch dadurch unterscheiden, daß sie rundlich, gleichmäßiger dick sind und ihre Brutknospen bereits während der Entwicklung der Knolle etwas hervorbrechen, wodurch das ganze Wurzelsystem sich stark verzweigt (Abb. 308, *B 1—3*). Die Überwinterung und weitere Entwicklung der Knolle ähneln denen von *Stachys paluster*.

Mentha arvensis ist auf saurem bis sumpfigem Boden, auf Äckern, Wiesen, an Grabenrändern, Uferstrecken u. ä. ein gemeines Unkraut in ganz Mittel- und Nordeuropa, Nordamerika und Nordasien, seltener dagegen in südlicheren Gegenden. Häufig und verbreitet wächst die Pflanze auf etwas feuchten Wiesen, an Grabenrändern, in Hackfrucht- oder Kornäckern über große Gebiete des deutschen Tieflandes, Großbritanniens und stellenweise auf der skandinavischen Halbinsel bis zu 64°48′ n. Br. (Norwegen). BRENCHLEY[1] teilt mit, daß sie gewöhnlich auf schwerem Boden und am häufigsten unter Weizen, Gerste und Schotenfrüchten, aber auch unter Hafer und Wurzelfrüchten auftritt. LONG[2] betont gleichfalls, daß dieses Unkraut auf schwerem Boden jeder Art gut gedeiht und darum oft auf Getreidefeldern und allgemein auf bebautem Boden anzutreffen ist.

Die Pflanze wird durch Samen fortgepflanzt, vegetativ vermehrt und auf beide Arten verbreitet. Samen findet sich in Dreschabfällen, Spreu u. ä.

Das beste Mittel zur Bekämpfung der Pflanze ist Dränage, Kalken, gute Bodenpflege und im übrigen Beachtung der gleichen Maßnahmen, die zur Verhinderung der Samenverbreitung von *Stachys paluster* angegeben sind.

Alle Minzen, besonders aber die angebaute Pfefferminze und Krauseminze, enthalten wohlriechende, flüssige Öle.

163. *Ranunculus ficaria* LINN. (= *Ficaria verna* HUDS.). Feigwurz, Scharbockskraut; engl. Figwort, pilewort, lesser celandine. *Ranunculus ficaria* (Fam. Ranunculaceae) ist ein niedriges, ästiges Unkraut mit gestielten, herzförmigen, gekerbten Blättern, 3 Kelchblättern und 6—9 Kronenblättern. In den Blattwinkeln sitzt gewöhnlich je eine hellgelbe, kugelrunde Brutknospe von Erbsengröße (Abb. 309). Nach der Reife fallen diese ab. Geraten sie dann durch Regenwasser, Überschwemmungen, Bachläufe u. ä. auf feuchten Boden, so treiben sie unter günstigen Wachstumsverhältnissen sofort nach der Reife ein langstieliges Blatt. B. SMIDT[3] betont auch, „daß Brutknospen nach ihrer Ablösung von der Mutterpflanze und, sobald sie ihre Reife erlangt haben, keimen können, falls die Temperatur nicht schon sehr niedrig ist". Allmählich kann sich durch diese Knospen eine Decke grüner, kahler Blätter bilden.

Ranunculus ficaria ist eine echte Frühlingspflanze. Sie blüht im Frühjahr, jedoch mit unvollständiger Bestäubung und Samenentwicklung, die in nördlicheren Ländern sogar vollkommen fehlschlagen können. MENTZ betont[4], daß nur einzelne Pflanzen, deren Blüten meistens klein und ohne gut entwickelte Staubgefäße sind, gelegentlich nach Bestäubung durch Insekten reife Samen erzeugen. Die Frucht ist eine Ansammlung von 30—40 Nüßchen auf einem

[1] BRENCHLEY: Weeds of Farm Land S. 136 und 169.
[2] LONG: Common Weeds of the Farm and Garden S. 110 und 400.
[3] SMIDT, B.: Botan. Ztg. 1902. S. 207.
[4] Billeder av Nordens Flora S. 125, Taf. 162.

gemeinsamen Blütenboden. Das schief birnenförmige Nüßchen wird der quer abgestumpften Spitze zu schmäler, unterhalb der Mitte am breitesten und ist an der in eine quer abgestumpfte Samenhaftstelle endenden Grundfläche abgerundet. Der Rücken ist abgeflacht. Die stark vorgewölbte Vorderseite hat eine deutliche, leicht erhabene, saumartige, mittlere Längskante. Der Querschnitt ist

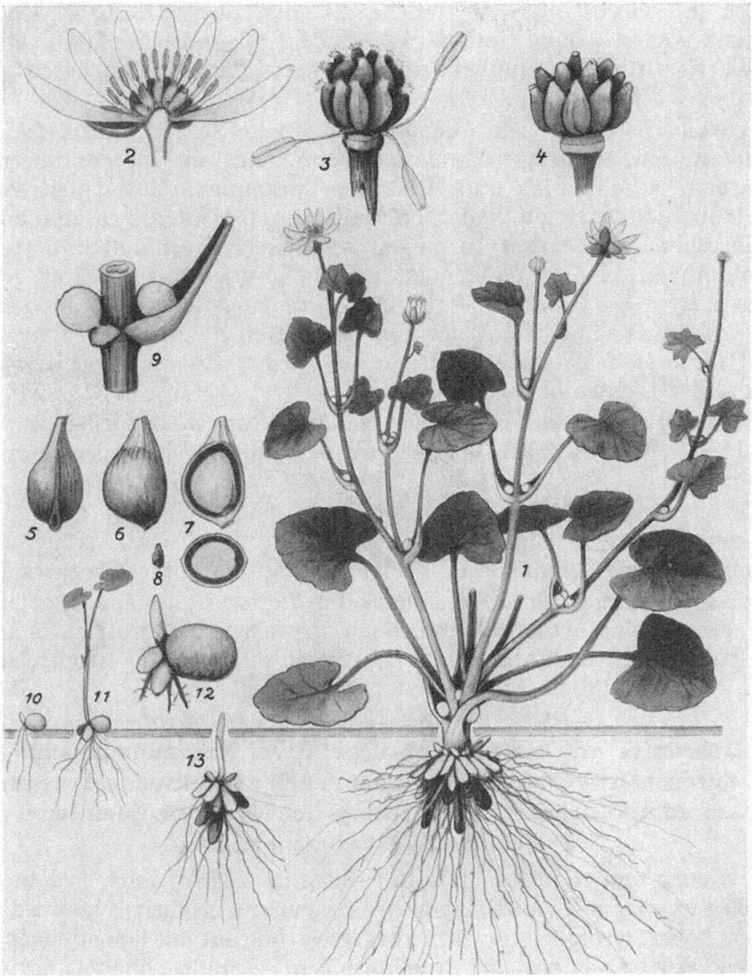

Abb. 309. *Ranunculus ficaria.* *1* voll entwickelte, blühende Pflanze, $^1/_4$ nat. Gr.; *2* durchschnittene Blüte, $^3/_2$ nat. Gr.; *3* Blüte mit entfernten Kelch- und Kronenblättern und einigen Staubgefäßen, $^5/_2$ nat. Gr.; *4* Fruchtstand, $^7/_4$ nat. Gr.; *5* und *6* Schmalseite und Breitseite eines Früchtchens; *7* Früchtchen im Längs- und Querschnitt mit Samen (Kern), in der Mitte, *5*—*7* etwa $^9/_2$ nat. Gr.; *8* Früchtchen, nat. Gr.; *9* Stengelteil mit Brutknospen in den Blattwinkeln, etwa 2fach vergr.; *10*, *11* und *12* keimende Brutknospen, *10* und *11* etwa $^1/_4$ nat. Gr., *12* etwa nat. Gr.; *13* Laubsproßanlagen an unterirdischen Knollen. Nach KORSMOS Unkrauttafeln.

kreisrund, die dünnfilzig behaarte, graugrüne Oberfläche ist am Grunde dunkler und oben heller. 1000-K.Gew. etwa 3,3 g, Länge und Breite etwa 3,5 × 2,1 mm. Der Kern der Teilfrucht ist eiförmig, im Querschnitt etwa rund und hat am Grunde eine etwas schief stehende, zapfenförmige Erhebung nach der Bauchseite hin. Die etwas rauhe Oberfläche ist gelblich, hell und hat am Grunde einen dunkleren Fleck. 1000-K.Gew. etwa 1,9 g, Länge und Breite etwa 2,1 × 1,4 mm.

Zwischen der Schale und dem Kern befindet sich ein Hohlraum, mit Hilfe dessen der Same auf dem Wasser treiben und leicht fortgeschwemmt werden kann.

An den unterirdischen Teilen der Pflanze befindet sich eine Gruppe länglicher, braungelber bis heller, verdickter, keulenförmiger Wurzeln, „Knollen", die in einem Kranz um den Wurzelhals der Pflanze herumsitzen.

Nach Verwelken der oberirdischen Teile leben die unterirdischen weiter und entwickeln im Herbst Sprosse, welche mit den unterirdischen „Knollen" in Verbindung stehen. Diese Sprosse wachsen im folgenden Frühjahr empor und bilden die oberirdischen, blühenden Teile der Pflanze. Der kurze, aufrechte Wurzelstock ist mehrjährig.

Ranunculus ficaria ist wie *Caltha palustris* eine Sumpfpflanze, die streckenweise auf saurem, sumpfigem Boden, im Nutzland, an Grabenrändern u. ä. in ganz Europa, Nordamerika und Westasien vorkommt. Unter gleichen Wachstumsverhältnissen ist sie im deutschen Tiefland und bis in die voralpinen Gebiete, in Großbritannien vereinzelt bis in das schottische Hochland und stellenweise in Skandinavien bis zu 68° 12—13′ n. Br. (Norwegen) verbreitet. Von den Haustieren wird die Pflanze abgelehnt. Ihre langstieligen, liegenden Blätter fordern verhältnismäßig viel Platz und beschatten nützlichere Pflanzen gerade während der ersten Wachstumszeit, in der sie zur Entwicklung besonders der Sonne und des Lichtes bedürfen.

Die Vermehrung und Verbreitung geschieht im wesentlichen durch Brutknospen und „Wurzelknollen". Die Fortpflanzung durch Samen ist sicher nur wenig wirksam.

Als Unkraut gehört *Ranunculus ficaria* in eine Reihe mit *Caltha palustris*. Ihr Vorkommen kennzeichnet den Boden als sumpfig. Entwässerung und Pflege sind dann erforderlich, um diesen beiden Unkräutern entgegenzuwirken.

Der scharfe, unangenehme Geschmack der Pflanze ist auf einen auch mehreren anderen *Ranunculus*-Arten zukommenden schwachen Giftstoff zurückzuführen. Sowohl ESSER[1] als auch DAMMANN[2] betonen die giftigen Eigenschaften der Pflanze.

III. Unkräuter mit unterirdisch-vegetativer Vermehrungsfähigkeit, z. B. durch nährwurzelartige Ausläufer der Pfahlwurzel, vegetative Sprosse vom Wurzelhalse, Spaltung des Wurzelkopfes bzw. durch Zwiebeln, Zwiebelknospen usw.

164. *Rumex acetosa* LINN. Großer Sauerampfer, engl. Common sorrel, sorrel. *Rumex acetosa* (Fam. Polygonaceae) ist ein mehrjähriges bis ausdauerndes, 30—75 cm hohes, wenig oder nicht verzweigtes Unkraut mit langstieligen, stumpfeiförmigen Wurzelblättern mit pfeilförmigem Grunde, oberen lanzettlichen, sitzenden, pfeilförmig umfassenden Stengelblättern, grüngelben, männlichen Blüten und weiblichen Blüten mit zurückgebogenen, äußeren Hüllblättern und hellroten, hervorstehenden Narben. Die kranzständigen Blüten sitzen auf langen, blattlosen Blütenzweigen und bilden einen langen, endständigen Blütenstand (Abb. 310). Blütezeit gewöhnlich von Mai bis Juli.

Der dreiseitige, im Querschnitt dreieckige, doch nicht scharfeckige, oben etwas schärfer, am Grunde weniger zugespitzte Same wird von den inneren, stumpf-eiförmigen Hüllblättern umschlossen. Seine glatte, glänzende, dunkelbraune bis schwarzbraune Oberfläche ist am Grunde etwas heller (Abb. 311).

---

[1] ESSER: Die Giftpflanzen Deutschlands S. 76.
[2] DAMMANN: Gesundheitspflege der landwirtschaftlichen Haussäugetiere S. 573.

1000-K.Gew. etwa 0,55 g, Länge und Breite etwa 1,8×1 mm, Samenzahl je Pflanze etwa 2100, je kg etwa 1,8 Millionen. Von dem leicht auflaufenden Samen keimten nach Überwinterung und Trockenlagerung im Keimapparat in 16 Tagen

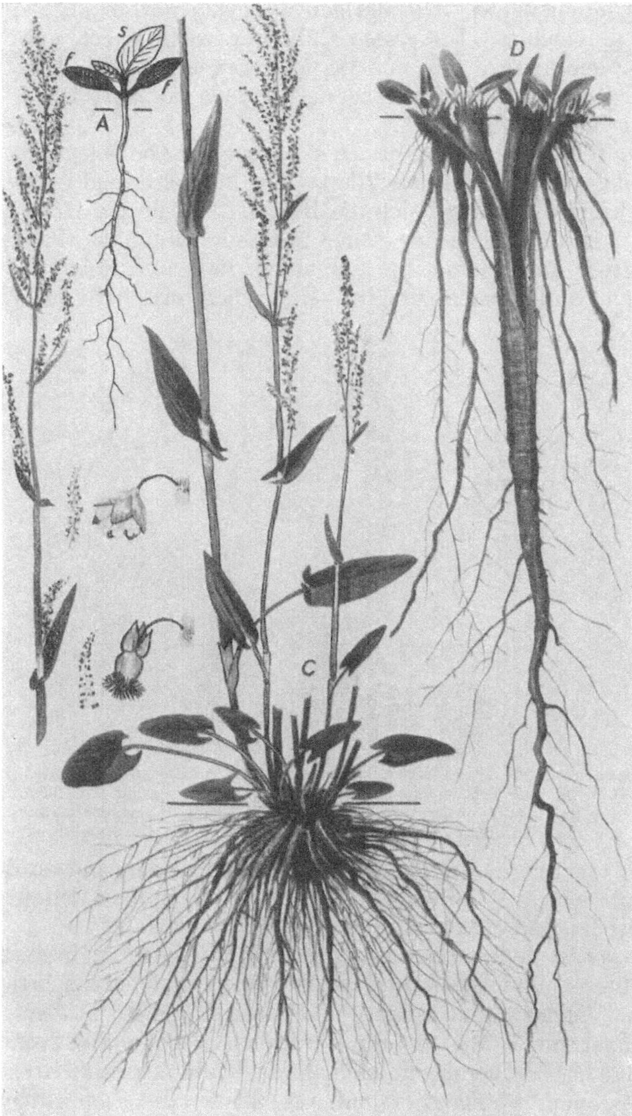

Abb. 310. *Rumex acetosa.* *A* Keimpflanze, *f* Keimblätter, *s* Laubblatt, nat. Gr.; *C* voll entwickelte, blühende Pflanze; *D* Wurzel einer älteren Pflanze mit geteiltem Wurzelhals und vegetativer Laubsproßbildung, etwa $^1/_4$ nat. Gr. Nach KORSMOS Unkrauttafeln.

99%. Von überwintertem, trocken gelagertem Samen keimten draußen im Freien in einer Tiefe von

	0	0,5	1	2	3	4	5	cm
in	28	30	32	44	50	50	50	Tagen
	40	62	24	4	0	0	0	% bzw.
	20	75	64	52	18	10	0	%.

keimten von Samen der gleichen Probe während des folgenden Frühjahrs nach Bodenüberwinterung im Freien. Von der gleichen Probe liefen auch im Keimapparat in 6 Tagen 92% auf. Tiefer als 4 cm keimte kein Same.

Nach $3^1/_2$ monatlicher Entwicklung war eine Keimpflanze 30 cm hoch, hatte jedoch keine Blütenanlagen. Die übrigen Pflanzen hatten bis dahin nur eine Laubblattrosette gebildet. Im ersten Jahre entwickelt sich gewöhnlich eine recht kräftige Keimpflanze mit nur wenig verzweigter Pfahlwurzel, an deren Hals sich beim Durchschneiden Seitensprosse bilden können. Die Pflanze blüht zum erstenmal im zweiten Jahre.

Am unteren Teil des Stengels entstehen allmählich und gelegentlich in kurzen Abständen Stengelsprosse, die der Pflanze ein bündelförmiges Aussehen geben können. In solchem Falle kann sich die Blütezeit bis in den Herbst erstrecken. Der Wurzelbau kann verschieden sein. Meistens bildet die Pflanze eine tief greifende, kräftige Pfahlwurzel, die allmählich hart und holzig wird und sich mit einer dicken Rindenschicht umgibt. Ein Stück unterhalb des Wurzelkopfes

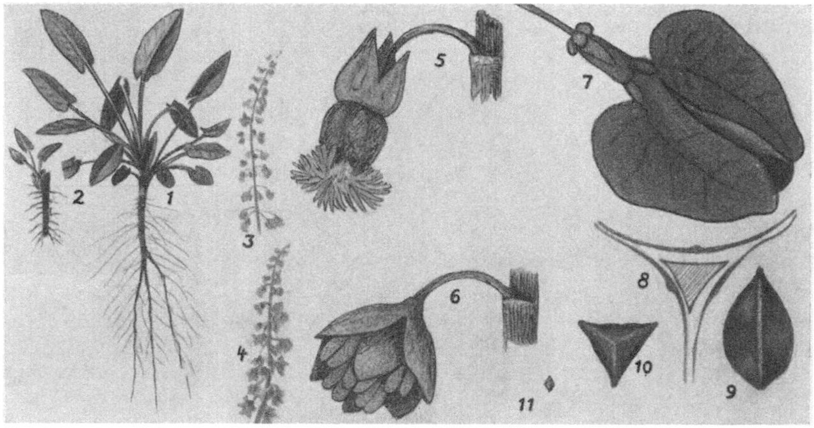

Abb. 311. *Rumex acetosa.* *1* Pflanze des ersten Jahres im Herbst, *2* keimender Wurzelteil, etwa $^1/_4$ nat. Gr.; *3* und *4* Zweige mit weiblichen bzw. männlichen Blüten, $^2/_3$ nat. Gr.; *5* und *6* weibliche bzw. männliche Blüte, etwa 10fach vergr.; *7* Same, von inneren Hüllblättern umgeben; *8* Samenquerschnitt; *9* Breitseite des Samens; *10* Same, von oben betrachtet, etwa 9fach vergr.; *11* Same, nat. Gr. Nach Korsmos Unkrauttafeln.

teilt sie sich in mehrere Äste, die sich nach außen biegen und an deren Enden Laubsprosse mit neuen Pfahlwurzeln entstehen, so daß die Pflanze auf diese, wenn auch sehr langsame Art vegetativ vermehrt wird.

Rumex acetosa ist stellenweise ganz gemein auf feuchten bis nassen Böden, sowie auf leichteren und silurischen Formationen, auf natürlichen und künstlichen Wiesen, Weiden, an Straßen- und Bahndämmen, Graben- und Waldrändern in ganz Europa, Mittel- und Nordasien, Nordamerika vom Mittelmeer bis an den Polarkreis und vereinzelt auch auf der südlichen Erdhälfte. In Deutschland, Großbritannien, Finnland, Island und bis in die nördlichsten Gegenden Skandinaviens ist dieses Unkraut ganz gewöhnlich.

Die Pflanze wird wesentlich durch Samen fortgepflanzt und verbreitet, aber auch vegetativ vermehrt. Sie bewirkt spärlichen Wiesenstand, ist in trockenem Zustande hart und verursacht bei Vorkommen im Heu Futterverweigerung und -vergeudung. Bei extensiver Wirtschaft tritt die Pflanze auch im Acker auf, so daß ihr Same außer durch Wiesensaat auch durch Dresch- und andere Abfälle, Futter, Dünger u. ä. verbreitet wird. So fanden sich in 11 Dreschabfallproben 619, in Sommerkornspreu 20, in Timothesamen 1000, in geringwertigeren Wiesensamen 6000 und im Heubodenkehricht 6500 Samen je kg der Proben.

Gute Bodenpflege, kräftige Düngung und zweckmäßige Fruchtfolge in Verbindung mit Verwendung reinen Saatgutes wirken dem Unkraut entgegen.

Die frische Pflanze enthält sehr viel oxalsauren Kalk und schmeckt darum säuerlich[1].

165. *Campanula rapunculoides* LINN. Kriechende Glockenblume, Acker-Glockenblume, engl. Creeping campanula. *Campanula rapunculoides* (Fam. Campanulaceae) ist ein mit Hilfe unterirdischer Sprosse wanderndes Unkraut mit mittelgroßen, blauen, glockenförmigen Blüten, die an der Spitze der etwa 50 bis 80 cm hohen Stengel in einer einseitigen Traube angeordnet sind. Die nickenden Kronen sitzen in zurückgebogenen Kelchblättern (Abb. 312). Blütezeit von Juni bis September mit unmittelbar anschließender Reife. Die dreifächerige, eiförmige, behaarte, hängende, oben quer abgestumpfte, graubraune Samenkapsel öffnet unmittelbar unter der nach der Reife in der Mitte vertieften Spitze drei Klappen. Der ovale, seitlich zusammengedrückte, mit hellerer Randkante versehene, ungleichmäßig gekrümmte Same hat am Grunde einen kragenförmigen Rand mit kleiner, mittlerer, grubenförmiger Vertiefung und eine fein gestreifte, glänzende, hellbraune und verstreut dunkler gestreifte Oberfläche (Abb. 313). 1000-K.Gew. etwa 0,12 g, Länge und Breite etwa $1{,}8 \times 0{,}9$ mm, Samenzahl je Blütenstengel etwa 3200, je kg etwa 8330000.

Von den schnell auflaufenden Samen keimten im Laboratorium bei einem Versuch mit 8 Monate alten Samen in 25 Tagen 84%, bei einem anderen in 10 Tagen 99%. Nach Trockenlagerung keimten bei Aussaat im Frühjahr draußen in 0,5 cm Tiefe in 44 Tagen 66%. Bei Herbstaussaat in Sandboden keimten im folgenden Frühjahr in einer Tiefe von

0	0,5	1	2	3	4	5	6	cm
32	17	26	20	16	2	0	0	%.

Während der Wachstumszeit des ersten Jahres entwickelt die Pflanze eine Rosette von wenigen gestielten, ei- bis herzförmigen Blättern. Die Achse dieser Rosette zieht sich am Grunde etwa 3 cm tief in die Erde und geht in eine pfahlförmige, unverzweigte Nährwurzel von etwa 10 cm Länge über, mit deren Hilfe die Keimpflanze überwintert, um die Entwicklung im nächsten Sommer fortzusetzen. Dabei bilden sich am Wurzelkopf mehrere Ausläufer, von deren Knotenpunkten neue Nährwurzeln und Laubblätter treibende Sprosse ausgehen. Am Primärsproß entstehen gewöhnlich im zweiten Jahre blühende und fruchtende Stengel.

Die primäre Wurzel (Keimwurzel) zieht sich im zweiten Jahre weiter nach unten, so daß ihr Kopf jetzt etwa 4 cm unter der Oberfläche liegt. Er sendet nun nach allen Seiten wagerechte Ausläufer, die in unregelmäßigen Abständen von 2—5 cm Knoten bilden. Diese Art vegetativer Vermehrung setzt sich auch im dritten und den folgenden Jahren fort. An den sich weiter entwickelnden Ausläufern entstehen spindelförmige Nährwurzeln, an deren Köpfen sich dann die Ausläuferbildung wiederholt und fortsetzt. Gleichzeitig entstehen an jeder Wurzel ein oder mehrere Laubsprosse, von denen allerdings nur wenige blühende Stengel hervorbringen. Die meisten bilden nur Rosetten von gestielten, ei- bis herzförmigen, grobzähnig gesägten Blättern. Jede Blattrosette sitzt also auf einem ins Licht strebenden Sproß, der vereinzelt oder gesellig aus Brutknospen des Wurzelkopfes der Nährwurzel hervorgeht. Alle Blütenstiele entsprießen unmittelbar den Brutknospen am Wurzelkopfe.

Da die Fähigkeit der Wurzel zu vegetativer Vermehrung im Wurzelkopf beruht, stirbt der Rest ab, wenn man ihn vom Kopf trennt.

---

[1] SCHMEIL: Lehrbuch der Botanik. 34. Aufl. S. 46.

Campanula rapunculoides kommt in Gärten, Parkanlagen, an Hecken und im Ackerboden als sehr lästiges Unkraut in Mittel- und Südeuropa, Westasien und Nordamerika vor. Als solches ist die Pflanze nach HEGI in Deutschland auf Äckern, Feldern, in Gebüschen, Wäldern, an steinigen, büschigen Stellen, auf

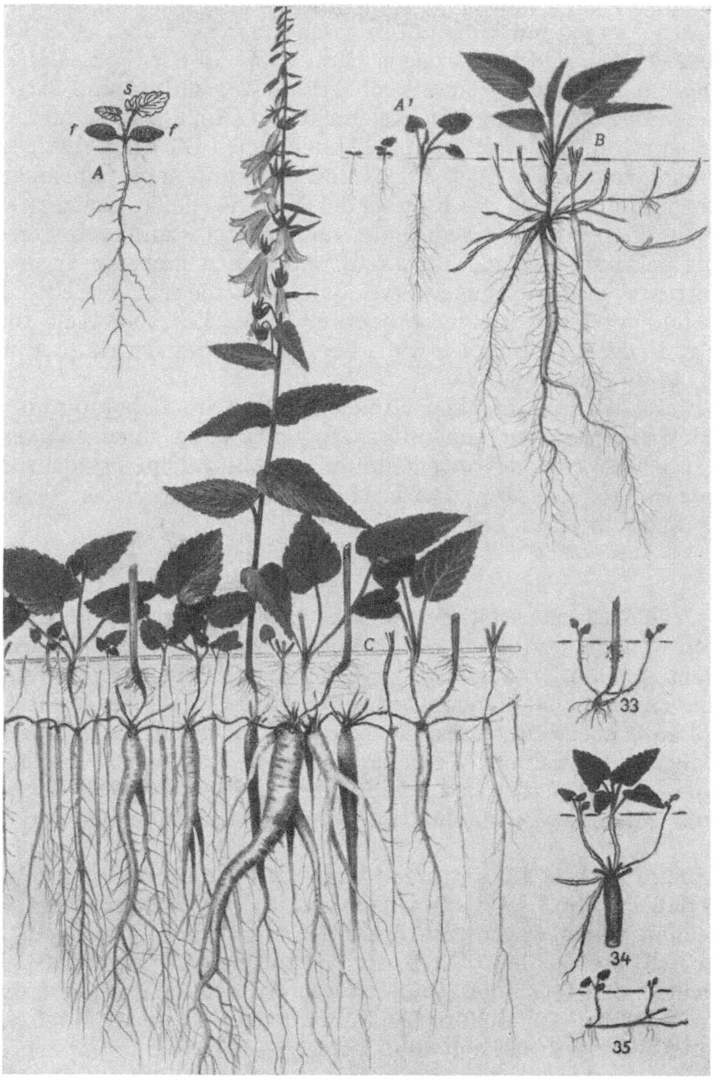

Abb. 312. *Campanula rapunculoides*. *A* Keimpflanze, *f* Keimblätter, *s* Laubblatt, nat. Gr.; *A*[1] 3 Monate alte Keimpflanze; *B* dieselbe im Herbst des zweiten Jahres; *C* ältere, voll entwickelte Pflanze; *33*, *34* und *35* zeigen vegetative Entwicklung an Teilstücken unterirdischer Organe, *A1*, *B*, *C*, *33*—*35* etwa $^1/_5$ nat. Gr. Nach KORSMOS Unkrauttafeln.

Mauern, wüsten Plätzen von der Ebene bis in die Voralpen verbreitet; stellenweise lästig, besonders in Gärten, Parkanlagen, Baumschulen, gelegentlich auch im Acker u. ä. in England, Schottland und Skandinavien bis zu 61° 15′ n. Br. (Norwegen) anzutreffen.

Die Pflanze wird durch Samen fortgepflanzt und vegetativ vermehrt. Dringt sie im Nutzland ein, greift sie Rosette um Rosette weiter vor, deckt mit ihrem dichten Blattbestand das Feld vollständig ab und verdrängt andere Nutzpflanzen. Im Ackerland wird sie nach mechanischer Teilung von Wurzeln und Ausläufern durch Geräte verschleppt und verbreitet.

Aus Gärten und Baumschulen verschleppt man sie durch Wurzelballen mit Nutzpflanzen, die vegetative Teile des Unkrautes enthalten.

Der Same kann auch Dreschabfälle, Spreu und Saatgut verunreinigen. So fanden sich in zwei Kornspreuproben je kg durchschnittlich 1200 Samen.

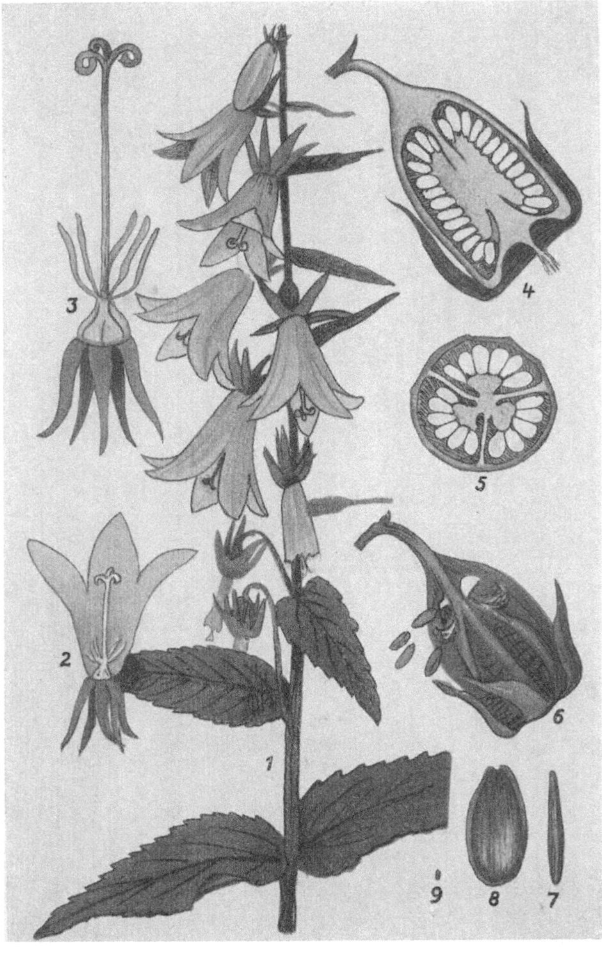

Abb. 313. *Campanula rapunculoides.* *1* blühender Gipfelsproß, 5/8 nat. Gr.; *2* Blüte im Längsschnitt, 5/8 nat. Gr.; *3* Blüte nach Entfernung der Krone, 7/5 nat. Gr.; *4* und *5* Längs- und Querschnitt reifender Blütenkapseln, 5/2 nat. Gr.; *6* Samenkapsel nach der Reife, etwa 7/3 nat. Gr.; *8* und *7* Samenschmal- und Breitseite, 8fach vergr.; *9* Same, nat. Gr. Nach KORSMOS Unkrauttafeln.

Tritt dieses Unkraut erst im Boden auf, läßt es sich besonders in Gärten und Parken schwer bekämpfen, da es sich in Büschen, Hecken u. ä. festsetzt, wo sich nicht immer Gelegenheit zu wirksamer Bekämpfung bietet. Im Acker sammle man hinter dem Pfluge alle Nährwurzeln auf oder grabe sie mit ihren unterirdischen Teilen während des Wachstums aus. Sind nur kleinere Flächen des Bodens verunkrautet, läßt sich die oberste Schicht so weit wegschaufeln, daß man die Köpfe der Nährwurzeln abschneidet, die man dann mit der weggeschaufelten Erde entfernt, um die vegetativen Vermehrungsorgane der Pflanze unschädlich machen zu können. Das Wurzelsystem läßt sich auch durch eine Natriumchloratlösung vernichten, indem man die verseuchten Felder je qm mit 1 Liter einer 5% igen Lösung bespritzt.

Alle Blütenstiele entferne man vor der Blüte, um Samenreife zu verhindern. Gleichfalls überwache man strengstens die Verpflanzung und den Vertrieb von Pflanzen mit Wurzelballen aus Gärten und Pflanzenschulen, in denen das Unkraut auftritt.

166. *Chaerefolium silvestre* (L.) SCHINZ et THELLUNG = *Anthriscus silvestris* HOFFM. [= *Chaerophyllum silvestre* L.]. Waldkerbel, Wiesenkerbel, engl.

Cow parsley, beaked parsley, wild chevril. *Ch. silvestre* (Fam. Umbelliferae) ist ein grobes, kräftiges, 30—150 cm hohes Unkraut mit dreifach gefiederten Blättern und gefurchtem, steif behaartem Stengel (Abb. 314). Die Pflanze blüht von Mai bis August und reift eine zweiteilige Spaltfrucht, die oben an dem gabeligen Samenstiel hängt.

Abb. 314. *Chaerefolium silvestre. A* Keimpflanze, nat. Gr.; *B* dieselbe im Herbst; *C* und C^1 voll entwickelte, blühende Pflanze; *D* die Pflanze im Spätherbst des Blühjahres; *1* die Wurzel des Primärsprosses; *2—2* Tochterpflanzen 1. Ordnung; *3—3* Tochterpflanzen 2. Ordnung, vegetativ entwickelt, etwa $^1/_5$ nat. Gr. Nach KORSMOS Unkrauttafeln.

Die grünlichbraunen bis schwarzbraunen, gleichmäßigen, auf der vorgewölbten Außenseite nicht gefurchten, auf der Unterseite eine tiefe Längsfurche tragenden, lanzettlichen, am Grunde stumpf abgerundeten Samen werden der Spitze zu schmäler und tragen oben einen kurzen, fünfstreifigen, krummen Samenschnabel. Der Same ist geruch- und geschmackslos (Abb. 315). 1000-K.Gew. etwa 3,3 g,

Länge und Breite etwa 6,3 × 1,1 mm, Samenzahl je Pflanze etwa 10000, je kg etwa 300000.

Der Same läuft im Laboratorium langsam auf. Im Boden keimten bei einem Versuch in 155 Tagen bei einigermaßen gleichmäßiger Treibhauswärme 100%. Bei Herbstaussaat im Freien keimten im folgenden Frühjahr in 44 Tagen 33%. Bei Herbstaussaat von frisch geerntetem Samen keimten im folgenden Frühjahr, also nach Bodenüberwinterung im Freien, in einer Tiefe von

0	0,5	1	2	3	4	5	6	7	8 cm
8	34	66	60	40	14	4	2	0	0 %.

Bei Aussaat im Frühjahr keimte von Samen der gleichen Probe in 0,5 cm Tiefe im Spätsommer 1%. Nach Aussaat im Frühjahr laufen die Samen dieses Unkrautes gewöhnlich nicht im Sommer des gleichen Jahres, sondern erst im folgenden Frühjahr auf.

Die lanzettlichen, aufrechten Keimblätter sind 1,8—2 cm lang und 0,2 cm breit. Die aus Samen gebildeten Keimpflanzen treiben im Keimjahre eine dünne, bis zu 30 cm lange, unverzweigte, weißgelbe Pfahlwurzel und eine Rosette aus wenigen Laubblättern. Im folgenden Sommer werden sowohl die Wurzel als auch die Laubblattrosette größer. Unter besonders günstigen Wachstumsbedingungen treibt die Pflanze sogar blühende Stengelsprosse. Im Laufe des Spätsommers entwickeln sich am unterirdischen Teil des Stengels ein oder mehrere Seitensprosse, die als dünne, helle Stränge fast rechtwinkelig aus dem Mutterstamm herauswachsen, sich bereits nach einer Länge von wenigen Millimetern am Ende knospenförmig verdicken und allmählich eine Wurzel sowie über der Erde eine kleine Blattrosette bilden, die bis zur Blüte und Reife der Mutterpflanze im folgenden Sommer, gewöhnlich also bis in deren drittes Entwicklungsjahr mit der Mutterpflanze verbunden bleiben; die unter- und oberirdischen Teile der Mutterpflanze sterben dann ab, während die neuen, vegetativ entwickelten Pflanzen frei werden und selbständig überwintern. Inzwischen haben sich nun die zweijährigen Tochterpflanzen weiter vegetativ vermehrt, die vegetativen Seitensprosse der Mutterpflanze also am Schluß des dritten Jahres bereits neue Pflanzen hervorgebracht. Diese Vermehrungsart findet dann ihren Fortgang. Die volle Entwicklung der Pflanze mit Blüte und Reife dauert also gewöhnlich drei Sommer. Die vegetativen Sprosse des Stengels entwickeln sich an dem hypokotylen Teil des Stengels etwa 2—2,5 cm unterhalb der Erdoberfläche. Unterhalb dieses Ringes vegetativer Vermehrungsanlagen scheint die Pflanze keine vegetativen Sprosse bilden zu können.

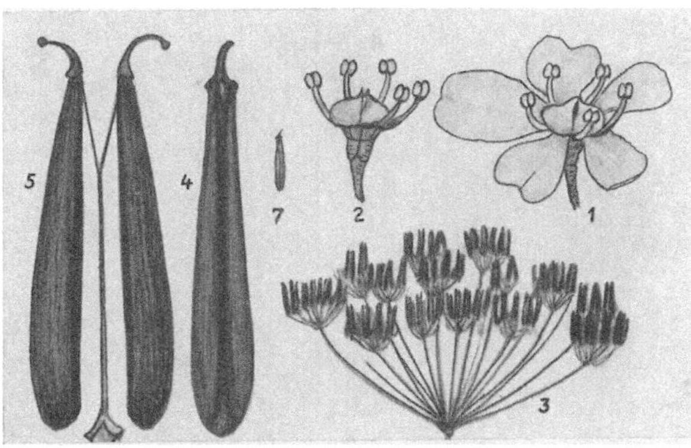

Abb. 315. *Chaerefolium silvestre*. *1* Blüte, *2* Blüte nach Entfernung der Kronenblätter, etwa 6fach vergr.; *3* Fruchtdolde, etwa 2/3 nat. Gr.; *4* Bauchansicht des Samens, *5* Frucht, 13/2 nat. Gr.; *7* Same, nat. Gr. Orig.-Zeichn.

Das Unkraut kommt auf Wiesen, Weiden, an Hecken, Weg-, Grabenrändern u. a. in Europa, Nordasien, Nordafrika und Nordamerika vor. In Mittel- und Südeuropa ist diese Umbelliferenart ein streckenweise sehr gewöhnliches Unkraut auf Wiesen, an Hecken, in Obstgärten, Gestrüpp, gelegentlich auch auf feuchtem Boden, und zwar in ganz Deutschland von den tiefergelegenen bis in die subalpinen Gebiete. Auch in ganz Großbritannien und Irland ist die Pflanze allgemein verbreitet. In Skandinavien kommt sie überall als gemeines Unkraut vom Meer bis an die Birkengrenze und bis zu etwa 70° n. Br. (Norwegen) vor. Im Nutzland tritt sie besonders auf älteren Wiesen, kräftigem, humushaltigem Boden, in Gärten, auf feuchten Feldern, in Vertiefungen und an Misthaufen auf. Bei extensiver Wirtschaft kann sie auch im Acker vorkommen.

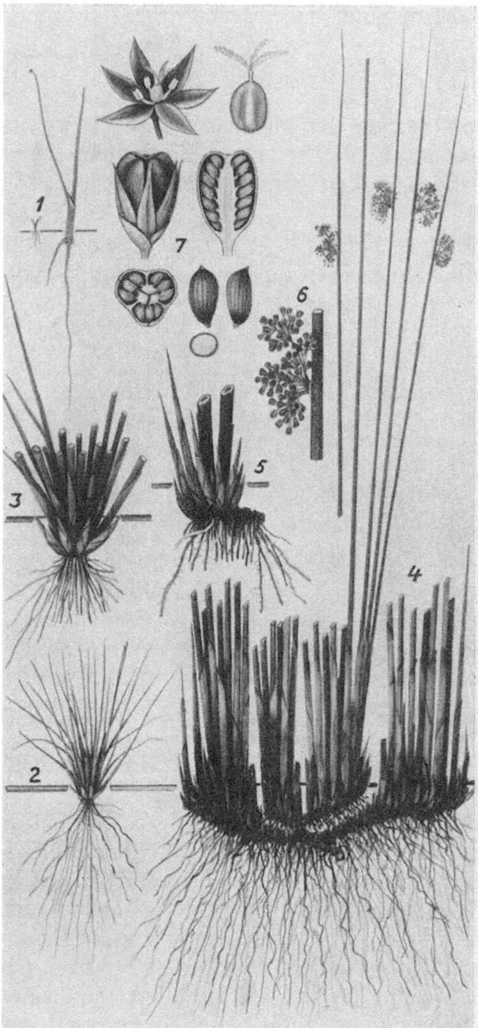

Abb. 316. *Juncus effusus.* *1* einige Tage alte Keimpflanze, 3fach vergr.; *2* 90 Tage alte Keimpflanze, $^1/_5$ nat. Gr.; *3* dieselbe, $^3/_5$ nat. Gr.; *4* alte Pflanze, $^1/_5$ nat. Gr.; *5* abgeschnittener Wurzelast, der in der Erde weiterwächst, $^3/_5$ nat. Gr.; *6* Blütenstand, $^3/_5$ nat. Gr.; *7* Fruchtkapsel mit dazugehörigen Schnitten, 5fach vergr. Orig.-Zeichn.

Die Pflanze wird durch Samen fortgepflanzt, vegetativ vermehrt und auf beiderlei Art verbreitet. Infolge ihrer eigenartigen vegetativen Vermehrung kann sie in Gruppen auftreten, die sich bei ungestörter Entwicklung weiter und weiter ausdehnen.

Wächst sie einzeln oder in kleineren Stöcken, hat es sich als nützlich erwiesen, ihre Verbreitung durch Abschneiden der Wurzel etwa 5 cm unterhalb der Erdoberfläche zu unterdrücken. Am besten entfernt man den abgeschnittenen Teil und sät die offene Stelle mit Gras ein, das schnell keimt und die Schnittwunde bedeckt. Man kann die Wurzel auch durch Bedecken des Kopfes mit Chemikalien vernichten. Natriumchlorat wirkt selbst in kleinen Mengen von beispielsweise $^1/_2$ Liter 5%iger Lösung je qm gut. Beim Pflügen von Wiesen, beim Graben und Einebnen von Boden besonders des Nutzlandes sammle man die Wurzeln soweit möglich auf. Um Samenverbreitung zu verhindern, haue man die Pflanze vor der Reife ab.

Das harte, holzige Unkraut schmeckt schlecht und wird von den Haustieren abgelehnt.

167. *Juncus effusus* LINN. Flatter-Binse (-Simse), engl. Soft rush. *Juncus effusus* (Fam. Juncaceae) ist ein ausdauerndes, 30—70 cm hohes, horstbildendes Unkraut mit aufrechten, glatten, furchenartig gerillten, graugrünen, glänzenden, zähen Halmen, schwarzbraunen Scheiden, hellgrünen Blütendeckblättern und zusammengesetzten, gelbgrünen, oft ziemlich langstieligen, lockeren Blütenständen mit großen, offnen Blüten; Blüte- und Reifezeit von Juni bis August (Abb. 316).

Die dreifächerige, umgekehrt eiförmig bis becherförmige Kapselfrucht hat eine grubenförmige Vertiefung mit eingedrücktem Zapfen. Länge und Breite betragen etwa 2 × 1,5 mm, Samenzahl je Kapsel etwa 63. Die reife Kapsel springt an der Spitze mit drei Zähnen auf.

Der an beiden Enden spitzig-oval (wurstartig) abgerundete Same ist im Durchschnitt fast kreisrund, der Länge nach gerillt, rauh, von klarem Hellbraun und an den schnabelförmigen Spitzen dunkelbraun bis schwarzbraun gefärbt (Abb. 317).

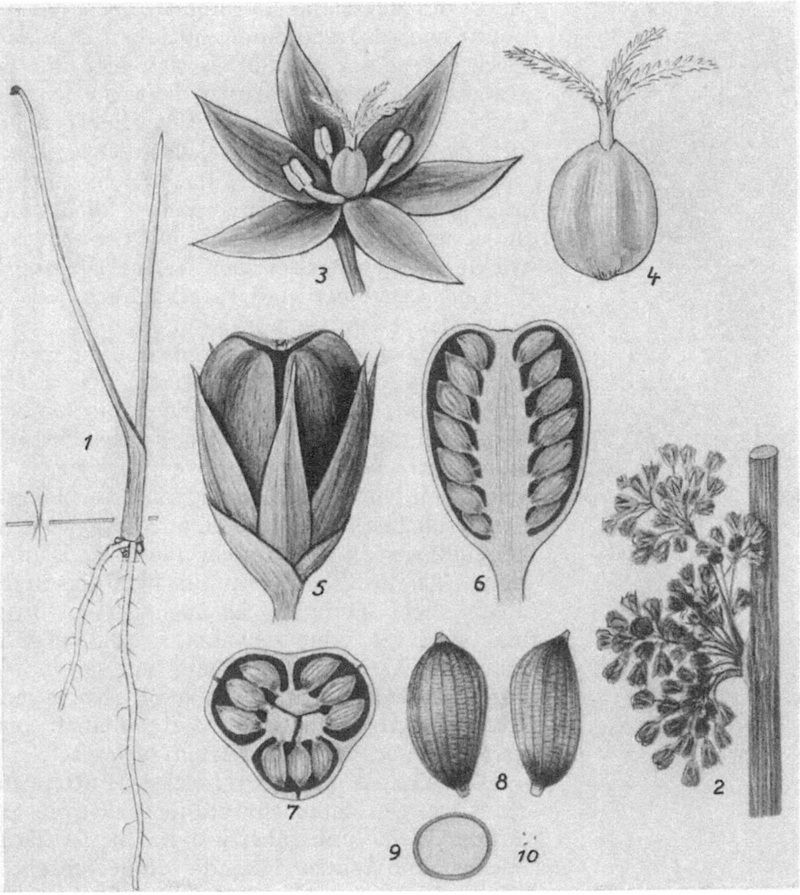

Abb. 317. *Juncus effusus.* *1* Keimpflanze, 8fach vergr.; *2* Blütenstand, 2fach vergr.; *3* Blüte, 13fach vergr.; *4* reifender Fruchtknoten, 39fach vergr.; *5* Kapsel; *6* und *7* Längs- und Querschnitt der Kapsel, 17fach vergr.; *8* Samen, *9* Samenquerschnitt, 44fach vergr.; *10* Samen, nat. Gr. Orig.-Zeichn.

1000-K.Gew. etwa 0,01 g, Länge und Breite etwa 0,5 × 0,25 mm, Samenzahl je Halm etwa 6000, je kg etwa 100 Millionen. Bei einem Keimversuch draußen im Sandboden keimten nach Herbstaussaat in 0,5 cm Tiefe während des nächsten Frühjahrs 6%. Bei Aussaat im Frühjahr keimten gleichzeitig 2%. Einigermaßen gute Keimung ließ sich gewöhnlich auf feuchtem, nacktem, den Samen kaum bedeckendem Boden erzielen.

Zunächst bildet der Laubsproß der Keimpflanze an der Übergangsstelle zur Wurzel in der Erde ein abgestumpftes Zäpfchen mit zwei fadenförmigen, annähernd senkrecht nach unten wachsenden Faserwurzeln. Während der weiteren

Entwicklung wird die Pflanze sehr büschig und treibt bis zu 30 fadenförmige, sich nach oben gleichmäßig verjüngende Laubsprosse und ein Faserwurzelbündel. Schon nach Abschluß des ersten Entwicklungsjahres hat sich die Wurzel an der Achse des Muttersprosses verzweigt. Im zweiten Jahre kommen die ersten Blütenstiele zum Vorschein, während gleichzeitig ein mehrfach verzweigtes Wurzelsystem angelegt wird. Die ersten vegetativen Vermehrungsteile entsendet die Pflanze aus der Achse des Muttersprosses unmittelbar unter der Erdoberfläche, also von einem Mittelpunkt aus. Biologisch betrachtet handelt es sich hier um Erdausläufer. Jeder dieser Ausläufer verzweigt sich mehrfach und ist mit etwa erbsengroßen Brutknospen, in denen sich die Laubsprosse entwickeln, dicht besetzt. Die Sprosse und später die Halme stehen infolgedessen in einzelnen oder mehreren Reihen dicht nebeneinander und bilden Horste, die mit der weiteren Entwicklung der unterirdischen Vermehrungsorgane an Umfang zunehmen und so allmählich jede andere Nutzpflanze ersticken.

Abb. 318. *Juncus Leersii* (*J. conglomeratus* LINN.). *1* einige Tage alte Keimpflanze, 3fach vergr.; *2* Herbstpflanze, $^1/_5$ nat. Gr.; *3* dieselbe, $^3/_5$ nat. Gr.; *4* alte Pflanze, $^1/_5$ nat. Gr.; *5* abgeschnittener Wurzelzweig, der in der Erde weiterwächst, $^3/_5$ nat. Gr.; *6* Blütenstand, $^3/_5$ nat. Gr.; *7* Samenkapsel mit dazugehörigen Schnitten, 5fach vergr. Orig.-Zeichn.

Juncus effusus ist streckenweise auf saurem bis sumpfigem Boden, auf moorigem, wie auf festem Untergrund, auf Wiesen, Weiden, an Gräben und anderen sumpfigen, bebauten und unbebauten Stellen, an Uferstrecken, auf sumpfigem, moorigem, abseits gelegenem Nutzland über die ganze gemäßigte Zone der nördlichen Erdhälfte und auch über viele Gebiete der südlichen als Unkraut verbreitet. In Deutschland findet sich die Pflanze vom Flachland bis in die Voralpen. Sehr häufig ist sie auch in Großbritannien und ganz Skandinavien bis in die nördlichsten Landesteile. Besonders lästig ist sie in Küstengegenden bis zu ungefähr 65° n. Br. (Norwegen). Die Pflanze wird durch Samen fortgepflanzt, vegetativ vermehrt und auf beide Arten verbreitet.

Die Pflanze gibt ein holziges Futter, das die Haustiere gewöhnlich sowohl in der Krippe als auch auf der Weide unberührt lassen. Sie ist darum auf Weiden und Wiesen besonders unerwünscht. Gute Pflege des Bodens verträgt sie gewöhnlich nicht und verschwindet bei Entwässerung und Kalkung des Bodens. Zur Verhinderung der Samenreife haue man sie vor der Blüte ab. Bildet sie auf Weiden Horste, hacke man sie mit den Wurzeln aus[1] oder vernichte das Wurzelsystem durch vergiftende oder ätzende Chemikalien wie Natriumchlorat, womit man die Horste bestreut oder als 5—10% ige Lösung in Mengen von 1—1,5 Liter je qm bespritzt.

168. *Juncus Leersii* MARSS. (=*J. conglomeratus* LINN. pr.p.). Knäuel-Binse (-Simse), engl. Common rush. *Juncus Leersii* (Fam. Juncaceae) hat 30—70 cm hohe

[1] Dazu läßt sich eine gabelförmige Rodehacke, deren Zinken die Ausläuferäste hochreißen und entfernen, verwenden.

oder höhere, aufrechte, runde, fein gestreifte, etwas rauhe, dunkelgrüne, dichte Horste bildende Halme mit hellbraunen Scheiden, meist dichten, kopfförmigen, gewöhnlich dunkelbraunen rundlichen Blütenständen aus kurzstieligen Blütenbündeln, mit bräunlichen, lanzettlichen, oben spitzen Blütenblättern, die etwas länger als die Kapseln sind. Blütezeit von Mai bis Juli (August) (Abb. 318).

Die dreifächerige, umgekehrt eiförmige Fruchtkapsel hat einen in die Spitze hineingedrückten, warzenförmigen, mittelständigen Zapfen, an dem die Reste des Griffels sitzen. Die schokoladenbraune Kapsel enthält etwa 63, an beiden Enden zusammengeschnürte, längliche, am Grunde zapfenförmige, oben in einen kurzen, spitzen Schnabel auslaufende, längsgerillte, braungelbe Samen (Abbild. 319). 1000-K.Gew. etwa 0,01 g, Länge und Breite etwa 0,5 × 0,25 mm, Samenzahl je Halm etwa 4500, je kg etwa 100 Millionen. Bei einem Laboratoriumsversuch keimten von vorjährigem Samen dieser Art in 50 Tagen 89%, bei Überwinterung draußen im Sandboden liefen im Frühjahr 6% auf.

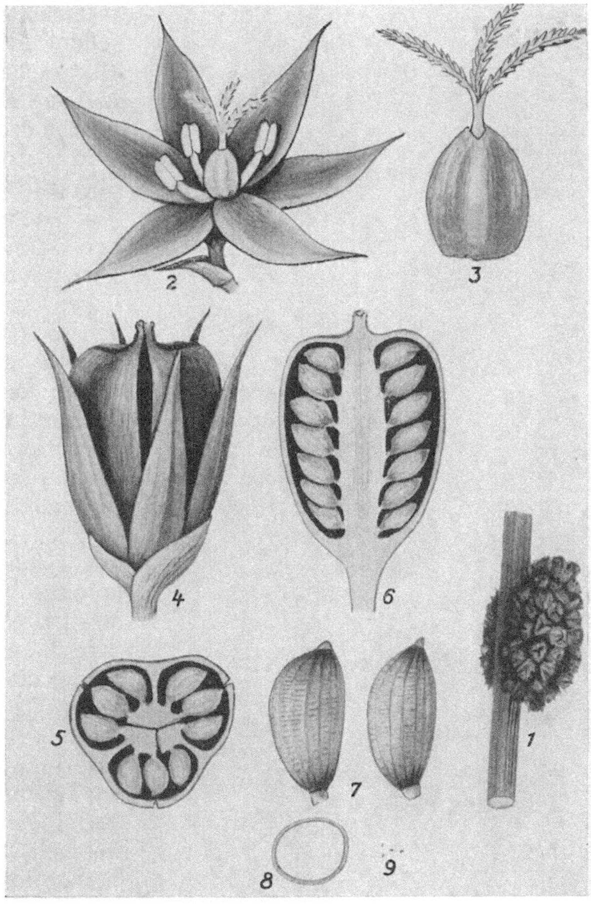

Abb. 319. *Juncus Leersii* (= *J. conglomeratus* LINN.). *1* Blütenstand, 2fach vergr.; *2* Blüte, 13fach vergr.; *3* Stempel, 39fach vergr.; *4* Samenkapsel, *5* und *6* Schnitte der Samenkapsel, 17fach vergr.; *7* Samen, *8* Samenquerschnitt, 44fach vergr.; *9* Samen, nat. Gr. Orig.-Zeichn.

Die Entwicklungsformen dieser Art stimmen mit denen von *Juncus effusus* überein.

Sie findet sich meistens auf saurem bis feuchtem, festem Untergrund, gelegentlich auch auf Kunstwiesen, manchmal sogar im Acker. Im übrigen tritt sie wie *Juncus effusus* auf und ist über ganz Europa, Kleinasien, Nordafrika, Nordamerika, Südamerika und andere Gebiete verbreitet. Vereinzelt wächst sie besonders im deutschen Tiefland, in Großbritannien und in Skandinavien bis zu 69° n. Br. (Norwegen).

Die Pflanze wird auf gleiche Art wie *Juncus effusus* verbreitet. Auch betr. Abwehrmaßnahmen vgl. *J. effusus*.

Zu den beiden hier erwähnten *Juncus*-Arten gehört auch eine kleinere, mehrjährige Art:

169. *Juncus filiformis* LINN. Faden-Binse (-Simse), engl. Tread rush. Die Entwicklung dieser Art ist die gleiche wie die der beiden anderen angeführten, nur daß sie nicht größer als 10—30 (50) cm wird.

Sie ist auf moorigem Boden, Sandboden, an Uferstrecken, auf Weiden und mit Gras bewachsenem Ödland ganz gewöhnlich und im übrigen wie *Juncus Leersii* verbreitet (Abb. 320).

170. *Ulmaria pentapetala* GILIB. [*Spiraea ulmaria* LINN., *Filipendula ulmaria* (L.) MAXIM.]. Mädesüß, Wiesenkönigin, Rüsterstaude, engl. Queen of the meadows, meadow-sweet. *Ulmaria pentapetala* (Fam. Rosaceae) ist eine Pflanze von kräftigem Wuchs mit über meterhohen Stengeln und büschigem Aussehen. Die durchbrochen gefiederten Blätter haben abwechselnd größere und kleinere elliptische Seitenteile und einen großen dreilappigen Endteil. Die Blätter sind meistens unterseits weißfilzig und oberseits grün. Blütezeit von Juni bis Juli (August). Die kräftig süßlich duftenden Blüten sitzen in ästigen, bündeligen Quasten zusammen (Abb. 321). Die länglichen, krummen, gewundenen, einsamigen Schötchen haben auf der vorgewölbten Außenseite eine erhabene Rippe, laufen auf der mit einem Buckel versehenen, kantigen Innenseite in einen zapfenförmigen, 3 mm langen, 1,2 mm breiten Stiel aus und sind von gelbbrauner bis olivengrüner Farbe. Der längliche, seitlich etwas flachgedrückte, am Grunde abgerundete, oben zugespitzte, braune Same trägt feine Längsstreifen (Abb. 322). 1000-K.Gew. etwa 0,7 g, Länge und Breite etwa 1,8 × 0,6 mm, Samenzahl je Pflanze etwa 34500, je kg etwa 1,4 Millionen. Der Same läuft meistens ungleichmäßig auf. Im Laboratorium keimten bei einem Versuch in 10 Tagen 60%, bei einem anderen in 126 Tagen 26%. Bei einem Saattiefenversuch liefen von frisch geernteten Samen im Sandboden bei Herbstaussaat in einer Tiefe von

0	0,5	1	2	3	4	5	6 cm
42	52	34	40	6	4	0	0 %

während des folgenden Frühjahrs auf, während von der gleichen Probe bei Aussaat im Frühjahr in 0,5 cm Tiefe gleichzeitig nur 1% keimte.

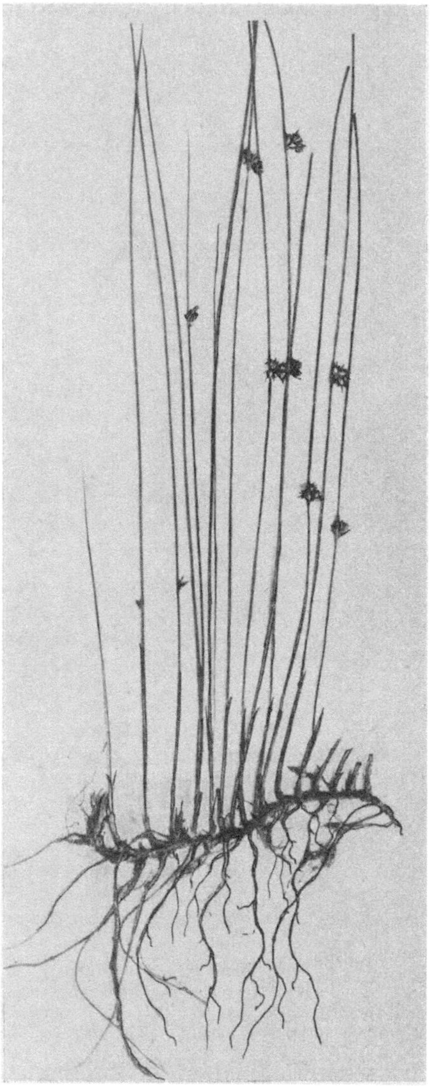

Abb. 320. *Juncus filiformis.* Vollentwickelte Pflanze, etwa 1/3 nat. Gr. Eig. Aufn.

Im ersten Entwicklungsjahre wächst die Pflanze ziemlich langsam. Sie treibt 4—10 bis zu 30 cm lange Faserwurzeln, gewöhnlich aber noch keine Ausläufer oder Ausläuferanlagen, sondern bringt es zunächst nur zur Ausbildung einer 5—8 blättrigen Rosette. Die Keimpflanze blüht und fruchtet zum ersten Male im zweiten Keimjahre an einem aus dem überwinternden Teil des Primärsprosses hervorgehenden Stengel. Am Wurzelhals entstehen dann kurze, dicke, wurzelstockartige Ausläufer, deren Scheitel zu einem Laubsproß wird, der während des Spätsommers eine Blattrosette treibt. Im Spätherbst bilden sich dann Ausläuferanlagen zweiten Grades, die im dritten Wachstumsjahre auswachsen und die Ver-

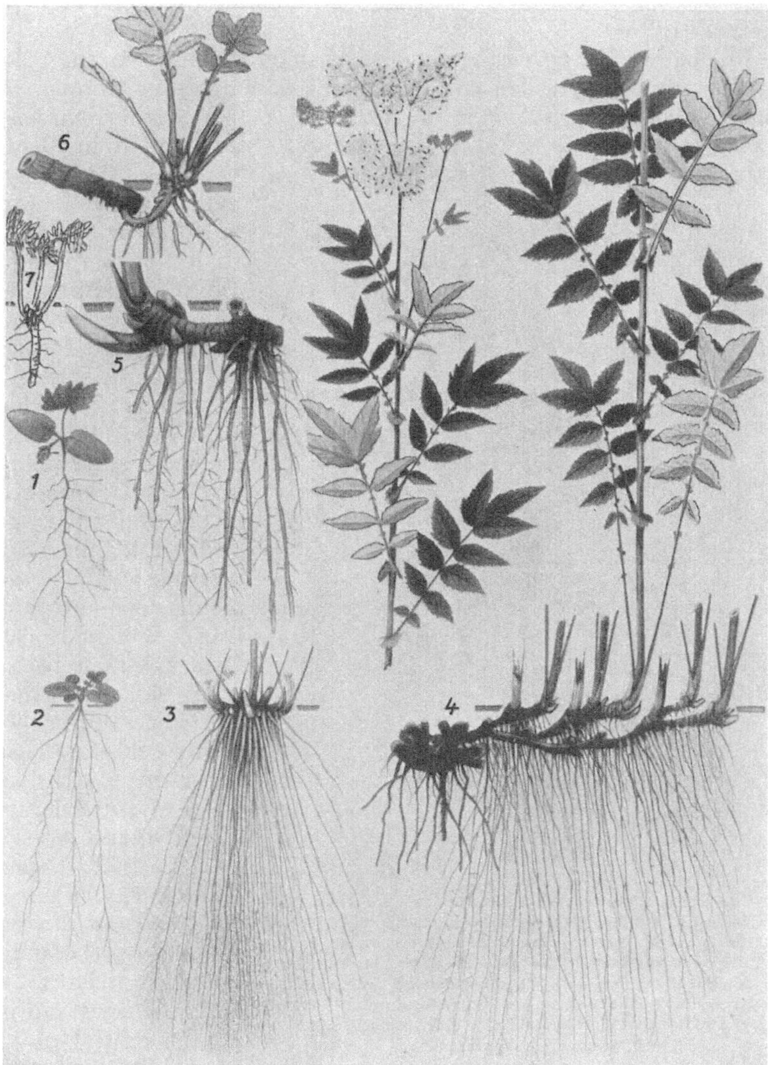

Abb. 321. *Ulmaria pentapetala.* *1* Keimpflanze, 2fach vergr.; *2* dieselbe im Herbst, *3* Wurzel und Ausläufer einer Pflanze im zweiten Jahr, *4* ältere, blühende Pflanze, etwa $^1/_5$ nat. Gr.; *5* losgerissener Zweig des Ausläufers, der in der Erde weiterwächst, *6* Stück des Ausläufers, das Laubsprosse entwickelt hat, $^1/_3$ nat. Gr.; *7* Teil der Faserwurzel, deren Fähigkeit zu vegetativer Vermehrung gezeigt wird. Orig.-Zeichn.

mehrung auf gleiche Art fortsetzen. Das Wurzelsystem stellt ein flachliegendes, sehr verzweigtes Netz fingerdicker, schwarzbrauner, kurzer, wurzelstockartiger Ausläufer[1] dar, die mit langen, fadenförmigen, zähen, schwarzbraunen, vegetativ

[1] Klein erwähnt in „Unsere Waldblumen und Farngewächse" S. 101 über die Wurzel, daß es sich um ein knolliges, verdicktes, perennierendes Rhizom handle, und

vermehrungsfähigen Faserwurzeln dicht besetzt sind. Diese Faserwurzeln entwickeln bei Trennung von den Ausläufern Laubsprosse mit gleichem Wachstumsverlauf wie beim Muttersproß. Nach der Blüte und Reife sterben die vertrockneten Laubsprosse ab und hinterlassen am „Ausläufer" napfförmige Narben. An den Verzweigungsstellen brechen dann im Herbst einzelne odeı mehrere Stengelsproßanlagen hervor, die im folgenden Sommer blühende und fruchtende Sprosse treiben.

Die Pflanze wächst an Grabenrändern, Rainen, Bachläufen, in Wäldern, auf Weiden, Wiesen, Uferstrecken und feuchtem Gelände in ganz Europa, Nordasien und aus Eurasien eingeschleppt in Nordamerika. In den erwähnten Wachstumsbereichen ist dieses Unkraut streckenweise anzutreffen in Deutschland, Großbritannien, Finnland und Skandinavien vom Meer bis in die Nähe des Weidengürtels und nördlich bis zu 70° 10′ n. Br. Die Pflanze findet sich vorwiegend im Ödland, greift auf feuchtem, humushaltigem Boden aber gelegentlich besonders in nördlichen Gebieten und bei extensiver Wirtschaft auch auf Wiese und Acker über. Sie wird durch Samen fortgepflanzt, vegetativ vermehrt und auf beide Arten verbreitet. Die Samenverbreitung geschieht teils durch Wind, teils durch Ernteerträge. So fanden sich in drei Dreschabfallproben durchschnittlich 260 Samen je kg.

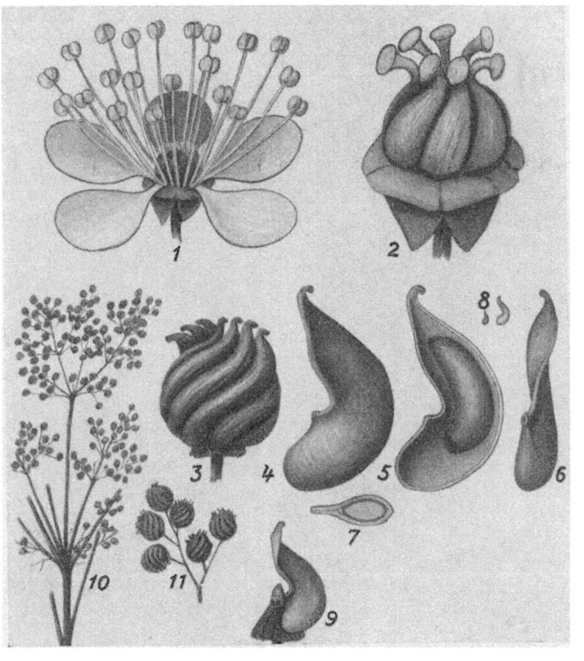

Abb. 322. *Ulmaria pentapetala* (*Spiraea ulmaria* Linn. = *Filipendula ulmaria* [L.] Maxim.). *1* Blüte, 9fach vergr.; 2 Fruchtknoten, 18fach vergr.; *3* Frucht, 11fach vergr.; *4* Früchtchen; *5* Früchtchen nach Entfernung der Seitenwand, so daß der Same sichtbar ist; *6* Früchtchen, von der Bauchseite gesehen; *7* Früchtchen im Querschnitt, 16fach vergr.; *8* Früchtchen, nat. Gr.; *9* Fruchtansatz mit Frucht, 9fach vergr.; *10* Fruchtstand, 4/7 nat. Gr.; *11* Teil desselben, etwa 2fach. vergr. Orig.-Zeichn.

Man unterdrückt die Pflanze durch Abhauen vor der Reife, durch Ausgraben und Entfernen der unterirdischen Organe, wo sie vereinzelt auftritt, oder durch Umpflügen, wenn sie im Nutzlande in dichteren Beständen vorkommt. Auch Dränage schafft besseren Nutzpflanzenstand und hält das Unkraut fern. Auf der Weide oder anderen Wachstumsbereichen, die nicht der wechselnden Fruchtfolge und damit verbundener Bearbeitung durch den Pflug unterworfen sind, vernichtet man sie am sichersten und besten durch Natriumchlorat ($NaClO_3$). Man stellt in Wasser eine Lösung von 3—5% her, von der man je qm 1 Liter über die zu behandelnde Fläche spritzt. Die Behandlung kann während des Sommers zu jeder Zeit geschehen. Rücksicht auf den Nachswuchs der Nutzpflanze kann es wünschenswert machen,

Hegi führt in „Illustrierte Flora von Mitteleuropa" Bd. 4, 2, S. 972 an, daß die Pflanze einen wagerechten, sympodialen, verholzten, knotig verdickten Wurzelstock und fadenförmige Adventivwurzeln habe.

die Behandlung allerspätestens im Hochsommer vorzunehmen. Vor dem Bespritzen haut man die Pflanzen ab und entfernt sie. Gleichzeitig sät man die betreffenden Stellen mit der üblichen Menge von Wiesensamen, wie Timothe oder anderen ein, wodurch man gewöhnlich eine dicht deckende Grasdecke erzielt.

Die harten, holzigen Stengel und Blätter der Pflanze werden von den Haustieren bei freier Futterwahl abgelehnt.

171. *Polygonum bistorta* LINN. Schlangen- oder Wiesenknöterich, engl. Bistort, snakeweed, snakeroot. *Polygonum bistorta* (Fam. Polygonaceae) ist ein ausdauerndes Unkraut mit eiförmigen, langstieligen Rosettenblättern, fast lanzettlichen Stengelblättern und oben flügelrandigen Blattstielen. Die Blätter sind unterseits blaugrün und drüsenhaarig, oberseits kahl. Der meistens unverzweigte, fleischige Stengel wird etwa 80 cm hoch. Die walzenförmige, etwa 4 cm lange Achse entwickelt 200 bis 250 blaßrote Blüten in Scheinähren (Abb. 323). Blütezeit im Juni und Juli, an spät entwickelten Sprossen auch noch im Herbst.

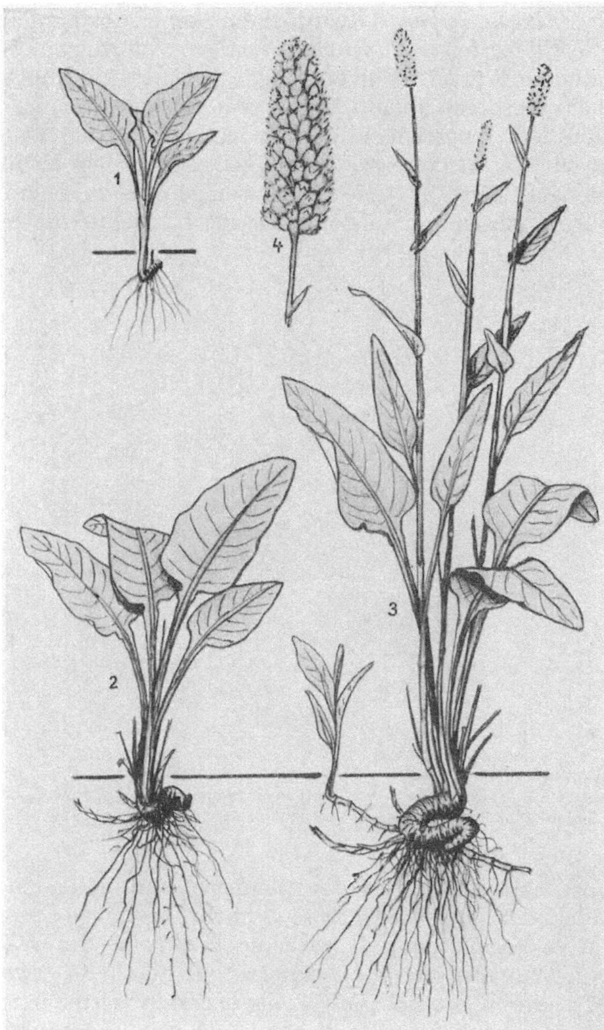

Abb. 323. *Polygonum bistorta.* *1* Pflanze im ersten Jahr; *2* Pflanze im zweiten Jahr; *3* ältere, blühende Pflanze, $^1/_5$ nat. Gr.; *4* blühende Ähre, $^4/_5$ nat. Gr. Orig.-Zeichn.

Im ersten Jahre treibt die Pflanze Blattrosetten, fährt damit im zweiten fort und blüht selten vor dem dritten Entwicklungsjahr. Der dreiseitige, im Querschnitt dreieckige, beiden Enden zu gleichmäßig schmäler werdende Same hat eingewölbte Seitenflächen und wird von den blaßgrünen bis braunen Deckblättern umschlossen. Die Grundfläche ist quer abgestumpft, die Spitze endet in einen 0,3 mm langen Stachel. Die Oberfläche ist kahl, glänzend und schokoladenbraun (Abb. 324). 1000-K.Gew. etwa 4,3 g, Länge und Breite etwa 4,3 × 2,8 mm, Anzahl lebensfähiger Samen je Pflanze etwa 50, je kg etwa 232600.

Sowohl bei dieser Art als auch bei *Polygonum amphibium* entwickelt nur ein kleiner Teil der Blüten vollkernige Samen. Darum werden auch nur wenige der ursprünglichen Samenanlagen voll entwickelt. Dr. DEGEN-Bonn[1] erreichte bei seinen Versuchen eine Keimprozentzahl von ungefähr 17. Der voll entwickelte Same keimt unter befriedigenden Keimverhältnissen im Keimapparat wie unter flacher Erdschicht gewöhnlich im Laufe ganz kurzer Zeit auf.

Polygonum bistorta wird durch Samen fortgepflanzt und vegetativ vermehrt. Die Pflanze hat einen schlangenartigen, S-förmigen bis doppelt S-förmigen schwarzbraunen Wurzelstock von Fingerdicke, der als Nährspeicher und vegetatives Vermehrungsorgan dient. Er ist mit schwarzbraunen Faserwurzeln dicht besetzt. Von dem Wurzelstock, der gewöhnlich nur in geringer Tiefe liegt und sich 5 bis 20 cm tief entwickeln kann, gehen in allen Richtungen ins Licht strebende Stengelsprosse (Stolonen) von wenigen bis zu 15 cm Länge aus, die schräg nach oben wachsen und eine oberirdische Laubblattrosette bilden. Unterhalb der Erd-

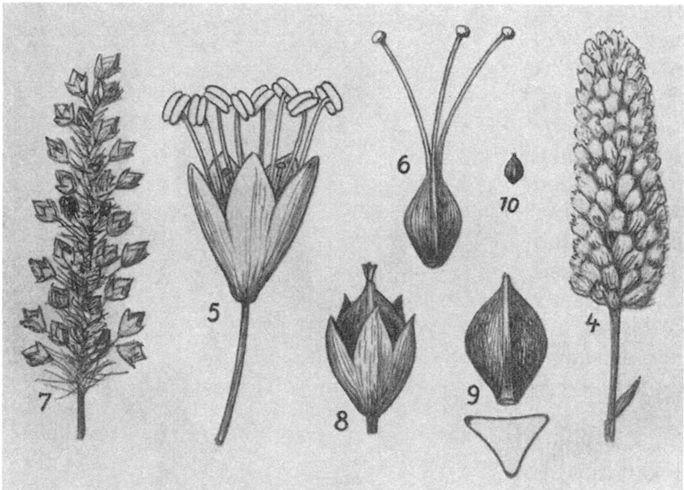

Abb. 324. *Polygonum bistorta.* *4* blühende Ähre, nat. Gr.; *5* Blüte, 5fach vergr.; *6* Stempel, 8fach vergr.; *7* Fruchtstand, nat. Gr.; *8* Same mit Hüllblättern; *9* Same und Samenquerschnitt, 4fach vergr.; *10* Same, nat. Gr. Orig.-Zeichn.

oberfläche schwellen die Ausläufer an und bilden einen neuen S-förmigen Wurzelstock, der dann wieder neue vermehrungsfähige Sprosse treibt. Durch diese vegetative Vermehrungsart wird die Erdkrume des Wachstumsbereiches allmählich von Wurzelstöcken, Ausläufern und deren Faserwurzeln durchsetzt. Über der Erde verbreitet sich *Polygonum bistorta* rosettenartig auf den Wiesen und ähnelt hier ganz besonders *Anthriscus silvestris* und *Campanula rapunculoides.*

Die Stengelausläufer sterben später ab, so daß die Verbindung zwischen dem alten und dem neuen Wurzelstock unterbrochen wird. Eine einzelne Pflanze kann an ihrem Wurzelstock unter besonders günstigen Verhältnissen bis zu 50 Ausläufer entwickeln. Bei der Anlage von Gräben und bei Beförderung von Erde, in der sich unterirdische Teile von *Polygonum bistorta* befinden, wie auch bei Trennung und Verbreitung durch Bäche u. ä., sowie durch Bodenbearbeitung können Wurzelteile leicht verschleppt und weiterverbreitet werden. Dazu kommt noch Samenverbreitung auf mechanische und andere Art. Trotzdem die Pflanze

[1] DEGEN, HEINRICH: Der Wiesenknöterich (*Polygonum bistorta*). Eine monographische Studie. Inaug.-Diss. Bonn 1927. Siehe auch Jg. 9 des Jahrb. f. Weidewirtschaft u. Futterbau. Hannover: M. u. H. Schaper.

nur wenige wirklich keimfähige Samen entwickelt, läßt sich die Samenverbreitung gewöhnlich nicht verhindern.

Dieser Knöterich liebt sauren Boden. Er ist ursprünglich in Asien beheimatet, hat sich aber von dort aus allmählich immer weiter verbreitet. Heute ist er ein lästiges Unkraut in den nördlichen, gemäßigten Gebieten der Erde, besonders im gebirgigen Gelände, aber auch im Flachlande vor allem bei reichen Niederschlägen und in Küstenlandschaften in Europa[1], Mittel- und Russisch-Asien und Nordamerika[2] auf feuchtem, nassem bis saurem oder sumpfigem moorigem Boden, auf Humus- und Lehmarten, dagegen nicht auf trockenem, leichtem Sand- oder kalkhaltigem Boden.

Unter den erwähnten Wachstumsbedingungen wirkt er auch auf Weiden und niedriggelegenen Wiesen störend. Man bekämpft die Pflanze durch:

1. Abhauen aller Blütensprosse zur Verhinderung der Samenreife.
2. Entwässerung des Bodens durch Senkung des Grundwasserspiegels.
3. Reichliches Kalken mit gelöschtem, zerstoßenem Kalk und
4. Vernichtung des Wurzelsystems beispielsweise durch Natriumchlorat ($NaClO_3$), das man nach Abhauen und Entfernen der Pflanzen als 5% ige Lösung in Mengen von 1—1,5 Liter je qm über die verunkrauteten Flächen spritzt und nötigenfalls nach 1 Monat nochmals. Während der Entwicklungszeit der Pflanze erfolgende Behandlung hat aber den Mangel, daß die behandelten Flächen im gleichen Jahre keinen Ertrag mehr liefern, da der Pflanzenbestand abstirbt und die Vergiftung des Bodens oft einige Monate anhält[3].

Über den Nachwuchs auf so behandelten Flächen vergleiche man, was bei *Ulmaria pentapetala* angeführt worden ist.

172. *Viscaria viscosa* (Gil.) Aschers. (= *V. vulgaris* Roehl. = *Lychnis viscaria* Linn.). Gemeine Pechnelke, engl. Viscid campion, clammy Lychnis. *Viscaria viscosa* (Fam. Caryophyllaceae) hat eine lange, tiefgreifende Pfahlwurzel, an deren oberem Teil sich mehrere in der Erdschicht schräg ansteigende, ästige Laubsprosse mit grundständigen Blattrosetten und in jeder Blattrosette mit einem unverzweigten, aufrechten, bis zu 60 cm hohen, blühenden Stengel entwickeln. An den Zweigstellen der unterirdischen Stengelsprosse bilden sich neue „Ausläufer“. Diese Vermehrungsart erzeugt einen Bestand dünnstehender Pflanzen mit unverzweigtem Stengel, paarweise gegenständigen, linienförmigen, sitzenden Blättern mit einer rötlich gefärbten, gliedknotenartigen Erweiterung am Grunde. Der oben teerartig überzogene, klebrige, dunkle Stengel trägt in scheinquirligen Rispen angeordnete Wickel dunkelroter Blüten mit ungeteilten Kronenblättern und braunem, zylindrischem, gezähntem Kelch. Die längliche, vielsamige Kapsel ist am Grunde fünf-, oben einfächerig. Blütezeit von Juni bis Juli (Abb. 325).

Der nierenförmige, seitlich zusammengedrückte, am Rücken vorgewölbte Same hat an der eingebeulten Bauchseite eine grubenförmige Vertiefung und auf der grauen bis graubraunen Oberfläche gewöhnlich vier konzentrisch geordnete Reihen erhabener Querrippen (Abb. 325, *9*). 1000-K.Gew. etwa 0,06 g, Länge und Breite

---

[1] In Südskandinavien kommt er auch vereinzelt als Wiesenunkraut auf feuchtem, sumpfigem Boden in Dänemark, Süd- und Mittelschweden, sowie in den Küstengegenden Norwegens um Bergen und Oslo herum vor.

[2] Degen: Der Wiesenknöterich *Polygonum bistorta* S. 7: „Die geographische Verbreitung des Wiesenknöterichs erstreckt sich auf fast alle Gebietsteile Asiens, Europas und Nordamerikas, die den oben geschilderten klimatischen Anforderungen entsprechen . . .“

[3] Über die Bekämpfung von *Polygonum bistorta* vgl. man im übrigen Schaffnit, E.: Die Bekämpfung des Wiesenknöterichs. Sonderdruck der Landwirtschaftl. Presse Jg. 1927, Nr. 28, und Degens oben erwähnte Abhandlung.

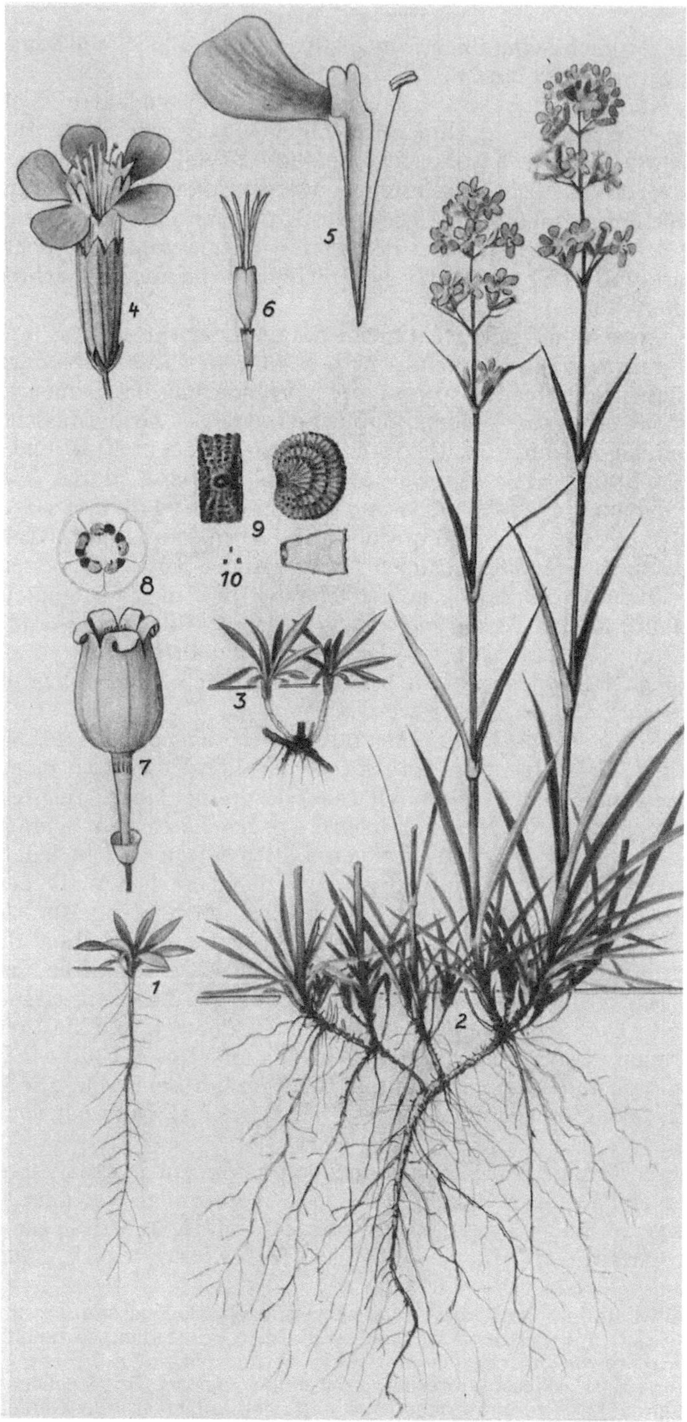

Abb. 325. *Viscaria viscosa.* *1* Keimpflanze im Sommer, $^1/_3$ nat. Gr.; *2* voll entwickelte, blühende Pflanze, $^2/_7$ nat. Gr.; *3* Wurzelstück, das Laubsprosse getrieben hat, $^1/_3$ nat. Gr.; *4* Blüte, $^4/_3$ nat. Gr.; *5* Kronenblatt mit Staubgefäß; *6* Fruchtknoten mit Griffeln, 2fach vergr.; *7* Samenkapsel; *8* Samenkapsel im Querschnitt, etwa 3fach vergr.; *9* Same, von der Grundfläche, von der Breitseite und im Querschnitt betrachtet, 20fach vergr.; *10* Same, nat. Gr. Orig.-Zeichn.

etwa 0,6 × 0,5 mm, Samenzahl je Pflanze etwa 400, je kg etwa 16½ Millionen. Von dem schnell auflaufenden Samen keimten im Laboratorium in 9 Tagen 77%. Draußen im Sandboden keimten in 0,5 cm Tiefe von überwintertem Samen in 44 Tagen 36%[1]. Im Keimjahre entwickelt die Pflanze eine oberirdische Rosette von bis zu 15 cm langen Laubblättern, die nach Überwinterung zum erstenmal im zweiten Entwicklungsjahre blüht und fruchtet und hiermit nach neuer Überwinterung fortfährt. *Viscaria viscosa* wächst auf trockenen Wiesen und Hängen, Straßen- und Eisenbahndämmen, an Hecken, Waldrändern u. ä. Die Pflanze scheut Kalk und zieht leichtere, sandhaltigere Böden und Sand vor. Sie wächst in Nord- und Mitteleuropa und in einem großen Teil Russisch-Asiens. Vereinzelt tritt sie über große Teile des deutschen Tieflandes bis in die Voralpen hinein auf, ist in Großbritannien in den nördlichen Landschaften von Wales und in Schottland streckenweise anzutreffen und über den größten Teil Skandinaviens vom Meer bis über die Birkengrenze und bis zu etwa 62° 40′ n. Br. (Norwegen) verbreitet.

Die Pflanze wird durch Samen fortgepflanzt, vegetativ vermehrt und auf beide Arten verbreitet. Tritt sie auf Nutzwiesen auf, läßt sie sich durch gute Pflege, Kalken und reichliches Düngen vertreiben.

Als Futterpflanze hat sie wegen ihrer geringen Blätterzahl und des harten, bereits zeitig holzig werdenden Stengels geringen Wert und wird gewöhnlich vom Weidevieh abgelehnt.

Abb. 326. *Allium vineale.* *1* voll entwickelte, blühende Pflanze, *a* Zwiebelknospen, *b* Blütenstand, ⅓ nat. Gr.; *2* einzelne Blüte, 3fach vergr.; *3* Staubgefäße, *a* dreigeteilt, mit dem Staubbeutel auf dem mittleren Teil, *b* ungeteiltes Staubgefäß; *4* unreife Samenkapsel, 3fach vergr.; *5* Zwiebelknospe mit schuppenartigen Deckblättern; *6* Zwiebelknospe ohne Hüllblätter mit Längsschnitt daneben, 3fach vergr.; *7* Zwiebelknospe, nat. Gr.; *8* Breit- und Schmalseite und Querschnitt des Samens, 4 fach vergr.; *9* Same, nat. Gr.; *10* Zwiebel im Längsschnitt mit *a* Hauptzwiebel und *b* Nebenzwiebel (Brutzwiebel), nat. Gr. Orig.-Zeichn.

173. *Allium vineale* LINN. Weinbergs-Lauch, Hundslauch, engl. Crow garlic, wild garlic, wild onion. *Allium vineale* (Fam. Liliaceae) ist ein Unkraut mit aufrechtem, 20—60 (90) cm hohem, bis etwa in halbe Höhe beblättertem Stengel auf eiförmiger Zwiebel. Die linienförmigen, halbfleischigen, längsgefurchten Blätter haben fast fleischige Scheiden und welken früh. Die Hülle ist einblättrig. Die Scheindolde enthält 20—30 strahlenförmig angeordnete, umgekehrt eiförmige Zwiebelknospen, die an der Spitze je einen 1 mm langen Stachel haben. Die Knospen sind seitlich zusammengedrückt, mattglänzend, blaßfarbig oder leicht braunrot und messen etwa 5,8 × 2,6 mm. Die langstieligen, wenigen, aufrechten, rosigen bis weißen Blüten stehen in Köpfen zusammen. Sie werden von gekielten Hüllblättern umgeben, über die die Staubgefäße häufig hinausragen. Jedes Staubgefäß sitzt in der Mitte zwischen 2 sie weit überragenden Staubblattzähnen (Abb. 326). Die Pflanze blüht von Juni bis August und fruchtet schlecht oder

[1] Keimversuche haben ergeben, daß nur ganz schwach bedeckter oder oberflächlich ausgesäter Same zu keimen und Laubsprosse zu treiben vermag.

gar nicht. Die ovale, dreifächerige, dreiseitige, scharfkantige Kapselfrucht öffnet bei der Reife die Fächer von der Spitze her. Der längliche, gekrümmte, etwas flachgedrückte, auf der Rückenseite konvex gerundete und gekrümmte, auf der Bauchseite nach innen gebogene oder fast gerade Same wird der Grundfläche zu gleichmäßig schmäler, ist oberhalb der Mitte am breitesten, oben flach abgerundet und auf der mattglänzenden, schwarzblauen Oberfläche mit kleinen, parallel laufenden, warzenförmigen Erhebungen besetzt. 1000-K.Gew. etwa 0,5 g, Länge und Breite etwa 2,4 × 1,02 mm.

Der Same läuft gewöhnlich auch nach Überwinterung im Freien gut auf. So keimten bei Herbstaussaat in 0,5 cm Tiefe nach Überwinterung in sandigem Ackerboden bei einem Versuch 53, bei einem anderen 54%.

Im Keimjahr entwickelt sich die Pflanze nur wenig. Sie bildet ein kleines, dünnes Blatt über der Erde und in 3—4 cm Tiefe eine kleine Zwiebel. Ende August schließt die vorläufige Entwicklung gewöhnlich ab. Die Zwiebel ruht bis zum nächsten Jahr und treibt dann einen Stengelsproß, der im Laufe des Sommers zur Blüte kommen kann. Oft kommt die Pflanze sicher erst im dritten Sommer zur Entwicklung vollständig durchgebildeter Blüten und Samen.

Auch die Zwiebelknospen können Pflanzen bilden und entwickeln im ersten Jahr gewöhnlich kräftigere ober- und unterirdische Pflanzenteile als die, die aus Samen hervorgehen. Meistens kommen sie bereits im zweiten Entwicklungsjahr zur Blüte und Reife. Das gleiche scheint auch für die vegetativ von Tochterzwiebeln in der Erde hervorgebrachten Pflanzen zu gelten. Die Tochterzwiebeln sitzen an einem kürzeren oder längeren Stiel, der jedoch bedeutend kürzer ist als der von *Allium oleraceum*, so daß *Allium vineale* gewöhnlich in dichten Horsten oder horstartigen Gruppen, also von *Allium oleraceum* verschieden auftritt.

Die Pflanze ist im Nutz- und Ödland in fast ganz Europa verbreitet. Unter anderem ist sie streckenweise in Deutschland[1,2], Großbritannien, Irland[3], Frankreich[4] und über große Teile Nordamerikas zu finden[5]. In Skandinavien ist die Pflanze streckenweise gewöhnlich und lästig auf leichteren Böden und kalkhaltigem Grunde, in Dänemark auf Sandböden und im Gestrüpp in Strandnähe, im südlichen und mittleren Schweden, besonders auf Oeland und Gotland ist die Pflanze hauptsächlich in der Winterfrucht lästig[6].

In Norwegen tritt die Pflanze oft an der Südostküste, im übrigen aber nur selten und bis zur 63° n. Br. auf.

Diese *Allium*-Art wächst nicht nur auf Sandboden, sondern auch auf schwereren, kalkarmen oder kalkreichen Böden. Die Pflanze ist ausdauernd.

Sowohl *Allium vineale* als auch *A. oleraceum* werden fortgepflanzt und verbreitet durch:

1. Zwiebeln, die sich als Tochterzwiebeln an der Zwiebel des Muttersprosses bilden und nach ihrer Trennung selbständig neue sich weiter vermehrende Zwiebelpflanzen hervorbringen,

---

[1] Hegi: Illustrierte Flora von Mitteleuropa Bd. 2, S. 218 erwähnt über die Verbreitung von *Allium vineale*: „Hier und da in Weinbergen, auf sandigen Äckern, sonnigen Hügeln, an Rainen, im Rasen, im Gebüsch, an Wegrändern, in der Kulturregion (im Wallis vereinzelt bis zu 1700 m hinauf), zuweilen wohl nur verschleppt . . .“

[2] Bornemann: Die wichtigsten landwirtschaftlichen Unkräuter 2. Aufl., S. 61 ff., Berlin 1920, erwähnt: „*Allium vineale* kommt ebensowohl auf Sand als auch auf Ton, auf kalkarmen wie auf kalkreichen Böden vor . . .“

[3] Long: Common Weeds of the Farm and Garden S. 209. London 1910.

[4] Menault et Rousseau: Les Plantes nuisibles, en Agriculture et en Horticulture — les moyens de les detruire — S. 79. Paris 1902.

[5] Georgia, Ada E.: A Manual of Weeds S. 80. New York 1921.

[6] Juhlin-Dannfeldt, H.: Handbok i svensk Jordbruk, Senare Delen, Bd. 2, S. 158. Stockholm 1901.

2. durch endständige Zwiebelknospen am Stengel, die auf gleiche Art wie die Erdzwiebel Pflanzen entwickeln und durch

3. auskeimende Samen.

Ist dieses Unkraut einmal in den Acker gekommen, läßt sich die weitere Verbreitung besonders wegen der unterirdischen Vermehrungs- und Verbreitungsorgane nur schwer verhindern.

Reines Saatgut[1] und unkrautfreier Dünger dienen der Verhütung; Hackfruchtanbau, Vollbrache, eine dichte Grünfutterdecke auf neu eingesäten Wiesen bei früher, am besten mehrfacher Ernte verhüten die Bildung von Zwiebelknospen und Samen und schwächen oder vernichten die unterirdischen Teile der Pflanze. Eggen und noch besser Umwerfen mit Schälpflug des Stoppelackers fördert Herbstkeimung von Samen- und Zwiebelknospen, die bei späterem, tiefem Pflügen mit Schälpflug mit den Erdzwiebeln zusammen in tiefere Lage gebracht und vernichtet werden. Man unterbindet dadurch vor allem die Entwicklung der Laubsprosse. Tritt diese *Allium*-Art in geschlossenen Beständen auf, versuche man, ihre unterirdischen Teile durch Chemikalien wie Natriumchlorat zu vernichten, das man als etwa 5%ige Lösung in Mengen von 1—1,5 Liter je qm über die verseuchten Flächen spritzt. Zur Bekämpfung vergleiche man auch, was BORNEMANN in „Die wichtigsten landwirtschaftlichen Unkräuter“ anführt.

Sowohl die Zwiebeln als auch die Zwiebelknospen haben einen strengen Geschmack und Geruch. Tritt die Pflanze in der Wintersaat auf, mischen sich die Zwiebelknospen leicht mit den Körnern und verleihen dem Mehl und dem Brot einen starken Zwiebelgeschmack.

174. *Allium oleraceum* LINN. Gemüselauch, Acker-, Kohllauch, engl. Field garlic. *Allium oleraceum* (Fam. Liliaceae) ist ein 30—60 cm hohes Unkraut mit fleischigem, beblättertem Stengel auf eiförmiger Zwiebel, linienförmigen, jedenfalls im unteren Teil gewöhnlich halbfleischigen, gelegentlich rinnenbildenden, schnell welkenden Blättern, die länger als die Scheindolde sind. Die strahlenförmigen, dicht sitzenden Zwiebelknospen bilden einen kugelförmigen Kopf mit langstieligen, hängenden Blüten. Die eiförmigen, seitlich etwas flachgedrückten, an beiden Enden schnabelförmig zugespitzten, mattglänzenden, gelbgrauen Zwiebelknospen gehen an den Spitzen in Braunrot über und messen 6—9 × 3—6 mm. Blütezeit von Juni bis August, Reife von Juli bis September (Abb. 327).

Die ovale, dreiseitige, scharfkantige, dreifächerige Kapsel enthält in jedem Fach einen Samen, doch pflegt der Samenansatz so gering zu sein, daß selten je Kapsel mehr als 1—2 Samen zu voller Entwicklung gelangen. Die reife Kapsel öffnet die Fächer von oben her. Der längliche, gekrümmte, seitlich sehr flachgedrückte, am Rücken gewölbte, an der Bauchseite eingebeulte oder flache Same, wird dem in eine runzelige Hautfalte auslaufenden Grunde zu gleichmäßig schmäler und ist oberhalb der Mitte oder unter der schief abgerundeten, an der Bauchseite eine scharfe Kante tragenden Spitze am breitesten. Die Samenhaftstelle sitzt an der Bauchseite etwa 1 mm oberhalb des Grundes. Die runzelige, an den Rändern buchtige und faltige Oberfläche ist mit parallelen Reihen kleiner warzenförmiger Erhebungen besetzt, mattglänzend und schwarzblau. 1000-K.Gew. etwa 2,0 g, Länge und Breite etwa 4,5 × 1,6 mm, Samenzahl je Pflanze etwa 30—80, je kg etwa 500000.

Von dem gewöhnlich gut auflaufenden Samen keimten draußen im Acker bei Herbstaussaat in 0,5 cm Tiefe im folgenden Frühjahr bei einem Versuch 57, bei einem anderen 64%.

---

[1] Der Same läßt sich durch scharfe Reinigung entfernen. Leisten die Zwiebelknospen der Reinigung Widerstand, versuche man, sie durch Untertauchen des Korns in Wasser unter ständigem Umrühren und Abschöpfen zu entfernen.

Dieses Unkraut findet sich im Nutz- und Ödland in ganz Europa und dem gemäßigten Asien bis in die Nähe des höchsten Nordens. Streckenweise ist es ganz gemein in Deutschland und vielen Gegenden Englands und Westschottlands. Im größten Teil Skandinaviens ist es auf Hängen, Wiesen, im Gestrüpp

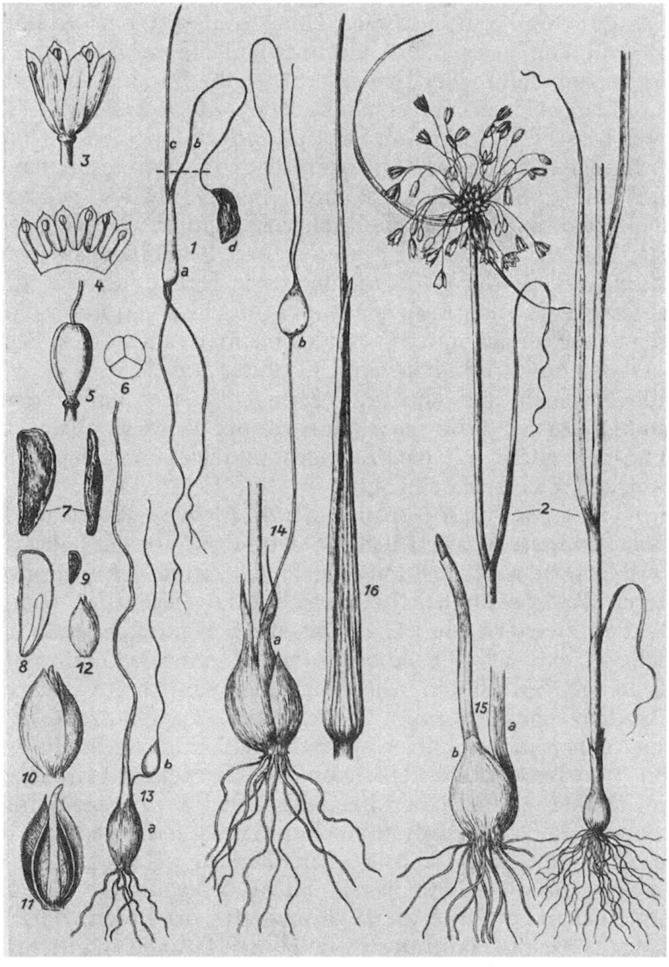

Abb. 327. *Allium oleraceum.* *1* Keimpflanze, *a* unterirdische Zwiebelanlage, *b* Keimblatt, *c* Stengelsproß, *d* Rest des Samens, der an der Spitze des Keimblattes festhängt, nat. Gr.; *2* voll entwickelte, blühende Zwiebelpflanze, $^1/_5$ nat. Gr.; *3* Blüte, 2fach vergr.; *4* Blütenhülle, von innen betrachtet, vergr. und schematisiert; *5* reifender Fruchtknoten, *6* derselbe im Querschnitt, etwa 3fach vergr.; *7* Samenbreit- und -schmalseite, 2fach vergr.; *8* Samenlängsschnitt, 3fach vergr.; *9* Same, nat. Gr.; *10* Zwiebelknospe; *11* dieselbe im Längsschnitt, 2fach vergr.; *12* Zwiebelknospe, nat. Gr.; *13a* im Boden ausgekeimte und eine Brutzwiebel (*b*) entwickelnde Zwiebelknospe, nat. Gr.; *14a* unterirdische Zwiebel, *b* langstielige Brutzwiebel, nat. Gr.; *15* Zwiebel nach Entfernung der äußeren Blätter, *a* alter Stengel, *b* keimende Brutzwiebel, nat. Gr.; *16* Blütenanlage, von Hüllblättern umgeben, nat. Gr. Orig.-Zeichn.

bis in den Weidengürtel hinein und nördlich bis etwa 69°45′ n. Br. (Norwegen) verbreitet.

Die Pflanze ist ausdauernd und wird auf gleiche Art wie *Allium vineale* vermehrt und verbreitet, d. h. durch Zwiebeln, Brutzwiebeln und Samen. Sie wächst nicht in horstartigen Gruppen, sondern zerstreut. Kommt sie auf Wiesen vor, gibt sie der Milch und Butter oft einen Beigeschmack nach Zwiebeln, zumal im Frühjahr, wenn die Pflanzen noch jung sind. Die Produkte werden dadurch oft unverkäuflich.

Die Bekämpfung geschieht wie bei *Allium vineale.*

175. *Allium ursinum* LINN. Bärenlauch, engl. Broadleaved garlic. *Allium ursinum* (Fam. Liliaceae) ist eine Zwiebelart mit 20—40 cm hohem Stengel und 2 langstieligen, lanzettlichen oder schmal-elliptischen, grundständigen Blättern,

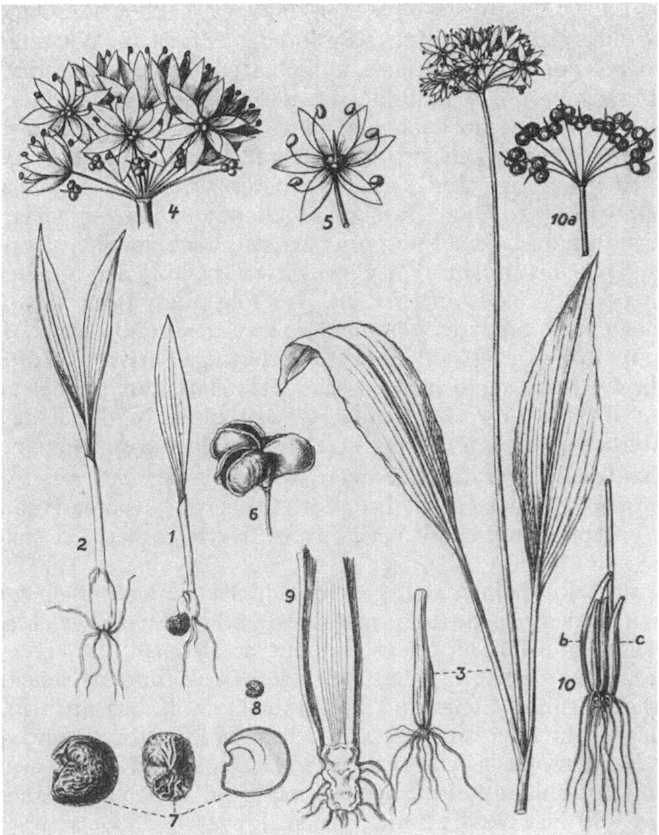

Abb. 328. *Allium ursinum.* *1* Keimpflanze; *2* dieselbe, 1 Jahr alt, nat. Gr.; *3* blühende Pflanze, 1/3 nat. Gr.; *4* Blütenstand, etwa 3/4 nat. Gr.; *5* Blüte, nat. Gr.; 6 Samenkapsel (Frucht), etwa 2fach vergr.; *7* Seiten-, Bauchansicht (Bauchkante) und Längsschnitt des Samens, 4 fach vergr.; *8* Same, nat. Gr.; *9* Zwiebel im Längsschnitt, nat. Gr.; *10 a* Fruchtstand nach Samenreife, 1/2 nat. Gr.; *10* unterirdische Organe bei Zwiebelpflanzen nach Samenreife, *b* und *c* zwei am Zwiebelkuchen der Mutterzwiebel sich entwickelnde Tochterzwiebeln, 1/2 nat. Gr. Orig.-Zeichn.

die die dunklere Unterseite dem Licht zukehren. Der dreieckige, blattlose Stengel ist ebenso lang oder länger als die Blätter. Der scheindoldige Blütenstand trägt keine Zwiebelknospen, aber 5—15 weiße, langstielige Blüten mit sternförmig ausgebreiteten, schmalen, lanzettlichen Blütenhüllblättern und 1—3 grüne, schließlich weiße, abfallende Hüllblätter. Blütezeit von April bis Mai, Fruchtreife von Mai bis Juni (Abb. 328). Die dreiseitige, strohgelbe Kapsel enthält in jedem Fach einen Samen und öffnet sich bei der Reife mit einem Längssaume. Der im Umkreis fast runde Same ist seitlich leicht zusammengedrückt und hat am Grunde eine Vertiefung, die auf beiden Samenseiten in eine Längsfurche ausläuft, wodurch an der einen Seite des Grundes ein kurzer, spitzer Schnabel gebildet wird, während sich an der anderen eine abgestumpfte Fläche mit runzeligen Falten befindet.

Der Same hat eine unregelmäßige, netzförmige, runzelige, rauhe, schwarze, mattglänzende Oberfläche. 1000-K.Gew. etwa 6,1 g, Länge und Breite etwa 2,4 × 2,3 mm, Samenzahl je Pflanze etwa 15—45, je kg etwa 163900.

Allium ursinum ist eine mehrjährige Pflanze mit Faserwurzelbüschel an einem Knoten am Zwiebelboden, der also den Wurzelkopf bildet. Der Stengel ruht in einer Längsfurche der elliptischen, langgestreckten, fleischigen Zwiebel, an deren Spitze das innere Blatt sitzt, während das andere am Wurzelkopf entspringt und die Zwiebel mit einer häutigen, aufgeblasenen Hülle umschließt. Blühende Pflanzen entwickeln also 2 Laubblätter, deren inneres unten anschwillt und so zu einem Nährblatt des im nächsten Jahre aufsprießenden Sprosses wird. Die grüne Blattspreite entwickelt sich und verwelkt im Laufe eines Jahres, während der untere, zwiebelartige Teil seine Wachstumskraft bis zum nächsten Jahre bewahrt. Deshalb wird die „Zwiebel" blühender Pflanzen meistens zweiteilig sein, indem man neben dem Nährspeicher des augenblicklichen Sprosses, dessen oberirdische Teile bereits im Vorjahre verwelkt sind, den verdickten Teil des gerade grünenden Sprosses antrifft, der im folgenden Jahre den Nährstoff zur Bildung eines neuen Sprosses hergeben soll. Am Grunde des Nährblattes entwickeln sich im Frühjahr etwa 6 lange, fadenförmige Faserwurzeln (Saugwurzeln), die schräg in die Erde hinabwachsen, das Nährblatt durchbrechen und während der weiteren Entwicklung die Zwiebel etwas tiefer in die Erde hinabziehen; später im Herbst entstehen weitere stark verzweigte Saugwurzeln.

Allium ursinum wird durch Samen fortgepflanzt und durch unterirdische Brutknospensprosse vermehrt. Im Verhältnis zur vegetativen Vermehrung scheint die Fortpflanzung und Verbreitung durch Samen bei weitem zu überwiegen.

Im Juni und Juli öffnen sich gewöhnlich die Samenkapseln und lassen den Samen ausfallen, den oft Ameisen mitführen und sehr weit verschleppen können. Vor dem nächsten Frühjahr pflegt er nicht zu keimen.

Allium ursinum wächst an schattigen Plätzen auf humusreichem Boden, auch gern an etwas feuchten Stellen im Laubwald, gewöhnlich auch in Wäldern auf Torfgrund[1] in mehr oder weniger spärlichem Waldbestand, und zwar in Süd-, Mittel- und Nordeuropa bis zu etwa 63° n. Br., sowie auch in Nordasien. In der Schweiz, in Deutschland und England ist diese Zwiebelart ein streckenweise gewöhnliches und lästiges Unkraut der Waldwiesen und ebenso in Dänemark, Süd- und Mittelschweden sowie in den südlicheren, niederen Landesteilen Norwegens bis nach Nordmöre (62°55') n. Br. anzutreffen. Wo die Pflanze auftritt, pflegt sie beständig weiter um sich zu greifen, so daß das Feld während der Blütezeit von den weißen, hübschen Blüten vollständig bedeckt sein kann. Sie duftet stark und unangenehm nach Zwiebeln. Wird sie vom Vieh gefressen, kann sich dieser Geruch der Milch und Butter als starker, unangenehmer Zwiebelgeschmack mitteilen und die Milcherzeugnisse vollkommen unbrauchbar machen.

Als Mittel zur Bekämpfung ist Abhauen aller oberirdischen Teile vor der Reife, wenn möglich vor der Blüte, Ausstechen bei vereinzeltem Vorkommen oder Bespritzen der verunkrauteten Fläche mit einer 3—5%igen Lösung von Natriumchlorat ($NaClO_3$) in Mengen von $^1/_4$—1 Liter je qm bei dichtem, zusammenhängendem Pflanzenbestand zu empfehlen, soweit das letztgenannte Mittel ohne Schaden für den Bestand der Nutzpflanzen angewendet werden kann.

---

[1] KLEIN: Unsere Waldblumen und Farngewächse S. 9. Heidelberg 1912.

Außer den drei hier behandelten Zwiebelarten treten noch andere als Acker- oder Weideunkräuter auf. Erwähnt seien *Allium rotundum* L. mit einer eiförmigen, von mehreren rötlichen bis dunkel gefärbten Seitenzwiebeln umgebenen Zwiebel und Scheindolden ohne Brutzwiebeln, und *Allium sphaerocephalum* L., deren Zwiebel gewöhnlich von sitzenden oder teilweise gestielten Tochterzwiebeln umgeben ist, deren Blütenköpfe dagegen wie bei voriger Art keine Brutzwiebeln hervorbringen.

Zu dieser Gruppe gehört auch *Allium schoenoprasum* L., var. *sibiricum* GARCKE, eine ausdauernde Zwiebelart mit 30—45 cm hohem, fleischigem Stengel und halbrunden, oben flachen, etwa 6 mm breiten, grundständigen oder am unteren Teil des Stengels sitzenden Blättern, kugelrundem Blütenstand mit vielen hellroten Blüten ohne Brutzwiebeln. Die Pflanze wächst in bebautem und unbebautem, saurem bis sumpfigem Boden, und zwar in Mittel- und Nordeuropa bis über den Polarkreis hinaus, Nordasien und Nordamerika. Sie verursacht starken Zwiebelbeigeschmack von Milch und Butter.

176. *Colchicum autumnale* LINN. Herbstzeitlose, engl. Meadow saffron. *Colchicum autumnale* (Fam. Liliaceae) ist eine mehrjährige, ausdauernde Zwiebelart. Die Blattanlagen bilden sich im Herbst, sprießen aber erst im April oder Mai des folgenden Frühjahrs empor. Die drei bis vier wurzelständigen, breit lanzettlichen, zugespitzten, etwa 20 cm langen Blätter haben parallele Nerven und umfassen die Samenkapsel scheidenartig. Im August und September[1] kommen aus der ziemlich tief[2] in der Erde liegenden Zwiebel gewöhnlich eine, selten zwei oder drei Blüten mit 15 cm langer oder längerer, weißlicher Kronröhre hervor. Die zwitterige Blüte hat 6 Staubgefäße, einen dreiteiligen Griffel und sechsblättrige lilafarbene Kronen. Der unterirdische Fruchtknoten liegt neben der walnußgroßen, fleischigen, eiförmigen, von einer oder mehreren braunen, die Stengelanlage und die Fruchtblätter umschließenden Schalen umgebenen Zwiebel. Nach der Blüte und Befruchtung überwintert der Fruchtknoten in der Erde und wächst mit den Laubblättern zusammen im folgenden Frühjahr empor (Abb. 329).

Die papier- bis lederartige, 5—6 cm lange, eiförmig-ovale, dreifächerige Kapsel schwillt nach der Reife an und platzt dann an der Spitze spaltenförmig auf. Die kugelrunden bis ovalen, etwa 3 mm dicken, braunen, fein gepunkten, feuchten bis schleimigen Samen sitzen am Rande jedes der drei Fruchtblätter. Die Samenhaftstelle ist zu einem großen weißgelben Anhängsel erweitert. 1000-K.Gew. etwa 8,1 g, Länge und Breite etwa $3{,}4 \times 2{,}5$ mm, Samenzahl je Kapsel etwa 90, je Pflanze von 90—270, je kg etwa 123000.

Die „Zwiebelknolle" oder „Zwiebel" dient den oberirdischen Teilen als Nahrungsvorrat und stirbt nach der Blüte ab, während der fleischige Wurzelstock eine, seltener zwei Brutzwiebeln entwickelt, die im folgenden Sommer volle Größe erreicht und während der Blütezeit im Herbst des gleichen Jahres als Nahrungsvorrat dient.

Colchicum autumnale kommt streckenweise als lästiges Wiesenunkraut auf feuchten Wiesen, Weiden u. ä. in Mittel- und Westeuropa, z. T. auch Südeuropa und dem Kaukasus vor. Nach Norden zu tritt sie seltener auf und ist in Ost-

---

[1] Im Botanischen Garten der Universität zu Oslo (Norwegen) im Oktober.

[2] F. BORNEMANN teilt in „Die wichtigsten landwirtschaftlichen Unkräuter, 2. verb. Aufl., S. 70, Berlin 1920", mit, daß die Zwiebel von 6 bis zu 40 cm tief unter der Erdoberfläche liegt. Auf S. 60—81 beschreibt er die Lebensverhältnisse, Verbreitung u. ä. eingehend, wobei er betont, daß bei günstigen Wachstumsverhältnissen je qm bis zu 200 Pflanzen dieser Unkrautart auftreten können, und daß die Samenverbreitung auf den Wiesen durch Kompost, Heubodenkehricht und anderem auf den Komposthaufen geworfenem Abfall geschieht. Untersuchungen solcher Abfallproben ergaben je 100 g der Proben 30—40 Samen des Unkrautes.

europa nicht und in Nordamerika wohl kaum anzutreffen. In Deutschland kommt die Pflanze am häufigsten in den südlichen und mittleren Landesteilen vor und tritt in den nördlichen vereinzelt auf. Nach Skandinavien hat sie sich vereinzelt aus dänischen und südschwedischen Gärten verirrt.

Die Pflanze wird durch Samen fortgepflanzt, vegetativ vermehrt und auf beiderlei Art verbreitet. Die vegetative Vermehrung geht nur langsam durch

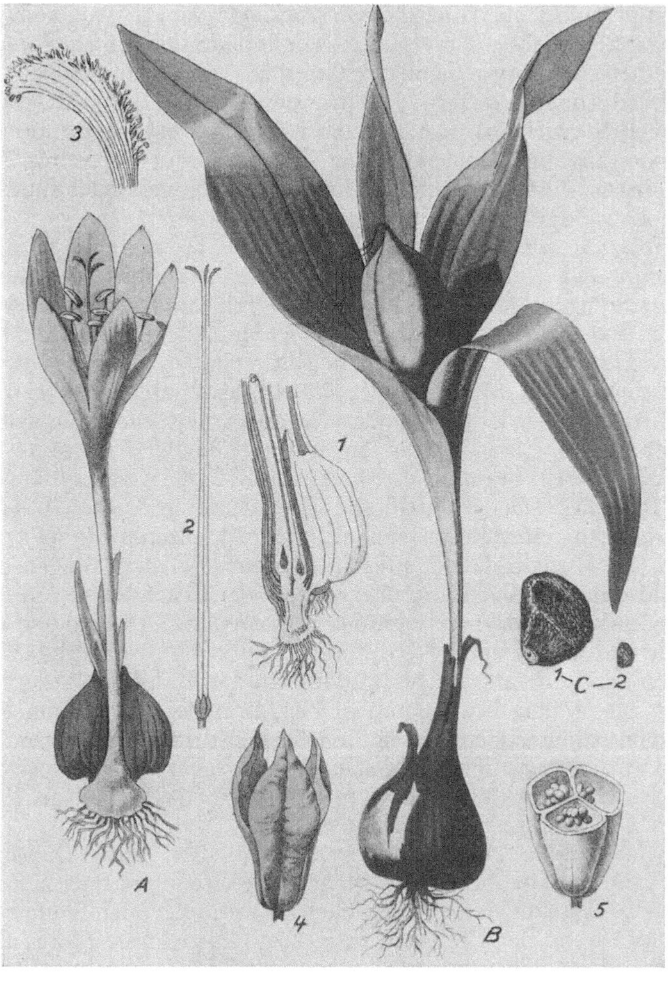

Abb. 329. *Colchicum autumnale.* *A* blühende blattlose Herbstpflanze; *1* im Längsschnitt; *2* der Fruchtknoten (aus 3 Fruchtblättern mit den 3 sehr langen Griffeln); *3* eine der 3 Narben mit den Papillen zum Festhalten des Blütenstaubes. *B* beblätterte Frühjahrspflanze mit der unreifen Kapsel; *4* die wandteilig aufspringende reife Kapsel; *5* Kapsel quer durchschnitten; die Samen sitzen an den Verwachsungsstellen der 3 Fruchtblätter, etwa $^1/_2$ nat. Gr. *C 1* Same, 4fach vergr.; *2* nat. Gr. *A*—*B* nach AHLES. *C 1* und *2* Orig.-Zeichn.

neue Brutzwiebeln vor sich, während die Fortpflanzung und Verbreitung durch Samen unter Umständen schnell erfolgen und große Gebiete umfassen können. Unter den günstigsten Bedingungen können in einer reifen Kapsel über 50 neue Samen erzeugt werden. Da die Reife im Frühjahr und Frühsommer eintritt, wird meistens ein Teil der Samen am Standort ausfallen, während andere mit dem Heu unter Dach und durch Kehricht und andere Abfälle in den Dünger, Kompost und so wieder auf das Feld kommen.

Als Bekämpfungsmittel gegen dieses Unkraut empfehlen mehrere Verfasser[1] allgemein durchgeführtes Ausstechen der Pflanze, wobei zu beachten ist, daß man die sonst gleich neue Sprosse entwickelnde Zwiebel mit erfaßt. Durch regelmäßige Vernichtung der Blattsprosse und Samenkapseln vor der Reife verhindert man die Fortpflanzung und Verbreitung durch Samen. Diese Maßnahmen müssen gewöhnlich während mehrerer aufeinanderfolgender Jahre vorgenommen werden, um dadurch die Pflanze allmählich schwächen und vollkommen vernichten zu können. Weiterhin ist Jauchen und kräftiges Düngen der Wiese zu empfehlen. Nach neueren eingehenden Untersuchungen von WEHSARG wird die Herbstzeitlose vom Weidevieh wegen ihrer Giftigkeit gemieden. Eine Unterdrückung der Pflanze durch Beweiden kann nur insofern von Erfolg sein, als sie die Tiere (Rinder und Pferde) besonders bei starker Übersetzung im Frühjahr mit ihren scharfen Klauen und Hufen abschneiden. Ein Abbeißen oder Abfressen der Herbstzeitlose, wie es vielfach von Schafen behauptet worden ist, konnte in keinem der zahlreichen Versuche festgestellt werden.[2]

Tritt die Pflanze auf Wiesen und anderem Nutzlande in dichteren Beständen auf, empfiehlt sich Umpflügen und mehrjähriger Anbau von Getreide, Schoten- oder Hackfrüchten, die während des Wachstums unkrautrein gehalten werden können. Bei vereinzeltem Vorkommen versuche man die unterirdischen Teile jeder einzelnen Pflanze mit z. B. 12 g fein gestoßenen oder $^1/_4$ Liter 5%igen, im Wasser aufgelösten Natriumchlorats ($NaClO_3$) zu vernichten. In beiden Fällen behandle man die Pflanze gleich nach ihrem Hervorsprießen im Frühjahr, wodurch Knollen, die nicht tiefer als 20—25 cm in der Erde stecken, aller Wahrscheinlichkeit nach vernichtet werden. Das Chemikalium darf nur unmittelbar auf den Sproß gegeben und nicht seitlich davon verteilt werden.

Die ganze Pflanze enthält ein sehr giftiges Alkaloid, Colchicin ($C_{22}H_{25}NO_6$)[3], das allen Teilen der Pflanze einen starken, bitteren Geschmack verleiht. Hervorsprießende Blattsprosse und Knospen werden im Frühjahr auf der Weide recht oft sowohl von Pferden, als auch von Kühen gefressen, die gelegentlich danach sogar unter Vergiftungserscheinungen eingehen.

IV. Unkräuter mit vegetativer Vermehrungsfähigkeit durch Ausläufer.

Der Laubsproß entwickelt sich gewöhnlich an der Spitze des Ausläufers, seltener an dessen Gliederknoten. Neue Ausläufer bilden sich zum Teil an Brutknospen der Ausläufer, insbesondere aber an der knotig verdickten Grundachse des Laubsprosses, an der auch gleichzeitig ein Faserwurzelbündel entsteht.

a) Ausläufer mit Faserwurzelbündeln; Muttersproß mit Faserwurzel.

177. *Cirsium heterophyllum* (L.) ALL. (= *Carduus heterophyllus* L.). Verschiedenblättrige Distel, Alant-Distel, engl. Melancholy thistle. *Cirsium heterophyllum* (Fam. Compositae) ist ein steifes, aufrechtes, 60—100 cm hohes, ausdauerndes Unkraut mit einzelnen, meist unverzweigten Stengeln und oberseits kahlen, unterseits weißfilzigen Blättern. Stengelblätter im Umriß fast lanzettlich, am Grunde breit ohrenartig sitzend, halb umfassend, tief gelappt

[1] STEBLER und SCHROETER: Landwirtschaftl. Jahrb. d. Schweiz 1921, S. 208 bis 209. — BORNEMANN: Die wichtigsten landwirtschaftlichen Unkräuter. 2. verb. Aufl. S. 66—88. Berlin 1920. — THAER-APPEL: Die landwirtschaftlichen Unkräuter. 4. Aufl. S. 48. Berlin 1923.

[2] OTTO WEHSARG: Herbstzeitlose u. weißer Germer, Heft 365 der Arbeiten d. Deutsch. Landw. Ges. Seite 18, 118 u. 119. Berlin 1929.

[3] ESSER: Die Giftpflanzen Deutschlands S. 31. Braunschweig 1910.

und unten am Stengel oft nicht geteilt. Der fleischige, grüne bis violette, fein gerillte Stengel trägt ein oder wenige endständige Blütenkörbchen mit großen, rotvioletten Kronen an Haupt- und Seitenästen (Abb. 330). Blütezeit von Juni bis Juli (September).

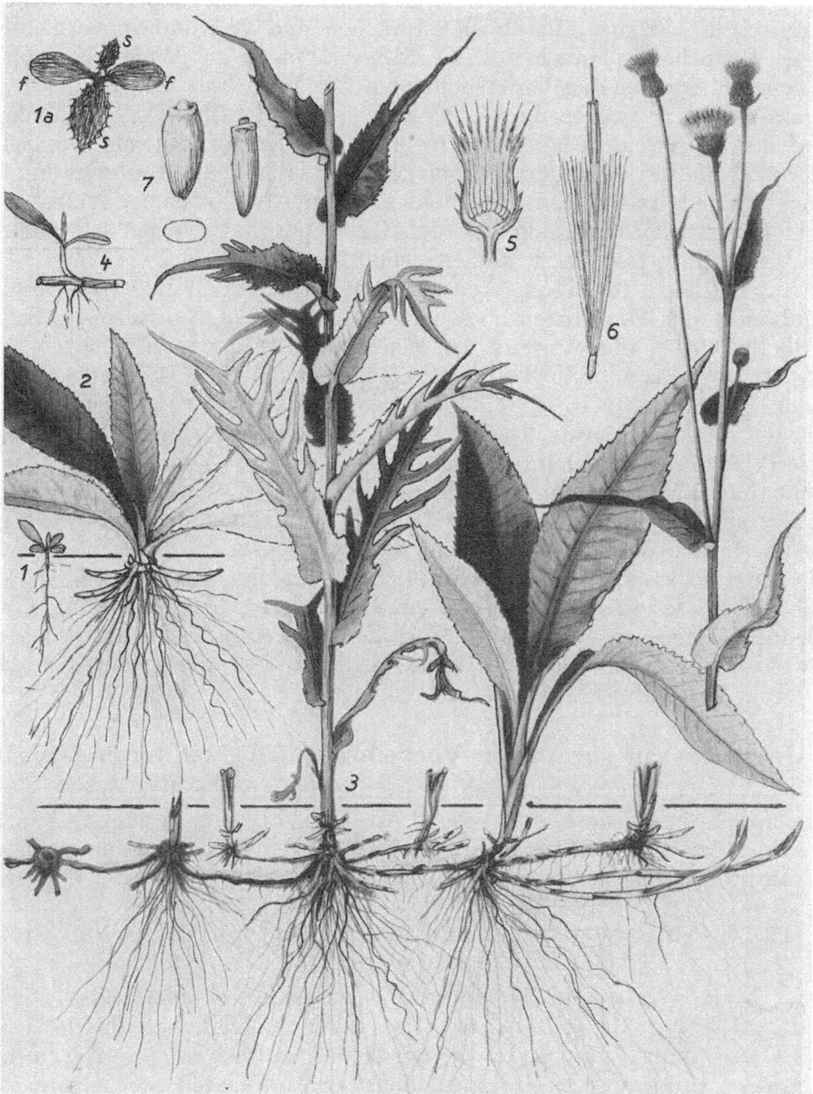

Abb. 330. *Cirsium heterophyllum*. *1* und *1 a* Keimpflanze, $^1/_3$ bzw. nat. Gr., *f* Keimblätter, *s* Laubblätter; *2* dieselbe im Herbst; *3* ältere blühende Pflanze, $^1/_5$ nat. Gr.; *4* keimender Ausläuferteil, $^1/_5$ nat. Gr.; *5* Blütenkörbchen im Längsschnitt, $^3/_5$ nat. Gr.; *6* Blüte, $^8/_5$ nat. Gr.; *7* Same, 4fach vergr. Orig.-Zeichn.

Der lanzettliche, länglich-ovale, etwas gekrümmte, seitlich leicht zusammengedrückte, der Spitze und der schräg abgestumpften Grundfläche zu schmäler werdende Same trägt oben einen etwas schiefen, kreisrunden Kragen mit mittelständigem, kurzem Zapfen und ist auf der knochengelben Oberfläche mit dunkleren, fein unterbrochenen Längsstreifen besetzt. Das große, federförmige Fegehaarbüschel dient als gute Flugvorrichtung (Abb. 331). 1000-K.Gew. etwa 1,5 g, Länge und Breite etwa 3,5 × 1,5 mm, Samenzahl je Pflanze etwa 1600, je kg etwa 670000.

Gleich nach der Reife läuft der Same gewöhnlich schnell auf. Von überwintertem Samen keimten bei einem Laboratoriumsversuch in 12 Tagen 50, in 33 Tagen 90, bei einem anderen in 26 Tagen 90%. Von der gleichen überwinterten Samenprobe keimten im Freien in 0,5 cm Tiefe bei Herbstaussaat 64, bei Frühjahrsaussaat 23%. Bei Herbstaussaat keimten weiterhin von der gleichen Probe im folgenden Mai und Juni in einer Tiefe von

0	1	2	3	4	5	6 cm
2	58	82	80	28	6	4 %.

Die Keimblätter sind verkehrt eiförmig, ca. 1,2 cm lang und 0,5 cm breit.

Im ersten Jahre entwickelte die Keimpflanze in 120 Tagen eine kräftige Rosette aus eiförmig-lanzettlichen, feinen, scharf gesägten, 15—23 cm langen Blättern und eine kräftige, strangförmige Pfahlwurzel, sowie mehrere, bis zu 5 cm lange, bleistiftstarke Ausläufersprosse am unteren, verdickten Teil des Stengels in einer Tiefe von etwa 1,5 cm unter der Erdoberfläche.

Im zweiten Sommer bildeten die Ausläufer Gliederknoten mit je einer von häutigen, braunen, bis zu 3 cm langen Niederblättern bedeckten Brutknospe. An der Mutterwurzel entstanden Laubsprosse, die in der zweiten Hälfte des Juli blühten[1].

An der Spitze, gelegentlich auch an Brutknospen der Ausläufer, entwickeln sich Laubsprosse, die sich zu einer Rosette aus breit-lanzettlichen, gesägten, bis zu 35 cm langen Laubblättern zusammenschließen; an deren Grund befindet sich eine knotenartige, dicke Erweiterung mit vielen kräftigen Nebenwurzeln, mit deren Hilfe vegetative Sprosse überwintern, um im folgenden Sommer einen blühenden und fruchtenden Stengel zu treiben. Nach der Reife verwelkt der Stengel bis zum Grunde hinab.

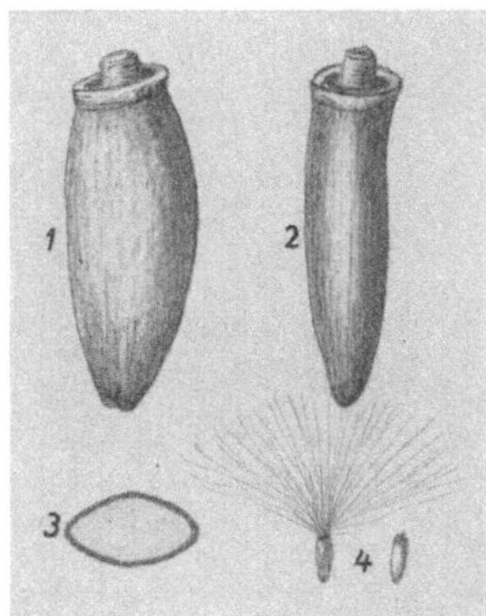

Abb. 331. *Cirsium heterophyllum.* *1* und *2* Breit- und Schmalseite des Samens, *3* Samenquerschnitt, 8fach vergr.; *4* Samen, nat. Gr. Orig.-Zeichn.

Die Pflanze gedeiht am besten auf feuchtem bis saurem, sumpfigem, humusreichem Boden, auf Wiesen, an Bächen, Wald- und Berghängen. In diesen Wachstumsbereichen kommt sie in einer Reihe von Gebirgsgegenden Nordeuropas und Asiens vor. In Deutschland wächst sie vereinzelt auf feuchten Wiesen u. ä. in Schlesien, im Erzgebirge, Fichtelgebirge, Böhmerwald, Thüringerwald und bis Schleswig hinauf[2].

In Großbritannien ist sie in Schottland und England nördlich bis Wales anzutreffen. In Skandinavien wächst sie auch im Flachland und dringt bis zu 71° 10′ n. Br. vor. In Finnland ist sie streckenweise ein sehr gewöhnliches Wiesenunkraut. Gelegentlich kreuzt sie sich mit *Cirsium palustre.*

Sie wird durch Samen fortgepflanzt, durch Ausläufer vegetativ vermehrt und auf beiderlei Art verbreitet. Das Unkraut ist bei seinem Auftreten im Nutzland an gewisse Wachstumsbereiche gebunden und kann dort durch Entwässerung und gleichzeitige, gute Bodenpflege leicht beseitigt werden.

[1] Die Mutterwurzel der Keimpflanze bildete zahlreiche, grobe, strangartige, bis zu 40 cm tief greifende Faserwurzeln. An den Knoten mehrerer Ausläufer waren ähnliche, kleinere Faserwurzelbündel, neue Ausläufersprosse und oberirdische, grundständige Laubblattrosetten entstanden. Die von der Mutterwurzel entwickelten Laubsprosse blühten im Juli des zweiten Wachstumsjahres zum erstenmal.

[2] WAGNER: Illustrierte deutsche Flora. 3. Aufl. S. 713.

178. *Achillea millefolium* Linn. Gemeine Schafgarbe, engl. Yarrow, milfoil. *Achillea millefolium* (Fam. Compositae) ist ein ausdauerndes, 30—55 cm hohes Unkraut mit kleinen weißen, bis rötlichen Blüten und zahlreichen, in dichtem, endständigem Ebenstrauß zusammensitzenden Körbchen mit zungen-

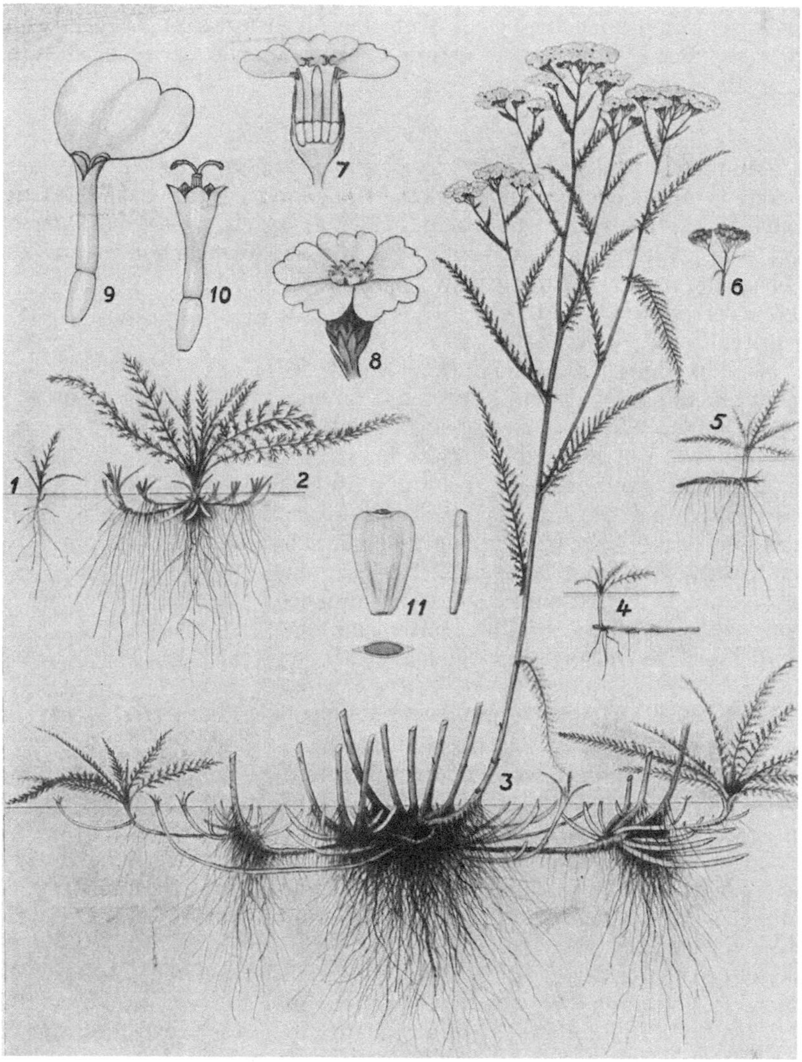

Abb. 332. *Achillea millefolium.* *1* Keimpflanze; *2* dieselbe im Spätherbst; *3* voll entwickelte, blühende Pflanze; *4* und *5* Ausläuferteile, die vegetative Laubsprosse getrieben haben; *6* Fruchtstand, *1*—*6* etwa $^1/_5$ nat. Gr.; *8* Blütenkörbchen, *7* dasselbe im Längsschnitt, 3fach vergr.; *9* und *10* Rand- und Scheibenblüte, 6fach vergr.; *11* Same, 7fach vergr. Orig.-Zeichn.

förmigen, weißen, weiblichen Rand- und zwitterigen, rohrförmigen Scheibenblüten. Der oben vielfach verzweigte Stengel trägt verstreut sitzende, im Umriß lanzettliche, 2—3fach gefiederte Blätter (Abb. 332). Blüte- und Reifezeit von Juni bis September. Der ovale, länglich-keilförmige, dem Grunde zu schmäler werdende, seitlich flachgedrückte, an der breit abgestumpften Spitze in einen

Kragen mit mittelständigem, kurzem Zapfen auslaufende, leicht längsgerillte, silbergraue Same ist mit einer hellen, graugelben, häutigen Flügelkante besetzt (Abb. 333). 1000-K.Gew. etwa 0,15 g, Länge und Breite 1,9×0,7 mm, Samenzahl je Pflanze etwa 3300, je kg etwa 6,7 Millionen. Von dem gut auflaufenden Samen keimten bei einem Laboratoriumsversuch nach Überwinterung und Trockenlagerung in 5 Tagen 99%. Im Freien keimten in Sandboden bei 1 cm Tiefe in 40 Tagen 69%; bei einem anderen Versuch keimten von überwintertem Samen bei oberflächlicher Aussaat im Frühjahr in 43 Tagen 46, in 1 cm Tiefe in 67 Tagen 26%. Bei Aussaat im Spätherbst im Freien keimten im folgenden Frühjahr oberflächlich 62%, 0,5 cm tief 38%, 1 cm tief 20% und 2 cm tief 6%. Bei einem anderen Versuch mit frisch geerntetem Samen keimten bei Herbstaussaat draußen im Sandboden im folgenden Frühjahr in einer Tiefe von

0	0,5	1	2	3	4	5	cm
22	39	50	24	20	0	0	%.

Bei Frühjahrsaussaat keimten unter sonst gleichen Bedingungen in 0,5 cm Tiefe 38%.

Im Verlauf des Wachstums entwickelt die Keimpflanze ein recht kräftiges Faserwurzelsystem und eine Laubblattrosette. Am unterirdischen Teil des ersten Laubsprosses bildet sie wenige bis viele weißgelbe, mehrere cm lange, griffelstarke Ausläufersprosse mit von Niederblattschuppen bedeckten Brutknospen; die Ausläufer sind nur sehr flach mit Boden bedeckt und können bereits im Keimjahr der Pflanze an Brutknospen oder Ausläuferenden Laubsprosse ansetzen. Im zweiten Jahre bilden sich kräftige Laubblattrosetten, während gewöhnlich erst vom dritten Jahre ab blühende Stengelsprosse getrieben werden. Sobald ein Sproß aus der Erde hervortritt, verdickt er sich gleich unter der Oberfläche und entwickelt eine Menge braungelber bis dunkelbrauner Nebenwurzeln und neuer Ausläufer. Auf diese Art erfolgt allmählich eine ununterbrochene, unterirdische vegetative Vermehrung. Gewöhnlich blüht der Laubsproß der Mutterwurzel im zweiten, gelegentlich schon im ersten Entwicklungsjahr der Pflanze. Die Ausläufer liegen gewöhnlich dicht unter der Erdoberfläche.

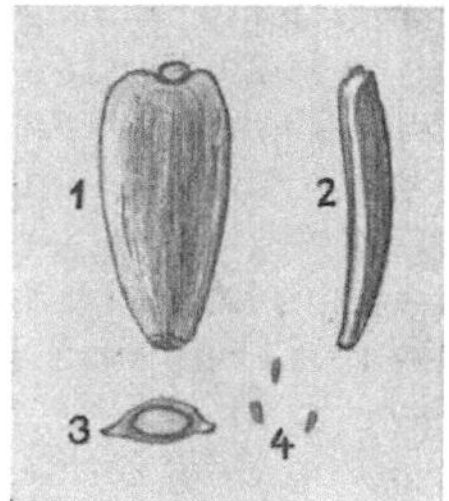

Abb. 333. *Achillea millefolium.* *1* und *2* Breit- und Schmalseite des Samens, *3* Samenquerschnitt, 10fach vergr.; *4* Samen, nat. Gr. Orig.-Zeichn.

Die Pflanze wächst häufig an Weg- und Eisenbahnstrecken, Rainen, auf Weiden, Äckern, Wiesen und besonders auf trockenem, leichtem Boden in ganz Europa, Asien und Nordamerika. Unter günstigen Wachstumsbedingungen ist sie über große Gebiete Deutschlands, ganz Großbritannien und ganz Skandinavien bis zu 71°10′ n. Br. (Norwegen) als gewöhnliches Unkraut vom Meer bis in den Weidengürtel hinein anzutreffen.

Die Pflanze wird durch Samen fortgepflanzt, durch Ausläufer vermehrt und auf beide Arten verbreitet. Die Samen finden sich nicht selten in Dreschabfällen, Spreu, in Wiesensaat und deren Reinigungsabfällen, in Heubodenkehricht u. ä. So fanden sich je kg durchschnittlich in 12 untersuchten Dreschabfallproben 3236, in 3 Kornspreuproben 800, in 3 Wiesenmischsaatproben 1500, in 3 Timothesamenproben 2167, in Abfallwiesensaat 38000, im Heubodenkehricht 1000 Samen. Das Unkraut wird auch durch Vögel verbreitet[1].

[1] Collinge, W. E.: Destruction and dispersal of weeds' seeds by wild birds. Journ. Board of Agric. Bd. 20, S. 15—26. 1913 und Collinge, W. E.: Some further observations on the dispersal of weeds' seeds by the wild birds. Journ. of econ. biol. Bd. 9, S. 69—71. 1914. Vgl. auch Weeds of farm land S. 28.

Mittels ihres sehr vermehrungs- und verbreitungsfähigen Wurzelsystems wächst die Pflanze auch beim Auftreten im Nutzland in dichtem Bestande und unterdrückt und erstickt darum leicht die Wiesenpflanzen, ohne jedoch im Nutzlande bei guter Pflege zu den lästigen Unkräutern zu gehören.

Über die Bekämpfung vergleiche man, was bei *Rumex acetosa* und *Achillea ptarmica* angeführt worden ist.

Achillea millefolium wird zu den Gewürzpflanzen gezählt. Bei Genuß in größeren Mengen verleiht sie der Milch und ihren Erzeugnissen einen schlechten Beigeschmack[1].

Die Pflanze entzieht dem Nutzlande große Mineralstoffmengen. Nach WEHSARG[2] fanden sich in 100 Teilen Asche von *Achillea millefolium* unter anderem

Phosphorsäure .	7,87%	Kali	47,81%
Kalk	14,79%	(Chlor	13,17%).

179. *Achillea ptarmica* LINN. Bertram-Schafgarbe, Sumpfgarbe, engl. Sneezewort. *Achillea ptarmica* (Fam. Compositae) ist ein ausdauerndes, 40 bis 60 cm hohes Unkraut mit lanzettlichen, gesägten, sitzenden Blättern, 12—16-ästigem in einem Ebenstrauß angeordnetem Blütenstand, im Durchmesser etwa 13 mm breiten Blütenkörbchen mit halbkugelförmigen Hüllen, weißen, breiten, zungenförmigen Randblüten und weißgelben, röhrenförmigen Scheibenblüten (Abb. 334). Blüte- und Reifezeit auf Wiesen im Juli und August und im Acker zu gleicher Zeit oder etwas später. Der längliche, dem quer abgestumpften Grunde zu gleichmäßig verschmälerte, seitlich flachgedrückte, etwas gekrümmte, mit einem kreisrunden, dunkleren, mittelständigen Ring, hellen seitlichen Flügelkanten und 2 Längsrippen versehene, ungleichmäßig schwach glänzende, helle, graugrüne Same ist in der Nähe der in einen Kragen mit kleinem, mittelständigem, kurzem Zapfen endenden Spitze am breitesten (Abb. 335). 1000-K.Gew. etwa 0,2 g, Länge und Breite 2,0 × 1,0 mm, Samenzahl je Pflanze etwa 1300, je kg etwa 5 Millionen.

Von dem schnell auflaufenden Samen keimten im Laboratorium gleich nach der Ernte in 5 Tagen 88%. Von vorjährigem Samen keimten gleichzeitig in 5 Tagen 55 und in 10 Tagen 73%, der Rest war nach 10 Tagen tot. Von frisch geerntetem Samen keimten die ersten bei sehr flacher Bodenbedeckung nach 8 Tagen. Von überwintertem, trocken gelagertem Samen keimten im Freien oberflächlich in 41 Tagen 32, in 0,5 cm Tiefe in 21 Tagen 16%. Nach Bodenüberwinterung keimten bei 2 Versuchen im Freien während des Frühjahrs in einer Tiefe von

0	0,5	1	2	3	4	5	cm
58	77	50	10	4	0	0	%, bzw.
36	66	60	32	6	2	0	%.

Bei Frühjahrsaussaat keimten in 0,5 cm Tiefe 12%.

Die umgekehrt eiförmigen Keimblätter messen etwa 4,5 × 2,5 mm. Die Keimpflanze[3] entwickelt im ersten Sommer eine unterirdische Faserwurzel, an deren Hals sich mehrere bis zu 20 cm lange Erdausläufer und mehrere Laubsprosse bilden, von denen einzelne mehrere cm lange, doch gewöhnlich während des Keimjahres keine Blütenanlagen entwickelnde Stengel treiben. Im zweiten Entwicklungsjahre treibt dann die Mutterwurzel mehrere blühende und fruchtende Sprosse. An

[1] BRENCHLEY: Weeds of farm land S. 115.

[2] Arb. d. dtsch. Landw. Ges. H. 294, S. 238.

[3] So hatte eine Keimpflanze im Freien nach 99 Tagen (13. VI.—25. IX.) eine Faserwurzel entwickelt, an deren Hals sich 13 Erdausläufer von etwa 20 cm Länge und mehrere Ausläuferanlagen gebildet hatten. Außerdem fanden sich 12 gerade hervorgesprossene Stengelanlagen und drei 15—20 cm hohe Stengelsprosse ohne Blütenanlage, sowie eine Laubblattrosettenanlage.

Gliedern und Spitzen der Ausläufer bilden sich Faserwurzeln, Laubblattrosetten und neue Laubsprosse wie Ausläufer, die im folgenden Sommer blühende und fruchtende Stengel und wiederum neue Ausläufer treiben. *Achillea ptarmica* ist also ein wurzelwanderndes Unkraut mit vielen kräftigen Erdausläufern, die man als

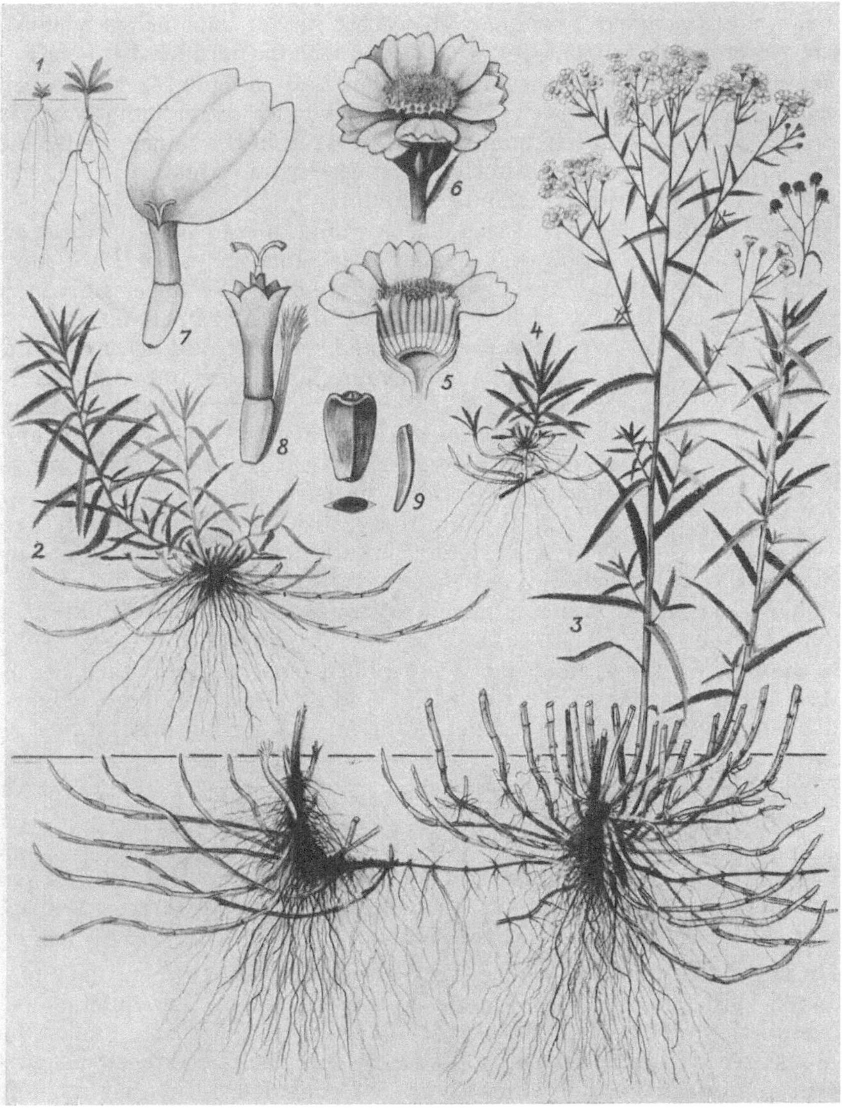

Abb. 334. *Achillea ptarmica*. *1* Keimpflanze, 1/5 bzw. 1/2 nat. Gr.; *2* Pflanze im Herbst des ersten Jahres; *3* voll entwickelte, blühende Pflanze; *4* Ausläuferteil, der Laubsprosse und neue Ausläufer entwickelt hat, etwa 1/5 nat. Gr.; *6* Blütenkörbchen, *5* dasselbe im Längsschnitt, 8/5 nat. Gr.; *7* und *8* Rand- und Scheibenblüte, 6fach vergr.; *9* Same, 6fach vergr. Orig.-Zeichn.

Erdstengel kennzeichnen muß, und die mit Gliedern und von häutigen Niederblättern bedeckten Knospen versehen sind. Treiben die Erdstengel Laubsprosse, dann verdicken diese sich unmittelbar unter der Oberfläche knotenförmig und senden Ausläufer aus, die gleichzeitig neue Stengelsprosse und ein Bündel dicht sitzender, bräunlicher Faserwurzeln hervorbringen. Die Ausläufer dringen tief in die Ackerkrume hinein.

Die Pflanze findet sich im offnen Acker, auf Wiesen, an Schutthalden, Ackerrainen, Weg- und Eisenbahnstrecken u. ä. Sie gedeiht am besten auf etwas schwererem, teilweise feuchtem Boden und tritt allgemein in den gemäßigten Zonen ganz Europas, Westasiens und Nordamerikas auf. In Deutschland, Großbritannien und besonders Skandinavien wächst sie auf künstlichen oder älteren Wiesen, Äckern, an Schutthalden, Wegrändern u. ä. bis nördlich des Polarkreises.

Die Pflanze wird durch Samen fortgepflanzt, anhaltend vegetativ vermehrt und auf beiderlei Art verbreitet. Der Same findet sich oft in Timothe-, Wiesenmisch- und Abfallwiesensaat, in Heusamen- und Getreidespreu; durch diese Sämereien und Abfälle wird die Pflanze im Nutzland verbreitet.

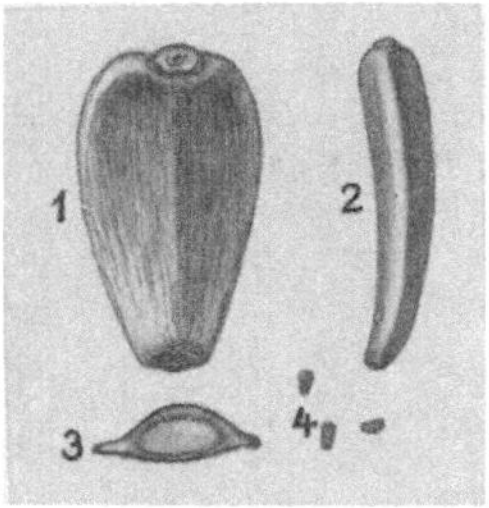

Abb. 335. *Achillea ptarmica.* *1* und *2* Breit- und Schmalseite des Samens; *3* Samenquerschnitt, 11 fach vergr.; *4* Samen, nat. Gr. Orig.-Zeichn.

Wird Heu einer verunkrauteten Wiese etwas spät eingeholt, kann auch reifer Same mit unter Dach kommen und auf diesem Wege, wie durch Verfütterung von Spreu und anderen Abfällen, die den Samen enthalten, den Weg in den Dünger und so wieder auf den Acker finden. So gingen aus einer im Jahre 1921 untersuchten Probe frischen Pferdedungs so viel aufgelaufene Pflanzen von *Achillea ptarmica* hervor, daß sie bei einer Düngung mit 60 t je ha einem Bestand von 90000 Pflanzen auf dieser Fläche entsprochen hätten.

Als Kampfmittel verwende man in erster Linie reinen Grassamen und unkrautfreien Dünger beim Einsäen der Wiese. Um das zu erreichen, muß man natürlich den Samen auf nicht verseuchten Wiesen ernten und Heuwiesen so früh mähen, daß das Unkraut nicht zur Reife kommt.

Bei starker Verunkrautung der Wiese pflüge man sie zeitig nach der Ernte um, brache sie (vgl. Abschn. VI B, 5b 3) und baue im nächsten Sommer bei gründlich durchgeführter Reinhaltung während des ganzen Wachstums Hackfrüchte an.

Da die Pflanze auf feuchtem Boden gut gedeiht, trägt auch Entwässerung des Bodens gut und wirksam zur Bekämpfung bei.

b) Ausläufer mit Pfahlwurzeln oder Faserwurzelbündeln; die Wurzel des Muttersprosses eine mehr oder minder verzweigte Pfahlwurzel.

180. *Aegopodium podagraria* LINN. Gemeiner Geißfuß, Giersch; engl. Gout-weed, bishopsweed. *Aegopodium podagraria* (Fam. Umbelliferae) ist ein ausdauerndes, 30—60 cm hohes Unkraut mit oberseits hellgrünen, kahlen, unterseits dunkleren, teilweise behaarten Blättern, deren untere doppelt 2—3zählig, deren obere einfach 3-zählig angeordnet, eiförmig lanzettlich, gesägt und am Grunde oft schief herzförmig sind. Die Blattstiele haben etwas aufgeblasene Scheiden. Der grobe, dunkelgrüne, ästige, etwa 50 cm hohe Stengel hat weiße Blüten in vielblütigen Dolden, denen Hüllen und Hüllchen fehlen (Abb. 336). Blütezeit von Mai bis August (September).

Die eiförmige Spaltfrucht mißt etwa 3,1 × 1,8 mm und teilt sich bei der Reife in zwei Samen, deren oberer Teil an dem an der Spitze zweigeteilten Fruchthalter sitzt. Die nüßchenartige, gekrümmte, beidendig ungleich verschmälerte, im Querschnitt annähernd runde, 5 hellere, erhabene, fadenförmige Längsrippen tragende, matte, ungleichmäßige, rauhe, gestreifte, teerig braune Teilfrucht trägt oben als Anhängsel den trichterförmigen Griffelansatz (Abb. 337). 1000-K.Gew. etwa 2,4 g, Länge und Breite etwa 3,5×1,4 mm, Samenzahl je Pflanze etwa 2800, je kg etwa 420000.

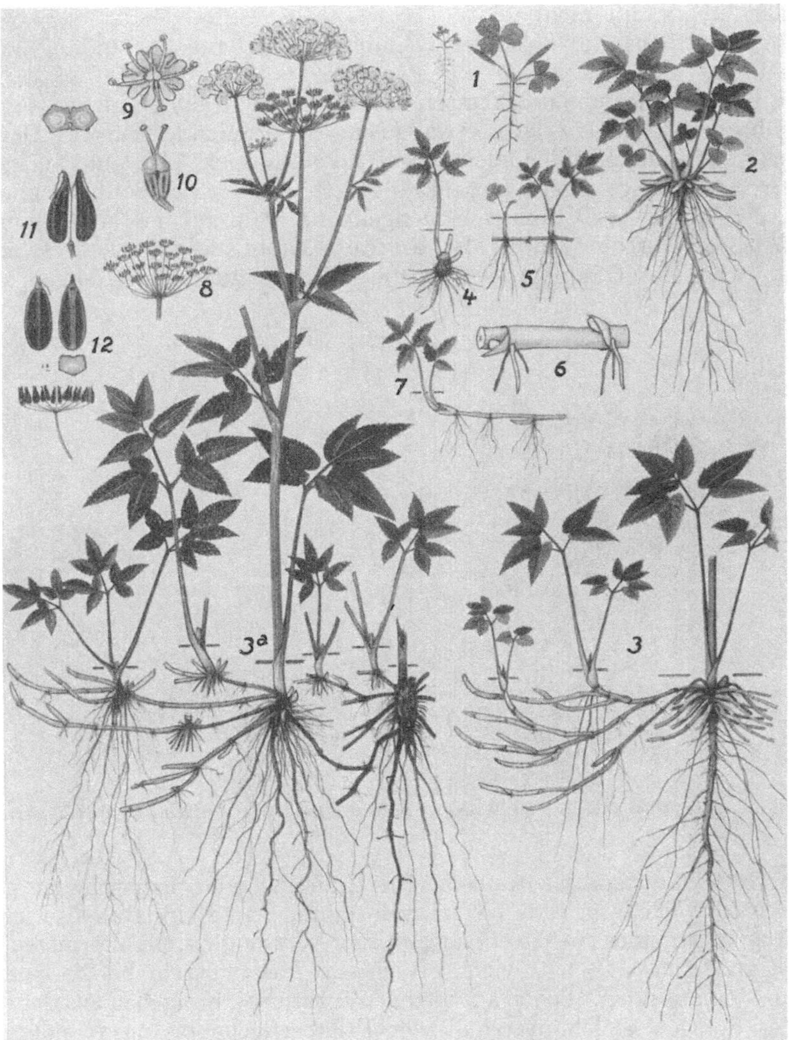

Abb. 336. *Aegopodium podagraria.* *1* Keimpflanze, 2/3 nat. Gr.; *2* Pflanze im Herbst des ersten Jahres; *3* Pflanze im Herbst des zweiten Jahres (die rechte Hälfte weggeschnitten); *3a* alte Pflanze, *4* Laubsproß am abgeschnittenen Wurzelhals; *5* Laubsprosse an Gliedern eines abgeschnittenen Ausläuferteils, etwa 1/5 nat. Gr.; *6* Ausläufer, 2/3 nat. Gr.; *7* Laubsprosse an Ausläuferspitze, etwa 1/5 nat. Gr.; *8* Fruchtstand, 1/4 nat. Gr.; *9* Blüte, etwa 3fach vergr.; *10* Fruchtknoten, etwa 7fach vergr.; *11* Frucht; *12* Samen, 3fach vergr. Nach Korsmos Unkrauttafeln.

Von dem langsam auflaufenden Samen keimten bei einem Laboratoriumversuch in 730 Tagen 4%, während 96% bei Abschluß des Versuches abgestorben waren. Bei einem anderen Laboratoriumversuch hielt sich der Same 1600 Tage lang frisch, ohne aufzulaufen. Draußen im Sandboden keimten in 114 Tagen 15%. Bei Saattiefenversuchen mit frisch geerntetem Samen keimten draußen in sandigem Humus bei Herbstaussaat während des folgenden Sommers in einer Tiefe von

0	1	2	3	4	5	6	7	cm
2	12	10	8	4	4	2	0	%.

Samen der gleichen Probe keimten nach Aussaat im Frühjahrr während des Sommers überhaupt nicht.

Die lanzettlichen, abstehenden Keimblätter sind 10—20 mm lang und bis zu 3 mm breit.

Im Herbst aufgelaufene Pflanzen überwintern und bilden im zweiten Wachstumsjahre eine unverzweigte, etwa 20 cm tief greifende Wurzel. Der Stengel verdickt sich unten mit undeutlichen Sproßknospen (Ausläuferanlagen) und bildet eine kräftige oberirdische Blattrosette. Im dritten Entwicklungsjahre treibt der Muttersproß blühende Stengel, und während des Wachstums dieses Sommers, des dritten Jahres also bei Anrechnung des Keimjahres, entstehen an der Achse des Hauptsprosses mehrere Erdausläufer, deren einige im Laufe

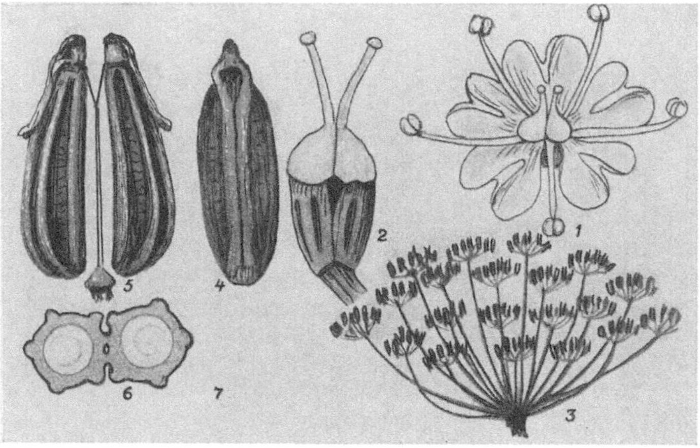

Abb. 337. *Aegopodium podagraria.* *1* Blüte, 20fach vergr.; *2* Fruchtknoten, etwa 36fach vergr.; *3* Fruchtstand, etwa nat. Gr.; *4* Bauchansicht des Samens, *5* Frucht, *6* Frucht im Querschnitt, 19fach vergr.; *7* Same, nat. Gr. Orig.-Zeichn.

des Herbstes Laubsprosse treiben. Im Frühjahr oder Frühsommer gekeimte Pflanzen entwickeln im ersten Wachstumsjahre, dem Keimjahre also, eine kräftige Pflanze mit einer 20—40 cm langen, sehr verzweigten, pfahlförmigen Mutterwurzel, an deren Hals sich viele, oft 30—40 Faserwurzeln bis zu einer Länge von 20—30 cm bilden. Schon im ersten Wachstumsjahre gehen aus dem kotylen Teil des Stengels gleich unterhalb der Erdoberfläche bis zu 10 oder 15 Ausläufer (Abb. 336, *2*) hervor, die erst etwas nach unten, dann wagerecht wachsen und schließlich eine Länge von 10 cm erreichen. Oft jedoch entstehen die ersten Ausläufer erst im zweiten Wachstumsjahre. Über der Erde bildet die Keimpflanze eine kräftige Rosette aus mehreren (4—7) Laubblättern und 1—3 kleinere, seitliche Blattrosetten. Nach der Überwinterung wächst die Keimpflanze im zweiten Entwicklungsjahre weiter und kann die Pfahlwurzel in dieser Zeit bis zu etwa 60 cm Tiefe treiben (Abb. 336, *3*). Im Laufe des Herbstes treiben besonders die Ausläufer ersten, aber auch die zweiten Grades Laubsprosse mit meistens nur einer Rosettenanlage von 1—5 Laubblättern. Im Herbst des zweiten Jahres kann man am Muttersproß bis zu 20 Ausläufer feststellen, die im Laufe des Sommers bisweilen eine Länge von 40—50 cm erreichen und sich oft sehr stark verzweigen (Abb. 336, 3). Im zweiten Entwicklungsjahre können sich Ausläufer dritter Ordnung bilden. Im Frühjahr ausgekeimte Pflanzen blühen und fruchten das erstemal im zweiten Wachstumsjahre mit Laubsprossen, die sich an der Hauptrosette auf der Wurzel des Muttersprosses entwickeln. Die Seitenrosetten des Muttersprosses wachsen im zweiten Wachstumsjahre gewöhnlich nur als Laubblattrosetten weiter, ohne Stengelsprosse zu treiben, überwintern noch einmal und bilden erst im Spätsommer des dritten Jahres an den im Vorjahre gebildeten Knotenpunkten Blütenzweige. Die Ausläufer entwickeln sich in der allerobersten Erdschicht gewöhnlich von 2—10 cm tief und nur selten in größerer Tiefe. Sie verzweigen sich sehr stark und durchsetzen dabei die Erde so sehr, daß sie eine zusammenhängende, verfilzte Bodenschicht bilden. Hierdurch wird die Pflanze zu einem der lästigsten aller Wurzelunkräuter.

Die Pflanze kommt an schattigen Waldrändern, unter Hecken und Büschen, in Parks und Gärten, Pflanzenschulen, in Obst- und Gemüsegärtnereien, an Flußufern, auf Äckern und Wiesen, gewöhnlich auf etwas schwererem Boden, auf silurischem und anderem Untergrunde in den meisten Ländern Europas[1] und Nordasiens vor und ist in Deutschland in Fruchtgärten und Parkanlagen[2], in Großbritannien besonders an Häusern, in Gärten und Parks[2] und in Süd- und Mittelskandinavien bis zu 68° 15′ n. Br. (Norwegen) ein äußerst lästiges Unkraut auf humushaltigen und gelegentlich auch auf sauren Böden.

Die Pflanze verbreitet sich durch Samen und durch Ausläufer. Sie fruchtet gewöhnlich vor der Gras- und Kornreife, so daß sowohl Ausfall am Standort als auch Verschleppen in die Wirtschaftsgebäude möglich ist. So fanden sich in einigen Dreschabfallproben von reifem Sommerkorn je kg durchschnittlich 2125 Samen.

Die Menge der von der Pflanze entwickelten Ausläufer wird dadurch gekennzeichnet, daß sich auf einer Wiese auf 2 qm nach Ausgraben und vollständigem Reinigen der Wurzeln durch Abspülen 6400 g frischer Ausläufer befanden. Das heißt je qm 3200 g mit einer Gesamtlänge von 200 m und 6000 vegetativen Knospen gleichfalls je qm. Die oberirdischen Teile auf 1 qm wogen in frischem Zustande 1225 g und hatten einen Wassergehalt von 83,15% gegenüber den unterirdischen Teilen mit 73,20%.

Kommt dieses gefährliche Unkraut in Pflanzenschulen vor, wird es beim Verpflanzen von Bäumen und Büschen mit Ballen leicht durch losgetrennte, vermehrungsfähige Wurzelteile verschleppt. Schon der kleinste Teil eines Ausläufers mit Knoten kann die Pflanze auf diese Art weiterverbreiten. Auch durch Mischerde von Rainen und Grabenkanten oder durch Komposterde aus Gärten, Wegen, Parks und Pflanzenschulen geraten Wurzelteile leicht mit dem Dünger aufs Ackerland. Beim Hacken um Bäume und Büsche herum werden ebenfalls Ausläuferteile im Boden verstreut. Schließlich verbreitet sich die Pflanze selbst durch unterirdische Wanderung sowie durch Samen, wenn sie an Hecken, Gestrüpp, Zäunen, Grabenrändern, Weg- und Eisenbahnstrecken u. ä. ungehindert zur Reife kommt. Um die Verbreitung zu verhindern und die Pflanze bei Auftreten im Nutzland zu unterdrücken, bedient man sich folgender Mittel:

1. Verhütung von Verpflanzung, Versand oder Beförderung von Stauden, Bäumen und Sträuchern mit Ballen aus verseuchtem Boden.

2. Nichtverwendung von verseuchtem Boden und von Gartenabfällen zum Einebnen oder als Düngermischung.

---

[1] Die Pflanze fehlt im großen und ganzen in der Türkei und in Griechenland, Süditalien, Portugal und Spanien.

[2] Klein: Unsere Unkräuter S. 70. — Wagner: Illustrierte deutsche Flora, 3. Aufl., S. 498 und Hegi: Illustrierte Flora von Mitteleuropa Bd. 5, 2, S. 1212.

3. Utnerlassen der Samenernte auf Wiesen, die von der Pflanze verseucht sind, oder Verhinderung der Samenreife durch rechtzeitiges Abhauen des Unkrautes.

4. Unterdrückung der Pflanze durch wiederholtes, flaches Abschaufeln der Erde, wo · dies durchführbar ist, um die Ausläufer so auszuhungern oder bei kleineren Beständen in Gärten, Parks u. ä. Ausgraben der Ausläufer bzw. Ver-

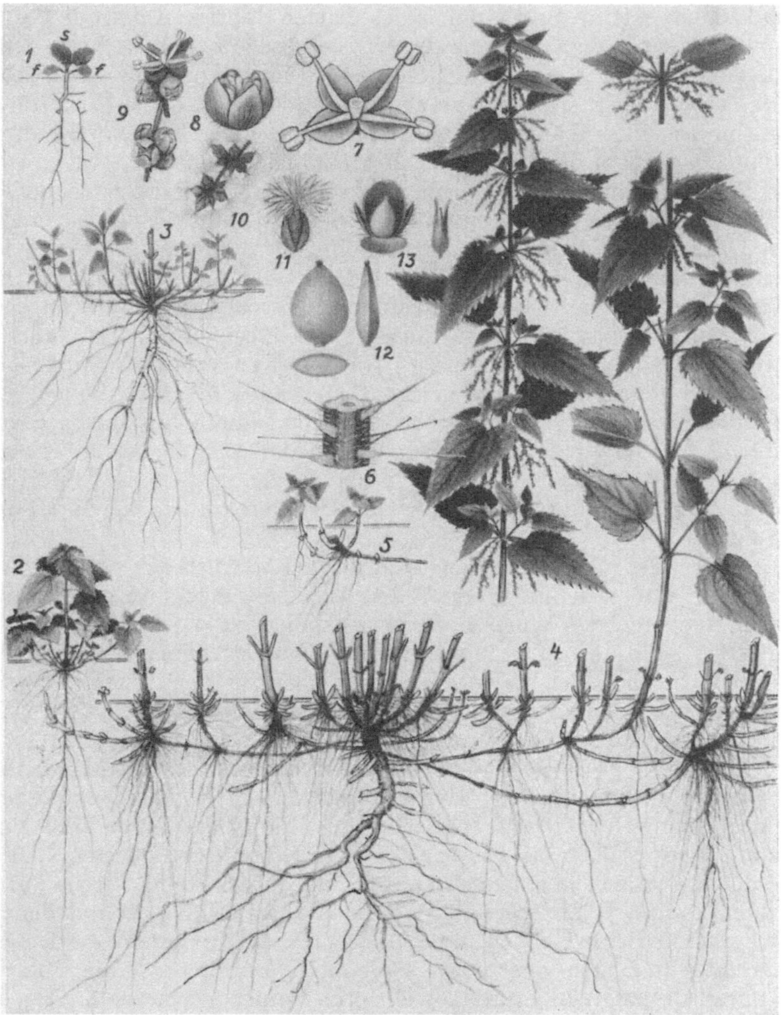

Abb. 338. *Urtica dioica.* *1* Keimpflanze, *f* Keimblätter, *s* Laubblatt, nat. Gr.; *2* dieselbe, 92 Tage alt; *3* Pflanze im Spätherbst des ersten Jahres, *4* blühende weibliche Pflanze im zweiten Jahre; *5* Ausläuferteil mit Laubsprossen, $^{2}/_{11}$ nat. Gr.; *6* Stengelteil mit Brennhaaren, 5 fach vergr.; *7* offene, männliche Blüte, *8* dieselbe geschlossen, 4 fach vergr.; *9* männliches Blütenbündel, *10* weibliches Blütenbündel, *11* weibliche Blüte, 6 fach vergr.; *12* Same, 9 fach vergr.; *13* Längsschnitt der Frucht mit Samen, 6 fach vergr. Orig.-Zeichn.

nichtung des Wurzelsystems durch Natriumchlorat, das man als 5%ige Lösung in Mengen von 1 Liter je qm zweimal im Laufe des Sommers, das erstemal, wenn möglich, im Frühsommer, das zweitemal beim Hervorsprießen der neuen Laubsprosse über die verseuchten Flächen spritzt.

5. Hackfruchtanbau bei völliger Reinhaltung oder nach Möglichkeit gründliche Vollbrache (vgl. Abschn. VI B, 5a und b).

181. *Urtica dioica* LINN. Zweihäusige Nessel, Große Brennessel, engl. Great (stinging) nettle, common nettle. *Urtica dioica* (Fam. Urticaceae) ist ein ausdauerndes Unkraut mit aufrechtem, bis zu meterhohem Stengel mit rispenförmig-wickelartigen Blütenständen in den oberen Blattwinkeln des Stengels und mit unansehnlichen, kleinen, grünen, meistens zwitterigen Blüten, gestielten, paarweise gegenständigen, herzförmigen, sehr spitzigen, grob und scharf gesägten Blättern sowie kleinen, leicht abfallenden Nebenblättern. Die ganze Pflanze ist mit langen Brennhaaren besetzt (Abb. 338). Sie blüht von Juni bis September (Oktober).

Der im Umriß eiförmige, seitlich sehr plattgedrückte, am Grunde abgestumpfte und an der in einen zapfenförmigen, dunklen, dünnen, kurzen Stiel endenden Spitze nicht ganz so stumpfe Same hat zwei ovale Flächen, die in einem stumpfkantigen Grat zusammenstoßen. Die matte, fein-rauhe Oberfläche ist sandgrau (Abb. 339). 1000-K.Gew. etwa 0,16 g, Länge und Breite etwa 1,2 × 0,9 mm, Samenzahl je Pflanze etwa 22000, je kg etwa 6,2 Millionen.

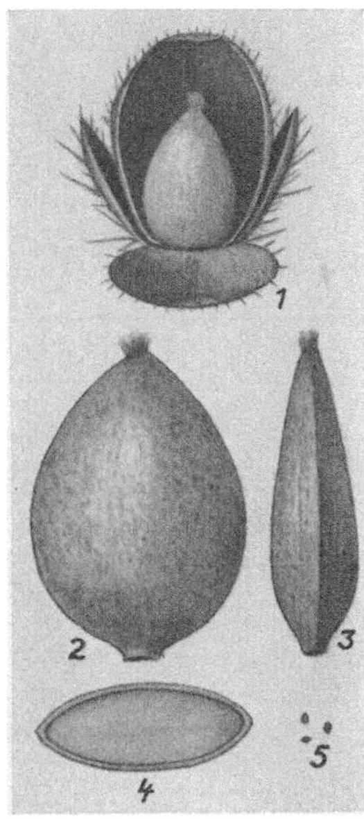

Abb. 339. *Urtica dioica.* *1* Längsschnitt der Frucht, von der das eine Hüllblatt heruntergeklappt ist, damit der Same sichtbar wird, 18fach vergr.; *2* und *3* Breit- und Schmalseite des Samens, *4* Samenquerschnitt, 26fach vergr.; *5* Same, nat. Gr. Orig.-Zeichn.

Von dem gewöhnlich etwas langsam auflaufenden Samen keimten bei einem Laboratoriumversuch in 12 Tagen 90%. In Sandboden keimten bei Frühjahrsaussaat in 1 cm Tiefe bei einem Versuch nur 4%. Bei oberflächlicher Aussaat jedoch stieg die Keimzahl beträchtlich. Bei Versuchen im Freien keimten bei Herbstaussaat im folgenden Frühjahr und Frühsommer bei 2 Versuchen in einer Tiefe von

0	0,5	1	2	3	4	5	cm
44	45	1	0	0	0	0	%, bzw.
30	38	40	16	18	0	0	%.

Bei Frühjahrsaussaat keimten von der gleichen Probe in 0,5 cm Tiefe im Laufe des Sommers 8%.

Die im Frühsommer aufgelaufenen Pflanzen werden im Laufe des Sommers über 20 cm groß. Die Wurzel wird schon im ersten Sommer kräftig und bildet vegetative Wurzelsprosse (Abb. 338, *3*). Sie überwintert und entwickelt Ausläufer und die ersten blühenden Sprosse im zweiten Entwicklungsjahre und fährt in den folgenden Sommern damit fort. Die ersten blühenden Stengel entstehen regelmäßig an der Wurzel des Muttersprosses, später blühende Stengel dagegen an den Ausläufern, die im vorhergehenden Jahre eine Laubblattrosette getrieben haben. Die braungelben, mittels ihrer Brutknospen vermehrungsfähigen, bis zu bleistiftstarken Erdausläufer der Pflanze liegen nur bis zu etwa 10 cm tief und bilden Knoten, an denen Bündel von langen, groben Faserwurzeln, neue Ausläufer und Laubsprosse auf gleiche Art wie bei *Cirsium heterophyllum* entstehen.

Die Pflanze kommt gewöhnlich auf und an bebauten und besiedelten Plätzen, an Hecken, Gräben, Verbindungswegen, Steinhalden, Waldrändern in ganz Europa und den gemäßigten Teilen Asiens vom Mittelmeer bis an den Polarkreis, wie in Nordamerika und als Unkraut auch überall auf der Erde vereinzelt in ackerbautreibenden Ländern vor. In den erwähnten Wachstumsbereichen ist die Pflanze gemein in Deutschland, ganz Großbritannien und über große Strecken Skandinaviens vom Meer bis an die Birkengrenze und bis zu etwa 70° n. Br. (Norwegen).

Die Pflanze wird durch Samen fortgepflanzt, vegetativ vermehrt und auf beiderlei Art verbreitet. Tritt sie im Nutzland auf, ist sie als Unkraut zu behandeln und auf die gleiche Art wie *Cirsium arvense* und andere Wurzelunkräuter zu unterdrücken. Sie läßt sich auch zweckmäßig durch Natriumchlorat bekämpfen, falls die Umstände die Anwendung dieses Chemikaliums gestatten.

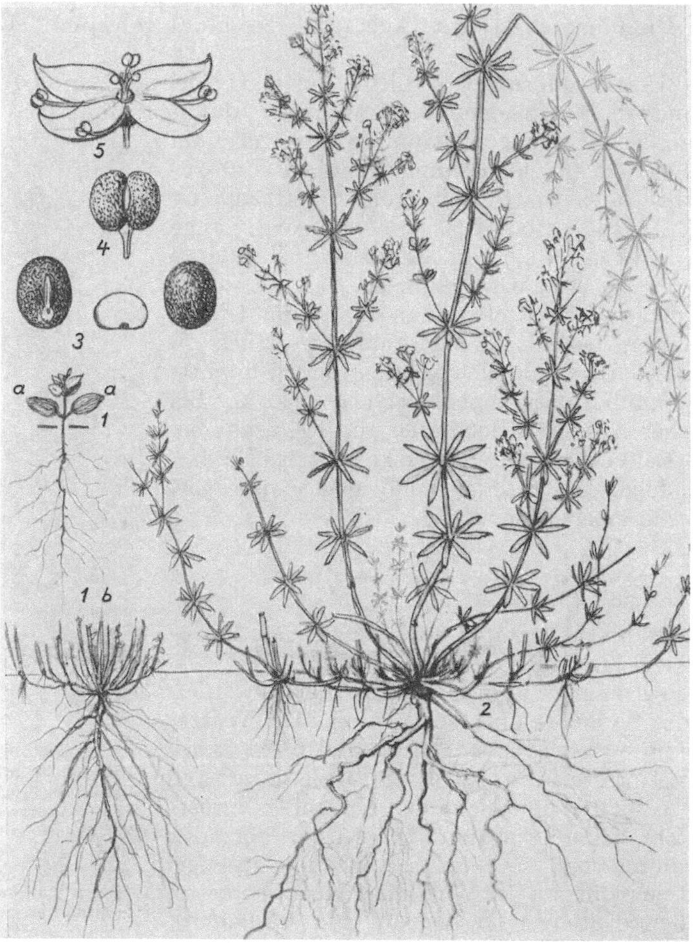

Abb. 340. *Galium mollugo.* *1* einige Tage alte Keimpflanze, *a—a* Keimblätter, nat. Gr.; *1b* Pflanze im Herbst des ersten Jahres; *2* voll entwickelte Pflanze, $^1/_6$ nat. Gr.; *3* Same, 8fach vergr.; *4* Frucht, 6fach vergr.; *5* Blüte, 6fach vergr. Orig.-Zeichn.

Nach Abhauen bespritzt man die verseuchten Stellen je qm mit 1 Liter einer 5%igen Lösung und vernichtet das Wurzelsystem gewöhnlich bereits bei einmaliger Anwendung des Mittels.

Die Pflanze wird von den größeren Haustieren abgelehnt und gibt auch ein schlechtes Trockenfutter.

Die Nesselseide (*Cuscuta europaea*), auch Nessel- oder Hopfenseide genannt, schmarotzt auf dieser Pflanze, auf Hopfen (*Humulus lupulus*) u. a. Pflanzenarten.

182. *Galium mollugo* Linn. Gemeines Labkraut, engl. Hedge bedstraw. *Galium mollugo* (Fam. Rubiaceae) ist ein von Grund auf sehr ästiges Wurzelunkraut mit viereckigen, glatten, schlappen, steigenden, bis zu 1,20 m hohen Stengeln und von sehr veränderlichem Aussehen[1].

Von den beiderseits grünen, linienförmigen oder lanzettlichen, 2—3 cm langen, einnervigen, am Rande leicht zurückgerollten, an der Spitze mit scharfem Stachel versehenen Blättern sitzen gewöhnlich 8 in einem Quirl zusammen. An den Blattwinkeln der Stengel entspringen Blütenäste mit weißen Blüten an verzweigten, zusammengesetzten Blütenständen mit fast radförmigen, spitz-vierlappigen Blumenkronen und 4 sich nach der Bestäubung allmählich zwischen die Kronenlappen hinabbeugenden Staubgefäßen. Blütezeit von Juni bis August (Oktober), Reife ungefähr gleichzeitig mit der der Wiesenpflanzen (Abb. 340).

Die 2teilige Spaltfrucht sitzt unterhalb der Mitte auf einem gemeinsamen Samenhalter. Der nierenförmige, an beiden Enden stumpf abgerundete, am Rücken vorgewölbte, matte, grubige, braune Same hat an der eingebeulten Bauchseite eine hellere Längsfurche und in der Nähe des Grundes eine grubenförmig vertiefte Samenhaftstelle (Abb. 341). 1000-K.Gew. etwa 0,43 g, Länge und Breite etwa 1,2 × 0,9 mm, Samenzahl je Pflanze von einigen hundert bis über 20000, je kg etwa 2,3 Millionen.

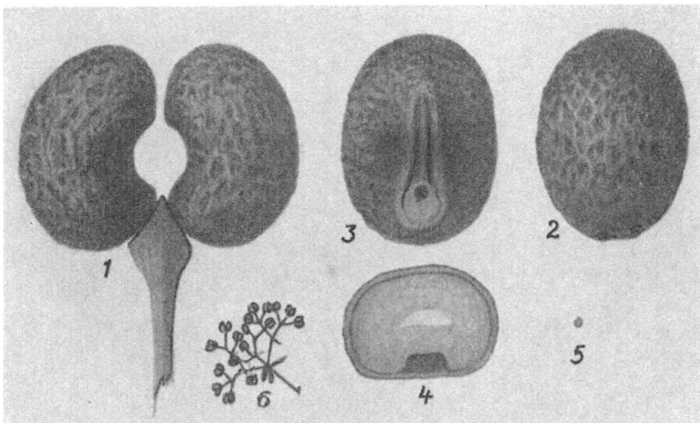

Abb. 341. *Galium mollugo.* 1 Frucht; 2 und 3 Rücken- und Bauchansicht des Samens; 4 Samenquerschnitt, 20fach vergr.; 5 Same, 6 Fruchtstand, nat. Gr. Orig.-Zeichn.

Keimuntersuchungen ergaben bei überwintertem, trocken gelagertem Samen im Laboratorium bei einem Versuch in 20 Tagen eine Keimung von 89, im Freien in 0,5 cm Tiefe in 40 Tagen von 47%. Sie begann nach 16 Tagen. Bei Saattiefenversuchen keimten von frisch geerntetem Samen nach Herbstaussaat im folgenden Frühjahr und Sommer in einer Tiefe von

0	0,5	1	2	3	4	cm
18	25	30	18	0	0	%.

Nach Aussaat im Frühjahre keimten von der gleichen Probe in 0,5 cm Tiefe während des Sommers 39%. Von der Aussaat am 23. V. bis zur Ernte am 15. IX. hatten die Pflanzen eine Höhe von 16 cm erreicht und sich sowohl über als auch unter der Erde verzweigt. Im ersten Wachstumsjahre bildet die Pflanze Stengel, die teilweise auf dem Boden liegen und Wurzeln schlagen, sobald sie mit nacktem Boden in Berührung kommen, und die teils und in der üblichen Weise unterirdische, ausläuferartige Erdstengel hervorbringen. Mit Hilfe dieser Organe überwintert die Pflanze und setzt ihre weitere Entwicklung im nächsten und den folgenden Sommern fort. Die Keimpflanze blüht und fruchtet das erste Mal im Spätsommer des zweiten Wachstumsjahres. Auf geeignetem Boden kann sie ein dichtes Ausläufernetz bilden. Der Muttersproß entwickelt eine sehr ästige, knorrige, tiefgreifende, mehrjährige Pfahlwurzel.

Galium mollugo kommt auf trockenen Hängen, an Zäunen, Hecken, Gestrüpp und auf Wiesen im ganzen gemäßigten Europa, Asien, Nordamerika und Nordafrika vor. In Deutschland ist die Pflanze ein häufig auftretendes Wiesenunkraut

[1] Es gibt drei Hauptformen oder Unterarten: *G. mollugo* Linn. [var. *elatum* (Thuill.) H. Br.], *G. erectum* (Huds.) Briquet und *G. tiroliense* (Wild.) Hayek.

und findet sich außerdem an Hecken, Mauern, Zäunen, Kohlenmeilern, in Weinbergen u. ä. Sehr gewöhnlich ist sie in England, Südschottland und tritt vereinzelt in Irland auf. Streckenweise ist die Pflanze auch in Skandinavien, besonders in den südlicheren und mittleren Gebieten und weiter nördlich auf künstlichen Wiesen bis zu 69° n. Br. (Norwegen) verbreitet.

Sie wird durch Samen fortgepflanzt, vegetativ vermehrt und auf beiderlei Art verbreitet. Die Samenverbreitung kann durch Wiesensaat, Dresch- und andere Abfälle, Dünger, Boden u. ä. bewirkt werden. Man bekämpft sie auf gleiche Weise wie die *Achillea*-Arten u. ä.

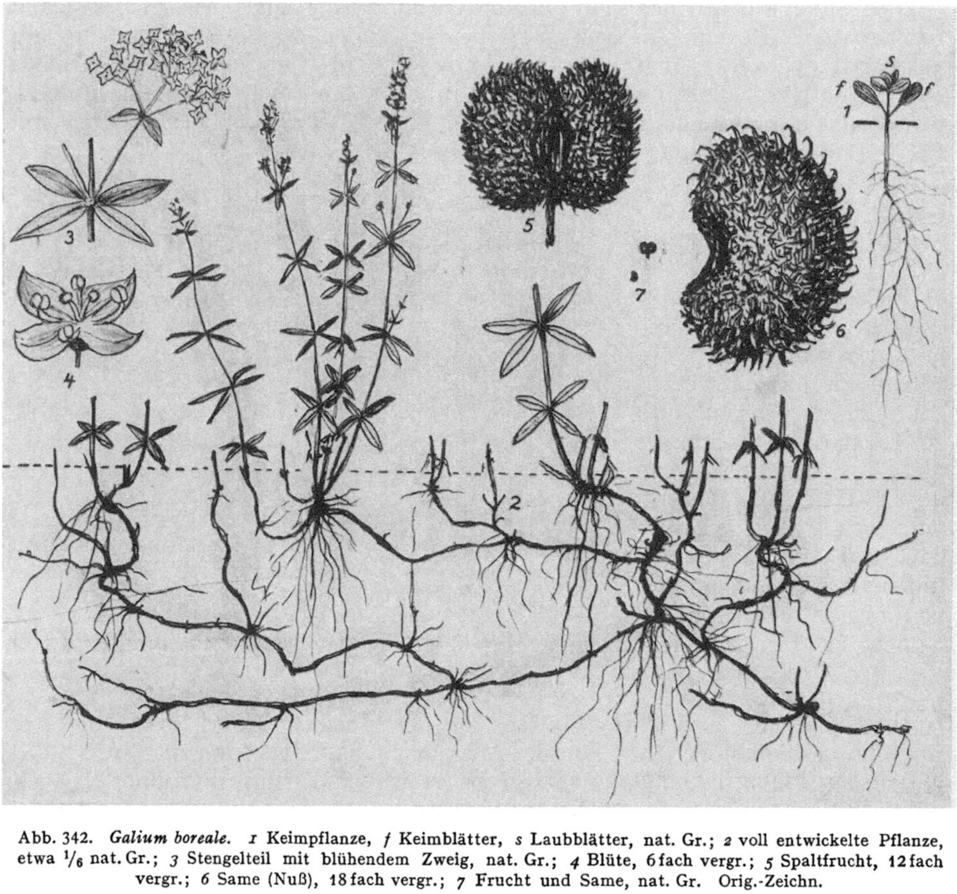

Abb. 342. *Galium boreale.* *1* Keimpflanze, *f* Keimblätter, *s* Laubblätter, nat. Gr.; *2* voll entwickelte Pflanze, etwa 1/6 nat. Gr.; *3* Stengelteil mit blühendem Zweig, nat. Gr.; *4* Blüte, 6fach vergr.; *5* Spaltfrucht, 12fach vergr.; *6* Same (Nuß), 18fach vergr.; *7* Frucht und Same, nat. Gr. Orig.-Zeichn.

183. *Galium boreale* Linn. Nördliches Labkraut, engl. Northern bedstraw. *Galium boreale* (Fam. Rubiaceae) ist ein aufrechtes, ausdauerndes, 20—60 cm hohes, ästiges Unkraut mit reichem, endständigem Blütenstand mit weißen Blüten, zu vieren angeordneten kranzständigen, etwa 2 cm langen, lanzettlichen, dreinervigen, nicht gestachelten Blättern (Abb. 342). Blütezeit von Anfang Juni bis August.

Der Same der zweiteiligen Spaltfrucht ist ein ovales, an beiden Enden stumpf abgerundetes, auf der narbentragenden Seite etwas eingebeultes und mit einer mittleren Längsfurche versehenes, braunes, mit feinen, warzenförmigen, erhabenen Pünktchen besetztes Nüßchen, dem durch einen dichten Bestand graugelber, gekrümmter Stacheln eine graue Farbe verliehen wird. Diese stacheligen Haare können beim Dreschen oder Reinigen abfallen[1]. 1000-K.Gew. etwa 0,7 g, Länge und Breite etwa 1,7×1,0 mm, Samenzahl je kg etwa 1,4 Millionen.

Versuche haben unregelmäßiges Auflaufen der Samen im Keimapparat ergeben. Draußen im Sandboden keimten von vorjährigem Samen nach Bodenüberwinterung in 0,5 cm Tiefe 12, nach Trockenlagerung und Frühjahrsaussaat gleichfalls 12% im Laufe des Frühjahrs und Frühsommers. Die Pflanze entwickelt im Keimjahr aufrechte, blütenlose, 10—20 cm hohe Stengel und eine bis zu 30 cm lange, buchtige, etwas verzweigte, schwache, rotbraune Pfahlwurzel. Am Wurzelhals und weiter unten an der Mutterwurzel bilden sich braungelbe Stengelausläufer, die ihr Wachstum im zweiten Jahre mit der Bildung von Laubsprossen an der Ausläuferspitze fortsetzen. Im zweiten Lebensjahre bringt auch die Mutterwurzel blühende und fruchtende Stengel hervor; in jedem der folgenden Sommer bilden sich solche auch an Sprossen der Ausläufer. Das Wurzelsystem muß als Ausläufersystem betrachtet werden. WAGNER[2], HEGI[3] und MENTZ[4] bezeichnen es als Wurzelstock. Die Ausläufer enthalten einen roten Farbstoff, der dem Krapprot ähnelt. (Das Krapprot wird von *Rubis tinctorum*, einer aus dem Orient stammenden verwandten Pflanze, gewonnen.)

Galium boreale kommt auf leichtem, wie schwererem Boden, auf Wiesen, an Wegrändern, Gestrüpp u. ä. im größten Teil von Nord- und Osteuropa, Asien und Nordamerika vor. CLARK[5] erwähnt, daß *Galium boreale* in Kanada das häufigst vorkommende Unkraut mit kranzständigen Blättern ist. In Deutschland findet sich die Pflanze vom Tiefland bis ins Gebirge hinein; in Großbritannien ist sie in Nordengland, Nordwales, in Schottland und in Irland gewöhnlich, in Skandinavien dagegen nur streckenweise, vereinzelt aber noch bis zu 70° 25 bis 28′ n. Br. (Norwegen) vertreten.

Die Pflanze wird durch Samen fortgepflanzt, vegetativ vermehrt und auf beide Arten verbreitet.

Trotzdem sie nicht selten ist, sieht man sie doch gewöhnlich als ein weniger lästiges Unkraut an. Besonders ihre unterirdischen Teile haben einen etwas unangenehmen Geruch. Sonderlicher Futterwert kommt ihr kaum zu. Beim Auftreten im Nutzland wird sie wie andere wurzelwandernde Unkräuter bekämpft.

184. *Lychnis flos cuculi* LINN. Kuckucks-Lichtnelke, engl. Ragged robin, cuckooflower. *Lychnis flos cuculi* (Fam. Caryophyllaceae) ist ein ausdauerndes, 30—80 cm hohes Unkraut mit fein behaarten Stengeln, unteren, länglichen, spatenförmigen und oberen, lanzettlichen, aufrechtstehenden Blättern und endständigen, rispig-trugdoldigen Blütenständen aus wenigen Blüten, mit hellroten, großen Kronen aus 5, tief viergeteilten Blättern, und fünfzähnigem, braunem, zusammengewachsenem, krukenförmigem Kelch (Abb. 343). Blüte- und Reifezeit von Mai/Juni bis August. Die etwas längliche, einfächerige Kapsel öffnet sich nach der Reife oben mit 5 Zähnen. Der rundlich-nierenförmige, am Rücken stark vorgewölbte Same trägt an der eingebeulten Bauchseite eine mittelständige, grubenförmige Vertiefung, ist mit konzentrischen Reihen stachelartiger Warzen mit sternenförmigem Grunde dicht besetzt und von schwarzbrauner bis graubrauner Farbe (Abb. 344). 1000-K.Gew. etwa 0,17 g, Länge und Breite etwa 0,9×0,6 mm, Samenzahl je Pflanze etwa 500, je kg etwa 5,9 Millionen.

---

1 Vgl. dazu auch CLARK: Farm weeds of Canada S. 140.
2 Illustrierte deutsche Flora. 3. Ausg. S. 648.
3 Illustrierte Flora von Mitteleuropa Bd. 6, 1, S. 223.
4 Billeder av Nordens Flora S. 51.
5 Farm weeds of Canada S. 140.

Vollreifer Same keimt gewöhnlich gut. Im Laboratorium liefen von vorjährigem, trocken gelagertem Samen in 20 Tagen 99% auf. Im Freien keimten bei einem Versuch von überwintertem Samen in 1 cm Tiefe während des Sommers 33%. Bei einem zweiten Versuch liefen bei Herbstaussaat von überwintertem Samen in 0,5 cm Tiefe 42, bei Aussaat im Frühjahr 9% auf, während bei einem dritten Versuch unter gleichen Verhältnissen 69 bzw. 5% aufliefen. Bei Saattiefenversuchen keimten während des folgenden Frühjahrs nach Herbstaussaat in einer Tiefe von

0	0,5	1	2	3	4	5	6 cm
66	42	16	10	0	0	0	0 %.

Im ersten Jahr entwickelt die Keimpflanze eine dichte, oberirdische Laubblattrosette von 10—15 cm Durchmesser und eine 10—15 cm tief greifende Pfahlwurzel mit vielen Nebenwurzeln. Während des Herbstes entstehen am unteren Teil des Stengels, dem Wurzelhals, kleine Ausläufersprosse, die erst etwas nach unten wachsen, dann aufsteigen und Laubblätter treiben.

Die unterirdischen Teile der Pflanze überwintern und fahren im folgenden Sommer fort, flach bedeckte unterirdische Ausläufer hervorzubringen. An diesen erscheinen im Abstand von mehreren Zentimetern knotige Wachstumspunkte, die je eine Rosette oberirdischer Laubblätter entwickeln. Im nächsten Jahr entstehen an diesen Ausläuferknoten je eine senkrecht in die Erde hin-

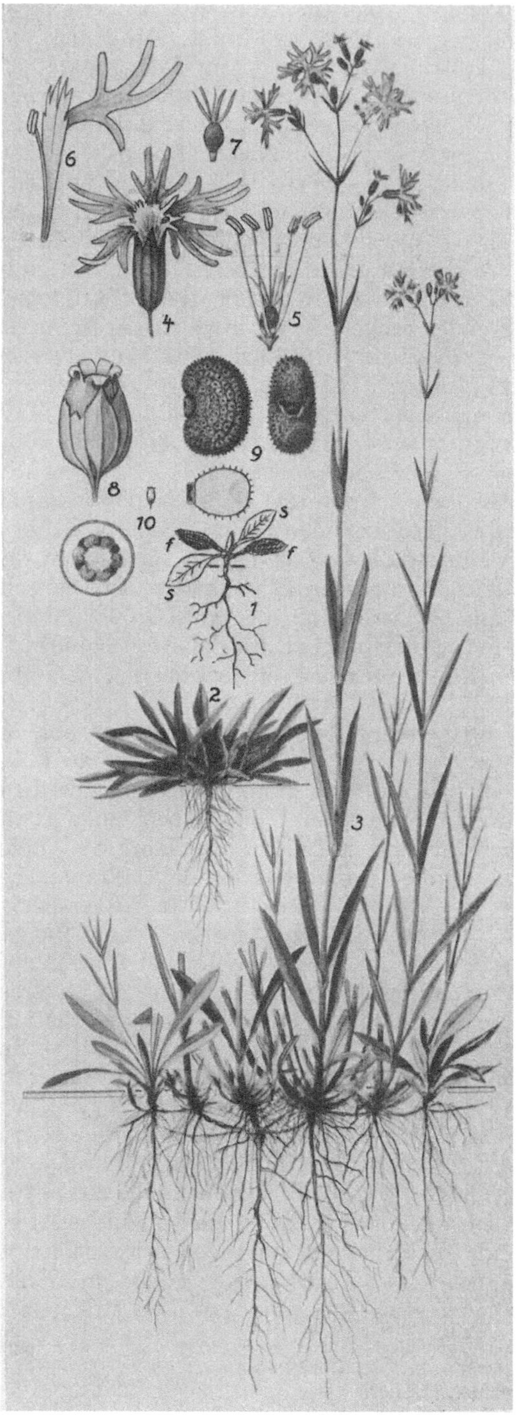

Abb. 343. *Lychnis flos cuculi.* *1* Keimpflanze; *f* Keimblätter, *s* Laubblätter, nat. Gr.; *2* dieselbe im Herbst. *3* voll entwickelte, blühende Pflanze, $^{2}/_{7}$ nat. Gr.; *4* Blüte, nat. Gr.; *5* Blüte nach Entfernung der Hüll- und Kronenblätter, *6* Kronenblatt mit Griffel; *7* weibliche Blüte, $^{3}/_{2}$ nat. Gr.; *8* Samenkapsel; *10* dieselbe im Querschnitt, 2fach vergr.; *9* Same, 15fach vergr. Orig.-Zeichn.

abwachsende, wenig verzweigte Nährwurzel sowie gleichzeitig neue Ausläufersprosse und über der Erde ein blühender Stengelsproß. Im zweiten Wachstumsjahr der Keimpflanze blüht die Pflanze das erstemal an Stengeln aus der Achse der Mutterwurzel, in den folgenden Jahren auch an solchen der Ausläufersprosse, wie oben erwähnt.

Die Pflanze wächst auf sauren, und zwar schweren wie leichten Böden, auf sumpfigen, sauren Wiesen, an Grabenrändern u. ä. in ganz Europa, Nordasien, abgesehen von den nördlichsten Gegenden, und in Nordamerika. In Deutschland ist die Pflanze streckenweise auf feuchtem, nahrhaftem Boden ein häufiges Unkraut der Wiesen, Grasflächen, Moorwiesen, Kartoffeläcker, Flußwiesen u. ä. von der Ebene bis in die Gebirge hinauf. Auch in Großbritannien ist die Pflanze gewöhnlich und kommt in den nordischen Ländern auf saurem Boden bis zu 69° 18′ (Norwegen) und von der Küste bis zu 500 m ü. d. M. nicht selten vor.

Die Pflanze wird durch Samen fortgepflanzt, vegetativ vermehrt und auf beide Arten verbreitet. Die Entwicklung der unterirdischen Organe stimmt in allem Wesentlichen mit der von *Aegopodium podagraria* überein. Ihre Ausläufer werden am treffendsten als Erdstengel bezeichnet.

Man bekämpft die Pflanze am besten durch Entwässerung und gute Bodenpflege. Sie bildet ein schlechtes, fast wertloses Futter und wird von den Haustieren nach WEHSARG[1] infolge ihres Gehaltes an schädlichem Glykosid gemieden.

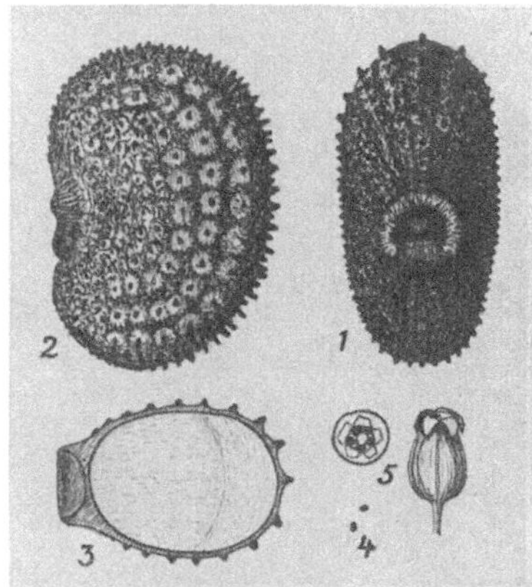

Abb. 344. *Lychnis flos cuculi.* *1* u. *2* Samen, Bauch- und Seitenansicht; *3* Samenquerschnitt, 36 fach vergr.; *4* Samen, nat. Gr.; *5* Samenkapsel und Querschnitt derselben, 3/4 nat. Gr.

185. *Cerastium arvense* LINN. Acker-Hornkraut, engl. Field mouse-ear, field chickweed. *Cerastium arvense* (Fam. Caryophyllaceae) ist ein ausdauerndes, niedrig wachsendes Unkraut mit zahlreichen, von der Achse der Ausläufer ausgehenden, unten fast glatten, oben drüsenhaarigen, ästigen, liegenden Stengeln, inneren dicht stehenden, linienförmigen bis lanzettlichen, besonders am Rande grau und steif behaarten Blättern auf steigenden, 10—20 (30) cm hohen Blütenzweigen und trugdoldigen Blütenständen, weißen Blüten mit bis etwa an die Mitte eingeschnittenen Kronenblättern, die doppelt so lang wie die Kelchblätter sind. Die krumme Kapsel ist meistens um die Hälfte länger als der Kelch. Blütezeit von Mai bis Juli, Reife von Mai bis August (Abb. 345). Der seitlich leicht zusammengedrückte, etwa birnenförmige, an einem Ende breit abgerundete, am anderen gekrümmte, stumpf-schnabelförmige Same hat an der Bauchseite in etwa 1/3 Höhe eine vertiefte Samenhaftstelle und ist auf der helleren, braungelben Oberfläche mit dunkleren, braungelben, glänzenden, konzentrisch angeordneten Reihen warzenförmiger Erhebungen mit glatter, abgerundeter Spitze besetzt. 1000-K.Gew. etwa 0,3 g, Länge und Breite etwa 1,2×0,8 mm, Samenzahl je Blütensproß etwa 220, je kg etwa 3,3 Millionen. Zwar läuft der Same gut auf, doch scheint die Pflanze oft nur wenige Samen anzusetzen.

Der Muttersproß treibt eine strangartige Pfahlwurzel, an deren Grundachse sich unmittelbar in der Erdoberfläche ausläuferartige Erdstengel entwickeln, die sich sehr kräftig verzweigen und allmählich zu einem dichten Netz unmittel-

[1] Arb. d. dtsch. Landw. Ges. H. 294, S. 218.

bar unter der Oberfläche wandernder Ausläufer zusammentreten, an denen neue Laubsprosse und schwache Pfahlwurzeln entstehen.

Cerastium arvense wächst in ganz dichten Beständen und kann sich auf trockenem, leichtem Sandboden, z. B. auf Wiesen, stark vordrängen.

Die Pflanze kommt auf trockenen Wiesen, an Rainen, Land- und Feldwegen u. ä. in Europa, Nordasien, Nordafrika und Nordamerika vor. Ganz gewöhnlich ist sie auf trockenen Wiesen, Weg- und Eisenbahndämmen, Ackerrainen, Brache

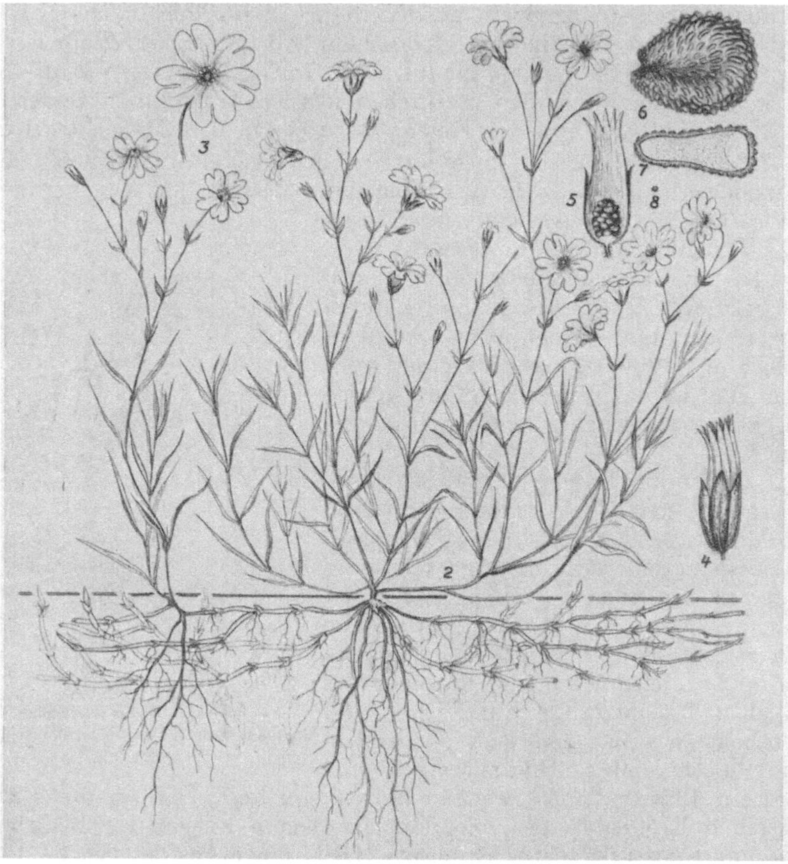

Abb. 345. *Cerastium arvense.* *2* voll entwickelte, blühende Pflanze, $^1/_2$ nat. Gr.; *3* Blüte, nat. Gr.; *4* Samenkapsel, *5* dieselbe im Längsschnitt, 2fach vergr.; *6* Same, *7* Samenquerschnitt, 10fach vergr.; *8* Same, nat. Gr. Orig.-Zeich.

u. ä. in vielen Gegenden Deutschlands, in Großbritannien und vereinzelter in Skandinavien, wo sie auch auf Kunstwiesen in den niedrig gelegeneren Gebieten bis zu etwa 63° n. Br. (Norwegen) vorkommt.

Die Pflanze wird durch Samen fortgepflanzt, vegetativ vermehrt und auf beiderlei Art verbreitet. Frühe Blüte und Reife verursachen Samenausfall am Standort vor und während der Wiesenernte. Der Same gerät auch leicht in Heu, Heubodenkehricht u. ä. Die Bekämpfung geschieht am besten durch frühes Mähen und tiefes Pflügen der Wiese mit scharfscharigem Schälpflug, wodurch die Grasnarbe auf dem Boden der Pflugfurchen von einer Erdschicht gut bedeckt wird, so daß die Entwicklung neuer Laubsprosse gehemmt oder sogar verhindert wird. Man verwende auch nur reine Wiesensaat, sowie unkrautfreien Dünger und sammle und vernichte Kehricht, Reinigungsabfälle u. ä., worin Samen des Unkrautes vorkommen. Die unterirdischen Teile gehen nach Bespritzen mit einer 3—5%igen in Mengen von 1/2—1 Liter je qm verabfolgten Natriumchloratlösung leicht zugrunde.

c) Unkräuter mit schwachen, einzelnen oder in Bündeln angeordneten Faserwurzeln an Gliederknoten der vermehrungsfähigen Ausläufer; die Wurzel des Muttersprosses eine Faserwurzel.

186. *Tussilago farfara* LINN. Gemeiner Huflattich, engl. Coltsfoot. *Tussilago farfara* (Fam. Compositae) ist ein ausdauerndes und sehr wurzelwanderndes Unkraut mit einzelnen, gelben, endständigen Korbblüten auf 15—20 cm hohen Schäften und blassen, schuppenartigen, vereinzelt sitzenden Blättern. Die grünen, grundständigen, gestielten, nieren-herzförmigen, geränderten, fein gezähnten, oberseits grünen, unterseits weißgrauen, spinnenwebartig-filzigen Blätter sprießen nach der Blüte empor, die im Norden gleich nach Verschwinden des Schnees im Frühjahr beginnt und über April bis Anfang Mai andauert. Die Körbchen enthalten in der Mitte rohrförmige, zwitterige Scheibenblüten und außen zungenförmige, weibliche Randblüten (Abb. 346). Der walzenförmig dicke, gekrümmte, längsgefurchte, am Grunde abgerundete, hellgelb bis braune Same hat oben einen leicht kenntlichen Ansatz für die haarförmigen, sitzenden Fegehaare (Abb. 346, *10*). 1000-K.Gew. etwa 0,3 g, Länge und Breite etwa 3,2 × 0,4 mm, Samenzahl je Blütenkörbchen etwa 200—350, je Sproß etwa 3500 (1000—8000), je kg etwa 3,3 Millionen. Von dem gleich nach der Reife schnell auflaufenden Samen keimten im Laboratorium bei einem Versuche während eines Tages 100%. Bei einem anderen Versuche begann die Samenkeimung 3 Stunden nach der Aussaat. Nach 6 Stunden waren 100% aufgelaufen. 3 Monate später liefen von der gleichen Samenprobe im Verlauf eines Tages 100% auf.

Bei Keimversuchen im Freien keimten in 0,5 cm Tiefe bei Aussaat

a) gleich nach der Reife 71%
b) 4 Monate nach der Reife . . . 1%
c) im Frühjahr bei Herbstsaussaat 0%.

Wiederholte Keimversuche mit Samen von Huflattich haben ergeben, daß dieser seine Keimkraft gewöhnlich im Laufe von etwa 4 Monaten verliert, wenn er in Räumen mit größerer Wärme als 0° C aufbewahrt wird. Das gleiche tritt bei Bodenlagerung im Freien ein, da die nicht in wenigen Tagen auflaufenden Samen im Boden verfaulen. Lagert man den Samen dagegen trocken unter Dach bei anhaltender Temperatur unter dem Nullpunkt, kann er sich sehr viel länger frisch und keimfähig erhalten[1].

So keimten von Samen, die bei einer Temperatur von + 18° bis + 22° C aufbewahrt wurden, nach

1tägiger Lagerung in	2	Tagen	100%,	
62 ,, ,, ,,	10	,,	68%	und
87 ,, ,, ,,	10	,,	0%.	

Bei einer Aufbewahrungswärme von —15° C keimten von Samen der gleichen Probe nach

1tägiger Lagerung in	10	Tagen	93%	
87 ,, ,, ,,	10	,,	96%	
254 ,, ,, ,,	10	,,	95%	
445 ,, ,, ,,	10	,,	83%	
756 ,, ,, ,,	10	,,	82%	und
1063 ,, ,, ,,	10	,,	32%.	

[1] DORPH-PETERSEN: Combien de temps les semences de *Tussilago farfara* gardent-elles leur faculté germinative sous de différentes conditions de température? Mitteilungen in Cpt. rend. de l'assoc. internat. d'Essais de Semences Nr. 4—5, S. 72—76. Kopenhagen, April 1928.

Draußen in offenem, feuchtem, schlammigem Boden, an offenen Gräben und Kanalrändern keimt die Pflanze gewöhnlich leicht und gleich nach der Reife. An Weg- und Eisenbahndämmen und auf unbearbeitetem, feuchtem Ackerboden entwickeln sich im Laufe des Frühsommers oft Massen von Keimpflanzen.

Die Keimblätter sind umgekehrt eiförmig-lanzettlich, 5—10 mm lang, etwa 2 mm breit und entwickeln sich bereits im Laufe von 2—5 Tagen. Die ersten Blätter sind eiförmig, klein und schwach gezähnt. Erst im Laufe des späteren Sommers entwickeln sich Blätter normaler Form, doch verhältnismäßig geringer Größe, wenn man sie mit Blättern der Ausläufersprosse vergleicht.

Trotz der raschen Keimung ist die Verbreitung durch Samen auf bearbeiteten Äckern ungewöhnlich. Die Keimpflanze entwickelt frühestens 40—50 Tage nach der Keimung Ausläufersprosse und bedarf dann noch einiger Zeit, bevor die Ausläufer vegetativer Vermehrung fähig sind. Während dieser ganzen Zeit verhält sich die Keimpflanze wie die einjähriger Unkräuter. Wird sie durch Bodenbearbeitung vor Abschluß der Entwicklung von Ausläufern gestört, geht sie leicht ein. Da aber Frühjahrsbestellung und Ackerbearbeitung während des frühen Sommers in die Zeit der Samenreife und -verbreitung oder unmittelbar danach fällt, ist es mehr als Ausnahme, denn als Regel zu betrachten, daß Keimpflanzen dieses Unkrautes unter solchen Verhältnissen die Entwicklung ungestört fortsetzen.

Da der leicht verbreitbare Same aber nicht nur im Acker, sondern besonders auch durch Wind auf Wiesen verweht wird, gelingt es ihm vor allem bei spärlicher Grasnarbe, auf dem nackten Boden Wurzel zu fassen. Die Seitensprosse der Keimpflanze entstehen hier jedoch regelmäßig über dem Erdboden, in den einzudringen ihnen selten gelingt. Infolgedessen sterben sie gewöhnlich ab, ohne sich weiter entwickelt zu haben.

Viel ungestörter wächst sie dagegen auf offenem, die Pflanze begünstigendem Boden an Weg-, Graben-, Kanalrändern u. ä., wo sie ihre Entwicklung gewöhnlich während des ganzen Sommers fortsetzen und bis zum Herbst des ersten Jahres mehrere Ausläufersprosse am unteren Teil des Stengels treiben kann. Nach Überwinterung bringt sie im nächsten Jahre neue, ausläuferartige Erdstengel, wie auch Laubblattrosetten bildende Sprosse hervor. Im Herbst entsteht dann unmittelbar unter oder an der Erdoberfläche ein grundständiges Bündel von Sproßknospen, deren jede mit dem unterirdischen Sproß zusammen überwintert und im folgenden Frühjahr bereits bis Ende April meistens einen Blütenschaft mit einem Blütenkörbchen entwickelt. Der Muttersproß, dessen erste, sehr dünne, spindelartige Pfahlwurzel (Abb. 346, *1*) am Wurzelhals bald mehrere Faserwurzeln treibt, bildet bereits im Herbst des Keimjahres Blütenknospen (Abb. 346, *3d*), die im nächsten Frühjahr, dem zweiten Entwicklungsjahre der Pflanze also, blühen, während die ersten vegetativen Laubsprosse, diejenigen also, die sich an Ausläufern der Achse des Muttersprosses (Abb. 346, *2* und *3c*) gebildet haben, erst im Frühjahr des dritten Jahres blühen und dann eingehen.

Es zeigt sich somit, daß Samenpflanzen im Frühling des zweiten Entwicklungsjahres aus bereits im Keimjahr am Muttersproß entwickelten Anlagen blühende Schäfte treiben können. Das geschieht gewöhnlich bei freiem Stande der Pflanze unter verhältnismäßig guten Wachstumsbedingungen und nicht allzu kurzer Entwicklungszeit. Bei ungünstigen Bedingungen und kurzer Wachstumszeit dagegen gelangt die Pflanze im Keimjahre nicht immer zum Ansatz von Blütenanlagen (Abb. 346, *2*). Sie bringt jedoch unter allen Umständen mehrere bis viele Ausläufer (Abb. 346, *2* und *3c*), wie oben näher beschrieben, hervor.

Tussilago farfara gedeiht in Europa, Mittel- und Nordasien bis zum Polarkreis, in Nordamerika von Nova Scotia bis Minnesota und südlich bis Pensylvanien und Ohio in Nutz- und Unland. In Deutschland, Großbritannien, Skandinavien und Finnland ist die Pflanze ein streckenweise gemeines und lästiges Unkraut besonders auf kalkhaltigen, bzw. mergeligen, schwereren, tiefen, guten Böden, an Hängen, Uferstrecken, Weg- und Eisenbahnstrecken, Kanal- und Grabenrändern, sowie im Nutzland bis zu einer nördlichen Breite von 71° 6—8′ (Norwegen) und vom Meer bis in den Weidengürtel hinein.

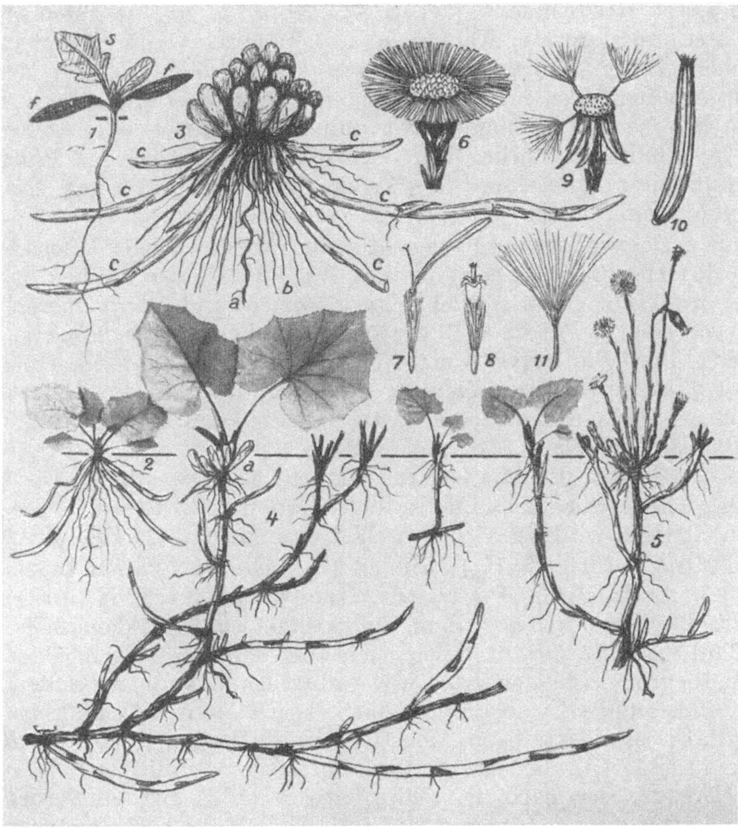

Abb. 346. *Tussilago farfara.* *1* etwa 14 Tage alte Keimpflanze, *f* Keimblätter, *s* Laubblatt, *2* Keimpflanze im Spätsommer des Keimjahres, 1/6 nat. Gr.; *3* Keimpflanze nach abgeschlossenem Wachstum im Keimjahre — unter günstigen Wachstumsbedingungen entwickelt, *a* die Primärwurzel, *b* Faserwurzeln, *c* Ausläufersprosse, die im folgenden Frühjahr Blüten tragen, 1/2 nat. Gr.; *4* Pflanze im Spätherbst, *a* Blütensprossanlagen; *5* Teil von *4* im nächsten Frühling, etwa 6fach vergr.; *6* Blütenkörbchen, nat. Gr.; *7* zungenförmige, weibliche Blüte, *8* röhrenförmige Zwitterblüte, etwa 2fach vergr.; *9* verblühtes Körbchen, nat. Gr.; *10* Same, 7 fach vergr.; *11* Same mit Fegehaaren, 2fach vergr. Orig.-Zeichn.

Die Pflanze wird durch Samen fortgepflanzt, vegetativ vermehrt und auf beiderlei Art verbreitet. Die außerordentlich spröden Ausläufer werden während der Bodenbearbeitung leicht abgerissen und durch Geräte, besonders Eggen, auf dem Acker verschleppt. Jeder Ausläuferteil, an dem sich Knoten befinden, ist vermehrungsfähig.

Als Beispiel dafür, welche Mengen unterirdischer Teile sich von dieser Pflanze im Nutzland befinden können, sei erwähnt, daß sich bei einer Untersuchung der Ackerkrume in einem nur mäßig reingehaltenen Hackfruchtacker aus gutem, tiefem, etwas feuchtem Humus nach der Ernte je qm 1524 g frischer Ausläufer von *Tussilago farfara* mit einer Gesamtlänge von 170 m und einer Anzahl von 2596, von schuppenförmigen Niederblättern bedeckten Brutknospen fanden.

Die wichtigsten Mittel zur Bekämpfung des Unkrautes sind Entwässerung und gute Bodenpflege. Bei im großen durchgeführten Versuchen gelang es, die Pflanze durch Kartoffelanbau bei gründlich durchgeführter Reinhaltung im Laufe von 2 Jahren zu vernichten. Kammbrache (S. 520) mit Tiefenbearbeitung erwies sich auch als wirksam. Verseuchte Kunstwiesen werfe man um, unterwerfe sie guter Herbstbrache (vgl. S. 530), um sie im nächsten Jahre mit Hackfrüchten, vorzugsweise Kartoffeln zu bepflanzen. Um Samenverbreitung zu verhindern, reiße man die Blütenköpfe vor der Blüte ab oder steche noch besser die Blütenanlagen im Herbst oder im zeitigen Frühjahr aus. Die oberirdischen Teile vernichtet man leicht durch Eisenvitriol- oder Schwefelsäurelösungen gewöhnlicher Stärke (vgl. S. 482—498), während das Wurzelsystem durch Bespritzung mit einer 3—5%igen Natriumchloratlösung ($NaClO_3$) in Mengen von 1 Liter je qm vollkommen vernichtet wird.

Die nur geringwertiges und schlecht schmeckendes Futter liefernde Pflanze wird von den Haustieren abgelehnt. Als Wirtspflanze der Äzidien des Rispengrasrostes (*Puccinia poarum*), der seine Sommer- und Wintersporen an *Poa*-Arten hervorbringt, wirkt sie auch mittelbar schädigend. Gleichfalls bewirtet sie die Sommer- und Wintersporen einer biologischen Rasse des Nadelblasenrostes der Kiefer (*Coleosporium tussilaginis*), der sich unterseits der Blätter befindet und in jungen Fichtenpflanzungen lästig werden kann.

Die Pflanze verbraucht sehr viel Kali.

Die Blätter finden als Folia farfarae[1] arzneiliche Verwendung. Der Heilstoff[2] ist geruch-, wie geschmacklos und enthält Gerb- und Bitterstoff. Tee von aufgekochten Blättern wird bei asthmatischen Krankheiten als Heilmittel benutzt.

187. *Petasites officinalis* (L.) MOENCH (= *Tussilago petasites* LINN. = *P. vulgaris* DESF.). Arzneiliche Pestwurz, Große Pestwurz, Neunkraft, engl. Butterbur. *Petasites officinalis* (Fam. Compositae) ist ein ausdauerndes Unkraut, das im Bau *Tussilago farfara* ähnelt, sich aber dadurch unterscheidet, daß die Blütenschäfte große, scheidenartige, etwas abstehende, braungelbe Stengelblätter und eine endständige Traube mit kleinen, rotvioletten Blütenkörbchen tragen (Abb. 347). Die grundständigen, langstieligen, im Umkreis etwa nierenförmigen, geränderten, gesägten, oberseits grünen, unterseits weißfilzigen, bis zu 50 und mehr cm breiten, sich nach der Blüte entwickelnden Blätter werden wie bei *Tussilago farfara* an besonderen Sprossen gebildet. Auch die Entwicklung der bis zu fingerdicken, weißgelben, mit Brutknospen besetzten, ausläuferartigen Erdstengel entspricht der bei *Tussilago farfara* angeführten. Die Blütenanlagen entstehen im Herbst und blühen im folgenden Frühjahr von April bis Mai. Bei Untersuchungen über Leben und Entwicklungsformen der Pflanze ist es dem Verfasser selbst bei reichster Blüte nicht gelungen, in Norwegen keimfähige Samen zu erzeugen[3].

In südlicheren Ländern erzeugt die Pflanze vollreife, walzenförmige, gekrümmte, gleichmäßig dicke, längsgefurchte, am Grunde abgerundete Samen mit abgerundeten vorstehenden Rippen und einem hellen Kragen an der Spitze mit

---

[1] PAULSSON: Lehrbuch der Pharmakologie. 5. Aufl. S. 268.

[2] RÜTZOU: Lärebok i Pharmakognosi S. 70.

[3] MENTZ u. OSTENFELD erwähnen in Billeder af Nordens Flora, 2. Aufl., S. 19, daß die Korbblüten aller in Dänemark und Norwegen vorkommenden Pflanzen zwitterig sind, aber daß ihre Fruchtanlage oft unentwickelt und steril bleibt. WEHSARG gibt in Arb. d. dtsch. Landw. Ges. H. 294, S. 215 eine Samenmenge je Pflanze von durchschnittlich 10368 an.

etwa 5 mm langen, haarförmigen, sitzenden Fegehaaren. Die Oberfläche ist matt, hellbraun bis graubraun. 1000-K.Gew. etwa 0,22 g, Länge und Breite etwa 2,5 × 0,45 mm, Samenzahl je Blütenstand etwa 1500, je kg etwa 4540000.

Petasites officinalis findet sich auf sandhaltigen, feuchten Wiesen, an Uferstrecken, Bächen und Gräben in Süd-, Mitteleuropa, Westasien und Nordamerika[1].

Abb. 347. *Petasites officinalis.* *1* voll entwickelte Pflanze, rechts im Spätsommer und Herbst, links blühende Pflanze im zeitigen Frühsommer; *2* Ausläuferteil, an dem sich ein vegetativer Laubsproß entwickelt, $^1/_5$ nat. Gr.; *3* Blütenkörbchen im Längsschnitt, $^5/_4$ nat. Gr.; *4* Blüte, 3fach vergr.; *5* Same; *6* derselbe im Querschnitt, 8fach vergr. Orig.-Zeichn.

In Deutschland und in Großbritannien, sowohl in England als auch in Irland, weniger in Schottland ist dieses Unkraut nicht selten und wird als sehr lästig betrachtet; in Skandinavien ist die Pflanze auf südlichen und kleineren Gebieten,

[1] GEORGIA, ADA E.: A Manual of Weeds S. 502 (*Petasites vulgaris*).

sowie im Nordwesten an der Küste entlang bis zu etwa 63° n. Br. (Norwegen) auf den gleichen Wachstumsbereichen anzutreffen.

In den nordischen Ländern scheint die Vermehrung und Verbreitung im wesentlichen auf vegetativem Wege zu erfolgen, weiter nach Süden und Westen auch durch Samen.

Abb. 348. *Polygonum amphibium.* *1* Keimpflanze, nat. Gr.; *2* Pflanze im Spätherbst des ersten Jahres; *3* voll entwickelte, blühende Pflanze; *4* keimender Ausläuferteil, $^2/_{11}$ nat. Gr.; *5* Ausläuferteil, $^2/_3$ nat. Gr.; *6* Ähre, $^1/_3$ nat. Gr.; *7* Blüte, 3fach vergr.; *8* Fruchtknoten mit Griffel und Narben, 5fach vergr. Orig.-Zeichn.

Die Bekämpfung geschieht wie bei *Tussilago farfara.* Die oberirdischen Teile tötet man leicht durch Eisenvitriol- oder Schwefelsäurelösungen gewöhnlicher Stärke und nach STEGLICH[1] auch durch 20% ige Eisenvitriol- und Chilesalpeterlösungen, sowie durch 40% iges Kalisalz, während man die unterirdischen Teile

[1] Sächs. landwirtschaftl. Zeitschr. Jg. 50, S. 265. Dresden 1902. Vgl. auch WEHSARG: Arb. d. dtsch. Landw. Ges. H. 294, S. 374.

außer durch gute Bodenbearbeitung auch durch Natriumchlorat, wie bei *Tussilago farfara* angeführt, vernichten kann.

188. *Polygonum amphibium* LINN. Ortswechselnder Knöterich, Wasser-Knöterich, engl. Amphibious Polygonum. *Polygonum amphibium* (Fam. Polygonaceae) ist ein ausdauerndes Unkraut, wodurch es sich von unseren übrigen Unkräutern der gleichen Familie unterscheidet. Die Pflanze hat sehr ästige, runde, bleistiftdicke, hell- bis gelbrote Ausläufer mit Brutknospen an den Gliedern, die von schuppenartigen Niederblättern bedeckt werden. Die sich ihrem anatomischen Bau nach als Erdstengel darstellenden Ausläufer wandern in der Ackerkrume bis auf den Untergrund hinab und kreuz und quer im Ackerboden umher. Sie sind zähe und kräftig und drängen sich mit Hilfe ihrer harten Spitze selbst durch sehr festgetretenen Boden leicht hindurch (Abb. 348).

Polygonum amphibium gehört zu den Pflanzen, die mit einer ganz besonderen Anpassungsfähigkeit an veränderte Lebensverhältnisse ausgerüstet sind. Von der

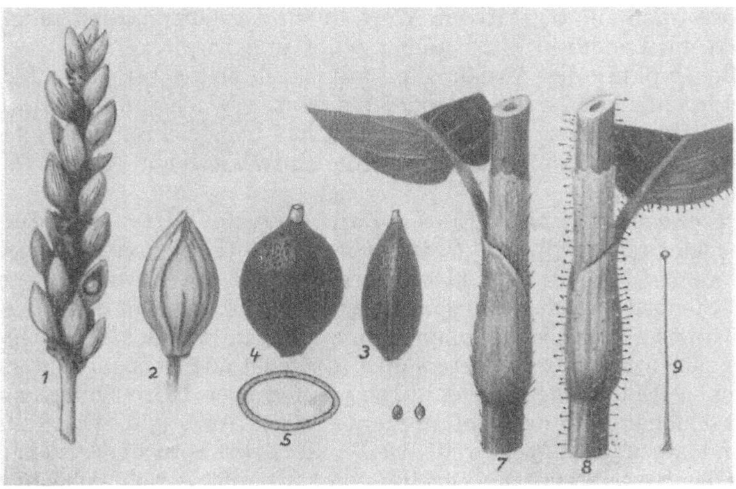

Abb. 349. *Polygonum amphibium*. *1* Ähre mit reifen Samen, 4/3 nat. Gr.; *2* Frucht, 4fach vergr.; *3* und *4* Schmal- und Breitseite des Samens; *5* Samenquerschnitt, 6fach vergr.; *7* und *8* Tüten von f. *terrestre* und f. *glandulosum*, 4/3 nat. Gr.; *9* Drüsenhaar, 10fach vergr. Orig.-Zeichn.

Pflanze treten je nach der Beschaffenheit des Wachstumsbereichs zwei Hauptformen auf: eine Wasserform und eine Landform.

Die Wasserform, var. *natans* MOENCH, hat langstielige, glatte, schwimmende Blätter, glatte Tüten, walzenförmige, rosenrote, über die Wasserfläche hinausragende, scheintraubige Blütenstände und blüht im Juli und August. Der eiförmige, im Querschnitt ovale, oben und unten in eine kurze, quer abgestumpfte Spitze auslaufende, mit leicht erhabenen Längskanten versehene, feinporige, mattglänzende, schokoladenbraune Same ist oberhalb der Mitte am breitesten (Abb. 349). 1000-K.Gew. etwa 1,3 g, Länge und Breite mit Spitze etwa 2,6 × 1,9 mm, ohne Spitze etwa 2,4 × 1,9 mm. Die Landform (Abb. 348) hat zwei Unterformen, deren eine, var. *terrestre* LEYSS., kurzstielige, eiförmig-lanzettliche, rauhe, überall kurz behaarte, am Grunde abgerundete, meist herzförmige Blätter, behaarte Tüten (Abb. 349,*7*) und steigende, bis zu 50 cm lange Stengel hat. Dieser Form schließt sich „var. *glandulosum* SCHÖNH." mit liegenden Stengeln, die ebenso wie die Tüten und Blätter drüsenhaarig sind, an (Abb. 349,*8*).

Besonders die Landformen *terrestre* und *glandulosum* sind als Ackerunkräuter weit verbreitet. Var. *terrestre* findet sich besonders auf Sand und Humus mit saurem Untergrunde, aber auch auf schwererem Boden und auf silurischen Formationen, auf feuchten Wiesen, Äckern und an Uferstrecken, während var. *glandulosum* sich an trockenen Plätzen als Acker- und Wiesenunkraut zeigt.

Polygonum amphibium und Unterformen[1] kommen in Europa, Nord- und Mittelasien, in Nordamerika bis in die arktischen Gebiete und in Südafrika vor. In Deutschland gibt es beide Landformen als Acker- und Wiesenunkräuter, vielleicht bei Vorwiegen der „var. *terrestre*“. Das gleiche gilt dem Auftreten der Pflanze in Großbritannien und Skandinavien, wo sie zum Teil streckenweise und vor allem in den Flachlandsgebieten bis über 69° n. Br. (Norwegen) hinaus auftritt.

Wieviel Platz das kräftige Wurzelsystem der Pflanze oft in der Ackerkrume beansprucht, zeigt die Tatsache, daß sich in einem untersuchten Wurzelfruchtacker je qm 1114 g frische Ausläufer mit einer Gesamtlänge von 60 m und mit 910 Brutknospen fanden. Die oberirdischen Teile wogen 500 g.

Die Pflanze wird durch Samen fortgepflanzt, vegetativ vermehrt und auf beiderlei Art verbreitet. Die Verbreitung am Standort geschieht im Nutzland jedoch wesentlich auf vegetativem Wege durch Ausläufersprosse, seltener durch Samen, da die Landform nicht immer blüht und fruchtet.

Die Bekämpfung der Ausläufer gestaltet sich selbst bei guter Reinhaltung von Hackfruchtäckern, die während ihres ganzen Wachstums gepflegt werden, recht schwierig. Als Hauptmittel dient Brachen bei gleichzeitiger Tiefenbearbeitung und, wenn erforderlich, vorhergehendes Entwässern und Kalken von saurem, sumpfigem Boden.

189. *Convolvulus sepium* LINN. Zaun-Winde, Ufer-Winde, Große Winde, engl. Great bindweed. *Convolvulus sepium* (Fam. Convolvulaceae) ist ein ausdauerndes, sich windendes, kletterndes Unkraut mit glatten, 2—3 m langen, liegenden Stengeln, welche Pflanzen, Büsche oder Bäume, mit denen sie während des Wachstums in Berührung kommen, umschlingen, schwachstengelige Pflanzen zu Boden ziehen und unter anderem auch Beerensträucher sogar sehr stark schädigen können (Erstickungsschäden). Die pfeilförmigen Blätter haben am Grunde breit und schief abgestumpfte, oft gezähnte Ohren (Abb. 350). Die Blüten stehen einzeln und haben bis zu 5 cm weite, weiße oder etwas rötliche Kronen. Blütezeit von Juni bis September. Die kugelförmige, stumpfe, gewöhnlich unvollständig zweifächerige, 2—4 samige, reife Kapsel öffnet sich mit mehreren Spalten. Der Same ist eine unregelmäßig-ovale, am Rücken kräftig vorgewölbte, abgerundete, an der Bauchseite mit erhabener, abgerundeter Längskante und auf jeder Seite mit einer grubigen Vertiefung versehene, im Querschnitt etwa sektorförmige, oben stumpf abgerundete, am Grunde, der Bauchseite zu schief abgestumpfte Nuß, die etwas oberhalb der Mitte am breitesten ist. Am Grunde hat sie eine hellbraune Vertiefung mit fast kreisrunder, kragenförmiger Kante. Die Oberfläche ist matt, rauh oder fein gekörnt, dunkelbraun (Abb. 351). 1000-K.Gew. etwa 26,2 g, Länge und Breite etwa 5,2 × 2,9 mm, Samenzahl je Hauptstengelsproß etwa 100—400[2], je kg etwa 38000.

Nach den vorgenommenen Untersuchungen scheint der Same im Keimapparat gut aufzulaufen. Trocken gelagerter, überwinterter Same keimte nach Frühjahrsaussaat in Humus nach wenigen Tagen, während Same der gleichen Probe nach Aussaat im späten Herbst im Freien während des folgenden Frühjahrs nicht auflief.

---

[1] Außer den hier erwähnten treten auch andere Unterformen der Hauptart auf; vgl. hierzu HEGI: Illustrierte Flora von Mitteleuropa Bd. 3, S. 197, 198, sowie Gray's New Manual of Botany. 7. Aufl. S. 360 und 361.

[2] Am Stengelsproß eines Ausläufers können bis zu 10 und mehr blühende Stengel sitzen, deren jeder etwa 10 Blüten tragen kann.

Die Entwicklung vollreifer, keimkräftiger Samen erfordert einen warmen Spätsommer, weshalb die Pflanze in Norwegen auf 60° n. Br. nur selten zur Samenreife kommt. Die Keimblätter der aufgelaufenen Pflanze sind langstielig, breit, ei- bis herzförmig, an der Spitze abgestumpft und messen etwa 15 × 13 mm. Sie bilden sich an der Achse des Muttersprosses etwa 1 cm oberhalb des Erdbodens und entwickeln gewöhnlich an der Keimblattachse 2—3 Äste, deren oberste Laub-

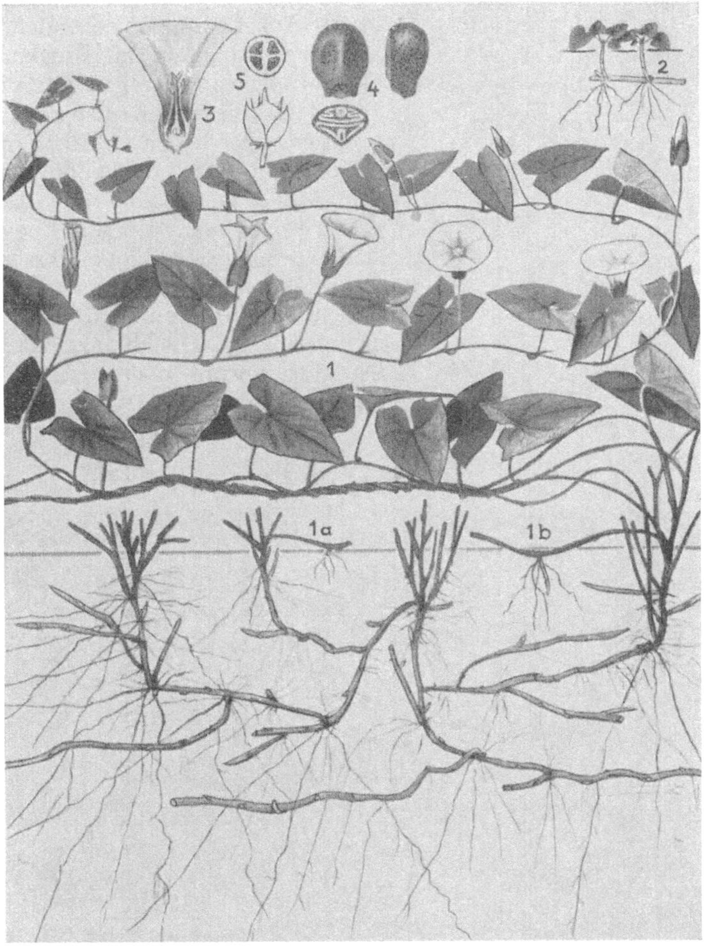

Abb. 350. *Convolvulus sepium.* *1* voll entwickelte, blühende Pflanze, *1 a* und *1 b* oberirdische Stengel, die Wurzeln schlagen und neue unterirdische Ausläufer bilden; *2* Ausläuferteil, der Laubsprosse entwickelt hat, 1/6 nat. Gr.; *3* Blüte im Längsschnitt, 1/3 nat. Gr.; *4* Samen, 2fach vergr.; *5* Kapsel, 1/2 nat. Gr. Orig.-Zeichn.

blattsprossen bilden, während das oder die untersten sich nach unten krümmen, in die Ackerkrume eindringen und zu Erdausläufern werden (Abb. 352, *5, 2, 3*). Manchmal verzweigt sich auch der Laubblattsproß; der Zweigteil, dessen Spitze die Erde berührt, dringt gleichfalls in die Ackerkrume ein und wächst dort als Ausläufer weiter. Die Ausläufersprosse strecken sich oft schnell während der ersten Sommerhälfte in die Länge und verzweigen sich auch häufig. Sie werden während des Wachstums etwa 40 cm lang und mehr. Die Wurzel des Muttersprosses ist eine spindelförmige, dünne, ästige, bis zu 30 cm lange Pfahlwurzel.

Während die Achse und die oberirdischen Äste des Muttersprosses im Herbste des ersten Entwicklungsjahres absterben, überwintern die Erdausläufer dieses Sprosses und setzen im nächsten Sommer die Entwicklung als vegetative Vermehrungsorgane fort. Aus diesem gehen dann neue und weitere Ausläufer und Laubsprosse hervor.

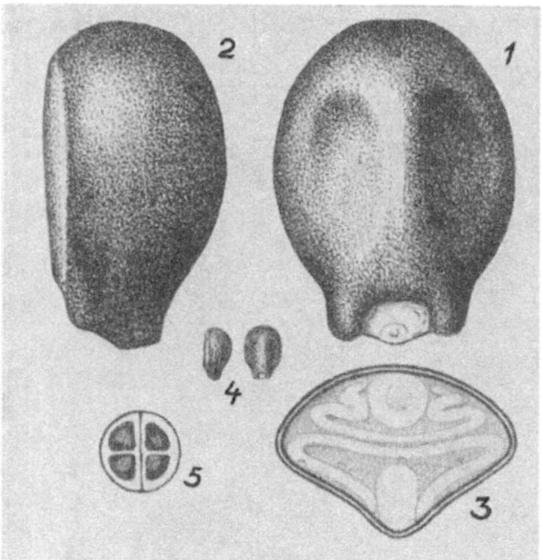

Abb. 351. *Convolvulus sepium.* *1* und *2* Bauch- und Schmalseite des Samens; *3* Samenquerschnitt, 6fach vergr.; *4* Samen, nat. Gr.; *5* Samenkapsel im Querschnitt, nat. Gr. Orig.-Zeichn.

Diese Art hat ein kräftig entwickeltes System von vegetativ vermehrungsfähigen, in der Ackerkrume kriechenden, ausläuferartigen Erdstengeln mit Brutknospen. Die oberirdischen Stengel umwinden andere Pflanzen, mit denen sie zusammen aufwachsen, oder liegen auf der Erde und entwickeln da meistens in die Erde hinabdringende, gewöhnlich als Erdausläufer weiterwachsende Sprosse. Ebenso verhält sich die Spitze des Laubsprosses, wenn sie während der Entwicklung auf Boden stößt, in den sie dann eindringt, um Erdausläufer zu entwickeln. Die Pflanze hat also Fähigkeit zu sowohl oberirdischer, als auch unterirdischer vegetativer Vermehrung. Die

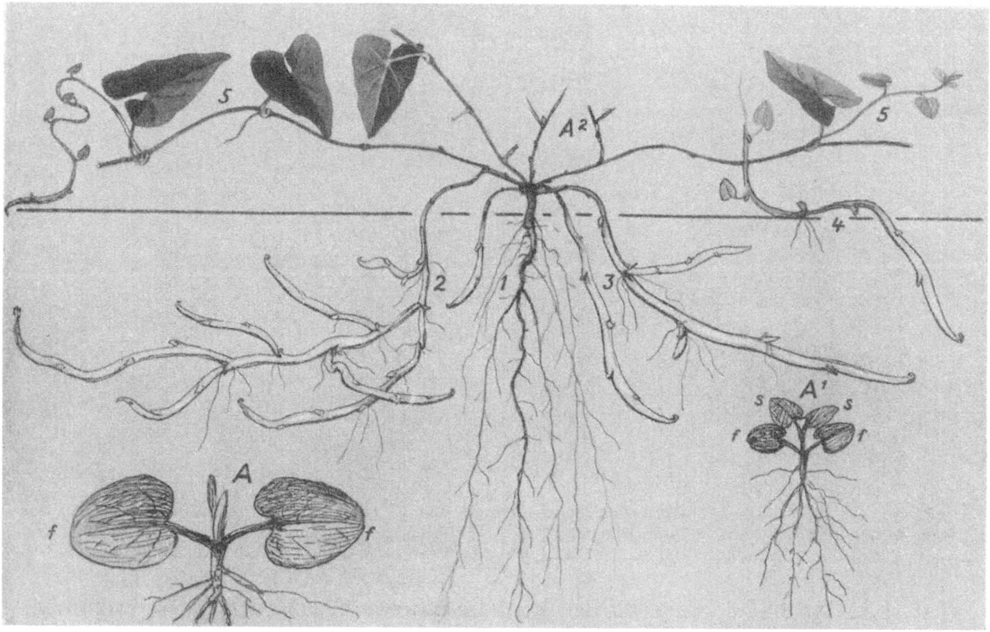

Abb. 352. *Convolvulus sepium.* *A* Keimpflanze, halb von oben gesehen. nat. Gr.; A^1 Keimpflanze, von der Seite gesehen, $^1/_3$ nat. Gr., *f* Keimblätter, *s* Stengelblätter; A^2 Pflanze im Herbst des ersten Jahres, $^2/_7$ nat. Gr.; *1* Primärwurzel; *2*, *3* und *4* oberirdische Stengel, die mit ihren Spitzen in die Erde gedrungen sind und da ihr Wachstum fortsetzen; *5* oberirdische Stengel mit Blättern. Orig.-Zeichn.

schnell wachsenden, oft viele Meter langen Ausläufer wachsen nicht immer in der gleichen Tiefe gerade aus, sondern beugen sich bald nach oben, bald tiefer in die Ackerkrume hinab.

Convolvulus sepium wächst auf leichtem und warmem, wie auf schwererem Boden, auf Getreide- und Hackfruchtäckern, künstlichen und natürlichen Wiesen, an Hecken, Büschen, Uferstrecken, vereinzelt auch in Gärten, Parks u. ä. im ganzen gemäßigten Europa, Asien, Nordamerika, Südamerika, Australien und Nordafrika. Auf den oben erwähnten Wachstumsbereichen ist diese Winde auch im deutschen Flachland bis ins Bergland hinein mehr oder weniger häufig und hat in England und Irland starke, in Schottland nur geringe Verbreitung. In den nordischen Ländern tritt sie in den südlichen und mittleren, wie in den nordwestlichen Gebieten bis zu 62° 30′ n. Br. (Norwegen) vereinzelt auf.

Die Pflanze wird durch Samen fortgepflanzt, vegetativ vermehrt und auf beiderlei Art verbreitet. Man bekämpft sie im Ackerbau durch Hackfruchtanbau, Brachen u. ä., im Garten durch gründlich durchgeführte Reinhaltung der Bestände, Schaufeln der Gänge oder Säuberung dieser durch Chemikalien.

190. *Lamium album* LINN. Weiße Taubnessel, engl. White dead nettle. *Lamium album* (Fam. Labiatae) ist ein ausdauerndes Unkraut mit viereckigen, steigenden, aufrechten, unten ästigen, behaarten, bis zu 40 cm hohen Stengeln mit paarweise gegenständigen, gestielten, herzförmigen und grob gesägten Blättern, die am Grunde am breitesten sind, und mit großen, weißen am Stengelansatz der Blätter sitzenden kranzständigen, lippenförmigen Blütenkronen (Abb. 353). Blütezeit von Mai bis September. Die vier Samen in jeder Blüte enthaltende, reife Spaltfrucht sitzt in dem napfförmigen, oben offenen Becher. Der längliche, oben abgestumpfte, einen leicht erhabenen Kragen tragende Same ist an der Spitze am breitesten und wird dem Grunde zu schmäler, der mit einem helleren Anhängsel versehen ist und in eine grubenförmige Vertiefung mit dunklem Punkt ausläuft. Die beiden Flächen der Bauchseite des etwa dreieckigen, am Rücken vorgewölbten Samens stoßen in einer erhabenen, gratförmigen Längskante zusammen, die sich vom Grund bis in die Nähe der Spitze erstreckt. Die braune bis graugrüne Oberfläche trägt hellere Flecke. 1000-K.Gew. etwa 1,3 g, Länge und Breite etwa $2{,}3 \times 1{,}4$ mm, Samenzahl je Pflanze etwa 140, je kg 770000. Von dem teilweise langsam auflaufenden Samen keimten im Laboratorium bei einem Versuch in 112 Tagen 71%. Draußen keimten in 1 cm Tiefe bei Aussaat im Frühling von überwintertem Samen bei einem Versuch in 44 Tagen 40%.

Die Keimpflanze entwickelt gewöhnlich im Keimjahre mehrere bis zu 30 und mehr cm hohe Stengelsprosse, die bei günstigen Entwicklungsverhältnissen schon im Keimjahre blühen und fruchten können (Abb. 353, *2*).

Die Wurzel des Muttersprosses kommt der Art einer Pfahlwurzel am nächsten. Sie ist verzweigt und bis zu 18 cm lang. An der Achse des Muttersprosses entwickeln sich im Keimjahre viele Faserwurzeln, während gleichzeitig aus dem Wurzelhals, aus der Achse des Muttersprosses also, mehrere bis zu 10 und mehr cm lange, ausläuferartige Erdstengel herauswachsen, die mit der Mutterwurzel überwintern und ihre weitere Entwicklung im nächsten Sommer mit dem Treiben neuer Ausläufer und blühender Laubsprosse fortsetzen.

Die vegetative Vermehrung geschieht also durch unterirdische, wandernde, ausläuferartige Erdstengel. Sie sind wie die oberirdischen Stengel viereckig und haben paarweise gegenständige Zweiganlagen in den Niederblattwinkeln, an denen sich Seitenzweige entwickeln, die teilweise zu Laubsprossen, teilweise zu mehr oder weniger wagerecht in der Ackerkrume weiterwachsenden Erdstengeln werden. Beim Eingehen des Muttersprosses werden die Ausläufer selbständig und rufen durch ihre Verzweigungen einen dichten Pflanzenbestand hervor. Schalenförmige Niederblätter beschützen die Knospen und hervortretenden Ausläuferspitzen. An den Gliederknoten und anderen Stellen der Erdstengel bilden sich viele fadenförmige, der Nahrungsaufnahme dienende Nebenwurzeln.

Lamium album wächst gewöhnlich auf gutem, humusreichem Boden, an Weg- und Grabenrändern, Hecken, im Unland, gelegentlich auch in Gärten und anderem Nutzland als gewöhnliches Unkraut im gemäßigten Europa, Asien, aus Europa verschleppt in Amerika, Japan und anderen Ländern. In Deutschland ist die Pflanze im nordwestlichen Tiefland ein gewöhnliches, nicht selten lästiges Unkraut, auch streckenweise im nordöstlichen Tiefland (HEGI) und allgemein in Großbritannien verbreitet, abgesehen vom schottischen Hochland, wo sie weniger häufig ist (BENTHAM). In Mittel- und Südskandinavien bis etwa 63° n. Br. (Norwegen) und vom Meer bis zu 600 m ü. d. M. ist das Unkraut ganz gewöhnlich.

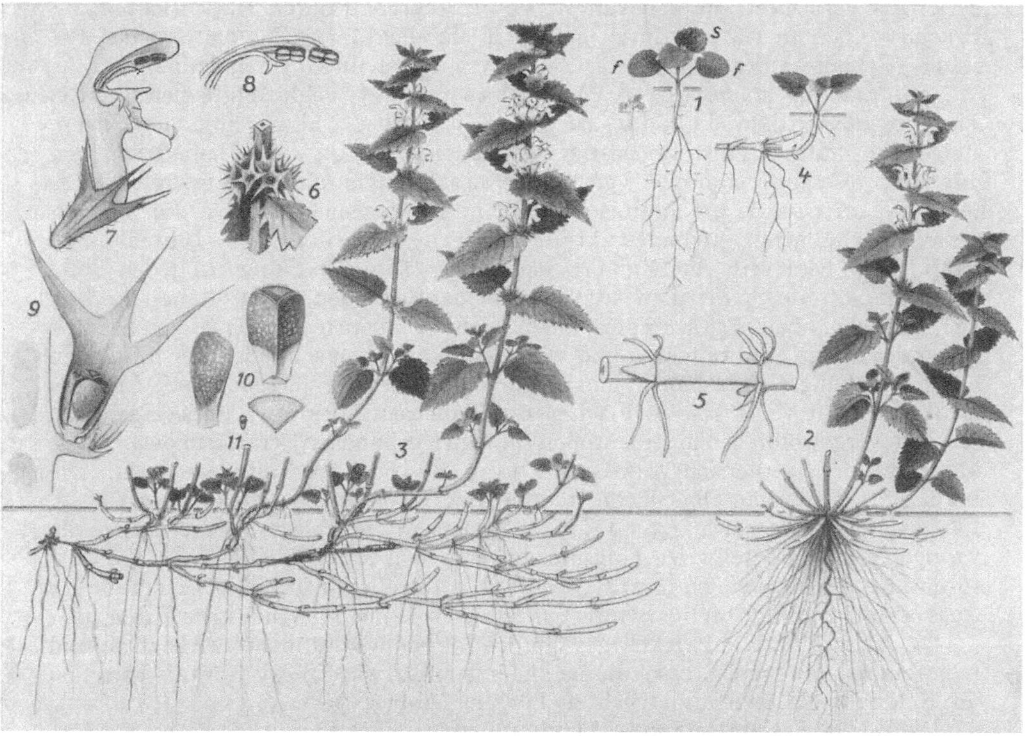

Abb. 353. *Lamium album.* *1* Keimpflanze, *f* Keimblätter, *s* Laubblatt, $^2/_3$ nat. Gr.; *2* Pflanze im Spätherbst des ersten Jahres, *3* voll entwickelte, blühende Pflanze, *4* Ausläuferteil mit Laubsprossen, $^1/_6$ nat. Gr.; *5* Ausläuferstück, *6* Kelchkranz mit reifen Samen, $^2/_3$ nat. Gr.; *7* Blüte, $^4/_3$ nat. Gr.; *8* Narbe und Staubbeutel, $^8/_3$ nat. Gr.; *9* Kelch mit Samen im Längsschnitt, $^8/_3$ nat. Gr.; *10* Same, 5fach vergr.; *11* Same, nat. Gr. Orig.-Zeichn.

Es wird durch Samen fortgepflanzt, vegetativ vermehrt und auf beide Arten verbreitet. Der Same findet sich in Reinigungsabfällen, Heubodenkehricht, Boden, Dünger u. ä.

Die Pflanze gedeiht gut auf nicht saurem oder sumpfigem Humus, erstickt andere Pflanzen, wächst in vereinzelten Gruppen und läßt sich daher bei Verhinderung der Samenverbreitung gewöhnlich verhältnismäßig leicht ausrotten.

Im Nutzlande bekämpft man sie durch gute Bodenpflege und tötet sie leicht durch Natriumchlorat (vgl. dazu *Urtica dioica*).

191. *Triticum repens* LINN. [= *Agropyrum repens* (L.) P. B.]. Gemeine Quecke, Päde, engl. Couch, twitch-grass, quack-grass. *Triticum repens* (Fam. Gramineae) ist eine ausdauernde Pflanze mit aufrechten, 60—120 cm hohen Stengeln, grauen, flachen Blättern, kurzem, fein gezacktem Blatthäutchen von rostbrauner Färbung.

Der ährenförmige Fruchtstand ist aus vielen, bis zu 26 zusammengedrückten, mit der einen Seite an der Spindel festsitzenden Ährchen zusammengesetzt, die

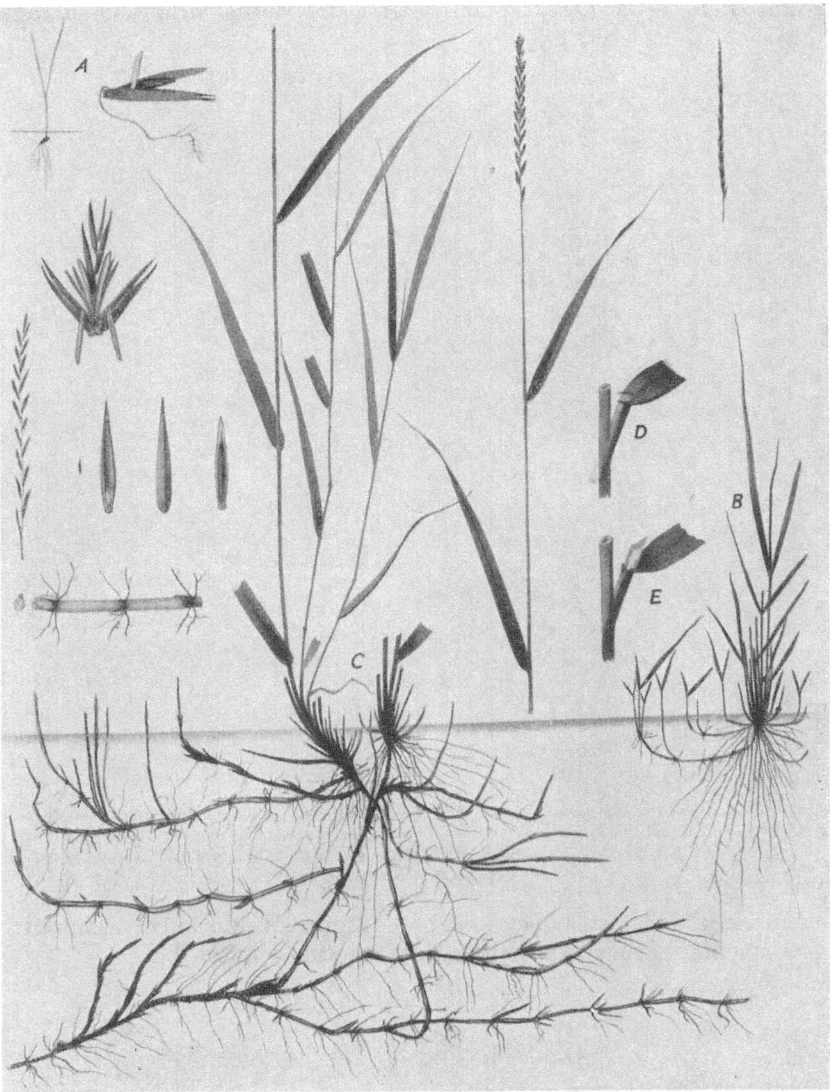

Abb. 354. *Triticum repens* (*Agropyrum repens*). *A* einige Tage alte Keimpflanze; *B* dieselbe $3^1/_2$ Monate alt (im Herbst), *C* voll entwickelte, verblühte Pflanze, $^1/_6$ nat. Gr.; *D* Form des Blatthäutchens bei *Triticum repens*; *E* dieselbe bei *Phleum pratense*. Nach Korsmos Unkrauttafeln.

meistens etwa 5 Blüten tragen, die jedoch nicht sämtlich Früchte entwickeln. Die Hauptspindel wird 10—16 cm lang, während die Ährchen etwa $13 \times 2{,}8$ mm messen (Abb. 354).

Auf Wiesen blüht und fruchtet die Pflanze vom Juni bis in den August, im Acker von August bis September. Der reife, den Kern enthaltende Same ist strohgelb bis weißgrau und hat eine gekielte, äußere Deckspelze, die 5 Rippen trägt und in eine kurze Granne ausläuft. Die innere Deckspelze ist eingebeult und hat eine schräg abgestumpfte Grundfläche mit einer leicht bogenförmigen Vertiefung. Der etwas vorstehende Stiel an der Bauchseite ist oben schräg abgestumpft und trägt eine mittlere Vertiefung (Abb. 355). 1000-K.Gew. etwa 3,9 g, Länge und Breite etwa 7,5 × 1,3 mm, Anzahl der Kerne enthaltenden Samen je Ähre etwa 50, je kg etwa 255000.

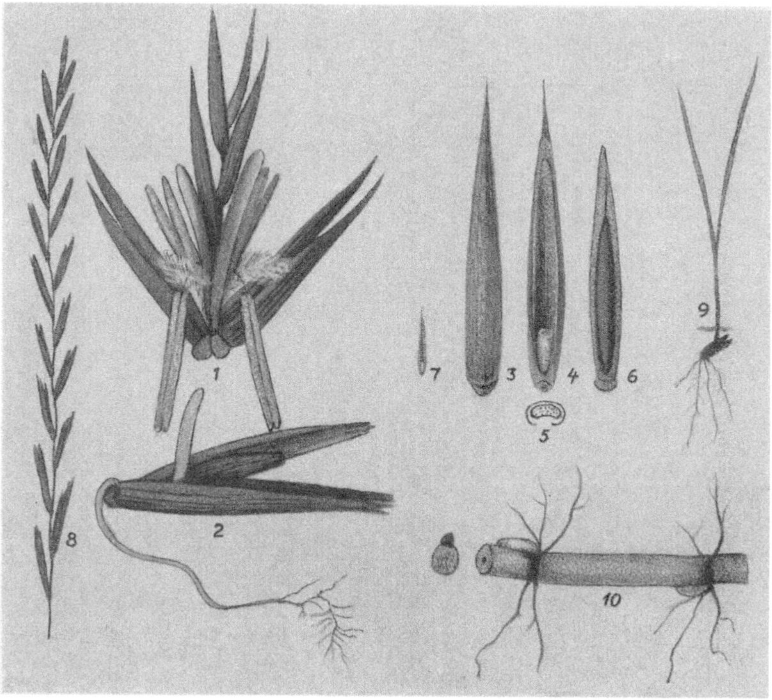

Abb. 355. *Triticum repens* (= *Agropyrum repens*). *1* blühendes Ährchen; *2* keimender Same, etwa 5fach vergr.; *3* und *4* Rücken- und Bauchansicht des Samens, *5* Samenquerschnitt; *6* Samenkorn, etwa 5fach vergr.; *7* Same, nat. Gr.; *8* reife Ähre, 1/2 nat. Gr.; *9* Keimpflanze, 1/2 nat. Gr.; *10* Ausläuferteil, 3/2 nat. Gr. Nach Korsmos Unkrauttafeln.

Vollentwickelte Samen haben eine hohe Keimzahl und kurze Keimzeit. Von acht untersuchten Proben eben gereiften Samens keimten bei

Versuch Nr.	1	2	3	4	5	6	7	8
nach	16	13	18	20	15	15	?	? Tagen
	92,5	98	100	88	86	94	66	80 %,

d. h. durchschnittlich etwa 89%[1].

Die Keimgeschwindigkeit wird auch durch die Temperatur beeinflußt. So ergaben Keimversuche im Laboratorium bei +30° C. schnellere Keimung als bei +20° C.

Ferner ließ sich unter Einwirkung vollen Tageslichtes eine höhere Keimprozentzahl als bei dunkel gehaltenen Proben erzielen.

Von überwintertem Samen keimten draußen bei 1 cm Tiefe in sandigem Hu-

[1] Korsmo: Über die Keimfähigkeit des Queckensamens und über die Quecke. Sonderdruck von Nyt Mag. f. Naturvidensk. Bd. 50, H. 3, S. 240. 1912.

mus bei einem Versuch in 10 Tagen 69%. Nach Bodenüberwinterung im Freien keimten im folgenden Frühling in einer Tiefe von

	0	0,5	1	2	3	4	5	6	7	8	9 cm
bei einem Versuch	6	34	80	44	20	22	10	6	10	0	0 %,
bei einem anderen	16	38	54	48	44	40	22	16	2	0	0 %.

Bei Aussaat im Frühjahr keimten von Samen der letzten Probe in einer Tiefe von 0,5 cm in 16 Tagen 66%. Von der gleichen Probe liefen im Keimapparat 92% in 15 Tagen auf.

Tiefer als 7 cm keimte der Same nicht mehr. Nach einer Wachstumszeit von 105 Tagen hatten die Pflanzen eine Höhe von 28 cm erreicht, doch keine Ähren angesetzt.

Die Keimpflanze entwickelt im ersten Jahr unmittelbar unter der Erdoberfläche am unteren Teil des Stengels viele Seitensprosse (Ausläufer), die erst etwas schräg nach unten wachsen und dann teils an der Spitze der Ausläufer, teils an Brutknospen der Ausläufersprosse Laubsprosse bilden.

Unter günstigen Wachstumsverhältnissen bringen die Ausläufer der Keimpflanze während des Herbstes eine große Anzahl von Laubsprossen hervor, während der Muttersproß gleichzeitig sehr büschig wird und unmittelbar aus dem Wurzelhals heraus mehrere Laubsprosse treibt, von denen während des ersten Entwicklungsjahres keine zur Entwicklung von Ähren gelangen. Die ersten Ähren bilden sich im zweiten Jahre. Die Keimpflanze treibt auch eine kräftige Faserwurzel. Alle unterirdischen Ausläufersprosse des Stengels überwintern und setzen ihr Wachstum im folgenden Sommer fort, indem sie blühende und fruchtende Stengelsprosse sowie neue Ausläufer hervorbringen. Die unmittelbar von einer Keimpflanze entsandten Ausläufer sind immer dünner und liegen weniger tief in der Erde als Stolonen von älteren, kräftigeren, regelmäßigen zylindrischen Ausläufern, die viel stärker die ganze Ackerkrume durchsetzen. Die Niederblattanlagen sind dunkler und zerfranster.

Triticum repens findet sich auf Böden aller Art und verbreitet sich besonders leicht auf sandigem Humus, moorigen und anderen leichteren Böden, wird aber auch auf schwereren Bodenarten kräftig und lästig. Auf Äckern, natürlichen und künstlichen Wiesen, an Rainen, Grabenrändern u. ä. wächst die Pflanze in ganz Europa vom Mittelmeer bis an den Polarkreis, in Nordasien, wie in Nord- und Südamerika, Neu-Seeland und anderen Gebieten. In ganz Frankreich, Großbritannien, in Skandinavien bis zu 69° 40′ n. Br. (Norwegen), vereinzelt sogar noch weiter nördlich, in ganz Deutschland und anderen europäischen Ländern ist die Quecke vom Tiefland bis in die alpinen Gebiete hinein ein gemeines und gefürchtetes Acker-, Garten- und Wiesenunkraut.

Die Pflanze wird durch Samen fortgepflanzt und verbreitet; ihre Vermehrung findet hauptsächlich auf vegetativem Wege statt. Der Same kann sowohl in Dreschabfällen spät reifenden Sommerkorns, in Wiesensamen, Stalldünger, Bodenproben u. ä. auftreten. So fanden sich in Timothesaatproben 1000 Samen je kg. Es liefen je t Bodenproben 438, Pferdedung 954, Kuhdung 364, Schafdung 934 und Schweinedung 500 Pflanzen während der Versuchszeit auf.

Welche Mengen unterirdischer Teile die Pflanze entwickeln kann, zeigt die Tatsache, daß eine dreijährige Wiese, die durch Quecken stark verunkrautet war, in 1 qm der Ackerkrume 2890 g Ausläufer dieses Unkrautes enthielt[1], die eine Gesamtlänge von 459 m und insgesamt 25979 Brutknospen hatten.

Wie sehr die Pflanze den Ernteertrag herabsetzen kann, zeigt folgendes Beispiel: Auf einem Haferfeld von 6 und einem Gerstenfeld von 5 ha wog das

[1] Nach dem Ausgraben wurden die Erdreste von den Ausläufern abgespült und diese nach Abtropfen jeglichen Wassers noch in frischem Zustande gewogen.

Queckenstroh nach der Ernte in lufttrockenem Zustande 1200 bzw. 975 kg und der Körnerertrag des Getreides 1505 bzw. 1540 kg je ha. Ein kleinerer Teil jedes Ackers war einigermaßen unkrautfrei. Dort betrug der Körnerbetrag je ha 3510 bzw. 2650 kg. Auf jedes kg Queckenstroh kam beim Hafer eine Herabsetzung des Ertrages an Körnern von 1,67, bei der Gerste von 1,14 kg, was einem Ertragsverlust je ha von 2005 bzw. 1110 kg je ha entspricht.

Die Unterdrückung der Pflanze geschieht außer durch Verhinderung der Samenreife in erster Linie durch Vernichtung der unterirdischen Teile. Im Ackerboden erwirkt man das unter anderem durch:

1. Anbau von Kartoffeln in zwei aufeinanderfolgenden Jahren bei gleichzeitig durchgeführter, gründlicher Reinhaltung.
2. Sorgfältige Vollbrache (am besten Kammbrache)[1] (vgl. auch S. 542, Abschnitt 6, VIII).
3. Herbstbrache von umgeworfenen Wiesen und Anbau von Hackfrüchten oder dichtdeckenden Grünfutters im folgenden Jahre usw. (vgl. S. 510—517; 530).
4. Verwendung unkrautfreien Saatgutes und reinen Düngers.

In jungem, frischem Zustande ist *Triticum repens* eine ganz gute Grasart, die die Haustiere gern fressen. Sie kann unter weniger günstigen Wachstumsbedingungen eine gewisse Berechtigung haben, wie beispielsweise in hochgelegenen Gebirgstälern, wo sie auf scharfem, trockenem Boden als gute Weidepflanze gedeiht, während andere, anspruchsvollere Grasarten oft nur schlecht vorwärtskommen. Außerdem kann man sie zur Befestigung von lockerem, starken Windangriffen ausgesetztem Sandboden verwenden [während sich zur Bindung von wirklichem Flugsand *Elymus arenarius* LINN. und *Ammophila* (*Psamma*) *arenaria* (L.) LINK besser eignen].

Gewöhnlich begegnen wir der Pflanze jedoch nur als schädigendem Unkraut des Nutzlandes. Durch ihr weit verbreitetes Wurzelsystem und ihre große Anpassungsfähigkeit an alle Bodenarten wird sie lästig, unter welchen Feldfrüchten sie auch auftrete.

Zu den meßbaren, wägbaren und berechenbaren Schäden, die *Triticum repens* unmittelbar veranlaßt, kommt noch die mittelbare Schädigung, die das Unkraut durch Förderung der Verbreitung mehrerer Pilzarten hervorruft. Von diesen seien als dem Landwirt besonders schädlich erwähnt: der Schwarzrost (*Puccinia graminis* f. *secalis*), der Roggen und Gerste, sowie der Mutterkornpilz (*Claviceps purpurea*), der die gleichen Kornarten angreift.

192. *Agrostis stolonifera* (L.) KOCH (= *A. alba* LINN. = *A. vulgaris* WITH.). Weißes Straußgras, Fioringras, engl. Fiorin, bent grass. *Agrostis stolonifera* (Fam. Gramineae) ist eine ausdauernde, hellgrüne, bis 70 (90) cm hohe Pflanze

[1] Als Beispiel sei ein einzelner der zur Queckenbekämpfung durchgeführten Versuche erwähnt: Das Versuchsfeld war 0,4 ha groß und bestand aus Sandboden. Je 1000 qm wurden einer anderen Behandlungsart unterworfen. Über die einzelnen Viertel A, B, C, D wurde folgendermaßen verfügt: A Kartoffeln, B weißer Senf (*Sinapis alba*), C Kammbrache und D Hafer (als Maßeinheit). Auf jedem der vier Versuchsfelder von 1000 qm wurde der Boden an vier verschiedenen Stellen von sämtlichen unterirdischen Teilen der Quecke vollkommen gereinigt. Rechnet man das Gewicht der auf 10 qm gefundenen und von anhaftenden Bodenteilchen gesäuberten Queckenwurzeln auf je 1 ha um, so ergeben sich folgende Queckenmassen in entsprechenden Feldstücken:

Feldstücke	beim Bestellen	bei der Ernte	Herabsetzung der Queckenmenge um
A Kartoffeln mit völliger Reinhaltung.	9200 kg je ha	500 kg je ha	8700 kg = 94,57%
B *Sinapis alba*, Grünfutter	11800 kg	1900 kg	9900 kg = 83,90%
C Kammbrache	21800 kg	0 kg	21800 kg = 100,00%
D Reifer Hafer	10400 kg	10000 kg	400 kg = 3,85%

mit flachen, gewöhnlich etwas rauhen Blättern und glatten Scheiden. Die langgezogenen, weißen, oben abgerundeten Scheidenhäute der unteren und mittleren Halmblätter sind etwa 2—5 mm lang. Die Spitze der Pflanze ist während der Blüte sperrig, bis zu 25 cm lang und hat einblütige Ährchen (Abb. 356). Blüte und Reife von Juni bis August.

Der schmale, ovale, länglich bis lanzettliche Same trägt eine schwache Flügelkante. Die häutigen Deckspelzen tragen oben die Andeutung einer kurzen Granne und am Grunde einen Kranz feiner, borstenartiger Härchen. Die innere Deckspelze ist eingebeult. Durch die gelbweiße, glänzende, durchscheinende Deckspelze sieht man das Mark des braunen Kerns hindurchschimmern (Abb. 357). 1000-K.Gew. etwa 0,1 g, Länge und Breite etwa 2,0 × 0,5 mm, Samenzahl je kg etwa 10 Millionen. Der Same keimt gewöhnlich sehr leicht. Von 4 Proben überwinterten, trocken gelagerten Samens keimten im Laboratorium in 15 Tagen 92, 93, 95 bzw. 96%. Von überwintertem Samen einer fünften Probe keimten in 4 Tagen 99%. Im Freien liefen in 0,5 cm Tiefe von überwintertem Samen in 32 Tagen 10% auf, während schwächer bedeckter Same schneller und in größeren Mengen auflief. Bei Herbstaussaat im Freien und Bodenüberwinterung keimten während des folgenden Frühjahrs in einer Tiefe von

	0	0,5	1	2	3	4	5	6 cm Tiefe
bei einem Versuch	72	—	40	10	4	6	4	0 %,
bei einem anderen	56	59	68	22	6	0	0	0 %.

Von Samen der zweiten Probe keimten in 0,5 cm Tiefe bei Aussaat im Frühjahr im Freien 46% und im Keimapparat 99% in 25 Tagen.

Tiefer als 5 cm lief kein Same mehr auf. Nach 106 Entwicklungstagen waren die Keimpflanzen bis zu 38 cm hoch, ohne Blütenanlagen gebildet zu haben. Die größten Keimpflanzen hatten da am Wurzelhalse 11 unterirdische Ausläufer von 2—13 cm Länge entwickelt. Über der Erde befanden sich einige dünne, kriechende Stengel, deren Knoten Wurzel schlugen. Alle unterirdischen Teile des Hauptsprosses der Keimpflanze und auch die wurzelschlagenden Teile der oberirdischen Stengel überwintern. Das erstemal blüht und fruchtet die Pflanze im zweiten Jahre und setzt damit während der folgenden Jahre fort.

Die unterirdischen Ausläufer sind fleischig, weißgelb und haben an den Knoten große, niederblattartige Häute. An diesen Knoten bildet sich je ein kräftiges Faserwurzelbündel. Außerdem entstehen an ihnen Ausläufer- und Laubsprosse. Legt man ein Ausläuferstück mit Knoten in die Erde, geht aus diesen Knoten sofort ein Laubsproß hervor. Unmittelbar unter der Oberfläche bilden sich viele, schnell wachsende Ausläufer. Im Laufe von 60 Tagen hatten sich bei einem Versuch an einem vegetativen Laubsproß 12 bis zu 8 cm lange Ausläufer entwickelt (Abb. 356, *4*).

Agrostis stolonifera kommt in ganz Europa, West- und Nordasien, wie in Nordamerika vor und ist in Mittel- und Nordeuropa über große Strecken Deutschlands, ganz Großbritannien und Skandinavien bis über 70° n. Br. (Norwegen) hinaus ein bis in die alpinen Gebiete hinein häufiges Unkraut. Es kann besonders auf leichterem, etwas feuchtem, festem Boden und auf Moorboden lästig werden, während es auf feuchten Wiesen, besonders in Küstengegenden am Strande, auf feuchten Weiden, an Flußläufen und Uferstrecken ein gutes Weidegras bildet, besonders wo diese Wachstumsgebiete größeren Haustieren als Weide dienen. Die Pflanze bildet eine dichte Narbe und gleichmäßige Decke, weshalb sie sich sowohl für Rasenflächen als auch zur Verwendung als Weidegras eignet.

Im Nutzland verhält sie sich wie die Quecke, verbreitet sich stark durch Ausläufer, fordert viel Platz, erschwert und verzögert die Bestellung und setzt den Ackerertrag bedeutend herab.

Die Pflanze wird durch Samen fortgepflanzt und verbreitet, sowie auf vegetativem Wege vermehrt. Der Same findet sich gelegentlich in Dreschabfällen,

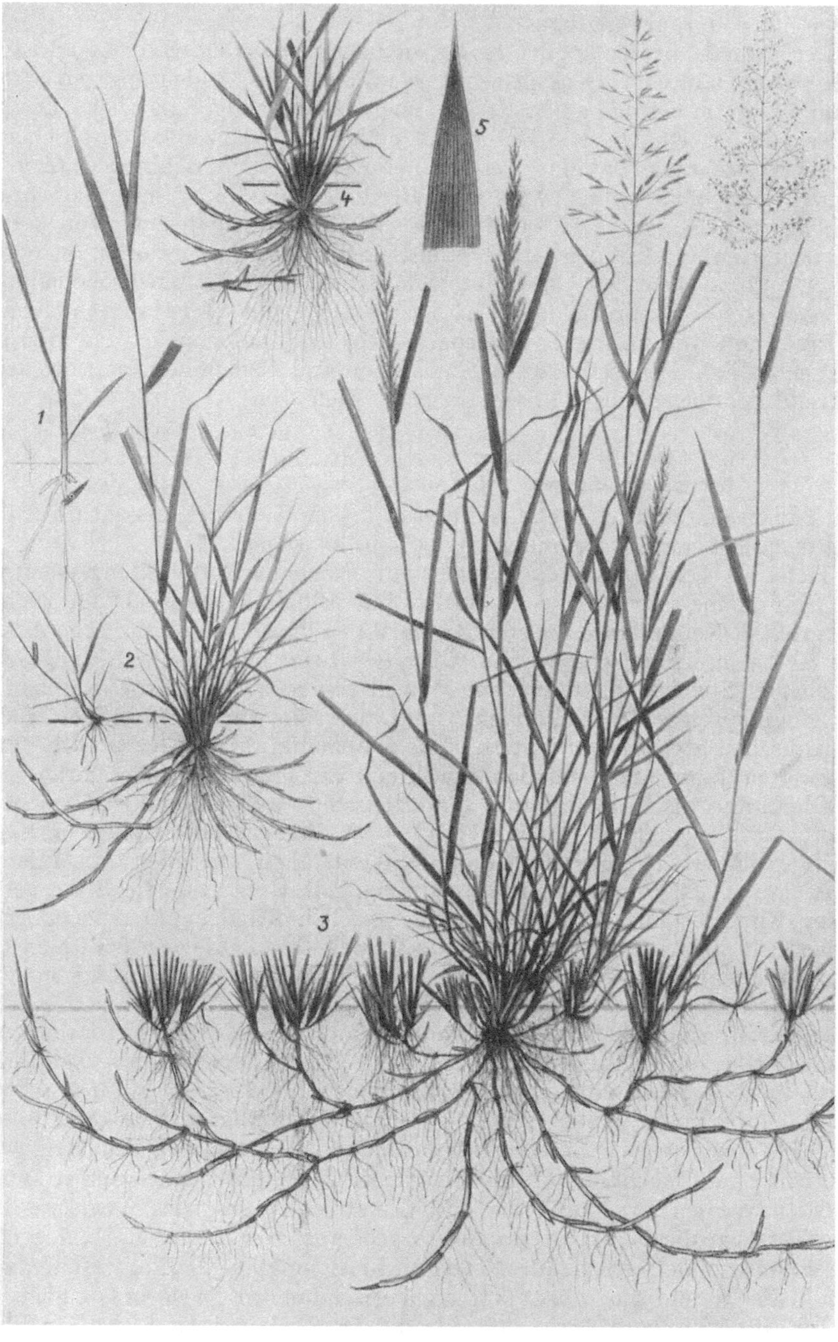

Abb. 356. *Agrostis stolonifera.* *1* Keimpflanze, $^5/_2$ nat. Gr.; *2* dieselbe im Herbst, *3* voll entwickelte Pflanze, *4* Ausläuferteil mit Laubsprossen und Ausläufern, $^1/_4$ nat. Gr.; *5* Blattspitze, etwa 2fach vergr. Orig.-Zeichn.

Spreu, Heubodenkehricht u. ä. So fanden sich in einer Dreschabfallprobe je kg 2120 Samen. Im Nutzlande bekämpft man die Pflanze auf die gleiche Art wie *Triticum repens*.

193. *Poa pratensis* LINN. Wiesen-Rispengras, engl. Field meadow-grass, bird-grass. *Poa pratensis* (Fam. Gramineae) ist eine ausdauernde Pflanze mit unterirdischen Ausläufern (Erdstengeln), an denen sich Laubsprosse auf gleiche Art wie bei *Triticum repens* entwickeln. Die Länge der Halme schwankt von 20—100 (120) cm. Die langen Blätter haben fleischige Scheiden und kurze, quer abgestumpfte Blatthäutchen. Der endständige, offene, blaßgrüne Blütenstand trägt eiförmige, kurzstielige, 4—4,5 mm lange, 3—5blütige Ährchen (Abb. 358). Blüte von Mai bis Juli (August).

Der eilanzettliche, im Querschnitt etwa dreikantige, unbegrannte Same hat am Rücken der äußeren Deckspelze 5 leicht kenntliche, sich vom Grunde bis in etwa halbe Höhe erstreckende Rippen, deren Mittelrippe schwach, deren Randrippen stärker wollig behaart sind. Das 0,6 mm lange, helle, glatte, etwas gekrümmte Stielchen hat oben eine etwas schalenförmig erweiterte Fläche. Der Same ist hellgelbbraun (Abb. 359). 1000-K.Gew. etwa 0,2, Länge und Breite etwa 2,7×0,6 mm*[1], Samenzahl je kg etwa 5 Millionen.

Von dem langsam auflaufenden Samen, der im Keimapparat vor Beginn der Keimung oft 14—30 Tage verstreichen läßt, liefen bei einem Versuch in 28 Tagen 90% auf. Im Freien keimten in 0,5 cm Tiefe bei einem Versuch von trocken gelagertem, überwintertem Samen in 25 Tagen 32%. Nach Bodenüberwinterung im Freien keimten während des folgenden Frühjahrs bei zwei Versuchen in einer Tiefe von

0	0,5	1	2	3	4	5	6	cm
30	38	30	20	2	0	0	0	% bzw.
36	52	30	26	8	0	0	0	%.

Tiefer als 3 cm keimte kein Same.

JÖNSSON[2] und LIEBENBERG[3] haben durch

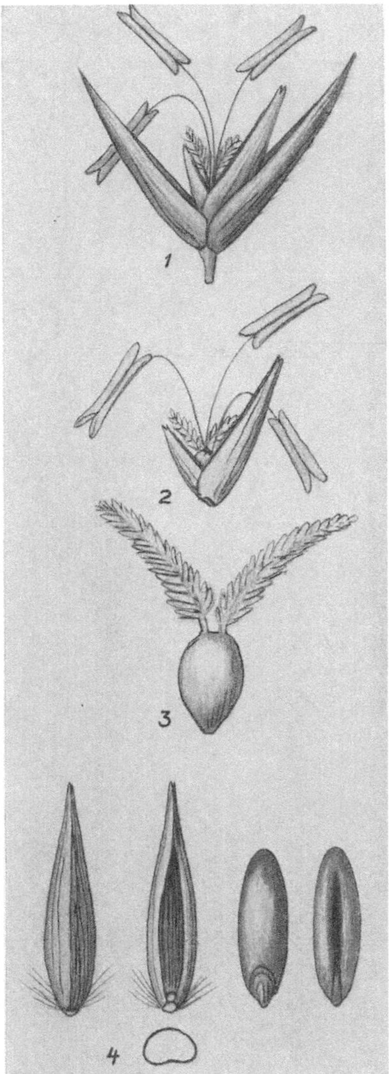

Abb. 357. *Agrostis stolonifera*. *1* blühendes Ährchen, *2* dasselbe nach Entfernung der Hüllspelzen, 14fach vergr.; *3* Fruchtknoten mit Narben, 28fach vergr.; 4 Same mit und ohne Deckspelze, 15fach vergr. Orig.-Zeichn.

*[1] HARZ nennt in „Landwirtschaftliche Samenkunde" S. 1286 ein 1000-K.Gew. von 0,24 g, eine Länge der Deckspelze von 2,3 mm. Außerdem teilt er mit, daß JESSEN 3673000, HANSTEIN 2560000, SINCLAIR 3088000, LOWSON 6415200 und Gardeners Chronicle 3099000 Samen je kg angeben.

[2] v. KIRCHNER, O., E. LOEW und C. SCHROETER: Lebensgeschichte der Blütenpflanzen Mitteleuropas Bd. 1, Abt. 2, S. 20. Vgl. Jahresber. f. Agrikult-Chem. S. 94.

[3] Botan. Zentralbl. Bd. 18, S. 14. 1884. Vgl. auch WEHSARG: Arb. d. dtsch. Landw. Ges. H. 294, S. 27.

Versuche festgestellt, daß die Keimfähigkeit jedenfalls bei jungen Samen im Hellen bedeutend größer als im Dunkeln ist.

Im Keimjahr entwickelt die Pflanze ein Faserwurzelbündel und über der Erde eine gut bestockte, vorwiegend aus Blattsprossen (von einer Länge bis zu

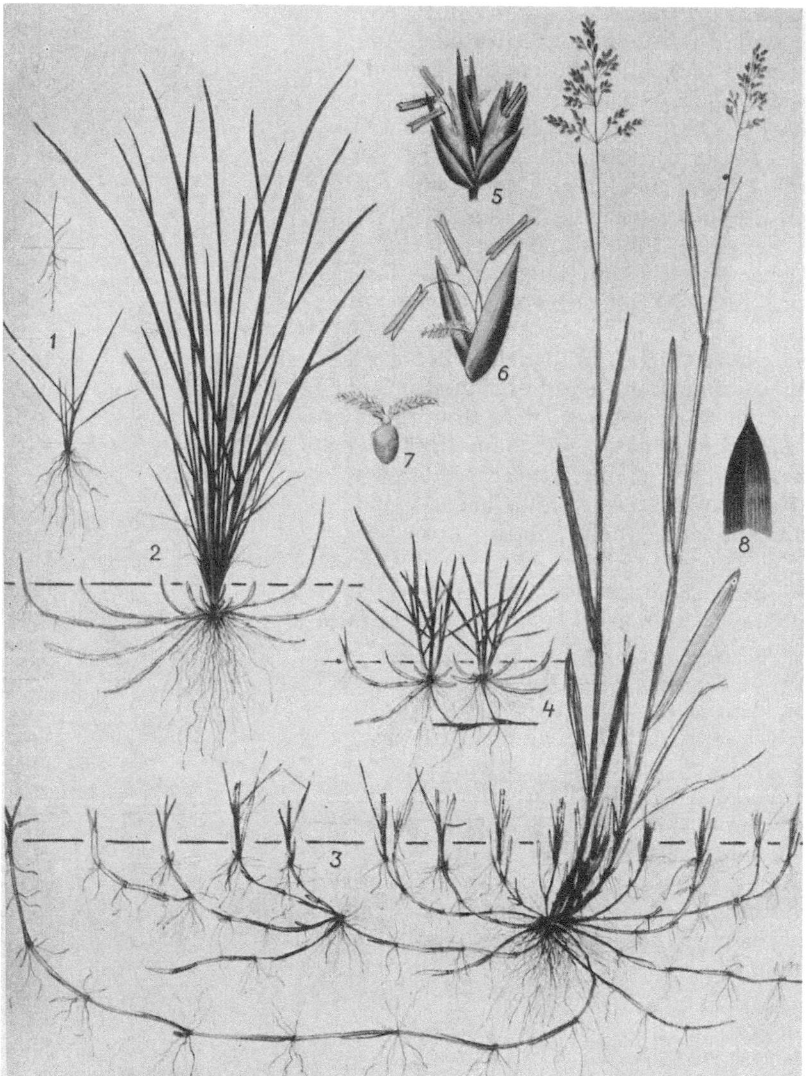

Abb. 358. *Poa pratensis.* *1* Keimpflanze, *2* Pflanze im Herbst des ersten Jahres, *3* voll entwickelte Pflanze, *4* Ausläuferteil mit Laubsprossen, $^1/_5$ nat. Gr.; *5* Ährchen, 4fach vergr.; *6* Blüte, 6fach vergr.; *7* Fruchtknoten mit Narben (Stempel), 6fach vergr.; *8* Blattspitze, etwa 2fach vergr. Orig.-Zeichn.

40 cm) bestehende Rosette, sowie mehrere unterirdische Stengelausläufer, deren Entwicklung 25—30 Tage nach dem Auflaufen des Samens beginnt. Einzelne davon können im Laufe des Sommers 20 und mehr cm lang werden. In der Regel beugen sie sich zunächst etwas nach unten, wachsen aber dann durch die Erdschicht nach oben. Einige von ihnen treiben bereits im ersten Sommer Laubsprosse.

Die Pflanze überwintert mit Hilfe ihrer unterirdischen Teile und setzt ihre Entwicklung durch vegetative Vermehrung und Verbreitung auf dieselbe Art wie *Triticum repens* fort. Die weißgelben bis fast weißen Internodien sind von wenigen bis über 10 cm lang. *Poa pratensis* kommt auf magerem wie auf gedüngtem, trockenem, leichtem Mineralboden, gelegentlich auch auf bebautem Moorland u. ä. im Öd- und Nutzland als gewöhnliches Unkraut vom Mittelmeer bis an den Polarkreis in ganz Europa, Mittel- und Russisch-Asien, Nordamerika, Japan, Australien u. a. Ländern vor.

Ganz allgemein ist die Pflanze über große Strecken Deutschlands, Großbritanniens und Skandinaviens bis zu 71°10—20′ n. Br. (Norwegen) verbreitet. Wie *Agrostis stolonifera* tritt sie als Unkraut auf, bildet aber gleichfalls ein gutes Weidegras. Auf kurzlebigen Wiesen ist sie gewöhnlich wie die Quecke, der sie auch in bezug auf Ausbreitung des Wachstumsbereichs vom Meer bis ins Hochgebirge gleicht, als Unkraut anzusehen. In Skandinavien durchsetzt die Pflanze gelegentlich auch Sommergetreidefelder. Sie kann auf natürlichen Wiesen und Weiden eine brauchbare Pflanze sein, da sie sich nicht nur gut bestockt, sondern auch Trockenheit und Niedertreten gut verträgt. Wegen ihrer kräftigen, kriechenden, unterirdischen vermehrungs- und verbreitungsfähigen Teile wird sie in der Kunstwiese und dem Acker zu einem Unkraut und dementsprechend bekämpft.

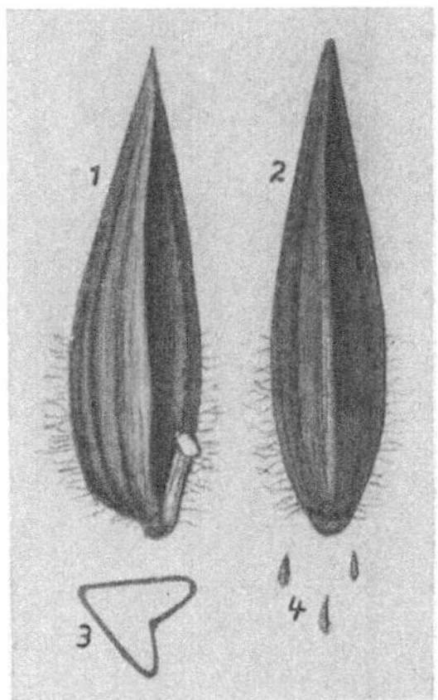

Abb. 359. *Poa pratensis*. *1* und *2* Samen; *3* Samenquerschnitt, 15 fach vergr.; *4* Samen, nat. Gr. Orig.-Zeichn.

Poa pratensis wird durch Samen fortgepflanzt, vegetativ vermehrt und auf beide Arten verbreitet. Die Pflanze kommt unter Halmfrüchten vor, so daß ihr Same sich in Dreschabfallproben findet. Eine Untersuchung ergab je kg durchschnittlich 340 Samen.

Man bekämpft die Pflanze wie *Triticum repens*.

194. *Phalaris arundinacea* LINN. (= *Digraphis arundinacea* TRIN.). Glanzgras, Rohr-Glanzgras, engl. Reed-grass. *Phalaris arundinacea* (Fam. Gramineae) ist eine ausdauernde, bis 2 m (3 m) hohe, steif behaarte Pflanze mit 7—15 mm breiten Blättern und etwa 5 mm langem, zerfranstem Blatthäutchen, während der Blütezeit einseitig ausgebreitetem, offenem, später zu einer dicken Ähre zusammengedrücktem, strohgelbem bis braungelbem Blütenstand mit kurzstieligen Ährchen (Abb. 360). Blütezeit von Juni bis August. Die weiß behaarten, eiförmig-lanzettlichen, spitzen Hüllspelzen sind ohne Flügelkante. Die untere ist etwa 3,5, die obere etwa 4,5 mm lang. Die unbegrannte, helle, graubraune, kräftig porzellanartig glänzende, eiförmig-lanzettliche, den Samen bis auf eine an der Spitze leicht angedeutete Spalte fest umschließende Deckspelze hat am Grunde eine fast fischmaulartige Form und 2 kiemenartige Anhängsel, die mit borstigen, weißen Härchen, die sich vereinzelt bis an die Spitze hinziehen, besetzt sind (Abb. 361). 1000-K.Gew. etwa 0,6 g, Länge und Breite etwa 3,5 × 1 mm*, Samenzahl je kg 1660000.

Von dem ganz gut auflaufenden Samen keimten im Laboratorium nach Trockenlagerung und Überwinterung bei einem Versuch 75—80%, bei einem anderen 96% in 15 Tagen. Auch im Freien läuft der Same besonders bei geringer Bedeckung gut und schnell auf. Draußen im Sandboden ausgeführte Versuche

* HARZ nennt in „Landwirtschaftliche Samenkunde" S. 1274 eine Samengröße von 4,0 × 1,1 mm und eine Größe des Kerns von 1,4 × 0,8 mm.

ergaben bei einmal überwintertem, trocken gelagertem Samen im folgenden Frühjahr nach Aussaat am 15. Mai

in einer Tiefe von	0	0,5	1	2	3	4	5	6	cm
Keimung von	20	48	32	0	0	0	0	0	%;
und bei zwei Versuchen nach Überwinterung draußen im Ackerboden	36	94	80	80	60	74	56	42	% bzw.
	38	65	46	52	34	26	12	4	%.

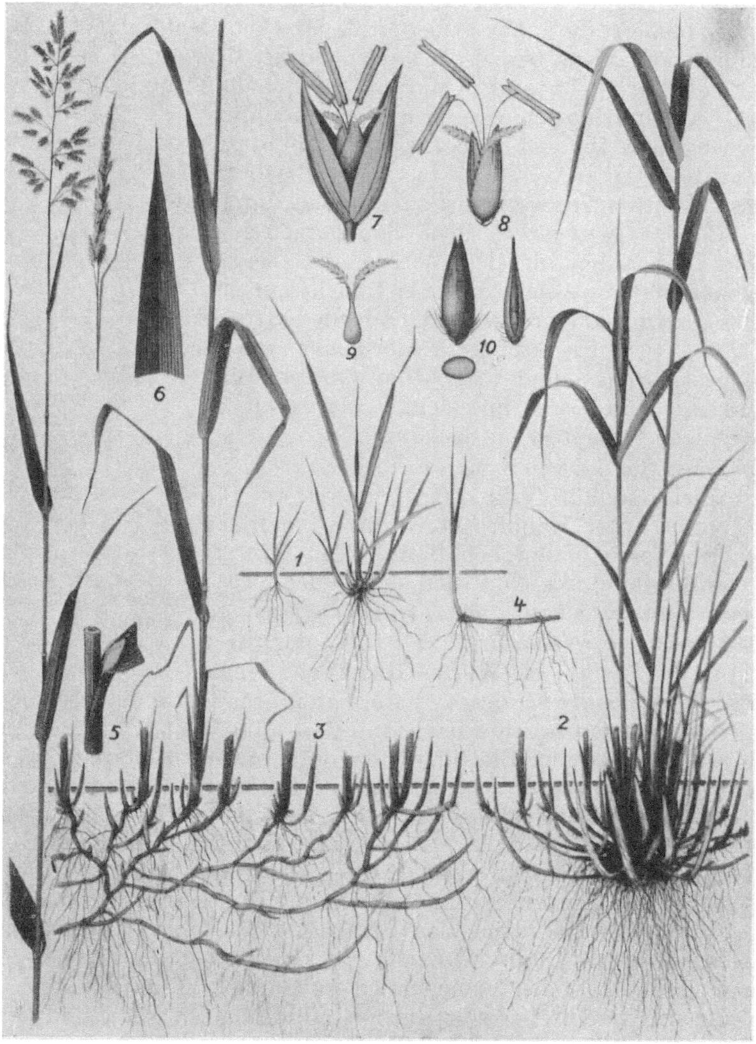

Abb. 360. *Phalaris arundinacea.* *1* Keimpflanze, *2* Pflanze im Spätherbst des ersten Jahres, *3* voll entwickelte, blühende Pflanze, $^2/_{11}$ nat. Gr.; *4* keimender Ausläuferteil, $^2/_{11}$ nat. Gr.; *5* Halmteil mit Blattscheide und Blatthäutchen, etwa $^1/_2$ nat. Gr.; *6* Blattspitze, vergr.; *7* Ährchen, *8* dasselbe ohne Hüllspelzen, *9* Fruchtknoten mit Narben, *10* Same, etwa 4 fach vergr. Orig.-Zeichn.

Von Samen der letzten Probe liefen in 0,5 cm Tiefe 23%, bei Frühjahrsaussaat und im Keimapparat 79% in 24 Tagen auf. Anfang September waren die meisten der ausgekeimten Pflanzen nach Frühjahrsaussaat 32, nach Herbstaussaat etwa 70 cm hoch.

Einige Tage nach dem Auflaufen der Keimpflanzen erweitert sich der Wurzelhals knotenförmig. Dieser Knoten bildet später den Ausgangspunkt neuer oder unterirdischer Stengelausläufer, die zunächst etwas nach unten oder mehr oder weniger wagerecht weiterwachsen, während einige der Oberfläche schräg zustreben, um Stengelsprosse zu bilden (Abb. 360, *2*). Gleichzeitig entwickeln sich mehrere der Brutknospen an den Ausläufern und bilden teils Laubsprosse, teils Ausläufer. Die Keimpflanze kann im ersten Sommer über 20 vegetative Laubsprosse hervorbringen, deren viele eine Höhe von 30—40 cm erreichen. Im Gegensatz zu den oberirdischen Teilen, die im Herbst aussterben, überwintern die unterirdischen, um im nächsten Sommer blühende und fruchtende Stengel bis zu 2 m Höhe zu treiben. Die runden, weißgrauen bis bräunlichen, griffelstarken Ausläufer haben Gliedstücke von verschiedener Länge. Unter Umständen kann es von Bedeutung sein, daß das kräftig entwickelte Wurzelsystem der Pflanze den Boden sehr verfilzt bzw. befestigt.

Phalaris arundinacea kommt an Uferstrecken, Flußläufen, auf feuchten bis sumpfigen Böden, Sand- und Moorböden im Nutzland und auf natürlichen Wiesen vom Mittelmeer bis an den Polarkreis in ganz Europa, West-, Nord- und Ostasien und Nordamerika vor. In Deutschland ist die Pflanze gewöhnlich bis häufig an Flußufern, Gräben, Kanalrändern, Tümpeln, Teichen, auf sumpfigen Wiesen, moorigem Boden und gelegentlich auch auf bebautem Acker. Auch in Großbritannien und ganz Skandinavien bis zu 70° n. Br. (Norwegen) ist die Pflanze vom Meer bis an die Birkengrenze ein gewöhnliches Unkraut.

Die Tiere fressen die nach der Blüte allerdings hart und grob werdende junge Pflanze gern.

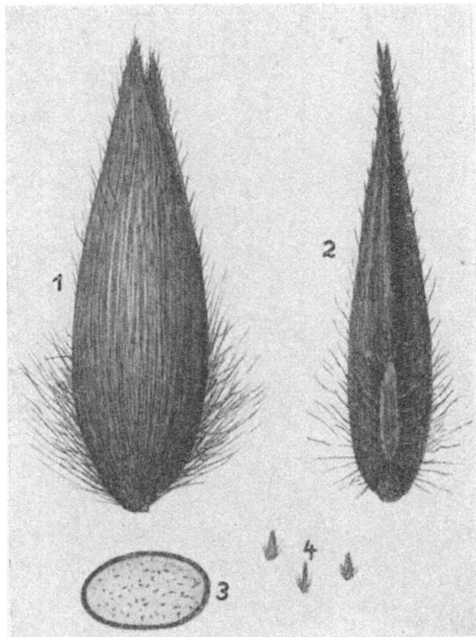

Abb. 361. *Phalaris arundinacea*. *1* und *2* Rücken- und Bauchansicht des Samens, *3* Samenquerschnitt, 14 fach vergr.; *4* Samen, nat. Gr. Orig.-Zeichn.

Sie wird durch Samen fortgepflanzt, vegetativ vermehrt und auf beide Arten verbreitet. Beim Auftreten im Nutzland hat sie dieselben unangenehmen Eigenschaften wie beispielsweise die Quecke, wenn die vegetative Vermehrung auch nicht so schnell vor sich geht. Trotz ihrer guten Vermehrungsfähigkeit steht die Pflanze nur dünn und spärlich und wird zeitig holzig, hart und schlechtschmeckend. Sie erschwert auch die Bodenbearbeitung. Man sollte sie darum beim Anlegen von künstlichen und besonders von kurzlebigen Wiesen nicht verwenden, da sie in solchem Falle die Eigenschaften eines lästigen Unkrautes in hohem Grade annimmt. Man bekämpft sie im Nutz- und Unland auf die gleiche Art wie Quecke (*Triticum repens*).

195. *Phragmites communis* Trin. (= *Arundo phragmites* Linn.). Gemeines Schilfrohr, Teichschilf, engl. Common reed. *Phragmites communis* (Fam. Gramineae) ist eine ausdauernde, und zwar unsere größte heimische Grasart. Sie kann bis zu 3,5 (4) m hoch werden. Die groben, gleichmäßigen, vielblättrigen Halme haben steife, lederartige, besonders unterseits blaugrüne Blätter mit kurzer, am Rande behaarter Scheide und eine rotbraune, vielblütige, ausgebreitete, etwas hängende Rispe (Abb. 362). Blütezeit von Juni bis September. Die unterste Blüte der drei oder mehrblütigen Ährchen ist männlich oder geschlechtslos und unbehaart, die übrigen sind zwitterig. Der eiförmig-lanzettliche, mattgraugelbe, seitlich etwas zusammengedrückte Same ist zusammengeschrumpft. Die untere Deckspelze läuft in eine etwa 9 mm lange, pfriemförmige Spitze aus. Die Grundfläche ist in einen etwa 1 mm langen, schmalen, ovalen Zapfen verlängert, an dem ein Kranz silberglänzender, etwa 8 mm langer, flaumiger Haare sitzt (Abb. 362, *5* und *6*). 1000-K.Gew. etwa 1,1 g, Länge und Breite einschließlich Haarkranz und Granne etwa 13×15 mm, ohne beides etwa 4,0×0,6 mm, Samen-

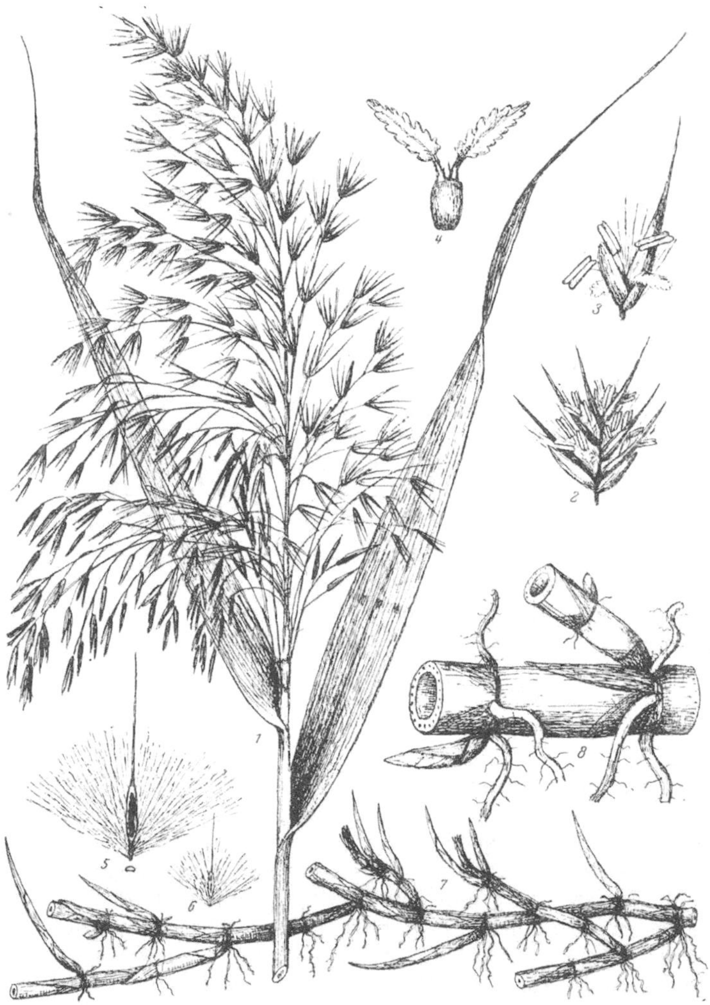

Abb. 362. *Phragmites communis.* *1* Halmgipfel mit Rispe, $^1/_3$ nat. Gr.; *2* blühendes Ährchen, nat. Gr.; *3* Einzelblüte, 2fach vergr.; *4* Fruchtknoten mit Narben, vergr.; *5* Same, 2fach vergr.; *6* Same, nat. Gr.; *7* Teil unterirdischer Ausläufer, $^1/_5$ nat. Gr.; *8* Teil des Hauptausläufers, $^3/_4$ nat. Gr. Orig.-Zeichn.

zahl je Blütenstand etwa 12450 (etwa 2490 Ährchen mit je etwa 5 Samen), je kg etwa 909000. Versuche ergaben, daß der Same nicht im Dunkeln, sondern nur im Hellen aufläuft[1].

[1] KINZEL erwähnt in seiner Abhandlung „Frost und Licht als beeinflussende Kräfte bei der Samenkeimung" (Nachtrag II) S. 47, daß von Samen von *Phragmites communis,* die im April im Freien eingesammelt wurden, im Keimapparat im Hellen 100% in 30 Tagen aufliefen, während im Dunkeln ausgelegter Same nach 2 Jahren noch keine Keimung zeigte.

Phragmites communis ist ein vegetativ wanderndes Unkraut mit kriechenden, unterirdischen Stengelausläufern, die wie bei *Triticum repens* sehr kräftig und weit verzweigt sind. An ihnen bilden sich Stengelsprosse. LONG[1] erwähnt, daß einzelne der Erdstengel 20—30 Fuß lang werden.

Dieses Unkraut kommt an feuchten Plätzen, Bachrändern, offenen Gräben, Uferstrecken, an Fluß- wie an Salzwasser, auf feuchten Wiesen und Äckern, fast in der ganzen Welt bis in die arktischen Gegenden hinein vor.

In Deutschland, Großbritannien und Skandinavien ist es in den tiefer ge legenen Ackerbaugegenden auf feuchtem Boden auch im Nutzland nicht selten. Die Pflanze kann besonders in der Nähe des Meeres oder von Binnenseen, wie auch bei Vorkommen auf feuchtem Boden, auf Äckern und Wiesen sogar sehr lästig werden und durch seine kräftigen, tiefgreifenden Ausläufer die Bekämpfung ganz außerordentlich erschweren.

Die Pflanze wird durch Samen fortgepflanzt, vegetativ vermehrt und auf beide Arten verbreitet. Das wirksamste Mittel zur Bekämpfung ist Entwässerung und gleichzeitige gute Pflege des Bodens.

V. Gefäßkryptogamen. Unkräuter mit vegetativer Vermehrung und Verbreitung durch unterirdische, meist tiefliegende, erdstengelartige Ausläufer.

Von höheren, blütenlosen Pflanzen, Gefäßkryptogamen also, kommen drei *Equisetum*-Arten als streckenweise sehr lästige Unkräuter in der Landwirtschaft vor, nämlich *Equisetum arvense, palustre* und *silvaticum*. Sie werden sowohl durch Sporen als auch vegetativ vermehrt.

Die Sporen werden an der Spitze der oberirdischen fruchtenden Sprosse gebildet, die nach der Reife ihre Sporenbehälter öffnen und so die grünen Sporen freigeben. Jede Spore ist mit 4 langen, elastischen Bändern versehen, die sich bei feuchtem Wetter um die Spore herumwickeln, bei trockenem aber ausstrecken und oft das Zusammenhängen ganzer Sporenhaufen bewirken, die vom Winde weitergetrieben werden.

Bei der Sporenkeimung bildet sich erst ein Vorkeim (Prothallium), der entweder weibliche Organe mit Eizellen oder männliche mit Spermatozoiden trägt. Nach der Befruchtung geht aus der Eizelle ein neuer Schachtelhalm hervor, der im Laufe des Herbstes einen schräg in die Erde hinabwachsenden Ausläufer (Rhizom) treibt, überwintert und den Grundstock eines vegetativen Vermehrungsorganes bildet, das im nächsten Jahre zur Weiterentwicklung gelangt.

Die *Equisetum*-Arten lieben sauren Boden und treiben kräftige Hauptausläufer, die die Erdschicht gewöhnlich in einer Tiefe von 30—50 cm mehr oder weniger wagerecht durchwandern und ihrem Bau nach den kriechenden Erdstengeln wandernder Unkräuter gleichen: Haupt- und Seitenäste der Ausläufer sind deutlich gegliedert und an den Gliedern mit rückgebildeten, zerfransten Niederblättern versehen. Ferner gehen aus dem Muttersproß sowohl von Ausläufern gebildete neue Ausläufer, als auch neue Stengelsprosse schräg vor. Andererseits gleichen sie den echten Ausläufern in ihrer Bewegungsrichtung und Lage im Boden.

Die *Equisetum*-Arten haben an den Ausläufern und unterirdischen Teilen der Stengelsprosse knollenartige Gebilde, die in erster Linie als Nährspeicher dienen. Während der Bildung neuer Sprosse im Frühjahr und Frühsommer wird ihr Gehalt an Stärke und Zucker verbraucht, der dann während der folgenden

[1] Common Weeds of the Farm and Garden S. 339.

Sommermonate zu neuem Vorrat für die nächste Wachstumszeit ergänzt wird, sobald sich die Laubsprosse die Fähigkeit zu eigenem Assimilieren erworben haben.

Neben dieser Hauptaufgabe können die Knollen nach Loslösung und Beförderung an die Oberfläche Sprosse entwickeln und so der vegetativen Vermehrung dienen[1].

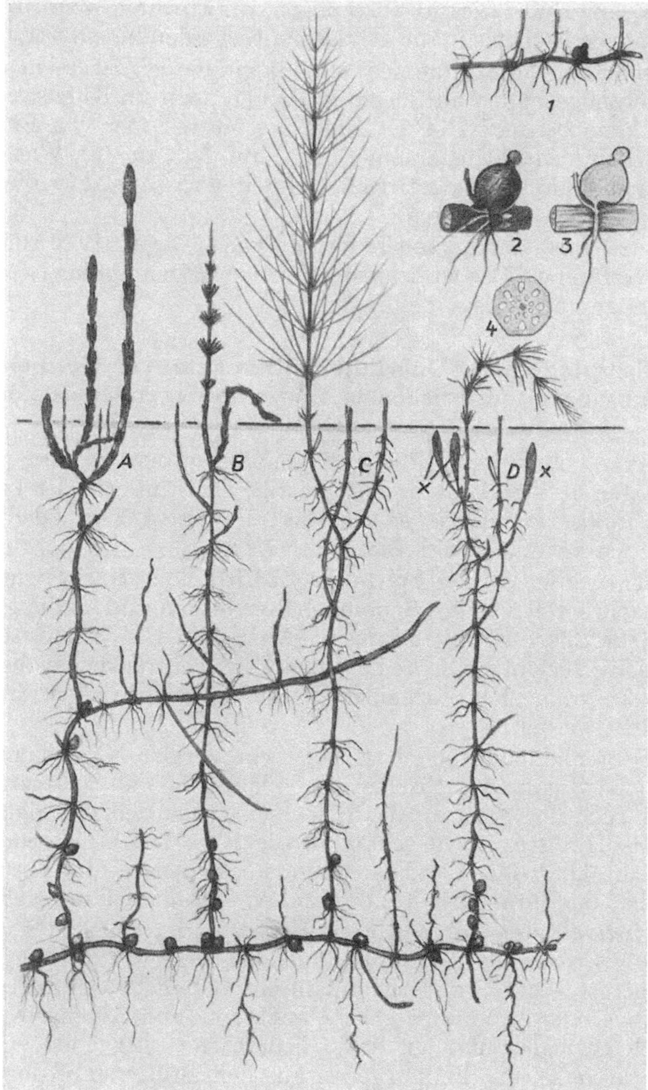

Abb. 363. *Equisetum arvense. A* ährentragender Sproß, *B* und *C* beblätterte, sterile Stengelsprosse, *D* beblätterte Sprosse im Herbst, × × Anlagen ährentragender Sprosse, 1/5 nat. Gr.; *1* Ausläuferteil, an dem sich Laubsprosse entwickeln, 1/5 nat. Gr.; *2* Ausläuferteil mit Knolle, *3* derselbe durchschnitten, 3/5 nat. Gr.; *4* Ausläufer im Querschnitt, etwa nat. Gr. Nach Korsmos Unkrauttafeln.

[1] Weber, Bremen, erwähnt in seiner Abhandlung: „Der Duwock, *Equisetum palustre*)", daß die Knollen dieser Art nach Loslösung und Beförderung an die Oberfläche Keime und neue Pflanzen treiben und auch durch fließendes Wasser fortgetrieben werden und so der vegetativen Vermehrung dienen können. Vgl. Arb. d. dtsch. Landw. Ges. H. 72, S. 42. 1903.

196. *Equisetum arvense* LINN. Acker-Schachtelhalm, engl. Field horse-tail, common horse-tail. *Equisetum arvense* (Fam. Equisetaceae) ist eine ausdauernde, stark wandernde Unkrautart mit vegetativer Vermehrung auf folgende Weise: Die etwa 40 cm tief liegenden Ausläufer und die unterirdischen Teile des Stengelsprosses entwickeln neue Stengelsprosse, Ausläufer und Knöllchen. Die Knollen entstehen an der Oberseite der Glieder und sind mit diesen durch einen Strang verbunden, der den Ausläufer durchdringt und auf der Gegenseite in Wurzel-

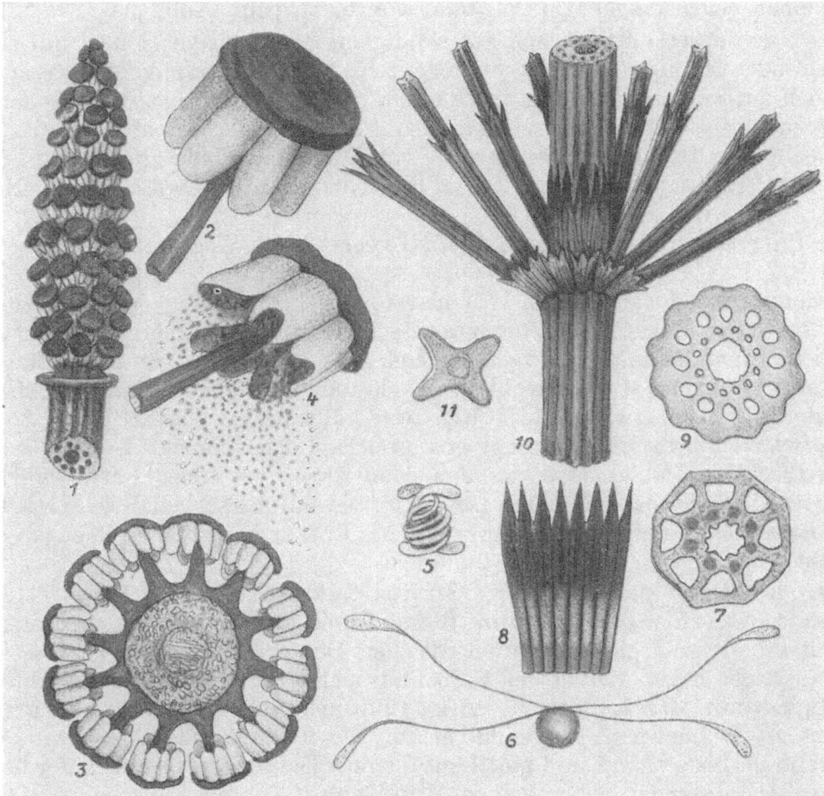

Abb. 364. *Equisetum arvense.* *1* Fruchtstand (sporentragende Ähre), 2fach vergr.; *3* derselbe im Querschnitt, 5fach vergr.; *2* und *4* Sporenträger während und nach der Reife, 10fach vergr.; *5* und *6* Spore mit zusammengerollten und ausgebreiteten Schlingfäden (Cilien), vergr.; *7* ährentragender Stengel im Querschnitt, 4fach vergr.; *8* ausgebreitete Stengelscheide, 6fach vergr.; *9* Querschnitt vom glatten Stengel, 7fach vergr.; *10* Stengelstück mit Seitenästen, 3fach vergr.; *11* Seitenast im Querschnitt, 12fach vergr. Nach KORSMOS Unkrauttafeln.

sprosse übergeht. An dem im Durchmesser etwa 1 cm messenden Hauptknöllchen sitzt ein kleineres Nebenknöllchen. Ausläufer und Knöllchen sind schwarzbraun bis schwarz. Die Ausläufer haben etwa 8 Randkanäle, aber keinen Mittelkanal. Die Stengelsprosse zerfallen in 2 Arten: a) blattlose, sporenbildende und b) kahle, Seitenäste tragende (Abb. 363).

a) Die sporenbildenden, achteckigen Stengel haben einen großen, mittleren und acht seitliche Kanäle. Die Anlagen dieser Stengel entwickeln sich im Herbst, überwintern unmittelbar unter der Erdoberfläche und durchbrechen die Erdschicht zeitig im folgenden Frühling. Die ährentragenden Stengel sind gelbbraun, unverzweigt, bis zu 20 cm lang und haben achtzähnige, graugrüne und oben dunkelbraune, umfassende Blattscheiden ohne Spreite.

Die Sporen entstehen in Fächern an 3 cm langen Ähren. Bei der Reife schrumpfen die Sporenkapseln ein, so daß der Wind hindurchstreichen und die Sporen verwehen kann. Sie entwickeln sich, reifen und verbreiten sich zur Zeit der Frühjahrsbestellung von März bis Mai (Abb. 364, *1—4*).

b) Die Seitenäste tragenden Stengel treiben im Frühsommer hervor und haben einen großen, mittleren und gewöhnlich 12 Seitenkanäle. Sie sind grün, im Umkreis rund und meistens mit 12 Rillen versehen. Die vierkantigen, gegliederten, teilweise weiterverzweigten, zu 9—12 in einem Quirl stehenden Äste haben einen gegenseitigen Quirlabstand von etwa 3 cm (Abb. 364).

Equisetum arvense findet sich auf sandigem, schotterigem Boden, auf sandhaltigem oder lehmigem Humus, auf Lehm mit saurem, sumpfigem Untergrund, aber auch auf weniger feuchtem, trocknerem bis vollständig trockenem Boden als ein streckenweise sehr lästiges Unkraut auf Äckern, Wiesen, an Uferstrecken, Strandgebieten, Eisenbahndämmen usw. vom Mittelmeer bis nördlich des Polarkreises, in Europa (nördlich bis 71° n. Br. [Norwegen]), Russisch-Asien, Nordamerika, Nord- und Südafrika.

Die Pflanze wird durch Sporen und auf vegetativem Wege vermehrt und verbreitet.

Wegen ihres tief wandernden Wurzelsystems gehört *Equisetum arvense* zu den Pflanzen, deren Bekämpfung besonders schwierig ist. Immerhin haben sich gründliche Entwässerung sumpfigen Bodens, gute Bearbeitung, kräftige Düngung als einigermaßen gute Mittel sowohl dieser, als auch der beiden anderen erwähnten Schachtelhalmarten erwiesen. $NaClO_3$ tötet vollständig. Vgl. S. 542.

Equisetum arvense ist eine nicht ertragreiche Futterpflanze, die auch wegen ihres schlechten Geschmacks von den Haustieren bei freier Futterwahl abgelehnt wird. Man hält sie nicht für giftig, vermutet aber, daß sie bei Kühen den Milchertrag herabsetzt[1], wenn sie dem Futter in größeren Mengen beigemischt wird.

197. *Equisetum palustre* Linn. Sumpf-Schachtelhalm, Duwock, engl. Marsh-horsetail. *Equisetum palustre* (Fam. Equisetaceae) ist eine ausdauernde Unkrautart mit dem gleichen, unterirdischen Bau wie *Equisetum arvense*. Die Hauptausläufer liegen tief in der Erde und suchen dort Stellen mit reichlicher Feuchtigkeit auf. Die Knollen dieser Art sind quer eingeschnürt und dadurch in meistens 2 verschieden große Gebilde geteilt, die etwa 2½mal so lang wie breit, schwarzbraun bis schwarz und glatthäutig sind. Die schwarzen Ausläufer haben 5—7 große Randkanäle, aber keinen Mittelkanal. Der oberirdische Stengelteil wird 20—50 cm hoch, ist von kräftigem Grün und hat einen großen, mittleren und 2 Reihen am Rande liegender Hohlräume, deren Zahl der der äußeren Stengelfurchen entspricht und gewöhnlich 6—8 (nach Blytt 6—10) beträgt.

Equisetum palustre hat nicht wie *E. arvense* besondere ähren- und zweigtragende Schößlinge. Die Sommerpflanzen haben gleichförmige, grüne, ährentragende oder kahle Stengel mit quirlständigen, fast aufrechten, fünf bis sechseckigen, vielfach gegliederten Stengelästen, deren unterstes Glied nur 2—3 mm lang ist, während die übrigen länger sind. Die grünen, etwas erweiterten Scheiden haben 5—8 spitze Zähne mit weißlichen Kanten (Abb. 365).

Die Sporen reifen im Juni und Juli. Die Stengel behalten ihre grüne Farbe bis in den Herbst hinein. Dann verwelken und verfaulen sie.

Die Pflanze ist ein gewöhnliches Unkraut auf feuchten Wiesen, Mooren und an Uferstrecken vom Mittelmeer bis über den Polarkreis hinaus in ganz Europa

---

[1] Vgl. darüber näheres bei Dammann: Die Gesundheitspflege der landwirtschaftlichen Haussäugetiere. 3. Aufl. S. 611—614.

und Russisch-Asien. Es tritt aber auch in Japan und Nordamerika auf. In Deutschland und Großbritannien ist die Pflanze streckenweise auf sumpfigen und wässerigen Wiesen, minderwertigen Torfmooren, Fluß- und Seeufern gewöhnlich und kommt auch in Skandinavien bis nach Ostfinnmark in Norwegen vom Meer bis an die Birkengrenze vor.

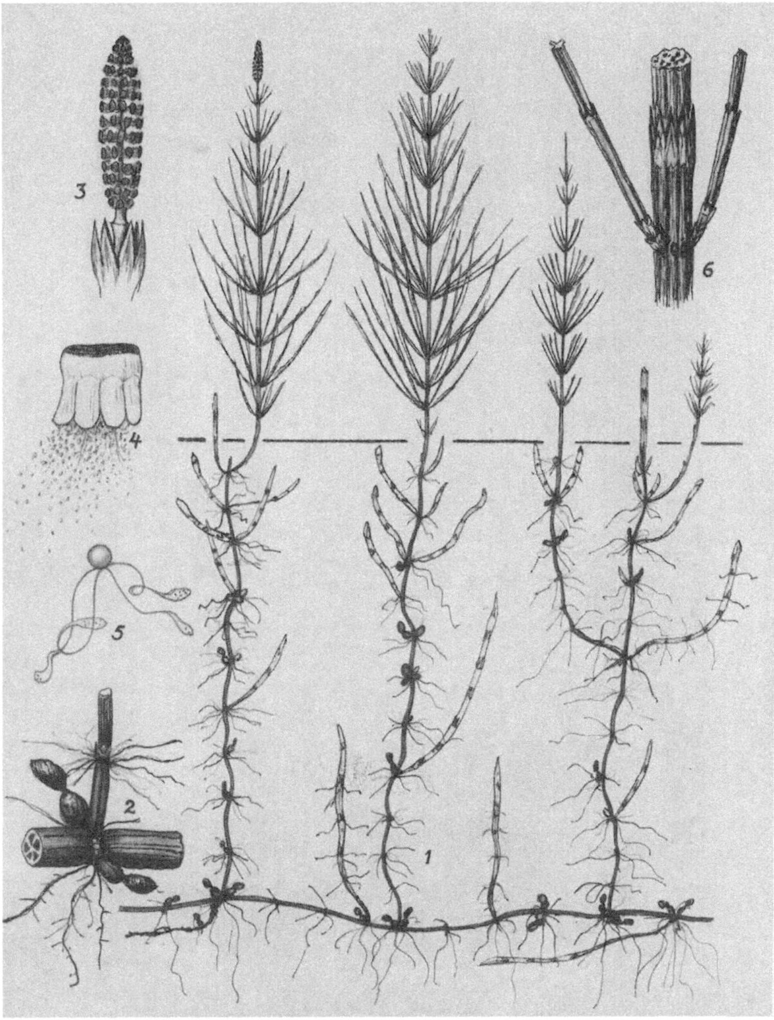

Abb. 365. *Equisetum palustre.* *1* voll entwickelte Pflanze, $^1/_5$ nat. Gr.; *2* Ausläuferteil mit Knollen, $^3/_4$ nat. Gr.; *3* Fruchtstand (Ähre), nat. Gr.; *4* Sporenbehälter, 6fach vergr.; *5* Spore, 70fach vergr.; *6* Stengel mit Zweigen, 2fach vergr. Orig.-Zeichn.

Die Pflanze wird sowohl durch Sporen als auch vegetativ vermehrt und verbreitet.

Sie ist giftig und wird deshalb auch von den Haustieren auf der Weide und sonst bei freier Futterwahl abgelehnt. Bei Tieren können die Giftstoffe nach DAMMANN[1]

---

[1] DAMMANN: Gesundheitspflege der landwirtschaftlichen Haussäugetiere. 3. Aufl. S. 611.

sogar den Tod bewirken. Von anderen Verfassern wird dasselbe hervorgehoben[1].

Man bekämpft die Pflanze auf dieselbe Art wie *Equisetum arvense.*

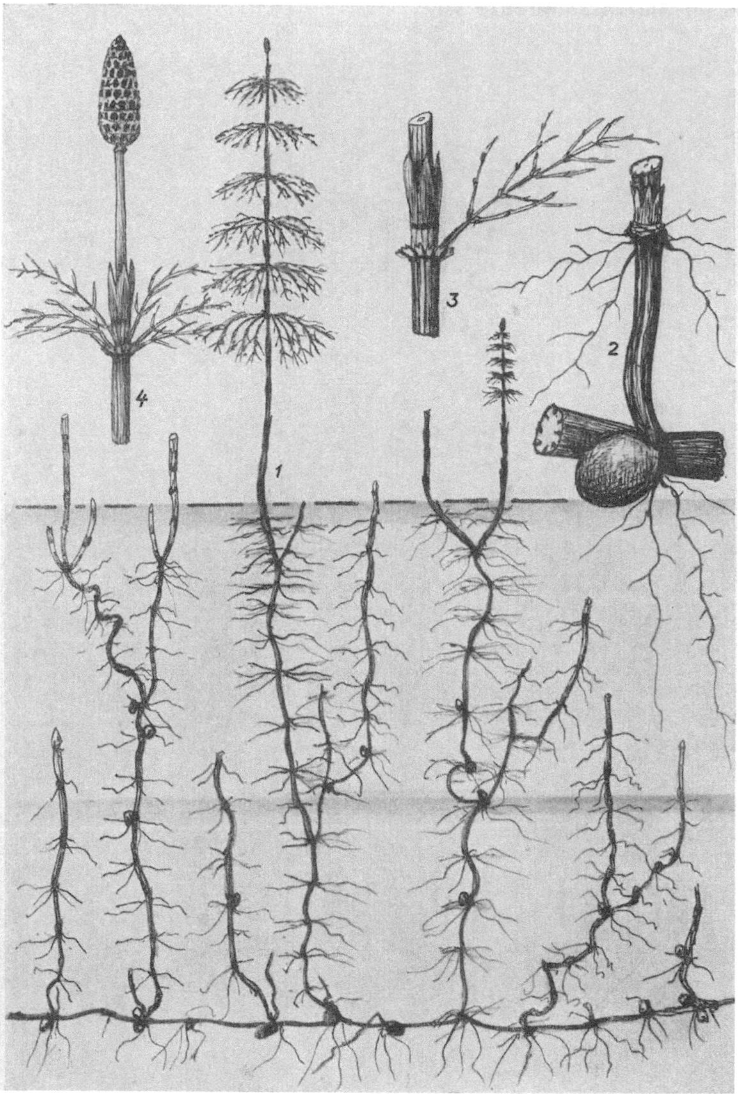

Abb. 366. *Equisetum silvaticum.* *1* voll entwickelte Pflanze, $^1/_5$ nat. Gr.; *2* Ausläuferteil mit Knolle, *3* Stengelteil, *4* oberer Stengelteil mit Zweigen und Fruchtstand (Sporenachse), etwa nat. Gr. Orig.-Zeichn.

[1] Über einige Untersuchungen der schädlichen Wirkung der *Equisetum*-Arten vgl. man auch BRENCHLEY, W. E.: Weeds of Farm Land S. 106 und 107, wo der Verfasser mitteilt: Deutsche Versuche haben ergeben, daß *Equisetum arvense* größeren Haustieren nicht schadet, während *Equisetum palustre* schädlich wirkt. In Amerika dagegen hat man festgestellt, daß *Equisetum arvense* Pferden, besonders jungen Tieren, den Tod bringt. Klagen über *Equisetum*-Vergiftungen finden sich häufig in der russischen landwirtschaftlichen Presse. Die Pferde und übrigen Haustiere werden durch Vergiftungen trockener Pflanzen im Heu stärker als durch frische Pflanzen angegriffen. Bei Fütterungsversuchen hat man getrocknete Pflanzen von *Equisetum*

198. *Equisetum silvaticum* LINN. Wald-Schachtelhalm, engl. Wood horsetail. *Equisetum silvaticum* (Fam. Equisetaceae) ist eine ausdauernde Unkrautart, die sich von *E. arvense* unter anderem dadurch unterscheidet, daß die sporenbildende Ähre an der Spitze der die Astquirle tragenden Stengel sitzt. Die trichterförmigen, großen, unten grünen und oben braunen Scheiden enden in 3—6 langen Zähnen. Die Stengel werden meistens 20—40 cm hoch und haben abstehende, niedergebeugte, mehrfach verzweigte, quirlständige Äste, deren Anlagen sich an den obersten Scheiden bilden (Abb. 366). Die Sporen reifen im April und Mai (Juni).

Dieser Schachtelhalm kommt im Wald, Gestrüpp und auf feuchten Wiesen im gemäßigten und nördlichen Europa und Russisch-Asien bis an den Polarkreis, sowie in Nordamerika vor. In den gleichen Wachstumsbereichen ist er auch besonders in Süddeutschland, ganz Großbritannien, am gewöhnlichsten allerdings in Schottland und Nordengland verbreitet. Immerhin ist die Pflanze im Nutzlande nicht so lästig wie die beiden vorhergenannten. Sie tritt in ganz Skandinavien besonders in den Küstengegenden im Gestrüpp, auf alten Wiesen und Weiden bis nach Ostfinmark und bis in den Weidengürtel hinauf, und zwar an vielen Orten in zahlreichen und dichten Beständen auf.

Die Pflanze wird vegetativ sowie durch Sporen vermehrt und verbreitet. Im Nutzlande bekämpft man sie leicht durch Bodenbearbeitung, wie bei *Equisetum arvense* beschrieben.

Die Pflanze ist kaum giftig, schmeckt aber schlecht und hat nur geringen Futterwert.

VI. Unkräuter mit Wurzelausläufern.

An Brutknospen der Ausläufer, bei einigen Arten auch an den unterirdischen Stengelteilen entstehen Laubsprosse. Die Stengelsprosse der Ausläufer wachsen senkrecht nach oben. Glieder an den Ausläufern fehlen. Die Brutknospen sitzen oft dicht, aber unregelmäßig an Wurzelästen und bei einzelnen Arten gewöhnlich auch am unterirdischen Teil des Stengelsprosses.

199. *Cirsium arvense* (L.) SCOP. (= *Carduus arvensis* SM.; *Cerratula arvensis* L.). Feldkratzdistel, Ackerdistel, engl. Creeping thistle, corn-thistle. *Cirsium arvense* (Fam. Compositae) ist ein ausdauerndes, bis zu 1,3 m hohes Unkraut mit blühenden und fruchtenden Stengeln, die sich an Brutknospen der unterirdischen Ausläufer und unterirdischen, überwinternden Stengelsprossen entwickeln. An dem runden, verstreut behaarten, unten etwa 1 cm dicken Stengel entstehen im Umriß lanzettliche, gelappte, dornig gezähnte, sitzende, manchmal am Stengel etwas herablaufende Blätter (Abb. 367).

---

arvense mit Heu vermischt und die Menge schrittweise von $^1/_2$—6 Pfund je Tag gesteigert. Anfangs zogen die Tiere das Mischfutter dem übrigen vor, wurden allmählich minder begehrlich und wollten es nach 14 Tagen kaum noch anrühren. Bei Abschluß dieser Zeit traten offensichtliche Vergiftungserscheinungen auf, die den Schluß veranlaßten, daß das Unkraut, wenn es in großen Mengen verabfolgt würde, bei Pferden nicht nur schaden, sondern tödlich wirken könne. Diese Auffassung wird aus Kanada bestätigt, wo HOWITT in Weeds of Ontario, Ontario Dept. of Agric. 1916. S. 22 anführt, daß *Equisetum arvense* bei massenhaftem Vorkommen im Heu auf Pferde giftig wirkt. In einigen Teilen Englands, wie in Chedzoy, bei Sedgemoor, steht *Equisetum arvense* in dem üblen Ruf, beim Weidevieh Durchfall zu bewirken, ohne daß allerdings Pferde und Schafe davon befallen würden. Da verschiedene Arten unter gleichem Namen angeführt sind, muß man mit Wahrscheinlichkeit annehmen, daß diese Wirkung nur bei einigen auftritt und bei anderen ausbleibt. Hierauf ist die Gleichgültigkeit zurückzuführen, mit der die Landwirte diese Pflanze in einzelnen Gegenden betrachten, während andere im Widerspruch hiermit sehr üble Erfahrungen gemacht haben. Das Weidevieh frißt die Pflanze nicht gern, weidet um sie herum und vermeidet sie so viel wie möglich.

Da die Pflanze zweihäusig ist, reift sie nicht immer so viele Samen aus, wie Blütenstand und reiche Blüte versprechen. Im Blütenkörbchen der männlichen Pflanzen entstehen etwas über 100 Blüten mit 8—12 mm langer Röhre, die oben eine 1—$1^1/_2$ mm hohe, am Rande gelappte Glocke bildet. Die Blütenkörbchen der weiblichen Pflanzen sind etwas kleiner und haben 2—3 mm lange Kronenläppchen.

Abb. 367. *Cirsium arvense.* *1* Keimpflanze von oben gesehen, *f* Keimblätter, *s* Laubblätter, etwa nat. Gr.; *2* Pflanze im Spätherbst des ersten Jahres, *3* voll entwickelte Pflanze; *3*[1] Laubsproß im Frühling; *4* Wurzelteile mit Laubsprossen, $^2/_{11}$ nat. Gr.; *5* Blütenkörbchen im Längsschnitt, $^2/_3$ nat. Gr.; *6* männliche Blüte, *7* weibliche Blüte, etwa nat. Gr.; *8* Same mit Fegehaaren, nat. Gr.; *9* Samen, 3 fach vergr. Nach Korsmos Unkrauttafeln.

Blütezeit von Juli bis September, Reife auf der Wiese gleichzeitig mit Gras und Klee, im Acker zur Zeit der Körnerreife.

Der Same trägt ein Fegehaarbüschel aus mehreren Reihen federförmiger Haare von mehrfacher Länge des Samens, die den Samen sehr wirksam verbreiten und schließlich abfallen. Der längliche, lanzettliche, leicht gekrümmte, seitlich etwas zusammengedrückte, dem rund abgestumpften Grunde zu etwas schmäler werdende Same ist oberhalb der Mitte am breitesten und oben von einer ganzrandigen, kragenförmigen Kante mit schmalerem, zapfenförmigem, kurzem, mittelständigem Stiel umgeben. Die mattglänzende, gelbgraue Oberfläche ist längsgerillt (Abb. 368). 1000-K.Gew. etwa 1,15 g, Länge und Breite etwa 3,0 × 1,1 mm, Samenzahl je Pflanze etwa 4600, je kg etwa 870000. Mehrere Verfasser führen abweichende Samenzahlen je Pflanze an: Nach SAMSÖE LUND und ROSTRUP[1] bringen kräftig entwickelte Pflanzen 12100 —19650 Samen je Pflanze hervor. HABERLANDT[2] nennt als Samenzahl je Pflanze 6240, CHREBTOW[2] 35550, BORNEMANN[3] 4000—6000, v. POST[4] bis zu 40000. Mitteilungen aus Kansas[5] nennen 3500 Samen je Pflanze.

Da die Wachstumsverhältnisse und größere oder geringere Dichte der Pflanze die mehr oder weniger kräftige Entwicklung des einzelnen Sprosses beeinträchtigen, schwankt mit diesen Verschiedenheiten natürlich auch die Samenzahl je Pflanze.

Von dem leicht auflaufenden Samen[6] keimten gleich nach der Reife bei 2 Versuchen im Laboratorium in 20 Tagen 89 bzw. 90%. Im Freien keimten in 1 cm Tiefe von 8 Monate altem, trocken gelagertem Samen nach 39, 49, 65 Tagen, 10, 28 bzw. 45%. Gleichzeitig keimten von Samen derselben Probe im folgenden Frühjahr bei Herbstaussaat 26% mehr als bei Aussaat im Frühjahr. Von einer anderen Probe frisch geernteter Samen keimten nach einer Aussaat im Herbst und einer im folgenden Frühjahr im Ackerboden in 0,5 cm Tiefe während des Frühjahrs und Frühsommers 52 bzw. 23%. Gleichzeitig liefen im Keimapparat von Samen der gleichen Probe in 10 Tagen 10% auf. Von einer dritten Probe frisch geernteter Samen keimten nach Herbstaussaat im Acker während des folgenden Frühjahrs in einer Tiefe von

0	0,5	1	2	3	4	5	6	cm
6	20	30	12	4	2	2	0	%.

Bei Frühjahrsaussaat keimten von der gleichen Probe in 1 cm Tiefe in 40 Tagen 31%.

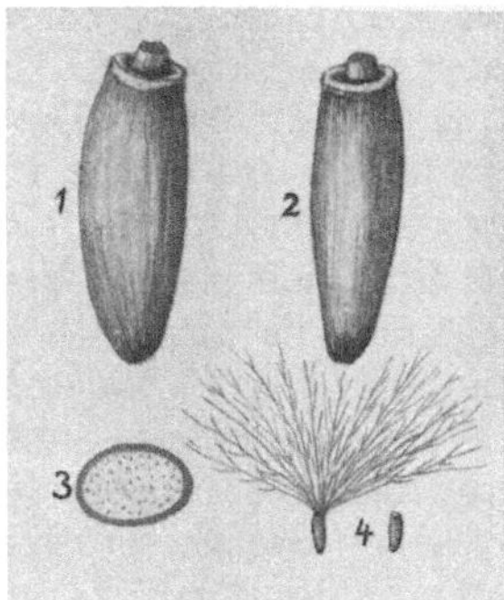

Abb. 368. *Cirsium arvense.* *1* und *2* Breit- und Schmalseite des Samens, *3* Samenquerschnitt, 8fach vergr.; *4* Same mit Pappus und ohne, nat. Gr. Orig.-Zeichn.

Nach 120tägiger Entwicklung hatten die im Frühjahr ausgesäten Pflanzen eine Höhe von 7, die im Herbst ausgesäten eine von etwa 30 cm. Von 6 Samenproben[7], die am 13. Dezember ausgesät wurden, waren am 31. Mai, also nach 168 Wintertagen, 70, 80, 90, 22, 82 bzw. 32% aufgelaufen. Nach vierjähriger Trockenlagerung keimten in 17 Tagen 8%, nach vierjähriger Bodenlagerung in 20 cm Tiefe keimten 38%, nach Bodenlagerung in gleicher Tiefe keimten nach 1, 2 und 3 Jahren 38, 38 bzw. 52%. Von trocken gelagertem Samen der gleichen Probe keimten nach 4, 5 und 6 Jahren 8, 11 bzw. 1%. ROSTRUP[8] teilt mit, daß Samen von

Cirsium arvense auf der Erdoberfläche	in	8— 9 Tagen
in 2,5 mm Tiefe	„	8— 9 „
„ 2,5 cm „	„	10—12 „
„ 5,0 „ „	„	13—18 „

[1] Vgl. dazu auch SAMSÖE LUND und ROSTRUP: Marktidselen (*Cirsium arvense*). Kopenhagen 1901.
[2] FRUWIRTH in Landwirtschaftl. Hefte 1918, H. 3 und 3a, S. 16.
[3] BORNEMANN: Die wichtigsten landwirtschaftlichen Unkräuter. 2. Aufl. S. 54.
[4] v. POST: Sveriges viktigaste Ogräsväxtor S. 27.
[5] WEHSARG: Arb. d. dtsch. Landw. Ges. H. 294, S. 115.
[6] Vgl. dazu KORSMO: Bekjempelse av *Cirsium arvense* S. 29—30, Abhandl. in Nordisk Jordbruksforskning Jg. 1, H. 1.
[7] Tidsskr. f. Landbr. Planteavl. Bd. 17, S. 592—606 und 608. 1910.
[8] Marktidselen (*Cirsium arvense*) S. 157 und 161.

auflliefen. Die Temperatur an der Oberfläche schwankte während der Keimzeit zwischen 18 und 20° C.

Außerdem erwähnt ROSTRUP, daß der Same weder durch monatelanges Einweichen noch durch Beizen mit den üblichen Mitteln selbst bei 6tägigem Verharren im Beizmittel vernichtet wird. Nach ROSTRUPS Versuchen werden annähernd alle Samen beim Durchlaufen der Verdauungswege von Haustieren vernichtet.

Im Frühjahr aufgelaufene Keimpflanzen setzen im ersten Sommer unterirdische, überwinternde Stengel- und Ausläufersprosse mit einer mehr oder weniger großen Anzahl Brutknospen an (Abb. 367, 2), an denen sich im folgenden Jahre neue Stengelsprosse und Wurzelausläufer[1] bilden. Die oberirdischen Teile der Keimpflanze verwelken und gehen im Herbst des Keimjahres ein. Bei Keimung im Frühling oder Frühsommer kann der Laubsproß der Pflanze im ersten Jahre 20—25 cm groß werden, ohne allerdings Blütenkörbchen anzulegen. Erst im zweiten Entwicklungsjahr und allen folgenden Sommern bringt die Pflanze blühende Sprosse hervor.

Die Hauptausläufer durchziehen oft 25—30 cm tief und mehr oder weniger wagerecht die Erdschicht und liegen gelegentlich in mehreren Schichten tiefer oder flacher bedeckt übereinander. Sie sind weißgelb bis graubraun, rund und bleistiftstark. Die Brutknospen bilden abgerundete, mehr oder weniger große, zapfenförmige Erhebungen der Ausläuferrindenschicht und der strangartigen Wurzeln, die gleichzeitig mit und an den Ausläufern entstehen und bis zu 2 m Tiefe in die Erde hinabdringen können. Diese tiefgreifenden Wurzeln scheinen die oberirdischen Teile der Pflanze mit Wasser zu versorgen. Es ist nämlich eine regelmäßige Erscheinung, daß dies Unkraut selbst in besonders trockenen Sommern sehr gut gedeiht. Dieser Teil des Wurzelsystems mit seiner großen Anzahl Faserwurzeln dient gemeinsam mit den Nebenwurzeln der unterirdischen Stengelsprossenteile zur Ernährung der Pflanze, während die Hauptaufgabe der Ausläufer darin besteht, Nahrung aufzunehmen und zu sammeln, sowie der vegetativen Vermehrung zu dienen.

Cirsium arvense kommt im Nutz- und Unland und, von leichtem, trockenem Sandboden abgesehen[2], auf Boden aller Art und im Nutzland unter jeglicher Ackerfrucht in ganz Europa, Asien und Nordamerika, ja, als Unkraut des Nutzlandes, von den Polargegenden abgesehen, annähernd auf der ganzen Erde vor. In Deutschland ist die Pflanze gewöhnlich und sehr lästig auf allen Böden, am lästigsten aber auf kalk- und mergelhaltigem Nutzland und auf humushaltigen Lehmböden, wo sie unter jeder Ackerfrucht, auf Kunstwiesen und anderweitig auftritt. Auch in Großbritannien und mehreren anderen süd-, mittel- und nordeuropäischen Ländern ist diese Art ein äußerst gewöhnliches und lästiges Unkraut. Als solches tritt es auch im Nutzland in Finnland und Skandinavien bis zu etwa 69° n. Br. (Norwegen) vom Meer bis an die Getreidegrenze auf. Die Pflanze wird durch Samen fortgepflanzt, vegetativ vermehrt und auf beide Arten anhaltend und sehr wirksam verbreitet.

Die Verbreitung des Fegehaare tragenden Samens geschieht auf sehr verschiedene Art und häufig durch den Wind, außerdem durch Dresch- und andere Abfälle, Wiesensaat, Heubodenkehricht u. ä. So fanden sich in 6 Dreschabfallproben je kg durchschnittlich 2333, in 3 Kornspreuproben 633, in Wiesenmischsaat 500, in drittklassiger Wiesensaat 3000 und in Timothesaat 1500 Samen.

---

[1] WARMING, STRASBURGER, WITTMACK, WEHSARG, FRUWIRTH, BORNEMANN, VOIGT u. a. bezeichnen die Ausläufer von *Cirsium arvense* als Wurzeln.

[2] In Weeds of Farm Land S. 162—164 erwähnt BRENCHLEY, daß *Cirsium arvense* am besten auf tiefem Boden gedeiht, aber unter jeglicher Frucht und häufiger als irgendein anderes Unkraut vorkommt und sich nur sehr schwer bekämpfen läßt.

Cirsium arvense fordert über der Erde viel Platz und bewirkt leicht teilweise oder vollständige Unterdrückung der Nutzfrucht. Gleichzeitig verbraucht die Pflanze viel Nährstoffe sowie Wasser und hemmt und verteuert die Bodenbearbeitung. Die Bekämpfung gestaltet sich schwierig. Um befriedigende Er gebnisse zu erzielen, sind mehrere Jahre sorgfältiger Arbeit erforderlich. So fanden sich auf einem durch dieses Unkraut verseuchten Acker nach Kartoffelanbau bei voller Reinhaltung im folgenden Jahre je qm 530 g frische, unterirdische Pflanzenteile dieses Unkrautes, darunter 158 g Ausläufer mit einer Gesamtlänge von 8,15 m, 526 Brutknospen und 27 Stengelsprosse.

Die Bekämpfung der Pflanze richtet sich sowohl auf Verhinderung von Samenreife und -verbreitung, als auch auf Vernichtung der unterirdischen Vermehrungs- und Verbreitungsorgane durch:

1. Verwendung reinen Saatgutes und unkrautfreien Düngers.

2. Sorgfältige Behandlung und Vernichtung von Heubodenkehricht, Reinigungsabfall und anderen von Unkraut durchsetzten Abfällen.

3. Abhauen aller Pflanzensprosse vor der Blüte[1].

4. Bespritzen des Ackers mit Chemikalienlösungen gewöhnlicher Stärkegrade, wodurch allerdings meist nur eine Hemmung unter Schwarzfärbung der äußeren Blätter, keine Abtötung der Disteln bewirkt wird. (Vgl. S. 482—493.)

5. Durchgeführte gute Bodenbearbeitung und eine Fruchtfolge, bei der Hackfrüchte bei gleichzeitiger, sorgfältiger Reinhaltung mindestens 2 Jahre nacheinander angebaut werden, während man im dritten Jahre den Acker mit dicht deckendem Grünfutter und Wiesensaat einsät.

6. Voll-(Kamm-)Brache mit gleichzeitiger Untergrundbearbeitung (vgl. S. 520 u. 529.)

7. Herbstbrache umgeworfener Wiesen (vgl. S. 530) mit anschließendem Hackfruchtbau bei Reinhaltung im folgenden Jahr.

Erweist es sich als notwendig, Sommergetreide reifen zu lassen, schleife man den Acker zeitig im Frühjahr (vgl. S. 475), lasse ihn bis zur Aussaat liegen, pflüge ihn unmittelbar vorher tief und packe ihn hinterher gut und am besten mit einem Erdpacker, um ihn dann einzusäen.

8. Verwendung von Natriumchlorat ($NaClO_3$). Man vernichte die Pflanze durch

a) Bespritzen des Ackers während der Wachstumszeit mit einer 3—5%igen Lösung des Salzes in Mengen von etwa 1 Liter je qm oder

b) Bestreuen der Wiese oder des Ackers in Mengen von etwa 200 kg oder mehr je ha.

In beiden Fällen mähe und entferne man den Pflanzenbestand vorher von dem zu behandelnden Felde. Nimmt man diese Arbeit zeitig im Spätsommer vor, ist der Boden gewöhnlich im nächsten Frühjahr wieder in voll ertragsfähigem Stande.

Nach ÅSLANDER[2] hat man auf Wiesen, die durch *Cirsium arvense* verunkrautet waren, im Herbst vor dem Frieren des Bodens außer anderen bei dieser Gelegenheit geprüften Metallsalzen auch Natriumchlorat in verschiedenen Mengen

---

[1] Diese Bekämpfungsmaßnahme wird z. B. in Westdeutschland häufig angewandt. Voraussetzung ist, daß die Hack- und Halmfrüchte, zwischen denen Disteln stehen, noch klein sind. In Kleinbetrieben werden die Disteln oft gesammelt und in gekochtem Zustande als gutes, gern gefressenes Schweinefutter verwertet. Gewöhnt man die Tiere daran, so werden auch ungekochte Disteln genommen, die bei Grünfutterknappheit guten Ersatz liefern.

[2] ÅSLANDER, ALFRED: Chlorates as plant poisons (A preliminary report). Journ. of the Americ. Soc. Agron. Bd. 18, S. 1101—1102, 1926.

von 50—300 kg je ha ausgestreut. Im nächsten Frühjahr waren auf den Feldern, denen man je ha über 200 kg Salz verabfolgt hatte, alle Disteln eingegangen. Bei späteren von ÅSLANDER[1] ausgeführten Versuchen auf Äckern mit Natriumchloratmengen von 100—300 kg je ha, die zu verschiedenen Zeiten von Juni bis März des nächsten Jahres ausgestreut wurden, hatte man bei Behandlung im Juni und Spätsommer mit über 150 kg je ha alle Disteln vernichtet, während sich Frühjahrsbehandlung als weniger wirksam erwies. Durch Bestreuen mit 200 kg Natriumchlorat im Herbst schien die Ernte (Hafer) im folgenden Sommer nicht nennenswert beeinträchtigt zu werden, wohingegen die Behandlung auf den Feldern völlig fehlschlug, auf denen das Salz im Frühjahr einige Zeit vor der Aussaat verteilt worden war.

Das Mengenverhältnis der chemischen Bestandteile von *Cirsium arvense* kann großen Änderungen unterworfen sein. Versuche ergaben im sandfreien Trockenstoff die verhältnismäßig große Menge von 21,03% Protein, während sich die übliche Menge von fett- und stickstofffreien Extraktstoffen fand. Nur der Kalkgehalt ist mit 5,30% sehr hoch[2].

Von Pilzarten, die dieses Unkraut befallen, sei der die Blätter angreifende Ackerdistelrost (*Puccinia suaveolens*) erwähnt[3]. Die beiden Generationen des Pilzes wechseln zwischen verschiedenen Pflanzen des gleichen Wirtes, die sie als 1. die vernichtenden Frühsommersporen und 2. die Hoch- und Spätsommersporen angreifen.

1. Die vernichtenden Frühsommersporen.

Die Pilzgewebe dieses Entwicklungsabschnittes durchziehen den ganzen Distelsproß, bringen sein Wachstum zum Stillstand und können durch die unterirdischen Teile einen ganzen Distelbestand anfallen. Die angegriffenen Sprosse kommen nicht zur Blüte. Durchschneidet man einen vom Pilzgewebe angegriffenen Vermehrungssproß, entwickelt sich ein ganzes Bündel neuer, spärlicher Sprosse, die alle vom Pilz befallen sind, dessen Gewebe sich also in den der Vermehrung dienenden Wurzelausläufern verbreiten kann, so daß ganze Stengelsproßgruppen, die sich an zusammenhängenden Ausläufern gebildet haben, rostkrank werden.

Alle befallenen Sprosse werden wegen der großen Menge Spermogonien (Pykniden) besonders an der Unterseite der Blätter gelb, später wegen der zahlreichen Uredosporen rostrot und allmählich durch die sich schließlich einstellenden Basidiensporen dunkler gefärbt.

Die durch das Pilzgewebe gereizten, bleichen Sprosse nehmen im Frühjahr früher als die gesunden ihr Wachstum wieder auf, treiben anfangs auch viel schneller als normale, bleiben aber bei Beginn der Blütezeit zurück und verwelken allmählich.

2. Die Hoch- und Spätsommersporen

treten an gesund erscheinenden Pflanzen auf, zeigen sich im Spätsommer als kastanienbraune, stecknadelkopfgroße Flecke der Blätter und enthalten sekundäre Uredo- und Teleutosporen, von denen die letzteren überwintern und durch

[1] ÅSLANDER, ALFRED: Experiments on the eradication of Canada thistle, *Cirsium arvense*, with chlorates and other herbicides. Journ. of agricult. research Bd. 36, S. 915—934 1928.

[2] KLING: Landwirtschaftl. Versuchs-Stationen Bd. 85, H. 6, S. 449—452.

[3] Vgl. dazu auch FERDINANDSEN, C.: Biologiske Undersögelser over Tidselrust (*Puccinia suaveolens* [PERS.] ROSTR.). — Ber. üb. d. 2. Kongr. v. Nordiske Jordbruksforskeres Forening, Gotenburg 1923, S. 475ff.

Keimung in oder unter der Ackerkrume die vernichtenden Vorsommersporen hervorbringen.

Die Hoch- und Spätsommersporen entstehen durch Keimung primärer Uredosporen[1]. Zu den Insekten, die der Ackerdistel schaden, gehört die kleine gelbe Fliege *Trypeta flava*, deren weiße Larven in und von den Blütenkörbchen leben und sich meistens allein, aber auch zu zweien oder dreien in einem Körbchen finden. Die Hülle der befallenen Körbchen ist oft etwas verbogen. Die Angriffe können recht kräftig sein. Die Verpuppung geht meistens mitten im Körbchen vor sich, in dem ein Teil der Fegehaare mittels eines von der Puppe abgesonderten klebrigen Stoffes an ihr festklebt. Die Larve frißt und vernichtet einen Teil der angegriffenen Früchte; immerhin entwickeln die befallenen weiblichen Blütenkörbchen oft ein gut Teil voll ausgebildeter Samen.

200. *Sonchus arvensis* LINN. Acker-Gänsedistel, Saudistel, engl. Corn-sow-thistle. *Sonchus arvensis* (Fam. Compositae) ist eine ausdauernde, bis 1,20 m hohe Unkrautart mit verstreut sitzenden, hobelförmigen, im Umriß lanzettlichen, dornig gezähnten Blättern, deren obere den oberhalb der Mitte ästigen Stengel ährenförmig umfassen. Jeder Ast endet in einen wenig- oder mehrblütigen, trugdoldenartigen Blütenstand, dessen Körbchen gelbe, zungenförmige Kronen und gewöhnlich sehr klebrige, drüsenhaarige Stiele und Hüllblätter haben[2] (Abb. 369). Blüte und Reife von Juli bis September. Die Anzahl der Blütenkörbchen schwankt sehr stark von 20—50, die Samenzahl je Körbchen von 150—200. Der längliche, gleichmäßig breite, beiden Enden zu etwas schmaler werdende Same hat am Grund einen Kragen mit grubenförmiger Vertiefung, oben einen ringförmigen Rand mit hellem, mittelständigem Zapfen; er ist seitlich zusammengedrückt und mit etwa 12 leicht kenntlichen, quer gestreiften Längsrippen versehen. Die Oberfläche ist rotbraun bis dunkelbraun. Die etwa 9 mm langen, silberglänzenden Fegehaare sind bündelweise am Samen befestigt (Abb. 370). 1000-K.Gew. etwa 0,5 g, Länge und Breite ohne Fegehaare etwa 3,5 × 1,2 mm, Samenzahl je Pflanze etwa 6400, je kg etwa 2 Millionen. Unter anderen Verfassern nennen als Samenzahl je Pflanze LOEBE[3] 19000, DORPH-PETERSEN[3] 3000, HABERLANDT[4] 17680, BUCKLAND[4] 19000 und CHREBTOW[4] 5508. Von dem einigermaßen gut auflaufenden Samen keimten im Laboratorium 75—90%. Flach mit Humus bedeckt keimten in 25 Tagen 53%. Bei einem Versuch keimte der Same bis zu 2 cm Tiefe. Bei einem anderen keimten bei Herbstaussaat von Samen letzter Ernte im Freien während des folgenden Frühlings in einer Tiefe von

0	0,5	1	2	3	4	5	cm
0	32	6	6	6	0	0	%.

Bei Aussaat im Frühjahr keimten in einer Tiefe von 0,5 cm von der gleichen Probe 7%. Die höchste Keimtiefe betrug 3 cm. Von den aufgelaufenen Pflanzen hatten mehrere nach einer Wachstumszeit von 120 Tagen kräftige Laubsprosse und einen Stengelsproß bis zu 25 cm Länge getrieben. Unter der Erde hatten alle Sprosse kräftige, vom Wurzelhals schräg nach unten strebende, knorrige,

[1] *Polygonum persicaria* und *P. lapathifolium* werden gelegentlich von dem Staubbrand *Ustilago utricolora* befallen, der die Frucht auf ähnliche Art wie der Stinkbrand des Weizens zu einer von seiner Hülle umgebenden Sporenmasse umbildet. *Ustilago tragopogonis* (PERS.) verwandelt die Korbblüten von *Tragopogon pratensis* (Wiesenbocksbart) zu einem schwarzvioletten Pulver um, das längere Zeit hindurch von der Korbhülle umschlossen bleiben kann.

[2] Nach BLYTTS Flora S. 729 können bei einigen Unterformen die Körbchenstiele und Hüllblätter kahl sein, und die Blätter der Pflanze auf magerem Boden ganzrandig, dünn, oval bis dreieckig werden.

[3] Vgl. WEHSARG: Arb. d. dtsch. Landw. Ges. H. 294, S. 215.

[4] Vgl. FRUWIRTH: Das Unkraut und seine Bekämpfung auf dem Ackerland, S. 16.

mit vielen Brutknospen besetzte Ausläufer von 15—30 cm Länge entwickelt (Abb. 370, 2). Diese Ausläufer überwinterten und bildeten während des folgenden Sommers viele wagerechte Ausläufer, die während der Entwicklung mehrere blühende und fruchtende Stengelsprosse trieben. Die Ausläufer dieses Unkrautes

Abb. 369. *Sonchus arvensis*. *A* Keimpflanze, *B* dieselbe, etwa 90 Tage alt, *C* und *C*¹ voll entwickelte blühende Laubsprosse, *D* unterirdischer Teil einer entwickelten Pflanze (Spätherbst), *E* Bildung der Laubsprosse im Frühling (Mai), *F* Wurzel in voller Länge, *G* Wurzelteil derselben mit Laubsprossen, $^1/_5$ nat. Gr.; *4* Randblüte, etwa 2 fach vergr. Nach Korsmos Unkrauttafeln.

liegen gewöhnlich etwa 10 cm tief und sind weißgelblich bis braungelb, unregelmäßig, knorrig und mit erhabenen, gratförmigen Brutknospen dicht besetzt, von denen mehrere regelmäßig eine oberirdische Blattrosette oder blühende Stengelsprosse entwickeln. An den Ausläufern bilden sich strangartige, senkrecht in die Erde wachsende Faserwurzeln, die über 1 m lang werden können, gleichfalls mit Brutknospen besetzt sind und vegetativer Vermehrung dienen, sobald sie gestört, losgetrennt und in geringere Bodentiefe gebracht werden. *Sonchus arvensis* ist in ganz Europa, großen Teilen Nord- und Südasiens, in Nordamerika und auf der südlichen Halbkugel ein weit verbreitetes Unkraut des Nutzlandes. Die Pflanze wächst meistens auf schwererem Humus und Lehm, auf leichteren, kalkhaltigen Böden und bebautem, aber niemals auf unbebautem Moorland. Auf scharfem, leichtem, trockenem Sand, wie er sich im Inland als Flußablagerungen findet, ist die Pflanze bisher nur in geringem Maße aufgetreten.

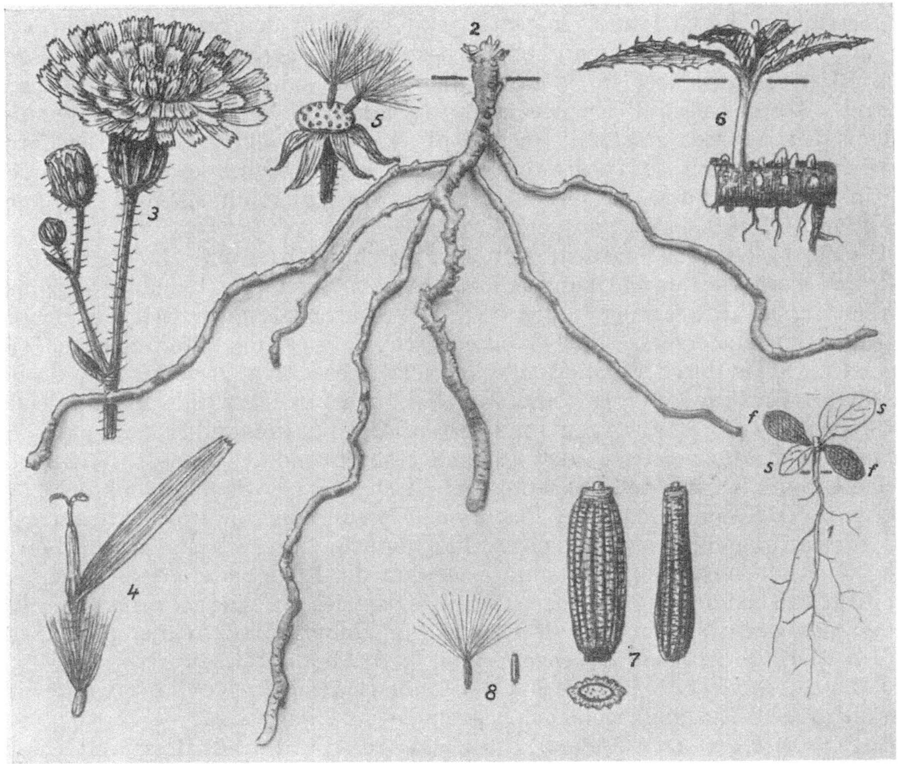

Abb. 370. *Sonchus arvensis*. *1* Keimpflanze, *f* Keimblätter, *s* Laubblätter, nat. Gr.; *2* Teil des Wurzelsystems einer Pflanze im Herbst des ersten Jahres, 1/4 nat. Gr.; *3* oberer Zweig mit Blütenkörbchen vor und während der Blüte, etwa 3/5 nat. Gr.; *4* Blüte, 5/3 nat. Gr.; *5* Blütenkörbchen nach Samenreife, 3/5 nat. Gr.; *6* Wurzelteil mit Laubsproß, nat. Gr.; *7* Breit- und Schmalseite des Samens und Samenquerschnitt, 7fach vergr.; *8* Same mit Fegehaaren und ohne solche, nat. Gr. Eig. Aufn. und Orig.-Zeichn.

In Deutschland, Großbritannien, den Vereinigten Staaten, Kanada, Finnland und Skandinavien bis zu 70° 33′ n. Br. (Norwegen) ist die Pflanze ein gewöhnliches Acker- und Wiesenunkraut, das im Nutzland ebenso lästig und allgemein wie *Cirsium arvense* ist.

Die Pflanze wird durch Samen fortgepflanzt, vegetativ vermehrt und auf beiderlei Art verbreitet. Auf Äckern, die man nach der Frühjahrsbestellung mit Sommergetreide, Schotenfrüchten oder anderen Pflanzen, die der Bearbeitung während des Sommers entbehren, bebaut, sowie auf vernachlässigten Hackfruchtäckern treibt *Sonchus arvensis* viele blühende Stengel, die reifen und gewöhnlich sehr viel Samen, teils mittels des Windes schon vom Standort aus, teils auf Umwegen über die Wirtschaftsgebäude verbreiten. Der Same findet sich unter Abfallgetreide, in Dreschabfällen, Spreu, Strohfutter u. ä. So enthielten durchschnittlich je kg 8 Dreschabfallproben 1688, 4 Sommerkornspreuproben 4375 und 1 Abfallprobe von Wiesensaat 3000 Samen.

Sonchus arvensis ist auch an Uferstrecken gewöhnlich, wo es in der Reife nicht behindert wird und in Küstengegenden vom Standort leicht auf Nutzland übergreift. Besonders bei Verwertung von angeschwemmtem Tang als Dünger verschleppt man dieses Unkraut oft auf den Acker.

Die spröden, bei der Bodenbearbeitung leicht brechenden, unterirdischen Teile werden bei der Bodenbearbeitung schon von den Zinken der Egge erfaßt und beim Anbau von Hackfrüchten, wie bei der alten Art des Flachbrachens mit einfachem Pflügen und einigem Eggen während des Sommers leicht verbreitet. Bei der Frühjahrs- und Sommerbestellung losgetrennte Ausläufer bilden viele Blattrosetten, aber im gleichen Jahre keine oder nur wenige blühende Stengel[1]. Unter vielen Beispielen zeigt folgendes die Verbreitung des Wurzelsystems von *Sonchus arvensis*. Nach Ernte von sechszeiliger Gerste, die durch *Sonchus arvensis* mit 51 Laubsprossen je qm stark verunkrautet war, fanden sich in der Ackerkrume je qm 1008 g frische Ausläufer mit einer Gesamtlänge von 76 m und 16609 Brutknospen.

Bei der Bekämpfung bedient man sich gleicher Mittel und Maßnahmen wie bei *Cirsium arvense*, nur daß man bei *Sonchus arvensis* keiner so tiefen Untergrundbearbeitung bedarf. Ferner haben sowohl Versuche als auch Erfahrungen im täglichen Betriebe ergeben, daß es äußerst schwierig ist, die unterirdischen Teile dieses Unkrautes durch Reinhalten von Hackfruchtäckern zu vernichten, da die überall mit Brutknospen dicht besetzten Ausläufer nur flach bedeckt sind, leicht zertrennt und verbreitet werden, im lockeren Boden haften und bis zum nächsten Hacken des Feldes bereits wieder reichlich gesproßt haben. Dagegen ergab sich völlige Unterdrückung des Unkrautes bei durchgeführter Sommervollbrache des Ackers, sei es Kammbrache oder Flachbrache, wenn man nur zweckentsprechend und vorschriftsmäßig vorgeht, bei der Flachbrache einen scharfscharigen Schälpflug und eine Ackerschleife benutzt, dagegen die Egge beiseite läßt, nachdem die Frühjahrsbehandlung vollzogen und das Brachen in Angriff genommen ist.

Sonchus arvensis dient als Wirtspflanze für Sommer- und Wintersporen vom Nadelblasenrost der Kiefer (*Coleosporium*) (vgl. Abschn. II, 7a).

Die voll entwickelte Pflanze hat gar keinen oder geringen Futterwert, wird aber in jungem Zustande von den Schweinen gern gefressen.

201. *Epilobium angustifolium* LINN. Wald-Weidenröschen, Schmalblättriges Weidenröschen, engl. French willow, rose-bay. *Epilobium angustifolium* (Fam. Oenotheraceae) ist eine ausdauernde, 100—125 cm hohe Staude mit unverzweigtem, unten rötlich, oben kräftig rot gefärbtem Stengel, verstreut sitzenden, linienförmigen bis lanzettlichen, zugespitzten, etwa 1,5 cm breiten, 10—12 cm langen, unterseits hellgrünen, oberseits dunkelgrasgrünen Blättern und bis zu 50 cm langen, pyramidenförmigen, endständigen Blütentrauben. Die unregelmäßigen Blüten haben hellpurpurrote Blumenkronen, die im Durchschnitt etwa 2 cm messen und spärlich behaarte, rötliche Kelchblätter (Abb. 371). Blütezeit von Juni bis August (September). Die dunkelrote, kurzstielige, linienförmige, 6—10 cm lange, etwa 2 mm dicke Frucht öffnet sich nach der Reife von oben her mit 4 Klappen und befreit so den leicht verbreitbaren, schnell davontreibenden Samen. Der lineale, lanzettliche, dem Grunde zu gleichmäßig schmaler werdende, seitlich flachgedrückte, oben abgestumpfte, fein längsgefurchte, braun-

[1] Nach LONG: Common Weeds of the Farm and Garden S. 101 hat sich Buchweizen zum Ersticken der Ackerdistel gut geeignet, wo er auf wohlbestelltem, kräftig gedüngtem Boden angebaut wurde (vgl. Farmer's Advocate, 1909, October 7).

gelbe, matte Same trägt ein langes, sperriges, als Flugvorrichtung dienendes, weißes Fegehaarbüschel (Abb. 372). 1000-K.Gew. etwa 0,04 g, Länge und Breite etwa 1,1 × 0,3 mm, Samenzahl je Pflanze etwa 20000, je kg etwa 25 Millionen.

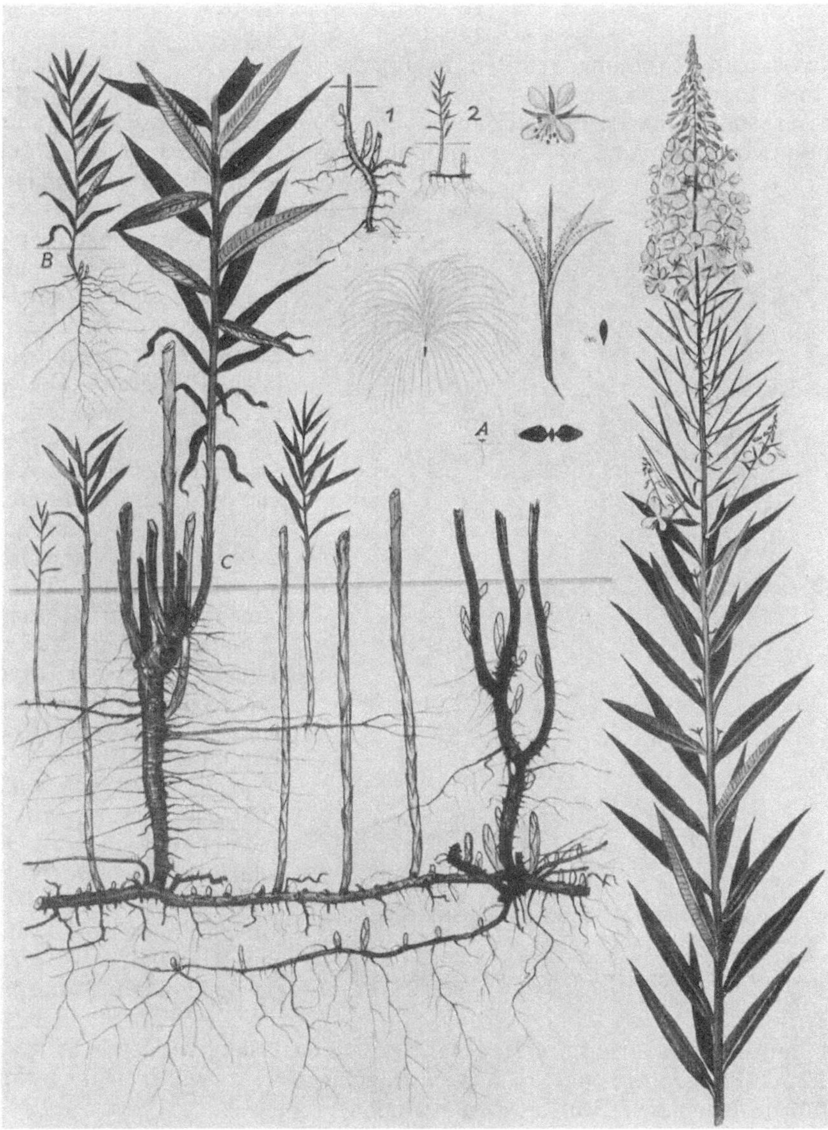

Abb. 371. *Epilobium angustifolium.* *A* Keimpflanze, von oben betrachtet, etwa 2fach vergr.; *B* Pflanze im Herbst des ersten Jahres, *C* voll entwickelte, blühende Pflanze; *1* unterirdischer Stengelteil; *2* junger Ausläuferteil, *B*—*2* etwa $^1/_5$ nat. Gr. Nach KORSMOS Unkrauttafeln.

Von dem oft gut auflaufenden Samen keimten im Laboratorium in 9 Tagen 76—87%. Nach Aussaat am 15. Mai im Sandboden im Freien keimten von trocken gelagertem, überwintertem Samen in 0,5 cm Tiefe bei einem Versuch in 1 Monat 15%. Von der Aussaatzeit bis Ende September erreichten die Laubsprosse der Keimpflanze eine Höhe von 20 cm. Die Mutterwurzel wurde 27 cm, ihre Seitenäste 8—18 cm lang. Sie bildete wenige Sproßanlagen. Bei Herbstaussaat (am 15. November) im Freien keimten auf gleichem Boden von der gleichen Probe während des folgenden Frühjahrs bei zwei verschiedenen Versuchen in einer Tiefe von

0	0,5	1	2	3	4	5	6 cm	
59	39	14	10	6	2	0	0 %,	bzw.
26	28	32	16	10	0	0	0 %.	

Bei Aussaat im Frühjahr keimten in 0,5 cm Tiefe 10%. Im Keimapparat liefen in 8 Tagen 71% auf.

Mehrere der aufgelaufenen Pflanzen entwickelten im Laufe des Sommers blühende und fruchtende, 80—110 cm hohe Sprosse, deren Wurzel bei Abschluß der Wachstumszeit im Herbst einzelne, kräftige, bis meterlange Wurzelausläufer mit vielen Adventivknospen in der Rindenschicht getrieben hatten, von denen einige bereits verlängerte Laubsproßanlagen zeigten. Die etwa dreieckigen, spatenförmigen, oberseits dunkelgrünen Keimblätter sind etwa 2,5 mm lang und an der breitesten Stelle etwa 1,5 mm breit. Im Freien scheint gewöhnlich nur ein geringer Teil des Samens zur Entwicklung zu kommen. Besonders Herbstkeimer im Acker werden wahrscheinlich meistens bei der Herbst- oder Frühjahrsbestellung vernichtet. Keimpflanzen, die mit anderen Pflanzen zusammen aufwachsen, erreichen im ersten Sommer gewöhnlich eine Höhe von etwa 15 cm. Der rötliche Stengelsproß hat vereinzelt sitzende Blätter von gleicher Form und Anordnung wie die der Stengel vegetativer Laubsprosse. Die im ersten Jahr etwa 20 cm lang werdende Wurzel ist eine dünne Pfahlwurzel mit mehreren wagerechten, ausläuferartigen Nebenwurzeln, an denen sich Brutknospen befinden.

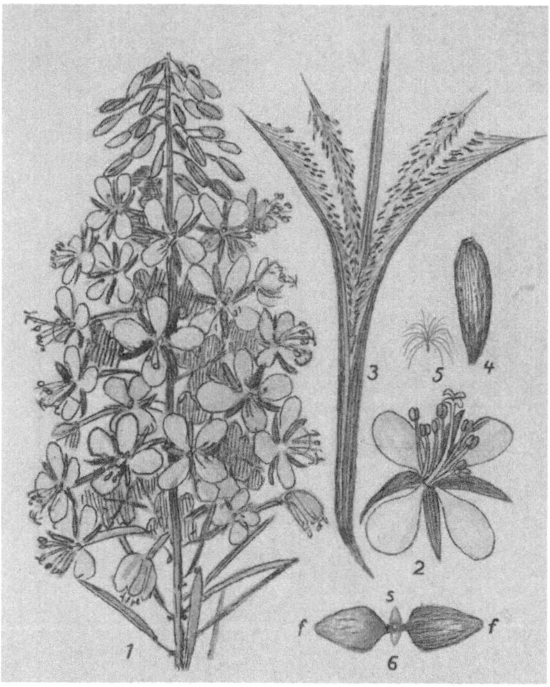

Abb. 372. *Epilobium angustifolium.* *1* blühende Pflanzenspitze, etwa 1/2 nat. Gr.; *2* Blüte, nat. Gr.; *3* Frucht, die sich oben öffnet, 2fach vergr.; *4* Same, 16fach vergr.; *5* Same mit Fegehaaren, 5/4 nat. Gr.; *6* Keimpflanze, von oben betrachtet, *f* Keimblätter, *s* Laubblätter, 5fach vergr. Nach Korsmos Unkrauttafeln.

Die überwinternden, unterirdischen Teile der Keimpflanze setzen im nächsten Sommer die Entwicklung unterirdischer Organe fort und treiben gleichzeitig blühende Laubsprosse, die gewöhnlich noch im Laufe des Sommers zur Reife gelangen.

Die echten[1], bleistiftstarken, braungelben Ausläufer haben eine ungleichmäßige Oberfläche. Sie wandern und verzweigen sich auf entsprechendem Boden

[1] Auch Ascherson, Voigt, Warming und Freidenfeldt (Arb. d. dtsch. Landw. Ges. H. 294, S. 197 und 199) nennen die Ausläufer des Weidenröschens Wurzelausläufer. Hegi (Illustrierte Flora von Mitteleuropa Bd. 5. 2, S. 814) spricht von einem weitkriechenden Wurzelstock.

schnell und kräftig. Die Hauptausläufer liegen gewöhnlich unter der üblichen Pflugtiefe und entwickeln an den Verzweigungsstellen zum Teil knotenförmige Erweiterungen mit besonders kräftigen Stengelsprossen. Der unterirdische Stengelteil kann überwintern und im nächsten Sommer an Seitenknospen neue blühende Laubsprosse entwickeln.

Außerdem entstehen am unterirdischen Stengelteil oft kräftige, wagerechte, strangartige Seitenwurzeln, Ausläufer zweiten Grades also, mit Brutknospen (Stockknospen), die gleichfalls Laubsprosse treiben. Von den Hauptausläufern werden auch Nahrung aufnehmende Wurzeln, allerdings nicht sonderlich tief, in den Boden hinabgeschickt.

Kommt die Pflanze auf spärlich bewachsenen Lichtungen und Rodungen vor, liegen Ausläufer und die der Ernährung dienenden Wurzeln meistens nicht tief in der Erde, offenbar deswegen, weil die von der Pflanze benötigten Nährstoffe sich in der oberen, humusreichen Schicht finden, und weil die Pflanze an schattigen Plätzen geringere Wassermengen verbraucht.

Die Pflanze findet sich im Nutz- und Unland im nördlichen und arktischen Europa, Asien, Nordamerika und in den Gebirgsgegenden Mitteleuropas. In Deutschland ist sie streckenweise häufig und lästig auf leichterem Boden wie Sand und Moor. Sie wächst auf Äckern, Wiesen, Hochmooren, an Eisenbahnstrecken, Mauern, Hecken, im Buschwerk u. ä. vom Tiefland bis in die Gebirgsgegenden hinein. Stellenweise und gewöhnlich nicht verbreitet ist die Pflanze in Großbritannien; dagegen tritt sie häufig als Unkraut auf leichtem Sand- und Moorboden in großen Teilen Skandinaviens vom Meer bis an die Weidengrenze und bis zu 71° 10—20′ n. Br. (Norwegen) auf.

Die Pflanze wird durch Samen fortgepflanzt, vegetativ vermehrt und auf beide Weisen verbreitet.

Die allerbesten Bedingungen für rasche, kräftige Ausläuferentwicklung und schnelle vegetative Vermehrung und somit auch Gelegenheit zu häufigem und lästigem Auftreten findet sie besonders auf leichtem, trockenem, schotterigem, sandigem Nutz- und Unland, Flußsand und Moorboden. So fanden sich in drei Fällen auf bebauten, reifes Sommerkorn tragenden Äckern folgende Mengen frischer Ausläufer je qm der Ackerfläche:

Hof Nr.	Gewicht in g	Länge in m	Anzahl der Brutknospen	Anzahl der Stengelsprosse
1. Sandboden	960	29,6	318	58
2. ,,	1200	34,2	410	51
3. ,,	316	12,1	129	12

Tritt die Pflanze vereinzelt oder bestandsweise im Acker auf, läßt sie sich mit dem unterirdischen Stengelteil leicht ausjäten und wirksam unterdrücken, wenn das Wurzelsystem dadurch auch nie vollkommen vernichtet wird. Wo das Jäten auf großen Sommerkornäckern undurchführbar wird, geschieht die Bekämpfung durch zweckmäßige Fruchtfolge und gute Bodenbearbeitung, die die unterirdischen Teile der Pflanze sehr schwächen oder sogar ganz vernichten können. Sehr günstige Wirkung gegen dieses Unkraut hatten auch eine in einem Sommer durchgeführte Kammbrache mit Untergrundbearbeitung des Bodens, ferner Flachbrache mit mehrfachem Pflügen und Untergrundbearbeitung mit anschließender Verwendung des Bodens während zwei aufeinanderfolgender Jahre zu Hackfrüchten, vorzugsweise Kartoffeln bei gleichzeitig durchgeführter völliger Reinhaltung (vgl. S. 510—530). Auf Sommerkornäckern tötet Bespritzen des Ackers mit Chemikalienlösungen (vgl. S. 473—493) die oberirdischen Sprosse; dadurch wird das Wachstum der Pflanze so sehr gehemmt, daß die Nutzfrucht vor dem Treiben neuer Sprosse die Oberhand gewinnt.

Die jungen frischen Stengelsprosse werden von Schweinen gern gefressen.

VII. Wurzelwandernde Unkräuter mit tiefgreifenden Pfahlwurzeln, an denen in verschiedener Tiefe der Ackerkrume ungleichmäßige, meist fadendünne Wurzelausläufer entstehen. Sowohl Pfahlwurzeln als auch Ausläufer sind dicht mit Brutknospen besetzt, die wiederum neue Laubsprosse, Ausläufer und tiefgreifende Wurzeln hervorbringen.

202. *Rumex acetosella* LINN. Kleiner Ampfer, Kleiner Sauerampfer, engl. Sheep's sorrel. *Rumex acetosella* (Fam. Polygonaceae), die kleinste der

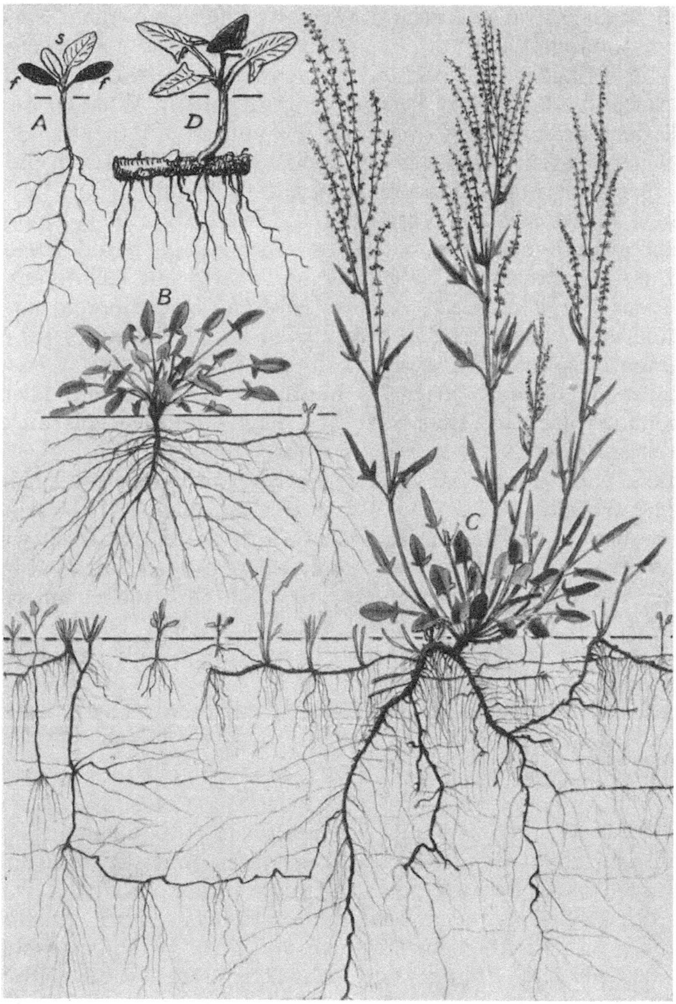

Abb. 373. *Rumex acetosella.* *A* Keimpflanze, *f* Keimblätter, *s* Laubblatt, nat. Gr.; *B* Pflanze im Herbst des ersten Jahres, *C* voll entwickelte, blühende Pflanze, etwa $^1/_4$ nat. Gr.; *D* Wurzelteil mit Laubsprossen, nat. Gr. Nach KORSMOS Unkrauttafeln.

Ampferarten, die selten größer als 40 cm wird, ist eine ausdauernde Pflanze mit erst etwas steigenden, dann aufrechten Stengeln mit langem, verzweigtem Blütenstand. Die zweihäusige Pflanze hat gelbe Staubbeutel und hellrote Narben[1].

[1] HEGI: Illustrierte Flora von Mitteleuropa Bd. 3, S. 179 erwähnt: „Blüten zweihäusig oder vielehig, in zu einfachen oder verzweigten, blattlosen, lockeren, unterbrochenen Scheintrauben zusammengestellten Scheinquirlen."

Die Größe der gewöhnlich spießförmigen, am Spreitengrunde mit zwei abstehenden Lappen versehenen, abgerundet lanzettlichen Blätter schwankt (Abb. 373). Blütezeit auf Wiesen von Mai bis Juli, auf dem Acker etwas später. Die kleinen, an die reifen Samen angedrückten Blütenhüllblätter wachsen nach der Blüte nicht mehr weiter wie bei den übrigen Ampferarten. Der längliche, dreieckige, nicht scharfkantige, an beiden Enden zugespitzte, glatte, glänzende, dunkelbraune Same hat etwas vorgewölbte Seitenflächen (Abb. 374). 1000-K.Gew. etwa 0,3 g, Länge und Breite etwa 1,3×1,0 mm, Samenzahl je Pflanze etwa 1000[1], je kg etwa 3300000.

Im Laboratorium keimten bei einem Versuch mit vorjährigem, trocken gelagertem Samen in 14 Tagen 99%; bei einem anderen Versuch keimten von 8 Monate altem Samen in 7 Tagen 64, in 100 Tagen 100%. Bei einem Saattiefenversuch keimten im Sandboden von überwintertem Samen bei oberflächlicher Aussaat in 45 Tagen 44, in 1 cm Tiefe in 24 Tagen 16%. Bei einem anderen Versuch keimten nach Herbstaussaat im Freien von Samen letzter Ernte im folgenden Frühjahr in einer Tiefe von

0	0,5	1	2	3	4	5	6 cm
28	67	62	22	20	18	6	0 %.

Nach Aussaat im Frühjahr keimten von der gleichen Probe in 0,5 cm Tiefe 38%.

Bei einem dritten Versuch mit überwintertem Samen, der im Freien oberflächlich ausgesät wurde, liefen in 22 Tagen 88% auf.

Versuche haben auch ergeben, daß Same von *Rumex acetosella* seine Keimfähigkeit beim Durchlaufen der Verdauungswege von Haustieren in hohem Grade bewahren kann. Bei dänischen Versuchen[2] verließen bei Schweinen 40%, bei Hühnern 15% dieser Unkrautsamen die Verdauungswege unbeschädigt und keimfähig. Auch bei Verfütterungsversuchen mit Hühnern und Tauben[3] fanden sich Mengen unverdauter Samen im Dünger. Bei norwegischen Verfütterungsversuchen[4] fanden sich im Pferdedung 26,43, in Kuhdung 70,57, im Schweinedung 5% keimfähiger Samen, die nach dem Versuch sämtlich aufliefen.

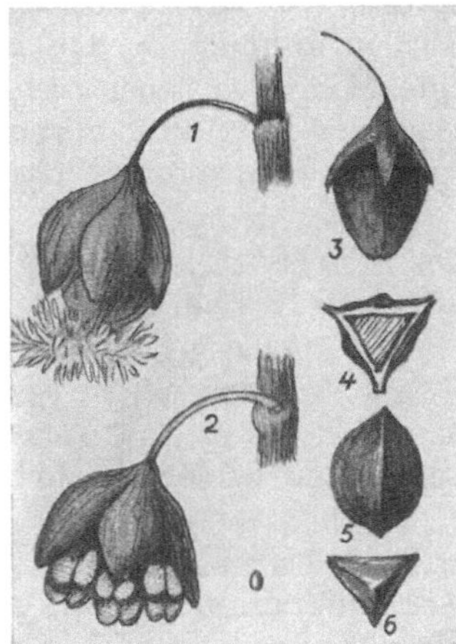

Abb. 374. *Rumex acetosella.* *1* weibliche Blüte, *2* männliche Blüte, etwa 15fach vergr.; *3* Frucht, vom Kelch umgeben; *4* Querschnitt derselben; *5* Same; *6* von oben gesehener Same, *3—6* etwa 9fach vergr. Nach KORSMOS Unkrauttafeln.

Die Keimpflanze entwickelt im ersten Jahre eine nicht sonderlich tiefgreifende, aber sehr ästige Mutterwurzel (Abb. 373*B*). Mehrere der Wurzelzweige bilden Ausläufer mit Brutknospen in der Rindenschicht, von denen einzelne im Laufe des Herbstes Laubsprosse treiben. Bei einem Versuch erforderte die Entwicklung bis zu diesem Vorgang 120 Tage. Der Muttersproß bringt eine Laubblattrosette und oft auch Stengelsprosse hervor, die gelegentlich schon im Spätsommer des Keimjahres blühen können. Die Sprosse der Ausläufer treiben im ersten Herbst gewöhnlich nur Blätter, aber manchmal auch schon blühende Stengelsprosse.

[1] Nach LOEBE beträgt die höchste gefundene Samenzahl 10000. Vgl. Arb. d. dtsch. Landw. Ges. H. 294, S. 212.

[2] Tidsskr. f. Landsbr. Planteavl. Bd. 17, S. 622 und 625.

[3] Arb. d. dtsch. Landw. Ges. H. 294, S. 102.

[4] KORSMO: Über die Fähigkeit der Samen, den Verdauungskanal der Haustiere zu passieren, ohne ihre Keimkraft zu verlieren. Sonderdruck von Nyt. Mag. f. Naturvidensk. Bd. 50, H. 3. 1912.

Die unterirdischen Teile überwintern und entwickeln im folgenden Sommer schnell neue Ausläufer und blühende Stengelsprosse, ein Vorgang, der sich dann ständig wiederholt.

Die Ausläufer wandern in der Ackerkrume unregelmäßig hin und her, erstrecken sich unter Durchlaufen verschiedener Schichten gelegentlich bis unter die Oberfläche, um dann nach Art einer Pfahlwurzel in tiefere Schichten hinabzudringen. An diesen kräftigen, unregelmäßigen, knorrigen, strangartigen, fast senkrecht nach unten wachsenden Hauptwurzeln entwickeln sich bald in geringerer, bald in größerer Tiefe der Ackerkrume Ausläufer von verschiedener Dicke, von Fadendünne bis zu Griffelstärke, die mit Brutknospen dicht besetzt sind. Den flachliegenden Ausläuferteilen entsprießen gewöhnlich mit unregelmäßigen Abständen von weniger als einem bis zu mehreren cm viele Laubsprosse und an kräftigen Knotenpunkten der flachliegenden Ausläuferteile starke Stengelsprosse, deren Hauptachse sich an der Oberfläche in mehrere, bis zu 10 blühende Stengel aufteilt, so daß auf diese Art ein einziger vegetativer Stengelsproß eine Menge von mehreren tausend Samen entwickeln kann. Aus den tieferliegenden Ausläufern gehen gleichfalls und oft etwas später während der Wachstumszeit Laubsproßgebilde hervor.

Rumex acetosella tritt besonders auf leichten Bodenarten auf und wächst am schnellsten und kräftigsten auf schotterigem, sandigem oder bebautem, moorigem Boden, ist aber auch nicht selten auf schwereren Bodenarten.

Die Pflanze gedeiht auf Wiesen, Äckern, offenen Plätzen, unbebauten Flächen, Eisenbahn- und Wegstrecken u. ä. mit Ausnahme der Tropen fast überall auf der Erde bis in den Polarzirkel und die Hochgebirgsgebiete hinein. Sie kann auf großen Feldern in dichten Beständen gesellig wachsen.

In Deutschland ist diese Ampferart besonders auf allen leichteren, gewöhnlich etwas kalkarmen Böden des Tief- und Berglandes namentlich als Wiesen- und Ackerunkraut verbreitet. Auch in Großbritannien und Skandinavien ist sie vom Meer bis ins Hochgebirge und bis zu 71°5′ n. Br. unter Ackerfrüchten aller Art zu finden.

Die Pflanze wird durch Samen fortgepflanzt, vegetativ vermehrt und auf beiderlei Art verbreitet. Der Same findet sich gewöhnlich als Beimengung in Dreschabfällen, Wiesensaat, Heubodenkehricht, Heusamen, Kornspreu sowie im Boden, Dünger u. ä. So fanden sich durchschnittlich je kg an Samen in

59	Proben	Dreschabfall . . .	35907
3	,,	Sommerkornspreu .	16900
2	,,	Heubodenkehricht .	67500
1	,,	,,	892250
3	,,	Abfallwiesensaat .	660500
3	,,	Wiesenmischsaat .	202000
8	,,	Timothesaat . . .	19313
6	,,	Rotkleesaat . . .	9300
4	,,	Bastardkleesaat . .	1000

In 5 Bodenproben von 25 cm Tiefe fanden sich durchschnittlich je qm 125, im Stalldünger je t bei 5 Versuchen mit Pferdedung 913 und bei 4 Versuchen mit Kuhdung 1867 während der etwa 90tägigen Versuchszeit aufgelaufene Pflanzen von *Rumex acetosella.*

Mittels ihres weitläufigen Wurzelsystems gelingt es der Pflanze besonders auf magerem, kalkarmem Sande und auf bearbeitetem, aber nicht gekalktem oder geschottertem Moorland leicht überhand zu nehmen. Kalken und hinreichende Düngung des Moorbodens wirken aber sofort und in ähnlicher Weise wie auf Sandboden hemmend auf die Pflanze.

In neuerer Zeit haben amerikanische Forscher[1] Versuche mit *Rumex acetosella* vorgenommen, die wiederum den Einfluß des Wettbewerbs der Pflanzen untereinander auf ihr Auftreten dartun. *Rumex acetosella*, ein Unkraut, das im Rufe des Kalkmeiders steht, zeigte sein allerbestes Gedeihen auf Boden mit reichen Mengen von Kalziumkarbonat. Der Grund, weshalb die Pflanze dennoch am häufigsten auf Sandboden auftritt, ist der, daß sie dort verhältnismäßig besser als die anderen Pflanzen gedeiht und darum der Kampf um den Raum mit anderen Arten weitaus geringer als auf Kalkboden ist, auf dem die Pflanze zwar am allerbesten gedeiht, aber nie oder selten zur Entwicklung gelangt, weil sie von anderen und kräftigeren Arten verdrängt wird. Einzelne Verfasser[2] verfechten die Behauptung, daß die kalkliebenden Pflanzen mehr Kalziumkarbonat als die kalkmeidenden verbrauchen. Man nimmt an, daß die Kalkpflanzen einen lebhafteren Stoffwechsel als die Kalkmeider haben, und daß sich beim Stoffwechsel im Saft der Zellen bedeutende Säuremengen bilden. Zur Neutralisierung dieser Säuren benutzen die Pflanzen Kalziumkarbonat, wovon demnach die kalkliebenden mehr als die kalkmeidenden brauchen[3].

Kalk und Mergel scheinen ganz gute Kampfmittel des Landmanns gegen dieses Unkraut zu sein. Wirksam ist auch tiefes Umpflügen der Wiese mit Schälpflug gleich nach dem Mähen und anschließende Herbstbrache während des Spätsommers bei gleichzeitigem Kalken, gutem Düngen und überhaupt guter Bodenpflege. Vgl. auch $NaClO_3$-Wirkungen S. 542.

Als wichtigstes Verbreitungsmittel der Pflanze dient der Same, der besonders in minderwertiger Wiesensaat vorkommt. Man benutze darum beim Einsäen von Wiesen nur reines Saatgut und unkrautfreien Dünger und behandle Reinigungs- und andere Abfälle besonders sorgfältig, da in ihnen vorhandener Ampfersame sonst leicht in den Ackerboden verschleppt werden kann.

Rumex acetosella ist eine außerordentlich schlechte Futterpflanze und kann nach DAMMANN[4] bei den Haustieren nach Genuß größerer Mengen Vergiftungen sogar mit tödlichem Ausfall hervorrufen.

203. *Euphorbia cyparissias* LINN. (= *Tithymalus cyparissias* SCOP.). Zypressen-Wolfsmilch, engl. Spurge, wartwort. *Euphorbia cyparissias* (Fam. Euphorbiaceae) ist eine ausdauernde, etwa 40 cm hohe Unkrautart mit glattem, oben verzweigtem Stengel, linealen, am Rande zurückgebogenen, sperrigen, dicht sitzenden Blättern, einem 8—20strahligen trugdoldigen Blütenstand mit Stützblättern von ähnlicher Form wie die Stengelblätter, paarweise angeordneten Strahlen zweiten Grades mit ei- bis herzförmigen, grüngelben Hochblättern und grüngelben Kelchblättern mit vorne halbmondförmigen Drüsen. Blüte- und Reifezeit von April oder Mai bis September (Abb. 375). Die dreifächerige, tief dreigefurchte, in jedem Fach einen Samen enthaltende Kapselfrucht hat eine warzige Oberfläche und öffnet zur Zeit der Reife an der Außenwand jedes Faches einen Saum. Der kugelförmige bis ovale, dem schief abgestumpften, etwas ein-

---

[1] PIPAL, F. J.: Read sorrel and its control 1916. Angeführt nach TRUOG (1918). WHITE, J. W.: Soil acidity as influenced by green manures. Journ. of agricult. research XIII, S. 171. 1918.

[2] TRUOG, E.: Soil acidity I. Its relation to the growth of plants. Soil Science Bd. 5, S. 169. — TRUOG, E. and MEACHAM: Soil acidity II. Its relation to the acidity of the plant juice. Ebenda Bd. 7, S. 469. 1919. — PARKER, F. W. and TRUOG, E.: The relation between the calcium and the nitrogen content of plants and the function of calcium. Ebenda Bd. 10, S. 49. 1920.

[3] Die Darstellung gründet sich auf KARSTEN OLSENS: Studier over Jordbundens Brintionkoncentration og dens Betydning for Plantefordelingen i Naturen S. 6. Kopenhagen 1921.

[4] Gesundheitspflege der landwirtschaftlichen Haussäugetiere S. 599.

gebeulten, mit einem gelben, scheibenförmigen Anhängsel versehenen Grunde zu leicht verschmälerte, graubraune bis schwarzbraune Same hat eine etwas knorrige Oberfläche und ist vom Grunde bis an die gleichmäßig abgerundete Spitze mit 2 feinen, dunklen, parallel laufenden Rinnen, einer dazwischenliegenden helleren Linie und einer silberweißen Schicht versehen, die ihm einen matten Silberglanz verleiht (Abb. 376). 1000-K.Gew. etwa 2,35 g, Länge und Breite etwa 2,4 (mit Anhängsel), 2,0 × 1,5 mm.

Der Same läuft zuweilen verzögert auf. Bei einem Laboratoriumsversuch keimten nach Trockenlagerung in 20 Tagen 12%. Von überwintertem, trocken

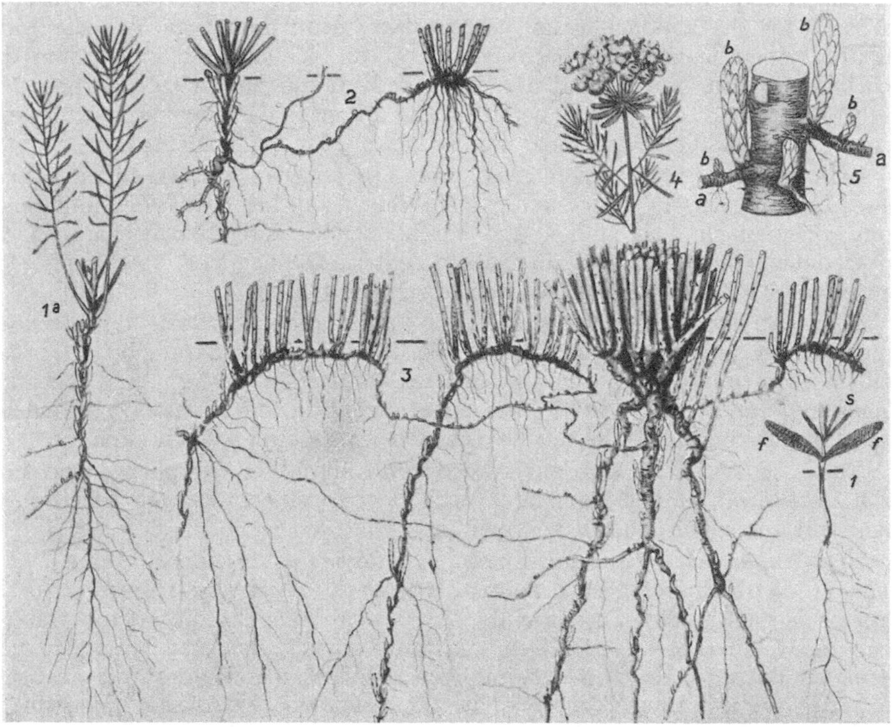

Abb. 375. *Euphorbia cyparissias.* 1 Keimpflanze, *f* Keimblätter, *s* Laubblätter, nat. Gr.; 1a Keimpflanze im Herbst, im Ackerland im Frühjahr ausgesät und ausgekeimt; 2 Keimpflanze im Herbst des ersten Jahres nach Aussaat ins Freiland im Herbst des Vorjahres, wie 1a im Frühjahr, doch etwas später in der Entwicklungszeit ausgekeimt; 3 unterirdische Organe einer 3 jährigen Pflanze während der Blütezeit; 4 blütentragender Zweig derselben, 1a—4 etwa 1/4 nat. Gr.; 5 Wurzelstück, 2fach vergr.; *a—a* abgeschnittene Ausläufer, *b—b* Laubsproßanlagen an Wurzelausläufern und Pfahlwurzel, 2fach vergr. Orig.-Zeichn.

gelagertem Samen keimten im Freien im Frühjahr nach 44 Tagen 30% und nach Herbstaussaat im folgenden Frühjahr 45%.

Die lanzettlichen Keimblätter sind 8 mm lang und 2 mm breit. Die Keimpflanze treibt Stengelsprosse, die im ersten Jahre gewöhnlich noch nicht blühen. Die sich rasch entwickelnde Wurzel des Muttersprosses ist eine tiefgreifende, etwa 40 cm lange, braungelbe Pfahlwurzel mit vegetativen Brutknospen. An einzelnen von ihnen entstehen im ersten Wachstumsjahr in verschiedenen Schichten der Ackerkrume wagerechte oder steigende Wurzelausläufer, von denen einige unter günstigen Verhältnissen schon im ersten Wachstumsjahr Laubsprosse treiben können, die aus Brutknospen am vordersten, etwas verdickten Teil der Ausläufer hervorgehen. Die unterirdischen Pflanzenteile überwintern und setzen das Wachstum im folgenden Frühjahr fort, bilden neue oberirdische, blühende, fruchtende Sprosse und bringen am Wurzelsystem neue, dünne, vorne verdickte, wagerechte bis steigende Ausläufer hervor.

Neue Pfahlwurzeln entstehen an kurzen Ausläufern des oberen Teils der Hauptwurzel, sowie bei der Entwicklung neuer Laubsprosse an Brutknospen der Ausläufer oder auch dadurch, daß die Spitze eines Ausläufers schräg in die Erde hinabwächst und das Längenwachstum mit der Bildung einer neuen Pfahlwurzel beschließt.

Euphorbia cyparissias wächst auf leichtem Boden im Nutz- und Unland, an Wegen, Rainen, auf Weideplätzen, Äckern, sonnigen, trockenen Wiesen, in Wäldern u. ä. in fast ganz Europa, Westasien und, aus Europa eingeschleppt, in Amerika. In dem erwähnten Wachstumsbereich ist die Pflanze im deutschen Tiefland und im Gebirge bis über 2000 m Höhe verbreitet. Weniger häufig ist sie in England, wo sie nördlich bis Cumberland vorkommt. Vereinzelt ist ihr Auftreten in Südwest-, Mittel- und Nordwestskandinavien bis zu 63° n. Br. (Norwegen).

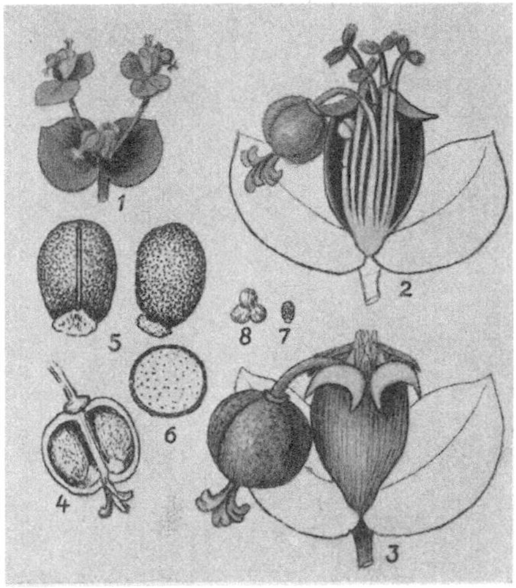

Abb. 376. *Euphorbia cyparissias.* *1* Blütenzweig, nat. Gr.; *2* durchschnittene Blüte; *3* dieselbe ganz und verblühend, 5fach vergr.; *4* Frucht im Längsschnitt, die Samenhaftkörper am oberen Teil der Scheidewand zeigend, 3fach vergr.; *5* Same, von vorn und schräg von der Rückenseite betrachtet; *6* Samenquerschnitt, 6fach vergr.; *7* Same; *8* von oben gesehene Frucht, nat. Gr. Orig.-Zeichn.

Die Pflanze wird durch Samen fortgepflanzt, vegetativ vermehrt und auf beiderlei Art verbreitet. Bei Aufteilung von Wurzeln und Ausläufern entstehen an Brutknospen neue Sprosse, die dann neue Pflanzengruppen erzeugen. Anhaltende vegetative Vermehrung und Verbreitung finden auch statt, ohne daß die unterirdischen Teile der Pflanze aufgeteilt werden. Die Eroberung des Wachstumsbereiches schreitet zunächst nur langsam durch Anlage neuer Rosetten vor (vgl. *Campanula rapunculoides*).

Zur wirksamen Verhinderung der Samenreife ist es erforderlich, die Pflanze während des Wachstums 2—3mal abzuhauen. Tritt sie in kleineren Beständen auf, kann man sie durch Bespritzen mit einer 5%igen Natriumchloratlösung in Mengen von 1—1½ Liter je qm vollkommen ausrotten. Diese Behandlung läßt sich während des Wachstums zu jeder Zeit ausführen. Zur Unterdrückung tragen auch gute Bodenpflege, reichliche Düngung und kräftige Grasnarbe bei. Samenverbreitung läßt sich auch durch Verwendung reinen Saatgutes verhindern.

Euphorbia cyparissias ist sehr giftig.[1] Die Pflanze wird von den Haustieren auf der Weide und sonst bei freier Futterwahl abgelehnt.

204. *Euphorbia esula* LINN. (= *Tithymalus esula* MOENCH). Scharfe Wolfsmilch, engl. Leafy spurge. *Euphorbia esula* ist als Unkraut des Nutzlandes verbreiteter als *E. cyparissias.* Die Wachstumsbedingungen, Entwicklungsformen, Vermehrungs- und Verbreitungsarten sind bei beiden Arten in allem Wesentlichen gleich.

---

[1] Vgl. dazu, was bei der Beschreibung von *Euphorbia helioscopia* und *peplus* angeführt wurde.

205. *Convolvulus arvensis* LINN. Acker-Winde, engl. Field bindweed, small bindweed, lesser bindweed. *Convolvulus arvensis* (Fam. Convolvulaceae) entwickelt gewöhnlich mehrere, bis zu 2 m lange, dünne, liegende Stengel, die andere Pflanzen, mit denen sie in Berührung kommen, umschlingen. Die pfeilförmigen, an der Spitze abgerundeten Blätter wachsen mit ihrem etwa 2 cm langen Stiel unmittelbar aus dem Stengel heraus. Die Blütenstiele sitzen in den

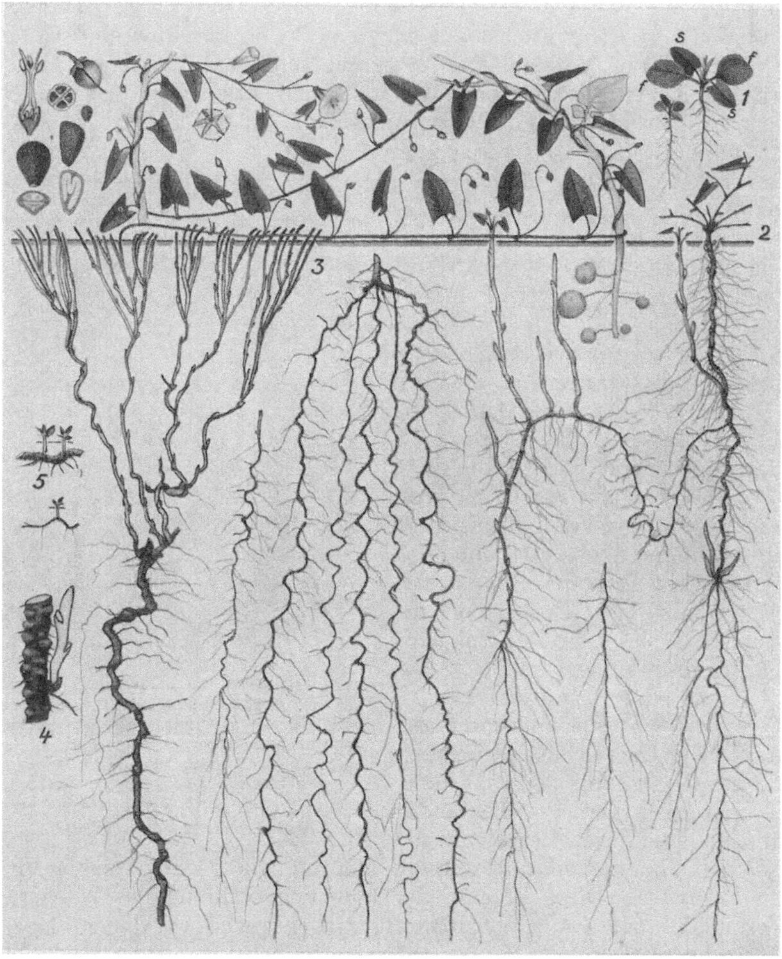

Abb. 377. *Convolvulus arvensis*. *1* Keimpflanze, *f* Keimblätter, *s* Laubblätter, $^1/_2$ nat. Gr.; *2* Pflanze im Spätherbst des ersten Jahres; *3* alte Pflanze, $^1/_8$ nat. Gr.; *4* Wurzelstück, $^1/_2$ nat. Gr.; *5* Wurzelstück mit Laubsprossen, $^1/_8$ nat. Gr. Orig.-Zeichn.

Blattwinkeln und tragen je 1—2 trichterförmige Blüten mit weißen bis hellroten Kronenblättern (Abb. 377). Blütezeit auf Wiesen von Juli bis August, im Acker bis September. Wegen der späten Blütezeit kommt der Same im Sommerkorn gewöhnlich nördlicher als bis Süd- und Mittelskandinavien nicht mehr zur Reife.

Die rundlich-eiförmige, graue bis graubraune, zweifächerige, mit 2 Klappen versehene, etwa 7,5 mm lange und 6,3 mm breite Frucht enthält in jedem Fach zwei, nicht immer fertile Samen. Daher finden sich in den Kapseln oft nur

1—2 voll entwickelte, gelegentlich sogar überhaupt keine Samen[1]. Der stumpfe, birnenförmige, auf der einen Seite abgerundete, auf der anderen durch rechtwinklig aufeinanderstehende Flächen etwas kantige, am Grunde ungleichmäßig, grubenförmig vertiefte, schwarzbraune Same erhält durch dicht sitzende, rauhe, warzenartige Erhebungen oft ein etwas graues Aussehen (Abb. 378). 1000-K.Gew. etwa 7,9 g, Länge und Breite etwa 3,7 × 2,7 mm, Samenzahl je Pflanze schwankt mit der Anzahl blühender Stengelsprosse und ist durchschnittlich mit etwa 550 berechnet[2], je kg etwa 126 000. MAIER-BODE geben eine Samenmenge je Pflanze von etwa 600 an[3].

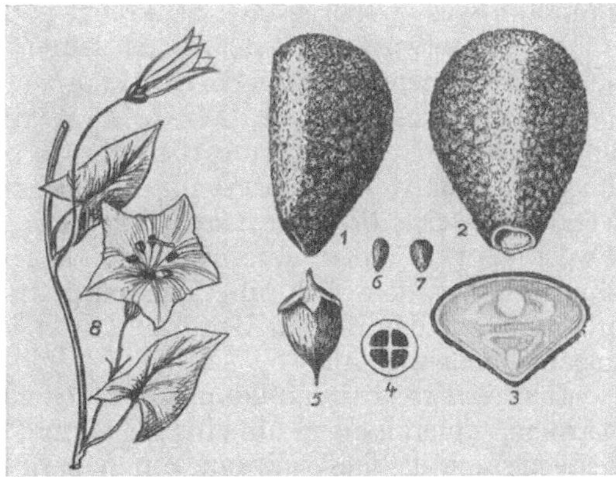

Abb. 378. *Convolvulus arvensis.* *1* und *2* Schmalseite und Bauchansicht des Samens; *3* Samenquerschnitt, 7 fach vergr.; *4* und *5* Kapsel; *6* und *7* Samen, nat. Gr.; *8* Stengelteil mit Blättern und Blüten, 1/2 nat. Gr. Orig.-Zeichn.

Der Keimverlauf des Samens ist unregelmäßig. Er kann sehr langsam und mit nur ganz geringen Mengen auflaufen und seine Keimfähigkeit bei Boden-, wie bei Trockenlagerung wohl mindestens 2 Jahre lang bewahren[4]. SCHAFERS Keimversuche[5] ergaben, daß der Same im Keimapparat spät und unregelmäßig aufläuft. Beim Ritzen der Samenschale vor Einlegen ins Keimbett wurde schnelle Keimung erzielt. Bei einem Keimversuch mit 3 geritzten Samenproben und 2 nicht behandelten ergaben sich folgende durchschnittliche Keimzahlen: Nach einer Keimzeit

von	4	8	12	16	20	24	Tagen
keimten von geritzten Samen .	15	17	57	84	91	92	%,
von ungeritzten Samen . . .	1	0	0	0	0	1	%.

Von den nicht harten Samen liefen bei den Versuchen nur 8 bzw. 5% nicht auf. Die geringe Keimzahl der nicht behandelten *Convolvulus*-Samen ist nämlich nicht auf schlechte Keimkraft, sondern auf Härte der Samen zurückzuführen. Diese Hartschaligkeit setzt den Samen instand, längere Zeit in der Erde zu verweilen, ohne zu verderben. Bei norwegischen Versuchen keimten nach Herbstaussaat im Freien und anschließender Überwinterung mehrere Prozent während des folgenden Frühjahrs. Die aufgelaufenen Pflanzen entwickeln im Laufe des Sommers dünne, bis zu 125 cm lange Pfahlwurzeln; mehrere Samenpflanzen bringen Seitenwurzeln hervor, die zunächst eine Zeitlang in annähernd wagerechter Richtung unregelmäßig in der Ackerkrume weiterwachsen, um sich dann nach unten zu neigen und senkrecht in die Erde hinabzudringen. Während des Wachstums bilden sich an mehreren der Brutknospen des horizontalen Wurzelteils Laubsprosse (Abb. 377, *2*), von denen einige manchmal im Laufe des Herb-

[1] Vgl. dazu auch FRUWIRTH: Die Ackerwinde. Arb. d. dtsch. Landw. Ges. 1914. H. 268, S. 20.

[2] Vgl. KORSMOS Unkrauttafel XXV, auf der die Wurzel 37 Stengelsprosse zeigt. An den dargestellten Stengeln befinden sich 23 Blüten, deren jede 4 Samenanlagen entwickelt, d. h. also insgesamt 92 Samen, falls jede Blüte, was allerdings nur selten eintrifft, 4 Samen hervorbringt.

[3] MAIER-BODE: Die Bekämpfung der Ackerunkräuter 1908.

[4] WEHSARG: Das Unkraut im Ackerboden. In Arb. d. dtsch. Landw. Ges. 1912. H. 226, S. 81.

[5] SCHAFER: The Bindweed. Popular Bull. Nr. 137, June 1927. State Coll. of Washington Agricult. Exper. Station. Pullman, Washington.

stes noch eine Laubblattrosette ansetzen. Der Laubsproß der Mutterwurzel kommt im Keimjahre nicht mehr zur Blüte. Diese erfolgt das erstemal im zweiten Wachstumsjahr der Pflanze.

Convolvulus arvensis hat eine dünne, unregelmäßige, bis zu 2,5 m tiefgreifende, vieljährige Hauptwurzel, die sich unten im Boden oft in mehrere etwa gleichstarke Seitenwurzeln teilt, von denen einige in den Untergrund hinabwachsen, während andere gelegentlich als Ausläufer in wagerechter Richtung weiterwachsen, um dann wieder schräg oder senkrecht nach unten in die Erde zu stoßen.

Die Hauptwurzel und deren „Ausläufer" sind gelbgrau bis braungrau, knorrig und mit vermehrungsfähigen Brutknospen dicht besetzt, die in jedem Frühjahr neue Laubsprosse bilden. Wird die Wurzel während der Wachstumszeit beispielsweise bei der Bodenbearbeitung durchschnitten, entstehen auch an Brutknospen unmittelbar unterhalb der Schnittwunde Laubsprosse. Die Sprosse verzweigen sich oft sehr stark, bevor sie die Oberfläche erreichen, und jeder Zweig geht in einen oberirdischen, liegenden, blätter- und blütentragenden Stengel über, der sich um Nachbarpflanzen herumschlingt, schwache Nutzpflanzen auf den Boden herabzieht und sie dabei miteinander verstricken, ja sogar ersticken kann.

Convolvulus arvensis kommt auf leichterem, sandgemischtem Boden, auf warmem Mineralboden, auf silurischen und auch schwereren Formationen als ein gemeines und lästiges Unkraut auf Äckern und Wiesen und wohl auf der ganzen Erde vor. Die Pflanze tritt somit auch in ganz Europa auf, abgesehen von den nördlichsten Gebieten, in Asien (Arabien usw.) und Nordamerika, wo es besonders in Kansas außerordentlich lästig und im Westen der Vereinigten Staaten um sich greift, sowie außerdem in Mexiko, in Südamerika (Chile) usw. In Deutschland ist diese *Convolvulus*-Art ein gemeines Unkraut im Nutzland der Ackerwirtschaft und des Gartens, wie auch außerhalb des bebauten Bodens. In England und Irland tritt sie auf gleiche Weise auf und BRENCHLEY[1] erwähnt, daß *Convolvulus arvensis* das gemeinste aller Unkräuter ist und sogar so gewöhnlich auftritt, daß sich der Boden, auf dem es am besten gedeiht, nur schwer bestimmen läßt. Am meisten findet es sich jedoch auf Korn-, besonders Gerstenäckern. In Skandinavien ist es streckenweise, besonders in den südlichen Landesteilen, sehr gewöhnlich und vor allem in der Wintersaat lästig; in den mittleren Landesteilen tritt es vereinzelt, in den niedriger gelegenen ostnorwegischen Gegenden nur streckenweise zerstreut und meist auf humusreichem oder silurischem Boden in Gärten, Äckern, auf Wiesen u. ä. bis zu etwa 61°15′ n. Br. (Norwegen) auf.

Die Pflanze wird durch Samen fortgepflanzt, der im Winterkorn, auf Samenwiesen und Hackfruchtäckern ausfällt, und durch abgerissene Wurzelteile und unterirdische Stengelsproß- und Wurzelstücke, die von Geräten bei der Bodenbearbeitung losgelöst werden, sowie durch „Ausläufer" vegetativ vermehrt.

Die Einwanderung der Pflanze an neuen Plätzen in Nordskandinavien geschieht gewöhnlich durch Sommer- und Wintergetreidesaat aus südlichen Ländern, kann aber auch durch inländische Wintersaat bewirkt werden[2].

Das tiefe Eindringen der Hauptwurzeln in die Erdschicht erschwert eine wirksame Bekämpfung. Doch hat es sich gezeigt, daß die Pflanze bei gründlicher Vollbrache und anschließendem Kartoffelanbau mit gleichzeitiger Reinhaltung und darauf folgender dichter Decke von „Alfalfa", Erbsen oder Grünfutter

---

[1] BRENCHLEY: Weeds of Farm Land S. 137 und 162. London 1920.

[2] PATTERSON, H. J. and WHITE, H. J.: By-Products Feeds. Maryland Agricult. Exper. Stat. Bull. Nr. 168, S. 2—3. 1912 erwähnt, daß bei Verfütterung von Getreideabfall, der Samen dieses Unkrautes enthielt, mehrere davon mit dem Mist wieder unverdaut zum Vorschein kamen.

einigermaßen unterdrückt werden kann. Wächst dieses Unkraut auf Feldern vereinzelt, kann man es möglicherweise zwar mit der Wurzel ausgraben, aber da diese sehr tief greift und Wurzeläste sowie unterirdische, an die Oberfläche strebende Sprosse um sich her verbreitet, die alle mit Brutknospen dicht besetzt sind, kann beim Ausgraben leicht Teilung und dadurch weitere vegetative Vermehrung durch die losgetrennten Stücke bewirkt werden. Sicherer tötet man die Wurzel durch Chemikalien, von denen Natriumchlorat gewöhnlich am besten wirkt. Man bespritze die verseuchten Flächen je qm mit 1—1$^1/_2$ Liter einer 5—10%igen Lösung und wiederhole dies zur völligen Vernichtung des Wurzelsystems ein, gelegentlich sogar zweimal während des Wachstums.

Man kann die Pflanzen vor, während oder nach der Blüte bespritzen, sofern es nur während ihres Wachstums geschieht. Vor der Behandlung mähe und entferne man den Pflanzenbestand des zu behandelnden Feldes[1]. Tritt die Pflanze im Ödland auf, vernichte man sie, um ihre Verbreitung von dort durch Samen und Wurzeln zu verhindern.

206. *Nasturtium silvestre* (L.) R. BR. (= *Sisymbrium silv.* LINN. = *Roripa silvestris* [L.] BESSER). Wald-Brunnenkresse, Wilde Kresse, engl. Creeping watercress. *Nasturtium silvestre* (Fam. Cruciferae) ist ein ausdauerndes Unkraut mit liegenden, dann sich erhebenden bis aufrechten, etwa 30 cm hohen, ästigen Stengeln und verzweigten Ästen, die mit einem kürzeren oder längeren doldentraubigen Blütenstand abschließen. Sämtliche oder doch die meisten Blätter sind fiederförmig geteilt. Die länglich-lanzettlichen Fiederblättchen sind gelappt oder gezähnt. Die Endblättchen sind ebenso groß oder größer als die anderen Teile. Die gelben Blütenkronblätter sind ungefähr doppelt so lang wie die Kelchblätter. Blütezeit von Juni bis August (Mai bis September), Reife von Juli bis September (Abb. 379).

Die sperrigen, etwa 9 mm langen Blütenstiele tragen linienförmige, mehr oder weniger gekrümmte, im Querschnitt etwas plattgedrückt-viereckige, etwa 19 mm lange Schötchen, die nach der Reife von unten nach oben zwei Klappen öffnen. Die Samen sitzen je Schote bis zu 30—40 in 2 Reihen auf beiden Seiten an einer mittelständigen Scheidewand. Der runde bis oval-rundliche, eckige, seitlich etwas flachgedrückte, matte, fettige, etwas unregelmäßig konzentrisch netzige oder mit kleinen Erhebungen dicht besetzte, braungelbe Same ist am Grunde dunkler gefärbt und hat hier eine Vertiefung, die auf beiden Seiten in eine Furche sowie an der Samenhaftstelle in hellere Kanten übergeht. 1000-K.Gew. etwa 0,08 g, Länge und Breite etwa 0,65 × 0,54 mm, Samenzahl je Pflanze etwa 13000, je kg etwa 15$^1/_2$ Millionen (Abb. 380).

Bei Laboratoriumsversuchen keimten von überwintertem, trocken gelagertem Samen einmal in 63 Tagen 69%, ein andermal in 125 Tagen 85%.

Frühjahrskeimer entwickeln bei günstigen Wachstumsverhältnissen im Laufe des Sommers auf der Mutterwurzel eine ganz kräftige Pflanze mit einem oder mehreren Stengelsprossen, die im Laufe des Spätsommers zur Blüte, manchmal sogar zu teilweiser Reife kommen können. Die Mutterwurzel kann im ersten Wachstumsjahre bis zu 35 cm lang werden. Sie ist eine dünne, ästige, weißgelbe, mit vegetativen Knospen dicht besetzte Pfahlwurzel. An einzelnen oder mehreren dieser Knospen bilden sich bereits im ersten Wachstumsjahre der Pflanze Ausläufer in verschiedener Tiefe, die in ihrer Entwicklung sogar so weit gedeihen können, daß die aus ihnen im Spätsommer hervorgehenden Laubsprosse schon im

---

[1] Zur Verwendung von Natriumchlorat als Mittel gegen *Convolvulus arvensis* vgl. man auch LATSHAW and ZAHNLEY: Killing Field bindweed with Sodium Chlorate. Circular 136. March 1928. Agricult. Exper. Station. Kansas State Agricult. Coll., Manhattan, Kansas.

ersten Jahre eine kleine Laubblattrosette ausbilden (Abb. 379,*2*). Alle unterirdischen Teile der Pflanze überwintern und führen das Wachstum im nächsten Sommer mit Entwicklung von blühenden und fruchtenden Sprossen, neuen Pfahlwurzeln und neuen Ausläufern fort, ein Vorgang, der sich späterhin in jedem Sommer wiederholt.

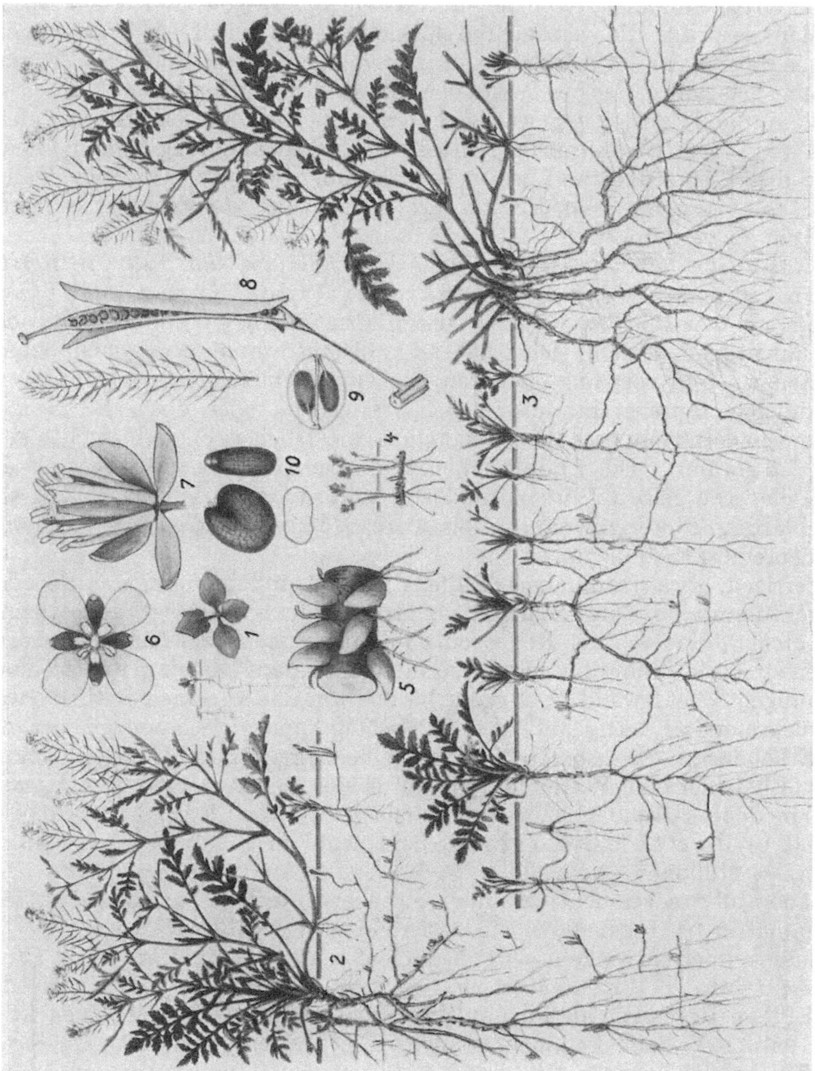

Abb. 379. *Nasturtium silvestre*. *1* Keimpflanze, $^5/_2$ nat. Gr.; *2* Pflanze im Spätherbst des ersten Jahres; *3* voll entwickelte Pflanze; *4* Ausläuferstück mit Laubsprossen, $^1/_5$ nat. Gr.; *5* Ausläuferteil mit Brutknospen, 3fach vergr.; *6* Blüte, $^5/_2$ nat. Gr.; *7* Blüte ohne Kronenblätter, 5fach vergr.; *8* Schötchen, 2fach vergr.; *9* Schötchen im Querschnitt, 9fach vergr.; *10* Samen, 15fach vergr. Orig.-Zeichn.

Die ausdauernde Pflanze bildet echte, teils ganz dünne, teils etwas gröbere Wurzelausläufer, die mit Brutknospen, an denen sich neue Sprosse und neue Ausläufer bilden, dicht besetzt sind. An den etwas verdickten Teilen der Ausläufer werden neue Sprosse entwickelt, an denen Pfahlwurzeln von gleicher Form und mit gleichen Eigenschaften wie die Mutterwurzel entstehen. Auch diese bringt in ihrem oberen Teil gewöhnlich eine oder mehrere kurze Ausläufer hervor, die neue, kräftige, tiefgreifende, der Mutterwurzel nebengeordnete Pfahlwurzeln bilden. So wachsen immer eine bis mehrere nebengeordnete Pfahlwurzeln nahe beieinander, und aus jeder von ihnen schießen wenige oder mehrere zunächst liegende, wurzelschlagende, dann steigende, ästige blühende Stengel hervor. Diese Entwicklungsart führt während der Wachstumszeit zu einer dichten, oberirdischen Pflanzenmatte, durch die andere schwachstenglige Pflanzen vollkommen unterdrückt werden können.

Die Pflanze wächst auf schwererem und leichterem, auf feuchtem, wie auf saurem oder trockenem Boden an Bachrändern, Uferstrecken, Schutthalden, Verkehrswegen, gelegentlich auch im Nutzland auf Äckern und Wiesen, in Gärten, Parks und Pflanzenschulen, und zwar in ganz Europa, Russisch-Asien, sowie in Nordamerika, besonders auf Neufundland und westlich bis Ontario, Michigan, Illinois und in anderen Staaten. Als Unkraut im Nutzland ist die Pflanze auch sehr gewöhnlich in Deutschland und nicht selten in England, Schottland und Irland. Sie hat sich ferner in Südschweden sowie in Süd- und Mittelnorwegen während der letzten Jahre beträchtlich ausgebreitet.

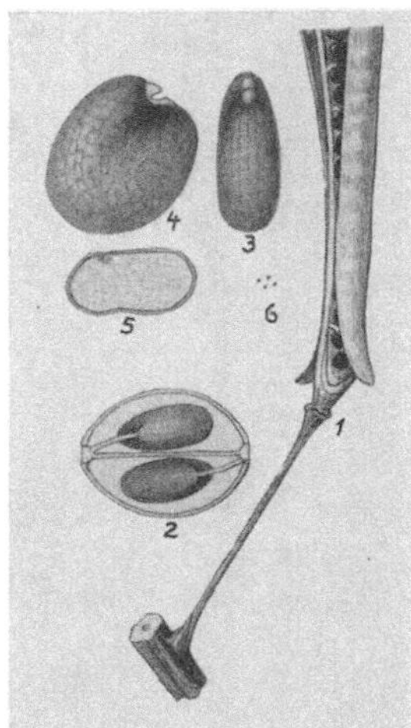

Abb. 380. *Nasturtium silvestre.* *1* Teil des Schötchens, 5/2 nat. Gr.; *2* Schötchen im Querschn., 12 fach vergr.; *3* und *4* Schmal- und Breitseite des Samens; *5* Samenquerschnitt, 20 fach vergr.; *6* Same, 1/2 nat. Gr. Orig.-Zeichn.

Nasturtium silvestre wird durch Samen fortgepflanzt, vegetativ vermehrt und auf beiderlei Art verbreitet. Da die Pflanze während mehrerer Monate des Spätsommers bedeutende Samenmengen liefert, fällt gewöhnlich schon viel Same am Standort aus. Oft kommen auch große Mengen mit unter Dach, wenn die Pflanze unter Ackerfrüchten, die eingefahren werden, auftritt. Von dort gelangen immer einige keimfähige Samen bei Verfütterung, durch Heubodenkehricht und andere Abfälle in den Dünger und so wieder auf den Acker. Die Samen können auch durch Wiesensaat verbreitet werden. Beim Verpflanzen von Stauden und Büschen werden ferner vermehrungsfähige Teile der Ausläufer oder Pfahlwurzeln leicht verschleppt. In besonderem Maße ist das der Fall, wenn die Pflanzen in Gärten und Pflanzenschulen wachsen, in denen Nutz- und Zierpflanzen für den Vertrieb gezüchtet werden. Besondere Aufmerksamkeit verdient das Wurzelsystem der Pflanze, deren tiefgreifende Pfahlwurzeln und Ausläufer mit einer Unmenge vegetativer Brutknospen in der Rindenschicht versehen sind und daher äußerst leicht in Bruchstücken verschleppt, vermehrt und so verbreitet werden können. Dieser Umstand, sowie die große Samenerzeugung machen das Unkraut zu einem sehr lästigen und nur sehr schwer zu bekämpfenden Schädling der Pflanzenschulen, Gärten, Parkanlagen und überhaupt aller Böden, auf denen Bäume, Sträucher u. ä. eine zweckmäßige Bodenbehandlung zu erschweren.

Zur Verhinderung der Samenreife hüte man sich besonders, die Ernte von Grassamen auf Wiesen, die von diesem Unkraut verseucht sind, vorzunehmen. Da *Nasturtium silvestre* stellenweise und in kleineren geschlossenen Gruppen wächst, empfiehlt es sich, die Bekämpfung durch Bespritzen mit einer 5%igen Natriumchloratlösung ($NaClO_3$) in Mengen von 1 Liter je qm vorzunehmen. Dieses Mittel vernichtet das Unkraut sicherer als Hacken, Jäten oder andere Bodenbearbeitung. Nur beachte man gleichzeitig, daß man auf den behandelten Flächen anderen Pflanzenwuchs schädigen und gegebenenfalles sogar vernichten kann.

Im Acker bekämpft man die Pflanze auf gleiche Art wie andere lästige Wurzelunkräuter.

207. *Linaria vulgaris* Mill. Gemeines Leinkraut, Gemeiner Frauenflachs, engl. Toad-flax, yellow toad-flax. *Linaria vulgaris* (Fam. Scrophularia-

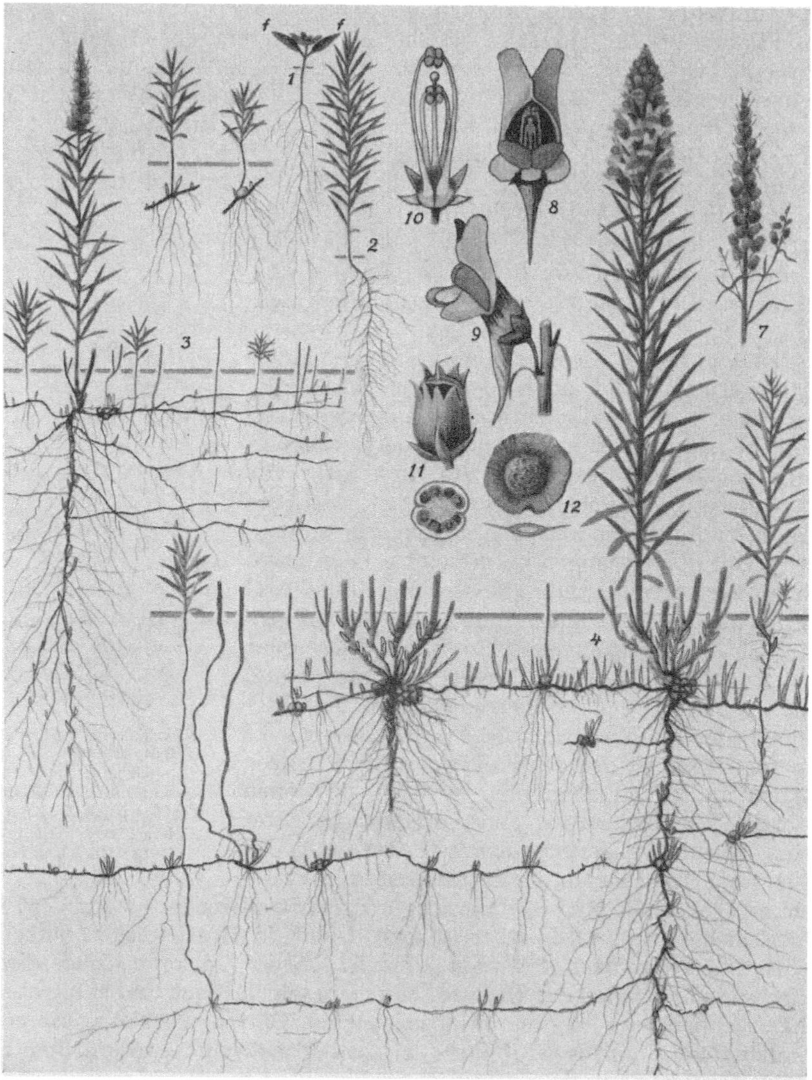

Abb. 381. *Linaria vulgaris.* *1* Keimpflanze, 1/5 nat. Gr., *f* Keimblätter; *2* dieselbe, im Spätsommer in dichtem Pflanzenbestand aufgewachsen; *3* alleinstehende, frei entwickelte Pflanze im Herbst des ersten Jahres; *4* voll entwickelte, blühende Pflanze, *7* oberer Zweig mit reifen Samenkapseln, 1/5 nat. Gr.; *8* und *9* Blüte, 4/3 nat. Gr.; *10* dieselbe ohne Kronenblätter; 8/3 nat. Gr.; *11* Samenkapsel, 2fach vergr.; *12* Seitenansicht und Querschnitt des Samens, 5fach vergr. Orig.-Zeichn.

ceae) ist ein ausdauerndes Unkraut mit glatten, wenig verzweigten, bis zu 0,5 m hohen Stengeln, langachsigem, mit zitronengelben, langgespornten und mit orangenfarbiger Zunge versehenen Blüten dicht besetztem, traubenartigem Blütenstand und linealisch-lanzettlichen, ganzrandigen, blaugrünen, verstreut sitzenden Blättern (Abb. 381).

Vegetative Stengelsprosse entwickeln sich während des ganzen Sommers, so daß sich Blüte und Reife gewöhnlich über einen längeren Zeitraum des Spätsommers erstrecken.

Die zweifächerige, vielsamige Kapsel öffnet sich nach der Reife oben mit 6 ungleichmäßigen Zähnen. Der ungleichmäßig-runde, auf beiden Seiten flachgedrückte, mit warzenförmigen Gebilden ganz besetzte, schwarzgraue bis schwarze, etwas metallisch, wie angelaufener Hartstahl glänzende Same ist von einer lappigen, häutigen Flügelkante mit dichtstehenden, strahlenförmig angeordneten Fäden umgeben (Abb. 381, *12*). 1000-K.Gew. etwa 0,14 g, Länge und Breite etwa 2,5 × 2,0 mm, Samenzahl je Pflanze etwa 8700[1], je kg etwa 7100000.

Bei 2 Keimversuchen im Laboratorium betrugen die Keimzahlen 57—94%; bei einem dritten Versuch liefen von vorjährigem Samen in 55 Tagen 90% auf. Samen der gleichen Probe keimten bei Herbstaussaat im Freien während des folgenden Frühjahrs in einer Tiefe von

0	0,5	1	2	3	4	5	cm
22	50	50	20	4	0	0	%,

während von trocken gelagertem, überwintertem Samen der gleichen Probe bei Frühjahrsaussaat in 0,5 cm Tiefe während des Sommers 13% aufliefen. Bei einem anderen Versuch im Freien keimten von überwintertem, trocken gelagertem Samen in 2 Monaten 6%. Bei Aussaat im Herbst keimten von frisch geerntetem Samen im folgenden Frühjahr 12%. Nach Kraus liefen in Keimschalen in 2 Sommern 33% auf.

Die kurzen Laubsprosse der Pflanze kommen im Keimjahr gewöhnlich nicht zur Blüte, wohingegen die Wurzel sich verhältnismäßig schnell entwickeln und bereits im ersten Lebensjahr der Pflanze 20—40 cm tief in die Erde hinabdringen kann. Sie ist verhältnismäßig dünn und nur wenig verzweigt (Abb. 381, *2*). Sie überwintert und treibt im zweiten Jahre gewöhnlich einen einzelnen blühenden Stengel und mehrere kürzere oder längere Ausläufer mit Laubsproßanlagen, die im dritten Jahre der Pflanze zur Blüte gelangen können. Die weitere Entwicklung setzt auf gleiche Art fort. Die dünnen, wagerecht kriechenden Ausläufer wachsen in verschiedener Tiefe aus der Pfahlwurzel heraus und sind mit großen Mengen von Brutknospen dicht besetzt, von denen eine größere oder kleinere Zahl Stengelsprosse treibt; die rechtzeitig im Sommer hervorsprießenden kommen zur Blüte und Reife, während an tiefer liegenden Ausläufern gebildete Knospen erst später die Oberfläche erreichen und oft im gleichen Sommer nicht einmal zur Blüte kommen. Allmählich entstehen auch neue, tiefgreifende und mit Brutknospen besetzte Wurzeln, die dann mit der weiteren Vermehrung durch Wurzelausläufer auf die gleiche Art wie die Mutterwurzel fortfahren. Sie können unmittelbar unter der Erdoberfläche und in verschiedener Tiefe des Bodens fortwachsen.

Das unterirdische, ausdauernde Wurzelsystem bietet großes biologisches Interesse, da es sowohl aus tiefgreifenden Pfahlwurzeln, als auch aus Ausläufern in verschiedenen Tiefen des Erdbodens besteht.

Dieses Unkraut kommt vorwiegend auf trockenem, leichtem Boden, auf Sand und Silur, aber auch auf schwereren Böden, an Rainen, Wegrändern, in Äckern, Gärten, Wiesen, und zwar in Europa, Nordasien und eingeschleppt auch in Nordamerika und Australien vor. Gelegentlich kann die Pflanze durch Massenauftreten lästig werden. In Deutschland findet sie sich bei günstigen Wachstumsbedingungen als häufiges und verbreitetes Unkraut der Äcker, Wiesen, Raine, Weg- und Eisenbahnstrecken, Hecken, Mauern u. ä. vom Tiefland bis in die

[1] Kraus: Das gemeine Leinkraut (*Linaria vulgaris* Mill.) S. 13, Arb. d. dtsch. Landw. Ges. 1909, H. 166 nennt eine durchschnittliche Samenzahl je Kapsel von 112, je Fruchtstand von 2436 und je Grundachse mit 12—15 Stengelsprossen von 31700.

Voralpen. Auch in Großbritannien und Skandinavien ist die Pflanze vom Meer bis an die Getreidegrenze und nördlich bis zu 67° 42—46′ n. Br. (Norwegen) ein sehr gewöhnliches Unkraut.

Die Pflanze wird durch Samen fortgepflanzt, vegetativ vermehrt und auf beiderlei Art verbreitet. Die reiche Samenerzeugung und schnelle vegetative Vermehrung können die Unterdrückung der Pflanze sehr erschweren. Keimversuche im Acker haben ergeben, daß der Same sogar ganz oberflächlich und unbedeckt auflaufen kann, wie sich auch seine Keimfähigkeit bei längerem Verweilen im Boden gut erhält. Außerdem ist beobachtet, daß der Same durch den Wind leicht, ja sogar über größere Abstände verbreitet wird und kurze Zeit nach Niederfallen auf nacktem Boden aufläuft, falls die Keimfeuchtigkeit ausreicht, eine Bedingung, die ja im Frühjahr meist erfüllt wird.

Aus diesen Gründen ist es anzuraten, die Samenreife und -verbreitung der Pflanze zu verhindern, auch wenn sie außerhalb der regelmäßig bearbeiteten Flächen des Acker- und Gartenbaues auftritt. Im Nutzland bekämpft man sie durch Hackfruchtanbau bei gleichzeitiger, guter Bodenbearbeitung und durch gründlich durchgeführte Vollbrache. Überhaupt ist *Linaria vulgaris* ein Unkraut, das guter Bodenpflege nicht widerstehen kann.

An Hauptwurzeln und Nebenwurzeln entwickeln sich hier und da weiße Knöllchen von der Größe der Wickensamen teils einzeln, teils in zusammenhängenden Knäueln. Diese Mißbildungen scheinen von Insekten herzurühren, deren Larven darin leben. KRAUS-München erwähnt in seiner Abhandlung: Das gemeine Leinkraut (*Linaria vulgaris* MILL), S. 11 darüber: „Sie werden verursacht durch einen Rüsselkäfer (*Gymnetron* oder *Rhinusa Linariae* PNZ.), dessen Larven in den Knöllchen wohnen. Die Larven eines Zweiflüglers (*Diplosis* oder *Cecidomyia linariae* WTZ.) verursachen an den Triebspitzen die Entstehung von Blätterschöpfen."

208. *Lepidium draba* LINN. Stengelumfassende Kresse, Stengelumfassendes Pfefferkraut, Pfeil-, Herz- oder Türkische Kresse, engl. Pepperwort, hoary cress. *Lepidium draba* (Fam. Cruciferae) ist ein mehrjähriges, ausdauerndes Unkraut mit 20—60 cm hohem, aufrechtem, unten verstreut und kurz behaartem, oben kahlem und ästigem Stengel, ganzen, länglichen, abgestumpften, mit kurzer Spitze versehenen, vereinzelt und gleichmäßig buchtigen, scharf gezähnten, kurzhaarigen Blättern, deren unterste gewöhnlich buchtig oder leierförmig sind und sich am Grunde zu einem Stiele verschmälern. Sie welken vor der Blüte. Die übrigen Stengelblätter haben pfeilförmig umfassenden Grund und einen deutlich hervortretenden Mittelnerv. Der oberwärts scheindoldenartig verästelte Stengel trägt zahlreiche Blütenstände aus kleinen Blüten, die viel kürzer als die Blütenstiele sind. Die weißen Kronenblätter sind ungefähr doppelt so lang wie die grüngelben bis weißlichen Kelchblätter. Blütezeit von Mai bis Juli (August), Reife von Juni bis September (Abb. 382). Das zweifächerige, nierenförmige, etwa 2,5 mm lange und 4 mm breite, auf beiden Seiten etwas aufgeblasene Schötchen trägt zwischen beiden Fächern eine Längsfurche mit einer strangartigen Rippe, die von der Scheidewand herrührt. Der schiefeiförmige bis ovale, oben eiförmig-abgerundete, seitlich flachgedrückte, am Rücken stärker als am Bauche vorgewölbte, rauhe, mit warzenartigen Erhebungen und schwachen Längsfurchen versehene, graubraune bis gelbbraune, an der Samenhaftstelle etwas hellere Same wird dem Grunde zu schmaler und hat dort eine grubenförmige Vertiefung, die auf beiden Seiten bis etwa in halbe Höhe des Samens in eine dunklere Furche ausläuft. 1000-K.Gew. etwa 1,8 g, Länge und Breite etwa $1{,}9 \times 1{,}4$ mm, Samenzahl je Pflanze 1200—4800 (?), je kg etwa 555000.

Die Samen der verschiedenen *Lepidium*-Arten keimen gewöhnlich auch bei längerer Bodenlagerung recht schnell.

Die Pflanzen dieser Art entwickeln im zweiten Jahre blühende und fruchtende Sprosse. Die Wurzel ist eine mehr oder weniger gekrümmte und teilweise schon von oben her sehr verzweigte Pfahlwurzel, die ebenso wie ihre dünnen Ausläufer Laubsprosse treibt. HEGI[1] erwähnt über die Wurzel folgendes: „Wurzel verlängert, nach oben stark verzweigt, die Wurzeläste dünn, unterirdisch weit kriechend, in fruchtbare und unfruchtbare Stengel auslaufend". WEHSARG[2] vergleicht das Wurzelsystem der Pflanze mit dem anderer ausdauernder, unterirdische Ausläufer bildender Unkräuter und bemerkt, daß sich an der Pfahlwurzel Stengelsprosse entwickeln können, und daß die Ausläufer der Wurzel als Wurzelausläufer bezeichnet werden müssen.

Die Pflanze ist als teilweise sehr lästiges Unkraut der Äcker, Kunstwiesen u. ä. in Mittel- und Südeuropa, dem gemäßigten Russisch-Asien und, aus Europa verschleppt, in Nordamerika und, durch Saatgut verbreitet, auch in vielen anderen Ländern allgemein anzutreffen. Auch viele Gegenden Deutschlands, der Mittelmeerländer, Englands und Skandinaviens (hier bis zu etwa 60,5° n. Br. [Norwegen]) werden von diesem lästigen Unkraut heimgesucht. Die Pflanze wird durch Samen fortgepflanzt, vegetativ vermehrt und auf beiderlei Art verbreitet. Wegen der frühen Blüte und Reife oft schon im Frühsommer fällt der Same besonders im Sommer- und Winterkorn, aber auch auf nicht sorgfältig gereinigten Hackfruchtäckern reichlich am Standort aus[3].

Abb. 382. *Lepidium draba.* 1 voll entwickelte Pflanze, 1/2 nat. Gr. (Wurzelsystem schematisiert); 2 Einzelblüte; 3 durchschnittene Schötchen mit freigelegten Samen, etwa 4fach vergr.; 4 Samen, 6fach vergr.; 4 a Samenlängsschnitt; 5 Same, nat. Gr. Orig.-Zeichn.

Samen dieses Unkrautes finden sich oft in Saatgut, z. B. Kleesamen, in Stalldünger, Reinigungsabfällen u. ä. Über die Bekämpfung des Unkrautes vergleiche man, was bei *Barbaraea vulgaris* und *Cirsium arvense* und im Abschn. VI A, 1—3, B a 2—5 angeführt worden ist.

---

[1] HEGI: Illustrierte Flora von Mitteleuropa Bd. 4, 1, S. 78.

[2] WEHSARG: Die Verbreitung und Bekämpfung der Ackerunkräuter in Deutschland. Arb. d. dtsch. Landw. Ges. H. 294.

[3] LONG erwähnt in Common Weeds of the Farm and Garden S. 66, daß sich dieses Unkraut, wenn Samenreife nicht verhindert wird, sehr schnell verbreiten und zu einer Landplage werden kann, weshalb man es durch Anbau von Hackfrüchten während zweier Jahre bei gleichzeitiger sorgfältig durchgeführter Reinhaltung möglichst schon vor der Fruchtreife unterdrücken sollte. WEHSARG weist gleichfalls darauf hin.

VIII. Moose.

209. *Hypnum* sp. Astmoose, engl. Mosses. Die Astmoose gehören zu den Laubmoosen (*Musci*). Ihnen fehlen echte Wurzeln und Gefäßbündel. Die Wurzel wird durch braune, aus vielen verzweigten Zellenreihen zusammengesetzte, verstrickte Fasern ersetzt, die die Pflanze am Boden befestigen und der Nahrungsaufnahme dienen. Die schraubenständigen Blätter sind an der Spitze gekrümmt (Abb. 383).

An bestimmten Stellen zwischen den Blättern am Stengel bilden sich während des Wachstums weibliche Archegonien und männliche Antheridien. Im Archegonium entwickelt sich die Eizelle, im Antheridium werden die Spermatozoiden

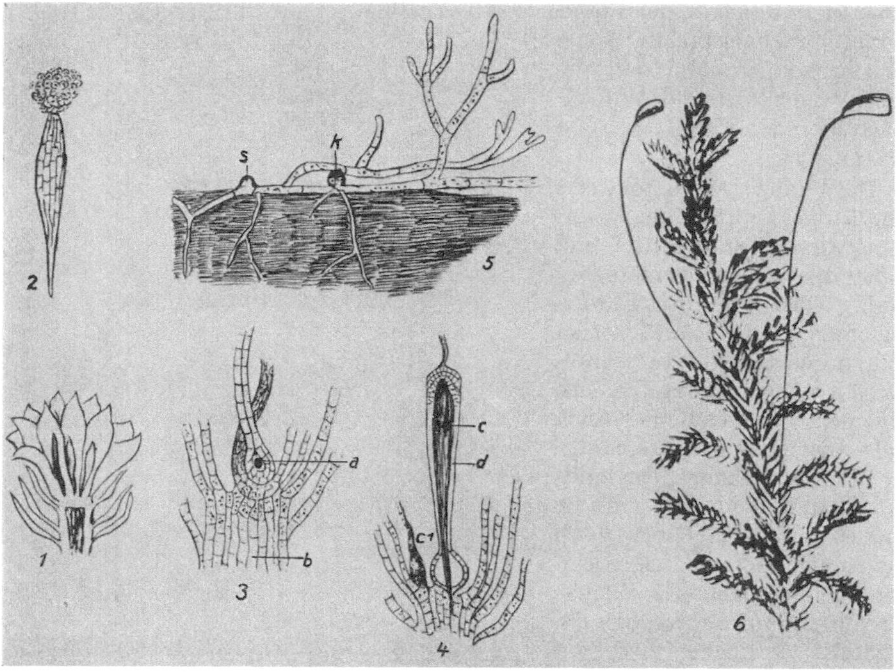

Abb. 383. *Hypnum.* *1* Blüte im Längsschnitt, in deren Innerem man 3 Antheridien (männliche Organe) sieht, 9 fach vergr.; *2* Antheridien mit austretenden Spermatozoiden, etwa 63 fach vergr.; *3* Schnitt durch Archegonien (weibliche Organe) und Teil eines Stengels, *a* Eizelle, *b* Stengel; *4* dieselben Teile einige Wochen später; das eine Archegonium mit befruchteter Eizelle ist zur Sporenkapsel herangewachsen, *c* Sporenkapsel, *d* Wand der flaschenförmigen Kapsel, *c*¹ abgestorbenes Archegonium, etwa 25 fach vergr.; *5* Protonema (Vorkeim), *s* Spore, aus der sich der Vorkeim entwickelt hat, *k* aus dem Vorkeim gebildete Knospe, aus der sich die Moospflanze entwickelt, etwa 180 fach vergr.; *6* *Hypnum triquetrum*, nat. Gr. Schematische Zeichnung nach SCHMEIL.

gebildet, die nach der Eizelle hinüberwandern und mit ihr verschmelzen. Gleich nach der Befruchtung verlängert sich die Eizelle allmählich zu einer emporstrebenden Säule, wobei sie die Spitze des Archegoniums, die später die Haube über dem Sporenträger bildet, vor sich herschiebt. Nach beendetem Längenwachstum entsteht oben am Stiel eine Kapsel, in der sich Sporen entwickeln. Sie öffnet sich nach der Reife mit einem Deckel, um die so befreiten Sporen ausstäuben zu lassen. Diese werden vom Winde verweht, fallen auf die Erde und keimen, sobald sie auf günstige Keimverhältnisse stoßen. Die auf offenen Boden fallenden Sporen keimen bei genügendem Vorhandensein von Feuchtigkeit und Wärme, während ein großer Teil zugrunde geht.

Die keimende Spore bildet einen sogenannten Vorkeim, der sich in und über dem Erdboden verzweigt und ästigen Fadenalgen, mit denen er oft zusammen anzutreffen ist, ähneln kann. Auf offenem, feuchtem Boden bildet er oft im Spätsommer eine grüne Schicht.

Während der Entwicklung beschafft der Vorkeim selbst die zum Wachstum und zu weiterer Entwicklung notwendigen Nährstoffe. Zwischen den farblosen, braunen Ästen, die als Wurzelhaare in die Erde dringen und die fehlende Wurzel ersetzen, und den oberirdischen, grünen Zweigen, die unter Einwirkung des Sonnenlichtes die aufgenommenen Rohstoffe umbilden, findet Arbeitsteilung statt.

Die am Vorkeim entstehenden Knospen wachsen allmählich weiter und bilden schließlich die ausgewachsene Moospflanze.

Bei reichlicher Keimung der Moossporen kann die Moosschicht ganz dicht werden und schließlich sogar größere Flächen der Wiese mit einer zusammenhängenden Decke überziehen.

Da das Astmoos sich am Boden hält und nicht in die Höhe wächst, nimmt es auf der Wiese scheinbar nur einen sehr bescheidenen Platz ein. Wegen seines dichten, mattenartigen Teppichs jedoch, mit dem es das Land überzieht, verhindert es Keimung und Entwicklung nützlicher Wiesenpflanzen besonders auf älteren und natürlichen Wiesen, wo die Erneuerung und Verjüngung der Nutzpflanzen auf natürlichem Wege durch Bildung neuer Pflanzen, oder durch Eigenvermehrung und Fortpflanzung durch ausfallende Samen der Gräser vor sich geht. Außerdem verhindert das Moos einen guten Luftwechsel in der Erdschicht und bildet so Anlaß zu sauren Böden, die wiederum den Verbrauch von Pflanzennährstoffen hemmen und so den Bestand der Wiese an Nutzpflanzen schädigen.

Die Astmoose halten sowohl gegenüber Trockenheit als auch bei Nässe zähe und lange aus. Sie entwickeln sich am kräftigsten in feuchtem Klima und dort, wo eine regelmäßige Folge kurzlebiger Wiesen zwischen mehreren Ackerfruchtfolgen auf Schwierigkeiten stößt. Unter solchen Umständen greifen die Astmoose stark um sich, und es finden sich wohl kaum ältere Kunstwiesen, von natürlichen Wiesen ganz abgesehen, auf denen das Moos nicht Stellen mit zum Teil sehr dichter Decke oft von mehreren cm Dicke auf der Grasnarbe erobert hat. Es ist ganz selbstverständlich, daß Moos den Graswuchs behindert, ganz gleich ob man die Wiese als Heuwiese oder als Weide verwendet. Aber nicht nur unter den oben angeführten Umständen treten die Astmoose schädigend auf. Sie verbreiten sich auch im trockenen Inlandsklima, besonders auf schwerem, lehmigem Boden und unter besonderen Verhältnissen sogar auf jüngeren Kunstwiesen.

Die Astmoose werden durch Sporen vermehrt und verbreitet.

Über ihre Bekämpfung vergleiche S. 536—539.

IX. Die chemische Zusammensetzung einiger Unkräuter.

Gleichzeitig mit den Untersuchungen und Beobachtungen über die Lebensverhältnisse u. ä. der Unkrautarten hat der Verfasser die chemische Zusammensetzung einer Reihe von Unkräutern, besonders ihren Gehalt an Asche, Fett, Protein, stickstofffreien Extraktstoffen und Pflanzenfasern, sowie an Stickstoff, Phosphorsäure, Kali und Kalk untersucht. Für den Landwirt, besonders den Ackerbauer, ist die Kenntnis dieser Verhältnisse von großer Bedeutung, da diejenigen Mengen der drei wichtigsten Pflanzennährstoffe Stickstoff, Phosphorsäure und Kali, welche von den verschiedenen Unkrautarten aufgenommen und gebunden werden, der Nutzfrucht während der Unkrautentwicklung nicht zugute kommen können. Vergleicht man den Nährstoff-Prozentgehalt der verschiedenen Unkrautarten mit der Dichte des Unkrautbestandes je Flächeneinheit, dann ergibt sich eine Grundlage, mit deren Hilfe man den Entzug an Nährmitteln durch den Unkrautbestand annähernd errechnen kann. Tabelle 24 enthält die der näheren Erläuterung dieser Tatsachen dienenden chemischen Analysen von Unkräutern.

Tabelle 24. Übersicht des Gehalts einiger Unkrautarten an Futterwert, sowie an den drei wichtigsten Pflanzennährstoffen und Kalk.

Trockenstoff oberirdischer Pflanzenteile = O. unterirdischer Pflanzenteile = U.		Asche	Protein	Verdauliches Protein	Fett	Stickstofffreie Extraktstoffe	Pflanzenfasern	Stickstoff N	Phosphorsäure P_2O_5	Kali K_2O	Kalk CaO
Achillea millefolium	O.	9,89	9,63	—	3,48	46,61	30,39	1,54	0,40	2,65	—
„ *ptarmica*	O.	9,07	10,09	73,50	4,98	44,28	31,58	1,61	0,52	2,90	—
„ „	U.	5,97	11,68	—	1,83	56,48	24,04	1,87	0,46	1,55	1,26
Aegopodium podagraria	O.	13,95	16,32	—	3,62	49,20	16,91	2,61	0,65	5,04	1,96
„ „	U.	8,62	11,34	—	1,08	63,55	15,41	1,83	0,63	1,94	0,86
Alopecurus agrestis [1]	O.	6,19	6,74	64,3	2,30	45,14	39,63	—	—	—	—
Anchusa officinalis	O.	18,08	15,10	—	1,42	38,32	27,08	2,42	0,65	6,33	3,12
Anthemis arvensis	O.	15,97	12,89	—	2,19	34,06	34,89	2,06	1,01	3,47	2,08
„ *tinctoria*	O.	9,46	9,87	—	2,27	40,58	37,82	1,58	0,52	3,09	1,93
Anthriscus silvestris	O.	9,60	7,06	66,79	4,38	44,05	34,91	1,13	0,38	—	—
Artemisia vulgaris	O.	11,42	14,86	—	1,41	37,73	34,58	2,38	0,73	1,99	0,67
Barbaraea vulgaris	O.	8,66	13,01	87,79	2,38	46,74	29,21	2,02	0,63	3,49	—
Bunias orientalis	O.	10,28	19,60	—	1,93	33,13	35,06	3,14	0,64	2,10	2,87
Campanula rapunculoides	O.	11,01	10,53	81,80	2,86	42,10	33,50	1,68	0,72	3,06	1,77
„ „	U.	6,29	—	—	—	—	—	—	0,67	1,98	0,72
Capsella bursa pastoris	O.	11,59	16,01	—	2,47	31,54	38,39	2,56	0,79	2,30	2,87
Carduus crispus	O.	14,11	20,03	—	2,89	33,87	29,10	3,21	0,89	3,69	3,44
Centaurea cyanus	O.	—	—	—	—	—	—	2,30	0,78	1,94	3,13
„ *scabiosa*	O.	9,09	13,03	—	1,95	41,89	34,04	2,08	0,47	2,56	2,25
Chenopodium album	O.	—	—	—	—	—	—	3,72	0,65	9,58	—
„ „ [2]	O.	—	—	—	—	—	—	3,99	1,33	10,91	3,61
„ *bonus Henricus*	O.	17,83	18,43	—	1,81	36,50	25,43	2,95	0,71	7,50	1,26
Chrysanthemum leucanthemum	O.	8,40	8,34	80,16	3,31	53,57	26,38	1,33	0,41	2,88	—
Cirsium arvense	O.	15,92	16,65	—	4,60	42,45	20,38	2,66	0,45	2,26	—
„ „	U.	6,64	12,54	—	1,04	61,60	18,18	2,00	0,70	1,68	—
„ *heterophyllum*	U.	10,86	12,75	—	3,43	56,05	13,91	2,54	0,86	2,39	0,83
„ *palustre*	O.	11,26	16,21	—	2,54	29,89	40,10	2,59	0,50	2,31	2,70
Convolvulus arvensis	O.	24,42	18,42	—	2,90	29,37	24,89	2,94	0,86	4,14	2,40
„ „ [3]	O.	16,27	21,48	—	3,31	40,24	18,70	3,62	0,94	4,91	1,87
Epilobium angustifolium	O.	7,12	11,88	—	2,97	48,39	29,64	1,91	0,45	2,42	1,90
„ „	U.	8,79	5,72	—	1,37	70,64	13,48	0,92	0,43	1,17	2,10
Equisetum arvense [4]	O.	10,03	14,64	—	2,86	47,10	25,37	2,34	0,30	1,92	1,72
Euphorbia cyparissias	O.	12,42	21,11	85,30	5,59	30,44	30,44	3,38	0,87	3,60	3,29
„ „	U.	8,56	—	—	—	—	—	—	0,65	2,15	1,42
Fumaria officinalis	O.	23,00	37,86	—	2,44	21,60	15,10	6,06	1,52	6,67	5,44
Galium boreale	O.	9,97	14,11	—	1,52	30,19	44,21	2,26	0,65	2,51	2,50

Galium mollugo	O.	13,98	21,84	68,00	2,18	34,50	27,52	3,49	0,87	3,49	3,01
„ „	U.	39,02	—	—	—	—	—	—	0,65	1,67	1,46
Lampsana communis	O.	11,01	16,16	—	2,61	33,94	36,28	2,59	1,04	3,15	2,16
Linaria vulgaris	O.	8,77	16,85	—	2,63	42,66	29,09	2,70	0,73	2,25	1,97
„ „	U.	7,75	—	—	—	—	—	—	0,61	1,47	0,61
Matricaria inodora	O.	8,02	11,73	—	2,34	48,83	29,08	1,87	0,41	3,40	—
Melandrium album	O.	16,06	15,00	—	1,81	34,59	32,54	2,40	0,88	5,37	2,03
„ *rubrum*	O.	14,28	11,60	—	1,79	37,03	35,30	1,86	0,69	6,16	1,62
Myosotis arvensis	O.	16,14	9,24	—	1,70	37,74	35,18	1,84	0,75	0,49	3,99
Nasturtium silvestre	O.	19,49	24,58	82,70	1,69	29,66	24,58	3,93	1,10	6,35	3,39
„ „	U.	5,60	—	—	—	—	—	—	0,63	1,65	0,66
Plantago lanceolata	O.	12,17	9,21	—	1,43	46,72	30,47	1,48	0,60	2,08	2,65
„ *major*	O.	16,31	14,87	—	2,07	51,11	15,64	2,38	0,69	3,53	3,57
Polygonum amphibium	O.	8,39	18,99	—	1,90	45,51	25,21	3,06	0,86	3,33	1,43
„ „	U.	6,10	8,70	—	0,93	43,78	40,49	1,40	1,09	0,86	1,61
Ranunculus acer	O.	8,08	7,75	—	2,69	47,14	34,34	1,25	0,28	2,13	—
Raphanus raphanistrum	O.	—	—	—	—	—	—	1,85	0,78	1,30	1,81
Rumex acetosella	O.	5,62	9,66	50,18	4,57	52,58	27,57	1,54	0,40	1,79	—
„ *domesticus*	O.	7,26	11,52	43,16	2,01	51,13	28,08	1,84	0,52	2,57	—
Silene inflata	O.	10,50	12,16	—	2,53	41,13	33,68	1,95	0,62	3,62	1,96
Sonchus arvensis	O.	18,58	16,71	—	4,45	39,78	20,48	2,68	0,47	6,29	—
„ „	U.	4,68	7,62	—	1,74	78,74	7,22	1,22	0,73	2,94	—
„ *oleraceus*	O.	19,33	19,94	—	4,49	40,69	15,55	3,19	1,72	7,82	2,92
Spergula arvensis	O.	—	—	—	—	—	—	2,36	1,08	4,21	1,52
Stachys paluster	O.	13,00	14,50	51,70	2,50	38,00	32,00	2,32	0,90	4,30	1,65
Stellaria media	O.	51,90	13,87	—	1,12	16,55	16,56	2,91	1,97	10,87	3,00
„ „ [5]	O.	20,76	24,08	—	2,05	38,18	14,93	3,85	1,69	10,93	1,99
Symphytum officinale	O.	10,07	9,43	—	1,26	57,86	21,38	1,51	0,44	3,77	1,70
„ „	U.	17,83	7,57	—	0,54	67,03	7,03	1,19	0,38	3,24	0,81
Taraxacum officinale	O.	17,18	14,41	—	4,70	45,78	17,93	2,30	0,68	4,83	—
Triticum repens	O.	8,68	5,38	—	1,98	53,04	30,92	0,87	0,34	1,09	—
„ „	U.	5,32	4,93	—	0,58	61,53	27,64	0,79	0,57	1,15	—
Tussilago farfara	O.	21,51	15,65	74,40	3,06	48,77	11,01	2,53	0,49	5,59	—
„ „	U.	6,33	4,74	—	0,92	74,41	13,60	0,77	0,43	3,26	—
Urtica dioica	O.	13,47	20,74	84,03	2,79	41,12	21,88	3,31	0,84	3,71	—
„ „	O.	19,08	19,96	—	1,80	29,82	29,34	3,19	1,01	3,38	5,93
Viola tricolor	O.	17,67	12,03	—	2,17	40,54	27,59	1,93	0,63	3,40	2,03

[1] FRUWIRTH: Der Ackerfuchsschwanz. Im Auftrage der Ackerbau-Abteilung d. dtsch. Landw. Ges. 1908, S. 18.
[2] KLING: Landwirtschaftl. Versuchs-Stationen, Bd. 85, H. 6. [3] KLING: Ebenda, Bd. 85, H. 6, S. 437. 1914.
[4] WEBER-Bremen: Der Duwock (*Equisetum palustre*). Vgl. Arb. d. dtsch. Landw. Ges. H. 72, S. 19 u. 20. Berlin 1903.
[5] KLING: Über die chemische Zusammensetzung einiger Unkräuter, sowie deren Wert als Futter- und Düngemittel. Landwirtschaftl. Versuchs-Stationen Bd. 85, H. 6, S. 441—447. 1914.

Sechster Abschnitt

Abwehrmaßnahmen gegen Unkräuter.

Während uns im Vorigen die Lebensverhältnisse, Fortpflanzungsarten, Verbreitungsweise, schädlichen Wirkungen der Unkräuter u. ä. beschäftigten, behandeln die folgenden Abschnitte die Abwehrmaßnahmen gegen diese Pflanzen. Versuche und Beobachtungen in den letzten Jahren, haben nämlich eine Reihe früher weniger bekannter Mittel und Maßnahmen zur Unkrautunterdrückung im Nutzlande in den Vordergrund gerückt.

Die Unkrautbekämpfung stellt die Landwirtschaft vor folgende beiden wichtigen Aufgaben:

A. Vorbeugende Abwehrmaßnahmen.

B. Direkte Abwehrmaßnahmen.

A. Vorbeugende Abwehrmaßnahmen.

Diese bezwecken durch:

1. günstigen Fruchtwechsel die Weiterentwicklung des Unkrautes zu hemmen,
2. Verwendung reinen Saatgutes, Vernichtung der in Abfällen befindlichen Unkrautsamen, wie durch Verwendung reinen Düngers u. ä. die unmittelbare Verunreinigung des Nutzlandes durch Unkrautsamen zu verhindern,
3. wirksame Bearbeitung des Bodens die Nutzpflanzen zu kräftigem, das Unkraut verdrängendem Wachstum anzuregen.

I. Fruchtwechsel.

Die jeweilige Art des Fruchtwechsels ist für Auftreten und Verbreitung der Unkräuter auf Acker und Wiese von wesentlicher Bedeutung.

Der Landmann weiß, daß Wurzel- und Samenunkräuter zunehmen, wenn der Boden jahrein, jahraus Körnerfrüchte trägt, namentlich Wurzelunkräuter auf Äckern, die beim Umlegen nicht ganz unkrautfrei waren und dann, mit Wiesensamen eingesät, jahrelang der Grasnutzung dienen. Allerdings kennt man auch Fälle, bei denen einzelne Wurzelunkräuter durch Dauerwiesen geschwächt werden, wie beispielsweise Quecke (*Triticum repens*). Bekannt ist auch, daß eine Fruchtfolge mit häufigem Hackfruchtanbau die besten Bedingungen zu wirksamer Bekämpfung selbst äußerst lästiger Unkräuter des Nutzlandes bietet. Jedoch erlauben die Umstände nicht immer, den Hackfrüchten in der Fruchtfolge einen so breiten Platz einzuräumen, wie es im Hinblick auf die Unkrautbekämpfung wünschenswert wäre. Aus diesem Grunde hat man sich seit altersher der Brache bedient und kann dadurch bei richtiger Ausführung (vgl. Abschn. 6, B, V) selbst der schlimmsten Wurzelunkräuter vollkommen Herr werden. Brache ist darum in ihrer wirtschaftlichen Bedeutung nicht zu unterschätzen und sollte sich gegebenenfalles bei extensiven Wirtschaftsverhältnissen als festes Glied der Fruchtfolge einreihen. In Gegenden mit intensiver Wirtschaft oder vorwiegendem Anbau von Hackfrüchten, z. B. Zuckerrüben, läßt sich die Reinigung des Bodens so gründlich durchführen, daß auf Brache verzichtet werden kann. Im übrigen ist die Fruchtfolge den Umständen so gut wie möglich anzupassen.

Bei ausschließlicher Folge von Sommerkorn und Wiese werden sich im Laufe der Zeit große Mengen besonders von Wurzelunkräutern einstellen. Samenunkräuter lassen sich zwar (wie S. 477—509 erläutert wird) auch im Sommerkorn bekämpfen; auf die Dauer kann man sich die Arbeit aber durch Einschaltung einer Hackfruchternte bedeutend erleichtern. Herbstbrache umgeworfener Dauerwiesen (vgl. S. 530) hilft ausgezeichnet und sollte in weit höherem Maße als bisher angewendet werden. Auch durch Halbbrache (vgl. S. 530) erreicht man ohne Unterbrechung der Fruchtfolge eine Beeinträchtigung des Unkrautes.

Schließlich beachte man, daß durch Einschaltung einer dichten Grünfutterdecke anstatt Getreideanbaues auf Flächen, die besonders von Wurzelunkräutern wie *Triticum repens* verseucht sind, das Unkraut beträchtlich unterdrückt werden kann. Nach Möglichkeit vermeide man mehrere aufeinanderfolgende Körnerernten auf verunkrautetem Boden.

II. Verwendung guten, geeigneten, reinen Saatgutes.

Die Beschaffung guten Saatgutes ist für die Landwirtschaft überhaupt und bei der Unkrautbekämpfung im besonderen so wichtig, daß diese Frage in folgendem eingehender behandelt werden soll, selbst auf die Gefahr hin, von den in diesem Buche gestellten Aufgaben etwas abzuschweifen.

Finden sich im Saatgut Unkrautsamen, dann ist zu bedenken, daß die Verbreitung dieser Samen mit der Aussaatmenge wächst und die schwersten und bestentwickelten Unkrautsamen im Saatgut zurückbleiben. So wird dann auf Acker und Wiese ein kräftiger Unkrautbestand hervorgerufen. Das Saatgut erfordert daher ganz besondere Aufmerksamkeit, sei es gekaufte Ware, sei es eigene Ernte. Beim Kauf sollte man immer eine beglaubigte Analyse mit Vermerk über Abstammung, Reinheit und Keimfähigkeit des Samens fordern. Besonders wesentlich sind anerkannt gute Abstammung, gute Keimfähigkeit des Samens (bei den meisten Samen über 90%) und Sicherheit, daß der Same frei von Unkrautsamen und anderen Verunreinigungen ist, kurzum, daß er einen den Anforderungen durchaus genügenden Gebrauchswert hat. Eine Nachanalyse des gekauften Saatgutes zwecks Prüfung der angegebenen Keimkraft, des Reinheitsgrades u. a. empfiehlt sich immer.

Deckt der Landwirt seinen Bedarf aus eigenen Erträgen, dann ist es für ihn nicht weniger lohnend, durch Samenanalyse genauen Einblick in die Beschaffenheit seines Saatgutes zu gewinnen.

a) Saatkorn.

1. Güte, Ausleseverfahren. Da der Ernteertrag in erster Linie vom Saatgut abhängt, muß dieses allen Anforderungen und besonders den Voraussetzungen genügen, die zur Entwicklung eines kräftigen, guten Pflanzenbestandes erforderlich sind. In erster Linie muß das Saatgut wachstumsfähig sein und vorzüglich keimfähige Körner enthalten. Auf seine Wachstumsfähigkeit wirken verschiedene Umstände ein, unter denen Reifegrad, Ernte- und Lagerungsort zu den wichtigsten gehören. Wie schon oben betont, sollte man nie versäumen, die Keimfähigkeit vorher zu untersuchen. Bietet sich dazu in einer öffentlichen Samenprüfstelle keine Gelegenheit, kann man selbst eine Anzahl von beispielsweise 100 Samenkörnern in einem Kasten mit Erde auslegen. Es empfiehlt sich, gleich mehrere solcher Versuche mit derselben Probe auszuführen.

Die nächste wichtige Forderung ist Reinheit des Saatgutes. Unkrautsamen verderben das Saatgut und verursachen wirtschaftliche Schädigungen des Verbrauchers.

Aus großkörnigem Saatgut, wie aus den gewöhnlichen Körnerwaren, läßt sich der Unkrautsame ohne Schwierigkeit entfernen. Schwieriger dahingegen ist es, Wiesensamen von diesen Verunreinigungen zu befreien.

Ein Unkrautsamenbestand von nur $^1/_2$% durchsetzt den Acker mit Tausenden von Unkrautsamen je ha. Bei einer Aussaatmenge von beispielsweise 200 kg Sommerkorn je ha, das mit 30 kg Wiesensamen je ha ausgesät wird, verbreitet man bei $^1/_2$% Unkrautsamen mit dem jeweiligen Saatgut etwa 10 Millionen Unkrautsamen je ha. Nimmt man an, daß nur 75% der Unkrautsamen keimen, und rechnet man damit, daß sich deren Keimfähigkeit über 8 Jahre erstreckt, dann läßt sich errechnen, daß während dieser 8 Jahre jährlich je qm 90—100 Unkrautpflanzen auflaufen.

Das Saatgut soll gleichmäßig und großkörnig sein. Da die Aufgabe des Samens nicht nur in der Erzeugung einer neuen Pflanze, sondern auch in deren Ernährung besteht, bis die Pflanze selbständig Nahrung aufnehmen und weiterwachsen kann, enthält jeder Same außer dem Keim auch einen Nährstoffvorrat. Bevor der Keim die Erdoberfläche durchbrochen und Assimilationsorgane entwickelt hat, wird die Pflanze nämlich kaum imstande sein, von außen her nennenswerte Nahrungsmengen zu entnehmen. Bei den verschiedenen Getreidearten tritt das erst ein, nachdem der Stengelsproß Nährwurzeln gebildet hat, die gewöhnlich gleichzeitig mit dem dritten oder vierten Blatt des Sprosses entstehen. Kleine Samen enthalten nur geringen Nährvorrat und entwickeln darum natürlich von vornherein nur unvollkommene und schwache Pflanzen. Diese Schwäche wird von der aufwachsenden Pflanze nicht völlig überwunden; selbst wenn sie später bei guten Bodenverhältnissen reichlich mit Nahrung versorgt wird, lassen sich Verluste dieser Art nur schwer wieder einholen. Es lohnt sich darum selbst auf gutem Boden nicht, ungleichmäßiges, kleinkörniges Saatgut zu verwenden. Noch größere Verluste bringt es allerdings, wenn man solches Saatgut auf trockenem, magerem Boden verwendet, da die Pflanze in solcher Umgebung vom ersten Augenblick an auf eine kräftige Entwicklung angewiesen ist. Um die geringen Feuchtigkeits- und Nährstoffmengen solcher Böden heranzuziehen, ist kräftige Entwicklung vieler und langer Wurzeln notwendig, eine Forderung, die nur schwerlich von kleinen Körnern erfüllt wird. Die großen, kräftigen, gleichmäßigen Körner des Saatgutes sollte man darum von den geringeren trennen, weil die aus letzteren entstehenden Pflanzen

1. gewöhnlich weniger kräftig entwickelt und somit weniger ertragsfähig werden;
2. längere Zeit zur Entwicklung bedürfen und dadurch später reifen;
3. leichter von Pilzen und Insekten angegriffen und
4. leichter durch Unkräuter verdrängt werden, die dann überhandnehmen und die Ackerfrucht ganz oder teilweise überwuchern können.

So vermindert der Gebrauch kleinkörnigen Saatgutes den Ertrag der Menge wie der Güte nach.

Das gleiche gegenseitige Verhältnis zwischen aus kleinen und großen Samen entwickelten Kieferpflanzen ist von JOHANNESSEN nachgewiesen worden. Untersuchungen über das Verhältnis zwischen großen und kleinen Forelleneiern haben ein ähnliches Verhältnis gezeigt, indem sich die aus großen Eiern hervorgehenden Fische unter im übrigen vollkommen gleichen Wachstumsbedingungen viel schneller entwickelten als die aus kleinen Eiern entstandenen. Die ersten erreichten während der gleichen Wachstumszeit etwa das doppelte Gewicht der anderen[1].

---

[1] DAHL, KNUT: Studier og forsøk over ørret og ørretvann, kap. IV og V. Oslo 1919.

Zur Bedeutung der Großfrüchtigkeit des Saatgutes bei Insektenangriffen sei als Beispiel erwähnt, daß man in Schweden besondere Versuche mit Aussaat von großen und kleinen Haferkörnern vorgenommen und die Widerstandskraft der aufgelaufenen Pflanzen gegenüber den Einflüssen der Frittfliege beobachtet hat. Professor Dr. NILSSON-EHLE berichtet nach Sverige's Utsädesförenings Tidsskrift 1900—1902 über diese Versuche folgendes: „Wir können also feststellen, daß Pflanzen aus Innenkörnern bedeutend mehr als solche von Außenkörnern durch Frittfliegen geschädigt werden. In erster Linie ist dies auf die längere Entwicklungszeit der Innenkörner zurückzuführen. Infolge geringeren Zuflusses aus dem Nährstoffvorrat des Korns sind diese Pflanzen während ihres ersten Entwicklungsstadiums klein und unansehnlich; sie versuchen jedoch wie die übrigen Pflanzen beizeiten auch Nährstoffe aus dem Erdboden zu ziehen und entwickeln sich dementsprechend, so daß der Unterschied zwischen Innenkornpflanzen und Außenkornpflanzen im Laufe der Zeit mehr und mehr verwischt

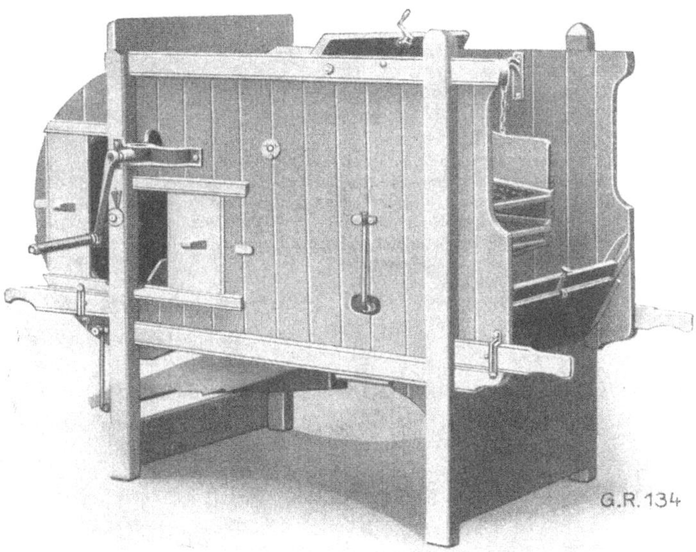

Abb. 384. Gebrüder Röbers Windfege „Ideal". Hersteller: Gebrüder Röber, G. m. b. H., Wutha, Thür.

wird. Dieses Ziel erfordert natürlich längere Zeit, während welcher der Frittfliege Gelegenheit gegeben wird, größeren Schaden bei den Innenkornpflanzen, als bei den sich schneller entwickelnden Außenkornpflanzen anzurichten."

Fülle und Farbe des Korns bilden einen Maßstab zur Beurteilung von Entwicklung, Ernte- und Lagerungsart des Korns.

Bei guter Entwicklung, günstiger Ernte und Lagerung behält das Korn seine Fülle (bleibt prall), seine gleichmäßige, weißgelbe Farbe und einen reinen frischen Duft. Muffiger oder schimmeliger Geruch läßt auf Beschädigung während der Lagerung schließen. Solches Saatgut ist von geringerer, meistens sogar von stark herabgesetzter Keimkraft.

Das Saatgut sollte vor der Aussaat zwecks Verhütung von Kornbrand, der die Körner der jungen Frucht vernichtet, von Pilzen befreit werden.

Die Verwendung reinen Saatgutes ist erfahrungsgemäß von größerer Bedeutung, als die Landleute anzunehmen geneigt sind. Es genügt darum nicht, das Saatgetreide mit der Wurfschaufel oder einer gewöhnlichen Getreidereinigungsmaschine zu behandeln, oder so auszusäen, wie es eine selbstreinigende Dreschmaschine verläßt; dadurch werden nämlich weder alle Leichtkörner, noch alle Unkrautsamen gänzlich ausgesondert. Nur eine der gewöhnlichen Reinigung fol-

a b

Abb. 385, a, b. Der Neusaatveredler, eine Spezialmaschine für den genossenschaftlichen Betrieb. a) Größe I für 500/750 kg Stundenleistung mit Annahmeelevator für Getreide und geeignet für alle anderen Fruchtarten, von leichtesten Grassamen bis zur schwersten Hülsenfrucht. Von der Bedienungsseite und dem Trieurauslauf aus gesehen. b) Größe II für 1000/1500 kg Stundenleistung. Von der Antriebsseite und der Siebung aus gesehen. Hersteller: F. Neuhaus G. m. b. H., Maschinenfabrik für Saatveredelungs- und Speicheranlagen, Eberswalde.

gende, gründliche Nachreinigung mit einer Maschine zur Feinsortierung (Abb. 384; 385; 386) und darauf im Trieur (Abb. 387 und 388) kann erstklassiges Saatgut ergeben.

Schon bei einer Keim- und Reinheitsuntersuchung treten große Unterschiede zwischen schlecht und gut gereinigtem Saatkorn hervor. Solche Untersuchungen

Abb. 386. Fahrbare Saatreinigungsanlage „Freia". Hersteller: F. H. Schule, G. m. b. H., Maschinenfabrik, Hamburg. Leistung 500 kg in der Stunde. Mit Plansichter, Trieur und Ausleser „Aschenbrödel".

hat man mit einer Reihe von Körnerproben aus selbstreinigenden Dreschmaschinen ohne Nachreinigung (Tabelle 25, Reihe 1), mit Nachreinigung auf gewöhnlicher Windfege (Reihe 2), mit Reinigung im Trieur (Reihe 3) und mit Nachreinigung durch Windmaschine und dann im Trieur (Reihe 4) vorgenommen. Während die Prozentzahl von 0,45 zu 0,0 fiel, stiegen das

1000-K.Gew. . .	von	37,03 g	bis	43,40 g
der Reinheitsgrad	„	95,59 %	„	98,77 %
der Gebrauchswert	„	87,90 %	„	99,18 %
der Gebrauchswert nach der Wägemethode . . .	„	3,52 g	„	3,88 g,

wie die Aufstellung der Tabelle 25 zeigt.

In der Landwirtschaft hat sich bis in die allerletzten Jahre hinein eine gewisse Unsicherheit in der Beurteilung des Gebrauchswertes gut gereinigter Saat erhalten, und vielfach findet man noch die Auffassung vertreten, daß selbstreinigende Dreschmaschinen imstande sind, das Korn genügend zu säubern. Die inzwischen auf diesem Gebiete gewonnenen Erfahrungen

Abb. 387. Trieur-Auslesemaschine. Hersteller: Gebrüder Röber, G. m. b. H., Wutha, Thür.

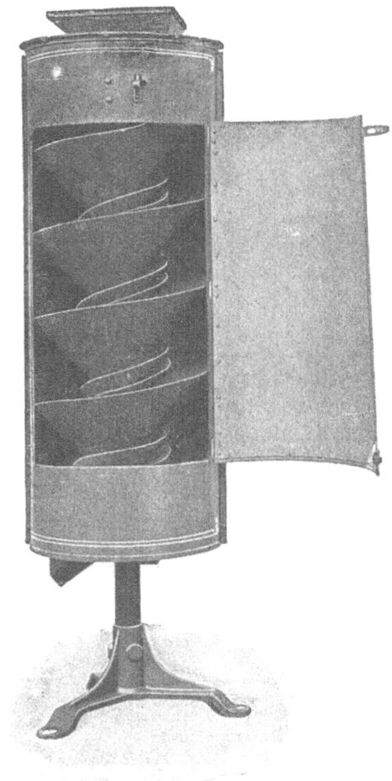

Abb. 388. Schneckentrieur von der Kalker Trieurfabrik und Fabrik gelochter Bleche, Mayer & Cie., Heumar, Bez. Köln. Ein anderer Schneckentrieur (Hersteller: Firma Richard Korant, Berlin-Wilmersdorf) wird mit eisernem Untersatz und 3 Sackaufhaltern geliefert. Die Füße des Untersatzes sind bis etwa 90 cm Höhe beliebig verstellbar. — Der Schneckentrieur eignet sich vorzüglich zum Trennen der wertvolleren Wicken aus dem Getreideabgang, zum Reinigen von Erbsen, Buchweizen und Leinsamen, sowie zum Nachreinigen des Aushubs aus Getreide und vielen anderen Samenarten. Das Gerät erfordert keinen Antrieb und kann überall leicht aufgestellt werden.

Tabelle 25. Gebrauchswert des Saatgetreides.

Behandlungsart	Unkrautsamen in %	1000-K. Gew. in g	Reiner Samen in %	Keimprozent d. reinen Samens	Gebrauchswert der Proben in %	Gew. der aufgelaufenen Kornpflanzen in g
1. Ungereinigt (m. selbstreinigender Maschine gedroschen, aber nicht nachgereinigt). .	0,45	37,3	95,59	92	87,90	3,52
2. Mit gewöhnlicher Windfege nachgereinigt	0,41	36,1	96,43	97	93,50	3,58
3. Im Trieur nachgereinigt	0,005	41,9	99,2	98	96,94	3,70
4. Mit gewöhnlicher Windfege und dann im Trieur nachgereinigt	0,00	43,4	98,77	100	99,18	3,88

sollten aber jeden Landwirt veranlassen, sich nicht mehr mit der Verwendung minderwertigen Saatgutes zu begnügen.

Die Zahlen der Tabelle 26 zeigen, wie gereinigtes Saatgut bei Nachreinigung im Trieur in Posten verschiedener Größen geschieden wird. Vom schwedischen Moorkulturverein im Jahre 1902 mit zwei verschiedenen Hafersorten ausgeführte Versuche, bei denen die Körner in große (Außenkörner), Mittelkörner (Innenkörner) und geschälte Körner geschieden waren, zeigten bei der Ernte die in Tabelle 27 angeführten Ergebnisse.

Tabelle 26. Saatkorn nach gewöhnlicher Reinigung und anschließender Sortierung der Größe nach im Trieur.

		Hafersorten			Sommerroggen	Weizen	Gerste	Graue Erbsen
		Tartar king	„Guld regn"	Ligowo				
Größe der Saatmengen nach gewöhnlicher Reinigung		kg 1500	kg 7756	kg 5594	kg 2734	kg 1997	kg 2139	kg 1188
Davon wurden durch Feinsortierung im Trieur ausgeschieden als	Nr. 1	54 %	66 %	73 %	90 %	69 %	71 %	83 %
	„ 2	12 „	18 „	20 „	9 „	28 „	20 „	14 „
	„ 3	20 „	9 „	3 „	1 „	3 „	9 „	3 „
	„ 4	14 „	7 „	4 „	—	—	—	—

Tabelle 27. Ernteertrag nach Aussaat von:

	„Moos"-Hafer		„Plym"-Hafer	
	Körner %	Stroh %	Körner %	Stroh %
Außenkörnern	100	100	100	100
Innenkörnern	81	76	76	92
Geschälten Körnern	63	76	46	82

Vom Verfasser ausgeführte Versuche hatten bei 118 Reihen das in Tabelle 28 angeführte Ergebnis.

Aus diesen Versuchen geht deutlich hervor, daß der Ernteertrag gleichzeitig mit der Saatkorngröße abnimmt.

Zur weiteren Erhellung des Unterschiedes von Körnererträgen (der Strohertrag ist hier nicht berücksichtigt) bei verschiedener Körnergröße stellt Tabelle 29 die Prozentverhältnisse in sämtlichen 118 Versuchsreihen graphisch dar. Die beiden Versuchsreihen A und B und jede der drei bei diesen Versuchen benutzten Getreidearten wurden besonders aufgeführt. Durch Vergleichen kann man schnell die Unterschiede der Körnererträge bei verschiedenen Körnergrößen des Saatgutes feststellen. Bei beiden Reihen und allen Getreidearten ist der bei der größten Saatkörnergröße geerntete Ertrag gleich 100 angenommen, während die Erträge bei abnehmenden Körnergrößen im Prozentverhältnis dazu berechnet sind.

Der Schale beraubte Körner haben schlechte Keimkraft und geringen Gebrauchswert. Das ist beim Dreschen wichtig. Man vermeide durch möglichst sorgfältige Behandlung das Schälen der Körner. Versuche ergaben, daß der Wert des geschälten Kornes als Saatgut bedeutend geringer ist als der von Saatkorn mit unverletzter Schale. Ein Versuch mit ungeschältem Hafer führte zu einem Ertrage von 1590 kg Körnern und 3140 kg Stroh, während durch Aussaat von geschältem Hafer 1130 kg Körner und 2020 kg Stroh erzeugt wurden. Bei Aussaat von geschälten Haferkörnern liegt der Ertrag an Körnern 29%, der an Stroh 36% unter dem nach Aussaat von ungeschälten Körnern erzielten.

Der Ertragsunterschied nach Aussaat von geschälten und ungeschälten Körnern betrug je ha an Körnern 460 kg, an Stroh 1120 kg.

Tabelle 28. Norwegische Körnergrößenversuche mit Sommergetreide. Insgesamt 118 Versuchsreihen.

I. 1. Keimprozent des Saatgutes im Laboratorium.
2. Prozentzahlen der Saatgutentwicklung im freien Ackerboden nach Aussaat von:
a) gleich großen Gewichtsmengen,
b) gleich großer Körnerzahl.

II. Anzahl geernteter Halme in % bei Aussaat von:
a) gleich großen Gewichtsmengen,
b) gleich großer Körnerzahl.

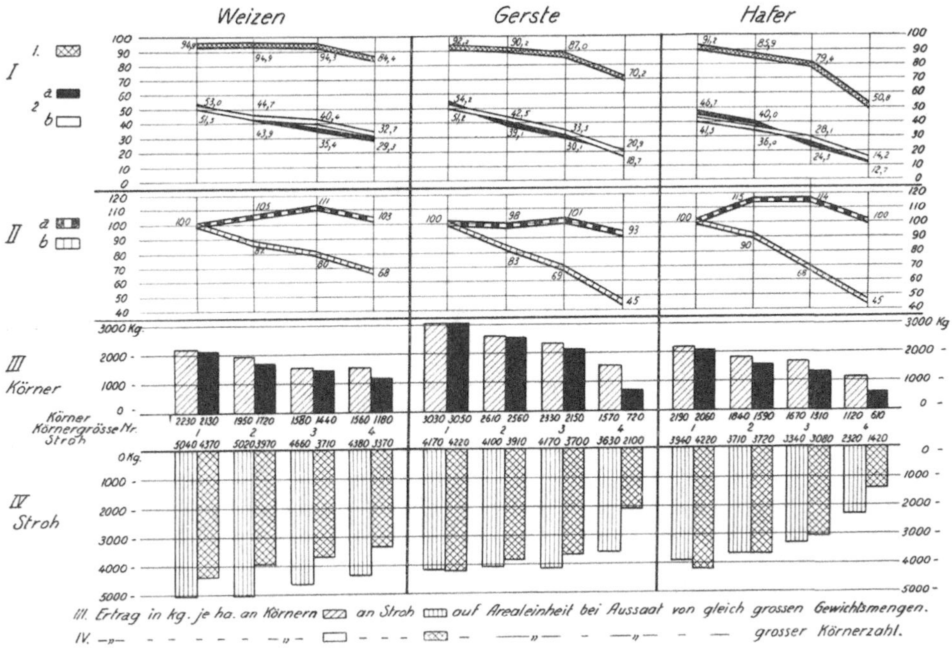

Topfversuche ergaben bei

600 ungeschälten Körnern 594 Keimungen, d. h. 99%,
600 geschälten Körnern 450 Keimungen, d. h. 75%.

Beim Wägen der Halme nach 12tägiger Keimzeit lag das Gewicht bei Aussaat geschälter Körner 25% unter dem der Halme, die ungeschälten Körnern entsprossen waren. Einige schwedische und dänische Untersuchungen dieser Verhältnisse zeigten ähnliche Ergebnisse.

Versuche und Beobachtungen haben die Erfahrung bestätigt, daß der Pflanzenbestand im Acker um so ungleichmäßiger und dünner wird, und dabei Unkraut um so mehr Oberhand gewinnt, je größer die Anzahl der kleinen und geschälten Körner im Saatgut ist.

Tabelle 29.

Reihe A. Aussaat gleich großer Gewichtsmengen der verschiedenen Körnergrößen:

Weizenkörnerertrag in % — Gerstenkörnerertrag in % — Haferkörnerertrag in %

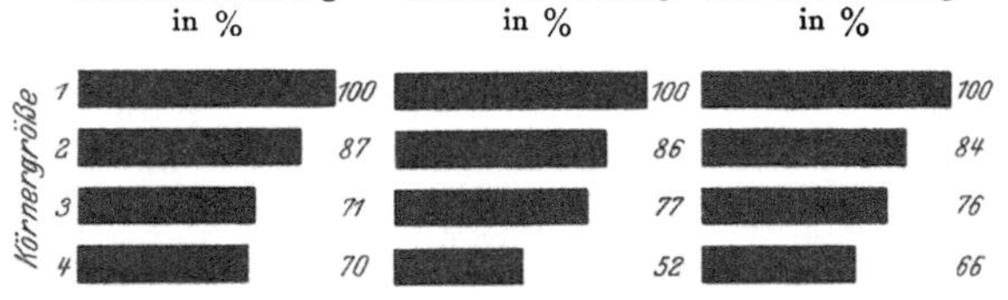

Reihe B. Aussaat gleicher Körneranzahl der verschiedenen Körnergrößen:

Weizenkörnerertrag in % — Gerstenkörnerertrag in % — Haferkörnerertrag in %

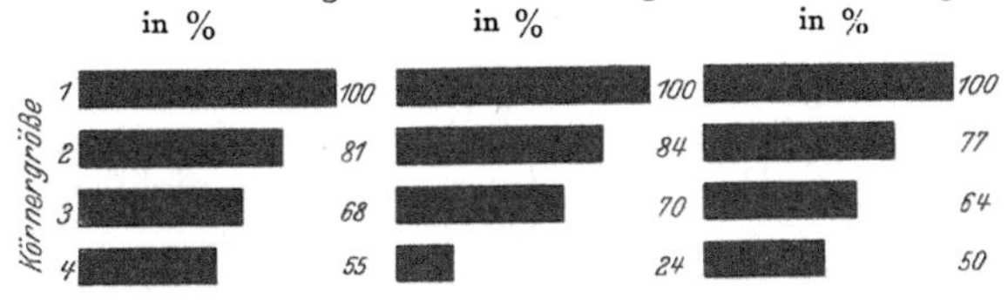

2. Beizverfahren. Das gleichmäßige und großkörnige Saatgut, das wir, wie oben gezeigt, durch gute Auslese und gründliche Scheidung von minder guter Ware erhalten, wird indes oft von Pilzkrankheiten wie Brand, Fusarien und bei Gerstenarten auch von Streifenkrankheit befallen, die durch Saatgut verbreitet werden. Um darum der Güte des Saatgetreides ganz sicher zu sein, müssen diese Pilze vor der Aussaat vernichtet werden.

Der Brand wird durch mikroskopisch kleine Pilze hervorgerufen, die in der Getreidepflanze während der Zeit ihres ganzen Wachstums vom ersten Keimen bis zur Reife im Herbst wachsen und schmarotzen. Die Krankheit richtet jahrein, jahraus bedeutenden Schaden bei Hafer, Gerste und Weizen an, da der Kern der befallenen Pflanze vernichtet und in eine pulverartige Masse verwandelt wird. Dieses Pulver besteht aus einer unzähligen Menge von Sporen, die die Krankheit durch Ansteckung übertragen (Abb. 389; 390; 391; 392; 393). Die Streifenkrankheit befällt die Gerste auf ähnliche Art wie der Brand, nur mit dem Unterschied, daß die Blätter braune Streifen aufweisen und die Ähren leer sind.

Abb. 389. Brandkrankheit des Hafers: (links) Gedeckter Brand durch *Ustilago levis* (KELLERM. et SWINGLE) MAGNUS (= *U. Kolleri*); (rechts) Flugbrand durch *Ustilago avenae* (PERS.) JENS. Nach ROSTRUP.

Die Wirkung der Fusarien ist nicht augenfällig, wenn man von dem Fall absieht, in dem sie sich gleich nach der Schneeschmelze als Schneeschimmel auf der Wintersaat, besonders dem Roggen zeigen. Immerhin schwächen diese Pilze die Pflanze bedeutend, sodaß sich meist geringwertige Körner mit schlechter Keimfähigkeit entwickeln. Durch Abtötung der *Fusarium*-Pilze vermehrt man demnach den Ernteertrag.

Beide Brandarten des Hafers, der gedeckte Brand der Gerste, sowie der Stinkbrand des Weizens lassen sich mit Formalin bekämpfen. Die Pilzbekämpfung bei Hafer und Gerste geschieht gewöhnlich durch Eintauchen in eine Lösung von $^1/_2$ Liter Formalin in 100 Liter Wasser und bei Stinkbrand des Weizens von $^1/_4$ Liter Formalin in 100 Liter Wasser.

Beim Besprengen benutzt man auf 100 kg Hafer oder Gerste eine Lösung von 75 g Formalin in 15 Liter Wasser; auf 100 kg Weizen eine solche von 40 g Formalin in 15 Liter Wasser. Mit 1 kg Formalin kann man, sofern die Lösung nicht vergeudet wird, 800—1000 kg behandeln. Neben Formalin findet auch Kupfervitriol als Beizmittel vielfach Verwendung.

Bei der Pilzbekämpfung darf man nicht versäumen, auch die Bodenfläche, auf welcher das Korn zum Trocknen ausgebreitet werden soll, und die zur späteren Aufbewahrung dienenden Säcke zu behandeln. Auch die mit dem Saatgut in

Berührung kommenden Teile der Sämaschine sollten entkeimt werden, um Ansteckung bei der Aussaat zu vermeiden.

In der letzten Zeit sind Formalin und Kupfervitriol als Getreidebeizmittel zugunsten anderer Chemikalien in den Hintergrund gedrängt worden, weil sie dazu neigen, die Keimfähigkeit der Körner zu beeinflussen, nicht unbedingt gegen *Fusarium* und Streifenkrankheit wirken, und außerdem Formalin nicht vor späterer Ansteckung schützt. Die Mittel, welche neuerdings zur Anwendung ge-

Abb. 390. Flugbrand oder nackter Brand der Gerste, *Ustilago nuda* (Jens.) Kellerm. et Swingle (= *U. hordei* Brefeld). Etwas verkleinert. Nach Sammlungsmaterial aus der Biol. Reichsanstalt Berlin-Dahlem.

langen, suchen allen den Forderungen zu genügen, die die Bekämpfung von Getreidekrankheiten stellt, denen durch Saatkornbeize vorgebeugt werden kann. Besonders organische Quecksilberverbindungen haben sich hier als nützlich erwiesen. Von den zahlreichen Beizmitteln dieser Art, die heute im Handel sind, seien an Feuchtbeizen Sublimoform, Germisan, Urania-Saatbeize und Uspulun-Universal, an Trockenbeizen Abavit B, Tillantin und Tutan genannt[1].

Zur Bekämpfung des Flugbrandes der Gerste und des Weizens behandelt man das Saatgut mit warmem Wasser, indem man das Korn zunächst 3 Stunden

[1] Vgl. dazu auch: Pflanzenschutzmittelverzeichnis des Deutschen Pflanzenschutzdienstes.

lang in kaltem Wasser einweichen und es dann 7—10 Stunden lang in den Säcken stehen läßt, um auf diese nur mögliche Weise die im Kern verborgenen Pilzsporen gegenüber einer Temperatur empfindlich zu machen, der sie in trockenem Zustande widerstehen. Gleich darauf taucht man das in dünnfädigen, locker gewebten Säcken oder am besten in Körben befindliche Korn im Laufe von

Abb. 391. Hartbrand oder gedeckter Brand der Gerste, *Ustilago hordei* (PERS.) KELLERM. et SWINGLE (= *U. Jensenii* ROSTRUP). Verkleinert. Nach Sammlungsmaterial aus der Biol. Reichsanstalt Berlin-Dahlem.

5 Minuten 20mal in Wasser, das während der ganzen Zeit einen bestimmten Wärmegrad, bei Weizen 51—52° C, bei Gerste 50° C (Abb. 394), halten muß.

Die Warmwasserbehandlung vernichtet auch den Halmbrand des Roggens, den gedeckten Brand des Hafers (Abb. 389), den Hartbrand der Gerste (Abb. 391) und den Stinkbrand des Weizens (Abb. 393) mit großer Sicherheit. Man weicht die Körner vorher nicht ein, sondern taucht sie gleich in 5 Minuten 20mal in warmes Wasser, dessen Temperatur bei der Gerste 56—57 °C, bei Hafer 55° C und bei Roggen 54—55° C betragen muß. Während der Behandlung muß das Saatgut ebenso lange unter wie über Wasser gehalten werden. Nachher wird

Abb. 392. Flugbrand des Weizens, *Ustilago tritici* (PERS.). Mehrere brandige Ähren. Nach Sammlungsmaterial aus der Biol. Reichsanstalt Berlin-Dahlem.

es auf einem von Ansteckungsgefahr freien Boden in dünner Schicht zum Trocknen ausgebreitet, da sonst leicht Schäden eintreten.

Die Warmwasserbehandlung eignet sich besonders gut, wenn Dampf zur Verfügung steht, da es sonst schwer fällt, die Temperatur des Wassers während der Arbeit auf gleicher Höhe zu halten (Abb. 395).

Tabelle 30. Saatgutbeize durch Warmwasserbehandlung.

Getreideart	Eingeweicht in Wasser	Stehenlassen in Säcken	Beizen bei	Abkühlung durch Dusche	Trockentemperatur	Vernichtung der Brandpilze	Keimkraft des Saatgutes
	Stunden		°C	Min.	°C		
Gerste	3	7	50—51	5	50—70	vollständig	unbeschädigt
Hafer	0	0	55—56	5	55—60	vollständig	unbeschädigt
Sommerweizen	3	7	52—53	5	50—60	fast vollständig	etwas beschädigt

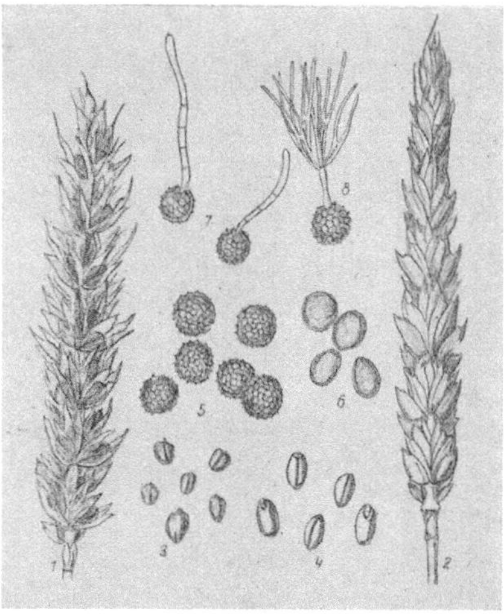

Abb. 393 a. Schmier-, Stein- oder Stinkbrand des Weizens, *Tilletia tritici* (BJERK.) WINT. = *T. caries* TUL. *1* kranke Weizenähre; *2* gesunde Ähre; *3* Brandkörner; *4* gesunde Körner; *5* Sporen vom gewöhnlichen Steinbrand; *6* Sporen vom glattsporigen Steinbrand; *7* in Wasser gekeimte Brandsporen; *8* in Erde gekeimte Brandspore mit Kranzkörperchen (*5*—*8* stark vergrößert). Nach O. APPEL, Flugblatt Nr. 26 der K. Biol. Anstalt für Land- und Forstwirtschaft, 3. Aufl. 1909.

Als Ergebnis einiger norwegischer Untersuchungen haben sich die in Tabelle 30 angeführten Behandlungsarten bei Sommerkornproben bisher als die wirksamsten erwiesen. Neuere norwegische Untersuchungen von JÖRSTAD und CHRISTIE haben jedoch bei Sommerweizen gezeigt, daß Saatgut, dessen Keimprozent unter 95 liegt, am besten 10 Minuten lang bei einer Temperatur von 50—51°C behandelt wird (Tab. 30).

b) Wiesensamen (Tab. 31).

Wenn im Vorigen die Bedeutung der Verwendung von gut gereinigtem und gesundem Saatgut im Acker betont wurde, gilt das in gleich hohem Grade bei Gebrauch von Wiesensamen bei der Einsaat von Wiesen. (Siehe Ergänzung S. 568 unter Nachtrag.)

Zur Erläuterung diene folgendes:

Bei Annahme einer Pflanzendichte nach Verwendung

von Samen der Analyse I = 100,0

erhält man eine Pflanzendichte bei

Samen der Analyse II = 99,1

" " " III = 44,2

" " " IV = 43,1

" " " V = 14,4

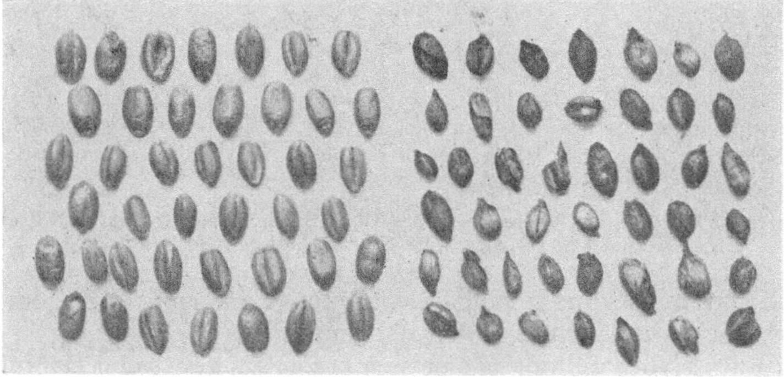

Abb. 393 b. Gesunde Weizenkörner mit Stinkbrandsporenpulver an dem behaarten Ende (links) und Brandbutten (rechts). Nach KÖLPIN-RAVN.

d. h. also, daß der dem Unkraut während der Entwicklung zur Verfügung stehende Platz sich bei Gebrauch der Samengruppe V versiebenfacht und beispielsweise bei Gruppe IV 2,3mal so groß wie bei Gruppe I ist. Das erklärt, weshalb oft bei vollkommen reinem Wiesensamen, dessen Gebrauchswert allerdings gering ist, die Wiese trotzdem von Unkräutern durchsetzt wird. Sie wird eben spärlich mit Nutzpflanzen bedeckt, so daß die im Boden befindlichen oder durch den Wind herbeigeführten Unkräuter, wie auch vermehrungs-

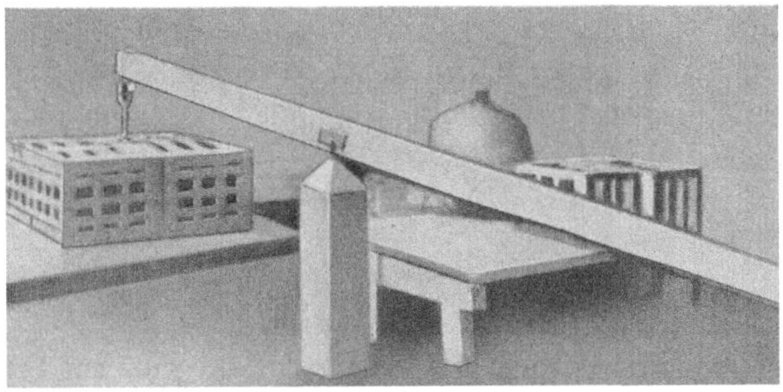

Abb. 394. Beizapparat für Warmwasserbehandlung, bestehend aus einem Wippbaum und einem beschlagenen Ständer, einem vierteiligen Eisenkorb und 8 inwendig mit Drahtnetz bespannten kleinen Körben mit Deckeln.

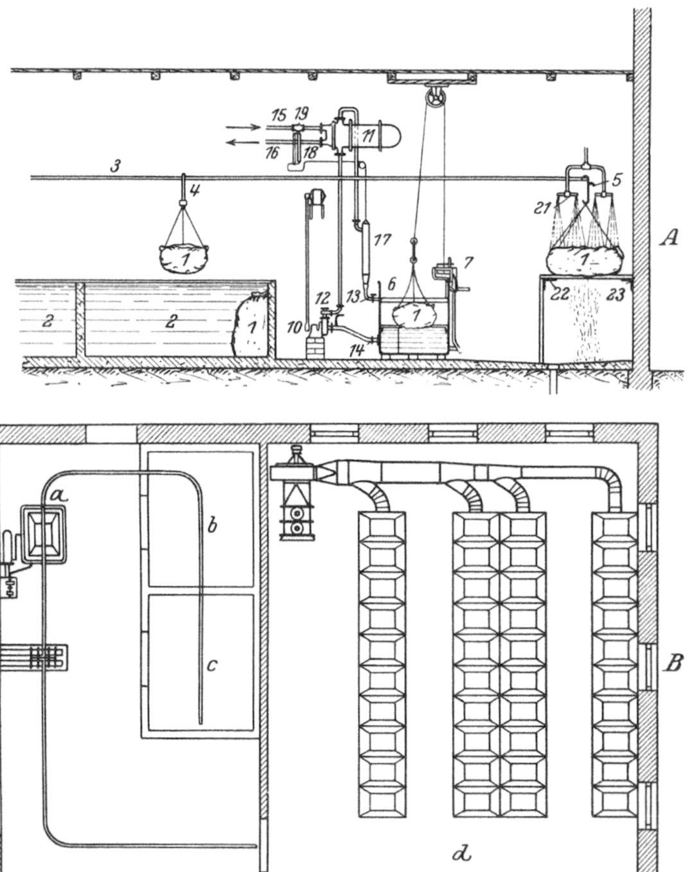

Abb. 395. Beizanlage für Warmwasserbehandlung des Saatgetreides gegen Brand. (System Dinesen.) *A* Längsschnitt; *B* Grundriß. *A*: *1* Sack; *2* Beizbehälter; *3* Rutschbahn; *4* und *5* Haken; *6* Warmwasserbehälter; *7* Winde; *10* Pumpe; *11* Vorwärmer; *12*, *13* und *14* Ventile; *15* Dampfleitung; *16* Wasserleitung; *17* Regulierbehälter; *18* Thermostat; *19* Dampfventil; *21* Dusche; *22* und *23* Holzrost. *B*: *a* Vorwärmer; *b* und *c* Beizbehälter, *d* Trockenraum.

fähige Wurzelteile und wandernde Unkräuter unter günstigen Bedingungen aufwachsen und die geringe Anzahl der Nutzpflanzen verdrängen können.

Um sich auf der Wiese einen guten Pflanzenbestand zu sichern, muß man:

1. die Einsaat durch gute Pflege und Unkrautsäuberung des zur Einsaat bestimmten Ackers vorbereiten,

2. auf der in Frage kommenden Bodenfläche nur unkrautreinen Dünger verwenden,

3. im Jahre der Aussaat verhindern, daß die Überfrucht die Graspflanzen erstickt,

4. erstklassigen, geprüften (Tab. 31) Grassamen in zweckmäßigen Mischungen und hinreichenden Mengen verwenden.

Außerdem säe man so früh wie möglich im Frühjahr die nackten Stellen der erstjährigen Wiese mit Grassamen ein. Es empfiehlt sich, auf diesen Unkrautstellen gleichzeitig Aussaat von Grünfutter vorzunehmen, das man ganz flach, möglichst mit der Drillmaschine in den Boden bringt (vgl. dazu Abschn. 6 B, VI). Dadurch erzielt man eine gute Überfrucht und gleichzeitig eine Steigerung des Wiesenertrages durch den Grünfuttterertrag.

Bei Verwendung von Timothesamen untersuche man deren Gehalt an geschälten Samen. Zwar keimen diese bei Laboratoriumsversuchen ebenso gut wie nicht geschälte. Man kann aber mit Sicherheit davon ausgehen, daß die Keime der geschälten Samen weniger widerstandsfähig und empfindlicher sind. Auch die vom Direktor v. FEILITZEN ausgeführten Versuche im schwedischen Moorkulturverein scheinen das zu bestätigen.

Um das Schälen besonders der reifen Timothesamen zu verhindern, muß man sie namentlich bei der Ernte vorsichtig behandeln.

Tabelle 31. Analysen von Wiesensamen guter und schlechter Beschaffenheit.

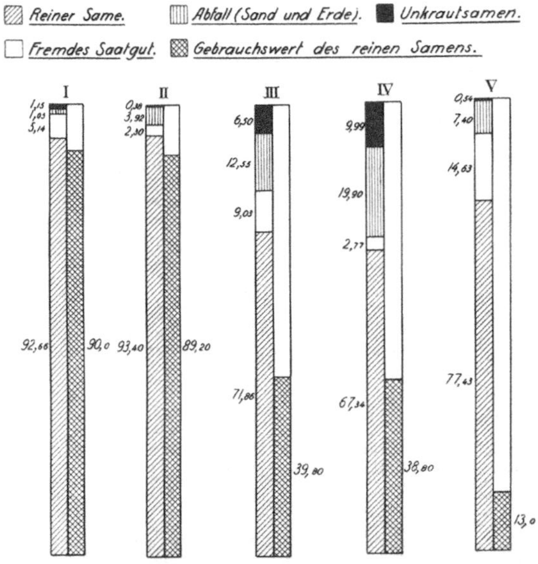

Das Verhältnis zwischen der Dichte reiner Wiesennarbe und dem Gebrauchswert des Wiesensamens ist bei Aussaat gleicher Mengen folgender Sorten:

Die meisten Wiesenunkräuter reifen gleichzeitig mit den Wiesensamen. Deshalb ist man auf nicht vollkommen unkrautreinen Samenwiesen immer einer Verunreinigung der Nutzfrucht ausgesetzt.

Um das nach Möglichkeit zu vermeiden, empfiehlt es sich, die Unkräuter auf der Wiese vor der Ernte wegzujäten. Bei hochstengeligen Unkräutern, wie *Barbaraea vulgaris*, den großen *Rumex*-Arten, *Matricaria inodora*, den *Cirsium*-Arten u. a. läßt sich das leicht bewerkstelligen. Schwieriger ist das bei kurzstengeligen Arten wie *Rumex acetosella*, *Myosotis arvensis* und *Prunella vulgaris*.

Abb. 396. Kleetrieur Original Mayer „Reform“ mit Ventilation und Rücklaufsieb. Größe Nr. 1b. Hersteller: Kalker Trieurfabrik und Fabrik gelochter Bleche Mayer & Cie. Heumar, Bez. Köln.

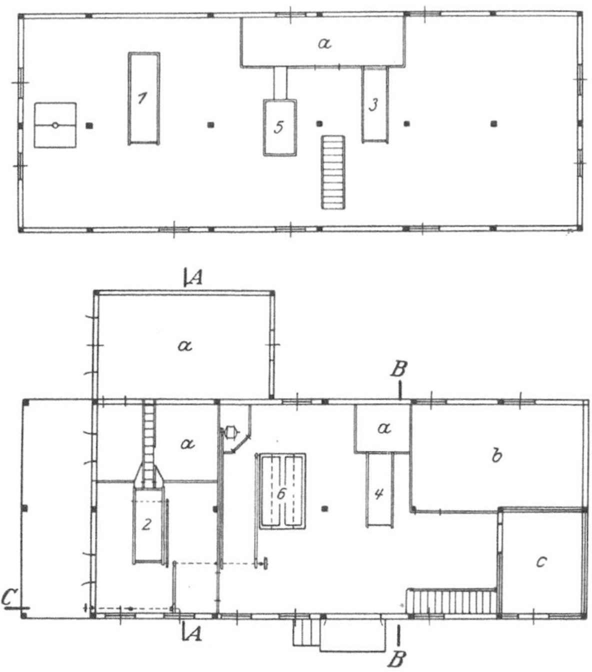

Abb. 397. Die in $^{1}/_{270}$ Größe dargestellten Abb. 397 und 398 dienen als Einrichtungszeichnung und zeigen, wie eine Samen- und Getreidereinigungsanlage einfach und billig kombiniert werden kann, ohne von den Forderungen, die an ein gutgereinigtes Erzeugnis zu stellen sind, irgendwie abzugehen. Das Gebäude wird $2^{1}/_{2}$ Stockwerk hoch auf $8 \times 20{,}5$ m Grundfläche aus Betonsäulen und Fachwerk errichtet. Folgende Maschinen werden eingebaut: Hülsenpresser, automatischer Einleger, Feinsortierer, Purgator, Windfege, Trieur und Schneckentrieur, außerdem ein 7,5—10 PS elektrischer Motor und 2 Sackwinden. Außer dem Raum für die Maschinen sind 3 Spreuräume (*a*), Lagerraum (*b*) und Büro (*c*) vorgesehen. Der Spreuelevator führt die Spreu vom Presser hinweg, entweder lose in den großen angebauten Spreuraum oder durch den Schieber am Ende des Elevators direkt in Säcke. Will man nur eine Maschinenanlage für Samenreinigung und hierzu nur einen Hülsenpresser und einen Feinsortierer haben, so kann das Gebäude 6,4 m kürzer sein, will man auch vom Lager und Büro absehen, so kann es 9,3 m kürzer sein, als die Zeichnung angibt. Dieser Plan gibt also Gelegenheit, die Größe der Anlage nach Bedarf zu variieren. Ebenso kann er benutzt werden, wenn die Anlage mit einer Mühle, einem Getreidespeicher oder einer ähnlichen Einrichtung verbunden oder an diese angebaut werden soll. Orig.-Zeichn.

Da die Samen dieser Unkrautarten jedoch immer kleiner als Kleesamen sind, lassen sie sich auch durch gründliche Reinigung (Abb. 396—399) leicht ausscheiden,

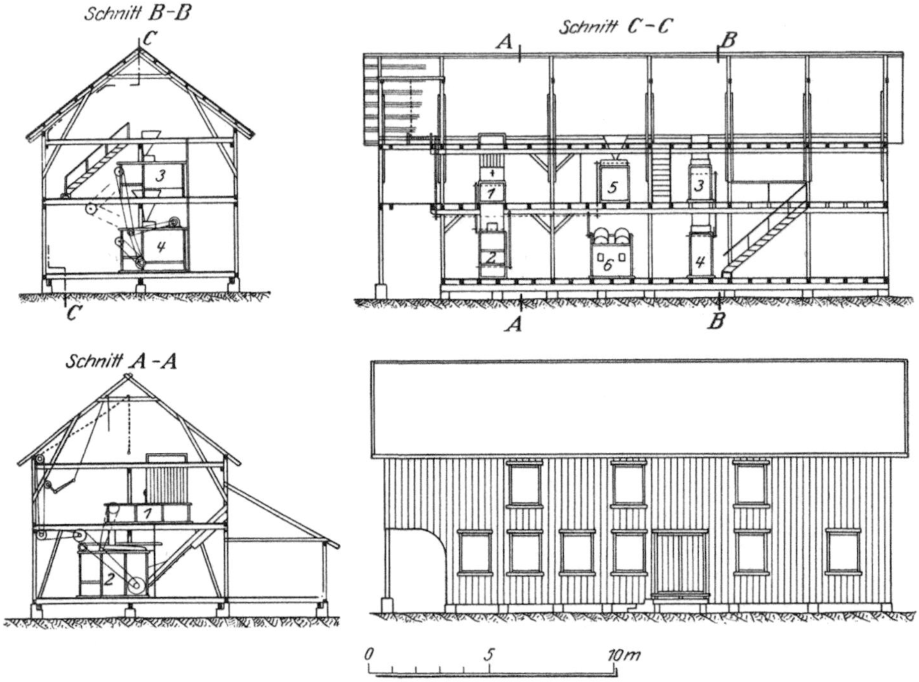

Abb. 398. Gemeinsame Samen- und Getreidereinigungsanlage. *1* selbsttätige Einleger; *2* Hülsenpresser; *3* Grobsortierer; *4* Feinsortierer; *5* Samen- und Getreidereinigungsmaschine; *6* Trieur. Orig.-Zeichn.

Abb. 399. Gebrüder Röbers Kleeseide-Reinigungsmaschine „Cuscuta“.
Hersteller: Gebrüder Röber, G. m. b. H. Wutha, Thür.

sowie auch aus großkörnigen Timothesamen vollkommen entfernen. Durch ganz besonders feine Sortierung lassen sich die meisten dieser Unkrautsamen auch aus kleinkörnigen Timothesamen beseitigen. Indes ergeben kleine Timothesamen nur schwache und minderwertige Pflanzen mit kurzen Halmen und kleinen Ähren- Bei einem Versuche säte man durch besondere Feinsortierung gereinigten kleinkörnigen Timothesamen auf einem Acker aus und erzielte einen gleichmäßigen, dichten Pflanzenbestand auf der ganzen Fläche. Nur erreichten die Pflanzen im zweiten und dritten Jahre kaum eine Höhe von 20—30 cm, mit Ähren von 1 bis 1,5 cm Länge. Mehrere Halme trugen überhaupt keine Ähren.

Tabelle 32. Durchschnittsanalysen im Zeitraum von 10 Jahren.
Reihe a.

Samenart	Anzahl untersuchter Proben	1000-K. Gew. frischer Samen g	Reinheitsbestimmung				Keimbestimmung		
			Reiner Same %	Abfall %	Fremdes Saatgut %	Unkraut-same %	Keimgeschwindigkeit %	Keimkraft reiner Samen %	Aufgelaufene reine Samen %
Rotklee	3517	1,68	96,8	2,1	0,5	0,6	77,2	{83,8 8,5	81,2
Bastardklee	1220	0,679	95,7	1,4	2,4	0,52	78,8	{83,6 9,8	80,0
Timothegras	1449	0,385	97,9	1,0	0,7	0,40	90,6	93,1	91,1
Hafer	710	36,6	98,3	1,2	0,4	0,1	93,1	96,—	94,4
Sechszeilige Gerste	75	35,3	98,8	0,9	0,2	0,1	96,1	97,3	96,1

Tabelle 32. Durchschnittsanalysen im Zeitraum von 10 Jahren.
Reihe b.

Samenart	Anzahl untersuchter Proben	Unkraut %	Fremdes Saatgut %	Bodenabfall %	Reiner Same %	Keimprozent reiner Samen	Keimprozent der Proben	1000-K. Gew. frischer Samen in g	1000-K. Gew. trockener Samen in g	hl. Gew. in kg	Feuchtigkeitsgehalt in %
Rotklee	658	0,29	2,81	3,47	93,44	89,7	83,81	1,74	1,53	—	10,7
Bastardklee	118	0,25	12,28	3,04	84,43	82,7	69,8	0,660	0,588	—	10,9
Timothegras	1114	0,96	3,60	0,90	94,47	95,1	90,01	0,484	0,421	—	11,59
Mischsame	329	1,30	3,48	3,49	91,73	—	—	—	—	—	9,66
Gewöhnlicher Hafer	90	0,06	1,31	1,23	98,09	96,1	93,48	32,89	28,51	48,36	13,30
„Guldregn“-Hafer	593	0,08	0,58	1,34	98,67	94,9	94,07	36,79	31,96	53,76	14,12
Sechszeilige Gerste	588	0,052	0,37	1,10	98,49	96,6	95,73	39,98	34,00	64,57	14,57
Weizen	328	0,09	0,45	1,55	97,92	96,2	94,94	32,31	27,28	79,54	14,97
Roggen	224	0,20	0,27	3,63	95,90	91,7	80,21	25,95	22,03	74,65	15,27

Bei nicht vollkommen unkrautfreien Wiesen ist die Erzeugung vollständig reiner Wiesensaat eine Unmöglichkeit, da die Landwirtschaft bisher kaum über technische Hilfsmittel zur Entfernung sämtlicher Unkrautsamen verfügt. Deshalb wird äußerst selten unbedingt reine Wiesensaat gehandelt. Das ergibt sich auch aus den Tabellen 32a und b, die die Durchschnittsanalysen von Versuchen während eines Zeitraums von 10 Jahren an zwei verschiedenen staatlichen skandi-

Tabelle 33. Saattabellen. Nach STEBLER.
Saatquantum je Hektar bei Einzelsaat in Kilogramm.

Nr.	Samenart	Ohne Zuschlag	Mit 25% Zuschlag	Mit 50% Zuschlag	Mit 75% Zuschlag	Mit 100% Zuschlag	Samenqualität: Reinheit %	Samenqualität: Keimfähigkeit %	Samenqualität: Gebrauchswert %	1 kg reine Saat enthält im Mittel Körner in Tausenden	1000-Korngewicht in g
1.	2.	3.	4.	5.	6.	7.	8.	9.	10.	11.	12.
1	Rotklee	23	28,8	34,5	40,3	46,0	98	90	88	588	1,66
2	Weißklee	14	17,5	21,0	24,5	28,0	96	80	77	1515	0,859
3	Bastardklee	14	17,5	21,0	24,5	28,0	97	80	78	1471	0,680
4	Luzerne	31	38,8	46,5	54,3	62,0	97	91	88	798	2,01
5	Hopfenklee	23	28,8	34,5	40,3	46,0	97	80	78	629	1,61
6	Esparsette in Hülsen	194	242	291	339	38,8	98	80	77	45	20,4[1]
	„ enthülst	165	205	247	289	33,0	98	80	78	—	—
7	Wundklee	23	28,8	34,5	40,3	46,0	90	85	78	910	2,24
8	Gemeiner Schotenklee	23	28,8	34,5	40,3	46,0	90	60	54	902	1,12
9	Sumpfschotenklee	14	17,5	21,0	24,5	28,0	90	70	63	1852	0,53
10	Fadenklee	20	25,0	30,0	35,0	40,0	90	70	63	2451	—
11	Großer Goldklee	20	25,0	30,0	35,0	40,0	90	70	63	1739	—
12	Englisches Raigras	50	62,5	75,0	87,5	100,0	96	80	76	510	1,95
13	Italienisches Raigras	48	60,0	72,0	84,0	196,0	95	80	76	505	2,11
14	Glatthafer franz. Raigras	60	75,0	90,0	105,0	120,0	80	80	64	321	3,20
15	Goldhafer	30	37,5	45,0	52,5	60,0	70	60	42	4167	0,51[2]
16	Wiesenschwingel	47	58,8	70,5	82,3	94,0	90	85	77	552	1,96
17	Rohrschwingel	47	58,8	70,5	82,3	94,0	90	85	77	—	—
18	Roter Schwingel	36	45,0	54,0	63,3	72,0	80	60	48	1136	0,823[3] bis 1,127[4]
19	Schafschwingel	33	41,3	49,5	57,8	66,0	80	75	60	1205	0,361
20	Verschiedenbl. Schwingel	39	48,8	58,5	68,3	78,0	73	55	40	1130	0,905
21	Knaulgras	40	50,0	60,0	70,0	80,0	80	85	68	1020	1,04
22	Timothe	19	23,8	28,5	33,3	38,0	98	90	88	2564	0,375
23	Wolliges Honiggras	23	28,8	34,5	40,3	46,0	70	70	49	6872	0,412
24	Wiesenfuchsschwanz	25	31,3	37,5	43,8	50,0	78	72	56	1266	0,850
25	Kammgras	28	35,0	42,0	49,0	56,0	93	75	70	1852	0,518[1]
26	Wiesenrispengras	23	28,8	34,5	40,3	46,0	85	70	60	5263	0,210
27	Gemeines Rispengras	23	28,8	34,5	40,3	46,0	85	70	60	5263	0,183
28	Hainrispengras	34	42,5	51,0	59,5	68,0	80	70	56	5263	0,20[1]
29	Platthalm-Rispengras	30	37,5	45,0	52,5	60,0	90	80	72	5382	—
30	Fruchtbares Rispengras	20	25,0	30,0	35,0	40,0	90	80	64	—	—
31	Fioringras	17	21,3	25,5	29,8	34,0	85	85	72	11111	0,088
32	Ruchgras	33	41,3	49,5	57,8	66,0	90	50	45	1639	0,615[1]
33	Rohrglanzgras	25	31,3	37,5	43,8	50,0	90	70	63	1389	—
34	Aufrechte Trespe	61	76,3	91,5	106,8	122,0	80	60	48	270	5,466[1]
35	Wehrlose Trespe	55	68,8	82,5	96,3	110,0	80	85	68	258	3,461[1]
36	Gefiederte Zwenke	70	87,5	105,0	122,5	140,0	70	40	28	—	—
37	Flutendes Süßgras	50	62,5	75,0	87,5	100,0	50	80	76	194[2]	5,17[2]
38	Riesensüßgras	50	62,5	75,0	87,5	100,0	95	50	25	—	—
39	Mittleres Zittergras	30	37,5	45,0	52,5	60,0	80	30	24	2096[2]	0,48[2]
40	Rasenschmiele	40	50,0	60,0	70,0	80,0	80	50	40	—	—
41	Streuriedgras	60	75,0	90,0	105,0	120,0	80	40	32	—	—
42	Gemeine Schafgarbe	12	15,0	18,0	21,0	24,0	90	65	59	7520	—
43	Wiesenflockenblume	10	12,5	15,0	17,5	20,0	90	50	45	—	—
44	Becherblume	42	52,5	63,0	73,5	84,0	70	90	63	—	—
45	Kümmel	23	28,8	34,5	40,3	46,0	98	70	69	417	—

[1] Nach STEBLER und VOLKART berechnet. [2] Nach JESSEN berechnet.
[3] Rasiger Rotschwingel. [4] Kriechender Rotschwingel.

navischen Samenprüfstellen darstellen, und aus Tabelle 33 nach STEBLER (nachgedruckt in WITTMACK[1]), die eine Übersicht über Samenmenge, Samengüte (Reinheit, Keimfähigkeit, Gebrauchswert), Tausendkorngewicht in g, Samenzahl je kg von 45 verschiedenen Wiesenpflanzen (Klee, Luzerne, Esparsette u. ä.) gibt.

Indes muß man auf Kunstwiesen eine völlige Fernhaltung von Unkräutern unbedingt anstreben. Besonders ist das auf Samenwiesen notwendig, die sowohl gründlicher Vorbehandlung, als auch gegebenenfalles regelmäßigen Jätens bedürfen. Den Führern auf landwirtschaftlichem Gebiete liegt es hier ob, durch Rat und Hilfe unermüdlich auf die Bedeutung der Verwendung reinen guten Wiesensamens und auf die Benutzung der bisher erprobten Mittel zur Reinhaltung von Acker und Wiese hinzuweisen. Ohne gründliche Kenntnis dieser Hilfsmittel ist dieses Ziel nicht zu erreichen.

c) Vernichtung der Keimfähigkeit von Unkrautsamen in Dresch- und anderen Abfällen vor deren Verwendung.

Im dritten und fünften Abschnitt sind mehrere Beispiele angeführt, bei welchen eine große Anzahl von Unkrautsamen verschiedener Art sich sowohl im Saatgut als auch in verschiedenen Abfallarten finden.

Untersuchungen und Beobachtungen haben inzwischen ergeben, daß alle Dresch- und Reinigungsabfälle gewöhnlich große Mengen Unkrautsamen besonders einjähriger, winterannueller und zweijähriger, aber auch mehrjähriger Arten enthalten. Der Verunreinigungsgrad dieser Abfälle durch vollreifen Unkrautsamen schwankt mit Menge und Art des Unkrautbestandes auf dem Acker. Als Beispiel diene, daß die Durchschnittszahl der vorkommenden Unkrautsamen bei 38 verschiedenen Dreschabfallproben je kg 582900 Samen betrug und sich insgesamt aus 15 verschiedenen Unkrautsamen zusammensetzte. Man vermeide daher eine Verwendung der Dresch- und anderen Abfälle, solange sie nicht einer Behandlung unterworfen sind, die alles Unkraut ausschaltet und vernichtet.

Bei Verfütterung der Dreschabfälle, die allgemein üblich ist, da ja eine Reihe von Unkrautsamen oft einen recht großen Gehalt an Nährstoffen besitzt (vgl. unten), müssen die Abfälle vor der Verwendung entweder gekocht oder vermahlen werden. Natürlich muß man sie ganz fein und nicht nur wie grobes Mehl oder Kleie mahlen, oder gar nur zerquetschen, da die kleinen Unkrautsamen dadurch nicht vernichtet werden. Das ergibt sich auch aus dänischen Versuchen[2].

Es sei erwähnt, daß von den im Korn befindlichen Unkrautsamen 57% die Mühle nach dem Mahlen unbeschädigt wieder verließen. Die meisten großkörnigen Unkrautsamen waren zermahlen, während fast alle kleinkörnigen unbeschädigt blieben. Man beachte auch beim Mahlen von Abfallkorn u. ä., das als Futter dienen soll, die Tatsache, daß diese Bestände, wenn sie die Dreschmaschine verlassen, meistens von Unkrautsamen durchsetzt sind. Um das Vorkommen heiler und keimfähiger Unkrautsamen im Mehle zu verhüten, mahle man darum gründlich und fein und vermeide die grobe Behandlung in der Mühle.

Man hat in Norwegen eine Reihe von Versuchen mit Vermahlen von Dresch- und anderen Abfällen vorgenommen und den Samengehalt vor und nach dem Mahlen untersucht. Das Ergebnis ist in der nachstehenden Tabelle 34 dargestellt. Die untersuchten Gruppen I, II, III und IV stellen Reinigungsabfälle von Dreschmaschinen dar. Die Gruppen I und II wurden in einer gewöhnlichen Landmühle,

---

[1] WITTMACK: Landwirtschaftliche Samenkunde, zweite, gänzlich neubearbeitete und bedeutend erweiterte Auflage, S. 513 und 514. Berlin 1922.

[2] DORPH-PETERSEN, K.: Hvor mange Ukudsfrø findes der i fôrsæd før og efter Formalingen. Tidsskr. f. Landbr. Planteavl. Bd. 17, S. 609. 1910.

teils in getrocknetem, teils in ungetrocknetem Zustande gemahlen. Die Gruppen III und IV wurden ungetrocknet auf einer großen Walzenmühle gemahlen.

Die Versuche zeigen, daß die Unkrautsamen bei gutem Vermahlen der Abfälle vollkommen vernichtet werden. Für Verbreitung dieser Samen durch Stall-

Tabelle 34. Analysen von Dreschabfällen vor und nach dem Vermahlen.

Nr. der Probe	Art		Vor dem Vermahlen		Nach dem Vermahlen	
			%	ganze Samen	Ganze Unkrautsamen frisch	Ganze Unkrautsamen getrocknet
I.	Saatgut		1,01		1 Same von *Viola tricolor*	keine
	Boden, Sand u. ä.		12,88			
	Unkrautsamen 86,11 %	*Galeopsis tetrahit*	13,99	45129		
		Sinapis arvensis	46,95	268286		
		Polygonum lapathifolium, Spergula arvensis, Viola tricolor Lampsana communis	25,17	193615		
		Zusammen	100,00	507020	1	
II.	Saatgut		50,82		1 Same von *Viola tricolor*	keine
	Boden, Sand u. ä.		24,44			
	Unkrautsamen 24,74 %	*Polygonum convolvulus, Galeopsis tetrahit, Viola tricolor, Erysimum cheiranthoides, Lamium purpureum, Cirsium arvense, Sonchus arvensis, Stachys paluster, Veronica* sp.	24,74	188931		
		Zusammen	100,00	188931	1	
III.	Kultursaat		1,25			keine
	Boden, Sand u. ä.		18,75			
	Unkrautsamen 80 %	*Sinapis arvensis*	2,64	15085		
		Chenopodium album	77,36	672696		
		Zusammen	100,00	687781		
IV.	Kultursaat		73,89			keine
	Boden, Sand u. ä.		19,54			
	Unkrautsamen 6,57 %	*Polygonum convolvulus*	3,76	7550		
		Galeopsis tetrahit	0,96	3096		
		Chenopodium album	0,48	4174		
		Sinapis arvensis	0,58	3314		
		Fumaria officinalis	0,25	833		
		Galium aparine	0,22	599		
		Euphorbia helioscopia	0,13	433		
		Polygonum lapathifolium	0,11	306		
		Polygonum aviculare	0,08	442		
		Zusammen	100,00	20747		

dünger scheint bei Verfütterung keine Gefahr zu bestehen, sobald man die Abfälle fein vermahlen läßt.

Wie schon erwähnt, enthalten Unkrautsamen oft beträchtliche Nährstoffmengen. Die folgende Tabelle 35 gibt eine chemische Analyse über den Gehalt

Tabelle 35. Nahrungswert der Unkrautsamen.

Pflanzenart	Fett %	Protein %	N-freie Extraktstoffe %	Pflanzenfasern %	Wasser %	Asche %
Galeopsis speciosa . . .	39,30	22,05	9,92	18,99	6,15	3,59
Sinapis alba.	26,47	28,22	20,38	9,40	9,93	5,60
Taraxacum officinale. .	23,22	24,73	14,76	23,99	7,66	5,64
Chenopodium album I .	7,78	14,31	37,46	17,59	13,34	9,52
Chenopodium album II .	7,6	14,0	46,3	13,4	11,2	7,5
Stellaria media	4,46	12,84	50,06	8,09	10,12	14,43
Vermahlene Abfallprobe	5,54	15,52	54,76	8,94	7,51	7,73

verschiedener Unkrautsamen, sowie einer Probe verschiedener Reinigungsabfälle. Aus diesen Zahlen geht hervor, daß man durch Vermahlen der Abfälle ein verhältnismäßig gutes Futter erzielen kann. Allerdings kann es ja auch durch Erde, Sand, andere wertlose Abfälle oder gar durch Samen giftiger Unkräuter so verunreinigt sein, daß es nutzloser Kraftaufwand wäre, diese Abfälle zu vermahlen. In diesem Falle lohnt es sich besser, die Abfälle mit Erde und gelöschtem Kalk zu Kompost zu mischen, so daß der Unkrautsame durch das Gären vernichtet wird. Auch kann man ihn vergraben, jedoch dann so tief, daß Keimung unmöglich wird und die Samen später nicht auf irgendwelche Art in Keimtiefe gebracht werden.

Auch Spreu und Heubodenkehricht enthalten, wie im dritten Abschnitt angeführt, gewöhnlich nicht gerade geringe Mengen Unkrautsamen, bei denen man auch darauf bedacht sein muß, Verbreitung durch Dünger oder auf andere Weise zu verhindern. Bietet sich Gelegenheit dazu, sollten Spreu oder Kehricht vor der Verfütterung erst gekocht werden. Auf alle Fälle sei man bei der Verfütterung dieser Abfälle vorsichtig, daß nicht etwa unmittelbare Überführung in den Dünger durch Kehricht aus Gängen, Resten aus Futterkrippen u. ä. stattfindet. Auf diese Art wird dem Dünger nämlich der allergrößte Teil seiner Unkrautsamen zugeführt.

Eine andere Art, Unkrautsamen in Spreu und Heubodenkehricht zu vernichten, besteht in der schichtweisen Lagerung mit anderem Futter im Silo. Norwegische Versuche damit haben ergeben, daß alle Unkrautsamen bereits nach der üblichen Lagerungszeit ihre Keimkraft vollkommen verloren hatten.

d) Verwendung unkrautfreien Düngers.

Im dritten Abschnitt ist erwähnt, daß der Stalldünger zu den wichtigsten Verbreitern von Unkrautsamen gehört. An gleichem Orte finden sich Angaben darüber, wie große Unkrautsamenmengen man in den verschiedenen Düngerarten auf Grund der vorgenommenen Untersuchungen gewöhnlich anzunehmen hat. Diese Untersuchungen geben uns ein klares Bild von den erschreckenden Unkrautmengen, die dem Nutzlande durch Stalldünger zugeführt werden können. Ein wichtiges Mittel zur Verhinderung der Unkrautverbreitung besteht deshalb darin, daß man für die Reinhaltung des Düngers Sorge trägt.

In dieser Verbindung sei darauf hingewiesen, daß durchaus nicht alle Unkrautsamen, wie oft angenommen, beim Gären des Düngers die Keimkraft während der üblichen Gärzeit verlieren. Im dritten Abschnitt ist diese Tatsache durch mehrere Versuchsergebnisse bestätigt.

Bei der Behandlung des Stalldüngers als Unkrautverbreiter ist auch erwähnt, daß der größte Teil der den Dünger verunreinigenden Bestandteile ihm durch

Kehricht aus Gängen und Krippen zugeführt wird, wo der Unkrautsame nach Verfütterung von Stroh u. ä. liegen bleibt. Durch ständige Vorsicht, sorgfältiges Auflesen und Vernichten solchen Kehrichts sollte man den Dünger immerhin bedeutend unkrautfreier halten können, als es gewöhnlich der Fall ist.

Bei dieser Gelegenheit sei auch der ungünstige Einfluß einer Verwertung von Spreu u. ä. zum Streuen betont. Die Spreu enthält, wie im dritten Abschnitt dargelegt, gewöhnlich große Mengen keimfähigen Unkrautsamen, die bei Verwendung der Spreu zum Streuen unmittelbar in den Dünger hineingeraten.

In landwirtschaftlichen Betrieben wird es indes kaum unter irgendwelchen Verhältnissen möglich sein, den Stalldünger gänzlich von Unkrautsamen zu befreien. Um so mehr trage man dafür Sorge, daß dieser Same keine Gelegenheit zu weiterer Verbreitung bekommt. Das geschieht vorzugsweise durch Verwendung des Stalldüngers auf Äckern, die während des Wachstums der Nutzfrucht durch Hacken sauber gehalten werden können, d. h. also auf Hackfrucht- und ähnlichen Äckern oder auch auf Grünfutterfeldern, die vor dem Blühen und der Reife des Unkrautes abgeerntet werden.

Zur Wiesendüngung sollte man vorzugsweise Kunstdünger benutzen, da man im Grunde genommen keinerlei Mittel hat, das Unkraut auf Wiesen tatsächlich restlos zu unterdrücken.

Auf Sommerkornäckern, deren Bearbeitung während der Wachstumszeit ausgeschlossen ist, verwende man ebenfalls vorzugsweise Kunstdünger.

III. Förderung kräftigen Pflanzenwuchses.

Alle Arbeiten, die eine Förderung des Wachstums der Nutzpflanzen erstreben, gehören zu den Mitteln, über die die Landwirtschaft bei der Unkrautbekämpfung verfügt. Im vorhergehenden ist bereits erstklassiges Saatgut als eine der hauptsächlichsten Voraussetzungen zur Erzielung kräftigen Pflanzenwachstums angeführt. Immerhin nützt es wenig, sich solches Saatgut zu verschaffen, wenn man nicht gleichzeitig für bestmögliche Wachstumsverhältnisse der Nutzfrucht sorgt. Das geschieht in erster Linie durch Tiefenbearbeitung des Bodens, die den Pflanzen ein größeres Erdgebiet zur Entwicklung und Gelegenheit zu reichlicher Nahrungs- und Feuchtigkeitsversorgung vermittelt. Des weiteren geschieht das durch hinreichende und vielseitige Düngung, die den Pflanzen die zu kräftiger Entwicklung nötige Nahrung schafft. Hier sei auch erwähnt, daß gleichmäßige, hinreichend dichte Aussaat im Kampf gegen das Unkraut von Bedeutung ist. Grünfutter und Wiesenpflanzen sät man nur selten zu dicht. Körnerfrüchte dürfen selbstverständlich nicht dichter stehen, als es für ihre vollständige und ungehinderte Entwicklung nötig ist.

Man sei außerdem auch darauf bedacht, daß saurer, sumpfiger Boden die Entwicklung unserer üblichen Acker- und Gartenfrüchte hindert, während mehrere Arten lästiger Unkräuter[1] gerade auf saurem oder vollkommen versumpftem Boden am allerbesten gedeihen und sich prachtvoll entwickeln. Durch Entwässerung solchen Geländes bekommen Luft und Wärme leichteren Zugang zur Ackerkrume, wodurch sich ein lebhafteres Bakterienleben entwickeln kann, während gleichzeitig günstige chemische Vorgänge die Beschaffenheit des Bodens vorteilhaft für Nutzpflanzen, die er hervorbringen soll, verändern. Damit werden auch den Sumpfpflanzen die ihnen günstigen Wachstumsbedingungen entzogen. Sauren Boden verbessert man auch durch Kalken.

---

[1] *Caltha palustris, Mentha arvensis, Tussilago farfara, Ranunculus ficaria, Ranunculus repens, Rumex acetosella, Spergula arvensis, Stellaria media, Raphanus raphanistrum* u. a. Arten.

B. Direkte Abwehrmaßnahmen.

Die bei der unmittelbaren Bekämpfung zur Anwendung gelangenden Mittel und Maßnahmen zielen auf die Unterdrückung des Unkrautes im Nutzlande und auf angrenzendem Gelände ab.

Je nach Boden- und Fruchtart ändern sich Bekämpfungsmittel und -wege. In allen Fällen muß die Bekämpfung jedoch auf wirksame Art und mit wirtschaftlichem Vorteil vorgenommen werden.

Abb. 400. Leichte Saategge IV a Q mit geraden, spitzen Quadratstahlzinken in den drei Vorderreihen und nach vorn gekrümmten, spitzen Quadratstahlzinken in den zwei Hinterreihen.

I. Herbstbearbeitung des Ackers.

a) Behandlung des Stoppelfeldes mit Egge oder Schälpflug.

Wie bereits (in Abschn. 3 B, I, 2) erwähnt, finden sich auf reifen Getreideäckern fast immer Unkräuter, die bis zur Ernte zur Reife gelangt sind und deren

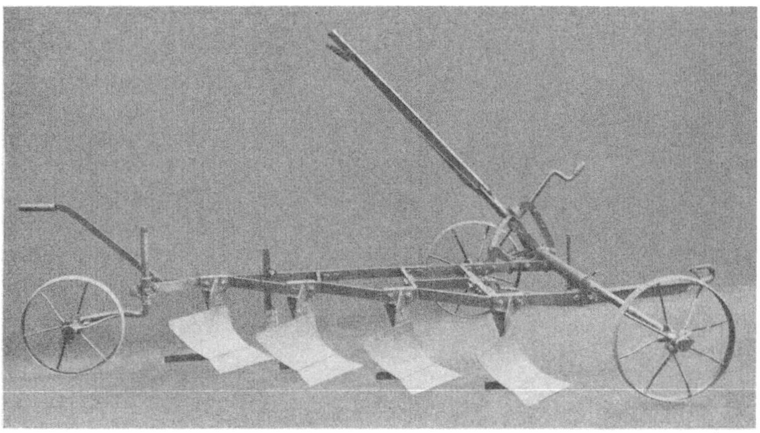

Abb. 401. Vierschariger Schälpflug V H 6 N mit Körperform M. — Rud. Sack, Leipzig.

Samen bei der Ernte zum großen Teil ausfallen und auf dem Acker liegen bleiben. Bewirkt man irgendwie die Keimung dieser Samen noch im gleichen Herbst, hat man schon viel gewonnen, da sie dann während des Herbstpflügens vernichtet werden oder, sofern es sich um einjährige Pflanzen handelt, im Laufe des Winters erfrieren.

Bei langem und mildem Herbst, wie z. B. in Süd- und Mitteleuropa und nördlich bis nach Süd- und Mittelskandinavien, läßt sich das teilweise ermöglichen.

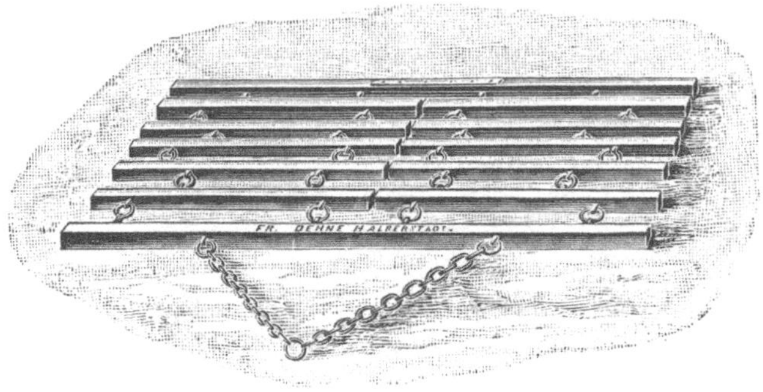

Abb. 402. Ackerschleife von Fr. Dehne G. m. b. H. in Halberstadt.

Abb. 403. Federzahn- (Federzinken-) Kultivator für Gespann und Motorzug. 13—15 Zinken; 190—220 cm Arbeitsbreite. Maschinenfabrik Ventzki G. m. b. H., Werk Eislingen (Württemberg).

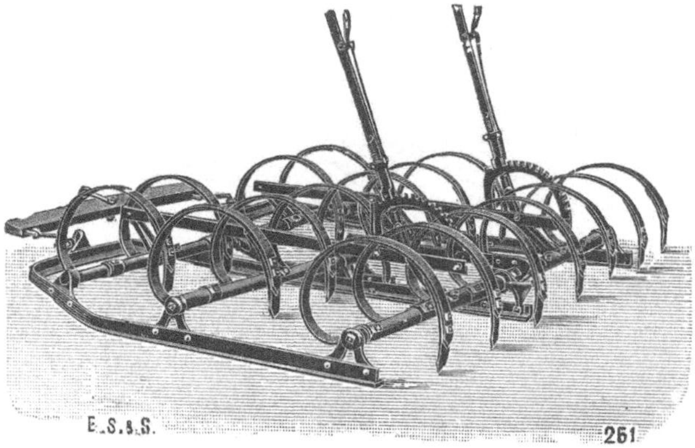

Abb. 404. Federzahnegge von Schwartz & Sohn in Berlinchen.

Man egge (Abb. 403—405) in solchem Falle das Stoppelfeld unmittelbar nach der Ernte ziemlich flach, um dadurch die auf dem Acker verstreuten Unkrautsamen in günstige Keimlage zu bringen.

Der Erfolg, den man bei dieser Behandlungsart erwarten kann, hängt wesentlich davon ab, welche Unkräuter sich jeweils im Acker befinden, da die Samen bei einzelnen Arten schnell, bei anderen nur langsam auskeimen. Ein derartiges Eggen im Herbst ist darum sehr wohl am Platze bei Unkräutern wie *Stellaria media, Agrostemma githago, Centaurea cyanus,* bei den Papaverarten, den korbblütigen und einigen anderen kreuzblütigen Unkräutern, während dasselbe Vorgehen gegenüber Unkräutern wie *Chenopodium album*, den *Galeopsis*-Arten, einzelnen *Polygonum*-Arten und einigen kreuzblütigen Pflanzen nicht von besonderem Vorteil sein wird. Im letztgenannten Falle bediene man sich darum lieber auf dem Stoppelacker des Schälpfluges, um dadurch eine tiefere Erdschicht mit in Ruhe lagernden, keimfähigen Unkrautsamen in Keimtiefe zu bringen.

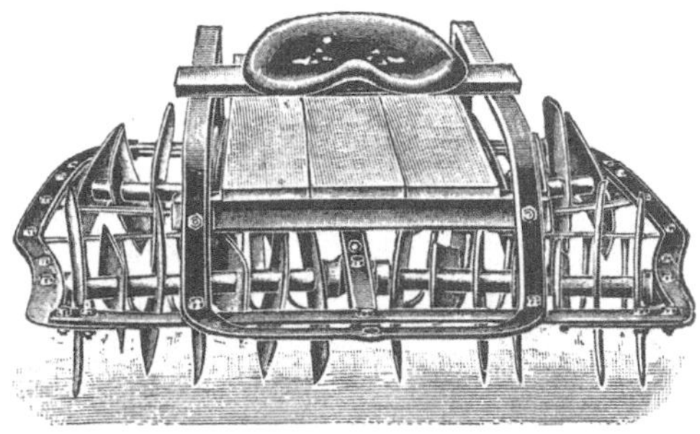

Abb. 405. Original-Wassis-Spatenrollegge.

Das Pflügen geschehe stets mit einem Schälpfluge mit Pflugsohle und scharfen Scharen (Abb. 401).

b) Pflügen des Ackers im Herbst.

Dem Herbstpflügen der Äcker kommt als Mittel zur Bekämpfung der Wurzelunkräuter Bedeutung zu. Werden die Laubsprosse der Unkräuter nämlich entfernt, schwächt man dadurch deren Wurzelsystem.

Im Herbst pflüge man immer mit einem breit- und scharfscharigen Pfluge von hinreichender Tiefenwirkung.

In diesem Zusammenhang sei allerdings darauf hingewiesen, daß Herbstpflügen bei langem und mildem Herbstwetter die Entwicklung der Wurzelunkräuter fördert, wenn keine Nachbehandlung des Ackers vorgenommen wird, da das Unkraut im Laufe des Herbstes Gelegenheit bekommt, an den losgetrennten Wurzelteilen neue Sprosse zu treiben (vgl. S. 530 Herbstbrache).

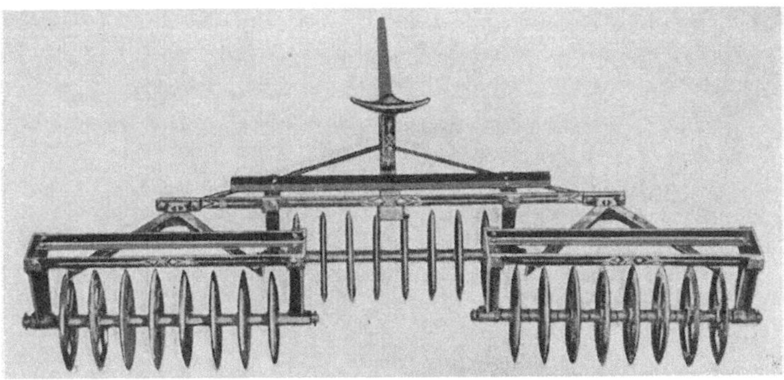

Abb. 406. Untergrundpacker nach Campbellschem System.

II. Frühjahrsbearbeitung des Ackers.

Unter gewöhnlichen landwirtschaftlichen Verhältnissen bietet sich nicht immer Gelegenheit zu besonderer Arbeit zur Unkrautbekämpfung vor der Einsaat unserer gewöhnlichen Sommerkornarten. Man sät Gerste allerdings so spät, daß vorbeugende Maßnahmen vor der Einsaat mit Vorteil ausgeführt werden können, während Hafer, Sommerweizen und Erbsen gewöhnlich so früh in die Erde gebracht werden müssen, daß das Unkraut vor der Bestellung keine Zeit zum Keimen bekommt.

Man kann indes — ganz besonders bei zeitig einsetzendem Frühjahr — meist einiges erreichen, wenn man bedenkt, daß die Arbeiten, die zur Unterdrückung des Unkrautes im Frühjahr ausgeführt werden können, auch immer mit den dem Ackerboden günstigsten Arbeitsvorgängen zusammenfallen.

Abb. 407. Dreiteilige Cambridgewalze mit Eisengestell und Deichsel. Marke DWH.

Sobald sich Gelegenheit dazu bietet, schleife man den gepflügten Acker im Frühjahr, wodurch bekanntlich die Erdfeuchtigkeit im Boden bewahrt wird. Gleichzeitig befördert das Schleifen (Abb. 402) Keimung der Samenunkräuter, die man dann während der folgenden Ackerbehandlung vernichtet.

Ist der Acker besonders von Wurzelunkräutern durchsetzt, empfiehlt sich auf im Herbst gepflügten Äckern folgendes Verfahren: So zeitig wie möglich behandle man den Acker mit einer leichten Egge (Abb. 400) oder einer Schleife (Abb. 402) und lasse ihn bis zur Saatzeit unberührt liegen. Dann pflüge

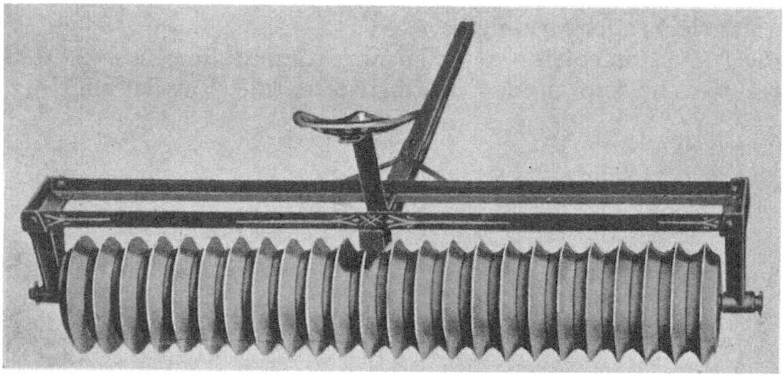

Abb. 408. Rumely-Ringelwalzen mit Bodenzerkleinerer für Kraftbetrieb.

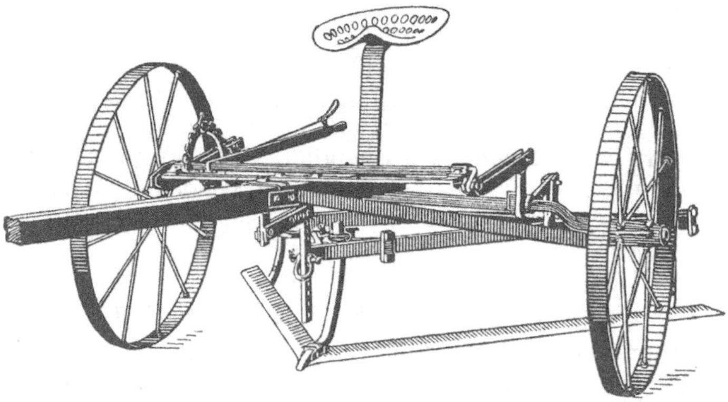

Abb. 409. Amerikanische Hackkarre zur Bekämpfung von Wurzelunkräutern.

man ziemlich tief, packe ihn darauf mit einem Erdpacker (Abb. 406) oder mit einer schweren Trommel (einem Bodenzerkleinerer, Abb. 407; 408), egge nicht zu tief und säe unmittelbar darauf die Frucht aus. Voraussetzung ist allerdings, daß die letzterwähnten Arbeiten unmittelbar aufeinanderfolgen, so daß das bei dem letzten Pflügen verhältnismäßig tief hinabgeratene Wurzelunkraut keine Möglichkeit erhält, emporzusprießen, bevor das Korn in seiner Entwicklung so weit gelangt ist, daß es den Kampf gegen den Schädling mit Vorteil aufnehmen kann (Abb. 410).

Ist der Acker außer mit Wurzel- auch stark mit Samenunkräutern durchsetzt, und fürchtet man durch die oben erwähnte Behandlungsart zu viel „neuen" Boden in Keimtiefe zu bringen, läßt sich die Behandlung auch mit einer Planet-

Abb. 410. Sommergetreidefeld in Reife. Bodenbearbeitung vor dem Drillen im Frühling. Links: Zeitig im Frühling geschleift, später gepflügt, gepackt, geeggt und gesät, alles unmittelbar nacheinander. Rechts: Nach vorhergehenden gewöhnlichen Bestellungsarbeiten gesät. Unkraut: Hauptsächlich *Sonchus arvensis*. Eig. Aufn.

Junior-Hacke mit scharfen, flachliegenden Messern oder mit Hackkarren (Abb. 409) oder auch mit einem scharfscharigen Schälpflug vornehmen. Dadurch wird die Erdschicht einschließlich der Unkrautwurzeln durchschnitten, wodurch nicht nur deren Entwicklung behindert wird, sondern auch das Aufwühlen neuen Bodens unterbleibt. Diese Behandlung kann nach Entfernung der Sturzbretter auch mit einem Schälpflug oder mit besonders dazu hergestellten Eggen oder Pflügen bzw. Hackmaschinen (Abb. 441; 442) vorgenommen werden.

III. Abwehrmaßnahmen gegen Samenunkräuter im aufwachsenden Getreide.

a) Behandlung mit Unkrautegge.

Ein Hilfsmittel zur Samenunkrautbekämpfung unter heranwachsenden Körnerfrüchten, das sich gleich nach dem ersten Hervorsprießen der Nutzfrucht anwenden läßt, ist die Egge, in diesem Falle eine sogenannte Unkrautegge. Davon gibt es mehrere Arten, die sich durch die Zinkenform unterscheiden. Die der einen Art ist halbrund, während eine andere flache Zinken hat (Abb. 411) und sich von zwei weiteren Arten durch die Zinkenanordnung insofern unterscheidet, als sie sowohl von der Breit- als auch von der Schmalseite her mit entsprechend veränderter Zinkenwirkung gezogen werden kann (Abb. 412 und 413). Das ist für eine wirksame Ausführung der Arbeit von Bedeutung.

Voraussetzung für gutes Eggen ist in erster Linie leichtes Gewicht des Gerätes und eine solche Anordnung der Zinken, daß man beim Eggen die ganze Ober-

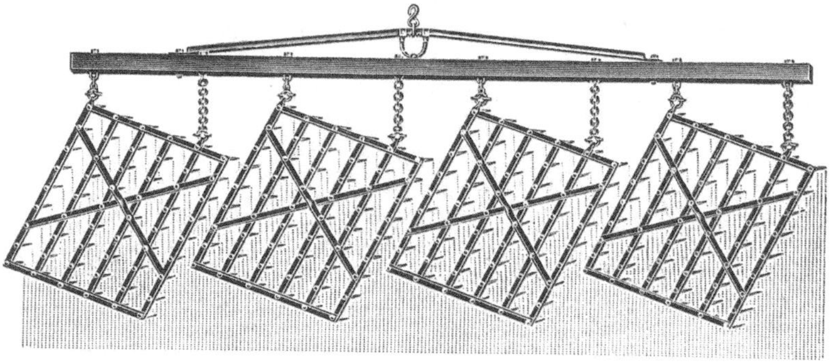

Abb. 411. Neue Hederich- und Unkrautegge „Lipsia“ mit hölzernem Zugbalken. Arbeitsbreite 4 m.

fläche der Erdschicht erfaßt, ohne dabei so tief hinabzugreifen, daß die Saat herausgerissen wird.

Das Unkrauteggen auf Getreideäckern wird während des Wachstums der Frucht ein- oder zweimal vorgenommen. Das erstemal geschieht das gewöhnlich 5—6 Tage nach der Aussaat (Abb. 415, *I*). Zu dieser Zeit pflegt schon eine

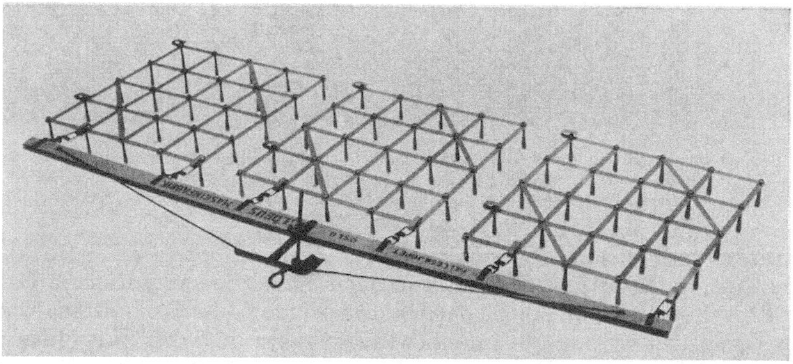

Abb. 412. Korsmos Unkrautegge mit 3 Feldern, 75 Zinken und ungefähr 3 m Arbeitsbreite. Diese Unkrautegge ist so gebaut, daß man beim erstmaligen Eggen die Breitseite der Zinken nach vorn stellt, wobei die Oberfläche geschält wird. Beim zweiten Gebrauch werden dagegen die Schmalseiten der Zinken nach vorn gestellt. Wenn die Egge vor dem Auflaufen des Getreides benutzt werden soll — also mit der Breitseite der Zinken nach vorn —, muß der Zughaken ganz links am Zugbaum angebracht werden. Wenn nach dem Auflaufen des Getreides — also mit der Schmalseite der Zinken nach vorn — geeggt werden soll, wird der Zughaken ganz rechts am Zugbaum angebracht. Beide Male von hinten betrachtet mit dem Blick vorwärts in der Zugrichtung. Vorn am Zugbaum ist ein beweglicher Schuh oder ein Rad, mit dem man die Arbeitstiefe regulieren kann. Das Gewicht beträgt ungefähr 9 kg je Feld. Eig. Aufn.

ganze Reihe von Unkrautsamen ausgekeimt zu sein. Samenunkräuter wachsen nämlich nach der Aussaat schnell auf, und das um so rascher, je besser die Äcker vorher behandelt worden sind. Um die Oberfläche in besonders geeigneten Stand zu bringen, der das Emporsprießen des Unkrautes fördert, rolle man den Acker gleich nach der Aussaat mit einer schweren Trommel (Cambridge-Walze, Abb. 407). Das ist bekanntlich auch für die sichere und gleichmäßige Keimung der Aussaat von großer Bedeutung.

Das erste Unkrauteggen muß mit besonderer Gründlichkeit vorgenommen werden, so daß man möglichst viel der aufgelaufenen Unkräuter erfaßt. Die Saat wird dadurch nicht den geringsten Schaden erleiden. Selbst wenn die Behandlung erst geschieht, nachdem die ersten Getreidesprosse die Erdoberfläche durchbrochen haben, ist der Nutzfrucht erfahrungsgemäß keinerlei Nachteil

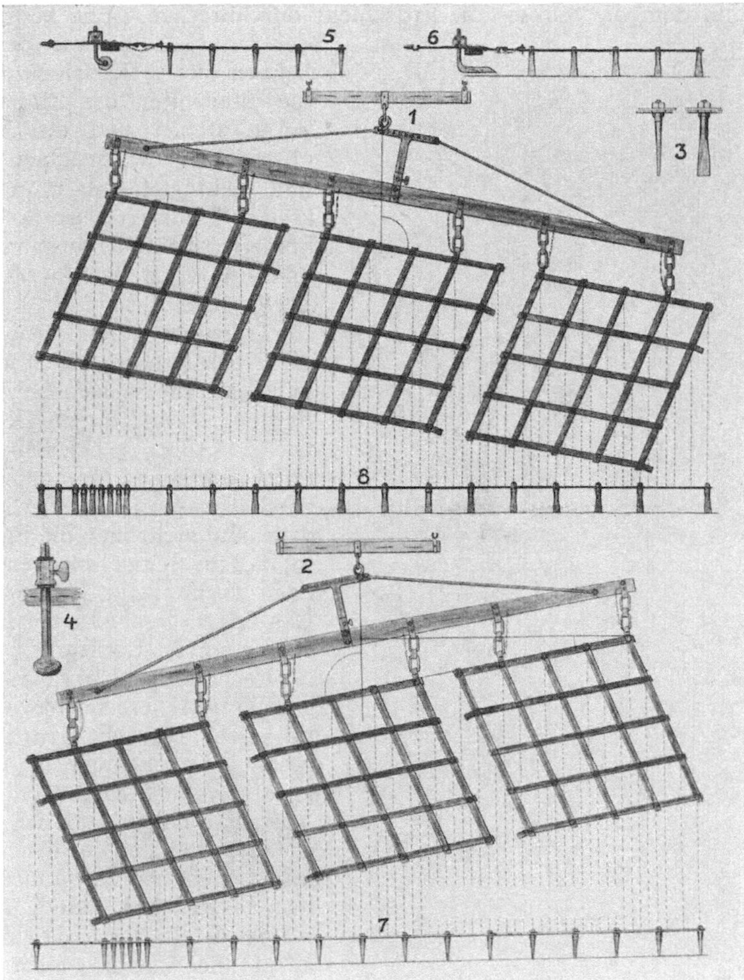

Abb. 413. Korsmos Unkrautegge, die Stellungsanordnungen zeigend. *1* Stellung mit dem Zughaken links mit der Breitseite der Zinken nach vorn; *2* Stellung mit dem Zughaken rechts mit der Schmalseite der Zinken nach vorn; *3* Zinke von der Schmal- und Breitseite gesehen; *4* Schuh; *5* Längsschnitt der Egge mit der Schmalseite der Zinken nach vorn; *6* dasselbe mit der Breitseite der Zinken nach vorn; *7* Profil der Egge mit der Schmalseite der Zinken nach vorn; *8* dasselbe mit der Breitseite der Zinken nach vorn. Orig.-Zeichn.

widerfahren (Abb. 414). Das hat sicher seinen Grund darin, daß alle Getreidearten einen „beschützten“, die zweikeimblättrigen Unkräuter dagegen einen „unbeschützten Wachstumspunkt“ haben. Diese Schwäche der Unkräuter nutzt man beim Unkrauteggen besonders aus, indem durch Abreißen des Wachstumspunktes der Sproß des Unkrautes vernichtet wird.

Erbsen, Wicken, Luzernen und Bohnen haben indessen keinen beschützten Wachstumspunkt, deshalb kann Unkrauteggen in der oben erwähnten Art auf diesen Äckern gefährlich sein. Andererseits lassen sich diese Früchte tiefer als Korn säen, und da sie auch etwas später auflaufen, besteht tatsächlich keine Gefahr beim Unkrauteggen eines Ackers mit Schotenfrüchten vor dem Aufkeimen der Frucht, wenn das Eggen nur nicht gerade in dem Augenblick vor sich geht, in dem die Sprosse die Erdschicht durchbrechen. Man bedient sich der Unkrautegge vor dem Aufkeimen der Ackerfrucht, so daß die Breitseiten der Zinken nach vorne stehen und die Egge so oberflächlich wie möglich arbeitet und nicht tiefer als etwa $1^1/_2$ cm greift. Dadurch wird auch verhindert, daß tiefer liegender, verunkrauteter Boden an die Oberfläche gelangt.

Abb. 414. Verschiedene Entwicklungsstufen des Sommerhafers bei der Keimung und später. Nach Korsmos Wandtafeln.

Trotzdem werden sich, sobald die Nutzpflanzen hervorwachsen, neue Unkräuter zeigen. Sobald diese das zweite und dritte Blatt entwickeln (Abb. 415, *II*), sollte darum unter gegebenen Voraussetzungen das Unkrauteggen wiederholt werden. Nur stellt man die Egge jetzt so, daß die Schmalseite der Zinken nach vorne zeigt (Abb. 413, *2*). Das Eggen geschieht bei Drillsaat schräg zur Saatrichtung.

Rechtzeitiges Unkrauteggen auf gedrillten Äckern schadet der Saat in keiner Hinsicht. Auch handgesäte Äcker können mit der Unkrautegge behandelt werden, doch läuft man dabei natürlich größere Gefahr, einen Teil der Fruchtkeime loszureißen und zu vernichten, da handgesätes Korn stets ungleichmäßig tief in der Erde ruht. Vor allem die flachliegenden Samen kommen immer in Gefahr, beim Eggen mit herausgerissen zu werden. Beabsichtigt man einen handgesäten Acker mit der Unkrautegge zu behandeln, empfiehlt es sich, ihn etwas dichter einzusäen. Ein Saatzuschuß von 15—20 kg je ha hat sich als hinreichend erwiesen.

Beim zweiten Unkrauteggen ist Voraussetzung, daß der Acker einigermaßen frei von Steinen, halmdurchsetztem Dünger, Grassoden u. ä. ist, da derartige Bestandteile von den Zinken zum Schaden der Saat mitgeschleppt werden. Außerdem egge man bei trockenem Wetter, wenn die Pflanzen taufrei sind und beachte auch, daß sich nichts an den Zinken festsetzen darf. Ist der Boden so lose, daß die Egge zu tief einsinkt und die jungen Pflanzen beschädigt, dann unterlasse man selbstverständlich das zweite Eggen. Man findet gelegentlich sogar so lose Böden, daß nicht einmal das erste Unkrauteggen angebracht erscheint.

Das zweite Unkrauteggen kann besonders, wenn der Sommer feucht ist, etwas späteres Reifen des Korns bewirken. Besteht diese Gefahr, empfiehlt es sich, die Unkrautegge nur vor dem Aufsprießen der Saat anzuwenden; das gilt besonders in allen Gebieten mit verhältnismäßig kurzem Sommer.

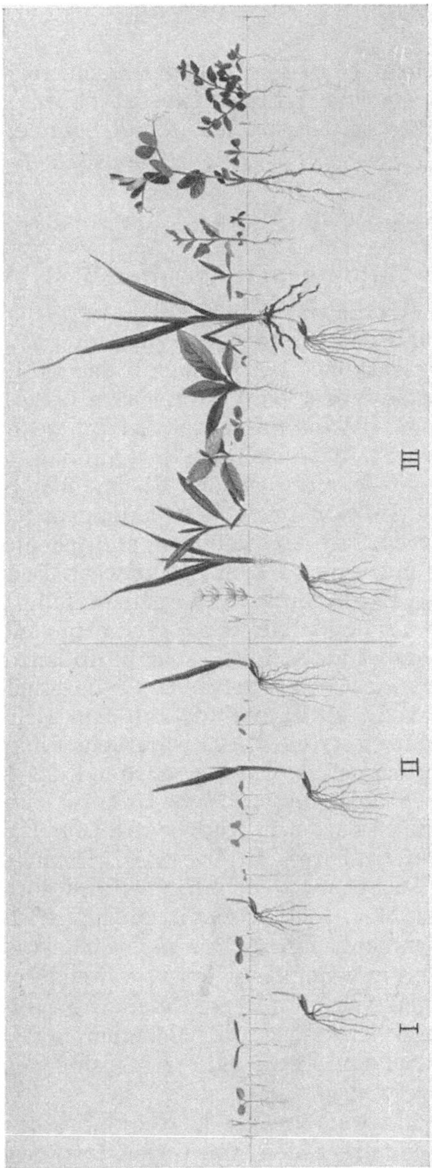

Abb. 415 zeigt die verschiedenen günstigsten Zeitpunkte für Oberflächenbehandlung gegen Samenunkraut in wachsendem Sommergetreide. *I* Zeitpunkt für Unkrauteggen vor dem Auflaufen der Saat; *II* Zeitpunkt für das zweite Unkrauteggen; *III* Zeit für die Behandlung mit Chemikalien. Nach KORSMOS Wandtafeln.

Überhaupt muß verständige Einsicht entscheiden, wann, wo und wie ein zweites Unkrauteggen anzuwenden ist. Erfahrung und Vorsicht sind zu dieser Arbeit unerläßlich.

Um so viel wie möglich aufgelaufene Unkrautsamen auf Äckern zu vernichten, die als Wiese eingesät werden sollen, kann man bei günstigen Witterungsverhältnissen mit der Einsaat des Grassamens bis zum ersten Unkrauteggen warten. Der Grassame wird dann beim Vernichten der Unkrautpflanzen durch die Egge gleichzeitig unter die Erdoberfläche gebracht.

Die Unkrautegge sollte jedem Landwirt bei seiner Arbeit ein unentbehrliches Hilfsmittel werden. Sie dient nämlich noch weiteren Zwecken als nur der Vernichtung des Unkrautes: Sie ist unentbehrlich zur Feinzerkrümelung der obersten Erdschicht; dadurch wird dem Boden die Feuchtigkeit bewahrt, indem die kapillaren Vorgänge der obersten Schicht unterbrochen werden und die Wasserverdampfung des Bodens aufhört. Die Unkrautegge sollte darum das erste Gerät sein, das man im Frühling auf dem gepflügten Acker benutzt, genau so wie man sich seiner als des letzten bediene. Außerdem ist das Gerät sowohl bei der Anschaffung als auch im Gebrauch billig.

Von den vielen Versuchen über den Mehrertrag, den man durch richtiges Unkrauteggen erzielen kann, seien die Ergebnisse von während der Jahre 1903 bis 1913 ausgeführten dänischen Versuchen im folgenden angegeben:

Anzahl Versuche	Fruchtarten	Mehrertrag in kg je ha nach Unkrauteggen	
		Körner	Stroh
31	Gerste	271,0	248,0
20	Hafer	181,5	270,8
13	Mischkorn	298,5	324,0

Auch in Norwegen liegen Ergebnisse mehrerer Versuche vor, die sich über eine Reihe von Jahren erstreckt haben. Der Mehrertrag nach Unkrauteggen schwankte bei Gerste, Hafer und Sommerweizen in bezug auf

Körner zwischen 5 und 20%
Stroh ,, 3,5 ,, 20%

(vgl. auch Abschn. VII, 1).

b) Bespritzen oder Bestreuen mit Chemikalien.

1. Allgemeiner Überblick. In vielen Fällen reicht die Behandlung der Felder mit der Unkrautegge zur Unterdrückung aller Unkräuter auf Getreideäckern nicht aus. Besonders gilt das natürlich bei außerordentlich starkem Unkrautbestand oder bei Verhinderung wirksamen Unkrauteggens durch besondere Umstände. Während der letzten Jahrzehnte hat man nun mit der Verwendung chemischer Mittel bei der Bekämpfung von Samenunkräutern begonnen und dabei gefunden, daß einzelne Chemikalien bei richtigem Stärkegrad der Lösungen und bei zweckmäßiger Verwendung das Unkraut vernichten, ohne die Nutzpflanzen dadurch zu schädigen, und jedenfalls ohne daß von einer Ertragsherabsetzung mit irgendwelcher praktischen Bedeutung die Rede sein könnte.

Diese Entdeckung wurde ganz zufällig von einem französischen Winzer gemacht. Er bespritzte seine Weinberge mit einer Kupfervitriollösung und bemerkte dabei, daß einige Ackersenfpflanzen (*Sinapis arvensis*), die gleichzeitig getroffen wurden, verwelkten. Er unternahm dann eingehendere Versuche, bespritzte z. B. ein Haferfeld, auf dem sich Mengen dieses Unkrautes befanden, und konnte feststellen, daß sämtliche Unkrautpflanzen vom Kupfervitriol vollkommen vernichtet wurden, während das Korn in keiner Weise Schaden nahm. Spätere Proben mit anderen Unkraut- und Getreidearten zeigten das gleiche Ergebnis, so daß sich Kupfervitriol im Kampf gegen mehrere Samenunkräuter als ein brauchbares Mittel erwies. Da indes dieses Kupfersalz allzu kostspielig war, versuchte man ein billigeres und ebenso wirksames Mittel zu finden, und entdeckte u. a., daß Eisenvitriol die gleiche Wirkung wie Kupfervitriol hatte.

Später fand man noch andere Chemikalien, die zur Vernichtung der Samenunkräuter auf Getreideäckern verwendet werden konnten, und bediente sich mit Vorteil verdünnter Schwefel- und Salpetersäure. Außerdem läßt sich feingestoßener Kalkstickstoff, Hederichpulver, das aus etwa 60% feingestoßenem Eisenvitriol und etwa 40% feingestoßenem Gips besteht, und feingestoßener Kainit verwerten.

Man hat während der letzten Jahre die Wirkung der chemikalischen Mittel auf die Pflanzenzellen zum Gegenstand genauer Untersuchungen gemacht. Von den bisher erarbeiteten Ergebnissen sei folgendes angeführt:

Man nimmt an, daß die schädlichen Wirkungen der Säuren und Metallösungen in erster Linie auf der Fähigkeit dieser Flüssigkeiten beruhen, das Wasser der Pflanzenzellen an sich zu ziehen. In je geringerem Grade die Pflanze darum imstande ist, dieses ihr so nötige Wasser zu ersetzen, desto stärkere Wirkung wird erzielt. Das erklären die Tatsachen, die man bei Versuchen oder bei Anwendung dieser Mittel im Betrieb erkannt hat. Die Wirkung des Bespritzens ist nämlich bei starker Trockenheit größer als bei normalen oder besonders feuchten Witterungsverhältnissen. Der Stärkegrad der Lösung muß darum je nach Verwendung bei besonders trockenem Wetter bzw. in Gebieten mit trockenem Klima oder in solchen mit feuchtem Klima und bei feuchtem Wetter verändert werden. Durch Bespritzungsversuche hat man allmählich den Stärkegrad und die Menge der Lösungen bei den verschiedensten Voraussetzungen bestimmen können, wie weiter unten bei Erwähnung der einzelnen Spritzgeräte näher dargetan ist.

Von den Chemikalien läßt sich im übrigen sagen, daß ihre unmittelbare Wirkung auf die Pflanzenzellen erfahrungsgemäß etwas verschieden ist. Während z. B. Eisenvitriol augenblickliche Plasmolyse der angegriffenen Zellen hervorruft, ist das bei Behandlung mit den übrigen Mitteln nicht sofort der Fall. Auch wirkt das einzelne Chemikalium nicht gleich auf die verschiedenen Pflanzen. So werden beispielsweise *Chenopodium album, Chelidonium majus, Euphorbia helioscopia* und *Fumaria officinalis* nicht oder nur in geringem Maße durch Eisenvitriol, Schwefel- oder Salpetersäure beschädigt.

Zu näherer Erläuterung dieser Tatsachen haben Forscher wie STEGLICH, GELPKE, DUNCLAS, STENDER und in jüngster Zeit ÅSLANDER interessante Versuche unternommen.

DUNCLAS behauptet, die Tatsache, daß kreuzblütige Unkräuter z. B. durch Eisenvitriol geschädigt werden, während die Getreidearten unbeschädigt bleiben, sei in erster Linie darauf zurückzuführen, daß die Blätter der Getreidearten mit einer Wachsschicht überzogen sind, die die Flüssigkeit hindere, sich ätzend in das Zellengewebe hineinzufressen. Außerdem hindere auch die aufrechtere Stellung der Blätter die Flüssigkeit daran, sich festzusetzen. GIRARD hat diese Verhältnisse auf ähnliche Art erklärt.

Die störende Einwirkung der Schwefelsäure auf das Leben der Unkräuter versuchte man früher auf ihre plasmolysebildende Wirkung zurückzuführen. Man nahm an, daß die Schwefelsäure den Zellen derartige Wassermengen entzog, daß das Protoplasma getötet wurde. Auf Grund von Untersuchungen über Schwefelsäurewirkungen auf Pflanzenzellen betont GELPKE[1] u. a. folgendes: „Die Behandlung der Pflanzenzellen mit Schwefelsäure bewirkt, selbst bei einer nur 3%igen Lösung gar nicht erst Plasmolyse, sondern der gesamte Zellinhalt wird unmittelbar fixiert und stirbt infolgedessen ab; der Zellsaft färbt sich rosa, und zwar nicht nur der blaue Zellsaft von *Tradescantia discolor*, sondern auch derjenige vieler anderer Pflanzen; die Chlorophyllkörner erleiden ebenfalls eine Farbenveränderung und nehmen einen gelbgrünen Ton an . . ." Auch nach neueren Untersuchungen von ÅSLANDER[2] wirkt Schwefelsäure auf ganz andere Art. Danach wird die tödliche Wirkung durch den starken Säuregrad hervorgerufen. BRENNER[3] (von ÅSLANDER angeführt) hat gezeigt, daß die Blattzellen gegenüber starken Säuren selbst bei starker Verdünnung sehr empfindlich sind. ÅSLANDER konnte das bestätigen. Zellen, die 5 Minuten lang in 0,5%iger Schwefelsäure verharrten, gingen ein. Plasmolyse wurde nicht beobachtet. In 1,5%iger Säure starben sie nach 60 Sekunden. Andrerseits konnten Zellen in einer Zuckerlösung mehrere Stunden hindurch plasmolysiert sein, ohne dadurch Schaden zu nehmen.

---

[1] GELPKE, W.: Beiträge zur Unkrautbekämpfung durch chemische Mittel, insbesondere durch Schwefelsäure S. 62. Hannover 1914.

[2] ÅSLANDER, A.: Utspädd svavelsyra som besprutningsmedel mot ogräs (mit englischer Zusammenfassung). Nordisk Jordbruksforskning 1925. S. 126—146. — Sulphuric acid as a weed spray. Journ. of agricult. research Bd. 54, S. 1065—1091. 1927.

[3] BRENNER, W.: Studien über die Empfindlichkeit und Permeabilität pflanzlicher Protoplasten für Säuren und Basen. Övers. Finska vet. soc. förhandl. Bd. 60, Abt. A, Nr. 4, 124 S. 1918.

Außerdem konnten auch noch andere Säurewirkungen beobachtet werden. Die Säure stört das Chlorophyll, dessen Formel nach WILLSTÄTTER[1] $C_{55}H_{72}O_5N_4Mg$ ist. Es enthält also Magnesium, das sich leicht mit Schwefelsäure verbindet. ÅSLANDER entdeckte, daß eine Chlorophyllösung bereits durch einen ganz geringfügigen Schwefelsäurezusatz sofort braun gefärbt wurde und sich folgender Spaltung unterwarf:

$C_{55}H_{72}O_5N_4Mg$	H_2SO_4	$C_{55}H_{72}O_5N_4H_2$	$MgSO_4$
(Chlorophyll	Schwefelsäure	Phäophytin	Magnesiumsulfat.)

Da der Chlorophyllgehalt grüner Blätter weniger als 1,0% des Trockenstoffs beträgt, wird bei dieser Spaltung nur eine ganz unbedeutende Säuremenge ver-

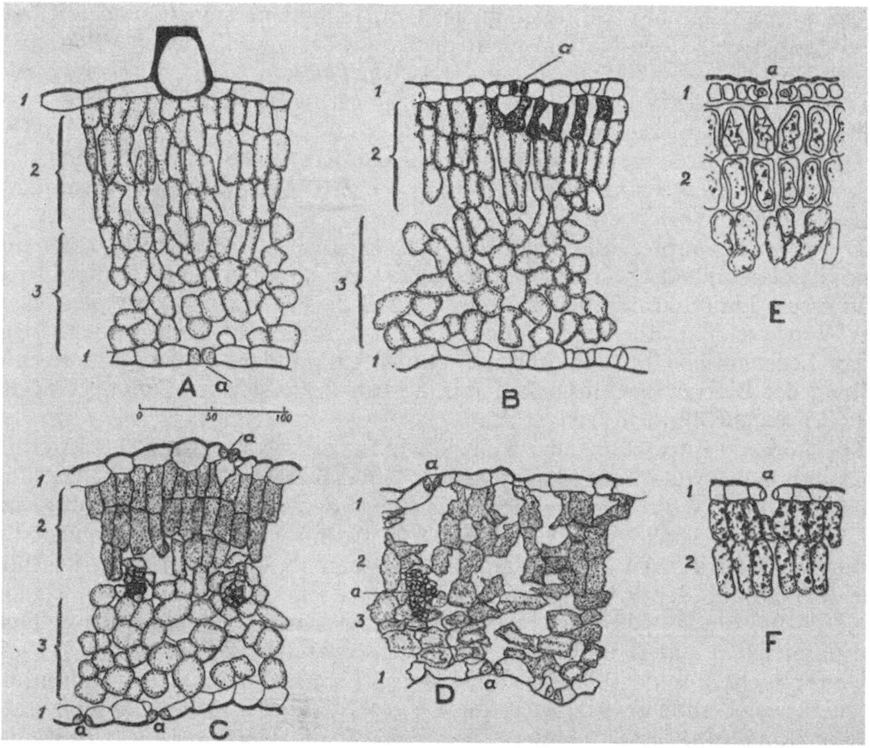

Abb. 416. Wirkung der Chemikalien auf Blätter von Ackersenf, *Sinapsis arvensis*. *A* Frisches Blatt; *B* 1 Stunde nach Bespritzung mit ($3^1/_2$%iger) verdünnter Schwefelsäure; *C* dasselbe Blatt, 3 Stunden nach der Behandlung; *D* Blatt 3 Stunden nach Bespritzung mit (5%iger) verdünnter Schwefelsäure; *E* Blatt, mit 15%iger Eisenvitriollösung bespritzt; *F* Blatt, mit pulverisiertem Kalkstickstoff (Kalziumzyanamid) bestreut. *1* Epidermis; *2* Pallisadengewebe; *3* Schwammgewebe; *a* Spaltöffnungen. *A—D* nach ÅSLANDER, *E*, *F* Orig.-schematisch.

braucht. An anatomischen Präparaten bespritzter Blätter (Abb. 416) läßt sich die störende Wirkung der Schwefelsäure leicht bis in das Innere der Zellen hinein erkennen; auch sieht man, mit welcher Geschwindigkeit die Säure eingedrungen ist. Das Protoplasma der von Säure durchdrungenen Blätter war grützig. Die Chloroplasten waren aufgelöst. Inzwischen schienen die Zellwände und besonders die Epidermis wenig oder gar nicht angegriffen zu sein. Das wird durch die Tatsache erklärt, daß die Zellwände aus Zellulose bestehen, die von Säurelösungen, wie man sie bei der Unkrautbekämpfung verwendet, nicht angegriffen werden.

[1] WILLSTÄTTER und STOLL: Untersuchungen über Chlorophyll. Berlin 1913. 424 S.

Außerdem konnte Åslander Klarheit in die ungleichen Angaben im Schrifttum über die notwendige Stärke von Säurelösungen zur Bekämpfung der Unkräuter bringen. Der Verfasser machte die Erfahrung, daß eine 3,5—4,5%ige Lösung auf Sommergetreideäckern zur Unkrautbekämpfung durchaus hinreicht. In der Tat empfehlen Rabaté[1] und Morettini[2] eine 10%ige Lösung, mit der man Winterweizen im zeitigen Frühjahr bespritzen soll. Indes konnte Åslander nachweisen, daß Pflanzen von *Sinapis arvensis* nach Aufwachsen in einem feuchten, warmen Treibhaus bereits nach Bespritzen mit einer 1,5%igen Schwefelsäurelösung eingingen. Dagegen war zur Vernichtung von im Winter in England im Freien aufgewachsenen *Sinapis*-Pflanzen eine 5%ige Lösung erforderlich. Anatomische Schnitte zeigten einen sehr verschiedenen Bau der Blätter, die unter sehr ungleichmäßigen Verhältnissen aufgewachsen waren. Mit der Strenge der Witterungsverhältnisse nahm die Festigkeit des Blattbaues zu, und um so größere Säuremengen taten zur Abtötung not.

Blattanalysen ergaben einen viel größeren Aschen- und Trockengehalt in Blättern, die unter ungünstigen äußeren Verhältnissen aufwuchsen. Das veranlaßte Åslander zu der Annahme, daß die Blätter ohne Schädigung eine gewisse Säuremenge aufnehmen können und erst bei Überschreitung dieser Menge getötet werden. Mit dem Trockenstoff- und Aschengehalt der Blätter wächst auch die Säuremenge, die die Blätter neutralisieren können, ohne getötet zu werden.

Wird ein Unkraut wie *Sinapis arvensis* mit Schwefelsäure bespritzt, dann dringt diese durch die Spaltöffnungen, die sich bei dieser Pflanze zahlreich oberseits und unterseits der Blätter befinden, ins Innere, und bald kann man die störenden Einwirkungen auf das Gewebe an anatomischen Präparaten beobachten (Åslander). Bei starker Wärme, 30,0° C, bemerkte man, daß die Blätter nach 30—60 Minuten abstarben. Bespritzen mit Wasser (künstlichem Regen) konnte die Pflanze nicht mehr retten. Bei niedriger Temperatur, 6,0° C, starben die Pflanzen erst nach 4—5 Stunden ab. Die Erfahrung im landwirtschaftlichen Betrieb hat gezeigt, daß Bespritzen bei kühlem, feuchtem Wetter eine stärkere Lösung erfordert als bei warmem, günstigem Wetter, bei dem die Pflanzen schneller aufwachsen.

Bei Benutzung hinreichender Konzentrationen verdünnter Schwefelsäure zum Bespritzen von Unkräutern, die dieser Säure gegenüber empfindlich sind, vergehen gewöhnlich vom Bespritzen bis zur Vernichtung der Pflanze etwa 1 1/2 bis 2 Stunden. Bei besonders günstigem Wetter wird sogar kürzere, bei feuchtem, kaltem Wetter zum Teil etwas längere Zeit in Anspruch genommen. Die Wirkung der ausgespritzten Flüssigkeit tritt gewöhnlich mit Sicherheit ein, wenn mindestens 1/2 Stunde vergeht, bevor Regen auf den behandelten Acker niederfällt. Regnet es allerdings unmittelbar nach dem Bespritzen, dann können die Pflanzen sich teilweise wieder erholen, selbst wenn die Sproßspitzen beschädigt oder ganz vernichtet worden sind. Immerhin kann die Entwicklung der Pflanze auch in diesem Falle bedeutend behindert werden.

Die störende Wirkung der Salpetersäure auf das Unkraut stellt sich bei Verwendung im landwirtschaftlichen Betrieb (S. 505) gleichartig und gleichwertig neben die Wirkung der Schwefelsäure.

Über die Wirkungen des Eisenvitriols auf die Pflanzen hat sich eine ganze Reihe von Verfassern ausgesprochen. Gewöhnlich hat man angenommen, daß

[1] Rabaté, E.: Destruction des ravenelles par l'acide sulfurique. Journ. agricult. Pract. (N. S. 21) Bd. 75 (1), S. 407—409. 1911.

[2] Morettini, A.: L'impiege dell'acid solforica per combatere le erbe infeste ne frumente. Staz. Sper. Agric. Ital. Bd. 48, S. 693—716. 1915.

die starke Salzlösung durch Plasmolyse der Zellen tödlich wirkt. STENDER[1] hat dagegen nachweisen können, daß mehrstündige Plasmolyse, die durch verschiedene Salzlösungen hervorgerufen wurde, auf die Pflanzen nicht schädlich wirkt, wenn die Salze später ausgelaugt werden. ÅSLANDER[2] entdeckte, daß ein Bespritzen mit 5%iger Eisenvitriollösung *Sinapis*-Pflanzen vollkommen vernichten konnte, ohne daß ein so niedriger Stärkegrad der Lösung Plasmolyse bei ihnen hervorzurufen vermochte. Somit wirkt Eisenvitriollösung auch ohne Plasmolyse tödlich. ÅSLANDER bemerkte ferner, daß der relative Feuchtigkeitsgehalt der Luft von entscheidender Bedeutung auf die Wirkung der Eisenvitriollösung ist. In trockener Luft verdunstete die ausgespritzte Flüssigkeit sehr schnell, so daß sich auf den Blättern weiße Eisensulfatkristalle zeigten, ohne der Epidermis der stärkeren Blätter Schaden zuzufügen. Erst im Laufe der folgenden Nacht, in der sich die Kristalle infolge zunehmender, sogar zu Taubildung führender, relativer Luftfeuchtigkeit auflösten, starben die Blätter allmählich ab. Kräftige Pflanzen, die unter ungünstigen Verhältnissen langsam aufgewachsen waren, wurden erst nach 3—4 Tagen vollständig getötet. Wurde die Taubildung verhindert, nahmen kräftige Pflanzen keinen Schaden, während die Blätter schwächerer Pflanzen fleckig wurden, ohne abzusterben. Bespritzen mit Eisenvitriol bei trockenem Wetter mit geringer relativer Luftfeuchtigkeit wirkt also erst in der nächsten oder einer der darauffolgenden Nächte.

Bespritzen bei feuchter Luft beeinträchtigte die Pflanzen bereits nach 4 bis 5 Stunden sichtlich. Ganz abgestorben waren sie allerdings nie vor Ablauf eines Tages.

Eine Lösung von Eisenvitriol wirkt auf die Gewebe der Pflanzen viel weniger störend als eine Schwefelsäurelösung. So bemerkte ÅSLANDER, daß Blattgewebe unbeschädigt waren, wenn sie nur 2 Stunden lang in eine 10%ige Vitriollösung getaucht waren. Erst nach Verlauf von 3 Stunden starben sie ab. (Trotzdem hatten die Chloroplasten selbst bei Zusammenhäufung in stark plasmolysierten Zellen immer noch ihre natürliche, grüne Farbe. In einer 5%igen Lösung wurden die meisten Zellen gleichfalls nach Verlauf von 3 Stunden getötet, ohne daß diese schwache Lösung irgendwie Plasmolyse verursacht hätte. Gleichartige Blätter starben bereits nach 1 Minute in einer 1,5%igen Schwefelsäurelösung ab, und ihre Chloroplasten wurden gelbbraun.

In der Praxis hat man durch Bespritzen mit Eisenvitriollösungen zweckmäßiger Stärkegrade (vgl. S. 500) in der Regel die gleiche vernichtende Wirkung auf das Unkraut erzielt wie mit Schwefel- und Salpetersäure. Wie bei diesen Lösungen ist der Stärkegrad von der Witterung und den Feuchtigkeitsverhältnissen abhängig. Um bei feuchtem und kaltem Klima dieselbe gute Wirkung wie im trockenen und warmen zu erzielen, muß der Stärkegrad gewöhnlich um 5%, gelegentlich also auf 10% erhöht werden.

Zerstoßener Kalkstickstoff (Cyanamid) wirkt zwar auf das Unkraut viel langsamer als Eisenvitriol, hat aber wegen seiner doppelten Nutzwirkung (Düngemittel) große praktische Bedeutung. Die Wirkung scheint nicht plasmolytischer Art zu sein: der Zellinhalt wird körnig, die Blattspreite allmählich gelbgrau und früher welk als Stielchen und Stengel.

2. Äußere, die Wirkung der Chemikalien beeinflussende Selbstschutzmittel der Pflanzen. Die bisher vorgenommenen Untersuchungen und Versuche über die Verwendung chemischer Mittel zur Unkrautbekämpfung haben ergeben, daß einige Pflanzenarten davon schnell und stark, andere weniger und wieder andere

---

[1] STENDER, A.: Untersuchungen über die Unkrautvertilgung durch Düngesalze. Inaug.-Diss. Rostock 1902. 68 S. Ill.

[2] ÅSLANDER, A.: Sulphuric acid as a weed spray.

von diesen Mitteln überhaupt nicht angegriffen werden. Deshalb hat man versucht, durch andere Mittel oder andere Stärkegrade der Lösungen das Ziel zu erreichen.

An äußeren Schutzmitteln der Pflanzen seien erwähnt:

α) Die schützende Wachsschicht. Von einer gewissen Stärke an verhindert die Wachsschicht der Pflanze die Vernichtung durch Lösungen[1].

STENDER hat diese Verhältnisse weiter untersucht und tatsächlich festgestellt, daß die Menge des Wachses, mit dem die Blätter verschiedener Pflanzen überzogen sind, im umgekehrten Verhältnis zum Beschädigungsgrade steht. Im Durchschnitt von je drei Untersuchungen hat er von je 20 g unversehrter Blätter folgende Mengen Wachs bei verschiedenen Pflanzen gefunden:

Hafer	0,0465 g	Raps, etwa 4 Wochen alt	0,0390 g
Gerste	0,0364 g	Pferdebohnen	0,0121 g
Weizen	0,0434 g	Wicken	0,0230 g
Erbsen	0,0344 g	Rüben	0,0103 g
Lupinen, blaue	0,0426 g	Hederich	0,0136 g
Lupinen, gelbe	0,0325 g	Senf	0,0116 g
Lupinen, weiße	0,0348 g	Distel	0,0186 g

β) Die schützende Behaarung. Dünne Behaarung unterstützt den Angriff der Tröpfchen, die sich von da aus leicht als dünne zusammenhängende Flüssigkeitsschicht ausbreiten, während dichte Behaarung die Tröpfchen daran hindert, die Blattspreite zu erreichen. Je dichter die Härchen stehen, desto besser ist die Pflanze gegen den Angriff geschützt.

Die Melde — *Chenopodium album* —, deren Blätter der Volksmund als „mehlig" bezeichnet, hat in Wirklichkeit Härchen mit kugelförmig erweiterter Spitze. Diese Kugeln stoßen aneinander und bilden dadurch eine so dichte Schutzschicht, daß die Flüssigkeit nicht durchdringen kann, sondern in Tröpfchen darauf liegen bleibt oder ohne schädliche Wirkung darüber hinwegrollt.

Unterhalb der Keimblätter ist der Stengel unbehaart. Bei älteren Pflanzen ist auch der obere Teil des Stengels nackt. Kann man daher bei Bespritzen mit verdünnter Schwefelsäure den Stengel treffen, lassen sich diese tödlich wirkenden Flüssigkeiten an das Pflanzengewebe heranbringen.

γ) Schützende Gestalt und Stellung der Blätter. Je größer die Blattspreite ist und je wagerechter sie liegt, desto leichter läßt sie sich angreifen. Bei den allermeisten zweikeimblättrigen Unkrautarten stehen die Blätter für die Bekämpfung verhältnismäßig günstig. Bei einkeimblättrigen Arten dagegen sind sie aufrechter und bieten darum eine verhältnismäßig geringe Angriffsfläche. Bei gewissen Arten dieser Gruppe lohnt es sich darum gewöhnlich nicht, Oberflächenbehandlung mit Chemikalienlösungen vorzunehmen.

δ) Der Wachstumspunkt (Abb. 417) einkeimblättriger Pflanzen (der Korn- und Grasarten) ist beschützt. Das ist für die Widerstandsfähigkeit dieser Pflanzen gegenüber Chemikalien von großer Bedeutung. Zweikeimblättrige werden nämlich wegen des unbeschützten Wachstumspunktes leichter angegriffen. Die Blätter der Kornarten winden sich während des Wachstums, so daß sich

[1] Die Tatsache, daß die Wachsschicht diese beschützende Eigenschaft überhaupt hat, zeigt sich, sobald man sie herunterpinselt. Das kann nach ÅSLANDER beispielsweise durch Xylol geschehen, das allerdings das Blattgewebe leicht tötet und darum mit äußerster Vorsicht angewendet werden muß. Bespritzt man das gesunde, lebende Blatt, von dem die Wachsschicht entfernt wurde, mit verdünnter Schwefelsäure, dann setzt diese sich vollständig auf dem Blatte fest und vernichtet es vollkommen, während entsprechende Blätter mit unverletzter Wachsschicht der Säure Widerstand leisten.

die Unterseite des Blattes, deren Wachsschicht nach Åslander dünner ist als die an der Oberseite, nach oben wenden kann und beim Bespritzen leicht beschädigt wird. Daher kann es kommen, daß die Blattspitzen ziemlich weit entwickelter Pflanzen gelegentlich etwas angegriffen werden.

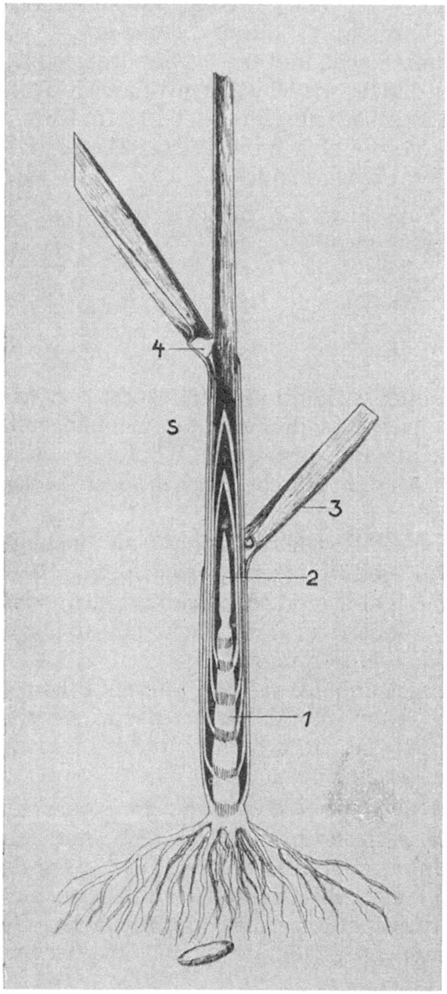

Abb. 417. Junge Roggenpflanze, der Länge nach durchschnitten. Im Schutze der Blattscheiden (*s*) bildet sich der Stengel (*1*) mit seinen Blättern (*3*), Blatthäutchen (*4*) und dem Blütenstande (*2*) aus. Nach Schmeil.

3. Fahrbare Spritzen. Es gibt drei Arten fahrbarer Spritzen. Der ersten Hauptgruppe A gehören solche mit selbsttätiger Pumpenanlage an, die von dem einen der Wagenräder mittels eines Kammradgetriebes in Gang gehalten wird.

Die zweite Gruppe B hat eine durch Handkraft getriebene Pumpenanlage auffahrbarem Untergestell,

während die dritte Gruppe C dadurch gekennzeichnet ist, daß die Streueinrichtung durch einen schalenförmigen Zerstäuber ersetzt wird.

α) Selbsttätig wirkende fahrbare Spritzen. Sie bestehen gewöhnlich aus einem zweirädrigen Fahrgestell mit Einspännerdeichsel, die wie bei einer gewöhnlichen Karre auf der Radachse ruht. Auf diesem Fahrgestell sind ein Behälter, ein Getriebe mit Pumpenanlage, ein Windkessel und eine Verteilereinrichtung angebracht. Abb. 418 *A*, *B*, *C* zeigt zwei Arten fahrbarer Spritzen im Schnitt.

Fahrbare Spritzen mit doppelter Verteilereinrichtung zur Bekämpfung der Kartoffelkrautfäule haben gewöhnlich ein mittels eines Keiles in einem Gang der Achse befestigtes, verschiebbares Rad (Abb. 422). Als Behälter dient meist eine liegende an der Karre befestigte Holztonne, von der oben ein Trichter mit Reinigungssieb aus Messingdraht angebracht ist. Von der Mitte der Unterseite des Behälters geht das Abflußrohr nach der Pumpe. Es trägt einen Hahn, der den Zufluß zur Pumpe sperrt oder öffnet. Das Getriebe der Pumpenanlage ist rechts oder links am Rahmen angebracht und steht während der Arbeit mit einem Getrieberad in Verbindung, auf das sich die Umdrehung des fahrenden Rades unmittelbar überträgt.

Das die Kurbelwelle bewegende Triebrad wird bei Benutzung der Spritze mit einem Triebrad der Wagenachse in Bewegung gesetzt.

Die Pumpe wirkt sowohl durch Saugen als auch durch Druck und kann mit Kugel- wie mit Kegelventilen versehen werden.

Der Windkessel besteht aus Gußeisen oder anderem Metall und dient zum Ausgleichen des Flüssigkeitsdruckes in den Verteiler- und Spritzrohren, sowie zur Erhaltung des zur gleichmäßigen Besprengung des Ackers notwendigen Druckes. Neben dem Windkessel befindet sich in einer besonderen Leitung, die mit dem oberen Teil des Behälters in Verbindung steht, ein Druckfederventil zur Druckregelung. Sobald der Pumpe größere Flüssigkeitsmengen zugeführt

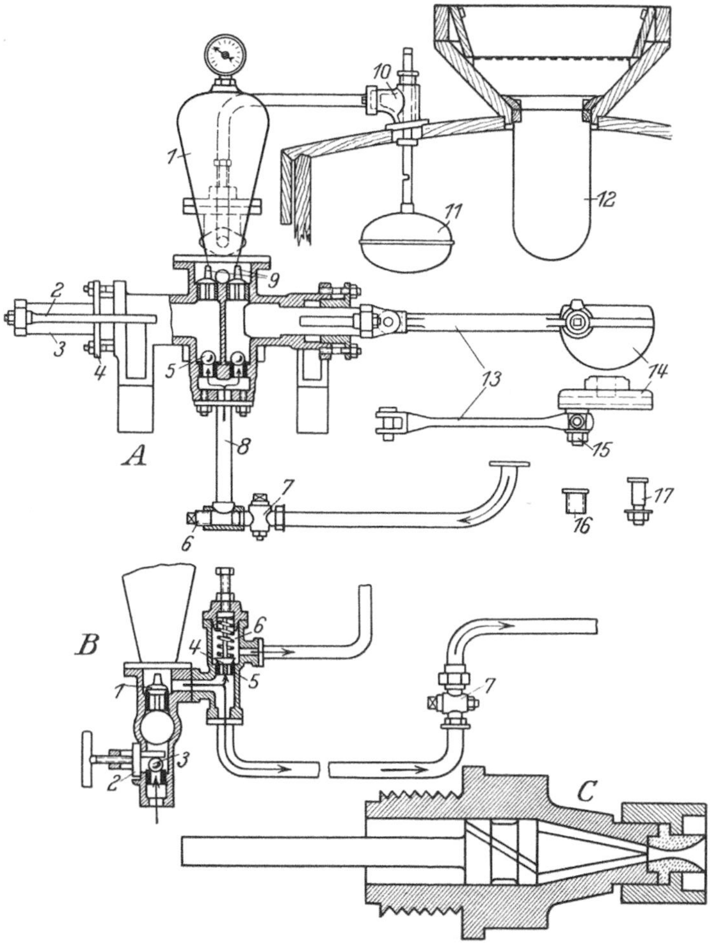

Abb. 418. *A* Längsschnitt von Pumpe und Behälter mit Sieb. Fahrbare Hederichspritze des KAEHLER-Typs. *1* Windkessel; *2* Verbindungsstange zwischen den Kolben; *3* Pumpenrohr; *4* Stopphahn; *5* kugelförmiges Saugventil; *6* Entleerungsventil; *7* Stopphahn; *8* Saugrohr; *9* kegelförmiges Druckventil; *10* Verbindungsstück des Reserveablaufrohres; *11* Schwimmer, der den Flüssigkeitsstand im Behälter angibt; *12* Untersieb aus Messing; 13 Pumpenstange; *14* Kurbelwellenscheibe; *15* und *17* Kurbelwelle; *16* Kurbelwellenlager. *B* Querschnitt der Pumpe und des Sicherheitsventils des KAEHLER-Typs. *1* Druckventil; *2* Deckel des Ventilgehäuses; *3* Saugventil; *4* Feder des Sicherheitsventils; *5* kegelförmiges Sicherheitsventil, das mit Hilfe einer Feder und einer Einstellungsschraube in Stellung gehalten wird; *6* Ventilgehäuse; *7* Stopphahn des Verteilerrohres. *C* Zerstäuberdüse der Hederichspritze.

werden, als dem jeweiligen atmosphärischen Druck entspricht, wird die überflüssige Menge am Sicherheitsventil vorbei in den Behälter zurückgeführt.

Die Streuer sind am Abflußrohr befestigt, das hinter der Pumpenanlage, mit dem es durch einen Gummischlauch verbunden ist, auf zwei beweglichen Rahmen ruht. Das in den Gummischlauch mündende Abflußrohr wird durch einen Hahn geöffnet und geschlossen (Abb. 419).

Die Streubreite beträgt gewöhnlich 4—5 m. Die Anzahl der Streurohre schwankt zwischen 8 und 15, beim Bespritzen auf Kornäckern wächst ihre Zahl gewöhnlich auf 8—10, gelegentlich sogar auf 12.

Beschreibung: Die fahrbare Spritze besteht gewöhnlich aus folgenden Teilen: Einem zweirädrigen (gelegentlich auch vierrädrigen) Fahrgestell mit Einspännerdeichsel (Abb. 420). Der Behälter ist auf dem Wagenbaum angebracht und oben mit Trichter und Messingdrahtsieb als Einfüllvorrichtung versehen. Von der Bodenmitte des Behälters führt ein Abflußrohr, das oben durch ein Messingdrahtsieb beschützt ist, unter der Achse des Fahrgestells hindurch in das Saugrohr der Pumpe, von wo die Flüssigkeit durch zwei Saug- und Druckventile durch

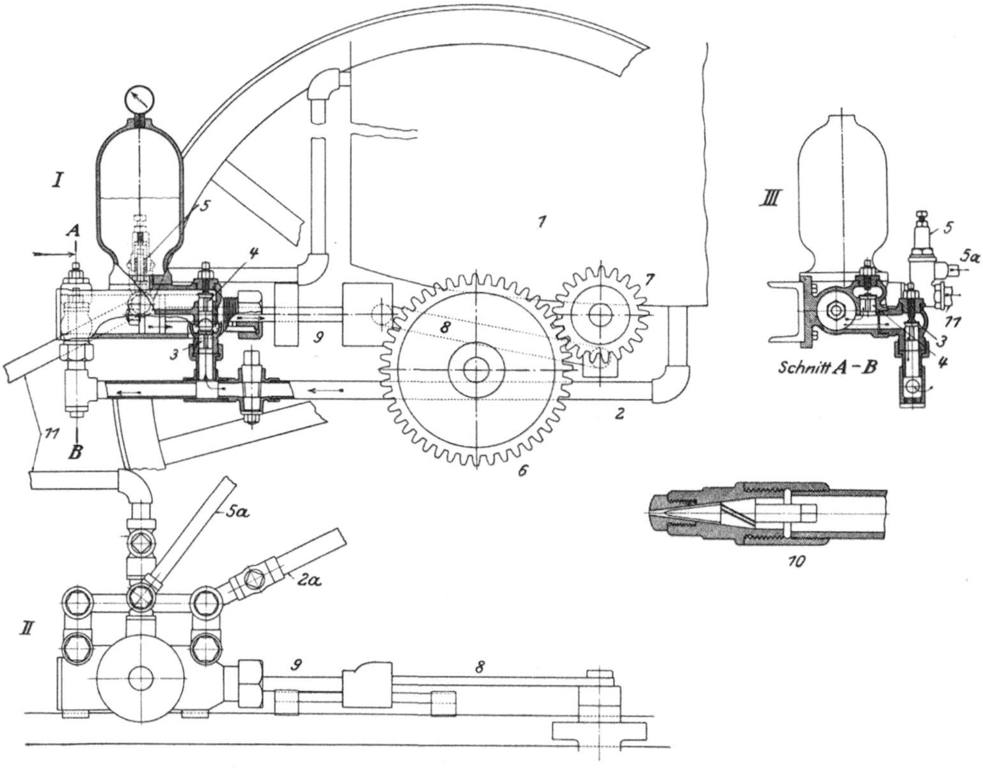

Abb. 419. Schnitt einer fahrbaren Hederichspritze mit doppeltwirkender Saug- und Druckpumpe. *I* Längsschnitt, von der Seite gesehen. *II* Längsschnitt von oben. *III* Schnitt *A—B*. *1* Behälter; *2* und *2 a* Auslaufrohr des Behälters; *3* Saugventil; *4* Druckventil; *5* Sicherheitsventil; *5 a* Ablauf zum Behälter; *6* Auswechslungsrad, an die Radachse gekuppelt; *7* Kupplungsrad; *8* Pumpenstange; *9* Pumpenstempel; *10* Verstäubermundstück; *11* Leitung zum Verstäuberrohr. Orig.-Zeichn.

Luft in den Windkessel, von dort in das Verteilerrohr und dann durch die an diesen angebrachten Streurohre gepreßt wird. Jeder Streuer besteht aus einem am Verteilerrohr angekuppelten Zuflußrohr, einer Muffe, die es mit dem Mundstück verbindet, und einem konischen Zapfen mit zwei gedrehten Rillen, durch welche die Flüssigkeit auf spiralförmigem Wege in die konische Öffnung des Mundstücks und dann auf den Boden gespritzt wird (Abb. 421).

Die Pumpe wirkt sowohl als Druck- wie als Saugpumpe und hat zwei Zuflußkanäle mit je einem Saugventil. Durch die Hin- und Herbewegung des Kolbens im Zylinder öffnen und schließen sich die Saugventile abwechselnd, während die durch die offenen Ventile eindringende Flüssigkeit beim Zurückschlagen des Kolbens so auf die Druckventile wirkt, daß sich beim Öffnen der Einlaßventile die entsprechenden Druckventile schließen, während die letzten bei veränderter Kolbenbewegung entsprechend auf die Einlaßventile wirken. Die Pleuelstange wird durch zwei Triebräder bewegt, deren größeres gewöhnlich auf der Wagen-

Abb. 420. Hederichspritze der Rheinpfälzischen Maschinen- und Metallwarenfabrik C. Platz in Ludwigshafen.

achse festsitzt und sich mit ihr während der Fahrt dreht. Das kleinere der Räder ist auf einer Kupplungsachse so angebracht, daß Ein- und Auskuppeln mit Hilfe einer oberhalb und etwas hinter dem Triebrade angebrachten und vom Führersitz aus bedienten Schaltstange vor sich gehen kann.

Abb. 421. Hederichspritze „Hederichtod" von H. C. Fricke in Bielefeld.

Durch die beiden Druckventile wird die Flüssigkeit in den Windkessel gepreßt, wo der Druck mit Hilfe eines Sicherheitsventils geregelt wird, durch welches die überschießende Flüssigkeit mittels eines Rohres in den Flüssigkeitsbehälter zurück geführt wird (Abb. 422). Ein Druckmesser, der oben auf dem Windkessel sitzt und durch Rohre mit diesem in Verbindung steht, gibt den atmosphärischen

Druck an, den man während der Arbeit nachprüft und durch die Schraubenvorrichtung des Sicherheitsventils bei Bedarf ändert. Die Saug- und Druckventile

Abb. 422. Frickes Hederichspritze mit Unterbespritzung gegen Kartoffelkrankheiten.

sind an den oberen Rändern der Ventilrohre luftdicht angebracht. Sowohl bei Zuführung als auch bei Sperrung des Zuflusses zur Pumpe, wie auch beim Sperren des Verteilerrohrs, bedient man sich der Hähne, deren auf jeder Leitung einer sitzt.

Abb. 423. Hederichspritze „Fortschritt" (Betriebsdruck ca. 5 Atm.). Hersteller: Rheinpfälzische Maschinen- und Metallwarenfabrik Carl Platz, Ludwigshafen a. Rh. Die Hederichspritze „Fortschritt" besteht aus einer kräftigen Pumpe für Handbetrieb, die auf ein Holzfaß von ca. 150 Liter Inhalt montiert ist: die Pumpe ist durch eine Schlauchleitung mit einem Verstäuberrohr verbunden, an dem 10 Verstäuber angebracht sind; ein gut wirkendes Rührwerk, das durch den Pumpenhebel betätigt wird, sorgt für eine gründliche Mischung der Flüssigkeit. Das Faß mit der Pumpe wird auf einen beliebigen Wagen gestellt und das Verstäuberrohr in der auf der Abbildung ersichtlichen Weise am Wagen angebracht. Die Pumpe ist äußerst solid und widerstandsfähig gebaut, alle Arbeitsteile sind aus Messing und auswechselbar; der Kolbendurchmesser beträgt $2^1/_2''$. Die Pumpe überragt das Faß nur wenig, ist daher bequem zu bedienen, der Pumpenhebel ist verstellbar, so daß verschiedene Hubhöhe und Kraft angewendet werden kann. Die Arbeitsbreite beträgt 4 m. Ein Manometer zeigt den jeweiligen Druck an.

Über die Leistung der fahrbaren Spritzen sei folgendes erwähnt: Faßt der Behälter beispielsweise 200 Liter bei einer höchsten Streubreite von 4 m und beträgt die verspritzte Flüssigkeitsmenge je ha 700, 800, 1000 bzw. 1200 Liter, dann genügt eine Füllung für 0,3, 0,25, 0,2 bzw. 0,17 ha. Mit der fahrbaren Spritze auf Abb. 420—422 kann man an einem zehnstündigen Arbeitstage 3,5 bis 5,0 ha behandeln[1].

β) Fahrbare Spritzen mit handbetriebenen Pumpen. Die Spritze, deren Flüssigkeitsbehälter gewöhnlich aus Holz besteht, ruht fest auf einer Karre oder einem Wagen (Abb. 425). Die Pumpe wirkt gewöhnlich gleichzeitig als Saug- und Druckpumpe. Ihr unterer Teil ist durch einen Gummischlauch mit dem die Flüssigkeit enthaltenen Faß oder Bottich verbunden. Der Windkessel ist entweder unten im Flüssigkeitsbehälter oder oberhalb der Pumpe angebracht und

Abb. 424. Die Unkrautspritze System „Forus" nach Konstruktion von Hønningstad, Stavanger (Norwegen) ist eine fahrbare Unkrautspritze. Sie steht auf einem Karren und wird vom Karrenrade aus angetrieben. Die Einrichtung zur Kraftübertragung ist eingekapselt und wird mit Hilfe von Eisenbügeln und Schrauben an dem einen Rade befestigt. Die Kraftübertragungsachse ist teleskopartig, so daß ihre Länge mit dem Abstand von der Pumpe zum Rade verändert werden kann. An beiden Enden ist sie mit Universalgliedern versehen. Das Pumpen wird durch eine doppeltwirkende Diaphragmapumpe bewirkt. Die Pumpeneinrichtung ist mit einer Schraube am Boden einer aufrechtstehenden Tonne befestigt und mit Windkessel, Sicherheitsventil und Druckmesser versehen. Mit Hilfe einer Kupplung wird die Pumpe in und außer Betrieb gesetzt. Das Verteilerrohr ruht auf zwei eisernen Armen. Die Höhe läßt sich verstellen. Der Abstand der Streudüsen beträgt etwa 32 cm. Acht Streuer haben eine Arbeitsbreite von etwa 2,5 m. Bei etwa 90 cm Radhöhe verteilt die Spritze je Hektar etwa 1000 l Flüssigkeit.

an einem Haltestück befestigt, das mit dieser in Verbidnung steht. Der Druckmesser sitzt oben auf dem Windkessel, von dem die Flüssigkeit durch einen Gummischlauch in das Verteilerrohr und an die Zerstreuer geführt wird. Die Streubreite ist etwa 4 m.

γ) Durch Pferdekraft angetriebene fahrbare Spritzen, deren Streueinrichtung durch einen Verstäuber ersetzt wird (Abb. 425). Die Spritze besteht aus einem zweirädrigen Wagenbaum mit tonnenartigem Holzbehälter, einem Getriebe, einer Verstäuberschale und aus Einrichtungen zur richtigen Einstellung des Geräts. Der Behälter faßt 300 Liter und ist mit einer flügelförmigen Einrichtung zum Umrühren versehen, die durch einen Hebel vom Führersitz aus bedient wird. Der Abfluß befindet sich unten im hinteren Teil

[1] Mit größeren, zweipferdigen Spritzen kann man während der gleichen Zeit sogar die doppelte Fläche erfassen.

des Behälters, wo die Flüssigkeit eine Einrichtung durchläuft, deren Aufgabe darin besteht, den Druckunterschied bei Abnahme der Flüssigkeitsmenge im Behälter auszugleichen, so daß die abfließende Menge durch den größeren oder geringeren Druck der Behälterflüssigkeit unangefochten und immer gleich ist. Diese Einrichtung steht in Verbindung mit einem Rohr, durch welches die Flüssigkeit in den Streuapparat weitergeleitet wird. Dieser besteht aus einer fast wagerecht liegenden Streuschale oder einem Teller auf einem senkrechten Zapfen, auf dem er durch einen Schraubenbolzen festgehalten wird. Die Schale hat einen Durchmesser von 390 mm, eine Tiefe von 37 mm und wird von drei kreisförmigen,

Abb. 425. Fahrbare Spritze mit Handbetrieb: Hederichspritze „Blitz" (Betriebsdruck ca. 5 Atm.). Hersteller: Rheinpfälzische Maschinen- und Metallwarenfabrik Carl Platz, Ludwigshafen a. Rh. Diese Spritze ist für mittlere Betriebe bestimmt; ihre Konstruktion ist dem Bedürfnis nach einer billigen, fahrbaren Spritze entsprungen, um den vielfachen Wünschen kleiner und mittlerer Gutsbesitzer und Landwirte zu entsprechen. Die Spritze besteht aus einem schmiedeeisernen Gestell, das von einem kräftigen Rad getragen wird; in das Gestell ist ein Behälter aus starkem Kupferblech eingebaut, der einen Inhalt von 80 l hat. Der Antrieb der Pumpe erfolgt durch das Laufrad; zur Beobachtung des Druckes ist die Spritze mit einem Manometer versehen. Das kräftige, doppeltwirkende Pumpwerk ist ganz aus Messing hergestellt und befindet sich im Behälter. Die Pumpe hat außerordentlich leichten Gang, große Leistung und hohen Druck. Nach Lösen einer Schraube kann die Pumpe leicht aus dem Behälter genommen und bequem gereinigt werden. Die Ventile haben Metallkugeln und sind leicht zugänglich. Beim Pumpen während des Stehens wird der Antrieb durch das Laufrad ausgeschaltet und das Pumpwerk durch den Handhebel betätigt. Das Verstäuberrohr hat 7 Verstäuber, welche die Pumpe ohne Schwierigkeit speist; die Arbeitsbreite beträgt 2,5 m, die Verstäubung ist fein und gleichmäßig; das Verstäuberrohr kann abgenommen und beim Nichtgebrauch seitlich am Behälter angebracht werden. Die Spritzarbeit wird am besten vorgenommen, indem ein Mann die Spritze schiebt und ein Mann zieht, wie die Abbildung zeigt.

rinnenartigen Vertiefungen durchzogen. Von einem Zahnrade der Wagenachse wird die Bewegung durch eine Triebkette auf die Getrieberäder übertragen. Die Umdrehungszahl des Zerstäubers beträgt 1500 in der Minute bei einer wirksamen Streubreite von etwa 3,5 m. Der Verstäuber bewirkt eine ganz feine und gleichmäßige Verteilung der Flüssigkeit innerhalb der Streubreite. Die Flüssigkeitsmenge kann nach Bedarf geändert werden. Auch Emulsionen können in einer Spritze dieser Art verwendet werden. Der Radabstand des Fahrgestells kann durch Verschieben der Räder auf der Achse verändert werden. Die kleinste Spurbreite ist 118, die größte 157 cm. Das Gerät dient als Unkrautbekämpfer und zur Bespritzung der Kartoffeläcker von oben her. Dagegen läßt sie sich zum Bespritzen von unten nicht verwenden.

4. Handbetriebene Unkrautspritzen. Es gibt zwei Arten von Unkrautspritzen mit Handbetrieb:

α) Die Karrenspritze,

β) Rückenspritzen.

α) Die Karrenspritze kann mit einer selbsttätig wirkenden Pumpenanlage versehen sein, die mit dem Karrenrade, wie auf Abb. 424 gezeigt, in Verbindung steht, oder derart eingerichtet sein, daß die Spritzflüssigkeit unter gleichzeitiger Erhöhung des Flüssigkeitsdruckes in den Behälter hineingepumpt wird.

β) Rückenspritzen. Es gibt drei verschiedene Arten: selbsttätig wirkende, sogenannte „Deidesheimer“ und solche mit Kolbenpumpen.

αα) *Selbsttätig wirkende Spritzen.* Es gibt mehrere Fabrikate selbsttätig wirkender Spritzen, die aus einem luftdichten, zylindrischen Behälter bestehen, der gewöhnlich 21—22 Liter faßt, Zahlen, die sich bei den verschiedenen Erzeugnissen allerdings etwas ändern.

Die zu verteilende Flüssigkeit wird durch einen Schraubdeckel im oberen Teil des Zylinders eingefüllt. Die Packung dieses Deckels muß immer in gutem Zustande sein (Abb. 426).

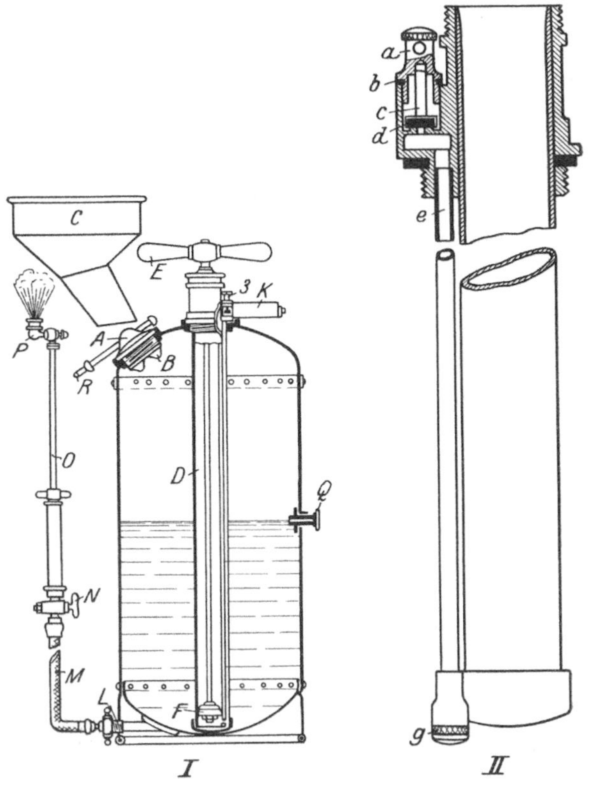

Abb. 426. *I* Schnitt der automatischen Hederichspritze „Calimax“. *A* Einfüllöffnung mit Schließpfropfen; *B* Behälter; *C* Trichter mit Sieb; *D* Pumpenrohr; *E* Handgriff; *F* Kolben und Saugventil; *K* Manometer; *L* Auslaufrohr mit Schlauch; *N* Verschlußhahn; *O* Zerstäuberrohr; *P* Zerstäuber; *Q* Kontrollschraube, die die normale Einfüllungshöhe angibt; *3* Druckventil. *II* Luftpumpe mit Druckventil. *a* und *b* Ventilschraube; *c* Ventilkolben; *d* Ventilgehäuse; *e* Steigerohr, das unten mit dem Pumpenzylinder in Verbindung steht, *g* Schraubenpfropfen. Hersteller: Carl Platz, Ludwigshafen a. Rh.

Man füllt den Behälter etwa halbvoll und schraubt eine Prüfschraube an der Seite des Zylinders heraus, um nachzuprüfen, ob die richtige Flüssigkeitsmenge eingefüllt wird. Vor dem Gebrauch muß die Spritze „aufgepumpt“ werden. Die Luft wird bis zu einem Druck von etwa fünf Atmosphären zusammengepreßt. Die Druckhöhe liest man oben am Behälter auf einem Druckmesser ab. Beim Aufpumpen wird die Kolbenstange durch einen Zylinder hinabgedrückt. Die Luft strömt dann durch den Boden dieses Zylinders, durch das Luftrohr, das dem Pumpenzylinder parallel wieder nach oben steigt und durch das Luftventil im oberen Teil des Behälters in diesen hineingeht. Durch die Anordnung des Ventils im oberen Teile der Spritze wird seine Beeinträchtigung durch die ätzende Flüssigkeit vorteilhaft vermieden. Sie findet sich bei den Ausführungsformen der Calimax-[1] und Automaxspritzen (Abb. 426 und 427).

[1] Wird von der Firma Carl Platz, Ludwigshafen, hergestellt.

Bei einer anderen Ausführungsform durchströmt die Luft ein Ventil im Boden des Kolbenzylinders und dringt durch die Flüssigkeit empor. Diese wenig dauerhafte Form wird an Ventilfedern und Packungen leicht durch Säure angegriffen.

Im Behälterboden befindet sich das Abflußrohr, das durch einen Gummischlauch mit dem Streurohr in Verbindung steht. Das Streurohr hat einen oder mehrere, bei gewöhnlicher Unkrautbekämpfung gewöhnlich drei Streuer. Diese werden auf das Streurohr geschraubt und bestehen gewöhnlich aus einem konischen Streuzapfen mit gerillten Öffnungen, durch welche die Flüssigkeit hindurchgepreßt und dann aus der Öffnung des Mundstückes hinausgedrückt wird. Diese Öffnung hat beiderseitig eine konische Erweiterung, so daß sich in der Mitte, wo die Öffnungsweite am geringsten ist, eine scharfe Kante bildet, aus der die Flüssigkeit herausgepreßt, durch den Druck zerstäubt und in einem Winkel von etwa 70° als kreisförmiger, staubfeiner Regen verbreitet wird.

Abb. 427. Selbsttätige Hederichspritze („Automax" und „Calimax") mit Manometer. Hersteller: Carl Platz, Ludwigshafen a. Rh.

Der Druckmesser der Pumpe zeigt bis zu 8 Atmosphären an. Bei 5 Atmosphären warnt ein roter Strich davor, diesen Höchstdruck beim Bespritzen von Unkräutern zu überschreiten.

Der lederne Pumpenkolben umschließt den unteren Teil der Kolbenstange und liegt zwischen zwei Metallplatten, die in der Längsrichtung etwas verschiebbar sind, so daß sie gemeinsam mit der Pumpenstange gleichzeitig als Saugventil dienen (Abb. 426, *II*).

Die Steuerung des mit einer Gummipackung versehenen Druckventils geschieht durch einen zylindrischen Zapfen, der in das oben in der Luftleitung angebrachte Ventilgehäuse hineinpaßt, aus dem die Luft in den Behälter hineingepreßt wird. Die Behälterflüssigkeit kommt mit dem Druckventil und mit dem Saugventil der Kolbenstange oder irgendwelchen inneren Teilen des Pumpenrohres nicht in Verbindung. An den Ablaufhahn des Behälters wird ein Gummischlauch angeschraubt. Das Verteilerrohr ist gewöhnlich 1 m lang und mit einem hölzernen Handgriff und einem Ventil versehen. Es hat drei Streudüsen mit gegenseitigem Abstand von etwa 50 cm. Bei dreiteiligen Verteilerrohren beträgt die Streubreite etwa 1,5 m.

ββ) Die Deidesheimer Ausführungsform. Die verschiedenen Erzeugnisse dieser Art haben einen im Querschnitt ovalen Behälter, der 15—20 Liter faßt. Der Windkessel ist gewöhnlich im Behälter an dessen Boden befestigt (Abb. 428 und 429).

Die Deidesheimer Spritze kann ganz mit Flüssigkeit gefüllt werden, da der Druck im gesonderten Windkessel erzeugt wird.

Zum Behälter gehört eine Pumpenanlage, die an der Unterseite des Behälterbodens angebracht ist und aus einer Gummimembran von etwa 13 cm Durchmesser besteht. Der Außenrand dieser Membran ist durch Klemmschrauben luftdicht an einem ringförmigen am Boden des Behälters fest und luftdicht anschließenden Rahmen angebracht. Eine Pumpenstange wird mit Hilfe eines winkelförmigen Zapfens im Mittelpunkt der Membran angebracht. Mit Hilfe dieser Einrichtung wird die Membran gehoben und gesenkt. Dadurch werden

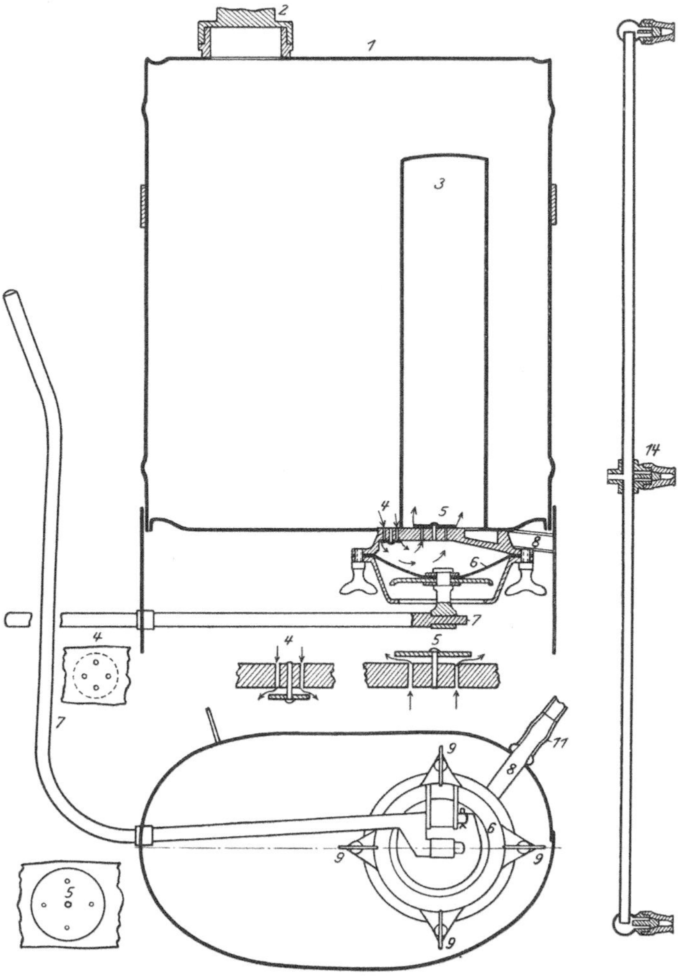

Abb. 428. Schnitt einer tragbaren Hederichspritze, System Deidesheimer. *1* Behälter; *2* Einfüllungsverschluß; *3* Windkessel; *4* Auslaufventil des Behälters; *5* Einlaufventil zum Windkessel; *6* Pumpenmembran; *7* Pumpenhandgriff; *8* Auslaufrohr; *9* Membranschrauben; *10* Fußstück; *11* Gummischlauch; *14* dreiteiliges Zerstäubungsrohr. Orig.-Zeichn.

das die Flüssigkeit in den Membranraum leitende Ventil und das sie weiter in den Windkessel befördernde Ventil wechselweise geöffnet und geschlossen. Bei jedem Pumpenzug zieht die Membran eine gewisse Flüssigkeitsmenge durch das Bodenventil an sich, die dann bei jedem Pumpenhub von der Membran in den Windkessel durch ein Bodenventil hineingepreßt wird. Die dabei zusammengepreßte Luft verleiht der Flüssigkeit den nötigen Druck, um aus dem Windkessel in das Verteilerrohr zu strömen und aus den Streudüsen auf den Acker gespritzt werden zu können. Bei gleichmäßigem Pumpen beträgt der Druck im

Windkessel 2 bis 3 Atmosphären. Das Streurohr besteht aus einem Querrohr mit drei Streuern. Die wirksame Streubreite beträgt 1,5 m.

Die Streudüsen haben gewöhnlich eine lichte Weite von etwa 1,5 mm. Bei etwa

Abb. 429. Tragbare Hederichspritze (Deidesheimertyp) bei der Arbeit. Der Behälter wird ganz mit Flüssigkeit gefüllt. Während des Gebrauchs erhält man den Flüssigkeitsdruck durch Einpumpen der Lösung in den Windkessel. Eig. Aufn.

Abb. 430. Hederichspritze „Excelsior" mit massiver Kolbenpumpe (Betriebsdruck ca. 4,5 Atm.). Hersteller: Rheinpfälzische Maschinen- und Metallwarenfabrik, Carl Platz, Ludwigshafen a. Rh. Die Kolbenpumpe dieser Spritzen hat hohen Druck, ruhigen Gang, ist leicht zu handhaben und von großer Dauerhaftigkeit. Die Pumpe ist ganz aus Messing; die Ventile sind leicht zugänglich. Der Kolben ist regulierbar; durch Anziehen der unteren Mutter wird der Gummiring beliebig stark an die Wandung des Pumpenrohres gedrückt und auf diese Weise eine sichere Wirksamkeit und gute Leistung erzielt. Der Behälter der Spritze ist aus starkem, massivem Kupferblech; die Herstellung erfolgt in zwei Größen, und zwar mit einem Inhalt von 20 und 16 l. Zur Verstäubung schwefelhaltiger Flüssigkeiten werden die Spritzen mit Messingbehälter geliefert. Ebenso können zur Verwendung schwer löslicher Substanzen die Spritzen mit einem Rührwerk geliefert werden. Als Hederichspritze wird die Spritze „Excelsior" mit Dreiverstäuberrohr geliefert; die Kolbenpumpe speist ohne Anstrengung des Arbeiters 3 Verstäuber; die Arbeitsbreite beträgt 1,5 m. Da der Spritze auch ein einfacher Eichelverstäuber beigegeben wird, ist sie ohne weiteres auch als Pflanzenspritze verwendbar. Die Spritzen werden je nach Wunsch mit Hebel von oben oder von unten zu pumpen geliefert.

2 Atmosphären Druck werden bei einem dreiteiligen Streurohr je Minute etwa 2,5 Liter, d. h. je Düse 0,83 Liter ausgespritzt. Demnach bedarf man zur Verteilung von 100 Liter je $^1/_{10}$ ha etwa 40 Minuten.

Man muß also bei 1,5 m Streubreite zwecks Überspritzung von 1000 qm etwa 667 m zurücklegen, wobei bei einem 20 Liter fassenden Behälter fünf Füllungen = 100 Liter vorzunehmen sind, kurz gesagt, jede Spritze deckt einen 1,5 m breiten Streifen von 133,3 m laufender Länge. Spritzen mit kleinerem Behälter erfordern selbstverständlich entsprechend häufigeres Füllen (Tab. 36).

γγ) Rückenspritzen mit Kolbenpumpen. Diese Ausführungsform wird u. a. durch

Abb. 431. Hederichspritze „Frankonia" (Inhalt 18 l. Massiver Kupferbehälter). Hersteller: Carl Platz, Ludwigshafen a. Rh.

die Spritzen „Pfalzgraf"[1], „Excelsior" (Abb. 430) und „Frankonia" (Abb. 431) dargestellt.

Ihr Behälter faßt 18 Liter. Der obere Deckel enthält eine Einfüllungsöffnung und ein ovales Loch zur Einführung einer Pumpe in den Behälter. Der Pumpenzylinder ist 15 cm hoch, hat 4,3 cm lichte Weite und wird unten durch ein Messingventil abgeschlossen. Der aus Pumpenleder bestehende Kolben liegt zwischen zwei an der Kolbenstange befestigten Platten. Am oberen Teil der Kolbenstange

[1] Hergestellt von Gustav Drescher, Halle (Saale).

Tabelle 36. Benutzung verschiedener Spritzentypen und Flüssigkeitsmengen. Arbeitsbreite der Spritze 1,5 m.

Spritzentyp	Die Spritze faßt (Liter)	Die Spritze wird gefüllt mit (Liter)	Anzahl der Spritzenfüllungen je $^{1}/_{10}$ ha und Länge der bespritzten Arbeitsfläche in m bei Ausstoßen einer Flüssigkeitsmenge je $^{1}/_{10}$ ha von: 70 l — Zahl der Füllungen je $^{1}/_{10}$ ha	70 l — Länge der bespritzten Fläche m	80 l — Zahl der Füllungen je $^{1}/_{10}$ ha	80 l — Länge der bespritzten Fläche m	100 l — Zahl der Füllungen je $^{1}/_{10}$ ha	100 l — Länge der bespritzten Fläche m	125 l — Zahl der Füllungen je $^{1}/_{10}$ ha	125 l — Länge der bespritzten Fläche m	150 l — Zahl der Füllungen je $^{1}/_{10}$ ha	150 l — Länge der bespritzten Fläche m
Calimax- und Automaxtyp . .	22	12	6	111	$6^{2}/_{3}$	100	$8^{1}/_{3}$	80	$10^{2}/_{3}$	64,1	$12^{1}/_{2}$	53,3
Mit 3 Verteilern	30	16	$4^{4}/_{10}$	152,4	5	133,3	$6^{1}/_{4}$	106,7	8	83,1	$9^{4}/_{10}$	71,2
Deidesheimertyp	20	20	$3^{1}/_{2}$	190,5	4	166,7	5	133,3	$6^{1}/_{4}$	106,7	$7^{1}/_{2}$	88,7
Mit 3 Verteilern	30	30	$2^{1}/_{3}$	286	$2^{7}/_{10}$	249	$3^{1}/_{3}$	200	$4^{1}/_{6}$	160	5	133,3

befindet sich ein ungleicharmiger Hebel, dessen langer, gebogener Arm sich nach vorn und unten beugt und der Bedienung der Pumpe dient. Im Boden des Windkessels sitzt neben dem Pumpenzylinder ein Druckventil, das mit diesem durch ein Rohr verbunden ist.

Die Streudüsen haben eine lichte Weite von 1,5 mm. Bei Anbringung eines dreiteiligen Streurohres läßt sich die Spritze zur Unkrautbekämpfung verwenden. Bei Abb. 430 ist die Spritze „Excelsior" näher beschrieben. Sie hat einen kupfernen Behälter.

Sowohl Rücken- als auch fahrbare Spritzen sollten an jedem Abend mit reinem Wasser ausgespült werden und nach beendeter Verwendung überall mit warmem Soda- oder laugigem Wasser behandelt werden. Schließlich nehme man eine Nachreinigung mit reinem, vorzugsweise warmem Wasser vor, worauf man die Spritze trocknen läßt und an einem trockenen, geschützten Ort aufbewahrt[1].

Bestreuen der Äcker mit Kalkstickstoff oder Hederichpulver wird gewöhnlich noch mit der Hand vorgenommen.

5. Bespritzen mit Eisenvitriollösung. Der notwendige Stärkegrad beim Bespritzen mit Eisenvitriol ist zu einem gewissen Grade vom Klima abhängig. In trockenem Binnenklima genügt eine 15—20%ige Lösung, während in Küstengegenden und feuchten Gebieten 20—30%ige Lösungen verwendet werden sollten[2].

Von diesen Lösungen bespritzt man den ha mit 600—800 Liter (vgl. Tabelle 37).

Eisenvitriol soll aus hellgrünen Kristallen bestehen und weder rostig, noch aufgelöst (oxydiert) sein, da die Wirkung durch die Oxydation herabgesetzt wird und Ausspritzung der Lösung wegen ihres flockigen Niederschlages erschwert wird. Man füllt das Vitriol in einen Beutel aus Sackleinen, den man freihängend

---

[1] Regeln zur Behandlung von Unkrautspritzen:

1. Untersuche die Spritze stets vorher, um sicher zu sein, daß sie zur Zufriedenheit arbeitet. Ventile und Hähne müssen dicht sein, Ventile leicht und sicher arbeiten.

2. Vor der Verwendung der Spritze nehme man eine Arbeitsprobe vor, bei der man an Stelle der chemischen Lösung reines Wasser benutzt. Man fülle eine bestimmte Anzahl Liter ein, nachdem man sich vorher versichert hat, daß Hähne, Ventile und Streudüsen richtig arbeiten. Die Spritzprobe wird auf einem Wege vorgenommen, auf dem man die Flüssigkeitsverteilung leicht nachprüfen kann. Dabei ist wesentlich zu untersuchen, auf welche Höhe über dem Erdboden bzw. über der Pflanzendecke das Verteilerrohr eingestellt werden soll, damit eine gleichmäßige Flüssigkeitsverteilung gewährleistet wird.

3. Bei Verwendung von Rückenspritzen prüfe und stelle man die Schrittgeschwindigkeit so ein, daß man die Flüssigkeitsmenge je ha abgibt, die von vornherein vorgesehen ist.

4. Zur Bestimmung des Stärkegrades der Flüssigkeit bediene man sich eines Vitriol- oder Schwefelsäuremessers, je nachdem, welche Chemikalien man verwendet.

5. Nach Benutzung der Spritze reinige man sie gründlich mit sauberem Wasser und darauf mit einer schwachen Sodalösung, um alle Reste der verwendeten Chemikalienlösungen zu entfernen. Man bedenke, daß selbst geringe Rückstände der Lösungen auf die Spritze schädlich wirken. Man reinige sie darum nach der Verwendung mit größter Sorgfalt, ganz gleich was für chemische Lösungen verwendet worden sind.

6. Ventile, Streuer und Streudüsen müssen abgeschraubt, gut gereinigt und getrocknet werden, sowie gegebenenfalls noch in Petroleum oder reines, geschmolzenes Fett getaucht werden. Am vorteilhaftesten ist, die Spritze, solange sie benutzt wird, auch an jedem Abend mit reinem Wasser auszuspülen.

7. Ist man mit dem Bespritzen der Äcker fertig, nehme man eine gründliche Reinigung vor, worauf man die Spritze gut trocknet und in einem trockenen Raum bis zur nächsten Inanspruchnahme unterbringt.

Überhaupt ist es unbedingt erforderlich, die Spritze so zu behandeln, daß sie nicht „rostet" oder sonst auf irgendwelche Art und Weise während des Aufbewahrens beschädigt werden kann.

[2] Eine 15%ige Lösung verlangt 15 kg Eisenvitriol auf 85 Liter Wasser, eine 20%ige Lösung verlangt 20 kg Eisenvitriol auf 80 Liter Wasser usw.

Tabelle 37. Über Verwendung von Eisenvitriollösungen zur Bekämpfung von Samenunkräutern in Sommerfruchtäckern.

Stärkegrad der Vitriollösung in Gew. %	Flüssigkeitsmenge in kg je ha	Wasser- und Vitriolmengen bei folgenden Flächen								
		1/20 ha			1/10 ha			1 ha		
		Vitriol kg	Wasser l	Lösung l	Vitriol kg	Wasser l	Lösung l	Vitriol kg	Wasser l	Lösung l
15	600	4,5	26	28	9	51,0	55,1	90	510	551
18	600	5	25	27	10	49,2	54,3	108	492	543
20	600	6	24	27	12	48,0	53,8	120	480	538
25	600	7,5	22,5	26	15	45,0	52,3	150	450	523
30	600	9	21	25,5	18	42,0	50,9	180	420	509
15	700	5,25	32	32	10,5	59,5	64,3	105	595	643
18	700	6,3	28,7	31,7	12,6	57,4	63,4	126	574	634
20	700	7	28	31,4	14,0	56,0	62,7	140	560	627
25	700	8,75	26,25	30,5	17,5	52,5	61,0	175	525	610
30	700	10,5	24,5	29,7	21.0	49,0	59,4	210	490	594
15	800	6	34	36,7	12,0	68,0	73,5	120	680	735
18	800	7,2	33	36,2	14,4	65,6	72,4	144	656	724
20	800	8	32	36	16,0	64,0	71,7	160	640	717
25	800	10	30	35	20,0	60,0	69,7	200	600	697
30	800	12	28	34	24,0	56,0	67,9	240	560	679

im Wasser anbringt, bis das Salz sich aufgelöst hat. Bei größeren Flüssigkeitsmengen gießt man das Vitriol am besten in warmes Wasser[1] (Abb. 433).

Der Stärkegrad kann außer durch Messen und Wägen auch durch einen Vitriolmesser (Abb. 432) bestimmt werden, den man in die Lösung taucht, worauf man an dem freischwimmenden Messer die Stärke, die sich durch Hinzufügung von Wasser oder Vitriol bei Bedarf herabsetzen oder erhöhen läßt, ablesen kann[2].

Es muß darauf hingewiesen werden, daß der Vitriolmesser so eingerichtet ist, daß man bei der hier erwähnten Herstellungsart immer einen höheren Stärkegrad abliest, als die Lösung wirklich enthält. Das Verhältnis zwischen dem abgelesenen und wirklichen Stärkegrad ist:

Abgelesene Stärke	5	10	15	18,6	25	31,2	37 %
Wirkliche ,,	4	8	12	15	20	25	30 %.

In der obigen Tabelle 37 sind die verschiedenen Vitriol- und Wassermengen angegeben, die bei verschiedenen Stärkegraden und ausgespritzten Mengen auf 1/20 ha, 1/10 ha bzw. 1 ha benötigt werden. Die Flüssigkeitsmengen (600—800 Liter je ha) richten sich nach Witterung und Unkrautgröße. Bei trockenem Wetter und bereits sehr weit entwickelten Unkräutern benutzt man die größten Mengen.

Nach Fertigstellung der Lösung[3] und vor dem Einfüllen in die Spritze achte man darauf, daß sie durch ein feines Sieb gegossen wird, das beim Kauf der Spritze immer mitgeliefert wird.

Während der Arbeit der Spritze ist zu beachten, daß die Streuer stets ordentlich arbeiten, daß die Flüssigkeit in der Form eines aufgespannten Regenschirms fein verduscht wird und daß die Streuer in solcher Höhe über dem Boden angebracht werden, daß die Strahlenbündel sich unmittelbar oberhalb der Pflanzen berühren.

---

[1] 100 LiterWasser von 10° Wärme können 60 kg Vitriol auflösen. 100 Liter Wassr von 84° Wärme können 160 kg Vitriol auflösen.

[2] Man sorge immer dafür, daß man eine so starke Lösung herstellt, daß das Hinzufügen von Vitriol unnötig wird, da man die Arbeit dadurch sehr verzögert.

[3] Sollte man die Lösung nicht sofort verwerten, kann man sie durch Mischen mit etwa 1/5 Liter Schwefelsäure auf 100 Liter mehrere Wochen lang frisch erhalten.

Bespritzen mit Eisenvitriol hat die stärkste Wirkung bei Unkräutern, die 2—4 Blätter entwickelt und eine Höhe von 2—3 Fingerbreiten erreicht haben. Je weniger Unkraut vorhanden ist, desto sicherer ist die Wirkung. Aber da sich ja auch unter den Unkräutern immer einige Nachzügler finden, wartet man mit Vorteil ab, bis auch diese soweit gediehen sind. Einsicht in den einzelnen Fall muß entscheiden, wann die Behandlung vorgenommen werden soll. Das Bespritzen muß bei trockenem Wetter auf taufreien Pflanzen vor sich gehen. Auf feuchten Pflanzen oder bei unmittelbar folgendem Regen wird die Wirkung herabgesetzt oder ganz ausgeschlossen, da die Flüssigkeit dann herunterläuft oder weggespült wird und keine Gelegenheit bekommt, sich in die Blätter hineinzufressen.

Die Wirkung des Eisenvitriols ist daran zu erkennen, daß die Blätter schon nach Verlauf weniger Stunden dunkle Flecke bekommen, die sich allmählich vergrößern, während sich die ganze Blattspreite zusammenzurollen beginnt. Im Laufe weniger Tage schrumpfen die Blätter vollkommen ein und werden schwarz und spröde wie verkohltes Papier. Selbstverständlich können einige Unkrautpflanzen das Bespritzen überdauern, aber selbst diese werden meistens so geschwächt, daß ihr Wachstum nachläßt und die Nutzfrucht einen genügenden Vorsprung gewinnt, um dieser Unkräuter Herr zu werden. Ein zweites Unkrauteggen wird auf die gewöhnlich auftretenden Unkrautpflanzen immer tödlich wirken. Das gilt auch, wenn das Unkraut vor dem Bespritzen bereits so groß geworden ist, daß die untersten Blätter das Bespritzen überdauern. Ein zweites Bespritzen muß gegebenenfalls aber mit Vorsicht ausgeführt werden. Man wartet nach dem ersten Spritzen gewöhnlich einige Tage ab, da die Nutzpflanzen gleich nach der ersten Behandlung leicht einige Empfindlichkeit aufweisen.

Abb. 432. Senkwage (Vitriolmeter) für Eisenvitriollösung.

Bei starker Trockenheit sei man ganz besonders vorsichtig, da die Nutzpflanzen unter solchen Verhältnissen noch leichter angegriffen werden. Ihre Lebenskraft wird nämlich herabgesetzt, die Saftspannung erschlafft, wodurch die Saat gegenüber äußeren Einwirkungen an Widerstandskraft einbüßt. In dieser Beziehung sind Roggen und Weizen am empfindlichsten.

Abb. 433. Auflösungs- und Reinigungsapparat für Eisenvitriol von Drescher in Halle a. S.

Alle gewöhnlichen, einjährigen Unkräuter (mit Ausnahme der auf S. 483 erwähnten, die ätzenden Flüssigkeiten Widerstand leisten) sowie die winterannuellen, zweikeimblättrigen werden durch Eisenvitriol teilweise oder vollkommen vernichtet. Gleichfalls sind die oberirdischen Teile einiger mehrjähriger, bodenständiger, wandernder Wurzelunkräuter gegenüber einer Behandlung mit Chemikalien der hier erwähnten Art empfindlich.

Von den gewöhnlichsten Nutzpflanzen der Landwirtschaft lassen sich alle Getreidearten (Sommer- wie Wintergetreide) und die üblichen Erbsensorten ohne

Gefahr mit Eisenvitriol bespritzen (Abb. 434). Gelegentlich beschädigt man zwar die Blattspitzen des Getreides, ohne daß das im allgemeinen von mehr als vorübergehender nachteiliger Wirkung ist. Das Bespritzen frisch eingesäter Wiesen mit Eisenvitriol ruft gewöhnlich auch keine Schäden hervor.

Abb. 434. Pflanzen eines Sommergetreidefeldes während des Schossens. Links nicht behandelt, rechts vor dem Auflaufen mit der Unkrautegge und danach zu rechter Zeit mit Vitriol behandelt. Nach KORSMOS Wandtafeln.

Dagegen werden Kartoffelkraut und die Blätter der meisten Wurzelfrüchte vom Eisenvitriol angegriffen. Das ist aber insofern nicht von Bedeutung, als die Behandlung von Hackfruchtäckern mit chemischen Mitteln meist nicht in Frage kommt.

In Küchengärten widerstehen unter anderem Weißkohl, Blumenkohl, Porree und mehrere Zwiebelarten der Behandlung mit Eisenvirtiol.

Die Ertragsunterschiede bei einer Reihe norwegischer Versuche sind in Abschnitt 7, A näher angegeben.

6. Bespritzen mit verdünnter Schwefelsäure. Der Verdünnungsgrad der Schwefelsäure ist wie der von Eisenvitriollösungen teilweise vom Klima abhängig. Im Binnenland- und Küstenklima bedient man sich einer Verdünnung bis zu

3—4 $^{1}/_{2}$ (Gewichts-) %. Die verwendete Flüssigkeitsmenge schwankt je nach Witterung und Größe der Unkräuter (vgl. unter Eisenvitriol) von 1000—1200 kg je ha[1].

Bei Beschaffung von Schwefelsäure zum Bespritzen von Äckern beachte man, daß es konzentrierte Säuren verschiedener Stärkegrade und zwar von etwa 93% und etwa 75% unter der Bezeichnung 66°, bzw. 60° Baumé gibt. Die konzentrierte Schwefelsäure hat starke Ätzwirkung, weshalb sie mit

Abb. 435. Senkwage (Schwefelsäuremesser) für verdünnte Schwefelsäure.

Tabelle 38. Über Verwendung verdünnter Schwefelsäure zur Bekämpfung von Samenunkräutern in Sommerfruchtäckern.

Stärkegrad und spezifisches Gewicht der unvermischten Säure	Gew. % der auf 100 % berechneten Säure	Flüssigkeitsmenge je ha in kg	Wasser- und Säuremengen bei folgenden Flächen: $^{1}/_{20}$ ha, Säure l	$^{1}/_{20}$ ha, Säure kg	$^{1}/_{20}$ ha, Wasser l	$^{1}/_{10}$ ha, Säure l	$^{1}/_{10}$ ha, Säure kg	$^{1}/_{10}$ ha, Wasser l	1 ha, Säure l	1 ha, Säure kg	1 ha, Wasser l
Nr. 1[1] Konzentrierte Schwefelsäure von 92 — 93%; spez. Gew. 1,84, 66° Bé	3	1000	0,8	1,5	48,4	1,6	3	96,8	16	30	968
	3,5	1000	1,0	1,84	48,1	2,0	3,7	96,2	20	37	962
	4	1000	1,2	2,2	47,8	2,4	4,4	95,7	24	44	957
	4,5	1000	1,3	2,4	47,6	2,6	4,8	95,1	26	48	951
	3	1200	1,0	1,84	58,0	2,0	3,7	116,0	20	37	1160
	3,5	1200	1,2	2,2	57,7	2,4	4,4	115,5	24	44	1155
	4	1200	1,4	2,6	57,4	2,8	5,2	114,8	28	52	1148
	4,5	1200	1,6	2,9	57,1	3,2	5,8	114,2	32	58	1142
Nr. 2[2] 74% Säure; spez. Gew. 1,67, 60° Bé	3	1000	1,2	2,0	47,9	2,4	4,0	95,8	24	40	958
	3,5	1000	1,4	2,3	47,6	2,8	4,6	95,3	28	46	953
	4	1000	1,6	2,7	47,3	3,2	5,4	94,6	32	54	946
	4,5	1000	1,8	3,0	47,0	3,6	6,0	93,9	36	60	939
	3	1200	1,5	2,5	57,6	3,0	5,0	115,2	30	50	1152
	3,5	1200	1,7	2,8	57,2	3,4	5,6	114,3	34	56	1143
	4	1200	1,9	3,2	56,8	3,8	6,4	113,5	38	64	1135
	4,5	1200	2,2	3,7	56,4	4,4	7,4	112,7	44	74	1127

[1] Säure Nr. 1: $^{1}/_{2}$ Fl. Säure auf 18 l Wasser = 3 $^{1}/_{2}$ %ige Lösung. $^{1}/_{2}$ Fl. Säure auf 17 l Wasser = 4 %ige Lösung.

[2] Säure Nr. 2: $^{1}/_{2}$ Fl. Säure auf 14,5 l Wasser = 3 $^{1}/_{2}$ %ige Lösung. $^{1}/_{2}$ Fl. Säure auf 12,5 l Wasser = 4 %ige Lösung.

[1] Etwa 1000 Liter je ha haben sich erfahrungsgemäß als hinreichend erwiesen.

großer Vorsicht zu behandeln ist, um Schäden an Haut oder Kleidern zu vermeiden.

Man muß sie in Holzgefäßen verdünnen, unter allen Umständen erst das Wasser hineingießen und dann unter ständigem Umrühren mit einem Holzstab die Schwefelsäure hinzugeben. Die Säure kann sofort verwertet werden. Zur Bestimmung des Stärkegrades kann man auch einen Schwefelsäuremesser verwenden (Abb. 435). Die Stärke läßt sich aber auch durch Messen und Wägen bestimmen.

In Tabelle 38 sind die Säure- und Wassermengen angegeben, die bei verschiedenen Stärkegraden der Flüssigkeit auf $^1/_{20}$ ha, $^1/_{10}$ ha und 1 ha angewendet werden müssen. Man nimmt das Bespritzen unter den entsprechenden Verhältnissen auf genau die gleiche Art wie mit Eisenvitriol vor.

Abb. 436. Ergebnisse einer Bespritzung mit verdünnter Schwefelsäure in einem Sommergetreidefeld. Rechts bespritzt — links unbehandelt. Eig. Aufn.

Die Wirkung des Bespritzens mit Schwefelsäure tritt schnell und bereits im Laufe weniger Stunden ein. Bei ungünstigen Witterungsverhältnissen ist sie darum ein sichereres Mittel als Eisenvitriol. Im übrigen entspricht ihre Wirkung der des Eisenvitriols.

Die Ertragsunterschiede bei einer Reihe von Versuchen sind in Abschn. 7, A näher angegeben (Abb. 436).

7. **Bespritzen mit verdünnter Salpetersäure.** Die Salpetersäure wird beim Bespritzen von Sommergetreideäckern auf genau dieselbe Art und Weise wie Schwefelsäure verwendet.

Auch der Stärkegrad der Lösungen ist für beide Säuren gleich (bei Zugrundelegung einer 100%igen Konzentration der Säure).

Die übliche Handels-Salpetersäure hat einen Stärkegrad von 62 Gewichtsprozent = 40° Baumé mit einem spezifischen Gewicht von 1,383 (1,4), aber es werden auch schwächere Säuren hergestellt. Die zu verwendende Menge der Lösung schwankt je nach den Umständen von 1000—1250 kg je ha. Gewöhnlich erweisen sich aber 1000 Liter als hinreichend. In Tabelle 39 sind die jeweiligen erforderlichen Mengen verschiedener Salpetersäurekonzentrationen angegeben.

Die Salpetersäure wirkt auf Unkräuter auf die gleiche Art wie die Schwefelsäure. Jedoch weist die auch als Düngemittel dienende Salpetersäure gegenüber der Schwefelsäure damit einen großen Vorteil auf. Sie zeigt allerdings den Mangel, daß sie die Eisen- und Metallteile der Spritze in höherem Grade angreift. Auch sonst ist sie nicht ungefährlich, da sie sehr ätzt und sich leicht entzündet. Die Wirkung der Salpetersäure als Mittel zum Bespritzen von Unkräutern ist durch viele norwegische Versuche dargetan. Die Ertragsunterschiede bei einer Reihe von Untersuchungen sind in Abschn. 7, A näher angegeben.

Tabelle 39. Verwendung verdünnter Salpetersäure zur Bekämpfung von Samenunkräutern im Sommerfruchtacker.

Spezifisches Gewicht und Stärkegrad der unvermischten Säuren	Gew.% der auf 100% berech-net. ver-dünnt. Säure	Flüssig-keits-menge je ha in kg	Wasser- und Säuremengen bei folgenden Flächen								
			1/20 ha			1/10 ha			1 ha		
			Säure l	Säure kg	Wasser l	Säure l	Säure kg	Wasser l	Säure l	Säure kg	Wasser l
Gewöhnliche Handelsware in Stärke von 62 Gew.%	3	1000	1,75	2,42	47,6	3,5	4,8	95,2	35	48	952
	3,5	1000	2,06	2,85	47,2	4,1	5,7	94,4	41	57	943
	4	1000	2,33	3,23	46,8	4,7	6,5	93,5	47	65	935
mit spez. Gewicht v. 1,383 (40° Bé): I	3	1250	2,19	3,03	59,5	4,4	6,1	118,9	43	61	1189
	3,5	1250	2,56	3,53	59,0	5,1	7,1	117,9	51	71	1179
	4	1250	2,95	4,03	58,5	5,9	8,1	116,9	59	81	1169
„Norsk Hydros“-Salpetersäure in Stärke v. 26 Gew. %	3	1000	5,00	5,75	44,3	9,9	11,5	88,5	99	115	885
	3,5	1000	5,85	6,75	43,7	11,7	13,5	86,5	117	135	865
	4	1000	6,65	7,70	42,3	13,3	15,4	84,6	133	154	846
mit spez. Gewicht) v. 1,157 (19,5° Bé): II	3	1250	6,25	7.20	55,2	12,5	14,4	110,6	125	144	1106
	3,5	1250	7,25	8,40	54,1	14,5	16,8	108,2	146	168	1082
	4	1250	8,30	9,60	52,0	16,6	19,2	105,8	166	192	1058

8. Bespritzen mit Raphanit. Raphanit ist ein flüssiges, chemisches Präparat mit einem Litergewicht von etwa 1,4 kg[1], das zur Abtötung von Unkräutern, besonders Samenunkräutern, auf Sommer- und Wintergetreideäckern u. a. in entsprechenden Verdünnungen mit Wasser verwendet wird.

Als zweckmäßig wählt man eine 2—3 gewichtsprozentige Flüssigkeit, d. h. 2 bis 3 kg Raphanit auf je 100 Liter Wasser.

Die Flüssigkeit muß vor dem Verbrauch gut umgerührt werden und zu gleichem Zeitpunkt auf gleiche Art wie Schwefelsäure oder Eisenvitriol mit einer Unkrautspritze in Mengen von etwa 700 Liter je ha auf dem Acker verteilt werden.

Die Wirkung tritt ungefähr zu gleichem Zeitpunkt und in gleichem, teilweise sogar höherem Grade, wie bei Eisenvitriol angeführt, auf.

Vom Bespritzen der Felder bis zum Eingehen der Unkrautpflanzen verlaufen gewöhnlich 2—3 Tage. Auf gleiche Art wie bei der Behandlung mit den üblichen Chemikalien schwanken

[1] Hergestellt von der chemischen Fabrik Ludwig Meyer, Deutschland, und in Korbflaschen mit etwa 50 kg Reingewicht gehandelt.

Wirkung und Mehrertrag mit Art, Menge und Entwicklungsstand des Unkrautes und mit den Witterungsverhältnissen bei und unmittelbar nach der Behandlung[1].

Raphanit enthält 6% Stickstoff und unterscheidet sich dadurch von Schwefelsäure und Eisenvitriol, die diesen Pflanzennährstoff beide nicht enthalten.

9. Bestreuen mit Kalkstickstoff. Zur Unkrautbekämpfung auf Sommerkornäckern verwendet man freien, feingestoßenen Kalkstickstoff, den man auf betautem Acker ausstreut, sobald das Unkraut 2—4 Blätter entwickelt hat. Das Bestreuen muß so gleichmäßig wie möglich vor sich gehen.

Da stärkere Niederschläge den Kalkstickstoff von den Blättern leicht herunterspülen, sollte man ihn nicht ausstreuen, wenn Regenwetter droht.

Bei gewöhnlichen Verhältnissen verwendet man 120—150 kg, bei besonders feuchten Witterungsverhältnissen bis 200 kg Kalkstickstoff je ha.

Man hat versucht, Kalkstickstoff in Mengen, die 150 kg je ha entsprachen, mit Wasser zu mischen und hat trockene Pflanzen mit guter Wirkung damit bespritzt[2].

Da sich Kalkstickstoff indessen im Wasser nicht auflöst, erzielt man keine Lösung, sondern nur eine Mischung, die leicht verschlämmt und das Spritzen erschwert.

Die Wirkung auf das Unkraut tritt auf die gleiche Art wie bei Eisenvitriol ein, erstreckt sich aber über einen Zeitraum von 5—6 Tagen.

Die Blattspitzen des Getreides können oft einige Tage nach Verwendung von Kalkstickstoff blaßgelb und kränklich aussehen, ohne daß das bisher gewöhnlich von größerem Schaden für die Nutzfrucht gewesen wäre. Sie erholt sich schnell, und die Pflanzen nehmen wieder eine kräftige, grüne Farbe an.

Bei Binnenlandsklima und starker Trockenheit hat es sich gezeigt, daß besonders Sommerweizen und Sommerroggen durch Bestreuen mit Kalkstickstoff einigen Schaden erleiden können. Darauf sei man aufmerksam und verwende entsprechende Vorsicht.

Kalkstickstoff hat man früher nur mit der Hand streuen können, da es für diese Arbeit noch keine brauchbaren Maschinen gab. Auf größeren Flächen erschwerte das die Verwendung von Kalkstickstoff. Heute läßt er sich durch entsprechende Maschinen ebenso leicht wie andere Unkrautmittel verteilen. Er hat den Vorzug, daß er einzelne Unkrautarten vernichtet, die gegen ätzende Lösungen sonst sehr widerstandsfähig sind, wie oben erwähnt. Sobald darum Unkrautarten, wie *Chenopodium album* u. ä., in großen Mengen auftreten, sollte man unbedenklich Kalkstickstoff streuen, zumal das Vorurteil gegen seine schwierige Verwendung heute nicht mehr berechtigt ist.

Auch sei erwähnt, daß Kalkstickstoff mit seinem Stickstoffgehalt dem Acker Nahrung zuführt. Versuche haben ergeben, daß diese Nahrungszufuhr gelegent-

---

[1] U. a. sei hier hingewiesen auf: I. Aufsätze in Dtsch. landwirtschaftl. Presse Nr. 12, Nr. 17, Nr. 22 und Nr. 27. II. Foreningen av Jydske Landboforeninger Planteudvalgs Beretning for Aaret 1927. S. 352—353. III. Beretning om Landboforeningernes Virksomhed for Planteavlen paa Lolland-Falster i 1927. S. 35, 36 und 72. — Norwegische Versuche mit 2—4%igem Raphanit und 3,5—4,5%iger Schwefelsäure (66° Bé) ergaben zugunsten der Schwefelsäure etwas schnellere und bessere Wirkungen. 3—4%ige Hedolitlösung wirkt auch gut (vgl. Nachr. über Schädlingsbek. Nr. 2, S. 57 und Nr. 4, S. 122—126. 1929.

[2] Die Spritze „Kartof" hat sich bei Versuchen in Dänemark zur Feinverteilung und zum duschenartigen Verspritzen von Emulsionen als sehr brauchbar erwiesen. Es ist anzunehmen, daß sie sich zur Verteilung von mit Wasser vermischtem Kalkstickstoff anwenden läßt. Die Arbeitsleistung ist mit 0,9 ha je Stunde angegeben (vgl. „Statens Redskapspröver" — 49. Beretning, Kopenhagen 1928). Das gleiche gilt Hamanns Unkrautvernichtungsmaschine „Wawara" bzw. Düngerstreuern mit angebautem Tauspender (Abb. 437). Zur Feinverteilung zermahlener Stoffe läßt sich Hoffmanns Kunstdüngerzerstäuber „Radikal" verwerten.

lich sogar sehr wirksam sein kann. Benutzt man darum Kalkstickstoff zur Unkrautbekämpfung, kann man beim Düngen mit dem Stickstoff sparsamer umgehen. Es empfiehlt sich das sogar zur Vermeidung von ungleichmäßiger Entwicklung und spätem, ungleichmäßigem Reifen. Besonders auf Haferäckern haben sich die Nährstoffe des Kalkstickstoffs stets besonders geltend gemacht. Geringere Wirkung hatten sie auf Gerste- und Weizenfeldern.

Man hat die Wirkung des Kalkstickstoffs als Unkrautbekämpfer auf Sommerkornäckern mehrere Jahre hindurch eingehend untersucht. Die Verwendung hat Mehrerträge an Körnern wie auch an Stroh ergeben. Die Ertragsunterschiede bei einer Reihe von Versuchen sind im Abschnitt 7, A näher angegeben. Übrigens hat sich Kalkstickstoff auch gegen verschiedene tierische Schädiger bewährt. Zwischen Kohlpflanzen gestreut dient er als Abschreckungsmittel gegen Erdflöhe usw.

10. Bestreuen mit Hederichpulver. Dieses Chemikalium ist verhältnismäßig neu. Es wird in Deutschland hergestellt, ist von gelblicher Farbe und besteht aus etwa 60% Eisenvitriol und etwa 40% Gips. Man benutzt es auf genau die gleiche Art und in etwa den gleichen Mengen wie Kalkstickstoff. Es wirkt etwas langsam.

HÖFERS Hederichpulver wurde zur Unkrautbekämpfung bei verschiedenen Unkrautarten in insgesamt 92 norwegischen Versuchen während der Jahre 1921 und 1922 benutzt. Die durchschnittlichen Erträge und Mehrerträge bei diesen Versuchen sind im folgenden in kg und in Prozent angegeben:

Ertrag auf behandelten Feldern . .	2180 kg Körner,	4330 kg Stroh.
„ „ unbehandelten „ . .	1840 „ „	4200 „ „
Mehrertrag auf behandelten Feldern .	340 kg Körner,	130 kg Stroh,
d. h. 18,5 bzw. 3,1%.		

Bei 38 Versuchen wurde während der Ernte alles Unkraut nachgezählt. Es ergab sich dabei, daß die Zahl der Unkrautpflanzen bei Verwendung von Hederichpulver von 100 auf 42% herabgesetzt wurde. Von den angewandten Mengen schienen im Binnenlandsklima 200 kg, in feuchtem Klima 250 kg je ha zu genügen.

11. Bestreuen mit Staubkainit. Man verwendet feingestoßenen Kainit, der wegen seiner besonderen Verwendung gegen einige in Deutschland unter dem Namen Hederich zusammenfaßte, kreuzblütige Unkräuter als Hederichkainit im Handel ist. Er wird auf die gleiche Art und zu gleichem Zeitpunkte wie Kalkstickstoff auf künstlich oder natürlich betautem Acker ausgestreut. Die beste Wirkung erzielt man gewöhnlich bei Bestreuen des Ackers, sobald die Unkräuter die ersten 2—4 Blätter entwickelt haben.

Je nach Menge und Entwicklungsstand der Samenunkräuter auf Getreideäckern hat man 400—1000 kg je ha angewandt. Man beachte, daß *Raphanus raphanistrum* dem Hederichkainit sowie anderen Chemikalien stärkeren Widerstand leistet als *Sinapis arvensis* und mehrere andere der einjährigen Unkräuter. Aus diesem Grunde sind etwas größere Mengen Hederichkainit anzuwenden, sobald sich im Acker Pflanzen von *Raphanus raphanistrum* finden[1].

Das Hederichpulver muß staubfein und trocken sein, wenn man eine gleichmäßige Verteilung erzielen will. Wird es klumpig und feucht, ist es unbrauchbar.

Früher hat der Landmann die Verteilung gewöhnlich mit der Hand und frühmorgens auf dem taufrischen Acker vorgenommen. Jetzt gibt es Maschinen zum

[1] Bei norwegischen Versuchen hat die Verwendung der oben erwähnten Spritzmittel gewöhnlich gleichmäßiger und sicherer als Kainit gewirkt.

künstlichen Betauen des Ackers, die gleichzeitig durch Feinverteilung von zerstoßenen Chemikalien als Unkrautvernichtungsmaschinen (Abb. 437) dienen.

Von MAAS[1] wird darüber folgendes mitgeteilt:

„Schwierigkeiten bei der Unkrautbekämpfung macht oft das Wetter, auch die gleichmäßige Verteilung des Hederichkainits läßt oft zu wünschen übrig. Es ist daher sehr zu begrüßen, daß neuerdings Maschinen aufgekommen sind, die den Landwirt vom Wetter (Morgentau) unabhängig machen bzw. eine vollkommen gleichmäßige Verteilung gewährleisten. Die Unkrautvernichtungsmaschine „Wawara" besteht in einem Tauspender, der an die gebräuchlichsten Kunstdüngerstreuer angebaut werden kann und tagsüber bei klarem Sonnenschein eine Benetzung und Bekämpfung des Unkrautes ermöglicht (Abb. 437), während der Unkrautvernichter „Radikal" den Hederichkainit und auch andere feingemahlene Kunstdüngemittel in so außerordentlich feiner und gleichmäßiger Weise verteilt, wie es sonst nicht möglich ist. Diese Maschine, ein Kunstdüngerzerstäuber, der gleichfalls an jedem Kunstdüngerstreuer angebracht werden kann, besteht in der Hauptsache aus einem schnelllaufenden Ventilator, der sich vorn an der Mitte des Streukastens befindet und über eine Vorlegewelle vom linken Fahrrad aus mittels Ketten ein- und ausschaltbar angetrieben wird. Der Ventilator preßt die Luft durch die zahlreichen kleinen Öffnungen eines unter dem Streukasten befindlichen Rohres auf einen Blechstreifen, auf den auch gleichzeitig der Kunstdünger fällt. Dieser wird nun durch das Gebläse zu einer Staubwolke aufgewirbelt, die sich bei ruhiger Luft in denkbar feinster und gleichmäßigster Verteilung auf den Boden bzw. auf die Pflanzen niederläßt. Für die gleichmäßige Verteilung von Kunstdünger namentlich aber bei der Bekämpfung von Unkraut und vielleicht auch von Pflanzenkrankheiten mit irgendwelchen Streupulvern dürfte diese Gebläsevorrichtung in Zukunft eine große Bedeutung haben."

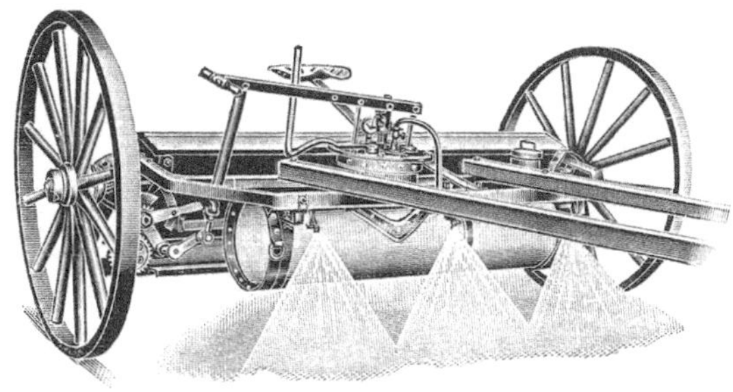

Abb. 437. Düngerstreuer mit angebautem Tauspender. Das in dem Tauspender befindliche Wasser wird durch eine vom Rade aus angetriebene Luftpumpe durch Röhren gepreßt, um dann aus den Düsen heraus in nebelartig feiner Verteilung auf die Pflanzen gesprengt zu werden. Herstellung und Vertrieb durch die Firma Kuxmann & Co., Maschinenfabrik, Bielefeld i. W.

12. Behandlung mit Unkrautegge vor und Bespritzen nach Auflaufen der Saat. Die wirksamste Bekämpfung des Unkrautes erreicht man durch Unkrauteggen vor Durchbruch des Getreides durch die Erdschicht und später erfolgendes Bespritzen nach obigen Angaben.

Die Mehrerträge schwankten bei einer Reihe von Versuchen bei den Körnern zwischen 15 und 32%, beim Stroh zwischen 4 und 6% (vgl. Abschn. 7, A).

c) Jäten und Hacken der Äcker.

Unter gewöhnlichen Verhältnissen wird man auf Getreideäckern kaum zu einem Hilfsmittel wie dem Jäten (Abb. 438) greifen, da es zu teuer wird. Man rechnet damit, daß die völlige Reinhaltung je ha Getreideacker mit mittlerem Unkrautbestand etwa 30 Arbeitstage erfordert.

---

[1] Dr. MAAS: Die Hederichbekämpfung mit Hederichkainit. Dtsch. landwirtschaftl. Presse 1928. Nr. 18, S. 266—267.

Reinigung der Getreideäcker durch Maschinen[1] hat man besonders auf großen Flächen vorzunehmen versucht. Die Durchführung hat aber Schwierigkeiten ergeben. Voraussetzung ist, daß der Reihenabstand groß genug, der Boden steinfrei und das Gelände eben ist.

Abb. 438. Handjäten in einem Sommergetreidefeld, in dem viel Hederich (*Raphanus raphanistrum*) vorkommt. Eig. Aufn.

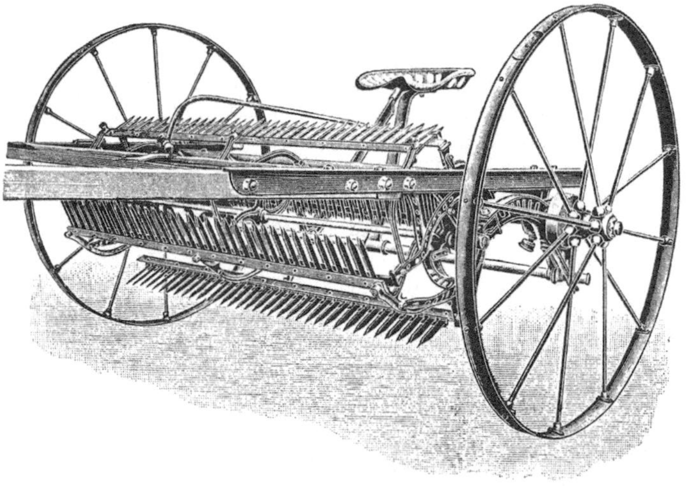

Abb. 438 a. Hederichjäter System Naumann der Erzgebirgischen Maschinenfabrik Schlettau (Sachsen).

Die Mehrerträge schwankten in einer Reihe von Versuchen

bei den Körnern zwischen 20 und 44%,
beim Stroh „ 4 „ 19%

(vgl. Abschn. 7, A).

IV. Unkrautbekämpfung bei Hackfrüchten.

Bei Anbau von Knollen- und Wurzelfrüchten und bei deren richtiger Behandlung wird man das Unkraut während des Wachstums viel wirksamer be-

[1] Hederich-Jätemaschine für Pferdebetrieb (2 m Arbeitsbreite mit auswechselbaren Kämmen). Hersteller: Firma August Lux in Ebersdorf, Schlesien. — Ferner: Hederichjäter, System Naumann. Hersteller: Erzgebirgische Maschinenfabrik Schlettau (Sachsen). Abb. 438 a.

kämpfen können, als es mit den soeben erwähnten Maßnahmen auf Getreideäckern möglich ist. Auf diesen konnte man ja schließlich nichts anderes als Unterdrückung der Samenunkräuter erwarten, da Wurzelunkräuter auf Grund ihrer besonderen biologischen Eigenarten durch solche Behandlung nur geringen und jedenfalls keinen dauernden Schaden leiden.

Auf Feldern mit Knollen- und Wurzelfrüchten dagegen lassen sich sowohl Samen- als auch Wurzelunkräuter wirksam bekämpfen, da man während eines langen Abschnittes der Wachstumszeit Gelegenheit zu sowohl maschineller Bearbeitung als auch zum Jäten hat.

Die Vorarbeiten auf Hackfruchtäckern sind denen auf Getreideäckern gleich. Durch Schleifen und ähnliche Behandlung versucht man so früh wie möglich Keimung der Unkrautsamen im Boden hervorzurufen, um durch späteres Eggen sowohl die Samenunkräuter zu vernichten als auch noch vorhandene Wurzelunkräuter in ihrer Entwicklung zu stören, bis die Aussaat der Ackerfrucht stattfindet.

Ist der Acker mit einzelnen Wurzelunkräutern, wie *Triticum repens, Sonchus arvensis* u. ä., sehr stark durchsetzt, empfiehlt sich eine besondere Vorbereitung des Bodens auf etwa folgende Art: Auf dem Acker, der selbstverständlich im Herbst gepflügt sein muß, fahre man mit der Egge gründlich hin und her, sammle und entferne die herausgerissenen Unkrautwurzeln und wiederhole diesen Vorgang, um schließlich den Acker vielleicht noch einmal unmittelbar vor der Einsaat tief zu pflügen. Eine derartige Behandlung ist unter Umständen gar nicht zu umgehen, wenn nicht die Feldfrucht während des Wachstums ganz unüberwindlichen Unkrautschaden erleiden soll.

Im Laufe eines einzigen Wachstumsabschnittes wird es aber nicht immer gelingen, die Erde von wurzelwandernden Unkräutern selbst bei durchgeführter Säuberung der Hackfruchtäcker vollkommen zu befreien. Man benötigt dazu mindestens zweier aufeinanderfolgender Jahre.

a) Reinhaltung der Kartoffeläcker.

Die soeben erwähnten beiden Vorarbeiten auf Hackfruchtäckern lassen sich auf Kartoffelschlägen nicht immer durchführen, da reichlicher Kartoffelertrag von frühem Setzen der Pflanzkartoffeln abhängt. Versuchsleiter an landwirtschaftlichen Anstalten sind nach wiederholten Versuchen zu der einstimmigen Annahme gekommen, daß die günstigsten Erträge bei möglichst frühzeitigem Setzen der Kartoffeln erzielt werden. Die Äußerungen scheinen dafür zu sprechen, daß man die Kartoffeln in den Boden bringen soll, sobald es überhaupt möglich ist, auf den Acker zu kommen. Jedoch können Verhältnisse eintreten, die es geraten erscheinen lassen, z. B. in stark durch Quecken verseuchtem Boden auf zeitiges Auslegen der Kartoffeln zugunsten einer gründlichen, unkrautbekämpfenden Vorarbeit zu verzichten.

Die Unkrautbekämpfung sollte auf Kartoffeläckern immer vor dem Aufsprießen der Laubsprosse beginnen. Um die Unkrautkeimung zu befördern, schleife man den Boden nach Aussaat, um ihn darauf mit der Walzenegge oder einer Cambridge-Trommel zu bearbeiten. Ist das Unkraut dann aufgelaufen, eggt man mit einer leichten Unkrautegge (Abb. 412 und 413). Sind die Kartoffeln maschinenmäßig in Kämmen und reichlich tief gepflanzt, trägt solches Eggen auch zum Ausgleich der Kämme bei. Das erreicht man in noch höherem Grade durch Umkehren der Egge, so daß die Zinken nach oben stehen. Auf diese Art und Weise verrichtet man auch gleichzeitig gute Arbeit zur Unterdrückung des Unkrautes.

Das Eggen des Kartoffelackers vor Durchbruch der Nutzpflanzen kann zwei- bis dreimal wiederholt werden. Bei nicht zu leichtem Boden, der das Losreißen und Herausziehen der Kartoffeln verhindert, kann man das letzte Eggen noch vornehmen, wenn das Kartoffelkraut bereits sichtbar wird.

Dieses Eggen erweist sich erfahrungsgemäß als eine besonders große Erleichterung der späteren Reinhaltung, während es gleichzeitig die obere Erd-

Abb. 439. Pferdehacke im Kartoffelfelde.

schicht löst und zerkrümelt. Sobald das Kartoffelkraut so groß geworden ist, daß die Reihen sich deutlich erkennen lassen, tritt die Hackmaschine in Tätigkeit mit Häufeln und Jäten. Diese Arbeiten müssen Hand in Hand gehen, und vor allem muß die Reinhaltung sehr gründlich durchgeführt werden. Nicht eine einzige Unkrautpflanze darf auf dem Kartoffelacker in Ruhe wachsen können.

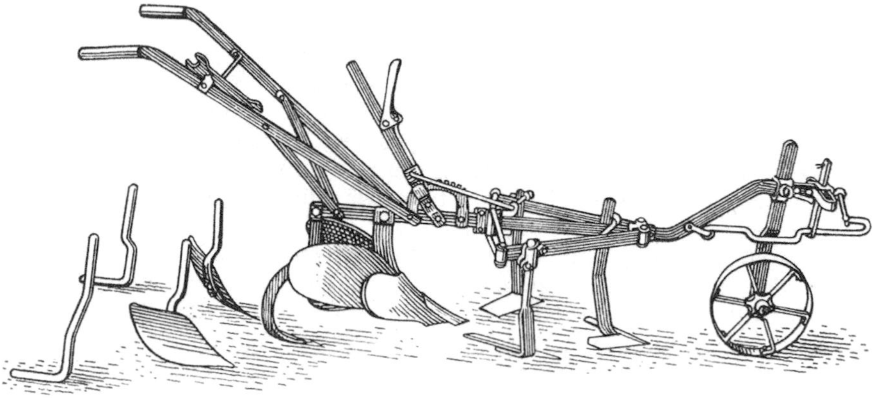

Abb. 440. Hack- und Häufelpflug Monachia II. Hersteller: Vereinigte Landsberger Pflug- und Münchener Eggenfabriken A.-G.

Versuche in landwirtschaftlichen Betrieben haben nämlich erwiesen, daß selbst ganz vereinzelte Unkrautpflanzen den Ertrag bedeutend herabsetzen und daß ihre rechtzeitige Entfernung, solange sie noch ganz klein sind (vgl. unten), einen bedeutenden wirtschaftlichen Vorteil bietet.

Beim Hacken und Häufeln leisten die deutschen und amerikanischen Hack- und Häufelpflüge (Abb. 439 u. 440) sowie Hackmaschinen (Abb. 441 u. 442) ausgezeichnete Dienste. Besonders sind sie beim Häufeln den üblichen Kammpflügen überlegen, da sie außer dem gründlichen Zerkleinern des Bodens auch vorzüglich zum Zerschneiden und Herausreißen der Laubsprosse von Wurzelunkräutern dienen und so deren unterirdische Teile in hohem Grade schwächen. Die älteren Pflugmodelle zum Kammpflügen leisten das nicht, da sie die Erde nur zur Seite drücken, ohne die Unkrautwurzeln herauszureißen.

Immerhin sollte man die Kartoffeln nicht mehr häufeln, als zur Unterdrückung des Unkrautes notwendig ist. Besonders nehme man die Behandlung nicht zu spät während der Wachstumszeit vor. Versuche haben ergeben, daß mehrfaches Häufeln nicht, wie früher angenommen, den Ertrag steigert. Es zeigt sich vielmehr, daß zweimaliges und besonders dreimaliges Häufeln den Ertrag herabsetzen kann. Die Versuchsergebnisse bei Unkrautbekämpfung deuten auch in ähnliche Richtung; besonders hat sich in trockenen Sommern und auf leichterem

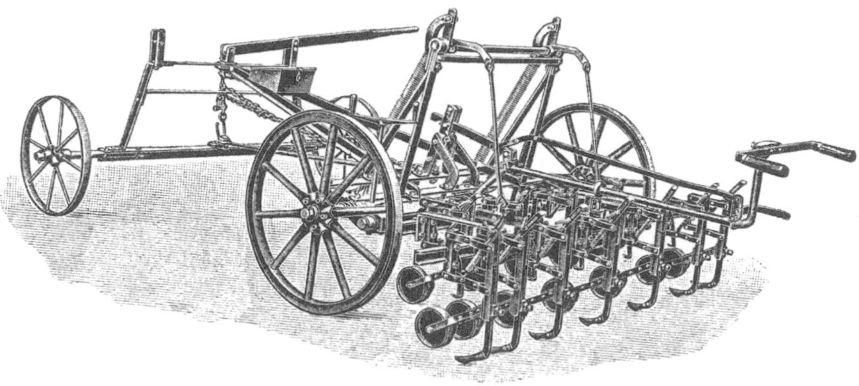

Abb. 441. Zimmermanns neue und verbesserte Hallensis-Gespannhackmaschine mit Parallelogrammführung und Federentlastung. Ausrüstung der Hackmaschine in normaler Ausführung für Rüben und Getreide sowie für Kartoffeln: Rüben-Armatur G für 5 Reihen. Doppelseitige Messer. Rüben-Armatur B für 4 Reihen. Einseitige Messer. Rüben- bzw. Kartoffel-Armatur D für 4 Reihen. Häufelschare zum Behäufeln von Rüben und Kartoffeln. Getreide-Armatur E für 9 Reihen. Spitzmesser. Rüben-Armatur C für 5 Reihen. Einseitige Messer. Getreide-Armatur F für 9 Reihen. Einseitige Hackmesser für Getreide. Hersteller: F. Zimmermann & Co., Fabrik landw. Maschinen, Halle (Saale).

Boden gezeigt, daß man die größten Erträge erzielt, wenn man das Unkraut nur durch Jäten und ohne irgendwelche andere Bodenbehandlung entfernt. Gewöhnlich werden jedoch gründliches zwei- bis dreimaliges Eggen vor dem Aufsprießen der Kartoffeln mit anschließender Bearbeitung durch eine fahrbare Hacke und einmaliges Häufeln als maschinenmäßige Ackerbehandlung hinreichen.

Allerdings spielen hier, wie auch sonst überall, besondere Verhältnisse hinein, die praktische Einsicht in den verschiedenen Fällen zu bewerten und zu berücksichtigen hat.

Man kann die Kartoffeln auch im Schrägverband pflanzen, um so Gelegenheit zu bekommen, die Maschinen in zwei Richtungen über den Acker zu führen. Zwar ist diese Pflanzart nicht besonders verbreitet, aber die Erfahrung hat ergeben, daß die Reinhaltung der Äcker dadurch erleichtert wird.

Mehrfach hat man durch Untersuchungen festzustellen versucht, welchen Einfluß die Unkräuter auf den Kartoffelertrag haben. Die schädigenden Einwirkungen des Unkrautes schwanken mit Unkrautbestand und -art. Der Gesamternteverlust steigt mit zunehmender Unkrautmenge im Acker, während der Ertragsverlust mit jeder ausgerotteten Unkrautpflanze bzw. Unkrautmenge sinkt.

Das Ergebnis einer Reihe vergleichender Versuche über Unkrautwirkungen auf die Kartoffelertragsgröße ist in Abschn. 7, B näher angegeben. Dort sind die Ertragsgrößen angeführt

1. bei völliger Reinhaltung durch Maschinenbehandlung und Jäten,
2. bei in der Praxis allgemein üblicher Reinhaltung,
3. bei völliger Reinhaltung nur durch Jäten,
4. bei gänzlichem Unterlassen der Reinhaltung während der ganzen Wachstumszeit.

Abb. 442. Siederslebens Universal-Hackmaschine: Saxonia-Hackmaschine 2 m mit Schere (Rübenarmatur); oberes Bild. Saxonia-Hackmaschine 2 m mit Vorderwagen (Getreidearmatur); unteres Bild. Hersteller: W. Siedersleben & Co. G. m. b. H., Fabrik landw. Maschinen und Eisengießerei, Bernburg in Anhalt. Außerdem werden von dem Institut f. Landmaschinenlehre u. Physik d. Landw. Hochsch. Bonn-Poppelsdorf (Leiter: Prof. Dr.-Ing. Vormfelde) als bekanntere Firmen im Hackmaschinenbau aufgenannt: Rud. Sack, Leipzig; Theodor Hey, Bernburg (Anhalt); Hans Schmotzer, Windsheim (Bayern), Ringstr. 542 u. a.

Die Versuche mit Jäten hat man unternommen, um sie mit den üblichen Verfahren bei vollständiger Reinhaltung vergleichen zu können und dadurch Klarheit in die Frage zu bringen, welche von diesen Behandlungsarten die größten Erträge sichert.

Außerdem hat man eine Reihe vergleichender Versuche über die Arbeitskraft und -zeit vorgenommen, die eine völlige Reinhaltung der Kartoffeläcker bei den verschiedenen Verhältnissen erfordert.

Man hat mit zwei Versuchsreihen gearbeitet. Reihe I Gruppe 1 bezieht sich auf sowohl durch Samen-, als auch durch Wurzelunkräuter verseuchte Äcker, Gruppe 2 vorwiegend auf Samenunkräuter.

Zu völliger Reinhaltung einschließlich zwei- bis dreimaligen Eggens vor dem Durchbruch des Kartoffelkrautes, Häufeln und Jäten wurden je ha benötigt bei:

Reihe 1: 12,6 Leute und 3,0 Pferdearbeitstage je 10 Stunden,
„ 2: 10,4 „ „ 4,0 „ „ 10 „

Es soll nicht unerwähnt bleiben, daß eine allgemein gültige Aufstellung über die Ausgaben zur Reinhaltung von Kartoffeläckern natürlich sehr schwierig ist, da die Verhältnisse in so mancher Hinsicht verschieden sind.

b) Reinhaltung von Wurzelfruchtäckern.

Die vorbereitenden Arbeiten auf Wurzelfruchtäckern sind nicht nur mit Bezug auf die Unkrautbekämpfung, sondern für die Schaffung günstiger Wachstumsbedingungen überhaupt von entscheidender Bedeutung. Kaum irgendeine andere Ackerfrucht verlangt eine so gründliche und rechtzeitig vorgenommene Bodenvorbereitung wie die Wurzelfrüchte. In dieser Beziehung wird so oft und allgemein gesündigt, daß man kaum häufig genug betonen kann, daß die allermeisten verfehlten Wurzelfruchternten auf schlechte oder falsche Bodenbehandlung zurückzuführen sind. Ohne daß hier auf Einzelheiten der Bodenbehandlung auf Wurzelfruchtäckern genauer eingegangen werden soll, sei noch darauf hingewiesen, daß eine der allerwichtigsten Voraussetzungen guter Wurzelfruchterträge darin besteht, daß alle Bodenbearbeitung Schlag auf Schlag erfolgt und das Einsäen bzw. Verpflanzen bereits in den Spuren des letzten Gerätes vor sich zu gehen hat. Was die besonderen Arbeiten zur Unkrautbekämpfung auf Wurzelfruchtäckern betrifft, so ist bereits früher darauf hingewiesen, daß es gilt durch Schleifen usw. frühe Keimung hervorzurufen. Im übrigen ist darauf zu achten, daß die Unkräuter bis zur Vornahme der Hauptbearbeitung des Bodens gut niedergehalten werden. Einige Wurzel- und Kohlpflanzen, z. B. Turnips, die verhältnismäßig spät gesät werden, sowie Steckrüben und Kopfkohl, die sich ziemlich spät verpflanzen lassen, lassen vor der Aussaat und vor dem Verpflanzen eine sehr wirksame Unkrautbekämpfung zu, die in einzelnen Fällen sogar der Halbbrache nahekommen kann (vgl. diese). Bei dieser Vorbehandlung des Bodens ist allerdings sehr darauf zu achten, daß er nicht zu stark austrocknet. Man vermeidet das gewöhnlich durch schweres Walzen (Trommeln) mit anschließendem leichten Eggen nach jedem Behandlungsvorgang.

Wurzelfrüchte sind für Unkrautvernichtung im Acker ganz außerordentlich dankbar. Es gibt wohl kaum eine Nutzfrucht, die unter überhandnehmenden Unkräutern mehr leidet. Darum gilt es, vom ersten Augenblick an dafür zu sorgen, daß sich das Unkraut nicht erst breit macht. Man sieht sehr häufig, daß Wurzelfruchtäcker sich selbst überlassen bleiben, bis sie verzogen werden. Erst dann beginnt man mit der ersten Bearbeitung. Solches Verfahren ist vollkommen verfehlt, da das Unkraut bereits zu diesem Zeitpunkte bedeutende Macht erlangt hat, sodaß die spätere Reinhaltung erschwert und mit größeren Kosten verbunden ist. Gleichzeitig leiden die Nutzpflanzen, da sie im Kampf ums Dasein ein verzweifeltes Wettwachsen mit dem Unkraut beginnen und lang, haltlos und schwach werden.

Wurzelfruchtäcker lassen sich bereits wenige Tage nach der Aussaat behandeln (Abb. 441—442). Besonders gilt das den Turnips- und Steckrübenäckern, auf denen richtig durchgeführte Bodenbearbeitung selbst bei ziemlich starker Trockenheit bereits nach wenigen Tagen Keimung bewirkt, so daß die Zeilen sichtbar werden und die Bearbeitung zwischen ihnen ohne irgendwelche Gefahr vorgenommen werden kann. Gelbe Wurzeln erschweren eine ähnliche Behandlung, da ihr Same später aufläuft. Jedoch kann man auf diesen Äckern vor dem Aufsprießen der gelben Wurzeln die Unkrautegge benutzen. Man kann aber auch unter den Wurzelsamen etwas weißen Senf mischen, der schnell keimt, emporsprießt und die Saatzeilen anzeigt. Im Notfalle läßt sich zu diesem Zweck auch Gerste verwenden[1].

Soll die Bodenbearbeitung ein gutes Ergebnis zeigen, dann ist unerläßliche Voraussetzung, daß die Aussaat sehr sorgfältig vorgenommen wird, so daß zwischen den einzelnen Zeilen überall genau der gleiche Abstand besteht. So nur läßt sich nämlich die Bearbeitung mit zweckmäßigen Geräten bis unmittelbar an die Saatreihen heran vornehmen. Die gewöhnlichen Drillmaschinen sind zur Aussaat von Wurzelfrüchten auf flachen Äckern jedenfalls sehr brauchbar. Die besten Geräte beim Wurzelfruchtanbau sind allerdings die kombinierten Saat- und Furchenreinigungsmaschinen. Mit Hilfe dieser Geräte kann die Säuberung

Abb. 443. Hackfruchtfeld im August. Links gut behandelt, rechts schlecht rein gehalten. Eig. Aufn.

der Äcker gleich nach Aufsprießen der Nutzpflanzen und selbst bei allerkleinsten Pflanzen bis unmittelbar an diese heran vorgenommen werden, da die Nutzfrucht durch besondere Tellerscheiben vor dem Verwühltwerden beschützt ist (Abb. 443).

Bei kleineren Betrieben sollten mehrere Nachbarn sich zur gemeinsamen Beschaffung eines solchen Gerätes entschließen. Es ist zur Aussaat auf „gekämmtem" wie auf ebenem Acker zu gebrauchen. Bei Verziehen der Wurzelfrüchte verfahre man sorgfältig und beachte, daß selbst die kleinste Unkrautpflanze, die möglicherweise nicht mehr als die ersten beiden Keimblätter entwickelt hat, gewissenhaft mit entfernt wird, denn schon beim zweiten Jäten des Ackers, durch das man sie möglicherweise entfernt, hat sie bereits auf die Entwicklung

[1] Bei feuchtem Wetter keimen Samenunkräuter besonders schnell, so daß es gelegentlich möglich ist, auf Äckern mit gelben Wurzeln unkrautvernichtende Chemikalien auszustreuen. Natürlich muß eine derartige Bearbeitung gegebenenfalls vor dem Durchbrechen der Wurzelpflänzchen vorgenommen werden.

der Nutzpflanzen und damit auf die Größe des Ertrages hemmend gewirkt. Mit dem Verziehen gehe also ein gründliches Jäten Hand in Hand.

Nach dem Verziehen bearbeite man den Acker wieder, bis die Pflanzen so groß geworden sind, daß sie ihn bedecken. Zu beachten ist, daß bei dieser Bodenbearbeitung keine Erde um die Wurzeln aufgeworfen wird. Auch beim zweiten Jäten achte man sorgfältig darauf, daß kein Unkraut, selbst nicht die kleinste Pflanze, auf dem Acker zurückbleibt.

Das Verständnis für die letzte Durchführung der Reinhaltung eines Ackers ist meist leider nicht so groß, wie es sein sollte. Man fürchtet leicht die verhältnismäßig großen Ausgaben, übersieht aber die bedeutenden Ertragsüberschüsse, die diese Ausgaben weitaus überwiegen, und vergißt besonders, daß nicht nur der Wurzelertrag, sondern auch die Ernten der folgenden Jahre Unkosten und Arbeit vergelten.

Überall, wo Wurzelfrüchte zum Verkauf angebaut werden, hat das Verständnis für diese Tatsachen bereits zugenommen. Sprechende Beispiele dafür bieten die Landgebiete, in denen der Anbau von Zuckerrüben in größerem Maßstabe getrieben wird. Auf diesen Zuckerrübenäckern wird eine gewaltige Arbeit zur Reinhaltung geleistet, aber die Erfahrung hat im Laufe der Zeit bestätigt, daß der Anbau sich ohne diese Arbeit kaum lohnen würde.

Es hat sich dabei auch gezeigt, daß selbst die allerschlimmsten Wurzelunkräuter auf Zuckerrübenäckern vollkommen unterdrückt wurden, so daß man das Brachlegen des Landes sparen konnte.

Die schädlichen Wirkungen der Unkräuter auf Wurzelfruchtäckern sind u. a. durch eine Reihe norwegischer Versuche dargetan worden. Von einem Teil dieser Versuche sind die Ergebnisse in Abschn. 7, C näher angegeben. Gleichzeitig sind die Mehrerträge je vernichteter Unkrautpflanze auf heranwachsenden Äckern angeführt. Demnach schwankt der Mehrertrag des Ackers mit der Größe seines Unkrautbestandes.

Die Ausgaben zur Reinhaltung der Wurzelfruchtäcker schwanken natürlich mit den Verhältnissen, so daß eine Berechnung, die einigermaßen allgemeingültig ist, kaum aufgestellt werden kann. Immerhin sei erwähnt, daß zur Reinhaltung eines verhältnismäßig verunkrauteten Turnipsackers je ha zweimaliges Handjäten durch Kinder mit insgesamt 30 Arbeitstagen und zweimaliges Behandeln mit der fahrbaren Hackmaschine bei 3- Pferde- und 3- Leute-Tagesleistungen benötigt wurden.

V. Brache.

Seit alters her ist die Brache ein bekanntes und oft benutztes Mittel zur Reinhaltung des Bodens von Unkräutern gewesen. Zwar wird sie auch heute noch in hohem Maße verwendet, aber mit steigender Ausnutzung des Bodens verläßt man sie mehr und mehr und ersetzt sie durch Anbau von Hackfrüchten, die sie durch ihre großen Forderungen an Reinhaltung des Ackers teilweise entbehrlich machen.

Selbst unter solchen Verhältnissen und bei gründlicher Bodenpflege können immerhin Fälle eintreten, die die Brachlegung notwendig werden lassen, da die Ausgaben zur Reinhaltung von Hackfruchtäckern sich über das Lohnende hinaus steigern können (Abb. 444; 445).

Im allgemeinen kann man sagen, daß das Brachlegen sowohl vom wirtschaftlichen Gesichtspunkt als auch von dem der Bodenpflege aus als richtig anerkannt werden muß und sicher in höherem Grade als üblich Verwendung finden sollte.

Die Brache hat den Mangel, daß der Boden kürzere oder längere Zeit des Sommers, ja sogar die ganze Wachstumszeit hindurch nichts erzeugt. Aus diesem

Grunde betrachtet man sie gern als zu kostspielig. Jedoch bedenke man, daß der Nutzen der gründlichen Brache eines Jahres, der sich durch Mehrerträge während einer Reihe von Jahren zeigt, zweifellos gute Zinsen des beim Brachen aufgewandten Arbeitskapitals und völligen Ersatz für den Ertragsverlust des einen Jahres bietet.

Das ist besonders auf solchen Äckern der Fall, auf denen Wurzelunkräuter überhandnehmen, die man in erster Linie bei Brachlegung des Bodens bekämpfen kann. Gegenüber Samenunkräutern erweist sich dieses Mittel als unnötig, da diese sich auf fast sämtlichen Äckern während des Wachstums der Frucht unterdrücken lassen.

Natürlich ist es schwierig allgemeine Richtlinien darüber zu geben, wann und in welchem Grade unter den verschiedenen Verhältnissen der Acker brach-

Abb. 444. „Kleereiter" (die auch für Getreide benutzt werden) mit reifem Sommergetreide von einem Feld, das gebracht werden müßte. Der Boden ist stark von der lästigen wurzelwandernden Saudistel, *Sonchus arvensis*, verunreinigt; die Ackerkrume enthielt 1008 g frische Ausläufer dieses Unkrauts je Quadratmeter Bodenfläche. Die Ausläufer von einem Quadratmeter hatten eine gesamte Länge von 76 m mit 16609 Vermehrungsknospen. Eig. Aufn.

gelegt werden soll. Die Brache braucht nicht als festes Glied in die Fruchtfolge eingereiht zu werden, es sei denn, daß der gesamte Nutzboden von lästigen Unkräutern durchsetzt ist. Man bediene sich ihrer eben dann, wenn Einsicht und Kenntnis der Verhältnisse es angezeigt sein lassen.

Die erste Voraussetzung für gute Wirkung der Brache ist, daß sie sorgfältig ausgeführt wird, da man sonst die Unkräuter nicht entfernt. Die Behandlung darf sich nicht nur auf den Acker selbst erstrecken, sondern muß auch Wendeplätze für Pferde und Geräte, Ackerränder u. ä. umfassen, da das Unkraut sonst von dort leicht wieder auf das Nutzland übergreift.

Leider sieht man recht oft schlecht behandelte Brachen, die manchmal sogar so verwahrlost sind, daß der Unkrautbestand darauf zunimmt. Unter solchen Verhältnissen verfehlt die Brache selbstverständlich völlig ihren Zweck sowohl vom Standpunkt der Wirtschaftlichkeit als auch vom sozialen Gesichtspunkt aus.

Neben der Unkrautbekämpfung leistet Brachlegen des Bodens auch noch anderen Nutzen. Der Boden wird zerkleinert, gelockert, die Ackerkrume durchlüftet, und bei der Tiefenbearbeitung wird der Boden auch in größerer Tiefe gelockert und zerkleinert, woraus sich für die Ertragsfähigkeit des Bodens keine unbedeutenden Vorteile ergeben.

Eine Vertiefung der Humusnährschicht des Ackers führt den Pflanzen größere Nährstoffmengen zu und befördert das Bakterienleben, wodurch Nähr-

Abb. 445. Frucht von einem Acker, der brachgelegt werden müßte. Bündel von zwei Nachbarfeldern mit Sommergetreide. Pflanzenbestand auf 2 qm: Bündel I 308 Getreidepflanzen und 186 Unkrautpflanzen (Gemenge); Bündel II 563 Getreidepflanzen und 27 Unkrautpflanzen (Gemenge); Bündel III 750 Getreidepflanzen und 39 Unkrautpflanzen (Gerste), Bündel IV 612 Getreidepflanzen und 163 Unkrautpflanzen (Gerste). Bündel I und IV zeigen den mittleren Unkrautbestand der beiden Getreidefelder: Eine gefährliche Nachbarschaft für einen tüchtigen Landwirt, da es sich hier um Kratz- und Saudisteln, *Cirsium arvense* und *Sonchus arvensis*, handelt, also gefährliche, sich leicht verbreitende Wurzelunkräuter. Eig. Aufn.

stoffneubildungen begünstigt werden. Die höheren Pflanzen sind nicht imstande, Stickstoff und Kohlenstoff in organischer Form aufzunehmen. Den Pflanzenwurzeln ist der Stickstoff nur in der Form von Salpeter, in einzelnen Fällen auch als Ammoniak zugängig, während Kohlenstoff der Atmosphäre als Kohlensäure entzogen wird, von dem der Sauerstoff später durch Spaltung getrennt wird. Den Bakterien und den übrigen chlorophyllfreien Organismen (Pilzen) kommt eben die Aufgabe zu, die organischen Stoffe in der Erde zu spalten und in leicht aufnehmbare Nährstoffe zu verwandeln.

Daraus ergibt sich die Tatsache, daß die Entwicklung der Nutzpflanzen um so besser wird, je lebhafter die Tätigkeit der Mikroorganismen im Boden ist. Alle Behandlungsarten des Nutzlandes, die das Bakterienleben fördern, dienen also zur Steigerung der Ertragsfähigkeit des Bodens und somit zu gesteigertem Gedeihen der höheren Pflanzen.

Die Mikroorganismen des Bodens sind vorzugsweise darauf angewiesen, in derselben Erdschicht wie die Pflanzenwurzeln zu leben. Das ist natürlich kein Zufall, denn sie führen hier eine Arbeit aus, die im Kreislaufe der organischen Natur einen außerordentlich wichtigen Teil ausmacht, da sie die Nahrung zubereiten, die die Pflanze durch das Wurzelsystem aufnimmt. Treffend hat man die Erdbakterien als die „Köche der Wachstumswelt" bezeichnet[1]. Für den Landwirt kommt es darauf an, diesen nützlichen Helfern gute Arbeitsbedingungen zu schaffen. Das geschieht durch Lüftung des Bodens mittels guter Bearbeitung, durch Entfernung der Bodensäure mittels Entwässerung, Senkung des Grundwassers und Kalken und schließlich durch Zufuhr organischer und anorganischer Nährstoffe. Von beiden müssen den Bakterien nämlich entsprechende Mengen angeboten werden. Man führt sie ihnen als Reste von Nutzpflanzen (Kompost), als Stalldünger und Mineralien zu. An anorganischen Stoffen verlangen die Bakterien besonders Phosphorsäure, von der man sagen kann, daß sie indirekt wirkt, indem sie „die Bakterien düngt", deren Leben so fördert und dadurch zur Ertragssteigerung beiträgt (BARTHEL).

Behandlung der Brache.

Man unterscheidet zwischen Kammbrache und Flachbrache.

a) Kammbrache.

Die vorbereitenden Arbeiten zur Kammbrache beginne man nach Möglichkeit bereits im Herbst vor dem Brachenjahre. Man verfährt auf folgende Art:

Nach Abernten der Äcker pflüge man das Brachland, schleife und ebne die Oberfläche, worauf man die Äcker mit Hilfe eines Kammpfluges oder eines gewöhnlichen scharfscharigen Pfluges, wie später genauer angegeben, in Kämme teilt. Schwerere Bodenarten werden leicht klumpig, was die Frühjahrsbearbeitung oft erschwert. Die gleiche Erscheinung zeigt sich auch beim Kammbrachen auf schweren, besonders steifen Lehmböden.

Beim Kämmen des Ackers im Herbst zerbröckelt der Boden im Winter unter Einwirkung des Frostes leichter und läßt sich im folgenden Frühjahr besser und bequemer brachen. Gleichzeitig wirkt die Brache vernichtender auf die Unkräuter.

Unabhängig davon, ob das Kämmen im Herbst oder im Frühjahr vorgenommen wird, hat man mit dem Brachlegen im Frühjahr so früh, wie man überhaupt nur auf den Acker kommen kann, zu beginnen. Man pflüge zunächst bis zu ganzer Pflugtiefe, egge (Abb. 447), schleife oder walze mit einer Ackerwalze oder Cambridge-Trommel, so daß die Ackerkrume vollkommen zerbröckelt wird. Verfügt man über eine Fräsmaschine (Abb. 446), läßt sich die Frühjahrsbestellung des Brachlandes besonders gründlich durchführen (Abb. 450).

Nach der ersten vorbereitenden Bearbeitung läßt man den Acker unberührt, bis die Unkrautkeime anfangen, die Erdschicht zu durchbrechen. Ist der Acker durch Quecken so durchsetzt, daß der Pflugstreifen von den Ausläufern zusammengehalten wird, kann es sich als notwendig erweisen, ihn nicht nur der Länge nach, sondern noch ein zweites Mal in der Querrichtung zu pflügen. Dadurch trennt man den zähen, zusammenhängenden Pflugstreifen und erleichtert die Zerkrümelung der von Ausläufern durchsetzten Ackerkrume, so daß für die folgende Kammbrache die notwendige Lockerung der Erde bewirkt wird. Es kommen sogar Fälle vor, bei denen der Acker von Ausläufern dieses Unkrautes

---

[1] BARTHEL, CHR.: Mikroorganismerna i Landtbrukets och Industriens Tjänst S. 232. Stockholm 1916.

so durchsetzt ist, daß es sich als notwendig erweist, die erfaßbaren Teile erst vom Acker mit einem Rechen zu entfernen, um den Boden überhaupt in Kämme teilen zu können. In lockerem Brachland kann man z. B. mit Hilfe einer Kartoffelerntemaschine einen guten Teil der Ausläufer losreißen, die man dann

Abb. 446. „Lanz"-Fräsmaschine bei der Arbeit.

sammelt und verbrennt oder anderweitig entfernt. Sobald das Unkraut nach der Flachbehandlung emporsprießt, beginnt man das eigentliche Brachen, das darin besteht, daß man das ganze Feld mit zweckmäßigem Abstand in Kämme pflügt. Diese Arbeit geschieht am besten mittels eines gewöhnlichen Pfluges

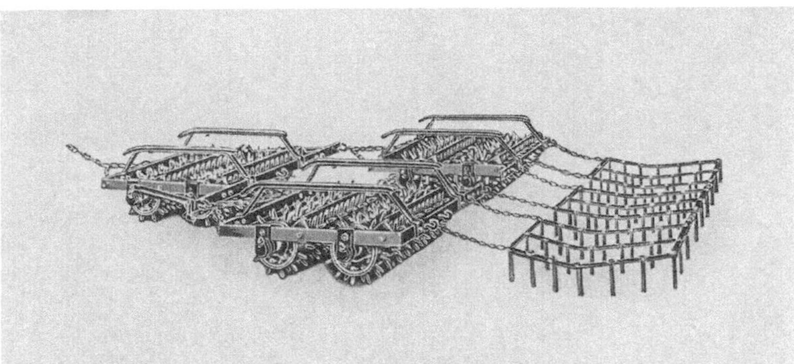

Abb. 447. Walzenegge der Maschinenfabrik Barth in Pommern.

mit breiter, scharfer Schar (Abb. 448 und 453). Die Kämme werden nur nach einer Seite hin aufgeworfen. Darum muß man den Pflug bei jedem Kamm wieder leer zurückfahren. Ist das Brachland so groß, daß dadurch besonderer Zeit- und Arbeitsverlust bewirkt werden, kann man auch mit bedeutend breiteren Streifen durch Kämmen von beiden Seiten her arbeiten. Dann allerdings müssen die Linien, auf denen die Kammrücken liegen sollen, vorher in beiden Richtungen tief gepflügt und vor dem Kämmen einer Tiefenbearbeitung unterworfen werden. Benutzt man einen Pflug mit doppelt schwingbarem Sturzbrett (Abb. 449), kann die einseitige Kammbrache durch Pflügen in beiden Richtungen vorbereitet werden.

Anstatt eines Kammpfluges nimmt man manchmal nur einen gewöhnlich tiefgreifenden, scharfscharigen Pflug beim Kämmen, wie beim späteren Teilen der

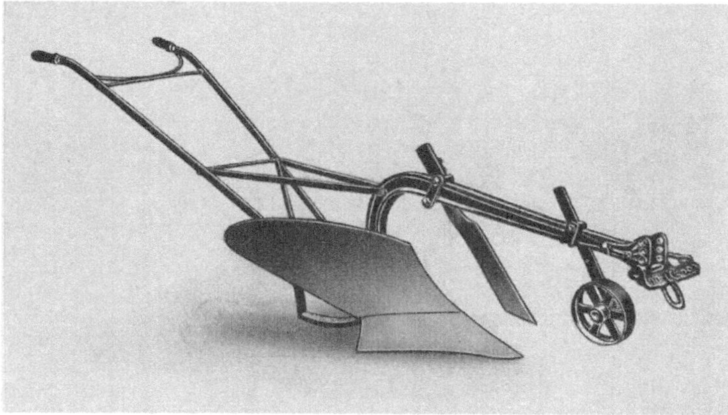

Abb. 448. Stahlschwingpflug mit Pflugsech (Pflugmesser).

Kämme, nämlich aus dem Grunde, damit alle Ausläufer und Stengelsprosse, auf die der Pflug stößt, unbedingt durchschnitten werden. Das läßt sich durch einen gewöhnlichen Pflug bewirken, während der Kammpflug die Erde nur zur Seite drückt, ohne dabei die Laub- und Stengelsprosse zu treffen.

Abb. 449. Brabanter Wendepflug R.W. 10 G.

Um die Erde auf gleiche Art wie mit einem Kammpflug kämmen zu können, muß man den gewöhnlichen Pflug bei jedem neuen Kamme nicht eine, sondern zwei Furchen breit, also 70—75 cm links von der inneren Kante der vorigen Pflugfurche in den Acker setzen. Zwischen dieser und dem neuen Pflugstreifen befindet sich ein unberührter Erdstreifen von gleicher Breite wie der umgeworfene Pflugstreifen, der während des Weiterpflügens immer auf dieses ungepflügte Stück zu liegen kommt. Auf diese Art bilden sich Kämme, die dann schließlich das ganze Brachland überziehen (Abb. 450).

Nach dieser Arbeit läßt man das Brachland unberührt, bis auf den Kämmen neues Unkraut hervorsprießt. Unter gewöhnlichen Witterungsverhältnissen vergehen $1\frac{1}{2}$ bis $2\frac{1}{2}$ Wochen, ehe die ersten grünen Keime hervorgucken. Dann ist es

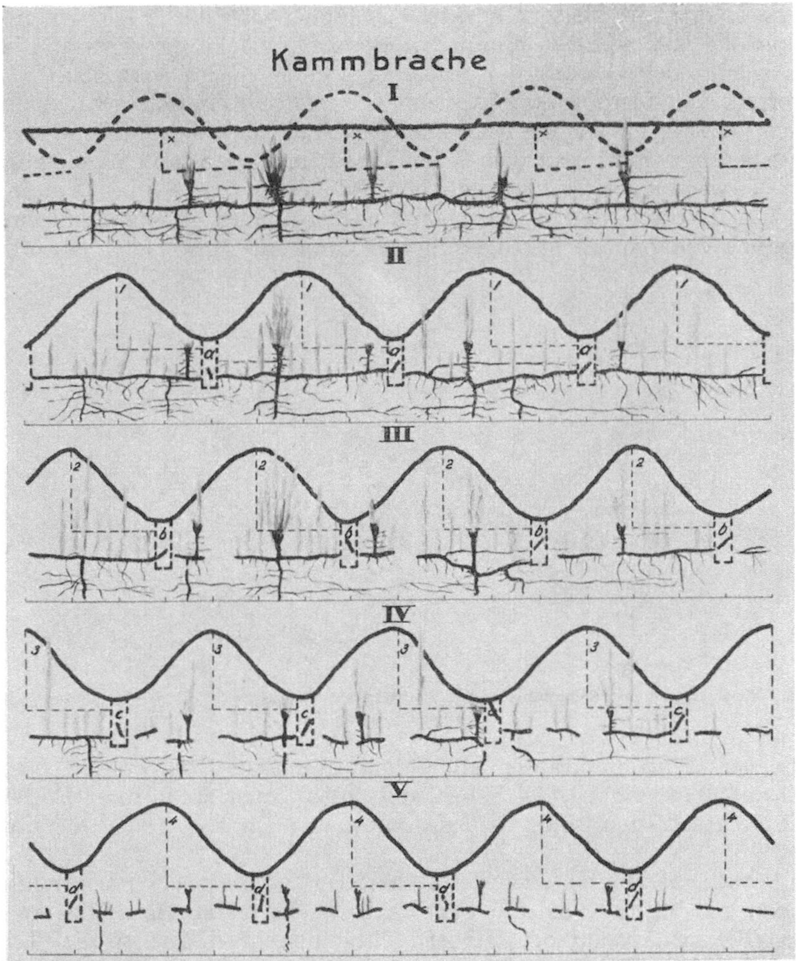

Abb. 450. Kammbrache — schematisch dargestellt. Das Wurzelsystem der Ackerdistel teils nach der Natur teils schematisch eingezeichnet. I Bestelltes Feld unmittelbar vor dem Kämmen. Der untere, dicke Teil der Distelsprößlinge gibt die Pflugtiefe an, die punktierten Winkellinien *x* zeigen die Stellen, wo der Pflug beim Anhäufeln in Kämme in den Boden gesetzt wird. Nach der Größe des Pfluges variiert der Abstand zwischen *x* und *x* von ungefähr 65 bis ungefähr 75 cm. II zeigt den Zeitpunkt, wo die Kämme zum ersten Male gespaltet werden müssen. Die punktierten Winkellinien *1* geben die rechte Hälfte der Kämme an, die der Pflug nun fassen und auf die linke Seite des rechten Kammes legen soll. Die punktierten Linien bei *a—a* geben die Tiefbearbeitung an. III, IV und V zeigen dasselbe Verfahren bei den folgenden Behandlungen wie unter II angegeben. Nach Korsmos Wandtafeln. Orig.-Zeichn.

Zeit, die Kämme mit einem gewöhnlichen scharfscharigen Pfluge (Abb. 448) nach derselben Seite hin, nach der das erste Kämmen vorgenommen wurde, aufzuteilen. Dabei setzt man den Pflug so in die Erde, daß die Kämme, der eine nach dem anderen, der Mitte nach geteilt werden. Die Hälfte des Kammes, die dabei losgetrennt wird, gleitet über das Sturzbrett des Pfluges und wird über die linke

Seite der noch stehenden Hälfte des vorher geteilten, rechten Kammes geworfen. So teilt man das ganze Brachland Kamm auf Kamm. Bei jedem neuen Teilen werden die Kämme um eine halbe Kammbreite nach links verschoben.

Bei klumpiger Bodenoberfläche ist es ratsam, das Land in der Querrichtung der Kämme zu walzen (Abb. 452), um den Boden zu zerkrümeln und die Oberfläche zu ebnen. Das empfiehlt sich aus dem Grunde, daß das Unkraut in gleichmäßigem Boden mit feinzerkrümelter und ebner Oberfläche leichter auskeimt.

Durch die Kammbrache nimmt die Bodenoberfläche um etwa 30% zu, was natürlich auch den Umfang der Keimfläche entsprechend vergrößert. Das hat den Vorteil, daß mehr Unkrautsamen als sonst in Keimtiefe gebracht werden.

Nach jeder neuen Teilung lasse man das Brachland bis zum Grünwerden der Kämme liegen, worauf man das Teilen wieder in der erwähnten Art vornimmt.

Die Verwendung eines gewöhnlichen Pfluges an Stelle eines Kammpfluges hat auch den Vorteil, daß das Brachland nach Kämmen und zweimaligem Teilen der Kämme vollkommen durchgepflügt ist, und daß sämtliche Laubsprosse der

Abb. 451. Universalpflug mit Selbstführung als Bippartscher Untergrundpflug mit Handhabenverlängerung. Gewicht 88 kg.

vorhandenen Wurzelunkräuter allmählich durchschnitten werden, bevor sie Stengel und Blätter getrieben haben, d. h. also, bevor sie in ihrer Entwicklung so weit vorgeschritten sind, daß sie Nahrung auch aus der Luft aufnehmen können.

Teilt man die Kämme nach regelmäßigen, etwa zweiwöchentlichen Zeitabständen und beginnt man mit der Brache in der ersten Hälfte des Mai, dann hat man bis zur Aussaat der Herbstfrucht hinreichend Zeit, so viel Teilungen vorzunehmen, daß das ganze Brachland außer dem Pflügen im Frühjahr noch zweimal durchgeackert wird. In diesem Falle kann man nach jedem zweiten Teilen wieder in der entgegengesetzten Richtung arbeiten. Man bekommt dadurch Gelegenheit, den Boden wieder an seine ursprüngliche Stelle zurückzubringen.

Soll der Acker nicht mit Winterfrucht bestellt werden, bietet sich Gelegenheit, das Brachen noch einen Monat lang fortzusetzen. Dann läßt sich die Brache wirksam durchführen, selbst wenn man damit erst Ende Mai oder Anfang Juni begonnen hat.

Bei gründlicher Durchführung dieser Vollbrache hat sich gewöhnlich versuchsweise wie erfahrungsgemäß eine Vernichtung des Wurzelsystems von wurzelwandernden Unkräutern mit flach liegenden Ausläufern, wie beispielsweise *Triticum repens* und *Sonchus arvensis*, bewirken lassen.

Das Wurzelsystem von Unkräutern mit tieferliegenden Ausläufern, wie *Cirsium arvense, Epilobium angustifolium* u. a., hat man allerdings durch ausschließliches Kammbrachen nicht ganz vernichten können. Dazu ist in Verbindung mit dieser Brache auch noch Tiefenbearbeitung erforderlich.

Diese Tiefenbearbeitung wird unmittelbar nach dem Kämmen und gleichfalls später nach der ersten und zweiten Kammteilung vorgenommen (Abb. 451). Sie geschieht am besten mit einem Untergrundpfluge, den man auf dem Boden in der Furche zwischen den Kämmen entlang führt, so daß man auf diese Art die Unkrautausläufer emporreißt. Verfügt man über keinen Untergrundpflug, kann man anstatt dessen eine gewöhnliche fahrbare Hacke ohne Seitenschar oder ein anderes Gerät, das man unter die Ausläuferschicht in den Boden hineinführt, benutzen. Es ist von Bedeutung, daß man so viel Ausläufer wie möglich herausreißt und zerteilt. Die Zerteilung bewirkt reichliche Bildung von Laubsprossen und dadurch schnelleren Verbrauch des Wurzelsystems und seines Nahrungsvorrates besonders an Kohlehydraten. Werden diese Nährstoffe durch

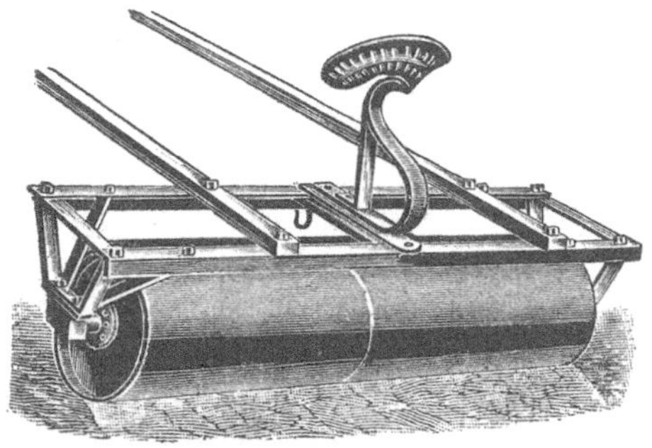

Abb. 452. Ackerwalze „Lipsia". Zweiteilige Glattwalze für Sandfüllung vorgesehen. Marke EWE. Arbeitsbreite 2—2,5 m.

Abb. 453. Die Kämme auf dem Kammbrachenfelde werden mit einem Pflug (Schwingpflug), der eine scharfe Schar hat, sofort nach dem Hervorkommen des Unkrautes gespalten. Eig. Aufn.

den Mangel an Laubsprossen, die durch die folgende Brachenbearbeitung an der Aufnahme von Kohlensäure aus der Luft verhindert werden, nicht mehr ersetzt, so beraubt man die vermehrungsfähigen Ausläufer allmählich ihres Bestandes an Kohlehydraten, so daß sie schließlich einschrumpfen und sterben (Abb. 454).

Die neuzeitliche Brachenbehandlung zielt darauf ab, die lebenspendenden Wurzelteile der betreffenden Unkräuter zu töten, ohne sie zu entfernen,. d. h. also, die Behandlung bezweckt, die Wurzeln durch Beschleunigung des Verbrauches früher aufgelagerter organischer Nährstoffe auszuhungern, während die in den unterirdischen Teilen aufgenommenen und gebundenen Nährstoffe gleichzeitig wieder befreit und dem Boden zurückgegeben werden[1].

Abb. 454. Links Flachbrache, — rechts Kammbrache. Eig. Aufn.

b) Flachbrache (Abb. 455; 456).

Man führt die Flachbrache gewöhnlich in der Weise aus, daß man das Brachland im Laufe der Behandlungszeit ein- oder höchstens zweimal pflügt und im übrigen mit der Egge bearbeitet.

Gewöhnlich bewirkt das Eggen aber keine so gründliche Durcharbeitung des Bodens, daß unterirdische Laubsprosse wurzelwandernder Unkräuter dadurch

[1] In diesem Zusammenhang ist es angebracht, nochmals festzustellen, wie große Mengen der drei wichtigsten Pflanzennährstoffe: Stickstoff, Phosphorsäure und Kali einige der lästigsten Wurzelunkräuter des Ackerbaus, wie Ackerdistel, Ackergänsedistel, gemeiner Huflattich, gemeine Quecke und Waldweidenröschen während ihres Wachstums den Nutzpflanzen durchschnittlich auf bebauten Äckern bei üblicher Behandlung entziehen können. In den ober- und unterirdischen Organen aller fünf hier erwähnten Wurzelunkräuter finden sich an Stickstoff, Phosphorsäure und Kali durchschnittlich so große Mengen, daß sie einer Düngung mit Kunstdünger je ha von

etwa	520	kg	$15^{1}/_{2}$%igem		Kalksalpeter,
,,	145	,,	20	,,	Superphosphat und
,,	340	,,	40	,,	Kalisalz

entsprechen.

Die in den Wurzeln aufgespeicherten Stoffe entsprechen dabei

etwa	250	kg	$15^{1}/_{2}$%igem		Kalksalpeter,
,,	104	,,	20	,,	Superphosphat und
,,	192	,,	40	,,	Kalisalz.

Es hat sich nämlich gezeigt, daß die Wurzelunkräuter bei dichtem Auftreten der Erde ungefähr ebensoviel Nährstoffe entziehen wie Durchschnittserträge an Hafer, Wurzeln, Kartoffeln und Gras erfordern, d. h. also etwa folgende Mengen:

von	$15^{1}/_{2}$%igem		Kalksalpeter	etwa	595	kg
,,	20	,,	Superphosphat	,,	180	,,
,,	40	,,	Kalisalz	,,	310	,,

hinreichend geschwächt werden. Oft kann man beobachten, daß diese leicht und schnell wieder ans Tageslicht kommen. Wenn man darum von dieser Art des Brachens gute Wirkung erwartet, muß das Eggen oft und gründlich wieder-

Abb. 455. Schlecht behandelte Flachbrache — die Federzahnegge ist auf dem Brachfelde stehen geblieben und halbwegs von Unkraut überwachsen. Eig. Aufn.

Abb. 456. Gut gepflegte Flachbrache. Eig. Aufn.

holt werden. Allerdings ist diese Arbeit, wenn sie mit einigermaßen gutem Erfolg durchgeführt werden soll, von trockenem Wetter und trockenem Boden abhängig, weshalb die Flachbrache durch ungünstige Witterungsverhältnisse in hohem Grade beeinträchtigt wird.

Die Kammbrache dagegen läßt sich, wenn der Boden nicht allzu schwer und der Regen nicht allzu anhaltend ist, immer gleich gut durchführen.

Die Anwendung der Flachbrache hat gleichzeitig den Mangel, daß die Egge losgerissene Ausläufer und Wurzelteile leicht verschleppt und auf diese Art unkrautfreie Flächen des Ackerlandes „ansteckt".

Die alte Art der Flachbrache begnügte sich mit einem höchst unzureichenden Eggen, sodaß nicht selten sogar eine Zunahme der Wurzelunkräuter im Acker während des Brachliegens eintrat. Aber selbst bei oft wiederholtem Eggen wird es bei der eben beschriebenen Art des Flachbrachens selten oder niemals gelingen, alle unterirdischen Teile des Unkrautes zu vernichten. Dazu bedarf es viel durchgreifenderer Bearbeitung durch mehrfaches Pflügen mit scharfscharigem, lenkbarem Schälpflug, mit dem das Brachland zwischen dem üblichen Pflügen behandelt wird. Versuche haben bei dieser Art der Flachbrache sehr gute Ergebnisse gezeitigt. Man pflügt das Brachland zunächst mit einem gewöhnlichen breit- und scharfscharigen Pflug recht tief, zerkleinert den Boden mit einer Egge und ebnet ihn dann mit einer Schleife oder Walze ein. Dieses Hauptpflügen wiederhole man bei einer Ganzbrache zwei- bis dreimal während der Wachstumszeit, und in der Zwischenzeit schäle man das Feld ein- bis zweimal, sobald Unkräuter hervorsprießen.

Aber auch hier zeigt sich genau wie bei der Anwendung der Kammbrache, daß zur Vernichtung aller Ausläufer der lästigsten Wurzelunkräuter neben dem Tiefpflügen noch eine besondere Untergrundbearbeitung einhergehen muß. Das Gerät zur Untergrundbearbeitung führt man unmittelbar hinter dem Pfluge in dessen Furche her.

Indes haben aber Versuche dargetan, daß Kammbrache mit Untergrundbearbeitung sicherer wirkt als jegliche Flachbrache; wenn auch durch diese, auf richtige Art vorgenommen, sehr gute Ergebnisse erzielt werden können. Im übrigen fällt diese Art des Brachens gewöhnlich teurer aus als Kammbrache und ist bei ungünstigen Witterungsverhältnissen auch schwieriger durchzuführen. Die Entscheidung hängt schließlich von der Frage ab, ob die Kammbrache ebenso günstige Lebensbedingungen für das Bakterienleben des Bodens mit sich bringt, und ob sie den gleichen Einfluß auf die Struktur und die Feuchtigkeitsverhältnisse des Bodens wie die Flachbrache hat. Diese Verhältnisse sind noch nicht restlos untersucht.

Unten sind Ergebnisse dreier norwegischer Versuche mit Brachen während des ganzen Sommers angeführt. Auf sämtlichen Versuchsflächen handelte es sich vorwiegend um *Cirsium arvense* und außerdem um etwas *Tussilago farfara, Triticum repens* und *Sonchus arvensis*. Die vier verglichenen Behandlungsarten bestanden in:

Kammbrache mit Untergrundbearbeitung,
Kammbrache ohne Untergrundbearbeitung,
Flachbrache,
Unbehandelter Brache, auf der die Unkräuter nur abgeschnitten wurden.

Bei Kammbrache mit Untergrundbearbeitung wurde jegliches Unkraut, auch *Cirsium arvense*, aus dem Boden vollkommen entfernt. Bei Kammbrache ohne Untergrundbearbeitung sowie bei Flachbrache fanden sich nachher einige lebende Wurzeln besonders von *Cirsium arvense*.

Nach beendetem Brachen wurden die übriggebliebenen Wurzeln chemisch untersucht. Das Ergebnis der Analyse findet sich in Tabelle 40.

Es sei hier besonders betont, daß die auf den Kammbrachen gefundenen Wurzeln verhältnismäßig mehr Stickstoff, Phosphorsäure und Kali als die Wurzeln auf den anderen Flächen enthielten. Es scheint also, daß der Abbau an

Tabelle 40. Gehalt an Wertstoffen bei verschiedener Brachebehandlung.

	I und II Kamm-brache %	III Flachbrache %	IV unbearbei-teter Acker %
Asche, Gesamtmenge . .	17,75	10,31	7,42
Darunter Sand	10,11	3,07	1,77
Asche in den Wurzelteilen	7,64	7,24	3,65
Stickstoff	1,45	1,12	0,93
Phosphorsäure	0,50	0,39	0,49
Kali	2,38	1,61	1,61

organischen Stoffen (Kohlehydraten) verhältnismäßig schneller als der der Mineralien vor sich gegangen ist, da die am stärksten zurückgesetzten Wurzeln auf den Kammbrachen an Kali und Phosphorsäure am reichsten waren.

Es ist ganz natürlich, daß die organischen Stoffe am stärksten angegriffen werden, da die Unkrautausläufer bei der wiederholten Bearbeitung ständig durchschnitten und in mehr oder weniger große Stücke zerteilt werden. Das bewirkt eine lebhaftere Tätigkeit der vegetativen Punkte und schnellere Entwicklung der Laubsprosse, die jedoch nie zur Blattbildung und Nahrungsaufnahme aus der Luft gelangen. Dadurch werden die Kohlehydrate vollkommen verbraucht, ohne ersetzt werden zu können, so daß das Wurzelsystem völlig erschöpft wird.

Eine Untersuchung über die Erträge auf den verschiedenen Brachen im folgenden Jahre ergab eine ganz bedeutende Steigerung der Körnererträge bei verbesserter Art der Brachenbehandlung. Darüber gibt Tabelle 41 Aufschluß.

Tabelle 41. Ernteerträge bei verschiedener Brachebehandlung im vorhergehenden Jahre.

	I Kammbrache mit Untergrund-behandlung		II Kammbrache ohne Unter-grundbehandlg.		III gewöhnliche Flachbrache[1]		IV unbearbeitetes Feld, auf dem das Unkraut ab-gehauen wurde	
	kg	%	kg	%	kg	%	kg	%
Weizen	270	142	260	137	—	—	190	100
Sechszeilige Gerste	408	234,5	—	—	352	202,8	174	100

Während des Wachstums zeigte sich auch ein auffallender Unterschied in der Halmlänge.

Je nach Art und Menge des Unkrautbestandes und je nachdem andere Umstände es angezeigt sein lassen, kann das Brachen auf verschiedene Weise vorgenommen werden, so daß sich unterscheiden läßt zwischen 1. Vollbrache — 2. Halbbrache — 3. Herbstbrache.

1. Die Vollbrache erstreckt sich vom Frühjahr über den ganzen Sommer bis zur Einsaat der Wintersaat oder, falls verschiedene Umstände es empfehlen sollten, bis in den Herbst hinein (vgl. unter Kammbrache). Ein so ausgedehntes Brachen ist immerhin ein Ausnahmefall. Gewöhnlich schließt man die Vollbrache mit der Herbstaussaat ab und sollte auch bei richtiger und während des ganzen Sommers gründlich durchgeführter Arbeit bis zu dieser Zeit sein Ziel, die Wurzelunkräuter des Ackers zu vernichten, erreicht haben. Allerdings sei nochmals betont, daß die Voraussetzungen dafür eine gründliche Ausführung nach obiger Anweisung ist.

[1] Die Brache ist auf die übliche Art durch Pflügen und Eggen ausgeführt.

2. Die Halbbrache schließt um Johanni ab, worauf man Grünfutter sät wie Johanni-Roggen u. ä. Die Frucht ist dicht einzusäen, so daß sich eine kräftige, dichte Decke entwickelt, die imstande ist, die Brachenwirkung durch Ersticken von noch lebenden unterirdischen Wurzelunkrautteilen und deren Sprossen zu ergänzen. Diese unkrautunterdrückende Wirkung der Nutzfrucht tritt zu diesem Zeitpunkte um so leichter ein, da das Wurzelsystem der Unkräuter unmittelbar nach einer guten Halbbrache bedeutend geschwächt ist.

Die Frühjahrsbestellung veranlaßt oft eine Vernachlässigung dieser Halbbrachen. Man unterschätze ihre Wirkung aber nicht und lasse ihr selbst bei dringender anderer Arbeit während des ganzen Frühjahrs die nötige Pflege zukommen.

Eine andere Form der Halbbrache besteht darin, daß man zunächst Grünfutter sät, das man zeitig erntet, um den Acker dann während des Spätsommers bis zur Einsaat der Winterfrucht zu brachen.

3. Die Herbstbrache besteht in der Behandlung der umgeworfenen Wiesen und Weiden während des Spätsommers. Diese weniger gebräuchliche Art des Brachens hat sich als von ganz beträchtlicher Wirkung erwiesen. Der Verfasser

Abb. 457. Tiefkulturpflug R 14 M N. von Rud. Sack, Leipzig. Tiefgang 21—37 cm, Gewicht 156 kg.

hat sie in sehr großem Umfange und mit vorzüglichem Erfolg gegen Unkräuter des Nutzlandes aller Art verwendet. Man verfährt dabei folgendermaßen:

Wiesen, die als Ackerland benutzt werden sollen, werden gleich nach der Ernte tief gepflügt. Je eher das geschieht, um so besser ist es, da die Brache dadurch entsprechend verlängert wird. Eignet sich die Fläche dazu, pflügt man am besten im Viereck. Anderenfalls pflüge man mit möglichst breiten Streifen. Am besten eignen sich dazu Pflüge mit breiter Schälschar (Schälsech). Man pflüge möglichst tief, wenn angängig etwa 26 cm (Abb. 457).

Während des Pflügens schneidet die Schar die Grasnarbe ziemlich tief weg, wälzt das Gras auf den Boden der vorigen Furche und füllt diese mit der Schicht des nächsten Pflugstreifens aus. Man erzielt so eine 14—16 cm tiefe, grasfreie Erdschicht, die sich unabhängig von den Grassoden brachen läßt. Bei besonderer Verseuchung des Ackers durch Samenunkräuter verfährt man beim Brachen am besten auf die Art, daß man den Boden in Kämme teilt, um dadurch eine möglichst große Oberfläche zu erzielen. Die auflaufenden Samenunkräuter vernichtet man bei den späteren Teilungen, so daß man unter günstigen Verhältnissen 4—5 „Unkrauternten" während einer Brache vornehmen kann. Bei besonders großen Mengen von Wurzelunkräutern im Brachland pflüge man es einige Male mit scharfscharigem, gutem Schälpflug (Abb. 401). Man kann sich auch einer Scheibenegge (Abb. 458), die mit möglichst spitzem Winkel eingestellt und zweimal über den Acker gefahren wird, oder einer Hackkarre (Abb. 402) bedienen, die die Laubsprosse der Wurzelunkräuter in der Erdschicht abtrennt.

Nach beendigter Brache im Herbst pflüge man den Boden in Kämme. Das empfiehlt sich besonders bei schwerem Lehmboden. Man erleichtert sich dadurch im folgenden Frühjahr die Bodenbearbeitung ganz beträchtlich. Es sei allerdings erwähnt, daß man das Einebnen der Kämme und Schleifen des Ackers im Frühjahr so früh wie möglich vornehmen muß, um die Bodenfeuchtigkeit zu bewahren.

Bei gut durchgeführter Herbstbrache auf verunkrauteten, ungepflügten Wiesen hat sich im folgenden Jahre ein Mehrertrag von bis zu 30% ergeben.

Nochmals muß betont werden, daß eine gute Wirkung der Herbstbrache nur bei sehr gründlicher Durchführung erreicht werden kann. Vernachlässigt man die Brache, dient sie nur zur Vermehrung des Unkrautes, da das frühzeitige Pflügen

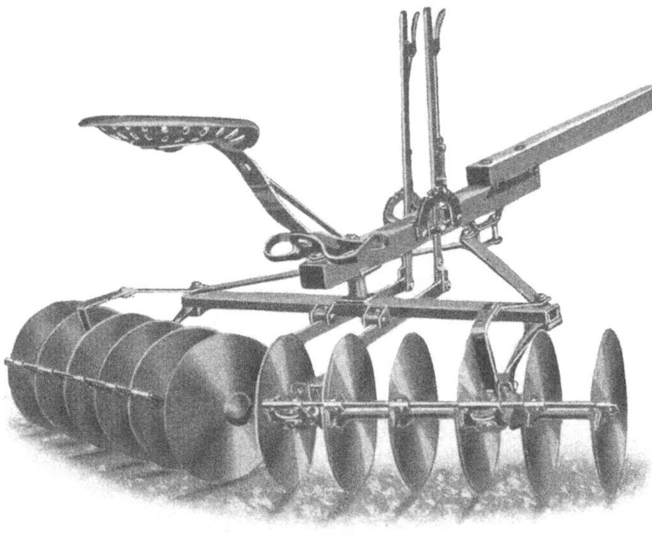

Abb. 458. Scheibenegge von Wilhelm Löhnert, Posen.

im Herbst bei mangelnder Nachbearbeitung eine reichere Entwicklung des Wurzelsystems der Unkräuter hervorruft.

Ganz fraglos sollte man die Herbstbrache viel mehr als üblich anwenden. Zwar läßt sich dagegen sagen, daß man den Ertrag der Herbstweide verliert. Das ist aber von untergeordneter Bedeutung, wenn man den Verlust mit den durch diese Brachenart hervorgerufenen Mehrerträgen vergleicht.

Die Herbstbrache bietet nämlich außer der Unkrautbekämpfung noch weitere Vorteile. Man erleichtert sich die Frühjahrsbestellung bedeutend dadurch, daß man den jetzt leichten und lockeren Boden schon im Spätsommer und Herbst des Vorjahres bearbeitet und während des Winters in Kämme gelegt hat. Die Vorteile einer solchen Herbstbrache lassen sich folgendermaßen zusammenfassen:

1. Die Herbstbrache ist ein sehr wirksames Mittel zur Bekämpfung der Unkräuter.

2. Man hat bei der Wahl der Nutzfrucht im folgenden Jahre freiere Hand.

3. Man vermeidet beim Pflügen des zweiten Jahres die Entstehung von Soden und hat dadurch auch in diesem Jahre freiere Wahl beim Bestimmen der Ackerfrucht. Im zweiten Jahre pflügt man so flach, daß die Soden nicht hochgerissen werden und die in ihnen massenhaft anzutreffenden Drahtwürmer sich in entsprechender Tiefe halten. Auch Moosbildung auf Wiesen wird auf diese

Art verhindert, falls man den Acker im zweiten Jahre bereits wieder mit Grassamen einsäen will.

4. Die Bodenbearbeitung wird im folgenden Frühjahr durch den vorzüglichen Zustand des Bodens bedeutend erleichtert.

5. Die Ackerkrume wird vertieft, da der Untergrund, der beim tiefen Pflügen aufgeworfen wird, mit der alten Ackerkrume bei der folgenden Bearbeitung während der Herbstbrache gut gemischt wird.

Im Anschluß an die behandelten Arten des Brachens seien in Tabelle 42 einige aus der täglichen Arbeit entnommene Beispiele angeführt, die mitteilen, welcher Aufwand an Leuten und an Pferdekräften zum Ausführen des Brachens erforderlich war.

In dem eben angeführten Falle sind die verschiedenen Brachen auf verhältnismäßig humushaltigem und ziemlich gleichmäßigem Boden ausgeführt.

Tabelle 42. Von den verschiedenen Brachenarten beanspruchte Zeit:

Brachenart	Größe der Brachflächen in ha	Aufgewendete Arbeitszeit in Stunden			
		insgesamt		je ha	
		Leutehilfe	Pferdehilfe	Leutehilfe	Pferdehilfe
1. Halbbrache zur Queckenbekämpfung einschließlich Rechen und Abfahren der Queckenwurzeln	9,2	1255	2030	136	221
2. Gewöhnliche Flachbrache . . .	4,4	637	1015	145	231
3. Kammbrache ohne Untergrundbehandlung	6,2	420	665	68	107
4. Kammbrache mit Untergrundbehandlung	6,2	520	865	84	140
5. Herbstbrache auf umgeworfener Wiese	14,2	860	1830	61	129

VI. Abwehrmaßnahmen gegen Unkraut auf Wiesen.

Die Unkrautschäden auf Wiesen bestehen in erster Linie in Herabsetzung der Ertragsmenge und -güte; ob man sein Heu im eigenen Betriebe verfüttert oder zum Verkauf bestimmt, in jedem Falle wird durch den Unkrautbestand sein Wert irgendwie herabgesetzt.

Das sicherste Mittel zur Erzielung einer guten und unkrautfreien Wiese ist anhaltende und vorzügliche Pflege bereits des Ackers, sowie Verwertung bester und zweckmäßig gemischter Wiesensaat (vgl. Abschn. 6, A, IIb). Sodann sorge man dafür, daß die Grasnarbe gleichmäßig dicht wird. Dazu trägt entscheidend bei, daß die Aussaat bereits im ersten Jahre gut aufwächst und eine gleichmäßige und dichte Wiese erzeugt. Ungleichmäßiger Wuchs der Überfrucht verursacht gewöhnlich spärliche und ungleichmäßige erstjährige Wiesen, die leicht von Unkräutern, besonders von Löwenzahn, dessen Samen früh reifen und sich schnell verbreiten, angegriffen werden. Die Unkräuter haben in diesem Falle günstige Keim- und Wachstumsbedingungen und breiten sich oft sehr stark aus. Um das nach Möglichkeit zu vermeiden, ernte man die Überfrucht, bevor sie dem Grasbestande schaden kann. So früh wie möglich sollte man im folgenden Frühjahr alle kahlen Stellen erst mit Wiesensamen und gleich darauf mit einer Grünfuttermischung einsäen. Um den Samen etwas in den Boden hineinzubringen, säe man das Grünfutter mit einer Drillmaschine und walze den Boden unmittelbar hinterher. Man erzielt dadurch bessere Keimbedingungen. Im Laufe des Frühsommers deckt das Grünfutter dann gewöhnlich die Grasdecke, trägt so zu einem gleichmäßigen Keimen und Aufwachsen der Wiesenpflanzen bei und gewährleistet auf diese Art einen besseren Ertrag. Hierdurch erstrebt und erzielt man auch gewöhnlich eine kräftige, dichte Wiesennarbe, die imstande ist, Unkräuter zu unterdrücken. Man pflegt diese Narbe dann durch reichliches, rechtzeitiges und vielseitiges Düngen der Wiesen mit Kunstdünger.

Um auf den Wiesen eine weitere Vermehrung des Unkrautbestandes zu verhindern, ernte man sie rechtzeitig ab und lasse sie nicht zu alt werden. Auch kann man sie durch Jäten reinhalten, soweit man das für zweckentsprechend und durchführbar hält. Frühes Abernten der Wiese ist auch aus dem Grunde zu empfehlen, da man dadurch ein besser schmeckendes und leichter zu verdauendes Futter erhält.

Die lästigen Unkräuter auf zwei- oder mehrjährigen Wiesen, die sich während der letzten Jahre stark verbreitet haben, sind: *Taraxacum officinale* (Abb. 461),

Abb. 459. Die geruchlose Wucherblume (Kamille), *Matricaria inodora*, breitet sich auf künstlichen Wiesen aus. Eig. Aufn.

Barbaraea vulgaris, Matricaria inodora (Abb. 459), außerdem *Ranunculus repens*, mehrere *Rumex*-Arten, *Cirsium arvense* und *Carduus crispus*. In Süd- und Mitteleuropa, sowie in Südskandinavien treten auch Papaverarten, *Daucus carota, Cuscuta trifolii* u. a. häufig auf. Dazu kommen noch viele Arten, die mehr oder weniger streckenweise und in verschiedenen Mengen vorkommen.

Taraxacum officinale, Löwenzahn. Von den lästigsten, mehrjährigen, bodenständigen Wiesenunkräutern ist Löwenzahn oder Kuhblume eins der zeitigst blühenden und die meisten Samen verbreitenden Unkräuter. Schon im Mai beginnt die Reife, und Ende Mai und Anfang Juni verbreitet der Wind die Samen über Nutz- und Unland. Die Verhinderung der Blüte und Reife durch frühzeitige Ernte ist darum ausgeschlossen. Indes sitzen die großen Blütenkörbchen auf spröden Stielen und ragen während der Blüte gewöhnlich über die Wiesenpflanzen hinaus. Es ist darum möglich, sie mit besonderen Maschinen und Geräten abzureißen, ohne den Nutzpflanzen dadurch Schaden zu tun. Auf kleinen Flächen, in Parken, Gärten, an Wegrändern, Eisenbahndämmen u. ä. kann man die Blütenkörbchen mit einem zu diesem Zwecke hergestellten Unkrautrechen abreißen (Abb. 460). Auf

Wiesen, die das Abreißen und Sammeln der Löwenzahnblüten mit Maschinen gestatten, kann man große Strecken vor der Reife und Samenverbreitung von den Blüten dieses Unkrautes befreien[1] (Abb. 461).

Sorgt man gleichzeitig für eine dichte, kräftige Wiesennarbe, sollte man im Kampf gegen den Löwenzahn hinreichend gewappnet sein (Abb. 462). Die Wurzeln des Unkrautes lassen sich durch Bebauen des Bodens mit Ackerfrüchten vernichten, die man während der Wachstumszeit reinhält[2].

In Inlandsgebieten ist der Löwenzahn ein besonders häufig auftretendes Unkraut und als solches zu werten, trotzdem Geschmack und Nährwert der Pflanze dem von Timothegras und Kleeheu gleichgestellt werden.

Untersuchungen ergaben, daß in fünf landwirtschaftlichen Betrieben mit üblichen, wohl fast als gut anzusprechenden Arbeitsverhältnissen die Durchschnittserträge an Pflanzenmasse in kg je ha auf

1. unkrautfreien Wiesen 6220 kg Heu und 40 kg Löwenzahn (99 + 1%),
2. verunkrauteten „ 3930 „ „ „ 550 „ „ (88 + 12%)

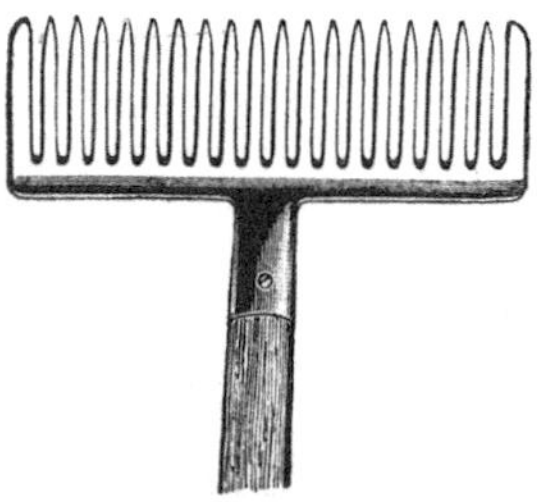

Abb. 460. KORSMOS Unkrautharke zum Abrupfen der Blüten von *Taraxacum officinale*. Das Gerät wird im Felde vorwärts geführt, ähnlich wie ein Gartenscharreisen, doch mit dem Unterschied, daß die Harke beim Vorstoßen unter die Blumenkörbchen greift, die hierdurch abgerupft werden. Auf Rasen und kleinen Grasflächen kann das Gerät vorteilhaft benutzt werden.

betrugen. Der Ertragsverlust je ha betrug also auf den durch Löwenzahn verunkrauteten Wiesen je ha 1780 kg oder 28,43%. Auf künstlichen Wiesen, deren Unkrautbestand vorwiegend *Ranunculus repens* war, betrug der Gesamtertragsverlust je ha 2850 kg, d. h. 48,63%.

Barbaraea vulgaris, die Winterkresse (vgl. S. 292), blüht ebenso wie das soeben genannte Unkraut zeitig und ist darum den Wiesen gleichfalls gefährlich. Jedoch wächst die Pflanze schnell, wird also zeitig erkennbar und läßt sich ausjäten. Man steche sie nach Möglichkeit tief mit der Wurzel aus. Das läßt sich gewöhnlich leicht ausführen, da diese Arbeit zwischen Frühjahrsbestellung und Ernte fällt, so daß einem gewöhnlich hinreichend Zeit zur Verfügung steht. Das Ausreißen geschieht am besten, wenn die obersten Blüten aufgesprungen sind, da sich die Wurzel dann leichter löst. Wächst die Pflanze in dichteren Beständen auf großen Wiesenflächen, empfiehlt es sich, die betreffende Wiese umzupflügen und wenigstens 2 Jahre lang zu Ackerfrüchten zu verwenden, die sich während der Wachstumszeit gegen Unkraut behandeln lassen.

---

[1] Das Gewicht frischer Löwenzahnblüten, die im äußersten Falle je ha mit einer Maschine gesammelt werden können, schwankt mit der Dichte des Unkrautes auf der Wiese. Im allgemeinen wird man bei gleichmäßigem, dichtem Bestand des Unkrautes auf der Wiese durchschnittlich je ha etwa 1000 kg entfernen können.

Auf Grund des chemischen Gehalts frischer Löwenzahnblüten errechnete man bei einem Verdauungskoeffizienten dieser gleich dem von frischem Timothegras die unten angeführten Mengen in Futtereinheiten:

1000 kg Löwenzahnkörbchen mit 87,12% Wassergehalt ergaben 88,9 Futtereinheiten.

1000 kg Löwenzahnkörbchen, wasserfrei, ergaben 694 Futtereinheiten.

Bei einem Trockenstoffgehalt von 12,88% erfordert 1 Futtereinheit 11,2 kg frischen oder 1,44 kg Trockenstoff. Von frischem Timothegras mit 87,12% Wassergehalt braucht man 13,6 kg, vom Trockenstoff derselben Pflanze 1,75 kg für 1 Futtereinheit. Das Verhältnis der Futtereinheiten zwischen gleichen Trockenstoffmengen aus frischen Löwenzahnkörbchen und frischem Timothegras verhält sich demnach etwa wie 100 zu 80. —

Aus Löwenzahnblüten läßt sich ein schmackhafter Wein herstellen.

[2] Bei einzelnem Auftreten der Pflanze läßt sie sich durch Ausstechen der Wurzel oder durch Chemikalien, die man auf den Wurzelkopf gießt, vernichten (vgl. S. 324).

Matricaria inodora, die geruchlose Wucherblume, ist auf erst- und zweitjährigen Wiesen am lästigsten. Die große Verbreitung der Pflanze beruht im wesentlichen auf der Verwendung verunkrauteter Wiesensaat. Man bekämpft sie

Abb. 461. Künstliche Wiese stark von Butterblumen, *Taraxacum officinale*, verunkrautet — links mit der Maschine gereinigt, rechts nicht. Eig. Aufn.

Abb. 462. Abgemähte, gut gepflegte künstliche Wiese. Eig. Aufn.

am leichtesten durch frühe Ernte, Jäten u. ä. Abgesehen von einigen Arten, wie *Taraxacum officinale*, *Barbaraea vulgaris* und *Bromus mollis*, blühen die meisten Wiesenunkräuter etwa um Johanni oder später, so daß frühes Ernten ihre Samenverbreitung gewöhnlich verhindert.

Im Kampf gegen Ampfer, z. B. *Rumex acetosella*, hat reichliches Kalken sauren, festen und moorigen Geländes gute Wirkung erzielt (Abb. 463).

Sumpfpflanzen vertreibt man aus Wiesen durch Anlegen von Entwässerungsgräben, durch Kalken oder durch gleichzeitige Anwendung beider Mittel.

Abb. 463. Kalken gegen den kleinen Ampfer, *Rumex acetosella*. Ausschnitt des Pflanzenbestandes auf zweijähriger Wiese, ungefähr 1,2 m tiefes Sphagnummoor mit Normaldüngung über das ganze Areal. Die Samenmischung bei der Einsaat $^1/_3$ Klee- und $^2/_3$ Timothegrassamen. Feld I. Ungekalkt. Pflanzenbestand: Ungefähr 50% *Rumex acetosella*, der Rest gemeine Grasarten (*Agrostis* sp.). Feld II. 50 hl Abfallkalk je Hektar. Pflanzenbestand: Hauptsächlich Grasarten, meist *Agrostis* sp. und etwas Klee. Feld III. 50 hl Abfallkalk und 700 Fuder (etwa 4 bis 5 hl) Sand je Hektar. Pflanzenbestand: Überwiegend Klee- und Timothegras. Der Versuch zeigt unter anderem den Kalk als gutes Kampfmittel gegen *Rumex acetosella*.
Orig.-Zeichn. nach Ausschnitt von eig. Aufn. im Felde.

Über die Bekämpfung einzelner Unkrautarten auf Wiesen vergleiche man auch den fünften Abschnitt. Wiesen, die der Samenerzeugung dienen, halte man durch Jäten so zeitig und so gründlich wie möglich von Unkräutern rein; das ist der sicherste Weg zur Erzielung möglichst unkrautfreier Wiesensaat.

VII. Moosbekämpfung auf Wiesen.

Moose halten zähe aus und können besonders auf etwas steiferen Böden und in verhältnismäßig feuchten Jahren zu einer wahren Plage werden. Auf älteren Wiesen können sie selbst auf scharfem, trockenem Boden lästig fallen.

Auf steifen Böden und nach feuchten Sommern können die Moose gemeinsam mit den ästigen Fadenalgen im Herbst eine grüne Decke über die Äcker ziehen. Sogar auf Wurzelfruchtäckern kann man besonders bei nassem Spätsommer Moose als dünne, schmutziggrüne Decke antreffen. Daß die Moosbildung am leichtesten bei feuchter Witterung vor sich geht, beruht wahrscheinlich darauf, daß die Keimung der Sporen durch die Feuchtigkeit begünstigt wird (vgl. darüber S. 446—447).

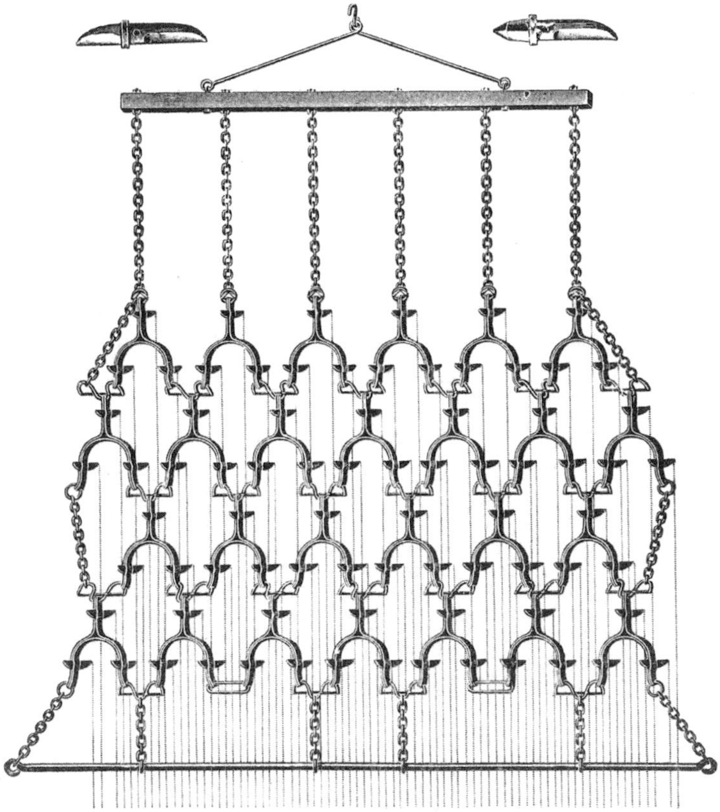

Abb. 464. Schmiedeeiserne Wiesenegge „Lipsia" mit Stahlzähnen. Zahnbefestigung ohne Anwendung von Schraube und Mutter (vorm. Laackesche Wiesenegge).

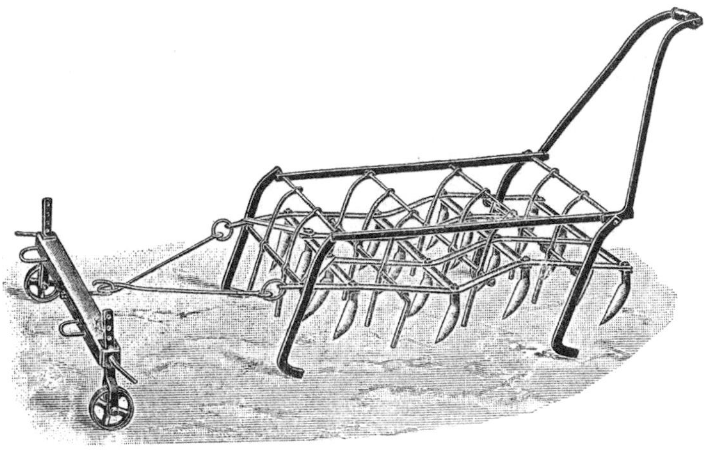

Abb. 465. Auraser Wiesenegge mit Reinigungsvorrichtung in Tätigkeit.

Zur Bekämpfung der Moose auf Wiesen hat man sich des Eggens mit besonders dazu angefertigten Mooseggen (Abb. 464 und 465) bedient. Regelmäßiges, wiederholtes Eggen bewirkt eine dünne, spärliche Moosdecke und bessere Luftzufuhr in der obersten Erdschicht, durch die die Entwicklung der Wiesenpflanzen befördert wird.

Nach dem Eggen müssen alle kahlen Stellen mit Wiesensamen eingesät und die ganze Wiese gedüngt werden. Immerhin hat sich dieses Eggen bei der Bekämpfung von Moosen auf Wiesen nicht als vollkommen zuverlässiges Mittel erwiesen.

Eine wirksamere Unterdrückung erzielt man durch Umpflügen der Wiese in einer Tiefe von 25—28 cm mit scharfscharigem Schälpflug, wodurch die Soden

2. 1.

Abb. 466. *Hypnum*-Moose auf der Wiese. 1. Durch Bespritzung mit 10% Eisenvitriollösung in Mengen von 2000 l je Hektar abgetötetes Moos. 2. Frisches Moos von demselben Wiesenplane.

mit den Moosen so tief gelagert werden, daß folgende Bodenbearbeitung sie nicht mehr an die Oberfläche bringt. Im nächsten Herbst pflüge man nicht so tief, daß die faulenden Soden an die Oberfläche gerissen werden (vgl. auch unter Herbstbrache, Abschn. 6, B, Vb 3).

Auf diese Art kann man die Wiese im zweiten Jahre schon wieder einsäen, ohne einer Moosbildung ausgesetzt zu sein, während man sonst gerade durch Einsäen von Wiesen nach einer Zeit von nur zwei Jahren das Auftreten von Moosen auf jüngeren Wiesen bewirken kann.

Bietet sich keine Möglichkeit, bemooste Wiesen umzuwerfen, wie beispielsweise an sehr steilen Hängen, kann man genötigt sein, die Egge anzuwenden, wobei natürlich die losgerissenen Moosfetzen aufzusammeln und zu entfernen sind. Auch läßt sich Bespritzen oder Bestreuen mit Chemikalien bei der Moosbekämpfung verwerten.

Astmoose können unterdrückt, ja sogar vollkommen vernichtet werden, wenn man sie mit einer 15%igen Eisenvitriol- oder 3,5%igen Schwefelsäurelösung bespritzt. Gleichfalls wirkt eine 1%ige Natriumchloratlösung in Mengen von 2000 Liter je ha auf Moos vernichtend. Die Moosschicht muß bei der Behandlung trocken sein. Auch ist das Bespritzen bei trockenem Wetter vorzunehmen. Wenn man der Moosschicht so viel Flüssigkeit zuführt, daß sie vollkommen getränkt wird, tritt völliges Absterben des Mooses ein (Abb. 466).

Bei einer Moosschicht von 6 cm Dicke benötigt man eine Flüssigkeitsmenge von 1800—2000 Liter je ha.

Bei weniger günstigen Witterungsverhältnissen muß man zur Erreichung guter Wirkung entsprechend größere Mengen nehmen.

Auch feingemahlener Kalkstickstoff hat sich als gutes und sicheres Kampfmittel erwiesen.

Bei Verwendung von 200, 400 und 600 kg Kalkstickstoff je ha erzielte man Mehrerträge von 104,9, 116,9 und 130,2% im Verhältnis zu den unbehandelten Flächen. Eine völlige Vernichtung der Moosschicht war bei keiner Behandlung zu verzeichnen.

Bei 6 anderen Versuchsreihen mit feingemahlenem Kalkstickstoff (20% Stickstoff), der auf stark vermoosten Weiden bei Anfang der Wachstumszeit im Frühjahr in Mengen von 300, 450 und 600 kg je ha ausgestreut wurde, erreichte man im Laufe des Sommers eine Durehschnittszerstörung von 95, 98 und 100% der anfangs gesunden Moosarten.

Durch den feingemahlenen Kalkstickstoff versieht man den Boden gleichzeitig mit Stickstoff und Kalk, die beide das Wachstum der Wiesenpflanzen fördern. Besonders wo das Umwerfen der Wiese schwierig ist, sollte dieses Chemikalium bei der Moosbekämpfung wesentliche Bedeutung erlangen.

Bei Behandlung mit chemischen Mitteln sollte man auf der Wiese etwas Grassamen nachsäen und gegebenenfalls auch düngen, wenn man Eisenvitriol oder Schwefelsäure benutzt hat.

Im übrigen dient alles, was den Wuchs der Wiesenpflanzen fördert, einer mittelbaren Unterdrückung der Moose. Das sind beispielsweise: stärkere Düngung, Kalken, falls erforderlich, sowie Anlegen von Entwässerungsgräben auf sumpfigen Wiesen u. a. Auf hinreichend kräftigen und dichten Wiesen fällt es den Moosen nämlich schwer, sich zu behaupten[1].

---

[1] In Common Weeds of the Farm and Garden S. 229 betont LONG, daß die Moose (*Hypnum*, *Funaria*, *Sphagnum* u. a.) besonders auf Wiesen sehr lästig werden können. Sie zeigen an, daß der Boden feucht oder in schlechtem Zustande ist und daher Entwässerung, gute Pflege, Düngung und Kalken verlangt. Er empfiehlt je ha etwa 430 kg Thomasphosphat, etwa 125 kg Nitrate und etwa 1270 kg Kalk. Gleichzeitig schlägt er vor, die Wiese vor dem Düngen mit einer Moosegge zu bearbeiten, um einen Teil des Mooses losreißen und die Erdoberfläche lockern zu können, so daß Licht, Luft und Dünger einwirken und Feuchtigkeit verdunstet. Kalk und schwerlösliche Mineralien empfiehlt er im Herbst, Stickstoff und Kalidüngung rechtzeitig im folgenden Frühjahr zu verwenden.

Er unterstreicht auch die Bedeutung des Festtretens oder Walzens der Moosschicht auf Wiesen durch Walzen, Weiden von Schafen und Rindern, sowie die wichtige Arbeit des Düngens. Bei einem Versuche mit Verwendung von 1375 kg Thomasschlacke je ha und bei einem anderen Versuche unter Hinzufügung von 1015 kg Kainit ergab sich eine entschieden günstige Wirkung auf Güte und reicheren Nachwuchs der Weide.

VIII. Verwendung unkrautvernichtender Chemikalien auf Gartenwegen u. ä.

Bei Versuchen, die man zur Vernichtung von Unkräutern auf Gartenwegen u. ä. vorgenommen hat, ergab sich gute Wirkung bei Verwendung von:

1. 15—25%iger Schwefelsäurelösung in Mengen von 3—4 Liter je qm,
2. Zerstoßenem Eisenvitriol in Mengen von 3—4 kg je qm,
3. Kochsalz in Mengen von 2—4 kg je qm,
4. Kalkstickstoff in Mengen von 3—4 kg je qm,
5. 4—5%iger Natriumchloratlösung in Mengen von etwa 1 Liter je qm.

Die Schwefelsäure vernichtet gewöhnlich sowohl die oberen, als auch die unterirdischen Teile der Pflanzen. Man spritzt sie zur Erzielung bester Wirkung auf trockenen Boden. Nach Verlauf von 6—7 Wochen kann sich mitunter eine Wiederholung der Behandlung als notwendig erweisen.

Abb. 467 zeigt die Wirkung einer 2%igen wässerigen Natriumchloratlösung ($NaClO_3$) auf die Vegetation in einer Wiese 10 Wochen nach dem Bespritzen in Mengen von 2 l je Quadratmeter. Pflanzenbestand bei der Behandlung hauptsächlich: *Poa*- und *Agrostis*-Arten, *Triticum repens* und *Taraxacum officinale*. Eig. Aufn.

Eisenvitriol, auch Kochsalz und Kalkstickstoff wirken meist mit großer Sicherheit.

Natriumchlorat vernichtet gewöhnlich das Wurzelsystem der Pflanze vollkommen. Bei Vorkommen einzelner Arten wiederhole man die Behandlung nach Verlauf von etwa 4—5 Wochen.

Bei Verwendung von Schwefelsäure, Eisenvitriol, Kochsalz oder Kalkstickstoff streue man gleich nach der Behandlung etwas Sand oder Schotter über die behandelten Flächen, um zu verhindern, daß die Chemikalien durch Schuhzeug verschleppt werden oder mit Händen und Kleidern in Berührung geraten, die dadurch beschädigt werden. Bei Verwendung einer Natriumchloratlösung ist das nicht erforderlich.

Die angeführten Mengen dieser Chemikalien sind gewöhnlich sogar zur Vernichtung mehrjähriger Pflanzen mit kräftigen Wurzeln hinreichend.

Bei Verwendung so starker Mittel bedenke man allerdings, daß Gebüsch und Hecken, die in der Nähe des Behandlungsgebietes liegen und deren Wurzeln sich zum Teil unmittelbar darunter befinden, besonders auf der Wegseite stark beschädigt werden können. Angrenzende Wiesen werden dagegen nicht in Mitleidenschaft gezogen (Abb. 467).

Bei Verwendung von Schwefelsäure benutzt man zum Spritzen eine Messingspritze, da die gewöhnlichen Gartenspritzen keine Säuren vertragen. Man spritze möglichst nur nach mehrtägiger Trockenheit und nicht, wenn der Boden noch feucht von Regen ist.

Während die unter 1—4 angeführten Mittel den Pflanzenbestand durch ihre Ätzwirkung angreifen, scheint der Erfolg bei Natriumchlorat auf physiologischer Wirkung durch Vergiftung zu beruhen.

Abb. 468. Ein stark mit Huflattich, *Tussilago farfara*, bewachsenes Feld. Behandelt mit Lösung von Natriumchlorat ($NaClO_3$) in folgenden Mengen: Feld *1* 2,5%ige Lösung und 1 l je Quadratmeter; Feld *2* 2,5%ige Lösung und 2 l je Quadratmeter; Feld *3* 5%ige Lösung und 1 l je Quadratmeter; Feld *4* 5%ige Lösung und 2 l je Quadratmeter. Auf sämtlichen Versuchsfeldern wurde *Tussilago farfara* vollständig zerstört, ebenso Kratzdistel, *Cirsium arvense*, von der etwas vorkam. Gelber Löwenzahn oder Kuhblume, *Taraxacum officinale*, wurde nur teilweise vernichtet.

Bevor die genannten Mittel zur Anwendung kommen, müssen die Pflanzen abgeschnitten werden. Man erzielt dadurch besonders bei hohem und dichtem Pflanzenbestande bessere Wirkung.

Von den erprobten Mitteln ist Natriumchlorat (besonders das zu technischen Zwecken hergestellte) am billigsten; aber auch chemisch reine Ware, die billiger und leichter in der Anwendung als die üblichen Mittel ist (Abb. 468), wird vielfach bevorzugt. Die Wirkung auf das Wurzelsystem z. B. von *Tussilago farfara* u. a. Wurzelunkräutern scheint bereits nach einer Behandlung zu genügen, während einmalige Bekämpfung gewöhnlich bei Unkräutern mit unterirdischen Ausläufern oder bei mehrjährigen, bodenständigen Unkräutern mit tiefgreifender Pfahlwurzel nicht ausreichte. Mehrjährige, bodenständige Pflanzen mit Wurzelstock oder mit Faserwurzeln, sowie ein- und zweijährige Arten werden gewöhnlich durch einmaliges Spritzen vernichtet.

Bei normalen Witterungsverhältnissen kann die Behandlung zu beliebiger Zeit während des Wachstums geschehen. Nach anhaltender Trockenheit empfiehlt es sich, das Behandlungsfeld unmittelbar vor dem Bespritzen zu begießen oder das Chemikalium in Pulverform auszustreuen.

Um sicher zu sein, daß die Ackerkrume der behandelten Nutzlandflächen bereits im folgenden Frühjahr wieder vollkommen ertragsfähig sind, bestreue oder bespritze man den Boden mit Natriumchlorat nicht später als Ende Juli bis Anfang September. Als besonders notwendig erweist sich das in trockenem Klima und dort, wo der Boden im folgenden Sommer Korn oder Wurzelfrüchte tragen soll.

Die Untersuchungen dieser Reihe umfaßten folgende 27 Pflanzenarten, die auf dem Felde angetroffen und bei den Versuchen mit Natriumchlorat durch eine 5%ige Lösung bei 1 Liter je qm vollständig vernichtet wurden[1]:

1. Gemeiner Huflattich — *Tussilago farfara,*
2. Acker- oder Kratzdistel — *Cirsium arvense,*
3. Ackergänsedistel, Saudistel — *Sonchus arvensis,*
4. Kleiner Ampfer — *Rumex acetosella,*
5. Sumpfziest — *Stachys paluster,*
6. Kriechende Glockenblume — *Campanula ranunculoides,*
7. Kriechender Hahnenfuß — *Ranunculus repens,*
8. Gänserich — *Potentilla anserina,*
9. Wiesenkönigin — *Ulmaria pentapetala,*
10. Ackerschachtelhalm — *Equisetum arvense,*
11. Brennessel — *Urtica dioica,*
12. Waldbrunnenkresse — *Nasturtium silvestre,*
13. Zypressenwolfsmilch — *Euphorbia cyparissias,*
14. Große Pestwurz — *Petasites officinalis,*
15. Gundelrebe — *Glechoma hederaceum,*
16. Sumpfdotterblume — *Caltha palustris,*
17. Feigwurz — *Ranunculus ficaria,*
18. Rasenschmiele — *Aira caespitosa*[2].

An Pflanzenarten, die nach einmaliger Behandlung nicht vollständig vernichtet wurden, seien erwähnt:

19. Gemeine Schafgarbe — *Achillea millefolium,*
20. Bertramschafgarbe — *Achillea ptarmica,*
21. Gemeine Quecke — *Triticum repens,*
22. Wiesenrispengras — *Poa pratensis,*
23. Fioringras — *Agrostis stolonifera,*
24. Rohrglanzgras — *Phalaris arundinacea,*
25. Gemeiner Giersch — *Aegopodium podagraria,*
26. Wasserknöterich — *Polygonum amphibium,*
27. Ackerwinde — *Convolvulus arvensis.*

Nach zweimaliger Behandlung wurden alle behandelten Pflanzen dieses Versuches außer *Polygonum amphibium, Aegopodium podagraria* und *Convolvulus arvensis* vernichtet[3].

---

[1] Kleine Pflanzen einjähriger Unkräuter wurden gewöhnlich schon durch eine 1/2—1%ige Lösung in Mengen von 1000 Liter je ha vernichtet.

[2] 5—12 g pulverisierten Natriumchlorats, die man auf die Horste dieses Unkrautes streut, genügen zu seiner Vernichtung.

[3] In dieser Verbindung kann hervorgehoben werden, daß der Unkrautbestand, abgesehen von Ackerwinde, die minder dicht stand, auf sämtlichen Versuchsflächen so dicht war, wie überhaupt Pflanzen stehen können. Die Menge unterirdischer Ausläufer war so groß bei allen hier behandelten Unkräutern und Gräsern, daß sie einen erheblichen Teil der Bodenschicht durchsetzte, also bedeutend größer war als in stark verunkrauteten Äckern mit Feldfrüchten.

Das Unkrautvertilgungsmittel „Hedit“ hat in den Versuchen, bei denen der Verfasser Gelegenheit nahm, es zu prüfen, auf die Pflanzen gleich gut gewirkt wie Natriumchlorat. Beide Präparate scheinen danach als Unkrautbekämpfungsmittel gleichwertig zu sein.

Bei sämtlichen Versuchen mit allen geprüften Chemikalien blieb die Wirkung ganz auf die behandelten Flächen beschränkt. Seitenwirkung wurde nicht wahrgenommen.

Kommen mehrjährige, bodenständige Unkräuter, besonders solche mit Pfahlwurzel, wie *Taraxacum officinale, Barbaraea vulgaris, Rumex crispus* usw., vereinzelt auf Feldern vor, kann man die Pflanzen durch Bespritzen der Wurzel mit 15—20%iger Natriumchlorat- oder „Hedit“-Lösung in Mengen von 1,5 bis 3 ccm je Wurzelkrone vernichten. Die Lösung wird mit dem Unkrautvertilger „Mysto“ oder „Spritzpfahl“ (Abb. 469) in die Wurzel der Pflanze eingeführt.

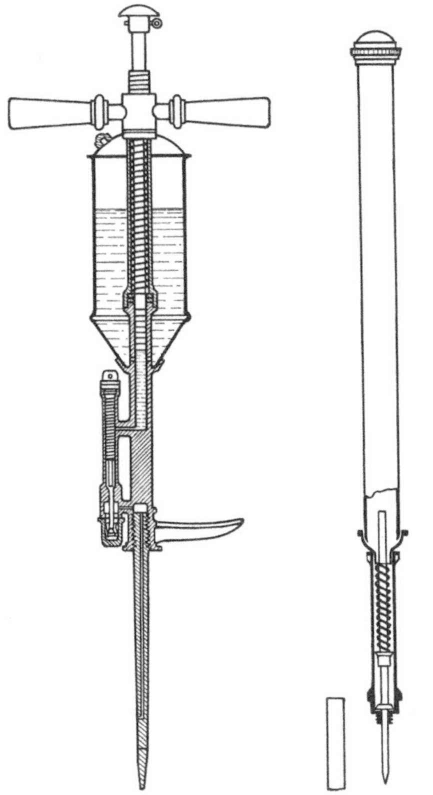

Abb. 469. Unkrautvertilgung durch Einführung von Bekämpfungsmitteln in die Wurzel mittels des *1.* Spritzpfahls nach VERMOREL[1]; *2.* Unkrautvertilgers „Mysto“ (The Mysto Weed Eradicator). Die Spritze ist so eingerichtet, daß mit ihrer in die Wurzel gestoßenen Spitze der Pflanze eine vernichtend wirkende Flüssigkeitsmenge zugeführt werden kann. Der Behälter faßt 350 ccm und stößt bei jedem Ansetzen etwa 1,5 ccm aus.

IX. Maßnahmen gegen Verunkrautung von Teichen u. ä.

Mehrere Pflanzenarten wachsen auf überschwemmtem Gelände, in Teichen, Kanälen usw., wo der Pflanzenwuchs die nutzbare Wasserfläche einengen und dadurch Schwierigkeiten herbeiführen kann. Dies ist z. B. der Fall in manchen Fischteichen, in breiteren, offenen, wasserführenden Kanälen u. ä.

Zu diesen dichtwachsenden an Wasserrändern und in seichtem Wasser auftretenden Pflanzenarten gehören u. a. *Phragmites communis* TRIN. = Schilfrohr, Schilf, Rohr, Teichschilf, einige *Carex-* und mehrere andere Pflanzenarten. Über das Schilfrohr schreibt HEGI[2]:

„Das Schilfrohr ist eine der häufigsten und verbreitetsten Streupflanzen. Meistens kommt es gesellig, in Massenvegetation vor und bildet dann ausgedehnte, oft fast reine (bis 90%) Bestände.“

Die Pflanze verbreitet sich in derselben Weise wie in saurem, sumpfigem Boden, der nicht unter Wasser steht, auch bei zeitweiliger und sogar bei dauernder

[1] Nach HOLLRUNG: „Die Mittel zur Bekämpfung der Pflanzenkrankheiten“, S. 306, Berlin 1914, ist der Spritzpfahl zur Einführung von Schwefelkohlenstoff in die Erde zwecks Vernichtung der Reblaus (Phylloxera vastatrix) hergestellt (vgl. S. 66 a. a. O.), läßt ich aber wahrscheinlich auch auf gleiche Art wie der Unkrautvertilger „Mysto“ anwenden.

[2] HEGI: Illustrierte Flora von Mitteleuropa Bd. 1, S. 274.

Überschwemmung des Bodens. Unter solchen Verhältnissen ist es nicht so einfach, die Pflanze abzuschneiden. Als Hilfsmittel bei ihrer Entfernung bedient man sich besonderer Schneidemaschinen, von denen Abb. 470 eine zeigt.

Abb. 470. Schilfmähmaschine von der Maschinenfabrik Vetschau, G. m. b. H.

Rechtzeitiges, oft wiederholtes Abhauen während des Wachstums bewirkt gewöhnlich eine die Entwicklung hemmende starke Schwächung, ja sogar vollkommenes Eingehen der Pflanze.

Siebenter Abschnitt.

Zusammenfassung einiger norwegischer Versuchsergebnisse über Unkrautbekämpfung während der Wachstumszeit.

In diesem Abschnitt sollen einige Ergebnisse von Versuchen angeführt werden, bei denen die unter Abschn. 6 B, III und IV erwähnten Maßnahmen und Hilfsmittel zur unmittelbaren Unkrautbekämpfung unter heranwachsenden Ackerfrüchten angewandt worden sind.

A. Sommergetreideversuche (Hafer, Gerste und Weizen).

B. Kartoffel- und } Hackfruchtversuche.
C. Wurzelfrucht- }

A. Sommergetreideversuche.

Unter Zuhilfenahme graphischer Darstellungen sind im folgenden die durchschnittlichen Unterschiede bei den verschiedenen Behandlungsarten und Ackerfrüchten für die Versuchsjahre 1919—1920 mitgeteilt. Außerdem sei erwähnt, daß das Ergebnis einer Versuchsreihe von 8 Jahren sich diesen Mitteilungen auf das allerengste anschließt, wie auch aus den die Tabellen 43, 45, 47, 48, 49, 52 und 53 ergänzenden Übersichtstabellen hervorgeht.

Die Bekämpfung wurde durchgeführt mittels:

Unkrautegge;
Bespritzens mit Eisenvitriollösung bzw. verdünnter Schwefelsäure und Salpetersäure;
Bestreuens mit Kalkstickstoff und Hederichpulver, sowie
Jätens.

Bei insgesamt 435 der in Tabelle 43 angeführten Versuche wurden Nutz- und Unkrautpflanzen bei der Ernte nachgezählt. Auf keiner der behandelten Flächen wurde bei diesen Versuchen alles Unkraut vernichtet. Da es nun Bedeutung hat, zu erfahren, welche Verminderung der Unkrautmenge durch die Behandlung erzielt worden ist, sind in der Aufstellung in Tabelle 44 die Durchschnittsergebnisse der 435 Versuche angegeben.

Als Ergänzung der in Tabelle 43 angegebenen Versuche sind hier die Ergebnisse einer 8jährigen Versuchsreihe von 1916—1923 angeführt. Der durchschnittliche

Zahl der Versuche	Behandlungsarten	Mehrertrag an Korn absolut kg		in %
420	Unkrauteggen vor dem Aufsprießen	200	=	10,2
223	Unkrauteggen vor und nach dem Aufsprießen	300	=	15,8
405	Unkrauteggen vor und Bespritzen nach dem Aufsprießen	390	=	19,2
680	Bespritzen mit Eisenvitriollösung nach dem Aufsprießen	450	=	23,6
676	Bespritzen mit verdünnter Schwefelsäure	500	=	26,5
122	Bespritzen mit verdünnter Salpetersäure	510	=	23,3
630	Bestreuen mit Kalkstickstoff	450	=	23,9
138	Bestreuen mit Hederichpulver	280	=	15,6
258	Jäten	500	=	24,2
3552	Mittel	**410**	=	**21,1**

Mehrertrag an Körnern (der Strohertrag ist nicht berücksichtigt) bei den verschiedenen Bekämpfungsarten ist in kg je ha und in Prozent angegeben. Zum Vergleich dienten die entsprechenden Versuchsflächen, auf denen während des Wachstums der Nutzfrucht keine Unkrautbekämpfung stattfand.

Wie die im vorigen angeführten Ernteerträge zeigen, beträgt der durchschnittliche Körnermehrertrag je ha 410 kg, d. h. 21,1%. Die Gesamtanzahl der Versuche betrug in dieser Reihe bei sämtlichen 9 Bekämpfungsarten 3552.

Tabelle 43. Versuchsergebnisse des ganzen Landes bei Unkrautbekämpfung im Sommergetreide. 1089 Versuche. Die Zahlen bezeichnen die Durchschnittserträge je ha in kg und die Unterschiede zwischen behandelten und unbehandelten Versuchsfeldern je ha in kg und außerdem in %.

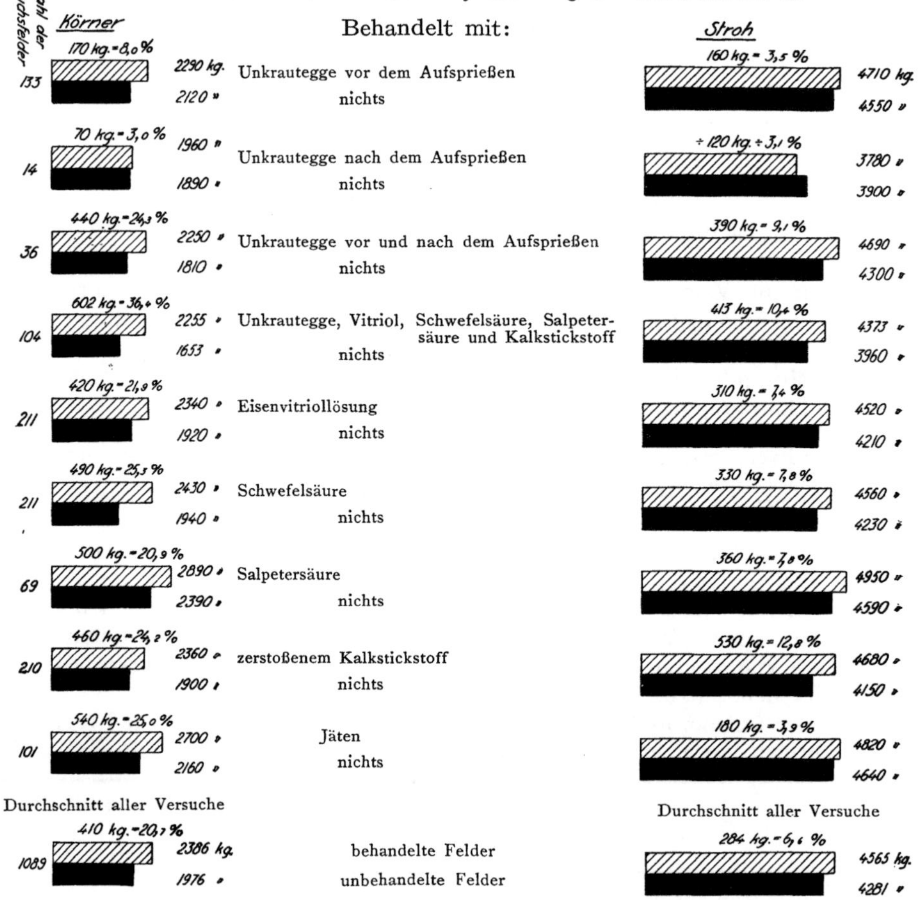

Der Unkrautbestand wurde bei dem erwähnten Versuche je qm von 135 auf 39 Pflanzen, d. h. um 71% (von 100 auf 29%) herabgedrückt.

Gleichzeitig stieg der Körnerertrag um 27%, der Strohertrag um 8%. Der Mehrertrag je vernichteter Unkrautpflanze betrug an Körnern 0,544 g, an Stroh 0,377 g. — Auf 55 der oben erwähnten 435 Flächen wurde das Unkraut vollkommen vernichtet. Der Mehrertrag auf diesen 55 Feldern betrug: An Korn 860 kg je ha oder 40%, an Stroh 490 kg oder 10%. Auf den übrigen 380 Feldern, auf denen das Unkraut nicht vollkommen vernichtet wurde, betrug der Mehrertrag je ha an Körnern 470 kg oder 25%, an Stroh 340 kg oder 8%.

Tabelle 44.

	Ertrag je ha in kg und % auf				Mehrernte in kg Ertrag je ha und in % bei verschiedenen Behandlungen	
	unbehandelten Ackerstücken		behandelten Ackerstücken			
	Körner	Stroh	Körner	Stroh	Körner	Stroh
kg	1910	4370	2430	4730	520	360
%	100	100	127	108	27	8

	Mehrernte in kg Futterwert je ha und in % bei verschiedenen Behandlungen			Durchschnittliche Unkrautpflanzenzahl je ha auf		Mehrertrag in g je vernichteter Unkrautpflanze	
	Körner	Stroh	Summe	unbehandelten Ackerstücken	behandelten Ackerstücken	Körner	Stroh
kg	473	90	563	1 349 580	393 760	0,544	0,377
%	27	8	20	100	29		

Tabelle 45. Prozentweise Steigerung der Körner- und Stroherträge, sowie prozentweise Herabsetzung des Unkrautbestandes bei den verschiedenen Behandlungsarten.

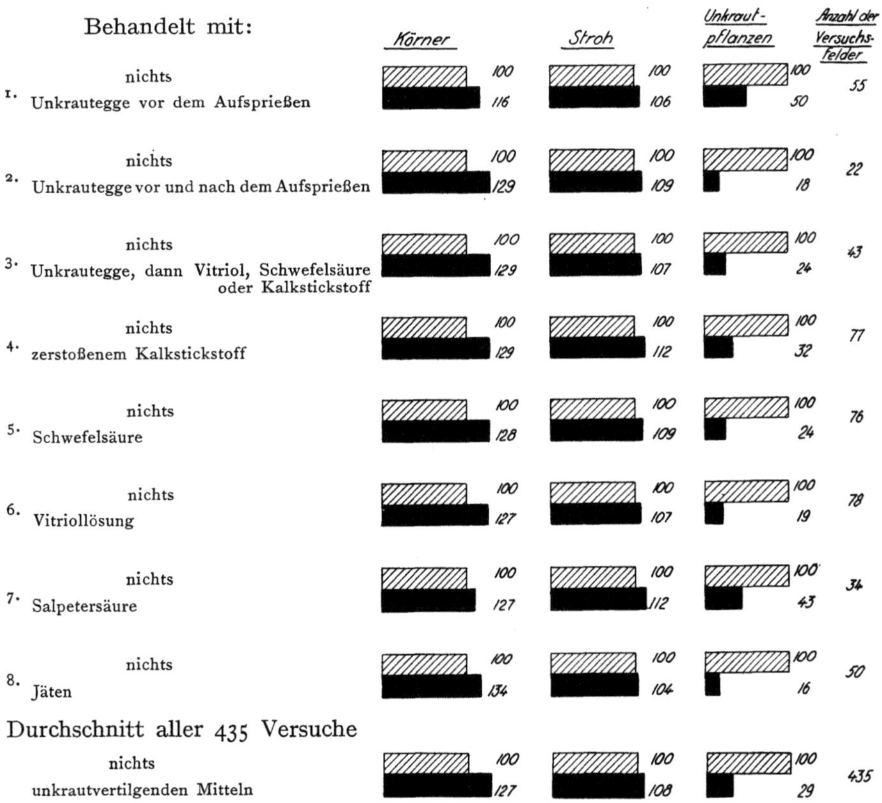

Zur näheren Erläuterung der Ertragsunterschiede bei den verschiedenen Behandlungsarten seien die beiden Tabellen 45 und 46 angeführt.

Auf Tabelle 45 ist die prozentuale Steigerung des Körner- und Strohertrages, sowie die prozentuale Verminderung des Unkrautbestandes bei verschiedenen Behandlungsarten dargestellt. —

Tabelle 46 enthält in

Spalte 3: Die Zahl der Unkrautpflanzen je ha und je qm unbehandelter und behandelter Flächen.
„ 4: Den Unterschied der Unkrautpflanzenzahl auf unbehandelten und behandelten Flächen.
„ 5: Den berechneten Mehrertrag je vernichteter Unkrautpflanze.

Als Ergänzung zu Tabelle 45 sind unten die Versuchsergebnisse einer 8 Jahre und 1598 Versuchsflächen umfassenden Versuchsreihe angegeben. Die Körnermehrerträge bei den verschiedenen Bekämpfungsarten sind in Prozenten berechnet. In der letzten Zahlenreihe ist die prozentuale Unterdrückung an Unkrautpflanzen je Flächeneinheit bei den verschiedenen Bekämpfungsarten besonders angeführt.

Anzahl der Parzellen	Behandlungsarten	Körnerertrag %	Unkrautpflanzen %
194	Unkrauteggen vor dem Aufsprießen	112,9	54,0
116	Unkrauteggen vor und nach Aufsprießen	115,7	35,9
222	Unkrauteggen und Bespritzen	118,9	16,3
269	Bespritzen mit Eisenvitriollösung	122,8	17,3
265	Bespritzen mit verdünnter Schwefelsäure	123,1	18,2
58	Bespritzen mit verdünnter Salpetersäure	123,1	27,0
253	Bestreuen mit Kalkstickstoff	124,4	21,2
89	Bestreuen mit Hederichpulver	119,0	43,5
132	Jäten	124,4	10,9
1598	Mittel	120,9	24,3

Aus diesen Zahlen ergibt sich gleichfalls, daß der Ernteertrag auf fruchttragenden Äckern mit der Abnahme der Unkrautpflanzenzahl steigt. Die Aufstellungen zeigen uns, daß der durchschnittliche Unkrautbestand sich von 100 auf 24,3% gesenkt hat, während der Körnerertrag um 20,9%, also von 100% bis 120,9% gestiegen ist.

Tabelle 47 ergibt folgendes:

Auf 166 Feldern der unter Reihe I und auf 1598 Feldern der unter Reihe II angeführten Versuche wurden die Unkrautpflanzen bei der Ernte der Ackerfrucht nachgezählt, um die Wirkung näher zu beleuchten, die eine größere oder geringere Abnahme des Unkrautbestandes auf die Ertragsgröße haben kann, und um außerdem diese durch die verschiedenen Behandlungsarten verursachte Abnahme klarzulegen. Auf 32 der unter Reihe I angeführten Felder und auf 244 der unter Reihe II angeführten Feldern wurde alles aufgelaufene Unkraut durch die Behandlung vernichtet, während auf 134 Felder der Serie I und 1354 Feldern der Serie II Unkräuter sowohl noch auf den unbehandelten, als auch auf den behandelten Feldern zu finden waren.

In Reihe I der Tabelle 47 finden sich die durchschnittlichen Erträge sämtlicher Flächen einzeln angeführt; in Reihe II sind die Durchschnittsergebnisse der Felder, auf denen das Unkraut teilweise nicht ganz vernichtet wurde, angegeben, und schließlich finden sich in Reihe III die Durchschnittsergebnisse von Versuchen, bei denen das Unkraut auf den behandelten Flächen vernichtet wurde.

Tabelle 46. Abnahme der Unkrautpflanzenzahl und Mehrernte je vernichteter Unkrautpflanze bei verschiedenen Behandlungsarten.

Behandlungsart während des Wachstums der Ackerfrucht	Zahl der Versuche	1 Ertrag in kg je ha auf unbehandelten Parzellen		behandelten Parzellen		2 Mehrernte in kg Ertrag und in kg Gerstewert je ha der behandelten Parzellen					3 Durchschnittliche Anzahl Unkrautpflanzen je ha auf		je qm auf		4 Abnahme der Unkrautpflanzenzahl infolge Behandlung der Parzellen		5 Mehrertrag in g je vernichteter Unkrautpflanze	
		Körner	Stroh	Körner	Stroh	Ertrag kg		Gerstewert kg			unbeh.	behand.	unbeh.	behand.	je ha	je qm	Körner	Stroh
		kg	kg	kg	kg	Körner	Stroh	Körner	Stroh	Summe	Parzellen							
Unkrautegge vor d. Aufsprießen. . .	55	1950	4660	2260	4920	310	260	282	65	347	1 580 980	780 430	158	78	800 550	80	0,387	0,325
Unkrautegge vor u. nach dem Aufsprießen	22	1780	4180	2290	4550	510	370	464	93	557	2 498 536	442 045	250	44	2056 491	206	0,248	0,180
Unkrautegge vor dem Aufsprießen, dann chemische Lösungen. . . .	43	2040	4850	2630	5170	590	320	536	80	616	1 621 880	390 465	162	39	1231 415	123	0,479	0,260
Zerstoßener Kalkstickstoff	77	1830	4230	2360	4750	530	520	482	130	612	1 414 960	446 200	141	45	968 760	96	0,547	0,537
Verdünnte Schwefelsäure	76	1880	4250	2410	4620	530	370	482	93	575	1 405 700	342 800	141	34	1062 900	107	0,499	0,348
Eisenvitriollösung .	78	1850	4230	2340	4540	490	300	445	75	520	1 449 830	281 590	145	28	1168 240	117	0,419	0,257
Verdünnte Salpetersäure	34	2260	4200	2880	4720	620	520	564	130	694	1 320 780	565 300	132	57	755 480	76	0,821	0,688
Jäten.	50	1900	4510	2540	4690	640	180	582	45	627	1 627 450	253 360	163	25	1374 090	137	0,466	0,131

Aus der Tabelle 46 geht hervor, daß der Ertrag je Fläche mit steigender Zahl der Unkräuter im Acker sinkt.

Tabelle 47. Ergebnisse der Versuchsgruppen I und II (1764 Versuche) über Mehrerträge in Ertrags-kg und Futterwert-kg bei verschiedenen Bekämpfungsarten und über Mehrerträge in g je vernichteter Unkrautpflanze[1].

Versuchsgruppen	Reihe	Anzahl Versuche		Ertrag je ha in kg und % auf unbehandelten Ackerstücken: Körner	Stroh	behandelten Ackerstücken: Körner	Stroh	Mehrernte in kg-Ertrag und kg-Futterwert je ha und in % bei verschiedenen Behandlungen: Körner	Stroh	Futterwert: Körner	Stroh	Summe	Durchschnittliche Unkrautpflanzenzahl je ha auf unbehandelten Ackerstücken	behandelten Ackerstücken	Mehrertrag in g je vernichteter Unkrautpflanze: Körner	Stroh
I	1	166	kg	2160	3970	2640	4580	480	610	436	153	589	917 220	142 000	0,619	0,787
			%	100	100	122	115	22	15				100	15		
	2	134	kg	2230	3960	2620	4410	390	450	355	113	468	974 540	175 910	0,488	0,563
			%	100	100	117	111	17	11				100	18		
	3	32	kg	1870	4050	2710	5330	840	1280	764	320	1084	677 210	0	1,240	1,890
			%	100	100	145	132	45	32				100	0		
II	1	1598	kg	2010	4450	2430	4720	420	270	380	70	450	1 544 930	375 670	0,360	0,23
			%	100	100	120,9	106,1	20,9	6,1				100	24,3		
	2	1354	kg	1980	4400	2370	4640	390	240	360	60	420	1 658 570	443 370	0,320	0,20
			%	100	100	119,7	105,5	19,7	5,5				100	26,7		
	3	244	kg	2180	4680	2740	5150	560	470	510	120	630	914 310	0	0,610	0,51
			%	100	100	125,8	110	25,8	10,0				100	0		

[1] Der Mehrertrag je vernichteter Unkrautpflanze wird berechnet, indem man den Mehrertrag je kg des Ertrages bei den verschiedenen Behandlungsarten durch die Unkrautpflanzendifferenz auf behandelten und unbehandelten Äckern teilt.

Aus dieser Tabelle ergibt sich, daß die Zahl der Unkräuter in Gruppe I, Reihe 1 von 92 auf 14, in Reihe 2 von 97 auf 18 und in Reihe 3 von 68 auf 0 Pflanzen je qm, d. h. also um 85, 82 bzw. 100% zurückgegangen ist.

Gleichzeitig ist der Körnerertrag um 22, 17 und 45%, der Strohertrag um 15, 11 bzw. 32% gestiegen. Der Mehrertrag je vernichteter Unkrautpflanze betrug 0,619, 0,488 bzw. 1,240 g Körner und entsprechend 0,787, 0,565 bzw. 1,890 g Stroh.

In Gruppe II ist die Zahl der Unkräuter in der Versuchsreihe 1 von 154 auf 38, in Reihe 2 von 166 auf 44 und in Reihe 3 von 91 auf 0 Pflanzen je qm, d. h. also um 75,7, 73,3 bzw. 100% zurückgegangen. Auf ähnliche Weise wie bei Versuchsgruppe I ist der Ertrag bei Versuchsgruppe II an Körnern um 20,9, 19,7 bzw. 25,8, und an Stroh um 6,1, 5,5 bzw. 10% angewachsen. Der Mehrertrag je vernichteter Unkrautpflanze betrug 0,36, 0,32, 0,61 g Körner und 0,23, 0,2 und 0,51 g Stroh. Aus der Tabelle ergibt sich außerdem, daß der Körnermehrertrag mit der steigenden Zahl vernichteter Unkrautpflanzen anwächst. Während der durchschnittliche Mehrertrag, der durch die Behandlung bewirkt wird, auf den Feldern der Gruppe I, Reihe 2, wo keine der behandelten Flächen von Unkräutern befreit wurde, 390 kg je ha oder 17% Körner betrug, belief sich der Körnermehrertrag auf den Feldern der Reihe 3, auf denen das Unkraut völlig vernichtet wurde, auf allen behandelten Flächen auf 840 kg je ha, war also 45% höher. — Innerhalb Gruppe II zeigen die durch die Unkrautbehandlung hervorgerufenen Unterschiede bei den entsprechenden Reihen 2 und 3 eine Ertragssteigerung je ha von 390 kg Körner = 19% bzw. 560 kg Körner = 25,8%.

B. Kartoffelversuche.

Die Zahlen der folgenden Tabelle 48 beziehen sich auf die Ergebnisse einiger Versuche zur Bekämpfung von Unkräutern während des Wachstums der Kartoffeln in der Zeit von 1919—1920 (Gruppe I).

Als Ergänzung zu Tabelle 48 sind in kg je ha und in Prozenten die Ertragsunterschiede von Versuchsreihe 2 (1916—1923) mit 514 Versuchen der Behandlungsreihe I und II und 459 Versuchen der Behandlungsgruppe III und IV angegeben. Der Unterschied zwischen I und II beträgt 3020 kg oder 13%, zwischen III und IV beträgt er 11200 kg oder 95%.

Bei einigen der Versuche hat man den Unkrautbestand auf den Versuchsfeldern nachgezählt, um dadurch den Mehrertrag je vernichteter Unkrautpflanze berechnen zu können. Die Ergebnisse dieser Untersuchungen gehen aus Tabelle 49 hervor, in der sich Reihe I auf einen zweijährigen Versuch (1919—1920) und Reihe II auf einen achtjährigen Versuch (1916—1923) beziehen.

Tabelle 48. Versuchsergebnisse bei Unkrautbekämpfung im Kartoffelacker. 252 Versuche, von denen 126 die Ergebnisse von Gruppe 1 und 2, die übrigen 126 die Ergebnisse von Gruppe 3 und 4 zeigen. Die Zahlen bezeichnen die Durchschnittserträge je ha in kg und die Unterschiede zwischen den zusammengehörigen Gruppen je ha in kg und außerdem in %.

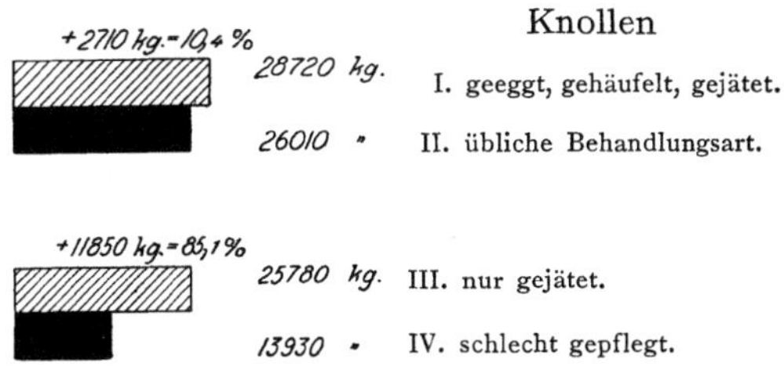

Die verschiedenen Behandlungsarten sind als I, II, III und IV bezeichnet und entsprechen denen auf Tabelle 48.

Bei einem Vergleich der Behandlungsarten III und IV (vgl. Tabelle 49) erhielt man die Ertragsherabsetzung, die unmittelbar durch das Unkraut hervorgerufen wird. Andere Wirkungen, die den Ernteertrag beeinflussen können, wie beispielsweise Eggen und Häufeln während des Wachstums sind bereits ausgeschieden.

Tabelle 49 enthält drei Reihen, gekennzeichnet als 1, 2 und 3, die den Durchschnittsertrag bei folgenden Versuchen angeben:

Reihe 1 enthält alle Fälle, bei denen das Unkraut bei der Ernte nachgezählt wurde.
„ 2 enthält den Teil der Fälle von Reihe 1, bei denen das Unkraut auf den behandelten Flächen nicht ganz vernichtet wurde.
„ 3 enthält diejenigen Fälle der Reihe 1, bei denen alles Unkraut der behandelten Flächen vernichtet wurde.

Aus Tabelle 49 ergibt sich, daß der Ertrag bei abnehmender Unkrautmenge steigt, während der Ertragsverlust je Unkrautpflanze bei sich vermindernder Unkrautmenge im Acker größer wird.

Tabelle 49. Ergebnisse von Versuchen über Mehr- oder Mindererträge auf Kartoffelfeldern bei verschiedenen Behandlungsarten sowie Mehrerträge je vernichteter Unkrautpflanze.

Versuchsgruppe	Reihe	Anzahl Versuche bei Behandlungsart I II	Anzahl Versuche bei Behandlungsart III IV	Knollenertrag je ha bei Behandlungsart I	II	III	IV	Unkrautpflanzenzahl je ha bei Behandlungsart I	II	III	IV	Mehrertrag bei Behandlungsart I im Verhältnis zu II: Knollen je ha kg	Futterwert je ha kg	je vernichteter Unkrautpflanze g	Mehrertrag bei Behandlungsart III im Verhältnis zu IV: Knollen je ha kg	Futterwert je ha kg	je vernichteter Unkrautpflanze g
I	1	55	55	29 150	26 270	26 640	15 280	87 190	309 500	120 910	1 530 150	2880	640	12,96	11 360	2524	8,06
	2	23	23	26 370	23 280	26 100	12 350	208 500	571 460	289 140	2 068 150	3090	687	8,51	13 750	3056	7,73
	3	32	32	31 150	28 420	27 900	17 960	0	121 220	0	1 180 350	2740	609	22,93	9 940	2209	8,42
II	1	258	247	27 190	24 120	24 110	12 310	85 760	405 240	205 690	3 303 380	3070	680	9,61	11 800	2622	3,81
	2	96	103	25 270	22 060	23 350	12 750	230 470	721 930	493 260	4 112 000	3210	710	6,53	10 600	2356	2,93
	3	162	144	28 330	25 340	24 660	12 000	0	217 570	0	2 725 000	2990	660	13,73	12 660	2813	4,65

Daraus ergibt sich auch klar die Berechtigung der Forderung, selbst den letzten Rest an Unkrautpflanzen rechtzeitig vom Kartoffelacker zu entfernen, also auch diejenigen Pflanzen, die bei gewöhnlicher Säuberung der Kartoffeläcker leicht stehenbleiben.

Tabelle 50 zeigt die Ergebnisse der verschiedenen Behandlungsarten im Verhältnis zueinander. Der Ertrag der Behandlungsart I ist gleich 100 angenommen. Aus dieser Tabelle geht die Tatsache hervor, daß der Ertrag durch Bearbeiten der Kartoffelfelder steigt, was mit den Erfahrungen des Landwirtes übereinstimmt. Einzelne Versuche haben jedoch bei Behandlungsart III zu den größten Erträgen geführt. Das war z. B. nach längerer Trockenheit der Fall, besonders wenn Kartoffeln auf lockerem, leichtem Boden angebaut waren. Unter solchen Verhältnissen darf man den Kartoffelacker nicht zu kräftig bearbeiten.

Einfluß der Unkräuter auf den Stärkegehalt von Kartoffeln.

Bei fünfzig Unkrautbekämpfungsversuchen auf Kartoffeläckern sind Untersuchungen über den Stärkegehalt vorgenommen worden, um den Einfluß der Unkräuter darauf festzustellen.

Die Ergebnisse dieser Untersuchungen sind in Tabelle 51 angegeben. Daraus geht hervor, daß der Stärkegehalt der Kartoffeln mit schlechterer Reinhaltung der Äcker etwas zunimmt. Bei einigen Versuchen hat sich ein Unterschied bis zu 1% ergeben. Die Stärkemenge je Flächeneinheit fällt selbstredend bei schlechter Reinhaltung mit dem geringeren Knollenertrage. In obenstehenden Versuchen hat somit völlige Säuberung von Unkraut (I) je Flächeneinheit 21% mehr Stärke als gewöhnliche Reinhaltung (II) ergeben, während der prozentweise Stärkegehalt der Frucht bei Behandlungsart II höher ist als bei Behandlungsart I.

Tabelle 50. Prozentverhältnisse zwischen Kartoffelerträgen bei verschiedenen Behandlungsarten.

Tabelle Nr.	Reihe	Versuchsmenge in Behandlungsgruppe		Behandlungsart			
				I	II	III	IV
		I, II	III, IV	%	%	%	%
48		126	126	100	90,56	89,76	48,50
	1	55	55	100	90,12	91,39	52,42
49 I	2	23	23	100	88,28	98,98	46,83
	3	32	32	100	91,24	89,57	57,66

Tabelle 51. Ergebnisse von Versuchen über den Einfluß der Unkräuter auf den Stärkegehalt der Kartoffeln.

Behandlungsart							
I Ertrag an				II Ertrag an			
Knollen	Stärke		Futterwert	Knollen	Stärke		Futterwert
kg je ha	%	kg je ha	kg je ha	kg je ha	%	kg je ha	kg je ha
26 570	15,96	4240	5653	21 680	16,10	3490	4653
III				IV			
24 470	15,86	3880	5173	12 900	15,97	2060	2747

0,75 kg Stärke = eine Futterwerteinheit.

C. Wurzelfruchtversuche.

In folgender graphischer Darstellung und in den Tabellen sind die Ergebnisse einer Reihe norwegischer Unkrautbekämpfungsversuche auf Äckern mit heranwachsenden Wurzelfrüchten angegeben.

Als Ergänzung zu Tabelle 52 sind die Ergebnisse einer achtjährigen Versuchsreihe mit Wurzelfrüchten (Gruppe II 1916—1923) hinzugefügt. Aus dieser Tabelle ergibt sich, wie bereits unter der entsprechenden Tabelle 49 über Kartoffelversuche angeführt, daß der Ernteertrag mit Abnahme der Unkrautmenge steigt, und daß gleichzeitig der Ertragsverlust je einzelner Unkrautpflanze zunimmt.

Tabelle 52. Mehrertrag bei vollkommen durchgeführter Reinhaltung (I) im Verhältnis zu gewöhnlicher Behandlung (II).

Anzahl Versuchsfelder				Weiße Rüben (Turnips)				Kohlrüben			
Weiße Rüben (Turnips)		Kohlrüben		Wurzeln		Blätter		Wurzeln		Blätter	
Wurzeln	Blätter	Wurzeln	Blätter	kg	%	kg	%	kg	%	kg	%
239	216	96	80	7750	14,6	2400	13,0	6 080	14,4	1540	11,7
				Mehrertrag bei vollkommen durchgeführter Reinhaltung (III) im Verhältnis zu schlechter Pflege (IV)							
217	199	90	77	29 120	118,0	7160	66,1	25 960	146,3	6800	98,1

Daraus geht deutlich hervor, eine wie große Bedeutung der rechtzeitigen Entfernung auch der letzten Unkrautpflanze vom Acker zukommt, d. h. also auch derjenigen Pflanzen, die bei gewöhnlicher Säuberung der Kartoffeläcker leicht stehenbleiben.

Tabelle 52a. Versuchsergebnisse bei Bekämpfung unter Wurzelfrüchten. 126 Versuche, von denen 63 die Ergebnisse von Gruppe 1 und 2, die übrigen 63 die Ergebnisse von Gruppe 3 und 4 zeigten.

Die Zahlen bezeichnen die Durchschnittserträge je ha in kg und die Unterschiede zwischen den zusammengehörigen Gruppen je ha in kg und außerdem in %.

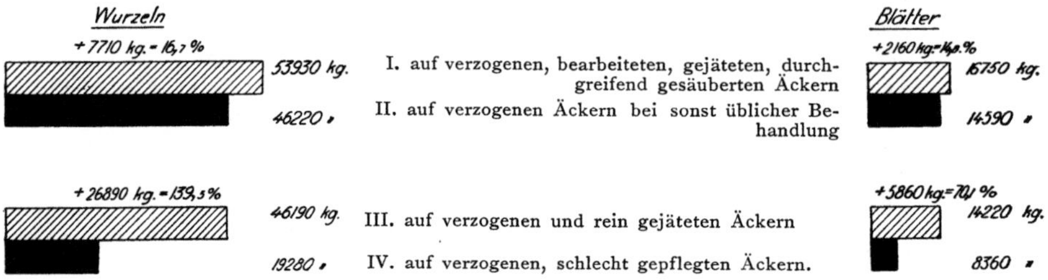

Tabelle 53. Ergebnisse von Versuchen über Mehr- und Mindererträge bei verschieden behandelten Wurzelfrüchten, sowie Mehrerträge je vernichteter Unkrautpflanze.

Versuchsgruppe	Reihe	Ackerfrucht	Anzahl der Versuche	Behandlungsart I		Behandlungsart II		Mehrertrag bei Behandlungsart I im Verhältnis zu II		
				Wurzeln kg je ha	Unkrautpflanzen je ha	Wurzeln kg je ha	Unkrautpflanzen je ha	Wurzeln kg je ha	kg Futterwert je ha	g Wurzeln je vernichteter Unkrautpflanze
I	1	Weiße Rüben[1]	21	57 660	76 070	51 870	273 100	5 790	483	29,4
		Kohlrüben[2]	12	47 460	41 040	38 260	149 580	9 200	1022	84,8
	2	Weiße Rüben[1]	9	47 250	177 500	39 250	434 170	8 000	667	31,2
		Kohlrüben[2]	7	39 790	70 360	34 050	171 790	5 740	638	56,6
	3	Weiße Rüben[1]	12	65 470	0	61 330	152 290	4 140	345	27,2
		Kohlrüben[2]	5	58 224	0	44 160	118 500	14 060	1562	118,7
II	1	Weiße Rüben[1]	125	64 700	38 270	56 620	231 590	8 080	670	41,8
		Kohlrüben[2]	43	50 180	45 780	43 350	164 910	6 830	760	57,3
	2	Weiße Rüben[1]	20	45 950	239 170	39 270	579 540	6 680	560	19,6
		Kohlrüben[2]	8	40 940	246 040	31 460	522 600	9 480	1050	34,3
	3	Weiße Rüben[1]	105	68 270	0	59 920	165 320	8 350	700	50,5
		Kohlrüben[2]	35	52 300	0	46 070	83 150	6 230	690	74,9
I	1	Weiße Rüben[1]	21	52 370	99 520	24 670	2575 330	27 700	2308	11,1
		Kohlrüben[2]	12	43 120	81 350	15 140	1214 330	27 980	3109	24,7
	2	Weiße Rüben[1]	9	37 580	281 250	13 870	4683 630	23 710	1976	5,4
		Kohlrüben[2]	7	34 670	195 250	5 550	1672 000	29 120	3236	19,7
	3	Weiße Rüben[1]	12	61 470	0	31 310	1277 910	30 160	2513	23,6
		Kohlrüben[2]	5	49 160	0	21 990	887 410	27 170	3019	30,6

Wie aus den Tabellen 52 und 53 ersichtlich, ist der Mehrertrag bei Behandlung I am größten. In Tabelle 54 ist das Prozentverhältnis zwischen Wurzelfruchterträgen bei verschiedenen Behandlungsarten unter Zugrundelegung des Ergebnisses gleich 100 bei Behandlungsart I angegeben worden.

[1] = Turnips, *Brassica rapa rapifera.*

[2] = Steckrübe, *Brassica napus rapifera.*

Tabelle 54. Prozentverhältnisse zwischen Wurzelfruchterträgen bei verschiedenen Behandlungsarten.

Tabelle Nr.	Anzahl der Versuche in Behandlungsgruppe I und II	Anzahl der Versuche in Behandlungsgruppe III und IV	Ackerfrucht		Behandlungsart I %	II %	III %	IV %
52	63	63	Vermischte Wurzelfrüchte	Wurzeln	100	85,70	85,61	35,75
				Blätter	100	87,10	84,90	49,91
53	21	21	Weiße Rüben (Turnips)	Wurzeln	100	89,96	90,83	42,79
	12	12	Kohlrüben	Wurzeln	100	80,62	90,86	31,90
	9	9	Weiße Rüben (Turnips)	Wurzeln	100	83,07	79,53	29,35
	7	7	Kohlrüben	Wurzeln	100	85,57	87,13	13,95
	12	12	Weiße Rüben (Turnips)	Wurzeln	100	93,68	93,89	47,82
	5	5	Kohlrüben	Wurzeln	100	75,85	84,44	37,77

Aus Tabelle 54 ersieht man, daß durch Hacken und Jäten vollkommen gesäuberte Äcker den größten Ertrag liefern. Einzelne Versuche haben, wie schon bei den Kartoffeln, auch hier bewiesen, daß Behandlungsart III den größten Ertrag besonders bei anhaltender Trockenheit auf lockerem, leichtem Boden bringen kann.

Einfluß der Unkräuter auf den Trockenstoffgehalt der Wurzelfrüchte.

In Verbindung mit einer Reihe von Unkrautbekämpfungsversuchen auf Wurzelfruchtäckern hat man mehrere Untersuchungen des Verhältnisses zwischen größeren und kleineren Unkrautmengen im Nutzlande und ihrem Einfluß auf den Trockenstoffgehalt der Wurzelfrüchte vorgenommen. Das Ergebnis einiger dieser Untersuchungen ist in Tabelle 55 aufgenommen.

Daraus ergibt sich, daß der prozentweise Trockenstoffgehalt gewöhnlich bei mäßiger bis schlechter Säuberung der Wurzelfruchtäcker steigt, daß aber die Trockenstoffmenge je Flächeneinheit bei guter Säuberung bedeutend größer wird als bei schlechter.

Tabelle 55. Ergebnisse norwegischer Versuche über den Einfluß der Unkräuter auf den Trockenstoffgehalt der Wurzelfrüchte[1].

Ackerfrucht	Behandlungsart I, Erträge an: Wurzeln kg je ha	Trockenstoff %	Trockenstoff kg je ha	Futterwert kg je ha	Behandlungsart II, Erträge an: Wurzeln kg je ha	Trockenstoff %	Trockenstoff kg je ha	Futterwert kg je ha
Weiße Rüben[2]	71 110	9,6	6827	6206	63 500	9,3	5896	5360
Kohlrüben[3]	53 580	12,1	6483	5894	42 210	12,8	5403	4912
Futtermöhren[4]	24 310	12,5	3039	2763	13 810	12,4	1712	1556
	III				IV			
Weiße Rüben[2]	64 580	9,4	6071	5519	27 110	10,5	2847	2586
Kohlrüben[3]	45 560	12,2	5558	5053	17 440	13,2	2302	2093
Futtermöhren[4]	22 970	12,5	2871	2610	1 410	13,7	193	175

[1] 1,1 kg Trockenstoff = 1 kg einer Futterwerteinheit. [2] = Turnips, *Brassica rapa rapifera*. [3] = Steckrübe, *Brassica napus rapifera*. [4] = Gelbe Rübe, gelbe Möhre, *Daucus carota*.

Achter Abschnitt.

Schlußbemerkungen.

Werfen wir einen Rückblick auf die im vorhergehenden näher behandelten Abwehrmaßnahmen des Landwirtes im Kampfe gegen das Unkraut, dann läßt sich leicht erkennen, daß dieser Kampf nicht einseitig geführt werden darf, sondern vielmehr durch eine ganze Reihe von Maßnahmen zur Verbesserung des Bodens und alle der Landwirtschaft überhaupt zur Verfügung stehende Hilfsmittel wirksam unterstützt werden muß. Ist doch die Unkrautbekämpfung ein außerordentlich wichtiges Glied zur Förderung der Pflanzenerzeugnisse, da das Unkraut überall, wo der Erde lohnende Erträge abgerungen werden sollen, in diesen Vorgang störend eingreift.

Wenn wir sehen, welchen Schaden dieser Feind des Landwirtes dem Ackerbau und damit dem ganzen Lande zufügen kann, dann muß auch jeder einzelne, der irgendwelche Beziehung zum Ackerbau hat, im gemeinsamen Interesse bereit sein, einen ernsten und durchgreifenden Kampf gegen das Unkraut aufzunehmen.

Dieser Kampf muß aber mit Einsicht und Sachkenntnis geführt werden. Zunächst setzt er die nötigen Kenntnisse über die Lebensweise der Unkräuter, ihre Fortpflanzungs- und Vermehrungsarten, ihre Verbreitungsweise, ihre Ansprüche an Boden, Klima u. ä. voraus, in welche Verhältnisse die vorhergehenden Kapitel Einblick zu geben versucht haben. Sodann muß man mit Hilfe dieser Kenntnisse Mittel und Wege zur Bekämpfung finden.

Die Notwendigkeit, einen Angriffskrieg durch eingehende Beobachtungen, Versuche und Untersuchungen vorzubereiten, ist bei der Bekämpfung der Unkräuter so zwingend, weil die letzteren durch ihre Genügsamkeit, Anpassungsfähigkeit an Boden und Klima, reichliche Vermehrungs- und Verbreitungskraft sowie Lebenszähigkeit den Nutzpflanzen gegenüber weit überlegen sind. Im sechsten Abschnitt dieser Arbeit ist versucht, die verschiedenen Arten der Unkrautbekämpfung unter Verwertung der bei Versuchen und im landwirtschaftlichen Betriebe gemachten Beobachtungen und Erfahrungen darzustellen.

Bei moderner Bewirtschaftung mit neuzeitlichen Geräten und Maschinen, bei besserer Kenntnis der Verwendung guten Pflanzenmaterials und der Bodenverbesserung mit den heutigen unentbehrlichen Künstdüngern bieten sich unseren Landwirten mächtige Hilfskräfte für lohnende Pflanzenerzeugung sowie auch Rüstzeug im Kampfe gegen jegliches Unkraut des Nutzlandes.

Führt man nun im neuzeitlichen Ackerbau einen solchen zielbewußten Kampf gegen einen der bösartigsten Feinde des Nährstoffvorrats im Boden, so erhebt sich natürlich die Frage, ob sich dieser Kampf auf eine Art und Weise, die wirklich wirtschaftlichen Gewinn abwirft, durchhalten läßt.

Unzählige Versuche und praktische Erfahrungen haben zur Klarstellung dieser Frage beigetragen. Im sechsten und siebenten Abschnitt finden sich Beispiele von Berechnungen über den Ertragsgewinn, den man von verschiedenen Ackerfrüchten durch Reinhaltung von Unkraut je Flächeneinheit im Durchschnitt erzielen kann. Gleichfalls sind Berechnungen über die Höhe der Arbeitsleistung zur Erzielung dieses Mehrgewinns vorgenommen.

Hieraus geht mit großer Deutlichkeit die Tatsache hervor, daß die Unkrautbekämpfung sich für den Landwirt lohnt. Noch einträglicher wird der wirtschaftliche Nutzen dieses Kampfes, wenn man ihn von volkswirtschaftlichem Standpunkte aus betrachtet und versucht, den wahrscheinlichen Mehrgewinn zu berechnen, den der Ackerbau eines ganzen Landes bei gründlicher Reinhaltung der verschiedenen aufwachsenden Fruchtarten erzielen kann.

Eine solche Berechnung auf Grund der durch die verschiedenen Versuche erzielten Mehrerträge kann sehr wohl als maßgebende Grundlage dienen zur näheren Beurteilung der rein wirtschaftlichen Verluste und Hemmungen des technischen Arbeitsbetriebes durch die Unkrautplage im Acker- und Gartenbau. Bei einer errechneten Übersicht, wie sie hier angedeutet und unten für den skandinavischen Ackerbau insgesamt durchgeführt ist, hat man versuchshalber nur mit einem fünfjährigen Zeitabschnitt gerechnet und dabei noch die Flächen, welche zu dieser Zeit zur Erzeugung von Winterkorn, Grünfutter, Zuckerrüben und Wurzelfrüchten zur Verwendung im Haushalt dienen, sowie Brachland unbeachtet und unberechnet gelassen. Brache dient der unmittelbaren Bekämpfung des Unkrautes, und in Zuckerrüben, Gemüse- und Grünfutteräckern gelangt das Unkraut gewöhnlich auch nicht zu solcher Macht wie in reifenden Sommerkorn-, Kartoffel-, Futterrübenäckern u. ä., auf denen die Unkrautbekämpfung oft wenig gründlich durchgeführt wird.

Versuche über Unkrautbekämpfung während des Wachstums der Ackerfrucht haben in den Jahren 1917—1918 im Verhältnis zur üblichen Ackerbehandlung folgende durchschnittliche Mehrerträge je ha bewirkt bei:

854	Sommerkornversuchen . .	490 kg	Körner und 365 kg Stroh,
70	Wurzelfruchtversuchen. .	9313 ,,	Wurzelfrüchte und 1916 kg Blätter,
102	Kartoffelversuchen . . .	4237 ,,	Knollen.

Nach dem siebenten Abschnitt sind in den Versuchsjahren 1919 und 1920 folgende durchschnittlichen Mehrerträge je ha gegenüber Ernten von auf übliche Art rein gehaltenen Äckern bei 1089 Getreideversuchen, 63 Wurzelfruchtversuchen und 126 Kartoffelversuchen erzielt worden:

Sommerkorn und Schotenfrüchte .	410 kg	Körner und 284 kg Stroh.
Wurzelfrüchte	7710 ,,	Wurzelfrüchte und 2160 kg Blätter.
Kartoffeln	2710 ,,	Knollen.

Bei einer 8 Jahre umfassenden Versuchsreihe betrugen die bei Unkrautbekämpfung erzielten durchschnittlichen Hektarmehrerträge ebenfalls im Verhältnis zu Äckern mit üblicher Reinhaltung bei:

3552	Sommerkornversuchen . . .	410 kg	Korn und 290 kg Stroh.
239	Turnipsversuchen	7750 ,,	Wurzelfrüchte und 2400 kg Blätter,
96	Steckrübenversuchen	6080 ,,	Wurzelfrüchte und 1540 kg Blätter,
514	Kartoffelversuchen	3020 ,,	Knollen.

Man wird bemerkt haben, daß die Versuchsergebnisse bei den einzelnen Fruchtarten der verschiedenen Versuchsreihen, ganz besonders bei den letzten beiden, die die gleichen Körnermehrerträge aufweisen, nicht sehr voneinander abweichen.

Die durch Unkräuter hervorgerufenen Ertragsverluste auf Kunstwiesen sind bisher kaum abgeschätzt worden, so daß ein sachlicher Nachweis auf Grund hinreichender Zahlenunterlagen nicht geführt werden konnte. Um jedoch mit einem Wert arbeiten zu können, sei der Verlust je ha auf die als niedrig zu betrachtende Menge von 250 kg je ha angesetzt.

Von den im vorhergehenden angegebenen Zahlen kann man vielleicht ausgehen, wenn man die jährlichen Ertragsverluste im Ackerbau bei nur mäßiger Durchführung der üblichen Säuberung berechnen will. Auf Grund dieser versuchsweise erzielten Zahlen über Ertragsverluste, die durch Unkräuter hervorgerufen wurden, hat man für die skandinavischen Länder eine solche Berechnung vorgenommen. Man ging dabei von den Ertragsunterschieden während der Versuchsjahre 1919 und 1920 aus. Die Zahlen geben Futtereinheiten an. Der errechnete Ertragsverlust würde in den drei skandinavischen Ländern demnach jährlich etwa 1673 Millionen Futtereinheiten ausmachen, wenn die Wiesenflächen mit der oben angegebenen Zahl in die Berechnung eingesetzt werden.

Nach der deutschen Ackerbaustatistik umfaßten die Durchschnittsflächen für den Anbau der folgenden Feldfrüchte, Winterweizen, Sommerweizen, Winterroggen, Sommerrogen, Hafer, Wintergerste, Sommergerste, Mengkorn, Rüben und

Tabelle 56. Berechnung des jährlichen Mehrertrages in kg und t Stärkewert für ganz Deutschland bei zweckmäßig durchgeführter Unkrautbekämpfung während des Wachtums der angeführten Feldfrüchte auf den erwähnten Flächen [A, B].

Feldfrucht	Nutzfläche in ha: bei jeder Sorte	Nutzfläche in ha: insgesamt	Mehrertrag: an	Mehrertrag: kg je ha	Mehrertrag: %	Mehrertrag: in ganz Deutschland in 1000 kg	Stärkewert[1] je 100 kg	Mehrertrag in 1000 Stärkewert
Winterroggen .	4 762 478	4 858 085[2]	Körnern	310	19,9	1 506 006	71,3	1 073 782
Sommerroggen	95 607		Stroh	170	3,8	825 874	10,6	87 543
Winterweizen .	1 239 530	1 414 850[2]	Körnern	310	17,9	438 604	71,3	312 725
Sommerweizen	175 320		Stroh	260	5,7	367 861	10,9	40 097
Hafer		3 245 907	Körnern	430	22,2	1 395 740	59,7	833 257
			Stroh	370	8,6	1 200 986	17,0	204 168
Wintergerste .	110 751	1 368 076[2]	Körnern	440	21,8	601 953	72,0	433 406
Sommergerste.	1 257 325		Stroh	220	5,3	300 977	19,0 [a] 10,7 [b]	55 163
Mengkorn . . .		632 400	Körnern	560	32,9	354 144	65,8	233 027
			Stroh	380	10,6	240 312	18,0[3]	43 256
Hülsenfrüchte .		253 539	Früchten	270	19,6	68 456	68,6	46 961
			Stroh	220	6,2	55 779	16,2[4]	9 036
Rüben		1 386 933	Wurzeln	4320	14,4	5 991 551	6,7[5]	401 434
			Blättern	1094	11,7	1 517 305	6,3[5]	95 590
Kartoffeln . . .		2 512 412	Knollen	1560	13,0	3 919 363	19,7	772 115
	Zusammen	15 672 202					Zusammen	4 641 560

A. Die Flächenzahlen sind von H. W. WOLLENWEBER mitgeteilt.

B. 1. Die Stärkewertzahlen sind O. KELLNER „Die Ernährung der landwirtschaftlichen Nutztiere", Berlin 1924, S. 633—644 entnommen.

2. Sommer- und Winterfrucht sind bei den verschiedenen Getreidearten (Weizen, Roggen, Gerste) zusammengerechnet.

3. Der Stärkewert des Mengkornes ist unter Zugrundelegung der entsprechenden Werte von Gerste und Hafer berechnet.

4. Der Stärkewert der Hülsenfrüchte ist auf Grund von Erbsen berechnet.

5. Dem Stärkewert der Wurzelfrüchte liegen die Werte für Kohlrüben zugrunde.

a. Sommergerstenstroh.

b. Wintergerstenstroh.

Kartoffeln, während der Jahre 1917—1921 etwa 15672202 ha. Während der gleichen Zeit wurden mit Grünfuttergewächsen durchschnittlich 7888828 ha alljährlich bebaut. In Tabelle 56 ist nun versucht, die Unkrautschäden auf Feldfruchtäckern schätzungsweise anzudeuten. Dabei ist jedoch auf Grünfuttergewächse keine Rücksicht genommen, da dem Verfasser genügende Anhaltspunkte zur Bewertung der Unkrautschäden auf diesen Feldern fehlen. Und selbst die Angaben für Feldfrüchte bittet er dringend, nur als einen Hinweis darauf zu betrachten, wie große wirtschaftliche Schäden dem Ackerbau und damit auch dem Volk durch Verseuchung der Ackerflächen mit Unkraut drohen. Die angeführten Schätzungen dürften vielleicht zu genauerer Untersuchung anregen und zu wirksamerem Kampf gegen den schlimmsten Feind der heutigen Landwirtschaft, das Unkraut, anspornen.

Den in der Tabelle zahlenmäßig angeführten Mehrerträgen bei Unkrautbekämpfung während des Wachstums in den betreffenden Äckern haben die Ergebnisse norwegischer Unkrautbekämpfungsversuche während einer achtjährigen Versuchsreihe zugrunde gelegen. Bei Berechnung der in der Tabelle angeführten Stärkewerte sind die in Kellners Werk genannten Zahlen benutzt. Der Mehrertrag ist in kg je ha angegeben und in 1000-Stärkewert.

Es sei aber noch einmal darauf hingewiesen, daß man zahlenmäßige Angaben der Art, wie sie hier vorliegen, nur mit Vorsicht verwerten darf, da sie naturgemäß niemals genau sind, sondern nur Verhältnisse andeuten können. Wie ja schon aus dem sechsten und siebenten Abschnitt hervorgeht, wird nämlich der Ertragsverlust an Ackerfrüchten auf verunkrauteten Äckern immer mit dem Grade der Verunkrautung schwanken.

Soviel kann man aber wohl mit Sicherheit aus Tabelle 56 entnehmen, daß auch die deutsche Landwirtschaft mit großen jährlichen, die in Tabelle 56 berechneten Mehrerträge vielleicht noch übersteigenden Ertragsverlusten rechnen muß.

Als Ergänzung zu den oben erwähnten Versuchsergebnissen ist in Tab. 57 eine zahlenmäßige und graphische Übersicht über den Einfluß der Unkräuter auf die Größe des Ertrages ganzer landwirtschaftlicher Betriebe gegeben worden.

Die Untersuchungen erstrecken sich über 7 Jahre und 4 Wirtschaften, von denen 2, die unter I aufgeführt worden sind, während der ganzen Zeit gut bewirtschaftet wurden, während die beiden anderen unter II angeführten eine weniger gute Behandlung erfuhren. Der gesamte Ertrag sämtlicher Wirtschaften wurde durch Wägen und Messen nachgeprüft. Es handelte sich überall um einigermaßen gleichmäßigen, mittelschweren bis leichten, sandhaltigen Humus.

Der Ertragsunterschied zwischen den verglichenen Wirtschaften ist im wesentlichen der Bewirtschaftungsart und der Schädigung durch Unkraut zuzuschreiben. Vergleicht man die Ergebnisse der Unkrautversuche mit den bei Prüfung der Wirtschaftserträge erzielten, so wird der logische Zusammenhang zuungunsten des Unkrautes klar, indem der bei den weniger gut bewirtschafteten Höfen durch Unkraut bewirkte Unterschied bis auf 41,5% steigt.

Zu den oben dargestellten wirtschaftlichen Schädigungen kommen noch eine Reihe anderer, die im zweiten Abschnitt erwähnt worden sind. Unter diesen erweckt eine die besondere Aufmerksamkeit des Landwirtes: Das Unkraut raubt dem Boden nämlich gewöhnlich große Mengen an Pflanzennährstoffen, besonders Stickstoff, Phosphorsäure und Kali, also Stoffe, die man dem Boden erst durch Düngung wieder unmittelbar zuführen muß.

In diese Verhältnisse gestatten uns die chemischen Analysen einen Einblick, die bei mehreren Unkrautarten vorgenommen und im Ergebnis teilweise im zweiten und fünften Abschnitt angeführt worden sind.

Tabelle 57. Untersuchungen über den Einfluß des Unkrautes auf die Größe der Ernte.

I. 2 Höfe mit beinahe unkrautreinem Boden. II. 2 Höfe mit zum Teil verunkrautetem Boden = Maßstab (= 100). (Die ganze Ernte ist gewogen und kontrolliert.)

Hof Nr.	Anzahl Erntejahre	Geerntetes Areal in Hektar	Fruchtart	Die Größe der Ernte pro Hektar in				
				kg	Futterwerten[1]	%	Summa F.w.	%
I	7	112,3	Sommergetreide Korn	2645	2204	182,8	3111	162,8
			Sommergetreide Stroh	3628	907	126,8		
II	6	66,0	Sommergetreide Korn	1459	1209	100	1921	100
			Sommergetreide Stroh	2860	715	100		
I ÷ II			Sommergetreide Korn	1186	1008	82,2	1200	62,8
			Sommergetreide Stroh	768	192	26,8		
I	7	40,2	Kartoffeln Knollen	18 020			4004	139,7
II	7	10,0	Kartoffeln Knollen	12 900			2867	100
I ÷ II			Kartoffeln Knollen	5120			1137	39,7
I	7	360,0	Heu[2]	4462			1859	118,8
II	6	245,6	Heu[3]	3757			1565	100
		8280						
I ÷ II			Heu	706			294	18,8

Graphische Darstellung über die Resultate des landwirtschaftlichen Betriebes.

Kartoffeln.

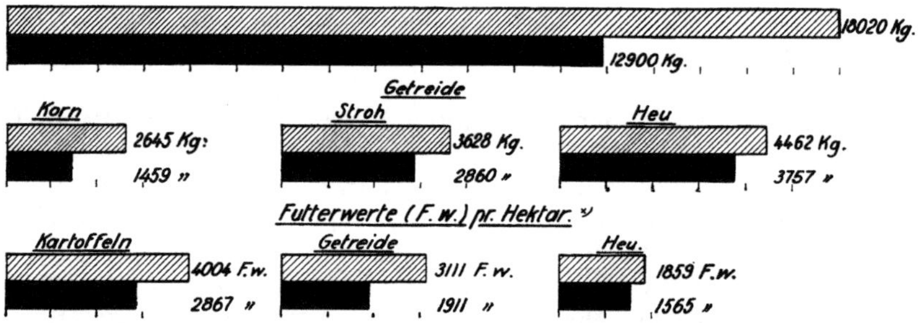

Durchschnittsernte aller 3 Fruchtarten in Futterwerten (F.w.) pro Hektar:

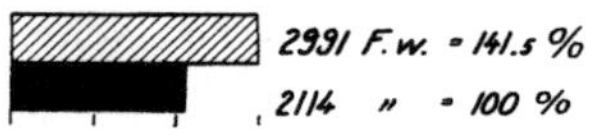

Als Ergänzung sind zu Tabelle 2 beispielsweise in Tabelle 58 — 1 — die Gewichtsmengen der Nährstoffe Stickstoff, Phosphorsäure und Kali angegeben, die die Arten *Triticum repens, Tussilago farfara, Sonchus arvensis, Cirsium arvense* und *Epilobium angustifolium* dem Nutzland auf Grund von Berechnungen bei einem Versuche jeweils entzogen haben. Außerdem ersehen wir daraus, wie große Mengen der gleichen Nährstoffe sich durchschnittlich in oberirdischen sowie unterirdischen Teilen und insgesamt in den erwähnten Unkrautarten befinden. —

Zum Vergleich ist in Tabelle 58 — 2 — angegeben, wie große Kunstdüngermengen benötigt werden, um den Nährmittelverlust zu ersetzen, den die Unkräuter

[1] Skandinavischer Futterwert.

[2] Das Kleegras frei von *Taraxacum officinale* und wurzelwanderndem Unkraut.

[3] Das Kleegras stark verunkrautet von *Taraxacum officinale,* zum Teil auch etwas *Cirsium arvense.*

Tabelle 58. Übersicht der Nährstoffmengen, die wurzelwandernde Unkräuter dem Ackerboden entziehen können. Vergleichsweise sind die entsprechenden Stoffe bei einigen Nutzpflanzen angegeben.

	Pflanzenart: A. Unkräuter. — B. Kulturpflanzen	Pflanzenteile	Laubsprossenzahl je qm	1. Pflanzennährstoffgehalt in kg je ha			2. Pflanzennährstoffgehalt umgerechnet in Kunstdünger kg je ha		
				Stickstoff	Phosphorsäure	Kali	Kalksalpeter [$Ca(NO_3)_2$] 15,5%	Superphosphat 20%	Kalisalz 40%
A.	Quecke, *Triticum repens* (3jähriger Wiese)	oberirdisch	1102	10,8	4,2	13,6	70	21	34
		unterirdisch		37,8	27,3	55,0	244	136	137
	Huflattich, *Tussilago farfara* (im Vorjahre schlecht gepflegter Wurzelfruchtacker)	oberirdisch	84	38,8	7,5	85,8	250	38	214
		unterirdisch		35,2	19,7	149,0	227	98	373
	Ackergänsedistel, *Sonchus arvensis* (vom Gerstenacker)	oberirdisch	51	26,8	4,7	62,9	173	24	157
		unterirdisch		40,2	24,1	96,9	259	120	242
	Ackerdistel, *Cirsium arvense* (schlecht behandelte Brache auf vorjährigem Kartoffelacker)	oberirdisch	27	95,8	16,2	81,4	618	81	203
		unterirdisch		42,4	14,8	35,6	273	74	89
	Weidenröschen, *Epilobium angustifolium* (vom Haferacker)	oberirdisch	58	34,4	8,1	43,6	222	41	109
		unterirdisch		38,0	17,8	48,3	245	89	121
	Durchschnittlich	oberirdisch		41,3	8,2	57,4	266	41	144
		unterirdisch		38,7	20,7	77,0	250	104	192
	Durchschnittlich	oberirdisch unterirdisch		80,0	28,9	134,4	516	144	336
B.	Hafer	Ertrag		68	27	77	439	135	193
	Turnips	Ertrag		111	45	158	716	225	395
	Kartoffeln	Ertrag		96	45	152	619	225	380
	Künstliche Wiese	Ertrag		93	26	96	600	130	240
	Im Durchschnitt			92	36	121	594	180	303

nach den Berechnungen jeweils verursacht haben. Schließlich enthält die Tabelle zu unterst Angaben über die Mengen dieser Wertstoffe, die eine Durchschnittsernte von reifem Hafer, Kartoffeln, Rüben oder Heu auf künstlichen Wiesen dem Boden entziehen, während gleichzeitig die Kunstdüngermengen hinzugefügt worden sind, die nach den Berechnungen dem Boden zum Ersatz dieses Verlustes zugeführt werden müssen.

Bei näherem Vergleich der in Tabelle 58 erwähnten Nutz- und Schadpflanzengruppen bemerkt man, daß das sich unter Nutzpflanzen drängende Unkraut dem Acker so große Pflanzennährstoffmengen entzieht, daß zuungunsten der Nutzpflanzen bedeutende Nährstoffverluste entstehen können. Dies ist auch der Fall, wenn diese Verluste gelegentlich geringer sind als hier angeführt, je nach Menge der Pflanzennährstoffe, die das Unkraut aus dem Boden aufnimmt, schwanken und in einem genauen Verhältnis zu Art und Menge des Unkrautbestandes im Boden stehen. Die Frage ist nun, ob man dem Boden einige der von Unkräutern entnommenen Pflanzennährstoffe wieder zuführen kann.

Die in den oberirdischen Teilen gebundenen Stoffe kommen dem Boden zum Teil als Dünger wieder zugute, wenn man das Unkraut verfüttert; das ist allerdings bei weitem nicht immer der Fall.

Die vom Unkraut in den unterirdischen Teilen gebundenen Pflanzennährstoffe dagegen gehen der Landwirtschaft wohl meistens verloren.

Der große Verlust, den der Landwirt gewöhnlich auf diese Art erleidet, macht sich besonders beim Auftreten von Wurzelunkräutern geltend.

In dem hier erwähnten Beispiele fanden sich in den unterirdischen Unkrautteilen je ha durchschnittlich folgende dem Boden entzogenen und gebundenen Mengen:

38,7 kg Stickstoff,
20,7 „ Phosphorsäure und
77,0 „ Kali,

entsprechend:

250 „ 15,5%igem Kalksalpeter,
104 „ 20%igem Superphosphat und
192 „ 40%igem Kalisalz.

Bei rechtzeitig und vollkommen durchgeführter Säuberung von Hackfruchtäckern läßt sich das Unkraut nach Abschn. 6 B, IV a und b während des Wachstums unterdrücken, und kann so am Entzug von Wertstoffen aus dem Boden gehindert werden. Bei gründlich durchgeführter Vollbrache nach dem Erstickungsverfahren ohne Einsammeln und Entfernen der Wurzelteile (vgl. Abschn. 6 B, V) werden die in den Wurzelteilen gebundenen Wertstoffe allmählich beim Absterben und Verfaulen der unterirdischen Pflanzenteile frei und kommen der Erde wieder zugute.

Literaturverzeichnis.

ANDERSON, A. W. and TAYLOR, T. H.: The slug pest. Univ. Leeds **1926**, Nr 143. — ANDERSSON, GUNNAR och SELIM, BIRGER: Den nordländska florans geografiska fördelning och invandringshistoria. Uppsala und Stockholm 1912. — ARESCHOUG: Skånes flora. 2. uppl. Lund 1881.

BAKKE, A. L. and PLAGGE, H. H.: The Extent to which Weeds modify the Transpiration of Cereals. Agricult. Exp. Sta. Iowa State Coll. of Agricult. and Mechanic Arts. Research Bull. **1926**, June, Nr 96, Ames, Iowa. — BARTHEL, CHR.: Mikroorganismerna i lantbrukets och industriens tjänst. Stockholm 1916. — BATYRENKO, V.: Investigation of weeds on Zadanowka Experiment Field, Gov. Ekaterinoslav. (Russisch mit englischer Zusammenfassung.) Petrograd 1916. — BAZHANOFF, S.: Weeds on the Buzuluk experiment field, Samara prov., and in the vicinity. (Russisch mit englischer Zusammenfassung.) Bull. applied. Bot. Petrograd **8** (1915). — BEAL: The Vitality of Seed. Bot. Gaz. **40**, Nr 2 (1905). — BENTHAM and HOOCKER: Handbook of the British Flora, 7. edit., 606 S. London 1924.

Beretning fra Dansk Frøkontrol, Kopenhagen 1909—1914. Statsfrøkontrollen 1915—1923. Oslo. — Beretning om Statens kjemiske kontrollanstalt og frøkontroll 1900—1923. Oslo. — BERG, F.: Remarks concerning biological qualities of Lucern (*Medicago sativa* L.) and Thistle (*Cirsium arvense* SCOP.). (Russisch mit englischer Zusammenfassung.) Bull. angew. Bot. **11**. Petrograd 1916. — BESELER-WENDE: Der Kampf gegen das Unkraut. Arb. dtsch. Landw. Ges., H. 17 und MENTZEL und von LENGERKES landw. Kalender **1910**, 2. Teil. — BETNER, R.: *Lithospermum arvense* L. filling spring and winter crops. (Russisch mit englischer Zusammenfassung.) Petrograd 1917. — BLAKESLEE, ALBERT F. and BELLING, JOHN: Chromosomal Mutations in the Jimson Weed, Datura Stramonium. J. Hered. **15**, No 5 (1924) Baltimore. — BLYTT, AXEL: Haandbog i Norges flora. Oslo 1906. — BOGOSLAVLEVITSH, I.: Weeds on the fields of the village Zavadovka, gov. of Kiev. Petrograd 1916. — BOITEL, ARMAND: Herbages et prairies naturelles, 3. éd. Paris 1886. — BOLIN, PEHR: Våra vanligaste åkerogräs och deras bekämpande. Stockholm 1912. — Om ogräsplågan och dess bekämpande. Stockholm 1920. — En undersökning rörande de viktigaste ogräsartarnes olika frekvens och relative betydelse som ogräs inom Sverige. Stockholm 1922. — Redogörelse för åtgärder i ogräskampen år 1922. Stockholm 1923. — BORNEMANN, FELIX: Die wichtigsten landwirtschaftlichen Unkräuter, ihre Lebensgeschichte und Methoden ihrer Bekämpfung. 3. Aufl. Berlin 1923. — BRENCHLEY, WINIFRED, E.: The Effect of Weeds upon Crops. J. Board Agricult. **24**, 1394 (1918). — Weeds of Farm Land. London 1920. — Spraying for Weed Eradication. J. Bath and West and South. Count. Soc., 5. ser., **19**. Bath 1924/25. — BROUWER: Landwirtschaftliche Samenkunde. Ein Schlüssel zum Bestimmen der kleinkörnigen Kultursamen sowie der wichtigsten Unkrautsamen. Mit 2 Textabbildungen und 14 Tafeln. Neudamm: Neumann 1927.

CALL, L. E. and GETTY, R. E.: The Eradication of Bindweed. Agricult. Exp. Sta. Kansas State Agricult. Coll. Manhattan, Kansas, Dez. 1923, Circ. 101. — CATES, H. R.: The Weed Problem in American Agriculture. Sonderdruck des Yearbook of the Dept. of Agricult. **1917**. Washington 1918. — CHREBTOW, A. A.: Die Höhengürtel der Unkräuter in den verschiedenen Entwicklungsstadien der Saat in Livland. (Russisch mit deutscher Zusammenfassung.) Bull. angew. Bot., St. Petersburg 1911. — Materialien zur Kenntnis der Unkrautflora Westsibiriens. (Russisch mit deutscher Zusammenfassung.) I. u. II. Bull. Inst. Rech. Biol. Univ. Perm. **1926**. — Über die Unkrautflora im Schandrinschen Bezirk (Hinteruralgebiet). (Russisch mit deutscher Zusammenfassung.) 1928. — CHRISTENSEN, CHR.: Til Kamp mot Ukrudtet! Kopenhagen 1902. — CLARK, GEORGE H.: Weeds and Weed Seeds. Ottawa 1914. — CLARK, GEORGE H. and FLETCHER, JAMES: Farm Weeds of Canada. 2. ed. Ottawa 1909. — COLLINGE, W. E.: Destruction and Dispersal of Weeds' Seeds by Wild Birds. J. Board. Agricult. **1913**. — Some further Observations on the Dispersal of Weeds' Seeds by Wild Birds. J. Econ. Biol. **1914**. — COX, H. R.: Weeds, how to control them. Washington 1918.

DAMMANN, CARL: Die Gesundheitspflege der landwirtschaftlichen Haussäugetiere. 3. Aufl. Berlin 1902. — DANGER, L.: Unkräuter und pflanzliche Schmarotzer. Hannover 1887. — Degen, A. von: Die ungarische Luzerne. Sonderdruck aus Fortschr. Landw. **1**, H. 1. Wien und Berlin 1926. — Die charakteristischen Unkrautsamen der ungarischen Rotklee- und Luzernesamen. Budapest 1926. — *Scabiosa maritima* L., ein charakteristischer Unkrautsame der südeuropäischen Luzerne. Sonderdruck aus Fortschr. Landw. **1**, H. 13. Wien und Berlin 1926. — Degens, H.: Der Wiesenknöterich (*Polygonum bistorta* L.). Inaug.-Diss. Bonn 1927. — Dinand, A.: Taschenbuch der Giftpflanzen. 3. Aufl. Esslingen 1919. — Dorph-Petersen, K.: Nogle Undersögelser over Ukrudtfrös Forekomst og Levedygtighed 1896—1910. Tidsskr. Landbrugets Planteavl. **17**. Kopenhagen 1910. — Dorph-Petersen, K. og Holmgaard, J.: Undersögelser over, hvorledes Ukrudsfrö bevarer spireevnen i Möddingen. Kopenhagen 1928. — Duysen, Franz: Unkräuter, herausgegeben von Eduard Egglhuber. Berlin und Leipzig 1925.

Egginton, George E.: Colorado Weed Seeds. Agricult. Exp. Stat. of the Col. Agricult. Coll. Bull. **260** (1921). — Eriksson, Jakob: Landtbruksväxternas Svampsjukdomar. 1. del. Stockholm 1910. — Die Pilzkrankheiten der landwirtschaftlichen Kulturgewächse. I. Teil. Stuttgart 1926. — Esser, P.: Die Giftpflanzen Deutschlands. Braunschweig 1910.

Ferdinandsen, C.: Undersögelser over danske Ukrudtsformationer paa Mineraljorder. Kopenhagen 1918. — Danske Ukrudtsformationer. Sonderdruck aus Nordisk Jordbrugsforskning. Kopenhagen 1920. — Freckmann und Brouwer: Atlas der Samenkunde. 23 Tafeln und 625 Abbildungen der Samen der wichtigsten Klee- und Grasarten und der verbreitetsten Unkräuter. Neudamm 1927. — Fron, G.: Plantes nuisibles à l'agriculture. Paris 1917. — Fruwirth, C.: Der Ackerfuchsschwanz (*Alopecurus agrestis* L.). Arb. dtsch. Landw. Ges. Berlin 1908. — Die Ackerwinde (*Convolvulus arvensis*). Ebenda. Berlin 1914. — Die Kornblume (*Centaurea cyanus* L.). Ebenda. Berlin 1913. — Das Unkraut und seine Bekämpfung auf dem Ackerland. 2. Aufl. Berlin 1918.

Gaul, F.: Grundzüge der Landwirtschaft für den praktischen Landwirt. Berlin 1917. — Gelpke, Walther: Beiträge zur Unkrautbekämpfung durch chemische Mittel, insbesondere durch Schwefelsäure. Hannover 1914. — Georgia, A. E.: A Manual of Weeds. New York 1921. — Grönvold-Fynbo og Möller, J. P.: Praktisk Landbrug. Odense 1910.

Hansen, A. A.: Dodder (*Cuscuta* sp.). Farmers Bull. Nr 1161. Washington 1921. — Hansen, Fr.: Om udförelse av forsög i Landboforeningerne over Jordens bearbeidning og Ukrudtets specielt Tidslernes Bekämpelse m. m. Kopenhagen. — Hansen, K.: Foranstaltninger mot Ukrudt og Plantesygdomme. Kopenhagen 1904. — Markens vigtigste Ukrudtsplanter. 3. Aufl. Lyngby 1906. — Tidslerne. Lyngby 1910. — Mitteilungen des von „De samvirkende danske Landboforeninger" eingesetzten Ausschusses zur Unkrautbekämpfung. Lyngby 1911. — Harz, C. D.: Landwirtschaftliche Samenkunde. Berlin 1885. — Hegi, G.: Illustrierte Flora von Mittel-Europa. München 1906—1929. — Heinricher: Die grünen Halbschmarotzer. Jb. Bot. **1898**. — Hellström, Paul: Norrlands jordbruk. Uppsala und Stockholm 1917. — Henning, Ernst: Om betning mot Stinkbrand (*Tilletia tritici*), Stråbrand (*Urocystis occulta*), och Hårdbrand (*Ustilago Hordei*). Mitteilung Nr. 195 der Centralanstalten för försöksväsendet på jordbruksområdet. Avdelningen för landtbruksbotanik Nr 18. Stockholm 1919. Nr 24. Stockholm 1922. — Hesselmann, Henrik: Några iakttagelser öfver vexternas spridning. Botaniska notiser, S. 103ff. (1879). — Heuzé, Gustave: La practique de l'agriculture, T. 2. 2. éd. Paris 1907. — Hirsch, J. L.: Bondens raadgiver, 2. Teil. 1911. — Hitrovo, Vladimir: Sur la voilure des organes de propagation des plantes messicoles de neveaux différents. (Russisch mit französischer Zusammenfassung.) 1912. — Holmboe, Jens: Notizen über die endozoische Samenverbreitung der Vögel. Sonderdruck des Nyt Mag. Naturvidensk. **38**. Oslo 1900. — Nytteplanter og ugress i Osebergfundet. Oslo 1921. — Höstermann, G. und Noack, M.: Lehrbuch der pilzparasitären Krankheiten. Berlin 1923. — Huth, E.: Die Verbreitung der Pflanzen durch die Exkremente der Tiere. Slg naturwiss. Vortr. **3**, 1. Berlin 1889.

Jahresbericht über die Erfahrungen und Fortschritte auf dem Gesamtgebiet der Landwirtschaft, herausgegeben von Bürstenbinder. **4**. Braunschweig 1890. — Janata, A.: Unkräuter des nördlichen Teiles des Gouv. Taurien. (Russisch mit deutscher Zusammenfassung.) Petrograd 1913. — Jessen, Knud og Lind, Jens: Det danske Markukrudts Historie. Kgl. danske Vidensk. Selsk. Skr., naturvidensk. og mathem. Afd., 8. Række. **8**. Kopenhagen 1922/23. — Juhlin-Dannfelt, H.: Handbok i jordbrukslära, Senare Delen. 2. omarbetade Upplagen. Stockholm 1916. — Jörstad, Ivar: Beretning om plantesykdommer i land- og havebruket, 1922/23. — Tillegg C til Landbruksdirektørens årsberetning 1923. Oslo 1924.

Karper, R. E.: The Blueweed and its Eradication. Texas Agricult. Exp. Stat. Bull. Nr 292. Texas 1922. — Kerner: Pflanzenleben. Leipzig 1896—1898. — Kinzel, W.: Frost und Licht als beeinflussende Kräfte bei der Samenkeimung. Stuttgart 1913. — Frost und Licht als beeinflussende Kräfte bei der Samenkeimung. Erläuterungen und Ergänzungen zum ersten Buche. Stuttgart 1915. — Nachtrag II. Stuttgart 1920. — Kirchhof, Emil: Ukrudtet i dets forskjellige Skikkelser med Anvisning til dets Udryddelse i Mark og Eng. Efter E. Kirchhof ved C. Dalgas. Kopenhagen 1856. — Kirchner, O. von: Lebensgeschichte der Blütenpflanzen Mittel-Europas. 1. Stuttgart 1904—1908. — Klein, Ludwig: Unsere Unkräuter. Heidelberg 1913. — Unsere Wiesenpflanzen. Heidelberg 1913. — Kling, M.: Mitteilung der landwirtschaftlichen Kreisversuchsstation Speyer. Landw. Versuchsstat. **85**. Berlin 1914. — Korsmo, Emil: Ugräs i Ager og Eng. Oslo 1896. — Hvad bør gjøres ad offentlig vei til Bekjæmpelse af Ugræs og andre Skadeplanter i vort Land? Vortrag bei der Zusammenkunft der „Kgl. Selskap for Norges Vel" in Drammen, den 3. September 1901. Oslo 1901. — Ugræssagen. Iagttagelser og Forsøg. Oslo 1903. — Ugræssagen. Nogle Iakttagelser og Erfaringer. Oslo 1907. — Beretning om Landbrugsudstillingens Ugræsavdeling (Plantekulturfelternes Afdeling B) 1907. Oslo 1908. — Beretning om Ugræsforsøkene i 1909. Sonderdruck aus Landbruksdirektørens Aarsberetning 1909. — Kampen mot Ugræsset. 2. forøk. utg. Oslo 1911. — Ugræsfrös evne til at passere fordöielseskanalen hos husdyr uten at tape spireevnen. Oslo 1911. — Über die Fähigkeit der Samen, den Verdauungskanal der Haustiere zu passieren, ohne ihre Keimkraft zu verlieren. Sonderdruck aus Nyt Magasin f. Naturvidensk. **50**. Oslo 1912. — Über die Keimfähigkeit des Queckensamens und über die Quecke (*Triticum repens*). Ebenda **50**. Oslo 1912. — Forklaring til ugræsplancher, Serie 1—4, Planche 1—40. Oslo 1913—1918. — Katalog V. Plantekulturfeltet ved Jubilæumsutstillingen 1914. Oslo 1914. — Beretning om Ugræssets Bekjæmpelse. Sonderdruck aus Landbruksdirektørens Beretning 1913. Oslo 1914. — Ugræs. Sonderdruck aus Landbruksboken. Oslo 1914. — Beretning om Ugræssets Bekjæmpelse. Sonderdruck aus Landbruksdirektørens Beretning 1914. Oslo 1915. — Beretning om Forsøk med Ugræsbekjæmpelse i Året 1915. Oslo 1916. — Beretning om virksomheten i 1916. Sonderdruck aus Landbruksdirektørens Beretning 1916. Oslo 1917. — Nogen biologiske forhold vedrørende *Rumex acetosa* og en del andre ugræsarter. Sonderdruck aus Forhandl. ved 16. Skand. Naturforskermøte 1916. Oslo 1916. — Om bekjæmpelse av ugræs i aapen aker. Landbruksdepartementets smaaskrifter, Nr 4. Oslo 1917. — Demonstrasjonsplancher 1—3. Farbige Zeichnungen nach der Natur. Größe 66 × 84. Oslo 1918. — Ogräsen — vår växtodlings fiender, deras egenskaper och kampen för deras utrotande. Sonderdruck aus Landtbruksveckans handlingar. Stockholm 1918. — Ugræsplancher 1—40. Größe 66 × 84 in nat. Größe farbig nach der Natur gezeichnet. Oslo 1918. — Beretning om virksomheten i 1918. Sonderdruck aus Landbruksdirektørens Beretning 1918. Oslo 1919. — Forsøk med ugræsbekjempelse i voksende grøder av rotvekster og poteter 1918 ved Statens smaabrukslærerskole. Nach Statens Smaabrukslærerskoles beretning 1918. — Bekjæmpelse av ugræsset i åpenåkergrøder. Sonderdruck aus Tidsskr. for det norske Landbruk, H. 5. Oslo 1919. — Veiledning i anlegg, behandling og høstning av forsøksfelter ved bekjempelse av ugress i forskjellige grøder under veksttiden. Oslo 1919. — Bekjempelse av *Cirsium arvense*. Sonderdruck aus Nordisk Jordbrugsforskning. Kopenhagen 1919. — Ugressbekjempelse. Sonderdruck aus Landbruksdirektørens Beretning. Tillegg K. 1919. Oslo 1920. — Om våra besvärligaste ogräs och deras bekämpande. Vortrag bei der Zusammenkunft der Skaraborgs läns Hushållningssällskap 30. April 1921. Lidkøping 1921. — Motarbeidelse av ugresset i kulturmarken. Iakttagelser og erfaringer fra forsøk og praksis. Oslo 1921. — Forevisnings- og forsøksfelter. Undervisning og veiledning i ugressbekjempelse. Sonderdruck aus Beretning fra Statens Småbrukslærerskole 1919. Oslo 1921. — Ugressutryddelse. Oslo 1921. — Forevisnings -og forsøksfelter. Undervisning og veiledning i ugressbekjempelse. Sonderdruck aus Beretning fra Statens Småbrukslærerskole 1920. Oslo 1922. — Ugressforsøk ved Statens Småbrukslærerskole 1921. Ebenda 1921. Oslo 1922. — Explanations to E. Korsmos' Weed Plates. Oslo 1923. — Betesogräs. Svenska Betes- og Vallföreningens Årsskr. **1924**, 72—77. Uppsala 1924. — Ugressforsøk ved Statens Småbrukslærerskole 1924. Oslo 1924. — Ugress i nutidens jordbruk. Biologiske og praktiske undersøkelser. 694 Seiten und 400 Abbildungen. Oslo 1925. — Resultater fra kombinert brakk- og grødeforsøk på Ensrud i Fåberg 1919—1923. Sonderdruck aus Opland landbruksskoles beretning 1924/25. Lillehammer 1926. — Ogräs. Ogräsarternas liv och kampen mot dem i nutidens jordbruk. 410 Seiten, 393 Abbildungen und 63 Tabellen. Stockholm 1926. — Kornstørrelseforsøk. Forsøk, undersøkelser og iakttagelser til belysning av spørsmålet — stor- eller småkornet såvare i planteproduksjonen. 76 Seiten mit deutscher und englischer Zusammenfassung. Sonderdruck der Meldinger fra Norges Landbrukshøiskole 1927. Oslo 1927. — Rikkaruohojen vahingolliset vaikutukset mykyaikaisessa maanviljelyksessä (Schadwirkungen des Unkrautes im Ackerbau der Neuzeit). Der finnländische Bericht „Maa" **1926**, 305—309. Helsingfors 1926. — Juolavehnän hävittäminen pelloista kasvuaikana (Queckenbekämpfung [*Triticum repens*] im Ackerboden). Ebenda **1926**, 380—383. Helsingfors 1926. — Natriumklorat ($NaClO_3$) som ugressdrepende middel. Norsk Landmannsblad **1927**, Nr 12. Oslo 1927. — Spiringsundersøkelser og iakttagelser efter høst- og vårsåning av kulturfrø. Sonderdruck aus Meldinger fra Norges Landbrukshøiskole 1927. Oslo 1927. — Rikkaruohokysymys Norjassa (Unkrautforschung in Norwegen). Maatalous **1928**, Nr 6, 175 bis 179. Helsingfors 1928. — KRUG, HANS: Beiträge zur Keimungsphysiologie und Bekämpfung von Samenunkräuter. Sonderdruck aus „Bot. Archiv" **27**, H. 3/4, S. 419—518. Leipzig 1929. — KOZMA, DÉNES: Über das Verhalten der Unkrautsamen im Ackerboden. (Ungarisch mit deutscher Zusammenfassung von Dr. DIONYS KOZMA.) Budapest 1922.— KRAFT, GUIDO: Die Ackerbaulehre. 12. Aufl. Neubearbeitet von C. FRUWIRTH. Berlin 1919. — KRAUS, C.: Das gemeine Leinkraut (*Linaria vulgaris* MILL.). Arb. Dtsch. landw. Ges. Berlin 1909. — Die gemeine Quecke (*Agropyrum repens* P. B.). Ebenda. Berlin 1912. — KROK och ALMQUIST: Svensk flora. 1. Stockholm 1920.

Landbrugsordbok for den praktiske Landmand. **2**. Kopenhagen 1877—1883. — LANSDELL, K. A.: Weeds of South-Africa. Sonderdruck Nr 45 Department of Agriculture. Part I und II, Pretoria 1923. Part III, Pretoria 1925. Part IV, Pretoria 1927. — LATSHAW, W. L. and ZAHNLEY, J. W.: Experiments with Sodium Chlorate and other Chemicals as Herbicides for Field Bindweed. J. Agricult. Res. **35**, Nr 8, 757. Washington 1927. — Killing Field Bindweed with Sodium Chlorate. Circular 136 von Agricult. Exp. Stat. Kansas Stat. Agricult. Coll. Manhattan. Kansas 1928. — LEHMANN, E.: Zur Keimphysiologie von *Ranunculus sceleratus* L. und einigen anderen Samen. Ber. dtsch. bot. Ges. **27** (1909). — LEHMANN und SCHNELL: Die Gattung Ehrenpreis (*Veronica*). Arb. dtsch. Landw. Ges. Berlin 1917. — LINKOLA, K.: Zur Kenntnis der Überwinterung der Unkräuter und Ruderalpflanzen in der Gegend von Helsingfors. Helsingfors 1922. — LONG, HAROLD C.: Common Weeds of the Farm and Garden. London 1910. — Weeds of arable land. London 1929. — Plants Poisonous to Live Stock. Cambridge 1917. — LUND, SAMSÖE och ROSTRUP, E.: Marktidselen (*Cirsium arvense*). Kopenhagen 1901. — LYTTKENS, AUG.: Om svenska ogräs, deras förkomst och utbredning. Norrköping 1895. — Svenska växtnamn. D. 1—3. Stockholm 1904—1915.

MAIER-BODE, FR.: Die Bekämpfung der Ackerunkräuter. Stuttgart 1908. — MALZEW, A.: *Cuscuta obtusiflora* HBK. var. *breviflora Engelm.* (Russisch mit deutscher Zusammenfassung.) Bull. angew. Bot. **3**, 289—308. St. Petersburg 1910. — Unkrautsamen im Getreidekorn auf den Märkten im Kreise Tscheljabinsk (Gouv. Orenburg). (Russisch mit deutscher Zusammenfassung.) Ebenda **4**, 231—255. St. Petersburg 1911. — Die Unkräuter im Wintergetreide im Herbst. (Russisch mit deutscher Zusammenfassung.) Ebenda **5**, 139—172. St. Petersburg 1912. — Verunkrautung des Gerstenkorns aus dem Waldgebiet des europäischen Rußland. (Russisch mit deutscher Zusammenfassung.) Petrograd 1913. — Wie Unkrautpflanzen sich mit Hilfe von Frucht und Samen verbreiten. Petrograd 1915. — Weeds in the gov. of Novgorod. (Russisch mit englischer Zusammenfassung.) Bull. applied. Bot. Petrograd 1916. — Wie man eine Sammlung von Unkrautsamen anlegen und ordnen soll. Anweisung zu rechter Sammlung, Zusammensetzen der Kollektion und Prüfung von Unkrautsamen, mit einer Liste für Eur.-Rußland. Petrograd 1917. — MARTIN, HUBERT: The Scientific Principles of Plant Protection. Chapter IX: Weed Killers. London 1928. — MENAULT, E. et ROUSSEAU, H.: Les Plantes nuisibles en agriculture et en horticulture. Paris 1902. — MENTZ, A. og OSTENFELD, C. H.: Billeder af Nordens Flora. Kopenhagen und Stockholm 1901—1907. 2. Ausgabe 1924. — MORTENSEN, J. J.: De farligste ogräsens växtsätt och utrotande. Lund 1887. — MÜNTZING, A.: Ein Art-Bastard in der Gattung Lamium. Hereditas (Lund) **7**, H. 2, S. 215—228 (1926).

NAUMANN, A.: Unsere Feldunkräuter in ihrer Beziehung zum Futter, insbesondere die Bestimmung ihrer Früchte und Samen. Berlin 1918. — NENJUKOW, F.: Über die Verbreitung einiger Unkräuter im Gouv. Nishnij-Nowgorod. (Russisch mit deutscher Zusammenfassung.) 1912. — NEUMAN, L. M.: Sveriges flora. Lund 1901. — NIESSEN, J.: Schaf- und Sumpfgarbe (*Achillea*). Arb. dtsch. Landw. Ges. Berlin 1917. — NOBBE, FRIEDRICH: Handbuch der Samenkunde. Berlin 1876.

OLIVE, E. W.: The Killing of Mustard and other noxious Weeds. South Dakota Agricult. Exp. Stat. Bull. **112**, 485 (1909).

PACZOSKI, J.: A biological pecularity of *Cirsium arvense* SCOP. (Russisch mit englischer Zusammenfassung.) 1915. — PAMMEL and KING: „The Weeds Flora of Iowa",

715 S., 512 Abb. Ames Iowa 1926. — PAPE, HEINRICH: Die Kleeseide und ihre Bekämpfung. 6. Aufl. Flugbl. biol. Reichsanst. Landw., Nr 43. Berlin-Dahlem 1927. — PATTERSON, H. J. and WHITE, H. J.: By Products Seeds. Maryland Agricult. Exp. Stat. Bull. Nr 168. — PETER, A.: Nachrichten der Kgl. Ges. und der Georg-August-Universität zu Göttingen 1893. — PIEPER, H.: Der Windhalm (*Apera spica venti*). Die Bekämpfung des Unkrautes. 9. Stück. Arb. dtsch. Landw. Ges., H. 236. Berlin 1912. — POST, STAFS ADOLF VON: Sveriges viktigaste ogräsväxter och medlen till deras bekämpande. Stockholm 1891. — POULSSON, E.: Lehrbuch der Pharmakologie. 5. Aufl. Oslo und Leipzig 1919.

RABATÉ, E.: La Destruction des mauvaises herbes. Paris 1921. — The Use of Sulphuric Acid against Weeds and certain Crop Parasites. Internat. Rev. Sci. and Pract. Agricult. **4**, 535 (1926). — RATZEBURG, I. T. C.: Die Standortsgewächse und Unkräuter Deutschlands und der Schweiz. Berlin 1859. — RAUM, HANS: Die Wiesenunkräuter und ihre Bekämpfung einschließlich der Wiesendüngung. Für die praktische Landwirtschaft bearbeitet von Dr. HANS RAUM. Freising-München 1929. — RAUNKJÄR, C.: De danske Blomsterplanters Naturhistorie. **1**. Kopenhagen 1895 bis 1899. — RAVN, F. KÖLPIN: Smitsomme Sygdomme hos Landbrugsplanterne. Kopenhagen 1914. — RIEHM, E.: Die Krankheiten der landwirtschaftlichen Kulturpflanzen. 2. Aufl. Berlin 1922. — ROBINSON and FERNALD: Gray's New Manual of Botany. A handbook of the flowering plants and ferns — seventh edition — illustrated 926 S. New York 1908. — ROGALSKII und MAZURKIEWISJ: *Alhagi camelorum* FISCH. Ber. landw. Versuchsstat. (Russisch mit französischer Zusammenfassung.) Krasnovodopadsk 1916. — RÖMER, TH.: Ackerbaulehre in Handbuch d. Landw., 2 Bd. Berlin 1929 (Verlag Parey). — ROSTRUP, E.: Den danske Flora. 13. Aufl. Kopenhagen 1922. — Plantepatologi. Kopenhagen 1902. — Sygdomme hos Landbrugsplanter foraarsaget af Snyltesvamper. 2. Ausg. Kopenhagen 1893. — RÜMKER, K. VON: Die Unkrautvertilgung. 5. Aufl. Berlin 1919. — Tagesfragen aus dem modernen Ackerbau. 5. neubearb. Aufl. Berlin 1919. — RÜTZOU, SOPHUS: Lärebog i Pharmacognosi. Kopenhagen 1894.

SABACHNIKOFF, V.: Unkräuter auf Brachen und Äckern der landwirtschaftlichen Versuchsstation Kostyschewsk in den Jahren 1914/15 (Samara gouv.). (Russisch mit französischer Zusammenfassung.) — SCHAFER, E. G.: The Bindweed. Popular Bull. Nr 137, June 1927. Stat. Coll. Washington Agricult. Exp. Stat. Pullman, Washington. — SCHAFFNIT, E.: Der Schneeschimmel und die übrigen durch *Fusarium nivale* CES. hervorgerufenen Krankheitserscheinungen des Getreides. Berlin 1912. — Die Bekämpfung des Wiesenknöterichs. Sonderdruck der Dtsch. landw. Presse, Nr 28. Berlin 1927. — Der gegenwärtige Stand der Forschung über Viruskrankheiten. Sonderdruck aus Beitr. z. Pflanzenzucht, H. 9. Berlin 1927. — SCHAFFNIT, E. und BÖNING, K. Die Brennfleckenkrankheit der Bohnen. 184 Seiten und 9 Tafeln. Jena 1925. — SCHANDER und KRAUSE: Berichte über Pflanzenschutz. Berlin 1916. — SCHEWELEW, J.: Zur Flora der Segetalunkräuter des Gouv. Jekaterinoslaw. (Russisch mit deutscher Zusammenfassung.) Petrograd 1913. — SCHLIPF: Praktisches Handbuch der Landwirtschaft. 22. neubearb. Aufl. Illustr. Berlin 1920. — SCHMEIL, OTTO: Lehrbuch der Botanik. 34. Aufl. Leipzig 1913. — SCHULTZ, GUSTAV: Ackersenf und Hederich. Arb. dtsch. Landw. Ges. Berlin 1909. — SCHÖYEN, T. H.: De almindeligste skadeinsekter paa landbruksplantene. Oslo 1921. — SIMMONS, HERMAN G.: Floran och vegetationen i Kiruna. Stockholm 1910. — SMILEY, F. J.: Weeds of California and Methods of Control. Monthly Bull. Dept. Agricult. California **11**, Nr 2—3. Sacramento 1922. — SMITH, WILLIAM G.: Common Weeds. Sonderdruck des Scott. J. Agricult. **4**, Nr 1, Jan. 1921. — SOKOLOV, F. V.: Die Unkräuter und ihre Bekämpfung. 2. Aufl. Petrograd 1920. — Some Farm Weeds, How to Know them — How to Control them. Ext. Serv. Coll. Agricult. Univ. of Wisconsin. Madison 1924. — STARZS, KARLIS: Nesahles (Ar 48 sihmejumeem) = Unkräuter. Mit 48 Zeichnungen. (Lettisch.) Riga 1926. — STENDER, ALFRED: Untersuchungen über die Unkrautvertilgung durch Düngesalze. Rostock 1902. — STEVENS, O. A.: North Dakota Weeds. North Dakota Bull. **162**, June 1922 (Revised June 1927). Fargo, North Dakota. — Perennial Sow Thistle. Growth and Reproduction. North Dakota Bull. **181**, August 1924. North Dakota. — STRECKER, W.: Erkennen und Bestimmen der Wiesengräser. Berlin 1918. — SYLVÈN: Om de svenska dikotyledonernas första försterkningsstadium eller utveckling från frö till blomstring. Kgl. Sv. Vet. Akad. Handl. **40**.

TEINDL, J. U.: Die Unkrautpflanzen und deren Vertilgungsart als notwendiges Mittel zur Verbesserung des Ackerbaues und der Viehzucht. Wien 1827. — TERÄSVUORI, KAARLO: Die Quecke (*Triticum repens* L.) als Kulturpflanze und Unkraut. Helsingfors 1929. — THAER-APPEL: Die landwirtschaftlichen Unkräuter. 4. Aufl.

Berlin 1923. — TURESSON, GÖTE: The Geneotypical Response of the Plant Species to the Habitat. Hereditas Genetisk Arkiv 3, 211—350. Lund 1922. — TULLGREN, ALBERT: Landtbruksväxternas fiender och vänner. Stockholm 1917. — TULLGREN und WAHLGREN: Svenska insekter. Stockholm 1922.

VOLK, A.: Neuere Erfahrungen mit Trockenbeizen. Sonderdruck der Beitr. z. Pflanzenzucht, H. 9. 1927.

WAGNER, HERM.: Illustrierte deutsche Flora. 3. Aufl. Stuttgart 1905. — WARMING, EUG.: Om Jordudlöbere. Kgl. Danske Vidensk. Selskr. Skr. Kopenhagen 1918. — WEBER, C. A.: Der Duwock (*Equisetum palustre*). Arb. dtsch. Landw. Ges. Berlin 1903. — Weeds and Weeds Seeds, illustrated and described. Bull. Dept. Agricult. Canada, Nr 5—8. Ottawa 1914. — WEHSARG, OTTO: Das Unkraut im Ackerboden. Arb. dtsch. Landw. Ges. Berlin 1912. — Die Verbreitung und Bekämpfung der Ackerunkräuter in Deutschland. Ebenda. Berlin 1918. — WEHSARG-ORTENBURG, OTTO: Die Verbreitung und Bekämpfung der Ackerunkräuter in Deutschland. Bd. II: Einzelunkräuter, ihr Vorkommen und ihre Bekämpfung. Lief. III: Herbstzeitlose und Weißer Germer. Berlin 1929. — WIEDERSHEIM, W.: Das Klettenlabkraut (*Galium aparine* L.). Arb. dtsch. Landw. Ges. Berlin 1912. — WILLE, N.: Om utbredelse av russekaalen (*Bunias orientalis*). Sonderdruck aus Tidsskr. f. d. Norske Landbruk 1917. Oslo 1917. — WITTE, H.: *Silene dichotoma* EHRH. Sonderdruck aus Sv. Bot. Tidssk. Nr 6 (1912). — WITTMACK, LUDWIG: Landwirtschaftliche Samenkunde. 2. Aufl. Berlin 1922. — WOODS, C. D. and BARTLETT, J. M.: Field Experiments in 1906—1908. Maine Agricult. Exp. Stat. Bull. **167**, 85—104 (1909). Orono, Maine.

ZADE, A.: Der Flughafer (*Avena fatua*). Arb. dtsch. Landw. Ges. Berlin 1912. — Neuere Untersuchungen über die Lebensweise und Bekämpfung des Haferflugbrandes (*Ustilago avenae* [PERS.] JENS.). Sonderdruck aus Angew. Bot. **6**, H. 2 (1924). — ZILLICH, R.: Über den Lichtgenuß einiger Unkräuter und Kulturpflanzen. Fortschr. Landw. **1**, H. 15. Wien und Berlin 1926. — ZOEBL: Widerstand der Samen. Österr. landw. Wochenbl. 1879.

ÖDEGAARD, N.: Jordbruksläre. 7. Ausg. von S. HASUND, M. LANGBALLE. K. Vik. 1922.

ÅSLANDER, A.: Drillträde — En effektiv Trädesmetod. Stockholm 1924. — Utspädd svavelsyra som besprutningsmedel mot ogräs. Nordisk Jordbruksforskning **1925**, H. 3/4, S. 126—146. (Mit englischer Zusammenfassung.) Kopenhagen 1925. — Sulphuric Acid as a Weed Spray. Sonderdruck des J. Agricult. Res. **34**, Nr 11, S. 1065ff, June 1, 1927. Washington 1927. — Experiments on the Eradication of Canada Thistle, *Cirsium arvense*, with Chlorates and other Herbicides. Sonderdruck des J. Agricult. Res. **36**, Nr 11, S. 915ff., June 1, 1928. Washington 1928.

Nachtrag zu Seite 462.

Die große Bedeutung guten, gründlich gereinigten Wiesensamens von hoher Keimkraft, also hohem Gebrauchswert, geht aus einigen Analysen hervor, die im folgenden unter Berechnung des Verhältnisses zwischen gutem und schlechtem Wiesensamen angeführt sind.

Die Güte der Wiesensaat und ihr Preis werden durch ihren Gebrauchswert bestimmt.

Aus einer Analyse, die im Saatgut 92,66% reinen und zu 97,2% keimkräftigen Samen nachweist, läßt sich also ein Gebrauchswert von 92,66×97,2 : 100 = 90% ableiten. Kostet eine solche Ware dann beispielsweise 2.— M je kg, so ergibt sich ein Kilo-Preis von 2,22 M für den reinen, keimfähigen Samen. Je niedriger der Gebrauchswert ist, desto teurer wird also die Ware. Bei Untersuchung der in Tabelle 31 angegebenen Wiesensaatanalyse können wir für jeden Fall den Kilo-Preis reinen, keimfähigen Saatgutes berechnen, wenn wir in allen fünf Fällen von einem Verkaufspreis von 2.— M je kg ausgehen. Wir sehen dann, daß reines Saatgut der

Analyse	I	mit	2,22 M	je	kg
„	II	„	2,24 „	„	„
„	III	„	5,03 „	„	„
„	IV	„	5,14 „	„	„
„	V	„	15,46 „	„	„

bezahlt worden ist.

Die Verwendung von Wiesensaat mit niedrigerem Gebrauchswert verursacht selbstverständlich auch schlechte, spärliche Wiesenflächen, die den Unkräutern reiche Angriffsmöglichkeiten bieten.

Sachverzeichnis.

Berichtigungen.

Seite 26, Zeile 24 und S. 72, Zeile 8 setze „hyoscyami" statt „hyoscyani".
Seite 229, Zeile 8 von unten setze „palustre" statt „arvense".
Seite 257, Zeile 41 setze „Tufted" statt „Tufded".

GPSR Compliance

The European Union's (EU) General Product Safety Regulation (GPSR) is a set of rules that requires consumer products to be safe and our obligations to ensure this.

If you have any concerns about our products, you can contact us on ProductSafety@springernature.com

In case Publisher is established outside the EU, the EU authorized representative is:

Springer Nature Customer Service Center GmbH
Europaplatz 3
69115 Heidelberg, Germany

Batch number: 10683525

Printed by Printforce, the Netherlands